HANDBUCH DER PHYSIK

UNTER REDAKTIONELLER MITWIRKUNG VON

R. GRAMMEL-STUTTGART · F. HENNING-BERLIN
H. KONEN-BONN · H. THIRRING-WIEN · F. TRENDELENBURG-BERLIN
W. WESTPHAL-BERLIN

HERAUSGEGEBEN VON

H. GEIGER und KARL SCHEEL

BAND XV

MAGNETISMUS
ELEKTROMAGNETISCHES FELD

BERLIN
VERLAG VON JULIUS SPRINGER
1927

MAGNETISMUS
ELEKTROMAGNETISCHES FELD

BEARBEITET VON

E. ALBERTI · G. ANGENHEISTER · E. GUMLICH
P. HERTZ · W. ROMANOFF · R. SCHMIDT · W. STEINHAUS
S. VALENTINER

REDIGIERT VON W. WESTPHAL

MIT 291 ABBILDUNGEN

BERLIN
VERLAG VON JULIUS SPRINGER
1927

ISBN-13:978-3-642-88927-1   e-ISBN-13:978-3-642-90782-1
DOI: 10.1007/978-3-642-90782-1

Inhaltsverzeichnis.

A. Magnetismus.

B. Das elektromagnetische Feld.

Allgemeine physikalische Konstanten

(September 1926) [1].

a) Mechanische Konstanten.

Gravitationskonstante . . . . $6{,}6_5 \cdot 10^{-8}$ dyn $\cdot$ cm$^2 \cdot$ g^{-2}
Normale Schwerebeschleunigung . . . . $980{,}665$ cm $\cdot$ sec^{-2}
Schwerebeschleunigung bei $45°$ Breite . . . . . $980{,}616$ cm $\cdot$ sec^{-2}
1 Meterkilogramm (mkg) . . . . $0{,}980665 \cdot 10^8$ erg
Normale Atmosphäre (atm) . . . . $1{,}01325_3 \cdot 10^6$ dyn $\cdot$ cm^{-2}
Technische Atmosphäre . . . . $0{,}980665 \cdot 10^6$ dyn $\cdot$ cm^{-2}
Maximale Dichte des Wassers bei 1 atm . . . . $0{,}999973$ g $\cdot$ cm^{-3}
Normales spezifisches Gewicht des Quecksilbers . $13{,}5955$

b) Thermische Konstanten.

Absolute Temperatur des Eispunktes . . . . . . $273{,}2_0{}^{°}$
Normales Litergewicht des Sauerstoffes . . . . . $1{,}42900$ g $\cdot$ l^{-1}
Normales Molvolumen idealer Gase . . . . $22{,}414_5 \cdot 10^3$ cm^3

Gaskonstante für ein Mol . . . . $\begin{cases} 0{,}8204_5 \cdot 10^2 \text{ cm}^3\text{-atm} \cdot \text{grad}^{-1} \\ 0{,}8313_2 \cdot 10^8 \text{ erg} \cdot \text{grad}^{-1} \\ 0{,}8309_0 \cdot 10^1 \text{ int joule} \cdot \text{grad}^{-1} \\ 1{,}985_8 \text{ cal} \cdot \text{grad}^{-1} \end{cases}$

Energieäquivalent der $15°$-Kalorie (cal) . . . . . $\begin{cases} 4{,}184_2 \text{ int joule} \\ 1{,}1623 \cdot 10^{-6} \text{ int k-watt-st} \\ 4{,}186_3 \cdot 10^7 \text{ erg} \\ 4{,}268_8 \cdot 10^{-1} \text{ mkg} \end{cases}$

c) Elektrische Konstanten.

1 internationales Ampere (int amp) . . . . $1{,}0000_0$ abs amp
1 internationales Ohm (int ohm) . . . . $1{,}0005_0$ abs ohm
Elektrochemisches Äquivalent des Silbers . . . . $1{,}11800 \cdot 10^{-3}$ g $\cdot$ int coul^{-1}
Faraday-Konstante für ein Mol und Valenz 1 . . $0{,}9649_4 \cdot 10^5$ int coul
Ionisier.-Energie/Ionisier.-Spannung . . . . . . $0{,}9649_4 \cdot 10^5$ int joule $\cdot$ int volt^{-1}

d) Atom- und Elektronenkonstanten.

Atomgewicht des Sauerstoffs . . . . $16{,}000$
Atomgewicht des Silbers . . . . $107{,}88$
LOSCHMIDTsche Zahl (für 1 Mol) . . . . $6{,}06_1 \cdot 10^{23}$
BOLTZMANNsche Konstante k . . . . $1{,}372 \cdot 10^{-16}$ erg $\cdot$ grad^{-1}
$1/_{16}$ der Masse des Sauerstoffatoms . . . . . . $1{,}650 \cdot 10^{-24}$ g
Elektrisches Elementarquantum e . . . . $\begin{cases} 1{,}592 \cdot 10^{-19} \text{ int coul} \\ 4{,}77_4 \cdot 10^{-10} \text{ dyn}^{1/_2} \cdot \text{cm} \end{cases}$
Spezifische Ladung des ruhenden Elektrons e/m . $1{,}76_6 \cdot 10^8$ int coul $\cdot$ g^{-1}
Masse des ruhenden Elektrons m . . . . $9{,}02 \cdot 10^{-28}$ g
Geschwindigkeit von 1-Volt-Elektronen . . . . . $5{,}94_5 \cdot 10^7$ cm $\cdot$ sec^{-1}
Atomgewicht des Elektrons . . . . $5{,}46 \cdot 10^{-4}$

e) Optische und Strahlungskonstanten.

Lichtgeschwindigkeit (im Vakuum) . . . . $2{,}998_5 \cdot 10^{10}$ cm $\cdot$ sec^{-1}
Wellenlänge der roten Cd-Linie (1 atm, $15°$ C) . $6438{,}470_0 \cdot 10^{-8}$ cm
RYDBERGsche Konstante für unendl. Kernmasse . $109737{,}1$ cm^{-1}
SOMMERFELDsche Konstante der Feinstruktur . . $0{,}729 \cdot 10^{-2}$
STEFAN-BOLTZMANNsche Strahlungskonstante σ . . $\begin{cases} 5{,}7_5 \cdot 10^{-12} \text{ int watt} \cdot \text{cm}^{-2} \cdot \text{grad}^{-4} \\ 1{,}37_4 \cdot 10^{-12} \text{ cal} \cdot \text{cm}^{-2} \cdot \text{sec}^{-1} \cdot \text{grad}^{-4} \end{cases}$
Konstante des WIENschen Verschiebungsgesetzes . $0{,}288$ cm $\cdot$ grad
WIEN-PLANCKsche Strahlungskonstante c_2 . . . . $1{,}43$ cm $\cdot$ grad

f) Quantenkonstanten.

PLANCKsches Wirkungsquantum h . . . . $6{,}55 \cdot 10^{-27}$ erg $\cdot$ sec
Quantenkonstante für Frequenzen $\beta = h/k$ . . . $4{,}77_5 \cdot 10^{-11}$ sec $\cdot$ grad
Durch 1-Volt-Elektronen angeregte Wellenlänge . $1{,}233 \cdot 10^{-4}$ cm
Radius der Normalbahn des H-Elektrons . . . . $0{,}529 \cdot 10^{-8}$ cm

---

[1] Erläuterungen und Begründungen s. Bd. II d. Handb. Kap. 10, S. 487—518.

A. Magnetismus.

Kapitel 1.

Magnetostatik.

Von

P. HERTZ, Göttingen.

Mit 24 Abbildungen

I. Vorbemerkungen.

1. Gegenstand der Magnetostatik. In dem Kapitel über Magnetostatik soll von der Wirkung ruhender magnetischer Körper die Rede sein. Ihre sichtbaren Wirkungen bestehen vor allem in Bewegungsänderungen von Eisen-, Nickel-, Kobaltstücken, in geringerem Maße in Bewegungsänderungen auch beliebiger anderer Körper. Die Darstellung dieser Bewegungserscheinungen nötigt zur Einführung des Begriffes „magnetische Feldstärke", der zunächst als ein ideales Element eingeführt wird, von dem wir aber annehmen, daß ihm eine physikalische Realität entspricht. Es wird unsere Aufgabe sein, zu ermitteln, wie diese Größe mit der für den Magneten charakteristischen Größe zusammenhängt, mit dem magnetischen Quantum oder der magnetischen Ladung.

Zur Darstellung dieser Abhängigkeit ist die Einführung eines anderen Begriffes, die Einführung der magnetischen Induktion, von Nutzen. Später werden wir sehen, daß der Induktion eine selbständige Bedeutung zukommt. Somit können wir es als Aufgabe der Magnetostatik bezeichnen, die Abhängigkeit anzugeben, in der die magnetische Feldstärke und Induktion zu den magnetischen Quanten ruhender magnetischer Körper stehen.

2. Quellen- und Wirbeltheorie. Bei der Behandlung dieses Gebietes liegt besondere Veranlassung zu methodologischen Erwägungen vor.

Im allgemeinen kann ein Wissensgebiet induktiv oder deduktiv behandelt werden; aber die zweite Darstellungsart wird nur im Anschluß an die erste, die unentbehrlich ist, befriedigen. In der deduktiven Darstellung gehen wir von allgemeinen Prinzipien aus; diese sind entweder so gewählt, daß möglichst wenige von ihnen erforderlich sind, oder nach einem sachlicheren Gesichtspunkt. Bei der induktiven Darstellung kommt es darauf an, erst die Überzeugung von der Gültigkeit der obersten Sätze durch geeignete Erfahrungssätze herbeizuführen. Dabei können wir erstens dem historischen Weg folgen, zweitens aber von anderen als den historisch zuerst gewonnenen Erfahrungen zu den allgemeinen Gesetzen aufsteigen.

Eine Abweichung von der historischen[1]) Darstellung wird in Frage kommen, wenn man durch sie rascher zu den elementaren und allgemeinen Sätzen gelangt,

---

[1]) D. h. der Darstellung, die sich an die historische Entwicklung anschließt und außerdem die traditionelle Darstellung ist.

aus denen deduktiv die Sätze unseres Gebietes abgeleitet werden können. Dies ist wohl der Grund, weshalb jetzt vielfach die Ansicht verbreitet ist, die bisher übliche Behandlung, die von der Quellendarstellung des Magnetismus ausgeht, sei durch eine andere zu ersetzen, in der von der Wirbeldarstellung ausgegangen wird. Richtig verstanden darf aber auch die erste nicht als falsch bezeichnet werden[1]).

Obwohl jedoch die Vorzüge der zweiten nicht bestritten werden können, habe ich mich für die Darstellung im Handbuch nicht zu einer Abweichung von der üblichen Behandlung entschließen können. Wir wollen uns also dieser anschließen, doch auch auf die andere kurz hinweisen.

3. Zwei Einteilungsprinzipien. Noch in einer anderen Hinsicht sind zwei Darstellungen möglich; da wir beide geben wollen, ist hiermit ein Einteilungsprinzip gewonnen.

Abgesehen von zu Boden fallenden Körpern, läßt sich für die meisten Bewegungsänderungen, die wir im täglichen Leben zu beobachten Gelegenheit haben, die Ursache sofort in anderen Körpern erkennen, die entweder jene berühren oder mit ihnen durch Vermittlung anderer Körper in materielle Verbindung treten. Demgegenüber scheinen Magnete und elektrisierte Körper das Eigentümliche zu haben, daß sie in die Ferne wirken, und zwar sofort. Ob indes die Wirkung Zeit braucht oder nicht, ist eine Tatsachenfrage, zu deren Entscheidung rohe Versuche natürlich nicht ausreichen. Dagegen zeigt die genauere Überlegung, daß der Begriff einer nur vermittelten Wirkung sich von dem einer teilweise unvermittelten Wirkung nicht trennen läßt. Dennoch ist jeder der beiden scheinbar entgegengesetzten Auffassungen eine besondere Darstellungsart angepaßt; entweder wir gehen vom Integralgesetz aus und leiten daraus das Differentialgesetz ab, wie es der Fernwirkungstheorie entspricht, oder wir gehen den umgekehrten Weg. Der Vollständigkeit halber wollen wir beide Darstellungen geben.

Mit dieser Einteilung kreuzt sich eine andere. Die Erscheinungen des Magnetismus sind sehr verwickelt, aber gewisse Grenzfälle gestatten eine einfachere Behandlung. Es liegt nahe, von dem speziellsten Grenzfall ausgehend, zu immer allgemeineren Annahmen fortzuschreiten. Um dieses Einteilungsprinzip mit dem vorhin besprochenen zu verbinden, verfahren wir so, daß wir in einem ersten Hauptteil die ersten beiden Stufen der Allgemeinheit einnehmen, und zwar in zwei Abschnitten für den Standpunkt der Fernwirkungstheorie erst die spezielleren, dann die allgemeineren Annahmen zugrunde legen, und sodann in einem dritten Abschnitt die entsprechende Darstellung vom Standpunkt der Nahwirkungstheorie geben. Im zweiten Hauptteil behandeln wir dann vom Standpunkt der Nahwirkungstheorie die beiden letzten Stufen der Allgemeinheit.

4. Fernwirkungstheorie und Nahwirkungstheorie. Schon ganz rohe Beobachtungen scheinen zu zeigen:

1. daß die magnetischen (elektrischen) Wirkungen keiner Vermittlung bedürfen;

2. daß sie keine Zeit brauchen.

Das ist der Standpunkt der Fernwirkungstheorie.

Natürlich kann aber von einer Wirkung im eigentlichen Sinne nur die Rede sein, insofern wir auch die Zustände vor der Herstellung der zu betrachtenden Anordnungen in Betracht ziehen. Ob dann die Ausbreitung der Wirkung Zeit

---

[1]) Jede Behandlung des Gebietes muß, wenn sie vollständig sein will, von beiden Darstellungsarten Gebrauch machen. Es kann sich also nicht um eine Entscheidung zwischen Quellentheorie und Wirbeltheorie handeln, sondern nur darum, ob wir unser empirisches Ausgangsmaterial so wählen, daß wir zuerst zu der einen oder zuerst zu der anderen Darstellung gelangen. Übrigens sind geschlossene „Molekularströme" auch Idealisierungen.

braucht oder nicht, ist eine Tatsachenfrage; die Entscheidung ist aber ohne Belang für die Darstellung der Magnetostatik. Übrigens ist auch der Begriff der Fortpflanzungsgeschwindigkeit, falls man nicht unstetige Vorgänge betrachtet, einigermaßen mit Willkür behaftet.

Was nun den ersten Punkt betrifft, so ist es auch eine Tatsachenfrage, ob zwischen den ponderablen Körpern sich Vorgänge abspielen, die als die Wirkungen zwischen jenen vermittelnd in Betracht kommen könnten. Die Auffassung, daß es solche Vorgänge nicht gibt, wird jedenfalls als Fernwirkungstheorie zu bezeichnen sein. Gibt es sie aber, so könnte trotzdem von Fernwirkung die Rede sein, wenn man in jenen Vorgängen eine Vermittlung nicht sehen will und auch die Auffassung hat, daß an jeder Stelle des Feldes die Feldstärke durch unvermittelte Fernwirkung entsteht bzw. geändert wird. Zwischen Fernwirkungstheorie — in diesem Sinne — und Nahwirkungstheorie besteht also kein sachlicher Gegensatz.

Dagegen kann unterschieden werden zwischen zwei Betrachtungsweisen, je nach den Zusammenhängen, die man zugrunde legt, um aus ihnen die andern abzuleiten.

So können wir vom Integralgesetz zum Differentialgesetz, ebensogut aber auch den umgekehrten Weg gehen. Beider Darstellungsarten wollen wir uns hier bedienen. Es ist aber zu beachten, daß der experimentelle Ausgangspunkt naturgemäß ein Integralgesetz sein muß. Von einer Nahwirkungstheorie wird daher im zuletzt erklärten Sinne nur insofern geredet werden können, als, nachdem die Theorie von Ferngesetzen ausgegangen ist, das Gebiet noch einmal in anderer logischer Ordnung dargestellt wird.

Der Übergang von der Integraldarstellung zur Differentialdarstellung ist wichtig, weil die Erfahrung Integralgesetze liefert, manche Probleme aber am einfachsten mit Hilfe der Differentialdarstellung gelöst werden (siehe z. B. Ziff. 62). Der umgekehrte Übergang ist nützlich aus folgendem Grund: Unter gewissen speziellen Voraussetzungen — Fall 1 und 2, Ziff. 5 — kann der Eindeutigkeitsbeweis sehr einfach — wenn das auch nicht die einzige Art ist — dadurch geführt werden, daß man allgemein für diese Voraussetzungen den Übergang vom Differentialgesetz zum Integralgesetz vollzieht (Ziff. 60).

5. Vier Stufen der Allgemeinheit. Als erste Aufgabe der Magnetostatik kann es angesehen werden, die Wirkung von Magneten auf andere Körper, z. B. Eisen-, Nickel-, Kobaltstücke, auch andere Magnete, zu bestimmen. Als Hilfsbegriff, zur Lösung dieser Aufgabe führen wir den Begriff der magnetischen Feldstärke ein, der aber auch für andere Aufgaben eine Rolle spielt, und von dem wir annehmen, daß ihm eine physikalische Realität entspricht.

Um die Feldstärke aus der Anordnung der Magnete zu berechnen, wird aber die Einführung noch eines anderen Begriffes erforderlich, des Begriffes der magnetischen Induktion. Auch der Induktion kommt wieder eine Bedeutung unabhängig von dieser besonderen Aufgabe zu.

Um die Probleme der Magnetostatik lösen zu können, müssen wir also den Zusammenhang von Induktion und Feldstärke kennen.

In bezug auf diese Abhängigkeit können wir 4 Fälle unterscheiden:

1. Die Induktion ist gleich der Feldstärke.
2. Die Induktion ist proportional der Feldstärke.
3. Die Induktion ist eine eindeutige Funktion der Feldstärke.
4. Die Induktion ist durch die Vorgeschichte der Feldstärke bestimmt.

Für permanente Magnete tritt an Stelle von 1. und 2. ein anderes Abhängigkeitsgesetz, das später angegeben werden wird[1].

Diese Fälle bilden eine Reihe von wachsender Allgemeinheit.

Der erste Fall ist nicht für das ganze Feld, sofern es nicht von Strömen erzeugt wird (Kap. 2), zu realisieren. Man kann es aber so einrichten, daß der Teil des Raumes, für die jene Bedingung nicht erfüllt ist, sehr klein wird.

Auch wenn das nicht zutrifft, so gilt doch noch unter gewisser Voraussetzung ein Teil der Gesetzmäßigkeiten, die gelten würden, wenn der erste Fall unserer Einteilung streng realisiert wäre. Wir wollen mit ihrer Besprechung den Anfang machen, ohne uns auf die allgemeine Theorie zu beziehen, wie das in der obigen Einteilung schon geschehen ist. Nur in den Überschriften der Abschnitte soll diese Beziehung zur Geltung kommen.

II. Konstante Permeabilität.

a) Standpunkt der Fernwirkungstheorie. Permeabilität = 1.

6. Grundtatsachen; Qualitatives. Schon den Alten war bekannt, daß gewisse Eisenerze die Eigenschaft besitzen, kleine Eisenteilchen anzuziehen und festzuhalten. Nach Aristoteles soll bereits Thales v. Milet (627—547 v. Chr.) diese Kenntnis besessen haben. Der Magnetstein erhielt seinen Namen von der Stadt Magnesia in Karien, wo er gewonnen wurde. Als eigentlicher Begründer der magnetischen Wissenschaft kann erst Gilbert[2] gelten. Die quantitative Erforschung der Gesetze des Magnetismus setzt mit Coulomb[3] ein.

Das wichtigste natürlich vorkommende magnetische Material ist der Magneteisenstein, eine Oxydationsstufe des Eisens nach der Formel $FeO + Fe_2O_3$, weniger stark magnetisch ist der Magnetkies, der die Formel $5\,FeS + Fe_2S_3$ besitzt, noch weniger einige Erze des Nickels und Kobalts.

Nun kann man aber auch Magnete künstlich herstellen. Man bringt etwa ein Stück Eisen in Berührung mit einem natürlichen Magneten. Dadurch wird es selbst ein Magnet — ein künstlicher. Freilich verliert es seine magnetische Eigenschaft fast ganz, wenn wir es entfernen. Bringt man aber ein Stahlstück in Berührung mit einem natürlichen Magneten, etwa indem man es mit ihm bestreicht, so behält es seine magnetische Eigenschaft auch nach der Entfernung bei. Es ist ein dauernder oder p e r m a n e n t e r künstlicher Magnet geworden. Ein solcher kann nun auch seinerseits zur Erzeugung anderer künstlicher Magnete verwandt werden. Heutzutage werden aber künstliche Magnete nur durch elektrische Ströme hergestellt.

Jeder Magnet besitzt auf seiner Oberfläche Stellen, die das Eisen nicht anziehen (wenn es auch tangential zur Richtung der Oberfläche bewegt wird). Die Enden eines stabförmigen Magneten besitzen gewöhnlich die Eigenschaft, daß sie:

1. verhältnismäßig sehr stark anziehende Kräfte ausüben, daß

2. in ihrer Nähe die Kraft normal zur Oberfläche steht, und daß

3. die Kräfte von allen Seiten — auch von seitlich gelegenen Punkten — gegen das Ende gerichtet sind.

---

[1] Es liegt natürlich an unseren Maßeinheiten, wenn wir die Proportionalitätskonstante zwischen Induktion und Feldstärke gleich 1 setzen. Allgemein liegt der Fall 1. vor, wenn jeder Feldstärke dieselbe Induktion wie im Äther entspricht. Die Art der Abhängigkeit, die für permanente Magnete 3. entsprechen würde, kann nur dann vorkommen, wenn auch die 2. entsprechende erfüllt ist.

[2] W. Gilbert, De Magnete. London 1600.

[3] A. Ch. Coulomb, Mémoires de l'Académie royale des sciences 1785, S. 606, deutsch von W. König in Ostwalds Klassikern Nr. 13.

Denkt man sich nun an jeder Stelle des Raumes die Richtung, in der dort Eisen unter dem Einfluß des Magneten bewegt wird, und nun von jedem Punkte ausgehend eine Kurve gelegt, die stets diese Richtung besitzt, so erhält man dadurch eine Schar von Kraftlinien. Kraftlinien dünner Stäbe kann man sichtbar machen, indem man die Magnete mit einem Papierblatt bedeckt und dieses mit Eisenfeilspänen bestreut; dann ordnen sich die Eisenfeilspäne in Kraftlinien (s. S. 24, Abb. 7) an. Die Kraftlinien eines Stabmagneten werden nach dem oben Gesagten die Eigenschaft haben, gegen die Enden zu konvergieren; wir nennen die Enden Polenden und den Punkt im Innern des Magneten, dem die Kraftlinien zustreben, den Pol.

Doch brauchen Stahlmagnete nicht immer an den Enden Polenden zu besitzen. Daß das meist so ist, hat seinen Grund in der üblichen Art der Herstellung. Möglich ist aber an sich, daß die Enden keine Polenden sind[1]).

Nun wird man den Polenden eine Eigenschaft beilegen und sagen, sie haben ein magnetisches Quantum oder eine magnetische Ladung. Wollte man freilich diesem magnetischen Quantum Materialität zuschreiben, so würde man sich in Widerspruch zu der heutigen Anschauung setzen. Darum bleibt es doch richtig, daß in den Polenden ein Etwas ist, das den von ihnen ausgehenden Wirkungen zugeordnet werden kann. Nur das ist wieder zu bestreiten, daß dieses Etwas eine elementare Eigenschaft ist, vielmehr handelt es sich um bestimmte Anordnungen von elementaren Dingen.

Endlich haben uns diese Betrachtungen nur auf den Begriff der Ladung geführt, ohne daß wir schon dafür die endgültige Definition gewonnen hätten. Es ist möglich, daß an beliebigen Stellen eines Magneten Erscheinungen der eben beschriebenen Art auftreten, und doch die Teile um den Konvergenzpunkt der Kraftlinien herum keine Ladung besitzen. Der Begriff der Ladung wird eben zunächst aus bestimmten Erscheinungen abstrahiert; nach der Abstraktion ergibt sich aber, daß nicht in allen Fällen, wo die der Abstraktion zugrunde gelegten Erscheinungen vorhanden sind, wirklich die jenem Begriff entsprechende Realität vorhanden sein kann. Die wahre Definition kann nur eine implizite sein.

Ein Polende zieht nicht nur Eisenstücke an, sondern auch andere Polenden. Manche Polenden stoßen sich aber auch ab. Das führt zu einer wichtigen Einteilung der Polenden: Wenn ein Polende a ein Polende b abstößt, wenn b ferner c abstößt, so stößt a auch c ab. Die Eigenschaft, sich abzustoßen, ist also transitiv. Überall, wo symmetrisch-transitive Relationen bestehen, führen wir einen Begriff ein, in bezug auf den die betreffenden Dinge gleich sind[2]). So auch hier. Wir sagen von den Polenden, sie besitzen gleiche Ladungsart.

Nun zeigt sich weiter: Zwei Polenden, die sich nicht abstoßen, ziehen sich an; und wenn a sowohl b als c anzieht, so stoßen sich b und c ab. Daraus folgt: Es gibt nur zwei Ladungsarten. Um einen Namen für diese zu finden, hängen wir die Magnetnadeln auf. Im allgemeinen werden die Polenden derselben Art nach

---

[1]) Sofern über die Form des Magneten nichts ausgemacht wird, ist es auch möglich, daß an einer Stelle die Kraft senkrecht gegen den Körper und zudem stärker als in der Umgebung ist, daß aber dennoch die Kraftlinien in der Richtung nach dem Körper hin divergieren; ferner ist es möglich, daß an einer Stelle, wo die Kraft stärker als an benachbarten Körperstellen ist, ihre Richtung doch tangential ist. Endlich ist es durchaus möglich, daß die beiden Enden gleichen Magnetismus besitzen und die Mitte die entgegengesetzte Ladungsart (siehe z. B. J. MICHELL, A treatise of artificial magnets, 1. Aufl., S. 6. Cambridge 1750).

[2]) Vgl. z. B. HELMHOLTZ, Erkenntnistheoretische Schriften, S. 86 u. 101 f. Berlin 1922 und die dort angegebene Literatur.

derselben Richtung zeigen, entweder nach Norden oder Süden[1]). Die Orientierung des Magneten wird man dadurch erklären, daß man die Erde als Magnet ansieht. Der nach Norden zeigende Pol der Nadel ist dann offenbar ein Pol von entgegengesetzter Art wie der geographische Nordpol der Erde. Heißt also dieser (magnetische) Nordpol, so muß jener als Südpol bezeichnet werden. Diese Terminologie hat Ampère[2]) einführen wollen. Aber sein Übersetzer Gilbert[3]) sieht voraus, daß sie sich nicht einbürgern würde. In der Tat nennt man auch jetzt noch den nach Norden bzw. Süden weisenden Pol der Magnetnadel ihren Nord- bzw. Südpol; der geographische Nordpol der Erde ist also ihr magnetischer Südpol. Dem Nordpol bzw. Südpol schreiben wir Nord- bzw. Südmagnetismus zu[4]).

7. Permanente Magnete[5]). Die Magnetostatik — im engeren Sinn — hat es mit den von den Magneten ausgehenden Wirkungen zu tun. Nun gibt es natürliche und künstliche Magnete. Eisen wird, wie schon gesagt, bei Annäherung an andere Magnete nur vorübergehend, solange die Berührung besteht, in einen Magneten verwandelt; dagegen wird ein Stahlstück durch Bestreichen zu einem dauernden oder permanenten Magneten. Allgemein verstehen wir unter einem **permanenten Magneten** jeden Körper, der seine magnetische Eigenschaft nahezu unverändert behält; auch natürliche Magnete sind permanente Magnete.

Es ist klar, daß die Magnetostatik sich in erster Linie mit permanenten Magneten befassen muß. Sofern Magnete nicht durch Ströme erzeugt sind (Elektromagnete), setzt nämlich ein vorübergehend (temporär) magnetischer Körper die Nachbarschaft eines permanenten Magneten voraus. Wir werden daher in den ersten Teilen dieses Kapitels den Fall behandeln, daß nur permanente Magnete im Felde gegeben sind. Übrigens spielen auch in der Technik permanente Magnete eine wichtige Rolle, z. B. für Meßinstrumente, für Telephone, in der Automobilindustrie usw.

Es mögen daher der theoretischen Darstellung der Magnetostatik ein paar Worte über die Herstellung, die übliche Form und das Material von permanenten Magneten vorausgeschickt werden.

Früher waren die verschiedensten Methoden zur Herstellung permanenter Magnete üblich. Die Magnetisierung galt als eine wichtige Kunst, und G. Knight hielt seine Methode sein Leben lang geheim[6]). Man magnetisierte nach der Methode des einfachen und des Doppelstriches. Dieses letztgenannte Verfahren besteht darin, zwei Magnete mit entgegengesetzt gerichteten Polen in konstantem Abstand über dem zu magnetisierenden Stahlstück mehrfach hin und her zu bewegen[7]). Heutzutage bedient man sich zur Herstellung von permanenten Magneten

---

[1]) Ausnahmen sind möglich. Es kann z. B. in einem Stabmagneten ein anderer starker kleiner Magnet vorhanden sein, der entgegengesetzt gerichtet ist. Bei der Einstellung unter dem Einfluß des Erdmagnetismus ist die Einwirkung des kleinen Magneten ausschlaggebend, aber bei der oben beschriebenen Klasseneinteilung kommt es auf die Ladungsart der Polenden an. Es ist ein Glück, daß solche abnormen Fälle sich zunächst der Beobachtung entzogen haben. Sie hätten uns sonst vielleicht die Auffindung der Gesetzmäßigkeiten erschwert, die sich ja gar nicht auf Polenden beziehen, sondern auf etwas, das nur durch implizite Definitionen festzulegen ist.

[2]) A. M. Ampère, Ann. chim. phys. Bd. 15, S. 67. 1820.

[3]) A. M. Ampère, Gilberts Ann. d. Phys. Bd. 67, S. 124. 1821.

[4]) Natürlich kommt einem Polende, wenn es zu der Klasse von Polenden gehört, die normalerweise nach Norden zeigen, auch dann Nordmagnetismus zu, wenn es, frei aufgehängt, nach Süden zeigen sollte (s. Anm. 1).

[5]) Näheres s. Ziff. 85.

[6]) J. Lamont, Handb. d. Magnetismus, S. 227. Leipzig 1867. Vgl. auch J. Michell, A treatise of artificial magnets. 1. Aufl. S. 8. Cambridge 1750; und auch die Vorrede in der französischen Übersetzung, S. XXI. 1751.

[7]) J. Michell, a. a. O.

ausschließlich des elektrischen Stromes. Man bringt den Stahlstab in eine stromdurchflossene Spule; zieht man ihn wieder heraus, so bleibt er magnetisch. Damit er seine Stärke nicht mehr ändert, setzt man ihn noch erst der Wirkung eines entgegengesetzt gerichteten Stromes aus, wodurch er freilich an Stärke einbüßt (Ziff. 85).

Folgende Formen sind üblich[1]):

1. Magnetstäbe und Magnetnadeln.

2. Gebogene Magnete, z. B. Hufeisenmagnete.

3. Magazine, d. h. Kombinationen mehr oder weniger zahlreicher Einzelmagnete, etwa von Stab- oder Hufeisenform, so daß entsprechende Teile, insbesondere entsprechende Pole, aneinander zu liegen kommen. Die einzelnen Schichten werden durch Luft oder Firnis voneinander isoliert.

4. Astatische Magnete: zwei festverbundene Magnetnadeln, die parallel sind, deren Pole aber entgegengesetzt gerichtet sind. Ein solches Nadelpaar ist der Einwirkung des Erdfeldes entzogen.

Die Güte des permanenten Magneten hängt natürlich auch vom Material ab. Als Maß für die Eignung eines Materials hat Gumlich das Produkt von wahrer Remanenz und Koerzitivkraft eingeführt[2]). Die Bedeutung dieser Größe kann erst an anderer Stelle erklärt werden (Ziff. 85). Versuche von E. Gumlich[3]) ergaben nun, daß man durch Legierung von Eisen und Mangan eine hohe Koerzitivkraft erzielen kann, wobei allerdings die Remanenz zu stark abnahm. Durch Zusatz aber von Kobalt, dessen Legierungen mit Eisen nach P. Weiss und Preuss einen höheren Sättigungswert als reines Eisen besitzen, konnte die Remanenz wieder gehoben werden. Eine weitere Verbesserung ergab ein Zusatz von Chrom. Neuerdings hat man gute Erfolge mit größeren Zusätzen von Kobalt erzielt[4]).

8. Das Coulombsche Gesetz. Wenden wir uns jetzt den quantitativen Beziehungen zu, die für die Gesetze über die magnetischen Wirkungen gelten. Wir bemerken zunächst, daß die Kraft zwischen zwei magnetischen Polen in der Richtung ihrer Verbindungsgeraden wirkt. Das Grundgesetz für die Beziehung zwischen Stärke der magnetischen Wirkung und Entfernung wurde im Jahre 1785 von Coulomb gefunden[5]).

Coulomb bediente sich zweier Methoden. Einmal ließ er einen Magnetstab aus verschiedenen Entfernungen auf eine Magnetnadel wirken und maß deren Schwingungsdauer. Zweitens bediente er sich der Drehwage: An einem Drahte wurde eine Magnetnadel horizontal drehbar aufgehängt, daneben ein fester vertikaler Magnet gestellt, und es wurden durch Drehen verschiedene Lagen aufgesucht, für die sich die Torsionskraft, die Kraft des Erdmagnetismus und die vom festen Magneten herrührende Kraft das Gleichgewicht halten; aus der Torsion konnte dann unter Berücksichtigung der Kraft des Erdmagnetismus die Kraft zwischen dem einen Ende des festen Drahtes und dem einen Ende der Nadel berechnet werden.

---

[1]) Vgl. Grätz, Handb. d. Elektr. u. d. Magn., Bd, IV, S. 8f. Leipzig 1920.

[2]) E. Gumlich, Magnetische Messungen, S. 204. Braunschweig 1918.

[3]) E. Gumlich, ZS. f. Physik. Bd. 14, S. 241. 1923. Elektrot. ZS. Bd. 44, Heft 7, S. 145. 1923.

[4]) F. Stäblein, ZS. f. techn. Phys. Bd. 6, S. 582. 1925.

[5]) Ch. A. Coulomb, Mém. Acad. Roy. 1785, S. 606; deutsch von W. König, Ostwalds Klassiker Nr. 13. Leipzig 1890. Vorläufer: J. Michell (A treatise of artificial magnets. 1. Aufl. S. 19, Cambridge 1750); stellt das später nach Coulomb genannte Gesetz auf Grund eigner vorläufiger und fremder Beobachtungen als wahrscheinlich hin (siehe E. Hoppe, Geschichte der Physik, S. 360. Braunschweig 1926); T. Mayer, Göttinger Anz. 1760; J. H. Lambert, Hist. de l'acad. de Berlin 1765, S. 22.

Voraussetzung für die Messung mit der Drehwage ist:

1. daß der Magnetismus an den Enden in einem kleinen Bereiche konzentriert ist;

2. daß die Wirkung der abgewandten Pole vernachlässigt werden kann.

ad 1. Coulomb schloß aus Vorversuchen, daß sich das „Wirkungszentrum" des Magnetismus in etwa $^1/_{30}$ der Stablänge von den Enden entfernt befindet[1]), und daß fast der ganze Magnetismus einer Nadelhälfte in einem am Ende beginnenden Bezirk von $^1/_{12}$ bis $^1/_8$ der Nadellänge konzentriert ist. Coulomb stellte die Nadeln so auf, daß bei der Entfernung Null die abgeschätzten Wirkungszentren sich berührt hätten; der Bezirk, in dem sich nach seiner Angabe fast der ganze Magnetismus befindet, ist allerdings n i c h t klein gegen die kleinste benutzte Entfernung der Pole.

ad 2. Daß die Wirkung der abgewandten Pole vernachlässigt werden kann, schloß Coulomb aus seinem Entfernungsgesetz. Dieses wird also nicht direkt bestätigt, sondern eine Folgerung aus ihm, bei deren Ableitung das Gesetz zweimal benutzt wird. Coulomb fand nun, d a ß d i e K r a f t , m i t d e r d i e M a g n e t p o l e a u f e i n a n d e r w i r k e n , d e m Q u a d r a t i h r e r E n t f e r n u n g e n u m g e k e h r t p r o p o r t i o n a l i s t .

Dies Entfernungsgesetz hat Coulomb nur angenähert bestätigt gefunden. Es ist aber zu beachten, daß auch tatsächlich nur angenähert zwischen den beiden Magneten eine Kraft wirkt, die dem Quadrat der Entfernung der Pole umgekehrt proportional ist. Um so genauer wird das Quadratgesetz Geltung haben, je besser den obenerwähnten Bedingungen genügt wird. Es ist nun klar, daß sie um so besser erfüllbar sein werden, je dünner die Magnetnadeln sind. Aber geringe Dicke der Nadeln dient noch (vermutlich) aus einem anderen Grunde zur Vereinfachung der Theorie.

In die allgemeinen Formeln geht noch eine Konstante ein. Wird diese gleich $= 1$ gesetzt, so kann die Gesamtkraft aus Elementarkräften zusammengesetzt werden, die das quadratische Entfernungsgesetz befolgen; wenn aber die Konstante von 1 verschieden ist, was tatsächlich für permanente Magnete immer zutrifft, so treten noch Zusatzglieder auf. Man wird nun auf Grund der im folgenden zu entwickelnden Theorie vermuten können, daß diese verschwinden, wenn die Drähte sehr dünn sind gegen den Abstand der aufeinanderwirkenden Pole, also erst recht gegen die Länge der Magnete selbst. (Einen strengen Beweis für diese Behauptung kann ich aber nicht angeben.)

Wir werden nun zunächst von der Wirkung isolierter Pole sprechen. Damit wir uns diesem Grenzfall beliebig nähern können, wäre zunächst erforderlich, daß die obigen Bedingungen 1.—2. immer besser erfüllt werden könnten.

Aber auch wenn das nicht der Fall ist, läßt sich mit immer größerer Annäherung der Fall herstellen, daß die Gesamtwirkung aus Elementarkräften zusammengesetzt wird, die dem quadratischen Entfernungsgesetz genügen; dazu ist, wie wir sahen, noch eine Bedingung erforderlich. Wir brauchen aber nicht zu verlangen, daß die Magnete dünn gegen ihre Länge sind; es genügt vermutlich, wenn die Lineardimensionen der aufeinanderwirkenden Magnete klein gegen ihre Entfernung sind. (Auch diese Behauptung vermag ich nicht streng zu beweisen.)

Als Coulombsches Gesetz können wir zunächst das Gesetz bezeichnen, daß sich für den oben angegebenen Grenzfall die Kraft umgekehrt wie das Quadrat

---

[1]) Nach neueren Angaben befindet sich bei einem Stab der Konvergenzpunkt der Kraftlinien in einer Entfernung von etwa $^1/_{12}$ der Länge von den Enden; vgl. auch die Berechnung Rieckes (Ziff. 38), wonach der Abstand der Schwerpunkte von den Enden $^1/_7$ der Länge beträgt. Vgl. auch J. Michell, a. a. O. S. 19.

der Entfernung verhält; sodann aber auch das Gesetz, daß sich die Gesamt-wirkung zweier Magnete aufeinander, falls ihre Dimensionen klein gegen die Ent-fernung sind, so berechnen läßt, als ob über den ganzen Körper Pole verteilt wären. Endlich kann man auch darunter noch ein allgemeines Gesetz ver-stehen, daß sich hier noch nicht aussprechen läßt (Ziff. 54). Das COULOMBsche Gesetz im zweiten Sinne wurde nach seiner Entdeckung noch auf viele andere Weisen, zum Teil strenger, bestätigt. Auf die GAUSSische Bestätigung werden wir später zu sprechen kommen (Ziff. 27).

9. Magnetisches Quantum. Wir beginnen mit der Betrachtung gewisser Gesetzmäßigkeiten für die Wirkung isolierter Pole aufeinander. Empirisch können wir sie nicht exakt bestätigen, da, wie bemerkt, punktförmige Pole nur ange-nähert — und wohl nicht mit beliebig zu steigernder Annäherung — herge-stellt werden können, und außerdem stets die Wirkung der abgewandten Pole zu berücksichtigen ist. Aber angenähert lassen sich diese Gesetze bestätigen, sofern die Magnete nur hinreichend entfernt voneinander sind.

Seien P, Q, p, q vier Pole und werden nacheinander P und p, Q und p, P und q, Q und q in dieselbe Entfernung gebracht. Bezeichnen wir mit $[P, p]$, $[Q, p]$ usw. die Kraft von P auf p, Q auf p usw., so ist

$$\frac{[P, p]}{[Q, p]} = \frac{[P, q]}{[Q, q]} \, . \tag{1}$$

Soviel mal also wie die Wirkung von P auf p stärker ist als die von Q auf p, ebensoviel ist auch die Wirkung von P auf q stärker als die von Q auf q.

Der Satz gilt auch, wenn von p und q ein Pol Nord-, der andere Südmagnetis-mus besitzt. In diesem Fall haben in (1) die Zähler links und rechts verschiedenes Vorzeichen. Die Brüche links und rechts sind auch dem Vorzeichen nach die-selben. Sie sind positiv, wenn P und Q beide Nordmagnetismus oder beide Südmagnetismus besitzen, sonst negativ.

Wir wollen jetzt verschiedene Entfernungen berücksichtigen. Sei $[P, p; r]$ die Kraft, mit der P auf p in der Entfernung r wirkt. Wie wir eben gesehen haben, ist

$$\frac{[P, p; r]}{[Q, p; r]} = \frac{[P, q; r]}{[Q, q; r]} \, . \tag{2 1)}$$

Aber es ist auch

$$\frac{[P, p; r_1]}{[Q, p; r_1]} = \frac{[P, q; r_2]}{[Q, q; r_2]} \, . \tag{3 2)}$$

Wir werden also sagen, daß an und für sich die von P ausgehende Wirkung in einem bestimmten Verhältnis stärker (oder schwächer) ist als die von Q, und werden das Verhältnis

$$\frac{[P, p; r]}{[Q, p; r]} \, ,$$

das unabhängig von p und r ist, als das Verhältnis des aktiven magnetischen Quantums von P zu dem von Q bezeichnen. Indem wir einem Pol willkürlich die Einheit des magnetischen Quantums zuschreiben, gelangen wir zum Begriff des **aktiven magnetischen Quantums**.

---

[1]) Nach dem COULOMBschen Gesetz braucht man diese Beziehung nur für e i n r anzu-setzen; sie folgt dann für alle. Es gilt nämlich nach dem COULOMBschen Gesetz $\frac{[P, p; r_1]}{[Q, p; r_1]} = \frac{[P, p; r_2]}{[Q, p; r_2]}$, eine Beziehung, die aber allgemeiner ist, als das COULOMBsche Gesetz.

[2]) Auch diese Beziehung ergibt sich, wenn (2) für ein beliebiges r nachgewiesen ist, aus dem COULOMBschen Gesetz bzw. aus der in der vorigen Anmerkung angegebenen Gleichung.

Wir können noch auf eine zweite Weise den Polen Zahlen zuordnen; wir haben nämlich

$$\frac{[P,\,p\,;\,r_1]}{[P,\,q\,;\,r_1]} = \frac{[Q,\,p\,;\,r_2]}{[Q,\,q\,;\,r_2]}\,. \tag{4}$$

Man wird also den Polen p und q ein Verhältnis ihrer passiven magnetischen Quanten zuschreiben, nämlich den von P und r unabhängigen Bruch

$$\frac{[P,\,p\,;\,r]}{[P,\,q\,;\,r]}\,.$$

Indem wir einem Pole willkürlich die Einheitsladung zuschreiben, gelangen wir zum Begriff des passiven magnetischen Quantums.

Aber das Verhältnis des aktiven magnetischen Quantums zweier Pole ist gleich dem Verhältnis ihrer passiven magnetischen Quanten. In Zeichen:

$$\frac{[P,\,p\,;\,r_1]}{[Q,\,p\,;\,r_1]} = \frac{[q,\,P\,;\,r_2]}{[q,\,Q\,;\,r_2]}\,. \tag{5}$$

Wenn wir also einen Pol als Einheitspol wählen, so ist das aktive magnetische Quantum stets dem passiven gleich.

Indes bedürfen wir, um 4. und 5. einzusehen, keines neuen Erfahrungssatzes, der speziell der Magnetostatik angehörte. Aus dem Reaktionsprinzip folgt nämlich, daß sich die Kräfte, die zwei Pole P und Q von demselben Pol q aus derselben Entfernung erleiden, wie ihre aktiven magnetischen Quanten verhalten [Gl. (5)], also auch ihr Verhältnis unabhängig von dem magnetischen Quantum der auf sie wirkenden Pole und deren Entfernung ist [Gl. (4)].

Die Kraft also, die zwischen zwei Polen wirkt, verhält sich, wenn die Entfernung festgehalten wird, wie das Produkt der magnetischen Quanten, oder es ist, wenn diese mit e_1, e_2 bezeichnet werden und die Kraft mit K:

$$K = A\,e_1\,e_2\,, \tag{6}$$

wo A positiv ist und noch von der Entfernung abhängt. Es ist also

$$K = f(r)\,e_1\,e_2\,. \tag{7}$$

Aus dem Coulombschen Gesetz (Ziff. 8)[1] folgt aber

$$K = \frac{a}{r^2}\,e_1\,e_2\,, \tag{8}$$

wo a eine von der Entfernung unabhängige, positive Konstante ist. Die Konstante a hängt von unseren Maßeinheiten ab. Diese wählen wir aber nunmehr so, daß $a = 1$ wird. Nordmagnetismus setzen wir positiv, Südmagnetismus negativ. Es ist dann

$$K = \frac{e_1\,e_2}{r^2}\,. \tag{9}$$

Man erhält also — vom Vorzeichen abgesehen — das magnetische Quantum eines Poles, wenn man einen gleich starken aufsucht, d. h. einen Pol, der dieselbe Wirkung hervorruft (s. oben), ihn von jenem in der Entfernung r aufstellt und die Kraft K mißt, die er von jenem erleidet. Es ist dann sein magnetisches Quantum

$$e = \pm r\sqrt{K}\,. \tag{10}$$

Um (10) anwenden zu können, müssen wir also schon wissen, was Gleichheit des magnetischen Quantums ist. Hierzu können wir uns auf die früheren Festsetzungen berufen, die möglich sind auf Grund der Gesetzmäßigkeiten (1) bis (5). Indes kann man die Gleichheit des Quantums auch definieren, wenn nur ein Teil jener Gesetzmäßigkeiten gilt, nämlich die folgenden:

---

[1] Es verdient bemerkt zu werden, daß das Gleichungssystem (2) bis (7) und das Coulombsche Gesetz voneinander unabhängig sind.

Wenn P und Q auf den Pol p in der Entfernung r_1 die gleiche Kraft ausüben, so werden sie auch auf jeden anderen Pol q in jeder anderen gleichen Entfernung r_2 die gleiche Kraft ausüben. Hierzu ist noch das Reaktionsprinzip zu nehmen. Eine solche Gesetzmäßigkeit kann gelten, ohne daß doch der ganze Inhalt von (1) bis (5) zu gelten brauchte.

Auch dann könnten wir gleiche Quanten definieren — eben als solche P und Q, die auf einen Pol in einer Entfernung dieselbe Kraft ausüben — und dann nach (10) das Maß des magnetischen Quantums. Es müßten dann aber immer noch zur Entwicklung der vollen Theorie die Sätze (1) bis (5) hinzugenommen werden.

Die magnetischen Quanten haften an den Polen. Es ist das zunächst keine Erfahrungstatsache sondern eine Festsetzung, die durch die Sätze (1) bis (5) nahegelegt wird. Nun gelten diese auch nicht annähernd, und auch nicht das COULOMBsche Gesetz, wenn die magnetischen Quanten nicht von derselben Größenordnung sind. So ist z. B. folgendes möglich: Zwei gleich starke Pole sind so weit entfernt, daß das COULOMBsche Gesetz mit einer gewissen Annäherung gilt. Ersetzt man nun aber den einen durch einen sehr viel schwächeren, so nimmt die Wirkung nicht in demselben Verhältnis ab, und das COULOMBsche Gesetz versagt gänzlich. Man wird dann dem schwächeren Pol noch immer ein Quantum zuschreiben, das nach (10) zu bewerten ist (dadurch also, daß man ihn mit einem ihm gleichen in Wechselwirkung bringt). Schreibt man dem Pol aber dieses Quantum zu, so wird, wenn er in Wechselwirkung mit dem starken Pol gebracht wird, das COULOMBsche Gesetz (9) auch nicht annähernd erfüllt. Wir können ihm nun aber doch ein Quantum zuschreiben, das (9) genügt. Dieses, das nicht an dem Pol haftet, sondern sich mit seiner Entfernung verändert, heißt das freie Quantum.

Die allgemeine Theorie wird auch über die Anziehungskräfte beliebig gestalteter Magnete Gesetze aufstellen müssen. Sofern die Magnete eine gegen ihre Dimensionen große Entfernung voneinander haben, kann man die Gesamtkraft erhalten, indem man die Magnete in Volumenelemente zerlegt, diesen magnetische Quanten zuschreibt, die Elementarkräfte nach dem COULOMBschen Gesetz ermittelt und integriert. Die erforderlichen magnetischen Quanten heißen scheinbare. Der Begriff des wahren Quantums für beliebige Formen wird später eingeführt werden. Für sehr langgestreckte Formen ist der wahre Magnetismus gleich dem scheinbaren.

Die im vorstehenden definierte Einheit der magnetischen Ladung heißt absolute Einheit des $c \cdot g \cdot s$-Systems. Wie aus der Gleichung (10) hervorgeht, besitzt die in den Einheiten gemessene magnetische Ladung die Dimension

$$m^{\frac{1}{2}}\, l^{\frac{3}{2}}\, t^{-1}.$$

Das magnetische Quantum 1 besitzt ein Pol, wenn er auf einen ihm gleichen in der Entfernung 1 befindlichen die Kraft eine Dyne ausübt.

10. Die magnetische Feldstärke. Gewöhnlich[1]) besitzt ein Magnet an den beiden Enden entgegengesetzte Pole. Bricht man ihn durch, so findet man an der Bruchstelle in jedem Teilstück einen Pol von entgegengesetzter Ladungsart, wie an dem anderen Ende[2]). Das legt die Annahme nahe, daß jeder Magnet

---

[1]) Siehe S. 5, Anm. 1.

[2]) Dieser Versuch wurde in einem von PETRUS PEREGRINUS DE MARICOURT am 12. Aug. 1269 geschriebenen Brief beschrieben: Petri Peregrini Maricourtensis de Magnete, seu Rota perpetui motus, libellus. Augsburg 1558; Neudrucke von Schriften und Karten über Meteorologie und Erdmagnetismus Nr. 10. Berlin 1898. (Vgl. E. HOPPE, Geschichte der Physik. S. 340. Braunschweig 1926. — R. VAN REES [Pogg. Ann. (3) Bd. 10, S. 1. 1847] erwähnt einen solchen Versuch von COULOMB.

gleich viel Nord- und Südmagnetismus enthält. Man stellt sich also den Magneten aus kleinen Molekularmagneten aufgebaut vor. In der Mitte können sich die entgegengesetzten Pole aufheben, an den Enden werden sie nicht kompensiert und wirken in die Ferne. Wir werden später Tatsachen kennenlernen, die es bestätigen, daß ein Magnet gleich viel Nord- und Südmagnetismus besitzt (Ziff. 37).

Es läßt sich nun zeigen, daß sich jede Verteilung des Magnetismus, bei der sich im ganzen Nord- und Südmagnetismus aufheben, durch Paare entgegengesetzter Pole ersetzen läßt. Wir werden also von der Betrachtung solcher Polpaare ausgehen können. Dabei wird es aber zweckmäßig sein, zunächst die Wirkung von Einzelpolen zu behandeln, also zunächst auf die Beschränkung zu verzichten, daß in einem System ebensoviel Nord- wie Südmagnetismus enthalten ist. Sie kann nachträglich eingeführt werden. Übrigens kann der Fall einer beliebigen Anordnung von Polen auch durch sehr lange Magnete angenähert realisiert werden. Man ordnet dann die Magnete so an, daß von jedem nur der e i n e Pol zum System gehört, während der andere sehr weit entfernt ist. Die Wirkungen dieses Systems sind dann nur an Stellen zu betrachten, die den abgewandten Polen nicht zu nahe liegen. Denken wir uns also ein beliebiges System von magnetischen Polen.

Sei ein Pol P_l hervorgehoben, und nennen wir die Kraft, die die übrigen k auf ihn ausüben, $\Re_{1\ldots k;\,l}$; nennen wir ferner die Kraft, die einer, der $i$te von den k-Polen, auf ihn ausübt, wenn die anderen entfernt werden

$$\Re_{i;\,l}\,.$$

Dann gilt
$$\Re_{1\ldots k;\,l} = \sum_1^k{}^i \Re_{i;\,l}\,. \tag{11}$$

Dieser Satz ist ein reiner Erfahrungssatz. Er kann natürlich nicht für alle Werte von k und für alle Lagen verifiziert werden. Man bestätigt ihn etwa für den Fall $k = 2$. Eine Verifikation für ihn gibt z. B. die Gaussische Methode (Ziff. 27).

Unser Kombinationsprinzip gilt übrigens für viele Gattungen scheinbarer Fernkräfte. Würde ein Prinzip wie dieses nicht gelten (bzw. das d'Alembertsche Prinzip), so hätte die Einführung des Kraftbegriffes neben dem Begriff der Beschleunigungen keinerlei Bedeutung. Man erkennt auch in diesem Zusammenhang, daß man nicht etwa Kraft als Produkt von Masse und Beschleunigung definieren darf.

Das Kombinationsprinzip gilt nur für die Wirkung von Polen, diese als Grenzgebilde aufgefaßt. Nicht aber dürfen wir allgemein die Wirkung eines beliebig gestalteten Magneten nach dem Kombinationsprinzip bestimmen. Natürlich steht es immer frei, das Kombinationsprinzip f o r m a l durch die Annahme aufrechtzuerhalten, durch die Kombination hätten sich die magnetischen Quanten verändert; es komme nur auf die freien an, und diese seien nur für die isolierten Magnete den wahren (annähernd) gleich.

Aus der Definition der passiven magnetischen Quanten (Ziff. 9) folgt, daß, wenn e_l die Ladung des l-ten Poles ist und $\mathfrak{k}_i$ die Kraft, die von dem i-ten auf einen Einheitspol ausgeübt wird

$$\Re_{i;\,l} = e_l\mathfrak{k}_i \tag{12}$$

ist, also nach (11)
$$\Re_{1\ldots \mathfrak{k};\,l} = e_l\sum_1^k \mathfrak{k}_i\,. \tag{13}$$

Daraus ergibt sich: Will man für ein gegebenes System von Polen $P_1\ldots P_k$ berechnen, wie groß die Kraft auf jeden anderen Pol in jedem Punkte ist, so

braucht man nur ein für a l l e m a l für alle Punkte einen Vektor, nämlich $\sum_1^k{}^i \mathfrak{k}_i$

zu ermitteln. Die Kraft auf einen Pol von der Stärke e_l findet man durch Multiplikation dieses Vektors mit e_l.

Wir nennen nun den Vektor, aus dem wir die Kraft auf den Pol e_l durch Multiplikation mit e_l erhalten können, also die Kraft auf den Einheitspol, Feldstärke und bezeichnen ihn mit $\mathfrak{H}$.

Es ist also

$$\sum_{1}^{k}{}_i \mathfrak{k}_i = \mathfrak{H}\,.\tag{14}$$

Schreiben wir für die Kraft jetzt einfach $\mathfrak{K}$ und lassen auch den entbehrlichen Index l fort, so schreibt sich (13)

$$\mathfrak{K} = e\,\mathfrak{H}\,.\tag{15}$$

Nach dieser Darstellung ist die Feldstärke eine ideale Größe, eine Rechengröße. Sie gibt an, welche Kraft auf einen Einheitspol ausgeübt würde, wenn er sich an einer bestimmten Stelle befinden würde. Ist er dort nicht vorhanden, so kann zwar diese Kraft berechnet werden, aber eine Realität ihr zuzuschreiben, haben wir keine Veranlassung. So der Standpunkt der Fernwirkungstheorie (in einem gewissen Sinne des Wortes, siehe Ziff. 4).

Anders die Nahwirkungstheorie. Diese wird an jeder Stelle des Raumes eine Realität annehmen, die dem Ausdruck $\sum_{1}^{k}{}_i \mathfrak{k}_i$ entspricht, und von der irgendeine Maßbestimmung durch jenen Ausdruck bestimmt ist. Zweifellos wird die Nahwirkungstheorie — das Wort in diesem Sinne verstanden — einleuchtender erscheinen.

Aus (14) folgt: Bringen mehrere Systeme von Polen einzeln die Feldstärken $\mathfrak{H}_i$ hervor, so bringen alle zusammen eine Feldstärke

$$\mathfrak{H} = \sum \mathfrak{H}_i \tag{16}$$

hervor.

Die von einem einzigen Pol e in der Entfernung r erzeugte Feldstärke besitzt nach (9) den absoluten Betrag

$$H = |\mathfrak{H}| = \frac{e}{r^2}\,.\tag{17}$$

Daraus ergibt sich auch die Dimension der Feldstärke. Da e die Dimension $m^{\frac{1}{2}} l^{\frac{3}{2}} t^{-1}$ besitzt (Ziff. 9), hat $\mathfrak{H}$ die Dimension $m^{\frac{1}{2}} l^{-\frac{1}{2}} t^{-1}$. Eine Feldstärke, deren absoluter Betrag $= 1$ ist, heißt ein Gauß. Das magnetische Quantum 1 erzeugt also in der Entfernung 1 die Feldstärke 1 Gauss. Befindet sich dort, wo eine Feldstärke von 1 Gauß herrscht, das magnetische Quantum 1, so erfährt dieses die Kraft von 1 Dyne, d. h., sofern es die Masse 1 besitzt, einen Geschwindigkeitszuwachs von 1 cm/sec.

Wir haben die Feldstärke durch die Kraft definiert, die ein Einheitspol erfährt. Es zeigt sich aber nun, daß die Feldstärke noch anders gemessen werden kann. Bilden wir aus einem Leitungsdraht eine kleine ebene Schleife, bringen diese in die zu untersuchende Stelle des Feldes und dann plötzlich in sehr große Entfernung, so fließt durch den Draht ein Strom: Die gesamte Elektrizitätsmenge kann mit dem ballistischen Galvanometer gemessen werden. Wir variieren nun die anfängliche Stellung der durch die Schleife bestimmten Ebene, bis wir diejenige erhalten, bei deren Wahl man nach der Entfernung der Schleife die größte Elektrizitätsmenge E findet. Die senkrecht auf dieser Ebenenstellung stehende Richtung ist die Richtung der Feldstärke. Der Richtungssinn der Feldstärke bestimmt sich durch folgende Regel: Sieht man vom Endpunkt eines in der Schleifenebene errichteten, der Feldstärke parallelen Vektors auf die Ebene, so sieht man die Bewegung des Stromes (die der Elektronenbewegung entgegengesetzt ist) im entgegengesetzten Sinne des Uhrzeigersinnes erfolgen. Ist endlich W der Widerstand der Schleife und f der Flächeninhalt der von ihr umspannten Fläche, so ist:

$$|\mathfrak{H}| = \frac{c\,EW}{f}, \tag{18}$$

wo c eine universelle Konstante ist, deren Wert, wenn E und W elektrostatisch gemessen werden, $3 \cdot 10^{10}$ cm/sec beträgt. Hierdurch ist $\mathfrak{H}$ vollständig bestimmt.

11. Das Potential. Da nach (17) die von einem Pole von dem Quantum e hervorgebrachte Feldstärke den Betrag e/r^2 besitzt, so sind die Komponenten $\mathfrak{H}_x$, $\mathfrak{H}_y$, $\mathfrak{H}_z$ der Feldstärke durch

$$\left.\begin{aligned} \mathfrak{H}_x &= \frac{e}{r^3}\,x \\[4pt] \mathfrak{H}_y &= \frac{e}{r^3}\,y \\[4pt] \mathfrak{H}_z &= \frac{e}{r^3}\,z \end{aligned}\right\} \tag{19}$$

gegeben, wenn x, y, z die Komponenten des Vektors bedeuten, der vom Pole aus zu dem Punkte gezogen wird, in dem die Feldstärke gesucht wird, und r den absoluten Betrag dieses Vektors.

Sei nun ein beliebiges System von Polen gegeben. Wir nennen die Stellen, an denen diese liegen, Quellpunkte und bezeichnen sie mit P_q, also mit P_{q1}, P_{q2} usw., ihre Koordinaten mit x_{q1}, y_{q1}, z_{q1}, x_{q2}, y_{q2}, z_{q2} usw., ihre magnetischen Quanten mit e_{qi}. Der Punkt, für den die Feldstärke gesucht wird, heiße Aufpunkt und werde mit P_p bezeichnet, und seine Koordinaten mögen mit x_p, y_p, z_p bezeichnet werden. Endlich sei r_{pqi} der Abstand von P_p und P_{qi}. Dann ist nach (16) und (19)

$$\mathfrak{H}_x = \sum_i e_{qi}\,\frac{x_p - x_{qi}}{r_{pqi}^3} \quad \text{usw.} \tag{20}$$

Um nur mit einer Formel statt mit drei rechnen zu brauchen, setzen wir

$$\Phi = \sum \frac{e_{qi}}{r_{pqi}}. \tag{21}$$

Daraus ergibt sich sofort durch Differenzieren

$$\mathfrak{H}_x = -\frac{\partial \Phi}{\partial x}; \qquad \mathfrak{H}_y = -\frac{\partial \Phi}{\partial y}; \qquad \mathfrak{H}_z = -\frac{\partial \Phi}{\partial z},$$

wofür wir

$$\mathfrak{H} = -\operatorname{grad} \Phi \tag{22}$$

schreiben.

Φ heißt das Potential.

12. Laplacesche Gleichung. Aus (19) ergibt sich:

$$\frac{\partial \mathfrak{H}_z}{\partial y} - \frac{\partial \mathfrak{H}_y}{\partial z} = 0 \quad \text{usw.}$$

wofür wir schreiben:

$$\operatorname{rot} \mathfrak{H} = 0. \tag{23}$$

Ferner folgt aus (19)

$$\frac{\partial \mathfrak{H}_x}{\partial x} + \frac{\partial \mathfrak{H}_y}{\partial y} + \frac{\partial \mathfrak{H}_z}{\partial z} = 0,$$

wofür wir schreiben:

$$\operatorname{div} \mathfrak{H} = 0. \tag{24}$$

Aus (22) und (24) ergibt sich:

$$\frac{\partial^2 \Phi}{\partial x^2} + \frac{\partial^2 \Phi}{\partial y^2} + \frac{\partial^2 \Phi}{\partial z^2} = 0,$$

wofür wir schreiben:

$$\Delta \Phi = 0. \tag{25}$$

Diese Gleichung heißt die Laplacesche Gleichung.

13. Kraftlinien. Schreiten wir von einem Punkte des Raumes ein wenig in Richtung der Feldstärke fort, gehen dann von dem neuen Punkte in der Richtung der dort herrschenden Feldstärke wieder ein wenig weiter und setzen dieses Verfahren fort, so erhalten wir einen geradlinigen Streckenzug. Werden nun die Strecken dieses Zuges immer kleiner gemacht, so konvergiert er gegen eine Kurve, die Kraftlinie heißt. Die Kraftlinie hat in jedem Punkt die Richtung der Feldstärke. Man kann sich den ganzen Raum mit Kraftlinien erfüllt denken.

Das zu einem Pol gehörige Kraftliniensystem strahlt radial von ihm aus. Wir werden bald ein Verfahren kennenlernen, das Kraftliniensystem zu zeichnen, das zu mehreren auf einer Geraden liegenden Polen gehört.

Zunächst bringt das Kraftliniensystem nur die Richtung der Feldstärke in jedem Punkt zur Anschauung. Es fragt sich, ob wir auch die Stärke der Kraft aus ihm ersehen können.

14. Dichte der Kraftlinien. Das ist möglich, wenn wir bei der Auswahl der zu zeichnenden Kraftlinien eine gewisse Regel befolgen. Aus (24) und dem GAUSSischen Satz folgt

$$\int \mathfrak{H}_\nu \, do = 0, \tag{26}$$

wo die Integration über eine geschlossene, keinen Pol enthaltende Fläche zu erstrecken ist, deren Oberflächenelement do sei; $\mathfrak{H}_\nu$ sei die Komponente der Kraft in Richtung der äußeren Normale. Das Integral $\int \mathfrak{H}_\nu \, do$ über eine beliebige (auch ungeschlossene) Fläche heißt Kraftfluß. Der Kraftfluß also durch jede geschlossene, keinen Pol enthaltende Fläche ist Null.

Wir denken uns jetzt ein Flächenstück F_0, das nirgends den Kraftlinien parallel ist und durch keine Pole geht. Wir teilen es in möglichst kleine Zellen ΔO_0; diese wählen wir so klein, daß sich innerhalb von ΔO_0 der Vektor $\mathfrak{H}$ nicht merklich ändert. Nun lassen wir von jedem ΔO_0 nach beiden Seiten Z_0 Kraftlinien ausgehen, wo

$$Z_0 = g \, \Delta O_0 \cdot \mathfrak{H}_\nu \tag{27}$$

ist, und g so gewählt wird, daß Z_0 eine große Zahl ist. Die Kraftlinien verfolgen wir dann beliebig weit, nur sollen sie F_0 nicht wieder schneiden. Nach Konstruktion ist auf F_0 die Normalkomponente $\mathfrak{H}_\nu$ von $\mathfrak{H}$ durch die durch g dividierte Dichte $Z_0/\Delta O_0$ der Punkte gegeben, in denen die Kraftlinien das Flächenstück durchsetzen. Entsprechendes gilt aber auch im ganzen Raum, wohin die Kraftlinien dringen. Betrachten wir nämlich ein aus Kraftlinien bestehendes röhrenförmiges Stück, das an einem Ende von einem Flächenstück ΔO_0 begrenzt wird und am anderen Ende durch ein Flächenstück, das ΔO heiße. Dann ist nach (26), da an der Röhrenwand $\mathfrak{H}_\nu = 0$ ist,

$$\int_{\Delta O_\nu} \mathfrak{H}_\nu \, do = \int_{\Delta O} \mathfrak{H}_\nu \, do,$$

$$\mathfrak{H}_{\nu 0} \, \Delta O_0 = \mathfrak{H}_\nu \, \Delta O.$$

Also, wenn Z die Zahl der durch ΔO dringenden Kraftlinien bedeutet, da $Z = Z_0$ ist, nach (27)

$$\frac{Z}{g} = \mathfrak{H}_\nu \, \Delta O. \tag{28}$$

Insbesondere wird man solche Flächenstücke ΔO wählen, die senkrecht auf den Kraftlinien stehen. Für sie ist

$$|\mathfrak{H}| = \frac{1}{g} \frac{Z}{\Delta O}. \tag{29}$$

Der absolute Betrag der Feldstärke ist überall gleich der Dichte der Kraftlinien, d. h. der Zahl der Kraftlinien, die ein Flächenelement von geeigneter Größenordnung[1]) durchsetzen, dividiert durch den Inhalt des Flächenstückes, eine ein für allemal fest gewählte Konstante.

Wir haben so ein Mittel gewonnen, nicht nur die Richtung, sondern auch die Größe der Kraft durch die Dichte der Kraftlinien zum Ausdruck zu bringen.

15. Kraftfluß in einem System von Polen. Legen wir um einen Pol von dem magnetischen Quantum e eine Kugel, so ist nach (17) das über die Kugelfläche erstreckte Integral

$$\int \mathfrak{H}_\nu \, do = 4\pi e.$$

Nach (24) und dem Gaussischen Satz muß also für jede nur den Pol enthaltende Fläche das über sie erstreckte Integral

$$\int \mathfrak{H}_\nu \, do = 4\pi e \tag{30}$$

sein.

Betrachten wir nun ein System von Polen $P_1^1, P_1^2 \ldots P_2^1, P_2^2 \ldots$ und eine Fläche F, die die Pole P_1 umschließt. Auf dieser Fläche ist nach (16)

$$\mathfrak{H} = \sum_i \mathfrak{H}_1^i + \mathfrak{H}',$$

wenn $\mathfrak{H}_1^i$ die von den P_1^i herrührende Feldstärke und $\mathfrak{H}'$ die Feldstärke bedeutet, die von den Polen $P_2 \ldots$ herrührt. Es ist also

$$\int \mathfrak{H}_\nu \, do = \sum \int \mathfrak{H}_{1\,\nu}^i \, do + \int \mathfrak{H}'_\nu \, do.$$

Nach (24) und (30) ist also

$$\int \mathfrak{H}_\nu \, do = 4\pi e, \tag{31}$$

wo e das gesamte magnetische von der Fläche umschlossene Quantum bedeutet.

Für ein System von Polen ist der Kraftfluß durch eine einen Teil dieser Pole umschließende Fläche gleich dem 4π-fachen des von der Fläche umschlossenen magnetischen Quantums.

Insbesondere wird der Kraftfluß durch eine einen einzigen Pol von der Stärke e umschließende Fläche $4\pi e$ sein.

Nach der in Ziff. 14 angegebenen Konstruktion müssen also von jedem Pol von der Stärke e Kraftlinien in der Zahl $4\pi e g$ ausgehen. Häufig sagt man, indem man auf die Zahl g keinen Wert legt, jeder Pol e entsende $4\pi e$, insbesondere jeder Einheitspol 4π Kraftlinien.

16. Kraftlinien eines Poles. Wir wollen jetzt die zu einem System von Polen gehörigen Kraftlinien konstruieren und mit dem Kraftliniensystem eines isolierten Poles beginnen.

Zu diesem Zweck müssen wir die Fläche der um den Pol beschriebenen Kugel in flächengleiche Teile zerlegen.

Wir legen durch den Mittelpunkt O der Kugel eine Achse, die die Oberfläche in A und B durchstößt. Teilt man die Achse in sehr viele gleiche Teile und legt durch die Teilpunkte senkrechte Ebenen, so wird die Kugelfläche in sehr viele kleine gleiche Teile zerlegt. Doch sind diese in einer Richtung noch nicht genügend unterteilt. Wir werden sie also noch durch viele durch die Achse gelegte Meridianebenen von gleichem Winkelabstand in gleiche Teile zerlegen. Nun ziehen wir durch jeden dieser Teile gleich viel radiale Geraden. Wir können auch durch jeden Flächenteil nur einen Radius ziehen; dann bestehen die Flächenteile ΔO, von

---

[1]) Das Flächenstück darf nicht so klein gewählt werden, daß es nur von wenigen Kraftlinien durchsetzt wird, und nicht so groß, daß in ihm die Kraftliniendichte sich wesentlich ändert.

denen oben (Ziff. 14) die Rede war, aus sehr vielen solchen Teilen. Man kann insbesondere alle Kraftlinien durch die Schnittpunkte der auf der Achse senkrecht stehenden Ebenen mit den Meridianebenen ziehen. Beschränkt man sich auf die Kraftlinien in e i n e r Meridianebene, so erhält man eine Figur, die folgendermaßen (Abb. 1) konstruiert wird: Der Durchmesser AOB eines Halbkreises wird in gleiche Teile geteilt; in den Teilpunkten werden Lote errichtet, und durch die Schnittpunkte mit dem Kreis die Radien gezogen. Diese sind die gesuchten Kraftlinien. Hieraus erhält man das Kraftliniensystem, das durch die Dichte der Linien die Größe der Feldstärke abzulesen gestattet, wenn man die Figur um AB um ganzzahlige Bruchteile von

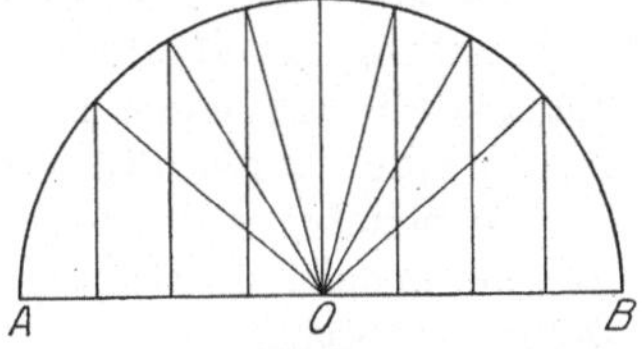
Abb. 1. Kraftlinien im unipolaren Feld.

4 Rechten so oft hintereinander dreht, bis sie in die Anfangslage zurückkehrt.

Wir suchen nun nach einem Prinzip, das wenigstens für gewisse Fälle gestattet, aus den zu zwei Systemen von Polen gehörigen Kraftliniensystemen das Kraftliniensystem zu ermitteln, das beiden zusammen zukommt. Ein solches Prinzip gibt es in der Tat für Systeme von Polen, die auf e i n e r Geraden liegen. Man kann also von e i n e m Pol ausgehend das Kraftliniensystem konstruieren, das beliebig vielen, auf e i n e r Geraden liegenden Polen entspricht.

17. Kraftlinien für Systeme von Polen, die auf e i n e r Geraden liegen. Wir denken uns ein System von Polen, die auf e i n e r Geraden liegen; diese machen wir zur Achse. Aus Symmetriegründen wird für jeden Aufpunkt die durch ihn hindurchgehende Kraftlinie ganz in der durch den Aufpunkt und die Achse bestimmten Ebene liegen. Die folgenden Betrachtungen werden sich übrigens in gleicher Weise auf jedes System von Ladungen beziehen, das rotationssymmetrisch um die Achse angeordnet ist.

Wir wollen uns jetzt n Ebenen im gleichen Winkelabstand durch die Achse gelegt denken (n sehr groß) und ein dem Dichtegesetz genügendes Kraftliniensystem konstruieren, für das die Kraftlinien nur in jenen Ebenen verlaufen, und zwar so, daß die Kurven in jeder Ebene aus denen in jeder anderen Ebene durch Drehung hervorgehen. Es genügt also, eine Ebene zu betrachten.

Denken wir uns (Abb. 2) einen Punkt A in der Entfernung y von der Achse, und darüber einen Punkt B in der senkrechten Entfernung $\varDelta y$ von A, wo $\varDelta y$ sehr klein ist, so besitzt die aus AB durch Rotation entstandene Fläche den Inhalt $2\pi y\,\varDelta y$. Es müssen durch diese Fläche also hindurchtreten $g\cdot 2\pi y\,\varDelta y\,H\cos\alpha$ Kraftlinien, unter α den Winkel zwischen der Kraftlinie und der Achse verstanden. Also treten in unserer hervorgehobenen Ebene $\gamma\,y\,\varDelta y\,H\cos\alpha$ Kraftlinien durch AB hindurch, wenn

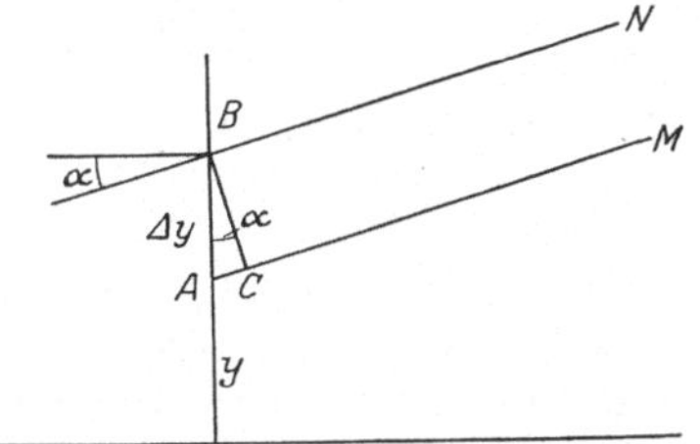
Abb. 2. Zur Konstruktion der Kraftlinien im rotationssymmetrischen Feld.

$$\gamma = \frac{g}{n}\cdot 2\pi$$

gesetzt wird.

Ziehen wir jetzt von B und A zwei den Kraftlinien parallele Geraden BN, AM und von B das Lot BC auf AM, so ist $BC = \varDelta y\cos\alpha$, also treten durch BC hindurch $\gamma\cdot y\cdot H\cdot BC$ Kraftlinien, d. h. der Abstand zweier Kraftlinien ist

$$= \frac{1}{\gamma}\cdot\frac{1}{y\cdot H}.$$

Um also die Größe der Feldstärke unserer Darstellung zu entnehmen, haben wir nicht nötig, durch Rotation das volle Kraftliniensystem zu erzeugen; auch unsere Darstellung in der Ebene reicht dazu schon aus, weil die mit y multiplizierte Feldstärke überall umgekehrt proportional dem Abstand ist.

Daraus folgt: Zeichnet man in der Ebene eine Kurve C_0, die nirgends in die Richtung der Kraftlinien fällt, läßt durch diese Kraftlinien in solcher Dichte gehen, daß auf jedes kleine Kurvenstück Δs die Anzahl $\gamma\, y\, \mathfrak{H}_\nu\, \Delta s$ entfällt, unter γ eine Konstante von geeigneter Größe verstanden, und verfolgt diese Kurven beliebig weit, doch so, daß sie die Kurve C_0 nicht wieder schneiden, so hat die erhaltene Kurvenschar überall die Eigenschaft, daß der Abstand zweier Nachbarkurven

$$\frac{1}{\gamma}\cdot\frac{1}{y\cdot H}$$

beträgt. Diesen Satz können wir noch etwas anders beweisen. Wir geben den Beweis am besten im Anschluß an andere Betrachtungen, denen wir uns gleich zuwenden werden. Überzeugen wir uns aber zunächst noch, daß unser Ergebnis auch durch die oben (Ziff. 16) gegebene Konstruktion der zu einem Pol gehörigen Kraftlinien bestätigt wird.

Betrachten wir eine Meridianebene, in der die von uns konstruierten Kraftlinien verlaufen; sei (Abb. 3) die Rotationsachse die x-Achse, die senkrecht dazu stehende Achse die y-Achse, a der Radius des Kreises, ds_0 der Abstand der Schnittpunkte zweier sukzessiven Kraftlinien mit dem Kreise, dx_0 der Abstand ihrer Abszissen, y_0 ihre y-Koordinate, so ist

$$ds_0 = \frac{dx_0}{y_0}\,a\,.$$

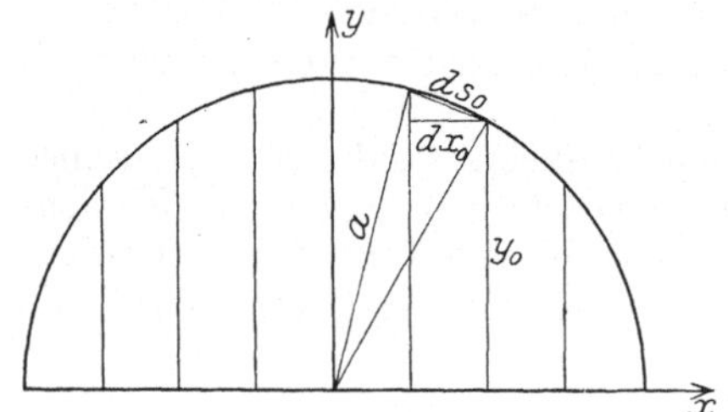

Abb. 3. Zur Konstruktion der Kraftlinien im unipolaren Feld.

In einer Entfernung r vom Mittelpunkt ist also der Abstand der benachbarten Kraftlinie

$$ds = \frac{r}{a}\,ds_0 = \frac{dx_0\cdot r}{y_0} = \frac{dx_0\cdot r^2}{y\,a} = \frac{dx_0\cdot e}{a\,y\,H} = \frac{1}{\gamma\,y\,H}\,,$$

wenn y die Ordinate an der betreffenden Stelle ist und

$$\gamma = \frac{a}{dx_0\cdot e}$$

gesetzt wird, oder

$$\gamma = \frac{p}{4\,e}\,,$$

wo p die Zahl der Kraftlinien in der Ebene bedeutet.

Wir wollen jetzt zu anderen Betrachtungen übergehen, von denen aus wir wieder auf unsere Kraftlinienkonstruktion für den rotationssymmetrischen Fall zurückgelangen.

18. Laplacesche Gleichung in der Ebene. Denken wir uns anstatt der Pole parallele sehr lange Geraden, die mit konstanter magnetischer Dichte versehen sind. Man kann sich diesen Fall realisiert denken durch sehr große magnetische Blätter. Diese durchsetzen alle senkrecht eine Ebene und entfernen sich senkrecht sehr weit nach beiden Seiten von ihr. Von den beiden zur Ebene senkrecht stehenden Kanten befinde sich die eine in dem von uns zu betrachtenden Gebiete und besitze konstante lineare magnetische Dichte, die andere sei sehr weit entfernt und besitze die entgegengesetzte Dichte, die der Ebene parallelen Kanten endlich seien neutral.

Nun sind unsere Gleichungen (22) bis (25) zunächst für punktförmige Ladungen abgeleitet. Sie gelten aber, wie man leicht sich überlegt — und davon werden wir später Gebrauch machen —, auch für beliebige Verteilung des magnetischen Quantums. Aus ihm folgt für unseren Fall, wenn wir die Koordinatenachse x, y in die ausgezeichnete Ebene legen:

$$\frac{\partial \mathfrak{H}_y}{\partial x} - \frac{\partial \mathfrak{H}_x}{\partial y} = 0 , \tag{32}$$

$$\frac{\partial \mathfrak{H}_x}{\partial x} + \frac{\partial \mathfrak{H}_y}{\partial y} = 0 , \tag{33}$$

$$\mathfrak{H}_x = -\frac{\partial \Phi}{\partial x} , \qquad \mathfrak{H}_y = -\frac{\partial \Phi}{\partial y} , \tag{34}$$

$$\frac{\partial^2 \Phi}{\partial x^2} + \frac{\partial^2 \Phi}{\partial y^2} = 0 . \tag{35}$$

Für die letzten drei Gleichungen schreiben wir jetzt, mit veränderter Bedeutung der Symbole div, grad, Δ:

$$\operatorname{div} \mathfrak{H} = 0 , \tag{33'}$$

$$\mathfrak{H} = -\operatorname{grad} \Phi , \tag{34'}$$

$$\Delta \Phi = 0 . \tag{35'}$$

Wir haben es mit einem ebenen Problem zu tun.

Zunächst folgt nun aus dem GAUSSischen Satz für die Ebene: Zieht man durch eine Kurve Kraftlinien von einer solchen Dichte, daß auf die Strecke Δs die Anzahl $\gamma \Delta s \mathfrak{H}_\nu$ entfällt, unter $\mathfrak{H}_\nu$ die Komponente von $\mathfrak{H}$ in der zur Kurve normalen Richtung, unter γ eine große Zahl verstanden, und setzt diese Linien fort, so werden die Kraftlinien überall diesem Dichtegesetz genügen. Überall wird der Abstand der Kraftlinien $1/\gamma H$ sein.

Senkrecht auf den Kraftlinien stehen nach (34) die Linien konstanten Potentials. Zeichnet man diese so, daß Φ immer um $1/\gamma$ wächst, wenn man von einer zur nächsten übergeht, so beträgt der Abstand zweier solcher Kurven nach (34) $1/\gamma H$. Die Ebene ist also in lauter kleine Quadrate eingeteilt. Für kleine Teile der Ebene gilt also, daß man die Kraftlinien auch in dem richtigen Abstand durch Drehung um einen rechten Winkel aus den Potentiallinien erhält.

19. Zusammensetzung von Potentiallinien und Kraftlinien für das ebene Problem. Gegeben seien zwei verschiedene Systeme A, B von Potentiallinien und Kraftlinien. Wir fragen nach dem zusammengesetzten System, d. h. dem System von Kurven, das entsteht, wenn die Magnetismusverteilungen, die den beiden Systemen einzeln entsprechen, zusammen gegeben sind. Offenbar ist das C entsprechende Potential die Summe der Einzelpotentiale Φ_A und Φ_B

$$\Phi_C = \Phi_A + \Phi_B . \tag{36}$$

Hieraus ergibt sich sofort die Konstruktion der Potentiallinien im System C aus dem der Systeme A und B. Man hat einfach eine Schar von Kurven diagonal durch die Kreuzungspunkte der Kurvensysteme A, B zu legen. Ein Blick auf die nebenstehende Abbildung (Abb. 4), in der die Zahlen Vielfache des Wertes von $1/\gamma$ bedeuten, überzeugt sofort von der Richtigkeit der Konstruktion.

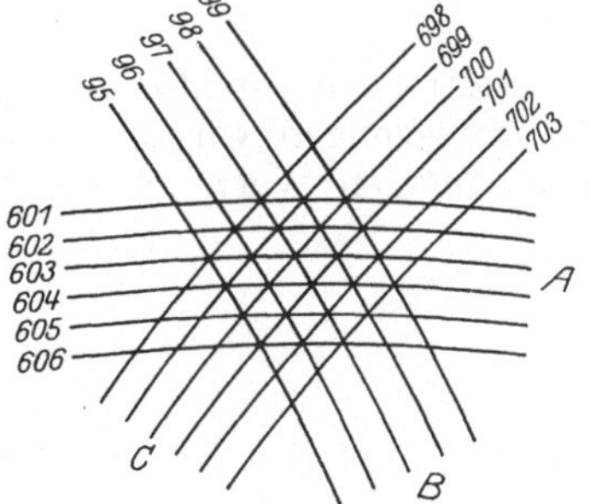

Abb. 4. Zusammensetzung von Potentiallinien.

In genau derselben Weise erhält man aber auch aus den zu A und B gehörigen Kraftlinien die zu C gehörigen Kraftlinien: Man erhält das System der Kraftlinien, die zu C gehören, indem man die Systeme A und B konstruiert und die

Diagonalen konstruiert. Es folgt das sofort daraus, daß man aus der Schar der um konstante Werte wachsende Potentiallinien durch Drehung um einen rechten Winkel die Schar der Kraftlinien — auch in ihrem richtigen Abstand — erhält.

Man kann die Richtigkeit dieser Konstruktion der zu C gehörigen Kraftlinien aber auch leicht beweisen, **ohne** auf die Potentiallinien Bezug zu nehmen. Es ist zu zeigen:

1. daß die Diagonallinien die richtige Richtung haben;
2. daß sich aus ihrem Abstand die Größe der Kraft in C richtig ergibt.

1. Seien (Abb. 5) ac, bd zwei benachbarte A-Linien, ab, cd zwei benachbarte B-Linien. Die Größe des Parallelogramms $ab\,dc$ ist: $ab \cdot$ Abstand $(ab, cd) = ac \cdot$ Abstand (ac, bd), also:

$$ab : ac = H_B : H_A . \tag{37}$$

Die Seiten in dem durch die Kreuzung entstandenen Parallelogramm verhalten sich wie die Intensitäten der parallel den Seiten wirkenden Feldstärken. Daraus folgt die erste Behauptung.

2. Sei ef die auf cd folgende B-Linie. (e auf der Verlängerung von ac, f auf der Verlängerung von bd). Es ist das Parallelogramm $ab\,dc = ad\,fc$, daher

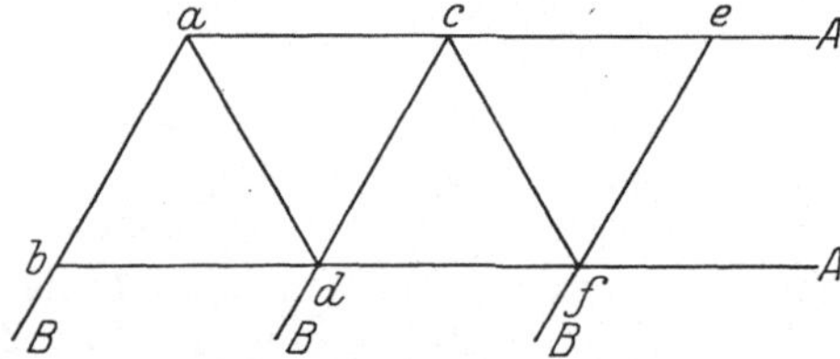

Abb. 5. Zusammensetzung von Kraftlinien.

$$ad \cdot \text{Abst.}\,(ad, cf) = ac \cdot \text{Abst.}\,(ac, bd)$$

$$= \frac{ac}{H_A\gamma}$$

$$\text{Abstand}\,(ad, cf) \;= \frac{ac}{ad} \cdot \frac{1}{H_A\gamma} .$$

Aus dem unter 1. Bewiesenen folgt aber

$$\frac{ac}{ad} = \frac{H_A}{H_C}$$

also: Abstand $(ad, cf) = \dfrac{1}{H_C\gamma}$, womit unsere zweite Behauptung bewiesen ist.

Wir bemerken noch, daß es zu A und B **zwei** Scharen von Diagonalkurven gibt. Welche zu wählen ist, hängt in leicht ersichtlicher Weise von dem Richtungssinn ab, in dem die Kraftlinien der beiden Scharen A, B verlaufen.

20. Funktionentheoretische Darstellung. Einen anderen einfachen Beweis für die Konstruktion der Kraftlinien im C-System erhalten wir aus funktionentheoretischen Sätzen.

Aus der Gleichung (33) folgt nach dem Stokesschen Satz, daß, über eine geschlossene Kurve integriert,

$$\int (\mathfrak{H}_y\,dx - \mathfrak{H}_x\,dy) = 0$$

ist. Erstrecken wir also dieses Integral von einem festgewählten Anfangspunkt aus, so gelangen wir zu einem vom Endpunkt abhängigen, vom Wege aber unabhängigen Wert. Nennen wir diesen Ψ, so ist:

$$\left.\begin{aligned}
\mathfrak{H}_y &= \frac{\partial \Psi}{\partial x}, \\[2mm]
\mathfrak{H}_x &= -\frac{\partial \Psi}{\partial y}.
\end{aligned}\right\} \tag{38}$$

Da nun längs der Kurven $\Psi = \text{const}$

$$\frac{\partial \Psi}{\partial x}\,dx + \frac{\partial \Psi}{\partial y}\,dy = 0$$

ist, also

$$\mathfrak{H}_y\,dx - \mathfrak{H}_x\,dy = 0,$$

so sind diese Kurven Kraftlinien. Hieraus folgt das Gesetz für die Zusammensetzung der Kraftlinien analog Ziff. 19, Abs. 1. Wir gelangen auch wieder leicht zur Einteilung der Ebene in Quadrate durch Potential- und Kraftlinien.

Nach (38) und (34) ist nämlich

$$\left.\begin{aligned}\frac{\partial \Phi}{\partial x} &= \frac{\partial \Psi}{\partial y},\\[2mm]\frac{\partial \Phi}{\partial y} &= -\frac{\partial \Psi}{\partial x}.\end{aligned}\right\} \tag{39}$$

Aus diesen Gleichungen, den sog. CAUCHY-RIEMANNschen Differentialgleichungen, folgt aber, daß $\Phi + i\,\Psi$ eine analytische Funktion von $x + iy$ ist. Durch eine solche wird die Ebene $\Phi + i\,\Psi$ konform auf die Ebene $x + iy$ abgebildet. Zeichnet man nun die Kurven der $x + iy$-Ebene, für die Φ und Ψ ganze Vielfache einer sehr kleinen Zahl $1/\gamma$ sind, so wird diese Ebene von einem Netz sehr kleiner Parallelogramme bedeckt. Aber die zugehörigen Kurven in der $\Phi + i\Psi$-Ebene teilen diese in sehr kleine Quadrate, daher muß auch die $x + iy$-Ebene in Quadrate eingeteilt sein. Es ist nun leicht zu zeigen, daß benachbarte Kurven $\Psi = $ const den Abstand besitzen, den wir in Ziff. 18 für benachbarte Kraftlinien festgesetzt haben.

21. Rotationssymmetrische Felder. Kehren wir jetzt von dem Fall des zweidimensionalen Problems zu dem Fall der dreidimensionalen rotationssymmetrischen Anordnung zurück. Sei eine Anzahl von Polen auf einer Geraden gegeben, die Symmetrieachse wird, und die wir zur x-Achse machen.

Es genügt, die Kraftlinien in einer Halbebene durch die Symmetrieachse zu zeichnen. In diese Halbebene legen wir die positive y-Achse; die x-Achse sei nach rechts positiv. Für jeden Punkt der xy-Ebene ist nun $\mathfrak{H}_z = 0$. Gehen wir aber zu einem Punkt über, der durch Drehung um einen kleinen Winkel $d\vartheta$ um die x-Achse entsteht, so erhalten wir eine $\mathfrak{H}_z$-Komponente im Betrage $\mathfrak{H}_y\,d\vartheta$, und da die Differenz zwischen den z-Komponenten der beiden Punkte

$$dz = y\,d\vartheta$$

ist, so folgt

$$\frac{\partial \mathfrak{H}_z}{\partial z} = \frac{\mathfrak{H}_y}{y}.$$

Es wird also nach (24)

$$\frac{\partial \mathfrak{H}_x}{\partial x} + \frac{\partial \mathfrak{H}_y}{\partial y} + \frac{\mathfrak{H}_y}{y} = 0, \tag{40}$$

oder

$$\frac{\partial (\mathfrak{H}_x y)}{\partial x} + \frac{\partial (\mathfrak{H}_y y)}{\partial y} = 0. \tag{41}$$

Beschränken wir nun die Betrachtung auf die xy-Ebene und verstehen unter $\mathfrak{H}'$ einen Vektor, der y mal so groß wie $\mathfrak{H}$ ist, und unter div $\mathfrak{H}'$ den Ausdruck

$$\frac{\partial \mathfrak{H}'_x}{\partial x} + \frac{\partial \mathfrak{H}'_y}{\partial y},$$

so ist

$$\operatorname{div} \mathfrak{H}' = 0. \tag{42}$$

Hieraus folgt aber, daß das Feld des Vektors $\mathfrak{H}'$ in derselben Weise durch ein System von Kraftlinien dargestellt werden kann wie das Feld des Vektors $\mathfrak{H}$ im ebenen Problem: Man kann Kurven zeichnen, deren Richtung überall die Richtung von $\mathfrak{H}'$ ist, und deren Abstand umgekehrt proportional der Größe von $\mathfrak{H}'$ ist, also $1/\gamma H'$ beträgt, unter γ eine Konstante verstanden. Ferner: Stellt man ein Feld A und ein Feld B in dieser Weise dar, so wird das Feld, das vorhanden ist, wenn die A und B entsprechenden Pole zusammen gegeben sind, dadurch gefunden, daß man die diagonalen Kurven durch die Schnittpunkte der zu A und B gehörigen Kurve legt. Wir haben in Ziff. 19 die Diagonalkonstruktion zunächst für den Fall bewiesen, daß der betreffende Vektor ein Potential besitzt. Aber ein zweiter Beweis (S. 20 oben) war von dieser Voraussetzung unabhängig. Die Konstruktion ist also gültig, auch wenn kein Potential vorhanden ist, sofern nur die Divergenz des betreffenden Vektors verschwindet. Dieser Fall liegt hier vor. Zu $\mathfrak{H}'$ kann es nämlich kein Potential geben, sonst müßte überall sein

$$0 = \frac{\partial \mathfrak{H}'_y}{\partial x} - \frac{\partial \mathfrak{H}'_x}{\partial y},$$

$$= y \left[\frac{\partial \mathfrak{H}_y}{\partial x} - \frac{\partial \mathfrak{H}_x}{\partial y} \right] - \mathfrak{H}_x = - \mathfrak{H}_x = - \mathfrak{H}'_x/y,$$

was offenbar nicht zutrifft.

Unsere Kurven sind zugleich eine Darstellung des Vektors $\mathfrak{H}$. Denn sie sind überall $\mathfrak{H}$ parallel und haben einen Abstand $1/\gamma\, H\, y$.

Nun gibt es aber zu $\mathfrak{H}$ ein Potential Φ. Konstruiert man die Kurven konstanten Potentials, indem man Φ von einer Kurve zur nächsten um $1/\gamma$ wachsen läßt, so erhält man für benachbarte Potentiallinien den Abstand $\dfrac{1/\gamma}{H} = \dfrac{1}{\gamma\,H}$. Die Ebene wird also durch die Potential- und Kraftlinien in Rechtecke geteilt, deren Seiten sich wie $1:y$ verhalten. Daraus ergibt sich ein neuer Beweis für die Zusammensetzung der Kraftlinien. Es ist nämlich sofort klar, daß sich die Potentiallinien eines zusammengesetzten Systems durch Ziehen der Diagonale ergeben (s. oben Ziff. 19). Da nun die Kraftlinien senkrecht auf den Potentiallinien stehen und auch ihrem Abstand nach aus ihnen durch Drehung und Abstandsänderung im Verhältnis $1:1/y$ hervorgehen, so müssen auch die Kraftlinien eines zusammengesetzten Systems durch die Diagonalkonstruktion gefunden werden können. Dasselbe kann auch noch auf eine andere Weise gezeigt werden.

Legt man durch irgendeinen Punkt der xy-Ebene eine beliebige Kurve $\mathfrak{C}$, die die x-Achse jenseits aller Pole in einem Punkte trifft, der ein größeres x hat als alle diese[1]), und läßt die Figur um die x-Achse rotieren, so entsteht eine Fläche F. Bilden wir nun das über diese Fläche erstreckte Integral

$$\Omega = \frac{1}{2\pi} \int\limits_{F} \mathfrak{H}_\nu\, do\,, \tag{43}$$

wo die Normale ν von innen nach außen gezogen ist. Offenbar ist

$$\Omega = \int\limits_{\mathfrak{C}} \mathfrak{H}_\nu\, y\, ds = \int\limits_{\mathfrak{C}} \mathfrak{H}'_\nu\, ds\,. \tag{44}$$

Nach (43) und (24) ist Ω für einen gegebenen Punkt xy unabhängig von $\mathfrak{C}$, also reine Ortsfunktion in der xy-Ebene und zudem längs der Kraftlinien konstant, so daß die Gleichungen der Kraftlinien werden:

$$\Omega = \text{const}\,. \tag{45}$$

Der Abstand zweier sehr naher Kraftlinien ist nach (44) überall gegeben durch

$$ds = \frac{d\Omega}{H\,y}\,, \tag{46}$$

und zwar wächst Ω, wenn man von einer Kraftlinie zu einer solchen andern übergeht, daß der Schnittpunkt der Kurve $\mathfrak{C}$ mit der ersten Kraftlinie zwischen ihrem Schnittpunkt mit der zweiten und ihrem Schnittpunkt mit der Abszissenachse liegt.

Sind Ω_A, Ω_B die zu den Systemen A, B gehörigen Funktionen, so gilt für die zu dem System C gehörige Funktion Ω_C nach (16):

$$\Omega_C = \Omega_A + \Omega_B\,. \tag{47}$$

---

[1]) Würden wir $\mathfrak{C}$ nach der anderen Seite der x-Achse ziehen, so erhielte die sogleich einzuführende Funktion Ω, eine Konstante abgerechnet, den entgegengesetzten Wert.

Zeichnet man nun für A und B die Kraftlinien in solcher Dichte, daß der Abstand zweier benachbarter $1/\gamma H y$ beträgt, so ändert sich nach (46) Ω beim Übergang zur Nachbarkurve um $1/\gamma$. Nach (47) erhält man also durch Ziehen der Diagonalen die Kraftlinien im richtigen Abstand[1]).

Wir haben bisher γ sehr groß angenommen, die Kraftlinien also sehr dicht. Das ist nötig, um durch sie die Stärke der Kraft in jedem Punkt des Feldes graphisch zu veranschaulichen. Aber für keine Konstruktion mit noch so großem γ hat die Forderung, es solle der Abstand $1/\gamma H y$ betragen, einen ganz präzisen Sinn, da H und y ein wenig von Kraftlinie zu Kraftlinie variieren. Man wird also verlangen, daß das längs der Potentiallinie genommene Integral

$$\int H\, y\, d s = \frac{1}{\gamma} \tag{48}$$

ist (eine Forderung, die wegen (42) von der Wahl der Potentiallinie unabhängig ist), d. h. daß die Funktion Ω von Kraftlinie zu Kraftlinie um $1/\gamma$ sich ändert. Aus (47) folgt dann wieder, daß auch bei Wahl eines nicht großen Wertes von γ die Kreuzungspunkte so zugeordneter Kraftlinien von A und B genau auf einer Kraftlinie von C liegen.

Zu bemerken ist noch, daß man aus Kraftlinienbildern der betrachteten Art, wenn man sie sukzessive um sehr kleine ganzzahlige Bruchteile von 2π um die Rotationsachse rotieren läßt, zu räumlichen Kraftlinienbildern gelangt.

Endlich sieht man leicht, daß alle Betrachtungen dieser Ziffer für den Fall eines beliebigen rotationssymmetrischen Feldes bestehen bleiben. Nur hat man dann nicht nur punktförmige Magnetismusverteilungen, sondern auch kontinuierliche Dichteverteilungen (Ziff. 28). Im Innern der magnetischen Körper kann man dann aber natürlich keine Kraftlinien zeichnen. Die Kurve $\mathfrak{C}$ (siehe oben) ist so zu ziehen, daß die zugehörige Fläche F keine magnetische Quanten trennt, und daß diese alle nach der Seite abnehmender x von ihr liegen.

22. Unipolares Feld. Wenden wir uns wieder der Betrachtung der auf einer Geraden angeordneten Pole zu und beginnen dazu mit der Betrachtung e i n e s Poles. Wir legen durch ihn eine Gerade, die x-Achse, und beschreiben eine Kugel mit dem Radius a um ihn. Wählen wir einen Punkt auf der x-Achse, der vom Mittelpunkt die Entfernung x besitzt und legen durch ihn die zum Durchmesser senkrechte Ebene. Die auf der Oberfläche ausgeschnittene Kalotte, deren Punkte größere Abszissenwerte besitzen, hat den Inhalt $2\pi a(a - x)$. Daher gehört in einer durch die x-Achse gelegten Ebene zu einer Kraftlinie, deren Schnittpunkt mit der Kugeloberfläche die Abszisse x besitzt, nach (43) und (17) die Funktion

$$\Omega = e\left(1 - \frac{x}{a}\right) = e(1 - \cos\vartheta)\,, \tag{49}$$

wenn ϑ den Winkel zwischen der Kraftlinie und der positiven x-Achse bezeichnet[2]). Um also in unserer Ebene Kraftlinien in der gehörigen Dichte[3]) zu zeichnen, muß man in ihr Lote auf der x-Achse im Abstand $a/\gamma e$ ziehen und die Punkte, in denen diese die Kugeloberfläche durchstoßen, mit dem Mittelpunkt verbinden.

Ist γ sehr groß, so haben auf der Kugeloberfläche zwei sukzessive Kraftlinien den Abstand

$$\frac{a}{\gamma e} \cdot \frac{a}{y} = \frac{1}{\gamma H y}\,.$$

---

[1]) Vgl. J. Cl. Maxwell, Treatise on electricity and magnetism, deutsch von B. Weinstein, Bd. I, § 123. Berlin 1883.

[2]) Vgl. J. Cl. Maxwell, a. a. O.

[3]) D. h. so verteilt, daß, wenn andere Systeme mit derselben Verteilung der Kraftlinien gegeben sind, für das zusammengesetzte System die Diagonalregel gilt.

Da aber $1/\gamma\, Hy$ proportional der Entfernung vom Mittelpunkt wächst, so muß überall der Abstand zweier Kraftlinien diese Größe haben. Werden die Linien also sehr dicht gezeichnet, so dienen sie in der Tat zur Darstellung des Kraftfeldes, auch seiner Intensität nach.

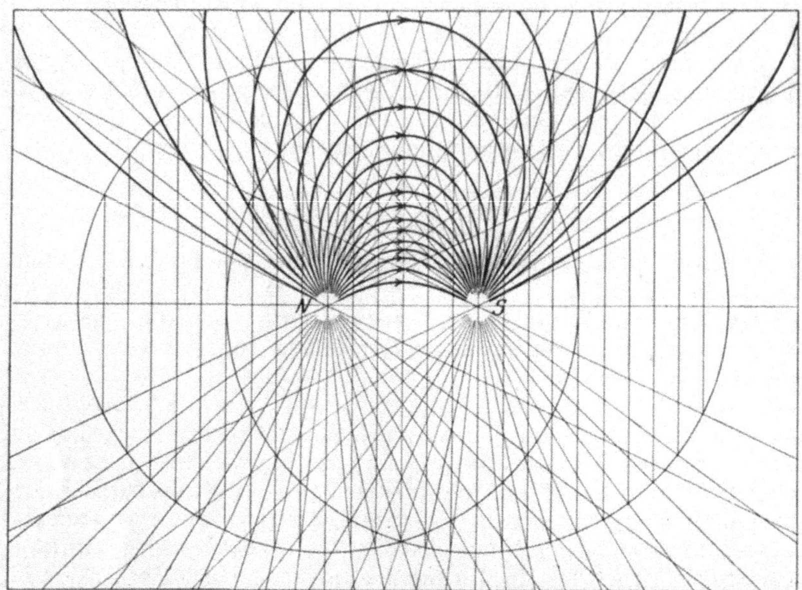

Abb. 6. Konstruktion von Kraftlinien im bipolaren Feld.

23. Das bipolare Feld. Um das Kraftlinienfeld eines gleichstarken Nord- und Südpols in einer Ebene durch die Symmetrieachse, auch der Intensität nach, darzustellen, haben wir nach dem Vorhergehenden die Pole zu verbinden, um jeden Pol mit dem gleichen Radius einen Kreis zu schlagen, die beiden in die Symmetrieachse fallenden Durchmesser in gleich viele gleiche Teile zu teilen (möglichst viele) und in den Teilpunkten Lote auf die Symmetrieachse zu errichten. Die Schnittpunkte der Lote mit den Kreisperipherien sind mit den Mittelpunkten zu verbinden und durch diese beiden Scharen von Geraden die Diagonalen zu ziehen. So ist die obenstehende Abbildung konstruiert, die wir dem Werke von H. Ebert: Magnetische Kraftfelder entnehmen[1]). Hiermit vergleichen wir eine experimentell mit Eisenfeilspänen erhaltene Darstellung in dem Werke[2]) von Grimsehl.

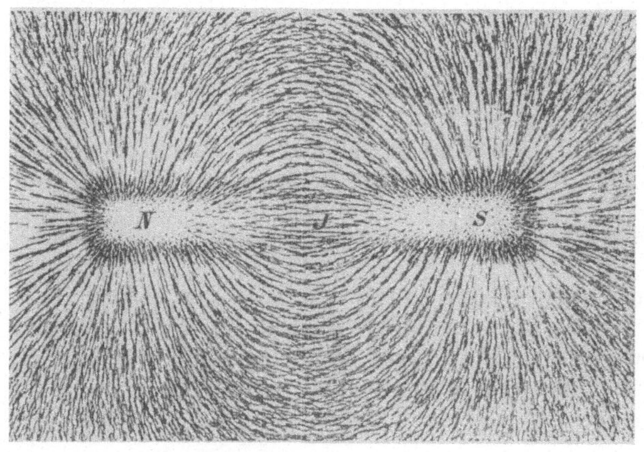

Abb. 7. Eisenfeillichtbild der Kraftlinien im bipolaren Feld.

[1]) H. Ebert, Magnetische Kraftfelder, S. 90; vgl. auch J. Cl. Maxwell, Lehrb. d. Elektr. u. d. Magn., deutsch von B. Weinstein. Berlin 1883, Tafel I.
[2]) E. Grimsehl, Lehrb. d. Phys. Bd. II, S. 5. 1923.

Je dichter die Lote auf der Symmetrieachse gezogen werden, um so besser läßt sich aus der Darstellung die Intensität der Kraftlinien entnehmen; um so mehr Punkte der Kraftlinien werden aber außerdem auch genau erhalten. Denn alle Kreuzungspunkte liegen g e n a u auf den Kraftlinien. Verfolgt man eine bestimmte Kraftlinie des zusammengesetzten Systems, so kann man diejenigen Kraftlinien der unipolaren Ausgangssysteme, die bei der eben angegebenen Konstruktion zum Schnitt zu bringen sind, als h o m o l o g bezeichnen und ebenso die zugehörigen Lote. Sind zwei Lote einander als homolog zugeordnet, so erhält man offenbar zwei andere homologe, indem man entweder gleich viel Teilpunkte beide Male nach rechts oder beide Male nach links geht.

Wir können aber auch allgemeiner als homolog zwei Lote bezeichnen, von denen jedes in seinem Kreis von einem festen Ausgangslote dieselbe Entfernung hat, und werden auch dann den Satz haben, daß die zu homologen Loten gehörigen Radien sich in Punkten ein und derselben Kraftlinie schneiden. Denn nach (49) ist für beide Radien zusammen die Summe der Größen Ω konstant geblieben[1]).

Hieraus ergibt sich nun die folgende Konstruktion (ROGET 1831): Wir verbinden (Abb. 8) S mit N, halbieren die Strecke SN in O. In O errichten wir das Lot; es wird nun die Kraftlinie gesucht, die durch einen Punkt P dieses Lotes geht und dort natürlich parallel SN verlaufen muß. Wir beschreiben um S und N zwei Kreise mit den Radien $SP = NP$. Sei UV eine Strecke, die senkrecht auf SN steht, und liege U auf dem Kreis um N, S auf dem Kreis um V (beide an derselben Halbebene), so ist der Schnittpunkt X von NU und SV ein Punkt der Kraftlinie.

Aus (47) und (49) folgt für die Gleichung der Kraftlinien

$$\cos\vartheta_S - \cos\vartheta_N = \text{const}, \qquad (50)$$

Abb. 8. Konstruktion einer Kraftlinie im bipolaren Feld.

wo ϑ_N bzw. ϑ_S der Winkel der Richtung SN mit dem vom Nord- bzw. Südpol zum Aufpunkt gezogenen Vektor bedeutet, was sich natürlich auch aus der Abb. 8 ergibt.

Eine Methode von ANDREAS MILLER gestattet, für eine größere Reihe von Feldpunkten unmittelbar die Richtung der magnetischen Kraft anzugeben[2]).

24. Magnetische Energie. Nach (9) Ziff. 9 erfährt von zwei aufeinander wirkenden Magnetpolen jeder vom anderen dieselbe, entweder eine anziehende oder abstoßende Kraft. Wäre das nicht der Fall, so müßte man ein System von zwei fest verbundenen Magneten herstellen können, das sich selbst beständig beschleunigen würde (die abgewandten Pole könnten sehr weit entfernt sein). Wir nehmen an, daß eine solche Vorrichtung unmöglich ist und haben daher das Reaktionsprinzip schon bei der Ableitung einer Teilaussage von (9) Ziff. 9 benutzt (S. 10).

---

[1]) Daß die Schnittpunkte der durch die Endpunkte homologer Lote gezogenen Radien auf der Kraftlinie liegen, kann auch ohne Einführung der Funktion Ω eingesehen werden. Man muß sich auf das Dichtegesetz der Kraftlinien im unipolaren Feld (Ziff. 17) beziehen und auf das Gesetz der Kraftlinienzusammensetzung (Ziff. 21, S. 21) und beachten, daß die beiden Lote bei jeder beliebig feinen Einteilung immer gleich viel Teilpunkte entfernt von den Ausgangsloten sein werden.

[2]) ANDREAS MILLER, Das magnetische Kraftfeld eines bipolaren Stabes. Programm der kgl. Ludwigs-Kreisrealschule München 1897; H. EBERT, a. a. O. S. 80.

Für die folgenden Betrachtungen brauchen wir zunächst noch nicht (9) und noch nicht das Coulombsche Gesetz anzuwenden; es genügt vorerst die Anwendung des Reaktionsprinzips und des Satzes, daß die Kräfte der Pole in der Richtung ihrer Verbindungslinie wirken.

Betrachten wir n Pole. Wir denken uns die Pole nacheinander vom Unendlichen in die Punkte $P_1 \ldots P_n$[1]) gebracht und fragen nach der von den Kräften geleisteten Arbeit. Seien x_i, y_i, z_i die Koordinaten des i-ten Poles, sei $r_{ik} = r_{ki}$ der Abstand des i-ten und k-ten Poles, $g_{ik}(r_{ik})$ die Kraft vom i-ten auf den k-ten Pol, also

$$g_{ik}(r_{ik}) = g_{ki}(r_{ki}) \, ,$$

und setzen wir

$$\int\limits_{r_{ik}}^{\infty} g_{ik}(u) \, du_{ik} = G_k(r_{ik}) \, , \tag{51}$$

wobei die Konvergenz des Integrals angenommen wird. Es ist dann offenbar

$$G_{ik}(r_{ik}) = G_{ki}(r_{ki}) \, . \tag{52}$$

Der erste Pol kann ohne Arbeitsleistung herangeschafft werden. Auf den zweiten wirkt die Kraft mit den Komponenten

$$g_{12}(r_{12}) \, \frac{x_2 - x_1}{r_{12}} = - \frac{\partial G_{12}}{\partial r_{12}} \frac{\partial r_{12}}{\partial x_2} = - \frac{\partial G_{12}}{\partial x_2} \text{ usw.}$$

Daher wird gegen die Kräfte die Arbeit geleistet

$$G_{12}(r_{12}) \, ,$$

wo jetzt r_{12} die Entfernung der Pole 1 und 2 in ihren Endlagen bedeutet.

Für die im ganzen gegen die Kraft geleistete Arbeit hat man

$$W = G_{12}(r_{12}) + \cdots$$
$$G_{13}(r_{13}) + G_{23}(r_{23}) \cdots$$
$$+$$
$$\cdots$$

oder

$$W = \sum{}' G_{ik}(r_{ik}) \, ,$$

wobei jede Kombination von i, k einmal zu nehmen ist, also

$$W = \tfrac{1}{2} \sum G_{ik}(r_{ik}) \, , \tag{53}$$

wo i, k alle Werte annehmen können, nur nicht dieselben. Für unendlich entfernte Pole ist wegen der Konvergenz der Integrale (51) $W = 0$.

Aber es ist noch nicht gezeigt, daß die Arbeit der Kräfte unabhängig von der Art ist, wie die Pole in ihre Lage gebracht sind. Es ist allgemein die x-Komponente der Kraft des i-ten Poles auf den k-ten

$$g_{ik} \frac{x_k - x_i}{r_{ik}} = - \frac{\partial G_{ik}}{\partial x_k} \, .$$

---

[1]) Dieser Vorgang wäre folgendermaßen als Grenzfall realisierbar: $P_1 \ldots P_n$ befinden sich in einem Gebiete G. Sei R eine Länge, die groß gegen die Dimensionen von G ist. Zu Anfang befinden sich sämtliche Pole in einer Entfernung $> R$ von einem Punkt P_0 in G; außerdem bleibe während der Bewegung die eine Hälfte der Pole dauernd in einer Entfernung $> R$ von P_0 und voneinander. Fraglich ist nur, ob es gelingen kann, die Magnete immer länger zu machen und dabei zu verhindern, daß die Bezirke, in denen die beiden magnetischen Quanten konzentriert sind, auch selbst immer ausgedehnter werden.

Mithin ist die x-Komponente der Kraft auf den k-ten Pol überhaupt

$$= - \sum_i \frac{\partial G_{ik}}{\partial x_k} \, ,$$

wo i alle Werte außer k annimmt, d. h. $= - \dfrac{\partial W}{\partial x_k}$. Daraus und aus dem Verschwinden der W für unendlich entfernte Pole folgt, daß W die Arbeit ist, die gegen die magnetischen Kräfte geleistet wird, wenn die Pole auf irgendeinem Wege in ihre Endlage gebracht werden, und daß die von den magnetischen Kräften geleistete Arbeit bei der Überführung von einer Lage in die andere gleich der Abnahme der Größe W ist. Wir nennen daher W die magnetische Energie.

Wir können jetzt unsere Betrachtungen auch auf den Fall anwenden, daß die Pole paarweise vorhanden sind, immer ein positiver und ein negativer zusammen, und daß bei der Heranschaffung aus dem Unendlichen die zusammengehörigen Pole durch einen starren Stab verbunden sind.

Nach unseren früheren Formeln können wir die magnetische Energie durch die magnetischen Quanten ausdrücken. Zunächst haben wir nach (7)

$$g_{ik}(r_{ik}) = e_i e_k f(r_{ik}) \, ,$$

wo f von den Indizes unabhängig ist. Also ist

$$G_{ik}(r_{ik}) = \int_{r_{ik}}^{\infty} g_{ik}(u)\, du_{ik} = e_i e_k F(r_{ik}) \, ,$$

wenn

$$\int_{r}^{\infty} f(u)\, du = F(r)$$

ist. Mithin erhalten wir nach (53)

$$W = \tfrac{1}{2} \sum e_i e_k F_{ik}(r_{ik}) \, , \tag{54}$$

oder, setzen wir

$$\sum e_k F(r_{ik}) = \Phi_i \, , \tag{55}$$

$$W = \tfrac{1}{2} \sum e_i \, \Phi_i \, . \tag{56}$$

Nach dem COULOMBschen Gesetz bzw. (9) ist

$$F(r_{ik}) = \frac{1}{r_{ik}} \, , \tag{57}$$

$$\Phi_i = \sum \frac{e_k}{r_{ik}} \, . \tag{58}$$

Φ_i ist unabhängig von dem magnetischen Quantum des i-ten Poles. Es ist der Wert, den am Orte des i-ten Poles die Funktion

$$\Phi = \sum \frac{e_k}{r_k} \tag{59}$$

besitzt. Hier ist unter r_k der Abstand des k-ten Poles von dem Punkte verstanden, für den der Wert der Funktion gesucht wird. Die Funktion Φ haben wir schon als Potential eingeführt (Ziff. 11) (21).

Die Bedeutung des Energieausdrucks besteht darin, daß mit seiner Hilfe die ponderomotorischen Kräfte zwischen den Magnetpolen berechnet werden können. Es ist aber nicht ausgeschlossen, daß eine molekulartheoretische Betrachtung dahin führen könnte, eine andere Größe als Energie zu bezeichnen.

Es muß jedoch in Erinnerung gebracht werden, daß Pole, wenn wir von der Verwendung von Strömen absehen, nur unter gewissen Bedingungen durch

Magnete zu realisieren sind. Die Länge der Magnete braucht jetzt nicht mehr groß gegen die Entfernung angenommen zu werden, da wir ja beide Pole bei der Berechnung der Energie berücksichtigt haben (S. 27). Wohl aber müssen die Querdimensionen der Polflächen klein gegen die Entfernungen sein. Das muß der Fall sein, damit die Pole als punktförmig angesehen werden können. Trifft es nicht zu, so wird man die hier entwickelten Formeln zunächst so anzuwenden versuchen, daß man die Polflächen der Magnete in infinitesimale Teilflächenstücke zerlegt (bzw. den Magneten in Volumenelemente) und auf die in ihnen enthaltenen magnetischen Quanten die Formel für die Energie anwendet. Man gelangt aber so zu einem Ausdruck, der nicht allgemein richtig ist. Nur wenn eine gewisse Konstante 1 wäre, was aber praktisch nicht vorkommt, würde diese Formel die richtige Energie geben. Auch in der allgemeinen Theorie gilt freilich die (56) entsprechende Beziehung; nur ist Φ nicht durch den Ausdruck gegeben, der aus (58) durch Anwendung auf die infinitesimalen magnetischen Quanten hervorgeht.

25. Feld eines Dipols. Als Grundgesetz der Magnetostatik gilt uns das Coulombsche Gesetz. Bei seiner Bestätigung durch Coulomb wurde die Wirkung eines Poles jedes Magneten nicht berücksichtigt. Aber ganz ist sie natürlich nicht zu vernachlässigen. Andererseits ist es, wie wir später sehen werden, unmöglich, einen Körper ganz mit einem magnetischen Quantum einer Art zu versehen. Es wird also nötig sein, beide Pole zu berücksichtigen und außerdem den Umstand, daß der Magnetismus nicht in den Polen konzentriert ist. So verfährt die Gaussische Methode, über die wir gleich zu berichten haben werden.

Bei dem Gaussischen Verfahren ist nun, umgekehrt wie beim Coulombschen, die Entfernung der Magnete sehr groß gegen ihre Länge. In erster Annäherung kann man mit einem Kraftgesetz rechnen, das für größer werdende Entfernungen immer genauer realisiert ist. Man kann die Pole immer näher zusammenrücken und in demselben Maße stärker werden lassen, den Magneten also ersetzen durch ein Paar sehr benachbarter, sehr starker Pole. Ein solches Gebilde mag zunächst magnetischer Dipol heißen. Der Begriff des magnetischen Dipols ist auch für den Aufbau der Theorie von der größten Wichtigkeit.

Denken wir uns zwei benachbarte magnetische Pole mit den magnetischen Quanten $-e$ und $+e$, ihr Abstand sei l. In einem Aufpunkt, der auf der Verbindungslinie der Pole liegt, ist die Feldstärke $H = e\left(\dfrac{1}{r_+^2} - \dfrac{1}{r_-^2}\right)$, wenn r_+, r_- die Entfernungen des Aufpunktes von dem positiven bzw. negativen Pol bedeuten, also angenähert

$$\left.\begin{aligned} H &= -e\,l\,\frac{\partial}{\partial r}\left(\frac{1}{r^2}\right) \\ &= \frac{2\,e\,l}{r^3} = 2\,\frac{m}{r^3}, \end{aligned}\right\} \tag{60}$$

wenn

$$e\,l = m \tag{61}$$

gesetzt wird.

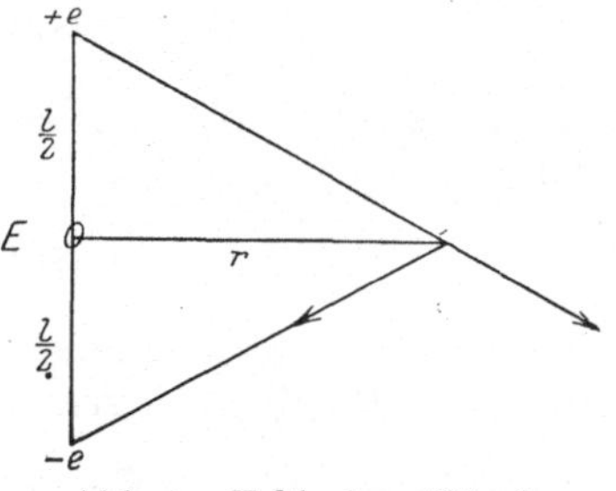
Abb. 9. Feld eines Dipols.

Ebenso leicht ist es, das Feld in der die Mitte O der Verbindungslinie der Pole senkrecht durchsetzenden Ebene zu berechnen (Abb. 9). Für jeden Aufpunkt fällt die Richtung der Feldstärke in die durch ihn und den Magneten bestimmte Ebene E. Die von den beiden Polen herrührenden Kräfte haben den absoluten Betrag $e\big/\left(\dfrac{l^2}{4} + r^2\right)$, wo r die Entfernung des Aufpunktes von O ist. Die Komponenten senkrecht zur Richtung des Magneten heben sich auf. Die

Komponenten parallel der Magnetrichtung sind gleich und haben die Richtung vom Nordpol zum Südpol und die Größe

$$\frac{\dfrac{l}{2}}{\sqrt{\left(\dfrac{l^2}{4} + r^2\right)}\left(\dfrac{l^2}{4} + r^2\right)} \cdot$$

Also ist

$$H = \frac{m}{r^3 \sqrt{1 + \dfrac{1}{4}\dfrac{l^2}{r^2}}^{\,3}} \cdot \tag{62}$$

Diese Formel gilt auch streng für ein Paar endlich entfernter Pole. Für einen Dipol dürfen wir $\dfrac{l}{r}$ also $\dfrac{1}{4}\dfrac{l^2}{r^2}$ gegen 1 vernachlässigen und haben somit

$$H = \frac{m}{r^3} \cdot \tag{63}$$

Bei gleichem Abstand ist also die Feldstärke auf der Verlängerung des Dipols doppelt so groß wie in einem Aufpunkt, der sich auf einem im Mittelpunkt des Dipols auf diesem errichteten Lote befindet.

Wir wollen diese Betrachtungen verallgemeinern. Wir nennen den vom Pol $-e$ zum Pol $+e$ gezogenen Vektor $\mathfrak{l}$, seine Länge wieder l. In einem beliebigen Aufpunkt ist das Potential

$$\Phi = e\left(\frac{1}{r_+} - \frac{1}{r_-}\right), \tag{64}$$

wenn r_+ und r_- wieder die Entfernungen des Aufpunktes vom positiven und negativen Pol bedeuten. Nun ist $\dfrac{1}{r_+} - \dfrac{1}{r_-}$ angenähert gleich dem l-fachen des Differentialquotienten einer Funktion, die folgendermaßen definiert ist: Die Punkte auf dem Vektor $\mathfrak{l}$ bestimmen wir durch ihre Entfernung vom Anfangspunkt und ordnen jeder Entfernung s eines solchen Punktes Q das Reziproke der Entfernung r des Punktes Q vom Aufpunkt P zu. $\dfrac{1}{r_+} - \dfrac{1}{r_-}$ ist angenähert das l-fache des Differentialquotienten dieser Funktion von s. Versteht man also unter r die Entfernung des festgehaltenen Aufpunktes P vom variabeln Punkt Q, so ist angenähert

$$\frac{1}{r_+} - \frac{1}{r_-} = \mathfrak{l}\,\mathrm{grad}\,\frac{1}{r} \cdot$$

Um zum Ausdruck zu bringen, daß der Aufpunkt festgehalten wird und $1/r$ als Funktion des Punktes Q, des Quellpunktes, angesehen wird, schreiben wir

$$\frac{1}{r_+} - \frac{1}{r_-} = \mathfrak{l}\,\mathrm{grad}_q\,\frac{1}{r} \cdot$$

Nun gilt allgemein, wenn ψ eine Funktion des Abstandes zweier Punkte ist, und dem Symbol „grad“ ein Index q oder p zugefügt wird, je nachdem ψ als Funktion des Quellpunktes oder Aufpunktes angesehen wird, während der andere festgehalten wird:

$$\mathrm{grad}_p\,\psi = -\mathrm{grad}_q\,\psi \cdot \tag{65}$$

Also ist in unserem Fall angenähert:

$$\frac{1}{r_+} - \frac{1}{r_-} = -\mathfrak{l}\left(\mathrm{grad}_p\,\frac{1}{r}\right) \cdot$$

Wir setzen nun den Vektor

$$e\,\mathfrak{l} = \mathfrak{m} \tag{66}$$

und nennen ihn Moment des Dipols. Dann ergibt sich für das Potential

$$\left.\begin{aligned}
\Phi &= \mathfrak{m}\operatorname{grad}_q \frac{1}{r} = -\,\mathfrak{m}\operatorname{grad}_p \frac{1}{r}\,, \\[2mm]
&= \frac{1}{r^2}\,(\mathfrak{m}\operatorname{grad}_p \mathfrak{r}) = \frac{1}{r^3}\,(\mathfrak{m}\,\mathfrak{r})\,,
\end{aligned}\right\} \tag{67}$$

wo $\mathfrak{r}$ der Vektor vom Dipol zum Aufpunkt ist.

Wir wollen das Feld, das sich von der durch (66) gegebenen Funktion Φ als Potential ableitet, als Feld eines Dipols bezeichnen. Die Feldstärke eines Dipols ist also der Grenzwert, dem die Feldstärke eines Polpaares zustrebt, wenn bei festgehaltenem Wert des Moments $\mathfrak{m} = e\,\mathfrak{l}$ der Polabstand unbegrenzt verkleinert wird; das Feld eines Dipols ist nur der Inbegriff dieser Grenzwerte von Feldstärken, und einen Dipol gibt es nicht eigentlich; er ist nur ein zu diesen Vektoren zugedachtes ideales Element[1]). Charakteristisch für ihn ist das Moment. Den absoluten Betrag $m = |\mathfrak{m}|$ des Momentes wollen wir sein skalares Moment nennen.

Angenähert kann das Feld zweier sehr benachbarter, sehr stark entgegengesetzter gleicher Pole durch das Feld eines Dipols ersetzt werden.

Aus (67) erkennt man: Das Potential eines Dipols vom Moment $\mathfrak{m}$ in einem Aufpunkt P ist gleich der Komponente der Feldstärke nach der Richtung von $\mathfrak{m}$, die ein Pol von dem magnetischen Quantum $|\mathfrak{m}|$ erzeugt.

In Komponenten geschrieben, ergibt sich für Φ, wenn $x_p,\ y_p,\ z_p$ die Koordinaten des Aufpunktes, $x_q,\ y_q,\ z_q$ die Koordinaten des Quellpunktes bedeuten:

$$\left.\begin{aligned}
\Phi &= \mathfrak{m}_x\,\frac{\partial\frac{1}{r}}{\partial x_q} + \mathfrak{m}_y\,\frac{\partial\frac{1}{r}}{\partial y_q} + \mathfrak{m}_z\,\frac{\partial\frac{1}{r}}{\partial z_q} \\[2mm]
&= -\left\{\mathfrak{m}_x\cdot\frac{\partial\frac{1}{r}}{\partial x_p} + \mathfrak{m}_y\,\frac{\partial\frac{1}{r}}{\partial y_p} + \mathfrak{m}_z\,\frac{\partial\frac{1}{r}}{\partial z_p}\right\}.
\end{aligned}\right\} \tag{68}$$

Zur Berechnung der von einem Dipol erzeugten Feldstärke legen wir den Nullpunkt des Koordinatensystems in den Dipol, die x-Achse in die Richtung des Moments und setzen $|\mathfrak{m}| = m$. Es ist dann nach (67)

$$\Phi = \frac{m\,x}{r^3}\,. \tag{69}$$

Also nach (22) für die Komponenten von $\mathfrak{H}$:

$$\left.\begin{aligned}
\mathfrak{H}_x &= -\,\frac{m}{r^3} + \frac{3\,m\,x^2}{r^5}\,, \\[2mm]
\mathfrak{H}_y &= \phantom{-\,\frac{m}{r^3}+{}}\frac{3\,m\,x\,y}{r^5}\,, \\[2mm]
\mathfrak{H}_z &= \phantom{-\,\frac{m}{r^3}+{}}\frac{3\,m\,x\,z}{r^5}\,.
\end{aligned}\right\} \tag{70}$$

Ein Punkt in der Verlängerung der Dipolachse (also in unserem Fall ein auf der x-Achse liegender Punkt) heißt ein Punkt in erster Hauptlage; ein Punkt in der durch den Dipol senkrecht zu der Achse gelegten Ebene, (also in unserem Fall ein Punkt in der yz-Ebene) heißt ein Punkt in der zweiten Hauptlage.

---

[1]) Nach Whitehead-Russell ein unvollständiges Symbol.

Für Punkte in der ersten Hauptlage ist

$$\mathfrak{H}_x = -\frac{m}{r^3} + \frac{3\,m\,r^2}{r^5} = \frac{2\,m}{r^3}\,, \qquad \mathfrak{H}_y = \mathfrak{H}_z = 0\,,$$

also allgemein

$$\mathfrak{H}_I = \frac{2\,\mathfrak{m}}{r^3}\,. \tag{71}$$

Für einen Punkt in der zweiten Hauptlage ergibt sich

$$\mathfrak{H}_x = -\frac{m}{r^3}\,, \qquad \mathfrak{H}_y = \mathfrak{H}_z = 0\,,$$

also allgemein

$$\mathfrak{H}_{II} = -\frac{\mathfrak{m}}{r^3}\,. \tag{72}$$

In der ersten und zweiten Hauptlage ist also die Feldstärke der Dipolachse parallel. In (71) und (72) erkennen wir (60) und (63) wieder. Daß die Kraftlinien für Punkte in erster und zweiter Hauptlage der Dipolachse parallel laufen, zeigen auch die Kraftlinienbilder Abb. 6 und Abb. 7 Ziff. 23. Die Gleichungen (70) lauten in Vektorform

$$\mathfrak{H} = -\frac{\mathfrak{m}}{r^3} + \frac{3\,(\mathfrak{m}\,\mathfrak{r})\,\mathfrak{r}}{r^5}\,, \tag{73}$$

oder

$$\mathfrak{H} = \frac{2\,\mathfrak{m}}{r^3} + \frac{3}{r^5}\left\{(\mathfrak{m}\,\mathfrak{r})\,\mathfrak{r} - \mathfrak{m}\,r^2\right\}\,,$$

das ist

$$\mathfrak{H} = \frac{2\,\mathfrak{m}}{r^3} + \frac{3}{r^5}\,[\mathfrak{r}\,[\mathfrak{r}\,\mathfrak{m}]]\,,$$

wo die eckigen Klammern das Vektorprodukt bezeichnen.

Es ist bemerkenswert, daß sich die Feldstärke in großen Entfernungen umgekehrt wie die dritte Potenz der Entfernung verhält. Daraus, daß dieses Entfernungsgesetz für jeden magnetischen Körper gilt, schließen wir später, daß jeder magnetische Körper ebensoviel positiven wie negativen Magnetismus enthält (Ziff. 37).

Die Gleichung der Kraftlinien eines der x-Achse parallelen Dipols erhalten wir wieder in der Form

$$\Omega = \text{const,}$$

wo Ω die in Ziff. 21 eingeführte Funktion ist; läßt man den Wert der Konstanten eine arithmetische Reihe durchlaufen, so bekommt man auch in jeder Ebene durch die Dipolachse die richtige Kraftliniendichte. Es ist leicht zu sehen, daß

$$\Omega = -l\,\frac{\partial\,\Omega'}{\partial x}$$

ist, wo Ω' die zum positiven Pol gehörige Funktion Ω ist, und l der Polabstand. Nach (49) ist aber

$$\Omega' = e\left(1 - \frac{x}{r}\right)\,,$$

also ist

$$\Omega = m\,\frac{\partial}{\partial x}\left(\frac{x}{r}\right) = m\left(\frac{1}{r} - \frac{x^2}{r^3}\right) = m\,\frac{y^2 + z^2}{r^3}\,.$$

Hieraus folgt für die Kraftliniengleichung

$$r^2 - x^2 = c\,r^3$$

oder

$$y^2 + z^2 = c\,r^3\,,$$

unter c eine Konstante verstanden.

26. Polpaar. In erster Annäherung werden die Formeln (71) und (72) auch für das Feld eines Paares von Polen in endlichem Abstand gelten. Wir können aber auch für diesen Fall die Feldstärke genau angeben. Es ist offenbar, wenn L den Polabstand bedeutet, und $L e = m$ gesetzt wird, für Aufpunkte in der ersten Hauptlage:

$$H_I = \frac{e}{\left(r - \frac{L}{2}\right)^2} - \frac{e}{\left(r + \frac{L}{2}\right)^2} = \frac{2\,m}{r^3\left(1 - \frac{L^2}{4\,r^2}\right)^2}. \tag{74}$$

H_{II} wurde bereits in der vorigen Ziffer gefunden. Die Formel (62) gilt auch für endliche Polabstände. Wir haben also

$$H_{II} = \frac{m}{r^3}\,\frac{1}{\left(1 + \frac{1}{4}\,\frac{L^2}{r^2}\right)^{\frac{3}{2}}}. \tag{75}$$

Durch Reihenentwicklung bekommen wir[1])

$$H_I = \frac{2\,m}{r^3}\left(1 + \frac{1}{2}\,\frac{L^2}{r^2} + \frac{3}{16}\,\frac{L^4}{r^4} \cdots\right), \tag{76}$$

$$H_{II} = \frac{m}{r^3}\left(1 - \frac{3}{8}\,\frac{L^2}{r^2} + \frac{15}{128}\,\frac{L^4}{r^4} \cdots\right). \tag{77}$$

Den Vektor $\mathfrak{m}$ vom Betrage m und der Richtung von negativen zum positiven Pol nennen wir Moment des Polpaares.

27. Gaussische Methode. Wie schon bemerkt, wurde eine schärfere Bestätigung des Coulombschen Gesetzes durch Gauss gegeben[2]). Noch in anderer Beziehung ist die Gaussische Methode wichtig. Sie benutzt das Feld der Erde, und durch sie wird es daher auch möglich, die Intensität des Erdfeldes in absolutem Maß zu bestimmen, sowie das Moment des Dipols, durch den sich in erster Annäherung die benutzten Magnete ersetzen lassen. Wir setzen hier nur das Prinzip der Methode auseinander und gehen an anderer Stelle genauer auf sie ein.

Sei ein Magnetstab gegeben, von dem wir annehmen, daß seine magnetischen Kräfte von zwei Punkten ausgehen. Wie wir später sehen werden, müssen dann die magnetischen Quanten in diesem Punkte entgegengesetzt gleich sein. Die Wirkung des Magnetstabes in großen Entfernungen wird also angenähert dieselbe wie die eines Dipoles sein. Freilich handelt es sich nur um eine erste Annäherung. Soll genauer gerechnet werden, so sind noch Glieder zu berücksichtigen, durch die sich unser Paar von Polen von einem idealen Dipol unterscheidet. Andererseits bedeutet es für den allgemeinen Fall überhaupt eine Annäherung, wenn wir unseren Magnetstab durch ein aus zwei Polen bestehendes Gebilde ersetzen. Aber wie ebenfalls später gezeigt wird, ist eine solche Annäherung immer möglich. Sehen wir also einstweilen den Magnet als einen idealen Dipol an, dem ein bestimmtes Moment m zukommt.

Nun läßt man den Magnetstab auf eine drehbare Magnetnadel wirken. Der feste Magnet liege stets in einer Geraden senkrecht zum magnetischen Meridian, und die drehbare Nadel werde in erster und zweiter Hauptlage von dem festen Magneten angebracht. Sie steht also einerseits unter dem Einfluß der Feldstärke $\mathfrak{H}_0$ des Erdfeldes, andererseits unter dem Einfluß der Kraft, die vom Magneten herrührt, also seiner Achse parallel ist und daher senkrecht auf $\mathfrak{H}_0$ steht. Die Nadel muß also von der Richtung des magnetischen Meridians abweichen,

---

[1]) Siehe F. Kohlrausch, Wied. Ann. Bd. 31, S. 610. 1887.
[2]) C. F. Gauss, Werke Bd. 5, S. 81; Pogg. Ann. Bd. 28, S. 241, 591, 1833; Abhandlgn. d. Göttinger Ges. d. Wiss. Bd. 8, S. 3—44 (gelesen am 15. Dez. 1832); deutsch herausgegeben von E. Dorn (übersetzt von Kiel). Ostwalds Klassiker Bd. 53, Leipzig 1894.

und zwar ist der Ablenkungswinkel φ für die erste Hauptlage, wie aus (71) folgt, gegeben durch

$$\operatorname{tg}\varphi_I = \frac{2m}{r^3 H_0},\qquad (79)$$

wenn m das skalare (S. 30) Moment des Magneten ist. Der Ablenkungswinkel φ_{II} für die Nadel in zweiter Hauptlage ist, wie aus (72) folgt, gegeben durch

$$\operatorname{tg}\varphi_{II} = \frac{m}{r^3 H_0}.\qquad (80)$$

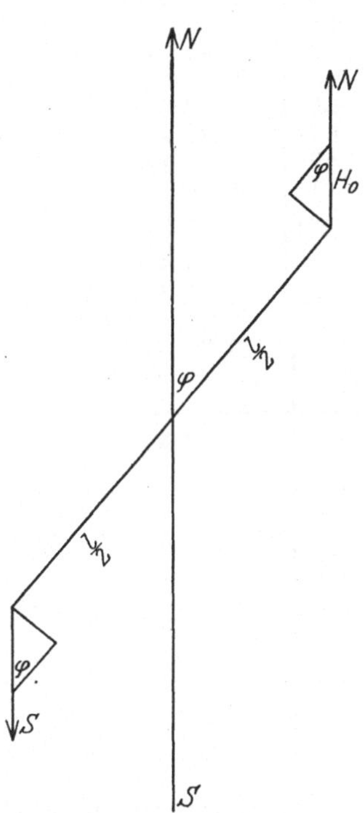

Abb. 10. Vom Erdfeld auf die Magnetnadel ausgeübtes Drehmoment.

Wir können also auf zwei Weisen das Verhältnis m/H_0 bestimmen. m und H_0 können einzeln gefunden werden, wenn $m H_0$ ermittelt werden kann.

Hierzu macht man den ersten Magneten beweglich und läßt ihn um den Meridian schwingen, indem man die Drehachse durch seine Mitte gehen läßt. Nehmen wir wieder an, er bestehe aus zwei entgegengesetzt gleichen Polen vom magnetischen Quantum e und besitze die Länge l. Das Drehmoment, das bei einer kleinen Entfernung aus dem Meridian entsteht, ist dann gleich dem Winkelabstand φ, multipliziert mit einer Konstanten, der Direktionskraft, für die gilt

$$D = m H_0.\qquad (81)$$

Denn die Kraft auf den Nordpol in tangentialer Richtung ist $e H_0 \sin\varphi$ (s. Abb. 10), also angenähert $e H_0 \varphi$, das Drehmoment also angenähert $e H_0 \frac{l}{2}\varphi$ oder $\frac{m}{2} H_0 \varphi$. Dasselbe Drehmoment wirkt auf den Südpol, auf den ganzen Magneten also das Drehmoment $m H_0 \varphi$. Die Formel (81) ist hier abgeleitet für eine aus zwei Polen bestehende Nadel. Sie gilt aber streng für einen beliebigen Magnetstab, sofern unter m das skalare Moment desjenigen Dipols verstanden wird, der für die Bestimmung von m/H_0 den gegebenen Magneten in erster Annäherung ersetzt.

Nun bestimmt sich die Schwingungsdauer T einer Nadel aus der Direktionskraft D nach der Formel

$$T = 2\pi \sqrt{\frac{S}{D}},$$

wenn S das Trägheitsmoment ist; also läßt sich D und daher $m H_0$ ermitteln, und, weil m/H_0 bestimmt werden kann, können m und H_0 einzeln in absoluten Einheiten gemessen werden [1].

Zugleich gibt das Verfahren die Möglichkeit, das COULOMBsche Gesetz zu prüfen. Für die erste Hauptlage muß nach (79) und (80) der Tangens des Ablenkungswinkels doppelt so groß sein wie für die zweite, also muß auch, wenn es sich um kleine Ablenkungswinkel handelt, angenähert für die erste Hauptlage der Ablenkungswinkel das Doppelte des für die zweite Hauptlage geltenden

---

[1] Übrigens berücksichtigt GAUSS noch die Torsionskraft und muß daher noch besondere Versuche mit der beweglichen Nadel heranziehen, bei der diese der Wirkung der Torsion und des Erdfeldes ausgesetzt wird.

Ablenkungswinkel sein. Diese Folgerungen hat GAUSS geprüft. Er fand[1) bei verschiedenen Entfernungen folgende Werte für φ_I und φ_{II}:

r Meter	φ_I	φ_{II}
1,3	2° 13′ 51,2″	1° 10′ 19,3″
1,4	1 47 28,6	0 55 58,9
1,5	1 27 19,1	0 45 14,3
1,6	1 12 7,6	0 37 12,2
1,7	1 0 9,9	0 30 57,9
1,8	0 50 52,5	0 25 59,5
1,9	0 43 21,8	0 22 9,2
2,0	0 37 16,2	0 19 1,6
2,1	0 32 4,6	0 16 24,7
2,5	0 18 51,9	0 9 36,1
3,0	0 11 0,7	0 5 33,7
3,5	0 6 56,9	0 3 28,9
4,0	0 4 35,9	0 2 22,2

r Meter	φ_I beob. − φ_I ber.	φ_{II} beob. − φ_{II} ber.
1,3	+ 0,8″	+6,0″
1,4	+ 4,5	+0,2
1,5	− 9,6	−6,6
1,6	− 3,3	−3,2
1,7	− 5,0	−1,2
1,8	+ 4,2	−3,4
1,9	+ 7,8	+2,6
2,0	+10,6	+5,9
2,1	+ 0,9	+4,9
2,5	−10,2	−2,5
3,0	− 1,1	−0,2
3,5	− 0,2	−1,0
4,0	− 3,7	+1,7

Wir sehen, daß in der Tat φ_I nahezu doppelt so groß ist wie φ_{II}, und daß die Zahlen in jeder Kolonne annähernd im umgekehrten Verhältnis des Kubus der Entfernung stehen.

Um eine noch schärfere Bestätigung für diese Gesetze zu geben, hat GAUSS die Werte für φ_I und φ_{II} nach der Methode der kleinsten Quadrate in die Form gebracht

$$\operatorname{tg}\varphi = a\,r^{-3} + b\,r^{-5}.$$

Er erhielt

$$\operatorname{tg}\varphi_I = 0{,}086870\,r^{-3} - 0{,}002185\,r^{-5},$$

$$\operatorname{tg}\varphi_{II} = 0{,}043435\,r^{-3} + 0{,}002449\,r^{-5}.$$

Mit diesen Formeln erhielt er nebenstehende Tabelle.

Wir sehen, wie genau es zutrifft, daß der Koeffizient von r^{-3} für $\operatorname{tg}\varphi_I$ das Doppelte des entsprechenden Koeffizienten für $\operatorname{tg}\varphi_{II}$ ist. Daß aber ein Glied mit r^{-5} auftritt, darf nicht als Widerlegung des COULOMBschen Gesetzes angenommen werden. Denn, wie schon bemerkt, gelten die hier benutzten Formeln (71) und (72) nur angenähert für unseren Fall.

28. Kontinuierliche Magnetismusverteilung. Um die Wirkung eines Stabmagneten genauer zu berechnen, dürfen wir nicht mehr an der punktförmigen Verteilung des Magnetismus festhalten. Dann müssen wir auch beliebige Formen des Magneten zulassen. In dem Volumenelement $d\tau$ des Magneten soll das magnetische Quantum $\varrho\,d\tau$ enthalten sein. ϱ heißt die magnetische **Raumdichte**.

Auch in diesem Falle gibt es eine Feldstärke, d. h. es gibt einen Vektor, aus dem die Kraft auf einen Pol durch Multiplikation mit seiner Stärke erhalten wird. Die Formeln, die wir jetzt für die Feldstärke aufstellen werden, erhalten wir durch sinngemäße Modifikation aus den früheren. Wie diese gelten sie aber nur unter gewissen Bedingungen. Hinreichend ist (vermutlich), daß sich die betrachteten Magnete von anderen Magneten oder magnetischen Körpern so weit entfernt befinden, daß die Dimensionen der Körper klein gegen die Entfernung sind (vgl. Ziff. 8). Später ist die Theorie zu erweitern. Wir bekommen eine Konstante in unsere Formel; und, wenn diese $= 1$ gesetzt wird, so gelten die jetzt aufzustellenden Formeln allgemein.

Andererseits wird in der vervollständigten Theorie die Hauptrolle eine Dichte spielen, die verschieden von der jetzt einzuführenden ist; und, wollen wir das Feld in großer Entfernung berechnen, dürfen wir diese nicht in die hier gegebenen Formeln einsetzen.

[1) C. F. GAUSS, Werke, S. 109; Ostwalds Klassiker S. 39.

Wir erhalten, wie bemerkt, unsere allgemeinen Formeln durch sinngemäße Modifikation aus den früheren. So geht aus (20) hervor

$$\mathfrak{H}_x = \int \frac{\varrho_q(x_p - x_q)}{r^3}\, d\tau \quad \text{usw.,} \tag{82}$$

wo x_q, y_q, z_q die Koordinaten des Quellpunktes, x_p, y_p, z_p die des Aufpunktes sind, und ϱ_q die magnetische Raumdichte im Quellpunkt ist. In Vektorform schreibt sich (82)

$$\mathfrak{H} = \int \frac{\varrho_q \mathfrak{r}_{qp}}{r^3}\, d\tau, \tag{83}$$

wo $\mathfrak{r}_{qp}$ der vom Quellpunkt zum Aufpunkt gezogene Vektor ist.

An dieser Formel halten wir auch für Aufpunkte fest, die sich nicht in großer Entfernung von dem Magneten befinden. Freilich können wir dann die Feldstärke nicht durch die Wirkung auf den Einheitspol definieren, sondern müssen uns etwa an die Definition durch den Induktionsstrom halten (Ziff. 10). Ja, auch für das Innere des Magneten gilt unsere Formel. $\mathfrak{H}$ kann dann nur nach Herstellung von Bohrungen gemessen werden.

Es ist aber zu beachten, daß den Gleichungen (82) und (83) kein physikalischer Inhalt zukommt, der über den der Gleichung (24) für den leeren Raum und (23) hinausginge. Denn es ist nicht möglich, $\mathfrak{H}$ und ϱ einzeln zu messen; nur aus der Messung von $\mathfrak{H}$ kann auf ϱ geschlossen werden. Der Ansatz (82) und (83) legt auch $\mathfrak{H}$ keine anderen als die genannten Bedingungen auf. Näheres weiter unten (Ziff. 59).

Wieder leitet sich $\mathfrak{H}$ von einem Potential ab. Für Punkte außerhalb der Magnete ist das einfach zu sehen. Setzen wir

$$\Phi = \int \frac{\varrho_q}{r}\, d\tau, \tag{84}$$

so wird

$$-\operatorname{grad}_p \Phi = -\int \varrho_q \operatorname{grad}_p \frac{1}{r}\, d\tau = \int \varrho_q \frac{1}{r^2} \operatorname{grad}_p r\, d\tau = \int \varrho_q \frac{1}{r^3} \mathfrak{r}_{qp} = \mathfrak{H}.$$

Es ist aber nicht schwer, zu zeigen, daß auch für innere Punkte die Differentiation unter dem Integralzeichen erlaubt ist[1]). Es ist also überall, wenn

$$\Phi = \int \frac{\varrho_q}{r}\, d\tau \tag{84}$$

gesetzt wird

$$\mathfrak{H} = -\operatorname{grad}\Phi. \tag{85}$$

Hieraus folgt, daß überall

$$\operatorname{rot}\mathfrak{H} = 0 \tag{86}$$

ist. Für Aufpunkte außerhalb der Magnete folgt aus (85)

$$\operatorname{div}\mathfrak{H} = 0, \tag{87}$$

was mit (85) zusammen die LAPLACEsche Gleichung

$$\Delta\Phi = 0 \tag{88}$$

ergibt.

Wie schon bemerkt (Ziff. 10, S. 11 und 25, S. 28), enthält ein Magnet ebensoviel positiven wie negativen Magnetismus. Auf diese einschränkende Bedingung werden wir vorerst keine Rücksicht nehmen. Wir werden Fälle betrachten, für die

---

[1]) H. POINCARÉ, Théorie du potentiel Newtonien, S. 80 ff. Paris 1899; RIEMANN-WEBER, Partielle Differentialgleichungen, Bd. 1, S. 240 ff. Braunschweig 1900.

sie verletzt ist, und zwar deshalb, weil die Untersuchung dieses besonderen Falles die Ableitung von Sätzen vorbereitet, die auf die realisierbaren Fälle angewandt werden können.

29. Magnetische Oberflächendichte: Potential der homogen mit magnetischer Flächendichte belegten Kugeloberfläche. Ist die magnetische Ladung so verdichtet, daß auf ein Flächenelement eine Ladung $\eta\,do$ entfällt, so heißt η die **Flächendichte** des Magnetismus. Wir können die Flächendichte als eine sehr große räumliche Dichte ansehen: Auf dem Flächenelement do stehe ein Zylinder von der sehr kleinen Höhe h, und dieser sei erfüllt von der sehr großen räumlichen Dichte $\varrho = \dfrac{\eta}{h}$. Im Zylinder befindet sich also der Magnetismus $\dfrac{\eta}{h}\,do\,h = \eta\,do$. Statt dessen kann man, wenn ϱ sehr groß und h sehr klein ist, sagen, do besitze die Flächendichte η.

Für das Potential Φ, das von einer mit der räumlichen Dichte η belegten Fläche herrührt, gilt offenbar

$$\Phi = \int \frac{\eta_q\,do}{r}\,. \tag{89}$$

Berechnen wir nun das Potential einer homogen belegten Kugeloberfläche. Sei (Abb. 11) a der Radius, O der Mittelpunkt der Kugel, P der Aufpunkt in der Entfernung p vom Mittelpunkt, Q ein Quellpunkt auf der Kugeloberfläche, $QP = r$. Den Winkel QOP setzen wir $= \vartheta$. Nun betrachten wir die Zone auf der Kugeloberfläche für die Punkte, für die ϑ zwischen zwei Werten ϑ^* und $\vartheta^* + d\vartheta$ liegt. Ihr Flächeninhalt ist:

$$2\,\pi\,a^2 \sin\vartheta^*\,d\vartheta$$

also ist:

$$\Phi = 2\,\pi\,a^2\,\eta \int\limits_0^\pi \frac{\sin\vartheta\,d\vartheta}{r}\,.$$

Es ist aber

$$r^2 = a^2 + p^2 - 2\,a\,p\,\cos\vartheta,$$

also

$$r\,dr = a\,p\,\sin\vartheta\,d\vartheta,$$

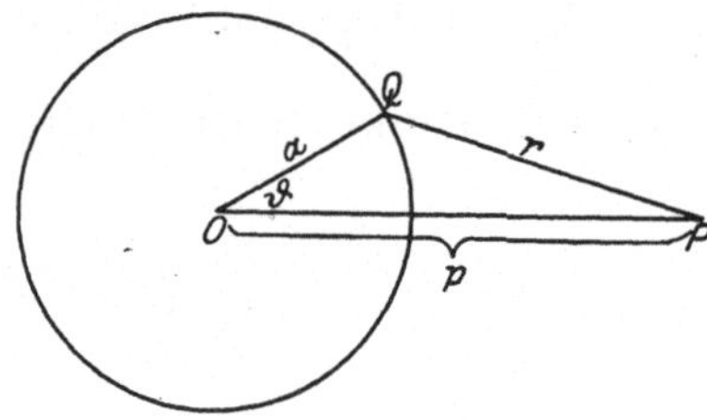

Abb. 11. Potential einer homogen belegten Kugeloberfläche.

daher

$$\sin\vartheta\,d\vartheta = \frac{r\,dr}{a\,p}\,;$$

daher wird

$$\Phi = \frac{2\,\pi\,a\,\eta}{p} \int\limits_{r_0}^{r_\pi} dr = \frac{2\,\pi\,a\,\eta}{p}\,(r_\pi - r_0)\,.$$

Nun ist für einen äußeren Punkt

$$r_0 = p - a\,,$$
$$r_\pi = p + a$$

und für einen inneren

$$r_0 = a - p\,,$$
$$r_\pi = a + p\,.$$

Somit ist für äußere Punkte, wenn e das magnetische Quantum der Oberfläche bedeutet,

$$\Phi^e = \frac{4\,\pi\,a^2\,\eta}{p} = \frac{e}{p} \tag{90}$$

und für innere:

$$\Phi^i = 4\,\pi\,a\,\eta\,. \tag{91}$$

Das Potential der Kugelfläche berechnet sich also so für äußere Punkte, als ob die ganze Ladung im Mittelpunkt vereinigt wäre. Für innere Punkte ist es konstant. Das Potential ist an der Oberfläche stetig.

Für die Feldstärke ergibt sich nach (85): Die Feldstärke ist radial gerichtet. Im Außenraum haben wir

$$|\mathfrak{H}^e| = \frac{e}{p^2}, \tag{92}$$

und für das Innere

$$|\mathfrak{H}^i| = 0. \tag{93}$$

Die Kraft ist unstetig und erleidet beim Durchgang durch die Kugelfläche einen Sprung vom Betrage

$$\frac{e}{a^2} = 4\pi\eta.$$

30. Potential einer Vollkugel. Betrachten wir eine Kugel vom Radius a, deren magnetische Raumdichte überall konstant $= \varrho$ ist, und deren Gesamtmagnetismus $= e$ ist. Auch dieser Fall ist nicht zu realisieren, seine Behandlung wird aber für das Folgende nützlich sein.

Denken wir uns die Kugel in sehr dünne konzentrische Schalen zerlegt. Jede dieser Schalen ersetzen wir durch eine Kugeloberfläche und breiten die in der Schale vorhandene Ladung gleichmäßig mit flächenhafter Dichte über die Kugelfläche aus. Für das Potential eines äußeren Punktes ergibt sich dann durch Integration

$$\Phi^e = \frac{e}{p}, \tag{94}$$

wenn p die Entfernung des Aufpunktes vom Kugelmittelpunkt ist. Für das Potential in einem inneren Punkte in der Entfernung p vom Mittelpunkt erhalten wir, indem wir die Wirkung einer zur gegebenen konzentrischen durch den Aufpunkt gehenden Kugel nach (94) berechnen, die Wirkung der anderen Kugelschalen aber nach (91):

$$\left. \begin{aligned} \Phi^i &= \frac{4\pi}{3} p^3 \frac{\varrho}{p} + 4\pi\varrho \int_p^a r\, dr, \\ &= \frac{4\pi\varrho\, p^2}{3} + 2\pi\varrho\,(a^2 - p^2), \\ &= 2\pi\varrho\, a^2 - \frac{2\pi}{3}\varrho\, p^2. \end{aligned} \right\} \tag{95}$$

Aus (94) folgt für die Kraft im Außenraum

$$|\mathfrak{H}^e| = \frac{e}{p^2}. \tag{96}$$

Für die Kraft im Innern der homogenen Kugel gilt nach (95)

$$\mathfrak{H}^i = \frac{4\pi}{3}\varrho\,\mathfrak{r}, \tag{97}$$

wenn $\mathfrak{r}$ den vom Mittelpunkt der Kugel zum Aufpunkt gezogenen Radiusvektor bedeutet. Hieraus ergibt sich

$$\operatorname{div}\mathfrak{H}^i = 4\pi\varrho \tag{98}$$

und nach (85)

$$\Delta\Phi^i = -4\pi\varrho. \tag{99}$$

Haben wir nun einen beliebig gestalteten Körper mit der homogenen magnetischen Raumdichte ϱ, so können wir um einen inneren Aufpunkt eine kleine Kugel beschreiben. Da für den Anteil I der Feldstärke und des Potentials, das von ihr herrührt, gilt

$$\operatorname{div} \mathfrak{H}_I = 4\pi\varrho\,,$$

$$\Delta\Phi_I = -4\pi\varrho\,,$$

und für den Anteil II, der von den übrigen Teilen des Körpers herrührt, nach (87) und (88)

$$\operatorname{div} \mathfrak{H}_{II} = 0\,,$$

$$\Delta\Phi_{II} = 0\,,$$

so gilt auch in diesem Fall für die Gesamtfeldstärke und das Gesamtpotential

$$\operatorname{div} \mathfrak{H} = 4\pi\varrho\,, \tag{100}$$

$$\Delta\Phi = -4\pi\varrho\,. \tag{101}$$

Aber auch, wenn die Dichte nicht konstant ist, gelten, wie wir sehen werden, die Gleichungen (100), (101)[1]).

31. Poissonsche Gleichung. Um die Gleichungen (100), (101) allgemein zu beweisen, knüpfen wir an die Betrachtungen von Ziff. 15 an. Man verallgemeinert leicht (31) und zeigt[2]), daß, auch wenn die magnetische Dichte kontinuierlich verteilt ist, für jede geschlossene Fläche gilt:

$$\left.\begin{aligned} \int \mathfrak{H}_\nu\, do &= 4\pi e \\ -\int \frac{\partial\Phi}{\partial\nu}\, dv &= 4\pi e\,, \end{aligned}\right\} \tag{102}$$

wo e das magnetische Quantum ist, das von der Fläche umschlossen wird. Wenden wir diese Gleichungen auf ein sehr kleines Gebiet ohne Flächendichte an, so erhalten wir mit Hilfe des Gaussischen Satzes

$$\operatorname{div} \mathfrak{H} = 4\pi\varrho\,, \tag{100}$$

$$\Delta\Phi = -4\pi\varrho\,. \tag{101}$$

Die Gleichung (101) heißt die Poissonsche Gleichung[3]).

Es muß aber bemerkt werden, daß sich der ganze physikalische Inhalt der Gleichungen (100) und (23), so wie diese bis jetzt verstanden werden, in der Forderung ausdrückt, daß im leeren Raum $\operatorname{div} \mathfrak{H} = 0$ und überall $\operatorname{rot} \mathfrak{H} = 0$ ist. Vom phänomenologischen Standpunkt muß doch ϱ durch die Beobachtungen gegeben sein; ϱ ist also nur eine Funktion, durch die sich nach (83) das beobachtete $\mathfrak{H}$ ergibt. Es läßt sich aber zeigen (Ziff. 60): Wie auch das Vektorfeld $\mathfrak{H}$ stetig gewählt ist, sofern nur im leeren Raum $\operatorname{div} \mathfrak{H} = 0$ ist und überall $\operatorname{rot} \mathfrak{H} = 0$, so wird, wenn $\varrho = \frac{1}{4\pi}\operatorname{div}\mathfrak{H}$ gesetzt wird, durch (83) $\mathfrak{H}$ zurückerhalten. Durch (100) und (23) wird also dem Felde keine andere Bedingung auferlegt, als daß überall $\operatorname{rot}\mathfrak{H} = 0$ und im leeren Raum $\operatorname{div}\mathfrak{H} = 0$ ist.

---

[1]) Der Schluß, sie müßten gelten, weil in einer sehr kleinen Kugel um den Aufpunkt die Dichte mit hinreichender Annäherung als konstant anzusehen ist, ist ganz verfehlt.

[2]) C. F. Gauss, Allgemeine Lehrsätze in Beziehung auf die im verkehrten Verhältnis des Quadrats der Entfernung wirkenden Anziehungs- und Abstoßungskräfte. Artikel 22, Werke V, S. 224. Riemann-Hattendorf, Schwere, Elektrizität, Magnetismus. § 12, S. 41. Hannover 1876.

[3]) C. F. Gauss (Fußnote 2 S. 38), Artikel 10, 11, S. 210f.; Riemann-Hattendorf (Fußnote 2 S. 38, § 13, S. 14. O. Hölder, Tübinger Dissert. 1882; H. Poincaré, Théorie du potentiel Newtonien, S. 88. Paris 1899.

Die Gleichung (100) gewänne aber sofort darüber hinaus den Charakter einer Aussage über beobachtbares Geschehen, wenn behauptet werden könnte, daß ϱ an den Magneten haftet. Indes trifft das nicht zu für ϱ, sondern für eine in Teil b zu betrachtende Größe: Diese ist die rechte Seite einer ähnlich wie (100) gebildeten Gleichung, der wir aber mehr physikalischen Inhalt zuschreiben müssen.

Aus Gleichung (100) folgt, daß eine Kraftliniendarstellung wie sie in Ziff. 14 beschrieben wurde, für das Innere der Magnete n i c h t möglich ist (siehe dazu Ziff. 40).

32. Kreisscheibe. Flächendivergenz. Denken wir uns eine mit der konstanten Flächendichte η belegte Kreisscheibe vom Radius a. Den Scheibenmittelpunkt machen wir zum Mittelpunkt eines Koordinatensystems, legen die yz-Ebene in die Scheibe und die x-Achse senkrecht dazu. Gesucht wird das Potential für einen Aufpunkt auf der x-Achse mit der Abszisse x. Das ringförmige Gebiet zwischen den mit dem Kreisrand konzentrischen Kreisen mit den Radien u und $u + du$ enthält das magnetische Quantum $2\pi u\, du\, \eta$ und liefert daher, wenn r den Abstand seiner Punkte vom Aufpunkt bezeichnet, den Potentialbeitrag $\dfrac{2\pi u\, du}{r}\eta$. Da

$$r^2 = u^2 + x^2$$

ist, so ist $r\, dr = u\, du$.

Man erhält also für das Potential

$$\Phi = 2\pi\eta\int\limits_{r_0}^{r_a} dr = 2\pi(r_a - r_0) = 2\pi\left(\sqrt{x^2 + a^2} - x\right).$$

Daraus ergibt sich für die x-Komponente der Feldstärke in einem Punkte der positiven x-Achse

$$\mathfrak{H}_x = 2\pi\eta\left(1 - \frac{x}{\sqrt{x^2 + a^2}}\right)$$

und in unmittelbarer Nähe der Scheibe

$$\mathfrak{H}_x = 2\pi\eta\,.$$

Bezeichnen wir also die Seiten der Fläche als I und II und mit n die Richtung der Normalen von I nach II, so ist

$$\mathfrak{H}_n^{II} - \mathfrak{H}_n^{I} = 4\pi\eta \tag{103}$$

oder auch

$$\left(\frac{\partial\Phi}{\partial n}\right)^{II} - \left(\frac{\partial\Phi}{\partial n}\right)^{I} = -4\pi\eta\,, \tag{104}$$

oder auch, wenn q die Richtung der von der Fläche weg gezogenen Normale bedeutet

$$\mathfrak{H}_q^{II} + \mathfrak{H}_q^{I} = 4\pi\eta\,. \tag{103'}$$

Wir bezeichnen allgemein für einen Vektor $\mathfrak{a}$ die Summe $\mathfrak{a}_q^{I} + \mathfrak{a}_q^{II}$ als Flächendivergenz und wollen dafür $\overline{\mathrm{div}}\,\mathfrak{a}$ schreiben. Dann können wir (103') auch schreiben

$$\overline{\mathrm{div}}\,\mathfrak{H} = 4\pi\eta\,. \tag{103''}$$

Die Gleichung (103) wurde hier nur für den Mittelpunkt einer homogen belegten Kreisscheibe abgeleitet. Ohne Rechnung leitet man daraus die Gültigkeit für einen beliebigen Punkt einer homogen belegten Ebene ab. Ein Beweis für einen beliebigen Punkt einer inhomogen aber stetig belegten Ebene wird weiter unten (Ziff. 43) gegeben. Die Gleichung gilt aber allgemein für eine beliebige Fläche in einem beliebigen Punkt, in dem die Dichte stetig ist, und

in dem es eine Tangentialebene und zwei wohl definierte Hauptkrümmungs-
radien gibt.

Die Gleichung (103'') entspricht der Gleichung (98) und kann aus ihr durch
Grenzübergang hergeleitet werden.

Wie eine Flächendivergenz kann man auch eine Flächenrotation einführen.
Ist e der von I nach II gezogene Einheitsvektor, so bezeichnen wir als Flächenrotation das Vektorprodukt

$$\overline{\mathrm{rot}\,\mathfrak{a}} = [e,\ \mathfrak{a}_{II} - \mathfrak{a}_{I}] . \tag{105}$$

Offenbar ist die Flächenrotation nur da von Null verschieden, wo die Tangentialkomponenten unstetig sind.

Die magnetische Feldstärke hat überall, auch dort, wo Flächendichte vorhanden ist, stetige Tangentialkomponenten. Daher ist überall

$$\overline{\mathrm{rot}\,\mathfrak{H}} = 0 \tag{106}$$

und diese Gleichung entspricht (86).

33. Magnetische Doppelschicht. Von besonderer Wichtigkeit ist ein Gebilde, das man erhält, wenn man zwei sehr stark flächenhaft, entgegengesetzt
geladene Flächen sehr nahe zusammenbringt. Es kommt dann für jeden
Punkt nur auf das Produkt Flächendichte mal Abstand an. Der Grenzprozeß
entspricht ganz demjenigen, durch den wir in Ziff. 25 zum Begriff des Dipols
gelangt sind. Wir nennen das durch ihn erhaltene Gebilde eine D o p p e l s c h i c h t
und werden zu seiner Betrachtung (Ziff. 42) übergehen, nachdem wir eine für die
Theorie des Magnetismus wichtige Größe eingeführt haben.

34. Stabmagnet. Wir wollen die Feldstärke eines Stabmagneten berechnen,
eines Magneten, der gegen seine Länge l sehr kleine Querdimension hat. Den
Stab können wir uns durch eine Gerade ersetzt denken. Auf das Geradenelement
dx wird das Magnetismusquantum $\varrho\,\sigma\,dx$ entfallen, wenn σ die Größe des Querschnitts und ϱ die Raumdichte bedeuten. Wir setzen dieses Produkt gleich k
und können es als Liniendichte bezeichnen. Nun machen wir die Voraussetzung, es sei — was praktisch stets mit großer Annäherung erfüllt ist[1] — die
Liniendichte in je zwei von den Enden gleich weit entfernten Punkten entgegengesetzt gleich. Nennen wir also die Entfernung von der Mitte x, so soll sein

$$k(x) = -k(-x) . \tag{107}$$

Hieraus folgt, daß der Gesamtmagnetismus gleich 0 ist. Wie wir bereits mehrfach bemerkten und später begründen werden, gilt das immer streng.

Wir beschränken uns nun zunächst auf die Berechnung der Feldstärke für
Aufpunkte in erster und zweiter Hauptlage [Ziff. 25, S. 30][2].

1. In einem Aufpunkt in erster Hauptlage, der vom Mittelpunkt des Stabes
die Entfernung r hat, ist das Potential

$$\Phi = \int\limits_{-\frac{l}{2}}^{+\frac{l}{2}} \frac{k\,dx}{(r-x)} . \tag{108}$$

---

[1] Falls diese Voraussetzung nicht ganz erfüllt ist, so kann man doch mit der aus
ihr abgeleiteten Formel rechnen, da man bei den Messungen den Stab in zwei entgegengesetzte Lagen bringt und das Mittel aus den dabei gewonnenen Werten nimmt.
(F. Kohlrausch, Wied. Ann. Bd. 31, S. 610. 1887.)

[2] Eine allgemeinere Rechnung (s. Schluß dieser Ziffer) bei E. Cohn, Das elektromagnetische Feld, S. 181 ff. Leipzig 1900. Wir folgen hier zunächst der Rechnung von
R. Gans, Einführung in die Theorie des Magnetismus, S. 66. Leipzig 1908.

Die Entwicklung nach Potenzen von r ergibt

$$\Phi = \int\limits_{-\frac{l}{2}}^{\frac{l}{2}} \frac{k}{r}\left(1 + \frac{x}{r} + \frac{x^2}{r^2} + \cdots\right) dx.$$

Wegen der Symmetrie verschwinden der erste, dritte, fünfte Term usw. und man erhält

$$\Phi = \frac{m_1}{r^2} + \frac{m_3}{r^4} + \frac{m_5}{r^6} \quad\text{usw.} \tag{109}$$

Hier ist

$$\left.\begin{aligned}
m_1 &= \int\limits_{-\frac{l}{2}}^{+\frac{l}{2}} k\,x\,dx, \\[2em]
m_3 &= \int\limits_{-\frac{l}{2}}^{\frac{l}{2}} k\,x^3\,dx, \qquad m_5 = \int\limits_{-\frac{l}{2}}^{\frac{l}{2}} k\,x^5\,dx \quad\text{usw.}
\end{aligned}\right\} \tag{110}$$

Für die Feldstärke in der ersten Hauptlage folgt daraus

$$H_I = \frac{2m_1}{r^3} + \frac{4m_3}{r^5} + \frac{6m_5}{r^7} + \cdots \tag{111}$$

2. Für einen Punkt, der in der Richtung des Stabmagneten (vom negativen zum positiven Pol) über der durch die Mitte des Stabes gelegten senkrechten Ebene die kleine Erhebung x_p besitzt und dessen Abstand von dem Magnetstab r beträgt, ist offenbar das Potential

$$\Phi = \int\limits_{-\frac{l}{2}}^{+\frac{l}{2}} \frac{k\,dx}{\sqrt{r^2 + (x - x_p)^2}}, \tag{112}$$

d. i., wenn x_p^2 vernachlässigt wird,

$$= \int\limits_{-\frac{l}{2}}^{+\frac{l}{2}} \frac{k\,dx}{r\sqrt{1 + \dfrac{x^2}{r^2} - \dfrac{2x\,x_p}{r^2}}}.$$

Nun steht in der Mittelebene die Feldstärke auf der Mittelebene senkrecht. Indem wir Φ nach x_p differenzieren und dann $x_p = 0$ setzen, erhalten wir für die Feldstärke in der zweiten Hauptlage:

$$H_{II} = \int\limits_{-\frac{l}{2}}^{+\frac{l}{2}} \frac{k\,dx}{r^3}\left(1 - \frac{3}{2}\frac{x^2}{r^2} + \frac{15}{8}\frac{x^4}{r^4} + \cdots\right), \tag{113}$$

$$H_{II} = \frac{m_1}{r^3} - \frac{3}{2}\frac{m_3}{r^5} + \frac{15}{8}\frac{m_5}{r^7} + \cdots \tag{114}$$

Nun ist für einen Magneten, der aus zwei Polen $\pm\, e$ im Abstand L besteht, nach (110) oder (111), (114), (76), (77)

$$m_1 = e\,L \tag{115}$$

$$m_3 = 2\left(\frac{L}{2}\right)^3 e = \frac{e\,L^3}{4}. \tag{116}$$

Soll also ein Polpaar für einen Aufpunkt erster und zweiter Hauptlage den gegebenen Magneten in erster Annäherung ersetzen, so muß

$$e\,L = m_1 \tag{115}$$

sein, unter m_1 den für den gegebenen Magnetstab berechneten Koeffizienten verstanden.

Hierdurch wird aber magnetisches Quantum und Polabstand nicht einzeln bestimmt sondern nur ihr Produkt. Insbesondere kann man den Magneten in erster Annäherung durch einen idealen Dipol ersetzen ($L = 0$; $e = \infty$). Wenn das Polpaar auch in zweiter Annäherung den Magneten ersetzen soll, so muß sein:

$$e\,L = m_1, \tag{115}$$

$$e\,L^3 = 4\,m_3, \tag{116}$$

also

$$L = 2\sqrt{\frac{m_3}{m_1}}. \tag{117)\,{}^1}$$

Falls also $m_3 = 0$ ist, wird $L = 0$, d. h. das Feld läßt sich am besten durch einen idealen Dipol ersetzen. In noch größerer Annäherung läßt sich der Magnet nicht durch ein Polpaar ersetzen.

Für ein Polpaar nannten wir einen Vektor vom Betrage $e\,L$ in der Richtung vom negativen zum positiven Pol sein Moment (Ziff. 26). Für einen Stabmagneten heißt Moment ein Vektor von der Größe m_1 in der Richtung der positiven x-Achse, wobei die x-Achse so zu ziehen ist, daß m_1 positiv wird. In erster Annäherung ersetzt unseren Stabmagneten jedes Polpaar und jeder Magnet von demselben Moment. Das Polpaar, das den Stabmagneten in erster und zweiter Näherung ersetzt, hat auch dasselbe Moment.

Das Moment des Polpaares läßt sich schreiben

$$\mathfrak{m} = e_1\,\mathfrak{r}_1 + e_2\,\mathfrak{r}_2, \tag{118}$$

wenn e_1, e_2 die Magnetquanten der beiden entgegengesetzten Pole sind, und $\mathfrak{r}_1$, $\mathfrak{r}_2$ die von dem Punkte in der Mitte zwischen diesen Polen zu ihnen gezogenen radii vectores sind. Ebenso ist das Moment für den Stabmagneten

$$\mathfrak{m} = \int k\,\mathfrak{r}\,ds, \tag{119}$$

wenn ds das Längenelement des Stabes bedeutet und $\mathfrak{r}$ die radii vectores vom Mittelpunkt des Stabes zu seinen Längenelementen. Man überlegt sich aber leicht, daß man in beiden Fällen statt des Mittelpunktes einen beliebigen anderen Bezugspunkt wählen kann, ohne daß, wenn man in die Integrale die von diesem aus gezogenen Vektoren einsetzt, der Wert des Integrals sich änderte (siehe Ziff. 38).

<hr>

^{1}) Siehe z. B. E. Riecke, Pogg. Ann. Bd. 149, S. 67. 1873; Wied. Ann. Bd. 8, S. 317. 1879; F. Kohlrausch, Wied. Ann. Bd. 3, S. 610. 1887; E. Riecke, Pogg. Ann. Bd. 149, S. 67. 1873; E. Cohn, Das elektromagnetische Feld, S. 183. Leipzig 1900.

Aus (111) und (114) findet man für die Feldstärke, die ein Polpaar im Aufpunkt in erster und zweiter Hauptlage erzeugt, wenn man nach (110) setzt

$$m_\nu = 2\left(\frac{L}{2}\right)^\nu e = \left(\frac{L}{2}\right)^{\nu-1} m_1 , \qquad (120)$$

$$H_I = \frac{2\,m_1}{r^3}\left(1 + \frac{1}{2}\,\frac{L^2}{r^2} + \frac{3}{16}\,\frac{L^4}{r^4} + \cdots\right), \qquad (121)$$

$$H_{II} = \frac{m_1}{r^3}\left(1 - \frac{3}{8}\,\frac{L^2}{r^2} + \frac{15}{128}\,\frac{L^4}{r^4} \cdots\right). \qquad (122)$$

Diese Formeln stimmen mit den in Ziff. 26 direkt gewonnenen Formeln (76) und (77) überein.

Übrigens ersetzt das durch (115) bzw. (115) bis (117) bestimmte Polpaar in erster bzw. erster und zweiter Annäherung unseren Magnetstab nicht nur für die Aufpunkte erster und zweiter Hauptlage. In allen entfernten Aufpunkten stimmen in erster und zweiter Näherung die vom Polpaar erzeugten Feldstärken mit denen vom Magneten erzeugten überein. Es ist nämlich[1], wenn ϑ der Winkel zwischen der Stabachse und dem vom Mittelpunkt zum Aufpunkt gezogenen Radiusvektor ist, wenn dessen Länge $= r$ und wenn $\cos\vartheta = u$ gesetzt wird,

$$\Phi = \int_{-\frac{l}{2}}^{\frac{l}{2}} \frac{k\,dx}{r\sqrt{1 - \frac{2x}{r}\,u + \frac{x^2}{r^2}}} = \int_{-\frac{l}{2}}^{+\frac{l}{2}} k\,dx \sum \frac{P_n(u)}{r^{n+1}}\,x^n ,$$

wo

$$P_n(u) = \frac{1\cdot 3 \cdots (2n-1)}{1\cdot 2 \cdots n}\left[u^n - \frac{n\cdot(n-1)}{2\cdot(2n-1)}\,u^{n-2} \right.$$
$$\left. + \frac{n\cdot(n-1)\cdot(n-2)\cdot(n-3)}{2\cdot 4\cdot(2n-1)\cdot(2n-3)}\,u^{n-4} - + \cdots\right] \qquad (123)$$

ist, also

$$\Phi = \frac{P_1(u)}{r^2}\,m_1 + \frac{P_3(u)}{r^4}\,m_3 + \frac{P_5(u)}{r^6}\,m_5 \cdots . \qquad (124)$$

Wenn wir daher unser Polpaar so wählen, daß es in den Werten von m_1 bzw. m_1 und m_3 mit dem Magneten übereinstimmt, d. h. nach (115) bzw. (115) bis (117) bestimmen, so wird im ganzen Felde Übereinstimmung in erster oder in erster und zweiter Annäherung bestehen. Die beiden Punkte im Abstand

$$\frac{L}{2} = \sqrt{\frac{m_3}{m_1}}$$

von der Stabmitte, die also den Stabmagneten in erster und zweiter Annäherung ersetzen, heißen nach E. RIECKE die äquivalenten Pole[2]. Aus (124) und (120) erhält man natürlich auch die Reihenentwicklung für das Potential eines Polpaares.

35. Anwendung auf die GAUSSsche Methode. Berücksichtigt man für die Feldstärke noch Glieder, die die fünfte Potenz der reziproken Entfernung enthalten, so hat man nach (111) und (114) für die Feldstärke in Punkten erster (I) und zweiter (II) Hauptlage zu setzen

$$H_I = \frac{2\,m_1}{r^3} + \frac{4\,m_3}{r^5} ,$$

$$H_{II} = \frac{m_1}{r^3} - \frac{3}{2}\,\frac{m_3}{r^5} .$$

---

[1] E. COHN (Fußnote 1 S. 42), S. 182. — [2] E. RIECKE, Wied. Ann. Bd. 8, S. 302. 1879.

Für die Ablenkung φ_I und φ_{II}, die also eine Nadel in erster oder zweiter Hauptlage unter Einfluß des Stabmagneten aus dem Meridian erfährt, ergibt sich statt (79) und (80)

$$\operatorname{tg} \varphi_I = \frac{2\,m_1}{r^3\,H_0}\left(1 + \frac{2}{r^2}\frac{m_3}{m_1}\right), \tag{125}$$

$$\operatorname{tg} \varphi_{II} = \frac{m_1}{r^3\,H_0}\left(1 - \frac{3}{2\,r^2}\frac{m_3}{m_1}\right). \tag{126}$$

Durch zwei Messungen (gleiches r für erste und zweite Hauptlage; dieselbe Lage, verschiedenes r; verschiedene Lage und verschiedenes r) kann bereits m_3/m_1 eliminiert und berechnet werden. Schwingungsbeobachtungen ergeben dann m_1 und H_0 einzeln[1]).

36. Weitergehende Annäherung. Man kann den Stabmagneten nicht genau durch ein Polpaar ersetzen, das dasselbe m_1, m_3 und m_5 besitzt. Aber man kann denjenigen Abstand L' berechnen, den ein Polpaar besitzt, dessen m_1, m_5 mit dem des Magneten übereinstimmt, und seinen Abstand mit L vergleichen, wenn L der Abstand des Polpaares ist, dessen m_1, m_3 mit dem des gegebenen Magneten übereinstimmt[2]). Wir fanden

$$L = 2\sqrt{\frac{m_3}{m_1}}. \tag{117}$$

Da für ein Polpaar nach (120)

$$m_5 = 2\cdot\left(\frac{L'}{2}\right)^4 m_1$$

ist, so ist

$$L' = 2\sqrt[4]{\frac{m_5}{m_1}}. \tag{127)\,^3)}$$

F. Kohlrausch hat nun untersucht, ob die Abweichungen zwischen L und L' bedeutend sind. Dabei benutzt er eine Formel von van Rees[4]) für die Liniendichte des Magnetismus. Nach dieser ist die Liniendichte der negative Differentialquotient einer Funktion M^* der Entfernung x von der Stabmitte, und außerdem sind die Pole noch Träger magnetischer Quanten, die gleich den Werten von M^* an den Enden sind, und es ist

$$M^* = a - b\,(c^x + c^{-x}),$$

wo a, b, c Konstanten sind[5]).

Indem Kohlrausch die von van Rees angegebenen Werte von a, b, c heranzieht, findet er, daß der aus dem ersten Korrektionsglied abgeleitete Polabstand $L = 0{,}83 = \frac{5}{6}$ der Stablänge ist. Der aus dem zweiten Korrektionsglied abgeleitete Polabstand L' weicht von dem aus dem ersten abgeleiteten nur wenig ab. Für genauere Rechnungen hält Kohlrausch es für wahrscheinlich ausreichend, L' um $\frac{1}{30}$ größer zu machen als L. Für die weitaus häufigsten Zwecke wird dieser Unterschied unwesentlich sein, und man kann beide Glieder mit dem

---

[1]) Gauss Werke V, S. 110. Ostwalds Klassiker S. 39; Gauss, a. a. O. S. 82.
[2]) F. Kohlrausch, Wied. Ann. Bd. 31, S. 609 ff. 1887.
[3]) F. Kohlrausch, a. a. O. S. 611.
[4]) R van Rees, Pogg. Ann. Bd. 74, S. 214 ff. 1849.
[5]) M^* ist der mit dem Querschnitt multiplizierte Wert der Magnetisierung (Ziff. 39 und 40) nach der Richtung der positiven x. $M^*\,dx$ also das Moment des Elementes dx (Ziff. 40). Die aus der Differentiation von M^* für h folgende Formel wurde bereits auf Grund theoretischer Vorstellungen von Biot (Traité de physique III, S. 70 1816) aufgestellt und an Messungen Coulombs (Mém. de l'acad. 1789, S. 468) geprüft, der die Schwingungsdauer von Magnetnadeln in der Nähe verschiedener Stellen bestimmte. van Rees bestimmte die Größe M^* durch Messung eines Induktionsstromes.

für das erste geltenden Polabstand L berechnen. Das würde aber heißen, daß man auch bei Berücksichtigung der -7ten Potenz der Entfernung in den Reihenentwicklungen für H den Magneten durch ein Polpaar ersetzen kann. Die Fernwirkungen sind dann nach den Formeln (Ziff. 26) zu berechnen

$$H_I = \frac{2\,m_1}{r^3 \left(1 - \dfrac{L^2}{4\,r^2}\right)^2}\,, \tag{128}$$

$$H_{II} = \frac{m_1}{r^3}\,\frac{1}{\left(1 + \dfrac{1}{4}\dfrac{L^2}{r^2}\right)^{\frac{3}{2}}}\,. \tag{129}$$

37. Gesamter Magnetismus eines Körpers. Ein nach dem üblichen Verfahren hergestellter (nicht jeder) Magnet hat an seinen Enden ungefähr gleich große entgegengesetzte Pole. In der Mitte findet sich sehr wenig Magnetismus. Der Magnet besitzt also im ganzen ungefähr den Gesamtmagnetismus Null. Es ist zu vermuten, daß es sich hier um eine strenge Gesetzmäßigkeit handeln wird, daß der Gesamtmagnetismus wirklich Null ist. Hierin werden wir bestärkt durch einen von PETRUS PEREGRINUS DE MARICOURT schon im 13. Jahrhundert angestellten Versuch, den auch COULOMB gemacht hat[1]).

Brechen wir den Stab in der Mitte durch, so treten an der Bruchstelle magnetische Ladungen von entgegengesetzter Art wie die an den Enden vorhandenen auf. Daß in einem Bruchstück der Magnetismus an der Bruchstelle dem Magnetismus gleich ist, der sich genau am alten freien Ende befindet, ist nicht zu erwarten; denn wenn unsere Vermutung richtig ist, so muß ja der neue Pol so stark sein, daß er den gesamten entgegengesetzten Magnetismus der Stabhälfte aufhebt[2]).

Immerhin macht schon der Umstand, daß überhaupt ein ausgleichender Magnetismus auftritt, das Bestehen einer Gesetzlichkeit wahrscheinlich, wonach Magnete, im ganzen genommen, keinen Magnetismus besitzen. Daß nach dem Zerbrechen an der Bruchstelle neuer Magnetismus wirksam wird, dürfte sich kaum anders erklären, als daß die betreffende Stelle schon vorher Magnetismus besaß, dieser aber durch den Magnetismus der jetzt entfernten Hälfte kompensiert war. Man wird so dazu geführt, sich den Magneten aus lauter kleinen Elementarmagneten aufgebaut zu denken. Dadurch würde auch die vermutete Gesetzmäßigkeit ihre Erklärung finden — wenn sie auch daraus nicht mit Sicherheit folgt (die Elementarmagnete konnten ja verschieden starke Pole haben).

Entscheidend ist folgende Betrachtung: Wir haben gesehen (Ziff. 28), daß die von zwei entgegengesetzt gleichen Polen herrührende Feldstärke umgekehrt wie die dritte Potenz der Entfernung von einem im Endlichen gelegenen Punkte abnimmt. Ein solches System verhält sich ganz anders wie ein einzelner Pol, dessen Feld wie $1/r^2$ abnimmt. Allgemein findet man: Eine Komponente der Feldstärke, die von einem beliebig gestalteten Körper erzeugt wird, läßt sich in eine Reihe

$$\frac{a_0}{r^2} + \frac{a_1}{r^3} + \frac{a_2}{r^4} + \cdots$$

entwickeln, wo $a_0, a_1, a_2 \ldots$ auf Geraden, die von einem im Endlichen gelegenen Punkte ausgehen, konstant sind, und a_0 gleich dem gesamten Magnetismus ist[3]).

---

1) Siehe S. 11, Anm. 2.
2) Aus den Messungen von VAN REES (s. oben S. 44, Anm. 4) ergibt sich, daß bei einem Stab von 50 cm der alte Pol nur etwa 13% von der Stärke des neuen besitzt. Genau denselben Wert findet J. WÜRSCHMIDT, Theorie des Entmagnetisierungsfaktors und der Scherung von Magnetisierungskurven, S, 59. Braunschweig 1925.
3) Siehe z. B. H. POINCARÉ, Théorie du potentiel Newtonien, S. 56. 1899.

Nun verschwindet erfahrungsgemäß die Feldstärke im Unendlichen immer wie $1/r^3$. Also ist der gesamte Magnetismus eines magnetischen Körpers immer Null. Nehmen wir nur räumliche Dichte ϱ und Flächendichte η auf der Oberfläche an, so muß sein

$$\int \varrho \, d\tau + \int \eta \, do = 0 \,. \tag{130}$$

38. Moment eines Magneten. Hieran schließen wir die Erörterung eines wichtigen Begriffes, der uns schon in besonderer Form begegnet ist. Wir knüpfen dabei an eine aus der Mechanik bekannte Betrachtung an.

Sei ϱ die Dichte eines Körpers, wählen wir einen Bezugspunkt B, nennen $\mathfrak{r}$ den von B zu einem Punkt des Körpers gezogenen Vektor und bilden durch Integration über den Körper den Vektor

$$\mathfrak{q} = \frac{\int \varrho \, d\tau \, \mathfrak{r}}{\int \varrho \, d\tau} \,. \tag{131}$$

Tragen wir nun von B den Vektor $\mathfrak{q}$ ab, so gelangen wir zu einem Punkt S, der unabhängig vom Bezugspunkt B ist. In der Tat: Ist B' ein anderer Bezugspunkt, und $\mathfrak{d}$ der von B' nach B gezogene Vektor, so erhalten wir für den zu B' gehörigen Vektor

$$\mathfrak{q}' = \frac{\int \varrho \, d\tau (\mathfrak{r} + \mathfrak{d})}{\int \varrho \, d\tau} = \frac{\int \varrho \, d\tau \, \mathfrak{r}}{\int \varrho \, d\tau} + \mathfrak{d} = \mathfrak{q} + \mathfrak{d} \,.$$

Wir gelangen also zu demselben Punkt S. Denken wir uns nach jedem Volumenelement eine Menge Vektoren gezogen, deren Zahl proportional der Masse dieses Volumenelements ist, so kann der von B nach S gezogene Vektor als das arithmetische Mittel aller Vektoren angesehen werden. S heißt der Schwerpunkt. Wie man sieht, ist $\mathfrak{q}$ nicht vom Bezugspunkt unabhängig.

Haben wir einen elektrischen Körper und ist ϱ die elektrische Dichte, so können wir auf dieselbe Weise einen Vektor und einen Punkt S definieren. S nennen wir dann den elektrischen Schwerpunkt.

Aber unsere Konstruktion versagt, wenn $\int \varrho \, d\tau = 0$ ist. Oder, wenn wir wollen, dann fällt S ins Unendliche. In diesem Fall ist aber der Zähler

$$\mathfrak{m} = \int \varrho \, d\tau \, \mathfrak{r} \tag{132}$$

unabhängig vom Bezugspunkt; denn wenn dieser um den Vektor $-\mathfrak{d}$ verschoben wird, so geht das Integral über in

$$\int \varrho \, d\tau (\mathfrak{r} + \mathfrak{d}) = \int \varrho \, d\tau \, \mathfrak{r} + \mathfrak{d} \int \varrho \, d\tau$$
$$= \int \varrho \, d\tau \, \mathfrak{r} = \mathfrak{m} \,.$$

Natürlich ist aber der Punkt, zu dem man gelangt, wenn man vom Bezugspunkt aus um den Vektor $\mathfrak{m}$ weitergeht, vom Bezugspunkt abhängig.

Der entsprechende Fall trifft nun gerade für den Magnetismus zu. Wir nennen den Vektor

$$\mathfrak{m} = \int \varrho \, d\tau \, \mathfrak{r} \,,$$

wo wieder ϱ die magnetische Dichte bezeichne oder, wenn die Flächendichte η vorhanden ist,

$$\mathfrak{m} = \int \varrho \, d\tau \, \mathfrak{r} + \int \eta \, do \, \mathfrak{r} \tag{133}$$

das magnetische Moment des Körpers. Es ist vom Bezugspunkt unabhängig. Dieser Vektor ist uns schon früher bei Betrachtung des Dipols, des Po'paares und des Stabmagneten begegnet (Ziff. 25, 26, 34). Es gibt, wie wir sehen, ein magnetisches Moment, aber keinen magnetischen Schwerpunkt.

Teilen wir aber den Magneten in zwei Teile T', T'', so daß nicht in beiden einzeln das gesamte magnetische Quantum gleich 0 ist, so sind die Punkte, zu denen man durch Abtragen der Vektoren

$$\mathfrak{r}' = \frac{\int\limits_{T'} \varrho\, d\tau\, \mathfrak{r}}{\int\limits_{T'} \varrho\, d\tau} \; ; \qquad \mathfrak{r}'' = \frac{\int\limits_{T''} \varrho\, d\tau\, \mathfrak{r}}{\int\limits_{T''} \varrho\, d\tau}$$

gelangt, vom Bezugspunkt unabhängig und können als magnetische Schwerpunkte von T' und T'' gelten. Dabei ist der Einfachheit halber die Flächendichte nicht berücksichtigt; es ist klar, wie das zu geschehen hätte. Bringen wir nun in die Schwerpunkte die Quanten $e' = \int\limits_{T'} \varrho\, d\tau$ und $e'' = -e' = \int\limits_{T''} \varrho''d\tau$, so ist ihr Moment $\mathfrak{r}'e' + \mathfrak{r}''e''$, wie jeder solche Vektor, der aus entgegengesetzt gleichen Größen e', e'' gebildet wird, vom Bezugspunkt unabhängig und $= \int \varrho\, \mathfrak{r}\, d\tau$ also $=$ dem Moment $\mathfrak{m}$ des Gesamtmagneten. Das System der in den magnetischen Schwerpunkten angebrachten Quanten e', e'' hat also dasselbe Moment wie unser Magnet und erzeugt daher, wie später (Ziff. 40, S. 53) gezeigt werden wird, in großer Entfernung dieselbe Feldstärke wie dieser. Man kann zu T' und T'' auch beliebige, nicht zusammenhängende Teile rechnen, endlich auch zu T' diejenigen Teile, für die der Magnetismus positiv ist, zu T'' diejenigen, für die er negativ ist.

E. RIECKE[1]) hat auf Grund der Messungen von VAN REES (s. oben S. 44, Anm. 4) die Lage äquivalenter Pole (s. oben S. 43) mit der Lage der Schwerpunkte des positiven und negativen Magnetismus verglichen. Er findet für einen von VAN REES untersuchten Stab von 50 cm Länge als Abstand der äquivalenten Pole 0,825 und als Abstand der Schwerpunkte 0,717 der Stablänge.

Während die auf einen schweren Körper wirkenden Kräfte des Gravitationsfeldes der Erde eine von Null verschiedene Resultierende besitzen, ist die Resultierende der auf einen Magneten im magnetischen Erdfeld wirkenden Kräfte Null. Sein mechanischer Schwerpunkt wird also nicht beschleunigt. Dagegen ergibt sich für die Rotation um einen festen Punkt ein Drehmoment

$$\mathfrak{D} = \int [\varrho\, d\tau\, \mathfrak{H}_0, \, \mathfrak{r}] = \mathfrak{H}_0 [\int \varrho\, d\tau\, \mathfrak{r}] = \mathfrak{H}_0\, \mathfrak{m}\,. \qquad (134)$$

Der Magnet verhält sich im Erdfeld also wie ein Polpaar von demselben Moment.

39. Magnetisierung, molekulartheoretische Betrachtung. Das Ergebnis der Ziff. 37 legt es nahe, noch eine für den Zustand des Körpers charakteristische Größe einzuführen, aus der nach einer bestimmten Vorschrift die räumlichen und flächenhaften magnetischen Dichten ϱ und η so folgen, daß (130) von selbst befriedigt ist. Ziehen wir dazu die molekulartheoretische Vorstellung, die wir uns bereits (S. 12) gebildet haben, heran. Wir denken uns den Magneten aus Molekularmagneten aufgebaut, die aus zwei entgegengesetzt gleichen Polen bestehen. Jedem Molekularmagneten komme ein Moment $\mathfrak{m}$ zu, ein Vektor, dessen Richtung vom Südpol zum Nordpol weist, und dessen Größe gleich dem Abstand der Pole, multipliziert mit dem absoluten Betrag des magnetischen Quantums ist. Sei jetzt eine Einteilung des Raumes in Zellen τ gegeben, deren lineare Dimensionen von derselben Größenordnung sind, und die physikalisch unendlich klein sind. Die Bedeutung dieses Ausdrucks wird gleich erklärt werden. Wir ordnen jedem Werte des Index i eine Polstärke e_i zu und einen Abstandsvektor $\mathfrak{l}_i$, wobei für beide Größen ein gewisser Spielraum zugelassen wird, und

---

1) E. RIECKE, Ann. d. Phys. Bd. 8, S. 318. 1879.

wobei natürlich auch verschiedenem i gleiches e_i oder gleiches $\mathfrak{l}_i$ entsprechen kann. Die Anzahl von Molekularmagneten, deren Mittelpunkte sich in τ befinden, und für die innerhalb des vorgesehenen Spielraums der Vektor vom negativen zum positiven Pol $\mathfrak{l}_i$ und die Polstärke $\pm e_i$ ist, sei $n_i\tau$, und wir setzen jetzt

$$|\mathfrak{l}_i| = l_i,\tag{135}$$

$$e_i l_i = m_i,$$

$$e_i \mathfrak{l}_i = \mathfrak{m}_i,\tag{136}$$

$$\mathfrak{M} = \sum n_i \mathfrak{m}_i.\tag{137}$$

Physikalisch unendlich klein heißt aber τ, wenn:

1. die Anzahl $n_i\tau$ für jedes i sehr groß ist,
2. die n_i sich nicht wesentlich ändern, wenn man von einer Zelle τ zu einer benachbarten übergeht[1]). Die lineare Dimension von τ nennen wir ebenfalls physikalisch unendlich klein.

Denken wir uns jetzt ein Gebiet T, dessen Berandung Dimensionen hat, die groß gegen die physikalisch unendlich kleinen sind, und in dem $\mathfrak{M}$ merkliche Änderungen erfährt, ein Gebiet also, das viele Zellen τ umfassen wird, und fragen wir nach dem in ihm enthaltenen Quantum von Magnetismus. Offenbar werden nur diejenigen Molekularmagnete einen Beitrag dazu liefern, von denen nicht beide Pole außerhalb und nicht beide innerhalb T liegen, deren Achse also die Oberfläche von T durchschneidet. Betrachten wir nun ein Flächenelement do der Berandung von T, dessen lineare Dimensionen physikalisch unendlich klein sind, und sei ν die Richtung der nach außen gezogenen Normalen auf do. Betrachten wir ferner den zum Index i gehörigen Vektor $\mathfrak{l}_i$ und das Polquantum e_i und errichten nach außen hin auf do einen schiefen Zylinder, der do zur Basis hat und dessen Mantelfläche aus Vektoren $\mathfrak{l}_i$ besteht, der also das Volumen $do\,\mathfrak{l}_{i\nu}$ besitzt. Von den Molekularmagneten, für die $\mathfrak{l}_i$ der Vektor vom negativen zum positiven Pol ist, und die die Polstärke e_i haben (innerhalb der vorgeschriebenen Spielräume), werden alle, deren Mittelpunkte sich im Zylinder befinden, do so durchschneiden, daß der negative Pol sich in T befindet und nicht der positive[2]), oder umgekehrt, je nachdem $\mathfrak{l}_{i\nu}$ ein positives oder negatives Vorzeichen besitzt. Die Anzahl dieser Molekularmagnete ist $n_i\,do\,\mathfrak{l}_{i\nu}$ und der entsprechende Beitrag zum unkompensierten Magnetismus

$$-n_i\,do\,e_i\,\mathfrak{l}_{i\nu} = -n_i\,do\,\mathfrak{m}_{i\nu}.$$

Dem Index i überhaupt entspricht der Beitrag $-\int n_i\,\mathfrak{m}_{i\nu}\,do$. In T befindet sich also der Magnetismus

$$-\sum_i \int_T n_i\,\mathfrak{m}_{i\nu}\,do$$

$$= -\int_T do \sum_i n_i\,\mathfrak{m}_{i\nu} = -\int_T \mathfrak{M}_\nu\,do$$

$$= -\int_T \operatorname{div}\mathfrak{M}\,d\tau.$$

---

[1]) Die Einteilung in Zellen τ und die Bedeutung der n_i sind also durch eine implizite Definition gegeben; vgl. H. A. Lorentz, Math. Enz. V, 2, Heft 1 (V, 14), S. 201.

[2]) Der Zylinder ist zwar in seiner Erstreckung von do weg kleiner als physikalisch unendlich klein. Es genügt aber, daß die Basisfläche do physikalisch unendlich klein gewählt wird.

In T sollte $\mathfrak{M}$ merkliche Änderungen erfahren; wählen wir T so, daß $\mathfrak{M}$ nur gegen $\mathfrak{M}$ geringe Änderungen erfährt, so erhalten wir für das magnetische Quantum in T in hinreichender Annäherung $-\operatorname{div}\mathfrak{M}\cdot T$, für die Größe also, die als makroskopische Dichte zu gelten hat

$$\varrho = -\operatorname{div}\mathfrak{M}\,. \tag{138}$$

Außerhalb des Magneten ist $\mathfrak{M}=0$. Geht man vom Innern zum Rande über, so kann $|\mathfrak{M}|$ langsam auf den Wert 0 sinken. Es kann aber auch $|\mathfrak{M}|$ so rasch abnehmen, daß man für die phänomenologische Betrachtung von einer Unstetigkeit sprechen wird. Wir haben dann, wie durch eine Grenzbetrachtung folgt, vom makroskopischen Standpunkt noch an der Oberfläche eine Flächendichte

$$\eta = -\overline{\operatorname{div}\mathfrak{M}} = \mathfrak{M}_\nu \tag{139}$$

anzunehmen wo ν die nach außen gezogene Normale ist (Ziff. 32). Da nämlich im Außenraum $\mathfrak{M}=0$ ist, so ist $\overline{\operatorname{div}\mathfrak{M}} = -\mathfrak{M}_\nu$.

Es ist aber nicht ohne weiteres klar, daß der Mittelwert $\mathfrak{H}$ der mikroskopischen Feldstärke nun auch wirklich gleich der Feldstärke ist, die sich aus der durch (138) und (139) gegebenen kontinuierlichen Verteilung ϱ, η errechnet. Indes zeigt[1]) man, daß seine Divergenz gleich dem Mittelwert der Divergenz der mikroskopischen Feldstärke ist, also wenn ϱ der Mittelwert der mikroskopischen Dichte ist,

$$\operatorname{div}\mathfrak{H} = 4\pi\varrho = -4\pi\operatorname{div}\mathfrak{M}\,,$$

$$\overline{\operatorname{div}\mathfrak{H}} = 4\pi\eta = -4\pi\operatorname{div}\mathfrak{M} = -4\pi\mathfrak{M}_\nu\,,$$

womit, wenn man noch den später zu beweisenden Eindeutigkeitssatz hinzuzieht (Ziff. 60 und 61), in der Tat bewiesen ist, daß sich $\mathfrak{H}$ nach den Regeln der Potentialtheorie aus den durch (138) und (139) gegebenen Werten ϱ, η berechnet.

Wir können das auch noch anders zeigen. Nach (67) ergibt sich für das Potential unserer Dipole

$$\Phi = \int \mathfrak{M}\operatorname{grad}_q\frac{1}{r}\,d\tau\,. \tag{140}$$

Durch partielle Differentiation erhalten wir daraus

$$\Phi = \int -\frac{\operatorname{div}\mathfrak{M}}{r}\,d\tau + \int \frac{\mathfrak{M}_\nu\,do}{r}\,, \tag{141}$$

das ist

$$\Phi = \int \frac{\varrho\,d\tau}{r} + \int \frac{\eta\,do}{r}\,, \tag{142}$$

wenn wieder:

$$-\operatorname{div}\mathfrak{M} = \varrho\,, \tag{138}$$

$$-\overline{\operatorname{div}\mathfrak{M}} = \mathfrak{M}_\nu = \eta \tag{139}$$

gesetzt wird.

40. Magnetisierung, phänomenologische Betrachtung. Die vorausgegangenen Betrachtungen haben für uns, da wir es hier nicht mit der Molekulartheorie des Magnetismus zu tun haben, nur heuristischen Wert. Wir führen $\mathfrak{M}$ jetzt zunächst als einen Vektor ein, der außerhalb der Magnete gleich 0 ist und im Innern den Differentialgleichungen

$$\operatorname{div}\mathfrak{M} = -\varrho\,, \tag{143}$$

$$\mathfrak{M}_\nu = \eta \tag{144}$$

---

[1]) H. A. LORENTZ, a. a. O. S. 202; M. ABRAHAM, Theorie der Elektrizität, 5. Aufl., Bd. II, S. 228. Leipzig 1923.

genügt, wo ν die nach außen gezogene Normale ist. Diesen Vektor aufzusuchen, legen die Betrachtungen der vorigen Ziffer nahe. Aber wir wollen jetzt von ihnen absehen; wir haben noch eine andere Veranlassung, einen diesen Gleichungen genügenden Vektor zu suchen.

Wir erkannten für magnetische Körper das Bestehen der Gleichung

$$\int \varrho \, d\tau + \int \eta \, do = 0 . \tag{130}$$

Man wird nun wünschen, ϱ und η aus einer solchen Größe abzuleiten, daß das Bestehen dieser Gleichung von selbst gewährleistet wird. Es ist aber leicht zu sehen, daß alle aus einem Vektor $\mathfrak{M}$ nach den Gleichungen (143), (144) abgeleiteten Funktionen ϱ und η von selbst auch (130) genügen. Es ist nämlich für sie: $\int \varrho \, d\tau = - \int \operatorname{div} \mathfrak{M} \, d\tau = - \int \mathfrak{M}_\nu \, do = - \int \eta \, do$.

Umgekehrt können wir aber auch zeigen, daß zu jeder (130) genügenden Verteilung ϱ, η ein (143), (144) genügender Vektor $\mathfrak{M}$ gefunden werden kann. Im besonderen können wir $\mathfrak{M}$ noch der Bedingung

$$\operatorname{rot} \mathfrak{M} = 0$$

unterwerfen. Setzen wir nämlich

$$\mathfrak{M}_1 = - \frac{1}{4\pi} \operatorname{grad} \int \varrho \, \frac{d\tau}{r} ,$$

so wird

$$\operatorname{rot} \mathfrak{M}_1 = 0$$

und nach (100)

$$\operatorname{div} \mathfrak{M}_1 = - \varrho .$$

Wir machen nun den Ansatz

$$\mathfrak{M} = \mathfrak{M}_1 + \mathfrak{M}_2$$

und müssen $\mathfrak{M}_2$ so bestimmen, daß

$$\operatorname{rot} \mathfrak{M}_2 = 0 ,$$

$$\operatorname{div} \mathfrak{M}_2 = 0$$

und am Rande

$$\mathfrak{M}_{2\nu} = \eta - \mathfrak{M}_{1\nu}$$

ist, wo die rechte Seite eine bekannte Funktion ist, die wir f nennen. Es ist aber

$$\int f \, do = \int \eta \, do - \int \mathfrak{M}_{1\nu} \, do$$
$$= \int \eta \, do - \int \operatorname{div} \mathfrak{M}_1 \, d\tau$$
$$= \int \eta \, do + \int \varrho \, d\tau = 0 .$$

Machen wir nun weiter den Ansatz:

$$\mathfrak{M}_2 = - \operatorname{grad} \psi ,$$

so daß

$$\operatorname{rot} \mathfrak{M} = \operatorname{rot} \mathfrak{M}_2 = 0$$

wird, so ist zu lösen:

$$\Delta \psi = 0 ,$$

und am Rande

$$\frac{\partial \psi}{\partial \nu} = - f .$$

Diese Aufgabe ist aber wegen $\int f \, do = 0$ immer lösbar. Lassen wir die Bedingung $\operatorname{rot} \mathfrak{M} = 0$ fallen, so gibt es sogar unendlich viele (143), (144) genügende Vektoren $\mathfrak{M}$. Wir nennen nun zunächst jeden für das Innere des Magneten definierten, als Funktion des Ortes (143) und (144) genügenden Vektor $\mathfrak{M}$ Magnetisierung. Der Vektor $\mathfrak{M}$ ist aber durch Messung der Feldstärke allein nicht eindeutig bestimmbar. Denn zu einem System ϱ, η gehören, wie eben angegeben, viele Vektorfelder $\mathfrak{M}$.

Nicht einmal das System ϱ, η ist aber eindeutig aus den Beobachtungen zu ermitteln, die ja auf den Raum außerhalb der Magnete beschränkt sind[1]). Allerdings werden wir später sehen, daß man durch Anbringung von Bohrungen prinzipiell überall $\mathfrak{H}$ und damit nach (100) und (103) auch ϱ, η bestimmen kann. Hier beziehen wir uns noch nicht auf dieses Verfahren. Jedenfalls gibt z. B. die Kraft in der Nähe der Oberfläche keinen sicheren Aufschluß über die dort vorhandene magnetische Dichte. Alle solche Ermittlungen sind nur Wahrscheinlichkeitsschlüsse. Zu ihnen gehört z. B. auch die COULOMBsche[2]) Bestimmung der magnetischen Dichte eines Stabes durch Schwingungsbeobachtungen. Dennoch haben derartige Schlüsse uns überhaupt erst auf den Begriff des magnetischen Quantums geführt.

Sofern wir es nur mit ein und demselben nicht zu verändernden Magneten zu tun haben, wird jede Lösung von (143) und (144) die gleichen Dienste tun. Aber bereits aus den Überlegungen der vorigen Ziffer geht hervor, daß einem Vektor $\mathfrak{M}$ eine besondere physikalische Bedeutung zukommen wird. Diese Bedeutung muß auch experimentell zum Ausdruck kommen. Es wurde schon darauf hingewiesen, daß beim Zerbrechen des Magneten an der Bruchstelle Magnetismus auftritt[3]). Diese überraschende Erscheinung erklärt sich, wenn man annimmt, daß an den betreffenden Bruchstellen schon früher Magnetismus vorhanden war, der nur durch den Magnetismus des jetzt fehlenden Stückes aufgehoben wurde. Man könnte nun meinen, daß die neu auftretende magnetische Flächendichte sich nach (144) aus dem früher vorhandenen Vektor $\mathfrak{M}$ ableitete, d. h. daß $\mathfrak{M}$ beim Zerbrechen des Magneten an dessen Teilen haftete. Das bestätigt sich nicht; es haftet an den Teilen des Magneten ein anderer Vektor, der in enger Beziehung zu dem hier betrachteten steht. Hier muß es genügen, folgenden Standpunkt einzunehmen:

Dem Magneten schreiben wir eine gewisse Verteilung ϱ, η zu, für die die Verteilung der Feldstärke gewisse, aber nicht alle Möglichkeiten ausschließt. Nach (143) und (144) gehören dazu Vektorfelder, von denen eines ausgezeichnet ist. Die Art der Auszeichnung können wir hier noch nicht angeben. Den Vektor, der zu dieser Auszeichnung gehört, nennen wir Magnetisierung und behalten jetzt ihm die Bezeichnung mit $\mathfrak{M}$ vor.

Als Moment eines Magneten definierten wir den Vektor

$$\mathfrak{m} = \int \varrho \, d\tau \, \mathfrak{r} + \int \eta \, d o \, \mathfrak{r}. \tag{133}$$

Durch Einführung von $\mathfrak{M}$ nach (143) und (144) erhalten wir

$$\mathfrak{m} = - \int \operatorname{div} \mathfrak{M} \, \mathfrak{r} \, d\tau + \int \mathfrak{M}_\nu \, d o \, \mathfrak{r}.$$

Partielle Integration liefert aber

$$\mathfrak{m} = \int \mathfrak{M} \, d\tau. \tag{145}$$

Das Moment eines Magneten ist also das Volumenintegral der Magnetisierung.

---

[1]) Z. B. kann man einen Raum „ausfegen", d. h. ein magnetisches Quantum im Innern eines Raumes durch eine Oberflächenbelegung so ersetzen, daß die Wirkung für den Außenraum ungeändert bleibt. (H. POINCARÉ, Théorie du potentiel Newtonien, 1899, § 121, 129.)

[2]) Ch. A. COULOMB, Mém. de l'acad. des sciences 1789, S. 468; s. auch Ziff. 36, S. 44, Anm. 5.

[3]) S. 11, und 45.

Das Integral $\int_T \mathfrak{M}\, d\tau$ aber, das über einen im Innern des Magneten befindlichen Raum T erstreckt ist, ist **nicht** gleich dem Integral $\int_T \varrho\, d\tau \mathfrak{r}$ — dieses Integral würde vom Bezugspunkt gar nicht unabhängig sein —, sondern gleich dem Moment

$$\int \varrho\, \mathfrak{r}\, d\tau + \int \eta\, \mathfrak{r}\, do,$$

das T zukommen **würde**, wenn es aus dem Verband des Magneten gelöst würde — und zwar so, daß seine Magnetisierung erhalten bliebe (siehe oben) — und so seine Oberfläche Flächendichte erhielte. Wir können nun allgemein unter dem Moment $\mathfrak{m}$ eines Teiles des Magneten die Summe der Integrale $\int \varrho\, d\tau \mathfrak{r} + \int \eta\, do\, \mathfrak{r}$ verstehen, die diesem Gebiet zukommen, wenn wir es aus dem übrigen Körper herausnehmen. Dann ist $\mathfrak{M}$ der Grenzwert, dem bei abnehmender Größe von T der Quotient von $\mathfrak{m}$ und T zustrebt.

Aus (100) und (143) folgt

$$\operatorname{div}(\mathfrak{H} + 4\pi\,\mathfrak{M}) = 0\,.$$

Wir erinnern nun noch einmal ausdrücklich daran, daß (100) nur für den Fall gilt, daß dem Magneten keine andern Körper nahe sind. Nur für diesen Fall haben die hier definierten Dichten ϱ und η unmittelbar physikalische Bedeutung. Nichts hindert freilich, dem Magneten in jedem Fall die Dichteverteilung beizulegen, die ihm isoliert zukommt; aber mit **dieser** Dichte ϱ wird im allgemeinen die wirklich vorhandene Feldstärke $\mathfrak{H}$ nicht durch die Gleichung (100) zusammenhängen.

Setzen wir nun

$$\mathfrak{H} + 4\pi\,\mathfrak{M} = \mathfrak{B}\,, \tag{146}$$

so ist, wie wir sahen

$$\operatorname{div}\mathfrak{B} = 0\,. \tag{147}$$

Nach (144) ist an der Oberfläche des Magneten, da außerhalb des Magneten $\mathfrak{M} = 0$ ist,

$$\overline{\operatorname{div}\mathfrak{M}} = -\eta\,,$$

also nach (103″) und (146) auch

$$\overline{\operatorname{div}\mathfrak{B}} = 0\,. \tag{148}$$

Der Vektor $\mathfrak{B}$ hat überall verschwindende Divergenz. Wir nennen ihn die **Induktion**.

Wie wir früher sahen (Ziff. 31), läßt sich ein Kraftliniensystem, das durch seine Dichte die Intensität der Feldstärke zur Darstellung bringen soll, nur für den Außenraum der Magnete zeichnen. Jetzt sehen wir aber, daß eine entsprechende Darstellung für den Vektor $\mathfrak{B}$ überall, auch im Innern der Magnete, möglich ist. Ein System solcher Kurven nennen wir **Induktionslinien**. Im Außenraum der Magnete ist $\mathfrak{B} = \mathfrak{H}$, und das System der Induktionslinien gibt daher im Außenraum auch eine Darstellung von $\mathfrak{H}$ der Größe und Richtung nach.

Wir können nun auch das Potential Φ eines Magneten durch $\mathfrak{M}$ ausdrücken. Es ist nach (143) und (144)

$$\Phi = -\int \frac{\operatorname{div}\mathfrak{M}}{r}\, d\tau + \int \frac{\mathfrak{M}_\nu}{r}\, d\mathfrak{f} \quad \text{(siehe auch (Ziff. 39)}.$$

Partielle Integration liefert:

$$\Phi = \int \left(\mathfrak{M}\operatorname{grad}_q \frac{1}{r}\right) d\tau \tag{140}$$

oder

$$\Phi = -\int \left(\mathfrak{M}\operatorname{grad}_p \frac{1}{r}\right) d\tau\,. \tag{149}$$

Ist der Aufpunkt sehr weit entfernt, so folgt aus (145)

$$\Phi = -\mathfrak{m}\,\mathrm{grad}_p\,\frac{1}{r}\,.\tag{150}$$

In großer Entfernung wirkt also, wie der Vergleich mit (67) zeigt, jeder Magnet vom Moment $\mathfrak{m}$ wie ein Dipol vom Moment $\mathfrak{m}$, und für sein Feld gelten die Formeln (71) bis (73).

41. Magnetisierungslinien; zwei Typen von Magnetisierung. Wenn ein Magnet nur auf seiner Oberfläche magnetische Dichte besitzt, so ist im Innern nach (143) überall

$$\mathrm{div}\,\mathfrak{M} = 0\,.$$

Die Magnetisierung läßt sich also durch ein System von Kurven, auch der Größe nach, zur Darstellung bringen. Wir nennen diese Kurven Magnetisierungslinien.

Denken wir uns ein System den Raum stetig erfüllender Kurven. Aus diesem Kurvenfeld bilden wir einen abgeschlossenen Raum, der durch einen Mantel A von Kurven und durch zwei Endquerschnitte Q_1, Q_2 begrenzt ist (Abb. 12a).

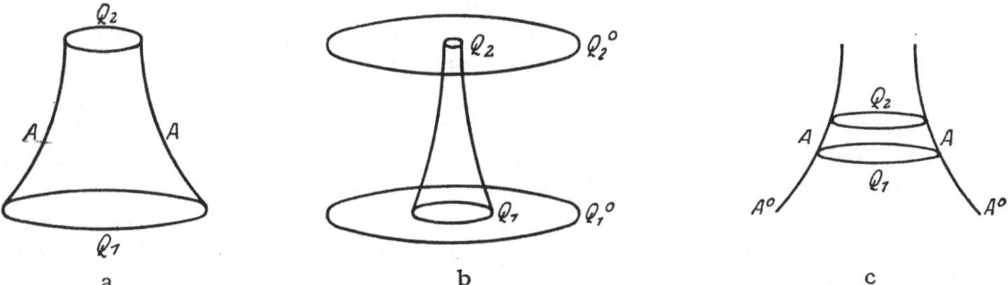

Abb. 12. Spezielle Magnetisierungsarten: magnetischer Faden und magnetische Doppelschicht.

Wir können es nun so einrichten, daß ein Körper der angegebenen Gestalt nur auf den Querschnitten Q_1, Q_2 Magnetismus besitzt, nicht aber im Innern und auf den Mantelflächen, und daß seine Magnetisierungslinien zu den Kurven unserer Schar gehören. Zu diesem Zwecke brauchen wir nur aus der kontinuierlichen Schar eine sehr dichte Menge auszuwählen und die Intensität von $\mathfrak{M}$ durch deren Dichte zu bestimmen.

Jetzt verändern wir die Gestalt unseres Körpers, und zwar unterscheiden wir zwei Fälle:

1. (Abb. 12b.) Wir verkleinern die Endquerschnitte Q_1, Q_2 immer mehr, jedoch so, daß sie immer auf denselben Flächen Q_1^0, Q_2^0 bleiben.

2. (Abb. 12c.) Wir lassen die Mantelfläche A kleiner werden, jedoch so, daß sie immer auf ein und derselben röhrenförmigen Fläche A^0 bleiben.

Durch die kontinuierliche Schar von Magnetisierungslinien ist nun noch nicht die Stärke der Magnetisierung gegeben. Wir können aber in beiden Fällen für jede einzelne Wahl von Q_1, Q_2 bzw. A noch auf verschiedene Weise die Intensität der $\mathfrak{M}$ bestimmen, je nach der diskontinuierlichen Kurvenmenge, die wir aus der kontinuierlichen Schar auswählen. Im ersten Fall mag nun die Intensität der $\mathfrak{M}$ so bestimmt werden, daß

$$\int\limits_{Q_1} \mathfrak{M}_\nu\,do = \int\limits_{Q_2} \mathfrak{M}_\nu\,do$$

bei steter Verkleinerung von Q_1 und Q_2 konstant bleibt: man erkennt leicht daß eine solche Bestimmung von $\mathfrak{M}$ möglich ist; im zweiten Fall sorge man dafür, daß für jede Magnetisierungskurve bei der Verschiebung das über sie erstreckte Integral $\int \mathfrak{M}_s \, ds = \vartheta$ einen konstanten Wert behält, was, wie wir sehen werden (Ziff. 42), möglich ist.

Im ersten Fall erhält man in der Grenze einen Faden, im zweiten Fall eine Schale.

Es ist nun leicht zu sehen, daß das Feld eines Fadens nichts anderes ist als das Feld zweier Pole. Biegen wir den Faden zusammen, daß sich seine Enden berühren, so erhalten wir überhaupt kein Feld.

Bei der Gelegenheit merken wir noch an: Wenn wir einen ringförmigen Körper, d. h. einen Torus oder einen Körper, der aus ihm durch stetige Deformation hervorgeht, mit Magnetisierungslinien erfüllen, so daß diese nirgends die Oberfläche durchdringen, so erhalten wir ebenfalls kein Feld. Ein solcher Körper besitzt überhaupt keinen Magnetismus; dasselbe trifft natürlich auch für einen Körper zu, in dem überall $\mathfrak{M} = 0$ ist. Wir sehen hieraus, daß $\mathfrak{M}$ nicht eindeutig durch ϱ und η bestimmt ist, sofern man eine rot von $\mathfrak{M}$ zuläßt.

Kehren wir aber wieder zu dem magnetischen Faden zurück. Das Feld jedes Magneten läßt sich in sehr großer Entfernung durch das Feld eines Fadens ersetzen. Ferner läßt sich ein sehr dünner Stabmagnet, der nicht nur an den Enden Magnetismus besitzt, aus sehr vielen geradlinigen Fäden zusammengesetzt ansehen.

Wenden wir uns jetzt der Betrachtung der magnetischen Schale zu.

42. Doppelschicht. Beginnen wir damit, eine in voriger Ziffer ausgesprochene Behauptung zu beweisen. Sei ein Kurvensystem gegeben und wieder ein beliebiger Raum, der von einer aus Kurven des Systems bestehenden Mantelfläche A und zwei Endquerschnitten Q_1, Q_2 begrenzt wird. Wir behaupten:

Wir können innerhalb dieses Raumes jedem Punkt einen der durch ihn hindurchgehenden Kurve parallelen Vektor $\mathfrak{M}$ zuordnen, so daß $\operatorname{div} \mathfrak{M} = 0$ ist, und daß in dem abgegrenzten Raum für jede Kurve das Kurvenintegral $\int \mathfrak{M}_s \, ds$ einen beliebig vorgeschriebenen, von Kurve zu Kurve stetig sich ändernden Wert ϑ besitzt.

Zum Beweise denken wir uns unser Raumstück in sehr viele dünne Röhren zerlegt, deren Mantelflächen aus Kurven unserer Schar bestehen. Für jede bilden wir das Integral

$$\int \frac{ds}{\delta o},$$

wo δo der Flächeninhalt des Querschnitts ist, und lassen durch jede Röhre

$$\frac{g \vartheta}{\int \dfrac{ds}{\delta o}}$$

Kurven unserer Schar gehen, wo g eine sehr große Zahl ist. Bestimmen wir nun einen Vektor $\mathfrak{M}$, der überall zu den Kurven tangential ist, und so groß, daß er der Gleichung

$$Z = \delta o \cdot g \cdot \mathfrak{M}_\nu$$

genügt, wo δo ein Flächenelement ist, ν die Richtung senkrecht dazu, und Z die Zahl der hindurchgehenden ausgewählten Kurven, so ist

$$\operatorname{div} \mathfrak{M} = 0.$$

Längs einer Kurve ist aber

$$\int \mathfrak{M}_s \, ds = \frac{Z}{g} \int \frac{ds}{\delta o},$$

wenn Z die Zahl Kurven bedeutet, die durch die zur Kurve gehörige Röhre gehen, also

$$\int \mathfrak{M}_s \, ds = \vartheta \, .$$

Wir denken uns jetzt ein Flächenstück Q_0, durch das überall Kurven senkrecht hindurchtreten, und wieder ein röhrenförmiges Raumstück aus diesen Kurven gebildet, wieder ein Vektorfeld, dessen Divergenz verschwindet und dessen Vektoren den Kurven parallel sind. Die Endquerschnitte Q_1, Q_2 nähern wir jetzt unbegrenzt Q_0 und sorgen dafür, daß stets $\int \mathfrak{M}_s \, ds$ bei der Verschiebung konstant $= \vartheta$ bleibt, wo ϑ von Kurve zu Kurve variieren kann. Zu jeder Lage von Q_1, Q_2 denken wir uns einen Magneten, der von diesem Flächenstücke begrenzt wird, und der die angegebenen Magnetisierungslinien hat, und bestimmen das zugehörige Feld. Das Feld, das wir an der Grenze erhalten, nennen wir das **Feld einer Doppelschicht**[1]), Q_0 ist die **Doppelschicht des Feldes** und ϑ ihr **Belegungsmoment** oder ihre **Dichte**. Aus dieser Definition und aus (145) folgt, daß das Gesamtmoment einer homogenen ebenen Doppelschicht vom Belegungsmoment ϑ und dem Flächeninhalt q ein Vektor ist, der senkrecht auf der Doppelschicht steht und den Betrag

$$m = \vartheta q \tag{151}$$

besitzt[2]).

Wir können eine Doppelschicht auch auffassen als zwei sehr nahe Flächen, die mit entgegengesetzten, sehr großen Flächendichten $\pm \eta$ versehen sind. Das Produkt aus der Flächendichte η und dem Abstand h der Flächen ist das Moment ϑ. Denn wenn bei unserer obigen Konstruktion die beiden Flächen Q_1, Q_2 sehr nahe an Q_0 rücken, so ist längs der Kurven $\mathfrak{M}$ konstant, und diesem konstanten Wert ist nach (144) die Flächendichte auf beiden den Magneten begrenzenden Querschnitten nahezu gleich, abgesehen vom Vorzeichen. Es ist also

$$|\eta| \, h = |\int \mathfrak{M}_s \, ds| \, .$$

Wir wollen jetzt die beiden Seiten der Doppelschicht unterscheiden; nach Belieben wählen wir eine als die negative, die andere als die positive. Jene werde auch als I, diese als II bezeichnet. Die Integration soll von der negativen zur positiven Seite erstreckt werden. Ferner sei η die Dichte auf der positiven Seite. Es ist dann offenbar auch dem Vorzeichen nach:

$$\eta \, h = \int \mathfrak{M}_s \, ds \, .$$

Das Potential der Doppelschicht ergibt sich aus (140). Wir haben zunächst

$$\Phi = \int \mathfrak{M} \, \mathrm{grad}_q\!\left(\frac{1}{r}\right) d\tau = -\int \mathfrak{M} \, \mathrm{grad}_p\!\left(\frac{1}{r}\right) d\tau \, .$$

Hieraus folgt

$$\Phi = \int \vartheta \, \mathfrak{n} \, \mathrm{grad}_q\!\left(\frac{1}{r}\right) do = -\int \vartheta \, \mathfrak{n} \, \mathrm{grad}_p\!\left(\frac{1}{r}\right) do \, ,$$

wo $\mathfrak{n}$ einen Vektor von der Länge 1 und der Richtung von der negativen zur positiven Seite der Doppelschicht und do ihr Flächenelement bedeutet. Hierfür können wir auch schreiben

$$\Phi = \int \vartheta \, \frac{\partial}{\partial n}\!\left(\frac{1}{r}\right) do \, , \tag{152}$$

---

[1]) Vgl. Ziff. 25, S. 30; Ziff. 33.
[2]) Man sieht aber leicht, daß zu allen homogenen Doppelschichten, die dieselbe ebene Randkurve besitzen, dasselbe Moment gehört.

wo bei der Differentiation der Aufpunkt festzuhalten, der Quellpunkt in normaler
Richtung zu verschieben ist und n seinen Abstand von der Fläche, genommen in
der Richtung von I nach II, bedeutet. Wir erkennen auch sofort die Richtigkeit von (152), wenn wir beachten,
daß Φ das Potential zweier sehr
benachbarter Flächen ist, die mit
sehr großen entgegengesetzt gleichen
Flächendichten versehen sind.

Die Differentiation ergibt nun

$$\Phi = -\int \vartheta \,\frac{1}{r^2}\,\frac{\partial r}{\partial n}\,do\,,$$
$$= -\int \vartheta \,\frac{1}{r^2}\,\cos(\mathfrak{r},\mathfrak{n})\,do\,, \tag{153}$$

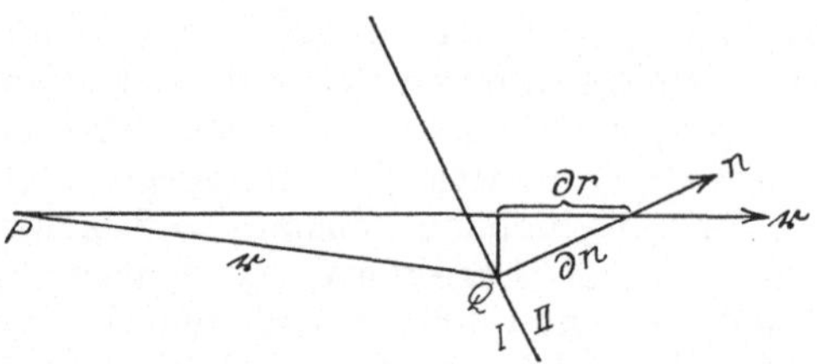
Abb. 13. Potential der magnetischen Doppel-
schicht.

wenn $\mathfrak{r}$ die Richtung vom Aufpunkt P zum Quellpunkt Q bedeutet (vgl. die
ohne weitere Erläuterung verständliche Abb. 13).

Der Ausdruck $\dfrac{do}{r^2}\cos(\mathfrak{r},\mathfrak{n})$ gestattet eine einfache Deutung. Verbinden
wir alle Punkte von do mit dem Aufpunkt, so entsteht ein infinitesimaler
Kegel, welcher aus der um den Aufpunkt mit dem Radius r beschriebenen Kugel
ein Flächenelement von der Größe $do\cos(\mathfrak{r},\mathfrak{n})$ ausschneidet. Dieser Kegel
wird also aus der Kugel mit dem Radius 1 das Stück $\dfrac{do}{r}\cos(\mathfrak{r},\mathfrak{n})$ ausschneiden.

Nun wollen wir allgemein eine zweckmäßige Bezeichnung einführen: Sei
ein Punkt P gegeben und ein Flächenstück ΔO, das dem Punkte P immer
dieselbe Seite zukehrt. Wir verbinden sämtliche Punkte des Flächenstückes ΔO
mit P; es soll dann der Flächeninhalt des Teiles der Kugel mit dem Radius 1
um P, dessen Punkte sämtlich auf Verbindungslinien von P mit Punkten
von ΔO liegen, und der nur aus solchen Punkten besteht, m. a. W., es soll die
Projektion von ΔO auf die Einheitskugel als r ä u m l i c h e r W i n k e l von ΔO, gesehen von P, bezeichnet werden. Schreiben wir ΔO eine positive und negative
Seite zu, so wollen wir dem räumlichen Winkel auch ein Vorzeichen zuschreiben,
das negativ oder positiv ist, je nachdem die positive oder negative Seite dem Punkte
zugekehrt ist. Wenn endlich die Fläche dem Bezugspunkt teils die positive,
teils die negative Seite zukehrt, so ist sie in Teile zu zerlegen, deren jeder ihm
nur eine Seite zukehrt, und es ist die algebraische Summe zu bilden.

Hiernach ist $d\omega = \dfrac{do\cos(\mathfrak{r},\mathfrak{n})}{r^2}$ der räumliche Winkel, unter dem do vom
Aufpunkt aus gesehen erscheint, und wir können für (153) schreiben

$$\Phi = -\int \vartheta\,d\omega\,. \tag{154}$$

Ist die Doppelschicht homogen, d. h. ϑ konstant, so ist daher

$$\Phi = -\vartheta\,\Omega\,, \tag{155}$$

wo Ω den räumlichen Winkel bedeutet, unter dem sie vom Aufpunkt gesehen erscheint. Ist die Doppelschicht überdies geschlossen, so ist für innere Punkte,
wenn die negative Seite der Doppelschicht innen ist:

$$\Omega = 4\pi\,,$$

also

$$\Phi^i = -4\pi\vartheta\,, \tag{156}$$

für äußere Punkte aber $\Omega = 0$, also

$$\Phi^e = 0\,. \tag{157}$$

Beim Durchgang also durch eine geschlossene homogene Doppelschicht erleidet das Potential einen Sprung im Betrage $4\pi\vartheta$, und zwar wächst es, wenn man von der negativen zur positiven Seite geht.

Dasselbe gilt aber auch für den Durchgang durch ein ungeschlossenes Flächenstück mit homogener Doppelbelegung; denn man kann es zu einem geschlossenen ergänzen, und das von dem erzeugenden Stück herrührende Potential verhält sich beim Durchgang durch das gegebene Stück stetig. Endlich ist hieraus leicht zu beweisen, daß beim Durchgang durch ein beliebiges Flächenstück, das eine Doppelschicht vom stetigen Moment trägt, das Potential einen Sprung erleidet im Betrage von $4\pi\vartheta$, wo ϑ das Belegungsmoment an der Durchgangsstelle ist, daß also gilt:

$$\Phi^{II} - \Phi^{I} = 4\pi\vartheta \tag{158}$$

43. Unstetigkeit der Normalkomponente der Feldstärke an Flächen mit flächenhafter Dichte. Mit Hilfe des Satzes über den Potentialsprung an der Doppelschicht können wir nun auch leicht den Satz von dem Kraftsprung an einer Fläche mit magnetischer Flächendichte beweisen (Ziff. 32), sofern wir uns auf eine Ebene beschränken. Denken wir uns ein Ebenenstück, das überall mit einer stetigen Flächendichte η belegt ist.

In einem Punkte Q_0, in dem η_0 die Flächendichte ist, werde die Normale $\mathfrak{n}$ errichtet. Um die $\mathfrak{n}$-Komponente der Feldstärke im Aufpunkt P zu erhalten, haben wir in diesem Punkte das Potential nach der $\mathfrak{n}$ entgegengesetzten Richtung zu differenzieren. Nun kann man, statt den Aufpunkt zu verschieben, das Flächenstück in entgegengesetzter Richtung verschieben. Daraus folgt: In jedem Aufpunkt ist die Komponente der Feldstärke nach der Richtung von $\mathfrak{n}$ so groß wie das Potential einer Doppelschicht, für die

$$\vartheta = \eta$$

ist, wenn die positive und negative Seite so gewählt sind, daß $\mathfrak{n}$ von der negativen zur positiven Seite geht. Daher erleidet die nach der Richtung von $\mathfrak{n}$ genommene Komponente der Kraft beim Durchgang durch Q_0 in dieser Richtung einen Sprung im Betrage von $4\pi\eta_0$.

44. Homogen magnetisierte Körper. Betrachten wir jetzt einen beliebigen homogen magnetisierten Körper, d. h. einen Körper, in dem der Magnetisierungsvektor $\mathfrak{M}$ konstant ist.

Nach (143) wird der Körper im Innern keinen Magnetismus haben; seine Oberfläche wird nach (144) teils positive, teils negative Flächendichte tragen. Für das Potential haben wir nach (149)

$$\Phi = -\int \mathfrak{M}\,\mathrm{grad}_p\,\frac{1}{r}\,d\mathfrak{o}\,,$$

$$= -\mathfrak{M}\!\int\!\left(\mathrm{grad}_p\,\frac{1}{r}\right)d\tau\,.$$

Nun dürfen wir grad_p vor das Integralzeichen ziehen; das kann, wie in Ziff. 28 bemerkt wurde, auch geschehen, wenn der Aufpunkt im Innern des Magneten liegt. Wir haben also

$$\Phi = -\mathfrak{M}\,\mathrm{grad}_p\!\int\!\frac{1}{r}\,d\tau = -\mathfrak{M}\,\mathrm{grad}\,g\,, \tag{159}$$

wenn

$$g = \int \frac{1}{r}\,d\tau \tag{160}$$

gesetzt wird, also das Potential eines mit der konstanten magnetischen Raumdichte 1 versehenen Körpers bedeutet. Wir sehen: Das Potential eines homogen magnetisierten Körpers ist für jeden Aufpunkt gleich dem skalaren Produkt der Magnetisierung und der Feldstärke, die in dem Aufpunkt herrschen würde, wenn der Körper durch einen mit der konstanten räumlichen Dichte 1 versehenen ersetzt würde.

45. Homogen magnetisierte Kugel. Wenden wir das auf die homogen magnetisierte Kugel an, deren Radius wir a und deren Volumen $\frac{4\pi}{3} a^3$ wir V nennen. Für den Außenraum ist die Feldstärke, die von einer mit der räumlichen Dichte 1 versehenen Kugel herrührt, nach (96)

$$\mathfrak{H}^e = V \frac{1}{r^3} \mathfrak{r} ,$$

wenn $\mathfrak{r}$ den Radiusvektor vom Mittelpunkt der Kugel zum Aufpunkt bedeutet. Also ist das Potential unserer homogen polarisierten Kugel im Außenraum

$$\Phi^e = V \frac{1}{r^3} (\mathfrak{r} \, \mathfrak{M}) . \tag{161}$$

Man kann das noch anders einsehen: Um die Komponente nach der $\mathfrak{M}$-Richtung von grad g zu ermitteln, hat man den Aufpunkt um ein Stück δ in der Richtung von $\mathfrak{M}$ zu verschieben, den im neuen Aufpunkt herrschenden Wert um denim alten herrschenden Wert zu vermindern und durch δ zu dividieren. Statt dessen kann man den Aufpunkt unverschoben lassen, die gegebene Kugel durch eine mit der Raumdichte -1 ersetzen, sodann die gegebene Kugel mit der Raumdichte $+1$ um δ in der Richtung von $-\mathfrak{M}$ verschieben, die beiden im Aufpunkt entstandenen Potentiale addieren und die Summe durch δ dividieren. Nun kann man aber zur Ermittlung der Wirkung von Kugeln mit konstanter Raumdichte auf einen äußeren Aufpunkt, diese durch punktförmige magnetische Quanten ersetzen, die im Mittelpunkt angebracht sind und ihrem Betrage nach dem ganzen magnetischen Quantum der Kugeln gleich sind (Ziff. 30). Somit haben wir dicht nebeneinander die magnetischen Quanten $-V$ und $+V$ anzubringen, jenes im Mittelpunkt der ursprünglichen Kugel, dieses um δ nach der Richtung $-\mathfrak{M}$ verschoben, und das Gesamtpotential durch δ zu dividieren oder auch in den beiden Punkten die Ladungen $-V/\delta$ und V/δ anzubringen und ihre Potentiale zu addieren. Auf diese Weise erhalten wir aber das Feld eines Dipols, der die Richtung von $-\mathfrak{M}$ besitzt und die Stärke V. Nach (159) wird also Φ^e gleich dem Potential eines Dipols vom Momente $V\mathfrak{M}$, d. i. nach (67)

$$\Phi^e = V \frac{1}{r^3} (\mathfrak{r} \, \mathfrak{M}) . \tag{161)\,1)}$$

Im Außenraum ist das Feld der homogen magnetisierten Kugel dasselbe wie das eines Dipols, dessen Moment gleich dem Produkt des Kugelvolumens und der Magnetisierung ist. Für die Feldstärke haben wir nach (73)

$$\mathfrak{H}^e = V \left[- \frac{\mathfrak{M}}{r^3} + \frac{3 \, (\mathfrak{M} \, \mathfrak{r})}{r^5} \, \mathfrak{r} \right] \tag{162}$$

oder nach (70) in Komponenten, wenn die Magnetisierungsrichtung zu x-Achse gemacht wird und mit M der absolute Bgtrag bezeichnet wird

$$\begin{aligned}
\mathfrak{H}_x &= - \frac{V\,M}{r^3} + \frac{3\,V\,M\,x^2}{r^5} , \\[2mm]
\mathfrak{H}_y &= \frac{3\,V\,M\,x\,y}{r^5} , \\[2mm]
\mathfrak{H}_z &= \frac{3\,V\,M\,x\,z}{r^5} .
\end{aligned} \tag{163}$$

---

[1]) Vgl. M. Abraham, Theorie der Elektrizität. Bd. 1, 7. Aufl., S. 123 f. 1923.

Für das Potential im Innern ergibt sich aus (159) und (97)

$$\Phi^i = \frac{4\pi}{3}\,(\mathfrak{M}\,\mathfrak{r})\,. \tag{164}$$

Also haben wir im Innern die Feldstärke

$$\mathfrak{H}^i = -\,\frac{4\pi}{3}\,\mathfrak{M}\,. \tag{165}$$

Im Innern der homogen magnetischen Kugel ist das Feld homogen,
die Feldstärke der Magnetisierung entgegengesetzt gerichtet und
dem Betrage nach das $\frac{4}{3}\pi$-fache von ihr.

b) Standpunkt der Fernwirkungstheorie. Permeabilität nicht überall = 1.

46. Induzierter Magnetismus. Die bisherigen Entwicklungen gelten nur
unter der Voraussetzung, daß sich außer dem betrachteten Magnet kein anderer
Körper im Felde befindet.

Erinnern wir uns, daß wir die Feldstärke als einen Vektor definierten, aus
dem die Kraft auf einen Pol durch Multiplikation mit dessen Stärke erhalten
wird. Es ist indes, wie schon bemerkt, nicht zu zweifeln, daß ihr eine physikalische
Realität zukommt. Übrigens gaben wir noch eine andere Definition für sie
(Ziff. 10, S. 13).

Nun gibt es aber auch in Feldern, die außer dem betrachteten Magneten
noch andere Körper enthalten, eine Feldstärke; d. h. auch hier wird die Kraft
auf einen entfernten Pol dessen Stärke proportional sein, und die Kraft auf einem
Einheitspol wird auch hier in Übereinstimmung mit dem Werte gefunden, der sich
aus dem auf S. 13 angegebenen Meßverfahren ergibt. Aber die Feldstärke berechnet
sich nicht mehr in derselben Weise wie unter den früheren speziellen Voraussetzungen aus der Dichte. Wir haben also unsere Betrachtungen erheblich zu
verallgemeinern; auch für die Nachbarschaft und das Innere der Körper muß eine
Feldstärke definiert werden[1]. Freilich können wir die Feldstärke im Innern
allgemein nur messen, wenn wir in dem betreffenden Körper Bohrungen von
passender Gestalt anbringen.

Die Ansätze dieses Abschnittes gelten nur unter gewissen Bedingungen,
die weiter unten angegeben werden.

Betrachten wir nun zunächst einen einzelnen Magneten, nehmen aber im
Felde noch einen anderen Körper an, den wir uns sehr weit vom Magnet entfernt
denken wollen. Es fragt sich, wie wir dessen Wirkung auf das Feld berücksichtigen
wollen. Die einfachste Annahme, zu der man durch molekulartheoretische
Überlegung geführt wird, ist, daß in ihnen eine Magnetisierung induziert
wird. Es zeigt sich, daß in vielen Fällen die Erscheinungen beschrieben werden
können, wenn man die induzierte Magnetisierung $\mathfrak{M}_i$[2] der Feldstärke
proportional setzt. Allerdings trifft das nur zu, wenn der Zusatzkörper
nicht zu starken magnetischen Kräften unterworfen wird. Wir nehmen vorläufig
diese Bedingung als erfüllt an. Wir setzen also

$$\mathfrak{M}_i = \varkappa\,\mathfrak{H}\,, \tag{166}$$

---

[1] Bisher konnten wir nur (82) und (83) als eine Definition, allerdings ohne physikalischen Inhalt, annehmen. Aber diese Definition versagt hier.

[2] i als unterer Index bedeute „induziert", i als oberer Index bedeute „im Innern".

und speziell am Rande, wo $\mathfrak{H}$ unstetig ist,

$$\mathfrak{M}_i = \varkappa\,\mathfrak{H}^i,$$

unter $\mathfrak{H}^i$ den Wert der Feldstärke an der Innenseite der Begrenzung verstanden. Die Proportionalitätskonstante $\varkappa$ nennen wir Suszeptibilität. Die Proportionalität besteht allerdings im allgemeinen nur für sehr schwache Felder. Für manche Stoffe — Eisen, Stahl, Nickel, Kobalt und einige Legierungen — ist die Suszeptibilität verhältnismäßig groß und positiv (Größe etwa 5 bis 40). Diese heißen ferromagnetisch. (Übrigens werden wir später — im Teil III — die Definition der Suszeptibilität verallgemeinern müssen. Die jetzt definierte Größe heißt dann Anfangssuszeptibilität. Die anderen Stoffe haben eine unverhältnismäßig viel kleinere Suszeptibilität (10^{-9} bis 10^{-4}) und heißen, wenn diese positiv ist, paramagnetisch, wenn sie negativ ist, diamagnetisch. Doch ist diese Unterscheidung zwischen ferromagnetischen und paramagnetischen Stoffen natürlich wenig befriedigend; auch andere früher angewandte Unterscheidungskriterien haben sich jetzt als unzulänglich erwiesen[1].

Unser Ansatz trifft, wie gesagt wurde, für den Fall zu, daß die Feldstärken sehr klein sind. Doch bei diamagnetischen und paramagnetischen Stoffen kann die Feldstärke auch groß sein; auch bei großen Feldstärken ist für sie die induzierte Magnetisierung zum mindesten noch sehr angenähert der Feldstärke proportional. Nur für sehr tiefe Temperaturen ist neuerdings bei paramagnetischen Stoffen eine Abweichung von der Proportionalität festgestellt. Dagegen wird für ferromagnetische Körper bei großen Feldstärken im allgemeinen der Begriff der induzierten Magnetisierung überhaupt illusorisch; nur für gewisse Materialien, die durch besondere Verfahren gewonnen werden, kann auch noch bei größeren Feldstärken in erster Annäherung Proportionalität angenommen werden. Nun denken wir uns allerdings unsere Felder durch permanente Magnete erzeugt, und diese besitzen starke innere Felder. Aber bei permanenten Magneten kann, wie wir später sehen werden, wieder von einer induzierten Magnetisierung gesprochen werden, und zwar dann, wenn zu dem bestehenden Feld nur schwache Zusatzfelder hinzukommen. Das wird jedenfalls zutreffen, wenn die permanenten Magnete einander nicht zu nahe kommen. In dieser Ziffer soll insbesondere angenommen werden, daß nur ein permanenter Magnet vorhanden ist und ein von ihm sehr weit entfernter Zusatzkörper, d. h. ein Körper ohne permanenten Magnetismus. Wir wollen der Einfachheit halber auch noch annehmen, daß im Innern des Zusatzkörpers die Suszeptibilität stetig ist.

Zu der induzierten Magnetisierung wird nun eine induzierte Raumdichte ϱ_i gehören, die mit ihr entsprechend der Gleichung (143) durch die Gleichung

$$\varrho_i = -\operatorname{div}\mathfrak{M}_i \tag{167}$$

zusammenhängt, und entsprechend (144) eine induzierte Flächendichte am Rande des Zusatzkörpers

$$\eta_i = \mathfrak{M}_{i\nu}. \tag{168}$$

Eine weitere Flächendichte ist nicht zu berücksichtigen, da, wie angenommen wurde, im Innern des Körpers $\varkappa$ und daher $\mathfrak{M}$ stetig ist. Wir haben also jetzt magnetische Dichten in unserem permanenten Magneten und in unserem Zusatzkörper.

Die Feldstärke bestimmt sich nun aus der Dichte des permanenten Magneten und der induzierten des Zusatzkörpers, diese aus der induzierten Magnetisierung

---

[1] E. Gumlich, Leitfaden der magnetischen Messungen. S. 180. Leipzig 1918.

und diese wieder aus der Feldstärke. In Formeln, wenn P den permanenten Magneten und Z den Zusatzkörper bedeutet:

$$\mathfrak{H} = -\operatorname{grad}\int\limits_{P}\frac{\varrho\, d\tau}{r} - \operatorname{grad}\int\limits_{P}\frac{\eta\, d\mathfrak{f}}{r}^{0} - \operatorname{grad}\int\limits_{Z}\frac{\varrho_i\, d\tau}{r} - \operatorname{grad}\int\limits_{Z}\frac{\eta_i\, d\mathfrak{f}}{r}^{0}, \tag{169}$$

$$\varrho_i = -\operatorname{div}\mathfrak{M}_i, \qquad \eta_i = \mathfrak{M}_{i\nu}, \tag{170}$$

$$\mathfrak{M}_i = \varkappa\mathfrak{H}. \tag{171}$$

Die Dichteverteilung im permanenten Magneten sehen wir als gegeben an. Dann bestimmt sich die Feldstärke aus der induzierten Dichte, diese wieder aus jener. Wir können daher bei gegebener Verteilung von ϱ und η im permanenten Magneten $\mathfrak{H}$ folgendermaßen ermitteln: In erster Näherung berechnen wir $\mathfrak{H}$ nur aus den Dichten des permanenten Magneten, daraus nach (171) $\mathfrak{M}_i$ in erster Näherung und daraus nach (170) ϱ_i, η_i in erster Näherung; nun berechnen wir $\mathfrak{H}$ in zweiter Näherung, indem wir die eben gefundenen Werte für ϱ_i, η_i in erster Näherung berücksichtigen, d. h. aus (169), indem wir die Werte für ϱ_i und η_i in die beiden letzten Integrale einsetzen usw.

Wir können aber auch für $\mathfrak{H}$ eine partielle Differentialgleichung aufstellen; für den leeren Raum ist

$$\operatorname{div}\mathfrak{H} = 0, \tag{87}$$

für den permanenten Magneten

$$\operatorname{div}\mathfrak{H} = 4\pi\varrho, \tag{100}$$

und an seinem Rande ist nach (103)

$$\mathfrak{H}_\nu^e - \mathfrak{H}_\nu^i = 4\pi\eta \tag{103'''}$$

oder

$$\overline{\operatorname{div}\mathfrak{H}} = 4\pi\eta \tag{103''}$$

($\mathfrak{H}^e$ Feldstärke außen, $\mathfrak{H}^i$ Feldstärke innen).

Für den Zusatzkörper ist aber entsprechend (100) nach (169)

$$\operatorname{div}\mathfrak{H} = 4\pi\varrho_i,$$

also nach (170)

$$\operatorname{div}(\mathfrak{H} + 4\pi\mathfrak{M}_i) = 0, \tag{172}$$

oder nach (171)

$$\operatorname{div}\mathfrak{H}(1 + 4\pi\varkappa) = 0, \tag{173}$$

oder

$$\operatorname{div}\mu\mathfrak{H} = 0, \tag{174}$$

wenn

$$1 + 4\pi\varkappa = \mu \tag{175}$$

gesetzt ist. Wir bezeichnen μ als **Permeabilität**. Da für diamagnetische Substanzen die Suszeptibilität sehr klein ist, so ist die Permeabilität immer positiv und nur für diamagnetische Substanzen kleiner 1.

Ebenso ist entsprechend (103) nach (169)

$$\mathfrak{H}_\nu^e - \mathfrak{H}_\nu^i = 4\pi\eta_i.$$

Aus (170) und (171) folgt

$$\mathfrak{H}_\nu^e - \mu\mathfrak{H}_\nu^i = 0 \tag{176}$$

oder, da außerhalb des Zusatzkörpers

$$\varkappa = 0 \qquad \text{und} \qquad \mu = 1$$

ist,

$$\overline{\operatorname{div}\mu\,\mathfrak{H}} = 0. \tag{177}$$

Aus (169) folgt noch

$$\operatorname{rot}\mathfrak{H} = 0, \tag{178}$$

$$\operatorname{rot}\mathfrak{H} = 0. \tag{179}$$

Wir setzen den Vektor

$$\mu\mathfrak{H} = \mathfrak{P}. \tag{180}$$

Er hat im Innern des Zusatzkörpers verschwindende Divergenz und am Rande verschwindende Flächendivergenz, d: h. stetige Normalkomponente und läßt sich daher außerhalb des permanenten Magneten durch Kurven darstellen, deren Dichte seine Intensität erkennen läßt.

47. Permeabilität permanenter Magnete. Wir haben im Anfang unserer Darstellung immer voraussetzen müssen, daß die permanenten Magnete sehr weit voneinander entfernt sind. Auch in voriger Ziffer nahmen wir noch an, daß der Zusatzkörper sehr weit entfernt von dem einen permanenten Magneten sei. Wir können jetzt den Grund angeben, weshalb wir die Annahme machen mußten, solange wir noch nicht einen neuen Begriff einführten.

Wir wollten das Feld in seiner Abhängigkeit von den gegebenen Größen des permanenten Magneten bestimmen, d. h. von Größen, die unabhängig von dem Zusatzfeld sind, und wählten als solche unsere Dichte ϱ, η. Nun sind diese als Größen definiert, die sich aus Messungen erschließen lassen, wenn der Magnet der Einwirkung aller äußeren Körper entzogen wird; per definitionem sind sie daher allerdings von dem Zusatzkörper unabhängig; aber aus ihm wird sich doch die Feldstärke nicht unter allen Umständen nach (169) bis (171) berechnen. Denn auch dem permanenten Magneten müssen wir eine Suszeptibilität zuschreiben, und daher wird in ihm der Zusatzkörper, wenn er ihm genähert wird, induzierte Dichten hervorrufen; deshalb hätten wir ohne die beschränkende Annahme aus ϱ, η die Feldstärke nicht nach (169) bis (171) bestimmen können. Aber auch vor der Einwirkung des Zusatzkörpers enthielten ϱ, η Bestandteile, die als induziert anzusehen sind. Eine Trennung dieser beiden Bestandteile war bisher nicht nötig, weil die Dichte durch die Einwirkung des Zusatzkörpers nicht geändert wurde.

Wir wollen aber jetzt die Voraussetzung fallen lassen, daß nur ein permanenter Magnet und nur ein Zusatzkörper vorhanden sind, und daß ihre Entfernung groß ist. Von beiden Arten mögen beliebig viel Körper und in beliebiger Entfernung gegeben sein. Nur eins muß noch vorausgesetzt werden; die auf die permanenten Magnete wirkenden zusätzlichen Kräfte sollen sehr klein sein. Die Bedeutung dieser Bedingung werden wir erst an späterer Stelle verstehen können. Wir nehmen ferner der Einfachheit halber an, daß die permanenten Magnete (P) und die Zusatzkörper (Z) nicht aneinander grenzen und im Innern keine Sprungstellen von $\varkappa$ besitzen.

Auch jetzt können wir die Feldstärke durch einen Ausdruck von der Form (169) darstellen. Aber die in die ersten beiden Integrale statt ϱ, η einzusetzenden Werte sind jetzt nicht mehr unveränderlich. Wir nennen die Werte von ϱ und η, die wir in diese Integrale einsetzen müssen, freie Dichten und bezeichnen sie mit ϱ_f und η_f. Somit haben wir

$$\mathfrak{H} = -\operatorname{grad}\int\limits_{P}\frac{\varrho_f}{r}\,d\tau - \operatorname{grad}\int\limits_{P}\frac{\eta_f}{r}\,d\mathfrak{k}^{\text{\tiny o}} \left.\vphantom{\int\int}\right\}$$
$$-\operatorname{grad}\int\limits_{Z}\varrho_i\frac{d\tau}{r} - \operatorname{grad}\int\limits_{Z}\eta_i\frac{d\mathfrak{k}^{\text{\tiny o}}}{r}. \qquad (181)$$

Was wir früher ϱ, η nannten, sind die Grenzwerte von ϱ_f und η_f, die vorhanden sind, wenn ein permanenter Magnet der Einwirkung aller anderen entzogen ist. Diese Grenzwerte wollen wir jetzt im Anschluß an Cohn[1] scheinbare Dichten nennen und mit ϱ_{f_0} und η_{f_0} bezeichnen. ϱ_{f_0} und η_{f_0} sind feste Größen im permanenten Magneten (vgl. Ziff. 70).

---

[1] E. Cohn, a. a. O. S. 216; Cohn braucht nur die Bezeichnung „scheinbare Magnetisierung".

ϱ_f und η_f sind **nicht feste Größen** im Magneten. Sie setzen sich aus zwei Bestandteilen zusammen. Der eine Bestandteil ist die induzierte Dichte ϱ_i, η_i, die aus der dem Magneten zuzuschreibenden Suszeptibilität erhalten wird, der andere Bestandteil ist im Magneten fest, ist aber nicht die Dichte ϱ_{f_0}, η_{f_0} (früher ϱ, η), sondern eine andere Größe, die wir mit ϱ_w, η_w bezeichnen. ϱ_w, η_w muß von ϱ_{f_0}, η_{f_0} verschieden sein, weil auch im Grenzfall des isolierten permanenten Magneten eine Feldstärke und daher induzierte Dichte vorhanden ist und diese von ϱ_{f_0}, η_{f_0} abgerechnet werden muß, wenn ϱ_w, η_w erhalten werden soll.

Wir setzen also

$$\left.\begin{aligned} \varrho_f &= \varrho_w + \varrho_i, \\ \eta_f &= \eta_w + \eta_i. \end{aligned}\right\} \tag{182}$$

Diese Gleichungen können als durch Erfahrung bestätigt angesehen werden, d. h. es bestätigt sich, daß sie durch konstante Werte ϱ_w, η_w befriedigt werden können. Könnten ϱ_w und η_w nicht als konstant angesehen werden, so wären sie überhaupt nicht definiert. Näheres weiter unten.

Würden wir ϱ_f zerlegen in $\varrho_{f_0} + (\varrho_f - \varrho_{f_0})$, so wäre zwar der erste Bestandteil auch konstant, aber der zweite Bestandteil berechnete sich aus $\mathfrak{H}$ nicht nach (170) und (171). Außerdem zeichnen sich ϱ_w und η_w noch dadurch vor ϱ_{f_0} und η_{f_0} aus, daß sie beim Zerbrechen des Magneten erhalten bleiben — außer an den Flächen, die bei der Zusammensetzung oder Trennung verschwinden oder neu entstehen. Wir nennen daher ϱ_w und η_w **wahre Raumdichte** und **wahre Flächendichte.**

Diese Größen sehen wir jetzt als gegeben an und stellen uns die Aufgabe, aus ihnen in einem Feld, das Zusatzkörper enthält, die Feldstärke zu berechnen. Aber um die Zusatzkörper zu berücksichtigen, brauchen wir doch für sie keine besonderen Glieder in die Gleichungen einzuführen. In ihnen sind ϱ_w und $\eta_w = 0$. Wir haben also ϱ_w als eine im ganzen Raum gegebene Funktion des Ortes anzusehen, die im leeren Raum $= 0$ ist, und nur in einigen Körpern von Null verschieden ist, und η_w als eine Funktion auf den Körperbegrenzungen.

Zur Berechnung des Feldes aus ϱ_w und η_w dienen nun entsprechend (169) bis (171) die Gleichungen

$$\varrho_f = \varrho_w + \varrho_i; \qquad \eta_f = \eta_w + \eta_i. \tag{182}$$

$$\mathfrak{H} = -\operatorname{grad}\int \varrho_f \frac{d\tau}{r} - \operatorname{grad}\int \eta_f \frac{do}{r}, \tag{183}$$

$$\varrho_i = -\operatorname{div}\mathfrak{M}_i; \qquad \eta_i = \mathfrak{M}_{i\nu} \tag{184}$$

$$\mathfrak{M}_i = \varkappa\,\mathfrak{H}_i. \tag{185}$$

Wir können $\mathfrak{H}$ nach (182) auch zerlegen in

$$-\operatorname{grad}\int \varrho_w \frac{d\tau}{r} - \operatorname{grad}\int \eta_w \frac{do}{r}$$

und

$$-\operatorname{grad}\int \varrho_i \frac{d\tau}{r} - \operatorname{grad}\int \eta_i \frac{do}{r},$$

wo der zweite Bestandteil **induzierte Feldstärke** heißt und mit $\mathfrak{H}_i$ bezeichnet wird. Gehen wir nun zur Differentialgleichung über.

Aus (182) bis (184) folgt

$$\operatorname{div}\mathfrak{H} = 4\pi\varrho_f = 4\pi\varrho_w + 4\pi\varrho_i$$
$$= 4\pi\varrho_w - 4\pi\operatorname{div}\mathfrak{M}_i$$

oder

$$\operatorname{div}(\mathfrak{H} + 4\pi\mathfrak{M}_i) = 4\pi\varrho_w, \tag{186}$$

oder nach (185)

$$\operatorname{div}\mathfrak{H}(1 + 4\pi\varkappa) = 4\pi\varrho_w,$$

das ist

$$\operatorname{div}\mu\mathfrak{H} = 4\pi\varrho_w, \tag{187}$$

wenn wieder

$$\mu = 1 + 4\pi\varkappa \tag{175}$$

gesetzt wird.

μ ist die **Permeabilität**, die wir jetzt auch permanenten Magneten zuschreiben. Außerhalb der Körper ist $\mu = 1$. An den Grenzflächen ist nach (182) und (183)

$$\mathfrak{H}_\nu^e - \mathfrak{H}_\nu^i = 4\pi\eta_f = 4\pi\eta_w + 4\pi\eta_i,$$

also nach (184)

$$\mathfrak{H}_\nu^e - (\mathfrak{H}_\nu^i + 4\pi\mathfrak{M}_{i\nu}) = 4\pi\eta_w,$$

das ist

$$\mathfrak{H}_\nu^e - \mu\mathfrak{H}_\nu^i = 4\pi\eta_w \tag{188}$$

oder, da außerhalb der Körper $\mu = 1$ ist,

$$\overline{\operatorname{div}\mu\mathfrak{H}} = 4\pi\eta_w. \tag{189}$$

Außerdem haben wir nach (183) die beiden Gleichungen

$$\operatorname{rot}\mathfrak{H} = 0 \tag{190}$$

und

$$\overline{\operatorname{rot}\mathfrak{H}} = 0. \tag{191}$$

Setzen wir wieder

$$\mu\mathfrak{H} = \mathfrak{P}, \tag{192}$$

so wird

$$\operatorname{div}\mathfrak{P} = 4\pi\varrho_w, \tag{187'}$$

$$\overline{\operatorname{div}\mathfrak{P}} = 4\pi\eta_w. \tag{189'}$$

Die Gleichungen dieser Ziffer lassen sich prinzipiell an der Erfahrung prüfen, d. h. es läßt sich untersuchen, ob sie durch Ortsfunktionen μ, ϱ_w befriedigt werden können, die von $\mathfrak{H}$ unabhängig sind. Hierzu hätte man (187) in die Form zu bringen: $\mu\operatorname{div}\mathfrak{H} + \mathfrak{H}\operatorname{grad}\mu = 4\pi\varrho_w$. Prinzipiell läßt sich nämlich auch im Innern fester Körper $\mathfrak{H}$ nach Herstellung von Bohrungen messen. Von praktisch vorliegenden Bestätigungen kommen vor allem die Versuche von R. H. Weber (Ziff. 71) und die Versuche von Gans über die reversible Permeabilität (Ziff. 84) in Betracht.

48. Wahre, freie und scheinbare Magnetisierung. Induktion. Diese Gleichungen geben zur Einführung eines wichtigen Vektors Anlaß.

Wir hatten früher (Ziff. 37) gesehen, daß in jedem permanenten Magneten das Gesamtquantum des Magnetismus konstant ist. Unter magnetischem Quantum war aber damals das durch Integration der Dichten ϱ und η entstandene Quantum verstanden. Diese Dichten bezeichnen wir aber jetzt mit ϱ_{f_0} und η_{f_0}. Daher müssen wir die Gleichung (130) jetzt schreiben

$$\int\varrho_{f_0}\,d\tau + \int\eta_{f_0}\,do = 0. \tag{130'}$$

Für den Grenzfall, daß der permanente Magnet allein im Felde ist, ist also

$$\int \varrho_f \, d\tau + \int \eta_f \, do = 0,$$

das ist nach (182)

$$\int \varrho_w \, d\tau + \int \eta_w \, do + \int \varrho_i \, d\tau + \int \eta_i \, do = 0.$$

Nun ist aber nach (184)

$$\int \varrho_i \, d\tau + \int \eta_i \, do = -\int \operatorname{div} \mathfrak{M}_i + \int \mathfrak{M}_{i\nu} \, do = 0.$$

Also ist

$$\int \varrho_w \, d\tau + \int \eta_w \, do = 0. \tag{193}$$

ϱ_w und η_w sollten aber — wie ϱ_{f_0} und η_{f_0}, im Gegensatz zu ϱ_f und η_f — von der Lage der Magnete zu anderen Körpern unabhängig sein. Es wird also die Gleichung (193) allgemein gelten, d. h. **die Gesamtmenge des wahren Magnetismus ist in jedem Magneten Null.** Hieraus folgt wiederum, daß stets der gesamte freie Magnetismus Null ist.

Nun zogen wir in Ziff. 40 aus der Gleichung (130) den Schluß, daß es Vektorfelder $\mathfrak{M}$ geben muß, aus denen sich ϱ_f und η_f nach den Gleichungen (143) und (144) ableiten. Ebenso folgt nun auch jetzt aus (193) die Existenz eines Vektorfeldes $\mathfrak{M}_w$, aus dem sich ϱ_w und η_w ableiten nach den Gleichungen

$$\operatorname{div} \mathfrak{M}_w = -\varrho_w, \tag{194}$$

und an der Oberfläche

$$\mathfrak{M}_{w\nu} = \eta_w. \tag{195}$$

Es gibt sogar unendlich viele solche Vektorfelder. Aber physikalisch — molekulartheoretisch wie phänomenologisch — ist doch e i n Vektorfeld ausgezeichnet, das unabhängig von der Feldstärke ist, wie es ϱ_w und η_w auch sind; phänomenologisch dadurch, daß die betreffenden Vektoren beim Zerbrechen des Magneten oder bei Herstellung von Bohrungen an der Materie haften. Würde man also hinreichend viel Magnete besitzen, von denen man wüßte, daß sie gleich beschaffen sind, so wäre es im Prinzip möglich, durch hinreichend viel Versuche, bei denen die Magnete zerteilt bzw. mit Bohrungen versehen werden, den ausgezeichneten Vektor $\mathfrak{M}_w$ überall zu ermitteln (Ziff. 68, S. 91). Wir nennen ihn die **wahre Magnetisierung.**

Aus (186) ergibt sich jetzt

$$\operatorname{div}(\mathfrak{H} + 4\pi \mathfrak{M}_i) = -4\pi \operatorname{div} \mathfrak{M}_w,$$

$$\operatorname{div}[\mathfrak{H} + 4\pi(\mathfrak{M}_i + \mathfrak{M}_w)]. \tag{196}$$

Wir setzen

$$\mathfrak{M}_i + \mathfrak{M}_w = \mathfrak{M}_f \tag{197}$$

und nennen $\mathfrak{M}_f$ **freie Magnetisierung.** Dann ist

$$\operatorname{div}(\mathfrak{H} + 4\pi \mathfrak{M}_f) = 0. \tag{198}$$

Das gilt auch für einen isolierten Magneten. Es ist also

$$\operatorname{div}(\mathfrak{H} + 4\pi \mathfrak{M}_{f_0}) = 0.$$

$\mathfrak{M}_{f_0}$ ist also die in Ziff. 40 eingeführte Magnetisierung. Wir nennen sie mit Cohn[1] die **scheinbare Magnetisierung,** wie wir ϱ_{f_0}, η_{f_0} die scheinbare Dichte nannten. Da in einem Magneten infolge des von ihm selbst erregten Feldes induzierte Dichten und Magnetisierung auftreten, können wir nicht erwarten, bei der Zerteilung des Magneten $\mathfrak{M}_{f_0}$ in den einzelnen Teilen ungeändert zu finden (Ziff. 40).

---

[1] E. Cohn (Fußnote 1, S. 42), S. 216.

(196) können wir nach (171) und (175) auch schreiben

$$\operatorname{div}(\mu\,\mathfrak{H} + 4\pi\,\mathfrak{M}_w) = 0\,, \tag{199}$$

oder nach (180)

$$\operatorname{div}(\mathfrak{P} + 4\pi\,\mathfrak{M}_w) = 0\,. \tag{200}$$

Das System der Gleichungen

$$\operatorname{div}(\mu\,\mathfrak{H} + 4\pi\,\mathfrak{M}_w) = 0\,, \tag{199}$$

$$\operatorname{rot}\mathfrak{H} = 0 \tag{86}$$

läßt sich prüfen, wenn $\mathfrak{M}_w$ und μ als konstant gelten können; anderenfalls besagen diese Gleichungen überhaupt nichts, und weder μ noch $\mathfrak{M}_w$ sind definiert. Experimentell ist dieses Gleichungssystem auf indirektem Wege durch R. H. Weber[1]), im Anschluß an theoretische Betrachtungen von R. Gans und Weber[2]), bestätigt worden (Ziff. 71, S. 95).

Wir setzen den Vektor

$$\left.\begin{aligned} \mathfrak{H} + 4\pi\,\mathfrak{M}_f &= \mathfrak{H} + 4\pi\,\mathfrak{M}_w + 4\pi\,\mathfrak{M}_i\,, \\ &= \mu\,\mathfrak{H} + 4\pi\,\mathfrak{M}_w = \mathfrak{P} + 4\pi\,\mathfrak{M}_w\,, \\ &= \mathfrak{B} \end{aligned}\right\} \tag{201}$$

und nennen $\mathfrak{B}$ die Induktion.

Nach (198) ist

$$\operatorname{div}\mathfrak{B} = 0\,. \tag{202}$$

Auch die Flächendivergenz des Vektors $\mathfrak{B}$ verschwindet, d. h. seine Normalkomponente verhält sich an jeder Fläche stetig. Es ist nämlich nach (201)

$$\mathfrak{B}_\nu^e - \mathfrak{B}_\nu^i = \mathfrak{H}_\nu^e - \mathfrak{H}_\nu^i - 4\pi\,\mathfrak{M}_{w\nu}^i - 4\pi\,\mathfrak{M}_{i\nu}^i\,,$$

also nach (168), (195), (182)

$$= \mathfrak{H}_\nu^e - \mathfrak{H}_\nu^i - 4\pi\,\eta_f;$$

also ist nach (183)

$$\mathfrak{B}_\nu^e - \mathfrak{B}_\nu^i = 0\,. \tag{203}$$

An den Begrenzungen der Körper gilt also

$$\overline{\operatorname{div}\mathfrak{B}} = 0\,. \tag{203'}$$

Dieselbe Gleichung gilt für jede beliebige Fläche, insbesondere auch für Flächen, in denen μ unstetig ist (Ziff. 49). Die Induktion ist also im ganzen Feld quellenfrei, und wir können sie daher im ganzen Felde durch Induktionslinien darstellen, die durch ihre Dichte die Intensität der Induktion veranschaulichen.

Der Vektor

$$\mathfrak{B} = \mu\,\mathfrak{H} + 4\pi\,\mathfrak{M}_w$$

besteht, wie wir sehen, aus zwei Teilen. Der eine ist von der Feldstärke unabhängig und kommt dem betreffenden individuellen Magneten an der betreffenden Stelle zu. Der andere ist der Feldstärke proportional, wobei, wie gleich hier bemerkt werden mag, die Proportionalitätskonstante keine reine Materialkonstante ist, sondern von der Magnetisierung $\mathfrak{M}_w$ abhängt (Ziff. 84).

---

[1]) R. H. Weber, Ann. d. Phys. Bd. 16, S. 178. 1905.
[2]) R. Gans u. R. H. Weber, a. a. O. S. 172.

Die Induktion ist von großer Bedeutung, weil die zweite MAXWELLsche Gleichung, die für den Fall verschwindender magnetischer Suszeptibilität

$$\frac{1}{c}\frac{\partial \mathfrak{H}}{\partial t} = -\operatorname{rot}\mathfrak{E}$$

lautet, unter c die Lichtgeschwindigkeit und unter $\mathfrak{E}$ die elektrische Feldstärke verstanden, im allgemeinen Fall durch

$$\frac{1}{c}\frac{\partial \mathfrak{B}}{\partial t} = -\operatorname{rot}\mathfrak{E}$$

ersetzt werden muß. Bei Gültigkeit der hier vorausgesetzten Bedingungen können wir dafür nach (201) auch ansetzen

$$\frac{1}{c}\frac{\partial \mathfrak{P}}{\partial t} = -\operatorname{rot}\mathfrak{E}\,.$$

Es ist aber zu bemerken, daß in allgemeinen Fällen auf der linken Seite ein Vektor steht, der als Verallgemeinerung des hier eingeführten Vektors $\mathfrak{B}$ und nicht von $\mathfrak{P}$ zu gelten hat, und den wir ebenfalls als $\mathfrak{B}$ bezeichnen werden. Dem Vektor $\mathfrak{B}$ kommt also die größere Bedeutung zu.

Wir sehen, daß $\mathfrak{B}$ bzw. $\mathfrak{P}$ zu $\mathfrak{H}$ in einer ähnlichen Beziehung steht wie die dielektrische Verschiebung zur elektrischen Feldstärke. Freilich wird vom Standpunkt der Molekulartheorie eine andere Gegenüberstellung erforderlich.

Die Analogie zwischen $\mathfrak{B}$ und der dielektrischen Verschiebung, sowie die allgemeinere Bedeutung, die $\mathfrak{B}$ dem Vektor $\mathfrak{P}$ gegenüber besitzt, legt es nahe, die mit 4π multiplizierte Divergenz von $\mathfrak{B}$ als Dichte des wahren Magnetismus zu bezeichnen. Man wird dann sagen, daß die Dichte des wahren Magnetismus überall verschwindet[1]). Wir haben aber die mit 4π multiplizierte Divergenz von $\mathfrak{P}$ als wahren Magnetismus bezeichnet und hatten es daher mit positiven und negativen Werten der wahren Dichte zu tun. Nur das Gesamtquantum des wahren Magnetismus muß auch nach unserer Bezeichnungsweise verschwinden.

49. Unstetigkeitsflächen. Brechung der Kraftlinien. Wir haben bisher — von einer Bemerkung am Schluß der vorigen Ziffer abgesehen — der Einfachheit halber angenommen, daß sich im Felde außer den Grenzflächen der Körper keine Unstetigkeitsflächen befinden, an denen $\varkappa$ und μ einen Sprung machen. Es ist leicht zu sehen, wie die Theorie ergänzt werden muß für den Fall, daß solche vorkommen.

An beliebigen Flächen, auch solchen, an denen η_w und μ unstetig sind, gilt nach (183), (182), (184), (185), (175)

$$\overline{\operatorname{div}\mu\,\mathfrak{H}} = 4\pi\,\eta_w\,. \tag{204}$$

Ferner wird zu setzen sein[2])

$$\overline{\operatorname{div}\mathfrak{M}_w} = -\,\eta_w\,. \tag{205}$$

Aus diesen beiden Gleichungen und (201) folgt

$$\overline{\operatorname{div}\mathfrak{B}} = 0\,, \tag{206}$$

---

[1]) M. ABRAHAM, Theorie der Elektrizität, Bd. 1, 7. Aufl., S. 183. Leipzig 1923.
[2]) Naheliegend als Verallgemeinerung von (195). Für die Ableitung des Brechungsgesetzes wird diese Beziehung nicht gebraucht.

wie wir schon am Schluß der vorigen Ziffer für einen speziellen Fall gefunden haben. An einer Unstetigkeitsfläche ohne wahren Magnetismus haben wir nach (204)

$$\overline{\operatorname{div}\mu\,\mathfrak{H}} = 0\,. \tag{207}$$

Andererseits gilt auch hier nach (183)

$$\overline{\operatorname{rot}\mathfrak{H}} = 0\,. \tag{191}$$

D. h. aber, an jeder Fläche sind die Normalkomponenten von $\mu\,\mathfrak{H}$ und die Tangentialkomponente von $\mathfrak{H}$ stetig. Hieraus folgt nun, daß die Kraftlinien, die die Feldstärke zur Veranschaulichung bringen, an der Grenze zwischen zwei Medien I, II von verschiedener Permeabilität gebrochen werden.

Ist (Abb. 14) nämlich μ_I bzw. μ_{II} die Permeabilität des ersten bzw. zweiten Mediums, α_I bzw. α_{II} der spitze Winkel, den eine Kraftlinie — ohne Rücksicht auf den Richtungssinn — im ersten und zweiten Medium mit der Normalen auf der Trennungsfläche bildet, sind endlich H_t^I bzw. H_t^{II} und H_ν^I bzw. H_ν^{II} der absolute Betrag der Tangentialkomponente und Normalkomponente im ersten bzw. zweiten Medium, so ist

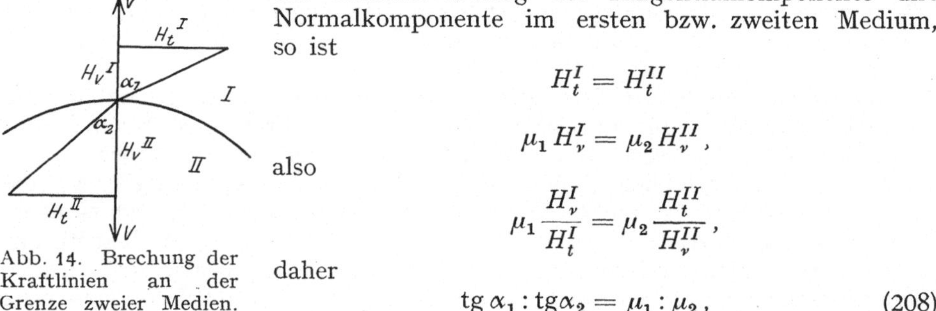

Abb. 14. Brechung der Kraftlinien an der Grenze zweier Medien.

$$H_t^I = H_t^{II}$$

$$\mu_1 H_\nu^I = \mu_2 H_\nu^{II}\,,$$

also

$$\mu_1 \frac{H_\nu^I}{H_t^I} = \mu_2 \frac{H_t^{II}}{H_\nu^{II}}\,,$$

daher

$$\operatorname{tg}\alpha_1 : \operatorname{tg}\alpha_2 = \mu_1 : \mu_2\,, \tag{208}$$

50. Das Zusatzfeld. In ein beliebiges magnetisches Feld bringen wir einen Körper ohne wahre magnetische Dichte, den wir Zusatzkörper nennen und mit Z bezeichnen. Wir nehmen zunächst an, daß das Feld von einem permanenten Magneten P erzeugt ist, und daß der Zusatzkörper sehr weit von dem permanenten Magneten entfernt ist. Genauer: Wir denken uns den Abstand des Magneten P von Z immer weiter wachsend, zugleich aber sein Moment immer größer werdend, damit die Wirkung von ihm auf Z nicht verschwindet, und zwar soll das von P allein herrührende Feld an der Stelle von Z gegen einen Grenzwert von $\mathfrak{H}_0$ konvergieren. Denken wir uns nun diesen Grenzwert nahe erreicht. Der Einfachheit halber sehen wir von Unstetigkeiten im Innern von Z ab. Wir stellen uns die Aufgabe, die durch den Zusatzkörper hervorgebrachte Feldänderung zu bestimmen.

Unser Ausgangspunkt ist die allgemeine Gleichung

$$\mathfrak{H} = -\operatorname{grad}\int_P \frac{\varrho_f}{r}\,d\tau - \operatorname{grad}\int_P \frac{\eta_f}{r}\,do - \operatorname{grad}\int_Z \frac{\eta_f}{r}\,do - \operatorname{grad}\int_Z \frac{\varrho_f}{r}\,d\tau\,. \tag{181}$$

Nun ist in Z nur induzierte Dichte vorhanden, ϱ_f also $= \varrho_i$ und $\eta_f = \eta_i$ zu setzen. Andererseits können wir in dem ersten Integral angenähert ϱ_f und η_f durch die Werte ϱ_f^0 und η_f^0 ersetzen, d. h. durch die Dichte, die vorhanden sein würde, wenn der Zusatzkörper fehlte. Wenn wir nur einen permanenten Magneten haben, sind ϱ_f^0, η_f^0 die scheinbaren Dichten von P. Dann ergeben die ersten beiden Summanden von (181) zusammen die Feldstärke, die vor der Anwesenheit des

Zusatzkörpers geherrscht hat. Sie ist offenbar in der Umgebung des Zusatzkörpers als nahezu konstant anzusehen, nämlich $= \mathfrak{H}_0$. Wir sagen daher, der
Zusatzkörper befinde sich in einem homogenen Feld $\mathfrak{H}_0$ Für die Gesamtfeldstärke
haben wir

$$\mathfrak{H} = \mathfrak{H}_0 - \operatorname{grad} \int_Z \frac{\varrho_i}{r}\, d\tau - \operatorname{grad} \int_Z \frac{\eta_i}{r}\, do\,. \tag{209}$$

Die beiden letzten Summanden ergeben angenähert die von dem Zusatzkörper herrührende Feldstärke; nur angenähert, weil die Anwesenheit von Z auch in P induzierte Dichte hervorruft. Wir nennen die Summe der beiden letzten Glieder der
rechten Seite von (209) die Zusatzfeldstärke und bezeichnen sie mit $\mathfrak{Z}$. Es ist also

$$\mathfrak{H} = \mathfrak{H}_0 + \mathfrak{Z}\,, \tag{210}$$

$$\mathfrak{Z} = - \operatorname{grad} \int_Z \frac{\varrho_i}{r}\, d\tau - \operatorname{grad} \int_Z \frac{\eta_i}{r}\, do\,, \tag{211}$$

$$\varrho_i = - \operatorname{div} \mathfrak{M}_i\,, \qquad \eta_i = \mathfrak{M}_{iv}\,, \tag{212}$$

$$\mathfrak{M}_i = \varkappa \mathfrak{H}\,. \tag{213}$$

Bei gegebenem $\mathfrak{H}_0$ können wir hieraus $\mathfrak{M}_i$, $\mathfrak{Z}$, $\mathfrak{H}$ berechnen. Es ist zu bemerken,
daß dies möglich ist, **ohne daß wir von der Verteilung** ϱ_{f_0}, η_{f_0} **mehr wissen,
als daß sie das Feld** $\mathfrak{H}_0$ **erzeugt.**

Die Gleichungen (210) bis (213) gelten nur angenähert. Wir betrachten aber
den idealen Fall, daß sie strenge Gültigkeit haben. Wenn wir das magnetische
Feld durch Ströme erzeugen, so wird die Anwesenheit des Zusatzkörpers überhaupt keinen Einfluß auf diese haben. Da, wie wir später sehen werden, auch
für diesen Fall eine Integraldarstellung möglich ist, und sich die Felder von
Strömen und den in Z induzierten magnetischen Quanten superponieren, so wird
auch, wenn die erzeugenden Ströme nicht weit entfernt sind, das Gleichungssystem (210) bis (213) in Strenge gelten. Nur die Konstanz von $\mathfrak{H}_0$ in dem von
Z eingenommenen Raume wird nicht erfüllt sein, bzw. wenn die Ströme weit
entfernt sind, nur angenähert.

Bei den folgenden Betrachtungen kommt es gar nicht darauf an, wie $\mathfrak{H}_0$
erzeugt ist. Wir halten uns nur an das Gleichungssystem (210) bis (213). Wir
erhalten aus ihm

$$\mathfrak{Z} = + \operatorname{grad} \int \frac{\operatorname{div} \mathfrak{M}_i}{r}\, d\tau - \operatorname{grad} \int \frac{\mathfrak{M}_{iv}}{r}\, do\,. \tag{214}$$

$$\mathfrak{M}_i = \varkappa (\mathfrak{H}_0 + \mathfrak{Z})\,. \tag{215}$$

51. Homogener Zusatzkörper im homogenen Feld. Sei ein homogener Zusatzkörper, also ein Körper, in dem μ konstant ist, im homogenen Feld gegeben.
Wir haben dann nach (212), (213), (210)

$$\varrho_i = - \varkappa \operatorname{div} \mathfrak{Z}\,,$$

andererseits nach (211)

$$\operatorname{div} \mathfrak{Z} = 4\pi \varrho_i\,,$$

also

$$\operatorname{div} (1 + 4\pi\varkappa)\,\mathfrak{Z} = 0\,,$$

$$\operatorname{div} \mathfrak{Z} = 0\,,$$

$$\varrho_i = 0\,.$$

Im Innern eines homogenen Körpers, der sich in einem homogenen Medium befindet, wird keine magnetische Dichte induziert. Für einen homogenen Körper im homogenen Feld gilt also

$$\mathfrak{H} = \mathfrak{H}_0 + \mathfrak{Z}, \tag{210'}$$

$$\mathfrak{Z} = -\operatorname{grad}\int_Z \frac{\eta_i}{r}\, do, \tag{211'}$$

$$\eta_i = \mathfrak{M}_{i\nu}, \tag{212'}$$

$$\mathfrak{M}_i = \varkappa\,\mathfrak{H} \tag{213'}$$

oder

$$\mathfrak{Z} = -\operatorname{grad}\int \frac{\mathfrak{M}_{i\nu}}{r}\, do, \tag{214'}$$

$$\mathfrak{M}_i = \varkappa\,(\mathfrak{H}_0 + \mathfrak{Z}). \tag{215'}$$

52. Homogene Kugel im homogenen Feld. Betrachten wir jetzt eine homogene Kugel im homogenen Feld. Wir wollen das von ihr herrührende Zusatzfeld bestimmen. Zu diesem Zwecke genügt es, die induzierte Magnetisierung zu berechnen. Wie (214') zeigt, können wir dann das zu $\mathfrak{M}_i$ gehörige $\mathfrak{Z}$ sofort angeben. Es berechnet sich nämlich $\mathfrak{Z}$ aus $\mathfrak{M}_i$ genau so, wie wir früher (Ziff. 45) $\mathfrak{H}$ aus der scheinbaren Magnetisierung $\mathfrak{M}_{J_0}$ (damals $\mathfrak{M}$ genannt) berechnet haben. Es ist also (165) entsprechend

$$\mathfrak{Z} = -\frac{4\pi}{3}\,\mathfrak{M}_i. \tag{216}$$

Wichtig ist dabei, daß in diese Beziehung die Suszeptibilität nicht eingeht. Nun ist nach (215')

$$\mathfrak{M}_i = \varkappa\left(\mathfrak{H}_0 - \frac{4\pi}{3}\,\mathfrak{M}_i\right), \tag{217}$$

also

$$\mathfrak{M}_i = \frac{\varkappa\,\mathfrak{H}_0}{1 + \dfrac{4\pi}{3}\,\varkappa}. \tag{218}$$

Nach (175) ist

$$\varkappa = \frac{\mu - 1}{4\pi},$$

daher

$$\mathfrak{M}_i = \frac{3}{4\pi}\,\frac{\mu - 1}{\mu + 2}\,\mathfrak{H}_0. \tag{219}$$

Die Zusatzfeldstärke ist

$$\mathfrak{Z} = -\frac{4\pi}{3}\,\mathfrak{M}_i = -\mathfrak{H}_0\,\frac{\mu - 1}{\mu + 2}, \tag{220}$$

die gesamte Feldstärke im Innern der Kugel

$$\mathfrak{H} = \mathfrak{Z} + \mathfrak{H}_0 = \frac{3}{\mu + 2}\,\mathfrak{H}_0, \tag{221}$$

und die Induktion im Innern der Kugel wird

$$\mathfrak{B} = \mu\,\mathfrak{H} = \frac{3\mu}{\mu + 2}\,\mathfrak{H}_0. \tag{222}$$

Für großes μ ist angenähert

$$\mathfrak{H} = 0 \tag{223}$$

$$\mathfrak{B} = 3\,\mathfrak{H}_0. \tag{224}$$

$\mathfrak{B}$ ändert sich also für großes μ sehr wenig mit $\mathfrak{H}_0$, von größerem Einfluß sind Abweichungen von der Kugelgestalt. Das macht die Kugel ungeeignet zur Messung großer Permeabilitäten[1]).

Die Zusatzfeldstärke im Außenraum ist nach Ziff. 45 dieselbe wie die, welche ein Dipol von der Stärke $V\mathfrak{M}_i$ erzeugen würde, unter V das Volumen einer Kugel verstanden, und ist entsprechend (162) und nach (219)

$$\mathfrak{Z} = \frac{3}{4\pi}\frac{\mu-1}{\mu+2} V\left[-\frac{\mathfrak{H}_0}{r^3} + \frac{3(\mathfrak{H}_0\,\mathfrak{r})\,\mathfrak{r}}{r^5}\right].\tag{225}$$

53. Entmagnetisierung. Wir wollen bei Gelegenheit der Betrachtungen der letzten Ziffer noch einen wichtigen Begriff einführen, der uns später noch beschäftigen wird. Wir fanden für den Innenraum der Kugel

$$\mathfrak{Z} = -\frac{4\pi}{3}\,\mathfrak{M}_i.\tag{216}$$

Der Quotient von $\mathfrak{Z}$ und $\mathfrak{M}_i$ ist also von der Permeabilität unabhängig. Das ist immer der Fall, wenn die induzierte Magnetisierung räumlich konstant ist, und $\mathfrak{Z}$ ihr parallel. Denn, nimmt diese den n-fachen Wert an, so wird überall η_i den n-fachen Wert annehmen, also auch $\mathfrak{Z}$.

Wir können in einem solchem Fall also setzen

$$\mathfrak{Z} = -E\,\mathfrak{M}_i.\tag{226}$$

$\mathfrak{Z}$ kann dabei als eine Gegenkraft angesehen werden, die von der auf der Oberfläche induzierten Flächendichte herrührt. Sie wirkt $\mathfrak{M}_i$ entgegen, es findet in der Kugel eine Entmagnetisierung statt, und daher heißt E Entmagnetisierungskoeffizient. Für die Kugel ist nach (216)

$$E = \frac{4\pi}{3}.\tag{227}$$

Ist E bekannt, so kann $\mathfrak{M}_i$ und $\mathfrak{Z}$ aus $\mathfrak{H}_0$ bestimmt werden. Wir haben nämlich nach (215')

$$\mathfrak{M}_i = \varkappa\,(\mathfrak{H}_0 - E\,\mathfrak{M}_i)\,,$$

$$\mathfrak{M}_i = \frac{\varkappa}{1 + \varkappa E}\,\mathfrak{H}_0\,,$$

$$\mathfrak{Z} = -\frac{E\varkappa}{1 + \varkappa E}\,\mathfrak{H}_0.\tag{228}$$

Dabei hängt $\varkappa$ vom Material, aber nicht von der Gestalt des Zusatzkörpers ab, E von der Gestalt, aber nicht vom Material des Zusatzkörpers ab, $\mathfrak{M}_i$ und $\mathfrak{Z}$ von den beiden.

54. Magnetische Energie und ponderomotorische Kräfte. Wir haben früher (Ziff. 24) für die magnetische Energie den Ausdruck

$$W = \tfrac{1}{2}\sum e_i\,\Phi_i\tag{56}$$

aufgestellt. Zur Ableitung dieser Gleichung gingen wir von dem COULOMBschen Gesetz aus, das die Kraft für ein und dasselbe Paar von Polen als Funktion ihrer Entfernung angibt, oder genauer gesagt — da der Magnetismus nie punktförmig konzentriert ist —, für große Entfernungen eine Beziehung herstellt zwischen der Entfernung zweier Volumenelemente oder Flächenelemente und der zwischen ihnen wirkenden Elementarkraft. Können wir nun dieses Gesetz verallgemeinern, und gilt etwa, daß sich die Kraft zwischen beliebig gestalteten Magneten in beliebiger Entfernung aus Elementarkräften zusammensetzt, die sich nach dem

---

[1]) R. GANS, Einführung in die Theorie des Magnetismus, S. 56. Leipzig 1908.

Coulombschen Gesetz aus unveränderlichen, den Volumenelementen bzw. Flächenelementen zukommenden Quanten bestimmte? Offenbar ist das nicht zu erwarten, da die Feldstärke auch durch die induzierten Dichten beeinflußt wird. Es liegt indes nahe, als Verallgemeinerung des Coulombschen Gesetzes das Elementargesetz

$$K = \frac{e_{f_1} e_{f_2}}{r^2} \qquad (229)$$

anzusetzen, wo e_{f_1}, e_{f_2} die freien Ladungen des Volumenelementes bzw. Flächenelements sind. Denn es ist nicht einzusehen, weshalb die induzierten Quanten keine Anziehungskräfte ausüben und erfahren sollten.

Aus (229) würde wieder das Coulombsche Gesetz, in seiner ursprünglichen Form, für die früher gemachten Annahmen folgen. Bei sehr großer Entfernung der Magnete sind ihre freien Dichten gleich den scheinbaren, am Magneten haftenden Größen.

Für sehr langgestreckte Formen (auch wenn der Magnetismus nicht punktförmig konzentriert ist) ist die scheinbare Dichte gleich der wahren. Für diesen Grenzfall ist also (56) richtig, unter e_i die wahren Quanten der Volumen- bzw. Flächenelemente des Magneten verstanden. Aber (56) gilt überhaupt streng für die Energie beliebig gestalteter Magnete, wenn man wieder unter e_i die wahren Quanten der Körperelemente, nicht etwa, wie man vermuten könnte, die freien versteht. Wir beweisen das erstens, indem wir aus (56) das Elementargesetz (229) für starre Magnete ableiten. Diese Ableitung wird uns in dieser und den folgenden Ziffern beschäftigen. Außerdem können wir uns auf die Maxwellschen Gleichungen berufen (s. weiter unten).

Die e_i sollten die wahren Quanten der Volumenelemente bzw. Flächenelemente bedeuten. Wir setzen also

$$W = \tfrac{1}{2} \int \varrho_w d\tau \, \Phi + \tfrac{1}{2} \int \eta_w d o \, \Phi. \qquad (230)$$

Daraus wird nach (187) und (189)

$$W = \frac{1}{8\pi} \int \operatorname{div}(\mu \mathfrak{H}) \, \Phi d\tau + \frac{1}{8\pi} \int \overline{\operatorname{div}}(\mu \mathfrak{H}) \, \Phi d o.$$

Partielle Integration ergibt nun

$$W = - \frac{1}{8\pi} \int \mu \mathfrak{H} \operatorname{grad} \Phi d\tau,$$

also nach (85)

$$W = \frac{1}{8\pi} \int \mu \mathfrak{H}^2 d\tau. \qquad (231)$$

Wir haben also zwei Darstellungen von W. Die erste Darstellung (230) wird durch ein Integral gegeben, zu dem nur diejenigen Stellen des Feldes einen Beitrag liefern, in denen Magnetismus vorhanden ist; nur sie sind Träger der Energie; der Zwischenraum ist von Energie entblößt. Aber W läßt sich auch durch das Integral (231) ausdrücken. Zu diesem liefern alle Teile des Feldes Beiträge. Die erste Darstellung entspricht dem Standpunkt der Fernwirkungstheorie, die zweite dem Standpunkt der Nahwirkungstheorie. Ein sachlicher Gegensatz besteht natürlich in dieser Hinsicht zwischen beiden Theorien nicht, sondern nur ein Unterschied in der Darstellung. Die Größe

$$u = \frac{\mu}{8\pi} \mathfrak{H}^2 \qquad (232)$$

wird, dem Standpunkt der Nahwirkungstheorie entsprechend, magnetische Energiedichte genannt.

Wir beweisen die Gültigkeit von (230) und (231), indem wir daraus das COULOMBsche Gesetz (229) ableiten. Zunächst wollen wir ihre Gültigkeit durch eine andere Betrachtung zeigen. Es wurde schon früher (Ziff. 48, S. 67) die zweite MAXWELLsche Gleichung vorweggenommen; in unserem Falle konstanter Permeabilität lautet sie nach (180)

$$\frac{1}{c}\,\mu\,\frac{\partial \mathfrak{H}}{\partial t} = -\operatorname{rot}\mathfrak{E}\,. \tag{233}$$

Nun lautet die erste MAXWELLsche Gleichung

$$\frac{1}{c}\,\varepsilon\,\frac{\partial \mathfrak{E}}{\partial t} = \operatorname{rot}\mathfrak{H} - \frac{4\,\pi}{c}\,\mathfrak{j}\,. \tag{234}$$

Hier ist c die Lichtgeschwindigkeit, $\mathfrak{E}$ die elektrische Feldstärke, ε die sog. Dielektrizitätskonstante und $\mathfrak{j}$ die Stromdichte, und für $\mathfrak{j}$ gilt

$$\mathfrak{j} = \sigma\,(\mathfrak{E} + \mathfrak{E}^e)\,, \tag{235}$$

wo σ die spezifische Leitfähigkeit bedeutet und $\mathfrak{E}^e$ die chemischen Kräften entstammende „eingeprägte elektrische Kraft" ($\mathfrak{E}$, $\mathfrak{E}^e$, σ, $\mathfrak{j}$ elektrostatisch gemessen). Aus (233) bis (235) folgt

$$\frac{1}{4\,\pi}\left(\varepsilon\,\mathfrak{E}\,\frac{\partial \mathfrak{E}}{\partial t} + \mu\,\mathfrak{H}\,\frac{\partial \mathfrak{H}}{\partial t}\right) = -\frac{c}{4\,\pi}\operatorname{div}[\mathfrak{E}\,\mathfrak{H}] - \mathfrak{j}\,\mathfrak{E}\,.$$

Im Unendlichen sollen nun die Komponenten der Feldstärke verschwinden wie const/r^2. Also haben wir

$$\frac{\partial}{\partial t}\int \frac{1}{8\,\pi}\,\varepsilon\,\mathfrak{E}^2\,d\tau + \frac{\partial}{\partial t}\int \frac{1}{8\,\pi}\,\mu\,\mathfrak{H}^2\,d\tau = -\int \mathfrak{j}\,\mathfrak{E}\,d\tau\,, \tag{236}$$

wo über den unendlichen Raum zu integrieren ist. Nun ist nach (235)

$$-\int \mathfrak{j}\,\mathfrak{E}\,d\tau = -\int \mathfrak{j}\,(\mathfrak{E} + \mathfrak{E}^e - \mathfrak{E}^e)\,d\tau = \int \mathfrak{j}\,\mathfrak{E}^e\,d\tau - \int \frac{\mathfrak{j}^2}{\sigma}\,d\tau\,,$$

$\int \frac{\mathfrak{j}^2}{\sigma}\,d\tau$ ist aber bekanntlich die in der Zeiteinheit entwickelte JOULEsche Wärme. Wie ferner in einem mechanischen System ein der Kraft folgender Körper potentielle Energie verliert, so wird $\int \mathfrak{j}\,\mathfrak{E}^e\,d\tau$ den Verlust an chemischer Energie in der Zeiteinheit bedeuten, die rechte Seite von (236) also den Verlust an chemischer Energie in der Zeiteinheit, vermindert um den Gewinn an JOULEscher Wärme.

Das veranlaßt uns, die elektrische Energie $\frac{1}{8\,\pi}\int \varepsilon\,\mathfrak{E}^2\,d\tau$, die magnetische Energie $\frac{1}{8\,\pi}\int \mu\,\mathfrak{H}^2\,d\tau$, die magnetische Energiedichte also $u = \frac{\mu}{8\,\pi}\,\mathfrak{H}^2$ zu setzen.

Um nun aber aus der Energie die auf einen Magneten wirkende ponderomotorische Kraft abzuleiten, haben wir uns die Magnete verschoben zu denken und die Energieänderung zu berechnen. Dazu wollen wir zunächst ganz allgemein die Änderung ermitteln, die die Energie dadurch erfährt, daß im ganzen Feld ϱ_w und μ geändert werden, womit natürlich auch eine Änderung von $\mathfrak{H}$ verbunden ist. Für die Änderung der Energie erhalten wir[1] nach (232)

$$\begin{aligned}
\delta u &= \frac{1}{4\,\pi}\,\mu\,\mathfrak{H}\,\delta\,\mathfrak{H} + \frac{1}{8\,\pi}\,\mathfrak{H}^2\,\delta\,\mu \\
&= \frac{1}{4\,\pi}\,\mu\,\mathfrak{H}\,\delta\,\mathfrak{H} + \frac{1}{4\,\pi}\,\mathfrak{H}^2\,\delta\,\mu - \frac{1}{8\,\pi}\,\mathfrak{H}^2\,\delta\,\mu \\
&= \frac{1}{4\,\pi}\,\mathfrak{H}\,\delta\,(\mu\,\mathfrak{H}) - \frac{1}{8\,\pi}\,\mathfrak{H}^2\,\delta\,\mu\,.
\end{aligned}$$

---

[1]) Das Folgende nach E. COHN (Fußnote 1, S. 42), S. 515.

Also ist

$$\delta W = \frac{1}{4\pi}\int \mathfrak{H}\,\delta(\mu\,\mathfrak{H})\,d\tau - \frac{1}{8\pi}\int \mathfrak{H}^2\,\delta\mu\,d\tau,$$

oder

$$\delta W = -\frac{1}{4\pi}\int \operatorname{grad}\Phi \cdot \delta(\mu\,\mathfrak{H})\,d\tau - \frac{1}{8\pi}\int \mathfrak{H}^2\,\delta\mu\,d\tau. \tag{237}$$

Wir wollen nun annehmen, es sei im Felde keine Flächendichte vorhanden, und es seien ϱ und μ stetig. Die allgemeine Formel läßt sich aber nachher aus unserem Ergebnis durch Grenzübergang gewinnen. Aus (237) folgt dann durch partielle Integration

$$\delta W = \frac{1}{4\pi}\int \Phi\,\delta\operatorname{div}(\mu\,\mathfrak{H})\,d\tau - \frac{1}{8\pi}\int \mathfrak{H}^2\,\delta\mu\,d\tau,$$

d. i. nach (187)

$$\delta W = \int \Phi\,\delta\varrho_w - \frac{1}{8\pi}\int \mathfrak{H}^2\,\delta\mu \tag{238}$$

Die Änderungen von ϱ und μ sollen nun so zustande kommen, daß die im Felde vorhandenen Körper deformiert werden. Wir wollen hier annehmen, daß μ an den Körperelementen haftet — was allerdings nur angenähert gilt — und ebenso die wahren magnetischen Quanten, natürlich nicht die wahren Dichten ϱ_w. Bezeichnet nun $\delta\mathfrak{z}$ den infinitesimalen Verschiebungsvektor, so ist offenbar

$$\delta\varrho_w = -\operatorname{div}(\varrho_w\,\delta\mathfrak{z}),$$
$$\delta\mu = -(\operatorname{grad}\mu\,\delta\mathfrak{z}),$$

also ist nach (238)

$$\delta W = -\int \Phi\operatorname{div}(\varrho_w\,\delta\mathfrak{z})\,d\tau + \frac{1}{8\pi}\int \mathfrak{H}^2(\operatorname{grad}\mu,\,\delta\mathfrak{z})\,d\tau$$

$$= \int \operatorname{grad}\Phi\,\varrho_w\,\delta\mathfrak{z}\,d\tau + \frac{1}{8\pi}\int (\mathfrak{H}^2\operatorname{grad}\mu,\,\delta\mathfrak{z})\,d\tau$$

$$= -\int \mathfrak{H}\,\varrho_w\,\delta\mathfrak{z}\,d\tau + \frac{1}{8\pi}\int (\mathfrak{H}^2\operatorname{grad}\mu,\,\delta\mathfrak{z})\,d\tau,$$

$$\delta W = -\int \mathfrak{f}\,\delta\mathfrak{z}\,d\tau, \tag{239}$$

wo

$$\mathfrak{f} = \mathfrak{H}\,\varrho_w - \frac{1}{8\pi}\mathfrak{H}^2\operatorname{grad}\mu \tag{240}$$

ist.

Aus (239) folgt, daß der durch (240) gegebene Ausdruck $\mathfrak{f}$ die Kraft auf ein Volumenelement, dividiert durch dessen Größe, darstellt, die sog. Kraftdichte, immer vorausgesetzt, daß ϱ und μ überall stetig sind. Die Gesamtkraft auf einen Körper, mag er magnetisch sein oder nicht, ist danach

$$\mathfrak{K} = \int \mathfrak{f}\,d\tau. \tag{241}$$

55. Magnetische Spannungen. Aus der Kraftdichte gewinnen wir auch den Ausdruck für die Spannungen. Man findet aus (240)

$$\mathfrak{f}_x = \frac{\partial p_{xx}}{\partial x} + \frac{\partial p_{xy}}{\partial y} + \frac{\partial p_{xz}}{\partial z} \quad \text{usw.,} \tag{242}$$

wo

$$\left.\begin{aligned} p_{xx} &= \frac{\mu}{8\pi}(\mathfrak{H}_x^2 - \mathfrak{H}_y^2 - \mathfrak{H}_z^2) \quad \text{usw.,}\\ p_{xy} &= p_{yx} = \frac{\mu}{4\pi}\mathfrak{H}_x\mathfrak{H}_y \quad \text{usw.} \end{aligned}\right\} \tag{243}$$

ist.

p_{xx}, p_{xy} ist ein Tensor, der als Spannung angesehen werden kann. Auf jedes zur Feldrichtung normale Flächenelement wirkt ein Zug, auf jedes parallele ein Druck vom Betrage der Energiedichte $\frac{\mu}{8\pi}\mathfrak{H}^2$.

56. Kraft auf einen starren Körper[1]). Sei ein starrer an den leeren Raum grenzender Körper gegeben. Aus (240) können wir dann durch Umformung noch einen anderen Ausdruck für die Kraftdichte gewinnen, die man sich auf seine Volumenelemente wirkend denken kann, um seine Bewegung zu erhalten. Da wir für die Betrachtungen der vorigen Ziffer μ stetig annahmen, so muß jetzt zunächst angenommen werden, daß μ am Rande stetig gegen 1 und $\varkappa$ stetig gegen 0 konvergiert.

Betrachten wir den Ausdruck

$$\mathfrak{f}' = \varrho_i \mathfrak{H} + \frac{1}{8\pi}\mathfrak{H}^2\operatorname{grad}\mu . \tag{244}$$

Wir haben nach (212), (213) und (175)

$$\mathfrak{f}' = -\mathfrak{H}\operatorname{div}\varkappa\,\mathfrak{H} + \tfrac{1}{2}\mathfrak{H}^2\operatorname{grad}\varkappa$$

$$= -\mathfrak{H}(\operatorname{grad}\varkappa, \mathfrak{H}) - (\operatorname{div}\mathfrak{H})\varkappa\,\mathfrak{H} + \tfrac{1}{2}\mathfrak{H}^2\operatorname{grad}\varkappa .$$

Also ist

$$\mathfrak{f}_x = -\mathfrak{H}_x\left(\mathfrak{H}_x\frac{\partial\varkappa}{\partial x} + \mathfrak{H}_y\frac{\partial\varkappa}{\partial y} + \mathfrak{H}_z\frac{\partial\varkappa}{\partial z}\right)$$

$$-\varkappa\,\mathfrak{H}_x\left(\frac{\partial\mathfrak{H}_x}{\partial x} + \frac{\partial\mathfrak{H}_y}{\partial y} + \frac{\partial\mathfrak{H}_z}{\partial z}\right)$$

$$+\frac{1}{2}(\mathfrak{H}_x^2 + \mathfrak{H}_y^2 + \mathfrak{H}_z^2)\frac{\partial\varkappa}{\partial x}\quad\text{usw.,}$$

oder unter Benutzung der Gleichung

$$\operatorname{rot}\mathfrak{H} = 0, \tag{190}$$

$$\mathfrak{f}_x = \frac{\partial p'_{xx}}{\partial x} + \frac{\partial p'_{xy}}{\partial y} + \frac{\partial p'_{xz}}{\partial z}, \tag{245}$$

wo

$$\left.\begin{aligned}p'_{xx} &= -\tfrac{1}{2}\varkappa\mathfrak{H}_x^2 + \tfrac{1}{2}\varkappa\mathfrak{H}_y^2 + \tfrac{1}{2}\varkappa\mathfrak{H}_z^2\quad\text{usw.,}\\ p'_{xy} &= p'_{yx} = -\varkappa\mathfrak{H}_x\mathfrak{H}_y\quad\text{usw.}\end{aligned}\right\} \tag{246}$$

gesetzt ist. Integrieren wir über den Körper, so erhalten wir

$$\int \mathfrak{f}'_x\,d\tau = \int [p'_{xx}\cos(\nu x) + p'_{xy}\cos(\nu y) + p'_{xz}\cos(\nu z)]\,do ,$$

also, weil $\varkappa$ am Rande verschwindet und daher auch die p'

$$\int \mathfrak{f}'_x\,d\tau = 0\quad\text{usw.,}$$

d. h.

$$\int \mathfrak{f}'\,d\tau = 0 . \tag{247}$$

Bilden wir ferner das Vektorprodukt

$$[\mathfrak{r}\,\mathfrak{f}'] ,$$

---

1) Vgl. E. Cohn (Fußnote 1, S. 42), S. 99 f.

wo $\mathfrak{r}$ der von einem beliebigen Bezugspunkt aus gezogene Radiusvektor ist, und x, y, z seine Komponenten sind. Es ist

$$\int d\tau [\mathfrak{r}\,\mathfrak{f}']_x = \int d\tau\,(y\,\mathfrak{f}'_z - z\,\mathfrak{f}'_y)$$

$$= \int \left(y\frac{\partial p'_{zx}}{\partial x} + y\frac{\partial p'_{zy}}{\partial y} + y\frac{\partial p'_{zz}}{\partial z} - z\frac{\partial p'_{yx}}{\partial x} - z\frac{\partial p'_{yy}}{\partial y} - z\frac{\partial p'_{yz}}{\partial z} \right)\cdot d\tau$$

Partielle Integration ergibt hierfür

$$\int [(y\,p'_{zx} - z\,p'_{yx})\cos(\nu x) + (y\,p'_{zy} - z\,p'_{yy})\cos(\nu y) + (y\,p'_{zz} - z\,p'_{yz})\cos(\nu z)]\,do.$$

Also wieder, weil die p' auf der Begrenzung verschwinden,

und allgemein
$$\int [\mathfrak{r}\,\mathfrak{f}']_x\,d\tau = 0$$

$$\int [\mathfrak{r}\,\mathfrak{f}']\,d\tau = 0. \tag{248}$$

Die Resultierende der am Körper angreifenden Kräfte ist also auch

$$\mathfrak{K} = \int \mathfrak{f}\,d\tau = \int (\mathfrak{f} + \mathfrak{f}')\,d\tau = \int \mathfrak{f}^*\,d\tau \tag{249}$$

und das Drehmoment

$$\Theta = \int [\mathfrak{r}\,\mathfrak{f}]\,d\tau = \int \mathfrak{r}[\mathfrak{f} + \mathfrak{f}']\,d\tau = \int [\mathfrak{r}\,\mathfrak{f}^*]\,d\tau, \tag{250}$$

wo nach (240) und (244) und (182)

$$\mathfrak{f}^* = \varrho_f\,\mathfrak{H} \tag{251}$$

ist.

Resultierende und resultierendes Drehmoment berechnen sich also, als ob $\varrho_f\mathfrak{H}$ die Kraftdichte wäre. Ist also der Körper starr, so wird seine Bewegung richtig beschrieben, wenn man auf seine Volumenelemente die Kraftdichte $\varrho_f\mathfrak{H}$ wirkend denkt.

Wir hatten angenommen, daß der Körper am Rande verschwindende Suszeptibilität und keine Flächendichte besitzt. Durch Grenzübergang können wir uns von dieser Beschränkung befreien und haben dann auf ein Oberflächenelement eine flächenhafte Kraftdichte $\eta_f\mathfrak{H}$ wirkend zu denken.

Wir wollen aber der Einfachheit halber im folgenden von der Flächendichte und den auf die Flächenelemente wirkenden Kräften nicht reden; die erforderlichen Ergänzungen verstehen sich von selbst.

Seien nun zwei starre Körper I, II gegeben. Um Kraft und Drehmoment auf den zweiten zu berechnen, denken wir uns in jedem Volumenelement $d\tau$ des zweiten die Kraft $\mathfrak{H}\,\varrho_f\,d\tau$ angebracht, $\mathfrak{H}$ aber wieder durch die aus (183) folgende Formel

$$\int \frac{\varrho_f}{r^2}\,d\tau\,\frac{\mathfrak{r}}{r}$$

ausgedrückt, wo $\mathfrak{r}$ der Radiusvektor vom Quellpunkt zum Aufpunkt ist. Man hat also alle Kombinationen

$$\frac{\varrho_f^q\,\varrho_f^p}{r^2}\,\frac{\mathfrak{r}}{r}\,d\tau^q\,d\tau^p$$

zu bilden, wobei $d\tau^p$ alle Volumenelemente des zweiten, $d\tau^q$ alle des ersten und zweiten durchläuft. Nun kann man sich aber darauf beschränken, $d\tau^q$ die Volumenelemente des ersten Körpers durchlaufen zu lassen. Denn jede Kombination $d\tau^q\,d\tau^p$, wo beide Volumenelemente zum zweiten Körper gehören, liefert einen Beitrag, der durch denjenigen aufgehoben wird, in dem $d\tau^q$ und $d\tau^p$ vertauscht sind. Somit ist die auf den zweiten Körper wirkende Kraft

$$\int\limits_{II} \varrho_f^{II}\, d\tau^{II} \int\limits_{I} \frac{d\tau^I \varrho_f^I}{r^2}\, \frac{\mathfrak{r}}{r}\,. \tag{252}$$

Ebenso ist das Drehmoment für einen beliebigen Bezugspunkt, wenn $\mathfrak{r}_B$ den Radiusvektor von dem Bezugspunkt bedeutet

$$\Theta = \int\limits_{II} \varrho_f^{II}\, d\tau^{II} \int\limits_{I} \frac{d\tau^I \varrho_f^I}{r^2} \left[\frac{\mathfrak{r}_B \mathfrak{r}}{r}\right]. \tag{253}$$

Wir erhalten also die Gesamtkraft auf einen starren Körper im Felde eines zweiten, indem wir sie aus Elementarkräften zusammensetzen, die zwischen zwei Volumenelementen der beiden Körper wirken; dabei wirkt eine solche Elementarkraft in der Richtung der Verbindungslinie und hat die Größe

$$K = \frac{e_{f_1} e_{f_2}}{r^2}\,. \tag{229}$$

Damit sind wir wieder zu (229) gelangt, und darin liegt eine Rechtfertigung unseres Energieansatzes (230).

Sind beide Magnete sehr lang gestreckt und in erster Hauptlage in einen gegen die Querdimension großen Abstand gebracht, und ist der Magnetismus punktförmig konzentriert, so können in (229) die e_f durch die wahren Quanten ersetzt werden. Ist für eine Wahl der Dimensionen diese Ersetzung zulässig, so kann sie unzulässig werden, wenn der eine Magnet sehr viel schwächer als der andere gewählt wird.

57. Die Kraft auf einen Körper im homogenen Magnetfeld. Wir bringen einen Körper Z in ein homogenes Magnetfeld $\mathfrak{H}_0$ und fragen, welche Kraft auf ihn wirkt. Wir setzen wieder wie früher (Ziff. 50)

$$\mathfrak{H} = \mathfrak{H}_0 + \mathfrak{Z}, \tag{210}$$

wo $\mathfrak{Z}$ die von Z herrührende Zusatzfeldstärke bedeutet. Für die auf Z wirkende Gesamtkraft haben wir nach (249) und (251)

$$\mathfrak{K} = \int (\mathfrak{H}_0 + \mathfrak{Z})\, \varrho_f\, d\tau\,.$$

Nun ist leicht zu sehen, daß $\int \mathfrak{Z}\, \varrho_f\, d\tau$ verschwindet; denn, drückt man $\mathfrak{Z}$ durch die freie Ladung aus, so sind bei der Integration Aufpunkt und Quellpunkt zu variieren, und zu jedem infinitesimalen Bestandteil findet sich ein ihn aufhebender (s. die vorige Ziffer). Wir haben also

$$\mathfrak{K} = \int \mathfrak{H}_0\, \varrho_f\, d\tau\,.$$

Besitzt unser Zusatzkörper freie Flächendichte — und ein homogener ohne wahre magnetische Dichte besitzt überhaupt keine andere Dichte (Ziff. 51) —, so erhält man natürlich entsprechend

$$\mathfrak{K} = \int \mathfrak{H}_0\, \varrho_f\, d\tau + \int \mathfrak{H}_0\, \eta_f\, d o\,.$$

Da aber der gesamte freie Magnetismus 0 (Ziff. 48) und $\mathfrak{H}_0$ konstant ist, so ist

$$\mathfrak{K} = 0. \tag{254}$$

Ein Körper erleidet im homogenen Magnetfeld keine Translationskraft.

Für das Drehmoment erhalten wir nach (250), (251), (210), wenn $\mathfrak{r}_B$ der Radiusvektor in einem beliebigen Bezugspunkt ist,

$$\Theta = \int [\mathfrak{r}_B\, \mathfrak{H}_0]\, \varrho_f\, d\tau + \int [\mathfrak{r}_B\, \mathfrak{Z}]\, \varrho_f\, d\tau$$

(wenn der Einfachheit halber die Flächendichte nicht berücksichtigt wird). Das zweite Integral verschwindet wieder, wie leicht zu sehen (vgl. die vorige Ziffer), und wir erhalten

$$\Theta = \int [\mathfrak{r}_B \, \mathfrak{H}_0] \, \varrho_f \, d\tau \tag{255}$$

oder

$$\Theta = [\mathfrak{m}_f \, \mathfrak{H}_0], \tag{256}$$

wenn wir setzen

$$\mathfrak{m}_f = \int \mathfrak{r}_B \, \varrho_f \, d\tau . \tag{257}$$

Wir nennen $\mathfrak{m}_f$ das freie Moment. Aus dem Verschwinden des gesamten freien Magnetismus folgt, daß $\mathfrak{m}_f$ ein vom Bezugspunkt unabhängiger Vektor ist (Ziff. 38).

Aus (257), (182), (184), (194), (197) folgt:

$$\mathfrak{m}_f = - \int \mathfrak{r}_B \operatorname{div} \mathfrak{M}_f \, d\tau,$$

wo $\mathfrak{M}_f$ die freie Magnetisierung bedeutet. Partielle Integration ergibt nun:

$$\mathfrak{m}_f = \int \mathfrak{M}_f \, d\tau . \tag{258}$$

Besitzt der Körper wahren Magnetismus, und ist das äußere Feld schwach, so können wir $\mathfrak{m}_f$ durch das scheinbare Moment

$$\mathfrak{m}_{f_0} = \int \mathfrak{M}_{f_0} \, d\tau \tag{259}$$

ersetzen, wo $\mathfrak{M}_{f0}$ die scheinbare Magnetisierung ist (Ziff. 48). $\mathfrak{M}_{f_0}$ und $\mathfrak{m}_{f0}$ sind mit dem Magneten fest verbundene Vektoren. Der starke Magnet läßt sich also durch ein Paar gleich starker entgegengesetzt gleicher Pole ersetzen, für das der Vektor vom Südpol zum Nordpol parallel $\mathfrak{m}_{f_0}$ ist, und für das das Produkt aus dem Abstand und der Polstärke = dem absoluten Betrage von $\mathfrak{m}_{f0}$ ist.

Machen wir einen Punkt im Magneten fest, so wird sich $\mathfrak{m}_{f_0}$ in die Richtung des äußeren Feldes einstellen (Kompaß).

c) Standpunkt der Nahwirkungstheorie.

58. Standpunkt der Nahwirkungstheorie. Wir haben bisher unsere Betrachtungen wesentlich vom Standpunkt der Fernwirkungstheorie angestellt. Als Grundgesetz galt uns das Coulombsche Gesetz; durch dieses definierten wir magnetisches Quantum und Feldstärke. Die magnetische Feldstärke ist der e te Teil der Kraft, die auf einen Pol wirkt, dessen (scheinbares) magnetisches Quantum e ist. Dabei muß der betreffende Magnet so dünn gewählt werden, daß das induzierte magnetische Quantum vernachlässigt werden kann[1]). Oder wir definieren und messen die Feldstärke durch die Induktionswirkung. Aber immer ist vom Standpunkt der Fernwirkungstheorie, was wir messen, die Kraftwirkung oder Induktionswirkung gewisser ponderabler Körper auf einen anderen. Würde dieser nicht vorhanden sein, so ist an seiner Stelle nichts vorhanden; eine Realität wird der Feldstärke nicht zugeschrieben. Gewiß läßt der Einfluß des Mediums sich nicht leugnen; aber die Fernwirkungstheorie vermag ihn leicht zu erklären, indem sie in diesem eine induzierte Magnetisierung und damit verbunden das Auftreten von induziertem Magnetismus annimmt. Dieser trägt seinerseits zur Feldstärke bei, wie er andererseits durch diese bestimmt wird.

Anders die Nahwirkungstheorie. Ihr ist die Feldstärke eine Realität, die besteht, auch wenn die reagierenden Körper entfernt sind. Indem sie sich so

---

[1]) Auch darf er nicht in dem das Feld erzeugenden Magneten seinerseits Magnetismus induzieren.

den Raum zwischen den Körpern mit Kräften erfüllt denkt, gewinnt sie das Mittel, die Gesetzmäßigkeiten des Feldes durch die seine kleinsten Teile betreffenden Gesetze zu bestimmen, durch Differentialgleichungen.

Was aber die sichtbaren Wirkungen betrifft, so unterscheiden sich Fernwirkungs- und Nahwirkungstheorie nicht; der Unterschied betrifft nur die Vorgänge zwischen den sichtbaren Körpern. Außerdem besteht noch ein Umstand in methodologischer Hinsicht: Während es vom Standpunkt der Fernwirkungstheorie natürlich ist, die Integralgesetze zu betrachten, so bedeutet der Standpunkt der Nahwirkungstheorie für uns, daß wir möglichst früh zu den Differentialgleichungen überzugehen haben.

Der Ausgangspunkt wird freilich das Integralgesetz sein müssen. Denn auf dieses führten unsere Messungen. Den Übergang von jenem zum Differentialgesetz zu vollziehen, haben wir hier nicht mehr nötig, da das bereits im Abschnitt a geschehen ist. Wir knüpfen an die Differentialgleichung an, die die Feldstärke in Beziehung zu der freien Dichte setzt, und gewinnen daraus durch die nächstliegende Modifikation die die wahre Dichte enthaltende Gleichung. Die weiteren Überlegungen werden dann an diese geknüpft. Es wird sich zeigen, daß die Bestimmung des Feldes durch Differentialgleichungen vielfach zur Vereinfachung des Problemes dient.

59. Poissonsche Gleichung. Ausgehend vom Coulombschen Gesetz sind wir (23) (100) zu den Differentialgleichungen:

$$\operatorname{rot} \mathfrak{H} = 0 \tag{260}$$

$$\operatorname{div} \mathfrak{H} = 4\pi\varrho \tag{261}$$

gelangt. Es wurde schon bemerkt (Ziff. 31), daß Gleichung (261), soweit sie sich nicht auf den leeren Raum bezieht, kein physikalischer Inhalt zukommt. Sie gibt nur an, wie eine Funktion, aus der nach (83) $\mathfrak{H}$ erhalten werden kann, durch $\mathfrak{H}$ gefunden werden kann. Wir werden in der nächsten Ziffer zeigen, daß das keine Einschränkung für das Verhalten von $\mathfrak{H}$ im Innern der Körper bedeutet, die über (260) hinausginge. Wie auch $\mathfrak{H}$ stetig gegeben ist, vorausgesetzt, daß überall $\operatorname{rot} \mathfrak{H} = 0$ und $\operatorname{div} \mathfrak{H} = 0$ im leeren Raum ist, wird aus der durch (261) gegebenen Verteilung von ϱ über die Magnete $\mathfrak{H}$ zurückerhalten. Bemerken wir noch, daß zunächst einmal $\mathfrak{H}$ nur im Außenraum meßbar ist. Wird $\mathfrak{H}$ so gewählt, daß dort überall $\operatorname{rot} \mathfrak{H} = 0$ und $\operatorname{div} \mathfrak{H} = 0$ ist, so kann stets eine entsprechende (261) genügende Verteilung von ϱ und $\mathfrak{H}$ für den Innenraum gefunden werden.

Einen physikalischen Inhalt bekäme die Gleichung (261), wenn ϱ an der Materie haftete; wenn man also für gewisse Lage des Magneten die Verteilung von ϱ ermittelte — was aus der Bestimmung des äußeren Feldes nicht eindeutig geschehen kann — und nun schließen dürfte, daß diese für alle Lagen des Magneten beibehalten wird. Aber die durch (261) ermittelte Größe haftet **nicht** an den Magneten. Wir werden später die Gleichung auf die nächstliegende Weise modifizieren und dann zu einer Gleichung gelangen, der wir einen wirklichen physikalischen Inhalt zuschreiben müssen. Prinzipiell muß es auch möglich sein, die in dieser Gleichung auf der rechten Seite stehende Größe, die wahre Dichte, für **eine** Anordnung der Magnete (mit Hilfe von Bohrungen) zu bestimmen — für jede andere Anordnung bestimmen dann die Differentialgleichungen das Feld.

Es braucht die Feldstärke auch nicht stetig angenommen zu werden. Aus (261) folgt durch Grenzübergang

$$\overline{\operatorname{div} \mathfrak{H}} = 4\pi\eta\,, \tag{262}$$

wo η die Flächendichte ist.

Ferner ergibt sich aus (260), daß für jede geschlossene Kurve ist

$$\int \mathfrak{H}_s\, ds = 0 . \tag{263}$$

Wählen wir daher einen beliebigen Anfangspunkt A, so kann das Integral

$$\int\limits_A^P \mathfrak{H}_s\, ds$$

nur vom Aufpunkt P abhängen und muß vom Wege unabhängig sein. Wir setzen also

$$\int\limits_A^P \mathfrak{H}_s\, ds = -\Phi \tag{264}$$

und sehen Φ als Funktion des Aufpunktes P an. Wählen wir A anders, so ändert sich auch Φ um eine additive Konstante; wir verlegen A in das Unendliche, so daß Φ im Unendlichen verschwindet; Φ heißt das Potential. Aus (264) folgt

$$\mathfrak{H} = -\operatorname{grad}\Phi; \tag{265}$$

zusammen mit (261) ergibt das

$$\Delta\Phi = -4\pi\varrho . \tag{266}$$

Das ist die Poissonsche Gleichung, die für $\varrho = 0$ in die Laplacesche Gleichung

$$\Delta\Phi = 0 \tag{267}$$

übergeht.

Aus (262) und (265) folgt $\left(\dfrac{\partial\Phi}{\partial n}\right)^{II} - \left(\dfrac{\partial\Phi}{\partial n}\right)^{I} = -4\pi\eta ,$ (268)

wo n die von der Seite I nach II gezogene Normale bedeutet, oder auch

$$\overline{\operatorname{div}\operatorname{grad}}\,\Phi = -4\pi\eta . \tag{268'}$$

Wir können von vornherein von dem Potential ausgehen. Ist dieses auf einer Fläche unstetig, so wollen wir den 4π ten Teil seines Sprunges Dichte der Doppelschicht oder Belegungsmoment nennen und ihn mit ϑ bezeichnen. D. h. wenn I und II die beiden Seiten der Fläche sind, so setzen wir

$$\Phi^{II} - \Phi^{I} = 4\pi\vartheta . \tag{269}$$

Wenn aber das Feld als das Gegebene betrachtet wird, so ist für eine geschlossene Doppelschicht das Belegungsmoment offenbar nur bis auf eine additive Konstante bestimmt (vgl. auch Ziff. 42).

60. Eindeutigkeit des Potentials. Wir wollen jetzt untersuchen, inwieweit das Feld bestimmt ist durch die Gleichungen

$$\mathfrak{H} = -\operatorname{grad}\Phi , \tag{265}$$

$$\Delta\Phi = -4\pi\varrho , \tag{266}$$

$$\left(\frac{\partial\Phi}{\partial n}\right)^{II} - \left(\frac{\partial\Phi}{\partial n}\right)^{I} = -4\pi\eta \tag{268}$$

oder

$$\overline{\operatorname{div}\operatorname{grad}}\,\Phi = -4\pi\eta , \tag{268'}$$

$$\Phi^{II} - \Phi^{I} = 4\pi\vartheta , \tag{269}$$

zu denen noch folgende Unendlichkeitsbedingungen treten

$$\Phi = 0 \text{ im Unendlichen,}$$

$$\frac{\partial\Phi}{\partial l}\, r^2 \text{ endlich im Unendlichen}$$

(l jede beliebige Richtung, r Abstand von einem Punkt im Endlichen).

In unseren Gleichungen ist ϱ eine Ortsfunktion, η und ϑ sind auf Flächen gegeben.

Sind nun U und V zwei stetige, zweimal differenzierbare, in einem Raum T definierte Funktionen, so gilt, wie man leicht durch partielle Integration erhält

$$\int_T (U\Delta V - V\Delta U)\, d\tau = \int_O \left(U\frac{\partial U}{\partial \nu} - V\frac{\partial U}{\partial \nu}\right) do, \tag{270}$$

wo das Oberflächenintegral über die Oberfläche O von T zu erstrecken ist und die Normale nach außen gezogen ist. Wir wählen jetzt einen beliebigen Punkt P und wenden (270) an auf den Raum T, der begrenzt wird

1. von der Oberfläche O_k einer sehr kleinen P umschließenden Kugel k;
2. von der Innenseite O_K einer sehr großen P umschließenden Kugel K;
3. von O_η, d. h. den beiden Seiten der Flächenstücke, an denen grad Φ unstetig ist;
4. von O_ϑ, d. h. den beiden Seiten der Flächenstücke, an denen Φ unstetig ist.

Nun setzen wir

$$U = \Phi; \qquad V = \frac{1}{r},$$

wo r die Entfernung von P bedeutet.

Dann erhalten wir

$$\int_T -\frac{1}{r}\,\Delta\Phi\, d\tau = \int_{O_K}\left(\Phi\,\frac{\partial\frac{1}{r}}{\partial\nu} - \frac{1}{r}\,\frac{\partial\Phi}{\partial\nu}\right) do + \int_{O_k}\cdots + \int_{O_\eta}\cdots + \int_{O_\vartheta}\cdots$$

Lassen wir nun k immer kleiner, K immer größer werden, so wird das Volumenintegral

$$-\int\frac{1}{r}\,\Delta\Phi\, d\tau = \int\frac{4\pi\varrho\, d\tau}{r},$$

wobei über den ganzen Raum zu integrieren ist. Das Oberflächenintegral O_K verschwindet wegen der Unendlichkeitsbedingungen, das Oberflächenintegral über O_η ergibt

$$-\int\frac{1}{r}\left(\frac{\partial\Phi^I}{\partial\nu} + \frac{\partial\Phi^{II}}{\partial\nu}\right),$$

wo ν gegen die Flächen I, II gezogen ist. Hierfür können wir aber nach (268) schreiben

$$-4\pi\int_{O_\eta}\frac{\eta\, do}{r}.$$

Das Integral über O_ϑ liefert

$$-4\pi\int_{O_\vartheta}\vartheta\,\frac{\partial\frac{1}{r}}{\partial n},$$

wenn n die von I nach II gezogene Normale bedeutet. Endlich ergibt das über O_k erstreckte Integral

$$4\pi\,\Phi_P,$$

wo Φ_P den Wert von Φ in P bedeutet. Somit ist

$$\Phi_P = \int\frac{\varrho\, d\tau}{r} + \int_{O_\eta}\frac{\eta}{r}\, do + \int_{O_\vartheta}\vartheta\,\frac{\partial\frac{1}{r}}{\partial n}\, do. \tag{271}$$

Hieraus erkennt man, daß das Feld eindeutig durch ϱ, η, ϑ bestimmt ist. Ist umgekehrt ein beliebiges den Unendlichkeitsbedingungen genügendes, wirbelfreies Vektorfeld gegeben, so gibt es stets Funktionen ϱ, η, ϑ, aus denen das Feld durch (265) und (271) gefunden wird. Wir brauchen nämlich nur zu setzen

$$\operatorname{div}\mathfrak{H} = 4\pi\varrho,$$

$$\overline{\operatorname{div}\mathfrak{H}} = 4\pi\eta,$$

$$\Phi^{II} - \Phi^{I} = 4\pi\vartheta.$$

61. Zweiter Eindeutigkeitsbeweis. Energie. Wir können noch einen zweiten Beweis für die Eindeutigkeit der den Unendlichkeitsbedingungen genügenden Lösung von (266), (268), (269) geben: Angenommen, wir hätten zwei solche Lösungen Φ_1, Φ_2, die diesen Gleichungen genügten, so würde die Differenz $\psi = \Phi_1 - \Phi_2$ mit ihren ersten Ableitungen stetig sein und der Unendlichkeitsbedingung und der Gleichung

$$\Delta\psi = 0 \tag{272}$$

genügen.

Nun ist allgemein, wie durch partielle Integration erhalten wird,

$$\int U\,\Delta U\,d\tau = \int U\frac{\partial U}{\partial V}\,do - \int (\operatorname{grad} U)^2\,d\tau.$$

Wendet man das auf die Funktion ψ an, so erhält man wegen (272)

$$\int (\operatorname{grad}\psi)^2\,d\tau = 0,$$

also überall

$$\operatorname{grad}\psi = 0, \qquad \psi = \text{const},$$

und wegen der Unendlichkeitsbedingung $\psi = 0$. Somit ist

$$\Phi_1 = \Phi_2.$$

Physikalisch bedeutet der Hauptteil dieses Beweises nichts anderes als das Folgende: Es gibt zwei Energieausdrücke:

1.
$$\frac{1}{2}\int \varrho\,\Phi\,d\tau = \frac{1}{8\pi}\int \Delta\,\Phi\,\Phi\,d\tau,$$

2.
$$\frac{1}{8\pi}\int \mathfrak{H}^2\,d\tau = \frac{1}{8\pi}\int (\operatorname{grad}\Phi)^2\,d\tau,$$

(von der Flächendichte ist hier abgesehen), die durch partielle Integration ineinander übergehen. Ist von einer Feldverteilung bekannt, daß ihr keine Dichte entspricht, so ist aus dem ersten Energieausdruck zu schließen, daß die Energie verschwindet, sodann aus dem zweiten, daß die Feldstärke überall konstant ist.

62. Potential eines Ellipsoids. Von besonderer Wichtigkeit für die Theorie des Magnetismus ist das Potential eines Ellipsoids, das konstante magnetische Dichte besitzt. Setzen wir diese Dichte gleich 1, so handelt es sich um das über ein Ellipsoid zu erstreckende Integral

$$g = \int \frac{d\tau}{r}. \tag{273}$$

Wir werden die Lösung der entsprechenden Differentialgleichung nur angeben, ohne den Weg mitzuteilen, auf dem sie gefunden wird.

Es muß sein

$$\Delta g = -4\pi \qquad \text{im Ellipsoid,}$$

$$\Delta g = 0 \qquad \text{im Außenraum.}$$

Außerdem soll g mit seiner Ableitung stetig bleiben und im Unendlichen den Unendlichkeitsbedingungen genügen. Sei

$$\frac{x^2}{a^2} + \frac{y^2}{b^2} + \frac{z^2}{c^2} = 1 \tag{274}$$

die Gleichung des Ellipsoids, dann ist im Innenraum

$$g = g_0 - \tfrac{1}{2}(A x^2 + B y^2 + C z^2), \tag{275}$$

im Außenraum

$$g = g_0' - \tfrac{1}{2}(A' x^2 + B' y^2 + C' z^2), \tag{276}$$

wo gesetzt ist

$$g_0 = \pi a b c \int_0^\infty \frac{d\lambda}{D}, \tag{277}$$

$$\left.\begin{aligned}
A &= 2\pi a b c \int_0^\infty \frac{d\lambda}{(a^2 + \lambda) D}, \\[2ex]
B &= 2\pi a b c \int_0^\infty \frac{d\lambda}{(b^2 + \lambda) D}, \\[2ex]
C &= 2\pi a b c \int_0^\infty \frac{d\lambda}{(c^2 + \lambda) D},
\end{aligned}\right\} \tag{278}$$

$$D = \sqrt{(a^2 + \lambda)(b^2 + \lambda)(c^2 + \lambda)}, \tag{279}$$

und wo g_0', A', B', C' diejenigen Größen sind, in die g_0, A, B, C übergehen, wenn an Stelle von 0 als untere Grenze des Integrals der Wert u tritt, welcher die positive Wurzel der Gleichung

$$\frac{x^2}{a^2 + u} + \frac{y^2}{b^2 + u} + \frac{z^2}{c^2 + u} = 1 \tag{280}$$

ist.

Es ist nicht schwer zu zeigen, daß g in der Tat unseren Gleichungen und den Unendlichkeitsbedingungen genügt. Wir übergehen hier den Beweis und verweisen etwa auf die Darstellung von E. Cohn[1]) oder Riemann-Weber[2]). Es zeigt sich in diesem Fall der Vorteil, der mit der Aufstellung der Differentialgleichungen verbunden ist.

A, B, C liegen zwischen 0 und 4π. A erhält seinen Maximalwert, wenn a gegen b und c verschwindend klein ist; A erhält seinen Minimalwert, wenn a gegen b oder c oder gegen beide unendlich groß wird.

Für ein verlängertes Rotationsellipsoid, für das die numerische Exzentrizität der durch die große Achse a gelegten Ellipse ε ist, haben wir

$$b = c = a\sqrt{1 - \varepsilon^2},$$

$$A = 4\pi \frac{1 - \varepsilon^2}{\varepsilon^2}\left(\frac{1}{2\varepsilon}\ln\frac{1 + \varepsilon}{1 - \varepsilon} - 1\right), \tag{281}$$

$$B = C = 2\pi\left(\frac{1}{\varepsilon^2} - \frac{1 - \varepsilon^2}{2\varepsilon^3}\ln\frac{1 + \varepsilon}{1 + \varepsilon}\right). \tag{282}$$

---

[1]) E. Cohn, (Fußnote 1, S. 42). — [2]) Riemann-Weber, Bd. 1, S. 255. 1900.

Ist aber a die kleine Achse eines abgeplatteten Rotationsellipsoides und ε die numerische Exzentrizität der durch sie gelegten Ellipse, so haben wir

$$b = c = \frac{a}{\sqrt{1 - \varepsilon^2}} ,$$

$$A = 4\pi \left[\frac{1}{\varepsilon^2} - \frac{\sqrt{1 - \varepsilon^2}}{\varepsilon^3} \arcsin \varepsilon \right] , \tag{283}$$

$$B = C = 2\pi \left[\frac{\sqrt{1 - \varepsilon^2}}{\varepsilon^3} \arcsin \varepsilon - \frac{1 - \varepsilon^2}{\varepsilon^2} \right] . \tag{284}$$

63. Homogen magnetisiertes Ellipsoid. Wir erinnern hier an die Ausführungen der Ziff. 37 und 40. Weil die Feldstärke im Unendlichen wie $1/r^3$ verschwindet, setzten wir für jeden Körper

$$\int \varrho \, d\tau + \int \eta \, do = 0 .$$

Unter der Magnetisierung verstanden wir sodann einen physikalisch ausgezeichneten Vektor, der den Gleichungen

$$\operatorname{div} \mathfrak{M} = - \varrho , \qquad \mathfrak{M}_\nu = \eta$$

genügt. Dadurch und nach (271) wird das Potential eines Körpers ohne Doppelschichten

$$\Phi = - \int \frac{\operatorname{div} \mathfrak{M}}{r} \, d\tau + \int \frac{\mathfrak{M}\,\nu}{r} \, do = \int \mathfrak{M} \operatorname{grad}_q \frac{1}{r} \, d\tau = - \int \mathfrak{M} \operatorname{grad}_p \frac{1}{r} \, d\tau .$$

Für einen homogen magnetisierten Körper, d. h. einen Körper, dessen Magnetisierung konstant ist, erhalten wir somit nach (273)

$$\Phi = - \mathfrak{M} \operatorname{grad} g . \tag{285}$$

Sei nun ein homogen magnetisiertes Ellipsoid gegeben. Aus (285) und (275) folgt für das Potential im Innern

$$\Phi = \mathfrak{M}_x A x + \mathfrak{M}_y B y + \mathfrak{M}_z C z . \tag{286}$$

Für die Feldstärke ergibt sich daraus

$$\left. \begin{aligned} \mathfrak{H}_x &= - \mathfrak{M}_x A , \\ \mathfrak{H}_y &= - \mathfrak{M}_y B, \\ \mathfrak{H}_z &= - \mathfrak{M}_z C . \end{aligned} \right\} \tag{287}$$

Das Feld im Innern des Ellipsoids ist also auch homogen. Ist die Magnetisierung der x-Achse parallel, so verschwinden $\mathfrak{M}_y$, $\mathfrak{M}_z$, und wir haben

$$\mathfrak{H}_x = - A \mathfrak{M}_x ; \qquad \mathfrak{H} = - A \mathfrak{M} . \tag{288}$$

Wenn also die Magnetisierung einer Achse parallel ist, so ist das Feld ihr parallel, aber entgegengesetzt gerichtet. Die Werte von A für ein Rotationsellipsoid, dessen Rotationsachse a ist, sind in der vorigen Ziffer angegeben. Ist das Rotationsellipsoid sehr gestreckt und die Entfernung des Aufpunktes vom Mittelpunkt groß gegen die Rotationsachse, so gilt für das Feld im Außenraum

$$\mathfrak{H}^e = \frac{2 \mathfrak{M} V}{r^3} \left(1 + \frac{6}{5} \frac{a^2}{r^3} \right) , \tag{289}\,[1]$$

wo V das Volumen des Ellipsoids ist.

---

[1] Beweis s. R. Gans, Theorie des Magnetismus, S. 48. Leipzig 1908.

64. Permeabilität. Aus dem COULOMBschen Gesetz ergibt sich für den leeren Raum

$$\operatorname{rot} \mathfrak{H} = 0, \tag{260}$$

$$\operatorname{div} \mathfrak{H} = 0.$$

Diese Gleichungen erschöpfen den Inhalt dessen, was sich über ein Feld aussagen läßt, in dem die erzeugenden Magnete und die Körper im Feld ihre Lage nicht ändern. Ihnen gegenüber bedeutet die Gleichung

$$\operatorname{div} \mathfrak{H} = 4\pi\varrho \tag{261}$$

für das Innere des Magneten bzw. beliebiger Körper keinen Zuwachs an Erkenntnis, da $\mathfrak{H}$ und ϱ im Innern nicht direkt meßbar sind, und wie auch $\mathfrak{H}$ im Außenraum den obigen Gleichungen gemäß gewählt ist, stets eine der letzten Gleichung entsprechende Verteilung von $\mathfrak{H}$ und ϱ im Innenraum gefunden werden kann.

Anders, wenn wir die Felder, die wir bei der Lagenänderung der Magnete erhalten, vergleichen. Es zeigt sich, daß sich die den Magneten zukommenden Einzelfelder nicht superponieren, und es fragt sich daher, welches das einfachste Gesetz ist, nach dem sich die Einzelfelder zusammensetzen können, wenn sie sich nicht superponieren.

Nehmen wir einmal für einen Augenblick an, sie superponierten sich doch. Wie könnten wir davon Rechenschaft geben? Wir würden den Magneten feste Dichten zuschreiben und für ihr Inneres überall ansetzen

$$\operatorname{div} \mathfrak{H} = 4\pi\varrho.$$

Nun gelten diese Gleichungen aber nicht, wenn ϱ eine mit dem Magneten fest verbundene Größe bezeichnen soll. Da aber doch im leeren Raum $\operatorname{div} \mathfrak{H} = 0$ gilt, liegt es nahe, für das Innere des Magneten eine Gleichung anzusetzen, die aus $\operatorname{div} \mathfrak{H} = 4\pi\varrho$ durch eine einfache Modifikation hervorgeht. Die einfachsten Annahmen, die wir machen können, sind, entweder zu setzen

$$\text{a)} \qquad \mu \operatorname{div} \mathfrak{H} = 4\pi\varrho,$$

$$\text{b)} \qquad \operatorname{div} \mu \mathfrak{H} = 4\pi\varrho,$$

wo μ eine Materialkonstante ist.

Aus a) würde folgen, daß die Anwesenheit eines unmagnetischen Körpers das Feld nicht beeinflußte. Das widerspricht der Erfahrung. Also entscheiden wir uns für b. b entspricht tatsächlich der Erfahrung. Unsere Hauptgleichung lautet also jetzt, wenn wir die am Magneten haftende wahre Dichte mit ϱ_w bezeichnen

$$\operatorname{div} \mu \mathfrak{H} = 4\pi\varrho_w. \tag{290}$$

μ nennen wir die Permeabilität. Die Magnete können auch an gewissen Flächen O_η Flächendichte η_w besitzen und dann haben wir

$$\overline{\operatorname{div} \mu \mathfrak{H}} = 4\pi\eta_w. \tag{291}$$

Das Feld bestimmt sich also jetzt aus den Gleichungen (290) und (291). Dazu kommt noch

$$\operatorname{rot} \mathfrak{H} = 0. \tag{260}$$

Endlich soll an gewissen Flächen O_ϑ sein

$$\Phi^{II} - \Phi^{I} = 4\pi\vartheta, \tag{292}$$

wo Φ das Potential zu $\mathfrak{H}$ bedeutet.

Wir können unsere Gleichungen auch schreiben

$$\mathfrak{H} = - \operatorname{grad} \Phi, \tag{293}$$

$$\operatorname{div} \mu \operatorname{grad} \Phi = -4\pi \varrho_w, \tag{294}$$

$$\overline{\operatorname{div} \mu \operatorname{grad} \Phi} = -4\pi \eta_w, \tag{295}$$

$$\Phi^{II} - \Phi^{I} = 4\pi \vartheta. \tag{292}$$

Hierzu tritt die Unendlichkeitsbedingung: Im Unendlichen soll Φ verschwinden und $r^2 \frac{\partial \Phi}{\partial l}$ endlich bleiben, unter r den Abstand von einem Punkt im Endlichen, und unter l jede beliebige Richtung verstanden. (Tatsächlich nimmt $\frac{\partial \Phi}{\partial l}$ im Endlichen noch stärker ab.) Außer an O_ϑ soll Φ überall stetig sein und außer an O_η überall $\mathfrak{H}$, und auch da soll nur die Normalkomponente unstetig sein.

Diese Gleichungen können angewandt werden, ohne daß wir nötig hätten, die mit 4π multiplizierte div von $\mathfrak{H}$ in eine wahre und eine induzierte Dichte zu zerlegen, und wir sind hier auf diese Gleichung auch ohne eine solche Zerlegung gekommen. Freilich nachträglich können wir sie vornehmen:

Setzen wir nämlich

$$\operatorname{div} \mathfrak{H} = 4\pi \varrho_f \tag{296}$$

und ziehen (296) von (290) ab, so erhalten wir

$$\operatorname{div} \frac{\mu - 1}{4\pi} \mathfrak{H} = -(\varrho_f - \varrho_w).$$

Wir setzen nun

$$\varrho_f - \varrho_w = \varrho_i, \tag{297}$$

$$\frac{\mu - 1}{4\pi} = \varkappa, \tag{298}$$

$$\varkappa \mathfrak{H} = \mathfrak{M}_i \tag{299}$$

und haben statt (290)

$$\operatorname{div} \mathfrak{H} = 4\pi \varrho_f, \tag{296}$$

$$\varrho_f = \varrho_w + \varrho_i, \tag{300}$$

$$\varrho_i = -\operatorname{div} \mathfrak{M}_i, \tag{301}$$

$$\mathfrak{M}_i = \varkappa \mathfrak{H}. \tag{302}$$

Ebenso gilt für die Oberfläche der Körper, die an den leeren Raum grenzen

$$\overline{\operatorname{div} \mathfrak{H}} = 4\pi \eta_f, \tag{303}$$

$$\eta_f = \eta_w + \eta_i, \tag{304}$$

$$\eta_i = \mathfrak{M}_{i\nu}, \tag{305}$$

$$\mathfrak{M}_i = \varkappa \mathfrak{H}. \tag{306}$$

ϱ_f, η_f und ϱ_i, η_i heißen die **freien** und **induzierten Dichten**, $\mathfrak{M}_i$ die **induzierte Magnetisierung**, $\varkappa$ die **Suszeptibilität**.

Die Größen $\varrho_i, \eta_i, \mathfrak{M}_i$ haben eine nicht nur formale Bedeutung. Die Nahwirkungstheorie kann sie im allgemeinen entbehren. Daß gerade die Fernwirkungstheorie zu ihrer Einführung zwang, liegt darin begründet, daß sich das Integralgesetz für die Feldstärke nicht durch einen einzigen Ausdruck darstellen läßt. So ist, was überraschen könnte, gerade die Fernwirkungstheorie zur Einführung von Begriffen genötigt, denen eine tiefere molekulartheoretische Bedeutung zukommt. Selbstverständlich läßt sich auch eine molekulartheoretische Begründung vom Standpunkt der Nahwirkungstheorie geben, in der nur Differentialgleichungen verwandt werden.

Setzen wir

$$\operatorname{div}\mathfrak{H}_0 = 4\pi\varrho_w, \tag{307}$$

$$\overline{\operatorname{div}}\,\mathfrak{H}_0 = 4\pi\,\eta_w, \tag{308}$$

$$\operatorname{rot}\mathfrak{H}_0 = 0,$$

wo also $\mathfrak{H}_0$ das Feld ist, das vorhanden wäre, wenn μ überall $= 1$ wäre, so folgt aus (296), (303), (304), wenn

$$\mathfrak{H} = \mathfrak{H}_0 + \mathfrak{H}_i \tag{309}$$

gesetzt wird

$$\operatorname{div}\mathfrak{H}_i = 4\pi\varrho_i, \tag{310}$$

$$\overline{\operatorname{div}}\,\mathfrak{H}_i = 4\pi\eta_i. \tag{311}$$

$\mathfrak{H}_i$ wird dann als **induzierte Feldstärke** zu bezeichnen sein.

Endlich führen wir wieder eine **wahre Magnetisierung** durch die Gleichungen ein:

$$\operatorname{div}\mathfrak{M}_w = -\varrho_w, \tag{312}$$

$$\overline{\operatorname{div}}\,\mathfrak{M}_w = -\eta_w, \tag{313}$$

oder an der Grenze vom Magneten gegen den leeren Raum:

$$\mathfrak{M}_{w\,\nu} = \eta_w. \tag{313'}$$

Diese Gleichungen reichen indes nicht zur Definition von $\mathfrak{M}_w$ aus (siehe Ziff. 48). Es ist nun nach (290), (291)

$$\operatorname{div}(\mu\,\mathfrak{H} + 4\pi\,\mathfrak{M}_w) = 0, \tag{314}$$

$$\overline{\operatorname{div}}(\mu\,\mathfrak{H} + 4\pi\,\mathfrak{M}_w) = 0. \tag{315}$$

Wir setzen

$$\mathfrak{M}_w + \mathfrak{M}_i = \mathfrak{M}_f, \tag{316}$$

nennen $\mathfrak{M}_f$ die **freie Magnetisierung** und setzen den Vektor

$$\mu\,\mathfrak{H} + 4\pi\,\mathfrak{M}_w = \mathfrak{H} + 4\pi\,\mathfrak{M}_i + 4\pi\,\mathfrak{M}_w = \mathfrak{H} + 4\pi\,\mathfrak{M}_f = \mathfrak{B}. \tag{317}$$

$\mathfrak{B}$ heißt die **Induktion**.

Aus (296), (303) und (271) folgt die Integraldarstellung:

$$\mathfrak{H} = -\operatorname{grad}\int\frac{\varrho_f}{r}\,d\tau - \operatorname{grad}\int\frac{\eta_f}{r}\,do. \tag{318}$$

65. Eindeutigkeit des Feldes. Durch die Gleichungen (260), (290) bis (292) oder (260), (292) bis (295), zusammen mit den Unendlichkeitsbedingungen und den Stetigkeitsbedingungen, ist das Magnetfeld eindeutig bestimmt. Angenommen nämlich, es gäbe zwei ihnen gleichende Felder mit den Feldstärken $\mathfrak{H}_1$, $\mathfrak{H}_2$ und den Potentialen Φ_1, Φ_2, so bilden wir

$$\mathfrak{G} = \mathfrak{H}_1 - \mathfrak{H}_2; \quad \psi = \Phi_1 - \Phi_2,$$

und es wäre

$$\mathfrak{G} = -\operatorname{grad}\psi.$$

Wir hätten dann

$$\operatorname{div}\mu\,\operatorname{grad}\psi = 0,$$

$$\overline{\operatorname{div}}\mu\,\operatorname{grad}\psi = 0.$$

Es wäre also
$$\int \psi \,\mathrm{div}\,(\mu \,\mathrm{grad}\,\psi)\, d\tau = 0,$$
also
$$\int \mu \,(\mathrm{grad}\,\psi)^2\, d\tau = 0,$$
daher
$$\mathrm{grad}\,\psi = 0,$$
$$\psi = \mathrm{const} = 0,$$
d. h.
$$\mathfrak{H}_1 = \mathfrak{H}_2.$$

In derselben Weise folgt auch, daß es keine zwei Felder gibt, für die $\mathfrak{H}$ die Gleichungen (260), (290) bis (292) befriedigt und ($\mathfrak{H} - \mathfrak{H}_0$) die Stetigkeits- und Unendlichkeitsbedingungen, unter $\mathfrak{H}_0$ einen konstanten Vektor verstanden.

Zwar können wir für $\mathfrak{H}_0 \neq 0$ keine Felder herstellen, die diesen Bedingungen genügen. Aber gegen das dieser Bedingung genügende Feld konvergieren gewisse Felder, die man erhält, wenn man die permanenten Magnete immer weiter abrückt und zugleich so viel stärker wählt, daß der von ihnen herrührende Anteil der Feldstärke sich $\mathfrak{H}_0$ immer mehr annähert.

66. Das Zusatzfeld[1]. Nehmen wir an, daß bei ungeänderter wahrer magnetischer Dichte an gewissen Stellen des Raumes die Permeabilität geändert werde. Die Feldstärke, die zu der vorhandenen hinzutritt, nennen wir die Zusatzfeldstärke und bezeichnen sie mit $\mathfrak{Z}$. Ist bei der Anfangsverteilung μ überall $= 1$, so ist $\mathfrak{Z}$ gleich der in Ziff. 64 eingeführten induzierten Feldstärke $\mathfrak{H}_i$. Wir wollen aber hier einen allgemeinen Satz über $\mathfrak{Z}$ ableiten.

Ist μ_0 die Permeabilität vor der Änderung, μ die Permeabilität nach der Änderung, ferner $\mathfrak{H}_0$ die früher vorhandene Feldstärke, so haben wir für die neue Feldstärke
$$\mathfrak{H} = \mathfrak{H}_0 + \mathfrak{Z}, \tag{319}$$
also
$$\mathrm{div}\,(\mu_0 \mathfrak{Z}) = \mathrm{d}\quad(\mu_0 \mathfrak{H}) - \mathrm{div}\,(\mu_0 \mathfrak{H}_0).$$

Nun ist aber, weil die Verteilung er magnetischen Dichte sich nicht geändert haben soll,
$$\mathrm{div}\,(\mu_0 \mathfrak{H}_{\prime} = \mathrm{div}\,(\mu \mathfrak{H}),$$
also
$$\mathrm{div}\,(\mu_{\prime} \,{}_{\prime} = -\,\mathrm{div}\,(\mu - \mu_0)\mathfrak{H}. \tag{320}$$
Ebenso ist
$$\overline{\mathrm{di}}.\,{}_{\backslash}\mu_0 \mathfrak{Z}) = -\,\overline{\mathrm{div}}\,(\mu - \mu_0)\mathfrak{H}. \tag{321}$$

Ist im ursprünglichen Feld $\mu_0 = 1$, so haben wir nach (298), (301), (302)
$$\mathrm{div}\,\mathfrak{Z} = -\,4\pi\,\mathrm{div}\,\varkappa\,\mathfrak{H} = 4\pi\,\varrho_i, \tag{322}$$
ebenso
$$\overline{\mathrm{div}}\,\mathfrak{Z} = 4\pi\,\eta_i \tag{323}$$

in Übereinstimmung mit (310), (311).

Auch im allgemeinen Fall konnte man, unter $\varkappa_0$ die Suszeptibilität vor der Änderung verstanden, $\mathfrak{Z}$ die induzierte Feldstärke, $(\varkappa - \varkappa_0)\mathfrak{H}$ die induzierte Magnetisierung und $-\,\mathrm{div}\,(\varkappa - \varkappa_0)\mathfrak{H}$ die induzierte Dichte nennen. Doch kommt diesen Größen vom molekulartheoretischen Standpunkt aus keine so elementare Bedeutung wie $\mathfrak{H}_i$, $\mathfrak{M}_i$, ϱ_i zu.

---

[1] E. Cohn (Fußnote 1, S. 42), S. 95.

67. Zusatzkörper im homogenen Feld. Wir bringen jetzt einen unmagnetischen Zusatzkörper in ein homogenes Feld. Dieser Fall ist nur als Grenzfall aufzufassen (Ziff. 50): Wir denken uns das Feld erzeugt durch sehr starke und sehr weit entfernte permanente Magnete. Aus (318) schließen wir wieder, daß wir setzen können

$$\mathfrak{H} = \mathfrak{H}_0 + \mathfrak{Z} \, , \tag{324}$$

$$\mathfrak{Z} = - \operatorname{grad} \int \frac{\varrho_i}{r} \, d\tau - \operatorname{grad} \int \frac{\eta_i}{r} \, do \, , \tag{325}$$

$$\varrho_i = - \operatorname{div} \mathfrak{M}_i \, , \qquad \eta_i = \mathfrak{M}_{i\nu} \, , \tag{326}$$

$$\mathfrak{M}_i = \varkappa \, \mathfrak{H} \, . \tag{327}$$

Aus (325) folgt, daß $\mathfrak{Z}$ im Unendlichen den Unendlichkeitsbedingungen genügt. Es ist aber zu bemerken, daß die Zerlegung (324) nur für Punkte gilt, die zwar sehr weit vom Zusatzkörper entfernt sind, aber doch wieder in einer Entfernung, die klein gegen die der permanenten Magnete vom Zusatzkörper ist. Wir betrachten aber den idealisierten Fall, daß (324) bis (327) streng gelten, und $\mathfrak{Z}$ daher den Unendlichkeitsbedingungen genügt.

Gehen wir nun zu den Differentialgleichungen über, so bekommen wir wieder

$$\mathfrak{H} = \mathfrak{H}_0 + \mathfrak{Z} \, , \tag{328}$$

$$\operatorname{div} \mathfrak{Z} = 4\pi \varrho_i \, , \qquad \overline{\operatorname{div} \mathfrak{Z}} = 4\pi \eta_i \, , \tag{329}$$

$$\varrho_i = - \operatorname{div} \mathfrak{M}_i \, , \qquad \eta_i = \mathfrak{M}_{i\nu} \, , \tag{330}$$

$$\mathfrak{M}_i = \varkappa \, \mathfrak{H} \, , \tag{331}$$

$$\operatorname{rot} \mathfrak{H} = 0 \, , \tag{332}$$

wo $\mathfrak{Z}$ im Unendlichen der Unendlichkeitsbedingung genügt. Nun können wir wieder μ einführen und haben dann statt (328) bis (332)

$$\operatorname{div} \mu \, \mathfrak{H} = 0 \, , \qquad \overline{\operatorname{div} \mu \, \mathfrak{H}} = 0 \, , \tag{333}$$

$$\operatorname{rot} \mathfrak{H} = 0 \, . \tag{334}$$

Aus den letzten Betrachtungen von Ziff. 65 folgt, daß es keine zwei (333) bis (334), also auch keine zwei (328) bis (332) genügenden Lösungen gibt, die auch für $\mathfrak{Z} = \mathfrak{H} - \mathfrak{H}_0$ die Unendlichkeitsbedingung befriedigen.

Haben wir also ein (328) bis (332) und die Unendlichkeitsbedingung befriedigendes Lösungssystem gefunden, so ist es sicher das richtige, d. h. dasjenige, das aus (296), (300) bis (306) bzw. (318) für den Grenzfall unendlich weit fortrückender permanenter Magnete erhalten wird.

Ist der Zusatzkörper homogen, so erhalten wir wieder $\varrho_i = 0$ (Ziff. 51) und die Gleichungen

$$\mathfrak{H} = \mathfrak{H}_0 + \mathfrak{Z} \, , \tag{335}$$

$$\operatorname{div} \mathfrak{Z} = 0 \, , \qquad \overline{\operatorname{div} \mathfrak{Z}} = 4\pi \eta_i \, , \tag{336}$$

$$\eta_i = \mathfrak{M}_{i\nu} \, , \tag{337}$$

$$\mathfrak{M}_i = \varkappa \, \mathfrak{H} \, , \tag{338}$$

$$\operatorname{rot} \mathfrak{H} = 0 \, . \tag{339}$$

68 Ellipsoid im homogenen Feld. Unser Zusatzkörper sei jetzt ein Ellipsoid. Wir machen den Ansatz, daß $\mathfrak{M}_i$ im Ellipsoid konstant ist. Zu konstantem $\mathfrak{M}_i$ gehört ein $\mathfrak{Z}_i$, das sich daraus ebenso berechnet wie in Ziff. 63. $\mathfrak{H}$ aus $\mathfrak{M}$. Es ist also

$$\left.\begin{aligned} \mathfrak{Z}_x &= -A\,\mathfrak{M}_{ix}, \\ \mathfrak{Z}_y &= -B\,\mathfrak{M}_{iy}, \\ \mathfrak{Z}_z &= -C\,\mathfrak{M}_{iz}. \end{aligned}\right\} \tag{340}$$

$A,\ B,\ C$ nennen wir jetzt die **Entmagnetisierungskoeffizienten**[1]. Es ist also im Innern des Ellipsoids nach (335) und (338)

$$\mathfrak{M}_{ix} = \varkappa(\mathfrak{H}_{0x} + \mathfrak{Z}_x) = \varkappa(\mathfrak{H}_{0x} - A\,\mathfrak{M}_{ix}) \quad \text{usw.,}$$

also

$$\mathfrak{M}_{ix} = \frac{\varkappa}{1 + A\varkappa}\,\mathfrak{H}_{0x} \quad \text{usw.,} \tag{341}$$

$$\mathfrak{Z}_x = -\frac{A\varkappa}{1 + A\varkappa}\,\mathfrak{H}_{0x} \quad \text{usw.,} \tag{342}$$

$$\mathfrak{H}_x = \mathfrak{H}_{0x} + \mathfrak{Z}_x = \frac{1}{1 + A\varkappa}\,\mathfrak{H}_{0x} \quad \text{usw.} \tag{343}$$

Ist das äußere Feld einer Hauptachse, die wir a nennen wollen, parallel, so ist das Zusatzfeld dem äußeren parallel, und die Formeln enthalten nur A. A ist dann der Entmagnetisierungskoeffizient.

Der Entmagnetisierungskoeffizient eines verlängerten Rotationsellipsoids, das parallel der Rotationsachse magnetisiert ist, ist nach (281)

$$A = 4\pi\,\frac{1 - \varepsilon^2}{\varepsilon^2}\left(\frac{1}{2\varepsilon}\ln\frac{1 + \varepsilon}{1 - \varepsilon} - 1\right), \tag{344}$$

und der Entmagnetisierungskoeffizient eines abgeplatteten Rotationsellipsoids, das parallel zur Rotationsachse magnetisiert ist

$$A = 4\pi\left(\frac{1}{\varepsilon^2} - \frac{\sqrt{1 - \varepsilon^2}}{\varepsilon^3}\arc\sin\varepsilon\right). \tag{345}$$

Für die Kugel erhalten wir aus jeder der beiden Formeln in Übereinstimmung mit (227)

$$A = \frac{4\pi}{3}. \tag{346}$$

Für eine sehr gestreckte Form nähert sich A nach (344) dem Wert

$$A = 0. \tag{347}$$

Wird das Rotationsellipsoid immer mehr abgeflacht, und nähert es sich einer Kreisscheibe, so ergibt sich für den Entmagnetisierungskoeffizient nach (345) der Wert

$$A = 4\pi. \tag{348}$$

Im Innern eines sehr langgestreckten Ellipsoids haben wir also nach (343) und (347)

$$\mathfrak{H} = \mathfrak{H}_0. \tag{349}$$

---

[1] Über Entmagnetisierungskoeffizienten von Kreiszylindern siehe J. Würschmidt, Theorie des Entmagnetisierungsfaktors und der Scherung von Magnetisierungskurven. Braunschweig 1925.

Dasselbe gilt für das Innere eines sehr lang gestreckten Zylinders, wie man unabhängig von der eben angestellten Rechnung sofort vermutet und auch durch eine genauere Betrachtung bestätigt[1]).

Für ein abgeplattetes Rotationsellipsoid gilt, wenn das äußere Feld der kleinen Achse parallel ist, nach (343) und (348)

$$\mathfrak{H} = \frac{\mathfrak{H}_0}{\mu},\qquad(350)$$

also

$$\mathfrak{B} = \mathfrak{B}_0.\qquad(351)$$

Auch diese Gleichung gilt für einen Zylinder, nämlich für einen Zylinder, dessen Höhe sehr klein gegen die Dimension der Basis ist, für eine Scheibe, wobei die Feldrichtung der Mantelfläche parallel ist[2]).

(349) und (351) gelten auch für sehr kleine Höhlungen in beliebigen Körpern, wenn die Dimension der Höhlung in Richtung der Feldstärke sehr groß oder sehr klein gegen die Querdimensionen ist. Es sind dann $\mathfrak{H}_0$, $\mathfrak{B}_0$ die Feldstärke und die Induktion im Körper in der Nähe des Hohlraums, $\mathfrak{H}$ und $\mathfrak{B}$ die Feldstärke und Induktion im Innern des Hohlraumes[3]). Es ist also möglich, mit Hilfe von Bohrungen Feldstärke und Induktion im Innern eines festen Körpers zu messen. Das wird auch noch gelten, wenn der Körper wahren Magnetismus besitzt. Nach (317) besteht also die Möglichkeit, $\mathfrak{M}_f$, also auch $\mathfrak{M}_w$ für jeden Punkt zu messen, und daher auch ϱ_w. Freilich setzt das voraus, daß wir beliebig viele Magnete zur Verfügung haben, von denen wir wissen, daß sie genau gleich beschaffen sind. Um $\mathfrak{M}_w$ zu messen, muß entweder die Permeabilität bekannt sein, oder es müssen z w e i Wertepaare von $\mathfrak{H}$ und $\mathfrak{B}$ gemessen werden.

Es gibt also, wie schon in Ziff. 40 bemerkt wurde, prinzipiell beobachtbare Eigenschaften von $\mathfrak{M}_w$, durch die sich das Feld dieses Vektors vor allen anderen Vektorfeldern auszeichnet, zu denen dieselbe Feldverteilung im Außenraum gehört.

Für die von einem sehr langgestreckten Rotationsellipsoid herrührende Zusatzfeldstärke in einem sehr weit entfernten Punkt der Rotationsachse haben wir entsprechend (289)

$$\mathfrak{Z} = \frac{2\mathfrak{M}_i}{r^3}\,V\!\left(1 + \frac{6}{5}\,\frac{a^2}{r^3}\right),\qquad(352)$$

wenn r den Abstand des Aufpunktes vom Mittelpunkt des Ellipsoids bedeutet und V sein Volumen, d. i. nach (341)

$$\mathfrak{Z} = \frac{2\,V A\varkappa}{(1 + A\varkappa)\,r^3}\left(1 + \frac{6}{5}\,\frac{a^2}{r^3}\right)\mathfrak{H}_0.\qquad(353)$$

69. Schirmwirkung. Bringen wir eine Hohlkugel mit den Radien a_1, a_2 in ein homogenes Feld $\mathfrak{H}_0$, so wird im Innern der Hohlkugel

$$\mathfrak{H} = \mathfrak{H}_0\,\frac{1}{1 + \dfrac{2}{9}\,\dfrac{(\mu - 1)^2}{\mu}\left[1 - \left(\dfrac{a_1}{a_2}\right)^3\right]}.\qquad(354)\;[4])$$

---

[1]) Vgl. J. Cl. Maxwell, Treatise Bd. 2, Art. 398; keinesfalls darf man in der Theorie des Magnetismus einen Stab immer durch ein lang gestrecktes Rotationsellipsoid ersetzen. So hat z. B. ein homogen magnetisierter Stab nur Magnetismus am Ende. Ist aber Q_0 ein senkrecht zur Achse durch den Mittelpunkt eines homogen magnetisierten Ellipsoids gelegter Querschnitt, und Q ein anderer Querschnitt, so daß zwischen Q und Q_0 nur ein Bruchteil ε des gesamten wahren Magnetismus eines Vorzeichens liegen soll, so wächst der Abstand zwischen Q_0 und dem Ende proportional mit der Länge der Achse.

[2]) Vgl. J. Cl. Maxwell, a. a. O. Art. 399.

[3]) Auf diesen Fall beziehen sich die in den beiden vorigen Anmerkungen zitierten Betrachtungen von Maxwell.

[4]) Siehe R. Gans, Einführung in die Theorie des Magnetismus, S. 45. Leipzig 1908.

Ist also μ sehr groß, so wird das Feld im Innern sehr klein, und um so mehr, je dicker die Wandung gegen den Halbmesser der äußeren Kugeloberfläche ist. Darauf beruht die Schirmwirkung durch eine Hülle weichen Eisens. In Abb. 15,

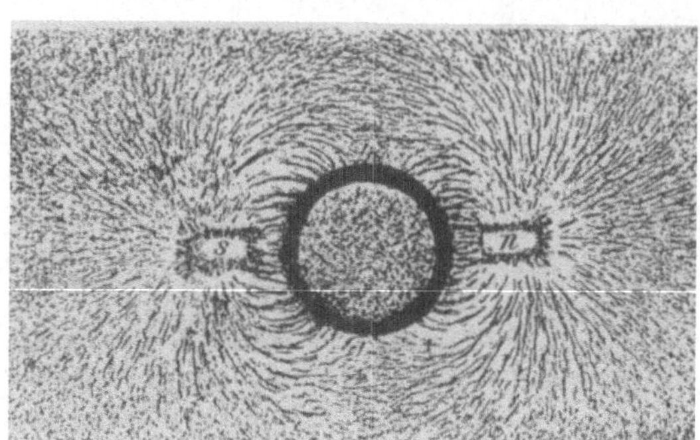

Abb. 15. Schirmwirkung.

die dem Werke von H. Ebert[1]) entnommen ist, ist der Verlauf von Kraftlinien dargestellt, die sich unter dem Einfluß der Pole eines Hufeisenmagneten ausbilden, zwischen die ein Ring aus Eisen gebracht wird. Schirmwirkungen treten auch in Teilen des Feldes auf, die nicht ganz von Eisenmassen umschlossen sind. Hinter Eisenmassen bildet sich ein „magnetischer Schatten". Man vergleiche das untenstehende ebenfalls von H. Ebert[2]) herrührende Eisenfeillichtbild (Abb. 16).

70. Scheinbare Magnetisierung permanenter Magnete. Berechnen wir jetzt die induzierte Dichte und die induzierte Magnetisierung eines isolierten permanenten Magneten, der die Gestalt eines Ellipsoids und eine konstante wahre Magnetisierung $\mathfrak{M}_w$ besitzt. Ein homogenes äußeres Feld sei nicht vorhanden. Im Innern haben wir also nur das Zusatzfeld. Es ist somit

$$\mathfrak{H} = \mathfrak{Z}. \tag{355}$$

Wieder berechnen wir $\mathfrak{Z}$ den Gleichungen (287) und (340) entsprechend aus der Magnetisierung; aber es ist jetzt die gesamte Magnetisierung in Rechnung zu setzen, die aus wahrer und induzierter Magnetisierung besteht.

Also haben wir

$$\mathfrak{Z}_x = -A\left(\mathfrak{M}_{wx} + \mathfrak{M}_{ix}\right) \quad \text{usw.}$$

Nun ist

$$\mathfrak{M}_i = \varkappa\,\mathfrak{H} = \varkappa\,\mathfrak{Z}.$$

Somit bekommen wir

$$\mathfrak{Z}_x = -\frac{A}{1 + A\varkappa}\,\mathfrak{M}_{wx} \quad \text{usw.} \tag{356}$$

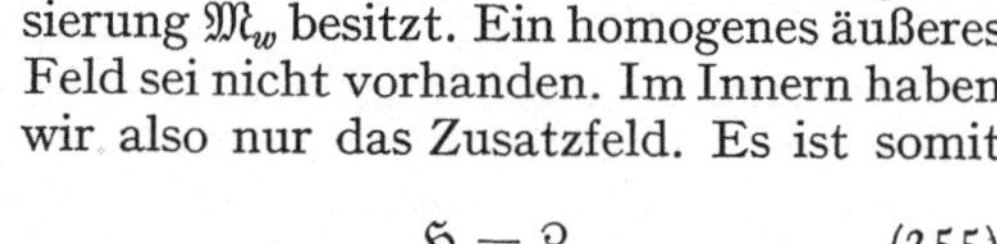

Abb. 16. Magnetischer Schatten.

$$\mathfrak{M}_{fx} = \mathfrak{M}_{ix} + \mathfrak{M}_{wx} = \frac{1}{1 + A\varkappa}\,\mathfrak{M}_{wx}. \tag{357}$$

Raumdichte ist nicht vorhanden. Für die freie Flächendichte bekommen wir in einem Punkt der Oberfläche $\mathfrak{M}_{f\nu}$, also ist

$$\eta_f = \frac{\mathfrak{M}_{wx}\cos(\nu x)}{1 + A\varkappa} + \frac{\mathfrak{M}_{wy}\cos(\nu y)}{1 + B\varkappa} + \frac{\mathfrak{M}_{wz}\cos(\nu z)}{1 + C\varkappa}. \tag{358}$$

---

[1]) H. Ebert, Magnetische Kraftfelder, 2. Aufl., S. 40. Leipzig 1905.
[2]) H. Ebert, a. a. O. S. 41.

Bringen wir den Magneten in ein äußeres Feld, so werden sich die freie Dichte und die freie Magnetisierung verändern. Wir bezeichnen nun aber die durch (357) und durch (358) gegebenen, bei Abwesenheit des äußeren Feldes vorhandenen Werte von $\mathfrak{M}_f$ und η_f mit $\mathfrak{M}_{f_0}$ und η_{f_0}. Die Werte η_{f_0} haften natürlich an den Oberflächenelementen des Magneten, und $\mathfrak{M}_{f_0}$ ist mit seinen Volumenelementen verbunden und liegt relativ zum Körper fest. Solange keine permanenten Magnete und keine Ströme in merklicher Nähe sind, ist der Magnet von einem Felde umgeben, das sich berechnet, als ob die Permeabilität 1, seine wahre Magnetisierung $\mathfrak{M}_{f_0}$ und seine wahre Dichte η_{f_0} wäre. Wir nennen daher nach COHN[1] $\mathfrak{M}_{f_0}$ die scheinbare Magnetisierung und η_{f_0} die scheinbare Dichte (vgl. S. 65).

Machen wir die — falsche — Annahme, daß die Permeabilität 1 sei, und ermitteln unter dieser Annahme eine Verteilung der Magnetisierung als wahre[2], so würde doch der Fehler nicht bemerkt, wenn wir den Magneten nur schwachen Feldern aussetzten oder die Feldstärke durch Induktionsversuche messen. Insbesondere kann auch die Wechselwirkung permanenter Magnete, die sehr weit voneinander entfernt sind, ganz so beschrieben werden, als wenn ihre Permeabilität 1 wäre; davon haben wir im ersten Abschnitt unserer Betrachtungen Gebrauch gemacht.

Daß aber diese Magnetisierung nicht die wahre ist, stellt sich heraus, wenn wir dem Magneten andere annähern oder ihn zerbrechen.

Sei nun die wahre Magnetisierung einer Achse des Ellipsoids, sagen wir der Achse a, parallel. Ist diese dann sehr groß gegen mindestens eine der anderen Achsen, so wird $A = 0$, und wir erhalten

$$\mathfrak{M}_{f_0 x} = \mathfrak{M}_{w x},$$
$$\mathfrak{M}_{f_0 y} = \mathfrak{M}_{w y} = 0, \qquad \mathfrak{M}_{f_0 z} = \mathfrak{M}_{w z} = 0,$$
$$\mathfrak{M}_{f_0} = \mathfrak{M}_w,$$

d. h. die scheinbare Magnetisierung wird gleich der wahren[3]. Das tritt insbesondere ein für langgestreckte Rotationsellipsoide, die längs der Rotationsachse liegen, und für Scheiben, die parallel der Scheibenfläche magnetisiert sind. In solchen Fällen ist auch die scheinbare Dichte sehr nahe der wahren Dichte. COULOMB benutzte bei seinen mit der Drehwage angestellten Versuchen Nadeln von 64,97 cm Länge und 0,34 cm Durchmesser[4]. Ist a klein gegen b und c, was z. B. eintritt, wenn eine dünne Platte senkrecht zur Scheibenfläche magnetisiert ist, so wird nach (350) $A = 4\pi$ und daher

$$\mathfrak{M}_{f_0} = \frac{1}{\mu}\,\mathfrak{M}_w\,{}^{5}).$$

Es ist endlich leicht, die induzierte Magnetisierung eines permanenten Magneten im homogenen Magnetfeld $\mathfrak{H}_0$ zu berechnen. Es ist

$$\mathfrak{M}_{i x} = \varkappa\,(\mathfrak{Z}_x + \mathfrak{H}_{0 x}),$$
$$\mathfrak{Z}_x = -A\,(\mathfrak{M}_{w x} + \mathfrak{M}_{i x}),$$

also

$$\mathfrak{M}_{i x} = \varkappa\,\mathfrak{H}_{0 x} - \varkappa A\,\mathfrak{M}_{w x} - \varkappa A\,\mathfrak{M}_{i x},$$
$$\mathfrak{M}_{x i} = \frac{\varkappa}{1 + A\varkappa}\,(\mathfrak{H}_{0 x} - A\,\mathfrak{M}_{w x}) \qquad\qquad \text{usw.} \qquad\qquad (359)$$

---

[1] E. COHN, Das elektromagnetische Feld, S. 216. Leipzig 1900.
[2] Wir erinnern daran, daß das Volumenintegral der Magnetisierung das Moment ist [Ziff. 40, Gl. (145)], und daß dieses sowohl die Fernwirkung bestimmt [Ziff. 40, Gl. (150)] als auch das Drehmoment [Ziff. 38, Gl. (134)], das der Magnet im Felde erfährt.
[3] E. COHN, a. a. O. S. 216. — [4] CH. A. COULOMB, Ostwalds Klassiker S. 37.
[5] E. COHN, a. a. O. S. 217.

Verschwindet das äußere Feld, so gehen diese Formeln in (356) über, verschwindet die wahre Magnetisierung, in (341).

71. Magnetomotorische Kraft. Magnetischer Kreis. Wir müssen jetzt eine wichtige Beziehung besprechen, die in einer bemerkenswerten Analogie zu dem bekannten Ohmschen Gesetz steht. Ausdrücklich sei bemerkt, daß wir uns hier auf den Fall der Abwesenheit elektrischer Ströme beschränken.

Betrachten wir zunächst ein Gebiet, in dem kein wahrer Magnetismus vorhanden ist. Hier ist

$$\operatorname{rot}\mathfrak{H} = 0, \tag{360}$$

$$\operatorname{div}\mathfrak{P} = 0, \tag{361}$$

wenn wieder

$$\mathfrak{P} = \mu\mathfrak{H} \tag{362}$$

gesetzt wird.

Unter einer Induktionslinie verstehen wir wieder eine Kurve, die überall parallel $\mathfrak{P}$ ist. Betrachten wir nun eine infinitesimale Induktionsröhre aus solchen Kurven, so wird nach (361) $\delta q\,|\mathfrak{P}|$ längs der ganzen Röhre konstant sein, unter δq einen senkrechten Querschnitt der Röhre verstanden; $\delta q\,|\mathfrak{P}|$ nennen wir den Induktionsfluß. Seien nun A und B zwei Punkte auf dieser Röhre, so ist die zwischen A und B bestehende Potentialdifferenz

$$-(\Phi_B - \Phi_A) = \int_A^B \mathfrak{H}_s\,ds. \tag{363}$$

Hierbei ist es gleichgültig, auf welchem Weg wir integrieren. Wählen wir den Weg längs der Röhre, so erhalten wir

$$-(\Phi_B - \Phi_A) = \int_A^B \frac{\mathfrak{P}_s\,ds}{\mu},$$

und da $\delta q\,|\mathfrak{P}|$ konstant ist,

$$= \pm\,|\mathfrak{P}|\,\delta q\int_A^B \frac{ds}{\delta q\,\mu},$$

wo das obere oder untere Zeichen zu nehmen ist, je nachdem $\mathfrak{P}$ die Richtung von A zu B hat oder die entgegengesetzte.

Wir setzen nun

$$-(\Phi_B - \Phi_A) = V_M, \tag{363}$$

$$\pm\,|\mathfrak{P}|\,\delta q = J_M, \tag{364}$$

$$\int_A^B \frac{ds}{\delta q\,\mu} = W_M \tag{365}$$

und haben

$$V_M = J_M\,W_M. \tag{366}$$

W_M wird also aus der Permeabilität ebenso berechnet wie der elektrische Widerstand aus dem spezifischen Leitvermögen. Wir nennen daher die Permeabilität μ auch das spezifische magnetische Leitvermögen, W_M den magnetischen Widerstand, J_M den magnetischen Strom und V_M die magnetomotorische Kraft und haben in (366) ein Analogon zum Ohmschen Gesetz[1]).

---

[1]) Die Auffassung magnetischer Kräfte als eines Stromes findet sich schon bei Euler, Briefe an eine deutsche Prinzessin III, 44, bzw. bei fortlaufender Numerierung der Briefe 176; vgl. besonders H. DuBois, Magnetische Kreise, S. 176. Berlin 1894.

Wir bemerken noch besonders, daß V_M nicht nur durch Integration über die gegebene Induktionskurve gefunden wird.

Rücken A und B zusammen, so wird $V_M = 0$. Es kann also keine ganz im magnetismusfreien Gebiet verlaufende geschlossene Induktionskurve geben; es gibt überhaupt keine geschlossene Kurve, die überall, wenn sie in derselben Richtung durchlaufen wird, dem Vektor $\mathfrak{P}$ parallel wäre. Denn längs einer solchen Kurve müßte überall auch $\mathfrak{H}$ der Fortschreitungsrichtung parallel sein, im Widerspruch mit der Gleichung $\int \mathfrak{H}_s ds = 0$. Wohl aber gibt es geschlossene Induktionslinien, die durch permanente Magnete hindurchführen[1]).

Wenn wir nun unsere Kurve auch durch permanente Magnete hindurchführen, so werden wir unsere Definition verallgemeinern. Die magnetomotorische Kraft, die zu zwei Punkten A und B gehört, setzen wir

$$V_M = \int_A^B \frac{\mathfrak{B}_s}{\mu}\, ds \, . \tag{367}$$

Dieses Integral ist n i c h t vom Wege unabhängig. Wir wollen also der Induktionsröhre folgen und auch annehmen, daß von den beiden Punkten A und B der zuerst kommende A sei. Wieder haben wir

$$V_M = \int_A^B \frac{\mathfrak{B}_s}{\mu}\, ds = \pm |\mathfrak{B}|\, \delta q \int_A^B \frac{ds}{\delta q\, \mu} \, , \tag{368}$$

$$V_M = J_M W_M \, , \tag{369}$$

wenn jetzt

$$J_M = \pm |\mathfrak{B}|\, \delta q \tag{370}$$

gesetzt wird. Di e s e Gleichung können wir auf eine geschlossene infinitesimale Röhre anwenden. Sie hat aber noch keine große Bedeutung für uns, solange wir nicht wissen, welche Größe darin konstant ist. Doch läßt sich das durch eine von R. GANS und R. H. WEBER angegebene Umformung entscheiden[2]).

Für eine geschlossene Induktionsröhre ist

$$V_M = \int \frac{\mathfrak{B}_s}{\mu}\, ds = \int \frac{\mu\,\mathfrak{H}_s + 4\pi\,\mathfrak{M}_{ws}}{\mu}\, ds = \int \mathfrak{H}_s\, ds + 4\pi \int \frac{\mathfrak{M}_{ws}}{\mu}\, ds \, ,$$

$$V_M = 4\pi \int \frac{\mathfrak{M}_{ws}}{\mu}\, ds \, . \tag{371}$$

Das Integral in dem letzten Ausdruck braucht nun offenbar nur über die permanenten Magnete erstreckt zu werden. Es ist aber, wie (367) zeigt, nicht so, daß nur Stücken der Induktionsröhre, die im permanenten Magneten verlaufen, die durch (371) gegebenen magnetomotorischen Kräfte zukommen, den anderen gar keine, sondern das Integral liefert die magnetomotorische Kraft für die Gesamtröhre. Es steht aber natürlich nichts im Wege, als magnetomotorische Kraft auch für ungeschlossene Röhren das Integral (371) zu definieren.

Wenn wir nun in dem außerhalb der permanenten Magnete liegenden Raum die Permeabilität ändern, so wird die gesamte magnetomotorische Kraft einer Induktionsröhre nach (371) konstant bleiben, sofern ihr Verlauf in dem permanenten Magneten sich nicht ändert, mag auch der Beitrag der permanenten Magnete

---

[1]) Es kann sein, daß längs einer solchen Kurve überall $\mathfrak{H}$ parallel der Tangente ist; aber $\mathfrak{H}$ wird dann beim Durchlaufen der Kurve nicht immer der Fortschreitungsrichtung parallel sein.

[2]) R. GANS u. R. H. WEBER, Ann. d. Phys. Bd. 16, S. 172. 1905.

dazu sich ändern. Unter der Voraussetzung also, daß der Verlauf der Röhre in den permanenten Magneten derselbe bleibt, darf in (369) V_M als konstant angesehen werden. Wenn sich das experimentell bestätigt, so ist damit zugleich ein Beweis geliefert, daß wir dem Körper eine konstante wahre Magnetisierung, also auch eine konstante wahre Dichte zuschreiben dürfen.

Die experimentellen Untersuchungen sind von R. H. Weber ausgeführt[1]). Er verwandte einen halbkreisförmigen Magneten aus Remystahl, an den sich zwei viertelkreisförmige Eisenstücke gleichen Durchmessers anschlossen. Die beiden viertelkreisförmigen Eisenstücke (Polschuhe) ließen einen Spalt von 2 mm, den Meßspalt, zwischen sich offen. Der Stahlmagnet konnte von den Polschuhen entfernt werden, so daß zwei variable Spalte entstanden. Nun ist nach (369), (370)

$$|\mathfrak{B}|\,\delta q = \frac{V_M}{W_{Mi} + W_{Ma}}. \tag{372}$$

Hier ist W_{Mi} der innere Widerstand der permanenten Magnete und der Polschuhe, zu dem auch der Widerstand des Meßspaltes gerechnet werden kann, W_{Ma} der äußere Widerstand der variabeln Spalte. $|\mathfrak{B}|\,\delta q$ wurde mit einer Meßspule gemessen, die sich etwa in der Mitte des Spaltes befand und plötzlich herausgeschleudert wurde. Die durch diese Spule hindurchgehende Induktionsröhre wird offenbar ihren Verlauf in dem permanenten Magneten nicht wesentlich ändern, wenn die Spaltbreite variiert wird. Kann man nun wirklich mit einer konstanten wahren Magnetisierung rechnen, so muß V_M konstant sein, ebenso W_{Mi}, dagegen werden $|\mathfrak{B}|\,\delta q$ und W_{Ma} variabel und W_{Ma} der Gesamtlänge l der variabeln Spalte proportional sein[2]), so daß für den Skalenausschlag s des ballistischen Galvanometers gelten muß

$$s = \frac{a_1}{a_2 + l}, \tag{373}$$

unter a_1, a_2 Konstanten verstanden.

Diese Formel wurde nun mit der Erfahrung verglichen und eine gute Übereinstimmung erhalten, wenn auch die Fehler die Meßgenauigkeit überschritten. So kam R. H. Weber zu dem Ergebnis: Wenn mit der Widerstandsänderung Feldänderungen von weniger als 15% verbunden sind, kann man mit einer wohl für alle Zwecke ausreichenden Genauigkeit das Integral $\int \mathfrak{M}_w\,ds$ als konstant ansehen; bei großer Feldänderung ist die Konstanz wohl möglich, aber durch die Versuche nicht bewiesen.

III. Keine Proportionalität zwischen induzierter Magnetisierung und Feldstärke.

a) Die induzierte Magnetisierung ist eine eindeutige Funktion der Feldstärke.

72. Erweiterung des Ansatzes. Wir haben unsere Ansätze schrittweise verallgemeinert. Wir gingen aus von der Gleichung

$$\operatorname{div}\mathfrak{H} = 4\pi\varrho.$$

---

[1]) R. H. Weber, Ann. d. Phys. Bd. 16, S. 178. 1905.
[2]) Für die Anteile des Magneten und der Spalte zum Integral $\int \dfrac{\mathfrak{B}}{\mu}\,ds$ ergibt sich

$$W_{Ma}\,|\mathfrak{B}|\,\delta q = \frac{V_M W_{Ma}}{W_{Mi} + W_{Ma}} = \frac{V_M}{1 + \dfrac{W_{Mi}}{W_{Ma}}}\;; \qquad W_{Mi}\,|\mathfrak{B}|\,\delta q = \frac{V_M}{1 + \dfrac{W_{Ma}}{W_{Mi}}},$$

also beides Größen, die durchaus nicht konstant sind. Man sieht den Nutzen der Umformung.

Diese Gleichung ist vollkommen richtig, wenn ϱ als freie Dichte verstanden wird. Soll aber ϱ die an dem Körperelement haftende wahre Dichte bedeuten, so bezieht sich jene Gleichung auf einen Spezialfall, der nie zu realisieren ist, den Fall nämlich, daß die Permeabilität $= 1$ ist. Der zweite Schritt war, daß wir setzten

$$\operatorname{div}\mu\mathfrak{H} = 4\pi\varrho_w\,.$$

Der Inhalt dieser Gleichung läßt sich auch folgendermaßen ausdrücken: Es gibt einen quellenfreien Vektor $\mathfrak{B}$, der mit $\mathfrak{H}$ durch die Beziehung

$$\mathfrak{B} = \mu\mathfrak{H} + \mathfrak{M}_w$$

zusammenhängt, wo $\mathfrak{M}_w$ ein dem betrachteten Magnet zukommender konstanter Vektor, und μ eine Konstante ist (die von $\mathfrak{M}_w$ abhängt). Aber das gilt nur angenähert für kleine Feldstärken. Die nächste Erweiterung nun des Ansatzes ist die folgende:

Es sei der quellenfreie Vektor

$$\mathfrak{B} = \mathfrak{P} + 4\pi\,\mathfrak{M}_w\,. \tag{374}$$

Dabei sei $\mathfrak{P}$ dem $\mathfrak{H}$ parallel und gleichgerichtet — diamagnetische Substanzen (Ziff. 46) werden also in diesem Abschnitt nicht betrachtet —, und sein absoluter Betrag sei eine eindeutige Funktion des absoluten Betrages von $\mathfrak{H}$, also

$$P = f(H), \tag{375}$$

wenn, wie es in diesem Abschnitt geschieht, der absolute Betrag von Vektoren durch lateinische Buchstaben bezeichnet wird; für $\mathfrak{H} = 0$ verschwinde auch $\mathfrak{P}$. $\mathfrak{M}_w$ sei ein an den Punkten des Körpers haftender Vektor — die wahre Magnetisierung. Ferner nehmen wir noch an, daß an jeder Stelle des Körpers dem größeren $\mathfrak{H}$ das größere $\mathfrak{P}$ entspricht.

Es ist also

$$\operatorname{div}\mathfrak{P} = -4\pi\operatorname{div}\mathfrak{M}_w = 4\pi\varrho_w\,, \tag{376}$$

$$\overline{\operatorname{div}}\,\mathfrak{P} = -4\pi\,\overline{\operatorname{div}}\,\mathfrak{M}_w = 4\pi\eta_w\,, \tag{377}$$

wo ϱ_w und η_w die am Körper haftende räumliche und flächenhafte wahre Dichte sind. Natürlich soll auch jetzt

$$\operatorname{rot}\mathfrak{H} = 0 \tag{378}$$

sein. Das zu $\mathfrak{H}$ gehörige Potential soll im Unendlichen, wo wir keine Materie annehmen, wie const/r verschwinden, und jede Komponente von $\mathfrak{P} = \mathfrak{H}$ wie const/r^2, unter r die Entfernung von einem festen Punkte im Endlichen verstanden.

Dieser Ansatz wird nur Bedeutung für die Fälle haben, wo der einfache Ansatz des Abschnittes II nicht mehr zulässig ist, ohne daß es doch für eine angenäherte Darstellung nötig wäre, die im Teil III b kurz darzustellenden Erscheinungen zu berücksichtigen. Das trifft nun zu einerseits für ferromagnetische Substanzen, die einem gewissen Verfahren unterworfen sind[1]), andererseits für paramagnetische bei sehr tiefen Temperaturen[2]). Der hier zugrunde gelegte Ansatz muß sich also auf die Erfahrung anwenden lassen[3]).

---

[1]) Siehe E. GUMLICH u. W. STEINHAUS, Elektrot. ZS. Bd. 36, S. 675. 691. 1915.

[2]) H. KAMERLINGH ONNES, Proc. Amsterdam Bd. 17, S. 283. 1914; Versl. Verg. Deel 23, S. 172, 1914.

[3]) Der Ansatz wurde von COHN in einem Abschnitt seines Lehrbuches gemacht (S. 510 f.); in einer späteren Arbeit (ZS. f. Phys. Bd. 13, S. 50. 1923) wird der Ansatz dahin spezialisiert, daß für permanente Magnete $\mathfrak{P}$ dem $\mathfrak{H}$ proportional sein soll.

Wir haben zunächst $\mathfrak{B}$ als einen Vektor eingeführt, dessen Divergenz verschwindet; indem wir seine Divergenz gleich Null setzen, sprechen wir, je nach dem gewählten Ansatz, gewisse Gesetzmäßigkeiten über die Verteilung von $\mathfrak{H}$ im Außenraum von festen Körpern aus, wobei insbesondere die Lagenänderungen der Magnete in Betracht gezogen werden. Aber $\mathfrak{B}$ hat auch eine selbständige Bedeutung.

Es wurde schon erwähnt, daß $\mathfrak{B}$ die Feldstärke ist, die im scheibenförmigen Hohlraum gemessen wird. In manchen Fällen kann man auch den Induktionsfluß, d. h. das über eine Fläche genommene Integral

$$\int \mathfrak{B}_\nu \, d o$$

bestimmen. Nach der zweiten Maxwellschen Gleichung ist seine Änderungsgeschwindigkeit

$$\frac{\partial}{\partial t} \int \mathfrak{B}_\nu \, d o = -c V,$$

wo c die Lichtgeschwindigkeit bedeutet und V die elektromotorische Kraft, die in einem die Fläche berandenden Draht erzeugt wird. Ist also W der Widerstand eines solchen Drahtes, so wird bei Änderung des Induktionsflusses durch ihn eine mit dem ballistischen Galvanometer zu messende Elektrizitätsmenge E fließen, die gegeben ist durch

$$\Delta \int \mathfrak{B}_\nu \, d o = c E W. \tag{379}$$

Wenn zu Anfang eines Prozesses kein Induktionsfluß vorhanden war, so ist also der am Ende vorhandene durch (379) gegeben; ebenso kann man für eine Menge aufeinanderfolgender Zustände den Induktionsfluß nach (379) ermitteln.

73. Eindeutige Bestimmung des Feldes aus dessen Dichte[1]). Wir wollen zeigen, daß durch unsere Ansätze das Feld sich eindeutig aus der wahren Dichte bestimmt.

Seien $\mathfrak{H}_1, \mathfrak{P}_1$; $\mathfrak{H}_2, \mathfrak{P}_2$ zwei Lösungen, und sei ψ das zu $\mathfrak{H}_2 - \mathfrak{H}_1$ gehörige Potential, so wird überall

$$\mathrm{div}\, \mathfrak{P}_1 = \mathrm{div}\, \mathfrak{P}_2 = 4\pi \varrho_w,$$
$$\overline{\mathrm{div}}\, \mathfrak{P}_1 = \overline{\mathrm{div}}\, \mathfrak{P}_2 = 4\pi \eta_w$$

sein und die Normalkomponente von $\mathfrak{P}_2 - \mathfrak{P}_1$ überall stetig. Nun ergibt sich durch partielle Integration für das über den unendlichen Raum erstreckte Integral

$$J = \int (\mathfrak{P}_2 - \mathfrak{P}_1)(\mathfrak{H}_2 - \mathfrak{H}_1) \, d\tau$$
$$= -\int (\mathfrak{P}_2 - \mathfrak{P}_1)\, \mathrm{grad}\, \psi \, d\tau,$$

unter Berücksichtigung der Unendlichkeitsbedingungen und der Stetigkeit der Normalkomponenten von $(\mathfrak{P}_2 - \mathfrak{P}_1)$, der Wert

$$\int (\mathrm{div}\, \mathfrak{P}_2 - \mathrm{div}\, \mathfrak{P}_1)\, \psi \, d\tau = 0.$$

Aber der Integrand von J ist

$$(\mathfrak{P}_2 - \mathfrak{P}_1)(\mathfrak{H}_2 - \mathfrak{H}_1)$$
$$= (\mathfrak{P}_1 \mathfrak{H}_1 + \mathfrak{P}_2 \mathfrak{H}_2) - (\mathfrak{P}_1 \mathfrak{H}_2 + \mathfrak{P}_2 \mathfrak{H}_1)$$
$$= P_1 H_1 + P_2 H_2 - [P_1 H_2 + P_2 H_1]\cos(\mathfrak{H}_1, \mathfrak{H}_2)$$
$$\geqq (P_2 - P_1)(H_2 - H_1) \text{ also nach Voraussetzung (Ziff. 72)} \geqq 0.$$

---

[1]) Siehe E. Cohn (Fußnote 1, S. 93), S. 514.

Der Integrand muß, also Null sein, und daher

$$\mathfrak{H}_2 = \mathfrak{H}_1,$$

$$\mathfrak{P}_2 = \mathfrak{P}_1.$$

74. Induzierte Dichte und induzierter Magnetismus. Die Gleichungen (376), (377) lassen sich in derselben Weise umformen wie die Gleichungen des vorigen Abschnittes. Wir setzen

$$\operatorname{div}\mathfrak{P} = \operatorname{div}\mu\,\mathfrak{H} = 4\pi\,\varrho_w, \tag{380}$$

$$\overline{\operatorname{div}}\,\mathfrak{P} = \overline{\operatorname{div}}\,\mu\,\mathfrak{H} = 4\pi\,\eta_w. \tag{381}$$

Dabei heißt die Größe μ die **Permeabilität**; sie ist keine Konstante, sondern eine Funktion von H, nämlich

$$\mu = \frac{P}{H} = \frac{f(H)}{H}. \tag{382}$$

Wir setzen ferner

$$\operatorname{div}\mathfrak{H} = 4\pi\varrho_f, \qquad \overline{\operatorname{div}}\,\mathfrak{H} = 4\pi\eta_f, \tag{383}$$

und nennen ϱ_f die **freie räumliche Dichte**, η_f die **freie flächenhafte Dichte**.

Aus (380) bis (383) folgt

$$\operatorname{div}\frac{\mathfrak{P} - \mathfrak{H}}{4\pi} = \operatorname{div}\frac{\mu - 1}{4\pi}\,\mathfrak{H} = -(\varrho_f - \varrho_w) = -\varrho_i, \tag{384}$$

$$\overline{\operatorname{div}}\frac{\mathfrak{P} - \mathfrak{H}}{4\pi} = \overline{\operatorname{div}}\frac{\mu - 1}{4\pi}\,\mathfrak{H} = -(\eta_f - \eta_w) = -\eta_i. \tag{385}$$

ϱ_i heißt wieder die **induzierte Raumdichte**, η_i die **induzierte Flächendichte** und

$$\frac{\mathfrak{P} - \mathfrak{H}}{4\pi} = \frac{\mu - 1}{4\pi}\,\mathfrak{H} = \mathfrak{M}_i \tag{386}$$

die **induzierte Magnetisierung**.

Die induzierte Magnetisierung ist wieder der Gesamtfeldstärke parallel und eine Funktion von ihr. Es ist nämlich

$$M_i = \frac{f(H) - H}{4\pi}, \tag{387}$$

wofür wir setzen

$$M_i = \varphi(H), \tag{388}$$

M_i/H werden wir wieder die **Suszeptibilität** nennen und mit $\varkappa$ bezeichnen; also ist

$$\varkappa = \frac{\varphi(H)}{H} = \frac{\dfrac{f(H)}{H} - 1}{4\pi} = \frac{\mu - 1}{4\pi}. \tag{389}$$

Wir haben also zur Bestimmung der Feldstärke aus den wahren Dichten ϱ_w, η_w die Gleichungen

$$\operatorname{rot}\mathfrak{H} = 0 \tag{390}$$

$$\operatorname{div}\mathfrak{H} = 4\pi\varrho_f, \qquad \overline{\operatorname{div}}\,\mathfrak{H} = 4\pi\eta_f, \tag{391}$$

oder

$$\mathfrak{H} = -\operatorname{grad}\int\frac{\varrho_f}{r}\,d\tau - \operatorname{grad}\int\frac{\eta_f}{r}\,do, \tag{392}$$

$$\varrho_f = \varrho_w + \varrho_i \qquad \eta_f = \eta_w + \eta_i, \tag{393}$$

$$\varrho_i = -\operatorname{div}\mathfrak{M}_i \qquad \eta_i = -\overline{\operatorname{div}}\,\mathfrak{M}_i, \tag{394}$$

$$M_i = \varphi_\varrho(H) = \frac{f_\varrho(H) - H}{4\pi}, \tag{395}$$

wo wir durch den Index Q zum Ausdruck bringen, daß f und φ an den verschiedenen Punkten Q des Körpers verschiedene Funktionen sind. Dazu tritt noch die Unendlichkeitsbedingung.

75. Zusatzkörper; homogenes Ellipsoid. Bringen wir einen unmagnetischen Zusatzkörper in ein homogenes Feld $\mathfrak{H}_0$, so wird dort eine Zusatzfeldstärke $\mathfrak{Z}$ erregt. Unsere Gleichungen für diesen Fall sind:

$$\mathfrak{H} = \mathfrak{H}_0 + \mathfrak{Z}, \tag{396}$$

$$\mathrm{rot}\,\mathfrak{Z} = 0, \tag{397}$$

$$\mathrm{div}\,\mathfrak{Z}_i = 4\pi\,\varrho_i, \qquad \overline{\mathrm{div}}\,\mathfrak{Z}_i = 4\pi\,\eta_i, \tag{398}$$

oder

$$\mathfrak{Z} = -\mathrm{grad}\int \frac{\varrho_i}{r}\,d\tau - \mathrm{grad}\int \frac{\eta_i}{r}\,do, \tag{399}$$

$$\varrho_i = -\mathrm{div}\,\mathfrak{M}_i, \qquad \eta_i = -\mathrm{div}\,\mathfrak{M}_i, \tag{400}$$

$$M_i = \varphi_Q(H) = \frac{f_Q(H) - H}{4\pi}. \tag{395}$$

$\mathfrak{Z}$ genügt der Unendlichkeitsbedingung. Der Zusatzkörper ist homogen, wenn f_Q dieselbe Funktion für alle Punkte ist. Dann ist auch

$$\mu = \frac{f(H)}{H} \quad \text{und} \quad \varkappa = \frac{\varphi(H)}{H} = \frac{1}{4\pi}\left(\frac{f(H)}{H} - 1\right)$$

dieselbe Funktion für alle Punkte.

Diese Gleichungen können nur eine Lösung haben, wie man erkennt, wenn man sich $\mathfrak{H}_0$ durch unendlich ferne, sehr starke permanente Magnete erzeugt denkt und das Ergebnis von Ziff. 73 anwendet. Man kann aber die Eindeutigkeit auch zeigen, ohne diesen Grenzübergang zu benutzen; dazu hat man die in Ziff. 73 benutzte Form der Gleichungen herzustellen und nur zu berücksichtigen, daß die Unendlichkeitsbedingung $\mathfrak{H} - \mathfrak{H}_0$ betrifft. Man kann dann ganz entsprechend wie in Ziff. 73 verfahren.

Gehen wir jetzt zur Betrachtung eines homogenen Zusatzkörpers über. Für einen solchen ist μ überall dieselbe Funktion, hat aber nicht überall denselben Wert. Aus der Gleichung

$$\mathrm{div}\,\mu\,\mathfrak{H} = 0$$

oder

$$\mathfrak{H}\,\mathrm{grad}\,\mu + \mu\,\mathrm{div}\,\mathfrak{H} = 0$$

darf man nicht schließen, daß überall $\varrho_i = 0$ sei. Während also im homogenen Feld ein homogener Körper unter den früheren, vereinfachten Annahmen keine induzierte Raumdichte besitzt, müssen wir jetzt im allgemeinen auch magnetische Raumdichte berücksichtigen. Dagegen fehlt im homogenen Ellipsoid auch unter den jetzigen, allgemeineren Voraussetzungen die räumliche induzierte Dichte.

Sehen wir nun noch einmal die Lösungen an, die wir unter den früheren, vereinfachenden Annahmen für diesen Fall gefunden haben. $\mathfrak{H}_0$ sei gegeben. Dann ist für das Innere des Ellipsoids $\mathfrak{H}$ durch (343) gegeben, und zwar hängt bei gegebener Gestalt des Ellipsoids $\mathfrak{H}$ noch von μ ab. Aus (343) folgt, daß für

$$\mu = 1 \quad \text{oder} \quad \varkappa = 0 : \mathfrak{H} = \mathfrak{H}_0,$$

für

$$\mu = \infty \quad \text{oder} \quad \varkappa = \infty : \mathfrak{H} = 0$$

wird. $\mathfrak{M}_i$ wird aber $\mathfrak{H}$ parallel.

In unserem Falle ist die Permeabilität $\mu = \dfrac{f(H)}{H}$ von H abhängig. Zeichnen wir nun (Abb. 17) eine H- und eine μ-Achse und eine Kurve I, die nach (343) H als Funktion von μ darstellt; zweitens in dasselbe Diagramm eine Kurve II, die gemäß der Beschaffenheit des Stoffes μ als Funktion von H darstellt. Diese beiden Kurven müssen sich, wie geometrisch sofort zu ersehen, mindestens in einem Punkte schneiden. Sei S ein solcher, und seien nun $\bar{\mu}$, $\bar{\mathfrak{H}}$ die S zukommenden Werte, so wird im Innern des Ellipsoids die Feldstärke $\bar{\mathfrak{H}}$ herrschen müssen. Denken wir uns nämlich zunächst unser Ellipsoid durch einen Stoff ausgefüllt, für den $\mu = \bar{\mu}$ unabhängig von der Feldstärke ist, so würde gemäß der Kurve I $\mathfrak{H}$ dort $=\bar{\mathfrak{H}}$ sein, die Raumdichte $=0$ und nur induzierte Flächendichte vorhanden sein. Nun ersetzen wir aber diesen Stoff durch den uns vorgegebenen. Wir müssen zu der Lösung unseres Problems gelangen, wenn wir in die Gleichungen (395) bis (400) die Größen einsetzen, die dem vorigen Fall entsprechen, also die wahre räumliche Dichte Null setzen. Denn die im vorigen Fall vorhandenen Werte von $\mathfrak{H}$, $\mathfrak{M}_i$, $\mathfrak{Z}$, η_i, ϱ_i, die wir mit $\mathfrak{H}'$, $\mathfrak{M}'_i$, $\mathfrak{Z}'$, η'_i, ϱ'_i $(=0)$ bezeichnen mögen, befriedigen offenbar (346) bis (400), und $\mathfrak{Z}'$ befriedigt die Unendlichkeitsbedingung. Ferner ist

$$M'_i = \frac{\bar{\mu}\,H' - H'}{4\pi}.$$

Da aber S auf I liegt, ist seine Ordinate

$$\bar{H} = H',$$

und da S auf II liegt, so ist

$$\bar{\mu}\,\bar{H} = f(\bar{H}) = f(H'),$$

also

$$M'_i = \frac{f(H') - H'}{4\pi},$$

d. h. auch (395) ist erfüllt.

Im Innern des Ellipsoids kann also wirklich das Feld $\mathfrak{H}'$ bestehen, und dies Feld m u ß auch wegen der Eindeutigkeit bestehen. Wir

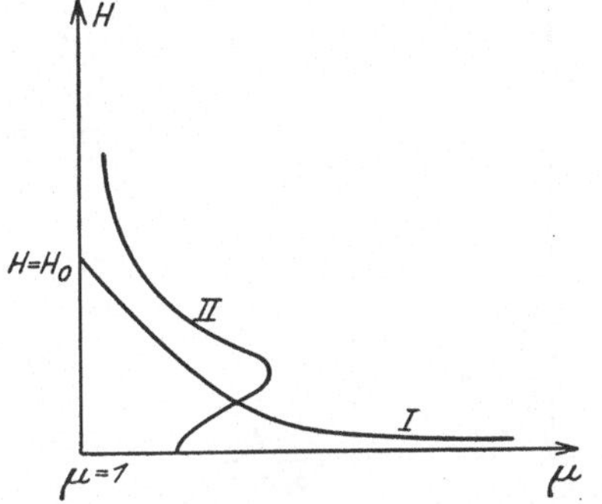

Abb. 17. Bestimmung der Feldstärke im homogenen Ellipsoid.

erhalten also in der Tat eine Lösung, bei der das Zusatzfeld, die induzierte Magnetisierung und das Gesamtfeld homogen sind. Aus der Eindeutigkeit der Lösung von (395) bis (400) folgt auch, daß die Kurven I und II in Abb. 17 sich nur einmal schneiden.

Aus diesen Betrachtungen geht hervor: Ein homogenes Ellipsoid im homogenen magnetischen Feld läßt sich immer durch ein gleichgestaltetes Ellipsoid mit einer gewissen k o n s t a n t e n Permeabilität ersetzen, insbesondere ist auch unter unserer erweiterten Annahme der Entmagnetisierungskoeffizient genau derselbe wie früher. Es ist also wieder

$$\mathfrak{H}_x = \mathfrak{H}_{0x} - A\,\mathfrak{M}_{ix} \quad \text{usw.,} \tag{401}$$

wo A, B, C dieselben Werte wie früher besitzen.

76. Magnetisierungskurve und Scherung. Wir sahen P als eindeutige Funktion von H an, womit auch M_i als Funktion von H gesetzt ist. Eine Kurve, die P oder M_i als Funktion von H veranschaulicht, nennen wir M a g n e t i s i e r u n g s - k u r v e. Nach unseren Annahmen geht eine Kurve, die P als Funktion von H darstellt, aus der M_i-H-Kurve durch eine einfache geometrische Konstruktion hervor. Später werden wir auch unsere jetzigen Annahmen noch verallgemeinern; dann wird im allgemeinen von Vektoren $\mathfrak{P}$ und $\mathfrak{M}_i$ überhaupt nicht geredet werden können[1]), und wir haben dann nur die B-H-Diagramme bzw. die M-H-Diagramme als Magnetisierungskurven zu bezeichnen.

Wir wollen hier nur das Prinzipielle über die Gewinnung einer Magnetisierungskurve durch Messung an einem homogenen Ellipsoid im homogenen Feld besprechen. Es ist vor allem zu bemerken, daß wir $\mathfrak{H}$ nicht unmittelbar messen, sondern zunächst das äußere Feld $\mathfrak{H}_0$. Dieses ist uns auf Grund seiner Entstehung etwa aus permanenten Magneten oder, was praktisch von größerer Bedeutung ist, auf Grund seiner Entstehung durch Ströme bekannt. Die Art und Weise, wie das äußere Feld mit den Strömen zusammenhängt, ist im nächsten Kapitel zu besprechen. Insofern aber nun die Beziehung zwischen den Kurven $M_i - H$ und $M_i - H_0$ unabhängig von der Art der Erzeugung des Feldes gilt, ist die Besprechung dieses Punktes schon hier am Platze.

Umgibt man ein Rotationsellipsoid mit einer Stromspule, so kann man nach Ziff. 72 die Änderung des Induktionsflusses durch diese messen, also auch für eine Reihe von Werten den Induktionsfluß selbst, d. h. in diesem Fall $\int \mathfrak{P}\, do$ und wegen der Homogenität des Feldes $\mathfrak{P}$ selbst und damit auch $\mathfrak{M}_i$. Man kann aber auch $\mathfrak{M}_i$ etwa nach (352) aus dem Zusatzfeld eines Rotationsellipsoids ermitteln, das entweder mit Hilfe von Induktionsströmen nach (18) gemessen

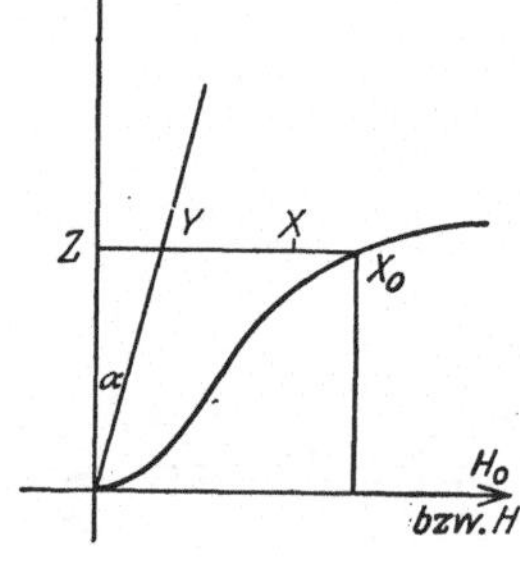

Abb. 18. Scherung.

wird oder nach dem Prinzip der Gaussischen Methode (Ziff. 27) durch die Ablenkung von Magnetnadeln.

Es ist also auf die verschiedenste Weise möglich, für ein Rotationsellipsoid M_i als Funktion von H_0 zu bestimmen, wo H_0 der Rotationsachse parallel ist. Es wird aber die funktionale Abhängigkeit der induzierten Magnetisierung M_i von H gesucht.

Gehen wir aus von einem Diagramm (Abb. 18), in dem M_i durch eine Kurve als Funktion von H_0 dargestellt wird, und zeichnen eine Gerade durch den Ursprung, die mit der Ordinatenachse den Winkel α einschließt, wo $\mathrm{tg}\,\alpha = A$, dem Entmagnetisierungskoeffizienten ist. Diese Gerade heißt die Scherungsgerade. Ist nun X_0 ein Punkt der gegebenen Kurve mit den Koordinaten H_0, M_i, so zieht man durch ihn die Parallele zur Abszissenachse, die die Scherungsgerade in Y, die Ordinatenachse in Z schneiden möge. Machen wir dann auf dieser Horizontalen $X_0 X = Y Z$, wo X auf der Seite nach der Ordinatenachse liegt, so hat X die Ordinate M_i und die Abszisse

$$H_0 - \mathrm{tg}\,\alpha\, M_i = H_0 - A M_i = H.$$

X ist also ein Punkt der Magnetisierungskurve. Indem man dieses Verfahren auf alle beobachteten Punkte der H_0, M_i-Kurve anwendet, erhält man ebensoviel Punkte der Magnetisierungskurve. Diese Methode, die Scherung heißt, stammt von Lord Rayleigh[2]).

77. Energie. Die in voriger Ziffer beschriebenen Messungen der magnetischen Induktion beruhen auf dem Faradayschen Induktionsgesetz

$$\frac{1}{c}\frac{\partial}{\partial t}\int \mathfrak{P}_{\nu}\, do = -\int \mathfrak{E}_s\, ds\,,$$

unter $\mathfrak{E}$ die elektrische Feldstärke und unter c die Lichtgeschwindigkeit verstanden. Hier ist die erste Integration über ein Flächenstück zu erstrecken. Umlaufssinn

---

[1]). Außer bei Beschränkung auf besondere Prozesse, wodurch wir auf die Voraussetzungen des Teiles II zurückkommen.
[2]) Lord Rayleigh, Phil. Mag. Bd. 22, S. 175. 1886.

der Kurve und Normale auf der Fläche sind so zu wählen, daß vom Endpunkt der Normalen aus gesehen der Umlaufssinn entgegen dem Uhrzeigersinn erscheint.

Mit Hilfe des STOKESschen Satzes erhalten wir aus (401) die zweite MAXWELLsche Gleichung

$$\frac{1}{c}\frac{\partial \mathfrak{P}}{\partial t} = -\operatorname{rot}\mathfrak{E}. \tag{402}$$

Zu dieser Gleichung tritt nun die in Ziff. 54 benutzte erste MAXWELLsche Gleichung

$$\frac{1}{c}\varepsilon\frac{\partial \mathfrak{E}}{\partial t} = \operatorname{rot}\mathfrak{H} - \frac{4\pi}{c}\mathfrak{j} \tag{403}$$

und die ebenfalls dort angeführte Gleichung

$$\mathfrak{j} = \sigma(\mathfrak{E} + \mathfrak{E}^e). \tag{404}$$

Hieraus ergibt sich wie in Ziff. 54

$$\int\frac{\varepsilon}{4\pi}\mathfrak{E}\frac{\partial \mathfrak{E}}{\partial t} + \int\frac{1}{4\pi}\mathfrak{H}\frac{\partial \mathfrak{P}}{\partial t} = \int\mathfrak{j}\,\mathfrak{E}^e d\tau - \int\frac{\mathfrak{j}^2}{\sigma}d\tau, \tag{405}$$

wo die rechte Seite den Verlust an chemischer Energie in der Zeiteinheit, vermindert um den Gewinn an Wärmeenergie bedeutet. Kann daher $\frac{1}{4\pi}\mathfrak{H}\frac{\partial \mathfrak{P}}{\partial t}$ als Differentialquotient einer Funktion der Feldstärke angesehen werden, so wird diese als magnetische Energiedichte anzusprechen sein.

Denken wir uns zwei benachbarte Vektoren (Abb. 19) $\mathfrak{H}$, die Vektoren OA, OB und die ihnen zugehörigen, ihnen parallelen $\mathfrak{P}$-Vektoren OC, OD. Beim Übergang von $\mathfrak{H} = OA$ zu $\mathfrak{H} + \delta\mathfrak{H} = OB$ wird sich $\mathfrak{P}$ um $\delta\mathfrak{P} = CD$ ändern. Nun ist $\mathfrak{H}\delta\mathfrak{P} = H$ multipliziert mit der Projektion von $\delta\mathfrak{P}$ auf OB oder OD, oder es ist

$$\mathfrak{H}\delta\mathfrak{P} = H\cdot ED = H\delta P.$$

Dasselbe finden wir analytisch:

$$\mathfrak{P} = \mu\mathfrak{H},$$
$$\mathfrak{P}_x = \mu\mathfrak{H}_x \text{ usw.},$$
$$\delta\mathfrak{P}_x = \mu\delta\mathfrak{H}_x + \mathfrak{H}_x\delta\mu \text{ usw.},$$
$$\mathfrak{H}\delta\mathfrak{P} = \mu\mathfrak{H}\delta\mathfrak{H} + \mathfrak{H}^2\delta\mu = \mu H\delta H + H^2\delta\mu = H\delta(\mu H).$$

Daher ist

$$\mathfrak{H}\delta\mathfrak{P} = H\delta P. \tag{406}$$

Es ist also auch

$$\mathfrak{H}\frac{\partial \mathfrak{P}}{\partial t} = H\frac{\partial P}{\partial t}. \tag{407}$$

Setzen wir nun

$$u = \frac{1}{4\pi}\int H\frac{\partial P}{\partial H}dH, \tag{408}$$

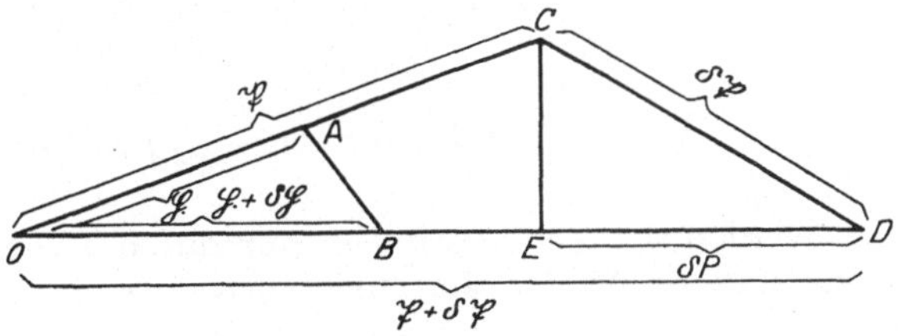

Abb. 19. $\mathfrak{H}\delta\mathfrak{P} = H\delta P.$

so wird

$$\frac{\partial u}{\partial t} = \frac{1}{4\pi}H\frac{dP}{dH}\frac{\partial H}{\partial t} = \frac{1}{4\pi}H\frac{\partial P}{\partial t},$$

und wir haben nach (405) und (407)

$$\frac{\partial}{\partial t}\int\frac{1}{8\pi}\varepsilon\mathfrak{E}^2 d\tau + \frac{\partial}{\partial t}\int u\,d\tau = \int\mathfrak{j}\,\mathfrak{E}^e d\tau - \int\frac{\mathfrak{j}^2}{\sigma}d\tau. \tag{409}$$

Nach der erwähnten Bedeutung der rechten Seite ist klar, daß

$$u = \frac{1}{4\pi}\int H\,\frac{dP}{dH}\,dH \tag{410}$$

als magnetische Energiedichte und

$$W = \frac{1}{4\pi}\int d\tau \int H\,\frac{dP}{dH}\,dH \tag{411}$$

als magnetische Energie angesehen werden kann[1]).

78. Ponderomotorische Kräfte[2]). Aus dem Ausdruck für die Energiedichte folgt der Ausdruck für die ponderomotorischen Kräfte. Wir schließen Flächendichte aus und setzen wieder $\mathfrak{P} = \mu\mathfrak{H}$ bzw. $P = \mu H$, wo die Permeabilität μ eine Funktion von H und einem durch die Materie bestimmten Parameter ist. Diesen Parameter, sowie ϱ variieren wir und fragen nach der Änderung von u und W.

Es ist nach (408)

$$u = \frac{1}{4\pi}HP - \frac{1}{4\pi}\int_0^H P\,dH\,,$$

$$\delta u = \frac{1}{4\pi}\delta(HP) - \frac{1}{4\pi}P\,\delta H - \frac{1}{4\pi}\int_0^H \delta u\,H\,dH \;\; {}^3)$$

$$= \frac{1}{4\pi}H\,\delta P - \frac{1}{4\pi}\int_0^H \delta\mu\,H\,dH\,,$$

also nach (406)

$$\delta u = \frac{1}{4\pi}\mathfrak{H}\,\delta\mathfrak{P} - \frac{1}{4\pi}\int_0^H \delta\mu\,H\,dH$$

$$= -\frac{1}{4\pi}(\mathrm{grad}\,\Phi,\,\delta\mathfrak{P}) - \frac{1}{4\pi}\int_0^H \delta\mu\,H\,dH\,.$$

Also wird

$$\delta W = -\frac{1}{4\pi}\int (\mathrm{grad}\,\Phi,\,\delta\mathfrak{P})\,d\tau - \frac{1}{4\pi}\int d\tau\int_0^H \delta\mu\,H\,dH$$

$$= \frac{1}{4\pi}\int \Phi\,\delta\,\mathrm{div}\,\mathfrak{P}\,d\tau - \frac{1}{4\pi}\int d\tau\int_0^H \delta\mu\,H\,dH$$

$$= \int \Phi\,\delta\varrho_w\,d\tau - \frac{1}{4\pi}\int d\tau\int_0^H \delta\mu\,H\,dH\,.$$

Werden die Veränderungen nur durch Verschiebung der Materie hervorgerufen, und ist $\delta\mathfrak{s}$ der Verschiebungsvektor, so ist

$$\delta\varrho = -\mathrm{div}\,(\varrho\,\delta\mathfrak{s})\,,$$

$$\delta\mu = -(\mathrm{grad}\,\mu,\,\delta\mathfrak{s})\;{}^4)\,.$$

____

[1]) E. Cohn (Fußnote 1, S. 93), S. 512.

[2]) E. Cohn. a. a. O. S. 514 ff.

[3]) $\delta\mu$ bezeichnet die Änderung von μ als Funktion der Integrationsvariablen H, die für einen festgehaltenen Wert von H eintreten würde, wenn der oben erwähnte Parameter sich ändert.

[4]) $\mathrm{grad}\,\mu$ ist der Gradient von der Permeabilität μ, die infolge der Beschaffenheit des Körpers vorhanden sein würde, wenn an der betreffenden Stelle und in der Nachbarschaft das konstante Feld H wäre.

Also haben wir

$$\delta W = -\int \Phi \operatorname{div}(\varrho_w \, \delta\mathfrak{F}) \, d\tau + \frac{1}{4\pi} \int d\tau \int_0^H H \, dH \, (\operatorname{grad}\mu, \delta\mathfrak{F})$$

$$= -\int \mathfrak{H} \varrho_w \, \delta\mathfrak{F} \, d\tau + \frac{1}{4\pi} \int d\tau \, \delta\mathfrak{F} \int_0^H H \, dH \operatorname{grad}\mu .$$

Für die Kraftdichte folgt somit

$$\mathfrak{f} = \varrho_w \mathfrak{H} - \frac{1}{4\pi} \int_0^H H \, dH \operatorname{grad}\mu . \tag{412}\,[1]$$

79. Spannungen[2]). Wie unter unseren früheren vereinfachenden Bedingungen läßt sich auch jetzt die Kraftdichte durch Spannungen darstellen. Es ist

$$\mathfrak{f}_x = \frac{\partial p_{xx}}{\partial x} + \frac{\partial p_{xy}}{\partial y} + \frac{\partial p_{xz}}{\partial z}, \tag{413}$$

$$p_{xx} = \frac{1}{4\pi} \mathfrak{H}_x \mathfrak{P}_x - \frac{1}{4\pi} \int_0^H P \, dH \text{ usw.} ,$$

$$p_{xy} = p_{yx} = \frac{1}{4\pi} \mathfrak{H}_y \mathfrak{P}_x = \frac{1}{4\pi} \mathfrak{H}_x \mathfrak{P}_y \text{ usw.} \tag{414}$$

Für eine von der Feldstärke unabhängige Permeabilität gehen diese Formeln in (243) über. Die Formeln bedeuten: Auf jedes zu den Kraftlinien senkrechte Flächenelement wirkt ein Zug vom Betrage

$$\frac{1}{4\pi} \left(HP - \int_0^H P \, dH \right) = \frac{1}{4\pi} \int_0^P H \, dP ,$$

und auf jedes parallele ein Druck vom Betrage

$$\frac{1}{4\pi} \int_0^H P \, dH .$$

b) Die Magnetisierung keine Funktion der Feldstärke. Hysteresis.

80. Allgemeiner Fall. Es wurde schon bemerkt, daß der in Ziff. 72 gemachte Ansatz nur für den Fall kleiner Feldstärken mit der Erfahrung in Einklang ist.

Auch im allgemeinsten Fall haben wir Veranlassung, einen Vektor zu betrachten, dessen Divergenz verschwindet. Wir können ihn implizit durch die MAXWELLsche Gleichung

$$\frac{1}{c} \frac{\partial \mathfrak{B}}{\partial t} = -\operatorname{rot}\mathfrak{E}$$

definieren. Er kann gemessen werden mit Hilfe von Induktionsströmen oder auch durch seine ponderomotorischen Wirkungen, genau so, wie das in Ziff. 76 unter den speziellen Voraussetzungen für $\mathfrak{P}$ angegeben wurde.

---

[1]) E. Cohn (Fußnote 1, S. 93), S. 516.   —   [2]) E. Cohn, a. a. O. S. 517.

Eine Zerlegung von $\mathfrak{B}$ in $\mathfrak{P}$ und $4\pi\mathfrak{M}_i$ ist allgemein nicht mehr möglich. Dagegen werden wir setzen

$$\frac{\mathfrak{B} - \mathfrak{H}}{4\pi} = \mathfrak{M} \tag{415}$$

und $\mathfrak{M}$ die Magnetisierung nennen. — div $\mathfrak{M}$ nennen wir die magnetische räumliche Dichte, — $\overline{\mathrm{div}}\,\mathfrak{M}$ die magnetische Flächendichte. Die Dichte läßt sich nicht in wahre und induzierte Dichte zerlegen, und die Bezeichnung der Dichte als freie ist entbehrlich.

Da $\mathfrak{B}$ keine Funktion von $\mathfrak{H}$ ist, scheinen zunächst die Maxwellschen Gleichungen nichts mehr zu besagen. Aber sie haben doch einen Inhalt, deshalb nämlich, weil für ein gegebenes Material $\mathfrak{B}$ durch die Vorgeschichte von $\mathfrak{H}$ eindeutig bestimmt ist.

Für den Fall, daß an einer Stelle $\mathfrak{H}$ immer parallel bleibt[1]), und sich sehr langsam verändert, ist diese Abhängigkeit noch besonders einfach. Es kommt dann nur auf die Reihe der durchlaufenen Werte an, nicht aber auf die Geschwindigkeit — vorausgesetzt, daß diese nur hinreichend klein ist — mit der die Werte durchlaufen werden[2]).

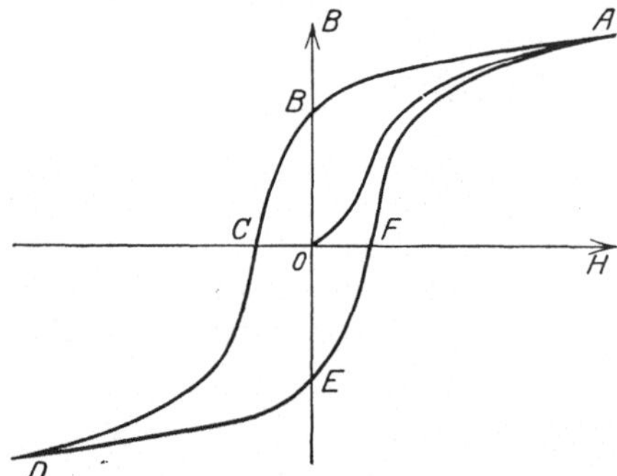

Abb. 20. Hysteresiskurve.

Stellt man den Zustand des zu untersuchenden Körpers durch ein B-H-Diagramm dar, so findet man folgendes:

Vom Nullpunkt ausgehend, folgt man der „jungfräulichen Kurve", oder der „Neukurve" OA. Läßt man dann $\mathfrak{H}$ wieder abnehmen, so bewegt sich der repräsentierende Punkt auf einem Kurvenstück AB. Für jeden Punkt von AB ist also die Induktion B größer als früher für dasselbe H. Wir nennen diese Erscheinung Hysteresis und den Ast AB den absteigenden Hysteresisast. Diesen können wir noch weiter fortsetzen bis zu negativen Werten. Geht man bis zu D, so daß D die entgegengesetzt gleiche Feldstärke wie A entspricht, so ist auch die Induktion entgegengesetzt gleich. Man kann dann H wieder wachsen lassen und wird einen aufsteigenden Hysteresisast beschreiben, der in A auf den absteigenden Ast trifft. Die geschlossene Schleife $ABCDEF$ heißt Hysteresisschleife. Ziehen wir durch O irgendeine Gerade, so wird diese in zwei Punkten geschnitten, die von O denselben Abstand haben, d. h. der untere Teil der Hysteresisschleife geht aus dem oberen durch eine Spiegelung an der H-Achse und darauf an der B-Achse hervor. Die Länge der durch O gehenden Ordinate OB stellt die Remanenz, d. h. die Induktion dar, die zurückbleibt, wenn kein Feld mehr vorhanden ist. Der absolute Wert der negativen Abszisse OC stellt die Koerzitivkraft dar, d. h. die Gegenkraft, die angewandt werden muß, um den Körper von seiner Induktion zu befreien, also gewissermaßen die Kraft, mit der er sie festhält.

Läßt man H immer größere Werte annehmen, ehe man umkehrt, so bekommt man auch immer größere Hysteresisschleifen. Alle diese konvergieren gegen eine offene Grenzschleife, die wir die maximale Schleife nennen wollen. Den

---

[1]) Über die sog. drehende Hysteresis s. Ziff. 83.
[2]) Wird $\mathfrak{H}$ rasch verändert und dann konstant gehalten, so erreicht $\mathfrak{B}$ erst nach einiger Zeit seinen definitiven Wert, der von dem verschieden ist, den man bei langsamer Änderung erhalten hätte.

von ihr begrenzten Flächenraum nennen wir, nach MADELUNG[1]), die maximale Hysteresisfläche.

Durch beliebiges Variieren der Feldstärke kann man, wie EWING[2]) gezeigt hat, jeden Punkt im Innern der Hysteresisfläche erreichen, und zwar auf unendlich viele Weisen, niemals aber einen Punkt außerhalb dieser Fläche.

Über das Verhalten von Magnetisierungskurven hat E. MADELUNG[3]) wichtige allgemeine Sätze aufgestellt. Er nennt Umkehrpunkt einen Punkt, in dem der Sinn der Feldstärke und der Induktion sich umkehrt (d. h. also ein Punkt des Diagrammes ist nicht an sich Umkehrpunkt, sondern in einem Prozeß spielt er die Rolle eines Umkehrpunktes). MADELUNG findet nun:

1. Jede Kurve $\overline{A}$ (s. Abb. 21), die im Innern der maximalen Hysteresisfläche verläuft, ist durch den Umkehrpunkt A eindeutig definiert, aus dem sie hervorgeht.

2. Macht man einen Punkt dieser Kurve selbst zu einem neuen Umkehrpunkt B, so führt die durch B definierte Kurve $\overline{B}$ wieder zu dem Ausgangspunkt der Kurve $\overline{A}$ zurück.

3. Wenn die in C auf $\overline{B}$ entspringende Magnetisierungskurve $\overline{C}$ über B hinaus fortgesetzt wird, so läuft sie als Fortsetzung der Kurve $\overline{A}$ weiter, auf der wir ursprünglich nach B gelangt waren, also so, als ob der Zyklus B-C-B gar nicht vorhanden gewesen wäre.

Von besonderer Wichtigkeit ist noch das Ergebnis, daß im $B-H$-Diagramm diejenigen Kurven, die aus Umkehrpunkten gleicher Ordinate hervorgehen, sich durch Parallelverschiebung mit genügender Genauigkeit ineinander überführen lassen.

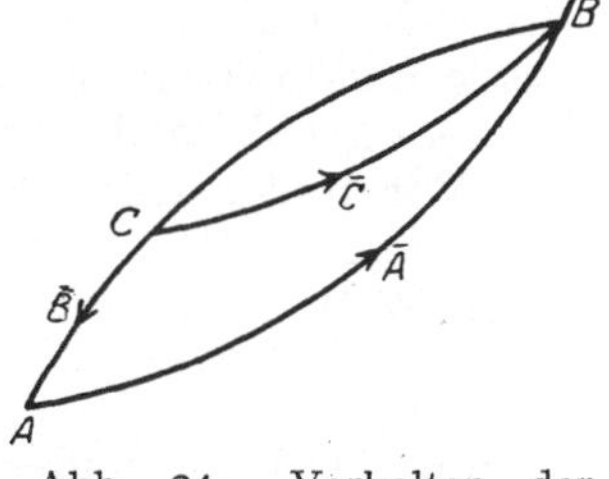

Genaueres darüber, wie die in dieser Ziffer mitgeteilten Gesetzmäßigkeiten gefunden werden, muß einem anderen Kapitel vorbehalten bleiben. Weiter unten soll das Prinzipielle darüber bemerkt werden.

Abb. 21. Verhalten der Magnetisierungskurven bei mehrfachem Durchgang durch Umkehrpunkte nach E. MADELUNG.

81. Bestimmung des Feldes aus den Strömen. Wir wollen überlegen, wie sich nach diesen Ansätzen das Feld bestimmt. Denn die Abhängigkeit des Vektors $\mathfrak{B}$ von der Vorgeschichte von $\mathfrak{H}$ ist nur ein Teil der Antwort auf diese Frage. Früher dachten wir uns das Feld erzeugt durch permanente Magnete. Der Begriff des permanenten Magneten ist aber für unsern jetzigen Standpunkt zu speziell, er wird sich in der Tat als ein Sonderfall herausstellen (Ziff. 84). Dem folgenden Kapitel vorgreifend, denken wir uns also im Felde veränderliche Ströme gegeben und bezeichnen die Stromdichte mit $\mathfrak{j}$. Die Körper im Felde sollen alle ruhen.

Nun sind unsere Bedingungen, aus denen sich das Feld bestimmt (Kap. 2, Ziff. 11):

$$\operatorname{rot} \mathfrak{H} = \frac{4\pi}{c}\,\mathfrak{j} \tag{416}$$

$$\operatorname{div} \mathfrak{B} = 0 . \tag{417}$$

$\mathfrak{B}$ ist eine für jeden Punkt des Raumes vorgeschriebene Funktion von der Vorgeschichte von $\mathfrak{H}$[4]). Die Vektoren $\mathfrak{B}$ und $\mathfrak{H}$ genügen der Unendlichkeits-

[1]) E. MADELUNG, Ann. d. Phys. Bd. 17, S. 861. 1905.
[2]) I. A. EWING, Magnetische Induktion S. 96. Berlin 1892.
[3]) E. MADELUNG, a. a. O., auch Phys. ZS. Bd. 13, S. 436. 1912.
[4]) D. h. es gilt eine Vorschrift, die jeder Funktion $\mathfrak{H}(t)$ einen Vektor $\mathfrak{B}$ zuordnet.

bedingung. Es wird sich $\mathfrak{H}$ aus einem sog. Vektorpotential (Kap. 2, Ziff. 12) und einem gewöhnlichen Potential ableiten lassen, und es wird wohl zu fordern sein, daß beide im Unendlichen wie const/r verschwinden, $\mathfrak{H}$ also wie const/r^2.

Ob nun diese Ansätze das Feld wirklich bestimmen, ob es immer eine Lösung gibt, und nur eine, ist eine mathematische Frage, die wohl noch nicht behandelt worden ist. (Dabei ist noch zu beachten, daß jene Funktion von der Vorgeschichte, wie oben (Ziff. 80) bemerkt, eine besonders einfache Form besitzt, wenn die Ströme sich sehr langsam verändern.)

Es läßt sich aber leicht übersehen, daß in einem homogenen Ellipsoid, das einem langsam veränderlichen homogenen Feld ausgesetzt wird, das innere Feld wieder homogen sein wird — wenigstens, daß bei einer Lösung das der Fall ist. Auch im allgemeinen Fall können wir $\mathfrak{B}$ bzw. $\mathfrak{M}$ nach dem in Ziff. 76 auseinandergesetzten Verfahren messen. Wir haben auch jetzt entsprechend (401)

$$\mathfrak{H}_x = \mathfrak{H}_{0x} - A\,\mathfrak{M}_x \text{ usw.} \tag{418}$$

Das Scherungsverfahren ist also wieder anwendbar, und wir können daher aus einem $M\text{-}H_0$-Diagramm zu einem $M\text{-}H$-Diagramm und damit nach (415) zu einem $B\text{-}H$-Diagramm gelangen. Auf diese Weise konnten die in der vorigen Ziffer angegebenen Gesetzmäßigkeiten festgestellt werden.

82. Hysteresiswärme. Ist B keine eindeutige Funktion mehr von H, so läßt sich auch nicht mehr von einer magnetischen Energie reden. Man kann aber aus $\mathfrak{H}$ und $\mathfrak{B}$ einen Differentialausdruck bilden, der durch Integration über eine Hysteresisschleife die bei der Hysteresis auftretende Wärme ergibt.

Wir finden den Ausdruck aus den MAXWELLschen Gleichungen und dem OHMschen Gesetz. Wir gehen wieder von der MAXWELLschen Gleichung aus. Statt (402) haben wir jetzt

$$\frac{1}{c}\frac{\partial\mathfrak{B}}{\partial t} = -\operatorname{rot}\mathfrak{E}, \tag{419}$$

wo $B = |\mathfrak{B}|$ keine eindeutige Funktion von H ist. Hierzu treten (403) und (404). Wir erhalten nun entsprechend (405)

$$\frac{\partial}{\partial t}\int\frac{\varepsilon}{8\pi}\,\mathfrak{E}^2\,d\tau + \frac{1}{4\pi}\int\mathfrak{H}\,\frac{\partial\mathfrak{B}}{\partial t}\,d\tau = \int\mathfrak{i}\,\mathfrak{E}^e\,d\tau - \int\frac{\mathfrak{i}^2}{\sigma}\,d\tau. \tag{420}$$

Der Integrand des zweiten Integrals läßt sich jetzt nicht als Differentialquotient nach der Zeit darstellen. Da das erste Integral den Zuwachs an elektrischer Energie in der Zeiteinheit, die rechte Seite aber den Verlust an chemischer Energie in der Zeiteinheit, vermindert um den Gewinn an JOULEscher Energie bedeutet, so muß bei einem Kreisprozeß pro Volumeneinheit des Ferromagneticums eine Energieform sich um den Betrag

$$\frac{1}{4\pi}\int\mathfrak{H}\,d\mathfrak{B}$$

vermehrt haben oder um

$$Q = \frac{1}{4\pi}\int H\,dB, \tag{421}$$

wenn Induktion und Feldstärke immer parallel waren. In der Tat tritt, wie E. WARBURG[1]) gezeigt hat, ein solcher Wärmebetrag in dem ferromagnetischen Körper auf, die sog. Hysteresiswärme. Durch partielle Integration erhalten wir

$$Q = -\frac{1}{4\pi}\int B\,dH. \tag{422}$$

---

[1]) E. WARBURG, Ann. d. Phys. (3) Bd. 13, S. 141. 1881.

Es ist leicht zu sehen, daß Q immer positiv und gleich dem 4π ten Teile des Flächeninhaltes der Hysteresisschleife ist.

83. Drehende Hysteresis [1]). Dreht man eine Eisenscheibe im Magnetfeld mit konstanter Winkelgeschwindigkeit, so beobachtet man, daß beim Beginn der Rotation die Induktion sich im Sinne der Scheibenrotation dreht und sehr bald eine abgelenkte Lage einnimmt. Hält man die Scheibe plötzlich an, so bleibt $\mathfrak{B}$ in dieser Lage stehen, bildet also mit der Ausgangsrichtung (der Richtung des äußeren Feldes) einen Winkel φ. Es bilden dann also Feldstärke und Induktion einen Winkel miteinander. Kehrt man die Drehrichtung um, so wird $\mathfrak{B}$ um einen Winkel φ nach der anderen Richtung abgelenkt, der Vektor $\mathfrak{B}$ macht also, wenn man plötzlich die Drehrichtung wechselt, einen Sprung im Betrage von 2φ. Dabei ist die Größe von φ von der Winkelgeschwindigkeit der Drehung unabhängig. Diese Ergebnisse wurden von GANS und LOYARTE durch Messungen mit dem ballistischen Galvanometer erhalten. Die Ablenkung der Induktion und die damit verbundene Energievergeudung wird von GANS und LOYARTE als **drehende Hysteresis** bezeichnet; sie wird von ihnen mit folgendem mechanischen Versuch in Parallele gesetzt: Hängt man eine horizontale Kreisscheibe an einem Drahte auf, läßt die Scheibe in ein mit Wasser gefülltes Gefäß tauchen, und versetzt dieses in Rotation, so wird wegen der Reibung die Scheibe aus ihrer Gleichgewichtslage abgelenkt, bis die Torsionskraft des Aufhängedrahtes den Reibungskräften das Gleichgewicht hält. Es besteht aber zwischen beiden Fällen der Unterschied, daß die Scheibe im Wasser eine um so größere Ablenkung erfährt, je rascher das Gefäß gedreht wird, während die Ablenkung der Induktion unabhängig von der Drehung der Stahlscheibe ist.

Für die pro Umlauf und pro Volumeneinheit entwickelte Hysteresiswärme finden GANS und LOYARTE den Wert

$$q = \frac{H_0 B}{2\left(1 - \dfrac{A}{4\pi}\right)}\sin\varphi,$$

wo H_0 das äußere Feld, B die Induktion ist, A der Entmagnetisierungsfaktor und φ der Ablenkungswinkel, d. h. der Winkel zwischen Induktion und äußerem Feld. Dieser Winkel hängt bei gegebenem $\mathfrak{B}$ von den Dimensionsverhältnissen der Scheibe ab, nicht aber der Winkel zwischen der Induktion und dem inneren Feld.

84. Reversible Permeabilität. Kehrt man in einem bestimmten Punkt Q der Magnetisierungskurve B-H um und läßt die Feldstärke um $\varDelta H$ zunehmen, wenn der Punkt auf einem absteigenden Ast liegt, im anderen Fall um $\varDelta H$ abnehmen, entfernt sodann wieder das Zusatzfeld, so gelangt man nach dem zweiten MADELUNGschen Satz (Ziff. 80) wieder zu dem ursprünglichen Punkt zurück. Ist nun $\varDelta H$ sehr klein, so ist die dabei durchlaufene Schleife sehr schmal und kann als ein doppelt durchlaufenes Geradenstück angesehen werden [2]). Es kann also B dargestellt werden durch eine Gleichung von der Form

$$B = aH + b, \tag{423}$$

solange H sich nicht zu sehr verändert; offenbar ist a der Tangens des Winkels zwischen der H-Achse und der Geraden, auf der sich der den Zustand repräsentierende Punkt bewegt, b ist die Ordinate des Schnittpunktes jener Geraden

---

[1]) R. GANS u. R. LOYARTE, Arch. f. Elektrot. Bd. 3, S. 139. 1915.

[2]) R. GANS, Einführung in die Theorie des Magnetismus, S. 57. Leipzig 1918; Ann. d. Phys. (4) Bd. 27, S. 1. 1908; vgl. auch R. GANS, ZS. f. Phys. Bd. 29, S. 270. 1924. E. SPUHRMANN, ZS. f. Phys. Bd. 39, S. 332. 1926.

mit der Ordinatenachse, der B-Achse (Abb. 22). Die Gleichung hört aber auf, zu gelten, wenn der repräsentierende Punkt über Q nach der Richtung wachsender H hinausgeht; denn dann wandert er auf der von O durch Q hindurchgehenden Kurve weiter. Wir können daher Q die Reversibilitätsgrenze nennen. a nennen wir nach Gans die **longitudinale reversible Permeabilität** und schreiben für sie μ_l. μ_l ist verschieden, sowohl von der gewöhnlichen Permeabilität $\mu = \dfrac{B}{H}$, als auch von dem Differentialquotienten $\mu_d = \dfrac{dB}{dH}$, wo auf der ursprünglichen Kurve fortgewandert wird. Zu μ_l gehört natürlich auch eine **longitudinale reversible Suszeptibilität** $\varkappa_l = \dfrac{\mu_l - 1}{4\pi}$, d. i. der Differential-

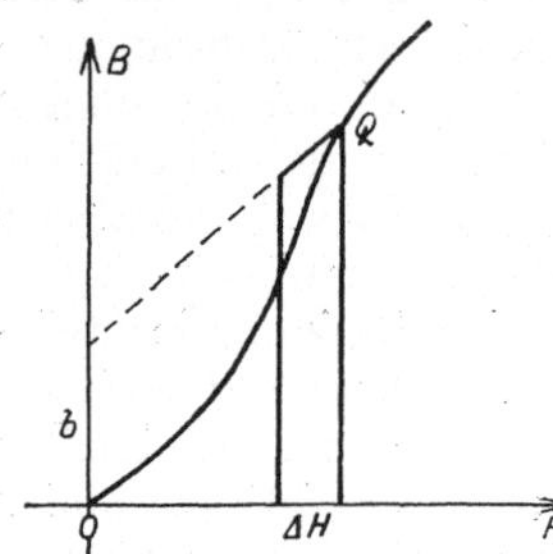

Abb. 22. Longitudinale reversible Permeabilität nach R. Gans.

quotient dM/dH beim Fortschreiten auf dem reversiblen Stück. Die Gleichung (423) schreiben wir nunmehr

$$B = \mu_l H + b. \tag{424}$$

Wie oben bemerkt, hatte Madelung gefunden, daß die Magnetisierungskurven, die zu Umkehrpunkten von derselben Ordinate gehören, auseinander durch Horizontalverschiebung hervorgehen. Daraus folgt, daß für ein und denselben Körper μ_l und $\varkappa_l$ angenähert nur durch B bestimmt sind, oder da M angenähert B proportional ist, durch M. Darüber hinausgehend hat Gans folgendes gefunden: Versteht man unter $\varkappa_0$ die **Anfangssuszeptibilität**, d. h. den Quotienten M/H für sehr kleine Felder, unter M_∞ die **Sättigungsmagnetisierung**, d. h. die höchste erreichbare **Magnetisierung**, so ist $\varkappa_l/\varkappa_0$ eine **universale Funktion** von M/M_0 (**Gesetz der korrespondierenden Zustände**). Durch theoretische noch nicht veröffentlichte Überlegungen gelangt Gans zu der Parameterdarstellung, deren Richtigkeit er experimentell bestätigt[1]).

$$\left.\begin{aligned}
\frac{\varkappa}{\varkappa_0} &= 3\left(\frac{1}{x^2} - \frac{1}{\mathfrak{Sin}^2 x}\right), \\
\frac{M}{M_\infty} &= \mathfrak{Ctg}\, x - \frac{1}{x}.
\end{aligned}\right\} \tag{425}$$

Debye[2]) hat eine theoretische Deutung dieser Formeln gegeben.

Man kann aber der longitudinalen reversiblen Permeabilität noch eine andere gegenüberstellen. Bisher wurde nur der Fall betrachtet, daß man vom Nullzustand ausgehend immer nur Felder einer Richtung verwendet. Wir nennen diese Richtung die **longitudinale**. Nun können wir aber noch ein kleines Zusatzfeld hinzufügen, in einer Richtung senkrecht dazu, die die **transversale** Richtung heiße. Wird eine transversale Zusatzfeldstärke $\mathfrak{H}_t$ zugefügt, so nimmt auch die Induktion um eine transversale Komponente $\mathfrak{B}_t$ zu. Dabei ist das Hinzufügen von $\mathfrak{H}_t$ reversibel, d. h. wenn wir es entfernen, kommen wir zu dem alten Zustand zurück. Den Quotienten $\dfrac{\mathfrak{B}_t}{\mathfrak{H}_t} = \mu_t$ bezeichnet Gans[3]) als **transversale reversible Permeabilität**; sie ist von der longitudinalen reversiblen Permeabilität verschieden.

[1]) R. Gans, Ann. d. Phys. Bd. 29, S. 301. 1909; Phys. ZS. Bd. 12, S. 1053. 1911; Ann. d. Phys. Bd. 61, S. 379. 1920.
[2]) P. Debye, Handb. d. Radiol. Bd. VI, S. 722. 1925.
[3]) R. Gans, Ann. d. Phys. (4) Bd. 29, S. 304. 1909.

Geht man also von einem Zustand aus, in dem $\mathfrak{B} \parallel \mathfrak{H}$ ist, und der aus dem Nullzustand durch Anwendung von einem immer gleichgerichteten äußeren Feld entstanden ist, läßt sodann das Feld auf einem auf- bzw. absteigenden Ast etwas abnehmen bzw. zunehmen und zieht danach nur solche Änderungen von $\mathfrak{H}$ in Betracht, für welche

    1. die Zusatzfeldstärken klein sind,

    2. die Reversibilitätsgrenze[1]) nicht überschritten wird,

so kann man nach GANS setzen

$$\mathfrak{B} = \mathfrak{b} + \mu_l \mathfrak{H}_l + \mu_t \mathfrak{H}_t \,. \tag{426}$$

Dabei lassen sich μ_l, μ_t als ein Tensor von rotationellipsoidischer Symmetrie auffassen. Man erhält nun die elementare Theorie hieraus, wenn man annimmt

    1. daß $\mu_l = \mu_t$ ist,

    2. daß $\mathfrak{b}$ ein bei Bewegungen des Körpers fest mit ihm verbundener Vektor ist.

Die erste Annahme ist nicht streng erfüllt. Immerhin gilt sie angenähert für kleine Magnetisierungen[2]). Man wird dann setzen

$$\mu_t = \mu_l = \mu \quad \text{und} \quad \mathfrak{b} = 4\pi \mathfrak{M}_w$$

und erhält dann aus (426)

$$\mathfrak{B} = \mu \mathfrak{H} + 4\pi \mathfrak{M}_w \,. \tag{427}$$

$\mathfrak{M}_w$ ist dann die wahre Magnetisierung. Aus

$$\mathrm{div}\,\mathfrak{B} = 0$$

folgt

$$\mathrm{div}\,(\mu \mathfrak{H}) = -4\pi \,\mathrm{div}\,\mathfrak{M}_w \tag{428}$$

— $\mathrm{div}\,\mathfrak{M}_w$ ist eine an der Materie haftende Größe, die wahre Dichte. Wir sind damit zur elementaren Theorie zurückgelangt, die wir aber jetzt als Näherungstheorie erkannt haben.

85. Permanente Magnete. Die Gleichungen (427) und (428) werden nur gelten, wenn sich die Feldstärken nicht sehr verändern. Nun wollen wir einen Körper von der Stelle des Feldes, an der er sich befindet, entfernen und ihn der Einwirkung aller anderen Körper entziehen. An der Stelle, wo der Körper sich befand, wird nun noch eine von den übrigen herrührende Feldstärke zurückbleiben. Diese nennen wir die äußere Feldstärke. War nun die äußere Feldstärke, unter der der Körper stand, sehr groß, so wird auch die totale innere in ihm herrschende Feldstärke sich stark geändert haben, und für den Prozeß der Entfernung werden die Gleichungen (427) und (428) nicht gelten.

Von besonderem Interesse ist aber der Fall, daß die äußere Feldstärke Null oder sehr klein ist. Es ist durchaus nicht nötig, daß in diesem Fall auch die innere Feldstärke Null oder klein ist. Ein Körper, der, wenn auch nicht unter einer kleinen Gesamtfeldstärke, doch unter einer kleinen äußeren Feldstärke steht, und dessen repräsentierender Punkt sich bei kleinen Änderungen der äußeren Feldstärke auf dem in voriger Ziffer beschriebenen reversiblen Geradenstück bewegt, heißt **permanenter Magnet**. Der ihm zugehörige Vektor $\mathfrak{M}_w$ ist die wahre Magnetisierung und die negative Divergenz davon die wahre Dichte, und zwar im engeren Sinne. Obwohl die elementare Theorie des wahren Magnetismus sich auch auf den allgemeineren am Ende der vorigen Ziffer erwähnten Fall bezieht, so denken wir doch vor allem bei ihr an permanente Magnete. Natürlich dürfen dann diese permanenten Magnete, damit die Theorie anwendbar bleibt, nur in schwache äußere Felder gebracht werden.

---

[1]) Das Vorhandensein einer solchen ist anzunehmen, auch wenn $\mathfrak{H}$ etwas gedreht ist.
[2]) R. GANS, Ann. d. Phys. Bd. 29. S. 311. 1909.

Überlegen wir nun, wie der repräsentierende Punkt eines permanenten Magneten im M-H-Hysteresisdiagramm zu finden ist, und beschränken wir die Betrachtung auf ein Ellipsoid. Das Ellipsoid sei parallel einer Achse, der Achse a, magnetisiert, und A sei der Entmagnetisierungskoeffizient. Wir wollen uns nun die Magnetisierung durch ein äußeres homogenes, etwa von einem Strom erzeugtes Magnetfeld vorgenommen denken und dieses dann ausschalten. Dadurch gelangen wir auf den absteigenden Hysteresisast, aber nicht auf die Ordinatenachse. Vielmehr gilt für die Feldstärke und die Magnetisierung nach (418)

$$H = -AM\,. \tag{429}$$

Wir erhalten also den repräsentierenden Punkt (Abb. 23), wenn wir durch den Nullpunkt unseres Diagramms eine Gerade OA ziehen, die links von der Ordinatenachse (nach der Seite der negativen H) verläuft und mit ihr den Winkel

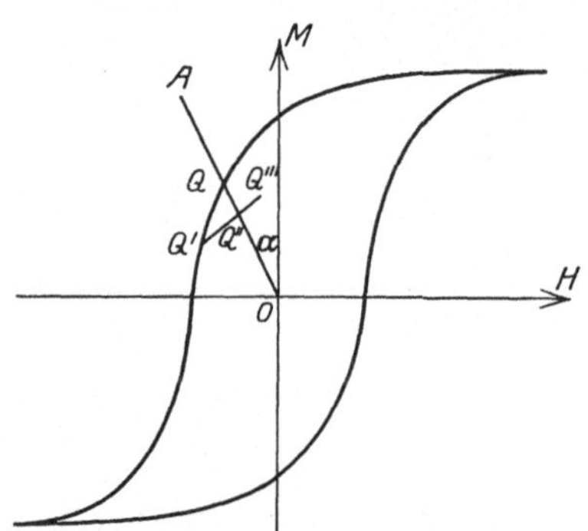

Abb. 23. Diagramm für permanente Magnete nach Gans.

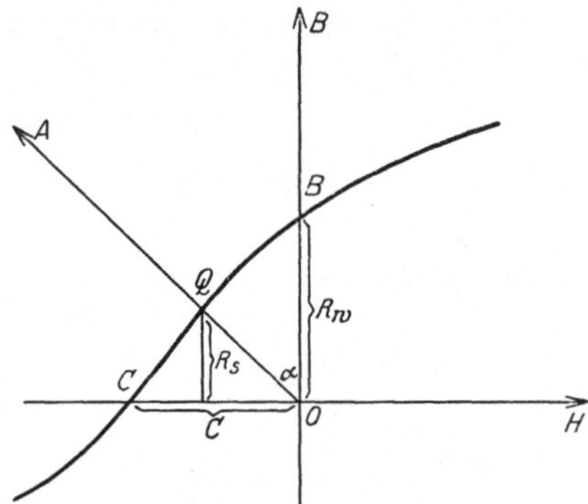

Abb. 24. Scheinbare und wahre Remanenz.

$\alpha = \operatorname{arctg} A$ einschließt. Der Schnittpunkt Q dieser Geraden mit dem absteigenden Hysteresisast ist der repräsentierende Punkt für den Körper im Augenblick des Ausschaltens. Aber ein Ellipsoid, dessen repräsentierender Punkt sich in Q befindet, ist noch sehr instabil. Die geringste negative Zusatzfeldstärke würde den Punkt auf dem absteigenden Ast weiterführen, etwa nach Q' und von dort kämen wir beim Ausschalten nicht nach Q' zurück, sondern nach Q''. Nachdem das aber geschehen, wird der Magnet, dessen Zustand jetzt durch Q'' repräsentiert ist, stabiler sein. Solange jetzt nur kleine äußere Feldstärken wirken, wird sich der repräsentierende Punkt auf einem kleinen Geradenstück Q', Q'', Q''' bewegen. Man kann diese Stabilisierung von vornherein herbeiführen, indem man an der Stelle des Magneten vorübergehend eine negative Feldstärke erzeugt, oder ihn in ein schwaches Wechselfeld bringt.

Die Güte eines permanenten Magneten wird durch die in ihm nach dem Ausschalten zurückbleibende Induktion bestimmt. Da H im allgemeinen klein gegen B ist, so erhält man diese auch, wenn man (Abb. 24) im B-H-Diagramm die mit der Ordinatenachse den Winkel $\alpha = \operatorname{arctg} A$ bildende Entmagnetisierungsgerade OA zieht (A = Entmagnetisierungskoeffizient) und den Schnittpunkt mit dem absteigenden Ast der induzierten Hysteresiskurve aufsucht. Seine Ordinate ist die zurückbleibende Induktion. Sie heißt s c h e i n b a r e R e m a n e n z (R_s) und ist verschieden von der w a h r e n R e m a n e n z OB (R_w).

Die scheinbare Remanenz ist von der wahren Remanenz um so weniger verschieden, je steiler die Entmagnetisierungsgerade verläuft, je kleiner also der Winkel zwischen ihr und der Ordinatenachse oder je kleiner die Entmagneti-

sierung ist. Will man nun Magnetstahlsorten in bezug auf ihre Eignung zu Dauer-
magneten vergleichen, so kann man nicht die scheinbare Remanenz angeben,
da diese von der Form abhängt. Die Angabe der wahren Remanenz würde aber
nicht ausreichend sein, da durch sie allein eben die scheinbare nicht bestimmt ist;
ceteris paribus fällt bei kleinerer Koerzitivkraft (OC in Abb. 24) die scheinbare
Remanenz kleiner aus. Überdies haben Magnete mit großer Koerzitivkraft den
Vorteil, daß sie durch äußere Gegenkräfte den Magnetismus weniger leicht
verlieren. Deshalb hat GUMLICH[1]) das Produkt von wahrer Remanenz und
Koerzitivkraft $R_w \cdot C$ ($OB \cdot OC$, Abb. 24) als die Leistungsfähigkeit der
Magnetstahlsorte definiert. J. WÜRSCHMIDT[2]) weist darauf hin, daß diese Größe
noch kein eindeutiges Maß für die Leistungsfähigkeit eines Magneten gibt. Je
nach der Form, wird die Sorte mit der größeren Koerzitivkraft oder die mit der
größeren Remanenz den Vorzug verdienen. Aber selbst bei gegebener Form ist
die Leistungsfähigkeit der Sorte noch kein Maß für die Brauchbarkeit des Magneten.
Denn wenn Remanenz und Koerzitivkraft dieselben sind, wird die stärker ge-
krümmte Magnetisierungskurve den Vorzug verdienen. Es ist also wünschens-
wert, die Gestalt der Magnetisierungskurve irgendwie zu berücksichtigen. Dieser
Forderung entspricht die von S. EVERSHED[3]) vorgeschlagene Bewertung durch
das Produkt $\frac{(BH)_{max}}{8\pi}$. Diese Größe nennt WÜRSCHMIDT Güteziffer und vergleicht
die „Leistung" mit der Güteziffer.

Setzt man $x = H, y = \frac{C}{R_w} B$, so wird die Magnetisierungskurve symmetrisch
in x, y. Daher erreicht sie ihr Maximum für $x = y$ [4]).

Näheres über die Auswahl des Materials nach diesen Gesichtspunkten findet
man in Kap. 3 u. 4; einiges ist schon in Ziff. 7 dieses Kapitels gesagt worden.

---

[1]) E. GUMLICH, Leitfaden der magnetischen Messungen, S. 204. Braunschweig 1918.
[2]) J. WÜRSCHMIDT, ZS. f. Phys. Bd. 29, S. 175. 1924; ZS. f. Instrkde. Bd. 431, S. 121.
1923.
[3]) S. EVERSHED, Electrician Bd. 84, S. 591. 1920.
[4]) Über magnetische Prüfmethoden vgl. auch noch: J. WÜRSCHMIDT, Stahl u. Eisen
Bd. 44, Nr. 51, S. 1727. 1924; Ber. Nr. 65 des Werkstoffausschusses deutscher Eisenhütten-
leute. Sitzung vom 17. Juni 1925.

Kapitel 2.

Magnetische Felder von Strömen.

Von

P. Hertz, Göttingen.

Mit 2 Abbildungen.

1. Der Oerstedtsche Versuch; Ampèresche Regel. Im Jahre 1820 entdeckte J. C. Oerstedt[1]), daß eine Magnetnadel durch den elektrischen Strom eine Ablenkung erfährt. Oerstedt ließ den Strom durch einen geradlinigen Draht gehen. Er fand, daß die Ablenkung einer Kraft entspricht, die senkrecht auf der durch die Nadel und den Strom gelegten Ebene steht[2]).

Über den Richtungssinn der Ablenkungskraft konnte er nur Einzelregeln angeben; sie sind von Ampère in die bekannte Schwimmregel zusammengefaßt:

„Man versetze sich in Gedanken in den elektrischen Strom, so daß dessen Richtung von den Füßen nach dem Kopfe geht und denke sich, man habe das Gesicht nach der Magnetnadel zugekehrt, so wird stets das nach Norden gerichtete Ende derselben durch die Wirkung des elektrischen Stromes nach der linken Hand abgelenkt."[3])

2. Strommessung; Tangentenbussole. Die Einwirkung des Stromes auf die Magnetnadel gibt uns das Mittel, die Stärke des elektrischen Stromes zu messen[4]). Wir sehen hier davon ab, daß man die Stärke eines Stromes auch durch die von ihm beförderte Elektrizitätsmenge definieren kann und messen sie nur nach ihrer magnetischen Wirkung. Wir wollen erst eine Definition der gleichen Stromstärke für ein und denselben Drahtkreis, dann für verschiedenen Drahtkreis, endlich eine Definition der n-fachen Stromstärke geben.

Wir bemerken, daß wir uns jetzt und im folgenden zunächst auf den Fall beschränken, daß im ganzen Felde die Permeabilität $=1$ ist.

Ferner beschränken wir unsere Definition fürs erste auf sehr dünne Drähte; die durch diese hindurchgehenden Ströme wollen wir lineare Ströme nennen. Die Linearität bezieht sich erstens auf den Draht an sich,

---

[1]) J. Chr. Oerstedt, Experimenta circa effectum conflictus electrici in acum magneticam, Hafniae 1820, lat. abgedruckt Schweigg. Journ. Bd. 29, S. 275. 1820, in deutscher Übers. Gilbert, Ann. d. Phys. Bd. 66, S. 295. 1820. Ostwalds Klassiker 63. 1895.

[2]) So drückt Oerstedt sich nicht aus. Er sagt: ex observatis colligere licet hunc conflictum gyros peragere.

[3]) A. M. Ampère, Ann. chim. phys. Bd. 15, S. 67. 1820. Der obige Text ist der Übersetzung von Gilbert entnommen in Gilb. Ann. Bd. 67, S. 123. 1821.

[4]) Das Wort „galvanomètre" zuerst bei Ampère, a. a. O.

zweitens auf den Draht mit Rücksicht auf die gerade in Betracht kommenden Aufpunkte[1]).

Erzeugt der Strom in ein und demselben Drahtkreis während einer gewissen Zeit in e i n e m Punkte dieselbe magnetische Feldstärke, so wird er während dieser Zeit an a l l e n Stellen dieselbe magnetische Feldstärke erzeugen und der Strom heißt dann während dieser Zeit konstant[2]). Wir können durch Akkumulatoren Ströme erzeugen, die eine Zeitlang konstant bleiben und sagen dann auch von den Akkumulatoren, daß sie solange konstant geblieben sind.

Nun betrachten wir zwei Drahtkreise, die aus verschiedenem Material bestehen können, beide sehr dünn sind und — abgesehen vom Querschnitt — gleich gestaltet[3]).

Es zeigt sich nun folgendes: Wenn die beiden Drahtkreise in e i n e m Paar entsprechender Punkte, deren Abstand von den Drähten groß gegen deren Dicke ist[4]), dieselbe magnetische Feldstärke erzeugen, so wird das für a l l e solche Paare von Punkten zutreffen.

In diesem Fall werden wir sagen, daß durch die Drähte der gleiche Strom fließt, oder daß die Stromstärke in ihnen gleich ist.

Man kann es, wenn in dem einen Draht ein Strom gegeben ist, immer so einrichten — durch Wahl eines oder mehrerer Akkumulatoren und evtl. Hinzufügung von Widerstand — daß in dem andern ein ebenso starker Strom fließt.

Legen wir nun n dünne, gleichgestaltete Drahtkreise dicht nebeneinander[5]), schicken einzeln Ströme gleicher Stromstärke (s. oben) durch sie und schalten dann die dazu benutzten Akkumulatoren, die auch noch als hinreichend konstant (s. oben) vorausgesetzt werden sollen, alle g l e i c h z e i t i g, jeden in den betreffenden Leiterstrom ein. Wir wollen dann sagen, es fließe durch alle Drähte zusammen ein Strom der n-fachen Stromstärke. Finden wir nun e i n e n e i n z i g e n gleichgestalteten linearen Stromkreis, dessen Wirkung an e i n e r Stelle der Wirkung der n einzelnen zusammen gleichkommt, so trifft dies überall zu und wir wollen dann von diesem Strom sagen, seine Stromstärke sei $n$mal so groß, wie die jedes einzelnen[6]).

Nun zeigt sich weiter, u n d d a s i s t k e i n e s w e g s e i n e F o l g e a u s d e m v o r h e r G e s a g t e n, daß überall die von dem Strom erzeugte Wirkung — d. h. die Feldstärke — der Stromstärke proportional ist. Wir gewinnen dadurch ein bequemes Maß, Stromstärken zu vergleichen.

Bildet man aus ein und demselben geschlossenen Draht einmal eine Schleife mit zwei dicht beieinander laufenden Zuleitungsdrähten, das zweite Mal n-Windungen von derselben Gestalt, wieder mit zwei dicht nebeneinanderlaufenden

---

[1]) Daß der Draht sehr dünn oder der Strom linear ist, heißt etwa folgendes: Es gibt eine geschlossene Kurve $\mathfrak{C}$; ich kann um sie eine Röhre $\mathfrak{R}$ legen und darin den Draht unterbringen. δ sei eine gegen die Länge l kleine Länge. Jeder Punkt P_i von $\mathfrak{C}$ kann mit einem Röhrenstück $\mathfrak{R}_i$, einem Teil von $\mathfrak{R}$, umgeben werden (in das der Draht einmal eintritt, und aus dem er einmal austritt), das in großer Annäherung als ein geradliniger Zylinder angesehen werden kann, und dessen Querdimensionen $< \delta$ sind. P_i besitzt von allen nicht zu $\mathfrak{R}_i$ gehörigen Punkten einen Abstand $> l$. Als Aufpunkte kommen alle Punkte in Betracht, die von $\mathfrak{C}$ keinen geringeren Abstand als l haben.

[2]) Diese Definition läßt sich auch für nichtlineare Ströme geben.

[3]) D. h. etwa, sie sollen beide in e i n e Röhre $\mathfrak{R}$ untergebracht werden, die dann den in der vorigen Anm. erwähnten Bedingungen genügt. δ muß dabei größer genommen werden.

[4]) Siehe Anm. 1.

[5]) D. h. legen wir sie alle zusammen in eine Röhre von der in Anm. 1 und Anm. 3 betrachteten Art.

[6]) Man erhält auch die n-fache Stromstärke, wenn man die n Akkumulatoren hintereinander schaltet, falls der Akkumulatorenwiderstand gegen den Drahtwiderstand zu vernachlässigen ist; doch kann man hierauf keine Definition gründen, weil erst der Begriff des Widerstandes definiert werden müßte.

natürlich kürzeren — Zuleitungsdrähten, so erhält man das zweite Mal an entsprechenden Punkten die n-fache Feldstärke.

Aus dem Gesagten folgt, daß, wenn man einen Strom als Einheit wählt, man jedem Strom eine Stromstärke zuordnen kann.

Um nun aber zu absoluten Maßangaben zu gelangen, müssen wir uns für eine bestimmte Gestalt des Stromes entscheiden. Als solche wählen wir den Kreis. Wir stellen den Draht in den magnetischen Meridian und bringen die Magnetnadel in den Mittelpunkt. Fließt kein Strom durch den Draht, so steht die Nadel im Meridian. Fließt ein Strom hindurch, wird die Nadel abgelenkt. Für die Feldstärke, die diese Ableitung hervorruft, muß jedenfalls gelten:

$$H = A J \,, \tag{1}$$

wenn J die Stromstärke in irgendwelchen Maßeinheiten und A eine Konstante ist. Daraus ergibt sich für den Ablenkungswinkel φ

$$\operatorname{tg} \varphi = \frac{H}{H_0} = \frac{A J}{H_0} \tag{2}$$

unter H_0 die Horizontalkomponente des Erdfeldes verstanden. Das beschriebene Instrument heißt Tangentenbussole.

Es zeigt sich nun, daß A dem Radius r des Drahtkreises umgekehrt proportional ist. Wir haben also:

$$H = \frac{a J}{r} \,, \tag{3}$$

$$\operatorname{tg} \varphi = \frac{a J}{r H_0} \,, \tag{4}$$

wo a von dem Drahtradius unabhängig ist. Natürlich hängt aber A von der gewählten Stromeinheit ab. Wir könnten diese so wählen, daß $a = 1$ wird. Es ist aber, wie sich bald zeigen wird, zweckmäßiger $a = 2\pi$ zu setzen. Die Maßzahl, die der Strom dann bekommt, bezeichnet man als die Maßzahl des elektromagnetisch gemessenen Stromes. Wir wollen sie mit J_m bezeichnen. Dann haben wir also:

$$H = \frac{2\pi}{r} J_m \,, \tag{5}$$

$$\operatorname{tg} \varphi = \frac{2\pi J_m}{r H_0} \,. \tag{6}$$

Nun kann man die Stromstärke noch anders messen. Denken wir an die n nebeneinandergelegten Leiterkreise, in denen derselbe Strom fließt. Es ist von vornherein anzunehmen, — und die Erfahrung bestätigt es —, daß in jedem von ihnen dieselbe Elektrizitätsmenge den Querschnitt durchfließt, im ganzen also durch alle zusammen die $n$fache Elektrizitätsmenge von der in einem Leiterkreis fließenden. Ebenso groß wird die Elektrizitätsmenge sein, die den Querschnitt des jene n Ströme zusammen ersetzenden Stromes durchwandert. Es wird also allgemein die Stärke eines Stromes proportional der in der Zeiteinheit transportierten Elektrizitätsmenge sein. Wir ordnen also jedem Strom noch eine zweite Maßzahl J_s zu, die J_m proportional ist. J_s gibt an, wie viel Einheiten der elektrischen Ladung in der Zeiteinheit durch den Querschnitt des Drahtes fließen und heißt die Maßzahl des elektrostatisch gemessenen Stromes. Wir haben also

$$J_m = \frac{1}{c} J_s \,, \tag{7}$$

wo c eine Proportionalitätskonstante ist. Sie hat den Wert

$$c = 3 \cdot 10^{10} \,.$$

Über die Ermittlung dieses Wertes vgl. Bd. 16.

Verwenden wir also elektrostatische Einheiten, so wird

$$H = \frac{2\pi}{c\,r}\,J_s\,, \tag{8}$$

$$\operatorname{tg}\varphi = \frac{2\pi J_s}{c\,r\,H_0}\,. \tag{9}$$

Messen wir elektrostatisch, so bekommen wir, da die elektrische Ladung die Dimension

$$m^{\frac{1}{2}}\,l^{\frac{3}{2}}\,t^{-1}$$

hat, für die Stromstärke die Dimension:

$$m^{\frac{1}{2}}\,l^{\frac{3}{2}}\,t^{-2}\,.$$

Die Dimension von J_m ergibt sich aus (5). Da H die Dimension

$$m^{\frac{1}{2}}\,l^{-\frac{1}{2}}\,t^{-1}$$

besitzt (Kap. 1, Ziff. 11), so hat J_m die Dimension:

$$m^{\frac{1}{2}}\,l^{\frac{1}{2}}\,t^{-1}\,.$$

Es kann selbstverständlich nicht die Rede davon sein, daß eine Dimension dem Strome vor der anderen von Natur zukäme [1]). Gleichwohl scheint die Definition der Stromstärke mit Hilfe der hindurchtretenden Ladung natürlicher als diejenige, die sich auf die Feldstärke bezieht. Darum wollen wir uns hier des elektrostatischen Systems bedienen und wollen demgemäß den Index s als selbstverständlich weglassen.

Für c ergibt sich die Dimension der Geschwindigkeit. Es ist klar, welche Bedeutung c hat. Denken wir uns eine Scheibe, die auf der Längeneinheit des Randes die elektrische Ladung 1 trägt, mit der Umlaufsgeschwindigkeit des Randes αc rotieren, so wird der Strom, elektrostatisch gemessen, αc, also elektromagnetisch, α, und daher die Feldstärke im Mittelpunkt:

$$\frac{2\pi\alpha}{r}\,.$$

Das Maßsystem der Praxis schließt sich an das elektromagnetische an. 1 Amp. ist $\frac{1}{10}$ der absoluten elektromagnetischen Einheit.

3. Geradliniger Strom. Ein sehr langer linearer geradliniger Strom erzeugt in einem Aufpunkt, dessen Entfernung r von dem Strom klein gegen die Stromlänge ist, und der von den übrigen Teilen des Stromes sehr viel weiter entfernt ist, eine Feldstärke von der Größe:

$$H = \frac{2J}{c\,r}\,. \tag{10}$$

Diese Feldstärke steht senkrecht auf der Richtung des Lotes vom Aufpunkt auf den Strom.

Wir können uns so ausdrücken, daß wir sagen, H ist die Feldstärke, die ein unendlich langer geradliniger Strom hervorbringt. Natürlich ist das nur eine Idealisierung: Abgesehen davon, daß der Draht eine endliche Länge besitzen muß, muß der Strom irgendwie geschlossen sein. Die Wirkung von den Stromteilen, die zu dem geradlinigen Stück hinzutreten, um einen geschlossenen Kreis hervorzubringen, ist in der Formel (9) nicht berücksichtigt, kann aber mit um so

---

[1]) Vgl. T. Ehrenfest-Afanasjewa, Math. Ann. Bd. 77, S. 259. 1916.

größerem Rechte vernachlässigt werden, je größer gegen r die Entfernung der als nicht geradlinig anzusehenden Stromteile vom Aufpunkte ist. Das Gesetz, daß die magnetische Kraft, die ein unendlich langer geradliniger Strom ausübt, dem Abstand umgekehrt proportional ist, wurde im Jahre 1820 von BIOT und SAVART durch Beobachtung der Schwingungen von Magnetnadeln gefunden [1]).

Die Formeln (8) und (10) lassen sich, wie wir später sehen werden, aus einem Elementargesetz ableiten. Aus dieser Ableitung geht auch das Verhältnis der in beiden Formeln vorkommenden Zahlenfaktoren hervor, das, wenn man einmal im Besitz des Elementargesetzes ist, nicht als besondere Erfahrungstatsache hingenommen zu werden braucht. Verfügen wir nämlich in einer dieser Formeln über den Zahlenfaktor, so wird dadurch die Proportionalitätskonstante im Elementargesetz und dadurch auch in der andern Formel bestimmt. Einen wichtigen Spezialfall des Elementargesetzes gewinnt man bereits aus (8). Zuerst wurde das Elementargesetz von LAPLACE [2]) auf Grund der Formel (10) aufgestellt, wobei noch eine unbekannte Funktion des Winkels zwischen Stromelement und Radiusvektor in den Formeln blieb. Diese wurde dann von BIOT durch Versuche mit einem geknickten Draht bestimmt. Wir werden in unserer Darstellung einen andern Weg einschlagen.

Aus dem über die Richtung der Feldstärke Gesagten folgt, daß die Kraftlinien um den Strom in konzentrischen Kreisen laufen, deren Ebenen senkrecht zum Strom stehen, und deren Mittelpunkte im Strom liegen [3]). Der Richtungssinn folgt aus dem AMPÈREschen Schwimmgesetz:

Blickt man auf eine den Strom senkrecht durchschneidende Ebene von einem stromabwärts gelegenen Punkt, so ist der Umkreisungssinn der Kraftlinien der dem Uhrzeigersinn entgegengesetzte. Diesen Sinn nennen wir von jetzt ab den positiven.

Ist $\mathfrak{C}$ eine Kraftlinie, so ist nach (10) das Integral:

$$\int_\mathfrak{C} \mathfrak{H}_s \, d s = \frac{4\pi J}{c}$$

unabhängig von der Größe des Radius. Es stellt die Arbeit dar, die beim Herumführen des magnetischen Einheitspols von der magnetischen Kraft geleistet wird.

Sei $\mathfrak{C}$ jetzt eine beliebige, den Strom im positiven Sinne umschließende Kurve, und berechnen wir für diesen Fall

$$\int_\mathfrak{C} \mathfrak{H}_s \, d s .$$

Es ist offenbar

$$\mathfrak{H}_s \, d s = H \, d s_t ,$$

wo $d s_t$ die Projektion von dem Linienelement auf die Richtung der Kraftlinie ist. Diese Projektion ist $= r\, d\varphi$, unter r die Entfernung des Linienelementes vom Drahte und unter $d\varphi$ den Winkel verstanden, den die beiden durch den Strom

---

[1]) J. B. BIOT u. F. SAVART, Ann. chim. phys. Bd. 18, S. 222. 1820; J. B. BIOT, Lehrb. d. Experimentalphys. Bd. 4, 2. Aufl., deutsch von FECHNER, Leipzig 1829, S. 170.
[2]) Siehe J. B. BIOT, Lehrbuch S. 189, 219.
[3]) Schon OERSTEDT sagt, daß „der magnetische Konflikt in Kreisen fortgehe" (Exp. S. 4, Gilb. Ann. Bd. 66, S. 303). Da er sich aber die Kraft vorstellt, wie etwa einen Antrieb durch eine hervorströmende Flüssigkeit, so scheint es ihm, „es müsse die Kreisbewegung verbunden mit der fortschreitenden Bewegung nach der Länge des Leiters eine Schneckenlinie oder eine Spirale beschreiben" (vgl. auch BIOT, a. a. O. S. 157). Klar wurde die Kreisgestalt der Kraftlinien von T. J. SEEBECK (Ostwalds Klassiker 63) erkannt.

gelegten Ebenen miteinander einschließen, von denen eine durch den Anfangspunkt, die andere durch den Endpunkt von ds gelegt ist. Nach (10) ist also:

$$\mathfrak{H}_s\,ds = \frac{2J}{c}\,d\varphi$$

und daher

$$\int_{\mathfrak{C}}\mathfrak{H}_s\,ds = \frac{4\pi}{c}\,J\,. \tag{11}$$

Recht anschaulich wird dieses Ergebnis auch erhalten, wenn man sich zunächst auf Kurven $\mathfrak{C}$ in einer zum Strom senkrechten Ebene beschränkt. Eine solche Kurve kann treppenförmig in einen geschlossenen Zug aus kleinen abwechselnd tangential und radial verlaufenden Stücken zerlegt werden. Längs der radialen Stücke ist der Beitrag zum Integral $\int\mathfrak{H}_s\,ds$, d. h. die Arbeit Null; die Arbeit längs der tangentialen Stücke kann durch die Arbeit längs der Stücke auf dem Einheitskreis ersetzt werden, die durch Zentralprojektion aus jenen hervorgehen. Verläuft endlich die Kurve nicht in einer Ebene senkrecht zum Strom, so kann sie wieder durch eine treppenförmige Kurve von Stücken ersetzt werden, die abwechselnd parallel und senkrecht zum Strom laufen. Längs jener ist die Arbeit Null; diese können durch ihre Projektionen auf eine senkrecht zur Stromrichtung stehende Ebene ersetzt werden. Wir haben also:

$$\int_{\mathfrak{C}}\mathfrak{H}_s\,ds = \frac{4\pi J}{c}$$

für jede den Strom umschließende Kurve.

Wenn nun aber der Strom in einer beliebigen Kurve verläuft, wissen wir zunächst noch nichts über das Kurvenintegral $\int_{\mathfrak{C}}\mathfrak{H}_s\,ds$.

Denken wir uns aber den Strom durch eine Ebene geschnitten und in ihr eine Schar ihn immer dichter umschlingender Kurven $\mathfrak{C}$, die also einen immer kleiner werdenden Flächenraum F umschließen, so läßt sich der Strom in zwei Teile zerlegen, von denen der erste I als sehr lange Strecke anzusehen ist und aus den Stromteilen in der Nähe der $\mathfrak{C}$ besteht, während der zweite II den Rest enthält.

Setzen wir

$$\mathfrak{H} = \mathfrak{H}_I + \mathfrak{H}_{II}\,,$$

wo $\mathfrak{H}_I$ und $\mathfrak{H}_{II}$ die vom ersten bzw. zweiten herrührende Feldstärke ist, so ist in hinreichende Annäherung nach (11)

$$\int_{\mathfrak{C}}\mathfrak{H}_{Is}\,ds = \frac{4\pi}{c}\,J\,.$$

Nach dem STOKESschen Satz ist aber

$$\int_{\mathfrak{C}}\mathfrak{H}_{IIs}\,ds = \int_{F}(\mathrm{rot}\,\mathfrak{H}_{II})_\nu\,do\,,$$

und dieses Integral verschwindet schließlich[1]). Daher ist mit immer größerer Annäherung

$$\int_{\mathfrak{C}}\mathfrak{H}_s\,ds = \frac{4\pi}{c}\,J\,. \tag{12}$$

---

[1]) Man hat erst die Teilung des Stromes in zwei Teile vorzunehmen und dann $\mathfrak{C}$ immer kleiner werden zu lassen.

4. Das Elementargesetz: Spezialfall. Das von Biot und Savart gefundene Gesetz entspricht dem Standpunkt der Fernwirkungstheorie: Der Strom ist von dem Aufpunkt endlich weit entfernt. Indes eine konsequente Fernwirkungstheorie kann sich mit diesem Gesetz nicht begnügen. Ganz allgemein gesprochen lehrt uns die Fernwirkungstheorie Gesetze über die Wirkung von Körpern auf andere entfernte kennen. Da aber nicht alle Konstellationen einzeln in Betracht gezogen werden können, müssen wir uns auf Gesetze beschränken, die die Wirkung für ausgewählte Konstellationen bestimmen. Dazu müssen noch Regeln treten, wie aus der Wirkung, die mehreren Konstellationen für sich entsprechen, die Wirkung erhalten wird, die allen zusammen entsprechen. Das ist die Leistung des Satzes vom Parallelogramm der Kräfte oder des Superpositionsprinzips. Das umfassendste Wissen erhalten wir, wenn wir die Körper bis in ihre Elemente zerlegen und für deren Wirkung Gesetze, wenn wir also Elementargesetze aufstellen. Einer solchen Zerlegung bedient sich die Nahwirkungstheorie nicht. Denn sie hat die in Frage kommende Größe gar nicht in ihrer Abhängigkeit von allen Größen des Feldes zu betrachten, sondern nur von den benachbarten.

Die Zerlegung in Elemente ist indes manchmal nur eine ideale: Zunächst nimmt man eine reale Zerlegung vor, d. h. man setzt die Gesamtwirkung aus Teilwirkungen von Systemen zusammen, die einzeln existieren können. Aber das Wirkungsgesetz für diese selbst läßt sich dann manchmal am einfachsten auf Grund einer gedanklichen Zerlegung aussprechen, die real nicht mehr möglich ist. So kann das Feld von permanenten Magneten aus dem Feld elementarer Magnete berechnet werden. Der elementare Magnet kann nun noch weiter in die Elemente mit positivem und negativem magnetischen Quantum zerlegt werden. Aber solche Elemente sind an sich nicht existenzfähig. Ähnlich können wir nun auch den Strom in Elemente zerlegen, d. h. ein Elementargesetz für die Wirkung eines Stromelementes suchen.

Ein Stromelement ist isoliert nicht möglich. Gewiß kann ein Strom in einem kurzen, offenen Draht fließen, wenn auch nicht dauernd. Aber, selbst wenn für einen solchen Fall, die für stationäre Ströme geltenden Formeln noch anwendbar bleiben, spielen sich doch im Raume noch andere Vorgänge ab, die als die Fortsetzung des Leitungsstromes anzusehen sind, so daß dieser nicht als isoliert gelten kann.

Daraus, daß die Zerlegung in Stromelemente nur ideal ist, folgt auch die Möglichkeit, daß verschiedene Elementargesetze mit der Erfahrung verträglich sein können, ohne daß eines vor dem andern den Vorzug hätte. So konnten wir z. B. auch das von einem permanenten Magneten herrührende Feld aus verschiedenen Elementargesetzen ableiten: Entweder war die Wirkung eines Volumenelementes gegeben durch

$$- \frac{1}{r} \operatorname{div} \mathfrak{M}_w \, d\tau$$

und die eines Oberflächenelementes do durch $do \, \frac{1}{r} \mathfrak{M}_{wv} \, do$, oder die Wirkung eines jeden Volumenelementes durch:

$$\left(\mathfrak{M} \operatorname{grad}_q \frac{1}{r} \right) d\tau \, ,$$

ohne daß Flächenelemente zu berücksichtigen wären (Kap. 1, Ziff. 40).

Hier handelt es sich um ein Gesetz, durch das die von einem stromdurchflossenen Element ds herrührende Feldstärke bestimmt wird.

Ein solches Elementargesetz wurde von Laplace auf Grund der Biot-Savartschen Versuche mit dem geradlinigen Draht gegeben; allerdings enthielt es noch eine unbestimmte Funktion des Winkels zwischen Stromelement und dem zum Aufpunkt gezogenen Radiusvektor, die erst durch neue Versuche mit einem geknickten Draht bestimmt wurde[1]).

Wir wollen uns zunächst mit dem Spezialfall beschäftigen, daß die Richtung vom Stromelement zum Aufpunkt senkrecht auf dem Stromelement steht. Für diesen Fall ergibt sich sofort aus (8)

$$H = \frac{J}{c\,r^2}\,ds\,.\tag{13}$$

Man sieht jetzt, warum es zweckmäßig war, die Konstante a in (3) $= 2\pi$ zu setzen.

Nach dieser Formel läßt sich bereits die Wirkung eines Kreisstroms auf einen Aufpunkt berechnen, der auf einer den Kreis im Mittelpunkt senkrecht durchsetzenden Geraden liegt. Offenbar kommt für den von irgendeinem Element herrührenden Anteil nur die Komponente in der Richtung senkrecht zur Kreisebene in Betracht. Ist nun ψ der Winkel, unter dem vom Aufpunkt aus gesehen, der Halbmesser a des Kreises erscheint, so ist die Entfernung eines Umfangselementes ds vom Aufpunkt $a/\sin\psi$, der absolute Betrag, also der von ds herrührenden Feldstärke:

$$\frac{J\,ds}{c}\,\frac{\sin^2\psi}{a^2}\,,$$

und ihre Komponente in axialer Richtung:

$$\frac{J\,ds}{c}\,\frac{\sin^3\psi}{a^2}\,.$$

Daher ist:

$$H = \frac{2\pi a}{c}\,J s\,\frac{\sin^3\psi}{a^2} = \frac{2\pi J}{c\,a}\sin^3\psi\,,\tag{14}$$

woraus sich für Punkte in der Kreisebene (12) ergibt. Eine Magnetnadel wird also eine Ablenkung φ aus dem Meridian erfahren, wo

$$\mathrm{tg}\,\varphi = \frac{2\pi J}{a\,c\,H_0}\sin^3\psi$$

ist.

Wir wollen jetzt das Integral $\int_{\mathfrak{C}}\mathfrak{H}_s\,ds$ berechnen, wobei $\mathfrak{C}$ die senkrecht durch den Mittelpunkt des Kreises hindurchgehende Achse ist.

Legen wir durch den Mittelpunkt des Kreises senkrecht zu unserer Ebene die z-Achse, die vom Strome im positiven Sinne umkreist wird, so ist für positive z:

$$z = a\,\mathrm{ctg}\,\psi\,,$$

$$dz = -\,\frac{a}{\sin^2\psi}\,d\psi\,,$$

also

$$\int_0^\infty \mathfrak{H}_z\,dz = \frac{2\pi J}{c}\int_0^{\frac{\pi}{2}}\sin\psi\,d\psi = \frac{2\pi J}{c}\,.$$

Das Integral $\int_{-\infty}^{0}\mathfrak{H}_z\,dz$ hat offenbar denselben Wert. Also ist:

$$\int_{\mathfrak{C}}\mathfrak{H}_s\,ds = \frac{4\pi}{c}\,J\,.\tag{15}$$

---

[1]) Siehe Ziff. 3, S. 118.

Kehren wir noch einmal zum Elementargesetz zurück, das wir bis jetzt nur unter der Voraussetzung kennengelernt haben, daß der Radiusvektor und das Stromelement einen rechten Winkels miteinander bilden. Es ist leicht, dieses Gesetz in Vektorform zu schreiben, so daß zugleich der der AMPÈREschen Regel entsprechende Richtungssinn angegeben wird. Wir brauchen nur zu setzen:

$$\mathfrak{H} = \frac{J}{c}\,\frac{1}{r^3}\,[d\mathfrak{s},\,\mathfrak{r}]\,, \tag{16}$$

wo $d\mathfrak{s}$ das Stromelement als Vektor bezeichnet und $\mathfrak{r}$ den Radiusvektor vom Stromelement zum Aufpunkt.

5. Axiale Natur der magnetischen Feldstärke. Für die Komponenten der Feldstärke — zunächst immer für unseren speziellen Fall — erhalten wir, indem wir die Komponenten des in (16) vorkommenden Vektorprodukts aufsuchen und uns dabei eines Rechtskoordinatensystems bedienen:

$$\begin{aligned}
\mathfrak{H}_x &= \frac{1}{c}\,\frac{J}{r^3}\,(dy\,z - dz\,y)\,, \\[4pt]
\mathfrak{H}_y &= \frac{1}{c}\,\frac{J}{r^3}\,(dz\,x - dx\,z)\,, \\[4pt]
\mathfrak{H}_z &= \frac{1}{c}\,\frac{J}{r^3}\,(dx\,y - dy\,x)\,.
\end{aligned} \tag{17}$$

wo $dx,\ dz,\ dz$ die Komponenten von $d\mathfrak{s}$ sind. Gehen wir aber von dem Rechtskoordinatensystem zum Linkskoordinatensystem über, so ergeben die Gleichungen (17) die entgegengesetzte Richtung im Raume, also, da die Feldstärke doch eine bestimmte Richtung ist, nicht mehr die Feldstärke.

Ganz allgemein nennen wir den Inbegriff dreier aus den Komponenten von Vektoren irgendwie gebildeter Ausdrücke einen axialen Vektor, wenn ihm eine Strecke entspricht, die bei Drehung des Koordinatensystems ungeändert bleibt und bei Spiegelung sich umkehrt. Ein solcher axialer Vektor ist z. B. das Vektorprodukt (aus zwei gewöhnlichen Vektoren).

Solche Ausdrücke werden in einfacher Weise aus einem mit Umlaufssinn versehenen Flächenstück erhalten, und dieses ist auch die ursprüngliche Definition des axialen Vektors. Z. B. ist das Vektorprodukt das Flächenstück mit Umlaufsinn, das erhalten wird, wenn man erst den ersten, dann den zweiten Vektor durchläuft. Eine gerichtete Strecke, einen polaren Vektor, können wir dem axialen Vektor erst zuordnen, wenn wir uns über einen bestimmten Schraubungssinn verständigen, d. h. z. B. jeder geschlossenen Kurve mit Umlaufungssinn in einer Fläche eine bestimmte Seite dieser Fläche zuordnen.

Man kann z. B. bestimmen: Wenn ein Radiusvektor vom Innern zum Rande der Kurve gezogen wird, so soll, von der betreffenden Seite der Ebene und vom Anfangspunkt des Radiusvektors aus gesehen, die Kurve von der rechten auf die linke Seite dieses Radiusvektors übergehen. Welches aber die rechte Seite ist, kann, sofern man sich nicht auf Organismen bezieht, nur durch Aufweisung an bestimmten Exemplaren gezeigt werden. Daher gibt diese Regel nur für denjenigen, der rechts und links unterscheiden kann, eine Zuordnung; umgekehrt aber gestattet sie die Unterscheidung von rechts und links zu definieren, indem an einem Exemplar per definitionem diese Zuordnung als verwirklicht angesehen wird[1]).

---

[1]) Rechts und links unterscheidet also die Seiten einer offenen Kurve (im Text betrachteten wir spezieller eine Gerade), wenn ein Punkt als Anfangspunkt gegeben ist und eine Seite der Fläche, in der die Kurve sich befindet, ausgezeichnet ist.

Nun ist, nach unserer bisherigen Auffassung, die Feldstärke eine bestimmte
Richtung im Raum. Nur bei Zugrundelegung eines Rechtskoordinatensystems
stellen die Gleichungen (17) die Richtung der Feldstärke dar. Um rechts und
links zu trennen, muß ich aber, wie wir sahen,

    a) entweder einen individuellen Gegenstand vorweisen, oder

    b) mich auf Organisches beziehen.

Ohne solche Mittel werde ich also nicht imstande sein, $\mathfrak{H}$ aus (17) zu bestimmen.

Es ist aber von vornherein unwahrscheinlich, daß in einem Naturgesetz die
Unterscheidung von links und rechts eine Rolle spielen sollte, da Körper, die
sich in dieser Beziehung entgegengesetzt verhalten, in allen Lagebeziehungen
übereinstimmen können. Würden die Gleichungen (17) ein allgemeines Naturgesetz
ausdrücken, so würden sie uns ein Mittel an die Hand geben, rechts und links zu
unterscheiden. Oder, indem wir an das über die Kraftlinien Gesagte anknüpfen:
Ein geradliniger Strom mit den um ihn herumlaufenden Kraftlinien stellt einen
bestimmten Schraubungssinn dar. Nun ist es aber schwer zu verstehen, daß es möglich sein sollte, sich nach einer allgemeinen Vorschrift einen solchen herzustellen.

In der Tat ist aber auch bei dieser Definition von rechts und links auf
etwas Individuelles Bezug genommen. Der Richtungssinn der Feldstärke nämlich
wird durch die Richtung gegeben, in der sich ein magnetischer Nordpol bewegt,
d. h. der Pol, der annähernd nach dem geographischen Nordpol der Erde weist.
Ohne Bezugnahme auf die Erde oder etwas anderes
Konkretes könnten wir der Feldstärke keine Richtung zuweisen.

Man wird also eine allgemeine Bedeutung
für die Charakterisierung des Feldes nur einem
axialen Vektor zuschreiben. Freilich kann ihm
ein polarer Vektor — die Kraft auf einen Einheitspol — zugeordnet werden. Welches aber dieser
polare Vektor ist, hängt von der Art des Einheits-
poles ab und läßt sich daher nur durch Aufweisung
(oder Beziehung auf Organisches) sagen. Die Feldstärke $\mathfrak{H}$ ist ein axialer Vektor.

Auch die Magnetisierung (Kap. 1, Ziff. 40)
können wir als axialen Vektor ansehen. Wir bekommen den Umlaufungssinn, der zu einer Magnetisierung gehört, wenn wir die den polaren Vektor

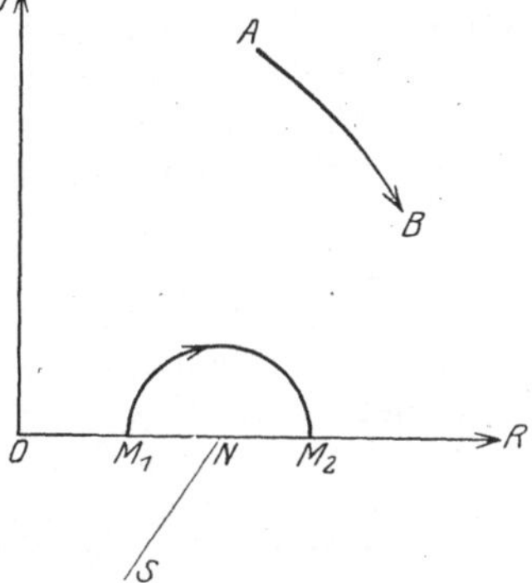

Abb. 1. Zur axialen Natur der
Feldstärke.

darstellende Strecke so umlaufen, daß, von ihrem Endpunkt aus gesehen, die
Umlaufung im entgegengesetzten Sinne des Uhrzeigers — im positiven Sinne
(Ziff. 3) — erfolgt. In der Tat wird eine Stromspule, in welcher der Strom so
kreist, durch einen stabförmigen permanenten Magneten zu ersetzen sein, in dem
die Magnetisierung die Richtung des polaren Vektors besitzt.

Jetzt ist es auch leicht, das Gesetz von dem Umkreisungssinn der Kraftlinien ohne Bezugnahme auf rechts und links auszusprechen.

Denken wir uns zunächst ein Rechtskoordinatensystem, lassen den Strom
(OJ Abb. 1) in der z-Richtung fließen und betrachten einen Aufpunkt (N)
auf der x-Achse (OR) mit positivem x. Unser Gesetz weist diesem Aufpunkt eine
Feldstärke in der y-Richtung zu, was doch nur bedeutet, daß in dieser Richtung
ein Nordpol transportiert wird. Denken wir uns also dorthin einen Nordpol
gebracht, d. h. das Ende eines stabförmigen permanenten Magneten, dessen
Magnetisierung die y-Richtung besitzt, und dessen anderes Ende sehr weit im Unendlichen liegt, nämlich sehr großes negatives y hat. Als axialem Vektor wird
der Magnetisierung dieses Magneten eine Drehung ($M_1 M_2$) von der z- zur

x-Richtung entsprechen. Statt des permanenten Magneten kann man auch eine Stromspule nehmen, in welcher der Strom in demselben Sinne kreist, ja, vom molekulartheoretischen Standpunkt aus haben wir in dem Magneten nur eine Menge solcher Ströme zu sehen (Ampère).

Nunmehr lautet die die Bezugnahme auf einen Schraubungssinn vermeidende Formulierung unseres Gesetzes: Wenn der Drehsinn der Magnetisierung (M_1, M_2) (des Stromes in der Spule) mit dem Drehsinn ($A B$) übereinstimmt, der die Richtung (OJ) des Stromes in die Richtung (OR) des vom Strom zum Magneten (zur Spule) gezogenen Radiusvektors überführt, so wirkt die Kraft auf den Magneten (die Spule) in der Richtung des Vektors (SN), der von dem sehr weit entfernten Pol (S) zum nahen Pol (N) führt, im anderen Fall im entgegengesetzten Sinn.

In dieser Formulierung ist nicht auf irgend etwas Individuelles, Aufweisbares (die Erde) Bezug genommen; sie bringt ein allgemeines Naturgesetz zum Ausdruck.

Die Gesetze des Elektromagnetismus bilden also keine Ausnahme von der Regel, daß in den allgemeinen Gesetzlichkeiten der anorganischen Natur ein Unterschied des Schraubungssinnes, ein Unterschied von rechts und links nicht vorkommen kann. Wir haben keine Veranlassung, an der allgemeinen Gültigkeit dieser Regel zu zweifeln.

So muß es zu jeder stabilen Anordnung auch eine entsprechende geben, in der alle Schraubungssinne vertauscht sind. Von diesem Gesichtspunkt aus muß es überraschen, daß im Gebiet des Organischen rechts und links zu unterscheiden sind. Es liegt nahe, die Bevorzugung eines Schraubungssinnes auf Einflüsse des Erdmagnetismus zurückzuführen; der Erdmagnetismus wird im Mittel für die Dauer eines Jahres eine Bevorzugung von Licht einer bestimmten zirkularen Polarisationsart zur Folge haben, und dies könnte zur Entstehung von Gebilden eines bestimmten Drehungssinnes führen[1]).

Fraglich scheint aber, ob sich aus solchen Asymmetrien der Aktivierung die Asymmetrien im Körperbau von Lebewesen erklären lassen. Vielleicht darf man in den Asymmetrien bei bestimmten Gattungen einen Hinweis darauf sehen, daß diese in letzter Linie auf das Erbgut eines Individuums zurückgehen.

6. Äquivalenz von Strom und Doppelschicht. Zur Ableitung des Elementargesetzes für den allgemeinen Fall verhilft uns eine wichtige Beziehung, die zwischen Strom und Magnet besteht. Wir bemerken, daß wir auch im folgenden zunächst nur den Fall betrachten, daß im ganzen Felde die Permeabilität $= 1$ ist.

Kehren wir zum Fall des Kreisstromes zurück. Wir ziehen wieder durch den Mittelpunkt des Kreises die vom Strom positiv umkreiste z-Achse, nennen z die Entfernung des Aufpunktes vom Kreismittelpunkt, g die Entfernung vom Kreisrand, a den Kreisradius und ψ den Winkel, unter dem der Kreisradius vom Aufpunkt aus erscheint. Betrachten wir einen Aufpunkt mit positiven z.

Dann ist nach (14)

$$\mathfrak{H}_z = \frac{2\pi J}{c\,a}\,\frac{a^3}{g^3} = \frac{2\pi J a^2}{c\,\sqrt{a^2+z^2}^3}\,. \tag{18}$$

Es leitet sich also $\mathfrak{H}_z$ von einem Potential

$$\Phi = \text{const.} - \frac{2\pi J}{c}\,\frac{z}{\sqrt{z^2+a^2}}$$

---

[1]) A. Byk, ZS. f. phys. Chem. Bd. 49, S. 641. 1904.

ab. Bestimmen wir die Konstante so, daß Φ im Unendlichen verschwindet, so erhalten wir:

$$\Phi = \frac{2\pi J}{c}\left(1 - \frac{z}{\sqrt{z^2 + a^2}}\right), \tag{19}$$

oder

$$\Phi = \frac{2\pi J}{c}\left(1 - \frac{z}{g}\right),$$

$$= \frac{2\pi J}{c}\frac{g - z}{g} = \frac{J \cdot 2\pi g (g - z)}{c \cdot g^2}.$$

Nun ist aber $2\pi g\,(g - z)$ der Flächeninhalt der Kalotte, die die Ebene des Kreisstromes aus der den Kreisstrom enthaltenden Kugel um den Aufpunkt abschneidet. $\frac{2\pi g(g - z)}{g^2}$ ist also der räumliche Winkel — seinem absoluten Betrage nach —, unter dem der Kreisstrom vom Aufpunkt aus erscheint. Den negativen Wert dieser Zahl bezeichnen wir als räumlichen Winkel, sofern es auch auf das Vorzeichen ankommt, und nennen ihn Ω. Liegt der Aufpunkt auf der negativen Seite der z-Achse, so ist der räumliche Winkel positiv. Wir haben dann:

$$\Phi = -\frac{J\Omega}{c}. \tag{20}$$

Aus der Theorie des Magnetismus ist bekannt (Kap. 1, Ziff. 42, Formel 155), daß dies der Ausdruck für das Potential einer homogenen Doppelschicht vom Belegungsmoment J/c ist, die vom Kreisstrom begrenzt wird und deren positive Seite nach der z-Achse zeigt. Soweit also Punkte auf der Achse in Betracht kommen, läßt sich der Kreisstrom durch eine homogene magnetische Doppelschicht vom Belegungsmoment

$$\vartheta = \frac{J}{c} \tag{21}$$

ersetzen. Dabei erscheint die Umkreisung des Stromes, von der positiven Seite der Doppelschicht aus gesehen, als positiv.

Wir können die Doppelschicht als eben annehmen; das ist aber nicht nötig. Denken wir sie uns eben, so finden wir, daß das Moment senkrecht auf ihr steht und den Betrag

$$m = \frac{J}{c}\,a^2\pi.$$

besitzt. (Kap. 1, Ziff. 42, Formel 151; siehe auch S. 55, Anm. 2.) Wir können also auch (18) schreiben:

$$H = \frac{2\,m}{g^3},$$

oder für Entfernungen, die groß gegen den Kreisradius sind,

$$H = \frac{2\,m}{z^3}. \tag{22}$$

Diese Formel entspricht ganz der Formel (71), Kap. 1. Daß bei konstanter Stromstärke die von einem Kreisstrom erzeugte Feldstärke der dritten Potenz der Entfernung umgekehrt proportional ist, ist aber von KAUFMANN auch experimentell bestätigt worden[1]). Es ist also nachgewiesen, daß das Feld eines Kreisstromes J in einer gegen den Kreisradius großen Entfernung mit dem Feld

---

[1]) W. KAUFMANN, Müller-Pouillet Bd. IV, 10. Aufl., S. 625. Braunschweig 1914.

eines Dipols übereinstimmt, dessen Achse senkrecht auf der Kreisebene steht, und der das Moment

$$m = \frac{J}{c} q$$

besitzt, unter q die Fläche des Kreisstromes verstanden, sofern Aufpunkte in Betracht kommen, die wir in der Theorie des Magnetismus als Punkte der ersten Hauptlage bezeichneten.

Für Punkte der zweiten Hauptlage ist das von einem Dipol m erzeugte Feld in großer Entfernung r

$$H \doteq \frac{m}{r^3},$$

wenn m der absolute Betrag des Dipolmoments ist (Kap. 1, Formel 72). Nun hat Kaufmann nachgewiesen, daß in der Tat die durch den Kreisstrom hervorgebrachten magnetischen Ablenkungen für Punkte zweiter Hauptlage halb so groß sind.

Endlich zeigte sich die magnetische Wirkung beliebiger ebener, geschlossener Ströme in erster Hauptlage in einer konstanten, gegen die Dimension des Stromleiters großen Entfernung dem Inhalt der vom Stromträger umschlossenen Fläche proportional, von seiner Gestalt aber unabhängig.

Hieraus ist durch eine naheliegende Verallgemeinerung zu schließen, daß ein geschlossener, ebener Strom J, der eine Fläche vom Inhalt q umschließt, für Aufpunkte, deren Entfernungen von ihm groß gegen seine Dimensionen sind, durch einen Dipol vom Moment $\frac{J}{c} q$ ersetzt werden kann, dessen Achse senkrecht auf der Stromebene steht. Wir können diesen aber nach Kap. 1, Ziff. 40, Ende (S. 53) durch irgendeinen Magneten von demselben Moment ersetzen, also nach Kap. 1, Ziff. 42, Formel 151 durch eine homogene Doppelschicht vom Belegungsmoment J/c.

Ein beliebiger geschlossener, in einer Ebene fließender Strom von der Stärke J läßt sich daher für alle Aufpunkte, die von ihm eine gegen seine Dimensionen große Entfernung besitzen, durch eine von ihm umspannte Doppelschicht vom Belegungsmoment J/c ersetzen.

Aber dieses Ergebnis läßt sich noch verallgemeinern. Denn wir können eine beliebige homogene Doppelschicht vom Belegungsmoment ϑ in Teilflächen zerlegen, die als eben anzusehen sind, und deren Dimensionen klein gegen die Entfernungen der von uns in Betracht zu ziehenden Aufpunkte sind. Jedes Teilflächenstück dürfen wir nun durch einen Strom von der Stärke $c\vartheta$ ersetzen, der es umfließt. Sofern — was wir annehmen wollen — überhaupt ein Elementargesetz existiert, werden die Ströme sich an den inneren Rändern aufheben, und es bleibt nur ein unser ganzes Flächenstück umfließender Strom von der Stärke $c\vartheta$. Wir sind also zu dem Satz gelangt: Ein linearer Strom von der Stärke J läßt sich durch eine Doppelschicht vom Belegungsmoment $\vartheta = J/c$ ersetzen, die von dem Strom umflossen wird. Die Umkreisung des Stromes erscheint, von der positiven Seite der Doppelschicht gesehen, positiv. Natürlich gilt die Äquivalenz in unmittelbarer Nähe des Stromes nicht mehr.

7. Kurvenintegral der Feldstärke. Von dem eben bewiesenen Satz werden wir auf zwei Wegen zum Elementargesetz vordringen. Der eine Weg, der wohl länger ist, führt aber über eine Betrachtung, die uns noch aus einem andern Grunde nützlich ist. Wir mußten nämlich bei der eben angestellten Überlegung experimentelle Ergebnisse, die sich auf die erste und zweite Hauptlage bezogen, verallgemeinern. Es wird also erwünscht sein, unser Ergebnis noch dadurch zu bestätigen, daß wir Folgerungen aus ihm ableiten, die wir schon auf einem andern Weg für spezielle Fälle als richtig erkannt haben.

Wir ersetzen wieder unseren Strom durch eine homogene Doppelschicht von der Dichte ϑ. Wie aus der vorigen Ziffer folgt, wird der Vektor, der von der negativen zur positiven Seite der Schicht führt, vom Strom im positiven Sinne umkreist. Nun wissen wir, daß das Potential einer solchen Doppelschicht einen Sprung im Betrage $4\pi\vartheta$ macht und zwar, den größeren Wert an ihrer positiven Seite besitzt. Ist also $\mathfrak{C}'$ eine Kurve, die von einem Punkte der positiven Seite zu einem Punkte der negativen Seite führt, ohne die Doppelschicht zu durchsetzen, so muß sein:

$$\int_{\mathfrak{C}'} \mathfrak{H}_s \, ds = 4\pi\vartheta .$$

Offenbar umkreist $\mathfrak{C}'$ den Strom im positiven Sinne.

Nun können wir aber das Feld des Stromes nur für die Stellen aus der Doppelschicht ableiten, die nicht auf der Doppelschicht selbst liegen, bzw., wenn wir uns die Doppelschicht als ein reales Gebilde von zwei sehr nahen magnetischen Flächen denken, die etwas entfernt von ihr sind. Das Feld selbst des Stromes besitzt an der Stelle, wo die Doppelschicht liegt, keinerlei Unstetigkeit; ist ja doch ihre Lage überhaupt ganz willkürlich, abgesehen davon, daß sie durch die Stromkurve geht. Wir haben also gewiß auch

$$\int_{\mathfrak{C}} \mathfrak{H}_s \, ds = 4\pi\vartheta ,$$

wenn $\mathfrak{C}$ wieder eine den Strom vollständig im positiven Sinne umkreisende Kurve bedeutet, oder nach (21)

$$\int_{\mathfrak{C}} \mathfrak{H}_s \, ds = \frac{4\pi J}{c} . \tag{23}$$

Umschlingt aber $\mathfrak{C}$ den Strom N mal, oder, was auf dasselbe hinauskommt, der Strom N mal die Kurve $\mathfrak{C}$, so ist offenbar

$$\int_{\mathfrak{C}} \mathfrak{H}_s \, ds = \frac{4\pi}{c} NJ . \tag{24}$$

Ferner haben wir zunächst außerhalb der Doppelschicht

$$\operatorname{div} \mathfrak{H} = 0 , \tag{25}$$

$$\operatorname{rot} \mathfrak{H} = 0 . \tag{26}$$

(Die Permeabilität setzten wir $= 1$.) Da aber die Lage der Doppelschicht willkürlich ist, so gilt die Gleichung allgemein, nur natürlich auf der Stromkurve nicht.

Mit (23) sind wir zu einer allgemeinen Beziehung gelangt, die wir schon für den besonderen Fall des geradlinigen Drahtes gefunden haben (11). Auch am Schluß der Ziff. 4 fanden wir eine ähnliche Beziehung. Nur war dort unter $\mathfrak{C}$ keine geschlossene Kurve verstanden. Wir würden in diesem Fall unsere Formel (23) gefunden haben, wenn wir hätten voraussetzen können, daß das Integral, das in einem großen Bogen von positiven z zu negativen z erstreckt wird, einen verschwindenden Beitrag liefert.

In der Übereinstimmung von (23) mit (11) und auch mit (12) dürfen wir aber jedenfalls eine Bestätigung für das am Ende der vorigen Ziffer ausgesprochene Gesetz erblicken.

Weil das Integral $\int_{\mathfrak{C}} \mathfrak{H} \, ds$ über eine den Strom umschlingende Kurve $\neq 0$ ist, besitzt natürlich ein linearer Strom kein eindeutiges Potential. Nur künstlich konstruieren wir eines, indem wir eine Sperrfläche — eben die homogene Doppelschicht — einführen, die nicht überschritten werden soll. Wohin wir diese legen, ist gleichgültig. Nach Anbringung der Sperrfläche gibt es dann allerdings [nach (26)] ein eindeutiges Potential, aber dieses ist unstetig. Man kann aber dieses unstetige Potential durch eine unendlich vieldeutige Potentialfunktion ersetzen, indem man jedem Aufpunkt als Potential das eben erhaltene Potential $\pm$ beliebig ganzen Vielfachen von $\dfrac{4\pi J}{c}$ zuordnet. Diese Potentialfunktion ist nirgends unstetig, und die Feldstärke kann überall aus ihr durch Differentiation gewonnen werden.

8. Das Elementargesetz. Von der Gleichung (23) werden wir zum Elementargesetz gelangen können. Wir verfolgen, zunächst ausgehend von dem in Ziff. 6 ausgesprochenen Äquivalenzgesetz, einen andern Weg. Wie wir fanden, können wir einen geschlossenen Strom J durch eine magnetische Doppelschicht vom Belegungsmoment $\vartheta = J/c$ ersetzen. Dabei erscheint von der positiven Seite der Doppelschicht aus gesehen, die Umkreisung als positiv.

$\mathfrak{H}$ ergibt sich daher aus den Formeln (vgl. Kap. 1, Formeln (22), (155)

$$\mathfrak{H} = -\operatorname{grad}\Phi, \tag{27}$$

$$\Phi = -\vartheta\,\Omega = -\frac{J}{c}\,\Omega, \tag{28}$$

wo Ω der räumliche Winkel ist, unter dem der Strom vom Aufpunkt gesehen, erscheint; er ist positiv zu rechnen, wenn dem Aufpunkt die negative Seite der äquivalenten Doppelschicht zugewandt ist.

Um grad Φ zu bilden, haben wir den Aufpunkt zu verrücken; statt dessen verschieben wir zunächst die Doppelschicht und nennen den Verschiebungsvektor $\mathfrak{k}$.

Durch diese Verschiebung verändert sich Ω, und zwar liefert zur Änderung jedes Element der Randkurve einen Beitrag. Ist $d\mathfrak{s}$ ein Vektor, dessen Anfangs- und Endpunkt mit den Endpunkten von ds zusammenfällt, und der die Richtung des Stromes besitzt, so beschreibt dieser Vektor bei der Verrückung ein Parallelogramm, dessen Größe gleich dem Betrage von $[d\mathfrak{k}, d\mathfrak{s}]$ ist, und der auf ds entfallende Betrag der Veränderung von Ω ist gleich dem räumlichen Winkel, unter dem dieses Parallelogramm erscheint, also

$$-\frac{[d\mathfrak{k}, d\mathfrak{s}]\,\mathfrak{r}}{r^3},$$

unter $\mathfrak{r}$ den Radiusvektor vom Feldpunkt zum Aufpunkt verstanden. Es wird also

$$d\Omega = -\int \frac{[d\mathfrak{k}, d\mathfrak{s}]\,\mathfrak{r}}{r^3},$$

$$= -\int \frac{[d\mathfrak{s}, \mathfrak{r}]\,d\mathfrak{k}}{r^3}.$$

Verschieben wir den Aufpunkt um $d\mathfrak{k}$, so erleidet Ω die entgegengesetzte Änderung, also

$$d\Omega = d\mathfrak{k}\int \frac{[d\mathfrak{s}, \mathfrak{r}]}{r^3}.$$

Somit ist

$$\operatorname{grad}\Omega = \int \frac{[d\mathfrak{s}, \mathfrak{r}]}{r^3}, \tag{29}$$

und daher nach (27) (28)

$$\mathfrak{H} = \frac{J}{c}\int \frac{[d\mathfrak{s}, \mathfrak{r}]}{r^3}. \tag{30}$$

Als Elementargesetz erhalten wir für die Wirkung eines Stromelementes:

$$\mathfrak{H} = \frac{J}{c}\frac{[d\mathfrak{s},\,\mathfrak{r}]}{r^3}.\tag{31}$$

Hiermit sind wir zu (16) zurückgelangt, der Beziehung, die in Ziff. 4 nur für den Spezialfall aufgestellt wurde, daß $\mathfrak{r}$ und $d\mathfrak{s}$ senkrecht aufeinander stehen.

In allen Fällen steht die Feldstärke senkrecht auf der durch Stromelement und Radiusvektor gelegten Ebene. Ihr absoluter Betrag ist

$$dH = \frac{J}{c}\frac{ds}{r^2}\sin\varphi,\tag{32}$$

wenn φ den Winkel zwischen Stromelement und Radiusvektor bedeutet.

9. Geradliniger Strom. Aus (32) erhalten wir nun auch wieder die von einem geradlinigen Strom erzeugte Feldstärke. Sei p die Entfernung des Aufpunktes von ihm, z der Abstand eines Strompunktes von dem Fußpunkt des vom Aufpunkt auf den Strom gefällten Lotes — positiv gerechnet für Punkte, die stromabwärts von dem Fußpunkte liegen, endlich ψ der spitze Winkel zwischen der Stromgeraden und der Verbindungslinie von Aufpunkt und Strompunkt (also für positive z das Supplement des am Ende des vorigen Paragraphen benutzten Winkels φ). Betrachten wir nun zunächst nur die Beiträge, die von der Stromhälfte mit positivem z herrühren.

Die Beiträge zur Feldstärke, die die zu ihr gehörigen Stromelemente liefern, haben alle dieselbe Richtung. Ihr absoluter Betrag wird

$$dH = \frac{J\,dz}{c}\frac{\sin\psi}{r^2}.$$

Nun ist

$$z = p\cdot\operatorname{ctg}\psi,$$

$$dz = -\frac{p}{\sin^2\psi}\,d\psi,$$

$$r = \frac{p}{\sin\psi},$$

also

$$\int dH = \frac{J}{c\,p}\int_0^{\frac{\pi}{2}}\sin\psi\,d\psi = \frac{J}{c\,p}.$$

Ebenso groß ist nach der AMPÈREschen Schwimmerregel der Beitrag von der andern Hälfte. Wir erhalten also

$$H = \frac{2J}{c\,p}\tag{33}$$

in Übereinstimmung mit (10).

10. Körperliche Ströme; Stromdichte. Wir können zweitens das Elementargesetz beweisen, indem wir die linearen Ströme als Grenzfall körperlicher ansehen. Dazu müssen wir eine Reihe von Größen einführen. Wir geben hier eine anschauliche Erklärung für sie, aber auf Grund der in diesem Kapitel dargestellten Gesetzlichkeiten lassen sie sich nicht messen.

Für die Ableitung des Elementargesetzes ist es nicht nötig, die hier benutzten Größen zu verwenden; auch andere, aus denen sich dieselben meßbaren Größen ergeben, tun dieselben Dienste. Hierauf kommen wir noch zurück.

Wir betrachten ein beliebiges Leitersystem. Die Leiter brauchen nicht linear zu sein. Wir nennen jetzt Stromstärke eine Größe, die der in der Zeiteinheit durch den Querschnitt fließenden Elektrizitätsladung proportional ist.

Diese Definition ist auch anwendbar auf den Fall nicht linearer Leiter und deckt sich für den Fall linearer Leiter mit der früher gegebenen[1]).

An jeder Stelle des Leiters gibt es eine Richtung, in der die Elektrizität[2]) sich bewegt, die Stromrichtung; an der Begrenzung des Leiters ist sie dieser parallel. Ein Leiterstück, das von Stromlinien und zwei Endquerschnitten begrenzt ist, oder in sich geschlossen ist, nennen wir einen Stromkanal und die aus den Stromlinien bestehende Begrenzung Mantelfläche. Ein Flächenstück innerhalb des Kanals, dessen Begrenzung auf der Mantelfläche liegt, heiße ein Querschnitt. Ferner nennen wir einen Stromkanal, dessen Querschnitt infinitesimal ist, einen Stromfaden.

Unter der Stromstärke dJ eines Stromfadens verstehen wir die durch den Querschnitt des Fadens in der Zeiteinheit hindurchtretende Elektrizitätsladung. Diese Größe läßt sich auf Grund der in diesem Kapitel besprochenen Gesetzmäßigkeiten nicht ermitteln[3]). Es ist offenbar, wenn J die Stromstärke im ganzen Leiter bedeutet:

$$J = \int dJ. \tag{34}$$

An jedem Punkt des Leiters bezeichnen wir den Quotienten der Stromstärke und des Querschnittes eines durch ihn hindurchgehenden Stromfadens mit j und einen Vektor von der Größe j und der Richtung des Stromes mit $\mathfrak{j}$ und nennen ihn Stromdichte. Für jeden Stromfaden ist also

$$dJ = \mathfrak{j}_\nu\, do, \tag{35}$$

wo do ein Querschnitt ist und ν die von der Eintrittsseite des Stromes zur Austrittsseite gezogene Normale. Das Produkt $\mathfrak{j}_\nu do$ ist also vom Querschnitt unabhängig; ebenso das Integral

$$\int \mathfrak{j}_\nu\, do = J, \tag{36}$$

das über den Querschnitt eines Stromkanals von der Stromstärke J genommen ist. Daher ist das über die Oberfläche eines begrenzten Stromkanals genommene Integral:

$$\int \mathfrak{j}_\nu\, do = 0, \tag{37}$$

wenn ν jetzt überall nach außen gezogen ist. Hieraus folgt:

$$\operatorname{div} \mathfrak{j} = 0. \tag{38}$$

und

$$\int \mathfrak{j}_\nu\, do = 0,$$

wo das Integral über jedes Raumstück erstreckt werden kann. Aus (34) und (35) folgt endlich für den Gesamtstrom:

$$\int \mathfrak{j}_\nu\, do = J, \tag{39}$$

wo das Integral über irgendeinen Querschnitt zu nehmen ist.

Es war bisher nur vom räumlichen Strom die Rede. Vom mathematischen Standpunkt ist noch zweier idealer Grenzfälle zu gedenken: Erstens kann man sich den Strom streng linear auf einer geschlossenen Kurve fließend denken. Einen solchen Strom wird man einen mathematisch linearen Strom nennen, wobei der Zusatz mathematisch zur Unterscheidung von den bisher betrachteten linearen Strömen dienen soll, die wir jetzt physikalisch lineare Ströme nennen wollen. Das Feld eines mathematisch linearen Stromes ist streng das Feld einer

---

[1]) Übrigens können wir auch für nichtlineare Leiter die Stromstärke noch anders messen, nämlich auf Grund des Ohmschen Gesetzes.

[2]) Eigentlich fließt die negative Elektrizität. Die Stromrichtung ist also die Richtung, die dem Strome der negativen Elektrizität entgegengesetzt ist. Es vereinfacht aber die Ausdrucksweise, wenn wir davon sprechen, daß die Elektrizität sich in der Stromrichtung bewegt.

[3]) Sie kann aber auf andere Weise ermittelt werden, nämlich mit Hilfe des Ohmschen Gesetzes.

mathematischen Doppelschicht — abgesehen natürlich für die Punkte der Doppelschicht selbst.

Wir können uns zweitens in einem Leiter — besonders auf seiner Begrenzung — einen Flächenstreifen denken, auf dem ein Strom fließt; ein solcher heißt Flächenstrom. Der Streifen kann in infinitesimale flächenhafte Stromfäden von der Stärke dJ zerlegt werden, die von zwei benachbarten auf dem Flächenstreifen verlaufenden Kurven begrenzt werden. Ist $d\nu$ der Abstand der begrenzenden Kurven, so bezeichnen wir mit $\bar{j}$ den Quotient $dJ/d\nu$ und mit $\bar{\mathfrak{j}}$ einen Vektor von der Größe $\bar{j}$ und der Richtung des Stromes und nennen ihn Dichte des Flächenstromes. Der Flächenstrom läßt sich als Grenzfall eines sehr großen räumlichen Stromes auffassen, und es ist manchmal bequemer, mit der Dichte des Flächenstromes als mit der Dichte des räumlichen Stromes zu rechnen.

11. Differentialgleichungen für die Feldstärke. Schließen wir mathematisch lineare Ströme aus und zunächst der Einfachheit halber auch Flächenströme und machen die Annahme, daß die Stromfäden dieselbe magnetische Wirkung haben wie lineare Ströme. Sei $\mathfrak{C}$ irgendeine geschlossene Kurve, und betrachten wir das Integral

$$\int_{\mathfrak{C}} \mathfrak{H}_s \, ds.$$

Nach unserer Annahme liefern dazu nur durch $\mathfrak{C}$ hindurchtretende Stromfäden einen Beitrag, und zwar jeder von ihnen:

$$\frac{4\pi}{c} dJ,$$

das ist nach (35)

$$\frac{4\pi}{c} do\,\mathfrak{j}_\nu.$$

Also ist

$$\int_{\mathfrak{C}} \mathfrak{H} \, ds = \frac{4\pi}{c} \int \mathfrak{j}_\nu \, do, \tag{40}$$

wo rechts über die von $\mathfrak{C}$ umspannte Fläche zu integrieren ist.

Hieraus folgt aber die wichtige Gleichung:

$$\operatorname{rot} \mathfrak{H} = \frac{4\pi}{c} \mathfrak{j}. \tag{41}$$

Falls Flächenströme vorhanden sind, tritt hierzu noch die Gleichung:

$$\overline{\operatorname{rot} \mathfrak{H}} = \frac{4\pi}{c} \bar{\mathfrak{j}} \tag{42}$$

(über die Flächenrotation vgl. Kap. 1, Ziff. 32). Wir wollen aber der Einfachheit halber auch weiterhin von Flächenströmen absehen.

Ferner wird man annehmen, daß auch jetzt

$$\operatorname{div} \mathfrak{H} = 0 \tag{43}$$

ist[1], — natürlich unter der Voraussetzung, daß die Permeabilität $= 1$ ist; schließlich, daß im Unendlichen die Komponenten von $\mathfrak{H}$ kleiner als const/r^2 sind (tatsächlich sogar $< \mathrm{const}/r^3$, wovon wir aber keinen Gebrauch machen).

---

[1] Diese Annahme rechtfertigt sich allerdings erst durch die späteren Betrachtungen, aus denen sich ergeben wird, daß das mit Hilfe von 43 gewonnene quellenfreie Feld aus den quellenfreien Feldern der Stromfäden durch Superposition hervorgeht, also das von uns gesuchte ist. So einleuchtend es scheinen mag, daß das aus der Superposition von quellenfreien Feldern hervorgehende Feld wieder quellenfrei ist, darf man es doch nicht ohne Beweis hinnehmen.

Natürlich kann (43) nicht gelten für paramagnetische, diamagnetische oder ferromagnetische Substanzen. Wie aus der Theorie des Magnetismus sich ergibt, haben wir in den ersten beiden Fällen zu setzen:

$$\operatorname{div} \mu\, \mathfrak{H} = 0 \,. \tag{44}$$

(μ Permeabilität)

Für Ferromagnetica haben wir für spezielle Fälle zu setzen:

$$\operatorname{div} \mu_l \mathfrak{H} = 4\pi\, \varrho_w \,, \tag{45}$$

wo μ_l die longitudinale reversible Permeabilität (Kap. 1, Ziff. 84) ist, oder allgemein:

$$\operatorname{div} \mathfrak{B} = 0 \,. \tag{46}$$

Wir wollen zunächst den Fall betrachten, daß wir eine konstante, nicht merklich von 1 verschiedene Permeabilität haben, also bei (43) bleiben.

Aus (40) und (36) folgt wieder:

$$\int_{\mathfrak{C}} \mathfrak{H}\, ds = \frac{4\pi}{c} J \tag{47}$$

für jede den Strom umschlingende Kurve in Übereinstimmung mit (23). Es ist aber zu beachten, daß wir in Ziff. 7 die Gleichung nur für einen linearen Strom aussprechen konnten, und auch nur, wenn $\mathfrak{C}$ in einiger Entfernung vom Leiter verläuft. Nach unseren jetzigen Annahmen muß die Gleichung allgemein gelten.

Aus der Gleichung (41) werden wir das Elementargesetz ableiten können. Nun wurde aber (41) erst mit Hilfe gewisser physikalischer Voraussetzungen gewonnen. Der Satz aber, daß das Feld einer Doppelschicht durch (30) gegeben ist, ist ein rein mathematischer Satz. In der Tat kann er auch aus (23) bewiesen werden, ohne daß physikalische Annahmen nötig wären:

Wir denken uns nämlich den vorgegebenen mathematisch linearen Strom von der Stärke J zunächst durch einen ebenso starken körperlichen ersetzt. Es sei dann $\mathfrak{i}$ ein beliebiger Vektor, der nur den Bedingungen genügt:

$$\operatorname{div} \mathfrak{i} = 0 \,,$$

$$\int \mathfrak{i}_\nu\, do = J \,,$$

über jeden Querschnitt genommen. Wir lösen nunmehr die Gleichungen (41) und (43) unter Berücksichtigung der Unendlichkeitsbedingungen und zeigen einerseits, daß man dann bei abnehmendem Querschnitt des Leiters zu (30) gelangt; andererseits ist klar, daß das in der Grenze sich ergebende Feld einer homogenen Doppelschicht entspricht.

12. Lösung der Differentialgleichungen; Vektorpotential. Wir wollen nun die Differentialgleichungen

$$\operatorname{rot} \mathfrak{H} = \frac{4\pi}{c}\, \mathfrak{i} \,, \tag{41}$$

$$\operatorname{div} \mathfrak{H} = 0 \,, \tag{43}$$

$$\operatorname{div} \mathfrak{i} = 0 \tag{38}$$

[(38) ist eine Folge von (41)], lösen, wobei von Flächenströmen abgesehen wird. $\mathfrak{i}$ bedeutet dabei entweder die wirklich vorhandene Stromdichte, oder auch, wenn es sich um physikalisch linearen Strom handelt, einen willkürlichen Vektor, der nur den Bedingungen

$$\operatorname{div} \mathfrak{i} = 0 \,,$$

$$\int \mathfrak{i}_\nu\, do = J$$

genügt. Wir nehmen ferner an, daß im Unendlichen keine Ströme vorhanden sind. Zu (41) und (43) tritt ferner die Unendlichkeitsbedingung.

Die Gleichung (43) legt es nahe, den Ansatz zu versuchen:

$$\mathfrak{H} = \operatorname{rot}\mathfrak{A},\tag{48}$$

womit (43) schon genügt ist.

Aus (41) und (48) folgt:

$$\operatorname{rot}\operatorname{rot}\mathfrak{A} = \frac{4\pi}{c}\,\mathfrak{i}.\tag{49}$$

Nach einer bekannten vektoranalytischen Umformung ist nun die linke Seite $= \operatorname{grad}\operatorname{div}\mathfrak{A} - \varDelta\mathfrak{A}$, wo $\varDelta\mathfrak{A}$ einen Vektor mit den Komponenten $\varDelta\mathfrak{A}_x$, $\varDelta\mathfrak{A}_y$, $\varDelta\mathfrak{A}_z$ bedeutet. Legen wir also $\mathfrak{A}$ noch die Beschränkung

$$\operatorname{div}\mathfrak{A} = 0\tag{50}$$

auf, so wird (49)

$$\varDelta\mathfrak{A} = -\frac{4\pi}{c}\,\mathfrak{i}.\tag{51}$$

Als Lösung ergibt sich (vgl. z. B. Kap. 1, Ziff. 60)

$$\mathfrak{A} = \frac{1}{c}\int\frac{\mathfrak{i}\,d\tau}{r}.$$

Es ist nun noch zu zeigen, daß $\operatorname{div}\mathfrak{A} = 0$.

Wir haben:

$$\operatorname{div}\mathfrak{A} = \int d\tau\Big(\mathfrak{i}\,\operatorname{grad}_p\frac{1}{r}\Big)$$
$$= -\int d\tau\Big(\mathfrak{i}\,\operatorname{grad}_q\frac{1}{r}\Big),$$

wo p die Differentiation nach dem Aufpunkt und q die Differentiation nach dem Quellpunkt bedeutet. Da im Unendlichen kein Strom vorhanden ist, so ergibt sich durch partielle Integration und nach (38):

$$\int d\tau\,\operatorname{div}_q\mathfrak{i}\,\frac{1}{r} = 0.$$

Es ist also in der Tat

$$\mathfrak{A} = \frac{1}{c}\int\frac{\mathfrak{i}}{r}\,d\tau\tag{52}$$

eine Lösung von (49), die auch (50) befriedigt. Die Lösung von (41) und (43) wird also durch (48) und (52) gegeben. $\mathfrak{A}$ heißt das **Vektorpotential**.

Führen wir cartesische Koordinaten ein, so ist:

$$\mathfrak{A}_z = \frac{1}{c}\int\frac{\mathfrak{i}_z}{r}\,d\tau,$$
$$\frac{\partial\mathfrak{A}_z}{\partial y} = \frac{1}{c}\int\mathfrak{i}_z\frac{\partial}{\partial y_p}\Big(\frac{1}{r}\Big)\,d\tau,$$
$$= -\frac{1}{c}\int\mathfrak{i}_z\frac{1}{r^2}\frac{\partial r}{\partial y_p}\,d\tau,$$
$$= -\frac{1}{c}\int\mathfrak{i}_z\frac{1}{r^3}\,r_y\,d\tau,$$

wo r_y die y-Koordinate des vom Stromelement zum Aufpunkt gezogenen Vektors bedeutet.

Ebenso ist:

$$\frac{\partial \mathfrak{A}_y}{\partial z} = - \int \mathfrak{i}_y \frac{1}{r^3} \mathfrak{r}_z \, d\tau \, .$$

Daher ist

$$\mathfrak{H}_x = \frac{\partial \mathfrak{A}_z}{\partial y} - \frac{\partial \mathfrak{A}_y}{\partial z} = \frac{1}{c} \int \frac{\mathfrak{i}_y \mathfrak{r}_z - \mathfrak{i}_z \mathfrak{r}_y}{r^3} \, d\tau \quad \text{usw.,}$$

oder vektoriell geschrieben,

$$\mathfrak{H} = \frac{1}{c} \int \frac{[\mathfrak{i}\,\mathfrak{r}]}{r^3} \, d\tau \tag{53}$$

eine Lösung der Gleichungen (41) und (43), wo $\mathfrak{r}$ den Vektor vom Feldpunkt zum Aufpunkt bedeutet. Wir können also als Beitrag eines Volumenelementes $d\tau$ den Vektor

$$\frac{1}{c} \frac{[\mathfrak{i}\,\mathfrak{r}] \, d\tau}{r^3}$$

ansehen.

Denken wir uns jetzt einen physikalisch linearen Leiter. Indem wir ihn uns durch Querschnitte zerlegt denken, deren Flächenelemente do heißen mögen, und unter ds Bogenelemente auf den Stromfäden verstehen, erhalten wir aus (53)

$$\mathfrak{H} = \frac{1}{c} \int \frac{[\mathfrak{i}\,\mathfrak{r}]}{r^3} \, ds \, do \, .$$

Ist $d\mathfrak{s}$ der zum Bogenelement gehörige Vektor in der Stromrichtung, so hat $d\mathfrak{s}$ dieselbe Richtung wie $\mathfrak{i}$, daher ist:

$$[\mathfrak{i}\,\mathfrak{r}] \, ds = [d\mathfrak{s}\,\mathfrak{r}] \, \mathfrak{i} \, ,$$

und wir erhalten für hinreichend entfernte Aufpunkte:

$$\mathfrak{H} = \frac{1}{c} \int \frac{[d\mathfrak{s}\,\mathfrak{r}]}{r^3} \, \mathfrak{i} \, do = \frac{J}{r} \int \frac{[d\mathfrak{s}\,\mathfrak{r}]}{r^3} \, . \tag{54}$$

Damit sind wir zum Elementargesetz zurückgelangt.

Im allgemeinen Fall haben wir, wenn auch noch Flächenströme vorhanden sind, (54) zu ersetzen durch:

$$\mathfrak{H} = \frac{1}{c} \int \frac{[\mathfrak{i}\,\mathfrak{r}]}{r^3} \, d\tau + \frac{1}{c} \int \frac{[\overline{\mathfrak{i}}\,\mathfrak{r}]}{r^3} \, do \, . \tag{55}$$

13. Äquivalenz von Strömungsfeldern und Feldern, die durch magnetische Dichte erzeugt werden. Wir sind ausgegangen von der experimentell nachzuweisenden Äquivalenz eines geschlossenen linearen Stromes und einer magnetischen Doppelschicht. Indem wir annahmen, daß die Wirkungen jedes Stromfadens dieselben wie die eines linearen Stromes sind, gelangten wir zu den allgemeinen Differentialgleichungen des stationären Strömungsfeldes.

Nunmehr können wir auch die Äquivalenz eines beliebigen Strömungsfeldes mit einem von magnetischer Dichte erzeugten Feld nachweisen und umgekehrt. Dabei betrachten wir aber nur den Fall, daß eine von der Feldstärke unabhängige Permeabilität vorhanden ist, d. h. soweit Ferromagnetica in Betracht kommen, daß gesetzt werden kann:

$$\operatorname{div} \mu_l \, \mathfrak{H} = 4\pi \varrho_w \, ,$$

$$\overline{\operatorname{div} \mu_l \, \mathfrak{H}} = 4\pi \eta_w \, ,$$

unter μ_l die longitudinale reversible Permeabilität verstanden (Kap. 1, Ziff. 84). Der Einfachheit halber schreiben wir für sie, wie auch für die Permeabilität in diamagnetischen und paramagnetischen Stoffen μ. Ferner setzen wir voraus, daß die magnetischen Dichten und Ströme nicht ins Unendliche reichen.

Der Kürze halber wollen wir in dieser Ziffer einen Inbegriff von permanenten Magneten ein Magnetsystem und einen Inbegriff von Strömen ein Stromsystem nennen.

Zwei Äquivalenzprinzipien sind auseinander zu halten:

1. Zu jedem Magnetsystem mit gegebener Verteilung der Permeabilität μ gibt es ein äquivalentes Stromsystem mit derselben Verteilung μ.

2. Zu jedem Magnetsystem mit gegebener Verteilung gibt es ein äquivalentes Stromsystem, für das $\mu = 1$ ist. Dabei bezieht sich die Äquivalenz auf eine Übereinstimmung in einer Feldgröße bzw. auf eine Übereinstimmung in beiden für gewisse Teile des Feldes.

Die Gleichungen für ein strömungsloses magnetisches Feld sind:

$$\operatorname{div}\mu\,\mathfrak{H} = 4\pi\varrho_w, \qquad \overline{\operatorname{div}\mu\,\mathfrak{H}} = 4\pi\eta_w, \tag{56}$$

$$\operatorname{rot}\mathfrak{H} = 0, \qquad \overline{\operatorname{rot}\mathfrak{H}} = 0, \tag{57}$$

oder

$$\operatorname{div}\mathfrak{P} = 4\pi\varrho_w, \qquad \overline{\operatorname{div}\mathfrak{P}} = 4\pi\eta_w, \tag{56'}$$

$$\operatorname{rot}\frac{\mathfrak{P}}{\mu} = 0, \qquad \overline{\operatorname{rot}\frac{\mathfrak{P}}{\mu}} = 0. \tag{57'}$$

Für ein reines Stromsystem, für das die magnetischen Dichten Null sind, aber nicht die Suszeptibilitäten, haben wir:

$$\operatorname{div}\mu\,\mathfrak{H} = 0, \qquad \overline{\operatorname{div}\mu\,\mathfrak{H}} = 0, \tag{58}$$

$$\operatorname{rot}\mathfrak{H} = \frac{4\pi}{c}\,\mathfrak{i}, \qquad \overline{\operatorname{rot}\mathfrak{H}} = \frac{4\pi}{c}\,\overline{\mathfrak{i}}, \tag{59}$$

oder auch:

$$\operatorname{div}\mathfrak{P} = 0, \qquad \overline{\operatorname{div}\mathfrak{P}} = 0, \tag{58'}$$

$$\operatorname{rot}\frac{\mathfrak{P}}{\mu} = \frac{4\pi}{c}\,\mathfrak{i}, \qquad \overline{\operatorname{rot}\frac{\mathfrak{P}}{\mu}} = \frac{4\pi}{c}\,\overline{\mathfrak{i}} \tag{59'}$$

oder auch, da beim Fehlen der wahren Dichte $\mathfrak{P}=\mathfrak{B}$ ist, [Kap. 1, Ziff. 48, (201)]

$$\operatorname{div}\mathfrak{B} = 0, \qquad \overline{\operatorname{div}\mathfrak{B}} = 0, \tag{58''}$$

$$\operatorname{rot}\frac{\mathfrak{B}}{\mu} = \frac{4\pi}{c}\,\mathfrak{i}, \qquad \overline{\operatorname{rot}\frac{\mathfrak{B}}{\mu}} = \frac{4\pi}{c}\,\overline{\mathfrak{i}}. \tag{59''}$$

Wir gehen nun zuerst von einem magnetischen Feld aus; für die Feldstärke gelten die Gleichungen (56) und (57).

Führen wir einen Vektor $\mathfrak{M}_w^*$ ein, für den gilt:

$$\operatorname{div}\mathfrak{M}_w^* = -\varrho_w, \qquad \overline{\operatorname{div}\mathfrak{M}_w^*} = -\eta_w, \tag{60}$$

und setzen wir

$$\mu\,\mathfrak{H} + 4\pi\,\mathfrak{M}_w^* = \mathfrak{B}^*, \tag{61}$$

$$\operatorname{rot}\frac{\mathfrak{M}_w^*}{\mu} = \frac{\mathfrak{i}^*}{c}, \qquad \operatorname{rot}\frac{\mathfrak{M}_w^*}{\mu} = \frac{\overline{\mathfrak{i}}^*}{c}, \tag{62}$$

so wird nach (56) und (57).

$$\operatorname{div}\mathfrak{B}^* = 0, \qquad \overline{\operatorname{div}\mathfrak{B}^*} = 0, \tag{63}$$

$$\operatorname{rot}\frac{\mathfrak{B}^*}{\mu} = \frac{4\pi}{c}\,\mathfrak{i}^*, \qquad \overline{\operatorname{rot}\frac{\mathfrak{B}^*}{\mu}} = \frac{4\pi}{c}\,\overline{\mathfrak{i}}^*, \tag{64}$$

d. h. wir sind zu (58'') und (59'') gelangt.

Das System der durch (62) gegebenen Ströme $\mathfrak{i}^*, \overline{\mathfrak{i}}^*$ bezeichnen wir als das **dem Magnetsystem korrespondierende Stromsystem.**

Zunächst noch einige Bemerkungen für den Fall, daß überall $\mu = 1$ ist. Man kann es so einrichten, daß überall $\operatorname{rot}\mathfrak{M}_w^* = 0$ ist. Dann verschwinden die korrespondierenden Ströme, und wir haben ein Feld $\mathfrak{B}^* = 0$.

Denken wir uns aber eine sämtliche Dichten umschließende Fläche F und verlangen, daß außerhalb von F überall $\mathfrak{M}_w^* = 0$ ist. Da

$$\int \varrho_w \, d\tau + \int \eta_w \, do = 0$$

ist, kann man $\mathfrak{M}_w^*$ so wählen. Nun **kann** auch jetzt überall $\mathfrak{j}^*$, $\bar{\mathfrak{j}}^* = 0$ und daher überall $\mathfrak{B}^* = 0$ werden; aber es ist nicht immer möglich, das zu erreichen. Im allgemeinen werden wir also ein Stromsystem haben. Stets kann man aber die räumliche Strömung zum Verschwinden bringen, so daß nur Flächenströmung übrigbleibt.

Wenden wir uns nun wieder dem allgemeinen Fall beliebiger Permeabilität zu. Stets kann man es erreichen, daß $\mathfrak{M}_w^*$ außerhalb aller Körper verschwindet und man kann für $\mathfrak{M}_w^*$ den Vektor $\mathfrak{M}_w$ der wahren Magnetisierung wählen. Dann wird $\mathfrak{B}_w^*$ der Vektor $\mathfrak{B}$, den wir im vorigen Kapitel Induktion nannten. Man kann sich also das Feld der $\mathfrak{B}$ auch durch Ströme hervorgebracht denken. Wir haben so zwei Systeme verglichen; das eine enthält magnetische Dichten, das andere Ströme; die Permeabilität ist für beide dieselbe. Wir nennen diese beiden Systeme äquivalent[1]).

Der Vektor $\mathfrak{B}$ im Magnetsystem ist gleich dem Vektor $\mathfrak{B}$ im Stromsystem und auch gleich dem Vektor $\mathfrak{P}$ im Stromsystem, aber natürlich ist dieser Vektor nicht gleich dem Vektor $\mathfrak{P}$ im Magnetsystem. Die Feldstärke im äquivalenten Stromsystem wird $\mathfrak{B}^*/\mu = \mathfrak{H}^*$. Für sie ergibt sich aus (63) und (64)

$$\operatorname{div} \mu \, \mathfrak{H}^* = 0, \qquad \overline{\operatorname{div} \mu \, \mathfrak{H}^*} = 0, \qquad (65)$$

$$\operatorname{rot} \mathfrak{H}^* = \frac{4\pi}{c}\,\mathfrak{j}^*, \qquad \overline{\operatorname{rot} \mathfrak{H}^*} = \frac{4\pi}{c}\,\bar{\mathfrak{j}}^* \qquad (66)$$

in Übereinstimmung mit (58) und (59).

Außerhalb der Magnete stimmen $\mathfrak{H}$ und $\mathfrak{H}^*$ überein[2]), ist also auch $\mathfrak{H}$ die Feldstärke im äquivalenten Stromsystem. Man kann somit, da nur die Feldstärken außerhalb der Körper bekannt sind, nie entscheiden, ob die Feldstärken von magnetischen Dichten oder von Strömen herrührt. Die Wahrheit ist, daß hier gar nicht zwei Fälle vorliegen, sondern, daß das Vorhandensein von magnetischer Dichte eben in dem Dasein von Strömen besteht.

Auch die umgekehrte Transformation ist möglich. Wir gehen von (58″) und (59″) aus und wählen $\mathfrak{M}'$ so, daß

$$\operatorname{rot} \frac{\mathfrak{M}'}{\mu} = \frac{\mathfrak{i}}{c}, \qquad \overline{\operatorname{rot} \frac{\mathfrak{M}'}{\mu}} = \frac{\bar{\mathfrak{i}}}{c} \qquad (67)$$

ist.

Setzt man nun

$$\frac{\mathfrak{B}}{\mu} - \frac{4\pi}{\mu}\,\mathfrak{M}' = \mathfrak{H}'$$

und

so ergibt sich

$$\operatorname{div} \mathfrak{M}' = -\varrho_w', \qquad \overline{\operatorname{div} \mathfrak{M}'} = -\eta_w',$$

$$\operatorname{div} \mu \, \mathfrak{H}' = 4\pi \varrho_w', \qquad \overline{\operatorname{div} \mu \, \mathfrak{H}'} = 4\pi \eta_w',$$

$$\operatorname{rot} \mathfrak{H}' = 0, \qquad \overline{\operatorname{rot} \mathfrak{H}'} = 0$$

in Übereinstimmung mit (56) und (57).

---

[1]) Aus dem Obigen geht hervor, daß Magnete möglich sind, für die die äquivalenten $\mathfrak{j}^*$, $\bar{\mathfrak{j}}^*$ überall $= 0$ sind, und für die doch ein von Null verschiedenes $\mathfrak{H}$ (wenn auch für $\mu = 1$ kein von Null verschiedenes $\mathfrak{B}$) vorhanden ist. Ebenso gibt es auch Magnete, für die ϱ_w und $\eta_w = 0$ sind, die aber doch ein von Null verschiedenes $\mathfrak{B}$ haben (wenn auch für $\mu = 1$ kein von Null verschiedenes $\mathfrak{H}$).

[2]) Auch $\mathfrak{H}$ und $\mathfrak{H}^*$, wenn $\mathfrak{H}^* = \mathfrak{B}^*/\mu$ ist, wo $\mathfrak{B}^*$ durch (61) gegeben ist und $\mathfrak{M}_w^*$ ein beliebiger, außerhalb der Körper verschwindender, (60) genügender Vektor ist, nicht gerade die wahre Magnetisierung.

Wird das Stromsystem in eine Fläche F eingeschlossen, oder werden getrennte Teile von ihm in getrennte Flächen F von ihm eingeschlossen, so kann für den Fall $\mu = 1$ der Vektor $\mathfrak{M}'$ so gewählt werden, daß er außerhalb der Flächen F verschwindet, und daß überall $\operatorname{div}\mathfrak{M}' = 0$ ist; wir haben dann nur die Flächendichte auf den F[1]).

Auch für den Fall beliebiger Permeabilität kann man, wie sich zeigen läßt, den Vektor $\mathfrak{M}'$ so wählen, daß er (67) genügt und außerhalb der Flächen F verschwindet. Man kann daher ein beliebiges Stromsystem auch durch ein magnetisches System ersetzen, dessen Dichten nur innerhalb der Flächen F gelegen sind, und das im ganzen kein wahres magnetisches Quantum besitzt. Außerhalb der F stimmen dann die Feldstärken beider Systeme überein. Ist nur das Feld außerhalb gewisser Körper gegeben, so können wir es durch magnetische Dichten oder Ströme darstellen. Je nachdem wir die Darstellung durch magnetische Dichten oder durch Ströme wählen, verwenden wir die **Quellendarstellung** oder **Wirbeldarstellung**.

Es ist aber zu beachten, daß, wenn wir ein magnetisches System durch Ströme ersetzen, es so eingerichtet werden kann, daß der eingeführte Vektor $\mathfrak{M}^*$ auch für den Magneten eine unmittelbare Bedeutung besitzt (Haften an der Materie beim Zerbrechen). Wird dagegen ein Stromsystem durch ein magnetisches System ersetzt, so kommt dem einzuführenden Vektor $\mathfrak{M}'$ keine physikalische Bedeutung zu, und es ist keine Weise, ihn zu wählen, ausgezeichnet[2]).

Nun ist aber noch eine ganz andere Transformation möglich. Gehen wir wieder von den Gleichungen (56) und (57) für ein magnetisches System aus.

Wieder setzen wir:

$$\operatorname{div}\mathfrak{M}_w^* = -\varrho_w,$$
$$\overline{\operatorname{div}\mathfrak{M}_w^*} = -\eta_w,$$

wo $\mathfrak{M}_w^*$ außerhalb der Magnete verschwindet. Wir können für $\mathfrak{M}_w^*$ auch die wahre Magnetisierung $\mathfrak{M}_w$ wählen. Ferner setzen wir:

$$\frac{\mu - 1}{4\pi} = \varkappa , \tag{68}$$

$$\varkappa\,\mathfrak{H} = \mathfrak{M}_i^*, \tag{69}$$

$\mathfrak{M}_i^*$ verschwindet außerhalb der Körper. Endlich sei:

$$\mathfrak{M}_f^* = \mathfrak{M}_w^* + \mathfrak{M}_i^*, \tag{70}$$

$$\mathfrak{B}^* = \mu\,\mathfrak{H} + 4\pi\,\mathfrak{M}_w^* = \mathfrak{H} + 4\pi\,\mathfrak{M}_f^* , \tag{71}$$

$$\operatorname{rot}\mathfrak{M}_f^* = \frac{\mathfrak{i}_f^*}{c} ; \qquad \overline{\operatorname{rot}\mathfrak{M}_f^*} = \frac{\overline{\mathfrak{i}_f^*}}{c}. \tag{72}$$

Dann wird:

$$\operatorname{div}\mathfrak{B}^* = 0; \qquad \overline{\operatorname{div}\mathfrak{B}^*} = 0 , \tag{73}$$

$$\operatorname{rot}\mathfrak{B}^* = \frac{4\pi\mathfrak{i}_f^*}{c}; \qquad \overline{\operatorname{rot}\mathfrak{B}^*} = \frac{4\pi\overline{\mathfrak{i}_f^*}}{c} . \tag{74}$$

Das sind aber nach (58''),(59'') die Gleichungen, durch die in einem **suszeptibilitätsfreien** Raume der Stromverteilung $\mathfrak{i}_f^*$, $\overline{\mathfrak{i}_f^*}$ ein Vektor $\mathfrak{B}$ zugeordnet wird. Wir nennen wieder das durch (72) definierte Stromsystem, falls — wie von jetzt ab angenommen — $\mathfrak{M}_w^*$ die wahre Magnetisierung ist, das zum Magnetsystem **äquivalente** System.

---

[1]) Siehe R. GANS, Göttinger Nachr. 1909, S. 209.

[2]) Es können also zu **einem** Stromsystem sehr viele äquivalente magnetische Systeme gefunden werden, auch für den Fall $\mu = 1$ eines, bei dem $\mathfrak{M}'$ überall quellenfrei, also keine magnetische Dichte vorhanden ist und $\mathfrak{H}' = 0$ ist (unendlicher Körper). Man kann allerdings den Ausdruck Äquivalenz ablehnen für den Fall, wo kein Außenraum vorhanden ist, in dem die Vektoren $\mathfrak{H}$ gleich sind.

Die Induktionen $\mathfrak{B}$, $\mathfrak{B}^*$ der beiden äquivalenten Systeme stimmen überall überein; denn (71) ist die Definitionsgleichung für die Induktion $\mathfrak{B}$. Die Feldstärken stimmen aber nur im leeren Raum überein (also z. B. nicht in unmagnetischen Körpern, vgl. S. 136). Für das Stromsystem ist nämlich überall $\mathfrak{B} = \mathfrak{H}$.

Da wir den Strömen im Magneten Realität zuschreiben, so fallen vom atomistischen Standpunkt aus Feldstärke und Induktion zusammen; für beides ist aber die Bezeichnung $\mathfrak{B}$ und der Name Induktion vorzuziehen, weil der betreffende Vektor überall mit der Größe übereinstimmt, die vom phänomenologischen Standpunkt Induktion heißt.

Setzen wir

$$\mathfrak{i}_f^* - \mathfrak{i}^* = \mathfrak{i}_i^*, \qquad \overline{\mathfrak{i}}_f^* - \overline{\mathfrak{i}}^* = \overline{\mathfrak{i}}_i, \tag{75}$$

so folgt aus (74), (64) und (68), wenn

$$\frac{\varkappa}{\mu} = \lambda \tag{76}$$

gesetzt wird,

$$\mathrm{rot}\,(\lambda\,\mathfrak{B}^*) = \frac{\mathfrak{i}_i^*}{c}, \qquad \overline{\mathrm{rot}}\,(\lambda\,\mathfrak{B}^*) = \frac{\overline{\mathfrak{i}}_i^*}{c}. \tag{77}$$

Oder auch: Es ist nach (75) (62) und (72):

$$\frac{\mathfrak{i}_i^*}{c} = \mathrm{rot}\left[\frac{1}{\mu}\,(\mu\,\mathfrak{M}_f^* - \mathfrak{M}_w^*)\right],$$

also nach (68) bis (71)

$$= \mathrm{rot}\left[\frac{1}{\mu}\,(\mathfrak{M}_f^* + 4\pi\varkappa\,\mathfrak{M}_f^* - \mathfrak{M}_w^*\right],$$
$$= \mathrm{rot}\left[\frac{1}{\mu}\,(\varkappa\,\mathfrak{H} + 4\pi\varkappa\,\mathfrak{M}_f^*\right],$$
$$= \mathrm{rot}\,(\lambda\,\mathfrak{B}^*).$$

Aus den $\mathfrak{i}^*$ bestimmt sich also $\mathfrak{B}^*$ durch das Gleichungssystem:

$$\mathrm{div}\,\mathfrak{B}^* = 0, \qquad \overline{\mathrm{div}}\,\mathfrak{B}^* = 0 \tag{73}$$

$$\mathrm{rot}\,\mathfrak{B}^* = \frac{4\pi}{c}\,\mathfrak{i}_f^*, \qquad \overline{\mathrm{rot}}\,\mathfrak{B}^* = \frac{4\pi}{c}\,\overline{\mathfrak{i}}_f^*, \tag{74}$$

$$\mathfrak{i}_f^* = \mathfrak{i}^* + \mathfrak{i}_i^*, \qquad \overline{\mathfrak{i}}_f^* = \overline{\mathfrak{i}}^* + \overline{\mathfrak{i}}_i^*, \tag{78}$$

$$\frac{\mathfrak{i}_i^*}{c} = \mathrm{rot}\,\mathfrak{Q}, \qquad \frac{\overline{\mathfrak{i}}_i^*}{c} = \overline{\mathrm{rot}}\,\mathfrak{Q}, \tag{79}$$

$$\mathfrak{Q}_i = \lambda\,\mathfrak{B}^* \tag{80}$$

ein dem Gleichungssystem Kap. 1, Ziff. 64, (296), (300) bis (306) ganz analoges System.

Die Darstellung des Feldes nach (65) (66) nannten wir Wirbeldarstellung. Ebenso können wir aber auch die Darstellung durch (73), (74) bzw. (73), (74), (78) bis (80) als Wirbeldarstellung bezeichnen[1]. Unter Wirbeltheorie wird man dann wohl die Auffassung verstehen, daß dem in dieser Darstellung benutzten Begriff des Stromes mehr Realität zukommt als dem der magnetischen Dichte. Gewiß sind die $\mathfrak{i}^*$ sowie die $\mathfrak{i}_i^*$ als wirkliche Stromdichten aufzufassen, denen Elektronen-

---

[1] Bestimmen wir das Feld aus den $\mathfrak{i}^*$ nach (65), (66) mit Benutzung der Permeabilität, so wie es in der phänomenologischen Darstellung geschieht, so wird die Feldstärke des Stromsystems nur in den magnetischen Körpern von der des äquivalenten Magnetsystems verschieden. Führt man dagegen die Permeabilität nicht besonders ein (73, 74, bzw. 73, 74, 88—80), so wird man im Stromsystem überall $\mathfrak{B} = \mathfrak{H}$ haben und daher werden auch in unmagnetischen Körpern die Feldstärken der beiden äquivalenten Systeme verschieden sein.

bewegungen entsprechen[1]. Aber sie sind doch nur Mittelwerte; insofern kann ihnen nicht mehr physikalische Realität zugeschrieben werden als den magnetischen Dichten; andererseits ist wieder zuzugeben, daß die sich auf das Mikroskopische beziehenden Gleichungen vom Typus der Gleichungen der Wirbeltheorie sind.

14. Magnetomotorische Kraft. Magnetischer Kreis. Wir haben in Ziff. 71 des vorigen Kapitels den Begriff der magnetomotorischen Kraft eingeführt. Dabei beschränkten wir uns auf den Fall der Abwesenheit von elektrischen Strömen und einer nicht veränderlicher Permeabilität μ.

In einem Gebiet, das keinen wahren Magnetismus enthält, konnten wir jedem Stück einer ungeschlossenen infinitesimalen Induktionsröhre eine magnetomotorische Kraft zuordnen. Sie wurde gegeben durch das Integral $\int \mathfrak{H}_s\, ds$, wobei der Weg gleichgültig war.

Geschlossene Induktionsröhren, die nicht durch permanente Magnete hindurchführen, gab es nicht. Nahmen wir aber noch die Gebiete hinzu, die permanente Magnete enthalten, so gab es geschlossene Induktionslinien. Auch diesen konnten wir, indem wir unsere Definition erweiterten, eine magnetomotorische Kraft zuordnen.

Sie wurde durch das Integral $\int \dfrac{\mathfrak{B}_s\, ds}{\mu}$ oder — für geschlossene Induktionsröhren — durch $4\pi \int \dfrac{\mathfrak{M}_{ws}\, ds}{\mu}$ gegeben, beides Integrale, die nicht vom Wege unabhängig sind und längs der Induktionsröhren zu nehmen waren, wo in unmagnetischen Körpern μ die Permeabilität bedeutete, im Innern permanenter Magnete aber die longitudinale reversible Permeabilität.

Wir wollen uns nun zunächst auf den Fall beschränken, daß Ströme im Felde vorhanden sind, die in Frage kommenden Induktionsröhren aber nur durch Stoffe hindurchführen, für die $\mathfrak{B}$ dem $\mathfrak{H}$ proportional ist, also nicht durch permanente Magnete. Für diesen Fall ist:

$$\int \frac{\mathfrak{B}_s}{\mu}\, ds = \int \mathfrak{H}_s\, ds\,.$$

Wir nennen nun das Integral

$$\int \frac{\mathfrak{B}_s}{\mu}\, ds = \int \mathfrak{H}_s\, ds$$

die magnetomotorische Kraft. Wir haben also jetzt für Gebiete ohne permanente Magnete als magnetomotorische Kraft denselben Ausdruck zu betrachten, wie früher, können ihn aber auch auf geschlossene Röhren anwenden, die früher — bei Abwesenheit von Strömen — stets durch permanente Magnete führten. Das Integral ist nicht vom Wege unabhängig, sondern längs der Induktionsröhre zu nehmen. Indes sind solche Abänderungen des Weges gestattet, bei denen der Strom nicht durch den Weg geschnitten wird.

Hieraus ergibt sich ohne weiteres ein bedeutender Unterschied gegen den im vorigen Kapitel behandelten Fall. Damals konnten wir nicht erwarten, daß zwei benachbarten geschlossenen Induktionsröhren dieselbe magnetomotorische Kraft zukäme. Jetzt besitzen auch die Nachbarröhren einer infinitesimalen Induktionsröhre dieselbe magnetische Kraft. Haben wir eine aus geschlossenen

---

[1] Wie schon bemerkt (S. 136, Anm. 1), können z. B. auch für $\mu = 1$ die mittleren Stromdichten $\mathfrak{j}^*$ und $\mathfrak{j}_i^*$ überall Null sein und doch ein von Null verschiedenes $\mathfrak{H}$ vorhanden sein. Das zeigt, daß durch die Ströme allein das Feld nicht bestimmt ist. Auch, daß außerhalb der Körper $\mathfrak{M}_w = 0$ ist, läßt sich durch Betrachtung der mittleren Stromdichten allein nicht verstehen. Die Bedeutung von $\mathfrak{H}$ und $\mathfrak{M}_w$ beruht nur auf der Möglichkeit, die Körper zu verändern, z. B. Bohrungen anzubringen. Wenn auch nirgends mittlere Stromdichten vorhanden sind, so können nach Herstellung von Bohrungen doch solche auftreten.

Induktionskurven bestehende geschlossene Röhre endlicher Dicke, durch die kein Strom fließt[1]), so wird jede infinitesimale Induktionsröhre in ihr dieselbe magnetomotorische Kraft haben.

Diese Begriffsbildungen führen zu wichtigen Lehrsätzen. Indes wollen wir diese gleich für einen allgemeinen Fall ableiten und einen Teil der gemachten Einschränkungen wieder aufheben. Wir wollen die Voraussetzung fallen lassen, daß überall $\mathfrak{B}$ proportional dem $\mathfrak{H}$ ist. Nur das soll vorausgesetzt werden, daß $\mathfrak{B}$ dem $\mathfrak{H}$ überall parallel ist. Auch für diesen Fall halten wir an der Definition $\int \mathfrak{H}_s \, ds$ der magnetomotorischen Kraft fest. Wir können dafür auch schreiben

$$\int \frac{\mathfrak{B}_s \, ds}{\mu},$$

wo μ der Quotient B/H ist und nicht mehr als Konstante angesehen werden kann. Es ist aber zu beachten, daß, wenn wir beliebige Variationen von H zulassen, wir dabei auch wieder auf den Fall der permanenten Magnete kommen. Das Integral

$$\int \frac{\mathfrak{B}_s}{\mu} \, ds = \int \mathfrak{H}_s \, ds$$

ist dann natürlich verschieden von dem Integral, das früher $\int \frac{\mathfrak{B}_s}{\mu} \, ds$ geschrieben wurde; denn damals bedeutete μ etwas ganz anderes, nämlich für das Innere von permanenten Magneten die longitudinale reversible Permeabilität μ_l.

Betrachten wir nun eine geschlossene infinitesimale Induktionsröhre $\mathfrak{r}$, die N mal von einem Strom von der Stromstärke J umwunden wird und schreiben wir ihr einen Umlaufsinn zu. Wir haben dann für die magnetomotorische Kraft

$$\int_\mathfrak{r} \mathfrak{H}_s \, ds = V_M, \tag{81}$$

wobei das Integral im Sinne von $\mathfrak{r}$ zu erstrecken ist, oder auf irgendeinem andern Wege der aus $\mathfrak{r}$ durch eine Deformation hervorgeht, bei der die Kurve nicht zum Schnitt mit dem Strom gelangt. V_M kann offenbar positiv oder negativ sein.

Nun folgt aus der Formel (41), die auch unter unserer allgemeinen Voraussetzung gilt, in Verbindung mit (34):

$$V_M = \frac{4\pi}{c} NJ, \tag{82}$$

wo J die Stromstärke ist, aber mit dem positiven oder negativen Zeichen versehen, je nachdem $\mathfrak{r}$ den Strom, oder — was dasselbe ist — der Strom $\mathfrak{r}$ in positivem oder negativem Sinne umkreist. Das Produkt von N und der in Ampère gemessenen Stromstärke heißt Amperewindungszahl.

Nun haben wir wieder, wenn δq den variablen Querschnitt der Röhre bezeichnet:

$$V_M = \int_\mathfrak{r} \frac{\mathfrak{B}_s \, ds}{\mu} = \int_\mathfrak{r} \frac{B \, \delta q \, ds}{\mu \, \delta q},$$

unter B den absoluten Betrag der Induktion verstanden

$$= B \, \delta q \int \frac{ds}{\mu \, \delta q}.$$

---

[1]) Bei dieser Gelegenheit möchte ich bemerken, daß mir kein Beweis für die vielfach ausgesprochene Behauptung bekannt ist, alle Induktionslinien müßten geschlossen sein.

Wir setzen
$$B\,\delta q = \delta J_M, \tag{83}$$

$$\int \frac{ds}{\mu\,dq} = w_M, \tag{84}$$

$$\frac{1}{w_M} = \frac{1}{\displaystyle\int \frac{ds}{\mu\,dq}} = \delta L_M \tag{85}$$

und nennen δJ_M die **magnetische Stromstärke**, w_M den **magnetischen Widerstand**, δL_M das **magnetische Leitvermögen**, V_M die **magnetomotorische Kraft** der infinitesimalen Induktionsröhre. μ werden wir als **spezifisches magnetisches Leitvermögen** und $1/\mu$ als **spezifischen magnetischen Widerstand** bezeichnen.

Wir haben also das Analogon zum OHMschen Gesetz in der Form:
$$V_M = \delta J_M \cdot w_M, \tag{86}$$
oder
$$V_M = \frac{\delta J_M}{\delta L_M}. \tag{87}$$

Im Gegensatz aber zu dem für elektrische Ströme geltenden OHMschen Gesetz hängen erstens außer in gewissen Grenzfällen, w_M, δL_M und μ von der Feldstärke ab, bzw. von der Vorgeschichte des Magnetisierungsprozesses, zweitens können μ, $1/\mu$ und w_M negativ oder Null sein[1]).

Betrachten wir nun eine nicht-infinitesimale Röhre $\mathfrak{R}$, durch die kein Strom hindurchgeht, so können wir sie in infinitesimale Röhren zerlegen. Alle haben dann dieselbe magnetomotorische Kraft, was für das in Kap. 1, Ziff. 71 betrachtete Integral $\int \frac{\mathfrak{H}_s\,ds}{\mu_l}$ nicht zutraf.

Wir erhalten also aus
$$V_M\,\delta L_M = \delta J_M$$
$$V_M \int_{\mathfrak{R}} \delta L_M = \int_{\mathfrak{R}} \delta J_M. \tag{88}$$

Nun setzen wir
$$\int_{\mathfrak{R}} \delta L_M = L_M \tag{89}$$

und nennen das Integral die **magnetische Leitfähigkeit** der Röhre $\mathfrak{R}$, ebenso
$$\int_{\mathfrak{R}} \delta J_M = J_M \tag{90}$$

nd nennen das Integral den **magnetischen Strom** in der Röhre $\mathfrak{R}$, endlich
$$\frac{1}{L_M} = W_M \tag{91}$$

und nennen W_M den **magnetischen Widerstand**.

Wir haben dann:
$$V_M = J_M W_M \tag{92}$$
oder
$$J_M = L_M V_M. \tag{93}$$

15. Vollkommener magnetischer Kreis. Denken wir uns eine beliebige ebene Figur um eine Gerade in ihrer Ebene rotieren. Den so entstehenden Körper bezeichnen wir als Ring. Die Ausgangsfigur nennen wir Querschnitt und be-

---

[1]) A. E. EWING, Magnetische Induktion, S. 246. Berlin 1892.

zeichnen ihren Flächeninhalt mit q. Es möge nun einen solchen Ring ein Strom in N Windungen umfließen; das Innere des Ringes nehmen wir zunächst als leer an oder ausgefüllt mit einem Medium von der Permeabilität 1.

Aus Symmetriegründen ergibt sich dann, daß die Feldstärke eine um so kleinere radiale Komponente besitzt, d. h. Komponente senkrecht zur Rotationsachse, je größer N ist. Um so weniger Kraftlinien verlassen, von innen kommend, den Ring. Wir wollen also die idealisierende Annahme machen, daß die Feldstärke nirgends eine radiale Komponente besitzt; alle Kraftlinien müssen dann in Kreisen um die Achse laufen, und H wird auf den Kreisen konstant sein. Streng wird das nur gelten, wenn der Ring von einem kontinuierlichen Flächenstrom umflossen wird. Offenbar wird, welche Werte von H wir jedem einzelnen Kreis auch zuordnen, schon hierdurch der Gleichung $\mathrm{div}\,\mathfrak{H} = 0$ genügt. Denn, wenn wir das Integral $\int \mathfrak{H}_r \, do$ über einen kleinen Kanal erstrecken, dessen Mantelfläche aus Kraftlinien besteht und dessen Querschnitte Ebenen durch die Achsen sind, so erhalten wir den Wert Null.

Das Integral $\int H \, ds$ ist nun nach (82) $= \dfrac{4\pi}{c} NJ$ oder $= 0$, je nachdem es über einen Kreis um die Achse im Innern des Ringes oder in seinem Außenraum erstreckt wird. Daher ist in seinem Außenraum $H = 0$ und in einem innern Aufpunkte in der Entfernung r von der Achse:

$$H = \frac{4\pi NJ}{c\,2\pi r} = \frac{2NJ}{c r} \,. \tag{94}$$

Füllen wir nun den Ring mit einem homogenen Medium aus, so ändert sich H nicht (genauer: es ist ein Zustand möglich, bei dem H denselben Wert hat). Es wird $\mathfrak{B}$ nämlich dem $\mathfrak{H}$ parallel sein und auf Kreisen um die Rotationsachse konstant, und es ist dann wieder klar, daß $\mathrm{div}\,\mathfrak{B} = 0$ ist.

Sind die Querschnittsdimensionen klein gegen die Ringlänge l, so haben wir überall im Ringe:

$$H = \frac{4\pi NJ}{cl} \tag{95}$$

oder

$$H = \frac{4\pi}{c} nJ \,, \tag{96}$$

wenn

$$n = \frac{N}{l} \tag{97}$$

die Zahl der Windungen pro Längeneinheit bedeutet.

Das ergibt sich auch aus den Formeln der vorigen Ziffer. Der magnetische Widerstand ist $l/q\mu$, die magnetomotorische Kraft $4\pi NJ$. Somit wird nach (92)

$$J_M = \frac{4\pi NJ}{c\,\dfrac{l}{q\mu}} \,, \tag{98}$$

oder

$$B = \mu \frac{4\pi NJ}{cl} = \frac{\mu 4\pi nJ}{c} \,, \tag{99}$$

also

$$H = 4\pi nJ \tag{100}$$

unabhängig von dem Material des Ringes.

16. Unvollkommener magnetischer Kreis; geschlitzter Ring. Wir wollen jetzt einen geschlitzten Ring betrachten. Wir gehen aus von einem Ring $\mathfrak{R}$, wie er in der vorigen Ziffer betrachtet wurde, dessen Querschnittsdimensionen klein gegen seine Länge sind, füllen ihn mit einem homogenen Material aus, bringen einen Schlitz an und lassen wieder einen Strom in N sehr dichten Windungen um ihn fließen. Ist nun der ganze Ring $\Re$ als Induktionsröhre anzusehen? Offenbar nicht. Denn an den beiden Endquerschnitten zu beiden Seiten des Schlitzes wird positiver und negativer Magnetismus frei; wir haben dort zwei sich gegenüberstehende Pole und wir wissen, daß die Kraftlinien gegen diese konvergieren. Die Kraftlinien werden also in der Nähe des Schlitzes aus dem Material herausgedrängt, durch die Luft laufen und dann wieder in das Material zurückkehren. Diese Erscheinung nennt man Streuung. Die Abb. 2, die dem Werke von H. DuBois: Magnetische Kreise in der Theorie und Anwendung[1]) entnommen ist, gibt eine schematische Darstellung des Kraftlinienverlaufes.

Da einige Induktionslinien den Ring verlassen, so nennen wir diesen einen unvollkommenen magnetischen Kreis. Sehen wir nun aber zunächst von der Streuung ab.

Wir bezeichnen mit l_i, W_{Mi} und μ die Länge des materiellen geschlitzten Ringkörpers, seinen magnetischen Widerstand und seine Permeabilität. W_{Mi} heißt auch der innere Widerstand. l_e sei die Breite des Schlitzes und W_{Me} sein magnetischer Widerstand, der auch äußerer Widerstand heißt, q endlich sei wieder der Flächeninhalt des Querschnitts. Wir haben dann für den gesamten Widerstand:

$$\frac{l_i}{\mu q} + \frac{l_e}{q} \,.$$

Also ist nach (92)

$$J_M = B q = \frac{1}{c} \frac{4\pi N J}{\dfrac{l_i}{\mu q} + \dfrac{l_e}{q}} \,. \qquad (101)$$

Für das innere Feld ergibt sich daraus:

$$H^i = \frac{1}{c} \frac{4\pi N J}{l_i + \mu l_e} \,. \qquad (102)$$

Es gilt also die Gleichung:

$$H^i (l_i + \mu l_e) = \frac{4\pi}{c} N J \,. \qquad (103)$$

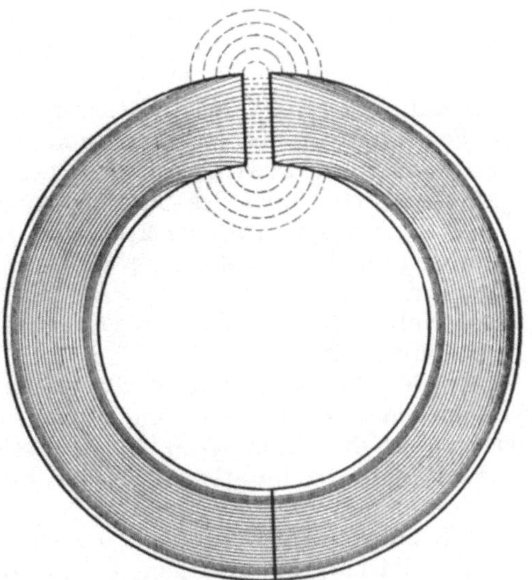

Abb. 2. Streuung der Kraftlinien im unvollkommenen magnetischen Kreis.

Sei nun erstens der Ring leer, zweitens der Schlitz mit dem Material des Ringkörpers ausgefüllt. Die zugehörige Feldstärke wird aus (103) erhalten, indem im ersten Fall $\mu = 1$ gesetzt wird, im zweiten Fall l_e durch 0 und l_i durch $l_i + l_e$ ersetzt wird. Beide Male erhalten wir also dieselbe Feldstärke H_0, die der Gleichung

$$H_0 (l_i + l_e) = \frac{4\pi}{c} N J \qquad (104)$$

genügt. Daß wir für beide Fälle dieselbe Feldstärke finden, ist in Übereinstimmung mit dem Ergebnis der vorigen Ziffer.

Wir können (103) auch schreiben:

$$H^i (l_i + l_e + [\mu - 1] l_e) = \frac{4\pi}{c} N J \,. \qquad (105)$$

---

[1]) Berlin, Julius Springer, S. 120. München, R. Oldenbourg. 1894.

Ziehen wir (104) von (105) ab, so ergibt sich:

$$(H^i - H_0)(l_i + l_e) = -(\mu - 1)\, l_e\, H^i,$$

$$(H^i - H_0) = -(\mu - 1)\, \frac{l_e}{l_i + l_e}\, H^i,$$

$$= -\varkappa\, H^i \frac{4\pi l_e}{l_i + l_e},$$

$$(H^i - H_0) = -M_i \frac{4\pi l_e}{l_e + l_i}, \tag{106}$$

wo M_i die Magnetisierung ist.

Wir werden daher

$$A = \frac{4\pi l_e}{l_e + l_i} \tag{107}$$

als Entmagnetisierungskoeffizienten bezeichnen und erhalten:

$$H_i - H_0 = -A\, M_i, \tag{108}$$

$$H_i = \frac{H_0}{1 + \varkappa A} \tag{109}$$

(vgl. Kap. 1, Ziff. 68). $H_i - H_0$ kann als Zusatzfeld bezeichnet werden. Da H_0 die Feldstärke im leeren Raum und auch im homogen erfüllten ist, so kann man von einem Zusatzfeld und einer entmagnetisierenden Wirkung des geschlitzten Ringes oder des Schlitzes sprechen.

Der Entmagnetisierungskoeffizient ist nur von den geometrischen Verhältnissen des Ringes abhängig. Er ist um so größer, je breiter der Schlitz im Verhältnis zur Ringlänge ist. Der Entmagnetisierungskoeffizient konvergiert gegen Null, d. h. das Feld gegen das ursprüngliche, wenn die Schlitzbreite gegen Null konvergiert.

In der Praxis hat man es auch mit Ringen zu tun, die aus Querschnitten verschiedener Formen bestehen, meist ist nur ein Teil des Ringes mit Draht bewickelt und die Streuung an den Stirnflächen des Schlitzes muß berücksichtigt werden. Für die meisten Fälle der Praxis genügt die Methode von J. und E. Hopkinson[1]).

17. Solenoid[2]). Denken wir uns eine Leitlinie l und sehr viele kleine Ströme, von der Stärke J in normal zur Leitlinie angeordneten Ebenen sie umfließen, sodaß n auf die Längeneinheit kommen, wo n eine sehr große Zahl ist. Ein solches Stromsystem nennen wir ein Solenoid. Es läßt sich annähernd verwirklichen durch eine dünne stromführende Spirale, die die Leitlinie in sehr dichten Windungen umkreist[3]).

Jeder Strom ist nach Ziff. 6 zu ersetzen durch eine magnetische Doppelschicht mit einem Moment $\dfrac{J\,q}{c}$ in der Richtung der Leitlinie, wo q die vom Strom umflossene Fläche ist. Es wird also auf das Stück dl der Leitlinie, ein Moment $\dfrac{n\,q}{c}\,J\,dl$ in

---

[1]) J. u. E. Hopkinson, Phil. Trans. Bd. 177, S. 331. 1886. Wir verweisen auf die Darstellung bei H. du Bois, Magnetische Kreise, ihre Theorie und ihre Anwendung, S. 152. Berlin 1894 und bei R. Gans, Einführung in die Theorie des Magnetismus, S. 33. Leipzig 1908.

[2]) Vgl. E. Cohn, Das elektromagnetische Feld, S. 259. Leipzig 1900.

[3]) Auch das System der vielen getrennten Kreisströme stellt nur eine Annäherung dar an das System, für das die jetzt zu entwickelnden Gleichungen genau gelten würden; ein solches wäre eine dünne, die Leitlinie umgebende Röhre, die von einem Flächenstrom umflossen wird.

Richtung des Leiters entfallen, d. h. die Wirkung auf Punkte außerhalb der Spule muß sich (Kap. 1, Ziff. 40, Formel 145) durch einen Magnetisierungsvektor darstellen lassen, der der Leitlinie parallel ist und die Größe $\frac{nJ}{c}$ besitzt. Wir erhalten also an den Enden magnetische Flächendichte vom Betrage: $\pm\frac{nJ}{c}$, also Pole vom Betrage $\pm\frac{nJ}{c}q$.

Hierdurch ist aber noch nicht das Feld für innere Punkte bestimmt. Nun haben wir unser Stromsystem durch ein magnetisches System ersetzt, und wir können zeigen, daß für beide $\mathfrak{B}$ überall gleich ist[1]). In dem magnetischen System wird die Feldstärke $\mathfrak{H}$ sich wieder nach dem COULOMBschen Gesetz aus den beiden Polen berechnen. Die Induktion $\mathfrak{B}$ wird aber sein:

$$\mathfrak{B} = \mathfrak{H} + 4\pi\mathfrak{M}_w.$$

Das ist aber auch die Induktion und die von der Stromspule erzeugte Feldstärke. Diese besteht demnach aus zwei Bestandteilen. Der eine bestimmt sich nach dem COULOMBschen Gesetz aus den beiden Polen $\pm\frac{Jn}{c}q$. Der andere hat die Richtung der Leitlinie und die Größe:

$$\frac{4\pi Jn}{c}.$$

Ist die Spule sehr lang, so ist der erste Anteil zu vernachlässigen, und wir haben nur die Feldstärke $\frac{4\pi J}{c}n$.

Zweitens sei ein geradliniger Zylinder von beliebiger Basis gegeben, den ein Strom J in der Längeneinheit $n$mal umwindet. Wir erhalten ein Feld, das sich für äußere Punkte berechnet aus dem Felde der Stirnflächen, die homogen mit der magnetischen Dichte $\pm\frac{ni}{c}$ belegt sind.

Im Innenraum haben wir ein Feld, dessen erster Teil sich aus dem von dieser Verteilung herrührenden Felde berechnet, zu dem aber noch der zweite Teil, das homogene Feld

$$H = \frac{4\pi Jn}{c} \tag{110}$$

hinzutritt. Neben diesem kann bei langen Spulen der erste Bestandteil vernachlässigt werden.

---

[1]) Dies folgt nicht aus den allgemeinen Äquivalenzsätzen (Ziff. 13). Wir wollen die Behauptung zunächst für den Fall von kreisförmigen Querschnitten des Solenoides und für Aufpunkte auf der Leitlinie beweisen: Wir denken uns das Solenoid flächenhaft umflossen, so daß auf die Länge dl die Stromstärke $\alpha dl = nJdl$ entfällt. Grenzen wir nun um den Aufpunkt ein als sehr niedriger, gerader Kreiszylinder anzusehendes Teilstück des Solenoides ab, so kann der Beitrag zur Feldstärke, der von dem seinen Mantel umfließenden Strome herrührt, vernachlässigt werden. Den Rest des Stromsystems können wir aber durch ein magnetisches Medium ersetzen, in dem die Magnetisierung $\mathfrak{M}$ der Leitlinie parallel ist und den Betrag $M = \frac{\alpha}{c}$ besitzt. Daher tragen die Basisflächen des kleinen herausgeschnittenen Zylinders die Flächendichte $\pm M$ und erzeugen also nach Kap. 1, Ziff. 32 im Aufpunkte eine der Magnetisierung gleichgerichtete Feldstärke vom Betrage $4\pi M$. Durch Ausfüllung der Lücke mit dem magnetischen Medium wird also zur bereits vorhandenen Feldstärke der Vektor $-4\pi\mathfrak{M}$ hinzukommen; d. h. im magnetischen Medium ist die Induktion dieselbe wie im Stromsystem. Die Übertragung auf den Fall beliebig gestalteter dünner Solenoide bereitet keine Schwierigkeiten. (Siehe MÜLLER-POUILLET, Bd. 4, 10. Aufl. S. 634. 1914.)

18. Schlußjoch. Klemmt man einen zylindrischen Stab von der Länge l und der Permeabilität μ und dem Querschnitt q in die Klemmbacken eines Halbringes von großer Permeabilität und großem Querschnitt, in ein sog. S c h l u ß - j o c h , und läßt den Stab von einem Strom umfließen, so ist der magnetische Widerstand des Schlußjochs zu vernachlässigen, und der Widerstand des Kreises ist $\dfrac{l}{\mu q}$. Fließt der Strom also in N Windungen um den Stab, so ist:

$$J_M = \frac{4\pi N J}{c\dfrac{l}{\mu q}} = \mu \frac{4\pi n q J}{c}\,. \tag{111}$$

Die Feldstärke ist daher

$$H = \frac{4\pi J n}{c}\,. \tag{112}$$

Sie ist also unabhängig von μ und so groß wie in einem unendlich langen Solenoid.

Ändert man die Stromstärke plötzlich, so ändert sich auch der Induktionsfluß. Diese Änderung kann gemessen werden, indem man den Stab mit einer Sekundärwicklung umgibt und durch ein ballistisches Galvanometer die durch diese hindurchfließende Elektrizitätsmenge bestimmt. Aus der Änderung von J_M kann aber nach (111) die Permeabilität des Stabes ermittelt werden.

Kapitel 3

Die magnetischen Eigenschaften der Körper.

Von

W. STEINHAUS, Berlin.

Mit 55 Abbildungen.

I. Einleitung.

1. Abgrenzung. Wenn ein Körper unter dem Einfluß eines magnetischen Feldes seinen magnetischen Zustand ändert, so kann das auf verschiedene Weise in Erscheinung treten: Die Wechselwirkung zwischen Feld und Körper im geänderten magnetischen Zustand kann ponderomotorischer Art sein; ferner kann die Änderung des magnetischen Zustandes Induktionswirkungen hervorbringen oder auch schließlich der Körper im neuen Zustande ponderomotorische Wirkungen auf dritte Körper ausüben. Diese Wirkungen geben uns mit Hilfe der allgemeinen Theorie der Elektrizität und des Magnetismus einen unmittelbaren Einblick in die eingetretene Änderung. Von dem Zusammenhang zwischen Feld- und Zustandsänderung soll in den folgenden Abschnitten die Rede sein.

Häufig ist nun mit der Änderung des magnetischen Zustandes eine solche der physikalischen Eigenschaften des Körpers verknüpft, wie der thermischen, elektrischen oder optischen. Solche werden hier nur insoweit erwähnt, als sich ihre Darstellung aus der Besprechung der hierhergehörenden inversen Effekte unmittelbar aufdrängt.

2. Dia-, para- und ferromagnetische Körper. Wenn wir im folgenden das magnetische Verhalten der Körper darstellen, so heißt das, es soll das magnetische Feld als Ursache und der magnetische Zustand des in diesem Felde befindlichen Körpers als dessen Wirkung angesehen werden; das magnetische Moment des Körpers bzw. seine Magnetisierungsintensität $\mathfrak{J}$ oder die magnetische Induktion $\mathfrak{B}$ sollen als Funktion der magnetischen Feldstärke $\mathfrak{H}$ auftreten. Wir nennen nun das Verhältnis $\mathfrak{B}/\mathfrak{H}$ die „Permeabilität" oder den „magnetischen Induktionskoeffizienten" und bezeichnen es mit μ. Dann haben wir

$$\mathfrak{B} = \mu \cdot \mathfrak{H}. \tag{1}$$

Die Frage nach dem magnetischen Verhalten der Körper ist dann identisch mit der Frage nach der Permeabilität μ und ihren Eigenschaften, ihrer Abhängigkeit von physikalischen und chemischen Bedingungen.

Überblickt man nun die Größe von μ bei allen Körpern, bei denen man sie kennt, so sieht man, daß sie mit wenigen, aber sehr wichtigen Ausnahmen ungefähr gleich der des leeren Raumes ist; d. h. in fast allen Körpern unterscheidet sich die Größe der Induktion nur sehr wenig von der Größe der Feldstärke. Bei genauerer Beobachtung zeigt sich dann freilich, daß μ bald größer, bald kleiner als 1 ist, daß aber die Abweichung von 1 nur selten mehr als $0,1^0/_{00}$ beträgt.

Diejenigen Körper, deren Permeabilität kleiner ist als 1, werden als „diamagnetisch", diejenigen mit größerer Permeabilität als „paramagnetisch" bezeichnet.

Diese Definition ist eindeutig, solange μ bei ein und demselben Körper nur kleiner oder größer als 1 ist, was in der Tat für die weit überwiegende Mehrzahl aller Fälle zutrifft. Es gibt aber einzelne wenige, scheinbar paramagnetische Körper, deren Permeabilität mit steigender Feldstärke oder steigender Temperatur so weit abnimmt, daß der Körper schließlich diamagnetisch erscheint. Solche Stoffe hat man „metamagnetisch" genannt.

Bei den obenerwähnten Ausnahmen ist nun die Permeabilität im allgemeinen von ganz anderer Größenordnung. Hier kommen Beträge von 10^4 bis 10^5 vor; ferner ist μ in hohem Maße von der Feldstärke abhängig, im Gegensatz zu den schwach magnetischen Körpern. Man nennt solche Stoffe, deren Hauptrepräsentant das Eisen ist, „ferromagnetisch". Aber sowohl hinsichtlich der Größe wie auch der Feldabhängigkeit der Permeabilität existieren kontinuierliche Übergänge zu den paramagnetischen Körpern. Unter Benutzung dieser Eigenschaften ist also eine strenge Definition des Ferromagnetismus nicht möglich. Eine solche läßt sich erst finden, wenn man die Temperaturabhängigkeit der Permeabilität mit in Betracht zieht. Alle Körper, die bei gewöhnlicher Temperatur ferromagnetisch sind, besitzen eine genau feststellbare, kritische Temperatur, bei der die Permeabilität für kleine Feldstärken plötzlich von einem hohen Betrage auf nahezu 1 sinkt. In diesem sog. „Curieschen Punkte" verliert der Körper nach der Theorie von Weiss seine spontane Magnetisierung. Diese würde sich also schon zur Definition des ferromagnetischen Körpers eignen, wenn nicht Bedenken beständen, auf eine hypothetische Größe eine Definition zu gründen. Man kann aber auch vom Paramagnetismus ausgehen und sagen: Paramagnetische Körper werden unterhalb des Curiepunktes als ferromagnetisch bezeichnet. Dabei kann es dahingestellt bleiben, ob alle Paramagnetika einen Curiepunkt besitzen oder nicht.

Im Hinblick auf die molekulartheoretische Behandlung aller dieser Erscheinungen ist es nun zweckmäßig, die magnetische Induktion und die Permeabilität als fundamentale Größen zu vermeiden und statt ihrer die Magnetisierungsintensität und die Suszeptibilität zu verwenden; denn nur diese haben dort eine unmittelbare Bedeutung. Ausgehend von der Magnetisierungsintensität $\mathfrak{J}$, dem magnetischen Moment der Volumeinheit, definieren wir den „Magnetisierungskoeffizienten" oder die „Suszeptibilität" $\varkappa$ durch die Gleichung

$$\mathfrak{J} = \varkappa \cdot \mathfrak{H}. \tag{2}$$

Der Zusammenhang dieser Größen mit $\mathfrak{B}$ und μ ist dann

$$\mathfrak{B} = 4\pi\,\mathfrak{J} + \mathfrak{H} \quad \text{oder} \quad \mathfrak{J} = \frac{\mathfrak{B} - \mathfrak{H}}{4\pi} \tag{3}$$

und entsprechend

$$\mu = 4\pi\varkappa + 1 \quad \text{oder} \quad \varkappa = \frac{\mu - 1}{4\pi}. \tag{4}$$

Diamagnetische Körper sind also solche, deren $\varkappa$ negativ ist, während paramagnetische Körper ein positives $\varkappa$ besitzen.

Die Darstellung der dia- und paramagnetischen Erscheinungen durch Angabe von $\varkappa$-Werten hat außerdem den Vorteil, daß diese sich übersichtlicher und bequemer schreiben lassen als die entsprechenden μ-Werte.

Die schwachmagnetischen Erscheinungen werden nun in der Mehrzahl der Fälle so zur Beobachtung gelangen, daß den Körper nicht der leere Raum umgibt, sondern ein anderer schwach magnetischer Körper, am häufigsten wohl die Luft. Daher wird in diesen Fällen nicht die wahre Permeabilität bzw. Suszeptibilität, sondern die scheinbaren Größen μ' bzw. $\varkappa'$ beobachtet.

Nach der formalen Theorie ist

$$\mu' = \frac{\mu}{\mu_0}, \tag{5}$$

bzw.

$$\varkappa' = \frac{\varkappa - \varkappa_0}{1 + 4\pi\varkappa_0} \tag{6}$$

oder einfacher

$$\varkappa' = \varkappa - \varkappa_0, \tag{6a}$$

wobei der Index 0 besagt, daß die Größe auf das umgebende Medium zu beziehen ist.

Untersucht man also einen paramagnetischen Körper, dessen wahre Suszeptibilität $\varkappa$ kleiner ist als die der Luft, in der Weise, daß er von Luft umgeben ist, so erscheint er nach Gleichung (6a) diamagnetisch. Zur Ermittlung der wahren Suszeptibilität muß daher die Wirkung des umgebenden Mediums berücksichtigt werden.

II. Dia- und Paramagnetismus.

a) Die dia- und paramagnetischen Erscheinungen.

3. Feste Körper. Bringt man zwischen die spitzen Pole eines Elektromagneten leicht drehbar aufgehängt irgendeinen Körper von der Gestalt eines Stäbchens, so daß seine Längsachse mit der Feldrichtung einen Winkel von 45° bildet (Abb. 1), so wird es nach dem Erregen des Feldes im allgemeinen nicht in Ruhe bleiben, sondern sich entweder in Richtung des Feldes oder senkrecht dazu einzustellen suchen. Im ersteren Falle ist der Körper para-

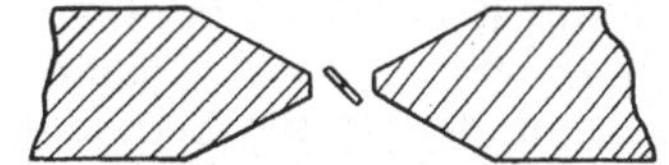

Abb. 1. Stäbchen im inhomogenen Magnetfeld.

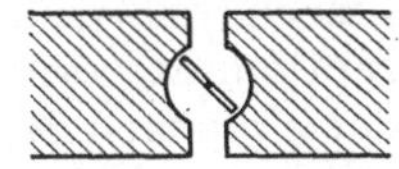

Abb. 2. Stäbchen im inhomogenen Magnetfeld.

magnetisch, im letzteren diamagnetisch. Für diesen Versuch ist die Inhomogenität des Feldes wesentlich. Im homogenen Felde findet im allgemeinen keine Einstellung statt. Ist die Symmetrie des Feldes die entgegengesetzte, so daß die Dichte von der Achse nach außen hin zunimmt (Abb. 2), so ist die Einstellung des Stäbchens umgekehrt.

Hat der zu untersuchende Körper die Gestalt einer Kugel, so wird diese in das Magnetfeld nach Stellen höherer Feldstärke gezogen, wenn sie paramagnetisch ist, dagegen herausgedrückt, wenn sie diamagnetisch ist.

Diese Erscheinungen folgen unmittelbar aus dem Satz der formalen Theorie, daß die Feldkräfte an die Stellen höherer Feldstärke immer diejenigen Körper zu bewegen suchen, welche die größere Suszeptibilität besitzen.

Die Einordnung der Körper in die beiden Kategorien der paramagnetischen und diamagnetischen hat sich im Laufe der Zeit mehrfach geändert. Häufig ist der Fall eingetreten, daß Körper, die zunächst paramagnetisch zu sein schienen, sich als diamagnetisch herausstellten, als man sie in größerer Reinheit herzustellen vermochte. Und es ist auch jetzt noch möglich, daß bei dem einen oder andern Körper eine Änderung eintritt.

Von den Metallen und übrigen festen Elementen sind folgende paramagnetisch: Mangan, Palladium, Chrom, Uran und die seltenen Erdmetalle besonders stark; ferner schwächer Aluminium, Iridium, Kalium, Lithium, Magnesium, Natrium, Osmium, Platin, Rhodium, Tantal, Vanadium, Wolfram und Zinn; stark diamagnetisch ist allein das Wismut, schwächer Antimon, Arsen, Blei, Bor, Kadmium, Gold, Jod, Kohlenstoff, Kupfer, Phosphor, Quecksilber, Schwefel, Selen, Silber, Silizium, Tellur, Zink und Zirkon. Mangan scheint nach den Untersuchungen von Seckelson[1]) sowie Weiss und Kamerlingh Onnes[2]) auch in ferromagnetischer Form auftreten zu können. Auch vermag es mit Kupfer und Aluminium oder Zinn die Heuslerschen Legierungen zu bilden; mit Zinn allein, ferner mit Bor, Phosphor, Arsen und besonders mit Antimon gibt es stark magnetisierbare[3]) Legierungen. Trotzdem pflegt es im allgemeinen unter die paramagnetischen Körper gerechnet zu werden.

Feste chemische Verbindungen wurden besonders von St. Meyer[4]) und Meslin[5]) untersucht. Von großem Interesse ist dabei z. B. das Verhalten der Kupfersalze. Während das Metall selbst diamagnetisch ist, ist ein Teil seiner Verbindungen, in denen das Kupfer zweiwertig auftritt, paramagnetisch, wie das Oxyd, Sulfat und Chlorid. Auch die Suszeptibilität der Zinnverbindungen ist teils größer, teils kleiner als Null. Der magnetische Charakter schwach magnetischer Körper ist also von chemischen Bindungen keinesfalls unabhängig.

Die Gläser sind, soweit sie von stark paramagnetischen Substanzen frei sind, durchweg diamagnetisch; sie können aber bei Zusatz von Eisen-, Mangan-, Kobaltsalzen usw. auch stark paramagnetisch werden.

Gase sind im festen Zustand nur wenig untersucht worden. Fester Sauerstoff ist sehr stark paramagnetisch.

Bezüglich einzelner Zahlenangaben in dieser und den folgenden Ziffern muß auf Tabellenwerke, wie z. B. Landolt-Börnstein, verwiesen werden.

4. Flüssige Körper. Flüssige Körper lassen sich leicht in der Weise untersuchen, daß man sie in ein Röhrchen aus einer Substanz einschließt, deren Suszeptibilität vernachlässigt werden kann. Zur Orientierung kann man sich auch der einfachen Methode von Plücker[6]) bedienen; man bringt ein Uhrschälchen mit etwas Flüssigkeit auf die in Abb. 3 gezeigte Weise in ein Magnetfeld. Eine

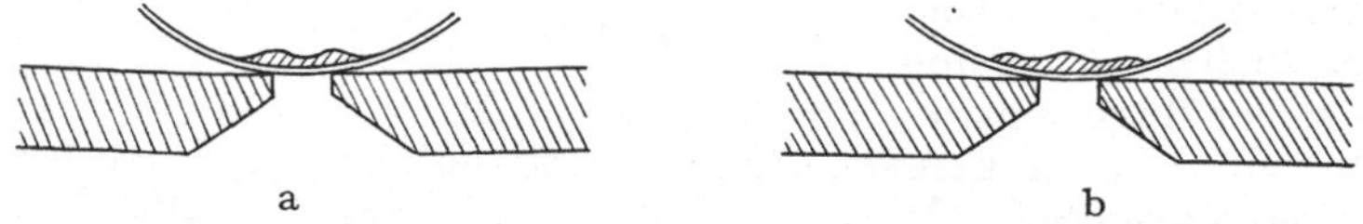

a   b

Abb. 3. Verhalten schwachmagnetischer Flüssigkeiten im Magnetfeld.

paramagnetische Flüssigkeit wird an die Stellen des stärksten Feldes in der Umgebung der Polkanten hingezogen (a), eine diamagnetische fortgedrückt, so daß sie in der Mitte zusammengeschoben erscheint (b). Man kann sich auch leicht

[1]) E. Seckelson, Wied. Ann. Bd. 67, S. 37. 1899.
[2]) P. Weiss u. H. Kamerlingh Onnes, C. R. Bd. 150, S. 687. 1910.
[3]) Wedekind, ZS. f. Elektrochem. Bd. 47, S. 850. 1905; ZS. f. phys. Chem. Bd. 66, S. 624. 1909; K. Honda, Ann. d. Phys. Bd. 32, S. 1017. 1910; K. Honda u. T. Soné, Proc. Math. Phys. Soc. Tokyo (2) Bd. 7, S. 11. 1913; S. Hilpert u. Th. Dieckmann, Chem. Ber. Bd. 44, S. 2831. 1911; H. Fassbender, Verh. d. D. Phys. Ges. Bd. 10, S. 256. 1908.
[4]) St. Meyer, Wied. Ann. Bd. 69, S. 236. 1899.
[5]) G. Meslin, C. R. Bd. 140, S. 782. 1905.
[6]) J. Plücker, Pogg. Ann. Bd. 73, S. 568. 1848.

der Steighöhenmethode von QUINCKE[1]) bedienen. Der eine der beiden Schenkel eines U-Rohres befindet sich zwischen den Polen eines Elektromagneten (Abb. 4), der andere außerhalb des Feldes. In dieses U-Rohr wird die Flüssigkeit so hoch eingefüllt, daß sie in dem einen Schenkel gerade die Mitte des Magnetfeldes erreicht. Ist sie paramagnetisch, so steigt ihr Niveau bei Erregung des Feldes, bei diamagnetischen Flüssigkeiten sinkt es. Zur Vergrößerung der Empfindlichkeit kann das U-Rohr geneigt werden. Noch einfacher wird ein Tropfen der Flüssigkeit in der durch Abb. 5 dargestellten Weise untersucht.

Wasser hat nach den übereinstimmenden Resultaten vieler Forscher[2]) eine wahre Suszeptibilität von $-0,72 \cdot 10^{-6}$; ihr Temperaturkoeffizient ist nach MARKE[3]) $+0,00007$.

Wässerige Lösungen paramagnetischer Salze sind in starker Verdünnung diamagnetisch, in größerer Konzentration im allgemeinen paramagnetisch. Da-

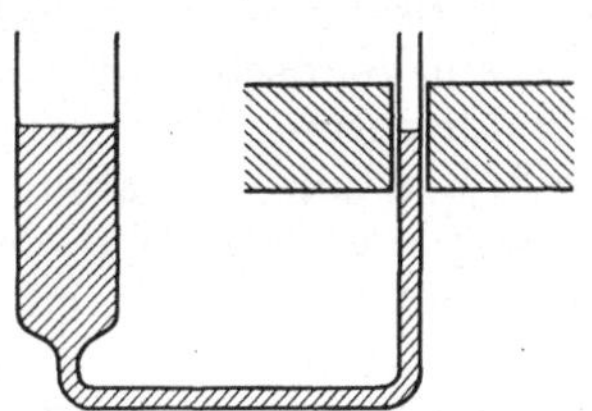
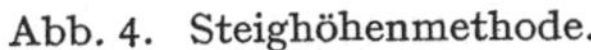
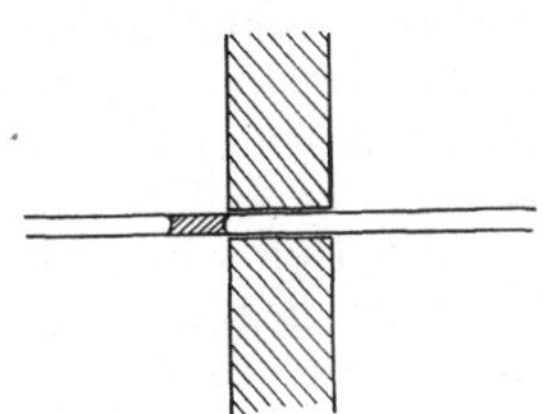

Abb. 4. Steighöhenmethode.   Abb. 5. Tropfen im Magnetfeld.

zwischen haben sie eine bestimmte Konzentration, für die $\varkappa = 0$ ist, z. B. für eine 5 proz. Chromalaun- oder 1,86 proz. Nickelchloridlösung („unmagnetische Lösungen"[4]).

Flüssiger Sauerstoff[5]) ist außerordentlich stark paramagnetisch; er wird schon von einem kräftigen Magneten deutlich angezogen.

Alle übrigen Flüssigkeiten, darunter auch die organischen Verbindungen, sind diamagnetisch.

5. Gase. Die Volumsuszeptibilitäten der Gase sind außerordentlich gering. Trotzdem läßt sich nach FARADAY das magnetische Verhalten im Vergleich mit Luft leicht zeigen, wenn man das Gas, in einer Seifenblase eingeschlossen, zwischen die Pole eines starken Elektromagneten bringt und das Feld abwechselnd erregt und fortnimmt. Bekannt ist auch das Verhalten der diamagnetischen Flammengase einer Kerze im Magnetfeld; die Flamme wird scheinbar aus dem Felde herausgeblasen. Auch durch Sichtbarmachen des Gases mit Salmiaknebel läßt sich sein Verhalten im Magnetfeld zeigen.

Luft, Sauerstoff und Stickoxyd sind verhältnismäßig stark paramagnetisch; alle andern Gase scheinen diamagnetisch zu sein[6]). Die Suszeptibilität der Luft wird heute zu $\varkappa = +0,024 \cdot 10^{-6}$ angenommen.

---

[1]) G. QUINCKE, Wied. Ann. Bd. 24, S. 374. 1885.

[2]) P. WEISS u. A. PICCARD, C. R. Bd. 155, S. 1234. 1912; P. SÈVE, Ann. chim. phys. (8) Bd. 27, S. 189 u. 425. 1912; W. J. DE HAAS u. P. DRAPIER, Ann. d. Phys. (4) Bd. 42, S. 673. 1913; A. PICCARD u. A. DEVAUD, Arch. sc. phys. et nat. (5) Bd. 2, S. 410. 1920.

[3]) A. W. MARKE, Oversigt Kopenhagen 1916, S. 396.

[4]) H. DU BOIS, Wied. Ann. Bd. 35, S. 164. 1888; O. LIEBKNECHT u. A. P. WILLS, Ann. d. Phys. (4) Bd. 1, S. 178. 1900.

[5]) A. PERRIER u. H. KAMERLINGH ONNES, Comm. Leiden 1914, Nr. 139d.

[6]) A. JEFIMOW, Journ. de phys. (2) Bd. 7, S. 494. 1899; P. CURIE, C. R. Bd. 115, S. 1292. 1892; P. TÄNZLER, Ann. d. Phys. (4) Bd. 24, S. 931. 1907; R. BERNSTEIN, Dissert. Halle 1909; P. PASCAL, C. R. Bd. 148, S. 413. 1909; P. WEISS u. A. PICCARD, ebenda Bd. 157, S. 916. 1913; B. CABRERA u. E. MOLES, Arch. de Genève Bd. 36, S. 502. 1913.

6. Kristalle. Ein besonderes Verhalten zeigen die Kristalle[1]). Wenn wir aus einem solchen eine Kugel herausschneiden und diese im Magnetfeld untersuchen, so werden wir im allgemeinen finden, daß die Richtung der Magnetisierung mit der des Feldes nicht übereinstimmt. Es gibt aber drei Richtungen, in denen Übereinstimmung herrscht; diese Richtungen nennt man Hauptmagnetisierungsachsen und die Suszeptibilitäten in diesen Richtungen die Hauptsuszeptibilitäten $\varkappa_1$, $\varkappa_2$ und $\varkappa_3$.

Beim regulären System ist $\varkappa_1 = \varkappa_2 = \varkappa_3$; reguläre Kristalle verhalten sich also in den verschiedenen Richtungen nicht verschieden, sondern wie isotrope Körper. Solche Kristalle sind z. B. Alaun, Bleiglanz, Flußspat und Steinsalz, welche ein negatives $\varkappa$ besitzen, während z. B. Pyrit paramagnetisch ist.

Bei einachsigen Kristallen ist die axiale Suszeptibilität $\varkappa_1$, die beiden äquatorialen sind einander gleich: $\varkappa_2 = \varkappa_3$. Man bezeichnet nun einen solchen Kristall dann als „positiv", wenn die dia- oder paramagnetische Magnetisierbarkeit in der Achse größer ist als senkrecht dazu; ein diamagnetisch positiver Kristall stellt sich daher mit seiner Achse senkrecht zur Feldrichtung, ein paramagnetisch positiver parallel der Feldrichtung. „Negative" Kristalle verhalten sich umgekehrt. So sind Dolomit und Turmalin beide paramagnetisch, der erstere positiv, der letztere negativ. Kalkspat ist diamagnetisch positiv, ein Wismutkristall diamagnetisch negativ.

Bei dreiachsigen Kristallen ist der Unterschied zwischen $\varkappa_2$ und $\varkappa_3$ meist so gering, daß sie sich in ihrem Verhalten von einachsigen kaum unterscheiden.

b) Gesetzmäßigkeiten.

7. Die Suszeptibilität chemischer Verbindungen. Wir beziehen nun die Suszeptibilität nicht wie bisher auf die Volumeinheit, sondern auf die Masseneinheit und nennen sie die Massensuszeptibilität χ (oder auch spezifischen Magnetismus)

$$\chi = \frac{\varkappa}{d}, \tag{7}$$

wo d die Dichte bedeutet. Wir wollen ferner mit χ_m das Produkt aus Massensuszeptibilität und Molekulargewicht m bezeichnen und es Molekularsuszeptibilität (auch Molekularmagnetismus ist gebräuchlich) nennen. Es ist also

$$\chi_m = \chi \cdot m. \tag{8}$$

Das Entsprechende gilt von der Atomsuszeptibilität (Atommagnetismus)

$$\chi_a = \chi \cdot a. \tag{9}$$

wo a das Atomgewicht ist.

Der Zusammenhang der χ_m-Werte für eine chemische Verbindung mit den χ_a-Werten ihrer konstituierenden Atome scheint im allgemeinen ziemlich kompliziert zu sein. Am einfachsten liegen die Verhältnisse offenbar bei organischen Verbindungen, für welche Pascal[2]) fand, daß der molekulare Diamagnetismus häufig gleich der Summe der Atommagnetismen ist, vermehrt um eine Konstante, die bei den gesättigten Kohlenwasserstoffverbindungen der Formel C_nH_{2n+2} gleich Null, für andere aliphatische Verbindungen positiv und für die aromatischen negativ ist.

Sehr viel komplizierter aber sind die Zusammenhänge bei den anorganischen Verbindungen. Die Molekularsuszeptibilitäten der Salze werden wesentlich be-

---

[1]) W. Voigt, Lehrbuch der Kristallphysik, S. 468 ff. Leipzig 1910; W. Voigt u. S. Kinoshita, Ann. d. Phys. Bd. 24, S. 492. 1907.
[2]) P. Pascal, Ann. chim. phys. (8) Bd. 19, S. 5. 1910.

stimmt durch den Atommagnetismus der Metallatome; der Einfluß der Metalloid-atome und Radikale[1]) ist aber durchaus nicht zu vernachlässigen, wie WIEDE-MANN und QUINCKE zunächst annahmen. Dabei kommt es häufig vor, daß χ_m sich rein additiv aus den Suszeptibilitäten des Kations und Anions zusammen-setzt; aber für gewöhnlich kann die Suszeptibilität des Radikals nicht additiv aus den Atommagnetismen zusammengesetzt werden.

WEISS[2]) nimmt aber wenigstens das als sicher an, daß die diamagnetischen Atome in den Verbindungen mit paramagnetischen Metallatomen ihren Dia-magnetismus behalten. Er benutzt die folgenden Werte (Tabelle 1), um aus den Molekularmagnetismen paramagnetischer Salze den Atommagnetismus der Kationen zu erhalten:

Tabelle 1.

	$\chi_a \cdot 10^6$		$\chi_a \cdot 10^6$		$\chi_a \cdot 10^6$		$\chi_m \cdot 10^6$
H	− 3,05	Te	− 39	J	− 46,5	SO$_4$	− 38,5
C	− 6,25	P	− 27,4	Na	− 4	NO$_3$	− 19,0
O	− 4,8	Fl	− 12	K	− 11	NH$_3$	− 15,0
S	− 15,6	Cl	− 21	Hg	− 35	CN	− 11,25
Se	− 24	Br	− 32			H$_2$O	− 13,5

Es ist wahrscheinlich, daß diese komplizierten Verhältnisse im Zusammen-hang stehen mit dem Atomvolumen[3]), so daß ein additives Gesetz nur dann gilt, wenn auch das Molekularvolumen sich additiv aus dem Atomvolumen herleiten läßt. Bei Volumkontraktion werden die Verbindungen paramagne-tischer, bei Volumdilatation diamagnetischer.

Es ist bemerkenswert, daß die Molekular- und damit auch die Atomsus-zeptibilitäten der verschiedenen Metallsalze wesentlich von der Wertigkeitsstufe des Metallatoms abhängen. So ist z. B. Fe^{+++} bedeutend stärker paramagnetisch als Fe^{++}. Bei Kupfer tritt sogar eine Umkehr ein; während Cu^{++} paramagne-tisch ist, ist Cu$^+$ diamagnetisch. Es ist auch interessant, daß Eisen als Ion gar kein so besonderes Verhalten zeigt wie im metallischen Zustand, und daß andere Ionen, wie Mangan oder gar Gadolinium und Erbium, es hinsichtlich der Größe der Molekularsuszeptibilität weit hinter sich zurücklassen.

8. Die Suszeptibilität von Salzlösungen. Über die Abhängigkeit des spe-zifischen Magnetismus der Salzlösungen von denen ihrer Bestandteile fand zuerst WIEDEMANN[4]) ein einfaches Gesetz, das nach ihm als WIEDEMANNsche Regel bezeichnet wird und dessen Formulierung KÖNIGSBERGER später verall-gemeinerte. Bezeichnet man mit χ_s die spezifische Suszeptibilität eines Salzes, mit C_s seine Konzentration und mit χ_w die spezifische Suszeptibilität des Lö-sungsmittels, so ist die der Lösung

$$\chi = C_s \cdot \chi_s + (1 - C_s)\,\chi_w . \tag{10}$$

Die Gültigkeit dieser Regel ist aber durchaus nicht allgemein. Während sie für eine Anzahl von Körpern gut zutrifft, wie z. B. für Nickelsalze, zeigen sich bei andern, wie z. B. den Ferrisalzen, beträchtliche Abweichungen. Diese rühren daher, daß sich das Salz nicht unverändert in der Lösung befindet, sondern bei Ferrisalzen z. B. einer hydrolytischen Spaltung unterworfen ist, und zwar je nach der Konzentration bald in höherem, bald in geringerem Grade. Diese

---

[1]) S. auch O. LIEBKNECHT u. A. P. WILLS, Ann. d. Phys. (4) Bd. 1, S. 178. 1900.
[2]) P. WEISS, Arch. de Gen. (4) Bd. 31, S. 401. 1911.
[3]) G. JÄGER u. ST. MEYER, Wied. Ann. Bd. 63, S. 83. 1897; ST. MEYER, ebenda Bd. 69, S. 236. 1899; Ann. d. Phys. (4) Bd. 1, S. 644 u. 668. 1900.
[4]) G. WIEDEMANN, Pogg. Ann. Bd. 126, S. 1. 1865; Bd. 135, S. 177. 1868; J. KÖNIGS-BERGER, Wied. Ann. Bd. 66, S. 698. 1898.

Abweichungen gehen bei Säurezusatz, der die Hydrolyse vermindert, ebenfalls zurück[1]).

Aber selbst wenn nun die Wiedemannsche Regel Gültigkeit hat, d. h. wenn χ_s von der Konzentration unabhängig ist, so ist doch noch kein Schluß von χ_s (Lösung) auf χ_s (festes Salz) erlaubt. Beide Werte unterscheiden sich oft beträchtlich; die ohne Kristallwasser kristallisierenden Salze scheinen hierbei einen größeren Sprung zu zeigen als kristallwasserhaltige. Auch diese ändern ihre spezifische Suszeptibilität stark, wenn das Kristallwasser entfernt wird.

9. Abhängigkeit der Suszeptibilität vom Druck. Schon ältere Versuche ließen es als ziemlich sicher erscheinen, und neuere Untersuchungen[2]) haben es immer wieder bestätigt, daß die Suszeptibilität eines Gases sich dem Druck proportional verhält; d. h. also, daß die Massensuszeptibilität der Gase konstant ist, da sich ja das spezifische Gewicht dem Druck proportional verändert.

Indessen scheint bei diamagnetischen Gasen für kleine Drucke, wie Glaser[3]) gefunden hat, eine Anomalie vorhanden zu sein. Mit abnehmendem Druck ist die Massensuszeptibilität zwar zunächst konstant, steigt dann aber an, um schließlich den dreifachen Betrag anzunehmen.

Lehrer[4]), der diese Frage mit einer andern Methode nachprüfte, konnte allerdings diese Anomalie nicht feststellen.

10. Abhängigkeit der Suszeptibilität von der Temperatur. Die wichtigsten Beziehungen, die die Abhängigkeit der Suszeptibilität von der Temperatur betreffen, wurden von Curie[5]) aufgestellt. Nach ihm ist die Suszeptibilität diamagnetischer Körper von der Temperatur nahezu unabhängig, diejenige paramagnetischer Körper der absoluten Temperatur umgekehrt proportional:

$$\chi_m \cdot T = C_I. \tag{11}$$

Diese Beziehung wird als das erste Curiesche Gesetz bezeichnet; C_I ist die Curiesche Konstante. Diese ist für verschiedene paramagnetische Körper sehr verschieden. Wie die Untersuchungen von Owen[6]) und Honda[7]) zeigen, gilt aber das Curiesche Gesetz nur in seltenen Fällen genau, sehr häufig angenähert, oft auch gar nicht. Wesentlich besser gilt die folgende modifizierte Form des Gesetzes:

$$\chi(T + T_1) = \text{konst.}, \tag{12}$$

wobei T_1 eine empirisch ermittelte positive oder negative Korrektionsgröße ist[8]).

Von besonderem Interesse ist das Verhalten von Sauerstoff. Dieser Körper, der schon bei gewöhnlicher Temperatur sehr stark paramagnetisch ist, müßte bei Gültigkeit des Gesetzes schließlich bei sehr tiefen Temperaturen (im festen Zustand) bezüglich seiner Magnetisierbarkeit in die Größenordnung der gewöhnlichen ferromagnetischen Körper kommen. Perrier und Kamerlingh Onnes[9])

---

[1]) B. Cabrera u. E. Moles, Arch. de Gen. (4) Bd. 35, S. 425. 1913; Bd. 36, S. 502. 1913; Bd. 37, S. 324. 1914.

[2]) P. Weiss u. A. Piccard, C. R. Bd. 155, S. 1234. 1912; W. P. Roop, Phys. Rev. Bd. 7, S. 529. 1916.

[3]) A. Glaser, Ann. d. Phys. (4) Bd. 75, S. 459; Bd. 78, S. 641. 1924.

[4]) E. Lehrer, ZS. f. Phys. Bd. 37, S. 155. 1926; G. W. Hammar, Proc. Nat. Soc. Amer. Bd. 12, S. 594.

[5]) P. Curie, C. R. Bd. 115, S. 803 u. 1292. 1892; Bd. 116, S. 136. 1892; Bd. 118, S. 1134. 1894; Journ. de phys. Bd. 4, S. 197. 1895.

[6]) M. Owen, Ann. d. Phys. Bd. 37, S. 657. 1912.

[7]) K. Honda, Ann. d. Phys. Bd. 32, S. 1027. 1910.

[8]) E. H. Williams, Phys. Rev. (2) Bd. 14, S. 348. 1919; E. Oosterhuis, Phys. ZS. Bd. 14, S. 862. 1913.

[9]) A. Perrier u. H. Kamerlingh Onnes, Comm. Leiden 139d; C. R. Bd. 158, S. 941 u. 1074. 1914.

fanden nun, daß das CURIEsche Gesetz zwar gilt, aber immer nur stückweise; dazwischen nimmt bei bestimmten Temperaturen die spezifische Suszeptibilität sprungweise ab, so daß die erwartete Magnetisierbarkeit doch bei weitem nicht erreicht wird.

Beim Übergang vom festen zum flüssigen Zustande und umgekehrt zeigen viele Körper Unstetigkeiten im Verlauf der spezifischen Suszeptibilität, viele aber gehen auch ohne Sprung aus dem einen in den andern Zustand über.

Auch der Satz über die Temperaturunabhängigkeit des Diamagnetismus ist nur sehr bedingt richtig. Sicher ist, daß die Abhängigkeit im allgemeinen geringer ist als bei paramagnetischen Körpern; sie ist häufig so klein, daß auch heute noch (besonders bei Gasen) nicht sicher feststeht, ob der Temperatur-koeffizient positiv oder negativ ist. Aber es kommt (z. B. bei Wismut und Anti-mon) auch starke Temperaturabhängigkeit vor, und zwar sowohl mit positiven wie negativen Koeffizienten.

Bezüglich der Verhältnisse bei schwach magnetischen Kristallen sei auf die Arbeit von LUTTEROTH[1]) verwiesen.

11. Abhängigkeit der Suszeptibilität von der Feldstärke. Nach der Theorie von LANGEVIN muß sich die Magnetisierung eines paramagnetischen Körpers bei sehr hohen Feldstärken (oder sehr tiefen Temperaturen) einem Sättigungs-werte nähern, die Suszeptibilität also entsprechend abnehmen. Diese auch früher schon vermutete Erscheinung ist oft gesucht worden; mit Sicherheit wurde sie von KAMERLINGH ONNES[2]) am Gadoliniumsulfat bei sehr tiefen Temperaturen nachgewiesen. Aber auch ein Teil der Ergebnisse der unter voriger Ziffer zitierten Arbeiten von HONDA und OWEN läßt sich in dieser Weise erklären.

Eine andere Erscheinung[3]), die besonders an Mangan und Chrom festgestellt wurde, nämlich ein anfänglicher Anstieg der Suszeptibilität, ist typisch ferro-magnetisch. Er beruht entweder auf Verunreinigungen mit ferromagnetischen Körpern, oder die untersuchten Substanzen selbst haben eine eigene, geringe ferromagnetische Magnetisierbarkeit. Übrigens hat FALCKENBERG[4]) diesen Effekt bei Salzlösungen nicht gefunden.

c) Die Theorien des Dia- und Paramagnetismus.

12. Die AMPÈREschen Molekularströme. Während[5]) die Frage nach der Natur der Elementarmagnete für die Molekulartheorie des Ferromagnetismus von geringerem Belang ist, hat sie bei der Theorie der schwachmagnetischen Körper eine entscheidende Bedeutung.

Nachdem AMPÈRE gezeigt hatte, daß jeder Kreisstrom nach außen hin dieselbe Wirkung ausübt, wie ein in seiner Achse liegender Magnet, und er auch der Wirkung eines magnetisches Feldes in der gleichen Weise unterworfen ist wie ein solcher, lag es für ihn nahe, das physikalische Weltbild dadurch zu ver-einfachen, daß er nun umgekehrt die elektrischen Kreisströme als alleinige Ur-sache überhaupt aller magnetischen Wirkungen betrachtete. Dazu mußte er

---

[1]) A. LUTTEROTH, Wied. Ann. Bd. 66, S. 1081. 1898.

[2]) H. KAMERLINGH ONNES, Comm. Leiden 140d; Proc. Amsterdam Bd. 17, S. 283. 1914.

[3]) A. HEYDWEILLER, Ann. d. Phys. (4) Bd. 12, S. 608. 1903; P. WEISS u. H. KAMERLINGH ONNES, C. R. Bd. 150, S. 686. 1910; K. IHDE, Ann. d. Phys. (4) Bd. 41, S. 829. 1913; W. LEPKE, Verh. d. D. Phys. Ges. Bd. 16, S. 369. 1914.

[4]) G. FALCKENBERG, ZS. f. Phys. Bd. 5, S. 201. 1921.

[5]) Als ausführlichere Darstellung der „Theorien des Magnetismus" sei der Bericht des National Research Council empfohlen, der neuerdings auch in deutscher Übersetzung von J. WÜRSCHMIDT als Band 74 der Sammlung „Die Wissenschaft", Braunschweig 1925, erschienen ist.

die Annahme machen, daß das magnetische Moment eines Moleküls von einem elektrischen Strom herrühre, der beständig in ihm kreist; und zwar dachte er sich diese Molekularströme als wirkliche Leitungsströme, die in widerstandslosen Bahnen verlaufen müssen, damit zu ihrer Aufrechterhaltung keine Arbeit aufgewendet zu werden braucht. In einem magnetischen Körper im unmagnetischen Zustand sollten die Achsen dieser Molekularströme gleichmäßig auf alle Richtungen verteilt sein. Ein äußeres Feld sollte dann die Kreisströme drehen, so daß ihre Achsen dem Felde mehr oder weniger parallel gerichtet würden. So legte schon Ampère den Grund zu der später von Weber durchgeführten Richtungstheorie.

In die Zwischenzeit fallen die beiden wichtigen Entdeckungen Faradays, die der elektromagnetischen Induktion und die des Diamagnetismus. Aber erst Weber gelang die theoretische Herleitung des letzteren aus dem Induktionsgesetz auf Grund der Ampèreschen Vorstellungen.

Die Molekel eines diamagnetischen Körpers sollen zwar widerstandsfreie Bahnen enthalten, in diesen soll aber kein Strom fließen. Beim Entstehen eines Magnetfeldes werden nun in diesen Bahnen Kreisströme induziert, deren Feld dem erregenden Felde entgegengesetzt gerichtet ist. Verschwindet das Feld, so wird ein entgegengesetzter Strom induziert, der den erstentstandenen Strom und damit auch das negative Moment gerade wieder aufhebt. Ein Körper mit solchen Bahnen zeigt also die Erscheinungen des Diamagnetismus.

Es ist aber noch die Frage offengeblieben, wie denn überhaupt widerstandslose Bahnen möglich sind. Darauf lassen sich verschiedene Antworten geben, die zum Teil von der durch Rowland nachgewiesenen Äquivalenz von transportierten elektrischen Ladungen (Konvektionsströmen) mit Leitungsströmen Gebrauch machen. Rotierende Elektronen, rotierende elektrisch geladene Elementarkörper, zirkulierende Elektronen, die Elektronenbahnen innerhalb der Atome, sie alle repräsentieren also Ampèresche Molekularströme[1]). Im einzelnen wird davon weiter unten noch die Rede sein.

Der direkte Nachweis solcher Molekularströme ist häufig versucht worden, aber lange Zeit ohne Erfolg. Erst Einstein und de Haas[2]) ist er in folgender Weise gelungen. Jedem kreisenden Elektron kommt ein Impulsmoment zu, das mit dem magnetischen Moment gleichgerichtet und ihm proportional ist; das kreisende Elektron verhält sich also wie ein Kreisel, dessen Achse in der Richtung des magnetischen Moments liegt. Kehrt man nun in einem magnetisierbaren Körper durch Kommutieren des erregenden Feldes alle magnetischen Einzelmomente um, so muß auf den Körper als Reaktion auf die gleichzeitige Umkehr der Impulsmomente ein Drehmoment ausgeübt werden.

Einstein und de Haas konnten diesen Effekt, der einzeln wegen seiner geringen Größe nicht leicht nachweisbar ist, an einem Eisenstäbchen zeigen, wenn sie sich nicht auf eine einzelne Kommutierung beschränkten, sondern das Eisenstäbchen in einem Wechselfelde so aufhingen, daß seine Torsionsschwingung mit dem Wechselfelde in Resonanz war.

Nimmt man nun an, daß ein Ampèrescher Molekularstrom aus einem mit Elektronen besetzten Ring oder einem elektrisch geladenen, rotierenden Elementarkörper besteht, so läßt sich zeigen, daß

$$M = \frac{2m}{e} \cdot J = \lambda \cdot J \tag{13}$$

---

[1]) F. Richarz, Wied. Ann. Bd. 52, S. 410. 1894; Phys. ZS. Bd. 12, S. 151. 1911; Marburger Sitzungsber. 1915, S. 21; A. Korn, Phys. ZS. Bd. 17, S. 112. 1916.
[2]) A. Einstein u. J. W. de Haas, Verh. d. D. Phys. Ges. Bd. 17, S. 152 u. 203. 1915.

ist, wobei M das Impulsmoment, J das magnetische Moment und m/e das Verhältnis von Masse zu Ladung eines Elektrons bedeuten. λ müßte also nach der Theorie den Wert $1,13 \cdot 10^{-7}$ haben; EINSTEIN und DE HAAS fanden ihn in guter Übereinstimmung damit zu $1,11 \cdot 10^{-7}$.

BECK[1]) hat nun diese Versuche unter erheblicher Verbesserung der Bedingungen mit Eisen und Nickel wiederholt. Seine Messungen aber ergaben für λ fast nur die Hälfte des erwarteten Wertes, nämlich bei Eisen $0,60 \cdot 10^{-7}$ und bei Nickel $0,64 \cdot 10^{-7}$. Der Grund dieser Abweichung ist bisher noch nicht sicher bekannt[2]).

Immerhin beweisen aber diese Versuche wenigstens qualitativ die Existenz der AMPÈREschen Molekularströme.

13. Die VOIGTsche Theorie. Die Erfolge, welche die Elektronentheorie namentlich auf dem Gebiet der elektromagnetischen Optik zu verzeichnen hatte, legten den Gedanken nahe, auch die Theorie des Magnetismus aus ihr herzuleiten.

Der erste, der sich dieser Aufgabe unterzog, war VOIGT[3]). Er stellte die Bewegungsgleichungen für ein Elektron auf, das den Kräften eines elektrischen und magnetischen Feldes unterworfen ist, das aber außerdem unter dem Einfluß quasielastischer Kräfte steht, die seiner Verrückung aus der Gleichgewichtslage proportional sind. Unter der Annahme, daß für den hier interessierenden Fall die elektrische Feldstärke Null und das magnetische Feld konstant ist, und daß bei der Bewegung der Elektronen keine Energie verbraucht wird, lassen sich die Gleichungen dann einfach lösen. Ferner wird zur Vereinfachung der Anfangsbedingungen angenommen, daß die Zeit, die zur Erregung des Feldes nötig ist, so klein ist, daß die inzwischen eintretende Änderung von Ort und Geschwindigkeit vernachlässigt werden kann, ebenso wie die Größe des elektrischen Feldes, das während der Erregung des magnetischen Feldes unter allen Umständen entstehen muß.

Bei der Durchführung der Rechnung zeigt sich dann das überraschende Resultat, daß der zeitliche Mittelwert der magnetischen Kraft, die im betrachteten Punkte durch die Bewegung des Elektrons hervorgebracht wird, vor und nach der Erregung des Feldes der gleiche ist, d. h. also, daß ein nichtmagnetisierter Körper, dessen Elektronenaufbau den obigen Voraussetzungen entspricht, auch unter der Wirkung eines magnetischen Feldes nicht magnetisiert wird.

In dieser Weise ist also weder Dia- noch Paramagnetismus zu erklären. Nimmt man aber an, daß im Gegensatz zu oben eine Zerstreuung der Energie stattfindet, und daß auch Zusammenstöße auftreten, die den Elektronen zur Aufrechterhaltung eines stationären Zustandes Energie zuführen, so ergibt sich eine Darstellung der magnetischen Suszeptibilität, in der diese dem Unterschiede zwischen mittlerer potentieller und kinetischer Energie der Elektronen proportional ist. Überwiegt die erstere, so ist der Körper paramagnetisch, im entgegengesetzten Falle diamagnetisch.

Es zeigt sich also, daß hier zur Erklärung des Dia- und Paramagnetismus nicht verschiedene Grundannahmen (wie z. B. bei WEBER) erforderlich sind, sondern einheitliche Annahmen ausreichen. Ob und wieweit aber diese möglich sind, ist bei dem Stande unserer Kenntnis der Elektronenbewegung kaum zu beurteilen.

Ungefähr gleichzeitig mit VOIGT kam J. J. THOMSON[4]) zu ähnlichen Ergebnissen. Er betrachtete ringförmig angeordnete Elektronen, die gleichen Ab-

---

[1]) E. BECK, Ann. d. Phys. (4) Bd. 60, S. 109. 1919.
[2]) S. auch G. ARVIDSSON, Phys. ZS. Bd. 21, S. 88. 1920.
[3]) W. VOIGT, Ann. d. Phys. Bd. 9, S. 115. 1902.
[4]) J. J. THOMSON, Phil. Mag. (6) Bd. 6, S. 673. 1903.

stand voneinander besitzen und mit gleicher Winkelgeschwindigkeit in einer ebenen Bahn um den Mittelpunkt des Ringes rotieren. Es zeigte sich, daß die dia- und paramagnetischen Wirkungen sich gerade aufheben, wenn die Elektronen keinen Energieverlust durch Zerstreuung aufweisen und die Bahnen völlig frei sind. Sind diese aber z. B. unter dem Einfluß ihrer Umgebung an feste Lagen gebunden, so würden sie sich wie die AMPÈREschen Molekularströme verhalten, d. h. durch die Induktionswirkung des Feldes entstände Diamagnetismus, durch die richtende Wirkung auf das ganze, mit der Elektronenbahn fest verbundene Molekül Paramagnetismus.

14. Die LANGEVINsche Theorie. Dieser Möglichkeit ist LANGEVIN[1]) nach-gegangen und hat im Verlaufe seiner Untersuchungen eine Theorie geschaffen, die seither als Grundlage aller neueren theoretischen Betrachtungen nicht nur der schwach magnetischen, sondern auch der ferromagnetischen Körper ge-dient hat.

Ein Molekül oder ein Atom enthalte eine Anzahl negativer und positiver Elementarquanten; die algebraische Summe ihrer Ladungen sei Null. Ein Teil dieser Elektronen bewege sich innerhalb des Atoms in geschlossenen Bahnen, die fest an das Atom gebunden sind.

Es sind dann zwei Fälle denkbar: entweder sind die Bahnen innerhalb des Atoms ganz symmetrisch angeordnet, so daß die magnetischen Momente der einzelnen Bahnen sich gegenseitig aufheben und für das ganze Atom kein Moment übrigbleibt, oder aber die Symmetrie ist nicht so vollkommen, und das Atom behält ein resultierendes Moment.

Im letzteren Falle muß also ein äußeres Feld eine richtende Wirkung auf das Atom ausüben, die das magnetische Moment in die Richtung des Feldes einzustellen sucht. Ein Körper, der aus solchen Atomen aufgebaut ist, muß sich also paramagnetisch verhalten.

In beiden Fällen aber, sei es, daß für das Atom ein Moment übrigbleibt oder nicht, muß die Erregung eines äußeren Feldes eine Beschleunigung der Elektronen in ihren Bahnen bewirken, der ganze Körper muß deshalb diamagne-tische Eigenschaften besitzen, selbst dann, wenn diese durch die paramagnetischen Erscheinungen überdeckt werden.

Es ist wichtig festzustellen, daß nach dieser Theorie alle Körper diamagne-tische Eigenschaften haben müssen; wir nehmen aber bei der Magnetisierung immer nur die Superposition der dia- und paramagnetischen Eigenschaften wahr. Da die letzteren bedeutend wirksamer sein können, so sind die ersteren oft vollkommen zu vernachlässigen. Es ist aber auch durchaus der umgekehrte Fall denkbar, daß die Eigenmomente der Atome sehr klein sind und ihre Wirkung im magnetischen Felde gegen die diamagnetische Erregung nicht in Betracht kommt. Erscheint uns also ein Körper diamagnetisch, so ist damit noch keines-wegs gesagt, daß er nicht auch schwache, paramagnetische Eigenschaften haben könnte.

Auf Grund obiger Annahmen erhielt nun LANGEVIN bei der Durchrechnung, deren Einzelheiten im Original nachgesehen werden mögen, für die auf die Volum-einheit bezogene Suszeptibilität $\varkappa$ rein diamagnetischer Körper den Ausdruck

$$\varkappa = -\frac{N\,e^2\,r^2}{4\,m\,c^2},\tag{14}$$

hierin bedeuten N die Anzahl der Elektronen in der Volumeinheit, e die Ladung, m die Masse eines Elektrons und r ihren mittleren Abstand von einer durch ihren Mittelpunkt gehenden Achse.

---

[1]) P. LANGEVIN, Ann. de chim. et phys. (8) Bd. 5, S. 70. 1905.

Weder in den Grundannahmen noch in der Durchführung dieser Theorie finden sich nun Voraussetzungen, die mit irgendeiner Bewegung der Atome als solchen im Widerspruch stehen würden. Deshalb kann auch die Wärmebewegung auf die diamagnetische Erregung nicht von Einfluß sein, und die diamagnetische Suszeptibilität muß mithin nach dieser Theorie von der Temperatur unabhängig erscheinen. In vielen Fällen trifft das in der Tat zu, aber es gibt auch viele Ausnahmen, wie z. B. beim Wismut. Doch ist es nicht unmöglich, daß hierbei Änderungen im Aufbau des Körpers eine Rolle spielen.

Noch einer andern interessanten Frage geht Langevin nach, ob nämlich die diamagnetische Erregung auf einer Änderung der Bahngeschwindigkeit der Elektronen oder auf einer Deformation der Bahn selbst beruht. Es zeigt sich bei der Untersuchung, daß im allgemeinen nur eine Änderung der Winkelgeschwindigkeit möglich ist und nur in dem Falle, daß die das Elektron auf seiner Bahn haltende Zentralkraft der dritten Potenz des Bahnradius umgekehrt proportional ist, eine Deformation der Bahn selbst stattfinden kann.

Die Theorie des Paramagnetismus, hier speziell zunächst die eines paramagnetischen Gases, geht von der Annahme aus, daß das Moment eines paramagnetischen Moleküls bzw. Atoms unveränderlich ist. Die durch die diamagnetische Erregung hervorgebrachte Änderung des Moments, die ja allen Körpern eigen ist, soll also hier zu vernachlässigen sein gegen den paramagnetischen Effekt. In der Volumeinheit seien nun n solcher Molekel vorhanden, die alle das gleiche magnetische Moment μ besitzen sollen.

Würden alle Molekularmomente unter dem Einfluß eines Feldes $\mathfrak{H}$ in einer Richtung liegen, so wäre das Moment der Volumeinheit oder die Magnetisierungsintensität die denkbar größte, die Sättigungsmagnetisierung

$$\mathfrak{J}_\infty = n\,\mu\,. \tag{15}$$

Nun unterliegen aber die Molekel des Gases bei der Temperatur T einer bestimmten thermischen Agitation, sie sind in translatorischer und rotatorischer Bewegung. Infolgedessen tragen die einzelnen Molekel nicht mit ihrem ganzen Moment μ zum Gesamtmoment der Volumeinheit bei, sondern nur mit dem Bruchteil $\mu\cos\vartheta$, wo ϑ der Winkel zwischen der Richtung des Feldes $\mathfrak{H}$ und der augenblicklichen Lage der magnetischen Molekularachse ist. Bezeichnen wir mit $\overline{\cos\vartheta}$ den Mittelwert der $\cos\vartheta$ aller Molekel der Volumeinheit, so ist die Magnetisierung als Bruchteil der Sättigungsmagnetisierung

$$\frac{\mathfrak{J}}{\mathfrak{J}_\infty} = \overline{\cos\vartheta}\,. \tag{16}$$

Dieser Mittelwert $\overline{\cos\vartheta}$ ist also zu bestimmen. Für zwei Fälle läßt er sich ohne weiteres angeben: ist die Feldstärke $\mathfrak{H} = 0$, so muß auch $\overline{\cos\vartheta} = 0$ sein, weil alle Winkel ϑ gleich wahrscheinlich sind, und für $\mathfrak{H} = \infty$ ist $\overline{\cos\vartheta} = 1$, weil alle Momente in der Feldrichtung liegen müssen. Alle dazwischenliegenden Werte aber entsprechen einem statistischen Gleichgewicht zwischen dem richtenden Einfluß der Feldstärke $\mathfrak{H}$ und dem richtungstörenden der thermischen Agitation. Nach den Methoden der klassischen, statistischen Mechanik wird dann die Verteilungsfunktion aufgesucht, welche angibt, wie viele Molekularmomente jeweils mit der Feldrichtung Winkel bilden, die zwischen ϑ und $\vartheta + d\vartheta$ liegen. Bei der Integration ergibt sich dann

$$\frac{\mathfrak{J}}{\mathfrak{J}_\infty} = \overline{\cos\vartheta} = \mathfrak{Ctg}\,a - \frac{1}{a}\,, \tag{17}$$

wo $a = \dfrac{\mu\,\mathfrak{H}}{k\cdot T}$ und k die Boltzmannsche Konstante ist. Diese Beziehung ist unter dem Namen „Langevinsche Gleichung" bekanntgeworden.

Abb. 6 zeigt, wie $\mathfrak{J}/\mathfrak{J}_\infty$ mit a zunimmt. Der Anstieg der Kurve bei kleinem a ist linear; ihre Neigung ist dort gleich $^1/_3$. Es ist leicht zu übersehen, daß für paramagnetische Gase unter normalen Bedingungen ein ungeheuer großes Feld dazu gehört, um aus dem Bereich der Proportionalität von $\mathfrak{J}/\mathfrak{J}_\infty$ und a herauszukommen; um die Neigung der Kurve bei Sauerstoff um 1% zu ändern, müßte etwa eine Feldstärke von 300000 Gauß Verwendung finden. Unter normalen Bedingungen bleibt man also immer im geradlinigen Teil der Kurve.

Bei der Entwicklung der Langevinschen Gleichung in eine Potenzreihe

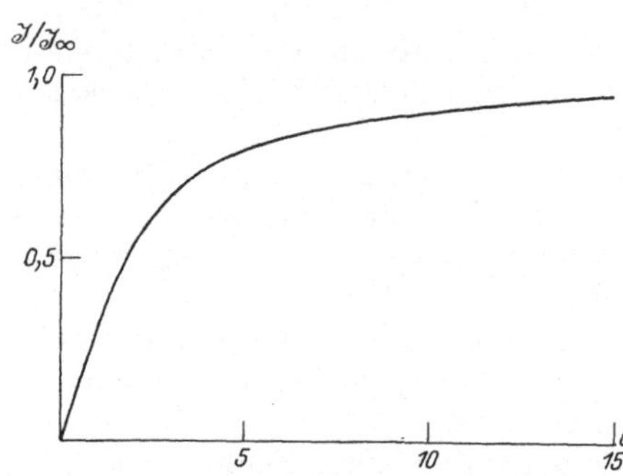

Abb. 6. Die Langevinsche Gleichung.

$$\frac{\mathfrak{J}}{\mathfrak{J}_\infty} = \frac{a}{3} - \frac{2}{90}a^3 + \frac{4}{1890}a^5 + \cdots \quad (18)$$

können also bei allen erreichbaren Feldstärken die höheren Potenzen von a vernachlässigt werden, und man erhält so

$$\frac{\mathfrak{J}}{\mathfrak{J}_\infty} = \frac{a}{3} = \frac{\mu\,\mathfrak{H}}{3\,k\,T} \quad (19)$$

oder

$$\frac{\mathfrak{J}}{\mathfrak{H}} = \varkappa = \frac{\mu\,\mathfrak{J}_\infty}{3\,k\,T}$$

oder auf ein Grammolekül bezogen

$$\chi_m \cdot T = \frac{\mathsf{o}_{m_0}^{2}}{3\,R} = C_I, \quad (20)$$

das erste Curiesche Gesetz, welches besagt, daß die Suszeptibilität der absoluten Temperatur umgekehrt proportional ist (Ziff. 10).

15. Erweiterungen der Langevinschen Theorie. Genaue Messungen an dia- und paramagnetischen Körpern ergaben nun, daß wohl häufig die diamagnetische Suszeptibilität von der Temperatur unabhängig ist und die paramagnetische dem Curieschen Gesetz gehorcht. Aber es wurden auch viele Ausnahmen festgestellt. So wurden denn Versuche unternommen, die Langevinsche Theorie zu erweitern bzw. abzuändern, um sie mit allen Erfahrungen in Übereinstimmung zu bringen.

Honda[1] schlug dazu einen mehr empirischen als theoretischen Weg ein. Seine Betrachtungen beziehen sich im wesentlichen auf feste Körper, während Langevins Theorie nur auf paramagnetische Gase zugeschnitten war. Seine Grundannahmen sind folgende: Das magnetische Molekül ist seiner Größe nach mit dem wirklichen Molekül nicht identisch, sondern es umfaßt eine Anzahl solcher. So wird die weitere Annahme verständlich, daß das Moment des magnetischen Moleküls nicht wie bei Langevin eine unveränderliche Größe hat, sondern in seinem Wert von der Temperatur abhängig ist. Ferner soll die gegenseitige Wirkung der Molekel aufeinander nicht mehr vernachlässigt werden, sie soll vielmehr gerade wie die thermische Agitation einen richtungstörenden Einfluß ausüben. An Stelle der Langevinschen Verteilungsfunktion

$$dN = \alpha \cdot e^{\frac{\mu\,\mathfrak{H}}{k\,T}\cos\vartheta} \cdot \sin\vartheta\,d\vartheta$$

setzte Honda dann

$$dN = \alpha \cdot e^{\frac{\mu_0\,f(T)\,\mathfrak{H}}{k\,T+\varphi}\cos\vartheta} \cdot \sin\vartheta\,d\vartheta.$$

---

[1] K. Honda, Tokio Sc. Rep. Bd. 3, S. 171. 1914.

Hier ist $\mu_0 f(T)$ das jeweilige Molekularmoment bei der Temperatur T, μ_0 dasjenige beim absoluten Nullpunkt und φ eine Konstante oder eine veränderliche Größe, die den Einfluß der gegenseitigen Wirkungen der Molekel aufeinander darstellt. Ist $f(T) = 1$ und $\varphi = 0$, so geht die Verteilungsfunktion in die von LANGEVIN über.

Eine Aussage über f und φ kann nun lediglich auf empirischem Wege gefunden werden. Mit der Erfahrung ist diese Theorie oft recht gut in Übereinstimmung.

Auch GANS[1]) versuchte, die Theorie von LANGEVIN für schwach magnetische Körper zu ergänzen. Von den beiden hierbei in Betracht kommenden Arbeiten kann hier nur ein ganz kurzer Überblick gegeben werden; genauere Einzelheiten und der Gang der Rechnung müssen im Original nachgesehen werden.

Ein Magneton bestehe aus einem starren System von negativen Elektronen innerhalb einer gleichmäßig geladenen positiven Kugel. Die Mittelpunkte von Kugel und Elektronensystem sollen zusammenfallen. Die äquatorialen Trägheitsmomente seien einander gleich, und dasjenige für die polare Achse (Magnetonenachse) im allgemeinen von jenen verschieden.

Die Rotationen um die äquatorialen Trägheitsachsen seien der Wärmebewegung unterworfen und sollen durch sie Veränderungen erleiden. Darin liegt die Ursache für den Diamagnetismus, der sich von Temperatur und Feldstärke abhängig zeigt, wenn es sich um axiale Magnetonen handelt. Bei sphärischen Magnetonen hingegen, wenn also alle drei Hauptträgheitsmomente einander gleich sind (trotzdem braucht das Magneton nicht unbedingt als geometrische Kugel betrachtet zu werden), erweist sich die Suszeptibilität unabhängig von Temperatur und Feldstärke.

Hingegen soll die Wärmebewegung auf die Rotationen um die polare Achse keinen Einfluß haben; diese Rotationen sind die Ursache des Paramagnetismus, das magnetische Moment des einzelnen Magnetons ist damit von der Temperatur unabhängig. Da es auch für alle Magnetonen gleich angenommen wird, so ist das Magneton mit dem magnetischen Molekül von LANGEVIN im wesentlichen identisch.

Da nun außer dem Paramagnetismus nach der GANSschen Theorie auch immer Diamagnetismus vorhanden ist und im allgemeinen beide von Feldstärke und Temperatur abhängen, so umfaßt diese Theorie auch den Fall des Metamagnetismus: wenn nur Temperatur und Feldstärke genügend gesteigert werden können, müßte ein unter gewöhnlichen Bedingungen paramagnetischer Körper diamagnetisch erscheinen. Derartige durch Steigerung der Feldstärke hervorgerufene Erscheinungen wurden in der Tat von HONDA[2]) am Indium und von OVERBECK[3]) an Kupfer-Zink-Legierungen beobachtet. Aber sie erklären sich zweifellos leichter durch minimale Verunreinigungen mit einer ferromagnetischen Substanz[4]).

Eine sehr wesentlich Rolle in der weiteren Theorie von GANS für die paramagnetischen Körper spielt die Wechselwirkung der Magnetonen. Auf jedes Magneton üben die Magnetonen der unmittelbaren Nachbarschaft einen Einfluß aus, den GANS als das „molekulare Feld" bezeichnet. Dieses hat wegen der verschiedenen Richtungen, die es in den Orten der verschiedenen Magnetonen besitzt, eine ordnungstörende Wirkung. Bei der GANSschen Theorie des Ferromagnetismus werden wir es wiederfinden.

---

[1]) R. GANS, Ann. d. Phys. Bd. 49, S. 149; Bd. 50, S. 163. 1916.
[2]) K. HONDA, Ann. d. Phys. Bd. 38, S. 1043. 1910.
[3]) H. OVERBECK, Ann. d. Phys. Bd. 46, S. 677. 1915.
[4]) S. auch G. FALCKENBERG, ZS. f. Phys. Bd. 5, S. 70. 1921.

Hier bei der Theorie des Paramagnetismus führt die Durchrechnung zu einem Gesetz der korrespondierenden Zustände für alle paramagnetischen Körper

$$\frac{\chi}{\chi_0} = \psi\left(\frac{T}{\Theta}\right), \tag{21}$$

wo χ_0 und Θ Konstante sind. Auch diese Funktion ψ läßt sich bestimmen und in Form von Potenzreihen darstellen. Aus ihr ergibt sich für große Werte von T/Θ das Curiesche Gesetz, wie ja auch erwartet werden muß, da bei hohen Temperaturen die ordnungstörende Wirkung des molekularen Feldes gegen die der thermischen Agitation nicht mehr in Betracht kommt.

Bei dem Vergleich dieser Theorie mit dem Experiment zeigt sich, daß für Körper, die im festen Zustande dem Curie-Langevinschen Gesetz schon gehorchen, wie Ammoniumferrosulfat und Gadoliniumsulfat, die Konstante Θ außerordentlich klein wird, so daß also selbst eine niedrige absolute Temperatur immer noch einen beträchtlichen Wert von T/Θ ergibt. Für einige andere Körper, die dem Curie-Langevinschen Gesetz nicht mehr folgen, wurde die Ganssche Theorie bei größeren Werten von Θ noch bis zur absoluten Temperatur von 15° befriedigend bestätigt. Aber für Körper wie Molybdän, Niob, Tantal, Wolfram und andere, besonders bei sehr tiefen Temperaturen, versagt auch sie.

Infolgedessen versuchte Gans eine Abänderung dieser Theorie, die letzten Endes auf der klassischen, statistischen Methode beruht, auf Grund einer Quantenhypothese über die Verteilung der Rotationsenergie der Magnetonen. Und zwar nahm er an, daß die Energieverteilung für die beiden Freiheitsgrade um die beiden zueinander senkrechten Achsen, die in der Äquatorialebene des Magnetons liegen, dieselbe sei, wie wenn jeder der beiden Freiheitsgrade für sich der eines linearen Oszillators wäre. Die mittlere Energie eines jeden Freiheitsgrades ist, wie in der ersten Planckschen Strahlungstheorie (ohne Nullpunktsenergie), gegeben durch den Ausdruck $\dfrac{h\nu}{e^{\frac{h\nu}{kT}} - 1}$, wo h die Plancksche Konstante und ν die Frequenz ist. An Stelle des Ausdrucks $\mathfrak{Ctg}\, a - 1/a$ der Äquipartitionstheorie tritt dann

$$1 - \frac{h\nu}{\mu F} \cdot \frac{1}{e^{\frac{h\nu}{kT}} - 1};$$

hierin bedeutet F den Betrag des an der Stelle des Magnetons wirkenden Gesamtfeldes, das sich aus dem äußeren und dem molekularen Felde zusammensetzt.

Außer den beiden oben erwähnten Konstanten χ_0 und Θ tritt hier noch eine dritte ϑ auf, die aus der Quantenannahme herrührt; sie ist gleich $h/k \cdot \nu_0$, wo ν_0 die wahrscheinlichste Frequenz der Magnetonen bedeutet. Auch das äquatoriale Trägheitsmoment läßt sich darstellen.

Vielleicht ist die Quantenannahme von Gans, wie weiter unten sich zeigt, nicht aufrechtzuerhalten; jedenfalls ist aber seine Theorie — und das ist ein nicht zu unterschätzender Vorzug — die einzige Quantentheorie, die den Einfluß des molekularen Feldes berücksichtigt. Mit dem Experiment (Platin und wasserfreies Mangansulfat) ist sie in guter Übereinstimmung.

Kurz erwähnt sei die Theorie von Keesom[1]), die ebenfalls von einer Quantenannahme Gebrauch macht. Das polare Trägheitsmoment sei verschwindend klein, die beiden äquatorialen einander gleich. Die Behandlung des Problems

---

[1]) W. H. Keesom, Phys. ZS. Bd. 15, S. 8. 1914.

ist ähnlich wie bei DEBYE in der Theorie der spezifischen Wärme. Als Ausdruck für die mittlere Rotationsenergie eines Freiheitsgrades findet sich dann

$$\frac{3}{2\,r_m^3}\int\limits_0^{r_m}\left(\frac{h\,r}{e^{\frac{h\,r}{kT}}-1}+\frac{h\,r}{2}\right)r^2\,dr\,,$$

der dann in die erste CURIEsche Gleichung an Stelle von $kT/2$ eingesetzt wird; r_m ist die höchste Frequenz, die bei der Art des Aufbaues der magnetischen Molekel gerade noch möglich ist. Mit der Erfahrung ist die Theorie gut im Einklang.

Einfacher in der Herleitung, aber ebensogut mit dem Experiment in Übereinstimmung ist die Theorie von OOSTERHUIS[1]). Hier wird in der CURIEschen Gleichung $kT/2$ ersetzt durch den Ausdruck

$$\frac{1}{2}\left(\frac{h\,r}{e^{\frac{h\,r}{kT}}-1}+\frac{h\,r}{2}\right),$$

der die mittlere Rotationsenergie für jeden Freiheitsgrad nach der Quantenannahme von EINSTEIN und STERN darstellt, nach welcher alle Molekel mit der gleichen Geschwindigkeit rotieren, alle also die gleiche Frequenz r haben.

16. Quantentheorien. Wurde bei den bisher erwähnten Theorien die Quantenhypothese mehr oder weniger willkürlich in den Aufbau einer schon bestehenden Theorie eingefügt, so mögen schließlich noch einige Arbeiten, bei denen ab ovo Quantenmethoden angewendet wurden, Erwähnung finden.

Die Schwierigkeit für eine derartige Behandlung des Problems lag darin, daß es zunächst an einer Möglichkeit fehlte, die Energie eines Oszillators mit mehreren Freiheitsgraden zu quanteln. So mußten zunächst zwar unbegründete, aber immerhin einleuchtende Annahmen aushelfen.

Der erste, der den Weg von vorn zu gehen suchte, war v. WEYSSENHOFF[2]), der die erwähnte Schwierigkeit dadurch umging, daß er bei der Herleitung seiner Theorie zunächst einen Freiheitsgrad unterdrückte und am Schluß diese Willkür durch Einfügen eines Zahlenfaktors wieder zu beseitigen suchte.

Nachdem aber PLANCK[3]) in seiner Arbeit über die physikalische Struktur des Phasenraums die Quantelung der Energie eines Oszillators mit mehreren Freiheitsgraden durchgeführt hatte, konnte REICHE[4]) das Problem in seiner ganzen Allgemeinheit in Angriff nehmen. Seine Resultate und die von WEYSSENHOFF sind sehr ähnlich; zum Teil unterscheiden sie sich nur in der Größe der Konstanten. Die Ergebnisse des Experiments stellen beide Theorien gut dar. Diejenige von REICHE verdient wegen ihrer strengeren Herleitung den Vorzug. Bezüglich der genaueren Einzelheiten muß auf die Originalarbeiten verwiesen werden.

17. Durch freie Elektronen hervorgerufener Diamagnetismus. Nach der Theorie der Elektrizitätsleitung denkt man sich in den Metallen Elektronen frei beweglich wie die Moleküle eines Gases und wie diese in thermischer Agitation. Da die Größe der Elektronen gegen die der Atome sehr gering ist, brauchen nur Zusammenstöße zwischen Atomen und Elektronen in Betracht gezogen zu werden; Zusammenstöße zwischen Elektronen untereinander finden zu selten statt.

---

[1]) E. OOSTERHUIS, Phys. ZS. Bd. 14, S. 682. 1913.
[2]) J. v. WEYSSENHOFF, Ann. d. Phys. Bd. 51, S. 285. 1916.
[3]) M. PLANCK, Ann. d. Phys. Bd. 50, S. 385. 1916.
[4]) F. REICHE, Ann. d. Phys. Bd. 54, S. 401. 1917.

Dann ist die mittlere freie Weglänge λ der Elektronen nur abhängig von der Größe und Anzahl der Atome.

Während für gewöhnlich die Bahn der freien Elektronen zwischen den Zusammenstößen geradlinig ist, wird sie gekrümmt sein, wenn das Metall unter der Wirkung eines magnetischen Feldes steht. Diese Krümmung der einzelnen Bahnen muß nun in summa dem Metall ein magnetisches Moment geben, das dem wirkenden Felde entgegengesetzt ist, das heißt, das Metall muß diamagnetische Eigenschaften haben.

Schrödinger[1]) und später Wilson[2]) haben auf diese Überlegungen eine Theorie des Diamagnetismus gegründet und Formeln für die in dieser Weise bedingte Suszeptibilität abgeleitet.

In vereinfachter Form lautet die Beziehung für die Volumsuszeptibilität

$$\varkappa_f = - \frac{1}{3} \frac{e^2}{m\,c^2} \lambda^2 n , \qquad (22)$$

wo n die Anzahl der freien Elektronen in der Volumeinheit sei.

In dieser Gleichung sind alle Größen mindestens angenähert bekannt, und so kann $\varkappa_f$ leicht berechnet werden. Es zeigt sich dann, daß die so gewonnenen Werte für $\varkappa_f$ im allgemeinen wesentlich größer sind als die gemessene diamagnetische Suszeptibilität, besonders bei den Metallen mit guter elektrischer Leitfähigkeit.

Wenn man nun die Richtigkeit dieser Theorie anerkennen muß, so bleibt nichts anderes übrig, als diesen Metallen gleichzeitig so starke paramagnetische Eigenschaften zuzuschreiben, daß der größte Teil ihres Diamagnetismus davon verdeckt wird.

Können wir also im allgemeinen bei schwach magnetischen Körpern im Experiment nur die Superposition der dia- und paramagnetischen Suszeptibilität feststellen, so tritt bei Metallen noch die diamagnetische Suszeptibilität infolge der freien Elektronen hinzu.

Da diese letzte in ziemlich komplizierter Weise temperaturabhängig ist, so könnte vielleicht auch diese Theorie eine Erklärung dafür abgeben, weshalb die Suszeptibilität der Metalle dem Curieschen Gesetze nicht gehorcht.

III. Ferromagnetismus.

a) Einleitung.

18. Vorbemerkung. Handelt es sich bei den dia- und paramagnetischen Vorgängen durchweg um verhältnismäßig einfache Erscheinungen und kleine Beträge, so sind die ferromagnetischen Effekte im allgemeinen 10^7- bis 10^9mal größer und dabei von einer Mannigfaltigkeit, wie wohl kaum in einem andern Gebiete. Es ist völlig ausgeschlossen, im Rahmen dieses Handbuches ein Bild zu geben von der Gesamtheit des Tatsachenmaterials; hier ist strengste Beschränkung auf das Typische erforderlich.

Zunächst sind die Erscheinungen selbst darzustellen, d. h. die Abhängigkeit der Magnetisierung von der Feldstärke unter Berücksichtigung der magnetischen Vorgeschichte. Sodann ist über den Einfluß der Zeit auf diese Abhängigkeit zu sprechen. Es folgt dann die Darstellung der Temperaturabhängigkeit der

[1]) E. Schrödinger, Wiener Ber. Bd. 66, S. 1305. 1912.
[2]) H. A. Wilson, Proc. Roy. Soc. London Bd. 97, S. 321. 1920.

Magnetisierung und die der zwischen magnetischen und mechanischen Vorgängen bestehenden Beziehungen. Zum Schluß werden die molekularen Theorien dieser Erscheinungen besprochen.

19. Magnetisierungs- und Induktionskurven. Setzt man einen völlig entmagnetisierten ferromagnetischen Körper der Wirkung einer von Null an wachsenden Feldstärke $\mathfrak{H}$ aus, so nimmt seine Magnetisierungsintensität oder kurz „Magnetisierung" $\mathfrak{J}$ zunächst einigermaßen linear zu (Kurve I in Abb. 7). Aber schon bei verhältnismäßig kleinen Feldstärken beginnt die Magnetisierung immer stärker zu wachsen; die Kurve steigt immer steiler an, erreicht bald eine größte Steilheit, um dann nach Überschreitung eines Wendepunktes a wieder langsamer und immer langsamer zu steigen und sich schließlich einem Grenzwert, dem Sättigungswert $\mathfrak{J}_\infty$, zu nähern. Diese Kurve nennt man die „jungfräuliche Magnetisierungskurve" oder „Neukurve"; am gebräuchlichsten ist wohl der Ausdruck „Nullkurve".

Läßt man nun die Feldstärke wieder bis auf Null abnehmen, so wird auch die Magnetisierung wieder kleiner, aber nicht in demselben Maße, wie sie auf der Nullkurve anstieg; sie fällt zwar mit abnehmender Feldstärke immer rascher, bleibt aber beträchtlich größer als vorher (Kurve II). So erreicht die Kurve auf der Ordinatenachse den Punkt b. Es ist also hier bei der Feldstärke Null noch ein Teil der bei der Sättigung erreichten Magnetisierung „zurückgeblieben"; man nennt daher diesen Rest die „Remanenz" $\mathfrak{J}_r$.

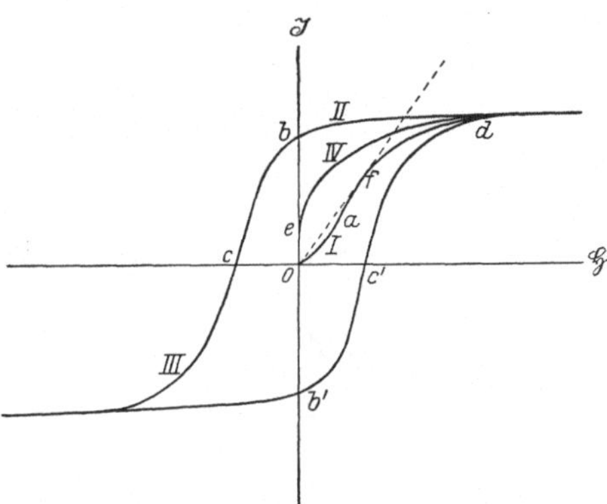

Abb. 7. Die Magnetisierungskurven eines ferromagnetischen Körpers.

Um sie zu beseitigen und wieder zur Magnetisierung Null zurückzukehren, muß man nun die Feldstärke weiter abnehmen, d. h. in der entgegengesetzten Richtung anwachsen lassen. Die Kurve fällt dann immer steiler und erreicht den Punkt c auf der Abszissenachse. Die durch diesen dargestellte Feldstärke, bei der die Magnetisierung gerade wieder verschwindet, nennt man die „Koerzitivkraft" $\mathfrak{H}_c$; es ist diejenige magnetische Kraft, die einer andern Kraft, welche die Magnetisierung innerhalb des ferromagnetischen Körpers „festzuhalten" strebt, das Gleichgewicht hält. Diese zwischen Sättigung und Koerzitivkraft liegende Kurve II heißt der „absteigende Ast".

Wird die negative Feldstärke größer, so kehrt jetzt auch die Magnetisierung ihre Richtung um; sie wächst zunächst schnell (Kurve III), dann immer langsamer, um sich dann allmählich ihrem Sättigungswert $\mathfrak{J}_\infty$ (in entgegengesetzter Richtung wie oben) zu nähern. Dieser Teil der Magnetisierungskurve wird der „aufsteigende Ast" genannt.

Bei abnehmender Feldstärke schließt sich von hier aus wieder ein absteigender Ast über den Punkt b' (Remanenz) nach c' (Koerzitivkraft) an und weiter wieder ein aufsteigender Ast, der in seinem oberen Teile vom Punkte d an mit der Nullkurve zusammenfällt.

Damit ist der Zyklus geschlossen. Die Magnetisierung stellt sich also nicht als eindeutige Funktion der Feldstärke dar, sondern es ist so, als ob sie der Feldstärke immer „nachhinkt". Man nennt daher diese Erscheinung „Hysterese".

Die Frage, ob sich für einen ferromagnetischen Körper nicht doch ein eindeutiges Gesetz angeben läßt, nach welchem die Magnetisierung von der Feldstärke abhängen würde, wenn keine Hysterese vorhanden wäre, konnte erst in neuerer Zeit positiv beantwortet werden. Dieses Gesetz wird dargestellt durch die sog. „ideale" Magnetisierungskurve (Kurve *IV*). Diese hat bei den meisten Körpern einen senkrechten Anstieg vom Nullpunkt aus, verläßt die $\mathfrak{J}$-Achse beim Punkte *e*, biegt um und verläuft in ihrem oberen Teile etwa in der Mitte zwischen aufsteigendem und absteigendem Ast.

Schließlich ist noch die „Kommutierungskurve" von Wichtigkeit. Diese stellt diejenige Magnetisierung in Abhängigkeit von der Feldstärke dar, welche bei ein- oder mehrfachem Kommutieren des die Feldstärke erzeugenden Stromes entsteht. Sie verläuft fast genau wie die Nullkurve.

Sind alle diese Magnetisierungskurven von Bedeutung für die physikalischen Probleme der Molekulartheorie des Ferromagnetismus, so bevorzugt dessen Hauptanwendungsgebiet, die Elektrotechnik, aus praktischen Gründen eine andere Darstellungsform: die Induktionskurven. Der Zusammenhang zwischen Induktion und Magnetisierungsintensität ist gegeben durch die Gleichung

$$\mathfrak{B} = 4\pi\,\mathfrak{J} + \mathfrak{H}. \tag{23}$$

Daraus erhellt, daß die Induktionskurven sich von den entsprechenden Magnetisierungskurven, mit denen sie im Namen übereinstimmen, um so mehr unterscheiden, je größer $\mathfrak{H}$ ist, je weiter sie sich also von der $\mathfrak{B}$-Achse entfernen. So erreicht $\mathfrak{B}$ beispielsweise keinen Sättigungswert, sondern geht bei hohen Feldstärken in eine schräg

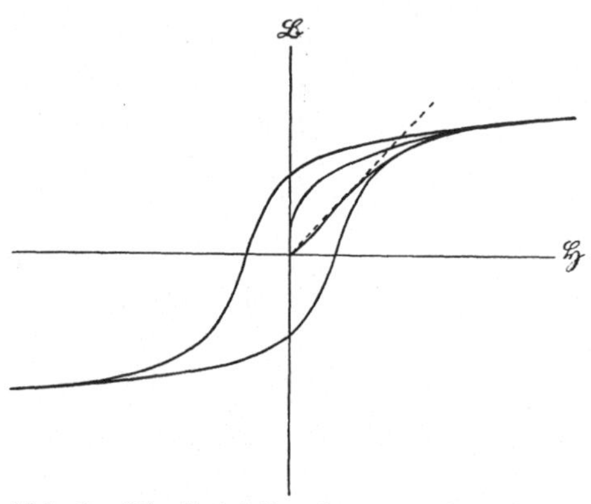

Abb. 8. Die Induktionskurven eines ferromagnetischen Körpers.

im Koordinatensystem liegende Gerade $\mathfrak{B} = 4\pi\,\mathfrak{J}_\infty + \mathfrak{H}$ über. Bei kleinen Feldstärken sind die Unterschiede verschwindend, weshalb auch gegen eine gleiche Benennung, z. B. bei „Remanenz" und „Koerzitivkraft", für gewöhnlich keine Bedenken bestehen; immerhin ist bei der letzteren Vorsicht am Platze, wenn sie einmal größere Werte annimmt.

Abb. 8 stellt die Induktionskurven dar. Auch hier haben wir Nullkurve, absteigenden und aufsteigenden Ast, ideale und Kommutierungskurve.

20. Suszeptibilitäts- und Permeabilitätskurven. Bei der Darstellung des magnetischen Verhaltens ferromagnetischer Körper, soweit jungfräuliche und ideale Magnetisierung in Frage kommen, kann man auch anders verfahren. Anstatt, wie oben geschehen, die Magnetisierung als Funktion der Feldstärke aufzutragen, wählt man oft die Suszeptibilität $\varkappa$ als abhängige Variable. Diese Größe ist definiert durch die Gleichung

$$\varkappa = \frac{\mathfrak{J}}{\mathfrak{H}}. \tag{24}$$

Den typischen Verlauf der beiden Kurven zeigt Abb. 9; die obere (*II*) ist die ideale, die untere (*I*) die jungfräuliche Suszeptibilität.

Die letztere beginnt bei $\mathfrak{H} = 0$ mit einem bestimmten Werte $\varkappa_0$, der Anfangssuszeptibilität, steigt dann auf einer nach oben konkaven Kurve an, erreicht ein Maximum, fällt wieder und nähert sich asymptotisch der $\mathfrak{H}$-Achse. Die ideale Kurve kommt aus dem Unendlichen, löst sich bei einem hohen $\varkappa$-Werte von der Achse, fällt immer langsamer, um sich ebenso wie die jungfräuliche Kurve der $\mathfrak{H}$-Achse zu nähern.

In ganz ähnlicher Weise verlaufen die entsprechenden Kurven für die Permeabilität μ, welche definiert ist durch die Gleichung

$$\mu = \frac{\mathfrak{B}}{\mathfrak{H}}. \tag{25}$$

Nur nähern sich die μ-Kurven der Geraden $\mu = 1$. Der Zusammenhang zwischen $\varkappa$ und μ ergibt sich aus Gleichung (23) in Verbindung mit den Definitionsgleichungen:

$$\mu = 4\pi\varkappa + 1. \tag{26}$$

Eignet sich diese Art der Darstellung dazu, charakteristische Eigenschaften bei kleineren und mittleren Feldstärken sichtbar zu machen, so bedient man sich bei mittleren und höheren Feldstärken besser einer Darstellung von $\varkappa$ oder μ in der Abhängigkeit von $\mathfrak{J}$ bzw. $\mathfrak{B}$ (Abb. 10): Besonders die erstere Kurve gestattet, den Verlauf der Magnetisierbarkeit in der Nähe der Sättigung bequem sichtbar zu machen.

21. Einfluß der Körperform auf die Magnetisierung. Die Ausführungen dieses Paragraphen gehören strenggenommen nicht zu diesem Abschnitt und werden ausführlich an anderer Stelle behandelt (s. Kap. 1). Da wir aber gezwungen sind, öfters darauf zurückzugreifen, so erscheint eine knappe Darstellung an dieser Stelle angebracht.

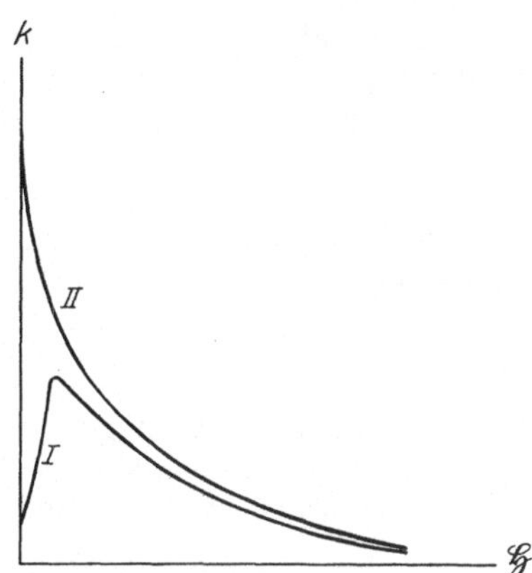

Abb. 9. Jungfräuliche (I) und ideale (II) Suszeptibilität in der Abhängigkeit von $\mathfrak{H}$.

Bringt man in ein gleichförmiges magnetisches Feld, das beispielsweise im Innern einer geeigneten Spule erzeugt worden ist und eine Stärke $\mathfrak{H}'$ hat, einen ferromagnetischen Körper von der Gestalt eines Zylinders so herein, daß die Zylinderachse den Feldlinien parallel ist, so entsteht in diesem Körper parallel zu seiner Achse eine Magnetisierung von der Intensität $\mathfrak{J}$. Würde man einen Stab aus dem gleichen Material, aber von einem größeren Dimensionsverhältnis (Verhältnis von Länge zu Durchmesser) einlegen, so würde die Magnetisierung größer sein als im ersten Falle; bei

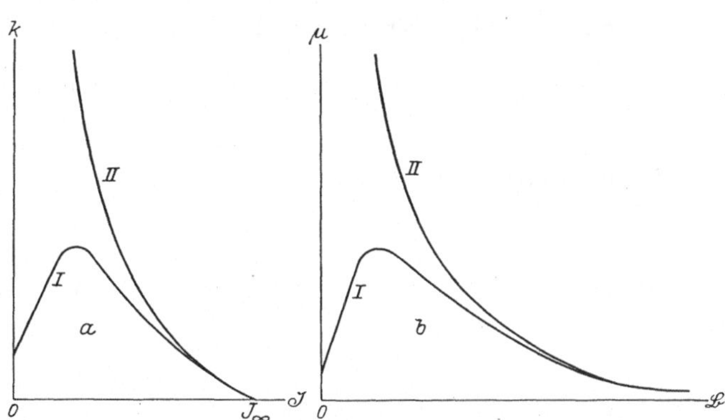

Abb. 10. Jungfräuliche (I) und ideale (II) Suszeptibilität und Permeabilität in der Abhängigkeit von $\mathfrak{J}$ bzw. $\mathfrak{B}$.

kleinerem Dimensionsverhältnis würde sich ein kleineres $\mathfrak{J}$ ergeben.

Diese Erscheinung hat ihren Grund in der Rückwirkung des „freien Magnetismus" oder der „magnetischen Belegungen" der Stabenden auf das ursprüngliche Feld. Und diese Rückwirkung ist von dem Dimensionsverhältnis in hohem Grade abhängig, sie ist um so größer, je kleiner dasselbe ist. Ferner ist sie abhängig von der im Körper erreichten Intensität der Magnetisierung; je größer diese ist, um so größer ist auch die Rückwirkung.

In dem Körper und seiner unmittelbaren Umgebung kommt also die ursprüngliche oder „äußere" Feldstärke $\mathfrak{H}'$ gar nicht zur Wirkung, sondern die um die „entmagnetisierende Wirkung der Enden" verminderte Feldstärke, die man gewöhnlich „wahre Feldstärke" oder „Feldstärke im Eisen" nennt und die einfach mit dem Buchstaben $\mathfrak{H}$ bezeichnet wird.

Die Größe der Rückwirkung oder des entmagnetisierenden Feldes ist in einigen speziellen Fällen berechenbar, nämlich dann, wenn im Innern des Körpers die Magnetisierung gleichförmig ist. Das trifft zu bei Ellipsoiden; der praktisch wichtigste Fall ist der der Rotationsellipsoide, deren Achse in Richtung der Feldstärke liegt. Hier ist das entmagnetisierende Feld dem äußeren Felde genau entgegengerichtet und der Magnetisierung $\mathfrak{J}$ proportional, so daß hier streng gilt:

$$\mathfrak{H} = \mathfrak{H}' - N\mathfrak{J}. \tag{27}$$

Der Proportionalitätsfaktor N heißt Entmagnetisierungsfaktor. Er berechnet sich nach der Formel

$$N = \frac{4\pi}{p^2 - 1}\left[\frac{p}{\sqrt{p^2 - 1}}\ln\left(p + \sqrt{p^2 - 1}\right) - 1\right], \tag{28}$$

wenn der Körper ein langgestrecktes Rotationsellipsoid, ein sog. Ovoid ist. Dabei bedeutet p das Dimensionsverhältnis Länge:Durchmesser. Für sehr große p geht die Formel (28) über in

$$N = \frac{4\pi}{p^2}\left[\ln 2p - 1\right], \tag{29}$$

für $p = \infty$, d. h. für einen endlosen Stab oder Draht wird

$$N = 0. \tag{30}$$

Eine Kugel ($p = 1$) hat einen Entmagnetisierungsfaktor von

$$N = \frac{4\pi}{3}. \tag{31}$$

Ist das Ellipsoid abgeplattet, die Länge also kleiner als der Durchmesser, so gilt

$$N = 4\pi\left[\frac{1}{1 - p^2} - \frac{p}{\sqrt{1 - p^2}^3}\arcsin\sqrt{1 - p^2}\right], \tag{32}$$

das für eine sehr ausgedehnte planparallele Platte, die senkrecht von den Feldlinien durchsetzt wird ($p = 0$), in

$$N = 4\pi \tag{33}$$

übergeht.

In allen diesen Fällen also ist die wahre Feldstärke genau berechenbar; sie ist

$$\mathfrak{H} = \mathfrak{H}' - N\mathfrak{J},$$

oder wenn man nicht $\mathfrak{J}$ sondern $\mathfrak{B}$ mißt:

$$\mathfrak{H} = \mathfrak{H}' - N \cdot \frac{\mathfrak{B} - \mathfrak{H}}{4\pi} \tag{34}$$

oder angenähert

$$\mathfrak{H} = \mathfrak{H}' - \frac{N\mathfrak{B}}{4\pi}.$$

Leider ist beim endlichen, zylindrischen Stab, dem praktisch wichtigsten Fall, N keine Konstante mehr, sondern abhängig von der Magnetisierung $\mathfrak{J}$, die ihrerseits wieder über die ganze Länge des Stabes beträchtlich schwankt. So kommt es, daß an einem endlichen Stabe in einer Magnetisierungsspule die genaue Beziehung zwischen Feldstärke und Magnetisierung nicht zu messen ist. Zu rohen Messungen in erster Annäherung lassen sich aber trotzdem bestimmte Mittelwerte von N angeben. Genaueres hierüber siehe bei den magnetischen Meßmethoden.

b) Die ferromagnetischen Erscheinungen.

22. Magnetisierung in schwachen Feldern. Die älteste Frage, die bei der Magnetisierung in schwachen Feldern zu klären war, kann man in folgender Weise formulieren: Tangiert die Magnetisierungskurve im Nullpunkt die Feldachse oder steigt sie unter einer endlichen Neigung aus dem Nullpunkt auf? Mit anderen Worten: Ist die Anfangssuszeptibilität unendlich klein oder endlich? Schon in den früheren Arbeiten von BAUR, Lord RAYLEIGH und WERNER SCHMIDT[1] konnte mit Sicherheit nachgewiesen werden, daß $\varkappa_0$ einen von Null verschiedenen Wert besitzt. Auch die weitere Frage, welchen Verlauf die Suszeptibilität in der Abhängigkeit von der Feldstärke in der Nähe des Nullpunktes nimmt, wurde von ihnen schon dahin beantwortet, daß sie sich darstellen läßt in der Form

$$\varkappa = a + b\mathfrak{H} . \tag{35}$$

Hier ist a die Anfangssuszeptibilität und b die Neigung der $\varkappa$-Kurve im Anfang.

Aber diese Arbeiten leiden noch in zweifacher Hinsicht an Unsicherheiten. Einmal ist es sehr unwahrscheinlich, daß eine völlige Entmagnetisierung vor Beginn der Messungen gelang, und dann war noch der Einfluß der Meßmethode nicht berücksichtigt. Hier hat erst die Arbeit von GUMLICH und ROGOWSKI[2] Klarheit geschaffen. Mit Hilfe eines besonderen Apparats gelang zum ersten Male mit Sicherheit eine völlige Entmagnetisierung der Proben. Ferner zeigte es sich, daß das Schlußjoch zu Messungen dieser Art gänzlich ungeeignet ist. Als sichere und bequeme Methode erwies sich die Messung in freier Spule.

Noch eine weitere wichtige Frage wurde entschieden: ob nämlich der Verlauf der $\varkappa$-Kurve bei schwachen Feldern der gleiche ist, wenn man von Null an die Feldstärke langsam steigen läßt (Nullkurve) oder die jeweilige Feldstärke kommutiert (Kommutierungskurve). Es zeigt sich, daß die auf erstere Art erhaltenen Werte in der Nähe von Null höher liegen, und zwar um etwa 6% im Anfang, wie aus Tabelle 2 folgt:

Tabelle 2.

	Material AV 1				Material AV 3		
$\mathfrak{H}$	μ Komm.-Kurve	μ Nullkurve	Diff. in %	$\mathfrak{H}$	μ Komm.-Kurve	μ Nullkurve	Diff. in %
0,0070	317	339	6,5	0,0075	260	274	5,1
0,0147	367	380	3,4	0,0163	269	288	6,6
0,0237	410	415	1,2	0,0265	284	303	6,3
0,046	518	522	0,8	0,0541	320	337	5,0
0,120	1040	995	−4,5	0,169	463	473	2,1
0,149	1360	1250	−8,8	0,227	540	536	−0,7

Hier zeigt sich schon, daß im weiteren Verlauf diese Differenz abnimmt und dann die Kommutierungskurve die höhere ist.

An dem von den Verfassern angegebenen Zahlenmaterial ließe sich leicht zeigen, daß die Gleichung (35) in nächster Nähe des Nullpunktes die Beobach-

---

[1] C. BAUR, Wied. Ann. Bd. 11, S. 399. 1880; Lord RAYLEIGH, Phil. Mag. (5) Bd. 23, S. 225. 1887; WERNER SCHMIDT, Wied. Ann. Bd. 54, S. 655. 1895.
[2] E. GUMLICH u. W. ROGOWSKI, Ann. d. Phys. Bd. 34, S. 235. 1911.

tungen gut wiedergibt. Freilich ist ihr Geltungsbereich in bezug auf $\mathfrak{H}$ durchaus schwankend.

Die Größe b ist wohl immer > 0; daß sie in Wirklichkeit Null werden, das heißt die Suszeptibilitätskurve im Anfang genau horizontal verlaufen kann, ist unwahrscheinlich; es ist möglich, daß in den Fällen, in denen das so zu sein scheint, nur die Meßgenauigkeit nicht ausreicht, den Anstieg von $\varkappa$ festzustellen.

Die Größe a kann außerordentlich verschiedene Werte annehmen. Im folgenden sollen einige der entsprechenden μ_0-Werte angegeben werden. Bei schlecht magnetisierbaren Materialien kann μ_0 außerordentlich klein werden; bei hartem Stahl ist es etwa gleich 40, bei ungeglühtem Gußeisen etwa 70, ebenso bei weichem Stahl; guter Dynamostahl hat ein μ_0 von 200 bis 250, ja in einzelnen Fällen bis 500. Noch höhere Werte können 4- bis 5 proz. Siliziumeisenlegierungen und Transformatorenblech annehmen, bei denen häufig zwischen 450 und 550 gemessen wird. Die höchsten Werte geben die Nickeleisenlegierungen mit über 35% Ni. Eine 50 proz. Legierung kann etwa 2400 und eine 78 proz. gar 8000 und mehr erreichen.

23. Magnetisierung in mittleren Feldern. Mit zunehmender Feldstärke steigt nun die Magnetisierungskurve immer steiler an; ein Gleiches gilt auch von der Suszeptibilitätskurve. Im Wendepunkt der Magnetisierungskurve ist der Anstieg (auch „differentielle Suszeptibilität" genannt) am größten (vgl. Punkt a in Abb. 7). Dieser Punkt ist nicht identisch mit demjenigen, in welchem die Suszeptibilität ihr Maximum erreicht (Punkt f); diesen erhält man, indem man durch den Nullpunkt eine Tangente an die Kurve legt (gestrichelte Gerade). Die Feldstärke, bei der dieses Maximum liegt, ist bei fast allen ferromagnetischen Substanzen ungefähr gleich dem 1,35 fachen der Koerzitivkraft. Die zugehörige Magnetisierung beträgt für die gewöhnlichen Eisen- und Stahlsorten etwa 450 bis 500 [entsprechend einem $\mathfrak{B}$ von etwa 6000[1])]. Daraus würde für die Höhe des Maximums von μ folgen:

$$\mu_{\max} = \frac{6000}{1{,}35 \cdot \mathfrak{H}_c} = \frac{4400}{\mathfrak{H}_c}\,; \tag{36}$$

d. h. die Maximalpermeabilität ist der Koerzitivkraft umgekehrt proportional. Es muß bemerkt werden, daß diese Regel nur in allererster Annäherung gilt und häufig Ausnahmen davon vorkommen. Weiter unten werden wir genauer geltende Beziehungen kennenlernen.

Aber schon jetzt läßt sich erkennen, daß $\mu_{\max}$ bei verschiedenen Materialien sehr verschieden groß sein wird. Es liegt bei hartem Stahl in der Gegend von 100, bei Gußeisen und schlechtem Stahlguß bei 200 bis 700 je nach der Behandlung, bei gutem Stahlguß, schwedischem und Elektrolyteisen bei 3000 bis 8000 nach dem Ausglühen. An außergewöhnlich gutem Dynamostahl fanden Gumlich und Rogowski[2]) einmal nach mehrfachem Ausglühen den Wert 14800, und Yensen[3]) erreichte bei Permalloy über 80000.

24. Magnetisierung in starken Feldern. Im weiteren Verlauf steigt die Magnetisierungskurve immer langsamer und nähert sich dem Sättigungswert; die Suszeptibilitätskurve fällt zunächst steil, dann sanfter, nähert sich asymptotisch der $\mathfrak{H}$-Achse oder erreicht, wenn man $\varkappa$ in Abhängigkeit von $\mathfrak{J}$ aufträgt, die $\mathfrak{J}$-Achse unter einem bestimmten Winkel (s. Abb. 10a). Hier sind besonders zwei Größen von Interesse: einmal die Größe dieses Winkels, mit anderen Worten

---

[1]) Bei Speziallegierungen kommt es allerdings auch vor, daß schon bei wesentlich niedrigeren Induktionen bis zu 1500 herunter $\mu_{\max}$ erreicht wird.
[2]) E. Gumlich u. W. Rogowski, Ann. d. Phys. Bd. 34, S. 254. 1911.
[3]) T. D. Yensen, Journ. Frankl. Inst. Bd. 199, S. 336. 1925.

das Gesetz, nach welchem sich die Magnetisierung der Sättigung nähert, und dann die Größe des Sättigungswertes $4\pi\mathfrak{J}_\infty$.

Als empirisches Annäherungsgesetz, das die Beobachtungen der meisten ferromagnetischen Stoffe richtig wiedergibt, gilt die FRÖHLICHsche Formel[1]), welche den Verlauf der ganzen Magnetisierungskurve roh wiedergeben soll; sie lautet

$$\mathfrak{J} = \frac{\mathfrak{H}}{a + b\mathfrak{H}}\,, \tag{37}$$

worin $a = 1/\varkappa_0$ und $b = 1/\mathfrak{J}_\infty$ ist, wie sich leicht verifizieren läßt. Den allgemeinen Verlauf der Magnetisierungskurve stellt diese Formel nur sehr unvollkommen dar; sie wird dagegen bei großen Feldstärken richtiger, wenn man a nicht gleich $1/\varkappa_0$ setzt, sondern bedeutend kleiner annimmt, etwa gleich $1/\varkappa_{max}$.

Auf theoretischen Betrachtungen von GANS fußend stellten dann STEINHAUS und GUMLICH[2]) ein Annäherungsgesetz auf, das in den meisten der untersuchten Fälle durch die Beobachtungen gut bestätigt werden konnte, leider nicht im wichtigsten Fall des weichen Eisens, bei dem sich unerklärte Abweichungen ergaben. Die Formel lautet

$$\frac{\mathfrak{J}}{\mathfrak{J}_\infty} = 1 - \frac{\mathfrak{H}_0}{\mathfrak{H}}\,, \tag{38a}$$

wo die Konstante $\mathfrak{H}_0 = \mathfrak{J}_\infty/3\varkappa_0$ ist, oder

$$\frac{\varkappa}{3\varkappa_0} = \frac{\mathfrak{J}}{\mathfrak{J}_\infty} - \left[\frac{\mathfrak{J}}{\mathfrak{J}_\infty}\right]^2. \tag{38b}$$

Auf die Vorstellungen, die der Herleitung dieser Formel zugrunde liegen, soll weiter unten eingegangen werden. Hier aber wird schon auf einen wichtigen Zusammenhang hingewiesen, der mit der Größe der Anfangssuszeptibilität besteht, der aus Gleichung (38a) ersichtlich ist und durch die Beobachtungstatsachen immer wieder bestätigt wird: Ein ferromagnetisches Material sättigt sich um so leichter, d. h. bei um so kleineren Feldstärken, je größer seine Anfangssuszeptibilität ist. Während bei weichem Eisen bei einer Feldstärke von etwa 2000 Gauß praktisch Sättigung eintritt, d. h. der Unterschied zwischen $\mathfrak{J}$ und $\mathfrak{J}_\infty$ innerhalb der Meßgenauigkeit liegt, tritt dieses z. B. bei Gußeisen, dessen Anfangssuszeptibilität nur $1/4$ bis $1/5$ von der des weichen Eisens ist, erst bei 6000 bis 8000 Gauß ein. Umgekehrt ist Permalloy mit 20mal größerem $\varkappa_0$ schon bei 90 bis 100 Gauß praktisch gesättigt.

Der Sättigungswert $4\pi\mathfrak{J}_\infty$ ist für die verschiedensten Materialien außerordentlich verschieden. Nach Messungen der Reichsanstalt ist er für sehr reines Eisen 21 620, nach Messungen von P. WEISS für Nickel 6000 und für Kobalt 17 700. Den überhaupt höchsten Sättigungswert besitzt eine Legierung von Eisen mit etwa 34,5% Kobalt; er wird von WILLIAMS zu 25 840, von der Reichsanstalt zu 23 680 angegeben; diese Differenz bleibt noch aufzuklären.

25. Remanenz. Als „Remanenz" schlechthin bezeichnet man die Restmagnetisierung, welche zurückbleibt, wenn die wahre Feldstärke nach dem Erreichen der Sättigung auf Null zurückgekehrt ist. In übertragener Bedeutung wird dieser Ausdruck aber auch benutzt, wenn vorher nicht die Sättigung, sondern eine beliebige andere Magnetisierung vorhanden war. Im letzteren Falle ist die Remanenz keine Materialkonstante, sondern von der magnetischen Vorgeschichte abhängig. Als Beispiel sei Tabelle 3 gegeben, die neben den Werten

---

[1]) O. FRÖHLICH, Elektrot. ZS. Bd. 2, S. 134 u. 170. 1881; Bd. 3, S. 69. 1882.
[2]) W. STEINHAUS u. E. GUMLICH, Verh. d. D. Phys. Ges. Bd. 17, S. 281. 1915.

der erregenden Feldstärke und der erreichten Magnetisierung auch die der zugehörigen Remanenz $\mathfrak{J}_r$ enthält; in einer vierten Spalte ist diese nochmals als Bruchteil der vorher erreichten Magnetisierung angegeben[1]:

Tabelle 3.

$\mathfrak{H}$	$\mathfrak{J}$	$\mathfrak{J}_r$	$\mathfrak{J}_r/\mathfrak{J}$	$\mathfrak{H}$	$\mathfrak{J}$	$\mathfrak{J}_r$	$\mathfrak{J}_r/\mathfrak{J}$
0,42	16	3,9	0,24	5,02	984	832	0,84
0,70	33	9,9	0,30	6,46	1050	864	0,82
1,16	91	46	0,50	8,64	1110	897	0,81
1,44	195	133	0,68	10,26	1130	910	0,80
1,76	364	283	0,78	11,91	1150	913	0,80
2,14	507	418	0,82	17,50	1190	929	0,79
2,51	614	513	0,84	23,61	1195	929	0,78
2,88	702	598	0,85	35,71	1230	933	0,76
3,58	842	711	0,85	45,51	1230	933	0,76

Diese Tabelle ist an weichem Eisendraht aufgenommen; andere Materialien ergeben einen ähnlichen Gang[2]). Charakteristisch ist, daß der Wert $\mathfrak{J}_r/\mathfrak{J}$ bei mittleren Feldstärken ein ausgesprochenes Maximum hat, welches daher rührt, daß $\mathfrak{J}_r$ sich früher einem Grenzwert nähert, als $\mathfrak{J}$ der Sättigung; d. h. der Magnetisierungszuwachs bei mittleren Feldstärken trägt wesentlich, der bei höheren Feldstärken nur unwesentlich zur Remanenz bei. Hierauf wird später noch näher einzugehen sein.

Von Interesse ist auch die Frage, ob es einen bestimmten Schwellenwert der Feldstärke gibt, der überschritten werden muß, damit eine Remanenz auftritt. Dazu ist zu sagen, daß diese Frage aufs engste zusammenhängt mit der oben besprochenen, ob die Konstante b in Gleichung (35) Null werden kann. Man kann sie dahin beantworten, daß die Existenz eines solchen Schwellenwertes unwahrscheinlich ist, und daß er dann, wenn er gefunden zu sein scheint, durch Vergrößerung der Meßgenauigkeit wieder weiter heruntergedrückt werden kann. In der Tat ist es ein Leichtes, bei weichem Eisen noch eine Remanenz nachzuweisen, wenn die magnetisierende Kraft nur 10^{-3} Gauß beträgt.

Die Größe der Remanenz nach erfolgter Sättigung als Bruchteil von $\mathfrak{J}_\infty$ kann außerordentlich schwanken. Der kleinste beobachtete Wert von $\mathfrak{J}_r/\mathfrak{J}_\infty$ für reinstes Eisen ist wohl 0,04 [entsprechend $4\pi\,\mathfrak{J}_r = 850$[3])]; für die meisten Eisensorten liegt $\mathfrak{J}_r/\mathfrak{J}_\infty$ etwa zwischen 0,35 und 0,55; doch kommen gelegentlich auch Werte bis zu etwa $^2/_3$, bei Nickeleisenlegierungen sogar bis zu $^3/_4$ vor.

Von der bisher besprochenen „wahren" Remanenz zu unterscheiden ist die „scheinbare" Remanenz $\mathfrak{J}_r'$, das ist diejenige Magnetisierung, die zurückbleibt, wenn das äußere Feld $\mathfrak{H}'$ Null geworden ist. Dann ist nach Gleichung (27) das wahre Feld

$$\mathfrak{H} = -N\mathfrak{J}_r',\tag{39}$$

d. h. es ist vom Entmagnetisierungsfaktor und durch diesen von der Form abhängig; und damit besteht natürlich auch eine Abhängigkeit der der wahren Feldstärke $\mathfrak{H}$ auf dem absteigenden Ast entsprechenden Magnetisierung (in diesem Falle $\mathfrak{J}_r$) von der Form des magnetisierten Körpers. Es ist leicht zu übersehen, daß ceteris paribus bei großem Dimensionsverhältnis oder verhältnismäßig gut geschlossenen Magneten $\mathfrak{J}_r'$ groß ist, bei kleinem Dimensionsverhältnis oder schlecht geschlossenen Magneten klein. So kann $\mathfrak{J}_r'$ je nach der Form zwischen ~ 0 und $\mathfrak{J}_r$ schwanken.

[1]) Siehe J. A. Ewing, Magnetische Induktion S. 291.
[2]) P. Holitscher, Drud. Ann. Bd. 3, S. 683. 1900.
[3]) E. Gumlich u. W. Steinhaus, Elektrot. ZS. Bd. 36, S. 675ff. 1915.

26. Koerzitivkraft. Unter Koerzitivkraft verstand man ursprünglich eine Kraft, die man sich dem ferromagnetischen Material innewohnend dachte und die bestrebt war, die erreichte Magnetisierung in dem Körper „festzuhalten". Von diesem Begriff ist heute nur sehr selten die Rede; EVERSHED[1]) benutzt ihn z. B. und nennt ihn „potency". Der Ausdruck Koerzitivkraft aber bedeutet jetzt nach dem Vorschlage von HOPKINSON etwas anderes, nämlich diejenige Kraft, die man in der dem magnetisierenden Feld entgegengesetzten Richtung anwenden muß, um die nach dem Aufhören dieses Feldes zurückgebliebene Magnetisierung gerade wieder zum Verschwinden zu bringen. Spricht man von Koerzitivkraft schlechthin, so setzt man voraus, daß vorher praktisch bis zur Sättigung magnetisiert wurde. Aber auch wenn dieses nicht geschah, benutzt man diesen Ausdruck in übertragenem Sinne; dann ist sie nicht mehr Materialkonstante, wie im ersteren Fall, sondern von der Höhe des vormagnetisierenden Feldes abhängig. Sie wächst mit diesem zunächst etwa proportional, dann schneller, wieder langsamer und erreicht schließlich ihren Grenzwert $\mathfrak{H}_c$.

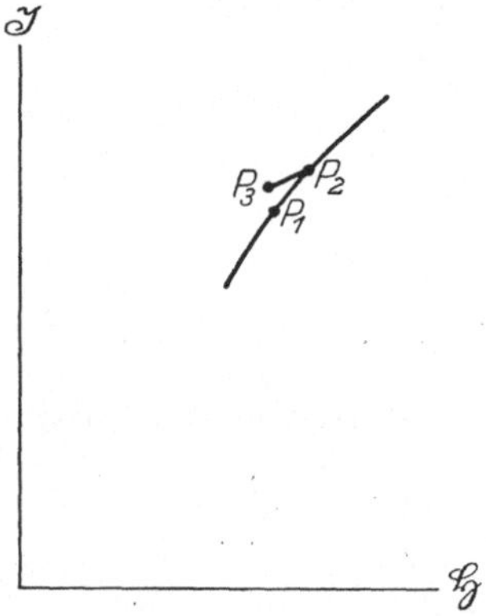

Bei der obigen Definition ist zu beachten, daß das Verschwinden der **Magnetisierung** als Kriterium der erreichten Koerzitivkraft gilt und nicht etwa das Verschwinden der **Induktion**. Zwar wird auch häufig in der letzteren Weise definiert, und es ist in den meisten Fällen auch gleichgültig (es sei denn, daß es sich um einen großen Wert von $\mathfrak{H}_c$ handelt und die Magnetisierungskurve sehr schräg im Koordinatensystem liegt). Aber streng genommen gilt

$$\mathfrak{H} = \mathfrak{H}' = \mathfrak{H}_c \qquad (40)$$

nach Gleichung (27) nur dann, wenn $\mathfrak{J} = 0$ ist. Und nur wenn $N = 0$ ist, d. h. also: bei einem unendlich langen Stabe oder einem Ring im homogenen Felde, decken sich beide Definitionen.

Abb. 11. Differentielle und reversible Suszeptibilität.

Die Koerzitivkraft als Materialkonstante schwankt in ihrer Größe außerordentlich; sie kann alle Werte von etwa 0,05 Gauß (für Permalloy) bis zu etwa 280 Gauß (für hochprozentigen Kobaltmagnetstahl) annehmen.

27. Reversible Suszeptibilität. Magnetisiert man ein Ferromagnetikum bis zu einer beliebigen Intensität $\mathfrak{J}$ (Abb. 11), gleichgültig, ob auf der Nullkurve oder Schleife, und sei P_1 der den Zustand darstellende Punkt, so rückt dieser nach P_2, wenn man die Feldstärke um den Betrag $\varDelta\mathfrak{H}$ vergrößert; die Intensität erhält einen Zuwachs $\varDelta\mathfrak{J}$. Der Wert $\varDelta\mathfrak{J}/\varDelta\mathfrak{H}$ oder richtiger $d\mathfrak{J}/d\mathfrak{H}$, die Neigung der Kurve an dieser Stelle, ist dann die „differentielle Suszeptibilität". Es liegt im Wesen der Hysterese, daß dieser Schritt nicht rückwärts getan werden kann; läßt man das Feld wieder um den Betrag $\varDelta\mathfrak{H}$ abnehmen, so rückt der darstellende Punkt nicht wieder nach P_1, sondern nach P_3. Die jetzige Abnahme von $\mathfrak{J}$ ist immer kleiner als der frühere Zuwachs; d. h. $[\varDelta\mathfrak{J}/\varDelta\mathfrak{H}]_{\text{rückwärts}}$ oder $[d\mathfrak{J}/d\mathfrak{H}]_{\text{rückwärts}}$ ist immer kleiner als die differentielle Suszeptibilität. Das Charakteristische dieses Schrittes rückwärts, wenn er nur genügend klein war, ist seine Umkehrbarkeit; wird $\mathfrak{H}$ wieder um $\varDelta\mathfrak{H}$ vergrößert, so rückt der darstellende Punkt wieder nach P_2. Man bezeichnet daher den Wert $[d\mathfrak{J}/d\mathfrak{H}]_{\text{rückwärts}} = \varkappa_r$ auch als „reversible Suszeptibilität". Diese Größe ist von GANS[2]) sehr eingehend

---

[1]) S. EVERSHED, Journ. Inst. Electr. Eng. Bd. 63, S. 729. 1925; Electrician Bd. 94, S. 394. 1925.

[2]) R. GANS, Ann. d. Phys. Bd. 22, S. 481; Bd. 23, S. 399. 1907; Bd. 27, S. 1. 1908; Bd. 29, S. 301. 1909; Bd. 33, S. 1065. 1910; Phys. ZS. Bd. 11, S. 988. 1910; Bd. 12, S. 1053. 1911.

untersucht worden. Er fand zunächst, daß sie wesentlich nur von der jeweiligen Magnetisierung abhängig ist, daß es also gleichgültig ist, ob sie auf der Nullkurve, der Schleife oder der idealen Kurve gemessen wird. Für $\mathfrak{J} = 0$ ist sie mit der Anfangssuszeptibilität identisch; mit wachsendem $\mathfrak{J}$ nimmt sie zuerst langsam, dann rascher ab, um im Gebiet der Sättigung zu verschwinden. Weiter ergab sich aus den Beobachtungen, daß die Funktion, welche die Abhängigkeit der reversiblen Suszeptibilität von der Magnetisierung darstellt, für die verschiedensten Materialien immer die gleiche war; die entsprechenden Kurven fallen zusammen, wenn man als Ordinate nicht $\varkappa_r$ selbst, sondern den jeweiligen Bruchteil der Anfangssuszeptibilität, also $\varkappa_r/\varkappa_0$, und als Abszisse den Bruchteil der Sättigungsintensität $\mathfrak{J}/\mathfrak{J}_\infty$ aufträgt. Schließlich gelang es Gans, durch theoretische Betrachtungen die Form dieser universellen Funktion zu finden. Sie lautet in Parameterdarstellung:

$$\frac{\varkappa_r}{3\varkappa_0} = \frac{1}{x^2} - \frac{1}{\mathfrak{Sin}^2 x};\ \left.\vphantom{\begin{array}{c}a\\b\end{array}}\right\} \quad (41)$$
$$\frac{\mathfrak{J}}{\mathfrak{J}_\infty} = \mathfrak{Ctg}\, x - \frac{1}{x}.$$

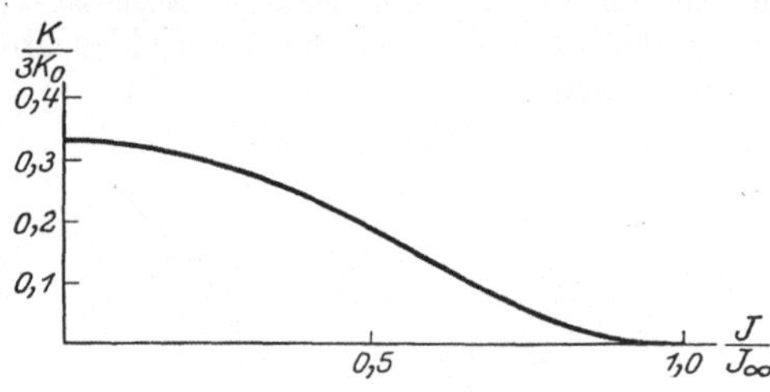

Abb. 12. Reduzierte reversible Suszeptibilität.

Abb. 12 stellt ihren Verlauf dar. In erster Annäherung scheint in der Tat diese Funktion den Beobachtungstatsachen zu entsprechen; wie weit sie höheren Anforderungen standhalten kann, wird sich noch erweisen müssen.

Die große Bedeutung dieser Untersuchungen liegt in dem Nachweis, daß jeder Magnetisierungsvorgang von reversiblen Prozessen durchsetzt ist und jeder Magnetisierungszuwachs $d\mathfrak{J}$, sei er positiv oder negativ, in einen reversiblen und einen irreversiblen Beitrag aufgespalten werden kann. Darauf werden wir später noch ausführlich zurückkommen.

Wenn man das kleine Feld $\varDelta\mathfrak{H}$ in einer Richtung senkrecht zu $\mathfrak{H}$ bzw. $\mathfrak{J}$ anlegt, so ist, genügende Kleinheit von $\varDelta\mathfrak{H}$ vorausgesetzt, dieser Vorgang ebenfalls reversibel. Dann wird $d\mathfrak{J}/d\mathfrak{H}$ als „transversale" reversible Suszeptibilität bezeichnet im Gegensatz zu der oben besprochenen „longitudinalen". Natürlich ist auch hier für die Intensität Null $\varkappa_{r\,\mathrm{transv.}}$ gleich der Anfangssuszeptibilität. Mit wachsendem $\mathfrak{J}$ bleibt $\varkappa_{r\,\mathrm{transv.}}$ zunächst ziemlich konstant bis zu etwa $\mathfrak{J}/\mathfrak{J}_\infty = 0{,}5$ und fällt dann verhältnismäßig rasch ab.

28. Magnetisierung anisotroper ferromagnetischer Körper. Zum besseren Verständnis des Folgenden erscheint es angebracht, hier kurz auf die magnetischen Eigenschaften der Kristalle einzugehen. Sie unterscheiden sich dadurch von denen der gewöhnlichen ferromagnetischen Materialien, daß sie ganz wesentlich von der Richtung abhängen. Es ist daher verständlich, daß die Erscheinungen noch weit komplizierter und auch heute zum Teil noch wenig geklärt sind.

Es wäre das Nächstliegendste, Kristalle aus reinem Eisen in ihren Eigenschaften zu betrachten; aber solche sind leider bis heute noch nicht in genügender Größe herzustellen. Wir müssen uns also damit begnügen, das Typische der Kristallmagnetisierung an einem möglichst einfachen Beispiel zu zeigen und von da aus Rückschlüsse zu versuchen auf das Verhalten der ferromagnetischen Metalle.

Wir benutzen dazu den normalen Pyrrhotit, ein wahrscheinlich hexagonales Eisensulfid, dessen chemische Zusammensetzung etwa der Formel Fe_7S_8 entspricht. Während der Kristall in seiner Hauptachse außerordentlich schwer magnetisierbar ist, hat er in seiner Basis eine Richtung besonders leichter

Magnetisierbarkeit, weshalb sie auch „magnetische Ebene" genannt wird. Nach Messungen von Weiss[1]) genügt schon ein Feld von etwa 15 Gauß, um in dieser Richtung Sättigung zu erreichen, senkrecht dazu (aber in der Basisebene) sind 7300 Gauß und senkrecht zur Basis sogar 150000 Gauß erforderlich.

Wir wollen nun zwei ganz spezielle Fälle der Einwirkung wechselnder Felder auf eine parallel zur Basis geschnittene Platte betrachten, und zwar sei 1. das Feld parallel der Richtung der leichten Magnetisierbarkeit; 2. gegen diese Richtung um einen Winkel φ gedreht.

Läßt man im ersteren Falle das Feld zu großer Stärke anwachsen, so ändert sich die Magnetisierungsintensität nicht wesentlich. Auch bei der Abnahme des Feldes bis auf Null und weiter bis zu einem kritischen negativen Wert findet

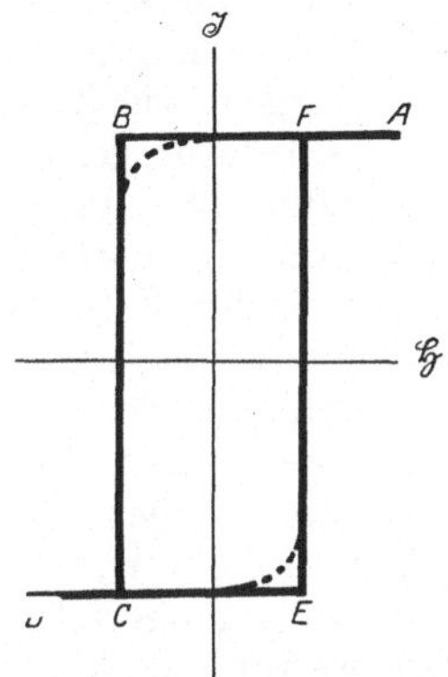

Abb. 13. Irreversibler Magnetisierungsvorgang bei Kristallen.

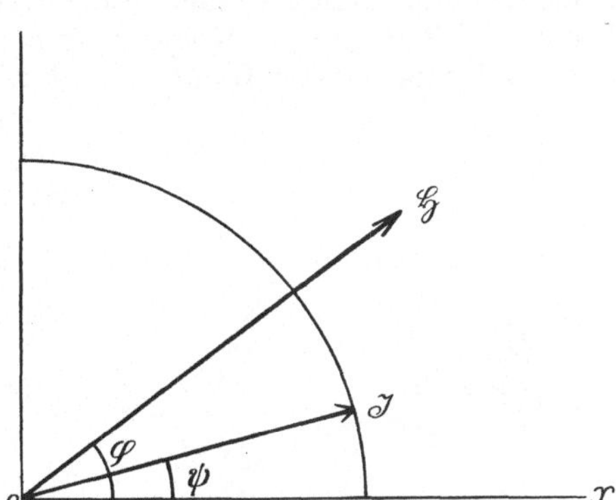

Abb. 14. Reversibler Magnetisierungsvorgang
bei Kristallen.

keine wesentliche Änderung statt. Bei noch weiterer Abnahme aber springt die Magnetisierung plötzlich in einen gleich hohen negativen Wert, um dann wieder konstant zu bleiben. Man bezeichnet diesen Sprung als das „Umklappen" der Magnetisierungsrichtung.

So stellt sich die Magnetisierungsschleife als ein Rechteck dar (Abb. 13). Die Teile AB und DE sind reversibel zu durchlaufen, die Teile BC und EF sind irreversibel. Daß in Wirklichkeit die Ecken B und E leicht abgerundet sind, spielt für unsere augenblicklichen Betrachtungen keine Rolle.

Im zweiten Falle soll die Richtung der leichten Magnetisierbarkeit mit der X-Richtung zusammenfallen. Bildet nun die Feldstärke mit der X-Achse einen Winkel φ (Abb. 14) und läßt man $\mathfrak{H}$ wachsen, so ändert sich der absolute Betrag von $\mathfrak{J}$ nicht, wohl aber seine Richtung, die jetzt mit der X-Achse einen Winkel ψ bildet. Die Intensität in der $\mathfrak{H}$-Richtung ist also gleich $\mathfrak{J}\cos(\varphi - \psi)$, d. h. sie wächst mit zunehmenden $\mathfrak{H}$ von $\mathfrak{J}\cos\varphi$ bis $\mathfrak{J}$. Dieser Vorgang ist durchaus reversibel.

Es könnten leicht noch andere Beispiele gebildet werden, aber die beiden typischen Vorgänge, den irreversiblen und den reversiblen Magnetisierungsprozeß an einem Kristall, haben wir so kennengelernt. Es soll nur noch bemerkt werden, daß die irreversiblen Vorgänge sich keineswegs auf Fall 1 beschränken; auch im zweiten Falle tritt bei Umkehr des Feldes, sobald dieses einen kritischen Wert überschreitet, ein irreversibler Prozeß zu dem reversiblen Vorgang hinzu.

---

[1]) P. Weiss, Journ. de phys. (3) Bd. 8, S. 542. 1899.

29. Magnetisierung pseudoisotroper ferromagnetischer Körper. Alle
Metalle bestehen, auch wenn sich makroskopisch kein Anhaltspunkt dafür zeigt,
nicht aus isotropem Material, sondern aus einer sehr großen Zahl größerer oder
kleinerer unregelmäßig durcheinander liegender Kristallite, ferromagnetische
Metalle also aus ferromagnetischen Kristallen, deren wichtigste Eigenschaften
wir soeben charakterisiert haben. Wird nun ein solches Metall der Wirkung
eines Feldes ausgesetzt, so entsteht ein Geflecht von irreversiblen und reversiblen
Magnetisierungsvorgängen in den Einzelkristallen, die alle einen Beitrag zur
Magnetisierung des Metalles in der Richtung des Feldes liefern.

Betrachten wir zunächst nur die irreversiblen Prozesse. Wir gehen von
einigen Grundannahmen aus, die aber im allgemeinen erfüllt sind. Es sei die
Größe der einzelnen Kristalle einigermaßen gleichmäßig und sehr klein im Vergleich mit dem ganzen Körper; ferner seien ihre kristallographischen Achsen
gleichmäßig nach allen Richtungen hin verteilt. Auch sei irgendwie (Genaueres
wird sich bald ergeben) dafür gesorgt, daß
die Richtungen der Magnetisierung der einzelnen Kristalle gleichmäßig verteilt sind.

Nimmt nun das wirkende Feld von Null
an zu, so ereignen sich keine irreversiblen
Prozesse, bis das Feld den Wert der Koerzitiv-
kraft $\mathfrak{H}_c$ der Kristalle erreicht hat. In diesem
Augenblick wird sich die Magnetisierung in
denjenigen Kristallen umkehren, in denen
sie dem Felde gerade entgegengerichtet war.
Wächst dieses nun weiter, so klappt die
Magnetisierungsrichtung in immer neuen
Kristallen um, und zwar dann, wenn die in
Richtung der jeweiligen Kristallmagneti-
sierung liegende Feldkomponente gerade den
Wert $\mathfrak{H}_c$ erreicht. Die durch das Umklappen
der Magnetisierung in den Einzelkristallen

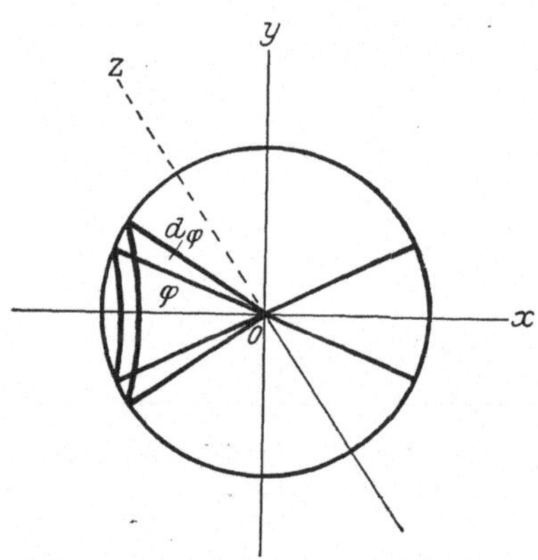

Abb. 15. Einheitskugel der Magnetisierungsrichtungen.

bedingten Beiträge zur Magnetisierung des ganzen Metalles werden mit wachsender Feldstärke immer seltener und wirken mit immer kleinerer Komponente, um
schließlich bei hohen Feldstärken praktisch zu verschwinden. Bei vorhandener
Sättigung liegen Magnetisierungskomponenten aller Kristalle in der Feldrichtung.

Nimmt das Feld wieder ab, so ändert sich an dieser Anordnung (und damit
auch an der Magnetisierung) nichts. Erst wenn es negativ geworden ist und
dort den Wert $\mathfrak{H}_c$ erreicht hat, beginnt derselbe Vorgang wieder von neuem in
umgekehrter Richtung.

Man kann diese Vorgänge leicht berechnen. M sei das magnetische Moment
eines Einzelkristalls und N deren Zahl in der Volumeinheit. Das Feld $\mathfrak{H}$ soll in
der Richtung OX wirken (Abb. 15). Wegen der gleichmäßigen Verteilung der
Magnetisierungsrichtungen sind die Endpunkte der Vektoren M gleichmäßig
über die Oberfläche der Einheitskugel verteilt. Alle Magnetisierungsrichtungen
in einem Kegel mit dem Öffnungswinkel φ werden in die entgegengesetzte Richtung umgeklappt, wenn $\mathfrak{H} = \mathfrak{H}_c/\cos\varphi$ ist. Die Zahl der Vektoren, die in einem
Ringgebiet liegen, das durch $d\varphi$ bestimmt ist, ist

$$N\frac{2\pi r^2 \sin\varphi\, d\varphi}{4\pi r^2} = \frac{N}{2}\sin\varphi\, d\varphi\,. \tag{42}$$

Diese geben in der $\mathfrak{H}$-Richtung ein Moment

$$M_x = M\cos\varphi \cdot \frac{N}{2}\sin\varphi\, d\varphi\,. \tag{43}$$

So erhält man als Moment in der Feldrichtung aller im Kegel umgeklappten Magnete

$$\left.\begin{aligned} M_x &= \int_0^\varphi \frac{MN}{2}\sin\varphi\cos\varphi\,d\varphi \\[2mm] &= \frac{MN}{4}\sin^2\varphi \end{aligned}\right\} \qquad (44)$$

oder, weil MN das Sättigungsmoment eines Kubikzentimeters, also die Sättigungsintensität ist,

$$M_x = \frac{\mathfrak{I}_\infty}{4}\sin^2\varphi. \qquad (45)$$

Da nun die gleiche Anzahl der Momente in dem Kegel ursprünglich schon in dieser Richtung lag, ist das Gesamtmoment in der Feldrichtung aller jetzt in dem Kegel liegenden Momente

$$M_x = \frac{\mathfrak{I}_\infty}{2}\sin^2\varphi = \frac{\mathfrak{I}_\infty}{2}[1 - \cos^2\varphi] \qquad (46)$$

oder, da φ bestimmt war durch $\mathfrak{H}\cos\varphi = \mathfrak{H}_c$,

$$M_x = \frac{\mathfrak{I}_\infty}{2}\left[1 - \left(\frac{\mathfrak{H}_c}{\mathfrak{H}}\right)^2\right]. \qquad (47)$$

Die Magnetisierungsschleife würde also einen Charakter haben, wie ihn Abb. 16 zeigt. Nun ist ein sehr wesentliches Moment bisher ganz außer Betracht geblieben. Auf den Einzelkristall wirkt nicht nur das Feld $\mathfrak{H}$, das außen angelegt wird, sondern es wirkt einmal auch die Summe der Momente der andern Kristalle, und sodann wirken noch in besonderer Weise die Momente der unmittelbar benachbarten Kristalle. Während die erstere Wirkung auf den Charakter der Kurve

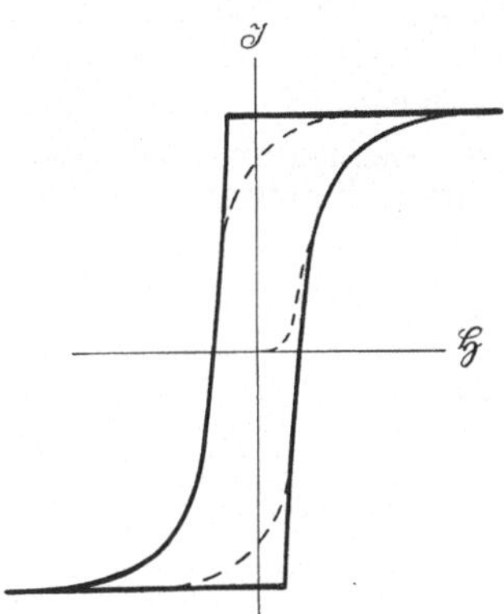

Abb. 16. Magnetisierungskurve aus irreversiblen Prozessen.

ohne wesentlichen Einfluß sein dürfte, ist die letztere imstande, die Kurvenform wesentlich zu verändern. Legt man sich die Frage vor, was man über diese Wirkung der Nachbarkristalle aussagen kann, so stößt man bald auf die größten Schwierigkeiten: die Wirkung wird bald die des angelegten Feldes unterstützen, bald ihr entgegengerichtet sein; was im allgemeinen überwiegt, ist wohl kaum zu entscheiden. Nur zweierlei ist sicher: beim Beginn der Nullkurve und des absteigenden Astes wird die unterstützende Wirkung mehr hervortreten; beim Ende des aufsteigenden Astes mehr die entgegengerichtete. An der letzteren Stelle ist der Einfluß auf die Kurvenform nicht groß; an der ersteren aber ist er bedeutend. Es wird also nicht erst dann ein Umklappen eintreten (um einmal beim Beispiel des absteigenden Astes zu bleiben), wenn die Feldstärke negativ geworden ist und den Wert $\mathfrak{H}_c$ erreicht hat, sondern schon bei hohen positiven Werten von $\mathfrak{H}$, weil dort, wenn auch selten, der Fall eintritt, daß die Resultante von Feld und Nachbarwirkung ein Umklappen bewirkt. Diese Fälle werden mit abnehmender Feldstärke immer häufiger werden. So wird der absteigende Ast nicht den in Abb. 16 in der ausgezogenen Linie angedeuteten Verlauf nehmen, sondern etwa den der gestrichelten Linie.

Die gleiche Betrachtung kann man auch für die Nullkurve durchführen; doch soll an dieser lieber der Verlauf der irreversiblen Prozesse, wie ihn die Messung ergibt, dargestellt werden (s. weiter unten!).

Es ist augenscheinlich, daß der Charakter der Kurve dem einer empirischen Magnetisierungskurve schon außerordentlich nahe kommt. Berücksichtigt man nun noch, daß alle diese irreversiblen Vorgänge verflochten sind mit reversiblen Prozessen, die daher stammen, daß in den Kristallen die Magnetisierungsrichtung nicht nur umklappen, sondern sich auch mit wachsendem Feld immer mehr in dessen Richtung hineindrehen kann, und deren Gesetzmäßigkeiten wir oben schon kennenlernten, so erkennt man leicht, daß die Übereinstimmung qualitativ vollkommen ist.

Wenn bisher stillschweigend vorausgesetzt wurde, daß die Kristallite der ferromagnetischen Metalle gerade wie der Pyrrhotit nur eine Richtung leichter Magnetisierbarkeit haben, so muß bemerkt werden, daß das offenbar nicht der Fall ist. Doch ändert das an den erhaltenen prinzipiellen Resultaten nichts Wesentliches.

Wir wollen nun an einem Beispiel den Verlauf der irreversiblen Prozesse praktisch verfolgen, und zwar auf der Nullkurve eines weichen Stahles[1]). Wir stellen, ähnlich wie oben mit der reversiblen Suszeptibilität geschehen, die irreversible beispielsweise als Bruchteil oder Vielfaches der dreifachen Anfangspermeabilität in der Abhängigkeit von $\mathfrak{J}/\mathfrak{J}_\infty$ dar. Offenbar ist $\varkappa$ differentiell $= \varkappa$ reversibel $+ \varkappa$ irreversibel. Den ersten Ausdruck bildet man aus der Nullkurve, den zweiten kann man entweder direkt messen oder wie in diesem Falle aus Formel (41) berechnen, ohne damit einen allzugroßen Fehler zu machen; so erhält man die irreversible Suszeptibilität durch Subtraktion. Die Werte sind in Tabelle 4 und Abb. 17 dargestellt.

Die Kurve stellt also gewissermaßen den durch irreversible Prozesse bedingten Magnetisierungszuwachs für jede Magnetisierungsintensität dar. Sie nimmt einen sehr charakteristischen Verlauf. An zwei Stellen geben die irreversiblen Prozesse keinen Beitrag zur Magnetisierung: im Nullpunkt und oberhalb $\mathfrak{J}/\mathfrak{J}_\infty = 0{,}8$, also im Sättigungsgebiet. Hier sind nur reversible Beiträge möglich. Man kann also das Gesetz der Annäherung an die Sättigung aufstellen, wenn man die Abhängigkeit der reversiblen Beiträge zur Magnetisierung von der Intensität kennt. Unter der Voraussetzung, daß in dieser Beziehung das von Gans aufgestellte Gesetz (41) richtig ist, erhält man dann für das Annäherungsgesetz leicht die oben unter (38) wiedergegebenen Formeln.

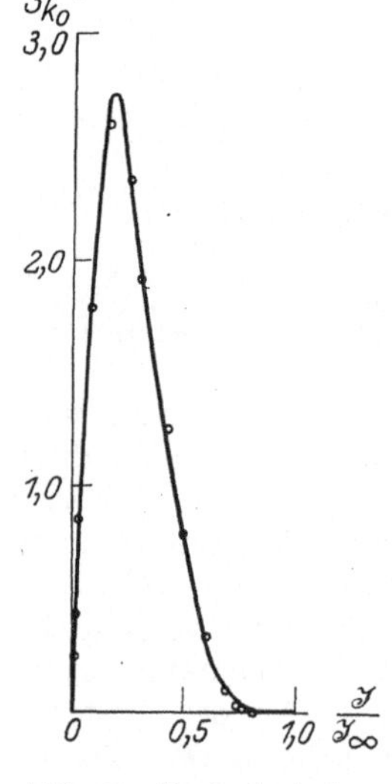

Abb. 17. Reduzierte irreversible Suszeptibilität.

Tabelle 4.

$\dfrac{\varkappa \text{irr.}}{3\,\varkappa_0}$	$\dfrac{\mathfrak{J}}{\mathfrak{J}_\infty}$
0,25	0,011
0,43	0,018
0,85	0,036
1,78	0,078
2,59	0,155
2,35	0,245
1,92	0,339
1,25	0,432
0,78	0,510
0,33	0,600
0,11	0,680
0,03	0,730
0,01	0,775
0,00	0,815
0,00	0,845

30. Der Barkhauseneffekt. Wenn die Magnetisierung sich aus reversiblen und irreversiblen Beiträgen zusammensetzt, von denen ihrer Natur nach die ersteren die Magnetisierung kontinuierlich, die letzteren diskontinuierlich ändern, so müßte es möglich sein, bei hinreichend gleichmäßiger Feldsteigerung und genügender Beobachtungsempfindlichkeit kleine Sprünge der Magnetisierung wahrzunehmen, die von den irreversiblen Prozessen herrühren. Barkhausen[2])

---

[1]) W. Steinhaus u. E. Gumlich, Verh. d. D. Phys. Ges. Bd. 17, S. 377. 1915.
[2]) H. Barkhausen, Phys. ZS. Bd. 20. S. 401. 1919.

gelang es, diese einzelnen Sprünge im Telephon hörbar zu machen, indem er zwischen die den Körper umschließende Induktionsspule und das Telephon eine Verstärkeranordnung schaltete. Nähert man der Probe, die am besten aus einem dünnen Draht besteht, langsam einen Hufeisenmagneten, so macht sich jeder irreversible Vorgang als Knacken im Telephon bemerkbar. An den Stellen der Magnetisierungskurve, an denen die irreversiblen Prozesse mehr oder weniger verschwinden, tritt der Effekt nicht auf.

GERLACH und LERTES[1]) haben über diesen Effekt weitere Versuche angestellt, aus denen sie schließen zu müssen glaubten, daß er auf andern Ursachen beruht. Mit zunehmender Magnetisierung unterliegen die Kristallite des Körpers immer andern magnetostriktiven Deformationen (s. Ziff. 57), die sich aber nicht völlig frei auswirken können. Die dadurch hervorgerufenen Spannungen kommen wegen der großen Reibung diskontinuierlich zum Ausgleich, wobei dann diskontinuierliche Permeabilitätsänderungen eintreten müssen, welche den Effekt bedingen.

Demgegenüber hat BARKHAUSEN[2]) neuerdings darauf hingewiesen, daß die Erklärung von GERLACH und LERTES schon deshalb kaum zutreffen könne, weil die Impulsdauer eines einzelnen Stoßes, die er angenähert messen konnte, bestimmt kleiner ist als $^1/_{300\,000}$ Sekunde.

31. Entmagnetisierung. Wir können nunmehr auch versuchen, uns von dem Vorgang der Entmagnetisierung ein Bild zu machen. Man erreicht den unmagnetischen Zustand praktisch dadurch, daß man den Körper einem Wechselfelde hinreichender Amplitude aussetzt, welches sich dann stetig bis auf Null verkleinert. Dabei werden immer kleinere und kleinere Magnetisierungszyklen durchlaufen, die schließlich im Nullpunkt endigen.

Betrachten wir wieder nur die irreversiblen Prozesse. Das Wechselfeld sei im Anfang so groß, daß in jeder Halbperiode abwechselnd in den beiden Richtungen $+X$ und $-X$ (Abb. 15) Sättigung erreicht wird, d. h. daß Magnetisierungskomponenten aller Kristallite abwechselnd in beiden Richtungen liegen. Bei jedem Wechsel klappen die Magnetisierungsrichtungen aller Kristallite um.

Nimmt nun die maximale Feldstärke nach jedem Wechsel um einen sehr kleinen Bruchteil ab, so wird der Winkel φ, der in der Sättigung $= 90°$ war, bei jedem Wechsel kleiner; d. h. es bleiben jetzt bei jedem Wechsel in einzelnen Kristalliten die Magnetisierungsrichtungen liegen, einmal nach der positiven, einmal nach der negativen Seite, und zwar mit abnehmendem Feld in immer mehr Einzelkristallen. So sieht man leicht, daß beim Verschwinden des Wechselfeldes die Magnetisierungsrichtungen gleichmäßig über die ganze Kugel verteilt sind; das Gesamtmoment ist Null, der Körper ist entmagnetisiert.

Es ist erforderlich, daß die Abnahme des Feldes sehr gleichmäßig erfolgt. Ist beim Ablauf dieses Vorgangs von einem Wechsel zum andern ein größerer Sprung $\varDelta \mathfrak{H}$ vorhanden, so bleiben die in der entsprechenden Zone $\varDelta \varphi$ liegenden Einzelmomente liegen und geben am Schluß eine zurückbleibende positive oder negative Gesamtmagnetisierung in der X-Richtung. Aus diesem Grunde kann man keine wirklich vollständige Entmagnetisierung erreichen, wenn man z. B. das Feld durch stufenweise Einschaltung von Widerstand in den Wechselstromkreis herunterreguliert[3]). Das gleiche gilt dann, wenn die Abnahme des Feldes

---

[1]) W. GERLACH u. P. LERTES, ZS. f. Phys. Bd. 4, S. 383. 1921. Phys. ZS. Bd. 22, S. 568. 1921.

[2]) H. BARKHAUSEN, ZS. f. techn. Phys. Bd. 5, S. 518. 1924.

[3]) E. GUMLICH u. W. ROGOWSKI, Ann. d. Phys. Bd. 34, S. 244. 1911.

zwar gleichmäßig, aber zu schnell erfolgt. An dem extremen Fall, den Abb. 18 zeigt, kann man sich das leicht klarmachen. Zwar ist dann der Körper zum Schluß nicht magnetisch, aber eine gleichmäßige Verteilung der Einzelrichtungen ist nicht erreicht.

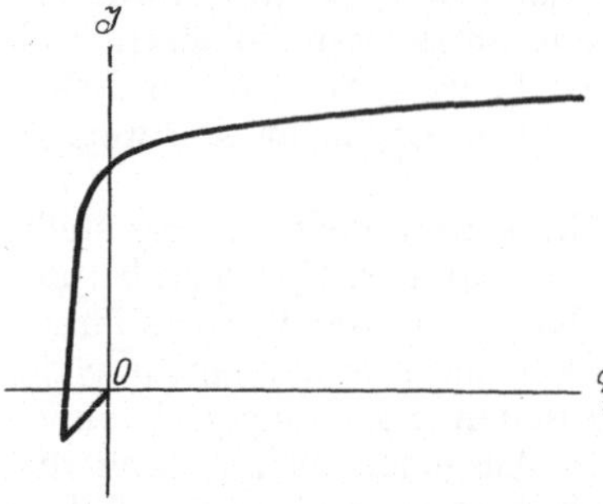

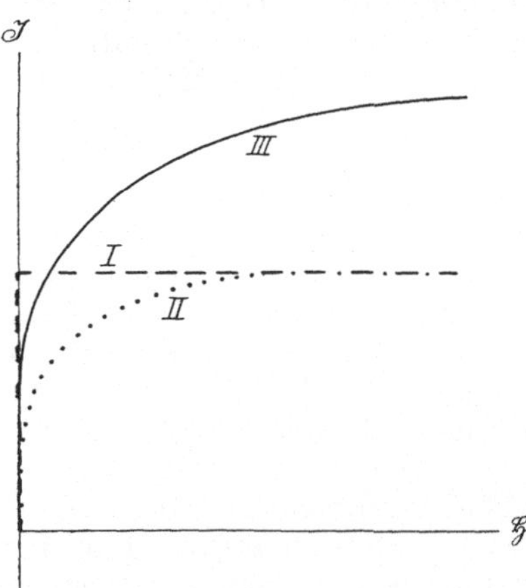

Abb. 18.   Pseudoentmagnetisierung.

32. Ideale Magnetisierung. In genau derselben Weise, wie man einen Körper bei der Feldstärke Null durch einen Entmagnetisierungsprozeß von den Wirkungen der magnetischen Vorgeschichte befreien kann, erreicht man diese Befreiung bei jeder beliebigen Feldstärke. Setzt man also einen Körper einem Entmagnetisierungsprozeß aus, während er unter der Wirkung eines Feldes steht, so ist es gleichgültig, ob der Zustandspunkt sich vorher auf der Nullkurve, dem aufsteigenden oder absteigenden Ast befand: es ergibt sich eine eindeutige Abhängigkeit der resultierenden Magnetisierung von der Feldstärke. Diese Abhängigkeit in Kurvendarstellung nennt man die „ideale Magnetisierungskurve", den entsprechenden Zustand des Körpers den „idealen" oder „hysteresefreien"[1]).

Eine kurze Charakteristik der Idealkurve gaben wir schon in der Einleitung (Abb. 7, Kurve IV). Hier müssen wir die Frage behandeln, welche Charakteristik wir auf Grund der bisher entwickelten Vorstellungen von der Magnetisierung ferromagnetischer Metalle zu erwarten haben.

Wir können zur Beantwortung zwei Wege einschlagen. Der erste Weg ist der, daß man untersucht, welche Gestalt die ideale Kurve eines magnetischen Einzelkristalls mit rechteckiger Magnetisierungskurve besitzt, und dann aus dieser unter Berücksichtigung der Nachbarwirkung und der reversiblen Vorgänge die Idealkurve des pseudoisotropen Körpers aufbaut. Der andere Weg geht über ähnliche Betrachtungen, wie wir sie soeben bei der Theorie der Entmagnetisierung angestellt haben. Verfolgt man diesen Weg, so zeigt sich, daß die ideale Kurve, solange man nur irreversible Prozesse zuläßt und die Nachbarwirkung vernachlässigt, im Nullpunkt senkrecht bis zur Sättigung ansteigt, die sie dann bei allen Feldstärken beibehält (Abb. 19 *I*). Dabei ist allerdings vorausgesetzt, daß das stationäre Gleichfeld, auch wenn es noch so klein, doch immer noch größer ist als die Abnahme des Wechselfeldes von einem Wechsel zum andern. Der Einfluß der Nachbarkristalle bewirkt auch hier eine starke Verrundung der Ecke (*II*), und über das Ganze lagern sich schließlich noch die Beiträge der reversiblen Vorgänge. So hat man eine Kurve der Form (*III*) (Abb. 19) zu erwarten, wie man sie in der Tat auch in den allermeisten Fällen praktisch erhält.

Abb. 19.   Entstehung der idealen Magnetisierungskurve.

Das interessanteste und wichtigste Merkmal ist der senkrechte Anstieg im Nullpunkt oder die unendlich große ideale Anfangssuszeptibilität. Nimmt

____

[1]) W. STEINHAUS u. E. GUMLICH, Verh. d. D. Phys. Ges. Bd. 17, S. 369. 1915.

man z. B. an einem Ellipsoid aus weichem Eisen den Anfang der idealen Kurve auf, so findet man, daß bis in die Gegend von $4\pi\mathfrak{J} = 5000$ die berechnete Scherung $N\mathfrak{J}$ dem äußeren Feld $\mathfrak{H}'$ vollkommen gleich bleibt, ein wahres Feld $\mathfrak{H}$ also noch gar nicht auftritt. Zur näheren Erläuterung diene Tabelle 5, die an einem solchen Ellipsoid erhalten wurde. Man sieht, daß erst bei $4\pi\mathfrak{J} = 5570$ ein wahres Feld von etwa 0,04 Gauß übrigbleiben würde.

Diese Eigenschaft der idealen Kurve kann man[1]), wenn man des senkrechten Anstiegs sicher ist, wie z. B. beim weichen Eisen, sogar umgekehrt zur genauen Bestimmung des Entmagnetisierungsfaktors benutzen. Aber nicht alle Materialien besitzen diesen Anstieg, insonderheit solche, die nicht durchweg aus magnetisierbarer Substanz bestehen, z. B. Gußeisen.

Tabelle 5.

$\mathfrak{H}'$	$N\mathfrak{J}$	$4\pi\mathfrak{J}$
0,25	0,25	210
0,58	0,57	470
1,04	1,05	860
1,71	1,71	1410
2,41	2,42	1990
4,44	4,45	3660
6,82	6,78	5570
10,8	10,6	8580

Da nach obigem die ideale Kurve diejenige Magnetisierungskurve ist, der der Körper folgen würde, wenn seine Kristallite bei gleicher Anordnung schon beim kleinsten Felde ihre Magnetisierungsrichtung umkehren würden, so erscheint sie vielleicht berufen, bei fortschreitender Erkenntnis am ehesten quantitativ faßbar und ein Wegweiser in diesem unübersichtlichen Gebiet zu werden. Sicher ist, daß viele Gesetze erst durch die Befreiung von dem Einfluß der Hysterese klar und einfach werden, wie beispielsweise die Abhängigkeit der Magnetisierung von der Temperatur.

33. Hysterese und Hystereseverlust. Das „Nachhinken" der Magnetisierung hinter einem durch die Feldstärke allein bestimmten, idealen Wert oder ihre gleichzeitige Abhängigkeit von den Werten, die voraufgingen, nennt man die „Hysterese".

Wenn sich die Feldstärke z. B. von großen positiven zu ebensogroßen negativen Werten und wieder zurück ändert, so folgt die Magnetisierung nicht eindeutig; der darstellende Punkt beschreibt vorwärts und rückwärts nicht dieselbe Kurve, sondern er umschreibt eine Fläche. Der Inhalt dieser Fläche ist sehr verschieden; er hat aber eine wichtige physikalische Bedeutung. WARBURG[2]) konnte zeigen, daß bei jedem Magnetisierungszyklus eine Energiemenge verlorengeht, deren in Erg pro cm³ gemessene Größe gleich dem Flächeninhalt einer solchen Hystereseschleife ist. Die „Energievergeudung", auch „Hystereseverlust" genannt, ist

Tabelle 6[3]).

$\mathfrak{H}$max	$\mathfrak{J}$max	$\int\mathfrak{H}\,d\mathfrak{J}$ in Erg pro cm³	$\varDelta t$ berechnet in °C
1,50	167	410	$0,012 \cdot 10^{-3}$
1,95	304	1 160	$0,033 \cdot 10^{-3}$
2,56	472	2 190	$0,062 \cdot 10^{-3}$
3,01	571	2 940	$0,083 \cdot 10^{-3}$
3,76	699	3 990	$0,112 \cdot 10^{-3}$
4,96	842	5 560	$0,156 \cdot 10^{-3}$
6,62	913	6 160	$0,173 \cdot 10^{-3}$
7,04	951	6 590	$0,185 \cdot 10^{-3}$
26,5	1090	8 690	$0,244 \cdot 10^{-3}$
75,2	1230	10040	$0,282 \cdot 10^{-3}$

$$E = \int\mathfrak{H}\,d\mathfrak{J} = \frac{1}{4\pi}\int\mathfrak{H}\,d\mathfrak{B}. \qquad (48)$$

Diese „vergeudete" Energiemenge tritt als Wärme wieder in Erscheinung. Die durch einen Zyklus bedingte Temperaturerhöhung $\varDelta t$ ist recht gering (s. Tabelle 6). Bedenkt man aber, daß bei technischen Vorgängen (in Maschinen

---

[1]) J. WÜRSCHMIDT, ZS. f. Phys. Bd. 12, S. 128. 1922.
[2]) E. WARBURG, Wied. Ann. Bd. 13, S. 141. 1881.
[3]) J. A. EWING (Fußnote 1, S. 172), S. 105. Es handelt sich um ein weiches Eisen mittlerer Qualität mit einer Koerzitivkraft von etwa 2,2 Gauß.

und Transformatoren) häufig 50 bis 500 Zyklen und mehr in einer Sekunde durchlaufen werden, so erscheinen selbst starke Temperaturerhöhungen verständlich. In der Technik wird die Energievergeudung gewöhnlich nicht in Erg pro cm^3 für einen Zyklus, sondern in Watt pro kg für 50 Zyklen angegeben.

Der Hystereseverlust ist natürlich, da die umschriebene Fläche mit zunehmender Maximalinduktion wächst, in gleicher Weise von ihr abhängig. Nach Steinmetz[1]) soll die Gleichung gelten

$$E = \eta \cdot \mathfrak{B}^{1,6} ; \qquad (49)$$

in der η eine charakteristische Materialkonstante, die sog. „Steinmetzsche Konstante" ist. Im Laufe der Zeit hat sich aber gezeigt, daß E bei vielen Materialien nicht der 1,6ten Potenz der Induktion, sondern häufig auch größeren und kleineren Potenzen proportional ist, ja, daß diese Zahl oft auch von der Höhe der Induktion abhängig, also nicht einmal für ein und dasselbe Material eine Konstante ist. Zu rohen Überschlagsrechnungen mag aber die Formel genügen.

Die Richtersche Formel[2])

$$E = a\mathfrak{B} + b\mathfrak{B}^2 \qquad (50)$$

trägt den Beobachtungen besser Rechnung; freilich hat sie den Nachteil zweier Konstanten.

In der folgenden Tabelle 7 sind die Hystereseverluste bei verschieden hohen Induktionen für die vier in der Technik gebräuchlichsten Blechsorten zusammengestellt, und zwar in Watt pro kg für 50 Zyklen.

Tabelle 7.

Maximal-induktion	Unlegiertes Blech $^1/_2$ % Si	Schwachlegiertes Blech 1 % Si	Mittellegiertes Blech $2^1/_2$ % Si	Hochlegiertes Blech 4 % Si
2 500	0,20	0,19	0,18	0,11
5 000	0,64	0,59	0,52	0,32
7 500	1,26	1,13	1,00	0,63
10 000	2,20	1,90	1,68	1,06
12 500	3,75	2,98	2,55	1,65
15 000	6,31	5,13	3,76	2,52

Auf einen Punkt muß hier noch besonders hingewiesen werden, da er häufig zu Mißverständnissen Anlaß gibt. Zwar hat für hohe Maximalinduktionen beim Vergleich verschiedener Materialien miteinander dasjenige mit der höheren Koerzitivkraft auch den höheren Hystereseverlust (wenigstens wenn man von besonders gearteten Magnetisierungsschleifen absieht, die beispielsweise bei mittleren und höheren Induktionen ungewöhnliche Verbreiterungen zeigen); vergleicht man aber die Materialien bei niedrigen maximalen Feldern miteinander, so kann man allgemein sagen, daß dasjenige mit der höheren Koerzitivkraft (für hohe Felder) den kleineren Hystereseverlust hat. Das gilt natürlich nur, solange man auf gleiche maximale Feldstärken bezieht; bei gleichen Induktionen ist es umgekehrt.

Den höchsten Hystereseverlust haben die Kobaltmagnetstähle (KS-Stahl und Koerzit), es folgen die andern Magnetstähle, Gußeisen, die weichen Stähle, weiches Eisen, Elektrolyteisen, vakuumgeschmolzenes Elektrolyteisen und schließlich die Nickeleisenlegierungen großer Reinheit mit mehr als etwa 40% Ni; unter diesen hat das „Permalloy" (78% Ni) den allergeringsten Verlust.

---

[1]) P. Steinmetz, Elektrot. ZS. Bd. 12, S. 62. 1891; Bd. 13, S. 43 u. 55. 1892.
[2]) R. Richter, Elektrot. ZS. Bd. 31, S. 1241. 1910.

Die Umkehr der Magnetisierung in einem Probekörper kann außer durch Fortnehmen und Wiederanlegen des Feldes in der entgegengesetzten Richtung auch dadurch geschehen, daß man die Feldrichtung durch Drehung in die um 180° verschobene Lage bringt. Dieser Fall spielt bei elektrischen Maschinen eine große Rolle; er ist der der „rotierenden" oder „drehenden" Hysterese. Auch hier steigt die Energievergeudung mit zunehmender Induktion zunächst stark an, und zwar noch stärker als bei der gewöhnlichen, „wechselnden" Hysterese. Über den Verlauf bei höheren Induktionen gehen die Angaben der verschiedenen Forscher noch weit auseinander. Während HERRMANN[1]) fand, daß die Verluste mit zunehmender Induktion immer weiter wachsen, konnten WEISS und PLANER[2]) zeigen, daß sie ein Maximum haben und bei sehr hohen Induktionen sogar Null werden. Dieses Resultat wurde zwar von VALLAURI[3]) bestätigt, HERRMANN aber hat seine Resultate aufrecht erhalten und mit neuem Beobachtungsmaterial belegt. Die endgültige Aufklärung dieser Diskrepanz bleibt noch abzuwarten.

Der Hystereseverlust in einem Körper während eines Magnetisierungszyklus muß gleich sein der Summe der Verluste in den Einzelkristallen. Diese Einzelverluste treten in einem Kristall bei jedem Umklappen der Magnetisierung, also zweimal während jedes Zyklus auf. Aus Symmetriegründen wird also bei jedem Umklappen die Hälfte des ganzen Hystereseverlustes erreicht. Daraus folgt, daß auch im pseudoisotropen Körper beim Ummagnetisieren von einer Sättigung in die entgegengesetzte gerade die Hälfte der ganzen Energievergeudung eintritt. Es ist nötig, dies einmal besonders festzustellen, da häufig die Ansicht zum Ausdruck kommt, daß eine Energievergeudung nur beim vollständigen Zyklus auftritt. Diese Ansicht rührt daher, daß zunächst in diesem Falle keine umschlossene Fläche, deren Inhalt ein Maß der Energievergeudung geben könnte, vorhanden zu sein scheint. Eine einfache Überlegung zeigt aber, daß man nur die ideale Kurve zu Hilfe zu nehmen braucht, um zu einem geschlossenen Kurvenzug zu kommen.

Genau ebenso läßt sich zeigen, daß der beim Beschreiten der Nullkurve entstehende Verlust gleich einem Viertel des Gesamtverlustes ist; denn auf dem Wege von der Intensität Null bis zur Sättigung erfolgt gerade bei der Hälfte aller Kristallite ein Umklappen.

Während jeder Änderung der Magnetisierung wird Energie degradiert, vorausgesetzt, daß irreversible Prozesse mit ihr verknüpft sind. Also findet keine Degradation statt (oder nur eine sehr geringe) im Sättigungsgebiet, ferner beim ersten, äußerst kleinen Schritt der Feldstärke vom Nullpunkt aus oder bei einem ebensolchen Schritt von irgendeinem andern Punkte aus, wenn die Richtung der Feldänderung sich umkehrt.

34. Empirische Magnetisierungsformeln und Beziehungen zwischen einzelnen magnetischen Größen. Aus der großen Zahl empirischer Magnetisierungsformeln, von denen leider keine die ganze Nullkurve befriedigend darzustellen vermag, wollen wir nur einige von größerer Bedeutung herausgreifen, die aber immer nur ein Stück der Kurve richtig darstellen.

Aus der Formel (35) folgt für den Bereich sehr kleiner Feldstärken die Gleichung

$$\mathfrak{J} = a\mathfrak{H} + b\mathfrak{H}^2; \tag{51}$$

hierin ist a gleich der Anfangssuszeptibilität und b die Neigung der in diesem Gebiet geradlinigen Suszeptibilitätskurve gegen die $\mathfrak{H}$-Achse.

---

[1]) J. HERRMANN, Elektrot. ZS. Bd. 26, S. 747, 917, 1087. 1905; Bd. 30, S. 927. 1909; Bd. 31, S. 363. 1910.
[2]) P. WEISS u. V. PLANER, Journ. de phys. (4) Bd. 7, S. 5. 1908.
[3]) G. VALLAURI, Ass. elettr. italiana Bd. 13, S. 1. 1909.

Für einen wesentlich größeren Bereich, etwa bis zu Feldstärken, die schon der Koerzitivkraft nahekommen, scheint die Formel

$$\mathfrak{J} = \varkappa_0 \frac{e^{b_1 \mathfrak{H}} - 1}{b_1} \tag{52}$$

Geltung zu haben. Sie ergibt sich aus dem geradlinigen Anstieg der Kurve in Abb. 17, wenn man berücksichtigt, daß in demselben Gebiet die reversible Suszeptibilität noch konstant ist. Der Koeffizient b_1 hängt zusammen mit der Neigung a_1 des geradlinigen Kurvenstückes in Abb. 17 und dem Werte $\mathfrak{H}_0$ aus Gleichung (38) durch die Formel

$$b_1 = \frac{a_1}{\mathfrak{H}_0} . \tag{53}$$

Andererseits kann man durch Reihenentwicklung von (52) und Vergleich mit (51) bzw. (35) auch finden, daß

$$b_1 = \frac{2b}{\varkappa_0} \tag{54}$$

ist. Diese Magnetisierungsformel hat sich in manchen Fällen als recht genau erwiesen; ob sie allgemeine Bedeutung hat, bleibt noch abzuwarten.

Im Bereich des Suszeptibilitätsmaximums, das fast stets ziemlich flach ist, kann man oft mit genügender Genauigkeit $\varkappa$ als konstant annehmen; d. h.

$$\mathfrak{J} = \varkappa_{\mathrm{max}} \cdot \mathfrak{H} . \tag{55}$$

Für höhere Feldstärken kann vielfach die schon oben erwähnte Formel von FRÖLICH (1881)

$$\mathfrak{J} = \frac{\mathfrak{H}}{a_2 + b_2 \mathfrak{H}} \tag{37}$$

benutzt werden. Sie ist fast identisch mit der von KENNELY[1]):

$$\frac{1}{\mu} = \frac{\mathfrak{H}}{\mathfrak{B}} = a_3 + b_3 \mathfrak{H} . \tag{56}$$

Statt dieser letzteren schlägt neuerdings CHENEY[2]) als zuverlässiger vor:

$$\frac{1}{4 \pi \varkappa} = \alpha + \beta \mathfrak{H} ;$$

diese ist aber mit der alten Formel von FRÖLICH identisch, die ja auch geschrieben werden kann:

$$\frac{1}{\varkappa} = \frac{\mathfrak{H}}{\mathfrak{J}} = a_2 + b_2 \mathfrak{H} . \tag{57}$$

Nach CHENEY ist wirklich oberhalb der Maximalsuszeptibilität die Kurve für $1/\varkappa$ in der Abhängigkeit von $\mathfrak{H}$ eine gerade Linie; die Konstante b_2 ist gleich $1/\mathfrak{J}_\infty$. Jedoch gilt das nur in ziemlich roher Annäherung, und nur bei magnetisch harten Materialien scheint es richtig zu sein. Im allgemeinen ist die Linie nicht gerade, sondern deutlich nach unten konkav, so daß eine Gewinnung von a_2 durch Extrapolation bis zur $1/\varkappa$-Achse unmöglich ist. Stückweise aber ist die Formel gut benutzbar.

Im Sättigungsgebiet nähert sie sich immer mehr der oben unter (38) schon erwähnten Formel von STEINHAUS und GUMLICH, wenn $a_2 = 1/3\varkappa_0$ und $b_2 = 1/\mathfrak{J}_\infty$ gesetzt wird.

Es bleiben nun noch einige Zusammenhänge zwischen einzelnen Größen zu erwähnen. Wir sahen oben in Gleichung (36) eine lose Beziehung

---

[1]) K. E. KENNELY, Amer. Inst. Electr. Eng. Trans. Bd. 8, S. 485. 1891.
[2]) W. L. CHENEY, Scient. Pap. Bureau of Stand. Nr. 463, S. 613. 1922.

zwischen μ_{max} und $\mathfrak{H}_c$. Eine genauer geltende Formel wurde von GUMLICH und SCHMIDT aufgestellt[1]). Sie lautet

$$\mu_{max} = (0{,}476 + 0{,}0057\,\mathfrak{H}_c)\,\frac{\mathfrak{B}_r}{\mathfrak{H}_c} \qquad (58)$$

oder einfacher für $\mathfrak{H}_c < 5$ Gauß

$$\mu_{max} = \frac{\mathfrak{B}_r}{2\,\mathfrak{H}_c}\,. \qquad (59)$$

Diese Beziehungen gelten für alle ferromagnetischen Materialien, deren Magnetisierungskurven nicht ganz besonders ungewöhnlich gestaltet sind. Sie haben infolgedessen für die Meßtechnik eine sehr große Bedeutung bekommen und dienen dort zur Regulierung der Jochscherung.

35. Magnetisierung ungleichmäßigen Materials. Bisher war bei unsern Betrachtungen immer vorausgesetzt worden, daß die Achsenrichtungen der Einzelkristalle durch das ganze Material hindurch gleichmäßig verteilt sein

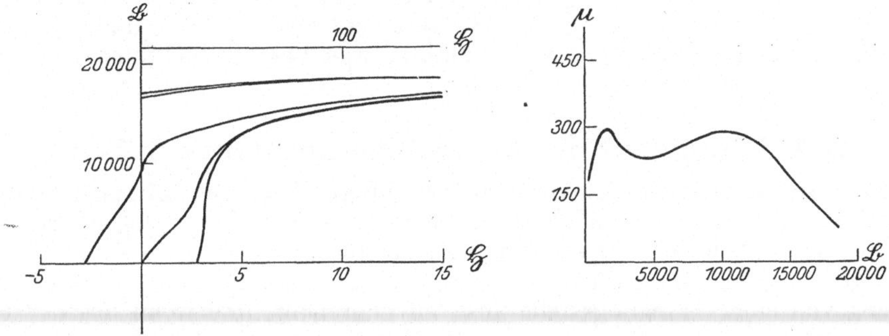

Abb. 20 a und b. Induktions- und Permeabilitätskurven ungleichmäßigen Materials.

sollten. Durch Einflüsse der Herstellung und Behandlung der Proben ist das aber häufig nicht der Fall. So haben z. B. gewalzte Bleche in der Walzrichtung immer eine höhere Suszeptibilität als senkrecht dazu und häufig unter 45° eine noch höhere, Tatsachen, die auf eine Vorzugsrichtung der Kristalle hindeuten. Der Grad der Ungleichmäßigkeit und die Lage der Vorzugsrichtung sind aber quantitativ nicht faßbar; sie hängen ab vom Reckgrad, der Richtung der Reckung, Temperatur und Dauer der nachfolgenden thermischen Behandlung. Im allgemeinen aber läßt sich sagen, daß der Einfluß solcher Art der Ungleichmäßigkeit auf die Form der Magnetisierungskurve nicht sehr bedeutend ist; die Kurven werden mehr oder weniger eckig sein, im wesentlichen aber ihren Charakter behalten.

Ganz anders dagegen verhalten sich Materialien, die, in gleichmäßiger Grundmasse verteilte, flächenhafte Stellen mit gänzlich andern magnetischen Eigenschaften enthalten[2]). Dieser Fall tritt z. B. ein durch mechanische Härtung der äußeren Schichten bei der Bearbeitung oder auch durch chemische Einflüsse, wie Oxydation, Entkohlung od. dgl. Dann ergeben sich nicht selten Magnetisierungskurven ganz verzerrter Gestalt und Permeabilitätskurven, die mehr oder weniger deutlich ausgeprägt zwei Maxima zeigen.

Abb. 20 a und b zeigen die Kurven von 5 proz. Wolframstahl (bei 950° C gehärtet), dessen äußere Schichten infolge verkehrter Behandlung entkohlt, also magnetisch ziemlich weich waren. Das Umgekehrte ist der Fall bei der

[1]) E. GUMLICH u. E. SCHMIDT, Elektrot. ZS. Bd. 22, S. 697. 1901.
[2]) E. GUMLICH, Arch. f. Elektrot. Bd. 9, S. 153. 1920.

Kurve in Abb. 21. Hier hat ein magnetisch weiches Grundmaterial (Aluminium-Eisen-Legierung) durch Glühen bei 1100° C eine harte Randzone bekommen.

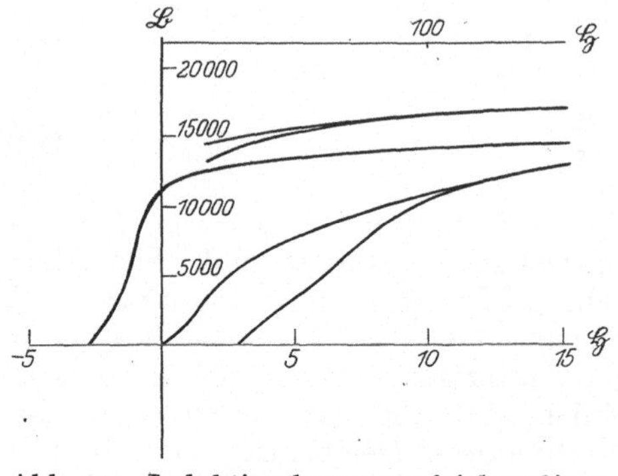

Abb. 21.   Induktionskurve ungleichmäßigen Materials.

Diese beiden Beispiele zeigen die am häufigsten vorkommenden Kurvenverzerrungen, die von faden- oder flächenhaft verteilten Ungleichmäßigkeiten herrühren.

Der Einfluß vereinzelter harter oder weicher Stellen auf die Kurvenform ist bedeutend weniger charakteristisch und macht sich nur durch eine Abflachung bzw. Erhöhung der Gestalt der Magnetisierungskurven bemerkbar. Die Koerzitivkraft ist hier gleich derjenigen, die sich aus der prozentischen Zusammensetzung aus hartem und weichem Material durch Berechnung ergeben müßte, was bei geschichteter Ungleichmäßigkeit durchaus nicht der Fall ist.

c) Abhängigkeit der Magnetisierung von der Zeit.

36. Fortpflanzungsgeschwindigkeit der Magnetisierung. Bisher haben wir den zeitlichen Verlauf der Magnetisierung nicht in Betracht gezogen. Es sind aber hier eine Reihe wichtiger Fragen zu erörtern.

Deren nächstliegende dürfte die sein, ob die Magnetisierung zu ihrer Ausbreitung von einer Erregungsstelle aus Zeit gebraucht, und wenn das der Fall ist, wie groß die Fortpflanzungsgeschwindigkeit der magnetischen Störung in einem ferromagnetischen Körper ist. Als erster konnte OBERBECK[1] nachweisen, daß die Fortpflanzungsgeschwindigkeit an sich groß ist, aber durch Einflüsse, die aus der Art der angestellten Versuche stammen, leicht zu klein erscheint.

Inzwischen wurde diesem Problem eine große Zahl von Arbeiten gewidmet, unter denen die von BRAUN[2] und ZENNECK[3] erwähnt seien, deren übereinstimmendes Ergebnis ist, daß die Ausbreitung der Magnetisierung Zeit erfordert. Über die Größe der wahren Geschwindigkeit aber gehen die Angaben der einzelnen Forscher zum Teil weit auseinander. Die ausführlichste neuere Arbeit auf diesem Gebiet ist die von LYLE und BALDWIN[4], auf die hier aber nur hingewiesen werden kann.

37. Magnetische Nachwirkung oder Viskosität. Hierher gehört auch die Frage, ob in demselben Augenblick, in dem die erregende Feldstärke ihren Wert erreicht, die Magnetisierung den zugehörigen Wert besitzt. Es ist sicher, daß im wesentlichen der Magnetisierungswert innerhalb eines äußerst kleinen Bruchteils der Sekunde angenommen wird[5]; und damit ist sehr oft der Vorgang praktisch zu Ende.

Aber es kommen doch recht häufig Fälle vor, in denen noch nach Sekunden, ja, auch nach Minuten die Magnetisierung sich noch um meßbare Beträge ändert[6]. Man bezeichnet diese Erscheinung als „magnetische Nachwirkung" oder „magne-

[1]) A. OBERBECK, Wied. Ann. Bd. 21, S. 672; Bd. 22, S. 73. 1884.
[2]) F. BRAUN, Wied. Ann. Bd. 60, S. 557. 1897.
[3]) J. ZENNECK, Drud. Ann. Bd. 9, S. 516. 1902; Bd. 10, S. 845. 1903.
[4]) T. R. LYLE u. J. M. BALDWIN, Phil. Mag. (6) Bd. 12, S. 433. 1906.
[5]) M. GILDEMEISTER, Ann. d. Phys. Bd. 23, S. 401. 1907.
[6]) Vgl. neben neueren Arbeiten besonders I. A. EWING (Fußnote 1, S. 172), S. 120ff.

tische Viskosität". Sie tritt stark auf bei manchen Sorten von weichem Eisen, besonders kurze Zeit nach dem Ausglühen. Auch die Form der Körper spielt eine große Rolle: dicke Proben zeigen eine größere Nachwirkung als dünne oder fein unterteilte. Hierbei ist zweifellos ein Wirbelstromeffekt mit im Spiele; daß es sich aber nur um einen solchen handelt, ist zum mindesten unwahrscheinlich.

Die Nachwirkung tritt am deutlichsten an den steilen Stellen der Magnetisierungskurven auf, dort wo die Beiträge der irreversiblen Prozesse zur Magnetisierung besonders groß sind. Man kann sich vorstellen, daß hier eine ganze Anzahl von Magnetisierungsrichtungen in den Kristalliten gerade noch im labilen Gleichgewicht liegengeblieben sind, so daß die geringsten Erschütterungen oder Feldschwankungen, die ja immer vorhanden sind, genügen, um eine weitere Serie zum Umklappen zu bringen. Dadurch wird in ihrer Nachbarschaft die gegenseitige Einwirkung der Kristallite aufeinander so geändert, daß wieder eine (jetzt wahrscheinlich kleinere) Anzahl ins labile Gleichgewicht rückt, wieder bewirken kleinste Störungen ein Umklappen und so fort, bis der ganze Vorgang abgeklungen ist.

38. Zeitliche Desakkommodation. Ferromagnetische Stoffe sind häufig in frisch ausgeglühtem Zustande im Gebiet der Anfangspermeabilität weniger

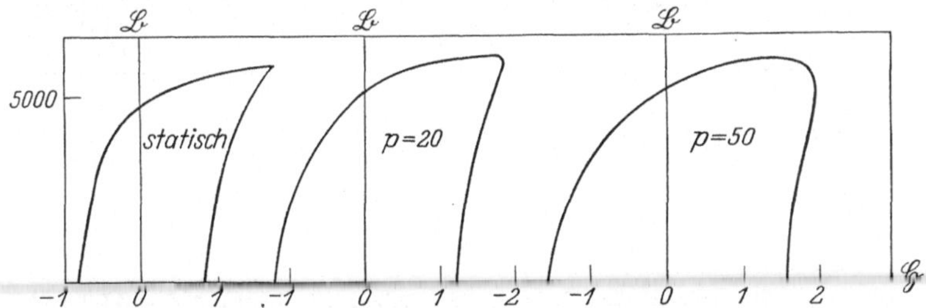

Abb. 22. Magnetisierungsschleife bei verschiedenen Frequenzen.

gut magnetisierbar, als sie es nach Durchlaufen einiger Magnetisierungszyklen werden; sie müssen gewissermaßen erst an den Magnetisierungsvorgang „gewöhnt" werden. Man nennt diese „Gewöhnung" auch „molekulare Akkommodation"[1]. Diese kann nun bei einem recht sauberen Entmagnetisierungsprozeß offenbar besonders groß werden; so sind z. B. vom Verfasser Vergrößerungen der Suszeptibilität bei kleinen Feldern von mehr als 30% ihres normalen Wertes beobachtet worden. Das Charakteristische solcher Erhöhungen ist aber ihr rasches Abklingen mit der seit der Entmagnetisierung verstrichenen Zeit. In den ersten Sekunden ist der Abfall rapide, wird dann immer langsamer, um nach Minuten oder Stunden zu verschwinden. Dieser Abfall geht offenbar nach einem Exponentialgesetz vor sich[2].

39. Verhalten ferromagnetischer Körper in niederfrequenten Wechselfeldern. Wenn die Magnetisierung in einem sehr kleinen Bruchteil einer Sekunde ihren Wert annimmt, so muß bei Körpern, deren Nachwirkung zu vernachlässigen ist, die Form der Magnetisierungskurve, welche bei Wechselfeldern technischer Frequenz (20 bis 50 Perioden in der Sekunde) erhalten wird, mit der statisch aufgenommenen identisch sein. Daß dies wirklich der Fall ist, ist u. a. sehr eingehend von GUMLICH und ROSE[3] nachgewiesen worden. Freilich muß der Einfluß der Wirbelströme, der die Kurvenform fälscht, dabei eliminiert werden. Abb. 22 zeigt ein charakteristisches Beispiel der an Eisenblech erhaltenen

---

[1]) I. A. EWING (Fußnote 1, S. 172), S. 127.
[2]) Vgl. a. G. WILD u. A. PERRIER, Arch. sc. phys. et nat. (5) Bd. 7, S. 209. 1925.
[3]) E. GUMLICH u. P. ROSE, Wiss. Abh. d. Phys.-Techn. Reichsanst. Bd. 4, S. 209. 1905.

Resultate. Mit zunehmender Frequenz wird die Magnetisierungsschleife immer breiter und runder. Bei Elimination des Wirbelstromeinflusses würden diese drei Kurven tatsächlich zusammenfallen.

Wirbelströme treten in allen Fällen auf, in denen sich die Induktion in einem Körper mit elektrischem Leitvermögen ändert. Ihre Größe hängt ab von der Größe der Induktionsänderung in der Zeiteinheit, dem spezifischen Widerstand und der Form des Körpers. Sie bedingen, da die zu ihrer Entstehung nötige Energie dem Felde entnommen werden muß und nun in dem Körper in JOULEsche Wärme degradiert wird, Verluste, die in der Verbreiterung der Hysteresefläche ihren Ausdruck finden.

Es ist demnach klar, daß die Wirbelstromverluste ferromagnetischer Körper z. B. von Dynamo- oder Transformatorenblechen, um ein praktisch wichtiges Beispiel zu nennen, um so größer sind, je höher ihre maximale Induktion, je größer die Frequenz, je geringer der spezifische elektrische Widerstand und je größer die Blechdicke ist. Ihre Größe wird meist in Watt pro kg bei 50 Perioden in der Sekunde angegeben.

Tabelle 8.

Maximal-induktion	Unlegiertes Blech $\frac{1}{2}$ % Si	Schwachlegiertes Blech 1 % Si	Mittellegiertes Blech $2\frac{1}{2}$ % Si	Hochlegiertes Blech 4 % Si
2 500	0,11	0,06	0,03	0,01
5 000	0,33	0,20	0,11	0,04
7 500	0,69	0,47	0,23	0,10
10 000	1,15	0,78	0,38	0,16
12 500	1,73	1,17	0,60	0,28
15 000	2,28	1,65	0,86	0,37

Tabelle 8 gibt für dieselben Proben, für die in Tabelle 7 der Hystereseverlust angegeben war, eine Aufstellung der Wirbelstromverluste. Die Summe der in beiden Tabellen angegebenen Einzelzahlen, die sog. Verlustziffer, ist in der Elektrotechnik eine der wichtigsten Größen zur Charakterisierung eines ferromagnetischen Materials geworden.

40. Verhalten ferromagnetischer Körper in magnetischen Hochfrequenzfeldern. Die außerordentlich zahlreichen Arbeiten über ferromagnetische Körper in Hochfrequenzfeldern verfolgen gerade wie die unter der vorigen Ziffer kurz erwähnten Versuche einen doppelten Zweck, die Beantwortung technischer und die Klärung wissenschaftlicher Fragen.

Für die Technik kommt es darauf an, das Verhalten eines bestimmten Materials in einer gegebenen Form unter bestimmten elektromagnetischen Bedingungen zu untersuchen und aus dem Resultat Schlüsse zu ziehen auf die technische Anwendbarkeit unter gleichen oder vergleichbaren Bedingungen. Damit wird dieses Problem im wesentlichen ein solches der Meßmethodik. Nur eine prinzipielle Frage muß noch erörtert werden: Wenn bei zunehmender Frequenz die Hystereseschleife immer breiter und runder wird, welche Definition der Permeabilität ist dann zweckmäßig? FASSBENDER und HUPKA[1]) haben gezeigt, daß nur eine Möglichkeit übrigbleibt, wenn die Definition nicht vieldeutig werden soll, nämlich die, die dynamische Permeabilität dem Verhältnis der maximalen Induktion zur maximalen Feldstärke gleichzusetzen.

Die Meßmethoden gestatten die Bestimmung dieser Größe; ferner ist es möglich, die Hystereseschleife und die Gesamtverluste aufzunehmen. Damit ist dem technischen Bedürfnis im wesentlichen genügt.

---

[1]) H. FASSBENDER u. E. HUPKA, Jahrb. d. drahtl. Telegr. 1912, S. 133.

Die wissenschaftliche Frage aber geht weiter: bis zu welchen Frequenzen kann die Magnetisierung eigentlich einem immer schneller wechselnden Felde ohne wesentliche Einbuße an wahrer Permeabilität folgen und wie nimmt die wahre Permeabilität mit zunehmender Frequenz ab? Selten ist eine physikalische Frage so verschieden beantwortet worden wie diese.

Das hat seinen Grund in dem unübersichtlichen Einfluß der Wirbelströme. Diese spielen mit zunehmender Frequenz eine immer größere Rolle. So zeigt beispielsweise ein zylindrischer Körper in einem axial gerichteten Feld nur noch in den äußersten Schichten die ihm zukommende Induktion, während nach der Achse zu eine immer größere Verarmung an Induktionslinien eintritt. Man nennt diese Erscheinung den magnetischen Haut- oder Skineffekt. Nun sind für diesen zwar öfters Berechnungsformeln abgeleitet worden[1]), aber immer nur unter der Annahme einer konstanten mittleren Permeabilität. Diese durch mathematische Schwierigkeiten gebotene Beschränkung aber ist mit der Wirklichkeit durchaus im Widerspruch. Solange aber diese Grundlage des ganzen Problems nicht gesichert ist, sind alle Resultate nur von sehr bedingtem Wert. Die eigentliche Lösung der wissenschaftlichen Frage bleibt also noch zu erwarten.

Bei sehr kleinen Feldänderungen kann man allerdings mit einem konstanten μ rechnen. KAUFMANN und ERHARDT[2]) fanden so für die Anfangs- und die reversible Permeabilität Unabhängigkeit von der Frequenz bis zu 10^6 in der Sekunde, während GANS und LOYARTE[3]) die wahre Permeabilität unter ähnlichen Bedingungen bis zu Wellenlängen von 1 m konstant erhielten und erst dann mit der Wellenlänge abnehmend, um bei etwa 20 cm Wellenlänge den Wert 1 zu erhalten.

Diese Versuche beziehen sich aber im wesentlichen auf die reversiblen Magnetisierungsvorgänge; für die irreversiblen sind bisher keine Versuche unternommen worden, es sei denn, daß man eine neuere Arbeit von BARKHAUSEN[4]) so deuten will, der die Zeit des Umklappens ferromagnetischer Elementarkomplexe kleiner als $^1/_{300\,000}$ sec zu finden glaubt.

d) Abhängigkeit der Magnetisierung von der Temperatur.

41. Einleitung. Stellt sich nach dem Vorhergehenden der Zusammenhang zwischen Feldstärke und Magnetisierung schon als recht verwickelt dar, so kompliziert er sich durch Hinzutreten der Temperatur als einer weiteren Variabeln noch beträchtlich.

Das hat seinen Grund zunächst einmal darin, daß die einzelnen für die Magnetisierung charakteristischen Größen alle eine eigene Temperaturabhängigkeit aufweisen; die Koerzitivkraft, die Remanenz, die Sättigung, die Anfangspermeabilität, die ideale Magnetisierung, alle sind für sich besonders temperaturabhängig.

Ein weiterer, wichtiger Grund der Unübersichtlichkeit liegt darin, daß mit Änderungen der Temperatur häufig solche der chemischen Zusammensetzung und der Struktur Hand in Hand gehen, so daß es oft zweifelhaft erscheinen kann, ob man nach einer Temperaturänderung noch den gleichen ferromagnetischen Körper hat wie vorher, oder ob inzwischen ein anderer mit anderen spezifischen Eigenschaften entstanden ist. Alle derartigen Einflüsse auf die magnetischen

---

[1]) J. ZENNECK, Ann. d. Phys. Bd. 9, S. 497. 1902; Bd. 10, S. 845. 1903; Bd. 11, S. 1121 u. 1135. 1903; FASSBENDER, Arch. f. Elektrot. Bd. 2, S. 483. 1914; Bd. 4, S. 140. 1915.
[2]) W. KAUFMANN, Phys. ZS. Bd. 17, S. 552. 1916.
[3]) R. GANS u. R. G. LOYARTE, Ann. d. Phys. (4) Bd. 64, S. 209. 1921; R. GANS, ebenda (4) Bd. 64, S. 250. 1921.
[4]) H. BARKHAUSEN, ZS. f. techn. Phys. Bd. 5, S. 518. 1924.

Eigenschaften sollen nun hier ausgeschlossen sein; sie werden weiter unten in besonderen Abschnitten besprochen. Hier soll nur von der reinen Temperaturabhängigkeit der Magnetisierung die Rede sein. Da sich die Grenzen aber noch nicht überall deutlich genug zeigen, sind wohl unter Umständen Wiederholungen nicht ganz ausgeschlossen.

42. Der kritische oder Curiesche Punkt und die Magnetisierung oberhalb desselben. Wenn man einen ferromagnetischen Körper unter der Wirkung eines mittleren Feldes zu immer höheren Temperaturen erwärmt, so findet man, daß seine Magnetisierung zunächst langsam, dann immer schneller abnimmt und bei einer bestimmten Temperatur verschwindet bzw. so klein wird, daß sie mit den gleichen Mitteln, die zur Bestimmung der Magnetisierung dienten, nicht mehr nachweisbar ist. Diese Temperatur nennt man den „kritischen" oder auch „Curieschen Punkt", auch wohl den „magnetischen Umwandlungspunkt".

Oberhalb dieses Punktes gehorchen die Körper[1]) einem zuerst von Curie aufgestellten Gesetz, welches besagt, daß die Suszeptibilität in diesem Gebiet der Temperaturerhebung über den kritischen Punkt umgekehrt proportional ist:

$$\chi_m = \frac{C_{II}}{T_k - T} \tag{60}$$

(zweites Curiesches Gesetz); hierbei ist χ_m die auf das Mol bezogene Suszeptibilität (also $m/d \cdot \varkappa$), $T_\varkappa$ die absolute kritische Temperatur und C_{II} die zweite Curiesche Konstante.

Für einzelne Stoffe, wie z. B. Nickel, ist dieses Gesetz mit den Messungen selbst für größere Temperaturintervalle in Übereinstimmung; bei andern gilt es nur stückweise für bestimmte Temperaturbereiche, und zwar so, daß bei gewissen Temperaturen die Konstante sich sprungweise ändert, im übrigen aber das Gesetz erfüllt ist. Von Terry[2]) wird es allerdings stark in Zweifel gezogen und eigentlich nur für Nickel bestätigt und auch da nur in einem engen Bereich.

Da das Verhalten des Eisens besonders interessant ist, soll es hier kurz besprochen werden. Man bezeichnet das Eisen unterhalb des Curieschen Punktes als α-Eisen, oberhalb als β-Eisen. Beide betrachtete man zunächst als verschiedene Phasen desselben Stoffes wegen einer im kritischen Punkt auftretenden thermischen Anomalie. Nachdem Weiss es aber wahrscheinlich gemacht hatte, daß diese auch durch eine Änderung der spezifischen Wärme erklärt werden kann, die bedingt ist durch das Verschwinden der spontanen Magnetisierung beim kritischen Punkt, und da auch in der kristallographischen Struktur (beide haben kubisch raumzentrierte Gitter) kein Unterschied gefunden wurde, so trat die ursprüngliche Ansicht in den Hintergrund, bis neuerdings bei sehr reinem Eisen ein deutlicher Haltepunkt, und zwar sowohl beim Steigen wie beim Fallen der Temperatur festgestellt wurde[3]), so daß also nun, die Richtigkeit dieser Ergebnisse vorausgesetzt, nichts anderes übrigbleibt, als α- und β-Eisen als zwei verschiedene Phasen aufzufassen.

Das β-Eisen folgt nun der oben angegebenen Gleichung (60) ziemlich gut bis etwa 900° C. Hier erleidet es aber eine neue Umwandlung; es geht über in γ-Eisen, eine kubisch-flächenzentrierte Form; gleichzeitig erniedrigt sich die Suszeptibilität sprungweise. In diesem γ-Gebiet verhält sich das Eisen wie ein rein paramagne-

---

[1]) Siehe a. P. Weiss u. G. Foex, Arch. de. Gen. (4) Bd. 31, S. 4 u. 89. 1911.
[2]) E. M. Terry, Phys. Rev. (2) Bd. 9, S. 394. 1917.
[3]) R. Ruer u. K. Bode, Stahl u. Eisen Bd. 45, S. 1184. 1925.

tischer Körper, dessen Suszeptibilität einfach der absoluten Temperatur umgekehrt proportional ist, wie das erste CURIEsche Gesetz es verlangt.

Bei 1400° C verwandelt es sich in δ-Eisen, das wieder raumzentriert ist und dessen Suszeptibilitätskurve eine Fortsetzung der durch das γ-Eisen unterbrochenen β-Modifikation darstellt. So scheinen β- und δ-Eisen identisch und γ-Eisen nur zwischen 900° und 1400° C eingeschoben zu sein. Es ist interessant, daß unter Umständen schon geringe Zusätze zum Eisen (z. B. weniger als 2% Silizium) genügen, das ganze γ-Gebiet zu unterdrücken[1]), während andere (z. B. Mangan) das Gebiet stark erweitern können.

Eine sehr merkwürdige Beziehung, welche $T_\varkappa$ mit $\mathfrak{J}_\infty$ verbindet, wurde kürzlich von ASHWORTH[2]) gefunden. Danach gilt die Gleichung

$$\frac{T_\varkappa}{\mathfrak{J}_\infty} = \frac{8}{27} \cdot n , \qquad (61)$$

worin n mit großer Annäherung eine ganze, für jeden ferromagnetischen Stoff charakteristische Zahl ist (natürlich keine reine Zahl), wie Tabelle 9 zeigt:

Tabelle 9.

Material	n
Eisen	2
Kobalt	3
Nickel	4
HEUSLERsche Legierung . .	5
Magnetit	6

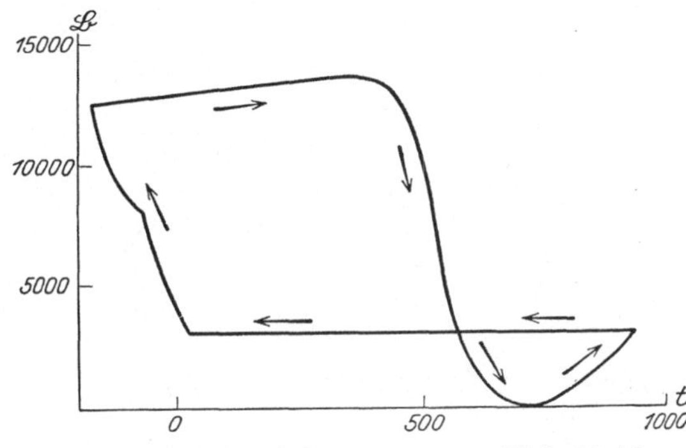

Abb. 23.　Temperaturhysterese von Nickelstahl.

Die kritischen Punkte der wichtigsten ferromagnetischen Körper sind im folgenden zusammengestellt:

    Eisen 769° C,
    Kobalt 1075° C,
    Nickel 356° C,
    HEUSLERsche Legierungen zwischen 60° und 380° C je nach der Zusammensetzung und thermischen Behandlung,
    Pyrrhotit 348° C,
    Magnetit 525° C,
    Hämatit 645° C,
    Eisenkarbid Fe_3C 215° C.

Der Einfluß von Zusätzen zum Eisen auf die kritische Temperatur sowie das Verhalten von Legierungen der ferromagnetischen Metalle untereinander, wird weiter unten noch genauer behandelt.

43. Die Temperaturhysterese. Über den kritischen Punkt von Legierungen ist hier nur noch eine Tatsache von prinzipieller Wichtigkeit zu erwähnen. Es kommt bei Legierungen häufig vor, daß der Ferromagnetismus bei abnehmender Temperatur erst in einem viel tiefer gelegenen Punkte wieder erscheint, als er bei ansteigender Temperatur verschwunden ist. Diese Erscheinung wird als Temperaturhysterese bezeichnet. Abb. 23 stellt in einem Beispiel einen von HILPERT an Nickelstahl durchgeführten irreversiblen thermisch-magnetischen Prozeß dar. Die Pfeile deuten die Richtung des Prozesses an.

Bei reinen Metallen scheint die Temperaturhysterese gar nicht oder doch nur in geringem Maße vorhanden zu sein, während sie bei Legierungen unter

---

[1]) F. WEVER u. P. GIANI, Mitt. d. Kaiser Wilhelm-Inst. f. Eisenforsch. Bd. 7, S. 59. 1925.
[2]) J. R. ASHWORTH, Nature Bd. 116, S. 397. 1925.

Umständen beträchtliche Werte (Hunderte von Graden) annehmen kann[1]). Als Beispiele seien hier die beiden Abb. 24 und 25 wiedergegeben, deren erste den Verlauf der magnetischen Umwandlungspunkte der irreversiblen Nickeleisenlegierungen in der Abhängigkeit vom Nickelgehalt zeigt. Die obere Kurve gibt die Temperatur des Verschwindens, die untere die des Wiedererscheinens der Magnetisierbarkeit. Man erkennt, daß die Temperaturhysterese mit zunehmendem Nickelgehalt größer wird.

Ganz ähnlich verhalten sich Manganeisenlegierungen (Abb. 25); hier beträgt die Temperaturhysterese bei einem Mangangehalt von 12% etwa 700°. Auch

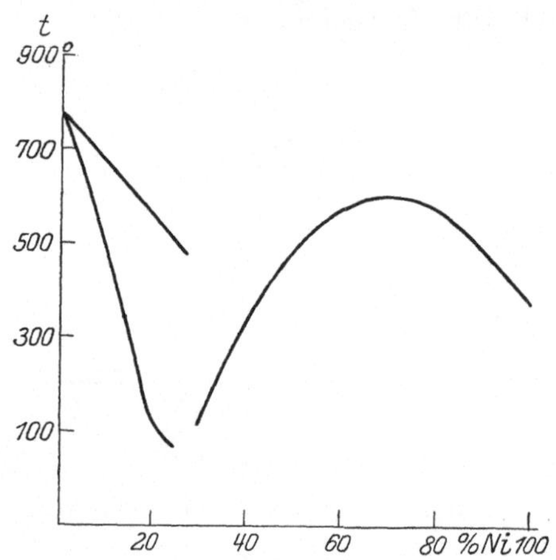

Abb. 24. Magnetische Umwandlungspunkte von Nickeleisenlegierungen.

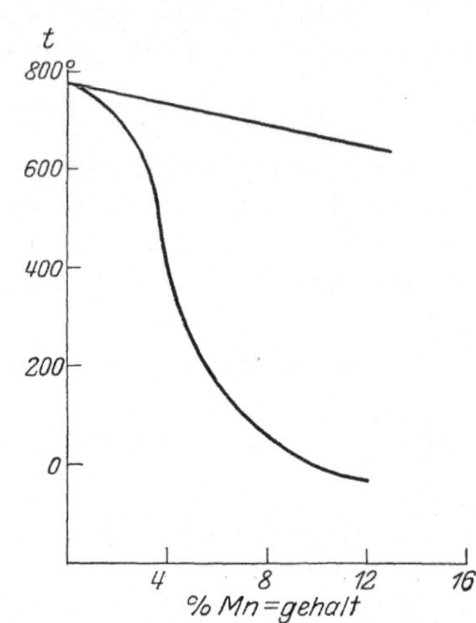

Abb. 25. Magnetische Umwandlungspunkte von Manganeisenlegierungen.

Chromkobalt-, Heuslersche Legierungen sowie ferromagnetische Kristalle, z. B. Pyrrhotit, zeigen diese Erscheinung.

44. Abhängigkeit der Sättigungsintensität von der Temperatur. Wir wenden uns nun zur Darstellung der Magnetisierbarkeit unterhalb des Curieschen Punktes, und zwar zunächst zu der Abhängigkeit der wichtigsten Größe, der Sättigungsintensität, von der Temperatur. Ist schon eine genaue Sättigungsmessung bei gewöhnlicher Temperatur nicht ganz einfach, so wachsen die Schwierigkeiten natürlich bei höheren Temperaturen beträchtlich. Dazu kommen insofern noch neue, als es (besonders dicht unterhalb des Curiepunktes) auf völlige Gleichheit der Temperatur im ganzen Probekörper wesentlich ankommt, eine Forderung, der die wenigsten Forscher genau nachgekommen sind, die aber bei allen magnetischen Messungen in höherer Temperatur erfüllt sein sollte. Deshalb darf man von vornherein nicht dieselbe Genauigkeit der Messungen erwarten, wie man sie bei gewöhnlicher Temperatur erreicht.

Die Versuche zeigen nun, daß die Sättigungsintensität mit steigender Temperatur zunächst langsam, dann immer schneller abnimmt.

Hier erhebt sich die Frage, ob diese Abhängigkeit bei allen ferromagnetischen Körpern demselben Gesetz gehorcht[2]), so daß die Kurven für diese Stoffe zu-

---

[1]) S. Hilpert u. W. Mathesius, ZS. f. Elektrochem. Bd. 18, S. 57. 1912; K. Honda, Ann. d. Phys. Bd. 32, S. 1003. 1910; E. Take, ebenda Bd. 20, S. 849. 1906; P. Weiss u. J. Kunz, Journ. de phys. (4) Bd. 4, S. 847. 1905; E. Gumlich, Wiss. Abh. d. Phys.-Techn. Reichsanst. Bd. 4, H. 3, S. 382. 1918.
[2]) J. R. Ashworth, Phil. Mag. (6) Bd. 23, S. 36. 1912; Bd. 33, S. 334. 1917.

sammenfallen, wenn man als Ordinaten die „reduzierten Sättigungsintensitäten" $\mathfrak{J}_\infty/\mathfrak{J}_{\infty0}$ und als Abszissen die „reduzierten Temperaturen" $T/T_\varkappa$ aufträgt, wobei $\mathfrak{J}_{\infty0}$ die Sättigung bei extrem tiefen Temperaturen, $T_\varkappa$ die absolute CURIE-sche Temperatur bedeutet. Es hat sich gezeigt, daß das allgemein nicht der Fall ist. Immerhin trifft es aber für einige Stoffe ziemlich genau zu, z. B. für Magnetit, Pyrrhotit und eine Legierung von der Zusammensetzung Fe_2Ni. Für diese Körper läßt sich auch die mathematische Form der Abhängigkeit angeben,

die WEISS aus theoretischen Betrachtungen, auf die unten näher eingegangen wird, gewinnen konnte. Sie lautet in Parameterdarstellung:

$$\begin{aligned}\frac{\mathfrak{J}_\infty}{\mathfrak{J}_{\infty0}} &= \mathfrak{Ctg}\, a - \frac{1}{a}, \\ \frac{T}{T_\varkappa} &= \frac{3}{a}\cdot\frac{\mathfrak{J}_\infty}{\mathfrak{J}_{\infty0}}. \end{aligned} \qquad (62)$$

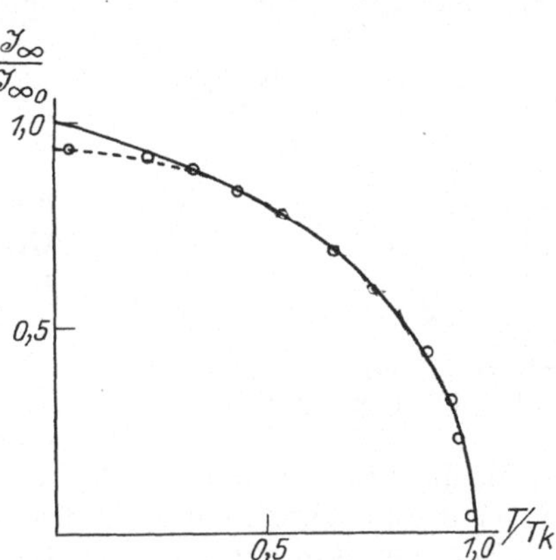

Abb. 26. Abhängigkeit der Sättigungsintensität von der Temperatur.

Die ausgezogene Linie der Abb. 26 stellt diese Funktion dar, die eingetragenen Kreise sind die an Magnetit gemessenen Werte. Man sieht, daß sich Abweichungen (gestrichelte Linie) erst weit unterhalb der gewöhnlichen Temperatur bemerkbar machen, im übrigen aber die Funktion die gemessenen Werte sehr gut wiedergibt. Während nun, wie schon erwähnt, einige andere Körper sich ebenso verhalten, weichen die typischen Vertreter der Ferromagnetika, Eisen, Kobalt und Nickel, von dieser Kurve nicht unbeträchtlich ab. Die Magnetisierung wächst bei diesen mit abnehmender Temperatur weniger schnell, als die Theorie es verlangt.

45. Die ideale Magnetisierung bei verschiedenen Temperaturen. Die nächste Frage, die zu erörtern ist, ist die nach dem Verlauf der Magnetisierungs-kurve, und zwar zunächst der idealen oder hysteresefreien Kurve bei verschiedenen Temperaturen. Diese außerordentlich wichtige Frage ist bisher nur einmal von WRIGHT[1]) untersucht worden. Leider sind seine Messungen, wie schon die wenigen Angaben zeigen, die er macht, nicht so genau, daß endgültige und quantitative Schlüsse daraus gezogen werden könnten. Auch gibt er nur für ein Material von der Reihe, die er untersuchte, die erhaltene Kurvenschar (Abb. 27); das ist um so bedauerlicher,

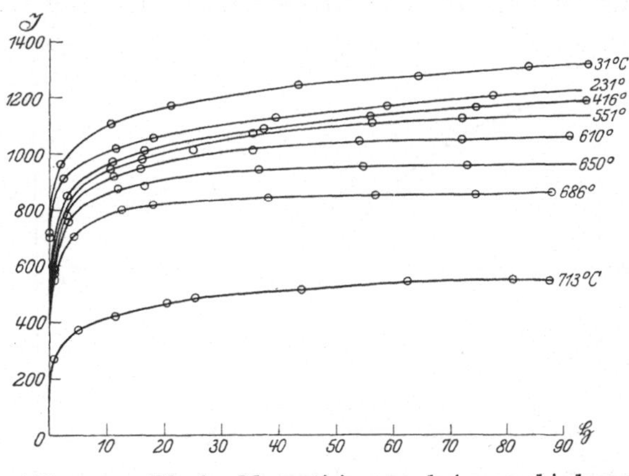

Abb. 27. Ideale Magnetisierung bei verschiedenen Temperaturen.

als gerade diese Probe einen großen Kohlenstoffgehalt hatte, so daß die Gefahr von Umwandlungen während der Versuchsreihen bestand.

---

[1]) W. R. WRIGHT, Phys. Rev. Bd. 11, S. 161. 1918.

Der Verlauf der Kurven legt es zwar nahe, eine Reduktion zu versuchen, so daß als Abszissen nicht die Feldstärken $\mathfrak{H}$ selbst, sondern die reduzierten Feldstärken $\mathfrak{H}/\mathfrak{H}_0$ (Ziff. 24) und als Ordinaten die Intensitäten als Bruchteile der jeweiligen Sättigungsintensitäten aufgetragen würden. Leider reicht aber das angegebene Beobachtungsmaterial zu der sicheren Feststellung nicht aus, ob dann die Kurvenschar in eine einzige Kurve zusammenrücken würde.

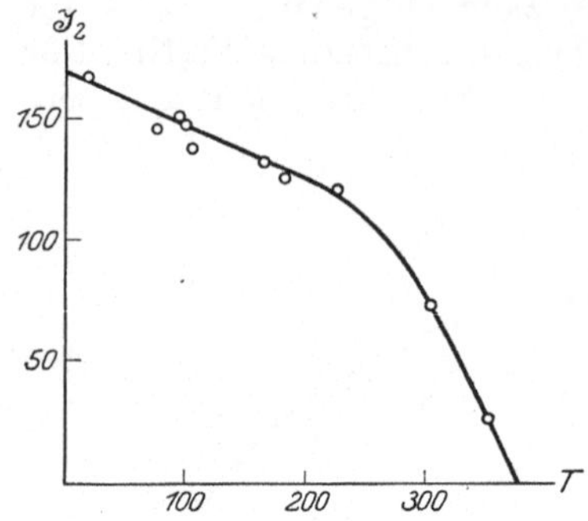

Der Einfluß der Temperatur auf die ideale Magnetisierung ist also bisher nur qualitativ bekannt.

46. Die Abhängigkeit der übrigen, für die Magnetisierungskurven charakteristischen Größen von der Temperatur. Die Remanenz ferromagnetischer Stoffe nimmt mit steigender Temperatur zunächst langsam, dann immer rascher ab. Der Kurvenverlauf sollte nach der Theorie ein ähnlicher sein wie der der Sättigung. Aber auch hier ist die Übereinstimmung der Beobachtungen mit der Theorie unvollkommen. Harrison[1]) fand z. B. für Nickel die in Abb. 28 dargestellte Kurve.

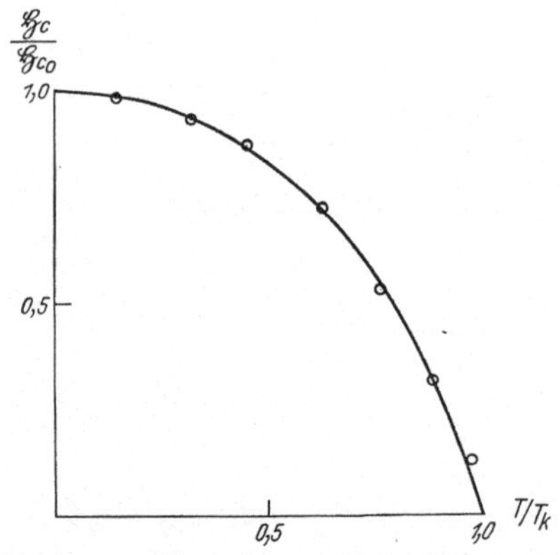

Abb. 28. Temperaturabhängigkeit der Remanenz von Nickel.

Bei der Koerzitivkraft hingegen, für die Gans[2]) die folgende Form der Abhängigkeit ableitete, ist die Übereinstimmung gut. Die Gleichung lautet:

$$\left.\begin{aligned} \frac{T}{T_\varkappa} &= L(a)\,, \\[2mm] \frac{\mathfrak{H}_c}{\mathfrak{H}_{c0}} &= \frac{3\,L(a)}{a}\,. \end{aligned}\right\} \tag{63}$$

Hierin bedeutet $\mathfrak{H}_{c0}$ die Koerzitivkraft beim absoluten Nullpunkt und $L(a) = \mathfrak{Ctg}\,a - 1/a$.

Die Kurve in Abb. 29 stellt die Gleichung dar; die eingezeichneten Punkte sind die von Gans an Nickel gemessenen Werte. Auch die an Eisen erhaltenen

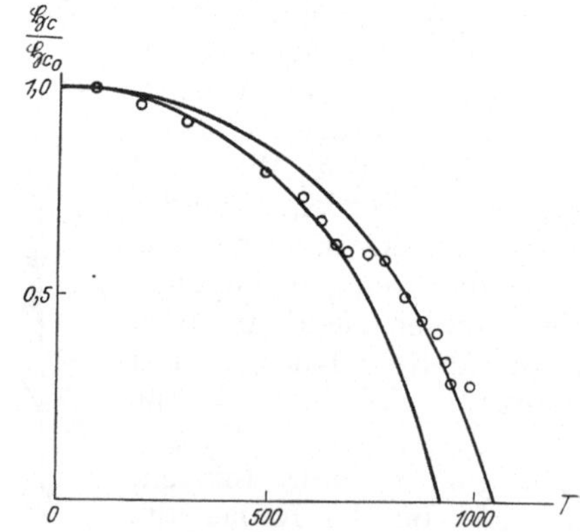

Abb. 29.   Temperaturabhängigkeit der Koerzitivkraft von Nickel.

Abb. 30.   Temperaturabhängigkeit der Koerzitivkraft von Eisen.

Zahlen folgen diesem Gesetz (Abb. 30); nur muß man hier zwei Kurven zugrunde legen, beide mit dem gleichen $\mathfrak{H}_{c0}$, aber mit verschiedenen $T_\varkappa$. Bis $T = 700°$

---
[1]) E. P. Harrison, Phil. Mag. (6) Bd. 8, S. 179. 1904.
[2]) R. Gans, Ann. d. Phys. Bd. 42, S. 1065. 1913.

folgt Eisen der ersten, springt dort auf die zweite Kurve und folgt dieser dann bis zum CURIESchen Punkt.

Es sei hier schon darauf aufmerksam gemacht, daß diese Kurve nicht identisch ist mit der oben für die Sättigung angegebenen (s. Abb. 26); allerdings sind beide eng verwandt, es sind inverse Funktionen, die durch Vertauschen von Abszisse und Ordinate ineinander übergehen.

Nach dem Verhalten von Remanenz und Koerzitivkraft ist es nun selbstverständlich, daß die Energievergeudung mit zunehmender Temperatur abnimmt. Die von verschiedenen Forschern an verschiedenen Materialien erhaltenen Resultate lassen aber zunächst noch keinen Schluß auf das Gesetz dieser Abnahme zu. Dieses Problem ist dadurch besonders kompliziert, daß man die verschiedensten Resultate bekommen muß, je nachdem man bei kleinen oder großen

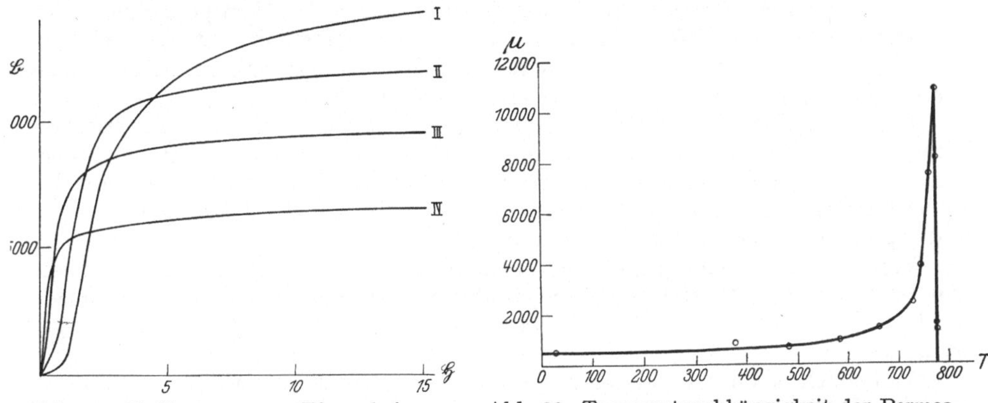

Abb. 31. Nullkurven von Eisen bei verschiedener Temperatur.

Abb. 32. Temperaturabhängigkeit der Permeabilität bei kleinen Feldern.

Maximalfeldstärken untersucht, die Feldstärke oder die Magnetisierung während der Temperaturänderung konstant hält und ähnliches mehr; dazu kommen die schon in der Einleitung erwähnten Schwierigkeiten, die in bleibenden Veränderungen der Körper liegen. So ist unsere Kenntnis hier noch sehr unvollständig.

Die Suszeptibilität bei kleinen Feldstärken, soweit sie sich in der Form $\varkappa = a + b\mathfrak{H}$ darstellen läßt, nimmt mit steigender Temperatur zunächst langsam, nachher immer schneller zu. Und zwar wächst[1] a (die Anfangssuszeptibilität selbst) wie auch b. Dicht unterhalb des Curiepunktes wird dieser Anstieg besonders steil.

Entsprechend dem Anwachsen der Anfangssuszeptibilität wird auch die jeweilige Sättigung praktisch bei immer niedrigeren Feldstärken erreicht[2].

47. Der Verlauf der Nullkurve bei verschiedenen Temperaturen. Über die Änderung der Nullkurve seien noch einige besondere Bemerkungen gemacht. Da die Konstanten a und b in der soeben erwähnten Formel für die Suszeptibilität immer schneller wachsen, so wird die Nullkurve mit zunehmender Temperatur unter einem immer größeren Winkel aus dem Nullpunkt ansteigen, immer früher nach oben umbiegen und sich immer näher an der Magnetisierungsachse halten. Ferner wird sie wegen des fallenden Sättigungswertes bei immer geringeren Intensitäten zur Sättigung abbiegen. So entstehen Kurvenscharen, wie sie z. B. HOPKINSON[3] (Abb. 31) aus Messungen an weichem Eisen erhielt.

Besonders charakteristisch ist der Verlauf der Permeabilität bei niedrigen Feldstärken (0,3 Gauß) (Abb. 32). Hier kommt es dicht unterhalb des kritischen

---

[1] D. RADOVANOWITSCH, Arch. de Gen. Bd. 32, S. 315. 1911; Diss. Zürich 1911.
[2] F. PIOLA, N. Cim. (6) Bd. 3, S. 319. 1912.
[3] J. HOPKINSON, Phil. Trans. Bd. 180, S. 443. 1889.

Punktes zu einem sehr steilen Anstieg der Permeabilität und einem noch steileren Abfall. Je kleiner die Feldstärke ist, um so ausgeprägter ist diese Erscheinung. Sie erklärt sich leicht, wenn man berücksichtigt, daß unmittelbar unterhalb des kritischen Punktes, wie ein Vergleich der beiden Abb. 29 und 26 zeigt, die Koerzitivkraft schneller verschwindet als die Magnetisierbarkeit, daß also an dieser Stelle eine Annäherung an die ideale Magnetisierung erfolgt, die ja für kleine Kräfte sehr hohe Permeabilitätswerte bedingt.

Je größer die Feldstärke ist, um so mehr verschwindet der Anstieg, so daß z. B. bei 4 Gauß (Abb. 33) nichts mehr davon zu bemerken ist. Bei hohen Feldstärken geht die Kurve schließlich über in die gleiche, die auch die Abhängigkeit der Sättigungsintensität von der Temperatur darstellt.

Ähnlich verhalten sich auch die andern ferromagnetischen Körper.

48. Verhalten ferromagnetischer Körper bei tiefen Temperaturen. In den vorhergehenden Ziffern ist über das Verhalten ferromagnetischer Körper bei tiefen Temperaturen bereits das Wesentlichste gesagt worden. Nur wenige Punkte bedürfen noch einer besonderen Erwähnung.

Die bei tiefen Temperaturen eintretenden Änderungen der magnetischen Eigenschaften sind im allgemeinen um so geringer, je höher der kritische Punkt liegt; denn sie hängen ja wesentlich, wenn auch nicht ausschließlich, ab von der Änderung der reduzierten Temperatur $(T_1 - T_0)/T_\varkappa$, wo T_1 die gewöhnliche und T_0 die tiefe Temperatur bedeuten soll.

Von diesem Gesichtspunkt aus betrachtet sind die Ergebnisse der Arbeit von Honda und Shimizu[1]), die Eisen, Stahl, Nickel, Kobalt sowie einige Nickelstähle bei der Temperatur der flüssigen Luft untersuchten, ohne weiteres verständlich.

Schließlich seien noch einige Zahlenangaben über die Anfangssuszeptibilität und die Sättigungsintensität gebracht. Perrier und Kamerlingh Onnes[2]) fanden für die Anfangssuszeptibilität von Nickel die folgenden Werte:

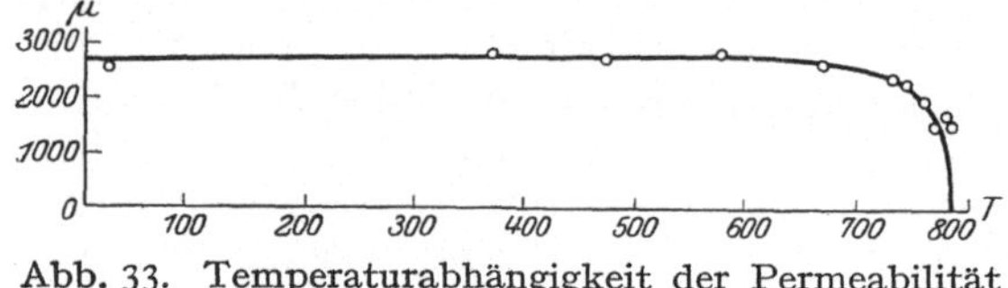

Abb. 33. Temperaturabhängigkeit der Permeabilität
bei mittleren Feldern.

Tabelle 10.

Temp.	$\varkappa_0$
$+\ 18\ °$	3,05
$-183\ °$	0,96
$-196,5°$	0,88
$-252,5°$	0,78

Das Verhältnis der Sättigungsintensität bei $-253°$ C zu der bei gewöhnlicher Temperatur ist nach Weiss und Kamerlingh Onnes[3]) für Nickel 1,055, für Eisen 1,021 und für Magnetit 1,057. Weitere Abkühlung auf $-259°$ C ergab keine wesentliche Änderung mehr.

e) Beziehungen zwischen mechanischen und magnetischen Vorgängen.

49. Einleitung. Die Beziehungen zwischen mechanischen und magnetischen Vorgängen sind wechselseitig. Es ergibt sich also von selbst eine Unterteilung des Gebiets in zwei Abschnitte. In dem ersten sind die magnetischen Erscheinungen zu besprechen, die als Folge einer elastischen oder plastischen Deformation auftreten; im zweiten Abschnitt müssen umgekehrt die mechanischen Änderungen

---

[1]) K. Honda u. S. Shimizu, Phil. Mag. Bd. 10, S. 548. 1905.
[2]) A. Perrier u. H. Kamerlingh Onnes, Comm. Leiden Nr. 126.
[3]) P. Weiss u. H. Kamerlingh Onnes, Comm. Leiden Nr. 114.

Erwähnung finden, die eine Folge der Magnetisierung sind. Diese letzteren werden häufig als Erscheinungen der „Magnetostriktion" bezeichnet.

Das gesamte Beobachtungsmaterial dieses Gebietes ist so umfangreich, daß auch hier nur das Wichtigste besprochen werden kann. Andererseits ist es insofern lückenhaft, als die Änderung nicht aller ferromagnetischer Eigenschaften untersucht ist, sondern im wesentlichen nur der Verlauf der Nullkurve in großen Zügen, gelegentlich auch die Remanenz; über die Koerzitivkraft, die Anfangspermeabilität, das Sättigungsgebiet, die ideale Magnetisierung und anderes sind nur sehr spärliche Tatsachen bekannt. Bei der Magnetostriktion ist das Beobachtungsmaterial aus dem Grunde unsystematisch, weil diese Effekte fast immer in der Abhängigkeit von der Feldstärke und fast nie als Funktion der Magnetisierung angegeben sind, obwohl es sich hier ganz offenbar nicht um Feld-, sondern Magnetisierungseffekte handelt.

Hier liegt also ein Arbeitsgebiet, auf dem noch sehr viel nachzuholen ist, das aber vielleicht auch berufen ist, uns noch sehr wichtige Einblicke in das Innere der Magnetisierungsvorgänge zu verschaffen.

α) Änderung der magnetischen Eigenschaften durch mechanische Eingriffe.

1. Wirkung elastischer Deformationen.

50. Änderung durch Längszug oder -druck. Verhältnismäßig am eingehendsten sind die Magnetisierungsänderungen untersucht, die bei longitudinalen, elastischen Deformationen auftreten[1]). Die drei Hauptrepräsentanten der ferromagnetischen Körper, Eisen, Kobalt und Nickel, zeigen dabei bemerkenswerte Unterschiede.

.　Nimmt man die Nullkurve eines Drahtes aus weichem Eisen bei verschiedenen, konstant gehaltenen Zugbelastungen auf, so erhält man verschiedene Nullkurven, wie das z. B. Abb. 34 zeigt. Bei großen Feldstärken wird die Magnetisierung mit zunehmender Zugbelastung kleiner, das Eisen sättigt sich schwerer. Bei kleinen Feldstärken dagegen nimmt die Magnetisierung stark zu; Vergrößerung der Zugbelastung bewirkt offenbar eine Verringerung der Hysterese oder Annäherung an die ideale Kurve.

Die bei verschiedenen Belastungen aufgenommenen Nullkurven überschneiden sich also (Villarieffekt). Die Lage des Schnittpunktes (auch „VILLARIscher Punkt" genannt) ist von der Größe der Belastung abhängig. Das alles aber gilt nur bis zu mäßigen Spannungen. Überschreiten diese

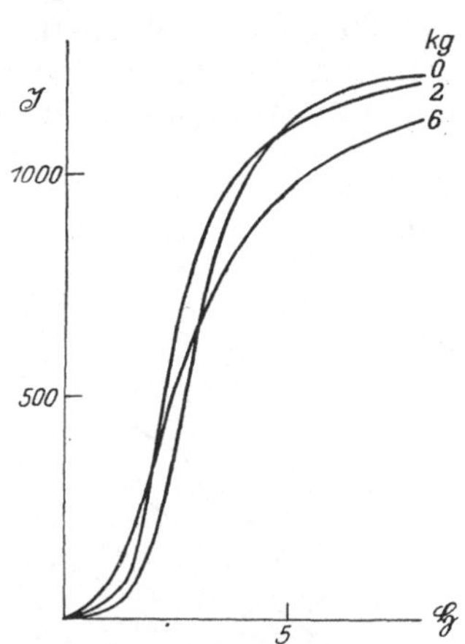

Abb. 34. Änderung der Nullkurve von Eisen mit der Zugbelastung.

eine bestimmte Grenze, die aber noch weit unterhalb der Elastizitätsgrenze liegt, so tritt bei allen Feldstärken wieder eine Verminderung der Magnetisierung ein. Das wird durch Abb. 35 gut veranschaulicht, die von EWING an gerecktem Eisendraht erhalten wurde. Auch diese Kurven wurden in der Weise erhalten, daß bei konstanter Belastung die Feldstärke variiert wurde.

Hier ist auch die Frage zu erörtern, wie die Erscheinungen sich gestalten, wenn umgekehrt bei konstantem Felde die Belastung geändert wird. Man erhält dann zwar ähnliche Kurven wie die der Abb. 35, sie unterscheiden sich

---

[1]) J. A. EWING, Magnetische Induktion, S. 182ff.

aber sehr wesentlich in zwei Punkten von ihnen. Zunächst sind die anfänglichen Wirkungen, die durch eine Änderung der Zugkraft hervorgerufen werden, sehr viel größer als diejenigen, welche eintreten, nachdem die Belastung schon mehrfach zyklisch geändert wurde. Diese anfänglichen Wirkungen kommen einer Idealisierung nahe, gleichgültig in welchem Sinne die Änderung der Zugkraft vorgenommen wird. Es bedarf also einiger Belastungs- und Entlastungszyklen, bis

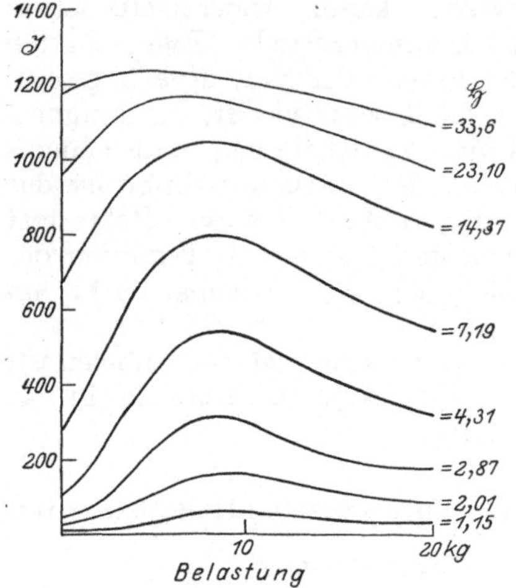

Abb. 35. Abhängigkeit der Magnetisierung von gerecktem Eisen von der Belastung bei verschiedenen Feldstärken.

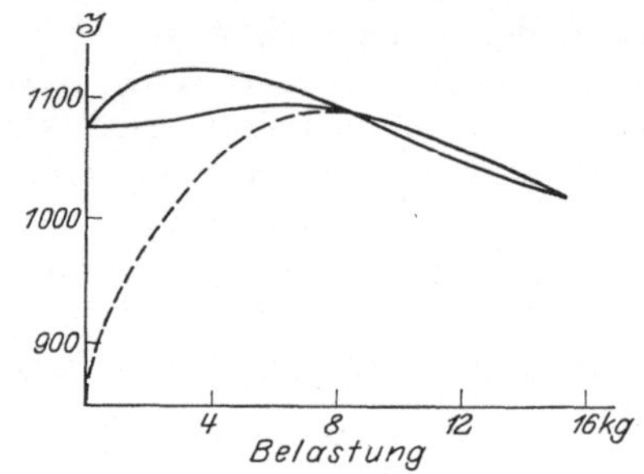

Abb. 36.   Belastungs- und Entlastungszyklus bei konstanter Feldstärke.

sich die gleichen Magnetisierungswerte in gleicher Weise wiederholen. Aber selbst dann werden keine eindeutigen Kurven durchlaufen, sondern die Belastungs- und Entlastungskurve umschließen eine überschlagene Fläche (Abb. 36).

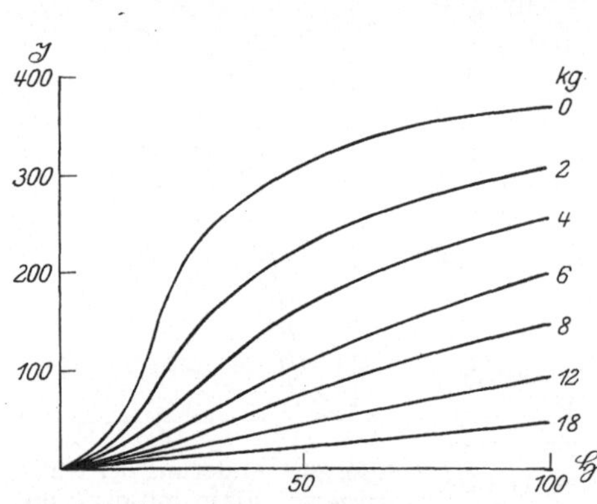

Abb. 37. Änderung der Nullkurve des Nickels bei Zugbelastung.

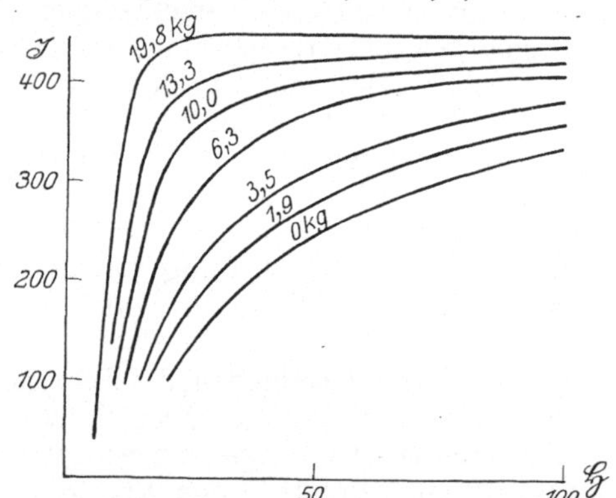

Abb. 38.   Änderung der Nullkurve des Nickels bei Druckbelastung.

Bei Stahl ist die Wirkung der Zugbelastung auf die Magnetisierung ähnlich der, welche wir soeben beim Eisen kennengelernt haben. Das Verhalten des Nickels bei Zug und Druck ist aus den Abb. 37 und 38 ohne weiteres zu erkennen. Es ist erstaunlich, in welchem Maße die Magnetisierung sich hier ändert. Zugbelastung scheint sie immer zu verkleinern, Druckbelastung zu vergrößern. Ob ein Villarischer Punkt eventuell bei sehr kleinen Feldstärken existiert, ist wohl noch nicht endgültig entschieden. Während Heydweiller[1] seine

---

[1] A. Heydweiller, Wied. Ann. Bd. 52, S. 462. 1894; Phys. ZS. Bd. 5, S. 255. 1904; Ann. d. Phys. Bd. 15, S. 415. 1904.

Existenz recht wahrscheinlich gemacht hat, konnten HONDA und SHIMIZU[1]) keinen Anhaltspunkt dafür feststellen.

Bei Kobalt[2]) ist zu unterscheiden, ob das Metall in gegossenem oder ausgeglühtem Zustande untersucht wird. Während geglühtes Kobalt sich ganz ähnlich wie Nickel verhält, tritt bei gegossenem Kobalt durch Zugbelastung in schwachen Feldern eine Abnahme der Magnetisierung ein, die aber bei höherer Feldstärke in eine Vergrößerung übergeht; man kann hier also von einem umgekehrten Villarieffekt sprechen.

51. Änderung durch allseitigen Druck. Haben wir bisher nur die Wirkung longitudinaler Deformation betrachtet, so entsteht jetzt die Frage nach der Wirkung allseitigen Druckes. Sie ist recht wenig untersucht worden, hauptsächlich wohl wegen der schwierigen Versuchstechnik.

WASSMUTH[3]) untersuchte Eisen bei starker Volumkompression. Er fand, daß niedrige Magnetisierungen bis auf etwa 50% geschwächt, hohe dagegen um einige Prozent verstärkt werden können.

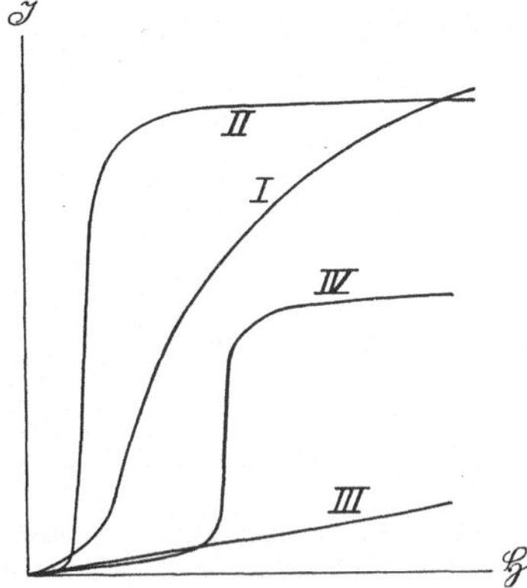

Abb. 39.   Nullkurven[1] von Nickel unter verschiedenartigen Belastungen.

Im Gegensatz dazu erhielten später NAGAOKA und HONDA[4]) nur eine sehr kleine, aber noch sicher nachweisbare Wirkung; und zwar zeigte Eisen eine Verkleinerung, Nickel eine Vergrößerung der Magnetisierung bei allseitigem Druck.

Die Resultate sind also außerordentlich verschieden; darum wären in dieser recht wichtigen Frage neue Versuche sehr erwünscht.

52. Änderung durch Torsion. Nimmt man an ein und demselben Probedraht einmal im torsionsfreien, dann im tordierten Zustande die Nullkurve auf, so erhält man ähnlich wie bei der Dehnung einen ganz verschiedenen Verlauf. Als Beispiel zeigt Abb. 39[5]) die gewöhnliche (I) und die unter Torsion erhaltene Nullkurve (II) von ausgeglühtem Nickeldraht. Sehr umfangreiche Untersuchungen haben später BOUASSE und BERTHIER[6]) diesen Erscheinungen gewidmet.

Sie haben aber auch den andern Tatsachenkomplex, der die Änderung der Magnetisierung bei Variation der Torsion unter konstantem, longitudinalem Felde umfaßt, sehr ausführlich behandelt und dabei die schon früher von EWING[7]) zusammengestellten bzw. selbst gewonnenen Ergebnisse bestätigt gefunden.

Auch hier wieder findet eine besonders große Anfangswirkung der Torsion statt durch Annäherung der Magnetisierung an den für die herrschende Feldstärke charakteristischen, idealen Wert. Abb. 40 zeigt die typische Zunahme der Magnetisierung durch die Anfangszyklen der Torsion an Eisendraht.

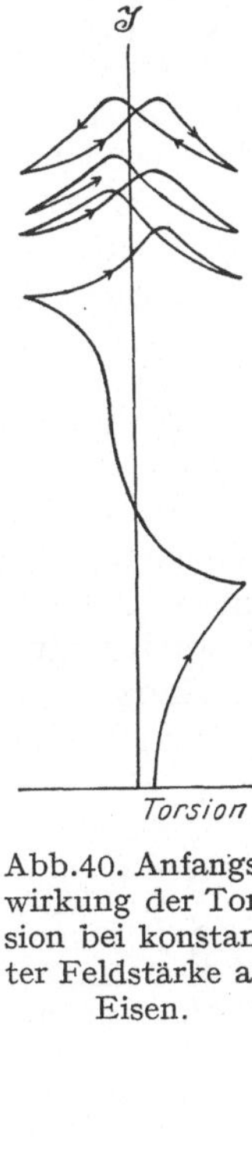

Abb. 40. Anfangswirkung der Torsion bei konstanter Feldstärke an Eisen.

[1]) K. HONDA u. S. SHIMIZU, Phys. ZS. Bd. 5, S. 254 u. 631. 1904; Ann. d. Phys. Bd. 14, S. 791. 1904.
[2]) C. CHREE, Phil. Trans. 1890 A, S. 329; Proc. Roy. Soc. London Bd. 47, S. 41. 1889; H. NAGAOKA u. K. HONDA, Phil. Mag. Bd. 4, S. 45. 1902.
[3]) A. WASSMUTH, Wiener Ber. Bd. 86, S. 539. 1882.
[4]) H. NAGAOKA u. K. HONDA, Phil. Mag. Bd. 46, S. 261. 1898.
[5]) H. NAGAOKA, Wied. Ann. Bd. 53, S. 481. 1894.
[6]) H. BOUASSE u. BERTHIER, Ann. chim. phys. (8) Bd. 10, S. 199. 1907.
[7]) J. A. EWING, Magnetische Induktion, S. 211 ff.

Nach einer Reihe von Zyklen nehmen die Kurven dann eine endgültige Lage ein und haben die in den Abb. 41 und 42 dargestellten charakteristischen Formen. Es sind wieder überschlagene Flächen wie bei der longitudinalen Deformation.

Nach Sir William Thomson[1]) läßt sich bei Eisen unter Zuhilfenahme der Wirkungen einfacher Zug- und Druckkräfte leicht zeigen, daß die Torsion eine schraubenförmige Magnetisierung erzeugen muß, indem sich der ursprünglich longitudinalen Magnetisierung eine zirkulare überlagert (magnetische Äolotropie). Die Größe der longitudinalen Komponente wird bei geringen Torsionen sehr wenig beeinflußt; mit der Zunahme der Torsion, und damit auch der zirku-

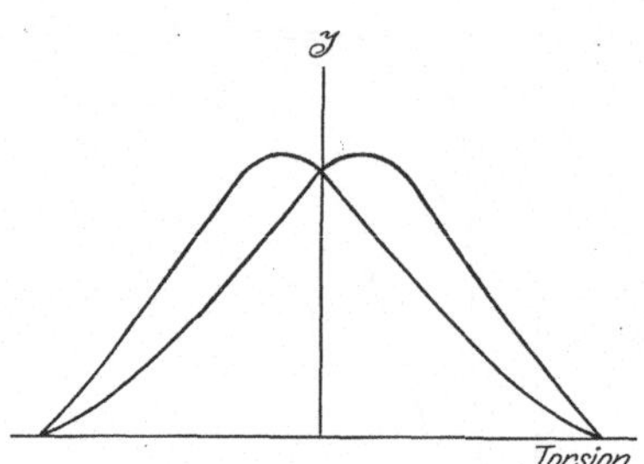

Abb. 41. Torsionszyklus bei konstanter Feldstärke an Eisendraht.

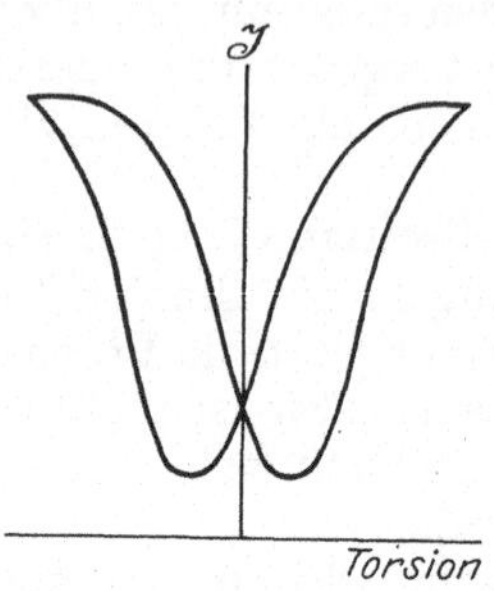

Abb. 42. Torsionszyklus bei konstanter Feldstärke an Nickeldraht.

laren Komponente, muß die longitudinale Komponente entsprechend abnehmen.

In dieser Weise lassen sich wenigstens bei Eisen unterhalb des Villarischen Punktes fast alle Erscheinungen erklären, die bei gleichzeitiger Torsion und Magnetisierung auftreten. Bei Nickel aber genügt die Äolotropie allein nicht, sondern es kommen zu der auch hier vorhandenen Äolotropie noch andere, unbekannte Erscheinungen hinzu, die größer und entgegengesetzt sind.

Mit Hilfe der Thomsonschen Vorstellungen läßt sich auch die Wirkung der Torsion auf die zirkulare Magnetisierung, die von Wiedemann[2]) entdeckt und später von Gerdien[3]) genau untersucht wurde, veranschaulichen. Die Erscheinung besteht darin, daß bei der Torsion eines (etwa infolge durchfließenden Gleichstroms) zirkularmagnetisierten Drahtes oder Stabes in diesem eine longitudinale Magnetisierung entsteht. Das ist selbst dann der Fall, wenn der Strom schon wieder ausgeschaltet ist, es sich also nur noch um remanenten Zirkularmagnetismus handelt.

Umgekehrt wird durch Torsion eines längsmagnetisierten oder durch Längsmagnetisierung eines tordierten Drahtes eine Zirkularmagnetisierung hervorgebracht, die sich leicht durch den in dem Drahte selbst induzierten Stromstoß nachweisen läßt[4]).

53. Änderung durch gleichzeitig wirkende Torsion und Dehnung. In Abb. 39 ist außer der normalen Nullkurve von Nickel *(I)*, der durch Torsion *(II)* und der durch Dehnung *(III)* veränderten auch diejenige eingezeichnet, die man bei gleichzeitiger Dehnung und Torsion erhält *(IV)*. Im Charakter ist sie der Kurve II ähnlich, aber die Sättigung wird viel schwerer erreicht und auch die Koerzitivkraft scheint um ein mehrfaches größer zu sein.

Ganz besonders merkwürdige Resultate aber erhält man, wenn man bei konstanter Feldstärke und konstanter Zugkraft die Torsion zyklisch variieren

---

[1]) Sir William Thomson, Reprint of papers Bd. II, S. 374; vgl. auch J. A. Ewing, Magnetische Induktion, S. 212 ff.

[2]) G. Wiedemann, Elektrizität Bd. III, S. 680.

[3]) H. Gerdien, Drud. Ann. Bd. 14, S. 51. 1904.

[4]) C. Matteucci, Ann. chim. phys. (3) Bd. 53, S. 385. 1858; L. Zehnder, Wied. Ann. Bd. 38, S. 68. 1889; H. Nagaoka, Phil. Mag. (5) Bd. 29, S. 123. 1890.

läßt. Die Symmetrie der Kurve in Abb. 42 geht dann verloren, und es entstehen Schleifen von dem Typus der Abb. 43, die schließlich bei einer Zugkraft von 7,82 kg/mm² in die Form der Abb. 44 übergehen. Hier zeigt sich die merkwürdige Erscheinung, daß die Magnetisierung allein durch Änderung der Torsion fast ebenso große negative Werte annehmen kann, wie positive, obschon die Feldstärke konstant gehalten wird.

Diese an Nickel beobachteten Erscheinungen seien hier nur als Beispiel erwähnt. Weitere Beobachtungen, auch an anderen ferromagnetischen Körpern, müssen in der Originalliteratur nachgesehen werden[1].

54. Änderung durch wechselnde Deformationen. Wir haben oben die Anfangswirkung von elastischen Deformationen erwähnt (Ziff. 50), die so geartet ist, daß sich die Magnetisierung von ihrem hysteretischen zu ihrem idealen Wert hinbewegt. So müssen natürlich auch länger andauernde, wechselnde Deformationen, wie z. B. mechanische Erschütterungen, einen Teil der Hysterese zum Verschwinden bringen und zwar bei magne-

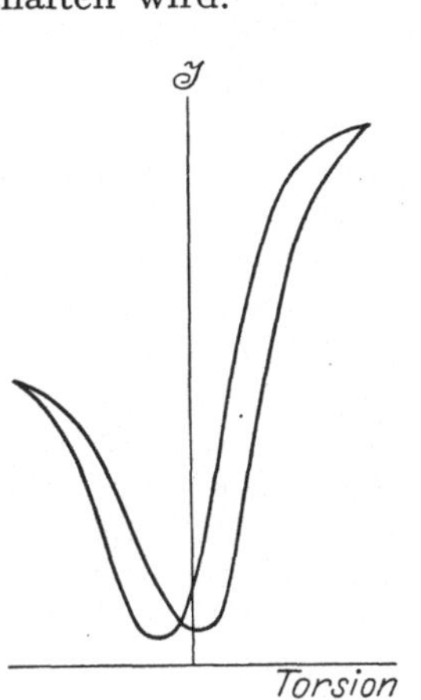

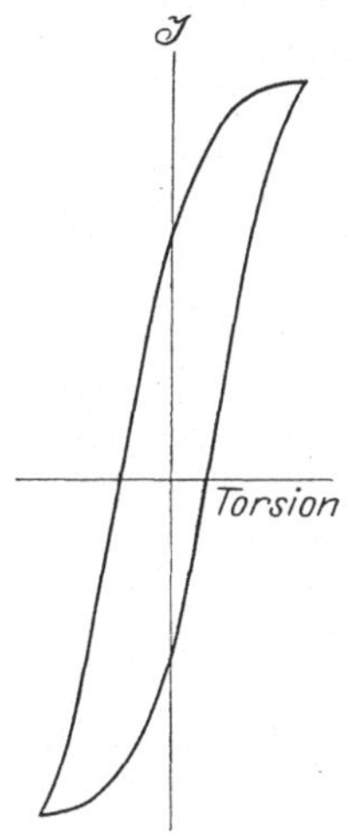

Abb. 43. Torsionszyklus von Nickel bei konstantem Felde und konstanter Zugkraft.

Abb. 44. Torsionszyklus von Nickel bei konstantem Felde und konstanter Zugkraft.

tisch weichen Körpern im allgemeinen mehr als bei harten. Koerzitivkraft und Remanenz nehmen ab, Anfangs- und Maximalpermeabilität wachsen. Bei geeigneten Materialien läßt sich durch Erschütterungen in der Tat nahezu der ideale Zustand herstellen.

Es ist bemerkenswert, daß nicht immer starke Erschütterungen notwendig sind, sondern daß häufig schon ein sanftes Reiben oder auch nur Berühren genügt, um beträchtliche Änderungen der Magnetisierung zu bewirken, eine Tatsache, die meßtechnisch von großer Wichtigkeit ist.

Hierher gehören auch die beiden Untersuchungen von WARBURG[2] und ST. MEYER[3], welche die Einwirkung von longitudinalen Schwingungen auf die Magnetisierung von Drähten und Stäben während der Wirkung eines konstanten Feldes untersuchten. ST. MEYER konnte selbst in recht kleinen Feldern beträchtliche Magnetisierungen nachweisen, während WARBURG mittelst einer an ein Elektrodynamometer angeschlossenen Sekundärspule Permeabilitätsänderungen während der ganzen Dauer der Longitudinaltöne feststellen konnte.

55. Nachwirkung elastischer Deformationen. Bekanntlich besteht selbst bei geringen, vollkommen innerhalb der Elastizitätsgrenze liegenden Deformationen keine absolut genaue Proportionalität zwischen Deformation und Kraft. Wenn man nur genügend empfindliche Meßmethoden anwendet, ist beispielsweise der Unterschied zwischen der Belastungs- und Entlastungskurve eines

[1] J. A. EWING, Magnetische Induktion. S. 219 ff; L. ZEHNDER, Wied. Ann. Bd. 41, S. 210. 1890; H. NAGAOKA, Journ. Coll. Science Tokio Bd. 2, S. 283 u. 304. 1888; Bd. 3, S. 189. 1889; W. BROWN, Proc. Dublin Soc. Bd. 17, S. 101 u. 175. 1909; J. E. PELLET, Journ. de phys. (4) Bd. 8, S. 110. 1909.
[2] E. WARBURG, Pogg. Ann. Bd. 139, S. 499. 1870.
[3] ST. MEYER, Bolzmannfestschrift. S. 68. 1904.

Eisendrahtes leicht nachzuweisen. Ein solcher Draht, der einmal einer elastischen Deformation unterworfen wurde, ist also streng genommen nicht mehr in seinem ursprünglichen Zustande, sondern in seinem Innern sind bestimmte, mechanische Änderungen eingetreten, die äußerlich z. B. in einer etwas vergrößerten Länge in Erscheinung treten. Es kann nicht überraschen, daß dieser Zustand auch andere magnetische Eigenschaften zeigt wie der ursprüngliche. So ist z. B. nach Ewing[1]) die Suszeptibilität bei schwachen und mittleren Feldern in dem mit mechanischer Nachwirkung behafteten Zustande beträchtlich größer, wie seine Messungen an einem Eisendraht zeigen.

Dieser Zustand kann (außer durch Glühen) wieder in den ursprünglichen übergeführt werden, indem man die Probe Erschütterungen aussetzt. Das ist ohne weiteres einleuchtend, wenn man bedenkt, daß Erschütterungen elastische Deformationen wechselnden Vorzeichens bedingen, die dann mehr oder weniger rasch auf Null abklingen.

Daß aber ein Entmagnetisierungsprozeß (Wechselfeld von stetig bis auf Null abnehmender Amplitude) in der gleichen Weise die mechanische Nachwirkung zerstört, ist auf den ersten Blick überraschend. Ob es sich dabei um eine direkte Einwirkung der Magnetisierungsvorgänge auf die mechanische Nachwirkung handelt, oder ob die mit den Magnetisierungsprozessen verbundenen mechanischen Änderungen (Magnetostriktionseffekte), die wie Erschütterungen wirken müssen, die alleinige Ursache sind, ist bisher nicht bekannt.

2. Wirkung plastischer Deformationen.

56. Wirkung plastischer Deformationen. Wenn eine Deformation so weit getrieben wird, daß sie sich bis in die plastische Zone erstreckt, so werden die in den voraufgehenden Ziffern besprochenen Erscheinungen mehr oder weniger von neuen, gänzlich anders gearteten überdeckt.. Wohl in allen Fällen bleibt der Sättigungswert derselbe, die Koerzitivkraft aber wächst auf ein Vielfaches an und die Anfangspermeabilität verringert sich auf einen kleinen Bruchteil. Im allgemeinen ändert sich die Remanenz wenig, doch scheinen hier größere Unterschiede zwischen den verschiedenen Körpern zu bestehen, weil die Neigung der Magnetisierungskurve bald größer, bald kleiner wird.

Für die Meßtechnik sind diese Erscheinungen von Wichtigkeit. Wenn es sich um die Feststellung bestimmter Materialeigenschaften handelt, ist peinlich darauf zu achten, daß die Probe keinen mechanischen Einflüssen unterworfen wird, die plastische Deformationen hervorbringen; es ist beispielsweise beim Schneiden oder Stanzen von Blechproben im Auge zu behalten, daß das in der Nähe des Schnittes liegende Material (die „Randzone") deformiert ist und andere Eigenschaften hat als die Mitte, daß also die Proben immer eine hinreichende Breite haben müssen, um den Einfluß der Randzone zu verwischen.

Trotz der großen Wichtigkeit in theoretischer und praktischer Hinsicht und obschon jeder Ferromagnetiker mit diesen Tatsachen dauernd in Berührung bleibt, sind sie bisher nicht genügend systematisch untersucht.

β) Mechanische Änderungen infolge der Magnetisierung; Magnetostriktion.

57. Wirkung longitudinaler Felder. Läßt man auf einen Stab oder Draht aus Eisen ein longitudinales Magnetfeld wirken, so beobachtet man eine Verlängerung des Körpers, die mit steigender Feldstärke bis etwa 100 Gauß zunimmt, dann wieder geringer wird und bei etwa 200 Gauß verschwindet. Bei

---

[1]) J. A. Ewing, Magnetische Induktion. S. 204 ff.

weiter steigender Feldstärke tritt dann eine Verkürzung ein, die bis zu hohen
Feldstärken immer weiter zunimmt, aber einem bestimmten Endwert zuzu-
streben scheint. Abb. 45 zeigt den Gang dieser Längenänderung in der Abhängigkeit von der Feldstärke.

Die Änderungen sind an sich gering, lassen sich aber, wenn für hinreichende
Temperaturkonstanz gesorgt ist, nach den meisten Methoden, die überhaupt
zur Messung kleiner Längenänderungen geeignet sind, bequem bestimmen, wie
z. B. mit dem Mikroskop, durch Verschiebung von Interferenzstreifen, durch
Vergrößerung mit Hilfe von optischen Hebeln usw.

Man nennt diese Erscheinung nach ihrem Entdecker den „Jouleeffekt"[1].
Für verschiedene ferromagnetische Körper ist er gänzlich verschieden[2], wie
auch aus Abb. 45 hervorgeht. Bei Nickel
tritt in allen Feldstärken eine Verkür-

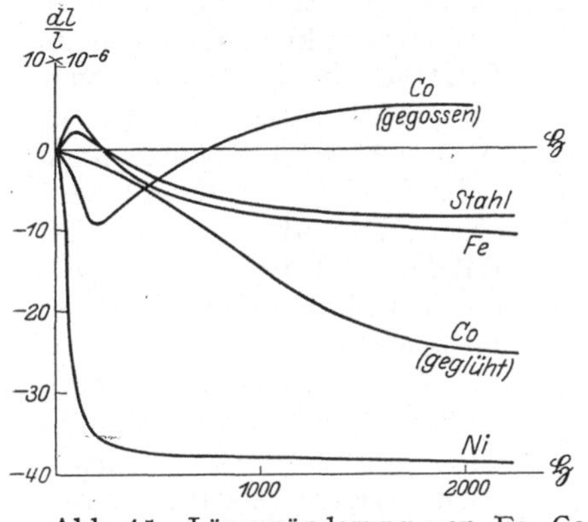

Abb. 45. Längenänderung von Fe, Co
und Ni im longitudinalen Magnetfeld.

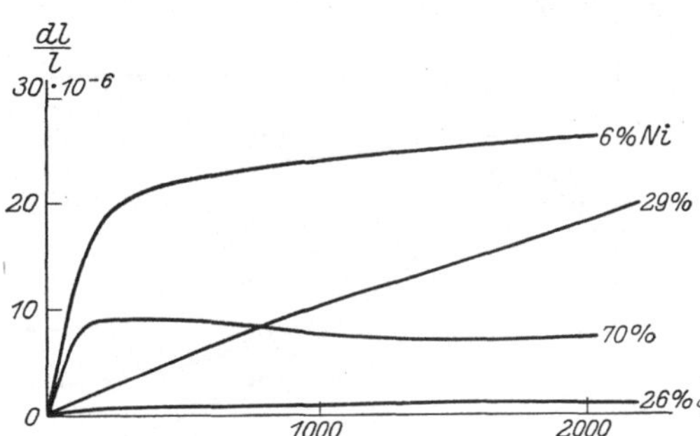

Abb. 46. Magnetostriktion der Nickeleisenlegierungen.

zung ein. Kobalt verhält sich im gegossenen Zustande gerade umgekehrt wie
Eisen, es verkürzt sich in schwachen und verlängert sich in starken Feldern; im
ausgeglühten Zustande tritt nur Verkürzung ein.

Nach den Messungen von NAGAOKA hat es den Anschein, als ob die Längenänderungen dieser Körper bei nicht zu großen Feldstärken dem Quadrat der
Magnetisierungsintensität proportional sind.

Auch ferromagnetische Mineralien[3], Legierungen von Eisen, Kobalt und
Nickel untereinander[4] und die HEUSLERschen Legierungen[5] zeigen Magnetostriktion.

Von besonderem Interesse sind die Nickeleisenlegierungen (Abb. 46). Hier
zeigt sich deutlich, daß die Verhältnisse mit großer Wahrscheinlichkeit einfacher
werden, wenn die Längenänderung nicht als Funktion der Feldstärke, sondern der Magnetisierung aufgetragen wäre. Legierungen über 81% Nickel
zeigen Verkürzung bei allen Feldstärken wie Nickel allein. Bei etwa 80% Nickel
dürfte also keine Magnetostriktion vorhanden sein. MCKEEHAN vermutet, daß
diese Tatsache mit der extrem hohen Anfangspermeabilität von Permalloy
(ca. 78% Ni) in Beziehung steht.

[1] W. JOULE, Phil. Mag. Bd. 30, S. 76 u. 225. 1847.
[2] S. BIDWELL, Phil. Trans. 1888 A, S. 205; Proc. Roy. Soc. London Bd. 56, S. 94. 1894;
H. NAGAOKA u. K. HONDA, Phil. Mag. (5) Bd. 46, S. 261. 1898; Bd. 49, S. 329. 1899; (6) Bd. 4,
S. 45. 1902; S. R. WILLIAMS, Phys. Rev. Bd. 10, S. 133. 1917.
[3] J. KRUCKENBERG, Diss. Upsala 1907.
[4] K. HONDA u. K. KIDO, Sc. Reports Tôhoku Univ. Bd. 4, S. 21. 1915; Bd. 7, S. 59.
1918; L. W. MCKEEHAN, Phys. Rev. (2) Bd. 23, S. 783. 1924; Bd. 26, S. 274. 1925.
[5] P. ASTEROTH, Dissert. Marburg 1907; L. W. AUSTIN u. K. GUTHE, Bull. Bur. Stand.
Bd. 2, S. 297. 1906.

Eine äußerst wichtige Frage wurde kürzlich von Webster[1]) untersucht, nämlich die nach dem mechanischen Verhalten von Eiseneinkristallen im Magnetfeld, welche allerdings nicht ganz rein waren (ca. $^1/_2\%$ Gesamtverunreinigung). Es zeigten sich da große Unterschiede in den verschiedenen Richtungen. Er erhielt in der [1, 0, 0]-Richtung stetig mit der Magnetisierung zunehmende Verlängerung, wohingegen sich in der [1, 1, 1]-Richtung zuerst eine kleine, dann rasch zunehmende Verkürzung zeigte. In der [1, 1, 0]-Richtung verhalten sich die Kristalle wie gewöhnliches polykristallines Eisen. Dieses zeigt demnach tatsächlich eine Superposition dieser drei Einzelerscheinungen. Für die Entwicklung der Theorie der Magnetostriktion dürften diese Ergebnisse von großer Wichtigkeit sein.

Der Magnetostriktionseffekt zeigt eine große Temperaturabhängigkeit[2]). Im allgemeinen wird er bei höheren Temperaturen immer kleiner, um beim Curieschen Punkt zu verschwinden. Beim Eisen (s. Abb. 47) und ebenso auch beim Kobalt (gegossen) verschwindet aber schon bei mittleren Temperaturen die obenerwähnte Umkehr des Deformationssinnes.

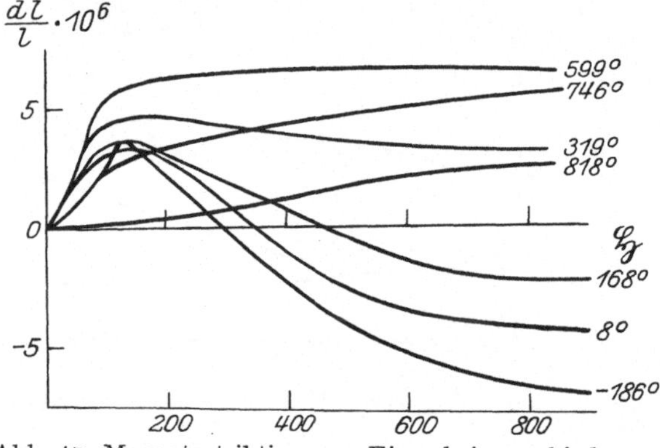

Abb. 47. Magnetostriktion von Eisen bei verschiedenen Temperaturen.

Auch mechanische Spannungen haben einen erheblichen Einfluß[3]). Die Magnetostriktion einer belasteten Probe von Eisen oder Nickel ist bei kleinen Feldstärken kleiner, bei großen Feldstärken größer als die einer unbelasteten Probe.

58. Wirkung gleichzeitig bestehender longitudinaler und zirkularer Felder. Wenn man einen zylindrischen ferromagnetischen Stab gleichzeitig der Wirkung eines longitudinalen Feldes, das durch eine koaxiale Magnetisierungsspule hervorgebracht wird, und eines zirkularen Feldes aussetzt, wie es beim Durchgang eines elektrischen Stromes in der Längsrichtung durch den Stab entsteht, so tordiert sich der Stab. Diese Erscheinung wird als „Wiedemann effekt"[4]) bezeichnet. Führt man den Versuch so aus, daß man beide Felder gleichzeitig zunehmen läßt, etwa durch Erzeugung mittels desselben Stromes, so hat das resultierende Feld in allen Stärken die gleiche schraubenförmige Struktur. Der Effekt läßt sich dann einfach aus dem Jouleeffekt vorhersehen. Ändert sich aber die Ganghöhe der Schraube oder die Richtung des resultierenden Feldes, indem man z. B. die zirkulare Komponente festhält und die longitudinale wachsen läßt, so werden die Erscheinungen äußerst kompliziert.

Bei einem tordierten Draht entsteht auch durch ein longitudinales oder zirkulares Feld allein schon eine Torsionsänderung.

---

[1]) W. L. Webster, Proc. Roy. Soc. London Bd. 109, S. 570. 1925.
[2]) K. Honda u. S. Shimizu, Phil. Mag. (6) Bd. 6, S. 392. 1903.
[3]) S. Bidwell, Proc. Roy. Soc. London Bd. 52, S. 469. 1890; B. Brackett, Phil. Mag. (5) Bd. 44, S. 122; K. Honda u. S. Shimizu, ebenda (6) Bd. 4, S. 338. 1902; W. Brown, Proc. Roy. Soc. London Bd. 14, S. 297. 1914.
[4]) G. Wiedemann, Elektrizität, Bd. III, S. 689 ff; H. Nagaoka u. K. Honda, Phil. Mag. (6) Bd. 4, S. 63. 1902; S. Shimizu u. T. Tanakadaté, Proc. Tokyo Phys. math. Soc. Bd. 3, S. 142. 1906; R. A. Houstoun, Phil. Mag. (6) Bd. 22, S. 740. 1911.

Torsion, Zirkular- und Längsmagnetisierung bilden einen geschlossenen Komplex; bestehen zwei von diesen drei Elementen, so ist dadurch schon die gleichzeitige Existenz des dritten bedingt (vgl. Ziff. 52).

59. Volumänderung infolge der Magnetisierung. Bei Längenänderungen im longitudinalen Magnetfelde fand schon JOULE, daß die Querschnitte sich gleichfalls ändern; und zwar nimmt der Querschnitt ab, wenn die Länge zunimmt, und umgekehrt. Das hat zur Untersuchung der Frage Veranlassung gegeben, ob nun die Querschnittsänderung der Längenänderung gerade entspricht, oder ob eine Volumänderung übrigbleibt.

Der auftretende Effekt ist sehr klein, aber mit Hilfe von Dilatometern meßbar, wenn auch hier die Temperatur konstant genug gehalten wird. Es ergeben sich dann Kurven, wie sie in den Abb. 48 und 49 dargestellt sind[1]).

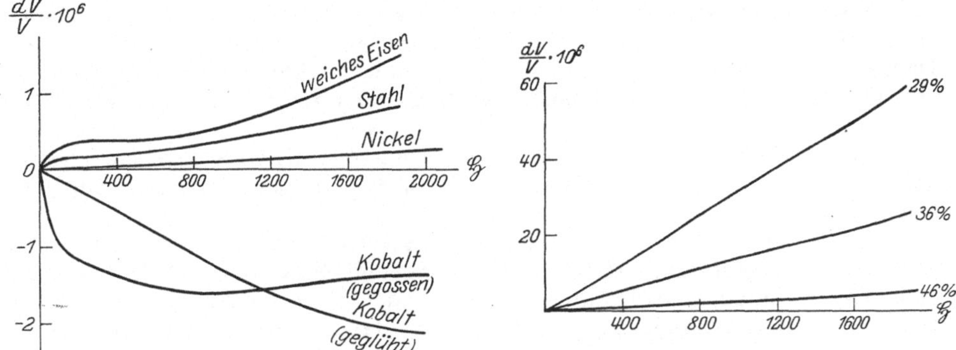

Abb. 48. Volumänderung durch Magnetisierung.　　　　　Abb. 49. Volumänderung von Nickeleisenlegierungen.

60. Theorie der Magnetostriktion. Eine Molekulartheorie des Ferromagnetismus müßte, wenn sie wirklich imstande ist, die Erscheinungen zu erklären, unter allen Umständen auch die Magnetostriktionseffekte mit umfassen. Es sind daher gelegentlich Versuche[2]) unternommen worden, in die Molekulartheorie, so wie sie sich entwickelte und weiter unten besprochen werden soll, Annahmen entweder über die molekulare Anordnung der Elementarmagnete oder über ihre Dimensionen in den verschiedenen Richtungen einzuflechten, die es dann gestatten, die Erscheinungen der Magnetostriktion zu folgern. Leider aber haben diese Versuche noch nicht zu einem bemerkenswerten Ergebnis geführt.

Dagegen hat sich auf einem andern Wege eine Theorie der Magnetostriktion entwickelt. Jedes Volumelement eines ferromagnetischen Körpers muß offenbar in einem magnetischen Felde Kräften unterliegen, die von der Wirkung des Feldes auf die einzelnen magnetischen Elemente des Körpers herrühren. Dazu treten noch andere Kräfte, die von den einzelnen Elementen aufeinander ausgeübt werden und die von der Größe der Magnetisierung abhängen. In den Theorien der Magnetostriktion dient nun die Annahme als Ausgangspunkt, daß es lediglich diese Kräfte sind, die eine Deformation des Körpers hervorbringen. Wenn es gelingt, diese Kräfte herzuleiten, so müßte sich dann auch

[1]) H. NAGAOKA u. K. HONDA, Phil. Mag. (5) Bd. 46, S. 261. 1898; (6) Bd. 4, S. 45. 1902; M. CANTONE, Acc. dei Linc. (4) Bd. 6, S. 1187. 1890.

[2]) S. R. WILLIAMS, Phys. Rev. Bd. 34, S. 40. 1912; Bd. 35, S. 282. 1912; J. H. POYNTING u. J. J. THOMSON, Elektrizität und Magnetismus, S. 201. 1914; CH. W. BURROWS, Bull. Bur. Stand. Bd. 13, S. 173. 1916.

die Deformation selbst, d. h. der Magnetostriktionseffekt, daraus einfach mit Hilfe der gewöhnlichen Elastizitätstheorie ergeben.

Kirchhoff[1]) war der erste, der, auf Untersuchungen von Maxwell[2]) und Helmholtz[3]) fußend, das Problem ganz allgemein in Angriff nahm. Er ging von der gewöhnlichen Beziehung $\mathfrak{J} = \varkappa\,\mathfrak{H}$ aus, die er sich durch die in dem magnetisierten Körper auftretenden Spannungseffekte in der folgenden Weise modifiziert dachte:

$$\left.\begin{aligned}
\mathfrak{J}_x &= [\varkappa - \varkappa'\,(\lambda_x + \lambda_y + \lambda_z) - \varkappa''\,\lambda_x] \cdot \mathfrak{H}_x\,, \\
\mathfrak{J}_y &= [\varkappa - \varkappa'\,(\lambda_x + \lambda_y + \lambda_z) - \varkappa''\,\lambda_y] \cdot \mathfrak{H}_y\,, \\
\mathfrak{J}_z &= [\varkappa - \varkappa'\,(\lambda_x + \lambda_y + \lambda_z) - \varkappa''\,\lambda_z] \cdot \mathfrak{H}_z\,,
\end{aligned}\right\} \tag{64}$$

worin λ_x, λ_y und λ_z die Dilatationen in der Achsenrichtung und $\varkappa'$ und $\varkappa''$ Magnetisierungskoeffizienten darstellen, von denen der erstere durch die Volumänderungen, der letztere durch die Längenänderungen bedingt ist. Von diesen Definitionsgleichungen ausgehend konnte er unter der Annahme, daß $\varkappa$, $\varkappa'$ und $\varkappa''$ von der Magnetisierung unabhängig sind, die Deformationen einer Kugel berechnen.

Sano[4]) versuchte später eine Erweiterung der Kirchhoffschen Theorie, indem er die drei Koeffizienten als Funktionen der Magnetisierung betrachtete.

Da die Kugel nun praktisch keine genaueren Messungen gestattet, haben Cantone[5]) für gestreckte Rotationsellipsoide und Nagaoka und Honda[6]) für zylindrische Stäbe und Drähte auf Grund der Kirchhoffschen Theorie die Längen- und Volumänderung berechnet. So fand Cantone die Gleichungen

$$\text{und}\qquad\left.\begin{aligned}
\frac{\delta l}{l} &= \frac{\mathfrak{J}^2}{E}\left(\pi + \frac{\varkappa - \varkappa'}{4\,\varkappa^2} - \frac{\varkappa''}{2\,\varkappa^2}\right) \\
\frac{\delta V}{V} &= \frac{\mathfrak{J}^2}{E}\left(\pi + 3\,\frac{\varkappa - \varkappa'}{4\,\varkappa^2} - \frac{\varkappa''}{2\,\varkappa^2}\right),
\end{aligned}\right\} \tag{65}$$

worin E den Elastizitätsmodul darstellt. Da die Längen- und Volumänderung, ferner $\mathfrak{J}$, $\varkappa$ und E meßbar sind, lassen sich $\varkappa'$ und $\varkappa''$ hieraus leicht berechnen. Es hat sich gezeigt, daß die so erhaltenen Zahlenwerte außerordentlich groß sind (10^4 bis 10^6), so daß $\varkappa$ dagegen verschwindet. Weiter ergibt sich für Eisen $\varkappa'$ positiv, $\varkappa''$ negativ; für Nickel gilt das Umgekehrte. Auch findet man in der Tat eine starke Abhängigkeit von der Magnetisierung.

Allgemein aber muß man sagen, daß die Kirchhoffsche Theorie mit den Tatsachen nur eine rohe qualitative Übereinstimmung zeigt.

Andere Versuche zu einer Theorie der Magnetostriktion gingen vom Energieprinzip aus, wieder andere vom Begriff des thermodynamischen Potentials. Da sie aber eine kurze Wiedergabe nicht gestatten, kann hierzu nur auf die Originalliteratur[7]) verwiesen werden.

---

[1]) G. Kirchhoff, Wied. Ann. Bd. 24, S. 52. 1885; Bd. 25, S. 601. 1885.
[2]) J. C. Maxwell, Elektrizität und Magnetismus, 2. Aufl., S. 257.
[3]) H. v. Helmholtz, Wied. Ann. Bd. 13, S. 385. 1881.
[4]) S. Sano, Phys. Rev. Bd. 14, S. 158. 1902.
[5]) M. Cantone, Atti Acc. dei Lincei (4) Bd. 6, S. 252. 1890.
[6]) H. Nagaoka u. K. Honda, Phil. Mag. (5) Bd. 46, S. 261. 1898.
[7]) F. Kolacek, Drud. Ann. Bd. 13, S. 23. 1904; Bd. 14, S. 177. 1904; J. Larmor, Phil. Trans. Bd. 190, S. 280. 1897; A. Heydweiller, Drud. Ann. Bd. 12, S. 602. 1903; Bd. 14, S. 1036. 1904; H. Rensing, ebenda Bd. 14, S. 363. 1904; R. Gans, ebenda Bd. 13, S. 634. 1904; Bd. 14, S. 638. 1904; R. A. Houstoun, Phil. Mag. Bd. 21, S. 78. 1911.

f) Die Theorien des Ferromagnetismus.

α) Ältere Theorien.

61. Die Scheidungstheorie. Die älteste durchgeführte Theorie des Ferromagnetismus ist die von Poisson[1]). Dieser dachte sich magnetisch neutrale Elementarkomplexe mit unendlich großer magnetischer Leitfähigkeit eingebettet in ein Zwischenmedium mit der Leitfähigkeit 1. Durch die Wirkung des magnetischen Feldes würde in jedem neutralen Elementarkomplex positiver und negativer Magnetismus voneinander geschieden und so ein nach außen wirksames Moment erzeugt. Diese „Scheidungstheorie" hat sich aber nicht als sehr fruchtbar erwiesen. Wollte man sie auch nur mit den einfachsten Erscheinungen in Übereinstimmung bringen, wie z. B. mit der Sättigung oder der Abhängigkeit der Suszeptibilität von der Feldstärke, so müßte man immer wieder zu neuen, unorganischen Hilfsannahmen seine Zuflucht nehmen.

62. Die Drehungs- oder Richtungstheorie. Von diesem augenfälligen Nachteil ist die Drehungs- oder Richtungstheorie frei, wie sie von Ampère und besonders von Weber[2]) auf Grund der Ampèreschen Vorstellungen ausgebildet wurde. Hier haben die Elementarkomplexe von vornherein ein bestimmtes, unveränderliches Moment; da aber die Richtungen im unmagnetisierten Zustande gleichmäßig nach allen Seiten verteilt sind, so kann nach außen kein Moment in Erscheinung treten. Unter der Wirkung des äußeren Feldes können sich nun die Elementarmomente richten; dabei muß noch eine Kraft, die die ursprünglichen Richtungen wiederherzustellen strebt, als wirkend angenommen werden, um nicht schon beim geringsten Felde Sättigung zu erhalten.

So ließen sich Sättigung und Abhängigkeit der Suszeptibilität von der Feldstärke erklären. Und wenn auch die Übereinstimmung mit dem Experiment noch äußerst roh war, so hat sich doch der Grundgedanke dieser „Drehungs"- oder „Richtungstheorie" als so fruchtbar erwiesen, daß er seither nicht wieder verlassen wurde.

Freilich war auch die ursprüngliche Theorie nicht fähig, die Erscheinungen der Hysterese zu folgern; und auch die Annahme der „rückdrehenden" Kraft war noch durchaus willkürlich und innerlich unbegründet.

63. Verbesserungen der Weberschen Theorie. Dem ersteren dieser beiden Mängel suchte Maxwell[3]) dadurch zu begegnen, daß er eine neue Annahme in Analogie mit der elastischen Nachwirkung machte; die durch Einwirkung des Feldes hervorgebrachte Drehung der Elementarmomente sollte bei Aufhören des Feldes nur dann vollständig in die ursprüngliche Richtung zurückkehren, wenn ein bestimmter, kleiner Ablenkungswinkel nicht überschritten wurde, andernfalls sollten die Momente ihre Ausgangslage nicht ganz wieder erreichen. Auf diese Weise konnte man von den Hystereseerscheinungen wenigstens in groben Umrissen ein Bild gewinnen.

Wiedemann und andere versuchten die Annahme, daß sowohl bei der Ablenkung als auch bei der Rückkehr der Elementarmagnete ein Reibungswiderstand zu überwinden wäre, so daß die Magnetisierung immer hinter dem Gang der Feldstärke zurückbleibt. Diese Vorstellung gibt ein so außerordentlich plastisches Bild der Hystereseerscheinungen, daß auch heute noch gelegentlich von ihr Gebrauch gemacht wird, wenn es sich darum handelt, beobachtete Erscheinungen phänomenologisch zu erfassen. Eine wirkliche Erklärung aber ist

---

[1]) S. D. Poisson, Mém. de l'Instit. Bd. 5, S. 247 u. 488. 1820.
[2]) W. Weber, Abhandlgn. Sächs. Ges. d. Wiss. Bd. 1, S. 485. 1852; Pogg. Ann. Bd. 88, S. 167. 1852.
[3]) J. C. Maxwell, Lehrbuch, Bd. II, S. 99.

sie nicht, auch ist sie in anderer Richtung wieder unzulänglich, da sie die Erscheinungen der Anfangssuszeptibilität nicht mit umfaßt.

64. Die Ewingsche Theorie. Der erste, der sich von allen willkürlichen
und unorganischen Annahmen befreite, war Ewing[1]. Nach ihm sind die Elementarmagnete für sich völlig frei nach allen Seiten drehbar; sie unterliegen
keinen weiteren Kräften, als denen, welche die Nachbarmagnete auf sie ausüben; deren Wirkung aber genügt vollständig, um schon zu einem recht genauen
Bilde zu kommen.

Es ist klar, daß auf einen einzelnen, gerade betrachteten Elementarmagneten
außer dem angelegten äußeren Felde auch noch Kräfte einwirken müssen, die
von den in geringerer oder größerer Entfernung befindlichen andern Elementarmagneten herrühren. Dies war von den älteren Theorien nicht berücksichtigt
worden.

Schon für den einfachsten Fall einer Gruppe von zwei Magneten, die durch
ein äußeres Feld beeinflußt werden, erhielt Ewing durch mathematische Behand-

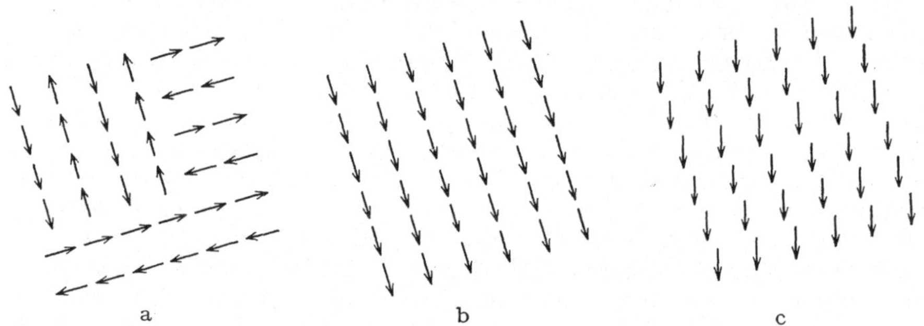

a   b   c

Abb. 50. Gruppen von 36 Elementarmagneten.

lung eine Kurve, welche die charakteristischen Züge der Magnetisierungskurve
aufweist: flachen Beginn, steilen Mittelteil und wieder flachen Übergang in die
Sättigung.

Er betrachtete dann eine größere Anzahl solcher Magnetpaare, deren Moment
ursprünglich alle möglichen Winkel mit der Richtung des Feldes bilden. Solange
sich bei der Verstärkung des Feldes keine Gruppe auflöst, bestehen reversible
Ablenkungen. Erreichen die Gruppen, eine nach der andern, die kritische
Ablenkung, so findet ein rasches Ansteigen des Moments statt, das die Magnetpaare in ihrer Gesamtheit nach außen hin zeigen. Schließlich nimmt das Moment
unter der Wirkung stärkerer Felder nur noch wenig zu, um dann in die Sättigung
überzugehen.

Wird die Feldstärke wieder kleiner, so kehren manche Gruppen in ihre
Ausgangslage zurück; andere dagegen nehmen neue Lagen ein, so daß ihre
Pole gerade entgegengesetzt gerichtet sind wie vorher. So bleibt ein bestimmtes
Moment zurück, selbst wenn die Feldstärke wieder Null geworden ist. Auf
diese Weise werden auch die Hystereseerscheinungen erklärlich. Mit wachsender
Zahl der Gruppen nehmen die Magnetisierungskurven eine immer stetigere
Form an.

Ewing untersuchte auch Gruppen von vier Elementarmagneten und solche
von beliebig vielen. Abb. 50 zeigt eine Gruppe von 36 Elementarmagneten
a) in einer möglichen Ausgangsordnung, b) nach der Auflösung der ursprünglichen

---

[1] J. A. Ewing, Magnetische Induktion. S. 277ff.

und der Bildung neuer Ketten und c) im Zustande der Sättigung. Der Übergang
der drei Stufen ineinander ist bei Betrachtung der Abb. 50 ohne weiteres anschaulich.

Auch im Experiment prüfte Ewing die Richtigkeit seiner Theorie. Er stellte
sich Modelle her, die eine größere Anzahl von kleinen, leicht drehbaren Magneten
enthielten und unterwarf diese der Wirkung äußerer Felder. So erhielt er z. B. an
einem Modell mit 24 Magnetchen die in Abb. 51
wiedergegebenen Magnetisierungskurven.

Die qualitative Übereinstimmung mit
der Erfahrung ist bei der Ewingschen
Theorie erstaunlich. Ihren Grundgedanken
begegnen wir auch in den neueren Theorien
immer wieder.

β) Neuere Theorien.

65. Die Weisssche Theorie. In seiner
Theorie hatte Langevin das Moment σ_m für
ein Mol eines paramagnetischen Gases als
Bruchteil des Sättigungsmolmomentes σ_{m_0}
dargestellt durch die Formel

$$\frac{\sigma_m}{\sigma_{m_0}} = \mathfrak{Ctg}\, a - \frac{1}{a}, \qquad (66)$$

worin

$$a = \frac{\sigma_{m_0} \mathfrak{H}}{RT} \qquad (67)$$

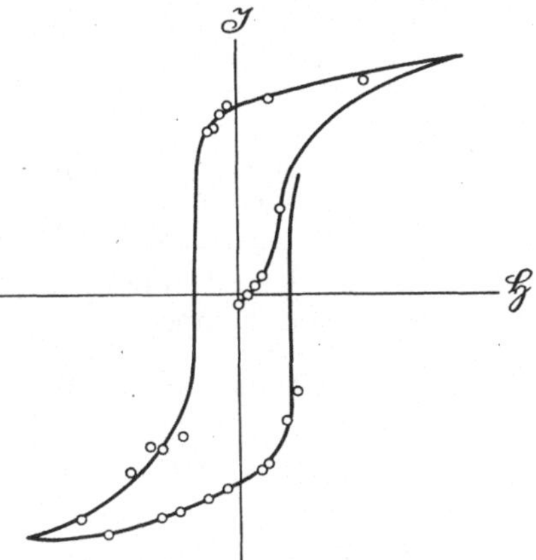

Abb. 51. Magnetisierungskurve eines
Modells aus 24 Magneten.

ist. Von den gleichen Vorstellungen ausgehend, suchte Weiss[1]) den Geltungsbereich dieser Formel auf ferromagnetische Körper auszudehnen. Dazu bediente er sich derselben Methode, die auch van der Waals anwandte, um aus
der Gleichung für ein ideales Gas eine Zustandsgleichung zu bilden; ebenso
wie dieser sich den in der idealen Gasgleichung wirkenden Druck zusammengesetzt dachte aus dem äußeren und dem „inneren" oder „Kohäsionsdruck",
so stellte Weiss sich die in der Langevinschen Gleichung wirkende Feldstärke
vor als die Summe des angelegten äußeren und eines „inneren" oder „Molekularfeldes".

Dabei mag ihm der Grundgedanke der soeben besprochenen Ewingschen
Theorie vorgeschwebt haben, daß nämlich das molekulare Feld durch die Wirkung
der Molekularmagnete aufeinander hervorgebracht wird, also rein magnetischen
Ursprung hat. Um eine bestimmte Vorstellung festzuhalten, wollen wir zunächst
bei diesem Bilde bleiben.

Die Grundannahme, die er über das molekulare Feld machte, ist dann
ohne weiteres einleuchtend: Das molekulare Feld sei der Magnetisierungsintensität proportional und gleichgerichtet; es gelte also

$$\mathfrak{H}_m = N\mathfrak{I}, \qquad (68)$$

worin N eine Konstante ist.

Die Molekularmagnete der ferromagnetischen Körper sollen also ähnlich
wie bei Langevin nur der thermischen Agitation, den Kräften des äußeren
und denen des inneren, molekularen Feldes unterliegen, im übrigen aber völlig
frei drehbar sein; dabei soll die Wirkung des molekularen Feldes für gewöhnlich
die andern bei weitem überwiegen.

---

[1]) P. Weiss, Journ. de phys. (4) Bd. 6, S. 661. 1907; Arch. sc. phys. et nat. (4) Bd. 31,
S. 401. 1911.

Wenn das äußere Feld $\mathfrak{H}$ gleich Null ist, geht Gleichung (67) über in

$$a = \frac{\sigma_{m_0} \cdot N \cdot \mathfrak{I}}{R \cdot T},\qquad (69)$$

oder da $\mathfrak{I} = \dfrac{d \cdot \sigma_m}{m}$ ist,

$$a = \frac{\sigma_{m_0} \cdot N \cdot d}{m \cdot R \cdot T} \cdot \sigma_m,\qquad (70)$$

woraus durch Erweiterung mit σ_{m_0}

$$\frac{\sigma_m}{\sigma_{m_0}} = \frac{m \cdot R \cdot T}{\sigma_{m_0}^2 \cdot d \cdot N} \cdot a\qquad (71)$$

folgt. Dieses ist die Gleichung einer durch den Nullpunkt gehenden Geraden, deren Neigung $\dfrac{m \cdot R \cdot T}{\sigma_{m_0}^2 \cdot d \cdot N}$ ceteris paribus mit der Temperatur proportional ist; bei einer niedrigen Temperatur habe die Gerade etwa die Neigung der Linie A, bei einer hohen Temperatur die der Linie C (Abb. 52a).

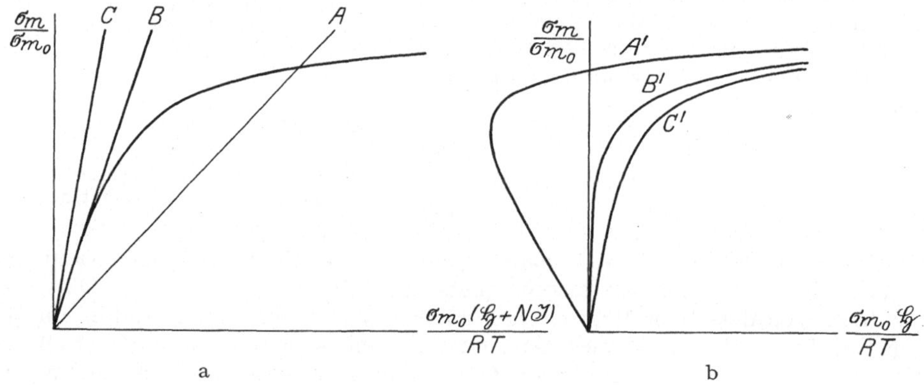

Abb. 52. Wirkung des molekularen Feldes.

Wenn wir diese Abb. 52a scheren, d. h. so umzeichnen, daß nicht mehr $\dfrac{\sigma_{m_0}(\mathfrak{H}+N\mathfrak{I})}{RT}$, sondern $\dfrac{\sigma_{m_0}\cdot\mathfrak{H}}{RT}$ Abszisse ist, so muß die Gerade der Gleichung (71) mit der Ordinate zusammenfallen; die Abb. 52a geht dann über in b, es entstehen aus der Langevinschen Kurve je nach der Höhe der Temperatur die Kurven A', B' oder C'.

Die erste von diesen ist in Abb. 53 zur Magnetisierungsschleife vervollständigt; von hohen Feldstärken kommend, geht die Magnetisierung über die Punkte d, e und f und springt dann von f nach g, da das Stück $f\,0\,i$ nicht realisierbar ist. Es muß also bei jeder Feldstärke, auch bei $\mathfrak{H} = 0$, immer eine beträchtliche Magnetisierung („spontane Magnetisierung") vorhanden sein.

Diese Folgerung haben wir oben bei der Darstellung der ferromagnetischen Eigenschaften weitgehend als Arbeitshypothese benutzt, indem wir den einzelnen Kristalliten spontane Magnetisierung zuschrieben. Diese ist durch ein gleichgerichtetes, äußeres Feld nur wenig zu vergrößern und daher auch im wesentlichen für den Sättigungswert des polykristallinen Körpers maßgebend.

Mit zunehmender Temperatur wird die Kurve A' sich der Kurve B' immer mehr nähern, die Punkte e und h werden immer näher zusammenrücken, bis sie beim Übergang in B' in den Nullpunkt fallen; die spontane Magnetisierung und damit auch die Sättigung nehmen also ab und werden bei einer bestimmten

Temperatur zu Null. Diese Temperatur ist der CURIEsche Punkt $T_\varkappa$. Die Neigung der Geraden B in Abb. 52a ist zufolge Gleichung (71) gleich $\dfrac{m \cdot R \cdot T_\varkappa}{\sigma_{m_0}^2 \cdot N \cdot d}$; das ist die gleiche Neigung, die auch die Kurve der Gleichung (66) im Nullpunkt hat und die gleich $\frac{1}{3}$ ist; also ist, wenn man beides gleichsetzt

$$T_\varkappa = \frac{\sigma_{m_0}^2 \, N d}{3 \, m \, R}.\tag{72}$$

Multipliziert man Gleichung (71) mit (72), so erhält man

$$\frac{T}{T_\varkappa} = \frac{3}{a} \cdot \frac{\sigma_m}{\sigma_{m_0}}.\tag{73}$$

Diese Gleichung in Verbindung mit (66) stellt die Temperaturabhängigkeit des Sättigungswertes dar. Sie ist identisch mit der oben angegebenen Gleichung (Ziff. 44), wo auch die Frage der Allgemeingültigkeit erörtert ist.

Übersteigt die Temperatur den Curiepunkt, so geht die Kurve B' in C' über. Während bei B' schon ein verschwindend kleines Feld genügt, um ein endliches Moment hervorzubringen, be- darf es bei höherer Tempera- tur (C') zur Erzeugung des- selben Momentes σ_m schon einer großen Feldstärke $\mathfrak{H}$. Im Curiepunkt kann also Glei- chung (67) geschrieben werden

$$a = \frac{\sigma_{m_0} N d}{m R T_\varkappa} \sigma_m,\tag{74}$$

oberhalb desselben (im Falle der Kurve C'):

$$a = \frac{\sigma_{m_0}\left(\mathfrak{H} + \dfrac{N d}{m} \sigma_m\right)}{R T}.\tag{75}$$

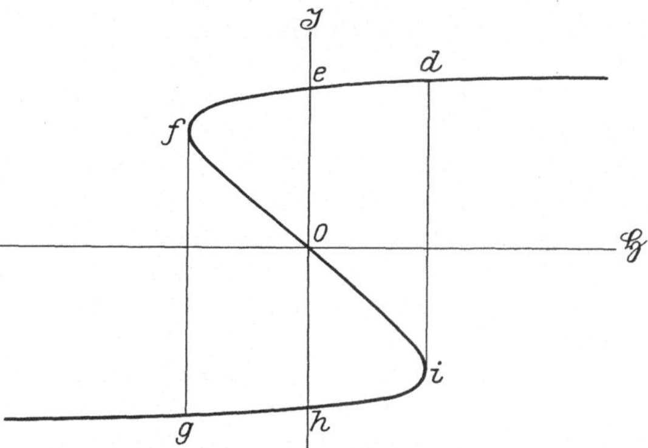

Abb. 53. Entstehung einer Magnetisierungskurve aus der LANGEVINschen Kurve.

Da die erzeugten σ_m gleich vorausgesetzt sind, so müssen die beiden a in den Gleichungen (74) und (75) zufolge Gleichung (66) auch gleich sein; mithin sind auch die beiden rechten Seiten gleich. Daraus erhält man nach Vereinfachung

$$\frac{T - T_\varkappa}{T_\varkappa} = \frac{\mathfrak{H} \cdot m}{\sigma_m \cdot N \cdot d}.\tag{76}$$

Führt man hier die auf das Mol bezogene Suszeptibilität $\chi_m = \sigma_m/\mathfrak{H}$ ein, so wird

$$\chi_m = \frac{\dfrac{T_\varkappa \cdot m}{N d}}{T - T_\varkappa} = \frac{C_{II}}{T - T_\varkappa}.\tag{77}$$

Diese Beziehung haben wir oben [Gleichung (60)] als zweites CURIEsches Gesetz kennengelernt. Da sie in der Erfahrung bestätigt wird, insofern als der Zähler der rechten Seite eine Konstante ist (zweite CURIEsche Konstante), so kann man sie dazu benutzen, die Größe von N und $\mathfrak{H}_m$ zu berechnen. Man erhält dann für Eisen, Kobalt und Nickel die neben- stehenden Werte. Die Größe des mole- kularen Feldes ergibt sich also hiernach zu mehreren Millionen Gauß.

Tabelle 11.

	N	$\mathfrak{H}_m$
Eisen	3850	$6,56 \cdot 10^6$
Kobalt . . .	6180	$8,87 \cdot 10^6$
Nickel	12700	$6,35 \cdot 10^6$

So gut die Weisssche Theorie sonst qualitativ und oft auch quantitativ mit der Erfahrung im Einklang steht, ist diese enorme Größe des molekularen Feldes damit doch kaum in Übereinstimmung zu bringen. So müßte z. B. die Koerzitivkraft der ferromagnetischen Körper nach der Theorie ganz bedeutend größer sein, als sie es in Wirklichkeit ist[1]). Umgekehrt müßte N, wenn man etwa in derselben Weise, wie es H. A. Lorentz bei dielektrischen Körpern durchführte, die Wirkung aller übrigen auf ein einzelnes Molekül berechnete, sich zu $\frac{4}{3}\pi$ ergeben, einem Werte, der nur $^1/_{1000}$ des oben abgeleiteten beträgt.

Die Natur des Molekularfeldes kann also nicht, wie Weiss zunächst annahm, magnetischen oder ausschließlich magnetischen Ursprungs sein. Welcher Art es aber sonst sein sollte, ist noch ganz dunkel. Alle Versuche, eine Erklärung zu finden, auch der interessante Versuch von Weiss[2]), der die Annahme machte, daß die Natur des molekularen Feldes dieselbe sei, wie die der sog. „magnetischen Kontaktwirkung", haben die Frage nicht befriedigend zu lösen vermocht.

So stellt sich schließlich die Weisssche Theorie auch nur als eine — allerdings sehr erfolgreiche — Arbeitshypothese dar.

66. Die Ganssche Theorie. Unter teilweiser Mitwirkung von P. Hertz hat Gans[3]) die Grundgedanken von Weber, Ewing und Weiss erweitert und vertieft.

Er machte sich zunächst frei von der Vorstellung, daß es ein besonderes magnetisches Fluidum gibt, aus dem die unveränderlichen Elementarmagnete bestehen. Vielmehr dachte er sich, dem Stande der Wissenschaft entsprechend, den Magnetismus hervorgebracht lediglich durch rotierende oder zirkulierende Elektronen. Er konnte zeigen, daß rotierende, elektrisch geladene Molekel tatsächlich Elementarmagneten äquivalent sind sowohl aktiv in ihren magnetischen Wirkungen, wie auch passiv gegenüber den Kräften, denen sie unterliegen.

Doch genügt das für eine Elektronentheorie der Magnetisierung noch keineswegs, weil die durch die Rotationen der geladenen Molekel repräsentierten Molekularströme nicht unbedingt in ihrer Stärke konstant bleiben und auch die magnetischen Achsen durchaus nicht feste Lagen innerhalb der Molekel zu behalten brauchen: hatte doch schon Voigt gefunden, daß ein kugelförmiges Molekül sich mit seiner magnetischen Achse gar nicht in die Feldrichtung einstellt, sondern um diese Präzessionsbewegungen ausführt.

Nimmt man dagegen an, ein Elementarmagnet sei ein um seine Figurenachse sehr schnell rotierender, elektrisch geladener Rotationskörper, so läßt sich zeigen, daß dieser sich stets mit seiner Achse in die Feldrichtung einstellen und dauernd mit großer Annäherung sein Moment behalten muß, während eine Drehung um jede andere Achse durch die eigene Ausstrahlung in längerer oder kürzerer Zeit verschwindet.

Aus solchen „Magnetonen" denkt sich nun Gans einen isotropen Körper zunächst in der Weise aufgebaut, daß ihre Mittelpunkte, um die sie sich im übrigen frei drehen können, an ihrem Orte festliegen. Jedes Magneton stellt sich dann in die Richtung ein, welche die Feldstärke $\mathfrak{h}$ am Orte seines Mittelpunktes besitzt. Diese Feldstärke $\mathfrak{h}$ besteht aus dem äußeren Feld $\mathfrak{H}$ und der Wirkung aller übrigen Magnetonen in diesem Punkte, die man in der folgenden Weise finden kann.

Man beschreibt um das gerade betrachtete Magneton im Punkte P (Abb. 54) eine Kugel mit dem Radius s, der so groß ist, daß im Innern dieser Kugel (Zone I)

[1]) R. H. de Waard, ZS. f. Phys. Bd. 32, S. 789. 1925.
[2]) P. Weiss, Ann. d. Phys. (4) Bd. 1, S. 148. 1914.
[3]) R. Gans, Göttinger Nachr. 1910, S. 197; 1911, S. 118.

nur dieses eine Magneton vorhanden ist. Zone I liefert also keinen Beitrag zum Felde $\mathfrak{h}$. Dann wird eine weitere Kugel mit dem Radius s' beschrieben, der so groß ist, daß die Wirkung aller außerhalb desselben liegenden Magnetonen (Zone III), ähnlich wie bei der LORENTZschen Theorie der Dielektrika, ersetzt werden kann durch die Wirkung eines gleichmäßig magnetisierten Mediums. Der Beitrag dieser Zone zum Felde $\mathfrak{h}$ ist dann gleich $\dfrac{4\pi}{3}\mathfrak{J}$; da er mit dem äußeren Felde gleichgerichtet ist, kann er ohne weiteres mit ihm zusammengezogen werden in die Gleichung

$$\mathfrak{K} = \mathfrak{H} + \frac{4\pi}{3}\mathfrak{J}. \tag{78}$$

Da der Beitrag $\mathfrak{A}$ der nun noch übrigbleibenden Mittelzone II mathematisch sehr schwer faßbar ist, machte GANS über ihn zwei Annahmen, die zwar etwas willkürlich erscheinen, die aber doch wohl zu wesentlich denselben Ergebnissen führen müssen, wie eine strengere Behandlung. GANS setzt: die von den verschiedenen Mittelzonen II erzeugten Feldstärken haben alle gleiche Größe; sie kommen in jeder Richtung gleich oft vor[1]).

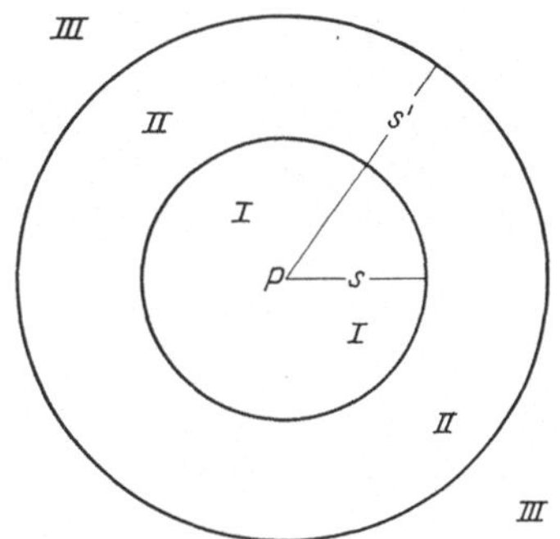
Abb. 54. Die drei Wirkungszonen der Magnetonen.

Es gelingt dann leicht, die Magnetisierungsfunktion aufzustellen:

$$\left.\begin{array}{l} \text{a) } \mathfrak{K} < \mathfrak{A} \cdots \mathfrak{J} = \dfrac{2}{3}\,\mathfrak{J}_\infty\,\dfrac{\mathfrak{K}}{\mathfrak{A}}, \\[2ex] \text{b) } \mathfrak{K} > \mathfrak{A} \cdots \mathfrak{J} = \mathfrak{J}_\infty\left(1 - \dfrac{\mathfrak{A}^2}{3\,\mathfrak{K}^2}\right). \end{array}\right\} \tag{79}$$

Die beiden Gleichungen (78) und (79) geben so zusammen eine Parameterdarstellung der Abhängigkeit der Magnetisierung von der äußeren Feldstärke. Bei der Diskussion ergibt sich, daß unter bestimmten Bedingungen eine ähnliche Kurve entsteht, wie sie als Kurve A' (Abb. 52b) oben in der WEISSschen Theorie auftrat, und durch Stabilitätsuntersuchung und Ausschluß aller labilen Teile schließlich eine Magnetisierungsschleife, die in erster Annäherung ein Rechteck darstellt.

Aus diesem ferromagnetischen, isotropen Medium sollen nun kleine dreiachsige Ellipsoide herausgeschnitten werden, die sog. Elementarkomplexe, und ein ferromagnetischer Kristall enthalte in den Raumgitterpunkten solche Elementarkomplexe. Man kann nun wieder wie vorhin für den isotropen Körper, so auch hier für den Kristall den Raum um den Aufpunkt in drei Zonen zerlegen und kommt dann durch ganz ähnliche Betrachtungen zur Darstellung der Eigenschaften eines ferromagnetischen Kristalls. Legt man beispielsweise ein rhombisches Raumgitter zugrunde, so ergeben sich alle Erscheinungen genau so, wie sie WEISS[2]) am Pyrrhotit gefunden hat.

Bisher wurde von irgendwelcher Wärmebewegung abgesehen. Um nun auch deren Einfluß zu berücksichtigen, läßt GANS die bisher grundlegende Voraussetzung fallen, daß die Mittelpunkte der Magnetonen an festen Punkten des Elementarkomplexes liegen. Die Magnetonen sollen sich jetzt vielmehr innerhalb der Elementarkomplexe völlig frei bewegen können, wie die Molekel eines Gases, und sich gegenseitig stoßen und ablenken. Durch Heranziehen der Methoden der statischen Mechanik kann man dann dieser thermischen Agitation

---

[1]) Vgl. auch eine spätere Untersuchung über das „molekulare Feld" Ann. d. Phys. (4) Bd. 63, S. 382. 1920.
[2]) P. WEISS, Journ. de phys. (4) Bd. 4, S. 469 u. 829. 1905.

Rechnung tragen und Formeln für die Magnetisierungskurve eines Elementarkomplexes erhalten, in denen die Temperatur als Parameter auftritt:

$$\left.\begin{aligned}\text{a)}\ \ \mathfrak{K}<\mathfrak{A}\cdots\ \frac{\mathfrak{J}}{\mathfrak{J}_\infty}&=\int_{\mathfrak{A}-\mathfrak{K}}^{\mathfrak{A}+\mathfrak{K}}\mathfrak{L}\,(a)\,\frac{\mathfrak{h}^2+\mathfrak{K}^2-\mathfrak{A}^2}{4\,\mathfrak{A}\,\mathfrak{K}^2}\,d\mathfrak{h}\,,\\[2ex]\text{b)}\ \ \mathfrak{K}>\mathfrak{A}\cdots\ \frac{\mathfrak{J}}{\mathfrak{J}_\infty}&=\int_{\mathfrak{K}-\mathfrak{A}}^{\mathfrak{K}+\mathfrak{A}}\mathfrak{L}\,(a)\,\frac{\mathfrak{h}^2+\mathfrak{K}^2-\mathfrak{A}^2}{4\,\mathfrak{A}\,\mathfrak{K}^2}\,d\mathfrak{h}\,,\end{aligned}\right\}\tag{80}$$

worin $\mathfrak{L}(a)$ die Langevinsche Funktion darstellt:

$$\mathfrak{L}(a)=\mathfrak{Ctg}\,a-\frac{1}{a}\,,\quad\text{und}\quad a=\frac{\mu\,\mathfrak{h}}{k\,T}\tag{81}$$

($k=1{,}35\cdot10^{-16}$, μ Moment eines Magnetons) ist.

Diese Gleichungen geben in Verbindung mit Gleichung (78) wieder wie oben die Abhängigkeit der Magnetisierung von der äußeren Feldstärke.

Für $T=0$ gehen sie über in die Gleichungen (79); diese stellen also den Spezialfall des absoluten Nullpunktes und somit annähernd das Verhalten bei tiefen Temperaturen dar.

Ist das molekulare Feld $\mathfrak{A}=0$, so wird aus Gleichung (80b)

$$\frac{\mathfrak{J}}{\mathfrak{J}_\infty}=\mathfrak{L}(a')\,,\quad\text{wo}\quad a'=\frac{\mu\,\mathfrak{K}}{k\,T}\tag{82}$$

ist. Langevin[1]) hatte für paramagnetische Substanzen gefunden

$$\frac{\mathfrak{J}}{\mathfrak{J}_\infty}=\mathfrak{L}(a'')\,,\quad\text{wo}\quad a''=\frac{\mu\,\mathfrak{H}}{k\,T}\tag{83}$$

ist. Die Formeln von Gans sind also die umfassenderen, sie gehen in die Langevinsche über, wenn das molekulare Feld $\mathfrak{A}$ der Nachbarmagnetonen zu vernachlässigen ist und der Einfluß aller übrigen Magnetonen gegen die äußere Feldstärke nicht in Betracht kommt, was für schwach paramagnetische Körper zutreffen mag.

In gleicher Weise wie oben bildet Gans dann aus Elementarkomplexen mit den soeben hergeleiteten magnetischen Eigenschaften wieder einen anisotropen Körper und gelangt dadurch zu einer Darstellung des Verhaltens ferromagnetischer Kristalle bei den verschiedenen Temperaturen. Durch Reihenentwicklungen und Näherungsformeln findet er einen großen Teil der schon oben bei den ferromagnetischen Erscheinungen erwähnten Gesetze, die Temperaturabhängigkeit von Remanenz und Koerzitivkraft, die beiden Curieschen Gesetze und anderes mehr.

Zum Schluß sei zur besseren Klarstellung der Unterschied gegen die Weisssche Theorie noch einmal besonders hervorgehoben. Bei Weiss besteht die erregende Kraft aus zwei Teilen, dem äußeren und dem molekularen Felde $N\mathfrak{J}$. Eine ordnungstörende Tendenz hat nur die thermische Agitation. Daher tritt bei jeder endlichen Temperatur erst in einem unendlich großen äußeren Felde Sättigung ein, während im absoluten Nullpunkt jedes noch so kleine Feld schon Sättigung erzeugt.

Bei Gans dagegen setzt sich die erregende Wirkung aus drei Teilen zusammen, dem äußeren Felde, dem Strukturfelde (identisch mit dem molekularen Felde von Weiss) und dem Gansschen molekularen Felde $\mathfrak{A}$. Dieses letzte hat wegen der verschiedenen Richtungen, die es an den Orten der verschiedenen

<hr>

[1]) P. Langevin, Ann. chim. phys. (8) Bd. 5, S. 117. 1905.

Magnetonen besitzt, auch eine ordnungstörende Tendenz, wirkt also im gleichen Sinne, wie die thermische Agitation. Daher kann hier auch im absoluten Nullpunkt Sättigung erst eintreten bei unendlich großer Feldstärke.

67. Andere neuere Theorien. Wir sahen oben, daß die Hauptschwierigkeit der WEISSschen Theorie in der Notwendigkeit begründet ist, molekulare Felder von so außerordentlicher Größe anzunehmen, daß andere daraus gezogene Folgerungen mit der Erfahrung nicht mehr im Einklang stehen.

FRIVOLD[1]) unternahm es, diesen Schwierigkeiten genauer nachzugehen. Er verfuhr so, daß er sich die Frage vorlegte, wie groß dann die Abweichung von der LANGEVINschen Kurve sein würde, wenn man außer der ordnungstörenden Wärmebewegung und dem ordnenden äußeren Felde noch ein molekulares (im Sinne von WEISS) Feld annimmt, das lediglich von der gegenseitigen Einwirkung der Molekularmagnete aufeinander herrührt, deren Moment und Entfernung voneinander ja bekannt sind. Er führt diese Rechnung nach statistischen Methoden durch für zwei Fälle: die eindimensionale Verteilung der Elementarmagnete in einer Kette und die dreidimensionale im gewöhnlichen und im raumzentrierten kubischen Gitter.

Dabei ergibt sich, daß bei gewöhnlicher Temperatur die Abweichungen von der LANGEVINschen Kurve, die von der Einwirkung der Elementarmagnete aufeinander herrühren, völlig zu vernachlässigen sein müßten; so würde dann z. B. Eisen dort rein paramagnetisch sein; sein Curiepunkt müßte bei wenigen Grad absoluter Temperatur liegen.

Die Annahme eines rein magnetischen molekularen Feldes kann also den ferromagnetischen Erscheinungen nicht genügen. FRIVOLD unternimmt dann den sehr interessanten Versuch, außer dem von der rein magnetischen Einwirkung der Molekularmagnete aufeinander herrührenden molekularen Felde auch eine richtende Wirkung als Folge einer elektrischen Polarisation der Elementarmagnete anzunehmen. Leider führen seine Berechnungen auf Reihen, die nicht in allen Fällen sicher konvergieren; insofern kann dieser sonst sehr vielversprechende Versuch noch nicht als abgeschlossen gelten.

Kurz erwähnt sei hier weiter die Theorie von HONDA und OKUBO[2]); diese stellt sich dar als eine genauere und allgemeinere Durchführung derjenigen von EWING. Sie bezieht sich auf anisotropes Material, bei dem die Elementarmagnete in den Ecken eines kubischen Raumgitters liegen, wie auch auf pseudoisotropes Material, das aus regellos durcheinanderliegenden anisotropen Elementarkomplexen aufgebaut ist.

Auch hier ist qualitativ Übereinstimmung mit der Erfahrung vorhanden; doch fehlt jede Berücksichtigung der Temperatur, ein Umstand, der diese Theorie in ihrer Bedeutung gegen die oben besprochenen stark zurücktreten läßt.

Schließlich soll noch die Theorie von ASHWORTH[3]) Erwähnung finden, welche sich wieder wie die WEISSsche der VAN DER WAALSschen Methode bedient, nur daß sie nicht von der LANGEVINschen Gleichung, sondern vom ersten CURIEschen Gesetz ausgeht. Dieses läßt sich in der Form darstellen [s. Gleichung (20)]:

$$\mathfrak{H} \cdot \frac{1}{\mathfrak{J}} = C' \cdot T, \tag{84}$$

aus der die Ähnlichkeit mit der Gleichung der idealen Gase zu erkennen ist. C' bedeutet hier $m/(d \cdot C_1)$. Ebenso wie nun VAN DER WAALS Druck und Volumen um den „Kohäsionsdruck" und das „Kovolumen" korrigierte, verbessert ASHWORTH die äußere Feldstärke um das innere, molekulare Feld, dem er die

---

[1]) O. E. FRIVOLD, Ann. d. Phys. Bd. 65, S. 1. 1921.
[2]) K. HONDA u. J. OKUBO, Sc. Reports Tohoku Univ. Bd. 5, S. 153. 1916.
[3]) J. R. ASHWORTH, Phil. Mag. (6) Bd. 30, S. 711. 1915; Bd. 33, S. 334. 1917.

Größe $a'\mathfrak{J}^2$ zuschreibt, und die reziproke Magnetisierungsintensität um den reziproken Sättigungswert. So erhält er

$$\left(\mathfrak{H} + a'\mathfrak{J}^2\right)\left(\frac{1}{\mathfrak{J}} - \frac{1}{\mathfrak{J}\infty}\right) = C'T. \tag{85}$$

Für den Curiepunkt ergibt das

$$T_\varkappa = \frac{8}{27}\,\frac{a'\mathfrak{J}\infty}{C'} \tag{86}$$

und für den Temperaturkoeffizienten der Magnetisierung

$$\alpha = \frac{C'}{a'\mathfrak{J}\,(1 - 2\mathfrak{J}/\mathfrak{J}\infty)}. \tag{87}$$

Berechnet man aus diesen beiden letzten Gleichungen die Werte für a', so stimmen diese gut miteinander überein. Gleichung (86) steht in Beziehung zu Gleichung (61), die also nun besagt, daß der numerische Betrag von a'/C' für die Hauptrepräsentanten der ferromagnetischen Körper mit großer Annäherung eine charakteristische, ganze Zahl ist.

γ) Magnetonentheorien.

68. Einleitung. Das Moment eines Grammoleküls bzw. Grammatoms bei absoluter Sättigung σ_{m_0} läßt sich bei ferromagnetischen Körpern verhältnismäßig einfach direkt bestimmen, indem man den Sättigungswert bei möglichst tiefen Temperaturen beobachtet. So fanden Weiss und Kamerlingh Onnes[1] für σ_{m_0} die folgenden Werte: bei Eisen 12360, bei Nickel 3370.

Bei paramagnetischen Körpern hingegen ist eine direkte Bestimmung nicht möglich, da wir genügend hohe Feldstärken nicht herstellen können. Man ist hier auf einen Weg angewiesen, der über die Langevinsche Theorie führt und deren Richtigkeit bis zu einem gewissen Grade zur Vorbedingung hat. Der Beobachtung direkt zugänglich ist die Curiesche Konstante C_I, die ja gleich dem Produkt aus der Suszeptibilität (diese wie auch C_I seien hier auf das Mol bezogen) und der absoluten Temperatur ist. Nach der Langevinschen Theorie ist andererseits [Gleichung (20)]

$$C_I = \frac{\sigma_{m_0}^2}{3R},$$

wo R die Gaskonstante pro Mol bedeutet, die gleich $8,315 \cdot 10^7$ Erg pro Grad ist. So erhält man

$$\sigma_{m_0} = \sqrt{3\,R\,C_I}. \tag{88}$$

Es drängt sich nun die Frage auf, ob alle diese Sättigungsmomente der verschiedensten Körper isoliert dastehende, gänzlich voneinander unabhängige Einzelgrößen sind oder ob sie sich vielleicht als Multipla eines bestimmten Elementarmoments, dem man dann den Namen „Magneton" beiliegen könnte, darstellen lassen.

Wir übergehen im folgenden die ersten Versuche von Ritz und diejenigen von Kunz, die heute nur noch historisches Interesse haben, und wenden uns zur Darstellung der drei neueren Auffassungen von Weiss, Parson und Bohr.

69. Das Weisssche Magneton[2]. Aus der Größe der beiden soeben erwähnten Molmomente ersieht man leicht, daß sie sich wie $11:3$ verhalten:

$$\text{Eisen: } 12360 = 11 \cdot 1123,6,$$
$$\text{Nickel: } 3370 = 3 \cdot 1123,3.$$

---

[1] P. Weiss u. H. Kamerlingh Onnes, Comm. Leiden Nr. 114.
[2] S. besonders B. Cabrera, Journ. chim. phys. Bd. 16, S. 442. 1918.

Den gemeinsamen Teiler 1123,5 faßte nun WEISS auf als das Elementarmoment und nannte es „Magneton".

Da sich diese Zahlen auf das Grammatom beziehen, so müßte man 1123,5 als das „Grammagneton" bezeichnen. Dividiert man es durch die Zahl der Molekel im Mol $(6,06 \cdot 10^{23})$, so erhält man die Größe des auf das Atom bezogenen Magnetons zu $1,86 \cdot 10^{-21}$.

Handelt es sich hier nun wirklich um ein Elementarmoment, so muß es sich in allen para- und diamagnetischen Körpern wiederfinden. Das läßt sich dadurch prüfen, daß für alle diese Körper der Quotient $\sigma_{m_0}/1123,5$ innerhalb der Meßgenauigkeit eine ganze Zahl sein muß.

Betrachten wir zunächst noch Kobalt bei tiefen Temperaturen. Wegen seiner außerordentlichen magnetischen Härte läßt es sich nicht sättigen. BLOCH hat jedoch die Sättigung von Nickelkobaltlegierungen bis zu 70% Kobalt bei tiefen Temperaturen messen können, wobei sich der Sättigungswert mit dem Kobaltgehalt linear veränderlich zeigte. So konnte er für reines Kobalt $\sigma_{m_0} = 10\,042$ extrapolieren. Dieser Wert würde also 8,94 (oder 9) Magnetonen ergeben.

Beim Magnetit aber erhält man, einem σ_{m_0} von 7420 entsprechend, die Zahl 6,6, also keine ganze Zahl.

Man kann bei ferromagnetischen Körpern auch auf einem anderen, indirekten Wege zu σ_{m_0} gelangen; es läßt sich nämlich bei Temperaturen oberhalb des Curiepunktes aus dem zweiten CURIEschen Gesetz bestimmen. Führt man in den unter Gleichung (77) gegebenen Ausdruck für χ_m den Wert für $T_\varkappa$ aus Gleichung (72) ein, so erhält man

$$\chi_m \cdot (T - T_\varkappa) = \frac{\sigma_{m_0}^2}{3\,R} = C_{II}, \tag{89}$$

woraus folgt, daß auch

$$\sigma_{m_0} = \sqrt{3\,R\,C_{II}} \tag{90}$$

ist.

Diese Gleichung soll nach WEISS mit der Erfahrung gut im Einklang sein. Es muß aber auch hier daran erinnert werden, daß TERRY[1]) dieses zweite CURIEsche Gesetz bei Eisen und Kobalt überhaupt nicht, bei Nickel nur in einem beschränkten Temperaturbereich bestätigt fand. WEISS erhielt nun, wenn er die Werte $1/\chi_m$ in der Abhängigkeit von der Temperatur auftrug, oberhalb des Curiepunktes nicht eine einzige Gerade, sondern mehrere, aneinander anschließende Gerade, jede für ein bestimmtes Temperaturintervall; in den verschiedenen Temperaturbereichen aber ist die Neigung der Geraden und damit auch die Konstante C_{II} verschieden; vielleicht handelt es sich hier um verschiedene Modifikationen. Bei Magnetit z. B. sind fünf Gerade vorhanden, deren Magnetonenzahlen sich wie 4:5:6:8:10 verhalten. Bei Eisen sowohl wie bei Nickel muß man zwei β-Modifikationen unterscheiden, die ihre Grenzen bei 828° C (Eisen) bzw. 900° C (Nickel) haben.

Bei den Legierungen muß man offenbar unterscheiden, ob es sich um gewöhnliche feste Lösungen oder um Verbindungen handelt. In den ersteren ändert sich bei tiefen Temperaturen σ_{m_0} linear mit dem Prozentgehalt. Die letzteren dagegen scheinen eine eigene Magnetonenzahl zu haben, wie z. B. Fe_2Ni mit 30 und Fe_2Co mit 36 Magnetonen.

Für die paramagnetischen Gase, Sauerstoff und Stickoxyd, fanden WEISS und seine Mitarbeiter die Magnetonenzahlen $n = 14,12$ bzw. 9,20, welche von ganzen Zahlen stark abweichen.

---

[1]) E. M. TERRY, Phys. Rev. (2) Bd. 9, S. 255 u. 394. 1917.

Große Schwierigkeiten macht die Prüfung auf Ganzzahligkeit bei den Lösungen paramagnetischer Salze. Hier spielt sowohl das Lösungsmittel wie auch das Säureradikal eine erhebliche Rolle. In betreff der letzteren setzt Weiss voraus, daß die diamagnetischen Atome ihren Diamagnetismus auch in Lösungen der paramagnetischen Salze beibehalten, eine Annahme, die den Tatsachen wohl kaum mit der Genauigkeit entsprechen dürfte, die hier zur Entscheidung erforderlich ist.

Tabelle 12.

Körper[1]	$n = \dfrac{\sigma_{m_0}}{1123,5}$	n'
β_1 = Eisen	12,08	12
β_2 = Eisen	10,04	10
γ = Eisen	19,95	20
β_1 = Nickel	7,99	8
β_2 = Nickel	8,96	9
Kobalt	15,01 (14,93)	15

Um den Einfluß des Lösungsmittels zu eliminieren, geht man von der Wiedemannschen Regel aus. Diese besagt, daß der spezifische Magnetismus einer Lösung $\chi = C_s \cdot \chi_s + (1 - C_s) \chi_w$ ist; hier bedeuten C die Konzentration und die Indizes s und w „Salz" bzw. „Lösungsmittel".

Als Weiss unter diesen Voraussetzungen aus den Pascalschen Messungen den Quotienten $\sigma_{m_0}/1123,5$ berechnete, fand 'er tatsächlich zunächst bis auf wenige Ausnahmen mit hinreichender Genauigkeit ganze Zahlen. Benutzt man aber an Stelle des von ihm angenommenen Wertes $-7,5 \cdot 10^{-7}$ für die Suszeptibilität des Wassers den richtigen Wert $-7,2 \cdot 10^{-7}$, so verschwindet diese Ganzzahligkeit fast völlig.

Nun ist es aber sicher, daß die Wiedemannsche Regel nicht allgemein gültig ist, sondern die Suszeptibilität des gelösten Salzes sich häufig mit der Konzentration ändert. Merkwürdigerweise geben nun Nickel- und Chromisalze[2]), die beide der Regel gehorchen, auch beide recht genau ganze Magnetonenzahlen, und zwar Nickel 16 und Chrom 19. Bei Ferrosalzen sind die Angaben äußerst schwankend.

Ferrisalze aber z. B. folgen der Wiedemannschen Regel nicht; sie zeigen hydrolytische Spaltung. Wenn diese aber vollständig oder Null ist, so scheinen ganze Magnetonenzahlen aufzutreten. Ähnliches gilt auch für Mangan-, Kobalt- und Kupfersalze.

Im festen Zustand gehorchen nach Kamerlingh Onnes paramagnetische Salze gelegentlich dem Curieschen Gesetz, wenn sie Kristallwasser enthalten; für gewöhnlich aber muß dieses Gesetz hier $\chi(T + T_1) = \text{const}$ geschrieben werden[3]), wo T_1 eine positive oder negative Konstante ist. Für viele dieser Substanzen wurde Ganzzahligkeit gefunden; es gibt aber auch viele Ausnahmen.

Zusammenfassend kann man sagen, daß bisher manches für die Existenz des Weissschen Magnetons spricht; aber man kann sie keinesfalls als nachgewiesen betrachten.

70. Das Parsonsche Magneton. Weiss ging von den Erscheinungen aus, um das Magneton zu finden; er benutzte eine empirische Methode, ohne sich von dem Magneton selbst ein Bild zu machen. Das Magneton blieb also eigentlich unanschaulich, ein Umstand, der der Anerkennung dieser Theorie sicher nicht förderlich war.

Man kann natürlich auch den umgekehrten Weg gehen, sich also zuerst eine Vorstellung von der Natur des Magnetons zu bilden suchen, daraus sein Verhalten herleiten und schließlich an Hand der Erfahrung prüfen.

---

[1]) Nach P. Weiss, Arch. f. Elektrot. Bd. 2, S. 8. 1913.
[2]) P. Weiss u. E. D. Bruins, Versl. Ak. Wet. Bd. 24, S. 310. 1915; B. Cabrera u. E. Moles, Arch. de Gen. (4) Bd. 35, S. 425. 1913; Ph. Theodorides, ebenda Bd. 3, S. 161. 1921.
[3]) S. auch E. H. Williams, Phys. Rev. (2) Bd. 14, S. 348. 1919.

Einen besonders interessanten Versuch nach dieser Richtung machte PARSON, welcher von der Annahme ausgeht, daß das Magneton ein in sich rotierendes ringförmiges Elektron sei. Die Umfangsgeschwindigkeit der Elektrizität in diesem Kreisstrom sei gleich der Lichtgeschwindigkeit, der Radius des Kreises $1,5 \cdot 10^{-9}$ cm. Ein solcher Kreisstrom hat dann — das ist das Bestechende dieser Theorie — keine Strahlung, die einen dauernden Energieverlust bedingen würde, aber ein festes magnetisches Moment von der Größe $3,5 \cdot 10^{-19}$ CGS. Es ist also etwa 200 mal größer als das WEISSsche Magneton. PARSON nimmt nun weiter an, daß die verschiedenen Magnetonen eines Atoms sich gegenseitig mehr oder weniger neutralisieren. So ordnet er z. B. dem Helium acht Magnetonen zu, die in Würfelecken innerhalb des Atoms verteilt sind; in dieser Stellung neutralisieren sie sich gegenseitig vollständig, so daß das Heliumatom diamagnetisch ist. Mit steigender Ordnungszahl nimmt dann die Magnetonenzahl fast regelmäßig um 1 zu.

Leider vermag diese Theorie in qualitativer Hinsicht weiter nichts Wesentliches verständlich zu machen; quantitativ dürfte sie sich kaum prüfen lassen, da die Atommomente hier immer als Differenzen wesentlich größerer Momente erscheinen.

71. Das BOHRsche Magneton. Nach dem Erfolg des BOHRschen Atommodells bei der Erklärung des Wasserstofflinienspektrums lag es nahe, mit Hilfe dieses Modells auch einen neuen Ansatz zur Magnetonentheorie zu versuchen, indem man ein BOHRsches rotierendes Elektron als Magneton anspricht.

Das magnetische Moment eines solchen würde dann sein

$$\mathfrak{M}' = \pi a^2 e \nu, \tag{91}$$

wobei a der Radius der Bahn, e die Ladung und ν die Frequenz des Elektrons bedeutet.

Weiter ist das Impulsmoment eines Elektrons

$$p = a v m, \tag{92}$$

wo v die Geschwindigkeit und m die Masse des Elektrons ist. Führt man für v den Ausdruck $2\pi \nu a$ in Gleichung (92) ein, so erhält man

$$p = 2\pi \nu a^2 m. \tag{93}$$

Andererseits gilt nach BOHR für eine stationäre Bahn die Quantenbeziehung

$$p = \frac{n h}{2 \pi}, \tag{94}$$

wo n eine ganze Zahl und h die PLANCKsche Konstante bedeutet. Durch Gleichsetzen der beiden letzten Gleichungen wird

$$\pi \nu a^2 = \frac{n h}{4 \pi m}. \tag{95}$$

Wird dieser Wert in (91) eingesetzt, so erhält man

$$\mathfrak{M}' = \frac{e n h}{4 \pi m}. \tag{96}$$

Für $n = 1$ wird

$$\mathfrak{M}' = \frac{e h}{4 \pi m} = 9,21 \cdot 10^{-21}. \tag{97}$$

Diese Größe wird als das BOHRsche Magneton bezeichnet. Das auf das Grammatom bezogene Magneton ergibt sich daraus durch Multiplikation mit der LOSCHMIDTschen Zahl L. So wird schließlich

$$\mathfrak{M} = \frac{e h L}{4 \pi m} = 5580. \tag{98}$$

Dieses Magneton ist also etwa fünfmal so groß, wie das WEISSsche. Die Magnetonenzahl für Sauerstoff z. B. ergibt sich zu 2,86, die für Stickoxyd zu 1,86, zunächst sicher kein befriedigendes Ergebnis.

Nun hat aber PAULI jun.[1]) darauf aufmerksam gemacht, daß die Ausgangsgleichung für das Sättigungsmoment $\sigma_{m_0} = \sqrt{3\,R\,C_I}$ die aus der LANGEVINschen Theorie hergeleitet wurde, einer Umänderung bedürfe, wenn die Bahnen gequantelt werden sollen, d. h. wenn der Winkel ϑ zwischen der Achse des Moments und der Richtung des Feldes nur solche Werte annehmen soll, die der Gleichung

$$\cos\vartheta = \pm\frac{k}{n}, \quad \text{für } k = 1, 2, 3 \dots n \tag{99}$$

gehorchen, wo n die Quantenzahl des Impulsmoments [Gleichung (94)] oder die Magnetonenzahl [Gleichung (96)] bedeutet. Dann wird aus Gleichung (88)

$$\sigma_{m_0} = \sqrt{\frac{3\,R\,C_I}{\tfrac{1}{2}(n+1)(2n+1)}} . \tag{100}$$

So erhält man unter der Annahme, daß $n = 1$ ist, bei Stickoxyd 1,067 Magnetonen, bei Sauerstoff unter der Annahme, daß $n = 2$ ist, 2,08 Magnetonen.

GERLACH[2]) und EPSTEIN[3]) erhielten nach dieser Methode von PAULI die in nebenstehender Tabelle vereinigten Werte. Die entsprechende ganze Zahl ist in Klammern beigefügt.

Tabelle 13.

Ion	$n_{\text{Weiß}}$	n_{Bohr}	
C+++	19,0	3,04	(3)
Cr++	24,0	4,04	(4)
Mn++	29	5,04	(5)
Fe+++	28,9	5,02	(5)
Fe++	26,0—29,0	4,5—5,4	(5)
Co++	24	4,04	(4)
Ni++ gesättigt	16	2,6	(3)
N++ ungesättigt	13	1,9	(2)
Cu++	9,1	1,05	(1)

Schließlich sei erwähnt, daß SOMMERFELD[4]) noch eine andere Ausgangsgleichung in Verbindung mit der Theorie des Zeemaneffekts herleitete. Er erhielt

$$\sigma_{m_0} = \sqrt{\frac{3\,R\,C_I}{n(n+2)}} . \tag{101}$$

Tabelle 14.

$n_{\text{Weiß}}$	n_{Bohr}
8,6	1
14,1	2
19,2	3
24,4	4
29,4	5
34,4	6
39,4	7
44,4	8
49,4	9
54,4	10

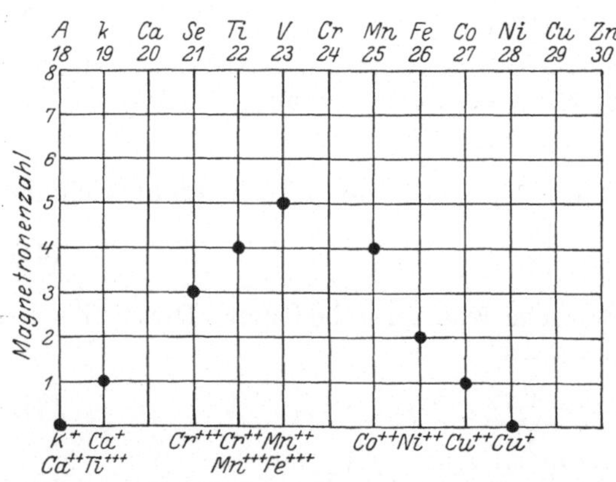

Abb. 55. Magnetonenzahlen nach SOMMERFELD.

Die WEISSschen und BOHRschen Magnetonenzahlen, die sich hiernach entsprechen, sind in Tabelle 14 zusammengestellt. In Abb. 55 sind die BOHRschen Magnetonenzahlen nach SOMMERFELD eingetragen.

[1]) W. PAULI jr., Phys. ZS. Bd. 21, S. 615. 1920.
[2]) W. GERLACH, Phys. ZS. Bd. 24, S. 275. 1923.
[3]) P. EPSTEIN, Science Bd. 57, Nr. 1479. 1923.
[4]) A. SOMMERFELD, Phys. ZS. Bd. 24, S. 360. 1923; ZS. f. Phys. Bd. 19, S. 221. 1923; Ann. d. Phys. Bd. 73, S. 209. 1923.

So scheint das BOHRsche Magneton bisher die größere Wahrscheinlichkeit für sich zu haben, einmal, weil es auf kleinere Zahlen führt, und besonders deshalb, weil sich bei ihm die ersten Zusammenhänge mit dem periodischen System erkennen lassen.

72. Nachweis der Richtungsquantelung durch GERLACH und STERN. Wenn sich nach dem Vorhergehenden der Erfolg der Anwendung von Quantenhypothesen auch deutlich zeigt, so ist es doch von Wichtigkeit, daß von GERLACH und STERN[1]) in mehreren Untersuchungen der direkte Nachweis der Richtungsquantelung geführt werden konnte; sie vermochten im Experiment zu zeigen, daß das Moment eines magnetischen Atoms nicht jeden beliebigen, sondern nur ganz bestimmte, diskrete Winkel mit der Feldrichtung bilden kann.

Sie schickten einen Silberdampfstrahl durch ein System feiner Blenden und erhielten auf einer auffangenden Glasplatte eine sehr scharfe Linie. Durchlief der Strahl zwischen der letzten Blende und der Platte ein stark inhomogenes Magnetfeld, so wurde die Linie in zwei diskrete, neue Linien aufgespalten, wie es die Theorie der Richtungsquantelung verlangt. Nach der klassischen Theorie dürfte sich die ursprüngliche Linie nur verbreitern, müßte sogar ihr Intensitätsmaximum an der ursprünglichen Stelle der Linie behalten. An dieser Stelle aber konnten GERLACH und STERN überhaupt keine Intensität nachweisen, so daß damit der direkte Nachweis der Richtungsquantelung erbracht zu sein scheint.

Aus den Messungen ergab sich, daß das magnetische Moment eines Silberatoms im gasförmigen Zustande die Größe eines BOHRschen Magnetons besitzt. Das gleiche gilt für Kupfer und Gold[2]), während z. B. Blei und Zinn unmagnetisch erscheinen. Besondere Anomalien zeigt WISMUTH.

---

[1]) O. STERN, ZS. f. Phys. Bd. 7, S. 249. 1921; W. GERLACH u. O. STERN, ebenda Bd. 8, S. 110. 1921; ebenda Bd. 9, S. 349 u. 353. 1922; Ann. d. Phys. (4) Bd. 74, S. 673. 1924.
[2]) W. GERLACH u. A. C. CILLIERS, ZS. f. Phys. Bd. 26, S. 106. 1924.

Kapitel 4

Ferromagnetische Stoffe.

Von

E. GUMLICH, Berlin.

Mit 29 Abbildungen.

1. Abgrenzung der ferromagnetischen Stoffe. Im allgemeinen unterscheiden sich die ferromagnetischen Stoffe von den paramagnetischen durch eine unverhältnismäßig hohe Permeabilität bei geringen Feldstärken, sowie durch das Vorhandensein von Remanenz und Koerzitivkraft, aber die Unterschiede sind oft unscharf, so daß man namentlich bei gewissen Legierungen ohne genauere Prüfung kaum mit Sicherheit angeben kann, ob sie zu den ferro- oder zu den paramagnetischen Stoffen zu rechnen sind. Aber auch der typische Repräsentant des Ferromagnetismus, das Eisen selbst, ist nicht unter allen Umständen ferromagnetisch, sondern nur in der Modifikation des α-Eisens (s. später) bei Temperaturen unterhalb des zweiten Umwandlungspunktes (769°); als β-, γ- und δ-Eisen oberhalb dieser Temperatur hat es den ferromagnetischen Charakter vollkommen verloren und rein paramagnetische Eigenschaften angenommen, die bei höheren Fe-Mn-Legierungen und gewissen Fe-Ni-Legierungen mit sog. austenitischer Struktur, d. h. der Struktur des γ-Eisens, auch nach der Abkühlung auf Zimmertemperatur erhalten bleiben (s. später). Schließlich hat es sich auch gezeigt, daß gerade mit zunehmender Verbesserung des Eisens in bezug auf die Permeabilität die Koerzitivkraft immer mehr abnimmt; so ist es gelungen, vakuumgeschmolzenes Elektrolyteisen namentlich mit kleinen Zusätzen anderer Art und auch die unter dem Namen Permalloy bekannt gewordene Ni-Fe-Legierung mit etwa 78,5% Ni durch geeignete thermische Behandlung soweit zu verbessern, daß die Koerzitivkraft noch unter 0,1 Gauß liegt und nur mit besonders feinen Hilfsmitteln genau gemessen werden kann. Aber auch hiermit dürfte die Grenze noch keineswegs erreicht sein, es ist vielmehr anzunehmen, daß es gelingen wird, die Koerzitivkraft unter Umständen nahezu vollständig zum Verschwinden zu bringen. Dann würde aber auch die zugehörige Remanenz, wenigstens bei Proben mit freien Enden, nicht mehr nachweisbar sein, und wir hätten praktisch ein Ferromagnetikum mit sehr hoher Maximalpermeabilität, aber scheinbar ohne Remanenz, Koerzitivkraft und daher auch ohne Hystereseverlust. Eine einwandfreie scharfe Umgrenzung der ferromagnetischen Stoffe ist somit praktisch nicht durchführbar. Aber abgesehen von den erwähnten Grenzfällen wird man doch als Repräsentant der ferromagnetischen Stoffe wie bisher Eisen, Nickel, Kobalt und ihre Legierungen einerseits, sowie die sog. HEUSLERschen Legierungen andererseits ansehen dürfen.

I. Eisen.

a) Allgemeines.

2. Eisen. Die in der Technik üblichen Bezeichnungen zur Unterscheidung der verschiedenen Eisensorten sind teils der Fabrikationsmethode entnommen (Schmiede- und Walzeisen), teils will der Fabrikant schon durch die Bezeichnung besondere Eigenschaften hervorheben, wie er z. B. durch den Namen „Stahlguß" oder „Dynamostahl" für Flußeisen auf eine besondere Verwendung des Materials hinzuweisen sucht, was insofern wenig geeignet erscheint, als es den Nichtfachmann zu Verwechslungen mit dem gewöhnlichen Stahl bzw. Gußstahl verleitet, der vermöge seines hohen C-Gehalts durchaus andere Eigenschaften besitzt. Gerade der C-Gehalt spielt neben verschiedenen anderen Verunreinigungen wie Mn, Si, P, S usw. nicht nur in mechanischer, sondern auch in magnetischer Beziehung eine ausschlaggebende Rolle, und zwar bringt er nach beiden Richtungen ganz entsprechende Wirkungen hervor, so daß ein infolge hohen C-Gehalts mechanisch hartes Material auch „magnetisch hart" zu sein pflegt, womit ausgedrückt werden soll, daß das Material sich nur schwer magnetisieren und entmagnetisieren läßt, also, wie der Magnetstahl, nur kleine Maximalpermeabilität, aber hohe Koerzitivkraft besitzt, während bei mechanisch und magnetisch weichem Material das Umgekehrte der Fall ist. Da nun ein gewisser C-Gehalt einesteils als Verunreinigung stets vorhanden ist, andernteils aber auch absichtlich aus Gründen der Festigkeit in größerem oder geringerem Maße zugesetzt wird, so ergibt sich hieraus, daß eine scharfe Trennung zwischen den verschiedenen Eisensorten weder in mechanischer noch auch in magnetischer Beziehung möglich ist. Immerhin können wir vier verschiedene Arten als magnetisch besonders wichtig auseinanderhalten:

reinstes Eisen (Elektrolyteisen);

technisch weiches Eisen einschließlich der Dynamo- und Transformatorenbleche mit bis etwa 0,1% C und wenig sonstigen Verunreinigungen;

gewöhnliches Gußeisen mit einem C-Gehalt von mehreren Prozent und beträchtlichen sonstigen Verunreinigungen;

Stahl mit etwa 0,5 bis 1,5% C, geringen Verunreinigungen, aber teilweise erheblichen Zusätzen von W, Cr, Co usw.

3. Wirkung fester Verunreinigungen, speziell des C. Sieht man von den anderen ferromagnetischen Stoffen ab, so kann man sagen, daß mit wenig Ausnahmen, von denen noch zu sprechen sein wird, Verunreinigungen aller Art die Magnetisierbarkeit des Eisens herabsetzen (näheres darüber s. später bei Besprechung der Legierungen). Soweit diese Verunreinigungen mit dem Eisen nicht feste Lösungen oder Verbindungen bilden, kann man sie als unmagnetisierbare Fremdkörper auffassen, die magnetisierbares Eisen verdrängen und daher die Magnetisierbarkeit des letzteren dem von ihnen eingenommenen Raum entsprechend herabsetzen, wie man am besten aus dem jeweiligen Betrag des Sättigungswertes $4\pi J_\infty$ erkennt, der im allgemeinen direkt proportional dem Gehalt an derartigen Verunreinigungen sinkt. Bilden dagegen die Verunreinigungen Verbindungen bzw. feste Lösungen mit dem Eisen, so kann die Wirkung noch sehr viel stärker sein; ein besonders typisches Beispiel hierfür ist der C, der in unschädlichster Form als Graphit oder Temperkohle in Gestalt von kleinen Einschlüssen auftritt, aber auch schon als Eisenkarbid Fe_3C, metallographisch Zementit genannt, erheblich schädlicher wirkt, während er als feste Lösung des Eisenkarbids im Eisen (Martensit) eine außerordentliche magnetische Härte hervorruft und infolgedessen zur Herstellung permanenter Magnete benutzt wird.

Der jeweilige Zustand des C im Eisen und somit auch seine Wirkung in magnetischer Beziehung hängen in hohem Maße von der thermischen Behandlung und den dadurch bedingten verschiedenen Modifikationen des Eisens ab, und es ist deshalb erforderlich, an dieser Stelle kurz das sog. Zustandsdiagramm der Fe-C-Legierungen zu überblicken.

4. Zustandsdiagramm de Fe-C-Legierungen. In Abb. 1 begrenzt die Linie $GOSE$ nach oben den Bereich des bei hohen Temperaturen stabilen γ-Eisens, das metallographisch den Namen Austenit führt und rein paramagnetische Eigenschaften zeigt; diese ändern sich sprungweise etwa bei der Temperatur 1400°, bei der das γ-Eisen in die Modifikation des δ-Eisens übergeht, das aber ebenfalls keinerlei ferromagnetische Eigenschaften besitzt und deshalb hier außer Betracht bleiben

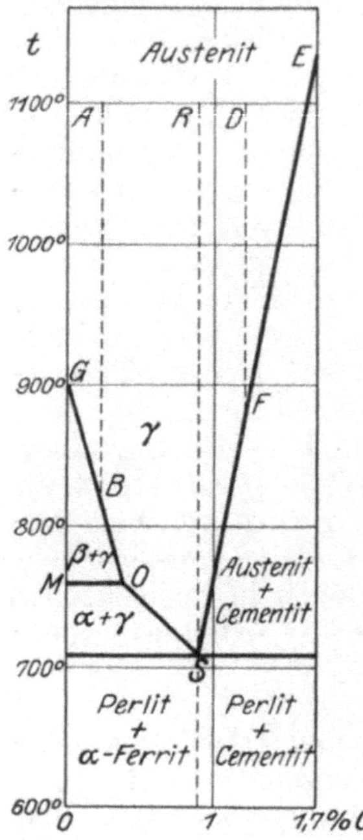

Abb. 1. Zustandsdiagramm
der Fe-C-Legierungen.

Abb. 2. Austenit (hell) + Übergangsstruktur (dunkel),
letztere häufig als Martensit bezeichnet.

kann. Unterhalb des durch die Linie $GOSE$ angegebenen Temperaturbereiches ist der Austenit im allgemeinen nicht existenzfähig, er kann aber unter besonderen Bedingungen, namentlich bei rascher Abkühlung, in hohen Mn-Legierungen und in besonderen Ni-Legierungen auch bei gewöhnlicher Temperatur erhalten bleiben [vgl. Abb. 2[1])]. Unterhalb der Linie GO, also im Gebiet GOM, wandelt sich das γ-Eisen unter Wärmeerscheinungen in das unmagnetisierbare β-Eisen um, das nur wenig oder gar keinen C in Lösung halten kann und bei etwa 769° (MO) in das magnetisierbare α-Eisen, den sog. Ferrit, übergeht. Ob das genannte β-Eisen wirklich als besondere Phase aufzufassen ist oder nicht, läßt sich zur Zeit noch nicht mit völliger Sicherheit entscheiden; dagegen sprechen die neueren von Westgren, Wever usw. durchgeführten Untersuchungen der Struktur mit Hilfe von Röntgenstrahlen, welche ergaben, daß das unmagnetisierbare β-Eisen genau ebenso wie das magnetisierbare α-Eisen und das unmagnetisierbare δ-Eisen, aus körperzentrierten Würfeln besteht, deren sämtliche Ecken von je einem Eisenatom besetzt sind,

---

[1]) Die Abb. 2 bis 6 sind dem Lehrbuch von P. Goerens: „Einführung in die Metallographie", entnommen.

während außerdem noch ein Atom in der Mitte des Würfels sitzt, wo hingegen das hiervon als zweifellos andere Modifikation zu unterscheidende γ-Eisen ein flächenzentriertes kubisches Raumgitter besitzt, bei welchem nicht nur die Ecken, sondern auch die Mitten sämtlicher Würfelflächen von je einem Atom besetzt sind. Damit gewinnt die Annahme von P. WEISS an Wahrscheinlichkeit, daß man es oberhalb und unterhalb der den sog. „Umwandlungspunkt" charakterisierenden Geraden MO mit der gleichen Modifikation des Eisens, nämlich α-Eisen, zu tun habe, und daß der Verlust der Magnetisierbarkeit beim Überschreiten dieser Temperaturgrenze als eine reine thermische Wirkung aufzufassen sei insofern, als hier die ordnungszerstörende Wirkung der thermischen Agitation der Moleküle die Oberhand gewinnt über die ordnende Wirkung des magnetischen Feldes. Dieser Auffassung widerspricht jedoch andererseits der neuerdings auf Grund besonders sorgfältiger Messungen von RUER und BODE[1]) gelungene Nachweis eines thermischen Haltepunktes von absolut reinem Eisen bei 769°, der kaum anders als durch Annahme einer wirklichen β-Modifikation des Eisens zu erklären sein dürfte.

Abb. 3. Perlit. Eutektoid mit 0,9% C. Mechanisches Gemenge aus Zementit- und Ferritlamellen.

Wir wollen nun den Vorgang bei der Abkühlung verschieden hoher C-Legierungen an der Hand unseres Diagramms verfolgen: Bei der Abkühlung vollkommen reinen C-freien Eisens setzt sich bei 900°, dem sog. 3. Umwandlungspunkt, A_3, das γ-Eisen unter schwacher Wärmeentwicklung in unmagnetisches β-Eisen um, das bei 769°, dem auch Curie-Punkt genannten 2. Umwandlungspunkt A_2, in das magnetisierbare α-Eisen übergeht, um dann bis zu beliebig tiefen Temperaturen unverändert zu bleiben. — Eine Legierung von 0,9% C, die sog. eutektoide Legierung, zerfällt bei sehr langsamer Abkühlung im Verlaufe der Linie RS bei etwa 710°, dem 1. Umwandlungspunkt A_1, in α-Eisen und Eisenkarbid Fe_3C, und zwar in lamellarer Anordnung, bei welcher Blätter von Eisenkarbid (Zementit) durch Blätter von α-Eisen (Ferrit) getrennt werden; als Gefügebestandteil trägt diese Anordnung, die bei Aufsicht einen perlmutterähnlichen Glanz zeigt und ziemlich stark magnetisierbar ist, den Namen Perlit (vgl. Abb. 3). — Eine untereutektoide feste Lösung von etwa 0,2% C folgt zunächst bei der Abkühlung der Geraden AB, scheidet zwischen B und O, also im Temperaturbereich 840 bis 769°, unmagnetisierbares β-Eisen ab, das bei 769° in α-Eisen übergeht, zwischen O und S, also zwischen 769 und 710°, α-Eisen, wobei sich natürlich die übrigbleibende feste Lösung immer mehr mit C anreichert, bis sie beim Punkt S, also der Temperatur 710°, wieder die Konzentration von 0,9% C erreicht hat und nun direkt wieder in Perlit zerfällt. Wir erhalten also unterhalb dieser Temperaturen ein Gemenge von Ferrit und inselartig eingestreutem Perlit, dessen α-Bestandteile von 769° ab magnetisierbar sind, während die

---

[1]) R. RUER u. K. BODE, Stahl u. Eisen Bd. 45, S. 184. 1925.

Magnetisierbarkeit des perlitischen Restes erst bei 710° beginnt (vgl. Abb. 4).
— Haben wir es schließlich mit der Abkühlung einer übereutektoiden Lösung

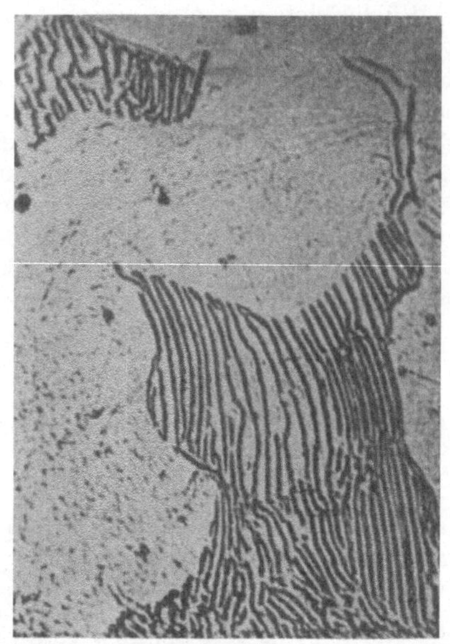

von etwa 1,2% C längs der Linie DF zu tun, so beginnt diese beim Punkt F (870°) Eisenkarbid in Form von Zementitkörnern auszuscheiden, und diese Ausscheidung setzt sich bei weiterer Abkühlung längs der Linie FS fort, bis beim Punkt F, der Temperatur 710°, die an C immer ärmer werdende Lösung wieder die Konzentration 0,9% erreicht hat und nun wieder plötzlich in Perlit übergeht; wir erhalten also hier als Endprodukt eine perlitische Grundsubstanz, in welche körniger Zementit eingestreut ist (Abb. 5).

Bei rascher Abkühlung kommt die oben beschriebene Abscheidung von Fe_3C nicht zustande, der C bleibt in Lösung, aber das γ-Eisen verwandelt sich in das magnetisierbare α-Eisen, und man erhält als Endprodukt zumeist den sog. Martensit (vgl. Abb. 6), der schwer zu magnetisieren, aber auch schwer zu entmagnetisieren ist und daher zur Herstellung der permanenten Magnete benutzt wird. Je nach der Schnelligkeit der Abkühlung kann er noch mit Teilen

Abb. 4. Ferrit (hell) + Perlit (lamellares Aggregat).

des unmagnetisierbaren Austenits oder des magnetisch weicheren Perlits durchsetzt sein, was beides die Eigenschaften des Magnets erheblich beeinträchtigt

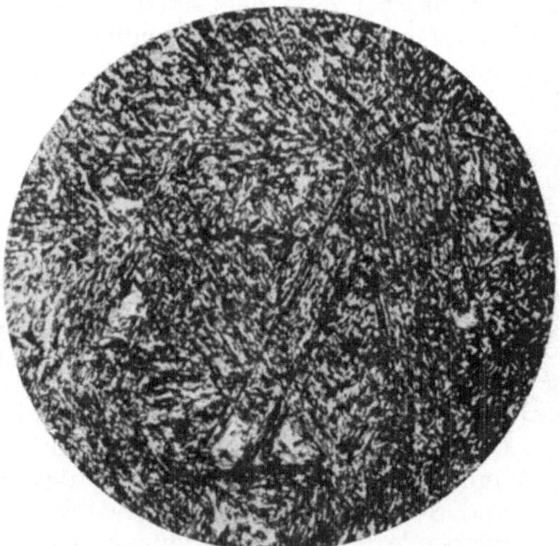

Abb. 5. Zementit (hell) + Perlit (lamellar).   Abb. 6. Martensit. Eisenkohlenstofflegierung mit 0,5% C bei 950° in Wasser abgeschreckt.

und daher nach Möglichkeit zu vermeiden ist. Übrigens ist der Martensit als Durchgangsprodukt vom Austenit zum Perlit ein ziemlich instabiles Gebilde, welches namentlich bei schwacher Erwärmung das Bestreben hat, weiter zu zerfallen (Troostit, Sorbit), worauf bei der Behandlung der Magnete Rücksicht genommen werden muß (vgl. später).

Die umgekehrten Vorgänge wie bei der oben geschilderten Abkühlung treten bei der Erwärmung von C-Legierungen ein. Hier löst sich beispielsweise das in der Legierung mit 0,2% C enthaltene Eisenkarbid bei 710° in dem Eisen des Perlits, und das sonst noch vorhandene α-Eisen geht mit wachsender Temperatur über die β-Modifikation allmählich in γ-Eisen über, bis bei der Temperatur 830° (Punkt B der Abb. 1) die Umwandlung vollendet ist. — Der erste und dritte Umwandlungspunkt zeigt eine Neigung zur sog. „Temperaturhysterese", d. h. beide Punkte fallen mit steigender und sinkender Temperatur nur bei sehr langsamer Temperaturänderung zusammen, bei rascher liegt der Umwandlungspunkt mit sinkender Temperatur erheblich tiefer als mit steigender; beim zweiten, dem magnetischen Umwandlungspunkt, macht sich eine solche nicht bemerkbar, dagegen tritt hier eine unter Umständen außerordentlich starke Hysterese in Abhängigkeit von der chemischen Zusammensetzung ein, auf die später noch zurückzukommen sein wird. Man pflegt daher die Bezeichnung der Umwandlungspunkte auch nach steigender und sinkender Temperatur durch Indizes c bzw. r (Kaleszenz bzw. Rekaleszenz) auseinanderzuhalten, also Ac_1; Ac_2; Ac_3 und Ar_1; Ar_2; Ar_3 zu schreiben.

5. Bestimmung der Umwandlungspunkte. Über die Anordnung zur experimentellen Bestimmung der Umwandlungspunkte selbst kann hier nur ein ganz kurzer Überblick gegeben werden; Einzelheiten finden sich in den zahlreichen Lehrbüchern der Metallographie z. B. von GOERENS, HANNEMANN, GÜRTLER, OBERHOFFER usw.

Beim ersten Umwandlungspunkt des Eisens, welcher einer Lösung des Eisenkarbids im Eisen bei steigender Temperatur bzw. einer Abscheidung desselben aus dem Eisen bei sinkender Temperatur entspricht, findet im ersteren Falle eine Wärmebindung, im zweiten eine Wärmeentwicklung statt, und dasselbe gilt für den dritten Umwandlungspunkt, nämlich den Übergang von β- in γ-Eisen und umgekehrt. Beim ersten Umwandlungspunkt kann bei reichlichem C-Gehalt, also namentlich bei Stahl, die Wärmeentwicklung bei der Abkühlung so stark werden, daß sie sich schon durch ein helleres Wiederaufleuchten des ganzen Körpers dem Auge bemerkbar macht (die schon seit längerer Zeit bekannte Rekaleszenzerscheinung), im allgemeinen aber, und namentlich beim dritten Umwandlungspunkt, sind die Wärmetönungen nur gering und erfordern zu ihrer Beobachtung besondere Vorrichtungen. Die einfachste Methode ist die Aufnahme einer Abkühlungskurve (Zeit-Temperaturkurve): Man bestimmt die Temperatur eines sich abkühlenden Körpers mittels eines Thermoelements in gleichen Zeitintervallen, also beispielsweise alle 5 sec, und trägt auf Koordinatenpapier die Zeiten als Abszissen und die Temperaturen als Ordinaten auf. Der im allgemeinen stetig verlaufende Kurvenzug wird dann an der Stelle, wo eine Wärmeentwicklung erfolgt, eine deutliche Unstetigkeit aufweisen, die in einem verlangsamten Abfall, einer Temperaturkonstanz oder sogar in einem Wiederanstieg der Kurve bestehen kann. Will man scharfe Punkte haben, so darf aus leicht ersichtlichen Gründen der Körper, in dessen Innern sich das Thermoelement befindet, nur sehr klein sein, was aber andererseits wiederum wegen der geringen Größe der Wärmemengen die Verwendung empfindlicher Meßinstrumente (Spiegelgalvanometer) voraussetzt. Genauere Ergebnisse liefert im allgemeinen die von ROBERTS-AUSTEN angegebene Differentialmethode, bei welcher man nicht den Probekörper allein, sondern mit ihm zusammen unter ganz gleichen Temperaturverhältnissen einen Vergleichskörper sich abkühlen läßt, der möglichst ähnliche thermische Eigenschaften besitzt wie der Probekörper, aber keine Umwandlungspunkte. Die Eisenprobe oder der Vergleichskörper trägt in einer Bohrung ein Thermoelement, welches die jeweilige Temperatur zu messen gestattet, außerdem sind beide Körper noch mit einem Differential-element aus Pt—PtRh verbunden, das zwei entgegengesetzt geschalteten Thermo-elementen entspricht; zu diesem Zweck befinden sich in zwei Bohrungen der beiden Körper die beiden Enden eines kurzen Drahtes aus PtRh, an welche je ein langer Draht aus Pt angeschweißt ist; diese werden an ein empfindliches Galvanometer geführt, das in Ruhe bleibt, wenn die Lötstellen in den beiden Körpern sich auf gleicher Temperatur befinden, aber ausschlägt, wenn im Probe-körper ein mit einer Wärmetönung verbundener Umwandlungspunkt auftritt. Natürlich sind hierbei zwei Beobachter zur Messung der Temperatur und des Temperaturunterschiedes beider Körper erforderlich, was durch die selbst-registrierende SALADINsche Anordnung vermieden wird, bei der mittels eines totalreflektierenden Prismas ein vom Spiegel des Differentialgalvanometers auf den Spiegel des Temperaturgalvanometers reflektierter Lichtstrahl eine vertikale Ablenkung erfährt, während ein vom Temperaturgalvanometer direkt reflek-tierter Strahl horizontal abgelenkt wird. Man erhält somit auf einer photo-graphischen Platte ein Diagramm, dessen Abszissen der Temperatur, dessen Ordinaten aber den Temperaturdifferenzen zwischen beiden Körpern entsprechen, und jede plötzlich eintretende Wärmetönung im Probekörper wird sich daher als Unstetigkeit in dem Kurvenzug bemerkbar machen.

Zur Bestimmung des zweiten, magnetischen, Umwandlungspunktes er-hitzt man den stäbchenförmigen, mit einem Thermoelement verbundenen Probe-körper in einem elektrisch geheizten Ofen, der außer der Heizwicklung noch eine Magnetisierungswicklung trägt. Die Heizspirale ist am besten bifilar ge-wickelt, damit sie nicht auch magnetisierend auf den Körper und ablenkend auf das neben den Ofen aufgestellte Magnetometer wirkt; die magnetische Wir-kung der Magnetisierungsspule auf das Galvanometer muß durch eine vom Magnetisierungsstrom durchflossene Kompensationsspule aufgehoben werden. Das Auftreten bzw. Verschwinden der Magnetisierbarkeit der Probe ist dann mit Spiegel und Skale recht scharf zu beobachten.

6. Wirkung gasförmiger Verunreinigungen. Neben der Wirkung der festen Verunreinigungen und namentlich des C, der späterhin noch öfters auch zahlen-mäßig in Rechnung zu ziehen sein wird, verdient noch besondere Berücksichtigung der bis jetzt wenig beachtete Einfluß von gasförmigen Verunreinigungen, speziell durch H, N und O. Der H wirkt, wenn er in größeren Mengen im Eisen vorhanden ist, wie beim Elektrolyteisen, außerordentlich stark härtend, und zwar in mechanischer wie in magnetischer Beziehung. Derartiges Material ist spröde, glashart und erreicht eine Koerzitivkraft bis zu 20 Gauß, hat also stahl-ähnliche Eigenschaften. Die Hysteresekurven zeigen eine nahezu rechteckige Gestalt, die MAURAIN[1]) auf die Wirkung des von ihm bei der Erzeugung des Eisenniederschlags angewandten magnetischen Feldes zurückführen zu müssen glaubte, während KAUFMANN und MEIER[2]) durch eingehende Kontrollversuche feststellen konnten, daß nur die von MAURAIN ebenfalls beobachtete außerordent-lich starke magnetische Sättigung des Niederschlags durch die Wirkung der relativ schwachen Felder zu erklären sei, die rechteckige Gestalt der Kurve aber lediglich von dem bei der Elektrolyse vom Eisen aufgenommenen H her-rühre. Bei längerem Lagern verloren die Hystereseschleifen durch H-Abgabe allmählich ihre typische rechteckige Form und näherten sich immer mehr der

---

[1]) CH. MAURAIN, C. R. Bd. 131, S. 410, 880. 1900; Journ. de phys. (3) Bd. 10, S. 123. 1901.
[2]) W. KAUFMANN u. W. MEIER: Phys. ZS. Bd. 12, S. 513. 1911.

gewöhnlichen Gestalt der Hystereseschleifen, konnten aber durch kathodische Polarisation des Materials nachträglich teilweise wiederhergestellt werden.

Schon hieraus geht hervor, daß der bei der Elektrolyse aufgenommene H, so stark er auch die mechanischen und magnetischen Eigenschaften des Eisens verändert, doch nicht sehr fest mit demselben verbunden ist. Tatsächlich läßt sich derartiges Material namentlich durch Glühen im Vakuum verhältnismäßig leicht von ihm befreien, wodurch es weich und biegsam wird und auch das magnetisch weichste Material ergibt, das wir bis jetzt kennen. — Ähnlich, wenn auch nicht so stark, ist — wie STRAUSS[1]) nachgewiesen hat — der Einfluß des N; er bewirkt, wenn er in statu nascendi aufgenommen wird, nicht nur eine Vergrößerung der Koerzitivkraft, sondern auch starke Verzerrungen der Hystereseschleife, doch kommen im allgemeinen beide Verunreinigungen weit weniger in Betracht als der O, der in jedem gewöhnlichen Eisen in größerem oder geringerem Maße gelöst vorhanden ist. Der Nachweis der verschlechternden Wirkung des O auf die Magnetisierbarkeit des Eisens gelang zuerst GOERENS[2]), indem er ein außerordentlich reines Eisen künstlich mit O anreicherte und damit die Koerzitivkraft, die ursprünglich nur wenige Zehntel Gauß betragen haben würde, auf etwa das Zehnfache steigerte, ohne daß es möglich gewesen wäre, etwa durch thermische Behandlung den ursprünglichen Zustand wieder herzustellen. Nur vorübergehend gelingt dies nach DEJEAN[3]) bei einer Erhitzung auf 250°, wo der Einfluß des O zu verschwinden scheint, um aber beim Erkalten wieder aufzutreten. Trotzdem ist die teilweise oder vollständige Beseitigung des O durch Ausglühen möglich, aber nur unter der Bedingung, daß das Eisen nebenbei auch noch Verunreinigungen durch C enthält. Dann nämlich entweichen beide so schädlichen Bestandteile gemeinschaftlich in Gestalt von CO oder CO_2 [BOUDOUARD[4]) und BELLOC[5])] und es ergibt sich eine außerordentliche Verbesserung des Materials. Beispielsweise sank bei diesbezüglichen in der Reichsanstalt angestellten Glühversuchen der C-Gehalt eines ursprünglich sehr schlechten Materials von 0,55% auf 0,20%, während gleichzeitig die Koerzitivkraft von 7,2 Gauß auf 2,25 Gauß abnahm.

7. Ausglühen magnetischen Materials. Der oben erwähnte vorteilhafte Einfluß des Ausglühens auf die Magnetisierbarkeit des Eisens durch Beseitigung der Verunreinigungen durch Gase und C ist erst neuerdings erkannt und berücksichtigt worden. Das Verfahren wirkt natürlich um so rascher und vollständiger, je günstiger die Bedingungen für das Entweichen der Gase liegen, d. h. je dünner die Proben sind und je geringer der beim Ausglühen vorhandene äußere Druck ist. Es ist deshalb vorteilhaft, das Ausglühen im Vakuum vorzunehmen, was gleichzeitig die Proben vor Oxydation schützt. Elektrisch geheizte, evakuierbare Röhrenöfen aus glasiertem Porzellan, evtl. mit einer Eisenrohreinlage, haben sich in der Reichsanstalt bei langjährigem Gebrauch gut bewährt. Die Abdichtung der Öfen erfolgt durch wassergekühlte, mit Gummi gedichtete Messingkappen, in welche einerseits das Pyrometer, andererseits die zur Luftpumpe und zum Manometer führenden Röhren eingekittet sind. Das von einer guten Wasserstrahlpumpe gelieferte Vakuum (etwa 20 mm Druck) reicht aus. Bei größeren Objekten, wo die Anwendung des Vakuums oder einer N-Atmosphäre auf Schwierigkeiten stößt, muß natürlich durch Einbetten des zu glühenden Körpers in Eisen- oder Kupferspäne die Oxydation möglichst

---

[1]) B. STRAUSS, Stahl u. Eisen Bd. 34, S. 1814. 1914.
[2]) P. GOERENS, Wiss. Abh. d. Phys.-Techn. Reichsanst. Bd. 4, H. 3. 1918.
[3]) P. DEJEAN, Ann. d. Phys. Bd. 18, S. 171. 1922.
[4]) O. BOUDOUARD, C. R. Bd. 145, S. 1283. 1907.
[5]) G. BELLOC, C. R. Bd. 145, S. 1280. 1907.

vermieden werden. Die Glühdauer hängt, wie schon oben bemerkt, wesentlich von der Dicke des Objektes ab; bei dünnen Stäben und Blechen genügen wenige Stunden, bei dickeren Proben ist es vorteilhafter, den Glühprozeß mehrere Male zu wiederholen, als ihn allzulange fortzusetzen, damit sich zwischen den einzelnen Glühprozessen ein Ausgleich zwischen den äußeren entgasten und den inneren noch stärker gashaltigen Schichten herstellen kann. Als Glühtemperatur wurden 800 bis 850° als vorteilhaft gefunden; höhere Glühtemperaturen können wohl rascher zum Ziele führen, aber auch das Materialgefüge ungünstig beeinflussen.

Eine weitere, schon seit langem bekannte Wirkung des Ausglühens ist die Beseitigung der durch mechanische Bearbeitung wie Walzen, Stanzen usw. hervorgerufenen mechanischen und magnetischen Härtung, welche die magnetischen Eigenschaften, Permeabilität und Hystereseverlust, außerordentlich ungünstig beeinflußt. Aus diesem Grunde werden z. B. Dynamo- und Transformatorenbleche nach Beendigung des Walzprozesses einem mehrstündigen Dauerglühen unterworfen, das sie nicht nur mechanisch geschmeidiger, sondern auch magnetisch weicher macht. Beide Zwecke, Entgasung bzw. Entkohlung und Beseitigung mechanischer Härtung lassen sich also gleichzeitig durch ein und dasselbe Glühverfahren erreichen.

b) Reinstes Eisen; Elektrolyteisen.

8. Herstellung. Wie schon oben erwähnt, werden die magnetischen Eigenschaften des Eisens durch Verunreinigungen aller Art in fester wie in gasförmiger Form stark beeinflußt; wir werden daher auch zum reinsten, uns bis jetzt bekannten Material, dem Elektrolyteisen, greifen müssen, wenn wir die wirklichen magnetischen Eigenschaften des Eisens kennenlernen wollen. Wenn auch früher in vereinzelten Fällen, hauptsächlich zu wissenschaftlichen Zwecken, Elektrolyteisen in Deutschland hergestellt wurde, so gelang es doch erst im Jahre 1906 bis 1908 dem damaligen Dozenten an der Technischen Hochschule Charlottenburg, Prof. Franz Fischer, eine aussichtsvolle Methode für die Herstellung dieses Stoffes in größeren Mengen und größter Reinheit zu finden. Die fabrikationsmäßige Ausarbeitung des Fischerschen Verfahrens übernahmen dann die Langbein-Pfanhauser-Werke in Leipzig, während in neuerer Zeit — wohl auf ähnlicher Grundlage — die Fabrik Griesheim-Elektron in Bitterfeld Elektrolyteisen im großen herstellt, das namentlich nach doppelter Raffinierung, die darin besteht, daß als Elektrodenmaterial nicht gewöhnliches Eisen, sondern bereits einmal raffiniertes Elektrolyteisen benutzt wird, dem im kleinen von Fischer selbst hergestellten Material kaum mehr nachsteht. Parallel mit diesen Versuchen in Deutschland liefen die von Yensen in Amerika, der ebenfalls zu durchaus befriedigenden Ergebnissen gelangte, so daß er das so gewonnene Material mit großem Vorteil als Ausgangspunkt seiner Studien über die magnetischen Eigenschaften gewisser Legierungen verwenden konnte, zumal es ihm gelang, ein in der Reichsanstalt in seiner Tragweite längst erkanntes, aber leider nicht realisiertes Problem, nämlich das Schmelzen und damit möglichst vollkommene Entgasen des Eisens im Vakuum, in die Tat umzusetzen[1]); dieses Verfahren des Schmelzens im Vakuum ist inzwischen übrigens auch in Deutschland, namentlich von der Aktiengesellschaft Vakuum-Schmelze Hanau, mit bestem Erfolg durchgeführt worden. Mit den anfänglich von Fischer, später von Griesheim-Elektron zur Verfügung gestellten Proben wurden nun eingehende magnetische Untersuchungen in der Reichsanstalt nach der ballistischen Jochmethode durch-

---

[1]) Tr. Yensen, Bull. Univ. Illinois 1914, Nr. 72.

Tabelle 1.

V 123	$\mathfrak{H}_c$	$\mathfrak{B}_r$	$\mu_{\max}$
Vor dem Ausglühen.	2,83	11450	1850
Nach dem ersten Glühen (24 Std. bei 800°) im Vakuum und langsamem Abkühlen	$0,37_5$	10850	14400
Nach dem fünften Erhitzen (920°) und raschem Abkühlen	$0,22_5$	5000	11600
Nach dem 13. Erhitzen (830°) und raschem Abkühlen. .	$0,15_5$	850	4800

geführt; sie ergaben beispielsweise die in Tabelle 1 zusammengestellten Werte für die Koerzitivkraft $\mathfrak{H}_c$, die Remanenz $\mathfrak{B}_r$ und die Maximalpermeabilität $\mu_{\max}$. Hieraus geht hervor, daß das infolge seines H-Gehalts ursprünglich magnetisch noch ziemlich harte Material schon durch das erste Glühen ganz außerordentlich verbessert wurde, denn die Koerzitivkraft sank auf etwa den 8. Teil und die Maximalpermeabilität stieg in demselben Verhältnis. Auch bei den weiteren Glühversuchen bis zum 13. zeigt die Koerzitivkraft eine dauernde Abnahme bis zu dem damals noch nie erreichten geringen Wert von 0,155 Gauss. Daß trotzdem die Maximalpermeabilität nicht ebenfalls weiter stieg, sondern nach dem ersten Ausglühen wieder zu sinken begann, liegt daran, daß auch die Remanenz mit Wiederholung der Glühprozesse immer mehr abnahm, denn es gilt eine vom Verfasser gefundene Erfahrungsregel, $\mu_{\max} \backsim \mathfrak{B}_r/2\,\mathfrak{H}_c$, die im allgemeinen auf etwa $\pm 5\%$ richtige Werte liefert und nur bei außergewöhnlichem Verlauf der Hystereseschleife numerisch nicht mehr zuverlässig ist, wie hier nach dem 13. Erhitzen.

9. Willkürliche Beeinflussung der Hystereseschleifen. Eine weitere Eigentümlichkeit zeigte ausgeschmiedetes Material derselben Beschaffenheit in der bis dahin noch nicht gefundenen willkürlichen Beeinflußbarkeit der Gestalt der Magnetisierungskurve mittels der thermischen Behandlung: Wie aus Abb. 7 ersichtlich ist, ergab langsame Abkühlung von hoher Temperatur eine sehr steil ansteigende Hystereseschleife (II), rasches Abkühlen eine sehr schräg verlaufende Schleife (III), mittlere Abkühlungsgeschwindigkeit auch eine mittlere Lage, wobei die Erscheinung sich anfangs als durchaus reproduzierbar erwies; bei häufigerer Wiederholung der Versuche hörte jedoch diese Reproduzierbarkeit allmählich auf, die Schleife wurde immer schräger und die Remanenz sank immer mehr bis zu dem in Tabelle 1 angegebenen außerordentlich niedrigen Betrag von 850 CGS-Einheiten. Beide Erscheinungen sind übrigens offenbar an besondere Bedingungen, namentlich anscheinend außerordentlich große Reinheit gebunden, denn sie haben sich bei anderem Material, auch bei Elektrolyteisen anderer Herkunft, in gleicher Vollkommenheit nicht reproduzieren lassen, was insofern besonders bedauerlich ist, als derartiges Material, das mit einer so außerordentlich geringen wahren Remanenz auch noch eine fast verschwindende Koerzitivkraft verbindet, sich besonders gut zur Verwendung für Eisenkerne in elektrischen Meßinstrumenten eignen würde, die bisher wegen der störenden Remanenzerscheinungen eisenlos gebaut werden mußten. Spätere Versuche in der Reichsanstalt[1]) ergaben außerdem noch für vollständig reines Eisen folgende Werte: Sättigungswert $4\pi J_\infty = 21600$, Anfangspermeabilität μ_0, d. h. die Permeabilität für außerordentlich niedrige Werte der Feldstärke von der Größenordnung 0,001 Gauss, die in hohem Maße von der mechanischen und thermischen Vorbehandlung des Materials abhängt, zwischen 400 und 800; Dichte $S = 7,876$; Widerstand pro m/mm² bei 20° = 0,0994 Ohm; Temperaturkoeffizient des Widerstands zwischen 20° und 100° $= 0,0057_3$.

---

[1]) E. GUMLICH, Wiss. Abh. d. Phys.-Techn. Reichsanst. Bd. 4, H. 3. 1918.

10. Spezifischer Widerstand; Wirbelströme. Die vorzüglichen Eigenschaften des Elektrolyteisens und namentlich sein geringer Hystereseverlust ließen ur-

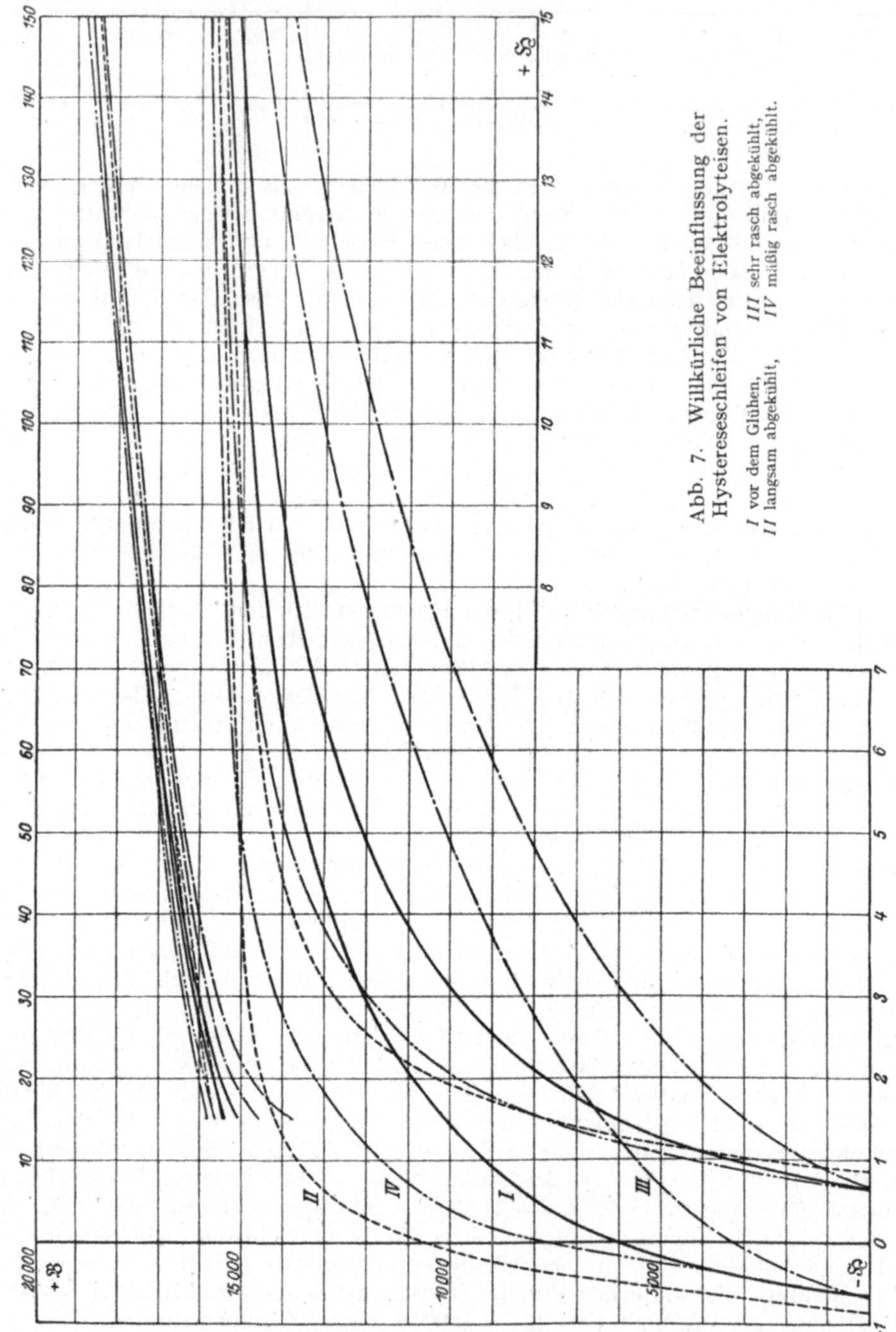

Abb. 7. Willkürliche Beeinflussung der Hystereseschleifen von Elektrolyteisen.

I vor dem Glühen, *III* sehr rasch abgekühlt,
II langsam abgekühlt, *IV* mäßig rasch abgekühlt.

sprünglich erwarten, daß es sich auch im Wechselstrombetrieb, namentlich als Transformatorenblech usw., besonders gut bewähren würde. Dies hat sich jedoch als Irrtum erwiesen, da der geringe spezifische Widerstand des Materials die Entstehung von Wirbelströmen begünstigte, so daß man, wollte man nicht zu unverhältnismäßig geringen Blechdicken übergehen, die, abgesehen vom hohen Preis, auch eine schlechte Raumausnutzung bedingen, an Wirbelstromverlust wieder zugeben mußte, was man an Hystereseverlust gewinnen konnte. In dieser Beziehung bewährten sich vorzüglich die Legierungen mit Si, von denen später noch die Rede sein wird.

c) Technisch weiches Eisen.

11. Verschiedene Sorten. Früher galt Schmiedeeisen und Walzeisen wegen seiner verhältnismäßig großen Reinheit auch in magnetischer Beziehung für unerreicht; heutzutage kommt es in der Elektrotechnik überhaupt nicht mehr in Betracht, da es gelungen ist, Flußeisen von gleicher Reinheit, aber erheblich größerer Gleichmäßigkeit herzustellen. Im allgemeinen stammt das zu magnetischen Zwecken verwendete Flußeisen wohl zumeist aus dem Siemens-Martin-ofen, denn das erheblich billigere, nach dem Thomasverfahren hergestellte Material hat sich insofern nicht bewährt, als es anscheinend infolge des höheren, durch die Fabrikationsart bedingten O-Gehalts, stärkere Neigung zum Altern zeigt, d. h. zur Vergrößerung von Koerzitivkraft und Hystereseverlust bei dauernder Erwärmung auf eine Temperatur, wie sie die Verwendung in Dynamomaschinen und Transformatoren mit sich bringt. Daß die magnetischen Eigenschaften in hohem Maße vom C-Gehalt abhängen und sich mit diesem verschlechtern, wurde oben schon erwähnt. Versuche in der Reichsanstalt haben ergeben, daß ein C-Zusatz von 1% in perlitischer Form, also nach langsamer Abkühlung, wie sie natürlich bei magnetisch weichem Material erforderlich ist, die Koerzitivkraft um rund 7 Gauss vergrößert. Es ist also unbedingt notwendig, den C-Gehalt so niedrig wie möglich zu halten, namentlich beim Vorhandensein von Mn, das zum Zwecke der Desoxydation der Eisenschmelze zugesetzt zu werden pflegt, aber einesteils direkt die Koerzitivkraft vergrößert, andernteils auch die Ausscheidung des C in Gestalt von Eisenkarbid erschwert.

12. Zusammenhang der Materialkonstanten. In der nachstehenden Tabelle 2 sind für eine größere Reihe von Materialien, die in der Reichsanstalt laufend geprüft wurden, der Höchstwert der verwendeten Feldstärke $\mathfrak{H}_{max}$ sowie die entsprechende Induktion $\mathfrak{B}_{max}$, die Remanenz $\mathfrak{B}_r$, die Koerzitivkraft $\mathfrak{H}_c$, die Maximalpermeabilität μ_{max}, der Hystereseverlust W_h pro cm³ und Zyklus in Erg und endlich der Widerstand pro m/mm². zusammengestellt; die Werte sind nach wachsenden Zahlen des Hystereseverlustes geordnet. Im allgemeinen zeigt sich, daß mit wachsendem Hystereseverlust auch Koerzitivkraft, Remanenz und spezifischer Widerstand steigen, während die Maximalpermeabilität abnimmt, doch kommen auch erhebliche Abweichungen vor; diese auf individuelle Verschiedenheiten begründeten Abweichungen verschwinden aber vollständig, wenn man die Mittel aus einer größeren Anzahl von Werten zusammenstellt, wie es in Tabelle 3 geschehen ist.

13. Magnetisierungskurven in Tabellenform. Mehrere Magnetisierungskurven und Hystereseschleifen in Tabellenform für verschieden weiches Material gibt Tabelle 4. Hierin bezeichnet η den sog. STEINMETZschen Hysteresekoeffizienten, der mit dem Hystereseverlust W_h und der Induktion $\mathfrak{B}$ durch die empirische Beziehung $W_h = \eta \mathfrak{B}^{1,6}$ verbunden ist und in der Technik vielfach zur Beurteilung der Höhe des Hystereseverlustes bei verschiedenen Induktionen benutzt wird. Auch dieser nimmt natürlich mit steigender Koerzitivkraft zu, der Sättigungswert $4\pi J_\infty$ dagegen ab; die Anfangspermeabilität μ_0 ist für die

Tabelle 2.

Lfde Nr.	Material	$\mathfrak{H}_{max}$	$\mathfrak{B}_{max}$	Remanenz $\mathfrak{B}_r$	Koerzitivkraft $\mathfrak{H}_c$	μ_{max} be- obachtet	Hysterese- verlust (Erg)	Widerstand pro m/mm² (Ohm)
1	Walzeisen	129	18190	10300	$0,6_0$	8350	4900	0,113
2		129	17700	7500	$0,9_5$	4070	9400	0,154
3		128	18090	7500	$0,9_8$	3680	9600	0,141
4		129	17950	8000	$0,8_0$	5240	10100	0,143
5		128	18210	9150	$1,4_0$	3410	10700	0,142
6		128	18040	7200	$1,0_4$	3200	10700	0,142
7		129	17590	9600	$1,3_0$	4020	10800	0,152
8	gegossenes Material . .	129	17900	8900	$1,3_0$	3410	10900	0,158
9		128	17970	7900	$1,3_0$	3160	11300	0,161
10		128	19080	7500	$1,3_5$	2610	11400	0,167
11		128	18030	8900	$1,4_7$	3070	11800	0,158
12		129	18470	7800	$1,8_5$	2320	11900	0,142
13		128	17920	8200	$1,3_5$	3490	12100	0,161
14	Schmiedeeisen	145	18370	9000	$1,6_5$	2850	12300	0,148
15		129	18380	12250	$1,4_5$	3780	12300	**0,426**
16		128	18220	8200	$1,3_0$	3120	12400	0,153
17		129	18000	7000	$1,3_5$	2600	12800	0,176
18		132	15930	9600	$1,8_8$	2580	13400	0,196
19		145	18250	10200	$1,5_0$	3380	13600	0,148
20		128	18130	9960	$1,6_2$	3170	14100	0,152
21		130	17880	10100	$1,3_5$	3680	14100	0,143
22		128	18000	9100	$1,7_9$	2520	14600	0,172
23		127	18190	9200	$1,8_5$	2460	14700	0,154
24		129	18190	7500	$2,0_0$	1900	15700	0,129
25		156	17460	9000	$2,5_0$	1710	16000	—
26		155	17720	8000	$2,5_5$	1490	16200	—
27		128	18120	8200	$2,2_8$	1900	16400	0,162
28		155	17250	9100	$2,6_0$	1620	16600	—
29		129	17890	9600	$1,9_0$	2400	16900	0,174
30		131	17930	10400	$2,0_0$	2380	17600	0,166
31	gegossenes Material . .	127	18110	11800	$2,2_2$	2480	18200	0,146
32		127	17880	10500	$1,9_5$	2380	18500	0,209
33		129	17430	8950	$2,7_5$	1600	19100	0,137
34		156	17440	11100	$3,1_0$	1680	19900	—
35		156	17580	11350	$2,9_0$	1750	20000	—
36		132	18040	8300	$2,2_0$	1880	20200	0,186
37		129	17940	11700	$2,4_2$	2250	20300	0,158
38		156	17510	11150	$3,1_5$	1680	20500	—
39		129	18100	12060	$3,1_2$	1910	21900	0,173
40		135	17990	9460	$4,2_5$	1200	22800	0,210
41		128	17790	11080	$3,2_7$	1620	24200	0,217
42		128	17440	10300	$3,1_2$	1670	24600	0,205
43		129	17430	10450	$3,4_7$	1360	25100	0,176
44		134	17780	7280	$2,9_0$	1120	25600	—
45		129	17470	11100	$3,4_5$	1400	25900	0,186
46		129	17270	9550	$4,3_3$	1100	30200	0,196

Tabelle 3.

Mittel aus Nr.	Hystereseverlust	Widerstand pro m/mm²	Remanenz	Koerzitivkraft	Maximal- permeabilität
1—10	10060	0,147	8360	$1,1_0$	4120
11—21	12850	0,158	8900	$1,5_3$	3030
22—36	17190	0,164	9360	$2,0_9$	2190
37—46	24380	0,190	10740	$3,4_3$	1560

Tabelle 4. Verschiedene Eisensorten.

Dynamostahl (ungeglüht / zweimal geglüht) und **Schwedisches Holzkohleneisen** (ungeglüht / geglüht)

$\mathfrak{H}$	Dynamostahl ungeglüht $\mathfrak{B}$	μ	Dynamostahl zweimal geglüht $\mathfrak{B}$	μ	Schwed. Holzkohleneisen ungeglüht $\mathfrak{B}$	μ	Schwed. Holzkohleneisen geglüht $\mathfrak{B}$	μ
C	0,044 %				0,027 %			
Si	0,004 %				0,006 %			
Mn	0,400 %				0,030 %			
P	0,044 %				0,099 %			
S	0,027 %				0,002 %			
$+0{,}2_5$	+240	960	+3100	12400	+300	1200	+310	1240
$+0{,}5$	600	1200	7100	14200	900	1800	1000	2000
$+0{,}7_5$	1150	1530	8950	11920	2250	3000	3400	4530
$+1{,}0$	2300	2300	10200	10200	5000	5000	6350	6350
$+1{,}5$	6050	4030	11730	7820	8000	5330	8400	5600
$+2{,}5$	9300	3720	13400	5370	10500	4200	10550	4220
$+5$	12150	2430	15000	3000	12900	2580	12940	2590
$+10$	14100	1410	15680	1570	14600	1460	14630	1460
$+20$	15450	775	16130	805	15700	785	16100	810
$+50$	16830	335	17100	340	16900	340	17120	340
$+100$	17980	180	18280	183	17930	179	18130	181
$+150$	18750	125	19100	127	18700	125	18850	126
$+200$	19500	97,5	19550	97,8	19400	97,0	19400	97,0
$+300$	20400	68,0	20420	68,1	20200	67,3	20180	67,3
$+500$	21450	42,8	21460	42,9	21200	42,4	21150	42,3
$+1000$	22350	22,4	22320	22,3	22120	22,1	22040	22,0
$+2000$	23410	11,7	23380	11,7	23200	11,6	23140	11,6
$+3000$	24430	$8{,}1_5$	24420	$8{,}1_5$	24210	8,1	24180	8,1
$+4000$	25410	$6{,}3_5$	25420	$6{,}3_5$	25190	6,3	25170	6,3
$+4500$	25920	$5{,}7_5$	25930	$5{,}7_5$	25690	$5{,}7_5$	25680	5,7
$+5500$								
$+6500$								
$+300$								
$+200$								
$+150$	18750		19100		18700		18850	
$+100$	18000		18300		17970		18130	
$+50$	17000		17120		17030		17220	
$+25$	16070		16430		16240		16530	
$+10$	14930		15850		15300		15700	
$+5$	14040		15500		14500		14220	
$+2{,}5$	13000		15100		13700		12920	
$+1$	11900		13700		12700		11600	
0	10600		11050		11400		9850	
$-0{,}2_5$	10150		9400		10850		8950	
$-0{,}5$	9630		-6300		10200		7100	
$-0{,}7_5$	9000		-9000		9200		1000	
$-1{,}0$	8100		-10200		3500		-5400	
$-1{,}5$	-1500		-11730		-7050		-8200	
$-2{,}5$	-8560		-13400		-10400		-10500	
-5	-11940		-15000		-12900		-12940	
-10	-14020		-15680		-14600		-14630	
-20	-15450		-16130		-15700		-16100	
-50	-16830		-17100		-16900		-17120	
-100	-17980		-18280		-17930		-18130	
-150	-18750		-19100		-18700		-18850	
-200								
-300								
$\mathfrak{B}_r$	10600		11050		11400		9850	
$\mathfrak{H}_c$	1,46		0,37		$1{,}0_6$		0,76	
μ_{max}	4200		14800		5400		6400	
η	0,00157		0,00054		0,00131		0,00105	
$4\pi J_\infty$	21420		21420		21200		21180	

Schlechter Stahlguß (ungehärtet) und **Gußeisen** (ungeglüht / geglüht)

$\mathfrak{H}$	Schlechter Stahlguß ungehärtet $\mathfrak{B}$	μ	Gußeisen ungeglüht $\mathfrak{B}$	μ	Gußeisen geglüht $\mathfrak{B}$	μ
C	0,56 %		3,109 %			
Si	0,18 %		3,270 %			
Mn	0,29 %		0,560 %			
P	0,076 %		1,050 %			
S	0,035 %		0,061 %			
$+0{,}2_5$						360
$+0{,}5$						590
$+0{,}7_5$						515
$+1{,}0$	+200	200				340
$+1{,}5$						172
$+2{,}5$	650	260	+235	94	+900	99,5
$+5$	2400	480	570	114	2950	73,6
$+10$	7250	730	1960	196	5150	59,6
$+20$	11120	555	4700	235	6820	42,7
$+50$	14630	290	7520	150	8620	28,3
$+100$	16420	164	9320	93,2	9950	16,2
$+150$	17420	116	10500	70,0	11020	$9{,}0_6$
$+200$	18100	90,5	11430	57,2	11920	$6{,}5_0$
$+300$	19030	63,4	12550	41,8	12800	$5{,}1_8$
$+500$	19880	39,8	13900	27,8	14130	$4{,}7_2$
$+1000$	21000	21,0	15900	15,9	16200	$4{,}0_6$
$+2000$	22350	11,2	17840	$8{,}9_2$	18120	$3{,}5_8$
$+3000$	23450	7,8	19180	$6{,}3_9$	19490	
$+4000$	24490	6,1	20350	$5{,}0_9$	20670	
$+4500$	25030	$5{,}5_5$	20870	$4{,}6_5$	21200	
$+5500$	26070	$4{,}7_5$	21920	4,0	22260	
$+6500$	27080	$4{,}1_5$	22920	$3{,}5_3$	23250	
$+300$	19030					
$+200$	18150		11430		11920	
$+150$	17570		10570		11080	
$+100$	16770		9520		10020	
$+50$	15530		8220		8750	
$+25$	14340		7180		7820	
$+10$	12800		6170		6800	
$+5$	11900		5700		6200	
$+2{,}5$	11350					
$+1$						
0	10630		5100		5300	
$-0{,}2_5$						
$-0{,}5$						
$-0{,}7_5$						
$-1{,}0$						
$-1{,}5$						
$-2{,}5$	9600		4670		4450	
-5	7400		4180		-1800	
-10	-4900		1750		-5150	
-20	-10920		-4160		-6820	
-50	-14630		-7380		-8620	
-100	-16420		-9200		-9950	
-150	-17420		-10500		-11020	
-200	-18100		-11430		-11920	
-300	-19030					
$\mathfrak{B}_r$	10650		5100		5300	
$\mathfrak{H}_c$	7,1		11,4		4,6	
μ_{max}	710		240		620	
η	0,006 95		0,0114		0,004 37	
$4\pi J_\infty$	20500		16420		16750	

$\mathfrak{B}_r$ = Remanenz; $\mathfrak{H}_c$ = Koerzitivkraft; μ_{max} = Maximalpermeabilität; $4\pi J_\infty$ = Sättigungswert; η = Steinmetzscher Koeffizient.

angegebenen Materialien nicht gemessen, sie liegt aber für gewöhnliches, technisch weiches Eisen etwa zwischen den Grenzen 150 bis 400 und hängt in hohem Maße nicht nur von der chemischen Reinheit, sondern auch von der vorhergegangenen mechanischen und thermischen Behandlung ab.

d) Gußeisen.

14. Allgemeines. Die Tabelle 4 gibt auch zwei Rubriken für ungeglühtes und geglühtes Gußeisen, das noch einer kurzen Besprechung bedarf. Das gewöhnliche Gußeisen enthält bis zu 4% C, mehrere Prozent Si, Mn und gewöhnlich auch reichlich P, insgesamt also etwa 10% Verunreinigungen, die bei ihrem geringeren spezifischen Gewicht den Raum von etwa 30 Gewichtsprozenten Eisen einnehmen, so daß — auch wenn man von dem härtenden Einfluß des im Eisen gelösten C absieht — schon allein durch die vorhandenen Verunreinigungen eine Herabsetzung der Magnetisierbarkeit um rund 30% bedingt sein würde. Dies kommt am deutlichsten zum Ausdruck in dem verhältnismäßig niedrigen Sättigungswert $4\pi J_\infty$, der bei dem in Tabelle 4 als Beispiel aufgeführten Material mit rund 8% Verunreinigungen nur 16400 bzw. 16750 beträgt gegen 21600 bei reinem Eisen. In noch viel stärkerem Maße macht sich die Verunreinigung namentlich durch C bei der Koerzitivkraft, dem Hystereseverlust und der Maximalpermeabilität geltend. Gewöhnliches Gußeisen ist also in magnetischer Beziehung durchaus minderwertig und würde auch wohl keinerlei Beachtung finden, wenn es nicht den Vorzug unverhältnismäßig großer Billigkeit und bequemer Formgebung infolge seines niedrigen Schmelzpunktes hätte, so daß es auch heute noch für manche Zwecke, beispielsweise für die schweren Magnetgestelle der Dynamomaschinen, in Betracht kommt, aber natürlich nur in der Modifikation des sog. grauen Gußeisens.

15. Die beiden Modifikationen des Gußeisens. Man unterscheidet nämlich zwei Modifikationen, einmal das weiße Gußeisen, wie es nach verhältnismäßig rascher Abkühlung aus dem Guß kommt, mit silberweißem Bruch und relativ großer mechanischer und magnetischer Härte, was davon herrührt, daß bei der raschen Abkühlung ein Teil des reichlichen C-Gehalts in gelöstem Zustand erhalten bleibt, während der andere Teil in Form von Cementit ausgeschieden wurde, und andererseits das graue Gußeisen, das aus dem weißen durch dauerndes Glühen und langsame Abkühlung entsteht, einen grauen Bruch, viel geringere mechanische Festigkeit, aber auch erheblich bessere magnetische Eigenschaften besitzt. Dies rührt daher, daß bei der erwähnten thermischen Behandlung, namentlich unter dem Einfluß eines beträchtlichen Si-Gehalts, der C zum großen Teil als Temperkohle bzw. Graphit in Form von dünnen Blättchen ausgeschieden wird, die zwischen den Eisenpartikelchen eingelagert sind. In dieser Form hat der C seine hauptsächlichste verschlechternde Wirkung auf die Magnetisierbarkeit verloren, er wirkt nur noch dadurch ungünstig, daß er das kontinuierliche Eisengefüge unterbricht, was sich natürlich auch in bezug auf die mechanische Festigkeit sehr stark geltend macht. Immerhin ist — wie man aus dem in Tabelle 4 angeführten Beispiel ersieht — durch das Ausglühen die Koerzitivkraft von 11,4 auf 4,6 Gauss gesunken, die Maximalpermeabilität von 240 auf 620 und der Sättigungswert von 16420 auf 16750 gestiegen. — Natürlich kann man auch umgekehrt verfahren und durch Abschrecken dem Material eine möglichst hohe Koerzitivkraft verleihen, vermöge deren es sich auch zu permanenten Magneten verwenden lassen würde. Dies hat sich in manchen Fällen bewährt, namentlich da, wo eine besonders komplizierte Form die Verwendung ausgeschmiedeten Magnetmaterials erschwert. Immerhin sind die Leistungen derartiger Magnete als minderwertig zu betrachten, denn wenn auch ihre Koerzitivkraft, namentlich bei geringem Si-Gehalt, 40 bis 50 Gauss erreicht, so bleibt doch die wahre Remanenz, verglichen mit derjenigen von W- und Cr-Magneten, verhältnismäßig gering; Magnete aus Gußeisen können somit als einwandfreier Ersatz für Magnete aus W- oder Cr-Stahl nicht angesehen werden.

e) Stahl.

α) Reiner Kohlenstoffstahl.

16. Weicher Stahl. Der Stahl spielt im angelassenen, weichen Zustand in magnetischer Beziehung keine erhebliche Rolle, es sollen daher auch nur die hauptsächlichsten Daten, wie sie sich bei den in der Reichsanstalt ausgeführten Versuchen ergeben haben[1]), hier kurz erwähnt werden. Wie schon oben bei Besprechung des Zustandsdiagramms des Eisens ausgeführt wurde, besteht nach langsamer Abkühlung eine C-Legierung mit weniger als 0,9% C aus einem Grundgefüge von Ferrit mit eingesprengten Perlitinseln, deren Umfang mit wachsendem C-Gehalt immer mehr zunimmt und bei der eutektoiden Legierung (0,9% C) den ganzen Raum einnimmt; bei noch weiter wachsendem C-Gehalt scheidet sich innerhalb dieser perlitischen Grundmasse der zwischen 0,9% und etwa 1,7% betragende C-Gehalt in Form von Cementitkörnern (Eisenkarbid Fe_3C) aus, und es ist daher nur natürlich, daß sich diese eutektoide Legierung auch in den elektrischen und magnetischen Eigenschaften der C-Legierungen deutlich ausprägt. Bis zu 0,9% C gilt für die Dichte $S = 7{,}876 - 0{,}03\,p$, für den Widerstand pro m/mm² $\varrho = 0{,}1 + 0{,}03\,p + 0{,}02\,p^2$, für die Koerzitivkraft $\mathfrak{H}_c = 0{,}7 + 7{,}5\,p$, wobei p den C-Gehalt in Gewichtsprozenten bezeichnet. Oberhalb 0,9% C bleibt die Formel für die Abhängigkeit der Dichte vom C-Gehalt ungeändert, dagegen wird die Zunahme des Widerstands und der Koerzitivkraft erheblich geringer, die darstellenden Kurven zeigen also hier einen deutlichen Knick. Dies ist auch beim Sättigungswert der Fall, der sich bis etwa 0,96% C darstellen läßt durch die Formel $4\pi J_\infty = 21\,620 - 1580\,p$, für höhere C-Gehalte durch $4\pi J_\infty = 20\,100 - 930\,(p - 0{,}96)$. Allgemein gilt also, daß das von 0,9% C ab in Form von körnigem Cementit ausgeschiedene Eisenkarbid in magnetischer und elektrischer Beziehung weniger stark verschlechternd wirkt, als das im Perlit vorhandene lamellare Eisenkarbid. Die Remanenz des weichen Stahls beträgt etwa 10 000 CGS-Einheiten, eine Abhängigkeit vom C-Gehalt hat sich mit Sicherheit nicht nachweisen lassen. Auf Grund der früher bereits erwähnten empirischen Formel $\mu_{\max} \sim \mathfrak{B}_r/2\mathfrak{H}_c$ ergibt sich daher, daß auch die Maximalpermeabilität umgekehrt der Koerzitivkraft und daher auch nahezu umgekehrt proportional dem C-Gehalt abnehmen wird; dasselbe gilt auch angenähert für die Anfangspermeabilität μ_0.

Das Charakteristische für den weichen Stahl ist nach dem Obigen das Auftreten des Eisenkarbids Fe_3C, ob in Form von reinem Cementit oder in Verbindung mit α-Eisen als Perlit. Über die magnetischen Eigenschaften des Fe_3C weiß man noch wenig Genaues, da es sich in kompakter Ring- oder Stabform nicht herstellen läßt und die Untersuchung in Pulverform ziemlich unsicher ist. Jedoch hat sich bei den Messungen in der Reichsanstalt aus der Abnahme des Sättigungswertes der FeC-Legierungen ergeben, daß es noch eine recht bedeutende Magnetisierbarkeit besitzt und sein Sättigungswert sich durch eine allerdings unsichere Extrapolation auf etwa $4\pi J_\infty \sim 14\,800$ schätzen läßt. Hingegen prägt sich sein von ROBIN und SMITH gefundener magnetischer Umwandlungspunkt in

---

[1]) E. GUMLICH, Wiss. Abh. d. Phys.-Techn. Reichsanst. Bd. 4, H. 3. 1918.

der Magnetisierungs-Temperaturkurve recht genau aus und ist von Honda und Takagi[1]) zu 215° bestimmt worden.

17. Harter Stahl. Das Maßgebende für die Eigenschaften des harten Stahls ist der im Eisen gelöste C, und zwar geht, wie es sich schon aus dem früher besprochenen Zustandsdiagramm des Eisens ergibt, um so mehr C in die feste Lösung mit Eisen über, je höher die Temperatur ist. Diese feste Lösung des C im γ-Eisen wird als Austenit bezeichnet, der im allgemeinen nur bei hohen Temperaturen stabil ist und nur unter besonderen Bedingungen (hochprozentiger Mn- oder Ni-Gehalt; vgl. später) als unmagnetisierbares Gefüge auch bei Zimmertemperatur erhalten werden kann. Spurenweise tritt er jedoch unter Umständen auch in gewöhnlichem abgeschreckten Stahl auf, namentlich bei sehr hohem C-Gehalt und scharfer Abschreckung aus besonders hoher Temperatur, und wirkt dabei im Magnetstahl in ähnlicher Weise verschlechternd, wie der bei wenig scharfem Abschrecken sich bildende Perlit; beide Gefügebestandteile sind daher durch geeignete Wahl der Abschreckungstemperatur und der Abkühlungsgeschwindigkeit bei der Härtung des Magnetstahls möglichst zu vermeiden. Im allgemeinen bildet sich bei richtig geleitetem Abschrecken als erstes Zerfallsprodukt des Austenits der Martensit (vgl. Abb. 6), der sich allerdings nur in einem labilen Zustand befindet und das dauernde Bestreben zeigt, auch bei gewöhnlicher, besonders aber bei erhöhter Temperatur zu zerfallen und aus der festen Lösung Eisenkarbid zunächst in mikroskopisch kleinen Teilchen abzuscheiden, was beim permanenten Magnet eine dauernde Abnahme seiner Leistungsfähigkeit zur Folge hat und durch geeignete Zusätze (W, Cr u. dgl.) möglichst zu verhindern ist. Im allgemeinen wird man die Härtung des reinen C-Magnetstahls im Wasserbad vornehmen und die Temperatur nur gerade so hoch wählen, daß nach raschem Einbringen des Materials in die Härteflüssigkeit der C noch vollständig gelöst ist; durch Rühren hat man dafür zu sorgen, daß die Abkühlung rasch genug vor sich geht, um eine Perlitbildung zu vermeiden. Wie aus dem Zustandsdiagramm (Abb. 1) hervorgeht, wird die Abschrecktemperatur am tiefsten sein können bei der eutektoiden Legierung, aber von dieser aus gerechnet nach beiden Seiten, also mit abnehmendem und wachsendem C-Gehalt, entsprechend höher gewählt werden müssen. Natürlich spielt dabei auch die Dimension des zu härtenden Stückes eine erhebliche Rolle, denn bei Magneten von großem Querschnitt wird eine Bildung von Perlit in den innersten Schichten kaum vollkommen zu vermeiden sein, und man wird daher bessere Verhältnisse erzielen, wenn man Magnete von großem Querschnitt aus einzelnen gehärteten Lamellen zusammensetzt.

18. Magnetische Eigenschaften. Aus den in der Reichsanstalt durchgeführten Versuchen ergibt sich nun folgendes: Die Dichte des gehärteten Stahls in Abhängigkeit von dem im Eisen gelösten C (p %) ist geringer als diejenige des langsam abgekühlten und läßt sich ausdrücken durch die Beziehung $S = 7{,}876 - 0{,}14\,p$, der Widerstand pro m/mm² durch $\varrho = 0{,}103 + 0{,}016\,p + 0{,}236\,p^2$. Für den Rest des ungelösten, in Zementitform vorhandenen C scheint angenähert die für perlitisches Eisen angegebene Beziehung zu gelten; es bildet sich also auch hier ein scharfer Knick aus. Dieser erscheint auch im Diagramm für den Sättigungswert, für den nach der Härtung bei 850° die Beziehung gilt: $4\pi J_\infty = 21620 - 3200\,p$, sowie im Diagramm für die Koerzitivkraft, wenigstens bei relativ niedriger Härtungstemperatur bis etwa 850°, und zwar steigt hier die Koerzitivkraft ziemlich geradlinig proportional dem C-Gehalt an und erreicht bei rund 1% C etwa 60 Gauss. Bei höheren Härtetemperaturen rückt der Knick,

---

[1]) K. Honda u. H. Takagi, Sc. Reports Tôhoku Univ. Bd. 1, S. 207. 1912; Bd. 2, S. 203. 1914.

wie dies ja auch in der Natur der Sache liegt, zu immer höheren C-Gehalten hinauf, gleichzeitig aber rundet sich die Kurve immer mehr ab, die Koerzitivkraft steigt bei niedrigen C-Gehalten stärker, und das Maximum der Koerzitivkraft erreicht bei 1000° Abschrecktemperatur etwa 70 Gauss, um bei noch höheren Härtungstemperaturen wieder stark zu sinken (Austenitbildung). Das umgekehrte Verhalten wie die Koerzitivkraft zeigt die Remanenz, die mit zunehmendem Gehalt an gelöstem C abnimmt, und zwar für 0,3% bis zu 1,0% C von etwa 11000 bis zu 7000, für höhere C-Gehalte noch erheblich stärker; es ist also bei reinen C-Stählen nicht möglich, höchste Remanenz mit höchster Koerzitivkraft zu vereinigen, und man muß daher von vornherein von Fall zu Fall unterscheiden, ob man — je nach der Gestalt des betreffenden Magnets — mehr Wert auf hohe Remanenz oder auf hohe Koerzitivkraft zu legen hat. Die Entscheidung ergibt sich aus folgender Überlegung.

19. Maß für die Leistungsfähigkeit. Was man bei einem fertigen Stab- oder Hufeisenmagnet haben will, ist eine möglichst hohe scheinbare Remanenz; diese hängt einesteils ab von der Höhe der wahren Remanenz, die man erhält, wenn man das Material in Form eines geschlossenen Ringes oder im Schlußjoch untersucht, andererseits aber auch von der Gestalt des Magnets und von der Koerzitivkraft: Je kürzer und gedrungener der Stab oder das Hufeisen und je geringer die Koerzitivkraft des verwendeten Materials ist, um so mehr sinkt die Remanenz infolge der entmagnetisierenden Wirkung der Enden. Hat man es also mit einem langgestreckten Stab oder einem langen Hufeisen mit verhältnismäßig geringem Querschnitt zu tun, so wird man mehr Gewicht auf hohe Remanenz legen, im umgekehrten Fall mehr auf hohe Koerzitivkraft, die bei sehr gedrungenen Magnetformen fast das allein Maßgebende bleibt. Unter diesem einschränkenden Gesichtspunkt kann man nun auf Grund der Tatsache, daß für gutes Magnetmaterial sowohl hohe Remanenz wie auch hohe Koerzitivkraft maßgebend ist, als angenähertes Maß für die Leistungsfähigkeit eines Magnetstahls das Produkt $\mathfrak{B}_r \cdot \mathfrak{H}_c$ aus Koerzitivkraft und Remanenz betrachten, das man als „Güteziffer" zu bezeichnen pflegt, die bei reinen C-Legierungen etwa 500×10^3 beträgt. Sie empfiehlt sich für den Gebrauch durch ihre außerordentliche Bequemlichkeit, da beide Materialkonstanten leicht und hinreichend genau zu ermitteln sind; sie trägt aber nicht der Krümmung der Hystereseschleife zwischen Remanenz und Koerzitivkraft Rechnung, die für den Energieinhalt des Materials mit maßgebend ist, so daß bei ihrer Verwendung Fehler von mehreren Prozent nicht ausgeschlossen sind. EVERSHED[1]) hat daher als genaueres Maß für die Leistungsfähigkeit den Wert $(\mathfrak{B} \cdot \mathfrak{H})_{max}$ vorgeschlagen, d. h. das Maximum der Produkte, welche man erhält, wenn man für jeden Punkt des absteigenden Astes der Hystereseschleife zwischen Remanenz und Koerzitivkraft die Induktion mit der zugehörigen Feldstärke multipliziert. Die Richtigkeit der etwas schwer verständlichen Ausführungen von EVERSHED weist WATSON[2]) durch die Überlegung nach, daß dasjenige Material für die Herstellung permanenter Magnete am vorteilhaftesten sein wird, welches bei gleichem Kraftlinienfluß Φ und gleicher magnetomotorischer Kraft M das geringste Volumen erfordert. Nun ist $\Phi = q \cdot \mathfrak{B}$, $M = l \cdot \mathfrak{H}$, wenn q und l Querschnitt und Länge des betreffenden Magnets bezeichnen, $\mathfrak{B}$ die Induktion und $\mathfrak{H}$ die zugehörige Feldstärke pro cm³; hieraus folgt, daß das Volumen $V = l \cdot q = \dfrac{M \cdot \Phi}{\mathfrak{H} \cdot \mathfrak{B}}$ am kleinsten wird, wenn das Produkt $\mathfrak{H} \cdot \mathfrak{B}$ ein Maximum ist, so daß dies Produkt also als Maß für die Leistungsfähigkeit des Materials betrachtet werden kann. Zum Auf-

---

[1]) S. EVERSHED, Journ. Amer. Inst. Electr. Eng. Bd. 58, S. 780. 1920.
[2]) E. A. WATSON, Journ. Amer. Inst. Electr. Eng. Bd. 61, S. 641. 1923.

finden des betreffenden Punktes hat man nach Watson (a. a. O.) nur den durch die Koordinaten $\mathfrak{B} = \mathfrak{B}_r$ und $\mathfrak{H} = -\mathfrak{H}_c$ bestimmten Punkt mit dem Koordinatenanfangspunkt zu verbinden; der Schnittpunkt mit dem absteigenden Ast der Hystereseschleife ist dann der gesuchte Punkt, für welchen $(\mathfrak{B} \cdot \mathfrak{H})$ ein Maximum ist. Da sich in Deutschland als Maßstab für die Beurteilung des Magnetmaterials die viel bequemere Definition der Güteziffer $\mathfrak{B}_r \cdot \mathfrak{H}_c$ bereits weitgehend eingebürgert hat und sich auch die dabei mögliche Ungenauigkeit im allgemeinen in sehr mäßigen Grenzen hält, so wird auch hier weiterhin davon Gebrauch gemacht werden.

20. Vorausberechnung der Leistung eines Magnets. Es liegt nun vielfach die Aufgabe vor, die Abmessungen eines Stab- oder Hufeisenmagnets so zu wählen, daß der fertige Magnet einen bestimmten Kraftlinienfluß besitzt, vorausgesetzt, daß man die Hystereseschleife des zu verwendeten Materials kennt. Schon oben ist darauf hingewiesen worden, daß durch die entmagnetisierende Wirkung der freien Enden die Remanenz des Magnets vermindert wird; nun gilt, wie an anderer Stelle genauer auseinandergesetzt wird, ganz allgemein für die Beziehung zwischen der wahren, in einem magnetisierten Körper herrschenden Feldstärke $\mathfrak{H}$ und der scheinbaren (äußeren), etwa durch eine Magnetisierungsspule hervorgebrachten Feldstärke $\mathfrak{H}'$ die Beziehung $\mathfrak{H} = \mathfrak{H}' - N \cdot J$; hierbei bezeichnet J die Magnetisierungsintensität $[J = (\mathfrak{B} - \mathfrak{H})/4\pi]$ und N den sog. Entmagnetisierungsfaktor, der bei Ellipsoiden aus dem Dimensionsverhältnis berechnet werden kann und dort für alle Werte der Magnetisierungsintensität konstant bleibt, beim zylindrischen oder rechteckigen Stab dagegen nur mit einer gewissen Annäherung, die auch die Lösbarkeit der vorliegenden Aufgabe beschränkt; die Werte für N sind einer in Bd. XVI enthaltenen Tabelle zu entnehmen. Im vorliegenden Fall ist nun $\mathfrak{H}' = 0$, man hat also $\mathfrak{H} = -N \cdot J$ oder sehr angenähert $\mathfrak{H} = -N \cdot \mathfrak{B}/4\pi$; daraus ergibt sich $N = -4\pi \cdot \mathfrak{H}/\mathfrak{B}$. Will man also im Magnet einen bestimmten Kraftlinienfluß $\Phi = q \cdot \mathfrak{B}$ erhalten, wobei q den gegebenen Querschnitt bezeichnet, so hat man in der Hystereseschleife zwischen Remanenz und Koerzitivkraft den Wert $\mathfrak{H}$ zu suchen, welcher der Induktion $\mathfrak{B} = \Phi/q$ entspricht, aus der obigen Beziehung den Wert N zu berechnen und der Tabelle für N (a. a. O.) das dem gefundenen Wert für N entsprechende Dimensionsverhältnis l/d zu entnehmen; hierbei ist l die gesuchte Länge, $q = d^2\pi/4$, also $d = 2 \cdot \sqrt{q/\pi}$. Umgekehrt kann man, wenigstens bei Näherungsrechnungen, für einen bestimmten Kraftlinienfluß Φ und eine vorgeschriebene Länge l den zugehörigen Querschnitt q des Stabes bestimmen. Da der Wert von N beim zylindrischen Stab nicht konstant ist, sondern bis zu einem gewissen Maße von der Magnetisierungsintensität abhängt, so ist auch die obige Aufgabe nur angenähert lösbar. Außerdem ist dabei noch zu berücksichtigen, daß der gewünschte Wert von Φ bzw. $\mathfrak{B}$ genau genommen nur in der Indifferenzzone des Stabmagneten vorhanden sein wird. Die Art des Kraftlinienaustritts nach den Enden zu und damit auch die Lage und Stärke der sog. Pole hängt nicht unerheblich von der jeweiligen Permeabilität des gewählten Materials ab und läßt sich nur durch komplizierte Annäherungsrechnungen zum voraus einigermaßen bestimmen.

In ähnlicher Weise kann man nach Edgcumb[1]) zur angenäherten Vorausberechnung des Kraftlinienflusses bei einem Hufeisenmagnet verfahren: Wir nehmen an, wir hätten einen geschlossenen, bewickelten Ring aus hartem Stahl von der mittleren Länge l und dem Querschnitt q (Abb. 8); der magnetisierende Strom erzeuge darin die Feldstärke $\mathfrak{H}$ und die Induktion $\mathfrak{B} = \mu \cdot \mathfrak{H}$. Denken

---

[1]) K. Edgcumb, Electrician Bd. 75, S. 546. 1915.

wir uns den Ring an einer Stelle durchschnitten und um die Länge λ auseinander-
gebogen, so wird hierdurch der Widerstand des magnetischen Kreises erheblich
vergrößert, und zwar wird die zur Aufrechterhaltung der Kraftliniendichte $\mathfrak{B}$
auch in diesem Luftspalt notwendige Feldstärke $\mathfrak{H}' = \mu \cdot \mathfrak{H} \lambda/l$ sein. Hat etwa
durch Anbringung von Polstücken der Querschnitt des
Luftspaltes die Größe q', so wird

$$\mathfrak{H}' = \mu \cdot \mathfrak{H} \frac{\lambda}{l} \cdot \frac{q}{q'} = \mathfrak{B} \cdot \frac{\lambda}{l} \cdot \frac{q}{q'} = \mathfrak{B} \cdot \operatorname{tg} \alpha.$$

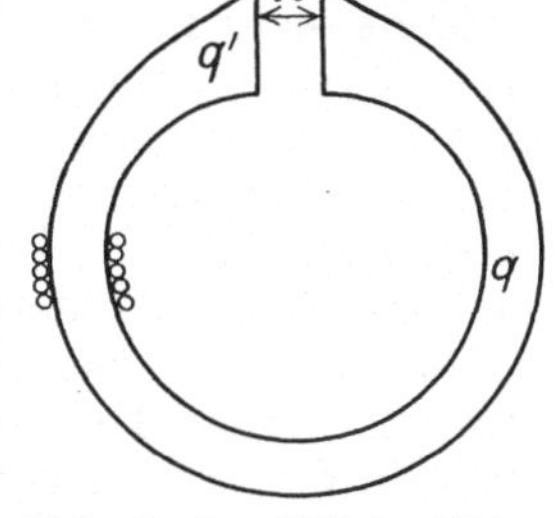

Abb. 8. Geschlitzter Ring.

Beim geschlossenen Ringmagnet tritt nun an Stelle
der äußeren Feldstärke $\mathfrak{H}$ die eingeprägte magnetomotorische Kraft, welche gleich der Koerzitivkraft $\mathfrak{H}_c$ ist und
ausreicht, in dem geschlossenen magnetischen Kreis die
wahre Remanenz $\mathfrak{B}_r$ aufrechtzuerhalten. Beim Unterbrechen durch einen Luftspalt λ genügt hierzu die magnetomotorische Kraft $\mathfrak{H}_c$ nicht mehr, denn sie muß auch die
Feldstärke mitliefern, welche zur Überwindung des Widerstandes der Luftstrecke
notwendig ist; infolgedessen sinkt die wahre Remanenz $\mathfrak{B}_r$ auf den Betrag der
scheinbaren Remanenz $\mathfrak{B}'_r$, die gleichzeitig die Kraftliniendichte im Interferrikum
darstellt. Ihr entspricht nach dem obigen die Feldstärke $\mathfrak{H}' = \mathfrak{B}'_r \cdot \operatorname{tg} \alpha$, während
zur Aufrechterhaltung des Induktionsflusses im Eisen nur noch die Feldstärke
$\mathfrak{H}_c - \mathfrak{H}'$ übrig bleibt. Zur Vorausbestimmung der Größe $\mathfrak{B}'_r$ hat man nun in
der Hystereseschleife von der $\mathfrak{B}$-Achse aus den Winkel α nach links abzutragen
und den Schnittpunkt R' des anderen Schenkels mit dem absteigenden Ast der
Hystereseschleife zu bestimmen (Abb. 9); hierbei ist jedoch zu beachten, daß
bei den Induktionskurven der Maßstab von $\mathfrak{H}$ etwa
p-mal so groß gewählt zu werden pflegt als der Maß-
stab von $\mathfrak{B}$ ($p = 10$ bis 100), es ist also $\operatorname{tg} \alpha = \dfrac{\lambda}{l} \cdot \dfrac{q'}{q} \cdot p$.

Die Größe $R'B$ gibt dann die gesuchte scheinbare
Remanenz $\mathfrak{B}'_r$, während die Feldstärke $\mathfrak{H}' = OB$ zur
Überwindung des Luftwiderstandes, die Feldstärke
$AB = \mathfrak{H}_c - \mathfrak{H}'_c$ zur Aufrechterhaltung der scheinbaren Remanenz $\mathfrak{B}'_r$ dient. Faßt man die Feldstärke $\mathfrak{H}'$ als die entmagnetisierende Kraft des auf
den Polen befindlichen freien Magnetismus auf, so
geht, wie leicht ersichtlich, diese Darstellungsweise
in diejenige beim freien Stab über.

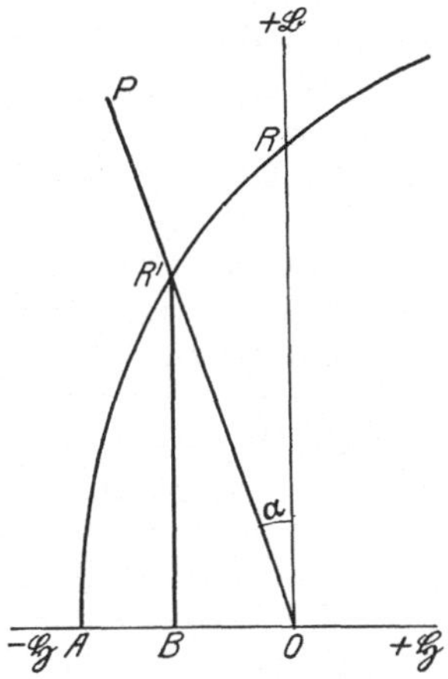

Auch hier kann es sich natürlich nur um eine
ziemlich rohe Überschlagsrechnung handeln, denn die
Kraftlinien treten ja nicht nur an den Polen über,
sondern auch längs der beiden Schenkel, und zwar
um so mehr, je länger und schmaler der Körper des
Hufeisenmagnets ist. Genauere Rechnungsmethoden,
auf die jedoch hier nicht eingegangen werden kann,

Abb. 9. Vorausberechnung
der Remanenz beim Huf-
eisenmagnet.

gibt EVERSHED[1]) in seinem Aufsatz: Permanent magnets in theory and practice.

21. Haltbarkeit. Von einem guten permanenten Magnet muß man verlangen, daß er nicht nur eine relativ hohe scheinbare Remanenz besitzt, sondern
sie auch dauernd möglichst unverändert beibehält, und ferner, daß die vorhandene
Magnetisierung von Temperaturänderungen möglichst wenig abhängt, daß also der
sog. Temperaturkoeffizient klein ist, Eigenschaften, die beispielsweise bei

---

[1]) S. EVERSHED, Journ. Amer. Inst. Electr. Eng. 1920.

Magneten in Meßinstrumenten, Zählermagneten u. dgl. von größter Bedeutung sind. — Bei den eventuell eintretenden Änderungen der Leistungsfähigkeit hat man zu unterscheiden zwischen Änderungen der Eigenschaften des Materials und Änderungen der eingeprägten Magnetisierung. Die erstere beruht auf dem bereits erwähnten Umstand, daß sich das martensitische Grundmaterial jeden Magnets nicht im stabilen Gleichgewichtszustand befindet, sondern zum Zerfall, speziell zur Abscheidung von Fe_3C, neigt; da dieser Zerfall bei höheren Temperaturen beschleunigt wird, so hat man nach Strouhal und Barus[1]) den Magnet noch vor der Magnetisierung zu altern, d. h. ihn etwa 24 Stunden auf 100° zu erwärmen; dadurch wird zwar die Koerzitivkraft etwas verringert, aber einer weiteren Materialänderung bei Temperaturen unter 100° vorgebeugt. Hiervon unabhängig sind aber die Änderungen, die das magnetische Moment des fertigen Magnets durch Temperaturänderungen und durch Erschütterungen erleidet; auch sie kann man dadurch ausschließen, daß man den Magnet nach der Magnetisierung etwa 5- bis 10mal abwechselnd auf 100° erwärmt und wieder abkühlt, bis dauernde Änderungen des magnetischen Moments nicht mehr auftreten, und ihn sodann durch sanfte Schläge mit einem Holzhammer erschüttert (vgl. Strouhal und Barus a. a. O.). Die hierdurch hervorgebrachten Änderungen sind allerdings bei reinen C-Stählen keineswegs gering, und zwar können die zyklischen Erwärmungen das magnetische Moment bis zu 30 oder 40% verringern, die mechanischen Erschütterungen um etwa 5 bis 6%. Sie werden aber durch passende Zusätze von W oder Cr zum Grundmaterial erheblich verringert, und man kann dann wenigstens ziemlich sicher sein, daß alle späteren thermischen und mechanischen Einflüsse, welche die Wirkung dieser vorbeugenden Maßnahme nicht übersteigen, merkliche Änderungen des magnetischen Moments nicht mehr hervorbringen. Tatsächlich konnte bei mehreren in der Reichsanstalt dauernd als Magnetetalons verwendeten Stahlmagneten aus W-Stahl im Zeitraum von mehreren Jahrzehnten irgendwelche Änderung nicht nachgewiesen werden.

22. Temperaturkoeffizient. Der Temperaturkoeffizient, also die vollkommen reversible Änderung des magnetischen Moments mit der Temperatur, hängt einerseits vom Material, andererseits bis zu einem gewissen Grad aber auch von der Gestalt des fertigen Magnets ab; er ist in jedem Fall gesondert zu bestimmen und in Rechnung zu ziehen. Bei reinen C-Stählen nimmt er mit steigendem Prozentgehalt p an gelöstem C ab, und zwar haben die Versuche in der Reichsanstalt folgende Werte ergeben: $\alpha = -0,00063 + 0,00042\,p$ (Härtungstemperatur 850°) und $\alpha = -0,00050 + 0,00034\,p$ (Härtungstemperatur 1100°). Wie aus der zweiten Beziehung ersichtlich ist, lassen sich tatsächlich permanente Magnete ohne jeden Temperaturkoeffizient aus reinem C-Stahl mit einem C-Gehalt von 1,5% bei einer Härtungstemperatur von 1100° herstellen, doch sind, wie schon aus dem Früheren hervorgeht, ihre Leistungen so gering, daß man nur unter besonderen Umständen davon Gebrauch machen wird.

Daß die Höhe des Temperaturkoeffizienten auch von der Gestalt des Magnets in erheblichem Maße beeinflußt wird, haben schon Cancani (1887) und Ashworth (1898) bemerkt; eingehende systematische Messungen darüber sind neuerdings erst vom Verfasser[2]) und von Honda[3]) durchgeführt worden; sie haben ergeben, daß der Temperaturkoeffizient um so größer wird, je kleiner bei Stäben das Dimensionsverhältnis l/d ist (l = Länge, d = Durchmesser) und je gedrungener und je weniger gut geschlossen bei Hufeisenmagneten die Gestalt

---

[1]) V. Strouhal u. C. Barus. Wiedemann Ann. Bd. 20, S. 662. 1883.
[2]) E. Gumlich, Ann. d. Phys. (4) Bd. 59, S. 668. 1919.
[3]) K. Honda, Sc. Reports Tôhoku Univ. Bd. 10, S. 417. 1921.

ist. Bei einem zylindrischen Magnetstab entspricht einer Abnahme des Dimensionsverhältnisses von $l/d = 37$ auf $l/d = 4$ eine Zunahme des Temperaturkoeffizienten um rund 75%; also auch hierauf hat man unter Umständen Rücksicht zu nehmen.

β) Wolfram- und Chromstahl.

23. Allgemeines. Daß die magnetischen Eigenschaften von C-Stahl durch geeignete Zusätze von W oder Cr erheblich verbessert werden können, ist schon lange bekannt, und tatsächlich haben bis zum Krieg die W-Stähle mit etwa 0,8 bis 1% C und 5 bis 6% W den Markt vollkommen beherrscht. Als während des Krieges das W seitens der Heeresverwaltung mit Beschlag belegt wurde, konnte durch umfassende Untersuchungen in der Reichsanstalt[1]) nachgewiesen werden, daß ein Zusatz von 3 bis 6% Cr zu einem Stahl von etwa 1% C bei geeigneter thermischer Behandlung Werte liefert, die denjenigen der W-Stähle mindestens gleichkommen, so daß nicht nur der Bedarf an Magnetstahl während des Krieges gedeckt werden konnte, sondern auch späterhin die Fabrikation von Cr-Stahlmagneten wegen ihres billigeren Preises beibehalten wurde. In neuester Zeit allerdings ist die Technik wieder mehr zum W-Stahl zurückgekehrt, da die Fabrikation der hochprozentigen und hochwertigen Cr-Stahlmagnete in thermischer Beziehung schwieriger ist und mehr Ausschuß bedingt; nur als billigere und etwas minderwertige Massenartikel kommen Cr-Stahlmagnete mit etwa 2% Cr vielfach auch heute noch in den Handel.

24. Vergleich von W- und Cr-Stählen. Ein Vergleich zwischen einigen in der Reichsanstalt thermisch behandelten und untersuchten, wasser- und ölgehärteten Cr-Stählen untereinander und mit mehreren der besten zur Prüfung dort eingegangenen W-Stähle, deren chemische Zusammensetzung leider nicht bekannt war, gestattet Tabelle 5. Es geht daraus hervor, daß die Ölhärtung bei Cr-Stählen günstiger wirkt als die Wasserhärtung, denn wenn auch — wie zu erwarten war — die Koerzitivkraft der ölgehärteten Stähle unter derjenigen der wassergehärteten liegt, so ist dafür doch die Remanenz unverhältnismäßig viel höher und damit auch die Güteziffer $\mathfrak{B}_r \cdot \mathfrak{H}_c$. Bei beiden Härtungsarten steigt mit wachsendem Cr- und C-Gehalt die Koerzitivkraft, während die Remanenz abnimmt; letztere ist aber — und das gilt auch für die W-Stähle — sehr erheblich höher, als sie bei den entsprechenden reinen C-Stählen sein würde, während die Koerzitivkraft von derselben Größenordnung bleibt. Die Güteziffer der wassergehärteten Cr-Stähle entspricht im Mittel ungefähr derjenigen der W-Stähle, diejenige der ölgehärteten Cr-Stähle liegt sogar noch erheblich

Tabelle 5. Vergleich zwischen wasser- und ölgehärteten Chromstählen und Wolframstählen.

| Chromstahl-Magnete | | | | | | | | | | | | | Wolframstahl-Magnete | | | |
| in Wasser gehärtet | | | | | | | in Öl gehärtet | | | | | | | | | |
Lfd. Nr.	Cr %	C %	Härtungstemperatur	Remanenz $\mathfrak{B}_r$	Koerzitivkraft $\mathfrak{H}_c$	$\mathfrak{B}_r \cdot \mathfrak{H}_c \cdot 10^{-3}$	Lfd. Nr.	Cr %	C %	Remanenz $\mathfrak{B}_r$	Koerzitivkraft $\mathfrak{H}_c$	$\mathfrak{B}_r \cdot \mathfrak{H}_c \cdot 10^{-3}$	Lfd. Nr.	Remanenz $\mathfrak{B}_r$	Koerzitivkraft $\mathfrak{H}_c$	$\mathfrak{B}_r \cdot \mathfrak{H}_c \cdot 10^{-3}$
11*	2,85	0,88	850°	10900	57,4	626	7	1,93	0,81	12660	56,8	720	1876	10200	58,1	593
12*	2,90	1,12	850°	10380	59,2	615	12*	2,97	1,12	10910	60,7	662	1877	9700	61,5	596
16	6,24	1,14	850°	9920	64,6	641	16	6,24	1,14	12270	66,3	814	1615	10250	63,0	646
16	6,24	1,14	900°	9200	72,5	666							1614	10880	62,3	679
													1739	10880	66,4	723
Mittel				10100	63,4	637				11950	61,3	732		10380	62,3	647

[1]) E. Gumlich, Elektrot. ZS. Bd. 37, S. 592. 1916; Stahl u. Eisen 1922, Nr. 2 u. 3.

höher. — Der Einfluß der Dauererwärmungen wie auch der zyklischen Erwärmungen bei der Alterung der Magnete nimmt mit wachsendem Cr-Gehalt ab, und zwar ist die Abnahme des magnetischen Moments durch beide Erwärmungsarten bei den höheren Cr-Legierungen von der Größenordnung 1 bis 3%, während der Einfluß der Erschütterungen im wesentlichen vom C-Gehalt und der durch ihn bedingten Größe der Koerzitivkraft abhängt; bei höheren C-Gehalten betrug die Abnahme durch die Erschütterung rund etwa 1%, so daß man also insgesamt den Verlust, den das magnetische Moment durch eine systematisch durchgeführte Alterung erleidet, auf höchstens 5 bis 6% schätzen kann, und das gleiche dürfte wohl auch für die W-Stähle gelten. — Der Temperaturkoeffizient der Cr-Stähle hängt nicht sowohl vom Cr-Gehalt als vom Gehalt an gelöstem C ab und betrug bei den zahlreichen untersuchten Stäben vom Dimensionsverhältnis 30 rund 2 bis 3 · 10^{-4}; für W-Magnete desselben Dimensionsverhältnisses kann ungefähr derselbe Betrag in Anschlag gebracht werden.

25. Wirkung der Zusätze. Aus diesen Versuchen geht hervor, daß die Wirkung des Cr- und W-Zusatzes, die auf eine Bildung von Doppelkarbiden zurückzuführen ist, in einer Erhöhung der wahren Remanenz und einer Verringerung der Empfindlichkeit gegen thermische Schwankungen besteht, während die Empfindlichkeit gegen Erschütterungen und die Höhe des Temperaturkoeffizienten dadurch nur wenig beeinflußt wird. Die Güteziffer beträgt etwa 700 · 10^{-3} gegen 500 · 10^{-3} bei reinen C-Magneten. Auf der Zersetzung der erwähnten Doppelkarbide bei höheren Temperaturen scheint nach Evershed[1]) die Tatsache zu beruhen, daß sich die Magnete durch längere Erhitzung auf 950°, wie sie bei der Herstellung vielfach angewendet wird, außerordentlich verschlechtern. Derartige Magnete sind durch thermische Behandlung bei niedrigen Temperaturen, also etwa durch eine Neuhärtung, nicht wieder herzustellen, wenn nicht eine kurze Erhitzung auf etwa 1250° vorhergeht, bei welcher eine sehr rasch verlaufende Wiedervereinigung der Doppelkarbide und damit eine entsprechende Verbesserung des Materials eintritt, vorausgesetzt, daß nicht bei der Dauererhitzung auch ein Teil des vorhandenen C-Gehalts verlorengegangen ist. Außerdem soll noch auf einen Aufsatz von S. Tompson[2]) hingewiesen werden, der zahlreiche Untersuchungsergebnisse und Erfahrungen speziell auf dem Gebiet der Herstellung von W-Magneten enthält.

γ) Kobalt-Magnetstähle.

26. Verschiedene Sorten. Der bedeutsamste Fortschritt in der Herstellung des Materials für permanente Magnete erfolgte etwa im Jahre 1918 durch die Entdeckung von Honda und Saito[3]), daß eine Legierung mit 0,4 bis 0,8% C, 30 bis 40% Co, 5 bis 9% W und 1 bis 3% Cr nach geeigneter thermischer Behandlung (Abschreckung von 950° in Öl) bei ungefähr der gleichen wahren Remanenz wie W- und Cr-Stähle eine 3- bis 4mal so große Koerzitivkraft besitzt, also Werte von 200 bis 240 Gauß erreicht. Diese Tatsache ist deshalb von großer Tragweite, als sie es ermöglicht, einerseits bei gleich dimensionierten Magneten von kurzer gedrungener Gestalt zu einem erheblich höheren magnetischen Moment zu gelangen, andererseits auch dasselbe Moment mit einem viel geringeren Materialaufwand, also mit gedrungeneren Formen usw. zu erreichen, und damit auch den Instrumenten und Apparaten, bei welchen die Magnete Verwendung finden, eine wesentlich handlichere Form zu geben. Unter diesen Umständen

---

[1]) S. Evershed, Electrician Bd. 94, S. 394. 1925.
[2]) S. Tompson, Journ. Inst. Electr. Eng. Bd. 50, S. 80—142. 1913.
[3]) K. Honda u. S. Saito, Sc. Reports Tôhoku Univ. Bd. 9, S. 417. 1920.

war es nur selbstverständlich, daß auch in anderen Ländern an der Weiter-
ausbildung dieser Erfindung gearbeitet wurde, speziell in England, wo namentlich
die Abhängigkeit der Leistungsfähigkeit des neuen Materials vom Gehalt an
Co und den anderen Zusätzen ausprobiert und der teilweise Ersatz des teuren Co
durch andere Materialien angestrebt wurde, und auch in Deutschland, wo durch
die in der Reichsanstalt durchgeführten Versuche auf Grund der früher gefundenen
Wirkungen von Mn auf reines Eisen nachgewiesen werden konnte[1]), daß eine
Legierung von 1,1% C, 3,5% Mn, 36% Co und 4,8% Cr der besten japanischen
Legierung gleichwertig sei; auch hier erwies sich eine Härtung bei etwa 875°
im eisgekühlten Öl vorteilhafter als
im Wasserbad. Derartige Materialien
verlangen jedoch zur Erreichung der
höchsten Magnetisierung eine unverhältnismäßig hohe Feldstärke, wie
aus nebenstehender Tabelle 6 hervorgeht. Man sieht also, daß hier das

Tabelle 6.

$\mathfrak{H}_{max}$	$\mathfrak{B}_r$	$\mathfrak{H}_c$	$\mathfrak{B}_r \cdot \mathfrak{H}_c \cdot 10^{-3}$
540	8820	217,2	1915
820	9210	226,0	2080
1120	9310	227,1	2113

Maximum von $\mathfrak{B}_r$ und $\mathfrak{H}_c$ erst mit einer Feldstärke von etwa 1100 Gauß erzielt
wird, während bei W- und Cr-Stählen dazu bereits eine Feldstärke von etwa
300 Gauß ausreicht, doch wird die hierdurch bedingte Unbequemlichkeit durch
die erhöhte Leistungsfähigkeit, die etwa das 3-fache der besten W- und Cr-Stähle
beträgt, bei weitem aus-
geglichen.

**27. Vergleich zwi-
schen Co- und Cr-
Stählen.** Einen direk-
ten Vergleich zwischen
beiden Stahlarten gibt
Abb. 10, welche die
Hystereseschleifen vom

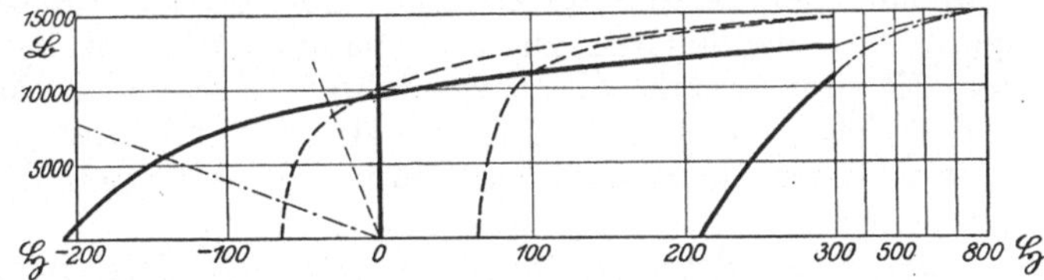

Abb. 10. Hystereseschleife eines Co- und eines Cr-Stahls.

Material der angegebenen Legierung und von einem guten, in Wasser gehärteten
Cr-Stahl darstellt. In dieser bezeichnen die Schnittpunkte der von 0 ausgehenden
Geraden mit den beiden Hystereseschleifen die Höhe der scheinbaren Remanenz,
welche ein Stab vom Dimensionsverhält-
nis 30 ($l/d = 18/0,6$) und vom Dimensionsverhältnis 8,5 ($l/d = 6/0,7$) in beiden Fällen
erhalten würde; in Zahlen ausgedrückt
findet man:

	$l/d = \infty$	$l/d = 30$	$l/d = 8,5$
für Co-Mn-Stahl .	9600	9000	5550
„ Cr-Stahl . .	10000	8250	2400

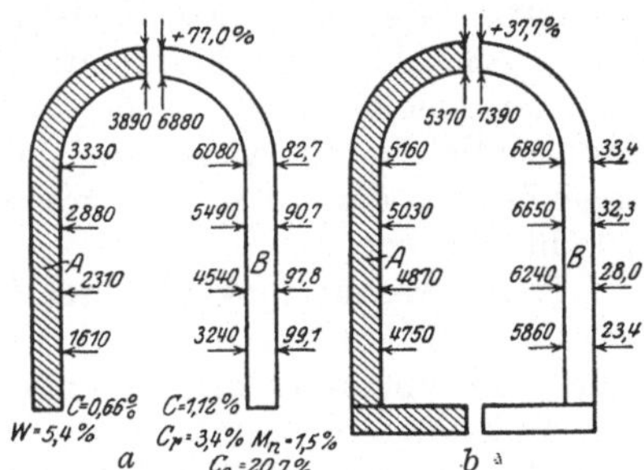

Abb. 11. Kraftliniendichte im Huf-
eisenmagnet aus W-Stahl (A) und aus
Co-Mn-Stahl (B) im ungeschlossenen
Zustand (a) und im geschlossenen
Zustand (b).

Trotzdem also die wahre Remanenz $l/d = \infty$
des Cr-Stahls noch um etwa 4% höher liegt,
als diejenige des Co-Mn-Stahls, beträgt doch
schon bei den daraus hergestellten Stäben von
18 cm Länge die scheinbare Remanenz rund
10% weniger, beim Stab von 6 cm Länge
aber nicht einmal mehr die Hälfte von derjenigen des neuen Materials.
Ähnlich liegen die Verhältnisse bei den Hufeisenmagneten. Abb. 11 gibt
nach Messungen in der Reichsanstalt die Kraftliniendichte bei einem Huf-

---

[1]) E. GUMLICH, Elektrot. ZS. Bd. 44, H. 7. 1923; ZS. f. Phys. Bd. 14, S. 241. 1923.

eisenmagnet aus W-Stahl (A) und aus neuem Magnetstahl (B) im ungeschlossenen (a) und im geschlossenen Zustand (b), wobei zu bemerken ist,
daß der Co-Stahl nur 1,54% Mn und 20,7% Co statt 4% Mn und 36% Co enthält und daher nicht als vollwertig anzusehen ist; gleichwohl lassen die beigefügten Zahlen für die Kraftliniendichte im Indifferenzpunkt und an den verschiedenen Punkten der Schenkel, sowie die entsprechenden Unterschiede zwischen
B und A in Prozent die große Überlegenheit des neuen Materials über den W-Stahl
erkennen. Diese ist natürlich am größten im ungeschlossenen Zustand, wo der
Unterschied im Indifferenzpunkt schon 77%, nahe dem Pol aber fast 100%
beträgt, was hauptsächlich auf die sehr viel stärkere Wirkung der Entmagnetisierung durch die Enden bei dem weicheren W-Stahl zurückzuführen ist. Im
geschlossenen Zustand ist der Unterschied viel geringer; er beträgt im Indifferenzpunkt ca. 38% und sinkt in der Nähe der Pole auf etwa 23%. Dies rührt daher,
daß infolge seiner sehr viel geringeren Permeabilität das neue Material B dem
Durchgang der Kraftlinien einen erheblich höheren Widerstand entgegensetzt
als der W-Stahl, und daß demnach die Streuung von Schenkel zu Schenkel
bei B größer wird als bei A. Da nun die Zugkraft dem Quadrat der Kraftliniendichte proportional ist, so würde der Magnet B in vollkommen geschlossenem
Zustand noch etwa 40% mehr tragen als der Magnet A. Hat man es, wie dies
bei praktischen Anwendungen wohl zumeist der Fall sein wird, mit einem unvollkommenen Schluß durch einen rotierenden Anker, einen schmalen Luftspalt oder dergleichen zu tun, dann wird sich bei gleichen Abmessungen
der Gewinn durch die Verwendung des neuen Materials zwischen 20%
und 100% bewegen. — Das Co-Mn-Material wird von der Firma Friedrich
Krupp (Essen) hergestellt und unter dem Namen „Koerzit" in den Handel
gebracht.

28. Selbsthärtender Co-Stahl. Als besondere, namentlich in England hergestellte Varietät der Co-Stähle ist noch die mit etwa 15% Co, 1% C, 9% Cr
und 1,5% Mn zu nennen, die zu der Reihe der sog. „selbsthärtenden" Stähle
gehört, also keines Abschreckens bedarf, so daß die mit dem Abschrecken
stets verbundene Gefahr des Springens oder Verziehens ausgeschlossen
ist. Auch dies Material gibt mit einer Remanenz $\mathfrak{B}_r = \cdot 8500$ und einer
Koerzitivkraft $\mathfrak{H}_c = 210$ Leistungen, die schon nahe an die Höchstwerte
der Co-Stähle herankommen, doch verlangt es eine recht umständliche
und kostspielige thermische Behandlung, da die günstigste Wirkung erst
dann erzielt wird, wenn die Magnete zunächst auf 1150° erhitzt und rasch
abgekühlt, sodann bei 750° angelassen und schließlich von 1100° in Luft abgekühlt werden.

29. Anwendungsgebiet der Co-Magnete. Daß bei einer derartigen Überlegenheit in den Leistungen die Co-Stähle die W- und Cr-Stähle nicht in kürzester
Zeit vollkommen verdrängt haben, liegt nach den interessanten Berechnungen
von WATSON[1]) lediglich an dem hohen Preis des Co, der früher als Abraum-
produkt achtlos auf die Seite geworfen, sofort nach Bekanntwerden der japanischen Erfindung zum Spekulationsobjekt geworden ist. Immerhin gibt es
auch jetzt schon zahlreiche Fälle, wo entweder der Preis keine ausschlaggebende Rolle spielt, wie bei Magnetnadeln usw., oder die Ersparnis an
Raum, die größere Haltbarkeit der Instrumente usw. den höheren Preis auf-
wiegt. Auch als Ersatz von Elektromagneten bei kleineren Dynamomaschinen
und dergleichen dürfte das neue Material voraussichtlich in Zukunft eine
erhebliche Rolle spielen.

---

[1]) E. A. WATSON, Journ. Inst. Electr. Eng. Bd. 63, S. 822. 1925.

f) Legierungen von Eisen mit nicht ferromagnetischen Stoffen.

30. Eisen-Silicium-Legierungen. Neben den Fe-C-Legierungen, über welche bereits gesprochen wurde, haben, wenigstens für die Technik, zur Zeit die Fe-Si-Legierungen das größte Interesse, sind sie doch namentlich für den Bau von Transformatoren und anderen Apparaten geradezu unentbehrlich geworden. Die ersten genaueren Messungen über die magnetischen und elektrischen Eigenschaften der Si-Al-Legierungen verdankt die Wissenschaft drei englischen Gelehrten, BARETT, BROWN und HADFIELD[1]), die fanden, daß diese Legierungen bis zu etwa 4% Si zwar keine besonderen magnetischen Eigenschaften, wohl aber einen mit steigendem Si-Gehalt wachsenden spezifischen Widerstand besitzen, dessen technische Verwertbarkeit die englischen Gelehrten jedoch zunächst offenbar nicht erkannt hatten. Auf Anregung des Verfassers veranlaßte die Reichsanstalt die Firmen Friedrich Krupp (Essen) und Feinblechwalzwerk Capito (Benrath a. Rh.), die Herstellung von Transformatorenblechen aus diesem Material zu versuchen, da zu erwarten war, daß Transformatorenkerne aus solchem Blech infolge von dessen hohem spezifischen Widerstand nur etwa den dritten Teil des Wirbelstromverlustes von Kernen aus gewöhnlichem Eisenblech haben würden. Nach Überwindung anfänglicher erheblicher, in der Sprödigkeit des Materials begründeter Schwierigkeiten gelang dies auch bald vollkommen, so daß inzwischen dies Material jedes andere aus dem Transformatorenbau verdrängt hat, und daß nach statistischen Berechnungen dem Deutschen Reich dadurch jährlich ein Energieverlust im Werte von 50 Millionen Goldmark erspart wird.

31. Wirkung des Si-Zusatzes. Dies ist nun nicht nur auf den schon erwähnten hohen spezifischen Widerstand, sondern auch auf die im Laufe der Zeit erreichten beträchtlichen Verbesserungen der magnetischen Eigenschaften dieser Legierungen zurückzuführen, zu deren Klärung die Reichsanstalt durch eingehende Versuche beigetragen hat[2]). Hierbei erwies sich die ursprüngliche Ansicht, daß das Si direkt verbessernd auf das Eisen einwirkt, als unhaltbar, denn dann hätte auch der Sättigungswert der Si-Legierungen mit steigendem Si-Gehalt wachsen müssen, er nimmt aber statt dessen ab, und zwar gilt hierfür bis etwa 5% Si die Beziehung $4\pi J_\infty = 21\,600 - 480\,p$, wo p den Si-Gehalt in Gewichtsprozenten bezeichnet; das Si verhält sich also in magnetischer Beziehung wie ein unmagnetisierbarer Fremdkörper, der nur Eisen verdrängt. So mußte denn die Tatsache, daß ein Si-Zusatz bis zu 4 oder 5%, der höchsten noch bearbeitbaren Legierung, die Permeabilität des Eisens bei niedrigen Feldstärken erheblich verbessert und die Koerzitivkraft und damit auch den Hystereseverlust verringert, auf eine sekundäre Wirkung zurückzuführen sein, welche nach den von der Reichsanstalt in Verbindung mit Prof. GOERENS (Aachen) durchgeführten Untersuchungen darin zu suchen ist, daß Si die schädliche Wirkung des in jedem gewöhnlichen Eisen vorhandenen C neutralisiert, indem es nicht nur die Lösung von C im Fe verhindert, sondern auch veranlaßt, daß der Gehalt an Fe_3C bei dauerndem Glühen in Eisen und Temperkohle zerfällt, die in magnetischer Beziehung kaum mehr eine schädliche Wirkung auszuüben vermag.

32. Magnetisierungskurve eines legierten Bleches in Tabellenform. In Tabelle 7 ist als Beispiel die Magnetisierungskurve eines technisch guten legierten Bleches mit 4% Si wiedergegeben, aus der sich die Koerzitivkraft zu 0,47, die Maximalpermeabilität zu 7500 ergibt. Dichte S und Widerstand ϱ pro mm

---

[1]) F. BARETT, W. BROWN u. R. A. HADFIELD, Sc. Transact. Dublin Soc. 1900.
[2]) E. GUMLICH, Wiss. Abh. d. Phys.-Techn. Reichsanst. Bd. 4, H. 3.

Tabelle 7. Legiertes Blech $d = 0,4$ mm bei 800° in Luft geglüht und langsam abgekühlt.

	Si 4,09 % C 0,07 % Mn 0,10 % P — S 0,01 %			Si 4,09 % C 0,07 % Mn 0,10 % P — S 0,01 %
$\mathfrak{H}$	$\mathfrak{B}$	μ	$\mathfrak{H}$	$\mathfrak{B}$
+ 0,25	+ 1000	4000	+ 2,5	+ 12260
+ 0,5	3350	6700	+ 1	10700
+ 0,75	5550	7400	0	7830
+ 1,0	7000	7000	− 0,25	5600
+ 1,5	8680	5790	− 0,5	− 900
+ 2,5	10400	4160	− 0,75	− 4780
+ 5	12250	2450	− 1,0	− 6700
+ 10	13330	1330	− 1,5	− 8480
+ 20	14080	700	− 2,5	−10280
+ 50	15220	305	− 5	−12100
+100	15600	240	− 10	−13230
			− 20	−14080
			− 50	−15220
+100	15600		−100	−15600
+ 50	15220			
+ 25	14480		$\mathfrak{B}_r$ . .	7830
+ 10	13770		$\mathfrak{H}_c$ . .	0,47
+ 5	13150		μ_{max} .	7500

und qmm lassen sich nach den Messungen der Reichsanstalt in Abhängigkeit vom Si-Gehalt darstellen durch die Beziehungen $S = 7,87 - 0,0622\,p$ und $\varrho = 0,099 + 0,12\,p$; der Temperaturkoeffizient des Widerstands sinkt bei 4% Si auf 0,0008.

33. Sehr reine Si-Legierungen. In technischer Beziehung beruht also der wesentliche Vorteil der Si-Legierungen darin, daß auch weniger gutes, namentlich nicht vollkommen C-freies Grundmaterial durch den Si-Zusatz gute magnetische und elektrische Eigenschaften erhält; dies schließt aber natürlich nicht aus, daß man durch Zusammenschmelzen von nahezu vollkommen reinem Fe mit ebensolchem Si, hauptsächlich wenn es im Vakuum vorgenommen wird, noch weit bessere Ergebnisse zu erzielen vermag. Dies hat zuerst Yensen[1] durchgeführt und dabei Maximalpermeabilitäten von der Größenordnung 60000 erzielt; später sind auch in Deutschland, namentlich durch die Vakuumschmelze Heraeus (Hanau), Si-Legierungen mit weniger als 0,1 Gauss Koerzitivkraft hergestellt worden. In einer neueren, sehr eingehenden Arbeit ermittelte Yensen[2] für Legierungen mit 2%, 4% und 6% Si den Einfluß aller möglichen Verunreinigungen, namentlich des C auf den Hystereseverlust und fand auf Grund einer außerordentlich empfindlichen C-Analyse, welche ihm noch den Nachweis von 0,001% gestattete, daß entgegen der landläufigen Ansicht ein C-Gehalt bis zu 0,008% in jedem Material, also auch in Si-Legierungen, in gelöstem Zustand erhalten bleibt, so daß derartige spurenweise Verunreinigungen durch C das Material verhältnismäßig außerordentlich stark verschlechtern. Darüber hinausgehende C-Gehalte bis zu 0,08% sollen in Form von freiem Zementit (Fe_3C) auftreten, der nur einen verhältnismäßig geringen Einfluß hat, die noch höheren C-Gehalte in Form von Perlit mit stark verschlechternder Wirkung; dieser Perlit wird durch 4% Si beim Glühen in Temperkohle zersetzt und daher unschädlich gemacht, während bei Si-Gehalten von 6% die Umwandlung in Temperkohle bereits bei 0,009% C einzusetzen scheint. Auch den Einfluß der Korngröße auf die Höhe des Hystereseverlustes zieht der Verfasser in Rechnung und findet, daß mit wachsender Korngröße der hiervon herrührende Hystereseverlust immer mehr abnimmt, was allerdings durch die Ergebnisse der neuesten Untersuchungen von v. Auwers[3] wieder in Frage gestellt wird. Aus den Endformeln von Yensen würde sich ergeben, daß absolut reines Fe mit sehr großen Körnern praktisch überhaupt keinen Hystereseverlust mehr haben würde.

---

[1] Tr. Yensen, Univ. of Illinois Bull. Nr. 83, 1915.
[2] Tr. Yensen, Journ. Amer. Inst. Electr. Eng. Bd. 43, S. 455. 1924.
[3] O. v. Auwers, ZS. f. techn. Phys. Bd. 6, S. 578. 1925.

34. Eisen-Aluminiumlegierungen. Ganz ähnlich wie der Si-Zusatz wirkt nach den in der Reichsanstalt vorgenommenen Versuchen[1]) auch ein Zusatz von Al auf die elektrischen und magnetischen Eigenschaften des Eisens, indem auch hierdurch der spezifische Widerstand erhöht sowie der Einfluß der Verunreinigung durch Kohlenstoff unschädlich gemacht wird, aber die bis jetzt erreichten Verbesserungen waren deshalb nicht so erheblich, weil es noch nicht gelungen ist, die Koerzitivkraft in demselben Maße herabzusetzen wie bei den Si-Legierungen, was allerdings auch auf die bei der Herstellung vorhandenen besonderen Schwierigkeiten wegen des geringen spezifischen Gewichts und der starken Oxydierbarkeit des Al zurückzuführen sein könnte. Dagegen gelang das Auswalzen auch noch bei Legierungen bis zu 10% Al, bei welcher der Widerstand pro m und qmm zu rund 1 Ohm, der Temperaturkoeffizient aber zu nur 0,00035 gefunden wurde; somit dürfte sich gerade dies Material vorzüglich zu technischen Vorschaltwiderständen und dergleichen eignen. Aber auch zu Kernen von bisher eisenlosen Meßinstrumenten usw. werden sich die hochpro-

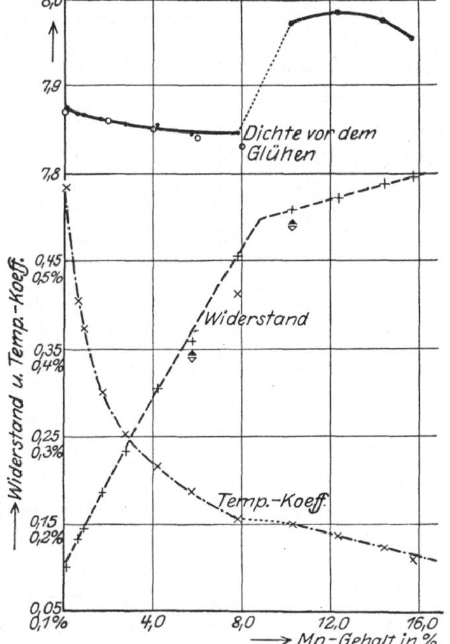

Abb. 12. Dichte, Widerstand und Temperaturkoeffizient des Widerstands der Manganlegierungen (Stäbe).

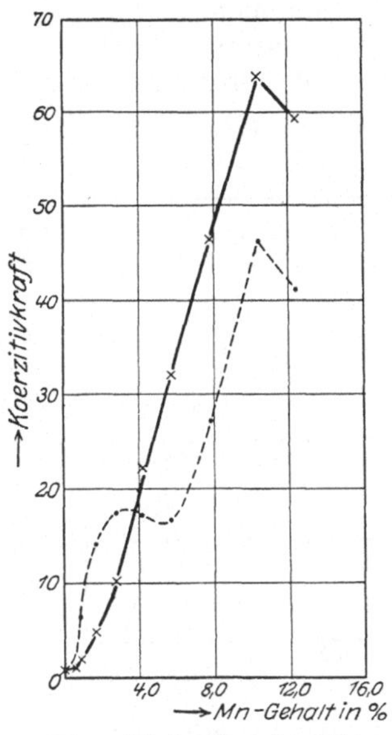

Abb. 13. Koerzitivkräfte der Manganlegierungen (Stäbe).

zentigen Al-Legierungen mit Vorteil verwenden lassen, da ihre wahre Remanenz mit steigender Glühtemperatur immer mehr sank und schließlich nach längerem Glühen bei 1100° nur noch 1550 betrug. Die Eignung hierzu würde allerdings noch vollkommener sein, wenn es gelingen würde, die bei den untersuchten Proben noch immer erhebliche Koerzitivkraft von 0,84 etwa durch Verwendung besonders reiner Materialien noch weiter herabzudrücken. Selbstverständlich ist bei diesen hochprozentigen Al-Legierungen der Verlauf der Hysteresekurve, der bei niedrigen Al-Zusätzen demjenigen der Si-Legierungen ähnelt, sehr schräg, so daß auch die Maximalpermeabilität bis auf etwa 1000 sinkt.

---

[1]) E. Gumlich, Wiss. Abh. d. Phys.-Techn. Reichsanst. Bd. 4, H. 3. 1918.

Auch Yensen[1]) hat durch Einführen von Al in vakuumgeschmolzenes Elektrolyteisen eine Reihe von ziemlich reinen Al-Legierungen hergestellt und magnetisch untersucht. Dieselben zeigen bei 0,4% Al nach Glühen bei 1100° und langsamem Abkühlen einen abnorm hohen Wert der Maximalpermeabilität ($\mu_{max} \sim 40\,000$) und eine Koerzitivkraft von nur 0,2 Gauß, doch nimmt mit wachsendem Al-Gehalt die Güte des Materials dauernd ab, so daß bei 6% Al die Koerzitivkraft bereits auf das Doppelte gestiegen ist. Einen Vergleich mit den von ihm hergestellten, außerordentlich reinen Si-Legierungen halten in magnetischer Beziehung auch nach seinen Untersuchungen die Al-Legierungen nicht aus.

35. Eisen-Manganlegierungen. Mn wird vielfach dem geschmolzenen Fe als Desoxydationsmittel zugesetzt, so daß fast in jedem Flußeisen ein Rest dieses Zusatzes im Betrag von einigen Promille vorhanden ist. Außerdem ist bekannt, daß Mn im Gegensatz zu Si die Löslichkeit des C im Eisen begünstigt und damit in magnetischer Beziehung härtend wirkt. Es wurden deshalb in der Reichsanstalt systematisch die magnetischen und elektrischen Eigenschaften von Fe-Mn-Legierungen bis zu 16% untersucht. Dabei ergab sich, daß allgemein diese Eigenschaften, wie Dichte, spezifischer Widerstand, Koerzitivkraft und Sättigungswert, bei etwa 8% eine stark ausgeprägte Unstetigkeit aufweisen (vgl. Abb. 12 bis 14). Die Koerzitivkraft nimmt bei langsamem Abkühlen mit steigendem Mn-Gehalt anfangs nur langsam zu, so daß geringe Verunreinigungen nur eine unbedeutende Verschlechterung hervorbringen, um dann in sehr starkem Anstieg bis über 60 Gauß zu wachsen (Abb. 13), also bis zu einem Betrag, den nur gute W- und Cr-Stähle erreichen, aber bei noch höherem Mn-Gehalt wieder etwas abnehmen, während die Sättigungswerte nach Abschrecken von 800° auf

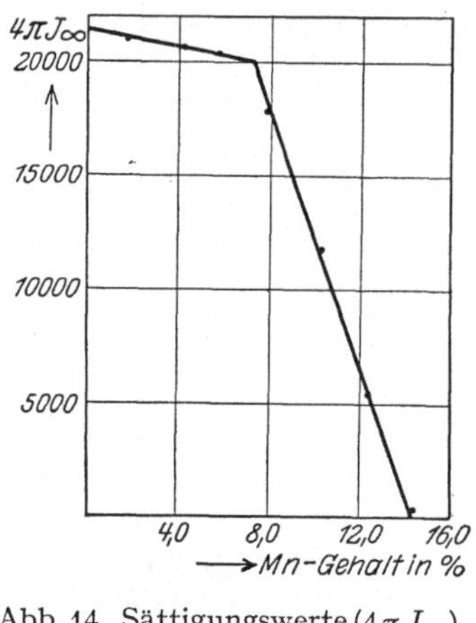

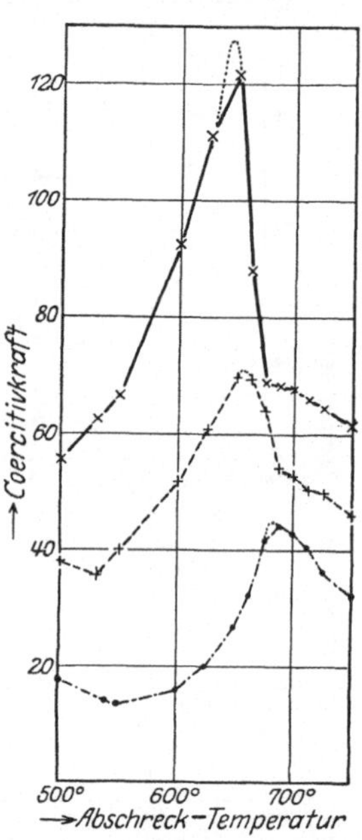

Abb. 14. Sättigungswerte ($4\pi J_\infty$) der Manganlegierungen nach dem Abschrecken von 800°.

Abb. 15. Koezitivkräfte der Manganlegierungen nach dem Abschrecken bei verschiedenen Temperaturen.

zwei sich bei etwa 8% Mn schneidenden Geraden liegen (Abb. 14), und zwar nimmt der Sättigungswert für die niedrigen Legierungen mit steigendem Mn-Gehalt nur verhältnismäßig wenig, von 8% ab aber außerordentlich stark ab; beide Reihen lassen sich darstellen durch die Beziehungen $4\pi J_\infty = 21\,245 - 210\,p\,(p < 7,5\%)$ und $4\pi J_\infty = 19\,800 - 2830$; also: $2830\,(p - 7,5\%)$. Bei etwa 14% Mn ist somit eine derartige Legierung völlig unmagnetisierbar. Diese Tatsachen finden ihre Erklärung in den Versuchsergebnissen von Dejean[2]) und von Massushita[3]), nach denen das Gefüge der Mn-Stähle

---

[1]) Tr. Yensen u. Gatward: Univ. of Illinois Bull. Nr. 95, 1917.
[2]) P. Dejean, C. R. 1917, S. 334.
[3]) T. Massushita, Sc. Reports Tôhoku Univ. 1919, S. 79.

bis 3,5% Mn perlitisch, von 3,5% bis etwa 8,5% martensitisch, darüber hinaus austenitisch ist. Unerklärt dagegen bleibt noch die interessante, in der Reichsanstalt gefundene Erscheinung, daß die Koerzitivkraft hoher Mn-Legierungen mit 6 bis 11% Mn beim Abschrecken aus der Temperatur des jeweiligen magnetischen Umwandlungspunktes außerordentlich stark ansteigt bis zu etwa 130 Gauß, also etwa dem doppelten Wert der Koerzitivkraft von W-Magnetstählen, während gleichzeitig allerdings die Induktion und damit natürlich auch die Remanenz sehr stark sinkt (vgl. Abb. 15 und 16), so daß die hohe Koerzitivkraft zur Herstellung leistungsfähigerer permanenter Magnete ohne weiteres nicht verwendet werden kann; wohl aber hat diese Tatsache Veranlassung gegeben zur Verbesserung der oben bereits erwähnten Co-Magnete.

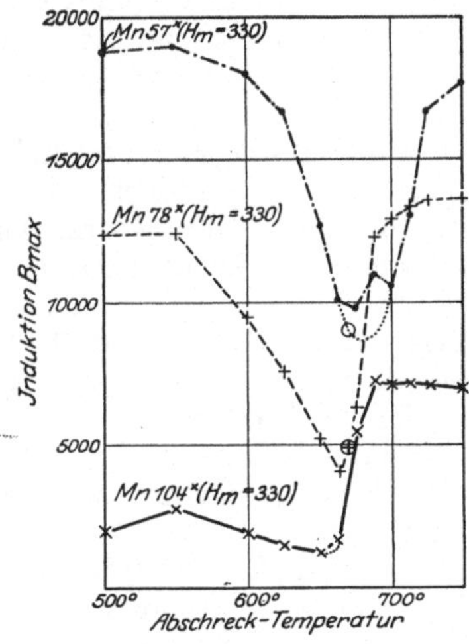

Abb. 16. Magnetisierbarkeit der Manganlegierungen nach dem Abschrecken bei verschiedenen Temperaturen.

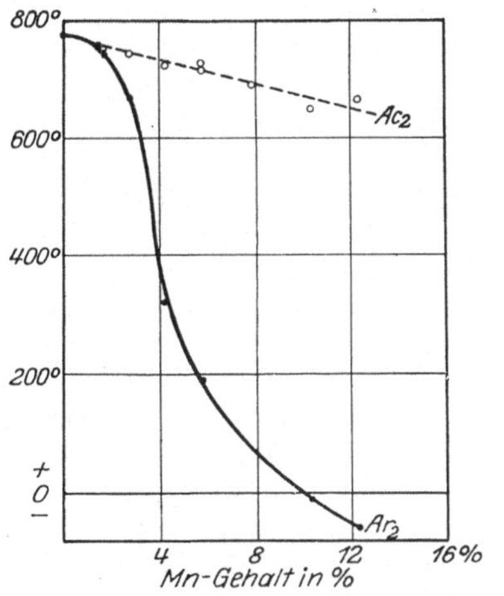

Abb. 17. Umwandlungspunkte der Manganlegierungen.

36. Temperaturhysterese der Fe-Mn-Legierungen.
In engem Zusammenhang mit den erwähnten magnetischen Eigenschaften steht jedenfalls die Erscheinung der sog. Temperaturhysterese des zweiten Umwandlungspunktes: Während nämlich beim reinen Fe der magnetische Umwandlungspunkt sowohl bei steigender wie bei fallender Temperatur bei etwa 769° gefunden wird, ist dies bei Mn-Legierungen keineswegs mehr der Fall. Hier sinkt der Punkt Ac_2, wo die Legierung mit steigender Temperatur ihre Magnetisierbarkeit verliert, mit wachsendem Mn-Gehalt der Legierung nur verhältnismäßig wenig, in sehr viel stärkerem Maß jedoch der Punkt Ar_2, bei welchem die Magnetisierbarkeit wieder auftritt; so liegt bei einer 12proz. Legierung der erstere Punkt bei etwa 620°, der letztere dagegen bei −30°, der Unterschied beträgt also hier 650° (vgl. Abb. 17), und es tritt somit hier der eigentümliche Fall ein, daß ein und dasselbe Material bei Zimmertemperatur im unmagnetischen oder im magnetischen Zustand erhalten werden kann, je nachdem es vorher hoch erhitzt oder tief abgekühlt wurde; dem unmagnetischen Zustand entspricht ein austenitisches, dem magnetisierbaren ein martensitisches Gefüge, und zwar erfolgt der Übergang unter Umständen so plötzlich, daß man ein deutliches Knacken hören kann. Ähnliche Verhältnisse sind auch für die Fe-Ni-Legierungen schon seit längerer Zeit bekannt; bei ihrer Besprechung werden auch zwei Gefügebilder wiedergegeben werden, die ohne weiteres auf die Mn-Legierungen übertragen werden können.

37. Legierungen von Eisen mit Phosphor, Schwefel, Bor, Arsen, Vanadium, Titan, Antimon und Quecksilber. Die Legierungen von Eisen mit sonstigen nicht ferromagnetischen Stoffen, so interessant sie zum Teil in theoretischer Hinsicht sind, haben bis jetzt eine praktische Bedeutung nicht gewonnen. Allgemein läßt sich auf Grund der Untersuchungen von Tammann und seinen Schülern die Regel aufstellen, daß Verbindungen ferromagnetischer Metalle mit anderen Stoffen unmagnetisch, dagegen Mischkristalle mit solchen ferromagnetisch sind, falls das ferromagnetische Metall das Lösungsmittel bildet; bei mäßigem Zusatz von unmagnetischen Stoffen zu ferromagnetischen Metallen bleibt also der ferromagnetische Charakter der letzteren erhalten, während mäßige Zusätze von ferromagnetischen Substanzen zu unmagnetischen Stoffen bei letzteren keinen Ferromagnetismus hervorrufen; auf einige Ausnahmen von dieser Regel kann hier nicht eingegangen werden, wohl aber soll kurz auf die magnetische Zusätze hingewiesen werden, die zum Teil auch als Verunreinigungen des Fe eine gewisse Rolle spielen.

Phosphor läßt nach Versuchen von Amico[1]) bei langsam abgekühltem C-armem Fe bis zu etwa 0,5% die Permeabilität nahezu unverändert, verbessert sie aber bei höheren Prozentgehalten erheblich und setzt die Koerzitivkraft herunter. Nach dem Abschrecken steigt mit wachsendem P-Gehalt die Koerzitivkraft erst beträchtlich, um dann wieder stark abzunehmen; beispielsweise wuchs mit zunehmendem P-Gehalt bis 0,2% die Koerzitivkraft von 13 auf 26 Gauß und nahm dann bei weiter wachsendem P-Gehalt (1,24%) bis auf 2,9 Gauß ab; somit scheint P die Löslichkeit des C im Fe zu verringern.

Schwefel scheint in geringen Mengen unschädlich zu sein, in größeren dagegen sehr schädlich zu wirken; systematische Versuche darüber sind in der Reichsanstalt begonnen, aber noch nicht durchgeführt.

Bor wirkt nach den eingehenden Versuchen von Yensen[2]) in kleinen Mengen günstig, indem es den O-Gehalt des Fe beseitigt, in größeren dagegen ungünstig.

Ähnlich wie Si verhält sich nach den Untersuchungen von Liedgens[3]) Arsen und nach den Untersuchungen von Dieterle[4]) auch Vanadium. Beide Stoffe scheinen die Löslichkeit des C in Fe zu verringern bzw. aufzuheben, außerdem wirkt V desoxydierend. So ergaben drei von Dieterle untersuchte Fe-V-Legierungen nach dem Ausglühen bei 900° im N und langsamem Abkühlen bzw. nach Abschrecken von 900° in Wasser die in folgender Tabelle zusammengefaßten Werte von Remanenz und Koerzitivkraft bei einer Magnetisierung auf etwa 80 Gauß. Hiernach wirkt das Abschrecken nur bei sehr geringem V-Gehalt noch härtend, bei höherem V-Gehalt ist die Koerzitivkraft nach dem Abschrecken trotz beträchtlichen C-Gehalts kaum höher als nach langsamem Abkühlen. — In demselben Sinn scheint auch Titan zu wirken, das nach Versuchen von Applegate[5]) mit im Vakuum zusammengeschmolzenen Legierungen die ursprünglichen magnetischen Eigenschaften des

Tabelle 8.

	I	II	III
V	= 0,64	1,75	3,60
C	= 0,22	0,28	0,36
Mn	= 0,23	0,29	0,20

Nach langsamem Abkühlen

	I	II	III
$\mathfrak{B}_r$	= 11600	14500	13600
$\mathfrak{H}_c$	= 4,00	5,55	5,60

Nach dem Abschrecken

	I	II	III
$\mathfrak{B}_r$	= 10520	9900	9620
$\mathfrak{H}_c$	= 21,4	6,0	6,1

[1]) E. d'Amico, Ferrum 1913, H. 10; Elektrot. u. Maschinenb. Bd. 36, S. 752. 1913.
[2]) Tr. Yensen, Univ. of Illinois Bull. 1915, Nr. 77.
[3]) J. Liedgens, Stahl u. Eisen 1912, S. 2109.
[4]) R. Dieterle, Arch. f. Elektrot. Bd. 9, S. 314. 1920.
[5]) K. E. Applegate, Rensselaer Pol. Inst. Bd. 5, S. 1. 1915.

Grundstoffs, eines schwedischen Holzkohleeisens, wenigstens bis 1% Ti erheblich verbessert, indem es die Maximalpermeabilität erhöht und den Hystereseverlust verringert; höhere Zusätze scheinen allerdings wieder verschlechternd zu wirken.

Antimon setzt nach den Versuchen von P. Weiss die Magnetisierbarkeit des Fe außerordentlich stark herab; so betrug für eine Feldstärke von 300 Gauß die Permeabilität einer Fe-Legierung mit 43% Sb nur noch etwa 7, diejenige einer Legierung mit 74% Sb nur noch 1,001 gegen etwa 65 beim reinen Fe.

Quecksilber: Fe- und Co-Amalgame sind von Nagaoka[1]) auf elektrolytischem Wege hergestellt und untersucht worden, und zwar ballistisch in Glasgefäßen von der Form eines Rotationsellipsoids. Die Magnetisierung wuchs ziemlich proportional dem Fe- bzw. Co-Gehalt, aber die Koerzitivkraft erwies sich als ganz außergewöhnlich hoch, und zwar lieferte nach Magnetisierung auf 3200 Gauß ein Fe-Amalgam mit 1,78% Fe eine Koerzitivkraft von 240 Gauß, eine Legierung mit 2,3% Fe sogar eine solche von 370 Gauß; Co-Amalgam von 0,5% Co ergab eine Koerzitivkraft von 150 Gauß.

II. Nickel, Kobalt, Mangan.

38. Magnetisierbarkeit von Ni und Co. Die neben dem Eisen sonst bekannten ferromagnetischen Elemente Ni und Co haben als solche zwar erhebliches theoretisches Interesse, spielen aber, abgesehen von ihren Legierungen, auf die noch eingegangen werden muß, im technischen Betrieb keine Rolle, da ihre magnetischen Eigenschaften gegenüber denjenigen des Fe minderwertig sind, ihr Preis aber unverhältnismäßig hoch ist. Die Magnetisierungskurve des Ni verläuft sehr flach, diejenige des Co hat Ähnlichkeit mit derjenigen gewöhnlichen Gußeisens, doch ist die Herstellung und Bearbeitung von Co in hinreichend reinem Zustande recht schwierig, und daher sind die bis jetzt darüber bekannt gewordenen Daten zumeist nicht einwandfrei. Die hauptsächlichsten Ergebnisse sind in Tabelle 9 zusammengestellt, und zwar rühren die für Ni gefundenen Werte von Ellipsoidmessungen in der Reichsanstalt her, die für Co aufgeführten von Ewing bzw. P. Weiss (Sättigungswert), wobei zu bemerken ist, daß Co sich außerordentlich schwer sättigt, so daß nach Preuss die Sättigungsgrenze, namentlich bei tiefen Temperaturen, auch bei Feldstärken von 12000 bis 13000 Gauß noch nicht völlig erreicht ist.

Tabelle 9.

	Ni	Co
$\mathfrak{B}$ für $\mathfrak{H} = 100$	6200	9300
$4\pi J_\infty$	6400	17700
μ_{max}	1120	175
$\mathfrak{B}_r$	3340	3100
$\mathfrak{H}_c$	1,62	12

Der Umwandlungspunkt von Ni wurde von P. Weiss zu 356° bestimmt, derjenige des Co von Stiefler zu 1075°, doch wird die Lage des Umwandlungspunkts offenbar, namentlich beim Ni, durch Verunreinigungen sehr stark beeinflußt.

39. Raumgitter. Ni und Co haben nach Hull und Westgren (vgl. Tabellen von Landolt und Börnstein) ein flächenzentriertes kubisches Raumgitter von 3,54 bzw. 3,55 · 10^{-8} cm Kantenlänge, während die Kantenlänge des flächenzentrierten Raumgitters des γ-Eisens 3,61 · 10^{-8} cm beträgt, diejenige des körperzentrierten α-Eisens aber 2,86 · 10^{-8} cm; hierbei ist unter körperzentriertem kubischen Raumgitter ein solches zu verstehen, bei dem die Atome die Eckpunkte des Würfels und den Punkt in der Mitte des Würfels einnehmen.

---

[1]) H. Nagaoka, Ann. d. Phys. (4) Bd. 59, S. 66. 1896.

während bei dem flächenzentrierten kubischen Raumgitter die Atome nicht nur die Ecken des Würfels, sondern auch die Mitten der Seitenflächen besetzen. Aus der Tatsache, daß γ-Eisen mit einem flächenzentrierten kubischen Gitter von nahezu den gleichen Abmessungen wie die Gitter der magnetischen Modifikation von Ni und Co, unmagnetisch ist, die magnetische α-Modifikation des Fe aber gänzlich davon abweicht, dürfte hervorgehen, daß für die Magnetisierbarkeit der Metalle der Gitteraufbau nicht maßgebend ist.

40. Mangan. Die Frage, ob Mangan zu den ferromagnetischen oder zu den paramagnetischen Stoffen zu rechnen sei, ist noch nicht entschieden. Unzweifelhaft erweist es sich unter den gewöhnlichen Verhältnissen nur als stark paramagnetisch; durch Schmelzen von paramagnetischen Mn-Pulver im elektrischen Ofen erhielt jedoch P. WEISS[1]) einen Körper mit deutlich ferromagnetischen Eigenschaften mit einem Sättigungswert $4\pi J_\infty$ von etwa 200 und einer außerordentlich hohen Koerzitivkraft, welche diejenige des W-Stahls um etwa das 10fache übertraf. Hierdurch erklärt sich auch die ungewöhnlich hohe Koerzitivkraft, welche die früher bereits besprochenen Fe-Mn-Legierungen nach bestimmter thermischer Vorbehandlung aufweisen. Auch durch Zusammenschmelzen mit den diamagnetischen Substanzen Sb und B erhielt WEDEKIND[2]) stark ferromagnetische Legierungen; speziell die Verbindung MnSb ergab bei der Feldstärke 800 Gauss eine Magnetisierungsintensität, welche $^1/_4$ bis $^1/_5$ von derjenigen ziemlich reinen Eisens betrug. — Schließlich sei noch auf die später zu besprechenden HEUSLERschen Legierungen verwiesen, bei denen offenbar ebenfalls das Mn als Träger der ferromagnetischen Eigenschaften anzusehen ist. Aus diesem Grunde bezeichnet man das Mn wohl mit Recht als einen kryptoferromagnetischen Stoff, um damit anzudeuten, daß derselbe zwar unter die ferromagnetischen Stoffe zu rechnen ist, daß seine ferromagnetischen Eigenschaften aber für gewöhnlich verborgen bleiben und erst unter besonderen thermischen bzw. chemischen Bedingungen in die Erscheinung treten.

III. Legierungen ferromagnetischer Stoffe.

a) Eisen-Nickellegierungen.

41. Sättigungskurve; irreversible und reversible Fe-Ni-Legierungen. Ein hohes wissenschaftliches Interesse erregten schon seit langer Zeit die eigentümlichen magnetischen Eigenschaften von Fe-Ni-Legierungen, die von einer großen Anzahl von Forschern, wie HOPKINSON, DUMAS, OSMOND, GÜRTLER, TAMMANN, HEGG, HILPERT, HONDA, YENSEN, PESCHARD und anderen eingehend studiert wurden. Sie lassen sich wohl am besten übersehen an der Hand von Abb. 18, welche in der ausgezogenen Kurve die in der Reichsanstalt bestimmten Sättigungswerte dieser Legierungen in Abhängigkeit vom Ni-Gehalt wiedergibt, doch zeigt sich dieselbe Erscheinung mutatis mutandis auch bei der Magnetisierung mit niedrigeren Feldstärken. Hiernach sinkt der bei Zimmertemperatur gemessene Sättigungswert mit steigendem Ni-Gehalt erst langsam, dann immer rascher, um bei etwa 30% Ni in steilem Absturz nahezu vollständig zu verschwinden; bei weiterer Erhöhung des Ni-Gehalts steigt auch die Sättigungskurve wieder steil an, erreicht bei etwa 50% Ni ein Maximum von 15500 und fällt dann gleichmäßig bis zum Sättigungswert des reinen Ni ($4\pi J_\infty = 6400$). Verunreinigungen können diesen Gang wohl einigermaßen beeinflussen, so daß das Minimum schon bei tieferen Ni-Gehalten eintritt, aber nie vollständig verwischen. Der

---

[1]) P. WEISS, Trans. Faraday Soc. Bd. 8, S. 64. 1912.
[2]) E. WEDEKIND, ZS. f. phys. Chem. Bd. 66, S. 624. 1909; vgl. auch Magnetochemie S. 51.

durch die gestrichelte Linie in Abb. 18 angedeutete Kurvenzug, den man für die
Abnahme des Sättigungswertes mit dem Ni-Gehalt hätte erwarten sollen, zerfällt
also in zwei völlig getrennte Teile, welche die sog. irreversiblen bzw. reversiblen
Legierungen umfassen. Die letzteren mit einem Ni-Gehalt zwischen 30% und
100% haben, wie auch das reine Fe oder Ni, bei steigender und fallender Temperatur den gleichen magnetischen Umwandlungspunkt, dessen Höhe natürlich
von der Zusammensetzung der Legierung abhängt, wie die einem Aufsatze
von McKeehan[1]) entnommene Abb. 19 zeigt. Bei den irreversiblen Ni-Legierungen unterhalb 30% Ni nimmt genau so wie bei den Fe-Mn-Legierungen
(s. dort) die Temperatur Ac_2, bei welcher mit steigender Temperatur das Material

seine Magnetisierbarkeit verliert, mit
zunehmendem Ni-Gehalt nur langsam
ab, außerordentlich stark dagegen die
Temperatur Ar_2, bei welcher die Magne-

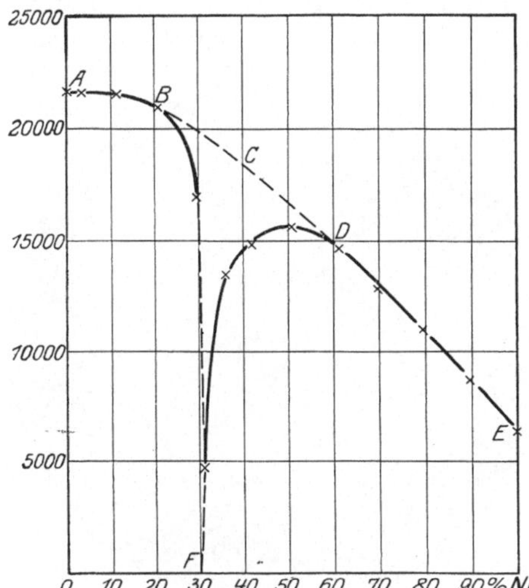

Abb. 18. Sättigungswerte der Fe-Ni-Legierungen nach der Joch-Isthmus-Methode.

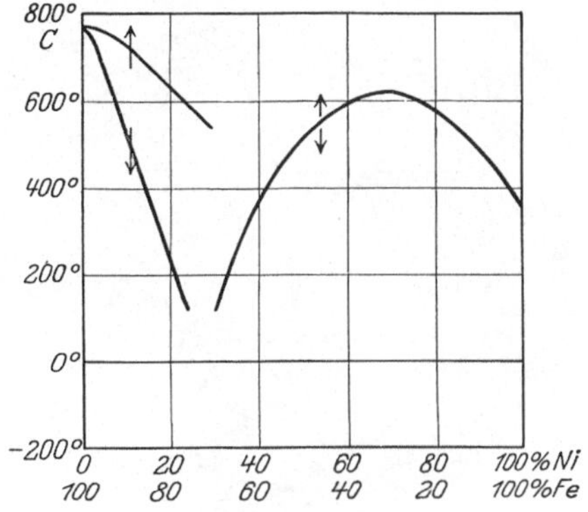

Abb. 19. Umwandlungspunkte der Fe-
Ni-Legierungen.

tisierbarkeit wieder eintritt. Es ist also auch hier eine sehr starke Temperaturhysterese vorhanden, die bewirkt, daß das gleiche Material bei Zimmertemperatur
unmagnetisch oder magnetisch sein kann, je nachdem es vorher auf hohe Temperatur erhitzt oder auf niedrige Temperatur abgekühlt worden war. Im unmagnetischen Zustand haben die Legierungen ein austenitisches Gefüge (Abb. 20[2]),
das bei Unterschreitung der betreffenden Umwandlungstemperatur plötzlich in
das magnetisierbare martensitische Gefüge (Abb. 21) übergeht. So erhielt
Yensen[3]) bei einer Legierung von rund 30% Ni, deren Sättigungswert bei
Zimmertemperatur nur etwa 2700 betragen hatte, nach Abkühlung auf —180°
einen Sättigungswert von etwa 17800, gleichzeitig aber nahm die Permeabilität
für niedrige Feldstärken sehr stark ab, und der Hystereseverlust stieg auf etwa
das 15fache. Wenn die Legierungen nicht ganz gleichmäßig sind, wird man
natürlich auch Zwischenstadien erhalten; beispielsweise ergab ein in der Reichsanstalt ausgeführter Versuch an einem Ni-Stahl unbekannter Zusammensetzung
für $\mathfrak{H} = 330$ Gauss vor der Abkühlung eine Induktion von $\mathfrak{B} = 500$, nach der
Abkühlung auf —78° eine solche von 8500, nach der Abkühlung auf —193°

[1]) L. W. McKeehan, Journ. Frankl. Inst. Mai u. Juni 1924.
[2]) Die Abb. 15 und 16 sind dem Circular Bur. of Stand. Nr. 58 entnommen, das eine
sehr eingehende Darstellung der magnetischen, elektrischen und thermischen Eigenschaften
der Ni-Fe-Legierungen gibt.
[3]) Tr. Yensen, Electrical World Bd. 75, S. 774. 1920.

eine solche von 12 650, und entsprechend war die Dichte nach der Abkühlung um 1,6% bzw. 2,1% geringer, der spezifische Widerstand aber sogar um 37% bzw. 45,5% niedriger als vor der Abkühlung. Die obige Darstellung gibt nur einen allgemeinen, aber nicht ganz genauen Überblick über die Verhältnisse der irreversiblen Legierungen, die tatsächlich noch erheblich komplizierter sind, wie aus den neuesten Untersuchungen von PESCHARD[1]) hervorgeht, die er an einer großen Zahl von außerordentlich reinen Legierungen durchführte. Wie schon andere vor ihm (WEISS, YENSEN usw.), so nimmt auch er an, daß die Grenze zwischen den irreversiblen und den reversiblen Legierungen eine Verbindung Fe_2Ni mit etwa 34,4% Ni darstellt, die einerseits mit dem überschüssigen Fe die irreversiblen, andererseits mit dem überschüssigen Ni die reversiblen festen Lösungen bildet. Zwischen 0% Ni und 2,5% Ni sind die Legierungen

| Abb. 20. Austenitisches Gefüge. | Abb. 21. Martensitisches Gefüge. |

reversibel, da die β—γ- wie auch die γ—β-Umwandlungen oberhalb des magnetischen Umwandlungspunktes liegen. Zwischen 2,5% Ni und 5% Ni liegt der β—γ-Umwandlungspunkt oberhalb des magnetischen Umwandlungspunktes, die γ—β-Umwandlung dagegen unterhalb desselben; beim Erhitzen bis zum magnetischen Umwandlungspunkt bleibt daher die Legierung reversibel, bei höherer Erhitzung wird sie irreversibel. Zwischen 28% Ni und 34,4% Ni hat man es mit einer Überlagerung des reversiblen und des irreversiblen Zustandes zu tun. HONDA und TAKAGI[2]) glauben auf die Annahme einer Verbindung Fe_2Ni verzichten und die ganze Erscheinung mit Hilfe der TAMMANNschen Mischungsregel erklären zu können, doch kann auf diesen Erklärungsversuch hier nicht näher eingegangen werden.

42. Anfangspermeabilität der Fe-Ni-Legierungen. Früher machte die deutsche Marine von den unmagnetischen Ni-Stählen, deren Umwandlungspunkt durch Zusätze von Cr u. dgl. noch erheblich gesenkt werden kann, insofern Gebrauch, als zur Vermeidung von Kompaßstörungen die Panzerplatten in der Nähe des Kompasses auf den Kriegsschiffen aus Ni-Stahl hergestellt wurden, doch ist dies kostspielige Verfahren durch die Einführung der Kreiselkompasse überflüssig geworden, und die irreversiblen Ni-Legierungen finden heutzutage kaum mehr eine technische Verwendung, während umgekehrt

[1]) M. PESCHARD, C. R. Bd. 180, S. 1475. 1925.
[2]) K. HONDA u. H. TAKAGI, Sc. Reports Tôhoku Univ. Bd. 6, S. 321. 1918.

die reversiblen Fe-Ni-Legierungen gerade in letzter Zeit in theoretischer wie in praktischer Beziehung eine außerordentliche Bedeutung gewonnen haben, und zwar durch die Entdeckung von ARNOLD und ELMEN[1]), daß diese Legierungen nach geeigneter thermischer Behandlung eine ganz außerordentlich hohe Anfangspermeabilität besitzen. Unter Anfangspermeabilität versteht man bekanntlich die auf den Grenzwert $\mathfrak{H} = 0$ extrapolierte Permeabilität für außerordentlich niedrige Feldstärken, und zwar hat man es dabei im wesentlichen mit einem speziellen Fall der von GANS als „reversible Permeabilität" bezeichneten Magnetisierungsvorgänge zu tun, welche bei steigender und bei fallender Feldstärke die gleiche Induktion ergeben und daher wenigstens praktisch als hysteresefrei anzusehen sind. Auch beim Fe nimmt die Anfangspermeabilität im allgemeinen mit wachsender Reinheit zu; sie beträgt beim gehärteten Stahl etwa 40, bei weichem Stahl und ungeglühtem Gußeisen etwa 70, bei geglühtem Gußeisen

etwa 180, bei technischem Flußeisen je nach der Reinheit zwischen 100 und 450, bei Si-Legierungen 400 bis 520, bei Elektrolyteisen 400 bis 800, steigt aber bei den Fe-Ni-Legierungen unter Umständen bis zu 12 000. Ihr Gang in Abhängigkeit vom Ni-Gehalt ist aus der dem Aufsatz von ARNOLD und ELMEN (a. a. O.) entnommenen Abb. 22 zu ersehen, deren Richtigkeit durch die Versuche in der Reichsanstalt im allgemeinen bestätigt wurde. Hiernach wächst die Anfangspermeabilität, die bei den irreversiblen Legierungen nur ganz gering ist, bei den reversiblen mit zunehmendem Ni-Gehalt ziemlich rasch, erreicht bei 40% Ni schon etwa den Wert 2000, bleibt dann bis zu etwa 60% nahezu konstant, um weiterhin in außerordentlich steilem Anstieg bei etwa 78,5% Ni, der von den

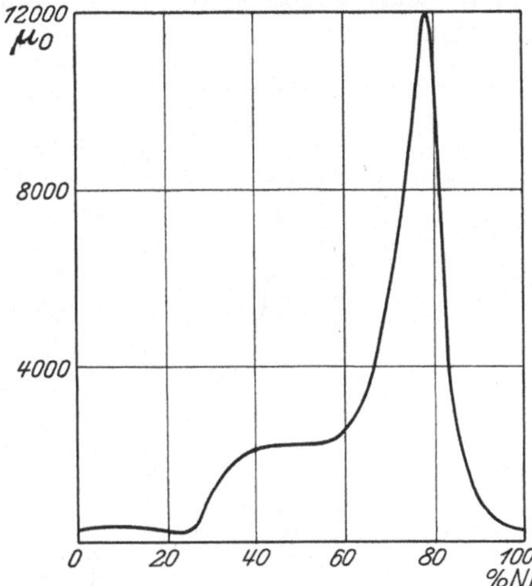

Abb. 22. Anfangspermeabilität der Fe-Ni-Legierungen.

Verfassern als „Permalloy" bezeichneten Legierung, den Höchstwert von etwa 12 000 zu erreichen und von da ab in steilem Abfall wieder auf die Anfangspermeabilität des reinen Ni mit etwa 200 zu sinken. Es braucht kaum darauf hingewiesen zu werden, daß Messungen derartig hoher Permeabilität im Bereich einer Feldstärke von weniger als 0,001 Gauß mit einer großen Unsicherheit behaftet sind und nur an geschlossenen Ringen oder an langen und dünnen Drähten mit einiger Sicherheit ausgeführt werden können, da auch bei ziemlich langgestreckten Ellipsoiden oder zylindrischen Stäben infolge der entmagnetisierenden Wirkung der Enden die unvermeidlichen kleinen Fehler in der Bestimmung der Induktion mit dem 10- bis 20fachen Betrag in die Bestimmung der wahren Feldstärke eingehen, wie sich aus der an anderer Stelle genauer diskutierten Formel für die wahre Feldstärke $\mathfrak{H} = \mathfrak{H}' - NJ$ ohne weiteres ergibt, worin $\mathfrak{H}'$ die gemessene scheinbare Feldstärke, $J = \dfrac{\mathfrak{B} - \mathfrak{H}}{4\pi}$ die Magnetisierungsintensität und N den sog. Entmagnetisierungsfaktor bezeichnen.

43. Thermische Behandlung. Die günstigste thermische Behandlung zur Erreichung der Höchstwerte der Anfangspermeabilität variiert im allgemeinen

---

[1]) H. D. ARNOLD u. G. W. ELMEN, Journ. Frankl. Inst. Bd. 195, S. 621. 1923; Electrician Bd. 90, S. 669 u. 672. 1923.

mit der Höhe des Ni-Gehalts; für Permalloy selbst finden Arnold und Elmen am geeignetsten eine langsame Abkühlung von 900° und eine darauffolgende rasche Abkühlung von 600°, doch scheint nach den Versuchen in der Reichsanstalt für die höheren Ni-Legierungen eine einmalige rasche Abkühlung von 900° angenähert die gleichen günstigen Werte zu geben, während bei den niedrigeren Legierungen in der Gegend von 50% Ni eine langsame Abkühlung von 900° noch vorteilhafter wirkt. Leider sind diese Legierungen im endgültigen Zustand gegen mechanische Eingriffe, wie Recken, Biegen usw. außerordentlich empfindlich und es ist nicht immer möglich, den Einfluß derartiger Einwirkungen auf die Molekularstruktur durch geeignete thermische Behandlung wieder zu beseitigen.

44. Verwendbarkeit der Fe-Ni-Legierungen. Material mit so hoher Anfangspermeabilität wird ohne Zweifel auf den verschiedensten technischen Gebieten eine weitgehende Verwendung finden, es sei nur an die Telephonhörer, Meßtransformatoren, Panzergalvanometer, Schlußjoche usw. erinnert, ganz besonders aber an die transatlantischen Kabel, bei welchen die gewünschte hohe Selbstinduktion, die bisher nur durch die unbequeme Anbringung von Pupinspulen zu erreichen war, nunmehr durch eine einfache Umspinnung mit Draht oder Bändern aus Permalloy, die sog. „Krarupwicklung", erzielt werden kann. Aber auch auf anderen Gebieten, namentlich dem Dynamo- und Transformatorenbau, eröffnen diese Legierungen außergewöhnliche Aussichten, da auch die übrigen magnetischen und elektrischen Eigenschaften derselben diejenigen der sonst gebräuchlichen Materialien zum Teil weit in den Schatten stellen. Die Koerzitivkraft nimmt von 30% bis zu 78,5% Ni erst rascher, dann langsamer von etwa 0,9 Gauß bis auf weniger als 0,1 Gauß ab, um dann wieder bis auf etwa 2 Gauß, die Koerzitivkraft des reinen Ni, anzusteigen, und dementsprechend erreicht auch die Maximalpermeabilität Werte von bis jetzt noch nicht dagewesener Höhe; gleichzeitig sinkt leider auch der spezifische Widerstand nach der in Abb. 23 wiedergegebenen, einer Arbeit von Yensen[1]) entnommenen Kurve sehr erheblich, denn er beträgt bei etwa 30% Ni 0,8 Ohm pro m/mm², bei 78,5% Ni (Permalloy) aber nur noch etwa 0,2 Ohm, was im Hinblick auf die Entstehung von Wirbelströmen bei Wechselstrom hoher Frequenz die Verwendung gerade der magnetisch günstigsten Legierungen weniger geeignet erscheinen läßt. Einen interessanten vergleichenden Überblick über die magnetischen Eigenschaften der besten bisher bekannten ferromagnetischen Materialien, nämlich des Elektrolyteisens, einer Legierung mit 4% Si, und zweier Fe-Ni-Legierungen mit 50% Ni bzw. 78,5% Ni, gibt die dem erwähnten Aufsatz von Yensen entnommene Tabelle 10, aus welcher sich die fast in jeder Hinsicht außerordentliche Überlegenheit der Fe-Ni-Legierungen über die besten der anderen bisher technisch verarbeiteten Materialien ergibt. Mit Recht weist Yensen auf die besonderen Eigenschaften der 50proz. Fe-Ni-Legierungen gerade für die Wechselstromtechnik hin, denn wenn auch die Anfangspermeabilität nicht an diejenige des Permalloy heranreicht, so sind doch Maximalpermeabilität und Hystereseverlust ungefähr von der gleichen Größen-

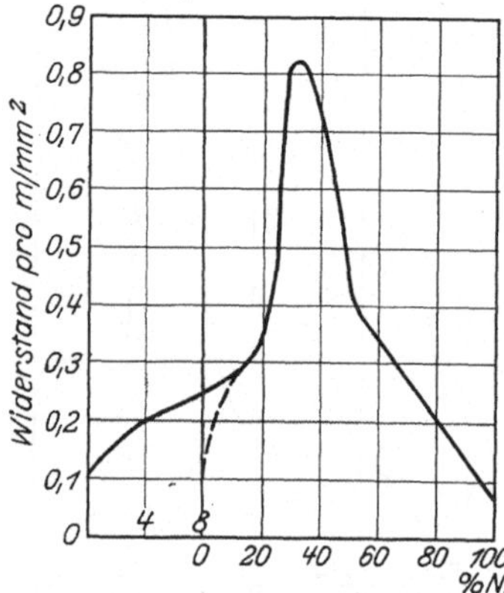

Abb. 23. Widerstand der Fe-Ni-Legierungen.

---

[1]) Tr. Yensen, Journ. Frankl. Inst. Bd. 199, S. 333. 1925.

Tabelle 10.

	Fe $d=3$ mm	Fe mit 4% Si $d=0,35$ mm	Fe mit 50% Ni $d=0,35$ mm	Fe mit 78% Ni $d=0,35$ mm
Anfangspermeabilität μ_0	700	440	3 000	5 850
Maximalpermeabilität μ_{max}	26 000	15 500	70 000	74 000
Sättigungswert $4\pi J_\infty{}^1)$	22 600	20 000	15 500	10 500
Hystereseverlust (Erg/cm³/Per. für $\mathfrak{B} = 10000$)	600	500	220	200
Remanenz	8 600	5 200	7 300	5 500
Koerzitivkraft	0,20	0,15	0,05	0,05
Elektrischer Widerstand in Ohm pro m/mm² .	0,10	0,55	0,46	0,21
Dichte	7,9	7,6	8,3	8,6

ordnung, während der Wirbelstromverlust infolge des über doppelt so hohen spezifischen Widerstandes gegenüber dem Permalloy bei gleichen Abmessungen viel niedriger ausfallen muß und denjenigen des gewöhnlichen legierten Bleches nicht erheblich übersteigen wird. Tatsächlich scheinen somit alle Vorbedingungen in magnetischer und elektrischer Hinsicht für eine umfassende Verwendung der Fe-Ni-Legierungen in der gesamten Elektrotechnik gegeben zu sein, deren Realisierung in absehbarer Zeit wohl nur eine Kostenfrage sein dürfte.

b) Eisen-Kobalt-Legierungen.

45. Hoher Sättigungswert von Fe₂Co. Während reiner Co, wie schon oben erwähnt, in magnetischer Beziehung keinerlei besonderes Interesse erregt, scheint es dem Eisen interessante und noch nicht völlig klargelegte Eigenschaften zu verleihen, von denen auch bereits praktisch Gebrauch gemacht worden ist. Dahin gehört einmal die bereits besprochene Verbesserung des Magnetstahls durch außerordentliche Vergrößerung der Koerzitivkraft, sodann aber auch die von PREUSS[2]), einem Schüler von P. WEISS, entdeckte Tatsache, daß durch einen geeigneten Co-Zusatz der Sättigungswert des reinen Eisens erheblich gesteigert werden kann. Er fand nämlich, daß sich die Werte der spezifischen Magnetisierung von Fe-Co-Legierungen in Abhängigkeit vom Co-Gehalt in zwei ansteigenden Geraden anordnen, die sich bei 34,3% Co schneiden, also einem Punkt, der ungefähr der Verbindung Fe₂Co entspricht, und daß speziell der Sättigungswert dieser Legierung um ca. 10% höher liegt als derjenige des reinen Eisens. Diese Entdeckung kam der wissenschaftlichen Welt völlig unerwartet, denn bisher hatte man auf Grund der Erfahrung allgemein angenommen, daß jeder Zusatz zum reinen Eisen den Sättigungswert herabdrücken müsse, was ja auch nur natürlich scheint, da speziell unmagnetische Fremdkörper durch Verdrängung des hoch magnetisierbaren Eisens im allgemeinen schädigend wirken müssen und auch die Sättigungswerte von Ni und Co (6400 bzw. 17 700) ganz erheblich tiefer liegen als derjenige des reinen Eisens (21 600). Tatsächlich hat also der Sättigungswert, wenigstens bei Legierungen aus ferromagnetischen Komponenten, keine additiven Eigenschaften, ebensowenig wie die Permeabilität bei niedrigen Feldstärken. An einer solchen Legierung von Co mit dem von ihm hergestellten reinen Elektrolyteisen konnte YENSEN[3]) feststellen, daß bis zur Feldstärke $\mathfrak{H} = 7$ Gauß die Permeabilität dieser Legierung unterhalb derjenigen des dazu verwendeten Eisens bleibt, dann aber erheblich darüber steigt.

46. Magnetisierungskurve vom Fe₂Co in Tabellenform. In der beifolgenden Tabelle 11 ist die Magnetisierungskurve einer von der Firma Fr. Krupp (Essen)

---

[1]) Die Sättigungswerte sind sämtlich um fast 5% zu hoch.
[2]) P. WEISS, Trans. Faraday Soc. Bd. 8, S. 56. 1912.
[3]) TR. YENSEN, Elektrot. ZS. Bd. 36, S. 589. 1915.

Tabelle 11. Magnetisierungskurve einer Eisen-Kobalt-Legierung.

Co = 34,1 % Ni = 0,5 % C = 0,07% Mn = 0,05%			Co = 34,1 % Ni = 0,5 % C = 0,07% Mn = 0,05%		
$\mathfrak{H}$	$\mathfrak{B}$	μ	$\mathfrak{H}$	$\mathfrak{B}$	μ
+ 2,5	3 950	1580	+ 5	11 800	
5	7 650	1530	0	8 230	
10	11 470	1150	− 0,5	7 600	
20	14 480	725	− 1,0	6 800	
50	18 300	365	− 1,5	5 730	
100	21 100	210	− 2,5	1 650	
150	22 450	150	− 5	− 7 000	
300	23 700	79	− 10	−11 470	
500	24 100	48	− 20	−14 480	
1000	24 600	25	− 50	−18 300	
2000	25 600	12,8	− 100	−21 100	
3000	26 630	8,9	− 150	−22 450	
4000	27 660	6,9	Remanenz . . .	8 230	
+ 150	22 450		Koerzitivkraft . .	2,72	
100	21 220		μ_{max}	1 650	
50	18 640		J_∞	1 884	
25	16 220		$4\pi J_\infty$	23 680	

hergestellten, in der Reichsanstalt untersuchten Legierung mit 34,1% Co wiedergegeben, aus der ebenfalls hervorgeht, daß die Maximalpermeabilität von etwa 1600 weit unterhalb derjenigen des dazu verwendeten, ziemlich reinen Grundmaterials bleibt, der Sättigungswert dagegen den Betrag von $4\pi J_\infty = 23\,660$ erreicht, also rund 10% höher liegt als derjenige des Grundmaterials.

47. Praktische Anwendung von Fe_2Co. Eine praktische Bedeutung hat diese Tatsache bereits darin gefunden, daß man diese Legierung mit gutem Erfolg zu Polspitzen bei Elektromagneten verwendet. Da nämlich infolge der hohen Induktion gerade in den Polspitzen, wo die Induktionslinien besonders stark zusammengedrängt werden, der magnetische Widerstand außerordentlich hoch wird und zumeist denjenigen der gesamten übrigen Teile des Elektromagnets überwiegt, so bedeutet jede Steigerung des Sättigungswertes der Polspitzen eine Verringerung des gesamten magnetischen Widerstandes und damit auch eine Erhöhung der Feldstärke zwischen den Magnetpolen, und tatsächlich haben die neueren, mit derartigen Polspitzen ausgerüsteten Elektromagnete eine erheblich höhere Leistungsfähigkeit, die auf anderem Wege nur durch eine starke Vermehrung des Gesamtgewichts zu erzielen gewesen wäre. — Auch für Ankerzähne von Dynamomaschinen, in denen die Induktion ebenfalls auf Werte von 25 000 und mehr steigt, dürfte sich die Verwendung von Fe-Co-Legierungen empfehlen, namentlich wenn es gelingt, durch Verwendung möglichst reinen Materials die Koerzitivkraft, die bei der Kruppschen Legierung immer noch 2,7 Gauß betrug, und damit auch den Hystereseverlust beim Ummagnetisieren erheblich zu verringern.

c) Nickel-Kobalt-Legierungen.

48. Allgemeine Eigenschaften der Nickel-Kobalt-Legierungen. Die Ni-Co-Legierungen zeigen nach den Messungen von BLOCH[1]) keinerlei anomales Verhalten; beide Metalle sind offenbar vollkommen ineinander löslich; der Sättigungs-

---

[1]) O. BLOCH, Arch. sc. phys. et nat. (4) Bd. 33, S. 293. 1912; Ann. chim. phys. Bd. 26, S. 5. 1912.

wert ändert sich linear mit dem Prozentgehalt, die Temperatur des Umwandlungspunktes dagegen nach einem parabolischen Gesetz; praktische Anwendungen haben diese Legierungen anscheinend bis jetzt überhaupt noch nicht gefunden.

d) HEUSLERsche Legierungen.

49. Chemische Zusammensetzung. Bis zum Ende des vorigen Jahrhunderts nahm man allgemein an, daß die ferromagnetischen Eigenschaften an die drei bekannten Metalle Fe, Ni und Co gebunden seien; um so größeres Aufsehen erregte die von HEUSLER im Jahre 1898 gemachte, aber erst später veröffentlichte Entdeckung, daß auch eine Legierung von Mn, Cu und Sn deutlichen Ferromagnetismus zeigte, trotzdem Mn und Sn nur zu den paramagnetischen, Cu sogar zu den diamagnetischen Stoffen gezählt werden mußten. Neben HEUSLER selbst machte sich hauptsächlich Prof. RICHARZ in Marburg mit seinen Schülern ASTEROTH, HAUPT, PREUSSER, SEMM, V. AUWERS u. a., ganz besonders aber TAKE um die Aufhellung dieses zunächst noch vollkommen dunklen Gebiets verdient, aber auch andere Forscher, wie AUSTEN, GRAY, ROSS, GUMLICH, KNOWLTON, CLIFFORD, WILLIAMS usw., beschäftigten sich eingehend mit diesem ganz neue Ausblicke auf die Natur des Magnetismus eröffnenden Material. Zunächst ergab es sich, daß das zuerst verwendete Sn in dieser Legierung mit mehr oder weniger Erfolg auch durch eine ganze Reihe von anderen Metallen vertreten werden kann, selbst durch das diamagnetische Bi, ja, daß die Magnetisierbarkeit sich durch Verwendung von Al an Stelle von Sn noch ganz besonders steigern ließ, so daß namentlich eine Legierung von etwa 30% Mn, 15% Al und 55% Cu einen Sättigungswert lieferte, der etwa drei Viertel von demjenigen des Gußeisens erreichte, vorausgesetzt, daß die thermische Behandlung, die gerade bei diesen Legierungen eine ausschlaggebende und später noch genauer zu erörternde Rolle spielt, richtig geleitet wurde.

50. Magnetisierungskurven in Tabellenform. In der folgenden Tabelle 12 sind die Magnetisierungskurven von zwei in der Reichsanstalt untersuchten

Tabelle 12. Magnetisierbarkeit von Heuslerschen Legierungen.

$\mathfrak{H}$	Schmiedbare Legierung $Cu = 75,6\ \%$ $Mn = 14,2_5\ \%$ $Al = 10,1_5\ \%$ $\mathfrak{B}$	μ	Nicht schmiedbare Legierung (gealtert) $Cu = 61,5\ \%$ $Mn = 23,5\ \%$ $Al = 15\ \%$ $Pb = 0,1\ \%$ $\mathfrak{B}$	μ	$\mathfrak{H}$	Schmiedbare Legierung $Cn = 75,6\ \%$ $Mn = 14,2_5\ \%$ $Al = 10,1_5\ \%$ $\mathfrak{B}$	Nicht schmiedbare Legierung (gealtert) $Cu = 61,5\ \%$ $Mn = 23,5\ \%$ $Al = 15\ \%$ $Pb = 0,1\ \%$ $\mathfrak{B}$
$+$ 2,5	$+$ 120	48	$+$ 300	120	$+$ 50	1560	3830
$+$ 5	400	80	800	160	$+$ 25	1220	3550
$+$ 7,5	580	77	1600	210	$+$ 5	740	2900
$+$ 10	720	72	2320	230	0	480	2550
$+$ 20	1070	54	3250	160	$-$ 2,5	250	2190
$+$ 50	1540	31	3800	76	$-$ 5	$-$ 240	1480
$+$ 75	1780	24	3980	53	$-$ 10	$-$ 670	$-$1780
$+$ 100	1970	20	4110	41	$-$ 20	$-$1040	$-$3210
$+$ 150	2250	15	4250	28	$-$ 50	$-$1540	$-$3800
$+$ 300	2800	9,3			$-$ 75	$-$1780	$-$3980
$+$ 500	3120	6,2			$-$100	$-$1970	$-$4110
$+$1000	3670	3,7			$-$150	$-$2205	$-$4250
$+$2000	4710	2,4					
$+$3000	5750	1,9			Remanenz	480	2550
$+$4000	6780	1,7			Koerzitiv-		
$+$5000	7790	1,6			kraft .	3,75	7,3
$+$6000	8790	1,5			μ_{max} . . .	80	236
$+$ 150	$+$2250		$+$4250		J_∞	222	
$+$ 100	1980		4110		$4\pi J_\infty$ . .	2790	

Legierungen, einer schmiedbaren mit 14,25% Mn und 10,15% Al und einer nicht schmiedbaren mit 23,5% Mn und 15% Al als Beispiel wiedergegeben; für die zweite ist der Sättigungswert nicht bestimmt worden, doch läßt es sich aus dem Kurvenverlauf ersehen, daß er mindestens den Wert 5000 erreichen würde.

51. Erklärungsversuche. Aus den ersten Versuchen mit den Mn-Al-Bronzen schien hervorzugehen, daß es sich um Lösungen der Verbindung Mn_1Al_1 in Cu handle, und daß die Höhe der Magnetisierbarkeit durch den Gehalt der Legierung an dieser Verbindung bedingt sei; aber bald zeigte es sich bei der Ausdehnung der Versuche über größere Konzentrationsreihen, daß die Magnetisierung stets bei einem Al-Gehalt von etwa 13% ihr Maximum erreichte. Eine allgemeine Übersicht erhält man am besten mit Hilfe der Darstellung der Ergebnisse mittels des bekannten VAN'T HOFFschen Dreiecks (Abb. 24), bei welcher die Gehalte der in Betracht kommenden Legierungen an Mn, Al und Cu durch die Abstände des betreffenden darstellenden Punktes, gemessen in der Pfeilrichtung, gegeben sind. Die drei ausgezogenen Kurven verbinden die Legierungen gleicher Magnetisierbarkeit (Sättigungsmagnetisierung); denkt man sich die Höhe der Magnetisierbarkeit durch die Länge einer in dem betreffenden Punkt errichteten Senkrechten dargestellt, so erhält man eine Art von Gebirgszug, der einerseits ein Ansteigen mit zunehmendem Mn-Gehalt bei gleichbleibendem Al-Gehalt anzeigt, anderer-

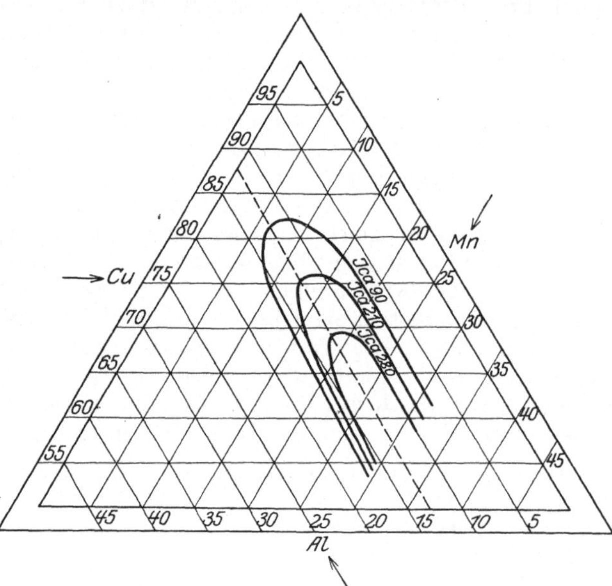

Abb. 24. VAN'T HOFFsches Dreieck.

seits bei konstantem Mn-Gehalt ein Ansteigen der Magnetisierung bis rund 13% Al und einen darauffolgenden Abfall bei noch höherem Al-Gehalt. Auf Grund dieser Ergebnisse kam nun HEUSLER[1]) zu der Ansicht, daß man als Träger der ferromagnetischen Eigenschaften Verbindungen von dem Charakter $Al_x(Mn, Cu)_{3x}$ anzusehen hat, welche dadurch entstehen, daß in der Verbindung $AlCu_3$ das Cu isomorph durch Mn ersetzt wird. Man hat es also mit einer chemischen Verbindung von Al mit einem isomorphen Gemenge von Mn und Cu zu tun, bei der auf je 1 Al-Atom immer 3 Cu- und Mn-Atome kommen. Der Buchstabe x in der obigen Formel soll andeuten, daß dabei noch keine Festsetzung über die Größe der ferromagnetischen Moleküle getroffen ist. Behält man dies im Auge, so kann man natürlich auch auf den Buchstaben x verzichten und als Träger des Ferromagnetismus das Molekül $Al(Mn, Cu)_3$ betrachten. In diesem Molekül ist aber das Maßgebende für das Auftreten des Ferromagnetismus sicherlich das Mn, das ja auch schon weiter oben als kryptomagnetisch bezeichnet wurde, insofern, als es zwar für gewöhnlich nur paramagnetische

---

[1]) FR. HEUSLER u. E. TAKE, Trans. Faraday Soc. Bd. 8, S. 76. 1912; Phys. ZS. Bd. 13, S. 897. 1912.

Eigenschaften zeigt, aber doch unter ganz bestimmten Bedingungen, nämlich dem Schmelzen im unvermischten Zustande oder der Legierung mit anderen Metallen, ferromagnetische Eigenschaften entwickelt; aus diesem Grunde kann — wie schon erwähnt — wohl das Al in den HEUSLERschen Bronzen durch eine ganze Reihe anderer, selbst diamagnetischer Stoffe ersetzt werden, nicht aber das Mn.

52. Alterung. Es war oben schon angedeutet worden, daß die magnetischen Eigenschaften der Mn-Al-Bronzen in ganz besonders hohem Maße durch die

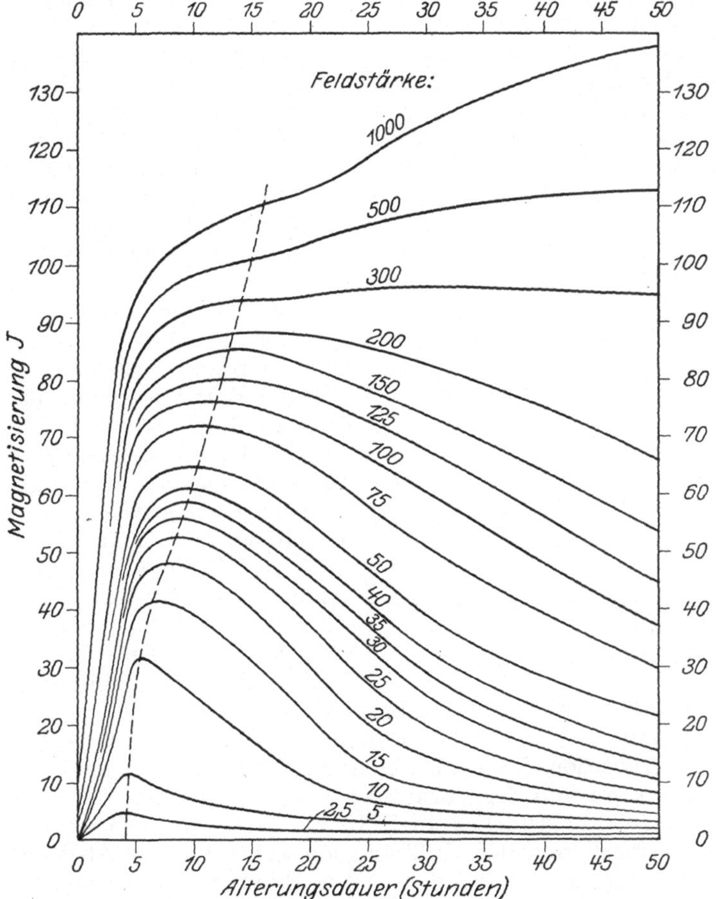

Abb. 25. Die Magnetisierung als Funktion der Alterungsdauer. Alterungstemperatur 209°C.

vorangehende thermische Behandlung beeinflußt werden. Eine derartige Bronze, die nach dem Guß rasch abgekühlt oder in Wasser abgeschreckt wird, ist unter Umständen so gut wie unmagnetisierbar, sie erhält aber ihre Magnetisierbarkeit durch dauernde Erhitzung auf höhere Temperaturen, die sog. „Alterung", während andererseits bei langsamer Abkühlung aus der Gußtemperatur sich schon hinreichend hohe Magnetisierbarkeit entwickelt, so daß ein späteres Altern keine beträchtliche Verbesserung mehr hervorbringen kann. Nun hat sich aber eigentümlicherweise gezeigt, daß die Verbesserung durch die Alterung nicht für sämtliche Feldstärken in gleicher Weise erfolgt, daß vielmehr für niedrige Feldstärken schon nach kurzer Alterungsdauer ein Maximum eintritt, nach dessen Überschreitung bei fortgesetztem Altern die Magnetisierungsintensität wieder sinkt; dies Maximum, das absolut genommen natürlich mit der Feldstärke ansteigt, flacht sich aber auch gleichzeitig mit der Feldstärke immer mehr ab, wie Abb. 25 zeigt, wo die gestrichelte Linie die Lage des ersten Maximums angibt, und würde für noch höhere Feldstärken auch nicht andeutungsweise mehr zu erkennen sein, so daß nunmehr nur noch ein asymptotisch verlaufender Anstieg der Magnetisierungsintensität mit der Alterungsdauer verbleiben würde. Diese eigentümliche Erscheinung erklärt Take[1]) auf Grund seiner außerordentlich umfassenden Studien über die Wirkung der thermischen Behandlung dieser Bronzen folgendermaßen: Die Alterung besteht eigentlich aus zwei verschiedenen Vorgängen, die sich überdecken; in erster Linie wird durch die Alterung die Bildung von ferromagnetischen Molekularmagneten hervorgerufen, und zwar derart, daß die Zunahme des Sättigungswertes mit der Alterungsdauer in Form einer jungfräulichen Magnetisierungskurve erfolgt (vgl. die Kurve für die Feldstärke $\mathfrak{H} = 1000$, Abb. 25, bei der wir uns nur noch den angedeuteten Wendepunkt beim Schnittpunkt mit der gestrichelten Linie wegzudenken haben);

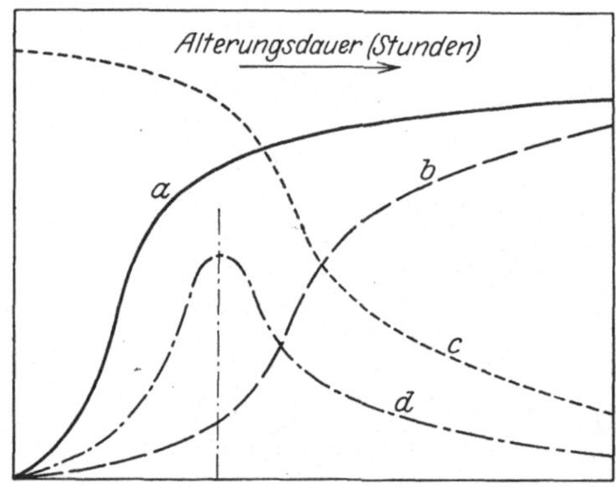

Abb. 26. Entstehung der J/t-Kurven bei der Alterung (schematische Darstellung).

gleichzeitig aber schließen sich diese Elementarmagnete im Verlauf der Alterung zu immer größeren Komplexen zusammen, die der Richtkraft des magnetischen Feldes um so mehr Widerstand leisten werden, je größer sie selbst sind und je kleiner das Feld ist; diese Komplexbildung befolgt generell dasselbe Gesetz (b) wie die Bildung der Elementarmagnete (a), vgl. Abb. 26, aber mit einer gewissen zeitlichen Verschiebung, denn man wird annehmen dürfen, daß die Komplexbildung erst dann besonders stark wird, wenn die Bildung der Elementarmagnete bereits zum größten Teil beendet ist. Mit der Komplexbildung nimmt aber die freie Beweglichkeit und somit die Richtbarkeit durch das Feld immer mehr ab, die man sich daher etwa durch die Kurve c (Abb. 26) dargestellt denken kann. Die Superposition der beiden charakteristischen Kurven a und c ergibt nun eine Kurve etwa von der Form d, die denselben Charakter trägt wie die Kurve für niedrige Feldstärken in Abb. 25. Auch die schon erwähnte Erscheinung, daß rasch aus der Gußhitze abgeschreckte Mn-Al-Bronzen kaum magnetisierbar sind, da sie keine Zeit zur Bildung von Elementarmagneten hatten, wohl aber langsam abgekühlte, und daß die Alterung bei den ersteren unverhältnismäßig viel stärker wirkt als bei den letzteren, ist nunmehr ohne weiteres zu verstehen, ebenso auch die Tatsache, daß zur Erreichung großer Maximalpermeabilität, also zur Erzeugung magnetisch möglichst weichen Materials, zunächst eine möglichst starke Abschreckung von Rotglut und dann eine Alterung bei verhältnismäßig tiefer Temperatur erforderlich ist, während die Sättigungsmagnetisierung bei allen Alterungstemperaturen nahezu denselben Wert erreicht, nur bei höheren Temperaturen viel rascher als bei niedrigen. Man wird aber auch auf Grund dieser Erklärung von Take den Schluß ziehen dürfen, daß rasch abgekühlte Legierungen, soweit sie überhaupt magnetisierbar

---

[1]) E. Take, Göttinger Abh. N. F. Bd. 8, Nr. 2. 1911.

sind, infolge des Mangels an größeren Komplexen nur eine viel geringere Koerzitivkraft besitzen werden als langsam abgekühlte und stark gealterte Bronzen; dies fand ASTEROTH[1]) an zwei Bronzen mit 16,9% Mn und etwa 9% Al bestätigt, von denen die eine aus dem Guß direkt langsam abgekühlt, die andere dagegen ausgeschmiedet und in Quecksilber abgeschreckt wurde; hiernach zeigte die Gußprobe eine Koerzitivkraft von 18 Gauß, die Schmiedeprobe dagegen nur eine solche von 0,1 Gauß; diese erwies sich also praktisch als hysteresefrei.

Überhaupt hängt die Größe von Koerzitivkraft und Remanenz nicht nur von der chemischen Zusammensetzung des Materials, sondern auch außerordentlich stark von der Höhe der verwendeten Alterungstemperatur und der Dauer der Alterung ab. Einen Überblick gewährt Tabelle 13[2]), deren Ergebnisse mit abgeschrecktem Material derselben Art bei einer Feldstärke von 1000 Gauß gewonnen sind, nachdem die verschiedenen Proben bei verschieden hohen Temperaturen verschieden lang gealtert worden waren; hieraus geht folgendes hervor: Bei tiefer Alterungstemperatur von nur 80° war selbst nach 7000stündiger Dauer sowohl Koerzitivkraft wie Remanenz (in CGS-Einheiten ausgedrückt) noch recht niedrig, das Material ist also zwar magnetisch weich, aber noch sehr schwach magnetisierbar; beide Größen nehmen jedoch mit wachsender Alterungstemperatur stark zu, und zwar erreicht die Koerzitivkraft bei der Alterungstemperatur 255 bis 260° den außerordentlich hohen Wert von 172 Gauß, also nahezu das 200fache der ursprünglichen Koerzitivkraft, während gleichzeitig die Remanenz auf mehr als das 10fache des früheren Wertes gestiegen ist. Bei noch höheren Alterungstemperaturen nehmen beide Werte, Koerzitivkraft und Remanenz, wieder etwa auf den dritten Teil dieses Maximalwertes ab, selbst wenn die Dauer der Alterung bei diesen hohen Temperaturen nur verhältnismäßig kurz ist, denn auch diese spielt eine ausschlaggebende Rolle, die ebenfalls aus der obigen Tabelle ersichtlich ist. Beispielsweise erreichte nach nur 20stündiger Alterung bei 255° die Koerzitivkraft den Maximalwert von 172 Gauß,

Tabelle 13.

Maximale Remanenz und Koerzitivkraft für $\mathfrak{H} \pm 1000$ im stabilen Endzustand der Alterungen; stabile Umwandlungspunkte der abgeschreckten Proben.

Probe Nr.	Temperatur der Alterung in Grad C	Dauer der Alterung in Stunden	Remanenz (J) nach Magnetisierung bis 1000 Gauß	Koerzitivkraft nach Magnetisierung bis 1000 Gauß	Stabiler Umwandlungspunkt in Grad C
1	} 80	6500	$5,7_5$	$0,9_7$	160
1a		7000	$5,4_2$	$0,9_0$	—
2	110	7000	18,9	$4,3_8$	205
3a	140	4000	40,6	$9,0_9$	—
4	} 184	1000	26,9	141,7	—
4a		2000			280
5	209	2100	53,2	167,6	280
6	} 235	1500	60,5	167,9	280
6a		1500	42,7	167,6	280
6b		200	—	—	270
7b	} 255—260	1800	32,8	101,3	—
7d		20	61,5	172,1	—
9b	294	100	32,3	62,0	275
11	} 351	11	18,8	23,0	260—265
11a		10	22,7	24,6	260

[1]) P. ASTEROTH, Verh. d. D. Phys. Ges. Bd. 10, S. 21. 1908.
[2]) E. TAKE, Göttinger Abh. N. F. Bd. 8, S. 42. 1911.

während sie nach 1800 stündiger Alterung bei derselben Temperatur wieder auf 101 Gauß gesunken war und dementsprechend die Werte der Remanenz mit 61,5 bzw. 32,8 CGS-Einheiten.

53. Umwandlungspunkt in Abhängigkeit von der Alterung. In der letzten Spalte von Tabelle 13 sind die Werte des magnetischen Umwandlungspunktes angegeben, d. h. der Temperatur, bei welcher das Material bei Erhitzung seine Magnetisierbarkeit verliert. Auch diese steigt, wie ersichtlich, mit zunehmender Alterungstemperatur bis zu einem Höchstwert, dessen geringes Sinken bei noch höheren Alterungstemperaturen wohl nur auf die verhältnismäßig kurze Dauer dieser Alterung zurückzuführen ist. Diese Verschiebung der ursprünglichen magnetischen Umwandlungstemperatur zu immer höheren Werten im Laufe jeder Alterung ist am größten bei möglichst stark abgeschreckten Proben und wird immer geringer, je langsamer die Proben von Rotglut aus abgekühlt wurden, um schließlich bei ganz langsam abgekühlten Proben völlig zu verschwinden. Diese Regel gilt jedoch nur für Alterungstemperaturen, welche nicht höher liegen als der ursprüngliche magnetische Umwandlungspunkt dieser Proben derselben Art nach außerordentlich langsamer Abkühlung. — Die absolute Lage des magnetischen Umwandlungspunktes hängt natürlich im wesentlichen von der chemischen Zusammensetzung der Legierung ab und erstreckt sich im allgemeinen über ein Gebiet zwischen 350° und Zimmertemperatur. Ein für Vorlesungszwecke brauchbares Demonstrationsobjekt bildet beispielsweise eine Bronze mit 16% Mn, 8% Al und 6% Pb, die schon bei 60 bis 70°, also im Wasserbad, ihren Magnetismus verliert, während der Umwandlungspunkt von Legierungen mit 12% Mn und 25% Al sogar bis auf 5° herabgedrückt ist.

Eine technische Verwendung haben die Heuslerschen Legierungen bis jetzt kaum gefunden, da sie teuer, schwer zu bearbeiten und im Vergleich mit dem Eisen doch auch zu wenig magnetisierbar sind. Um so größer ist ihre Bedeutung in wissenschaftlicher Beziehung, da sie ein neues und außerordentlich vielseitiges, bis jetzt nur zum Teil aufgeklärtes Gebiet darstellen, dessen völlige Durchleuchtung auch für die Theorie des Magnetismus von hohem Wert sein wird.

e) Ferromagnetische Kristalle.

54. Pseudoisotrope Materialien. Das Gefüge aller bis jetzt betrachteten ferromagnetischen Stoffe ist kristallinisch, d. h. es ist aus meist sehr kleinen Kriställchen zusammengesetzt, deren Achsen alle möglichen Richtungen miteinander bilden. Nun erweisen sich diese Stoffe in magnetischer Beziehung durchweg als isotrop, d. h. die Richtung der Magnetisierung fällt stets mit der Richtung des magnetischen Feldes zusammen; es wäre aber ein Irrtum, wollte man aus dieser Tatsache schließen, daß auch die das Material zusammensetzenden kleinen Kristalle isotrope Eigenschaften besitzen; das ist, wie eingehende Versuche an größeren, wohlausgebildeten ferromagnetischen Kristallen gezeigt haben, keineswegs der Fall, wir haben es vielmehr bei den gewöhnlichen ferromagnetischen Stoffen mit einer sog. Pseudoisotropie zu tun, die nur dadurch vorgetäuscht wird, daß sich bei den unendliche vielen, wirr durcheinanderliegenden kleinen Kriställchen keine Vorzugsrichtung ausbildet, so daß also nach jeder Richtung hin im Mittel die gleichen Verhältnisse herrschen. Will man aber zu einem wirklichen Verständnis des Wesens der Magnetisierung gelangen, so wird man bei der Untersuchung der pseudoisotropen Materialien nicht stehenbleiben dürfen, sondern wird zur Untersuchung der Kristalle selbst übergehen müssen, aus denen diese Stoffe aufgebaut sind. Auch in praktischer Beziehung wird sich dies als vorteilhaft erweisen, denn auch bei den gewöhnlichen ferromagnetischen Stoffen, wie etwa den Transformatorenblechen usw., spielt ja die von Rekristallisationsvorgängen abhängige Korngröße eine bis jetzt noch nicht vollkommen aufgeklärte Rolle. Es ist daher ein besonderes Verdienst von P. WEISS und seinen Schülern, durch eingehende Versuche mit den verschiedenen Arten von ferromagnetischen Kristallen einige Klarheit in die verwickelten Erscheinungen des Kristallmagnetismus gebracht zu haben. So große Kristalle aus reinem Eisen, daß man aus ihnen die zur magnetischen Untersuchung notwendigen Proben herstellen könnte, stehen aus natürlichem Vorkommen auch jetzt noch nicht zur Verfügung, und erst neuerdings ist es gelungen, einzelne auf künstlichem Wege herzustellen; es war daher das Nächstliegende, die in wohlausgebildeten Exemplaren verfügbaren natürlichen Kristalle von Magnetit, Pyrrhotin und Hämatit einer genaueren Untersuchung zu unterziehen, über die im folgenden kurz berichtet werden soll.

55. Magnetit. Der Magnetit oder Magneteisenstein (Fe_3O_4) ist ein ziemlich weitverbreitetes, in Würfelform kristallisierendes Mineral, dessen magnetische Eigenschaften schon im Altertum bekannt waren; der Name wird auf den Hauptfundort, die Umgebung der Stadt Magnesia, zurückgeführt und ist dann auch auf andere Stoffe, welche die Eigenschaften des permanenten Magnetismus zeigten, wie Stahl usw., übertragen worden. Rein stofflich betrachtet, hat er etwa die Eigenschaften des gehärteten Gußeisens, d. h. nach P. WEISS eine Koerzitivkraft von rund 50 Gauß und einen Sättigungswert von etwa 6000; in chemischer Beziehung ist er nach HILPERT[1]) als Kombination der beiden Oxydationsstufen des Eisens FeO (Eisenoxydul) und Fe_2O_3 (Eisenoxyd) aufzufassen, von denen die erstere sicherlich unmagnetisch ist, während die letztere nach neueren Untersuchungen sowohl im unmagnetischen wie auch im schwach ferromagnetischen Zustande erhalten werden kann. Sie dürfte nach HILPERT als Säure aufzufassen sein und die Grundlage für das Auftreten der ferromagnetischen Eigenschaften der Verbindung Fe_3O_4 bilden.

56. Untersuchungsmethoden. Nachdem WEISS[2]) bereits im Jahre 1896 durch vorläufige Untersuchungen an Magnetitkristallen die hauptsächlichsten Eigenschaften derselben ermittelt hatte, wiederholte sein Schüler QUITTNER[3]) dieselben nach der gleichen Methode, aber mit verbesserten Einrichtungen. Schon WEISS hatte gezeigt, daß der im regulären System in Würfelform kristallisierende Körper sich magnetisch keineswegs isotrop verhält, sondern daß nur in der Richtung der Hauptachsen und der Flächendiagonalen die Magnetisierungsrichtung mit der Feldrichtung zusammenfällt, in allen anderen Richtungen aber einen Winkel damit bildet; als Versuchsobjekt dienten kreisrunde dünne Plättchen, die parallel der Fläche des Würfels, des Oktaeders und des Granatoeders geschnitten waren; solche verwendete auch QUITTNER, und zwar hatten dieselben einen Durchmesser von etwa 12 bis 20 mm und eine Dicke von nur 0,1 bis 0,3 mm, so daß eine Magnetisierung in Richtung der Plattendicke wegen der außerordentlichen hohen entmagnetisierenden Wirkung nicht in Betracht kam. Die Richtungen der Kristallachsen wurden durch feine Nadelstriche bezeichnet. Bringt man nun ein derartiges Plättchen in ein homogenes Feld, dessen Kraftlinien parallel der Ebene des Kristallplättchens verlaufen, und dreht es in seiner Ebene, so wird nur in den obengenannten Vorzugsrichtungen die Magnetisierungsrichtung mit der Richtung des Feldes zusammenfallen, in allen übrigen Azimuten aber einen Winkel mit ihr bilden, und man wird sowohl diesen Winkel wie die absolute Größe der Magnetisierungsintensität dadurch bestimmen können, daß man die

[1]) S. HILPERT, Verh. d. D. Phys. Ges. Bd. 11, S. 293. 1909.
[2]) P. WEISS, Journ. de phys. (3) Bd. 5, S. 435. 1896.
[3]) V. QUITTNER, Dissert. Zürich; Ann. d. Phys. (4) Bd. 30, S. 289. 1909.

beiden Komponenten derselben in Richtung des Feldes (J_p) und senkrecht dazu (J_n) mißt. Führt man diese Messungen für die verschiedensten Lagen des Plättchens aus, indem man dasselbe etwa von 5 zu 5 Grad um eine senkrecht zu seiner Ebene gerichtete Achse dreht, so erhält man zwischen 0 und 180° ein vollständiges Bild von den Magnetisierungsverhältnissen, das sich zwischen 180° und 360° symmetrisch wiederholt. Zur Bestimmung der Komponenten parallel der Feldrichtung diente ein ballistisches Verfahren: In einer Magnetisierungsspule, die ein Feld bis zu 1800 Gauß lieferte, befand sich eine mit dem ballistischen Galvanometer verbundene Induktionsspule von 5000 Windungen, in welche das auf einer geeigneten Unterlage angebrachte Plättchen plötzlich eingeschoben wurde; der dadurch hervorgebrachte Galvanometerausschlag ist der Komponente der Magnetisierungsintensität parallel der Feldrichtung proportional und kann nach Eichung des Galvanometers mittels einer Spule von bekannter Windungsfläche in einfacher Weise berechnet werden. Zur Bestimmung der Magnetisierungskomponenten senkrecht zur Feldrichtung würde die Empfindlichkeit dieser Methode nicht ausgereicht haben; der Verfasser bediente sich daher nach den Vorgängen von Weiss einer sehr empfindlichen Torsionswage. Hierbei wurde das Plättchen in dem sehr gleichmäßigen Feld zweier Helmholtzspulen von einem Kupferdraht getragen, der oben an einer Torsionsfeder befestigt war; ein an dem Draht befestigter kleiner Spiegel gestattete die Ablesung der Drehung durch Fernrohr und Skale; bei höheren Feldern wurden die Spulen durch einen Elektromagnet ersetzt. Eine vollkommen runde Platte aus isotropem Material würde überhaupt keine Drehung erleiden; bei einer Kristallplatte dagegen, bei welcher die Magnetisierungsrichtung mit der Feldrichtung im allgemeinen einen Winkel φ einschließt, tritt ein Drehmoment $D = \mathfrak{H} \cdot J \sin \varphi \cdot V = \mathfrak{H} \cdot V J_n$ auf, wobei V das Volumen des Plättchens bezeichnet und J_n die gesuchte, normal zur Feldstärke $\mathfrak{H}$ gerichtete Komponente der Magnetisierung J, die man nach der obigen Beziehung direkt erhält, wenn die Konstante der Feder bekannt ist. Es ergab sich nun folgendes:

57. Versuchsergebnisse. Bei kleineren Feldern ($\mathfrak{H} \sim 30$ Gauß) verhält sich der Kristall wie eine isotrope Substanz; in stärkeren Feldern zeigt die parallele Komponente zwei Minima in Richtung der beiden Hauptachsen und zwei Maxima dazwischen in Richtung der beiden Diagonalen; die normale Komponente liefert zwischen 0 und 180° zwei vollständige Wellen, deren Nullpunkte mit den Achsen wie auch mit den Diagonalen zusammenfallen, während dazwischen abwechselnd die Maxima und Minima liegen; in noch stärkeren Feldern werden die Unterschiede in der parallelen Komponente wieder kleiner, die Kurven flachen sich ab, und schließlich erreicht die Magnetisierung in allen Richtungen den Sättigungswert $J_\infty = 482$ ($4\pi J_\infty = 6055$). Die normale Komponente nimmt nur bis zu etwa $\mathfrak{H} = 500$ Gauß zu und erreicht dabei etwa 70 CGS-Einheiten, woraus sich der Winkel φ zwischen Magnetisierungs- und Feldrichtung zu etwa 8° ergibt; bei weiter wachsender Feldstärke nimmt die Normalkomponente wieder ab, und das Material nähert sich der Isotropie, die bei der Sättigung erreicht wird. Abb. 27 und 28 geben die parallelen und senkrechten Komponenten dieser Würfelplatte für verschiedene Werte der Feldstärke und die verschiedenen Azimute der Platte zwischen 0 und 180° wieder. Bei den nach den Oktaeder- und Granatoederflächen geschnittenen Platten ergeben sich ähnliche Verhältnisse, auf die hier jedoch nicht näher eingegangen werden kann, ebenso muß wegen der Diskussion der hysteretischen Eigenschaften auf den Originalaufsatz verwiesen werden.

58. Pyrrhotin. Besonders interessante Verhältnisse lieferte die nach denselben Methoden durchgeführte Untersuchung des hexagonal kristallisierenden

Magnetkieses (Pyrrhotin) Fe_7S_8 durch P. Weiss[1]). Es zeigte sich, daß diese
Kristalle in Richtung der Säulenachse paramagnetisch sind, während sie in den
den Basisebenen der sechsseitigen Säulen parallelen Flächen beträchtliche
Sättigungswerte annehmen können. In einer gegen diese Ebene geeigneten
Feldrichtung sind Größe und Richtung der Magnetisierung dieselben, als wenn

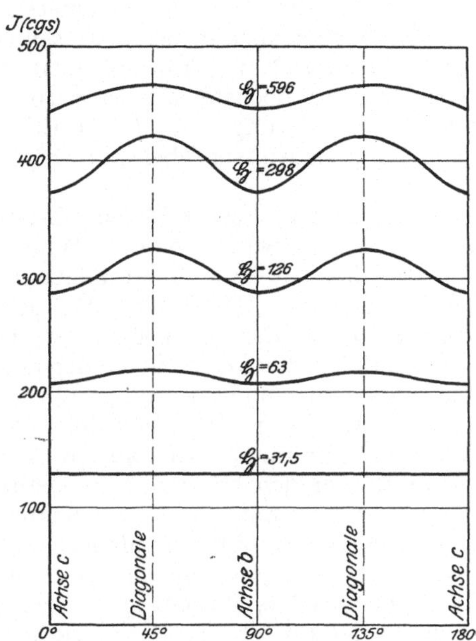

Abb. 27.　Parallele Komponente in Würfel-
platten von Magnetit.

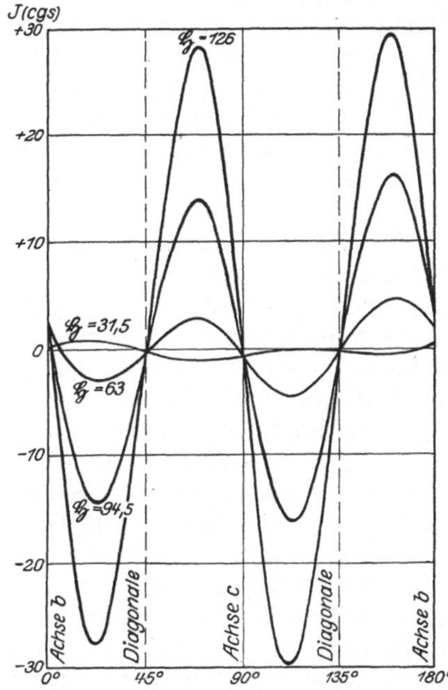

Abb. 28. Normale Komponente in Würfel-
platten von Magnetit bei schwächeren
Feldern.

nur die Komponenten des Feldes in dieser Ebene vorhanden wären. Die Magnetisierung innerhalb der magnetischen Ebene zeigt wieder ganz eigentümliche Erscheinungen, die sich ungezwungen nur durch die Annahme erklären lassen,
daß jeder Pyrrhotinkristall aus drei einfacheren Kristallen besteht, deren magnetische Ebenen zusammenfallen, die aber gegeneinander um je 120° verdreht
sind. Innerhalb jedes dieser Elementarkristalle gibt es
zwei aufeinander senkrechte Richtungen, für welche
die Magnetisierung mit dem Feld zusammenfällt; für
eine derselben, diejenige der leichteren Magnetisierung,
erreicht die Magnetisierung den Sättigungswert schon
bei den kleinsten Feldern; für die darauf senkrechte
Richtung ist die Magnetisierung proportional dem Feld
und erreicht die Sättigung erst bei einem Feld von
7300 Gauß. Dreht sich nun ein Feld bestimmter Größe

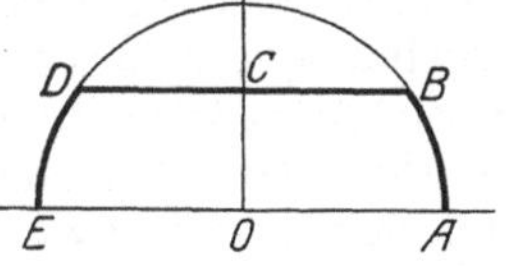

Abb. 29.　Magnetisierung
von Pyrrhotin in der
Grundfläche.

von der Richtung der leichtesten Magnetisierung OA ab (vgl. Abb. 29) über
OC nach OE, so beschreibt die Magnetisierung mit der Größe der Sättigung OA
zunächst den Bogen AB; gelangt das Feld in die Nähe von OC, so folgt der
darstellende Punkt plötzlich der Sehne BCD parallel zur Richtung der leichteren

---

[1]) P. Weiss, Journ. de phys. (4) Bd. 4, S. 469. 1905; Verh. d. D. Phys. Ges. Bd. 6, S. 325.
1904—1905.

Magnetisierung und gelangt schließlich von D wieder nach E, wenn das Feld den Winkel COE zurücklegt. Die Pfeilhöhe des Bogens BD nimmt um so mehr ab, je größer die Feldstärke ist, von 7300 Gauß ab wird sie Null, d. h. die Sättigung ist für jede Feldrichtung vollständig und etwa von der Größenordnung $4\pi J_\infty \sim 600$.

59. Hämatit. Ähnliche Verhältnisse wie der Pyrrhotin zeigt auch der Hämatit (Fe_2O_3), der nach Smith[1]) ebenfalls nach der Richtung der Symmetrieachse nur sehr schwach magnetisierbar ist, viel stärker aber in der dazu senkrechten Ebene, wo auch Feld- und Magnetisierungsrichtung im allgemeinen nicht zusammenfallen; allerdings betrug auch hier die höchste mit der verfügbaren Feldstärke von 4000 Gauß erreichte Magnetisierung nur $J = 3$ CGS-Einheiten, eine Sättigung war bei den gegebenen Verhältnissen überhaupt nicht zu erreichen.

60. Eisen. Die Herstellung von hinreichend gut ausgebildeten Eisenkristallen in Würfelform gelang zuerst Beck[2]), einem Schüler von P. Weiss, nach dem Goldschmidtschen Thermitverfahren, ihre Untersuchung erfolgte im Weissschen Laboratorium nach den oben beschriebenen Methoden. Die Ergebnisse zeigten im allgemeinen große Ähnlichkeit mit den beim Magnetit erhaltenen, nur lagen hier in den parallel zu den Würfelflächen geschnittenen Plättchen im Gegensatz zu den Magnetitkristallen die Maxima der parallelen Komponente in Richtung der Würfelkanten, die Minima in Richtung der Diagonalen; die Unterschiede zwischen Maximum und Minimum waren am größten bei Feldern von einigen 100 Gauß, während sie bei den stärkeren und ganz schwachen Feldern nicht mehr nachgewiesen werden konnten. Die Komponenten senkrecht zur Feldrichtung ergaben im Bereich von 0 bis 180° für mittlere und große Feldstärken eine Kurve mit vier Nullstellen, entsprechend den Kantenrichtungen, dazwischen zwei positive und zwei negative, absolut genommen, nahezu gleiche Maxima. Der Sättigungswert lag nahezu ebenso hoch, wie ihn Weiss für ziemlich reines Kohlswaeisen gefunden hatte, aber er wird — im Gegensatz zum Pyrrhotin — nicht in einer bestimmten Richtung schon bei sehr kleinen Feldern erreicht, sondern in allen Richtungen erst bei sehr großem $\mathfrak{H}$, auch fehlt beim reinen Eisen das von Weiss am Pyrrhotin nachgewiesene plötzliche Umklappen der Magnetisierung über die Richtung der schweren Magnetisierbarkeit hinweg mit der typischen Geraden in dieser Gegend (vgl. Abb. 29). — Die eigentlichen Magnetisierungskurven für das Azimut 0 bis 45° unterscheiden sich nicht wesentlich von den Magnetisierungskurven für gewöhnliches Eisen. — Die Magnetisierung in den nach Oktaeder- und Rhombendodekaederflächen geschnittenen Plättchen wurde von Beck ebenfalls eingehend untersucht. Die Ergebnisse zeigen natürlich gewisse Abweichungen von den in Richtung der Würfelflächen geschnittenen Platten, doch kann hierauf sowie auf die Modifizierung der oben angegebenen Eigenschaften durch die auch hier vorhandene und deutlich nachweisbare Hysterese nicht näher eingegangen werden.

---

[1]) T. Smith, Phys. Rev. (2) Bd. 8, S. 721. 1916.
[2]) K. Beck, Vierteljschr. d. naturf. Ges. Zürich Bd. 63, S. 116. 1918.

Kapitel 5.

Erdmagnetismus.

Von

G. ANGENHEISTER, Potsdam.

Mit 30 Abbildungen.

1. Einleitung. Die erdmagnetischen Beobachtungsinstrumente und Methoden werden in einem gesonderten Kapitel (vgl. Bd. 16) behandelt. Hier soll die Frage nach der physikalischen Natur des erdmagnetischen Feldes auf Grund der vorliegenden Beobachtungsergebnisse dargestellt werden.

Die Einstellung einer in ihrem Schwerpunkt aufgehängten, allseitig freibeweglichen Magnetnadel ist bedingt durch das Zusammenwirken mehrerer magnetischer Felder von verschiedenartigem physikalischen Ursprung und von verschiedener räumlicher Verteilung und zeitlicher Änderung.

Richtung und Intensität des Feldvektors als Funktion von Ort und Zeit darzustellen, ist die Aufgabe der erdmagnetischen Beobachtung. Aus der durch Beobachtung festgestellten räumlichen Verteilung des Feldvektors mit Hilfe der Rechnung, die Trennung der Felder und den Sitz der einzelnen Partialfelder zu ermitteln, ist die Aufgabe der formalen Analyse. Die physikalische Deutung der Ursache dieser Felder ist dann insbesondere an der Hand der zeitlichen Änderung und auf Grund unserer allgemeinen physikalischen Anschauungen zu versuchen und kann als physikalische Theorie des Erdmagnetismus bezeichnet werden.

Der gegenwärtige Stand der erdmagnetischen Forschung kann kurz dahin charakterisiert werden, daß sich zwei physikalisch verschiedene Felder unterscheiden lassen: das permanente Feld und das Variationsfeld, deren physikalischer Ursprung noch in wesentlichen Punkten umstritten ist.

Das permanente Feld hat zum weitaus größten Teil — wenn nicht ganz — seinen Sitz im Erdinnern. Ihm entspricht eine Magnetisierung des festen Erdinnern, deren Ursprung mit der Rotation der Erde zusammenhängt. Dies Feld ist nur sehr langsam „säkular" mit der Zeit veränderlich; falls diese Änderung periodisch ist, wird ihre Periode nach Jahrhunderten zu messen sein.

Über den „permanenten" Magnetismus des Erdkörpers lagert sich das schnell veränderliche Variationsfeld der Atmosphäre, das periodische Schwankungen, sonnen- und mondtägliche, und unperiodische Zuckungen, „Stürme" oder „Störungen", durchläuft. Beide Variationsfelder, die tägliche Periode und die Störungen, sind Wirkungen elektrischer Ströme, die das permanente Feld in bewegten leitenden Luftmassen induziert. Die Leitfähigkeit der oberen Atmosphäre in etwa 50 bis 100 km Höhe und darüber variiert vermutlich periodisch mit der Zenitdistanz der Sonne und unperiodisch und plötzlich mit ihrer Aktivität (Fleckenzahl) (vgl. Bd. 14). Für die periodischen Schwankungen der Leitfähigkeit ist wohl die ultraviolette Sonnenstrahlung, für die unperiodischen das Eindringen von elektrischen Ladungen verantwortlich. Letztere entstammen gleichfalls der Sonne. Auch die Luftbewegungen, relativ zum permanenten Feld sind periodische, durch Luftdruckschwankungen und atmosphärische Gezeiten veranlaßt, und unperiodische, die durch das Eindringen der Ladungen in die Atmosphäre entstehen.

I. Das permanente Feld.

a) Die Beobachtungsergebnisse.

2. Intensität und Richtung des erdmagnetischen Feldvektors ist in Raum und Zeit veränderlich. Daraus folgt eine zweifache Aufgabe für die Beobachtung: 1. Die Ermittlung der geographischen Verteilung des Feldes; Land und Weltvermessung. 2. Die fortlaufende Verfolgung der zeitlichen Variationen. Dazu dient die Registriertätigkeit von etwa 50 über die ganze Erde verteilter Observatorien.

3. Die räumliche Verteilung des erdmagnetischen Feldes. Karten isomagnetischer Linien. Definitionen: Die Bestimmungsstücke des Feldvektors sind:

Intensität F und Richtungswinkel D und I:

F = Totalintensität,

D = Deklination, Azimut von N positiv über O,

I = Inklination, Neigung, positiv unter der Horizontalebene.

Rechtwinklige Komponenten X, Y, Z:

X = horizontal positiv nach Norden,

Y = horizontal positiv nach Osten,

Z = vertikal positiv nach unten,

H = Horizontalintensität,

$H = F\cos I;\quad X = H\cos D;\quad Y = H\sin D;$

$$Z = F\sin I;\quad H = \sqrt{X^2 + Y^2};\quad F = \sqrt{X^2 + Y^2 + Z^2};\quad \operatorname{tg} I = \frac{Z}{H};\quad \operatorname{tg} D = \frac{X}{Y}.$$

Die Feldintensität hat die Dimension $m^{\frac{1}{2}} l^{-\frac{1}{2}} t^{-1}$. Ihre Einheit im $c \cdot g \cdot s$-System wird mit Γ (Gauß) bezeichnet. $\gamma = 10^{-5}\,\Gamma$. Der Mittelwert der Totalintensität der Erde beträgt ungefähr $\frac{1}{2}\Gamma$, die zeitlichen Variationen belaufen sich auf einige Zehner von γ, nur selten auf einige Hunderter.

Die Linien, welche Orte gleicher Intensität oder gleicher Richtungswinkel verbinden, werden isomagnetische Linien genannt; Isogonen für die Deklination; Isoklinen für die Inklination; Isodynamen für die Intensitäten. Die Abweichungen der wahren Werte von den, aus irgendeiner theoretischen Annahme abgeleiteten Werten für dieselben Orte, werden Anomalien genannt. Die Isanomalen verbinden Orte gleicher Abweichung.

Die Beobachtungsergebnisse der erdmagnetischen Vermessungen werden durch Karten veranschaulicht, in denen isomagnetische Linien für nach gleichen Intervallen fortschreitende Werte eingezeichnet sind.

4. Organisationen. Der Zweck der erdmagnetischen Vermessung ist ein zweifacher, ein theoretischer und ein praktischer. Die Weltvermessung des erdmagnetischen Feldes ist der erste Schritt zur physikalischen Deutung des Magnetfeldes der Erde; darin liegt das theoretische Interesse. Das praktische Interesse ist ein mehrfaches. Die magnetischen Karten dienen als Orientierungsmittel für die See- und Luftschiffahrt, für den Bergbau unter Tage. Die Detailvermessung der Länder, insbesondere großer Störungsgebiete, gibt Anhaltspunkte für die Tektonik des Untergrundes und ist so ein geologisch wichtiges Hilfsmittel. Im Bergbau geben lokale Störungen des Magnetfeldes Aufschluß über die oberste Schichtenfolge, Einbettungen von Erzadern oder den an ihrer geringen magnetischen Suszeptibilität erkennbaren Salzhorsten.

Für die theoretischen Zwecke genügt ein relativ weitmaschiges Netz von einigen hundert Kilometern Maschenweite; das Netz sollte jedoch die ganze Erde gleichmäßig umfassen. Das wird von der Weltvermessung der Carnegie-Institution angestrebt. Die Vermessung der Kulturländer ist engmaschiger und für geologische Deutung geeigneter. Einer Vermessung erster Ordnung entspricht eine mittlere Entfernung der Beobachtungsstationen von 40 km, zweiter Ordnung 18 km, dritter Ordnung 10 km. Die Niederlande besitzt etwa eine Vermessungsstation pro 100 km^2; die Spezialvermessung der großen Anomalie Mitteleuropas, der Provinzen Ost- und Westpreußen, besitzt etwa eine Deklinationsstation pro 15 km^2.

Die Lokalvermessungen zu bergbaulichen Zwecken müssen enger gelegt werden. Die Entfernung der Stationen voneinander wird nach 100 Metern und noch weniger zu bemessen sein.

5. Vermessungen. Die Karten isomagnetischer Linien, die in den letzten Jahrhunderten konstruiert worden sind, entnahmen ihr Material den Beobachtungen auf Seereisen und gelegentlichen Landexpeditionen und ferner der Vermessung der Kulturländer. Dies Material war durch die Zufälligkeit seines Entstehens räumlich und zeitlich sehr inhomogen. Zur Reduktion auf eine gemeinsame Epoche fehlt die hinreichende Kenntnis der Säkularvariation. Seit Anfang dieses Jahrhunderts hat die magnetische Vermessung der Erde durch die großzügige Unternehmung der Carnegie Institution unter der Leitung von L. A. BAUER einen systematischen Charakter von großem Ausmaß erhalten. Seit 1905 ist eine planmäßige Vermessung der Ozeane und bisher unvermessenen Landgebiete (Afrika, Australien, Südamerika, China usw.) unternommen. Dem bisherigen Material werden hierdurch schon jetzt etwa 5000 Landstationen und 3000 Seestationen hinzugefügt. 600000 km Seefahrt auf eisenfreien Schiffen waren dazu notwendig.

Eine Übersicht über den Stand der Weltvermessung der Carnegie-Institution Ende 1925 gibt die Karte Abb. 1[1]). Zu den in der Karte eingetragenen Stationen der Carnegie Institution treten noch hinzu die Stationen der Landesvermessungen der einzelnen Kulturstaaten. Zu beachten sind die Schleifenfahrten, die unternommen wurden, um festzustellen, ob das Linienintegral der erdmagnetischen Kraft längs einer geschlossenen Kurve verschwindet. Die Ergebnisse der gesamten bisherigen Weltvermessung sind zusammengefaßt in den Karten isomagnetischer Linien (Deklination, Inklination, Horizontalintensität) und der entsprechenden Linien gleicher Säkularvariation pro Jahr, die von der britischen Admiralität für die Epoche 1922 neu herausgegeben worden sind[2]) [s. Abb. 2 bis 4 und 2a bis 4a[3])].

Schon der allgemeine Anblick der Karten 2 und 3 zeigt in großen Zügen die Einheitlichkeit der Richtung des Feldvektors: auf der ganzen Erde nahezu nordwärts, auf der Nordhalbkugel nach unten, auf der Südhalbkugel nach oben. Die Erde als Ganzes ist also einheitlich magnetisiert, die magnetische Achse fällt nahezu zusammen mit der Umdrehungsachse. Die Isogonen konvergieren

---

[1]) Researches of the Depart. Terr. Magnetism. Bd. V. Washington D. C.; Carnegie Institution 1926.

[2]) Curves of equal magnetic Variation, Horiz. Force, Inclination. Publ. at the admirality 1922.

[3]) Nach Atlas Magnetique, Bureau Central de Magn. terr. Paris: Ch. Maurain 1925.

außer an den geographischen Polen auf der Nordhalbkugel bei 72° N, 96° W, dem nördlichen, und bei 73° S, 156° E, dem südlichen Deklinationspol. Die Null-isokline, der magnetische Äquator, entfernt sich im Maximum (in Südamerika) bis zu 15° S vom Äquator.

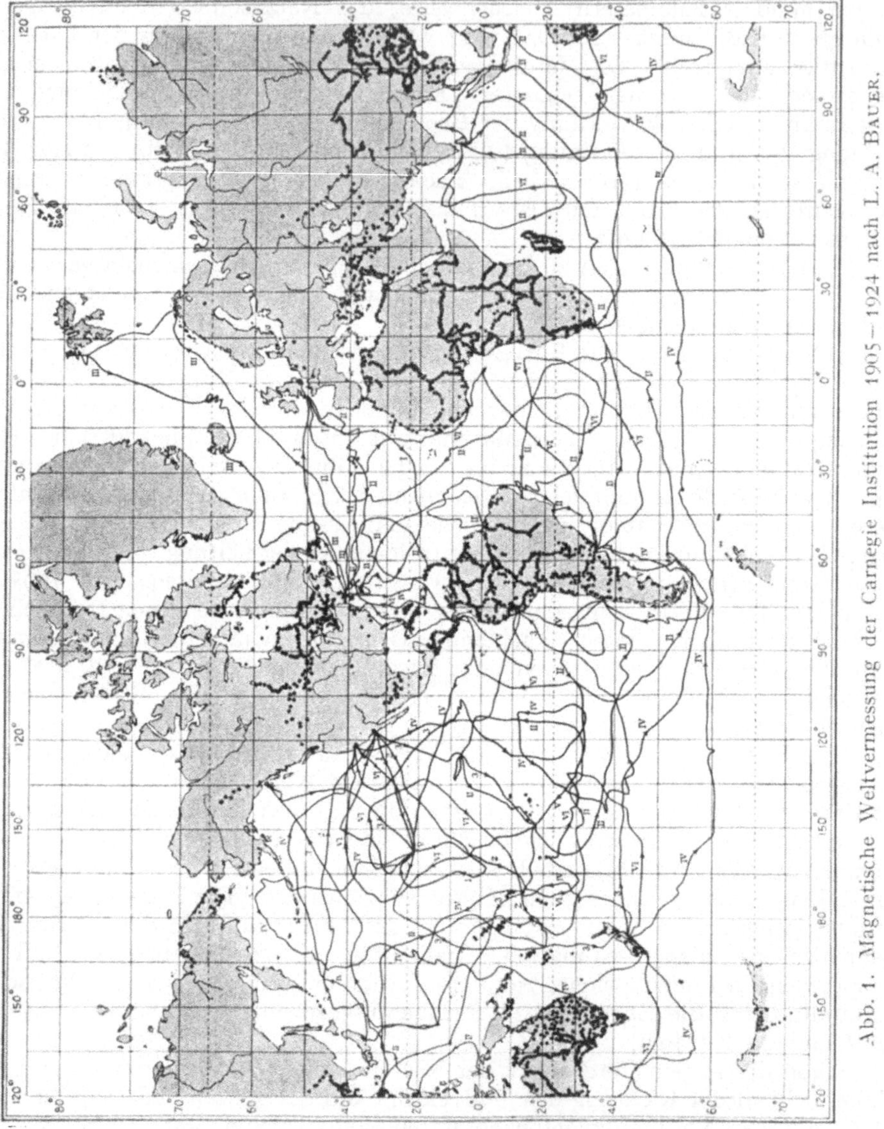

Abb. 1. Magnetische Weltvermessung der Carnegie Institution 1905—1924 nach L. A. BAUER.

Die Horizontalintensität schwankt zwischen Null und 0,40 Γ (Hinterindien). Ihr Mittelwert am magnetischen Äquator ist 0,34 bis 0,35 Γ. Die Vertikal-intensität schwankt zwischen 0 am magnetischen Äquator und $+ 0,634$ (mag. N-Pol) bzw. $- 0,674\ \Gamma$ (mag. S-Pol). Die Extremwerte der Totalintensität sind 0,28 (mag. Äquator) und 0,71 Γ (Intensitätspol).

Das Kartenbild zeigt einige großräumige Abweichungen von dem gleich-mäßigen Verlauf der isomagnetischen Linien, der bei homogener Magnetisierung

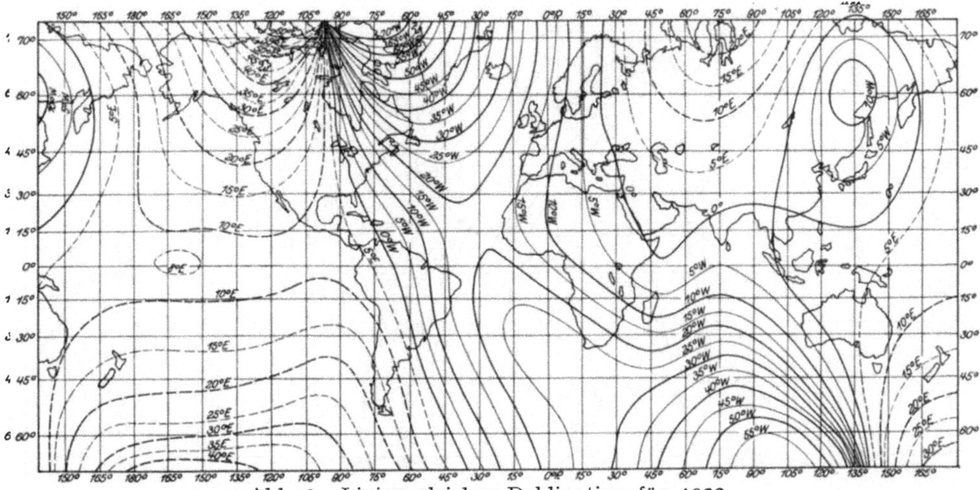

Abb. 2. Linien gleicher Deklination für 1922.

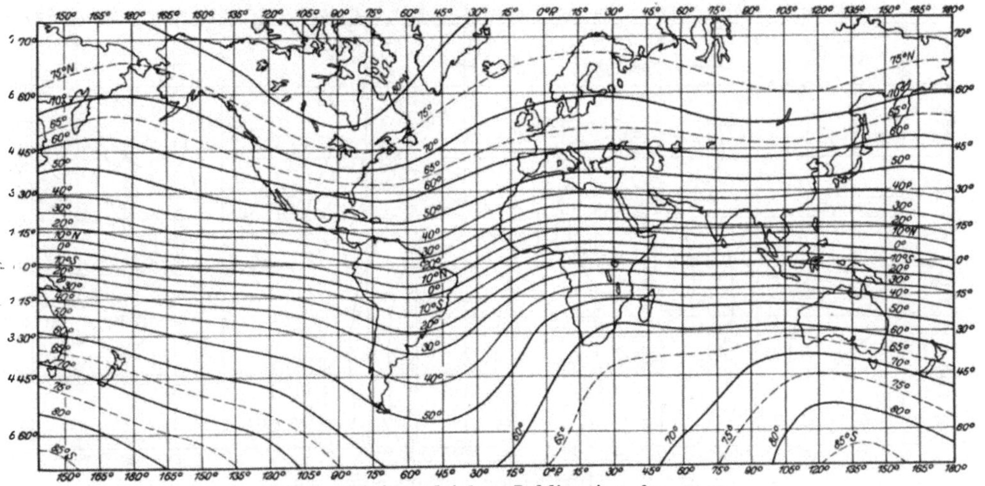

Abb. 3. Linien gleicher Inklination für 1922.

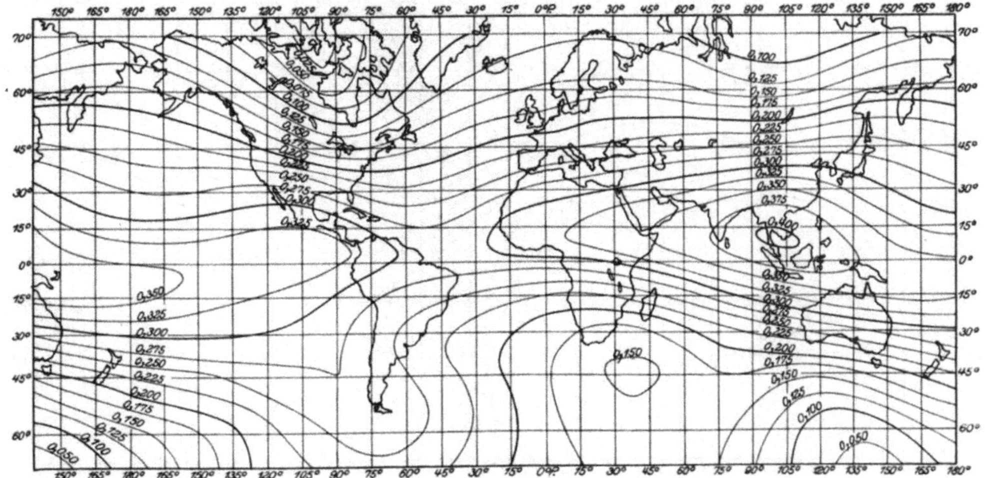

Abb. 4. Linien gleicher Horizontalintensität für 1922.

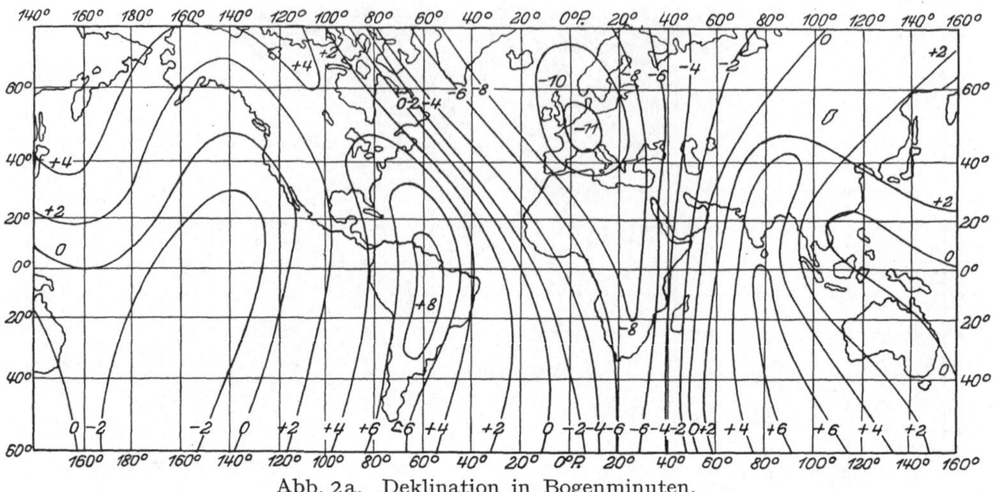

Abb. 2a. Deklination in Bogenminuten.

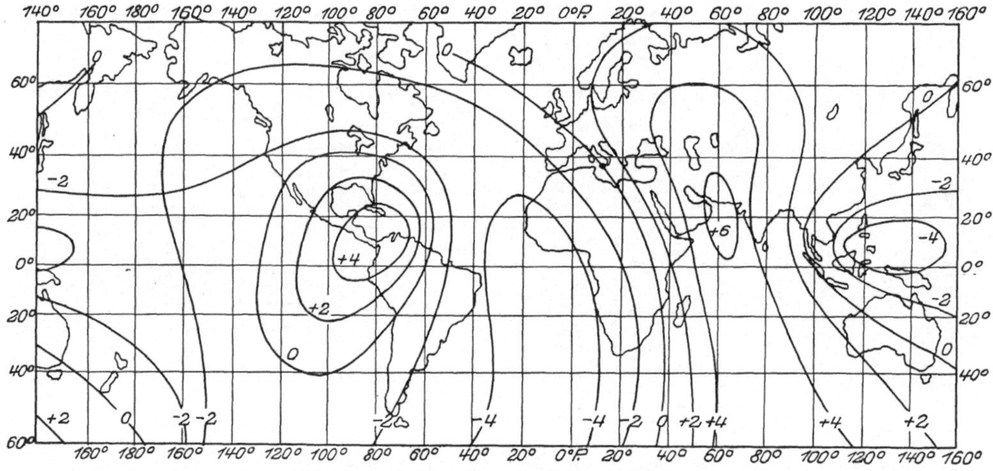

Abb. 3a. Inklination in Bogenminuten.

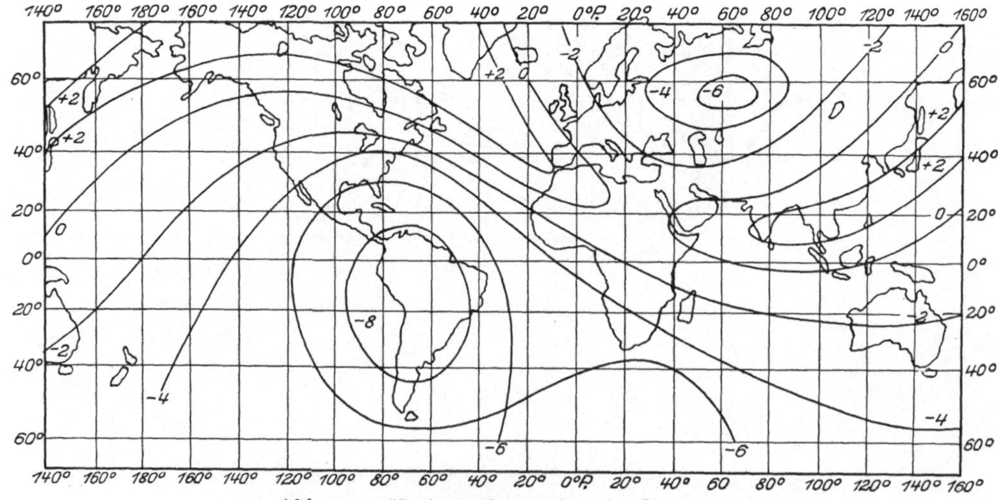

Abb. 4a. Horizontalintensität in Gamma.
Abb. 2a, 3a, 4a. Linien gleicher Säkularvariation pro Jahr.

der Erde zu erwarten wäre. Die auffälligsten Abweichungen sind wohl die Insel westlicher Deklination in Ostasien und die Ausbiegung des magnetischen Äquators $(I = 0)$ in Südamerika. Wegen ihres umfassenden Charakters werden diese Störungsgebiete regionale genannt.

Die beigefügten Karten der Säkularvariation (Abb. 2a bis 4a) zeigen, wo die größten zeitlichen Änderungen zur Zeit auftreten; für die Deklination in

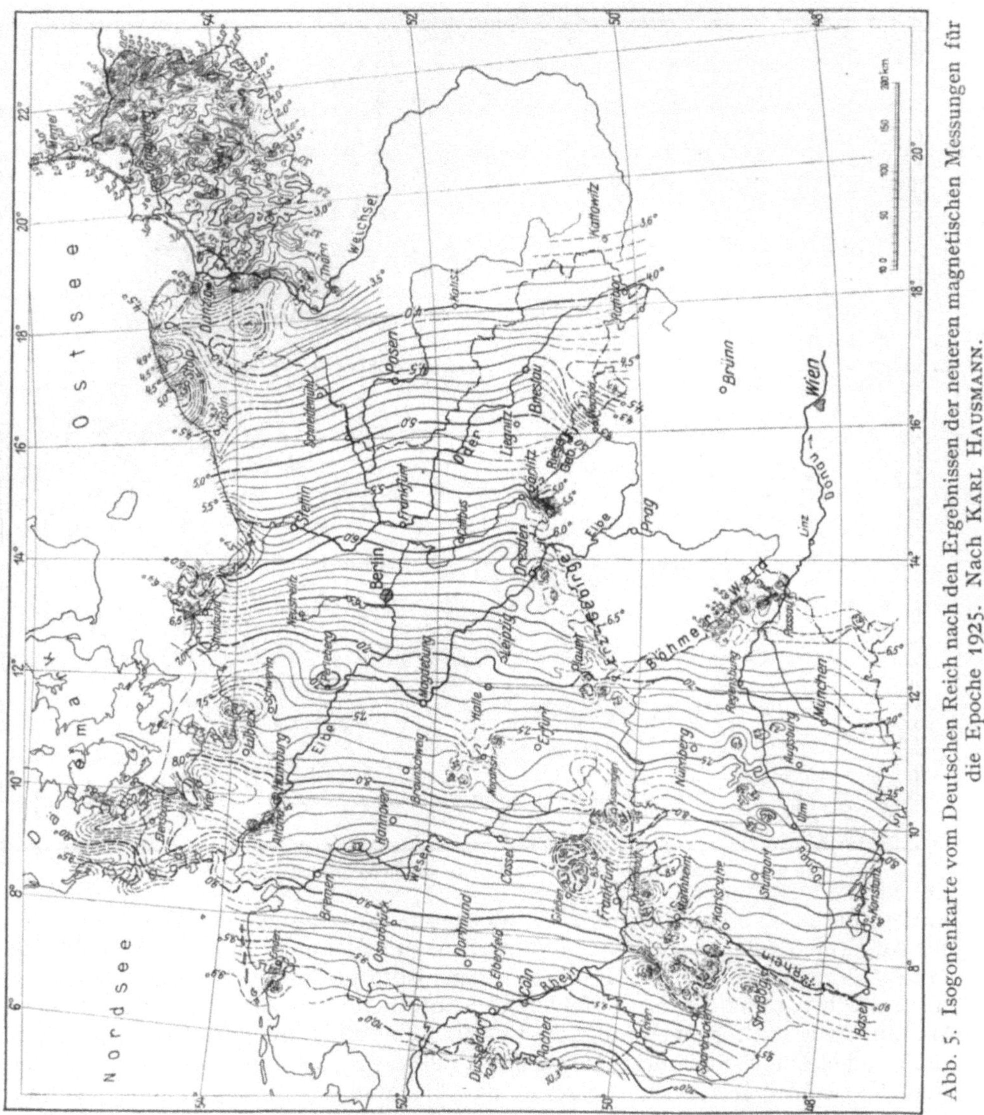

Abb. 5. Isogonenkarte vom Deutschen Reich nach den Ergebnissen der neueren magnetischen Messungen für die Epoche 1925. Nach KARL HAUSMANN.

Europa und Südamerika; für die Inklination in Südasien und Mittelamerika; für die Horizontalintensität in Sibirien und Südamerika.

In den Karten der engmaschigeren Landesvermessungen zeigen die isomagnetischen Linien einen weit weniger glatten Verlauf, als in den Weltkarten. Zu den regionalen Störungen gesellen sich hier noch die lokalen. Abb. 5 zeigt

die Isogonenkarte des Deutschen Reiches für 1925 [1]) nach K. Hausmann. Die
Störungsgebiete treten deutlich hervor; z. B. das Basaltgebiet des Vogelberges [2])
oder die baltische Platte (Ost- und Westpreußen) mit ihrer quartären Bedeckung
durch Geschiebe magnetischen Materials [Abb. 6 [3])]. Letzteres genügt jedoch
wohl kaum zur Erklärung der ostpreußischen Anomalie.

Der Gesamteintruck der magnetischen Welt- und Ländervermessung führt
zur Vorstellung, daß das Magnetfeld der Erde in seinem bei weitem größten

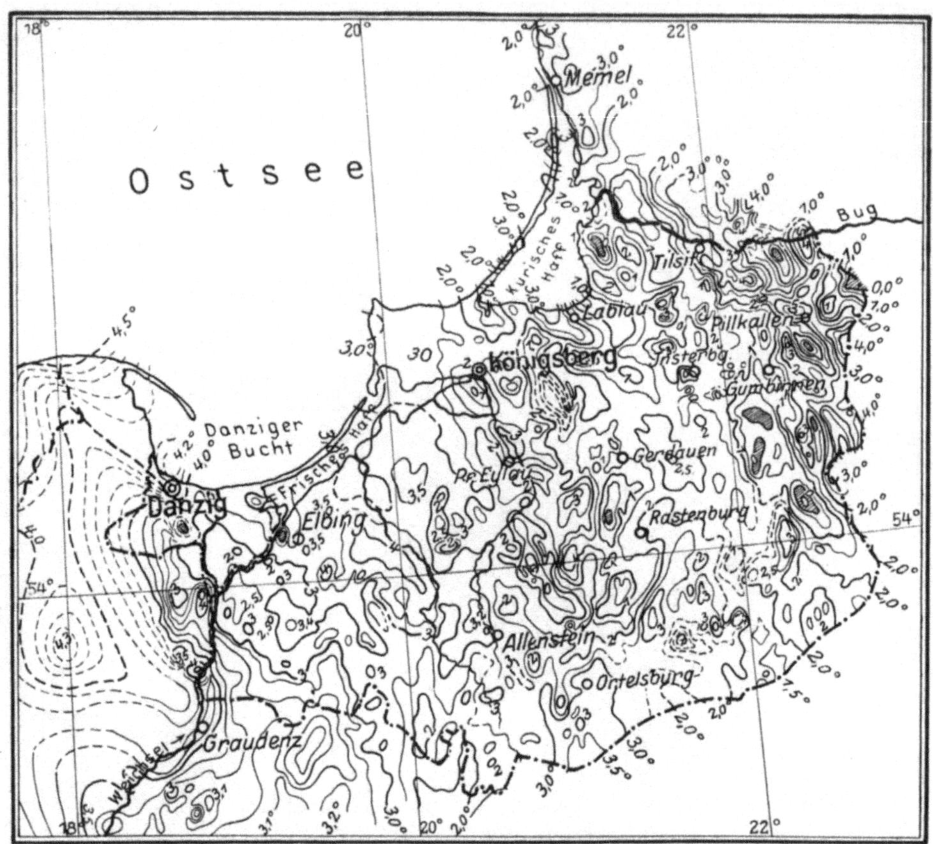

Abb. 6. Isogonen in Ost- und Westpreußen.

Anteil, durch eine homogene Magnetisierung der Erde längs der Rotationsachse
hervorgerufen ist; hinzu tritt eine Quermagnetisierung, die die Abweichung
($11\frac{1}{2}°$) der magnetischen Pole von den Rotationspolen bedingt. Hierüber
lagern sich regionale Störungsfelder von kontinentalem Ausmaß und auf diese
sind die lokalen Störungen aufgesetzt. Es ist eine naheliegende, und auch durch
die formale Analyse gestützte Vorstellung, daß der Sitz der Störungen um so tiefer
liegt, je größer ihr Ausmaß ist, so daß für die engbegrenzten und in ihrer

<hr>

[1]) K. Hausmann, ZS. f. Geophys. Bd. 1, S. 129. 1925.
[2]) K. Schering u. A. Nippoldt, Erdmagnet. Landesaufnahme von Hessen. Darmstadt
1923. A. Nippoldt, Südostharz. Tätigk.-Ber. Pr. Met. Inst. 1917—19, S. 90. (Vert. Komp.)
[3]) Ad. Schmidt, Die magnet. Deklination in Ost- und Westpreußen. Veröffentl. Pr.
Met. Inst. Nr. 318. Berlin 1922. Siehe auch A. Nippoldt, Geolog. Arch. III 1924, 114;
F. Errulat, Geolog. Arch. II 1923, 219; H. Reich, Jahrb. Pr. Geolog. Landesanst. XLIV
1924, S. 319.

Intensität oft besonders starken Störungen die obersten geologischen Schichten verantwortlich sind; für die umfassenden, regionalen, aber der Aufbau des Erdinnern bis zum Erdkern.

6. Säkularvariationen. Die Einstellung der Magnetnadel ist mannigfachen zeitlichen Schwankungen unterworfen, solchen, die in kurzen Zeiträumen, in Minuten, Stunden, Tagen um eine mittlere Lage erfolgen, und solche, die langsam über viele Jahre fortschreiten und erst im Laufe von Jahrhunderten periodischen Charakter annehmen. Während die kurzen Schwankungen nur ausnahmsweise 1° in der Richtung und einige Prozent in der Intensität betragen, wachsen

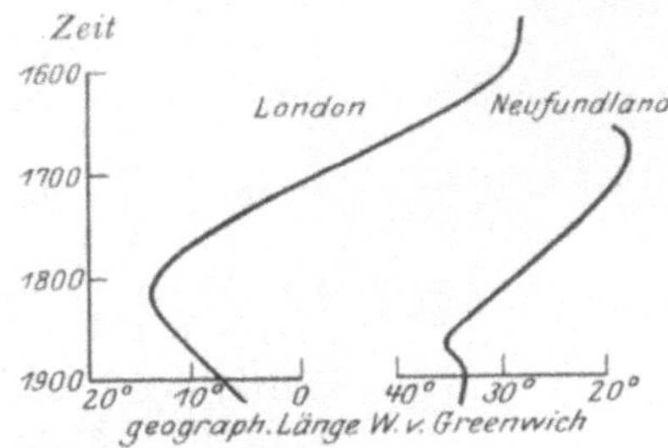

Abb. 7. Säkularvariation der Deklination.

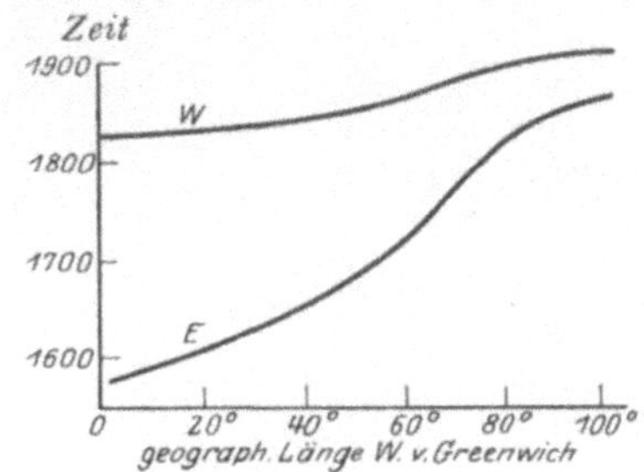

Abb. 8. Umkehrungspunkte der W- und E-Deklination als Funktion der geographischen Länge.

die langsam fortschreitenden säkularen Variationen bis zur Größenordnung des Feldes selbst an. Die Kraftrichtung auf der Beobachtungsstation durchläuft dabei in erster Annäherung eine Kegelfläche im Sinne des Uhrzeigers, die in Europa in den letzten drei Jahrhunderten etwa zu $^3/_4$ durchlaufen ist. Ihr sphärischer Radius beträgt 5 bis 6°, die gesamte Schwankung der Deklination 30 bis 35°, der Inklination 10°. Die angenäherte Periodenlänge beträgt etwa 480 Jahre. Die Schwankungen der Intensität werden erst seit etwa einem Jahrhundert verfolgt. Die mittlere Größe dieser Schwankung ist etwa 10 bis 20 γ im Jahre

für H und Z; in F sind sie wesentlich geringer, sie sind also durch Schwankung der Inklination veranlaßt.

Abb. 7 zeigt die Säkularvariation der Deklination für London und Neufundland von 1600 bis 1900. Die Säkularvariation besitzt auf beiden Stationen einen periodischen Charakter. Die Umkehrpunkte

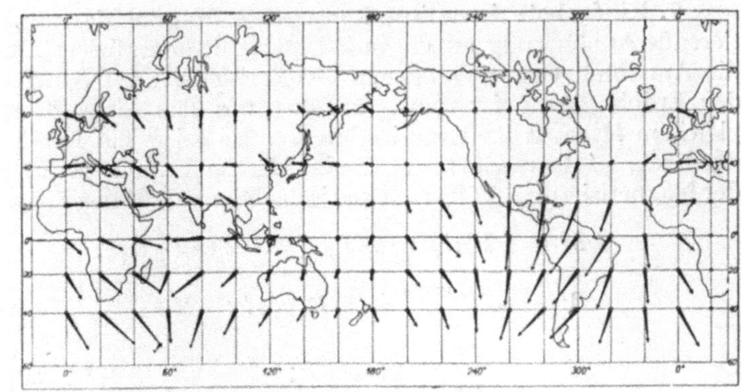

Abb. 9. Horizontaler Vektor der Säkularvariation pro Jahr, Epoche 1922. 1 mm = 15 γ.

des säkularen Ganges treten in London rund 50 Jahre früher auf als in Neufundland. Abb 8 gibt die Zeit des westlichen W und östlichen Maximums E der Deklination (Umkehrpunkte der Säkularvariation) als Funktion der geographischen Länge. Beide Maxima schreiten mit der Zeit von Osten nach Westen fort, jedoch mit verschiedener Wanderungsgeschwindigkeit[1]). Auf eine in derselben Richtung fortschreitende Wanderung des Systems der Säkularvariation deuten auch die Beobachtungen der erdmagnetischen Observatorien in Osteuropa und Asien[2]). In Katharinenburg betrug die Deklination 1761 $D = 0° 50'$ östlich; 1916 $D = 11° 4'$ östlich. Die Magnetnadel ist in dieser Zeit infolge der Säkularvariation ostwärts gewandert. Seit 1916 wandert sie dort westwärts. Dieser Umkehrpunkt der Säkularvariation, der 1916 Katharinenburg (61° öst-

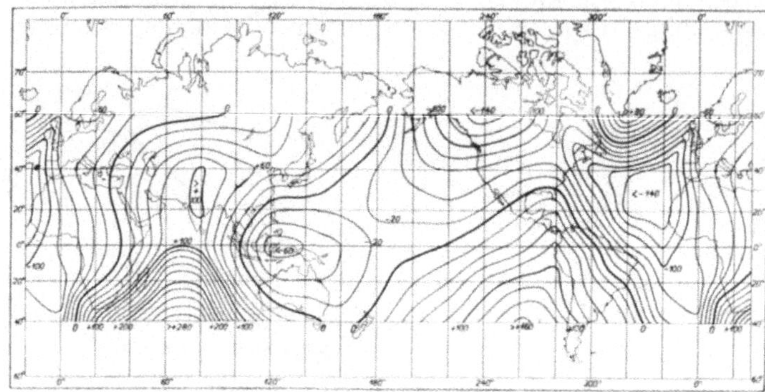

Abb. 10. Linien gleicher Säkularvariation pro Jahr für die Vertikalintensität. Epoche 1922.

licher Länge) erreichte, lag 1905 in 97° östlicher Länge. Er ist also pro Jahr um drei Längengrade nach Westen fortgeschritten.

Die gegenwärtige Gestalt des Systems der Säkularvariationen ist erkenntlich aus den beiden Abb. 9 und 10, die für die Epoche 1922 den horizontalen Vektor der Säkularvariation und die Linien gleicher Säkularvariation der Vertikalintensität darstellen. Das Nordende der Magnetnadel bewegt sich zur Zeit abwärts im Indischen Ozean und an der Westküste von Südamerika. Dorthin konvergieren auch die horizontalen Vektoren der Säkularvariation. Dem entspricht ein dort entstehender Südmagnetismus[3]).

b) Formale Analyse der Beobachtungsergebnisse.

7. Einfachste Annahme homogener Magnetisierung. Für die erste orientierende Annäherung an die in Wirklichkeit komplizierteren Verhältnisse genügt die Annahme einer homogenen Magnetisierung der ganzen Erde. Das Feld an der Erdoberfläche ist dann dasselbe wie das eines Elementarmagneten von gleichem Moment im Erdmittelpunkt. Es sei ϑ die Poldistanz vom Magnetpol der Erde, φ' die magnetische Breite, R_0 der Radius der Erde, μ die Raumdichte der Magnetisierung, M das magnetische Moment, V das Potential im Punkte ϑ, R_0.

$$M = \tfrac{4}{3} R_0^3 \pi \mu = m R_0^3, \quad \text{wo} \quad m = \tfrac{4}{3} \pi \mu,$$

$$V = -\frac{M \cos\vartheta}{R_0^2} = m R_0 \cos\vartheta; \quad H = -\frac{\partial V}{\partial h} = m \sin\vartheta;$$

$$Z = -\frac{\partial V}{\partial z} = 2m \cos\vartheta; \quad F = \sqrt{Z^2 + H^2} = m \sqrt{1 + 3\cos^2\vartheta},$$

$$\operatorname{tg} I = 2\cot\vartheta = 2\operatorname{tg}\varphi'; \quad M = m R_0^3 = \frac{H}{\sin\vartheta} R_0^3 = \frac{Z}{2\cos\vartheta} R_0^3.$$

---

[1]) L. A. BAUER, in Centennial Celebration of the U. S. Coast. a. geod. Survey. Washington 1916.

[2]) B. WEINBERG, Terr. Magn. Bd. 29. 1924.

[3]) J. BARTELS, Veröffentl. Pr. Met. Inst. Nr. 332; Abhandlgn. d. Berl. Akad. Bd. 8, Nr. 2. 1925; hieraus ist Abb. 9 u. 10 entnommen.

Bedeutet H_A den Wert von H am magnetischen Äquator; Z_P den Wert von Z am magnetischen Pol, so ist nach der obigen Theorie $Z_P/H_A = 2$; nach der Beobachtung dagegen $0{,}65/0{,}34 = 1{,}9$

$$M = R_0^3 H_A = 8 \cdot 6 \cdot 10^{25}; \quad \mu = \frac{H_A}{\frac{4}{3}\pi} = 0{,}08\,\Gamma.$$

(μ für Stahl bis zu $750\,\Gamma$).

8. Beziehung des Potentials und der Kraftkomponenten untereinander. Die horizontalen Kraftkomponenten X und Y sind nicht unabhängig voneinander. Unter der Voraussetzung, daß für das erdmagnetische Feld ein Potential V besteht, gilt (die geographischen Koordinaten eines Ortes seien Breite φ und Länge λ):

$$X = \frac{\partial V}{\partial x} = \frac{\partial V}{r\,\partial\varphi},$$

$$Y = \frac{\partial V}{\partial y} = -\frac{1}{\cos\varphi}\,\frac{\partial V}{r\,\partial\lambda},$$

$$Z = \frac{\partial V}{\partial z} = \frac{\partial V}{\partial r},$$

$$\frac{\partial X}{\partial\lambda} = \frac{\partial}{\partial\lambda}\frac{\partial V}{r\,\partial\varphi} = \frac{\partial}{\partial\varphi}\frac{\partial V}{r\,\partial\lambda}; \quad \int\frac{\partial X}{\partial\lambda}\,\partial\varphi = \int\partial\frac{\partial V}{r\,\partial\lambda} = \frac{\partial V}{r\,\partial\lambda}$$

$$Y = -\frac{1}{\cos\varphi}\int_{90}^{\varphi}\frac{\partial X}{\partial\lambda}\,\partial\varphi = -\frac{1}{\cos\varphi}\sum_{90^\circ}^{\varphi}\frac{\Delta X}{\Delta\lambda}\,\Delta\varphi.$$

Y läßt sich berechnen, wenn X für alle φ, λ bekannt ist. Ist umgekehrt Y für alle Punkte der Erde bekannt, so läßt sich $\Delta X/\Delta\lambda$ daraus berechnen. Ist außerdem X für einen Meridian bekannt, so ist X für alle Punkte der Erde zu berechnen.

Z läßt sich darstellen in der Form

$$Z = -\frac{\partial V}{\partial r} = \frac{\partial}{\partial r}\left(\frac{R_0^3}{r^2}P' + \frac{R_0^4}{r^3}P'' + \frac{R_0^5}{r^4}P''' + \cdots\right) = 2\frac{R_0^3}{r^3}P' + 3\frac{R_0^4}{r^4}P'' + \cdots.$$

Darin bedeuten die P Kugelfunktionen, die nur von der geographischen Länge und Breite abhängen. Für die Erdoberfläche wird $r = R_0$ und

$$Z = 2P' + 3P'' + \cdots.$$

Andererseits lassen sich die Beobachtungen von Z in eine Reihe entwickeln, die nach Kugelfunktionen fortschreitet:

$$Z = Z_0 + Z_1 + Z_2 + \cdots.$$

Beide Reihen für Z schreiten nach denselben Argumenten von φ und λ fort und sind auf der kugelförmigen Erdoberfläche überall einander gleich. Dann sind auch die Kugelfunktionen gleicher Ordnung für beide Reihen einander gleich:

$$2P' = Z_1; \quad 3P'' = Z_2 \text{ usw.}$$

Daraus ergibt sich: Es lassen sich die P berechnen, wenn die Z aus den Beobachtungen bekannt sind. Aus den P folgt dann V. Es läßt sich also das Potential berechnen, wenn Z für alle Punkte der Erde gegeben ist.

9. Abnahme mit der Höhe. Falls in dem Raum über der Erde, auf welchen sich die Beobachtungen erstrecken, magnetische Massen und elektrische Ströme von merklicher magnetischer Wirkung nicht vorhanden sind, so gilt

$$\operatorname{div}\mathfrak{F} = 0 \quad \text{und} \quad \operatorname{rot}\mathfrak{F} = 0.$$

Die Gleichungen liefern die Beziehung, aus der sich die Abnahme mit der Höhe ergibt.

$\operatorname{div} \mathfrak{J} = 0$ führt in Polarkoordinaten auf

$$\frac{\partial Z}{\partial r} = \frac{2Z}{r} + \frac{1}{r} \frac{1}{\sin\varphi} \frac{\partial(H\sin\varphi)}{\partial\varphi} - \frac{1}{r\cdot\sin\varphi} \frac{\partial Y}{\partial\lambda}$$

aus $\operatorname{rot} \mathfrak{J} = 0$ folgt

$$\frac{\partial X}{\partial r} = -\frac{X}{r} - \frac{\partial Z}{r\,\partial\varphi},$$

$$\frac{\partial Y}{\partial r} = -\frac{Y}{r} + \frac{\partial Z}{r\cos\varphi\,\partial\lambda}.$$

Bei homogener Magnetisierung (Zentralmagnet) ist

$$H = \frac{M\sin\vartheta}{r^3}; \qquad Z = \frac{2M\cos\vartheta}{r^3};$$

wo ϑ die Poldistanz vom Magnetpol bedeutet:

$$\frac{dH}{dr} = -3\frac{H}{r}; \qquad \frac{dZ}{dr} = -3\frac{Z}{r}.$$

In ungestörtem Gebiet beträgt die Abnahme mit der Höhe somit pro km $1/2000$ von H und Z; in unseren Breiten $10\,\gamma$ in H und $17\,\gamma$ in Z.

10. Entwicklung des Potentials in Kugelfunktionen. Zur Darstellung des gesamten erdmagnetischen Beobachtungsmaterials eignet sich besonders das erdmagnetische Potential, vor allem als Ausgangspunkt für theoretische Untersuchungen; weit besser als die Karten isomagnetischer Linien. Die Beobachtungen erstrecken sich aus technischen und instrumentellen Gründen auf H, D, I. Daraus folgen die Weltkarten der Isogonen, Isoklinen und Horizontalisodynamen. Diese Elemente sind nun nicht unabhängig voneinander, ebensowenig wie X und Y, was im Abschnitt 8 näher ausgeführt wurde. Die Darstellungen in ihnen sind daher weniger gegenseitige Ergänzungen, sondern mehr Wiederholungen, die übrigens nicht einmal eine besonders einfache Beziehung zur Kraftverteilung aufweisen. Dies gilt insbesondere für die Deklination. Das Potential gibt dagegen eine einfache und vollständige Darstellung des Kraftfeldes. Die Kraftkomponenten folgen unmittelbar durch Differenzieren nach den Richtungen.

Dies gilt natürlich nur, wenn das Feld ein Potential besitzt. Wieweit diese Bedingung erfüllt ist, darüber gibt das Linienintegral der erdmagnetischen Kraft Aufschluß. Vielleicht läßt sich das gesamte Feld durch ein Potential darstellen; sicherlich aber bis auf ganz wenige Prozent. Für die analytische Darstellung des Potentials kommen vor allem Kugelfunktionen in Betracht. Die Kugelgestalt der Erde und die Gültigkeit von $\Delta V = 0$ für den Beobachtungsraum weisen darauf hin.

Das Potential läßt sich in eine unendliche Reihe entwickeln, die notwendig konvergent und eindeutig ist. Die ersten Koeffizienten dieser Reihe sind zu bestimmen. Jedes weitere Glied hängt dann nur von dem Rest des Beobachtungsmaterials ab, der durch die vorhergehenden Glieder noch nicht dargestellt ist. Die Entwicklung der Reihe muß also so weit getrieben werden, daß alle übrigen Koeffizienten klein genug sind, um innerhalb der Fehlergrenze der Beobachtungen vernachlässigt zu werden. Wie weitgehend dies erreicht ist, ergibt der Vergleich der aus dem Potential rückwärts berechneten Werte der Elemente mit den Beobachtungen.

Man hofft schon durch wenige Glieder die wesentlichen Züge der Kraftverteilung darzustellen, auch für die Gebiete, für die keine Beobachtungen vorliegen, z. B. für die Polkappen. Dies ist natürlich streng nicht zu erwarten. Streng gültig sind die Koeffizienten stets nur für das vermessene Gebiet. Je dichter das Vermessungsnetz, je mehr also die Inhomogenitäten hochgelegener Schichten erfaßt werden, desto zahlreicher werden die zu einer ausreichenden Darstellung notwendigen Glieder und um so mehr verlieren diese eine besondere physikalische Bedeutung und werden zu empirischen Konstanten.

Für die rein formale Darstellung des erdmagnetischen Feldes ist die Entwicklung des Potentials in Kugelfunktionen sehr bedeutsam, weil dadurch mit Hilfe weniger Koeffizienten das gesamte Beobachtungsmaterial zu einem übersichtlichen Ausdruck kommt. Eine formale Zerlegung des Feldes längs bestimmter Richtungen (Rotationsachse Äquatorachsen) und eine Trennung innerer und äußerer Felder wird dabei durch geeignete Entwicklung des Potentials ermöglicht. Wie weit solchen Zerlegungen physikalische Bedeutung zukommt, ist aber besonders zu untersuchen. Bei der formalen Zerlegung in ein inneres und äußeres Feld, also ein ganz im festen Erdinnern und ein ganz in der Atmosphäre gelegenes Feld, ist eine physikalische Bedeutung der Zerlegung naheliegend. Man wird das Innenfeld einer Magnetisierung des festen Erdkörpers, das Außenfeld der Wirkung elektrischer Stromsysteme in der Atmosphäre zuordnen. Für das Innenfeld kommen, wie später gezeigt wird, Stromsysteme nicht in Frage. Bei der Zerlegung in einen Anteil längs der Rotationsachse und senkrecht dazu wird man den ersteren als Wirkung der Rotation selbst anzusehen versuchen. Schwer ist zu entscheiden, wie weit die höheren Glieder der Entwicklung im einzelnen noch eine gesonderte physikalische Bedeutung besitzen, oder ob sie vielleicht nur als Maß für die Abweichung von einer homogenen Magnetisierung, die im ersten Glied zum Ausdruck kommt, anzusehen sind. Doch wird man allgemein sagen können, daß die Reihenentwicklung schnell konvergieren muß, wenn die Ursache des inneren Anteils nahe dem Mittelpunkt der Erde konzentriert ist, langsam dagegen, wenn die Verteilung mehr diffus und unregelmäßig ist. Je höher die Ordnungszahl der Glieder, desto näher der Oberfläche wird man ihre physikalische Ursache zu suchen haben.

Der Gang der üblichen Entwicklung des Potentials $V = \int \dfrac{d\mu}{\varrho}$ in Kugelfunktionen soll hier kurz skizziert werden:

$d\mu$ ist das magnetische Massenelement,

ϱ die Entfernung zwischen $d\mu$ und dem Aufpunkt,

r_0 der Radiusvektor vom Erdmittelpunkt nach $d\mu$,

r „   „   „   „   zum Aufpunkt,

γ der Winkel zwischen r und r_0,

R_0 der Erdradius.

$$\varrho = \sqrt{r_0^2 + r^2 - 2\,r\,r_0 \cos\gamma}\,,$$

$$V = -\int \frac{d\mu}{\sqrt{r^2\left(1 + \dfrac{r_0^2}{r^2} - 2\dfrac{r_0}{r}\cos\gamma\right)}} = \frac{1}{r_0}\int (1 - \alpha)^{-\frac{1}{2}}\,d\mu\,,$$

wo

$$\alpha = 2\frac{r_0}{r}\cos\gamma - \frac{r_0^2}{r^2}\,;\quad \text{es ist nun } (1 - \alpha)^{-\frac{1}{2}} \text{ zu entwickeln;}$$

für $r > r_0$ gilt dann:

$$V = -\frac{1}{r}\int d\mu \left[P_0 + P_1\frac{r_0}{r} + P_2\left(\frac{r_0}{r}\right)^2 + P_3\left(\frac{r_0}{r}\right)^3 + \cdots\right]\,;$$

für $r < r_0$ ist r_0 mit r zu vertauschen; hierin haben die Kugelfunktionen P_n folgende Werte:

$$P_0 = 1\,;\quad P_1 = \cos\gamma\,;\quad P_2 = \tfrac{3}{2}\cos^2\gamma - \tfrac{1}{2}\,;\quad P_3 = \tfrac{5}{2}\cos^3\gamma - \tfrac{3}{2}\cos\gamma \ldots$$

Es ist dann

$$V = -\left[\frac{1}{r}\int P_0\,d\mu + \frac{1}{r^2}\int r_0 P_1\,d\mu + \frac{1}{r^3}\int r_0^2 P_2\,d\mu + \cdots\right] \qquad \text{(I)}$$

Durch Einsetzen der Werte von P ergibt sich für die einzelnen Integrale:

$$\int P_0\,d\mu = 0$$

$$\frac{1}{r^2}\int r_0 P_1\,d\mu = \frac{1}{r^2}\int r_0 \cos\gamma\,d\mu \qquad \text{usw.}$$

11. Darstellung der homogenen Magnetisierung durch die Glieder erster Ordnung.

$\varphi\lambda$ sind die Koordinaten des Punktes der Oberfläche der Erde;
$\varphi'\lambda'$ sind die Koordinaten des Punktes im Erdinnern.

Es ist

$$\cos\gamma = \sin\varphi \sin\varphi' + \cos\varphi \cos\varphi' \cos\lambda \cos\lambda' + \cos\varphi \cos\varphi' \sin\lambda \sin\lambda',$$

somit erhält man für

$$\frac{1}{r^2}\int r_0 P_1\,d\mu = \frac{1}{r^2}\left[\sin\varphi \int r_0 \sin\varphi'\,d\mu + \cos\varphi \cos\lambda \int r_0 \cos\varphi' \cos\lambda'\,d\mu\right.$$
$$\left. + \cos\varphi \sin\lambda \int r_0 \cos\varphi' \sin\lambda'\,d\mu\right],$$

Hierin bedeutet:

$$\int r_0 \sin\varphi'\,d\mu \backsim \tfrac{4}{3}R_0^3\pi\mu\sin\varphi_n = m_p = \text{magnetisches Moment der Erde, bezogen}$$
$$\text{auf die Drehachse.}$$

$$\int r_0 \cos\varphi' \cos\lambda'\,d\mu \backsim \tfrac{4}{3}R_0^3\pi\mu\cos\varphi_n \cos\lambda_n = m_0 = \text{magnetisches Moment, bezogen}$$
$$\text{auf die Äquatorachse } \lambda = 0°,$$

$$\int r_0 \cos\varphi' \sin\lambda'\,d\mu \backsim \tfrac{4}{3}R_0^3\pi\mu\cos\varphi_n \sin\lambda_n = m_{90} = \text{magnetisches Moment, bezogen}$$
$$\text{auf die Äquatorachse } \lambda = 90°,$$

es ergibt sich somit:

$$V = -\frac{1}{r^2}\left[m_p \sin\varphi + m_0 \cos\varphi \cos\lambda + m_{90} \cos\varphi \sin\lambda\right] - \cdots \qquad \text{(II)}$$

$$\sqrt{m_0^2 + m_{90}^2} = m_q,$$

$$\sqrt{m_p^2 + m_q^2} = m_i,$$

$$\operatorname{tg}\varphi_n = m_p : m_q; \qquad \operatorname{tg}\lambda_n = \frac{m_{90}}{m_0}.$$

m_i ist das Gesamtmoment des Innenfeldes, m_p sein rotationssymmetrischer (polarer) und m_q der dazu senkrechte, äquatoriale Anteil. φ_n und λ_n sind Breite und Länge des Nordendes der magnetischen Achse.

12. Berechnung der Koeffizienten der Kugelfunktionen aus den Beobachtungen. Setzt man

$$\int P_1 r_0\,d\mu = -R_0^3 P',$$
$$\int P_2 r_0^2\,d\mu = -R_0^4 P'',$$

so läßt sich (I) schreiben:

$$V = \frac{R_0^3}{r^2}\, P' + \frac{R_0^4}{r^3}\, P'' + \cdots \quad \text{und (II) wird}$$

$$V = \frac{R_0^3}{r^2}\, (g^{1,0} \sin\varphi + g^{1,1} \cos\varphi \cos\lambda + h^{1,1} \cos\varphi \sin\lambda) + \frac{R_0^4}{r^3}(\cdots) + \cdots$$

in dieser Schreibweise ist

$$g^{1,0} = \frac{m_p}{R_0^3}; \qquad g^{1,1} = \frac{m_0}{R_0^3}; \qquad h^{1,1} = \frac{m_{90}}{R_0^3};$$

$$\sqrt{(g^{1,1})^2 + (h^{1,1})^2} = \frac{m_q}{R_0^3}; \qquad \operatorname{tg}\varphi_n = \frac{\sqrt{(g^{1,1})^2 + (h^{1,1})^2}}{g^{1,0}};$$

$$\operatorname{tg}\lambda_n = \frac{h^{1,1}}{g^{1,1}}.$$

Es ergeben sich dann die Kraftkomponenten durch Differentiation des Potentials nach den Richtungen in der Form:

$$X = \frac{\partial V}{\partial x} = \frac{\partial V}{r\,\partial\varphi} = -\frac{R_0^3}{r^3}\, (g^{1,0} \cos\varphi - g^{1,1} \sin\varphi \cos\lambda - h^{1,1} \sin\varphi \sin\lambda) \ldots$$

$$Y = \frac{\partial V}{\partial y} = \frac{\partial V}{r \cos\varphi\,\partial\lambda} = -\frac{R_0^3}{r^3}\, (g^{1,1} \sin\lambda - h^{1,1} \cos\lambda) \ldots$$

$$Z = \frac{\partial V}{\partial r} = -2\frac{R_0^3}{r^3}\, (g^{1,0} \sin\varphi + g^{1,1} \cos\varphi \cos\lambda + h^{1,1} \cos\varphi \sin\lambda) \ldots$$

Aus den beobachteten Werten von X, Y, Z lassen sich also die Koeffizienten g und h berechnen und daraus V.

Beschränkt man sich wie gewöhnlich bei der Entwicklung auf die Glieder bis zur vierten Ordnung, so sind zusammen $3 + 5 + 7 + 9 = 24$ Koeffizienten g und h zu bestimmen. Dazu braucht man eine entsprechende Anzahl von Gleichungen. Man wird dazu die Werte von X, Y, Z, die aus den Beobachtungen von H, D, I abgeleitet sind, bei jedesmal konstanter Breite als Funktion der Länge in trigonometrischen Reihen darstellen. Falls mehr Beobachtungen als Koeffizienten vorliegen, muß man diese nach der Methode der kleinsten Quadrate berechnen.

13. Trennung der inneren und äußeren Felder. Sollen die inneren und äußeren Felder getrennt berechnet werden, so muß die Entwicklung für die horizontalen und die vertikalen Komponenten getrennt durchgeführt werden.

Sehr übersichtlich wird die Darstellung in der von AD. SCHMIDT[1]) benutzten Schreibweise, die von der GAUSSschen in der Definition abweichend ist. Es entsprechen sich folgende Größen:

bei GAUSS　　　　$-V_0,\ -X,\ -Y,\ -Z,\ r,\ R_0,\ u = 90° - \varphi,\ \lambda,\ g^{nm}$.

bei AD. SCHMIDT　　$V,\quad S,\quad T,\quad R,\ r,\quad a,\ \sigma,\qquad\qquad \tau,\ g_m^n\ \sqrt{\alpha_m^n}$.

Die Einführung dieser Beziehung bezweckt, daß die Funktionen auch bei höheren Werten von n alle von gleicher Größenordnung werden, was für die numerische Rechnung, besonders bei Ausgleichungen von Beobachtungen, Vorteile bringt.

Die von AD. SCHMIDT benutzten „zugeordneten" Kugelfunktionen P_m^n sind mit den von GAUSS verwendeten LAPLACEschen $P^{n,m}$ durch die folgende Beziehung verbunden: $P_m^n \cos\gamma = 1 \cdot 3 \cdot 5 \ \ldots \ (2n-1)\, \sqrt{\varepsilon_m : (n+m)!\,(n-m)!}\ P^{n,m}\cos\gamma$ mit $\varepsilon_0 = 1$, $\varepsilon_1 = \varepsilon_2 = \cdots = 2$. Zur Umrechnung der Koeffizienten dienen: $g_0^1 = g^{1,0}$; $g_1^1 = g^{1,1}$; $h_1^1 = h^{1,1}$; $g_0^2 = \frac{2}{3} g^{2,0}$; $g_1^2 = \sqrt{\frac{1}{3}}\, g^{2,1}$; $h_1^2 \sqrt{\frac{1}{3}}\, h^{2,1}$; $g_2^2 = 2/\sqrt{3}\, g^{2,2}$; $h_2^2 = 2/\sqrt{3}\, h^{2,2}$ usw.

---

[1]) AD. SCHMIDT, Enzykl. d. math. Wiss. Bd. VI, 1. B., S. 266.

Das Potential V läßt sich danach in der allgemeinen Form schreiben:

$$V = a \sum_{\substack{n \\ 1}}^{\infty} \sum_{\substack{m \\ 0}}^{n} (c_m^n \cos m\,\tau + s_m^n \sin m\,\tau)\, P_m^n (\cos\sigma) \left(\frac{a}{r}\right)^{n+1}$$

$$+ a \sum_{\substack{n \\ 1}}^{\infty} \sum_{\substack{m \\ 0}}^{n} (\gamma_m^n \cos m\,\tau + \varrho_m^n \sin m\,\tau)\, P_m^n (\cos\sigma) \left(\frac{r}{a}\right)^{n},$$

wo der erste Ausdruck das innere, der zweite das äußere Feld repräsentiert. In verkürzter Form

$$V = V_i + V_e = a \sum [c\,;\,s]\left(\frac{a}{r}\right)^{n+1} + a \sum [\gamma\,;\,\varrho]\left(\frac{r}{a}\right)^{n}.$$

An der Erdoberfläche wird $r = a$ und

$$V = a\sum [c + \gamma\,;\ \ s + \varrho] = a \sum [g\,;\,h].$$

Die Feldkomponenten ergeben sich daraus durch Differentiation:

$$R = -\frac{\partial V}{\partial r} = \sum [(n+1)\,c - n\,\gamma\,;\ \ (n+1)\,s - n\,\varrho] = \sum [j\,;\,k]\,;$$

$$S = -\frac{1}{a}\frac{\partial V}{\partial \sigma} = -\sum \frac{\partial}{\partial \sigma}[c + \gamma\,;\ \ s + \varrho] = -\sum \frac{\partial}{\partial \sigma}[g\,;\,h]\,;$$

$$T = -\frac{1}{a\sin\sigma}\frac{\partial V}{\partial \tau} = \sum \frac{m}{\sin\sigma}[-s - \varrho\,;\ \ c + \gamma] = \sum \frac{m}{\sin\sigma}[-h\,;\,g].$$

Das verschiedenartige Verhalten der horizontalen und vertikalen Kraft gegenüber den inneren und äußeren Ursachen ermöglicht eine Trennung derselben. Es müssen dazu die Koeffizienten der inneren Anteile c und s und der äußere Anteil γ und ϱ ausgedrückt werden durch g, h, j, k, die selbst durch die Beobachtung bestimmt werden.

$$c = \frac{n}{2n+1}\,g + \frac{1}{2n+1}\,j\,; \qquad s = \frac{n}{2n+1}\,h + \frac{1}{2n+1}\,k\,;$$

$$\gamma = \frac{n+1}{2n+1}\,g - \frac{1}{2n+1}\,j\,; \qquad \varrho = \frac{n+1}{2n+1}\,h - \frac{1}{2n+1}\,k\,.$$

Die magnetische Flächenbelegung der Erde, die das Feld an der Erdoberfläche hervorbringen könnte, sei für den inneren Anteil μ_i, für den äußeren μ_e. Es ist dann

$$4\pi\mu = R_{+0} - R_{-0}\,; \qquad V_{+0} - V_{-0} = 0\,,$$

$$\mu_i = \frac{1}{4\pi}\sum (2n+1)\,[c\,;\,s]\,; \qquad \mu_e = \frac{1}{4\pi}\sum (2n+1)\,[\gamma\,;\,\varrho]\,.$$

14. Das Gesamtfeld und seine Zerlegung. Die formale Bearbeitung des Beobachtungsmaterials hat nun zu folgenden Ergebnissen geführt:

Die ersten 8 Koeffizienten der Entwicklung des erdmagnetischen Potentials in „zugeordneten" Kugelfunktionen nach den wichtigsten Berechnungen.

	GAUSS (1835)	ADAMS 1880	NEUMAYER-PETERSEN 1885	FRITSCHE 1885	SCHMIDT 1885	DYSON 1922 aus X	aus Y	aus Z 0°–60°	aus Z 0°–80°
g_0^1	-3235	-3168	-3157	-3164	-3168	-3095		-3000	-3046
g_1^1	-311	-243	-248	-241	-222	-196	-232	-222	-232
h_1^1	625	603	603	591	595	598	592	561	566
g_0^2	51	-49	-53	-35	-50	-89	$-$	-61	-30
g_1^2	292	297	288	286	278	302	295	288	302
h_1^2	12	-75	-75	-75	-71	-124	-124	-116	-87
g_2^2	-2	61	66	68	65	148	142	132	132
h_2^2	157	149	145	142	149	99	77	77	79

Die Tabelle[1]) gibt die $3 + 5 = 8$ Koeffizienten der ersten zwei Ordnungen des Potentials nach den wichtigsten bisherigen Berechnungen. Einheit $= 10\,\gamma$. Die Berechnung von DYSON[2]) stützt sich auf das beste und neueste Material, auf die Weltvermessung der Carnegie Institution, soweit diese bereits veröffentlicht ist und in den Karten der britischen Admiralität Verwendung gefunden hat. Die Rechnung ist bei GAUSS bis zu 36, bei FRITSCHE bis zu 63 Gliedern (siebente Ordnung) durchgeführt. Allgemein gilt, daß die Reihe schlecht konvergiert; das folgt schon aus den ersten Gliedern, wenn man von dem Hauptglied g_0^1 absieht. Die Weiterführung der Reihe über die ersten Glieder hinaus ist daher wenig wirksam: die Differenzen zwischen Beobachtung und Rückberechnung der Elemente verringern sich nicht sehr dadurch. Daran hat auch das neuere, weit umfangreichere und zuverlässigere Beobachtungsmaterial wenig geändert. Man kann den höheren Gliedern wohl nur eine formale Bedeutung einräumen.

Die folgende Tabelle gibt die Anteile, die von inneren und äußeren Kräften herrühren, getrennt. Wie weit diese Trennung nur ein formales Rechenergebnis bedeutet, bedingt durch die Unsicherheit und Knappheit des Beobachtungsmaterials, oder ob diese Zerlegung reell ist, und dann zweifellos eine physikalische Bedeutung besitzt, kann nur beurteilt werden aus dem Vergleich der Größe der Anteile mit der Genauigkeit des Materials.

Die Zerlegung ist zuerst von AD. SCHMIDT für die Epoche 1885 ausgeführt worden, sodann von BAUER (auf Grund älterer Berechnungen von ADAMS und FRITSCHE) für 1842 und (auf Grund der Weltvermessung der Carnegie Institution) für 1922[3]). Alle drei Berechnungen benutzten nur das Material zwischen 60° N und 60° S, vernachlässigten also die Polkappen.

Die Werte für 1920 sind von BARTELS berechnet auf Grund der Angaben von DYSON und FURNER und seiner eigenen Entwicklung der Säkularvariation. (Siehe weiter unten.)

Die einzelnen Anteile des inneren und äußeren Feldes für verschiedene Epochen. Index i totales Innenfeld, e totales Außenfeld, p = polarer, q = äquatorialer Anteil. $m_\nu/R_0^3 = \tfrac{4}{3}\pi\mu_\nu$.

Innenfeld (in γ).

Epoche	$m_i:R_0^3$	$m_p:R_0^3$	$m_q:R_0^3$	φ_i	λ_i
1842	32809	32169	6447	78° 40′ N	64° 39′ W
1885	32378	31733	6431	78° 32′ ,,	68° 30′ ,,
1920	31114	30504	6130	78° 38′ ,,	69° 46′ ,,
1922	31089	30468	6182	78° 32′ ,,	69° 08′ ,,

Außenfeld (in γ).

Epoche	$m_e:R_0^3$	$m_p:R_0^3$	$m_q:R_0^3$	φ_e	λ_e
1842	250	202	147	53,9° N	92,6 W
1885	304	186	241	37,6° ,,	180,9° ,,
1920	582	571	112	78,9 ,,	92,2 ,,
1922	539	523	132	75,8 ,,	121,4 ,,

[1]) Die ersten 5 vertikalen Zeilen sind der Tabelle von AD. SCHMIDT entnommen. Encycl. d. math. Wiss. Bd. VI, 1. B., S. 371. 1918. Sie gelten für „zugeordnete" Kugelfunktionen; die Werte von DYSON habe ich auf diese Funktionen umgerechnet und zum Vergleich hinzugefügt.

[2]) FR. DYSON u. H. FURNER, Month. Not. Suppl.-Bd. 1, S. 76. 1923.

[3]) L. A. BAUER, Terr. Mag. Bd. 28, S. 1. 1923.

Für 1922 ist das magnetische Moment der Erde danach $= 8{,}04 \times 10^{25}\,c \cdot g \cdot s$. Bei gleichförmiger Verteilung der Magnetisierung im Erdinnern ist dann die Magnetisierung der Volumeinheit $\mu = 0{,}074\,c \cdot g \cdot s$.

Für 1922 ist die Genauigkeit der Werte der Tabelle auf 10 bis 20 γ zu schätzen. Danach sollte man vermuten, daß das Außenfeld reell sein könnte.

Eine Rechnung von Fr. Dyson und H. Furner[1]), gleichfalls auf Grund der neuesten Daten der Weltvermessung für die gleiche Epoche 1922, macht das Resultat jedoch wieder fraglich. Sie versuchen den Einfluß der Vernachlässigung der Polkappen zu prüfen. Sie berechnen das Gesamtfeld gesondert aus X, Y und Z mit Benutzung der Beobachtungsdaten zwischen $80° \text{N}$ und $80° \text{S}$. Die aus X und Y abgeleiteten Koeffizienten zeigen Unterschiede gegenüber denen aus Z berechneten. Das deutet auf ein Außenfeld. Sie führten dann die Rechnung durch nur aus Daten für Z zwischen $60° \text{N}$ und $60° \text{S}$. Die Unterschiede der Koeffizienten (g_0^1 und g_0^3) aus den beiden Berechnungen mit Z für $80° \text{N}$ bis $80° \text{S}'$ und $60° \text{N}$ bis $60° \text{S}$ waren von derselben Größenordnung wie die obigen Differenzen aus X und Y einerseits und Z andererseits. Danach wären die Unterschiede lediglich Rechenergebnis. L. A. Bauer[2]) hat daraufhin X, Y, Z aus obigen Koeffizienten rückwärts berechnet. Diese Werte zeigen systematische Abweichungen gegenüber den Beobachtungen und zwar von der Art, wie sie zu erwarten sind, wenn tatsächlich ein Außenfeld existiert. Immerhin scheint die Frage nicht endgültig geklärt. Auch das Folgende zeigt dies: Eine Neuberechnung des Innen- und Außenfeldes wurde jüngst bei Gelegenheit der Analyse der Säkularvariation für 1902 bis 1922 von J. Bartels[3]) vorgenommen auf Grund zwar nur weniger (14), aber sehr zuverlässiger und einigermaßen gut verteilter Observatoriumsbeobachtungen.

Bartels berechnete aus den Koeffizienten der Entwicklung rückwärts die Werte der Komponenten und verglich sie mit den beobachteten Werten. Es ergab sich im Mittel der 14 Stationen für X, Y, Z in γ:

	X	Y	Z
Ganzes Feld berechnet aus der Potentialentwicklung	25 600	2000	38 300
Inneres Feld berechnet	25 500	3400	37 700
Äußeres Feld berechnet	1 900	2000	1 400
Differenzen des berechneten gegen das beobachtete Gesamtfeld	2 400	1400	2 200

Das Außenfeld ist somit von derselben Größenordnung wie die Differenz zwischen berechneten und beobachteten Werten, die als Maßstab für die Genauigkeit der Darstellung durch die Entwicklung nach Kugelfunktionen gelten muß. Hiernach wäre das errechnete permanente Außenfeld doch ohne reelle Bedeutung.

15. Das Innenfeld. Die drei Glieder erster Ordnung für das Innenfeld geben gesondert den rotationssymmetrischen und den dazu senkrechten Anteil, also das Moment der Längsmagnetisierung m_p und der Quermagnetisierung m_q.

Die Tabelle auf S. 287 gibt in γ die Werte der Längs- und Quermagnetisierung für drei verschiedene Epochen.

Die Lage der magnetischen Achse zeigt nur die geringe Neigung von $11\frac{1}{2}°$ gegen die Rotationsachse der Erde. Die nördliche Achsenspur des inneren Feldes liegt nach der Berechnung für die Epoche 1922 bei $78\frac{1}{2}° \text{N}$, $69° \text{W}$. Der

---

[1]) Fr. Dyson u. H. Turner, Month. Not. Suppl.-Bd. 1, S. 76. 1923.
[2]) L. A. Bauer, Terr. Mag. Bd. 28, S. 1. 1923.
[3]) J. Bartels, Veröff. d. preuß. Meteor. Instituts. Abh. VIII, 2.

magnetische Nordpol liegt nach den Beobachtungen der Expedition von AMUNDSEN bei 71° N, 96° W. Längs- und Quermagnetisierung verhalten sich wie 5:1; der wesentlichste Teil der Magnetisierung ist also rotationssymmetrisch.

L. A. BAUER[1]) hat diesen rotationssymmetrischen Anteil des Innenfeldes als Funktion der Breite dargestellt. Danach ist die Intensität der Magnetisierung am schwächsten in der Nordpolkappe und in mittleren südlichen Breiten, also in den Meeresböden. Am stärksten dagegen in der Südpolkappe, den Tropen und mittleren nördlichen Breiten, also in den Kontinentalgebieten.

Das führt zu der Anschauung, daß die magnetische Suszeptibilität der Kontinentalblöcke höher ist als die der Meeresböden.

Für die allgemeine Quermagnetisierung, die in der Entwicklung nach Kugelfunktionen in ihrem wesentlichen Anteil schon in dem oben mitgeteilten Hauptglied zum Ausdruck kommt, müssen tieferliegende Ursachen und starke Verschiedenheiten angenommen werden. Immerhin bleibt die einfachste physikalische Anschauung, daß der rotationssymmetrische Hauptanteil der Magnetisierung durch die Rotation selbst verursacht wird; die Quermagnetisierung dagegen durch die Induktion des Hauptanteils in den Gesteinsmantel der Erde, dessen Suszeptibilität dann unsymmetrisch zur Rotationsachse variieren muß.

Legt man bei der Entwicklung nach Kugelfunktionen das Koordinatensystem so, daß die Polarachse nicht mit der Rotationsachse, sondern mit der magnetischen Achse der Erde zusammenfällt, so treten statt der drei Glieder der ersten und der fünf Glieder der zweiten Ordnung nur je ein Glied beider Ordnungen auf. Der Koordinatenanfang ist dann der magnetische Mittelpunkt der Erde. Nach der von AD. SCHMIDT[2]) durchgeführten Rechnung beträgt seine Entfernung vom geometrischen Mittelpunkt der Erde 300 km in Richtung 10° N, 168° E. Eine asymmetrische Form des Eisennickelkerns im Erdinnern in 3000 km Tiefe hat sich aus seismischen Beobachtungen bisher nicht nachweisen lassen. Wohl aber deuten die Schweremessungen an, daß die Erde ein dreiachsiges Ellipsoid ist, dessen große Äquatorachse die Erdoberfläche in der Nähe von 0° und 180° E trifft.

16. Lokale Störungsfelder. Zur Erklärung der lokalen hochgelegenen Störungen, die zuweilen schon in der Landesvermessung, vor allem aber in Lokalvermessungen zutage treten, genügen meist die bekannten Suszeptibilitäten der Gesteine und die Stärke des normalen Erdfeldes als induzierende Kraft. Die Wirkung von Einbettungen abweichender Suszeptibilität (gegenüber der Suszeptibilität der Umgebung) ist für einfache Körperformen leicht zu überschauen. Bei homogener Suszeptibilität der ganzen Einbettung besitzt diese eine homogene Magnetisierung für Körper, die von Flächen zweiten oder niederen Grades begrenzt sind, für Ellipsoide, Kugeln, unendliche Zylinder von kreisförmigem oder elliptischem Querschnitt.

H. HAALCK[3]) hat für einfache Formen der Einbettung die magnetischen Störungskomponenten berechnet unter der Voraussetzung, daß die Magnetisierung der Einbettung durch die Induktionswirkung des normalen erdmagnetischen Feldes entstanden ist.

Die xy-Ebene sei die Horizontalebene an der Erdoberfläche, x die Richtung des magnetischen Meridians, nach Norden positiv, z die Vertikale, nach unten positiv, i die Inklination.

---

[1]) L. A. BAUER, Terr. Mag. Bd. 18, S. 1. 1923.
[2]) AD. SCHMIDT, ZS. f. Geophys. Bd. 2, S. 38. 1926.
[3]) H. HAALCK gibt eine eingehende Darstellung in der ZS. f. Geophys. Bd. 2, S. 1 u. 49, 1926, der auch die beifolgenden Abbildungen entnommen sind.

Die horizontale Störungskomponente $\mathfrak{H}$ und die vertikale $\mathfrak{Z}$ für eine eingebettete Kugel der Permeabilität μ in der Umgebung von der Permeabilität μ_0 unter Einwirkung des Erdfeldes ist dann:

$$\mathfrak{H} = \frac{\mu_0 - \mu}{2\mu_0 + \mu}\, \frac{R^3}{r^5}\,[3\,Z\,x\,z - H\,(2\,x^2 - z^2)]\,,$$

$$\mathfrak{Z} = \frac{\mu_0 - \mu}{2\mu_0 + \mu}\, \frac{R^3}{r^5}\,[3\,H\,x\,z - Z\,(2\,z^2 - x^2)]\,.$$

Für abgeplattete Rotationsellipsoide gelten etwas umständlichere Formeln. Eine Anschauung der Wirkung verschiedener Körperformen gibt Abb. 11. Sie zeigt $\mathfrak{H}$ und $\mathfrak{Z}$ als Funktion des Ortes auf der X-Achse (magnetischer Meridian). Der Pfeil gibt die Richtung i der Magnetisierung an, $63^{1}/_{2}°$; (Mitteleuropa) $45°$, und $14^{1}/_{2}°$.

Die Kurven zeigen, daß das Maximum von $\mathfrak{Z}$ und $\mathfrak{H}$ auf der Erdoberfläche gegenüber der Projektion des Mittelpunktes der störenden Masse nach Süden verschoben ist, und zwar um so mehr, je geringer die Inklination. Für das Minimum von $\mathfrak{H}$ gilt das Umgekehrte.

Die Maximalintensität der Störung nimmt mit der zweiten bis dritten Potenz der Tiefe

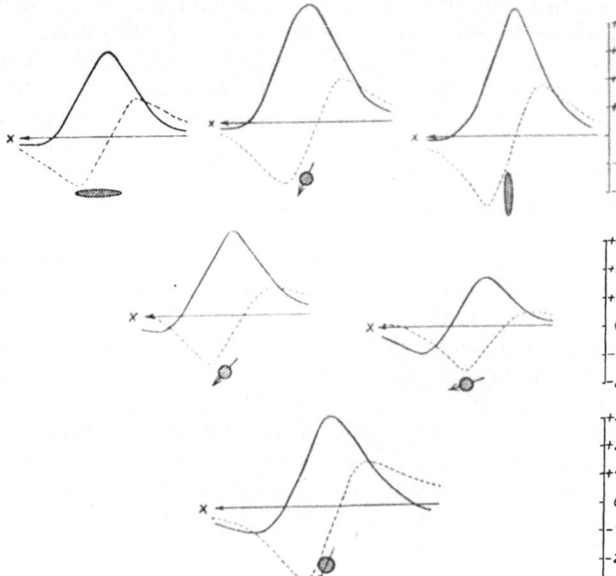

Abb. 11. Lokale magnetische Störungen durch Einbettungen. Die ausgezogene Kurve stellt $\mathfrak{Z}$, die gestrichelte $\mathfrak{H}$ dar.

ab; bei kugelförmiger Einbettung mit der dritten Potenz; bei einer senkrecht einfallenden unbegrenzten Schicht mit der zweiten Potenz. Die stärkste Änderung von $\mathfrak{Z}$ fällt zusammen mit einem Maximum bzw. Minimum von $\mathfrak{H}$ und umgekehrt.

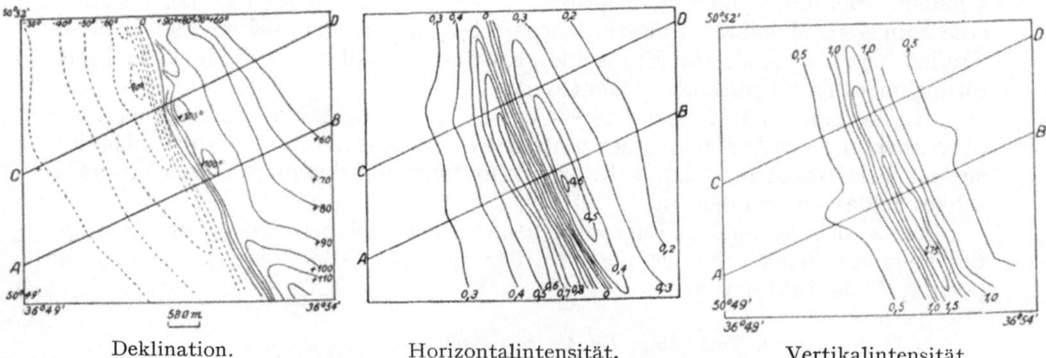

Deklination.   Horizontalintensität.   Vertikalintensität.
Östliche Deklination = gestrichelt.

Abb. 12a. Magnetische Anomalie in Kursk.

Für eine Kugel vom Radius R sind die maximalen Störungsbeträge:

$$\mathfrak{Z}_{max} = -0,84\,\frac{\mu_0 - \mu}{2\mu_0 + \mu}\,\frac{R^3}{z^3}\,,$$

$$\mathfrak{H}_{max} = +0,41\,\mathfrak{Z}_{max}\,; \quad \mathfrak{H}_{min} = -0,57\,\mathfrak{Z}_{max}\,.$$

Abb. 12a zeigt für ein besonders starkes Störungsgebiet aus dem Gouvernement Kursk (Rußland) die isomagnetischen Linien, für D,H,Z (in $c\cdot g\cdot s$); ferner in Abb. 12b die Kurven der horizontalen und vertikalen Störungskomponente in den Querschnitten AB und CD, die in Abb. 12a senkrecht zur Streichrichtung der Störung gelegt sind. Aus den Beobachtungen läßt sich der Einfallswinkel der störenden Schicht in AB und CD zu 65° und 68°, die Tiefe zu 350 m und 270 m berechnen. Die im Herbst 1923 dort niedergebrachten Bohrungen ergaben in 160 m Tiefe unter 70° einfallend, Schichten von magnetithaltigen Quarziten, die bis 300 m herabreichten, und deren Magnetitgehalt mit der Tiefe zunimmt[1]).

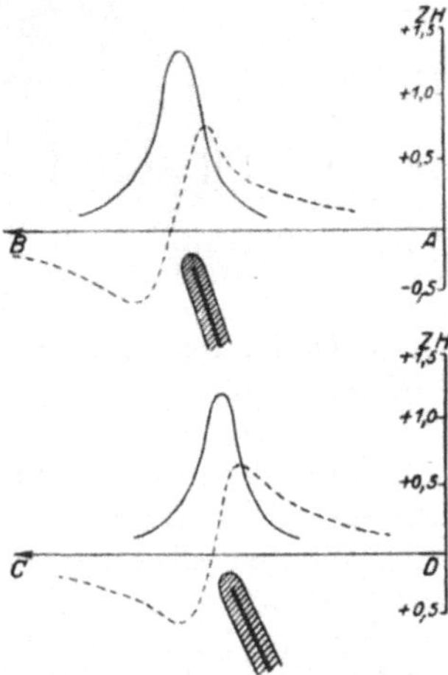

Abb. 12b. Störungskomponenten in Kursk. Vertikalintensität ausgezogen; Horizontalintensität gestrichelt.

Die für das Auffinden des Erdöls wichtigen unterirdischen Salzhorste weisen eine geringere Permeabilität auf als die umgebenden schwach magnetithaltigen Sedimentgesteine. Sie sind daher durch magnetische Vermessung lokalisierbar. Die Störungsbeträge an der Erdoberfläche sind jedoch gering; sie betragen einige Zehner von γ.

17. Beziehung zwischen der Schwerestörung und der magnetischen Störung, die durch eine Massenstörung hervorgerufen wird. Besitzt eine Masse (z. B. eine Einbettung, Erzlager) eine homogene Dichte und Magnetisierung, so besteht zwischen den beiden erzeugten Feldern, dem Gravitationsfeld und dem magnetischen Feld dieser Masse eine mathematische Beziehung, die schon von Eötvös formuliert und von Steiner[2]) für eine einfache (prismatische) Form der Masse rechnerisch durchgeführt wurde.

Es kann nämlich nach einem Satz von Poisson das magnetische Potential V^* proportional gesetzt werden dem Gradienten des Gravitationspotentials W in der Richtung i der Magnetisierung

$$V^* = -\frac{J}{k\,\sigma}\,\frac{\partial W}{\partial i}\,,$$

worin k die Gravitationskonstante und σ die Dichte bedeutet. Diese Gleichung ist auch der geeignete Ausgangspunkt für die Berechnung der Störungswirkung einfacher Einbettungsformen.

Die Beziehung zwischen dem Schwerestörungsfeld und dem magnetischen ergibt sich folgendermaßen: Die magnetische Kraftkomponente in der Richtung s ist

$$-\frac{\partial V^*}{\partial s} = \frac{J}{k\,\sigma}\,\frac{\partial}{\partial s}\left(\frac{\partial W}{\partial i}\right) = \frac{J}{k\,\sigma}\,\frac{\partial}{\partial s}\left(\frac{\partial W}{\partial x}\frac{dx}{di} + \frac{\partial W}{\partial y}\frac{dy}{di} + \frac{\partial W}{\partial z}\frac{dz}{di}\right).$$

Die Komponenten der Magnetisierung in Richtung x, y, z sind bestimmt durch:

$$A = J\frac{dx}{di}\,; \quad B = J\frac{dy}{di}\,; \quad C = J\frac{dz}{di}\,.$$

<hr>

[1]) Siehe P. Lasareff Gerlands Beiträge, XV, S. 71. 1926.
[2]) L. Steiner, Terr. Magn. XXVI, S 81. 1921.

Die magnetischen Störungskomponenten $\mathfrak{X}$, $\mathfrak{Y}$, $\mathfrak{Z}$ sind dann

$$\mathfrak{X} = -\frac{\partial V^*}{\partial x} = \frac{1}{k\sigma}\left(A\frac{\partial^2 W}{\partial x^2} + B\frac{\partial^2 W}{\partial x\,\partial y} + C\frac{\partial^2 W}{\partial x\,\partial z}\right),$$

$$\mathfrak{Y} = -\frac{\partial V^*}{\partial y} = \frac{1}{k\sigma}\left(A\frac{\partial^2 W}{\partial x\,\partial y} + B\frac{\partial^2 W}{\partial y^2} + C\frac{\partial^2 W}{\partial y\,\partial z}\right).$$

$$\mathfrak{Z} = -\frac{\partial V^*}{\partial z} = \frac{1}{k\sigma}\left(A\frac{\partial^2 W}{\partial x\,\partial z} + B\frac{\partial^2 W}{\partial y\,\partial z} + C\frac{\partial^2 W}{\partial z^2}\right).$$

Unter Berücksichtigung der LAPLACEschen Bedingung $\Delta W = 0$ folgt hieraus

$$k\sigma(B\mathfrak{X} - A\mathfrak{Y}) = AB\left(\frac{\partial^2 W}{\partial x^2} - \frac{\partial^2 W}{\partial y^2}\right) + (B^2 - A^2)\frac{\partial^2 W}{\partial x\,\partial y} + BC\frac{\partial^2 W}{\partial x\,\partial z} - AC\frac{\partial^2 W}{\partial y\,\partial z}$$

$$k\sigma(2C\mathfrak{X} + A\mathfrak{Z}) = AC\left(\frac{\partial^2 W}{\partial x^2} - \frac{\partial^2 W}{\partial y^2}\right) + 2BC\frac{\partial^2 W}{\partial x\,\partial y} + (2C^2 + A^2)\frac{\partial^2 W}{\partial x\,\partial z} + AB\frac{\partial^2 W}{\partial y\,\partial z}$$

$$k\sigma(2C\mathfrak{Y} + B\mathfrak{Z}) = -BC\left(\frac{\partial^2 W}{\partial x^2} - \frac{\partial^2 W}{\partial y^2}\right) + 2CA\frac{\partial^2 W}{\partial x\,\partial y} + AB\frac{\partial^2 W}{\partial x\,\partial z} + (2C^2 + B^2)\frac{\partial^2 W}{\partial y\,\partial z}.$$

Diese Gleichung enthalten die magnetischen Komponenten $\mathfrak{X}$, $\mathfrak{Y}$, $\mathfrak{Z}$ und die Differenz der horizontalen Gradienten und die Krümmungsgrößen der Gravitationswirkung. Die letzteren beiden sind mit der Drehwage meßbar.

Außerdem sind noch die Dichte und die Magnetisierung der Masse in den Gleichungen enthalten. Kann man über die Dichte eine plausible Annahme machen, oder ist sie sonstwie bekannt, so ergibt die Rechnung auf Grund der magnetischen und Drehwagemessungen die Magnetisierung der Masse.

Rührt diese aus Induktionswirkungen des normalen erdmagnetischen Feldes her, so ist, wenn $\varkappa$ die Suszeptibilität bezeichnet,

$$A = \varkappa X; \qquad B = \varkappa Y; \qquad C = \varkappa Z.$$

Unter dieser Voraussetzung ergeben sich aus der Kombination von magnetischen und Drehwagemessungen die Dichte und die Suszeptibilität unabhängig von der Form für jede homogene Masse.

18. Das Außenfeld. Nimmt man das Außenfeld als reell an, so läßt es sich ebenso wie das Innenfeld in einen polaren m_p und äquatorialen m_q Anteil zerlegen, die sich nach der Berechnung für die Epoche 1922 in der Tabelle auf S. 287 wie 4:1 verhalten. Der Nordpol des äußeren und inneren Feldes liegt dann nahezu in der gleichen geographischen Breite. Der Nordpol des Außenfeldes ist gegen den des Innenfeldes nach Westen verschoben. Wird der rotationssymmetrische (polare) Anteil des Außenfeldes als Funktion der geographischen Breite entwickelt, so zeigt sich, daß er zwischen 60° N und 50° S überall die horizontale Komponente des Innenfeldes verstärkt und die vertikale schwächt. Wäre nur das Außenfeld vorhanden, so würde die Kompaßnadel überall nach Norden zeigen, ebenso wie unter Einwirkung des Innenfeldes. Die Inklinationsnadel würde jedoch auf der Nordhalbkugel nach oben, auf der Südhalbkugel nach unten zeigen, also umgekehrt wie unter Einwirkung des Innenfeldes. Die genaueren Daten über die Größe des gesamten Außenfeldes, des polaren und äquatorialen Anteils, sowie die Lage seines Poles sind in der Tabelle auf S. 287 für verschiedene Epochen zusammengestellt. Eine eingehende Diskussion über das Außenfeld hat AD. SCHMIDT gegeben[1].

19. Das potentiallose Anteil des Magnetfeldes der Erde. Es ist mehrfach versucht worden, die erdmagnetische Feldstärke längs eines geschlossenen Linienzuges zu integrieren, um festzustellen, ob der Wert dieses Integrals Null

---

[1] AD. SCHMIDT, ZS. f. Geophys. Bd. 1, S. 1. 1924—1925.

wird, wie es erwartet werden muß, wenn die Kräfte, die das Feld veranlassen, ein Potential besitzen. Besitzt das Integral einen endlichen Wert, so gilt $\oint F ds = 4\pi i$, wo i die Stromdichte der elektrischen Ströme ist, die die umschlossene Fläche senkrecht durchsetzen. Es sind solche Integrationen über Breitenkreise ausgeführt worden, auch über geschlossene Linienzüge innerhalb der Landesvermessungen. Die Vermessungsschiffe der Carnegie Institution haben insbesondere zur Prüfung dieser Frage einen Teil ihrer Vermessungsreisen als Schleifenfahrten ausgeführt.

AD. SCHMIDT hat, unter Benutzung der NEUMAYRschen erdmagnetischen Karten die Verteilung der Stromdichte i über der Erde in einer Entwicklung nach Kugelfunktionen dargestellt und auch eine kartenmäßige Darstellung gegeben[1]. Auf Grund der Weltvermessung der Carnegie Institution hat BAUER für einzelne Schleifenfahrten und für verschiedene Zonen der Erde die Werte von i bestimmt[2].

Dichte des elektrischen Vertikalstromes senkrecht zur Erdoberfläche (Integral der erdmagnetischen Kraft längs einer geschlossenen Kurve).

Bahn	umschlossene Fläche	Vertikalstrom in Amp./cm²
Neu York—Spitzbergen—Neu York	$4,4 \cdot 10^6\,\mathrm{km}^2$	$-5\cdot10^{-12}$
Neu York—England—Neu York	13,1	-4
Indic bis zum Äquator	11,2	0
Pazifik in niederen Breiten	13,5	$+0,9$
Erdumseglung zwischen 40° S und 60° S	50,2	$+1,7$
Landesvermessung Frankreich	0,4	$+0,4$
„　　　　　U. S. A.	75°—115° W und 30°—50° N	$-3,3$
Weltvermessung	90°—50° N	$+2,1$
„	50°—30° N	$+1,9$
„	30°—10° N	$-3,0$
„	10° N—10°S	$-1,2$
„	10°—30° S	$+1,8$
„	30°—50° S	$-1,6$
„	50°—90° S	$+1,8$

Stromrichtung aufwärts ist positiv gezählt.

Die Tabelle gibt eine Zusammenstellung der Werte für die Dichte des Vertikalstromes in Amp./cm² für die einzelnen Zonen der Erde.

Die Stromdichte beträgt hiernach 10^{-11} bis 10^{-12} Amp./cm². Die positive Stromrichtung ist in polnahen Zonen aufwärts, in niederen Breiten abwärts gerichtet.

Eine Berechnung des Vertikalstroms für Flächen, die von zwei Parallelkreisen und von zwei Meridianen in 10° Abstand eingeschlossen sind, ergab als vorläufiges Ergebnis, daß er im Mittel über Ozeanen und Tiefdruckgebieten vorzugsweise aufwärts, über Kontinenten und Hochdruckgebieten abwärts fließt.

Eine eingehende Prüfung der Fehlermöglichkeiten der Vermessung ist notwendig, um zu entscheiden, ob die Ergebnisse der Tabelle tatsächlich reell sind. Diese ist außerordentlich schwierig. Man muß jedoch schon unwahrscheinliche Annahmen über große systematische Fehler machen, wenn man den Integralwert $\oint F ds$ als Schlußfehler der Vermessung ansehen und aus seinem Betrag nur die Genauigkeit der Vermessung beurteilen will.

---

[1] AD. SCHMIDT, ZS. f. Geophys. Bd. 1, S. 281. 1925.
[2] L. A. BAUER, Terr. Magn. Bd. XXVI, S. 33. 1921; Bd. XXVII, S. 31. 1922.

An Deklinationskarten der Erde kann eine zeichnerische Prüfung der Frage nach einem potentiallosen Anteil vorgenommen werden. Jede überall zur Kraftrichtung senkrecht verlaufende Linie muß in sich geschlossen sein. Dies ist von W. J. Peters[1]) an den neuen Karten der britischen Admiralität nachgeprüft worden. Linien, die stets senkrecht zur Deklinationsrichtung um die Erde herumgeführt wurden, schlossen sich nicht. Anfang und Endpunkt einer solchen Linie auf dem gleichen geographischen Meridian lagen in verschiedenen Breiten. Dieser Abstand variierte systematisch mit der Breite.

20. Die Säkularvariation des permanenten Feldes. Schon Gauss weist darauf hin, daß die Entwicklung des Potentials nach Kugelfunktionen auch zur Untersuchung der zeitlichen Variationen geeignet sei. Gleichzeitig und unabhängig voneinander haben A. Schuster und V. Carlheim-Gyllensköld eine solche Entwicklung versucht. Letzterer für 23 Epochen zwischen 1538 und 1885 in der Form:

$$V = a \sum_{1}^{\infty} n \sum_{0}^{n} m\, \alpha_m^n \cos m\,(\tau + \beta_m^n)\, P_m^n \cos\sigma.$$

Die Koeffizienten α_m^n sind bei dieser Entwicklung konstant, die Winkel β_m^n mit der Zeit linear veränderlich. Die Säkularvariation des Innenfeldes entsteht hiernach durch die gleichförmige Umdrehung der Partialfelder von Ost nach West. Die verschiedenen Felder drehen sich verschieden schnell. Der volle Umlauf erfolgt für α_1^1 in 3147 für α_1^2 in 1381 und für α_2^2 in 454 Jahren. Die Stärke dieser Partialfelder α_m^n bleibt dabei ungeändert. Bartels[2]) hat auf Grund der obenerwähnten Beobachtungen der Säkularvariation an 14 Observatorien die entsprechenden Zahlen berechnet und findet -12000; $+1000$ und $+750$ Jahre, wobei das $-$ Zeichen eine Drehung von West nach Ost, das $+$ Zeichen eine Drehung von Ost nach West bedeutet. Die Umdrehung ist also hier nach Richtung und Geschwindigkeit sehr abweichend von der Theorie von Carlheim-Gyllensköld; diese ist also durchaus nicht bestätigt. Bartels berechnet ferner auf Grund der Potentialentwicklung rückwärts die Säkularvariationen für die 14 benutzten Stationen und vergleicht sie mit den beobachteten. Hierzu benutzte er die acht Glieder der I. und II. Ordnung. Die Übereinstimmung ist sehr schlecht. Die Differenzen Beobachtung—Berechnung erreichen fast die Hälfte des Betrages der Säkularvariation. Die Reihen der Säkularvariationen konvergieren noch weit schlechter als beim Innenfeld. Das bedeutungsvolle Überwiegen des ersten Gliedes, das bei der Entwicklung des Potentials des permanenten Innenfeldes hervortritt, fehlt hier. Die Kugelfunktionen sind offenbar wenig geeignet zur Darstellung der Säkularvariation. Diese ist kein System, daß die Erde als Ganzes gleichmäßig umfaßt. Wohl aber deuten schon die Beobachtungen und Entwicklungen, die für sechs dreijährige Epochen zwischen 1902 und 1920 durchgeführt wurden, daraufhin, daß die Inhomogenitäten von großem Ausmaß sich zeitlich konstant erhalten.

Die Tabelle auf S. 287 ermöglicht einen Überblick über die Säkularvariation der homogenen Magnetisierung der Erde, also der durch die Glieder I. Ordnung ausgedrückten Längs- und Quermagnetisierung und zwar sowohl für das Innen-, wie auch für das Außenfeld.

Die bestgesicherten Werte der Säkularvariation sind die auf Grund der Stationsbeobachtungen von J. Bartels berechneten. Sodann die, die aus dem Vergleich der Entwicklung von Ad. Schmidt 1885 und L. A. Bauer 1922 folgen.

---

[1]) L. A. Bauer, Terr. Magn. Bd. 28, S. 83. 1923.
[2]) J. Bartels, Veröff. d. Preuß. Meteor. Inst., Abh. VIII, 2.

Die nebenstehende Tabelle gibt die Säkularvariation pro Jahr in γ. Beide Zeitabschnitte zeigen eine Abnahme der inneren Längsmagnetisierung, jedoch von sehr verschiedenem mittleren Betrage pro Jahr.

	1885 – 1922		1902 – 1920	
	Innenfeld	Außenfeld	Innenfeld	Außenfeld
$m : R_0^3$	$- 34{,}8$	$+ 6{,}4$	$- 12{,}4$	$-21{,}6$
$m_p : R_0^3$	$- 34{,}2$	$+ 9{,}1$	$- 18{,}0$	$-24{,}1$
$m_q : R_0^3$	$- 6{,}7$	$-3{,}0$	$+ 26{,}0$	$+ 9{,}8$
φ	$0'{,}0$	$1° \cdot 0$ N	$3'{,}2$ S	$1° 5$ S
λ	$1'{,}0$ W.	$1°{,}6$ E	$19'{,}0$ E	$14°{,}6$ W

Die Polwanderung erfolgt in beiden Zeitabschnitten in entgegengesetzter Richtung. Die Tabelle gibt ihren jährlichen Betrag.

c) Die physikalische Natur des permanenten Feldes und seiner säkularen Variation.

21. Das Innenfeld. Die geringe Neigung von nur $11^1/_2°$ der magnetischen Achse gegen die Rotationsachse der Erde führt zu der Anschauung, daß der Hauptteil des Innenfeldes, nämlich die rotationssymmetrische Längsmagnetisierung, durch die Rotation der Erde veranlaßt sein muß.

Die geophysikalischen Beobachtungen führen zu bestimmten Vorstellungen über die Konstitution des Erdinneren. Dabei treten freilich gewisse Widersprüche auf mit den Anschauungen, die über das Verhalten der Materie auf Grund von Laboratoriumserfahrungen bestehen.

Die geothermische Tiefenstufe führt — falls man sie extrapolieren darf, was freilich sehr fraglich ist — schon in Tiefen von 40 km zu Temperaturen, die die Schmelzpunkte der Gesteine überschreiten. Die tätigen Vulkane scheinen dies zu bestätigen. Die seismischen Beobachtungen erlauben die Berechnung der Geschwindigkeit elastischer Wellen in verschiedenen Tiefen der Erde. Bei etwa 50 km Tiefe findet eine sprunghafte Zunahme der Geschwindigkeit statt. Für longitudinale Wellen von 5 auf 8 km/sec. Von dort bis rund 1500 km wächst die Geschwindigkeit weiter an von 8 auf 12 km/sec. Zwischen 1500 und 3000 km bleibt sie nahezu konstant. In 3000 km Tiefe tritt wieder eine plötzliche starke Abnahme auf. Man kann danach unterscheiden: eine oberste feste Kruste von 40 km Dicke; einen Mantel bis zu 1500 km Tiefe; eine Zwischenschicht von 1500 bis 3000 km Tiefe; darunter einen Erdkern.

Auch Transversalwellen tauchen bis zum Erdkern (3000 km) in die Erde ein; es scheint jedoch, daß sie nicht in diesen einzudringen vermögen. Aus der Geschwindigkeit der Transversalwellen folgt, daß die Erde bis zu 3000 km Tiefe einen Widerstand gegen Formänderungen zeigt, der den des Stahles überschreitet, trotzdem die Temperatur dort wohl sicher höher ist als der Schmelzpunkt des Materials, aus dem die Erde besteht. Hier macht sich offenbar die Wirkung der überlagernden Drucke (am Erdkern von 10^6 Atmosphären) geltend. Auch die Gezeitendeformationen des festen Erdkörpers deuten auf eine so große Riegheit. Bei Annahme einer zweiteiligen Erde läßt sich aus dem Betrag der Abplattung des Erdkörpers an der Erdoberfläche und der gemessenen mittleren Dichte der Erde ein Wert für die Dichte des Erdkerns bestimmen, wenn man über die Dichte des Mantels Voraussetzungen macht. Die Tiefengesteine geben einen Anhalt für die Dichte des Mantels, die seismischen Beobachtungen für die Dicke des Mantels und den Durchmesser des Kerns. Aus diesen Daten und aus weiteren Überlegungen, die sich auf die Verteilung der chemischen Elemente im Erdinnern beziehen, kommt man zu der sehr wahrscheinlichen Vorstellung, daß ein Eisennickelkern von 3400 km Radius umschlossen ist von einer Eisensulfidschicht, über die sich der Gesteinsmantel aus Eisensilikaten lagert.

Die magnetischen Beobachtungen zeigen, daß die Magnetisierung der Erde, zum mindesten der Hauptanteil bis zu großen Tiefen herabreichen muß. Falls ein besonders stark magnetisierter Kern im Erdinnern vorhanden ist, so geben die obigen Daten einen ersten Anhalt für seine Dimension.

Ist der Magnetismus der Erde ein remanenter, so scheint es schwer verständlich, wie dieser bei der hohen Temperatur des Erdinnern bestehen kann. Auch wenn dies möglich ist, so wäre doch noch zu erklären, woher die anfängliche Magnetisierung stammt. Ist der Erdmagnetismus ein induzierter, so ist das induzierende System anzugeben. Dazu fehlt bisher jede Möglichkeit. Den permanenten Magnetismus der Erde auf die Wirkung ost-westlicher elektrischer Ströme im Erdinnern zurückzuführen, ist wohl kaum angängig. Ihr Betrag müßte für den linearen Querschnitt von 1 cm die Dichte $0,8 \sin\varphi$ Amp. oder für den Meridianquadranten im Mittel 0,5 Amp. pro cm betragen. Für die Existenz so starker Ströme im Erdinnern ist nicht der geringste Anhalt vorhanden.

Wir müssen nach einer anderen Ursache suchen. Die Orientierung der magnetischen Achse, nahezu parallel der Rotationsachse mit dem Südmagnetismus auf der Nordhalbkugel der Erde, muß den Ausgangspunkt für eine physikalische Deutung des Erdmagnetismus geben; um so mehr weil auch die magnetische Achse der Sonne und ihr Südmagnetismus dieselbe Orientierung, bezogen auf ihre Rotationsachse, zeigen. Von den vielen Erklärungsversuchen[1]) haben vor anderen zwei Bedeutung gewonnen: die gyroskopische Wirkung der Rotation auf die Atome ferromagnetischer Körper und die Wirkung rotierender elektrischer Raum- und Oberflächenladung. Beide Theorien vermögen die Orientierung der magnetischen Achse von Sonne und Erde nach Neigung und Richtungssinn, bezogen auf die Rotationsachse und den Drehungssinn der beiden Himmelskörper, zu erklären. Die zweite Hypothese vermag außerdem noch einen für beide Himmelskörper geltenden Zusammenhang nachzuweisen zwischen der Masse und Rotationsgeschwindigkeit einerseits und der Stärke des erzeugten magnetischen Momentes andererseits[2]). Sie verdient daher den Vorzug vor der ersteren.

22. Der Magnetismus der Sonne. Hale und seine Mitarbeiter konnten auf dem Mt. Wilson durch Beobachtung des Zeemanneffektes starke Magnetfelder bis zu 4000 Γ in den Sonnenflecken nachweisen; außerdem aber auch eine allgemeine Magnetisierung der Sonne. Beim Nachweis der letzteren bedurfte es vieler systematischer Aufnahmen (mehrere Tausend) und Messungen; denn trotz der hohen Dispersion der benutzten Michelsonschen Gitter (622 Linien pro mm; im Spektrum dritter Ordnung 4,9 mm für 1 Å bei $\lambda = 5000$ Å) lag der beobachtete Effekt an der Fehlergrenze.

Die Sonne besitzt nach diesen Messungen ein allgemeines Magnetfeld, das dem einer homogen magnetisierten Kugel in erster Annäherung vergleichbar ist; vielleicht ist diesem noch ein weiteres, ein äußeres Feld überlagert, wie es ja wohl auch bei der Erde vermutet wird. Der Richtungssinn der Magnetisierung der Sonne bezogen auf die Rotationsrichtung ist derselbe wie bei der Erde; nämlich wie bei Magnetisierung durch einen elektrischen Strom, der entlang den Breiten und entgegengesetzt der Rotation fließt. Der Zeemanneffekt wurde an 11 Linien von Fe, 8 von Cr, 4 von Ni, 5 von V, 1 von Ti gemessen. Die Werte der Feldintensität am

---

[1]) Siehe hierzu neben älteren Arbeiten von L. A. Bauer, W. F. G. Swann, A. Schuster, S. J. Barnet, W. F. G. Swann, Unsolved problems of cosmical Physics. Journ. Frankl. Inst. 1923, S. 433; S. J. Barnet, Year Book Carnegie Inst. S. 284. Washington 1922; A. Nippoldt, Terr Magn. Bd. 26, S. 99. 1921.

[2]) G. Angenheister, Das Magnetfeld der Erde und der Sonne. Nachr. d. Ges. d. Wiss. S. 229. Göttingen 1924.

Magnetpol ergeben sich für die verschiedenen Linien verschieden hoch zwischen 10 und 55 Γ. Die verschiedenen Linien gehören nach Untersuchungen am Flashspektrum zu verschiedenen Niveaus der umkehrenden Schicht. HALE glaubt daraus eine starke Abnahme des Feldes nach außen hin ableiten zu können. Von 55 Γ für 250 km bis 10 Γ für 400 km. Doch läßt sich die Verteilung der Werte nach einer graphischen Darstellung als Funktion der Höhe, auch wohl als Streuung um einen Mittelwert ansehen. Jedenfalls würde eine solche Abnahme nicht mit der allgemeinen Form des Feldes übereinstimmen, die dem einer homogen magnetisierten Kugel entspricht. Bei einem Wert von $H_p = 55\,\Gamma$ ist die Magnetisierung der Volumeinheit der Sonne gleich $6,6\,\Gamma$, also 83 mal größer als die der Erde.

Die magnetische Achse der Sonne fällt ebenso wie bei der Erde nahe zusammen mit der Rotationsachse. Sie ist nur 6° gegen diese geneigt. Die magnetische Achse umkreist infolge der Rotation der Sonne die Rotationsachse nach der Beobachtung in 31,5 Tagen. Die Sonne besitzt keine einheitliche Rotationszeit. Diese nimmt im selben Niveau mit der Breite zu. Außerdem haben tiefere Niveaus eine längere Rotationszeit. Für die umkehrende Schicht beträgt sie am Äquator $26\frac{1}{2}$, in 45° Breite $30\frac{1}{2}$ Tag. Es ist wohl anzunehmen, daß in tieferen, festeren Niveaus als der umkehrenden Schicht die Rotationszeit in allen Breiten konstant ist. Dafür sprechen bestimmte magnetische Beobachtungen (s. weiter unten) an großen magnetischen Störungen auf der Erde. Diese treten gleichzeitig mit starker Fleckenentwicklung in niederen Sonnenbreiten auf. Die großen magnetischen Störungen wiederholen sich nach Zeiträumen, die ganze Vielfache von sehr nahe 30 Tagen sind. Sie scheinen danach an Aktionszentren auf der Sonne geknüpft zu sein, die in einem festeren Niveau liegen, das in 30 Tagen rotiert, und in dem sie an feste Lagen gebunden sind. Dieses Niveau scheint auch der Träger des allgemeinen Magnetfeldes der Sonne zu sein. Der Magnetpol des allgemeinen Magnetfeldes der Sonne würde dann in diesem Niveau — abgesehen von säkularen Variationen — seine Lage unverändert bewahren, und mit der Geschwindigkeit dieses Niveaus in etwa 30 Tagen rotieren, in dieser Zeit also den Rotationspol einmal umlaufen.

23. Die magneto-mechanische Wirkung der Rotation. Die Versuche von EINSTEIN und DE HAAS einerseits und von BARNET[1]) andererseits haben für ferromagnetische Körper eine Beziehung nachgewiesen zwischen dem magnetischen Moment $M = \frac{1}{2}er^2\omega$ und dem mechanischen Impulsmoment $I = m\,r^2\omega$ eines Elektrons, das den Atomkern umkreist. Befindet sich das Atom in einem rotierenden Körper von der Winkelgeschwindigkeit ω', so erfährt das Atom, das gleichzeitig einen Kreisel und einen Elementarmagneten darstellt, ein Drehmoment $\mathfrak{d} = -2\frac{m}{e}M\omega'$. Dies Drehmoment strebt die Achse des Atoms parallel zur Drehachse des Körpers zu stellen. Dies führt zu einer Magnetisierung des Körpers, die bis zur Sättigung fortschreiten müßte, wenn nicht die Zusammenstöße der Wärmebewegung und das entmagnetisierende Feld dies verhindern würden. Für rotierende Stäbe fand BARNET bei einer Umdrehung pro Sekunde eine Magnetisierung der Volumeinheit $J = 1,5 \cdot 10^{-6}\,\Gamma$. Sieht man davon ab, daß dieser Effekt für Kugeln etwas geringer sein muß, so würde man unter sonst gleichen Verhältnissen für eine Eisenkugel von der Winkelgeschwindigkeit der Erde erhalten $J = 1,7 \cdot 10^{-11}\,\Gamma$. Der Richtungssinn der Magnetisierung bezogen auf die Rotationsrichtung der Kugel stimmt dabei überein mit dem des Erdmagnetismus. Der Wert der Magnetisierung der Volumeneinheit ist aber

---

[1]) Phys. Rev. Bd. 6, S. 239. 1915.

mehr als 10^{10} mal kleiner als der beobachtete des Erdmagnetismus. Es würden also ganz ungewöhnliche Annahmen über das physikalische Verhalten des Erdinnern nötig sein, falls man den Magnetismus der Erde hierdurch erklären wollte. Die Elementarmagnete im Erd- und Sonneninnern sind sicherlich nicht frei beweglich. Nimmt man an, daß die Widerstände, die sie im Erd- und Sonneninnern finden, von gleicher Größe sind, so müßte sich die Magnetisierung der Erde und Sonne proportional ihrer Winkelgeschwindigkeit ergeben, also $\dfrac{J_s}{J_E} = \dfrac{1}{31,5}$

Die Beobachtung ergibt für die rotationssymmetrischen Anteile $\dfrac{J_s}{J_E} = 90$, also einen 2800 mal größeren Wert. Eine Magnetisierung durch die Rotation, die allein von der Geschwindigkeit abhängt, genügt offenbar nicht.

24. Die magnetische Wirkung rotierender Ladungen. Man kann das Magnetfeld der Erde erklären durch die Bewegung einer positiven Raumladung oder einer negativen Oberflächenladung der Erde infolge der Erdrotation. Ist nur eine von beiden vorhanden, eine Raumladung oder eine Oberflächenladung, und zwar von der Größe, wie sie das Magnetfeld der Erde erfordert, so entsteht ein elektrostatisches Außenfeld an der Erdoberfläche, das 10^9 mal größer ist als das beobachtete. Man muß daher annehmen, daß sowohl eine positive Raumladung wie auch eine negative Oberflächenladung besteht, deren elektrostatische Felder sich nach außen kompensieren, während sie zusammen ein Magnetfeld von der beobachteten Form, Richtung und Intensität ergeben, Die physikalischen Bedenken, die sich hier erheben, sollen nicht verkannt werden. Eine freie Raumladung kann nicht im Innern einer elektrisch leitenden Erde bestehen. Man darf sich die Ladungen entgegengesetzten Vorzeichens nicht frei beweglich vorstellen, sonst müßten sie sich vereinigen.

Das magnetische Potential V einer rotierenden Kugel von der Oberflächenladung σ und der Raumladung ϱ auf einen äußeren Punkt setzt sich additiv zusammen aus

$$V_\sigma = -\frac{4\pi R^4 \sigma \omega \sin\varphi}{3 r^2},$$

und

$$V_\varrho = \int_0^R V_\sigma \, dR = \frac{4\pi R^5 \varrho \omega \sin\varphi}{15 r^2}.$$

Das Potential an der Oberfläche ist dann

$$V = V_\varrho + V_\sigma = \omega \sin\varphi \left(\frac{Q}{5} - \frac{S}{3}\right) = -\frac{2}{15} Q \omega \sin\varphi.$$

Q und S bedeuten hierin die gesamte Raum- und Oberflächenladungen. Da andererseits

$$V = \frac{M}{R^2} \sin\varphi = \frac{4}{3} \pi R J \sin\varphi,$$

wo M das magnetische Moment bedeutet, so folgt

$$\varrho = \frac{15}{2} \frac{J}{\omega R^2}.$$

Für die Erde und Sonne ergibt sich

$$\varrho_E = 18 \cdot 10^{-15}; \qquad \varrho_S = 4 \cdot 10^{-15} \text{ EME}.$$

Das Verhältnis $\varrho_S/\varrho_E = 0{,}235$ ist nahe gleich dem Verhältnis der Dichten von Sonne und Erde, das nach den Beobachtungen gleich 0,25 ist. Dies bedeutet, daß die totalen Raumladungen Q von Sonne und Erde sich verhalten wie ihre Massen m:

$$\frac{Q_S}{Q_E} = 2{,}9 \cdot 10^5; \qquad \frac{m_S}{m_E} = 3{,}3 \cdot 10^5;$$

Das Verhältnis $\frac{\text{Masse}}{\text{Ladung}}$ ist dasselbe für Sonne und Erde. Bei gleicher Raumladung der Masseneinheit gilt dann

$$\frac{M_S}{M_E} = \frac{I_S}{I_E},$$

wo I die Drehimpulse bedeuten, d. h. die magnetischen Momente von Sonne und Erde verhalten sich wie ihre mechanischen Drehimpulse[1]).

Entsteht das Magnetfeld der Erde und Sonne auf diese Weise, so ist hierbei zu bedenken, wie weit das durch Rotation entstehende Feld für einen ruhenden und für einen mitgeführten Beobachter modifiziert wird.

Es hat nach dem obigen den Anschein, daß die neutrale Materie sich bei der Rotation wie eine Ladung verhält, die pro Masseneinheit nahezu konstant ist und offenbar wenig vom physikalischen Zustand der Materie abhängt. Sie entsteht nicht erst durch die trennende Wirkung der Zentrifugalkraft, sonst müßte sie proportional ω^2 sein. In Laboratoriumsversuchen liegen die durch Rotation erzeugbaren Felder an der Grenze der Meßgenauigkeit. Bei anderen Himmelskörpern sind große Felder zu erwarten (z. B. auf dem Jupiter von der Größe des Sonnenfeldes); doch ist der Nachweis dort schwierig.

25. Die Neigung der magnetischen Achse gegen die Rotationsachse. Eine quantitativ prüfbare Erklärung hat man hierfür noch nicht gefunden. Auf zwei qualitativ mögliche Ursachen soll hingewiesen werden.

1. Die Erde rotierte früher um eine andere Achse, um die sie sich infolge der Rotation symmetrisch magnetisierte. Bei der Verlagerung der Rotationsachse in der Erde hinkte die damit verknüpfte Ummagnetisierung hinterher, wodurch eine Neigung beider Achsen zueinander entsteht. Die fortschreitende Ummagnetisierung hat eine Bewegung der magnetischen Achse zur Folge. Dies sollte die Ursache der Säkularvariation sein. Die letztere müßte dann für die ganze Erde universellen Charakter haben. Dem widersprechen die Beobachtungen.

2. Die Magnetisierung der Erde besteht aus zwei physikalisch verschiedenen Anteilen: aus der primären rotationssymmetrischen Längsmagnetisierung, die durch Rotation entstanden ist, und einer von ihr im Gesteinsmantel der Erde induzierten sekundären Magnetisierung. Die Achse der letzteren weicht von der Rotationsachse ab, wenn die Suszeptibilität des Gesteinsmantel unsymmetrisch zur Rotationsachse verteilt ist. Die Resultante der primären und sekundären Achsenrichtung ist die tatsächlich beobachtete Achsenrichtung des Innenfeldes. Langsam fortschreitende Veränderung in der örtlichen Verteilung der Suszeptibilität — z. B. durch regionale Temperaturänderungen im Gesteinsmantel — könnten dann die Säkularvariation zur Folge haben. Die Säkularvariation müßte dann weniger universellen, mehr regionalen Charakter tragen, was besser zu den Beobachtungen paßt.

Beide Möglichkeiten 1. und 2. können nebeneinander wirksam sein.

26. Das Außenfeld. Wenn das Außenmedium eine elektrische Leitfähigkeit und eine Relativgeschwindigkeit gegenüber der rotierenden Erde besitzt, so muß der äquatoriale Anteil q_i des magnetischen Innenfeldes elektrische Ströme im Außenraum induzieren. Diese Ströme sind gegenüber der Erde relativ in Ruhe. Bei Entwicklung nach Kugelfunktionen entspricht jedem Glied des Innenfeldes ein entsprechendes Glied der induzierten Strömung im Außenraum. Das Amplitudenverhältnis ϱ und die Phasendifferenz α des induzierenden und induzierten Gliedes sind durch die Leitfähigkeit k und die Relativgeschwindigkeit ω bedingt.

---

[1]) S. Anm. 2, S. 296.

Unter der Voraussetzung, daß das Außenfeld wirklich reell ist, beträgt nach der Tabelle auf S. 287 die Phasendifferenz für 1920 $\alpha = 22°$, für 1922 $\alpha = 52°$. q_e ist gegen q_i in beiden Fällen nach Westen verschoben. Das Außenmedium (die Atmosphäre) muß also von W nach O strömen, d. h. der Rotation voraneilen. Das Amplitudenverhältnis war 1920 0·018, 1922 0·021. Nimmt man eine Relativgeschwindigkeit von 50 m an, so ergibt sich eine Leitfähigkeit der oberen Atmosphäre von 10^{-15} EME oder 10^{10} mal größer als die Leitfähigkeit der Atmosphäre am Boden. Polarlichterscheinungen und die magnetischen periodischen Schwankungen und Störungen deuten darauf hin, daß in der oberen Atmosphäre tatsächlich so hohe Leitfähigkeiten zu erwarten sind.

Die Bedenken, die sich gegen die Existenz des Außenfeldes erheben, sind andere. Vor allem die obenerwähnten Untersuchungen über die Zuverlässigkeit der Resultate der Potentialentwicklung, die die Realität des Außenfeldes in Frage stellen, wenigstens die hier diskutierte Größenordnung derselben. Sodann widerspricht der zeitliche Verlauf der Säkularvariation.

27. Die Säkularvariation. Nach der Theorie der Säkularvariation von A. SCHUSTER und V. CARLHEIM-GYLLENSKÖLD induziert das auf die oben angegebene Weise entstandene äußere Querfeld eine sekundäre Magnetisierung im Erdinnern, die der ursprünglichen entgegengesetzt gerichtet und gegen sie verschoben ist. Diese sekundäre Magnetisierung addiert sich zur primären q_i und verlagert somit die Achse von q_i. Diese Verschiebung der Achse veranlaßt wieder eine Verschiebung des Systems im Außenraum usw. Eine stetige Drehung der Achse von q_i ist die Folge. Jedes Glied der Entwicklung nach Kugelfunktion hat dabei seine eigene Drehgeschwindigkeit. Die Beobachtungen zeigen, daß die Achse von q_e gegen die von q_i in allen Epochen von 1842 bis 1922 nach Westen verschoben war; dann muß die Achse von q_i durch die sekundäre Magnetisierung nach Osten gedrängt werden. Nach der Tabelle in Ziff. 20 wanderte der Nordpol des Innenfeldes zwischen 1885 bis 1922 nach Westen, zwischen 1902 und 1920 nach Osten.

Westliche Lage des Nordpols des Außenfeldes gegenüber dem Pol des Innenfeldes und gleichzeitiges Westwärtswandern des Nordpols des Innenfeldes sind jedoch nach dieser Theorie nicht miteinander verträglich[1]).

Der Haupteinwand gegen diese Theorie folgt indessen aus ihrem Vergleich mit der Entwicklung der Säkularvariation nach Kugelfunktionen auf Grund des zuverlässigen Materials der Observatorien. Dieser Vergleich spricht gegen die Theorie (s. Ziff. 20). Die Theorie stellte die Veränderung jedes einzelnen Gliedes der Entwicklung als eine physikalisch selbständige Erscheinung dar. Das trifft offenbar nicht zu.

Ein selbständiges äußeres Feld von stark differenzierter Form kann wohl kaum beständig sein. Eher würde man annehmen müssen, daß die unregelmäßige Form des inneren Feldes in der unzureichenden Entwicklung des Potentials dies Außenfeld vorgetäuscht hat. Da sich die Unregelmäßigkeiten der Säkularvariation in den sechs einzelnen dreijährigen Epochen erhalten (Ziff. 20), wird man ihre Ursache eher in den Inhomogenitäten der Erdkruste zu suchen haben. Es liegt nahe, an langsam fortschreitende Veränderungen (s. 25, 2), oder auch an Bewegungen im Erdinnern zu denken, an Verschiebungen einzelner Schalen gegeneinander, die mit verschiedener Geschwindigkeit rotieren; wobei diese remanent oder durch Induktion des polaren Feldes magnetisch sein können.

Der Gesamteindruck, den die bisherigen Bemühungen machen, die säkulare Variation auf Grund der Beobachtungen zu erklären, ist der, daß das vorliegende

---

[1]) AD. SCHMIDT, ZS. f. Geophys. Bd. 1, S. 1. 1924/25.

Beobachtungsmaterial in keiner Weise ausreicht. Die vorzeitigen Versuche sind an der Unvergleichbarkeit des in ihrer Zuverlässigkeit und Vollständigkeit sehr unterschiedlichen Materials der einzelnen Epochen gescheitert. Somit bleibt die in den Abb. 7 bis 10 so ausdrucksvoll zutage tretende Erscheinung in ihrer physikalischen Natur bisher ungeklärt.

28. Der potentiallose Anteil. Zur Erklärung des potentiallosen, etwa 1 bis 2% des Gesamtfeldes betragenden Anteiles sind — falls er reell ist — Vertikalströme von der Größenordnung 10^{-12} Amp/cm² erforderlich. Die in der luftelektrischen Forschung festgestellten Vertikalströme besitzen eine Stromdichte von 10^{-16} Amp/cm² (Leitungstrom) bis 10^{-13} (Konvektionsstrom bei Gewitterregen). Letzterer ist nur für kurze Dauer und in beschränkten Gebieten vorhanden. Diese Ströme sind also in keiner Weise ausreichend.

Im Kapitel: Atmosphärische Elektrizität (Bd. 14) ist versucht worden, die Oberflächenladung der Erde, die sich trotz des dauernd fließenden vertikalen Leitungsstromes im Mittel konstant erhält, durch den Zufluß sehr schnell bewegter Elektronen zu erklären. Dort sind auch die physikalischen Bedenken gegen diese Vorstellung besprochen. Falls der endliche Wert des Ringintegrals tatsächlich reell und nicht nur Schlußfehler der Vermessung eines geschlossenen Linienzuges ist, wird nach dem heutigen Stand unseres Wissens kaum eine andere Erklärung in Betracht kommen. H. BENNDORF[1]) hat diese Frage jüngst eingehend erörtert.

29. Zusammenfassung. Der augenblickliche Stand der erdmagnetischen Weltvermessung und ihrer formalen Analyse liefert drei Anteile des permanenten Feldes: das Innenfeld, das Außenfeld und den potentiallosen Anteil. Wenn die beiden letzteren reell sind, tragen sie je etwa 2—3% und das Innenfeld 95% zum Gesamtfeld bei. 1922 betrugen dann die Momente des Innen- und Außenfeldes $0{,}311\,R_0^3$ und $0{,}005\,R_0^3\,c\cdot g\cdot s$. Beide lassen sich formal zerlegen in einen rotationssymmetrischen und einen dazu senkrechten Anteil. Das Verhältnis beider war 1922 für das Innenfeld 5:1; für das Außenfeld 4:1. Die Neigung der magnetischen Achse gegen die Rotationsachse betrug 1922 $11^1/_2\,°$. Es ist möglich, daß das Außenfeld und zum Teil auch der potentiallose Anteil nur Rechenergebnisse einer unvollkommenen Analyse sind.

Die physikalische Ursache des Innenfeldes muß in der Rotation der Erde gesucht werden. Es scheint, daß die Masse der Erde (und Sonne) sich bei der Rotation wie eine elektrische Ladung verhält.

Die Ursache der Achsenneigung des Innenfeldes und die Säkularvariation bleiben noch ungeklärt.

Die Analyse der Säkularvariation für verschiedene Epochen zeigt, daß diese Variation keinen für die Erde universellen fortschreitenden Charakter, eher einen regionalen besitzt.

Die höheren Glieder der Entwicklung nach Kugelfunktionen für das Potential des Innenfeldes besitzen wohl nur formale Bedeutung.

II. Das Variationsfeld.

Außer den langsam verlaufenden Schwankungen der Säkularvariation weist das Magnetfeld der Erde auch schnell verlaufende Änderungen auf, und zwar periodische und unperiodische.

30. Die periodischen Variationen. Beobachtungsergebnisse. Die sonnen- und mondtägliche Variation ist von Ort zu Ort verschieden und schwankt im Laufe des Jahres.

---

[1]) H. BENNDORF, Phys. ZS. Bd. 26, S. 81. 1925; ZS. f. Geophys. Bd. 1, S. 147. 1925; siehe auch G. ANGENHEISTER, Phys. ZS. Bd. 26, S. 308. 1925.

Die sonnentägliche Variation. Die Abb. 13 gibt die sonnentägliche Variation D, H und Z (wobei $\varDelta D$ als Variationskraft in γ gemessen ist) in Abhängigkeit von der geographischen und magnetischen Breite, letztere ausgedrückt durch die Inklination.

Abb. 14 gibt eine Darstellung der täglichen Bewegung der Magnetnadel in der Horizonatlebene bei aufgehobenem permanentem Feld in einem astronomisch orientierten System als Vektordiagramm. Die Nadel durchläuft im Laufe des Tages die verschiedenen Richtungen des Radiusvektors und wird in jeder Lage mit einer Kraft festgehalten, die der Länge des Radiusvektors proportional ist. Wenn die Bewegung der Nadel durch ein Kraftsystem entsteht, das die Erde im Laufe des Tages einmal umkreist ohne Veränderung zu erleiden, so muß das Diagramm für alle Punkte desselben Parallelkreises dieselbe Gestalt zeigen. Dies trifft nahezu, aber nicht vollständig zu. Die Asymmetrie des Kraftliniensystems des permanenten Feldes infolge der Abweichung des Magnetpols vom Drehpol wird hier wirksam. Die Abb. 14 zeigt, daß die Bewegung der Nadel zur Tageszeit und im Sommer groß ist, zur Nacht und im Winter

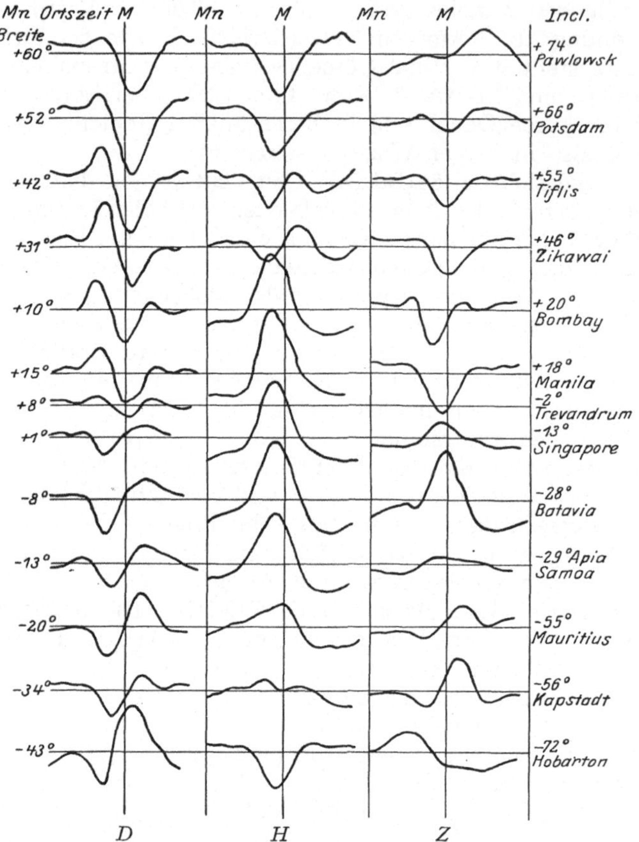

Abb. 13. Tägliche Variation der erdmagnetischen Elemente zur Äquinoctialzeit in den verschiedenen geographischen Breiten (1 mm = 4 γ).

klein. Die Sonnenhöhe ist das entscheidende Argument. Zwischen 40° und 30° nördlicher und südlicher Breite tritt eine Umkehr der Bewegungsrichtung ein. Bei aufgehobenem permanenten Magnetismus zeigt die Magnetnadel um Mittag bei 30° nördl. Br. nach S.; bei 20° nördl. Br. nach N. Zwischen beiden Breitengraden liegt also um Mittag ein Nordpol, oder ein ihm äquivalentes Stromsystem; und zwar läßt sich aus dem Drehsinn des Vektors erkennen, daß dieser Nordpol von Osten hergezogen kommt. Die Beobachtung der Vertikalintensität lehrt nun, daß das Nordende der Magnetnadel in dieser Zeit an beiden Orten nach oben zeigt, d. h. der magnetische Nordpol zieht oberhalb vorbei; ihm entspricht also ein Stromsystem in der Atmosphäre, das entgegen dem Sinne des Uhrzeigers fließt. Abb. 15 zeigt das Vektordiagramm der erdmagnetischen Kraft in der Horizontalebene für Sommer und Winter im Sonnenfleckenmaximum und -minimum (nach Chapman).

Die mondtägigen Variationen zeigen im Mittel aller Mondphasen eine halbmondtägliche Welle. Abb. 16 gibt die mondtägliche Variation von D in ihrer Abhängigkeit von der Breite. Die mondtägliche Variation läßt sich auf zwei Weisen ableiten, entweder indem man die Beobachtungen nach Mondstunden ordnet, oder indem man die Beobachtungswerte für dieselbe Tageszeit etwa für Mittag an 29 aufeinander-

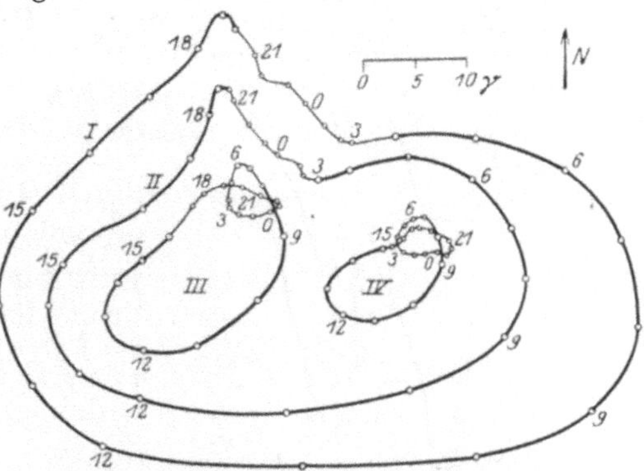

Abb. 15. Vektordiagramm der erdmagnetischen Kraft in der Horizontalebene. Greenwich 1889—1914. I. Juni Maximum der Sonnenflecken. II. Juni Minimum der Sonnenflecken. III. Dezember Maximum der Sonnenflecken. IV. Dezember Minimum der Sonnenflecken.

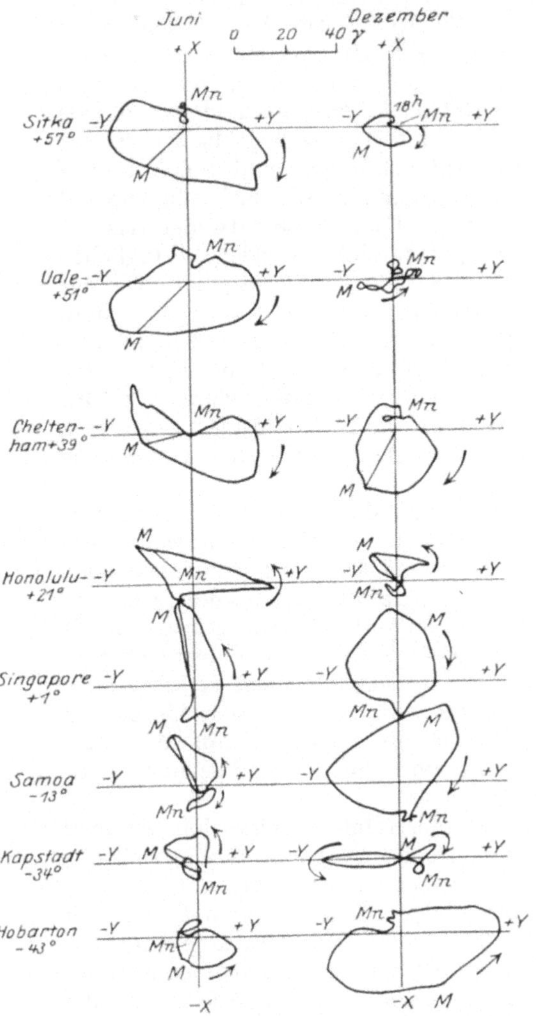

Abb. 14. Vektordiagramm des täglichen Ganges der horizontalen erdmagnetischen Kraft (X, Y) in den verschiedenen geographischen Breiten. M = Mittag, Mn = Mitternacht.

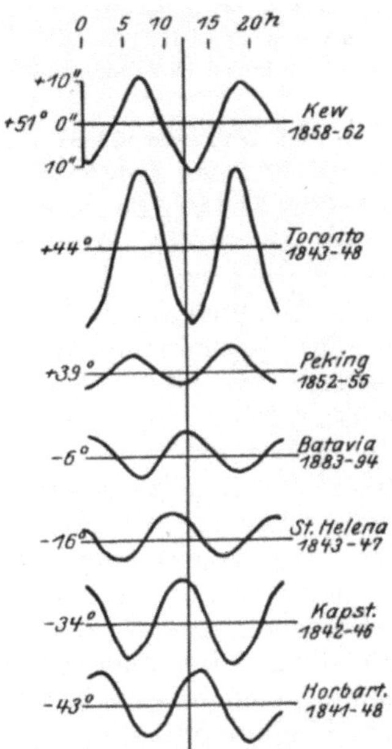

Abb. 16. Mondtägliche Änderung der Deklination im Jahresmittel in verschiedenen geographischen Breiten. Ordinate 1 mm = $2''$. Abscisse Mondstunden.

folgenden Tagen vergleicht. Führt man diese letztere Methode für verschiedene Tageszeiten durch (Abb. 17), so erkennt man, daß die mondtägliche Variation mehrfach größer ist, wenn sie aus Tagesstunden, als wenn sie aus Nachtstunden abgeleitet wird. Der Vergleich zu verschiedenen Jahreszeiten zeigt große Amplituden im Sommer, kleine im Winter. Ebenso wie bei der täglichen Variation wächst die Amplitude mit der Sonnenhöhe.

Wie beim permanenten Feld läßt sich auch das Potential des täglichen Variationsfeldes in Kugelfunktionen entwickeln. Zuerst ist dies von SCHUSTER vorgenommen. Seine Arbeiten sind von CHAPMAN[1]) fortgesetzt. Die Entwicklung ermöglicht wieder die Zerlegung in einen primären äußeren und einen durch Induktion im Erdinnern hervorgerufenen sekundären inneren Anteil. Die Amplituden beider verhalten sich wie $2:1 \cdot A$. VAN VLEUTEN hat auf Grund der Beobachtungen von zehn Observatorien das Potential des täglichen Variationsfeldes an ruhigen Tagen in Kugelfunktionen entwickelt (bis zur vierten Ordnung). Die Entwicklungen sind für X und Y getrennt durchgeführt, stimmen jedoch sehr schlecht miteinander überein. Es ist also entweder das bearbeitete Material unzureichend, oder die täglichen Variationen besitzen gar kein Potential. Da nur Stationen zwischen $14°$ S und $90°$ N verwendet sind, scheint das Material zu dürftig gewesen zu sein, denn auf der Südhalbkugel sind die Differenzen beider Entwicklungen am größten, während sie für die Teile der Erde, für die Beobachtungen vorliegen, innerhalb der Genauigkeitsgrenze der Darstellung liegen.

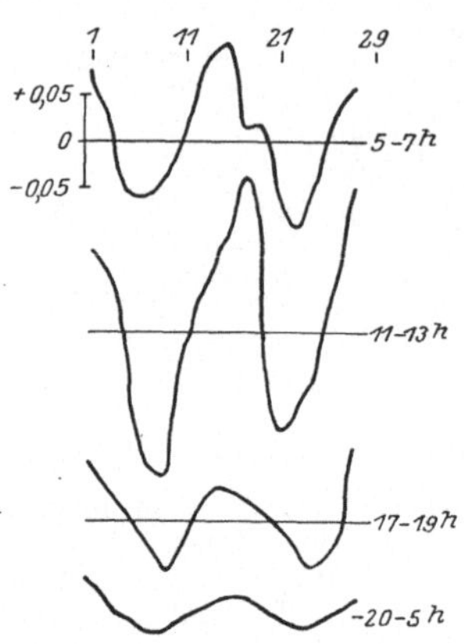

Abb. 17. Änderung der Deklination in Batavia mit dem Mondalter für 4 verschiedene Tageszeiten. Ordinate $1\,mm = 0' \cdot 01$. Abszisse Mondalter in Tagen.

31. Die physikalische Natur der Variationsfelder. Unter der Annahme der Existenz eines Potentials kann man auf Grund der obigen Entwicklungen den größten Teil ($^2/_3$) des sonnen- und mondtäglichen Ganges der erdmagnetischen Elemente durch die Wirkung von elektrischen Induktionsströmen erklären, die durch periodische, horizontale Bewegungen leitender Luftmassen gegen die vertikale Komponente des erdmagnetischen Feldes erzeugt werden. Der geringere Teil, etwa $^1/_3$, entsteht durch Induktion der atmosphärischen Stromsysteme im Boden. Die Leitfähigkeit der Atmosphäre selbst erweist sich hierbei als periodische Funktion der Zenitdistanz der Sonne. Es erhebt sich nun die Frage, ob die geforderte, periodische Luftbewegung und die notwendige hohe Leitfähigkeit physikalisch wahrscheinlich sind.

Den Ursprung der Luftbewegung für die mondtägliche Variation hat man in der Gezeitenbewegung der Atmosphäre zu suchen. Diese sind verhältnismäßig leicht zu übersehen. Ihr Hauptanteil besitzt halbtägigen Charakter. Die gezeitenerzeugende Kraft ist reziprok proportional der dritten Potenz der Monddistanz. Diese theoretischen Forderungen sind durch die Luftdruckbeobachtungen tatsächlich bestätigt. Die magnetischen Elemente zeigen analoge Schwankungen: halbmondtägliche und monatliche. Durch geeignete Anordnung der Berechnung läßt sich die halbmondtägliche Welle von den Überlagerungen ganz-, drittel- und viertelmondtäglicher Schwingungen trennen. Die beiden Unbekannten sind dann die Variation der Leitfähigkeit und die Amplitude der halbtägigen Luftbewegung. Die erstere ergibt sich als Funktion der Zenit-

---

[1]) S. CHAPMAN, Phil. Trans. London A. Bd. 213. S. 274. 1914; Bd. 214, S. 295. 1915; Bd. 215, S. 161. 1916; Bd. 218. S. 1. 1919; Bd. 225. S. 49, 1925; Terr. Magn. 1914, S. 39; 1917, S. 87; 1918, S. 25.

distanz der Sonne zu $(1 + \tfrac{2}{3}\cos\omega)^2$. Die zweite aus den gemessenen halbmondtäglichen Druckschwankungen.

Bekannt sind also 1. die Funktion, nach der die Leitfähigkeit variiert, 2. die induzierende Kraft, nämlich die Vertikalkomponente Z, 3. die Gezeitenbewegung der Atmosphäre, 4. die lunare magnetische Variation, und gesucht ist der absolute Betrag der Leitfähigkeit. Bei Annahme einer 300 km dicken Schicht als Träger des Stromsystems ergibt sich dann durch Vergleich des Geschwindigkeitspotentials der halbtägigen lunaren Druckschwankung mit der beobachteten entsprechenden magnetischen Variation diese Leitfähigkeit zu 10^{-12} bis 10^{-13} EME. Besäße die stromführende Schicht die Leitfähigkeit des Kupfers, so brauchte sie nur 1 m dick zu sein.

Bei den lunaren Variationen beherrscht der Mond die Luftbewegung, während die Sonne entsprechend ihrer Zenitdistanz die Leitfähigkeit der stromführenden Schicht bestimmt. Durch die relative Bewegung beider Gestirne gegeneinander schiebt sich der Mondtag durch den Sonnentag, und die Einflüsse beider Gestirne auf die magnetische Variation können klar voneinander gesondert werden.

Bei der sonnentäglichen Variation werden beide Funktionen, die Variation der Luftbewegung und die der Ionisation, durch dasselbe Gestirn bedingt. Infolgedessen lassen sich diese beiden Einflüsse nicht so einfach und zuverlässig voneinander trennen.

Die Ursache der Luftbewegung für die halbsonntägliche Variation sind die halbtägigen Luftdruckschwankungen, die sich als Grundschwingung der Erdatmosphäre wohl in große Höhen erstrecken. Beide, die halbtägige, magnetische Variation und die Luftdruckschwankung, zeigen die gleiche Abhängigkeit von der geographischen Länge und Breite. Das Verhältnis der solaren und lunaren halbtägigen Schwingungen ergibt sich für die magnetischen Variationen zu 10, für den Luftdruck zu 16; beides am Boden gemessen. Die Bodennähe wird wegen ihrer Erwärmung die solare halbtägige Luftdruckschwankung vergrößern, so daß für die in Betracht kommenden Höhen diese Schwingung eine geringere Amplitude zeigen wird. Für die lunare halbtägige Luftdruckschwankung ist diese Abnahme mit der Höhe nicht wahrscheinlich. In größerer Höhe ist daher eine bessere Übereinstimmung zu erwarten.

Die geforderte hohe Leitfähigkeit der Luft ist 10^{11} mal größer als am Boden. Bei einer Stickstoff-Sauerstoffatmosphäre wird der Druck in 200 km Höhe 10^{11} mal niedriger und damit die Beweglichkeit der Ionen 10^{11} mal größer als am Boden. Es fragt sich allerdings, ob die Druckgesetze sich soweit extrapolieren lassen, was gewiß zweifelhaft ist. In solchen Höhen wären dann die in Betracht kommenden Stromsysteme zu suchen, wenn nicht aus anderen Gründen schon in geringeren Höhen die notwendige Leitfähigkeit vorhanden ist. Das scheint in der Tat der Fall zu sein.

Als Ionisator kommt wohl nur eine Strahlenart in Betracht, die von der Sonne ausgeht und mit ihrer Zenitdistanz abnimmt. Es kann keine Strahlung sein, die im Magnetfeld der Erde abgelenkt und dadurch in besondere Zonen — etwa wie die Polarlichtstrahlen in die Polarlichtzone und in die Abendseite der Erde — eingesogen wird.

Die Amplitude der täglichen Variation zeigt eine starke Abhängigkeit von der Aktivität der Sonne, ihre Amplitude schwankt von Fleckenmaximum zum Minimum um 100%. Dies jedoch nur an der Tagseite, nicht an der Nachtseite.

Von den drei die Amplitude bestimmenden Faktoren, nämlich Vertikalkomponente, Luftbewegung und Ionisation kann wohl nur die Ionisation die Ursache einer solchen Schwankung sein. Es bietet sich hier ein zuverlässiges Mittel, die Änderung der Ionisation in hohen Schichten zu messen.

Die Ursache der großen Ionisation kann nach allem nur kurzwellige Sonnenstrahlung sein. Für die Ionisierung des Sauerstoffs kommen dabei Wellenlängen kürzer als 1350 Å in Betracht. Da das Ende des Sonnenspektrums am Boden bei 2900 Å liegt, haben wir die starke Ionisation durch ultraviolettes Licht in Höhen zu suchen, wo dieser Bereich noch nicht so stark absorbiert ist. Es ist nun anzunehmen, daß die Temperatur der Sonne und damit der Anteil des kurzwelligen Lichtes an der Gesamtstrahlung zur Zeit des Fleckenmaximums größer ist. Beobachtungen in verschiedenen Spektralgebieten über Veränderung der Helligkeitsverteilung auf der Sonnenscheibe im Laufe des Fleckenzyklus, sprechen für diese Auffassung. Wenn die Sonne wie ein schwarzer Körper von 6000° strahlt, würde einer Schwankung der Intensität von 100% im Gebiet unter 1350 Å einer Temperaturänderung von 230° entsprechen. Die Änderung der Totalintensität aller Wellenlängen würde 13% betragen, die der sichtbaren weniger. Die Beobachtungen der Solarkonstanten machen Schwankungen von solchem Betrage wahrscheinlich.

FOWLER und RAYLEIGH glauben aus Absorptionsuntersuchungen an Ozonbanden im Ultraviolett auf eine Ozonschicht in 40 bis 50 km Höhe schließen zu müssen. Die Bildung dieser Schicht ist vermutlich mit der Absorption im Ultraviolett verknüpft. In dieser Höhe wird man daher wohl auch die Stromsysteme der täglichen Variation zu suchen haben.

Der innere Anteil der täglichen Variation wird durch das primäre atmosphärische Feld im Erdboden induziert. Die Erdkugel kann dabei nicht als gleichförmig leitend angenommen werden. Dem beobachteten Amplitudenverhältnis entspricht für eine gleichförmig leitende Erde eine um 30% kleinere Phasendifferenz als tatsächlich beobachtet wird. Ein nichtleitender Mantel von 250 km Dicke, darunter ein leitender Kern, würde den Beobachtungen genügen. Seine Leitfähigkeit ergibt sich dann zu $4 \cdot 10^{-13}$. Die Leitfähigkeit der Gesteine der obersten Schichten beträgt 10^{-15} bis 10^{-16}. Es ist jedoch möglich, daß die Leitfähigkeit der Silikate der Erdrinde mit steigender Temperatur, also mit zunehmender Tiefe wächst. Bei einer Temperatur von 1000°, die in 100 bis 200 km Tiefe herrschen mag, könnte sie wohl 10^{-13} betragen.

Die größere Leitfähigkeit der Ozeane, etwa $4 \cdot 10^{-11}$, macht sich schon geltend. Bei 5 km Tiefe muß sich dadurch die Amplitude des inneren Anteils um $1/_3$ erhöhen. Das Amplitudenverhältnis des inneren und äußeren Anteils für das Hauptglied der Entwicklung nach Kugelfunktionen beträgt für Kontinentalstationen 1,8, für Inselstationen 2,3.

32. Zusammenfassung. Die solaren und lunaren Variationen entstehen durch Induktionsströme, die das permanente Feld in der relativ zu ihm bewegten elektrisch leitenden Atmosphäre induziert. Die Höhe dieser Ströme über dem Erdboden beträgt etwa 50 km.

Die Bewegung der Luft stammt für die lunaren Variationen aus horizontalen halbtägigen Gezeitenströmungen der Atmosphäre; für die solaren vorwiegend aus halbtägigen Barometerschwankungen.

Die Leitfähigkeit der Luft variiert als Funktion der Zenitdistanz der Sonne; man muß daher annehmen, daß ihr kurzwelliges Licht als Ionisator wirkt, zur Zeit des Sonnenfleckenmaximums besonders stark.

Das primäre äußere Stromsystem der täglichen Variation induziert im Erdboden beim Vorübergang ein sekundäres, das etwa 35% zur Gesamtvariation beiträgt. Aus der Analyse folgt, daß tiefer liegende Schichten (in 250 km Tiefe)

im Erdboden hohe Leitfähigkeit besitzen müssen. Die höhere Leitfähigkeit
der Ozeane macht sich durch Verstärkung des inneren Anteils der täglichen
Variation auf Inselstationen merkbar.

III. Das Störungsfeld.

33. Störungstypen, Störungsbeginn. Neben den übersichtlichen, periodischen
Feldstörungen zeigt das erdmagnetische Feld noch Schwankungen von oftmals
großer Intensität, die in der Plötzlichkeit und scheinbaren Willkür ihres Auftretens und in ihrem zeitlichen Ablauf zunächst den Eindruck großer Unregel-
mäßigkeit machen. Sie unterscheiden sich von den periodischen Variationen
durch ihre geographische Anordnung, die hier weit weniger übersichtlich ist.
Die Beziehung zur Zenitdistanz der Sonne ist sehr unähnlich derjenigen, die die
täglichen Variationen beherrscht. Die Störungen sind an der Abend- und Nachtseite der Erde und in hohen Breiten am stärksten entwickelt.

Formal lassen sich lokale und die ganze Erde umfassende Störungen unterscheiden. Die letzteren beginnen für die ganze Erde mit einer plötzlichen, wohl
ausgeprägten Feldstörung, die innerhalb der Meßgenauigkeit von etwa einer
Minute für alle Orte gleichzeitig erfolgt. Auch in ihrem weiteren Verlauf wird
das Feld auf der ganzen Erde in einer erkennbaren Gesetzmäßigkeit gestört.
Die lokalen Störungen beschränken sich im Gegensatz hierzu auf hohe Breiten
und zeigen dort schon bei benachbarten Stationen schnell schwankende, bald
parallele, bald gegensätzliche Änderungen. Der Unterschied beider Störungen
ist nicht lediglich ein Intensitätsunterschied, etwa in der Weise, daß schwache
Störungen nur in hohen Breiten auftreten, starke auch in die Tropen herabreichen; dies ist wohl im allgemeinen der Fall, doch es tritt noch etwas sehr
Wesentliches hinzu. Es hat nämlich den Anschein, daß bei starken Störungen
elektrische Stromsysteme — denn um solche handelt es sich hierbei — in
Wirkung treten, die bei schwachen Störungen nicht merklich werden, vielleicht
überhaupt nicht vorhanden sind. Bei starken Störungen addieren sich zu den
Wirkungen des erdumfassenden Stromsystems noch in hohen Breiten die Wirkung
der lokal begrenzten, die dort so stark hervortreten, daß das allgemeine Stromsystem verdeckt bleibt, wenigstens solange, bis das lokale abgeklungen ist.
Denn es ist die Besonderheit des allgemeinen Stromsystems, länger wirksam
zu bleiben. Bei schwachen Störungen fehlt das erdumfassende allgemeine Stromsystem, und es treten nur in höheren Breiten lokalbegrenzte Stromwirbel auf.

Diese formale Einteilung deckt sich annähernd mit der Unterscheidung
zwischen äquatorialen und polaren Störungen von BIRKELAND. Unter äquatorialen
werden dabei solche Störungen verstanden, die in den niederen, unter polaren
solche, die in hohen Breiten besonders stark wirksam sind.

Ob der Störungsbeginn in der Tat für die ganze Erde gleichzeitig erfolgt,
ist mehrfach untersucht worden[1]). Eine endgültige Einigung über diese Frage
ist bisher nicht erzielt. Es ist der Versuch gemacht worden, eine Fortpflanzung
des Störungsbeginnes längs der Breiten und auch längs der Meridiane nachzuweisen. Für die Erklärung der physikalischen Natur der Störung wäre eine
Entscheidung gewiß von Bedeutung. Eine bestimmte Art der Störungen sind
die Pulsationen, das sind plötzlich beginnende Schwingungen von 1 bis 2 Minuten
Periodenlänge. Gleichzeitige Schnellregistrierungen in Samoa, bei Washington,

---

[1]) L. A. BAUER, Terr. Mag. Bd. 16, S. 85 u. 163. 1911; Bd. 15, S. 9 u. 219. 1910; Bd. 30,
S. 45. 1925; G. ANGENHEISTER, Terr. Mag. Bd. 23, S. 26. 1920; Nachr. d. Ges. d. Wiss.
Göttingen 1913 und 1920; W. v. BEMMELEN, Observ. Magn. Met. Batavia XXI. 1906.

Batavia, Tsingtau und Potsdam ergaben als Zeitdifferenz des Eintreffens zwischen Stationen von $^1/_4$ Erdumfang Abstand

$$3 \text{ sec} \pm 2{,}2 \text{ sec},$$

also nahezu innerhalb der Fehlergrenze (Abb. 18). Die große Ähnlichkeit der Bewegung an Orten, die um $^1/_4$ Erdumfang voneinander entfernt sind, deutet an, daß die Pulsationen in einem die ganze Erde umfassenden Stromsystem entstehen.

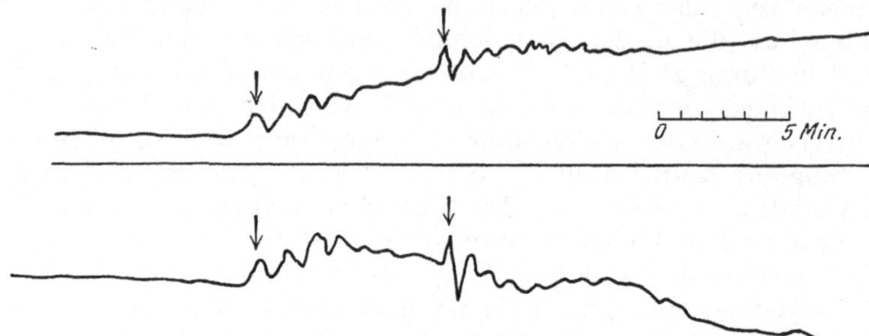

Abb. 18. Pulsationen. Vergleich der Deklination in der Schnellregistrierung Apia und Tsingtau; wachsende östliche Deklination nach oben. Ordinate: 1 mm = $^1/_{20}$ Bogenminute, Abszisse: 2 · 5 mm = 1 Zeitminute. Oben: Tsingtau. Unten: Apia, 12. IX. 1911, 11 Uhr Greenwichzeit.

34. Analyse der Störungen. Der erste Schritt zur Analyse der Störungen ist die Ableitung der Störungsvektoren aus den Aufzeichnungen der magnetischen Elemente. Dieser Weg ist von BIRKELAND[1]) in sehr eingehenden Untersuchungen beschritten worden, besonders für die Störungssysteme der hohen Breiten. Er benutzte dazu Störungsaufzeichnungen von 23 Observatorien mittlerer und niederer Breiten; außerdem die Beobachtungen der vier Polarstationen, die er zu diesem besonderen Zwecke 1902/03 in Island, Finnmarken, Spitzbergen und Novaya Semlja eingerichtet hatte. Die Eintragung der Störungsvektoren auf Weltkarten geben ein Bild des magnetischen Störungssystems und des dazu senkrechten, die Störung veranlassenden elektrischen Stromsystems. Er konnte dadurch abgegrenzte Stromwirbel in polaren Zonen nachweisen.

Es liegt nahe zu fragen, ob das System der Störungen einen mit der Erddrehung periodischen Teil erkennen läßt. Es steht zu erwarten, daß im einzelnen Falle das besondere stärkere Störungssystem hoher Breiten diese Wirkung überdeckt. Im Mittel vieler Störungen muß sich jedoch eine Abhängigkeit von der Tageszeit ergeben und sich das tägliche Störungssystem und das allgemeine Störungssystem voneinander trennen lassen.

Durch Darstellung des mittleren Störungsverlaufes einmal als Funktion der Ortszeit, das andere Mal als Funktion der Störungszeit — beginnend mit dem Störungsanfang — läßt sich diese Analyse durchführen. Dieser Weg ist von MOOS[2]), CHAPMAN[3]) und ANGENHEISTER[4]) versucht. In der Tat ergibt sich die Trennung beider Systeme. Abb. 19 zeigt das allgemeine und Abb. 20 das ortszeitliche Störungssystem, gewonnen aus 36 Störungen, die in Samoa aufgezeichnet wurden. Besonders deutlich muß sich diese Trennung in niederen Breiten ergeben, wo die Überlagerung der lokalen Störungszentren hoher Breiten

---

[1]) CH. BIRKELAND, The Norwegian Aurora Polaris Expedition. Teil 1, 1902—1903. Kristiania 1908: Teil 2, 1913.
[2]) MOOS, Magn. Observ. Bombay 1910.
[3]) S. CHAPMAN, Proc. Roy. Soc. London 1919, S. 61.
[4]) G. ANGENHEISTER, Nachr. d. Ges. d. Wiss. Göttingen 1924, S. 1.

fehlt. Das allgemeine Störungssystem zeigt in seinem Hauptanteil, das ist der horizontale Störungsvektor, einen sehr einfachen, für die ganze Erde gleich-

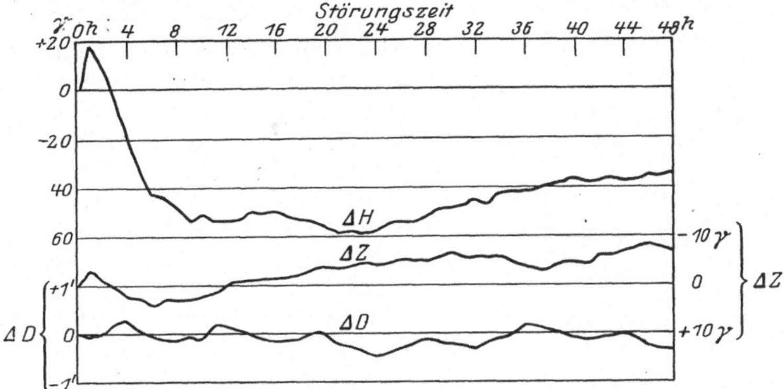

Abb. 19. Allgemeiner Störungsverlauf in Samoa.

zeitigen und ähnlichen Verlauf (Abb. 21). Nach einem kurzen Anstieg der Intensität (um etwa $+17\,\gamma$) von 1 bis 2 Stunden Dauer, folgt ein schneller Abfall

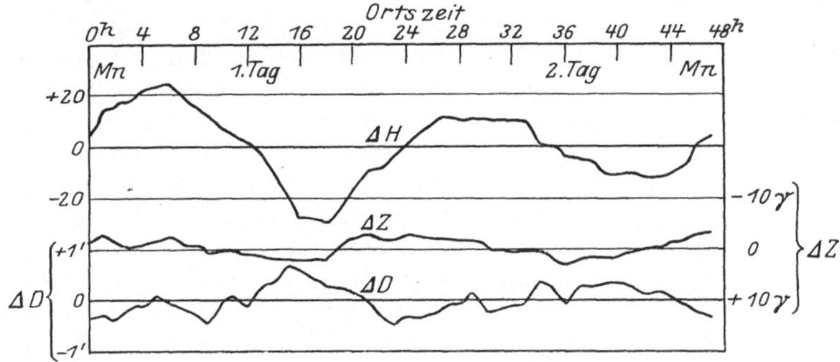

Abb. 20. Ortszeitlicher Störungsverlauf in Samoa.

der Intensität (bis $-60\,\gamma$), der sich in etwa 6 Stunden vollzieht, eine Zeitlang konstant bleibt und sich dann langsam zum Normalwert rückbildet, der erst in mehreren Tagen wieder erreicht wird. Der wesentliche Verlauf ist also eine schnelle Erniedrigung der Feldkraft bis zu einem Extremwert und eine viel langsamere Rückbildung zum Normalwert.

Das tägliche Störungssystem zeigt eine ganztägige Schwingung um eine Mittellage, die um Mittag liegt (Abb. 21). Der Vormittag zeigt höhere, der Nachmittag niedrigere Werte für ΔH. Das ortzeitliche Störungssystem ist in stärkerem Maße von der Breite abhängig als das allgemeine. Die Gesamtstörung ist die Überlagerung beider, des allgemeinen und des ortzeitlichen Anteiles. Es folgt somit, daß die charakteristische Erniedrigung des horizontalen Feldes an der Vormittagsseite geringer, an der Nachmittagsseite stärker ist. Das ist für die Theorie der Störung ein wichtiges Ergebnis.

Eine weitergehende Analyse der Störungen durch Vergleich der Aufzeichnungen von Stationen mittlerer und niederer Breite ergibt, daß einfache starke Störungen im wesentlichen eine Schwingung der Intensität von 6 bis 12 Stunden Dauer um eine geneigte Ruhelage darstellen. Diese erfolgt für die mittleren und niederen Breiten gleichzeitig und gleichsinnig (Abb. 22 und 23). Der geneigten Ruhelage entspricht dabei das Absinken der Horizontalintensität, das sich schon im allgemeinen Störungssystem (Abb. 19) kenntlich machte.

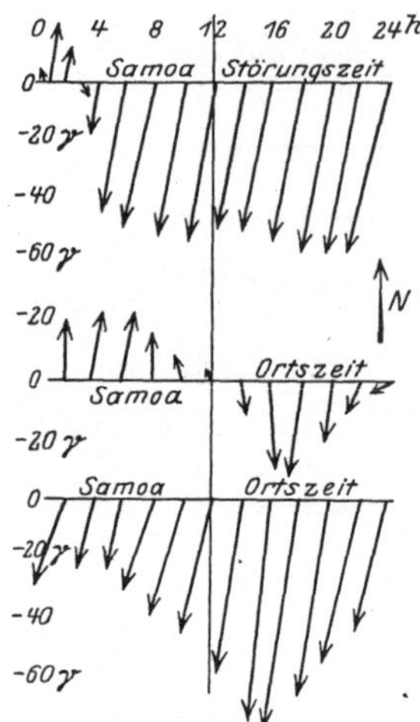

Abb. 21. Störungsvektoren in der Horizontalebene: 1. allgemeiner, 2. ortszeitlicher, 3. allgemeiner + ortszeitlicher Störungsverlauf aus Störungen in Samoa.

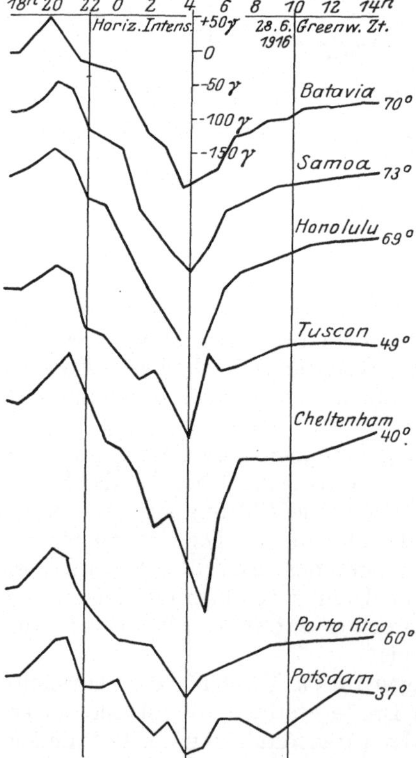

Abb. 22. Störung in H vom 26. Aug. 1916 nach Greenwichzeit; 1 cm = 110 γ.

Der gesamte allgemeine Störungsvorgang besteht somit: 1. Aus einem sehr schnellen, wenige Minuten dauernden ersten Impuls; 2. einer Schwingung von 6 bis 12 Stunden Dauer, der erst positive, dann negative Werte von ΔH entsprechen; 3. eine Erniedrigung der Horizontalintensität, die schon beim Störungsbeginn sich ausbildet und sich erst langsam, im Verlauf mehrerer Tage, rückbildet (Nachstörung)[1].

Dieser allgemeine Störungsvorgang ist nun an der Vormittagsseite der Erde schwächer, an der Nachmittagsseite stärker ausgebildet. Über ihn lagern sich in hohen Breiten die lokalen, oft sehr heftigen Störungszentren, deren Fernwirkung sich bis in niedere Breiten erstreckt.

Die Analyse der meisten Störungen wird nun besonders dadurch erschwert, daß nicht ein einmaliger Vorgang dieser Art sich abwickelt, sondern daß vor Ablauf desselben oftmals einer oder mehrere solcher Vorgänge nacheinander folgen und sich überlagern. Es ist dies vergleichbar dem Verlauf einer gedämpften Schwingung, die vor ihrem Ablauf neue Impulse erhält. Das Aussehen des Schwingungsvorgangs wird sehr davon abhängen, in welcher Phase der ursprünglichen Schwingung der neue Impuls, und in welcher Stärke dieser erfolgt. Das wird bei jeder magnetischen Störung verschieden sein, und das ist es, was ihren Verlauf so mannigfach gestaltet und sie untereinander schwer vergleichbar macht. Auch ist bei derselben Störung, beim Eintritt des neuen Impulses, die Phase des allgemeinen Störungssystems für die ganze Erde dieselbe, nicht aber die Phase des ortszeitlichen.

Der Verlauf der Nachstörung (Erniedrigung von H und langsames Ansteigen zum Normalwert) ist nun besonders in seiner letzten Phase übersichtlich, wenn nämlich die sehr verwirrende Wirkung der

---

[1] Zu „Nachstörung" siehe auch AD. SCHMIDT, Zt. f. Geophysik I, S. 1. 1924, und W. v. BEMMELEN, Met. Zt. XLII, S. 143. 1925.

erneuten Impulse und die ·Fernwirkung der lokalen, polaren Störungssysteme abgeklungen sind.

Die Intensität der Nachstörungen zeigt eine sehr ausgesprochene Abhängigkeit von der magnetischen Poldistanz, und zwar eine schnellere Abnahme mit abnehmender Poldistanz u, als dem Sinus derselben entspricht (S. 308, Anm. 4).

Nachstörungswert 25. Sept. 1909
Mn. Greenwichzeit.

Anzahl der Stationen	Mittel u	Mittel $\varDelta H$	$--350\,\gamma\sin u$
1	90°	— 350 γ	— 350 γ
5	67°	— 298 ,,	— 320 ,,
5	42°	— 163 ,,	— 225 ,,
4	33°	— 149 ,,	— 190 ,,
= 26. Aug. 1916; 6 Uhr Greenwichzeit.			
4	70°	— 159 γ	
4	46°	— 100 ,,	

Intensität der Nachstörung als Funktion der erdmagnetischen Poldistanz.

Der zeitliche Verlauf der Nachstörung, d. i. das langsame Nachlassen des Störungsfeldes, läßt sich in großer Annäherung darstellen durch

$$\frac{dh}{dt} = -\beta h^2;$$

$$\beta = \frac{1}{t-t_0}\,\frac{h_0-h}{h_0\,h};$$

$$t' = \frac{1}{\beta \cdot h_0};$$

— h Betrag derselben in H, — t' ist die Halbwertszeit, d. h. sie folgt einem Gesetz, daß für Wiedervereinigung der Ionen in einem Gase Gültigkeit besitzt.

Honolulu		h	β	t'
17. Juni 1915	12^{h}	216		
18. ,, ,,	0	118	0,0074	0,65
18. ,, ,,	12	77	0,0080	0,58
19. ,, ,,	0	61	0,0078	0,63
19. ,, ,,	12	53	0,0071	0,65
20. ,, ,,	0	46	0,0069	0,67
20. ,, ,,	12	41	0,0066	0,70
21. ,, ,,	0	36	0,0066	0,70
21. ,, ,,	12	32	0,0067	0,69
22. ,, ,,	0	29	0,0067	0,69
22. ,, ,,	12	24	0,0074	0,64

Der zeitliche Verlauf einer erdmagnetischen Nachstörung; h Betrag der Nachstörung in H; β Koeffizient der Wiedervereinigung der Ionen; t' = Halbwertszeit.

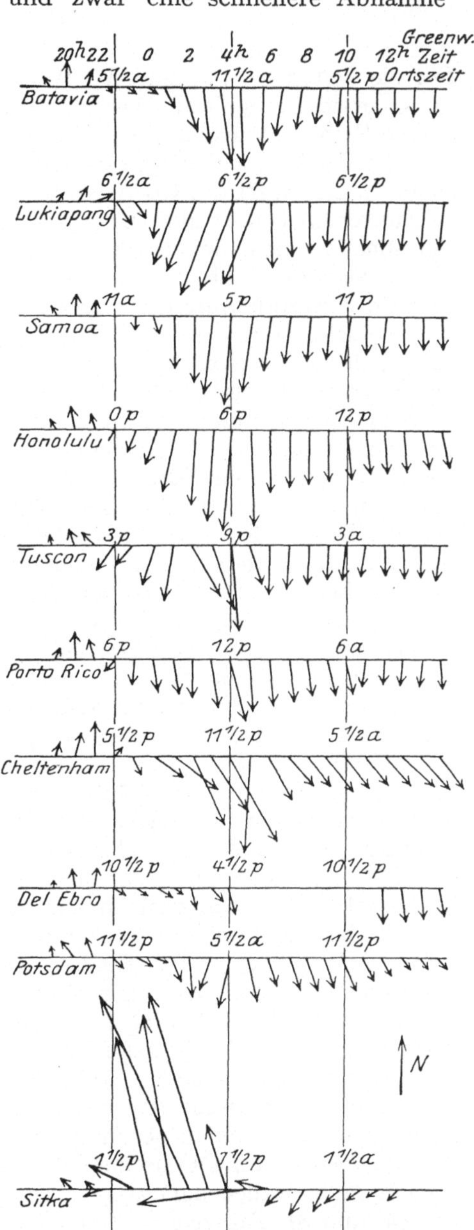

Abb. 23. Störung vom 26. Aug. 1916. Störungsvektoren in der Horizontalebene. Greenwich-Zeit und Ortszeit. 1 cm = 200 γ.

Die Tabelle zeigt, daß β und t', aus verschiedenen Zeitabschnitten berechnet, denselben Wert ergeben. Für die ersten Stunden nach Ablauf der Schwingung genügt dieser Ansatz jedoch nicht. Eine bessere Übereinstimmung ergibt:

$$\frac{dh}{dt} = -\alpha\, h - \beta\, h^2\,,$$

$$-\alpha = \frac{1}{t - t_0}\ln\left(\frac{h}{h_0}\,\frac{h_0 + \alpha/\beta}{h + \alpha/\beta}\right).$$

Für die Zeiten $t_1 t_2 \ldots$ sind die Werte der Störungsintensität $h_1 h_2 \ldots$ gegeben. Es lassen sich dann α und β berechnen. Man wird dabei am einfachsten $\ln(h + \alpha/\beta)$ in eine Reihe entwickeln, die sich schon nach dem zweiten Gliede abbrechen läßt.

Der Wert von β, bezogen auf die Zeiteinheit, ergibt sich aus obigen Messungen zu 10^{-7}. Der Wert des Koeffizienten der Wiedervereinigung aus Laboratoriumsmessungen bei normalen Druck und Zimmertemperatur liegt bei $1,6 \cdot 10^{-6}$. Bei abnehmendem Druck nimmt der Wert des Koeffizienten nach den Laboratoriumsmessungen ab.

35. Zusammenhang zwischen magnetischen Störungen, Sonnentätigkeit und Polarlichtern. Die großen erdmagnetischen Störungen treten zu einer Zeit auf, in der eine besonders lebhafte Fleckenbildung in der Nähe des Zentralmeridians der Sonne stattfindet. Gleichzeitig werden jedesmal starke Polarlichter bis in niedere Breiten beobachtet. Aus der Gleichzeitigkeit dieser ungewöhnlichen Ereignisse folgt überzeugend ein Zusammenhang derselben. Bestätigt wird dies durch die bekannten Beziehungen zwischen den elfjährigen Schwankungen der erdmagnetischen Aktivität, der Häufigkeit der Polarlichter und der Fleckenzahl der Sonne. Ein besonders geeignetes Maß für die erdmagnetische Aktivität ist dabei die Differenz der aufeinanderfolgenden Tagesmittel, die interdiurne Veränderlichkeit. Sie ist ein Maß für die Schwankung des Nachstörungsvektors. Es zeigt sich die weitgehendste Übereinstimmung zwischen interdiurner Veränderlichkeit und der Sonnenfleckenzahl[1]). Das bedeutet also, daß die Schwankungen des Nachstörungsvektors von denen der Sonnentätigkeit veranlaßt werden.

Die erdmagnetischen Störungen treten häufiger zur Zeit der Äquinoktien ein, als zu den anderen Zeiten des Jahres. Darin prägt sich die Änderung aus, die der Winkel zwischen der magnetischen Achse und der Ebene der Erdbahn im Laufe des Jahres durchläuft. Eine entsprechende Schwankung muß sich in der Häufigkeit der Störungen im Laufe des Tages finden, da ja der obige Winkel in diesem Zeitraum gleichfalls eine Änderung erfährt.

Die zeitliche Aufeinanderfolge der Störungen läßt bestimmte Gesetzmäßigkeiten erkennen. Zunächst ist eine Wiederholung der Störungen nach 27 Tagen eine oft beobachtete und gut gesicherte Erscheinung. Der Umlauf der Sonne führt nach 27 Tagen das Störungszentrum auf der Sonne wieder in dieselbe wirksame Lage gegenüber der Erde. Zuweilen kann man die Wiederkehr der Flecken an der Wiederholung der Störungen mehrere (5 bis 8) Rotationen hindurch verfolgen, was bei der Beweglichkeit des in 27 Tagen rotierenden Sonnenniveaus recht bemerkenswert ist. Die Abb. 24 (nach CH. CHREE) zeigt in den ausgezogenen Kurven die magnetische Aktivität der Tage, die der Störung vorausgehen und ihr nachfolgen, gemessen an der internationalen magnetischen Charakterzahl, die aus den Angaben aller magnetischer Observatorien der Welt abgeleitet wird und ein geeignetes Maß für die magnetische Unruhe des betreffenden Tages darstellt. Der 27., der 54. und 81. Tag zeigt entschieden eine höhere Charakterzahl. Der Einfluß der Rotation der Sonne ist unverkennbar. Die gestrichelten Kurven geben nach unten gerechnet ein Maß für die Ruhe des betreffenden Tages. Es zeigt die Abbildung also, daß besonders ruhige Tage sich in gleicher Weise nach 27 Tagen

---

[1]) J. BARTELS, Veröff. d. preuß. Met. Inst. Abh. VIII, 2; W. v. BEMMELEN, Met. Zt. XLII, 1925. S. 143.

wiederholen wie gestörte. Man kann also mehrere Rotationen hindurch auf der Sonne besonders ruhige und besonders gestörte Areale nachweisen.

Noch erstaunlicher ist jedoch, daß Störungszentren in tieferliegenden, etwa in 30 Tagen rotierenden Sonnenschichten zu bestehen scheinen, die sich selbst 10 Jahre und länger in ihrer Lage unverändert erhalten, und immer wieder Anlaß zu Ausbrüchen magnetischer Störungen auf der Erde geben[1]). Die großen erdmagnetischen Störungen folgen nämlich aufeinander nach Zeiträumen von sehr verschiedener Länge. Die Zeiträume sind jedoch ganze Vielfache von 30 Tagen. Man muß danach annehmen, daß in einem tieferen Sonnenniveau,

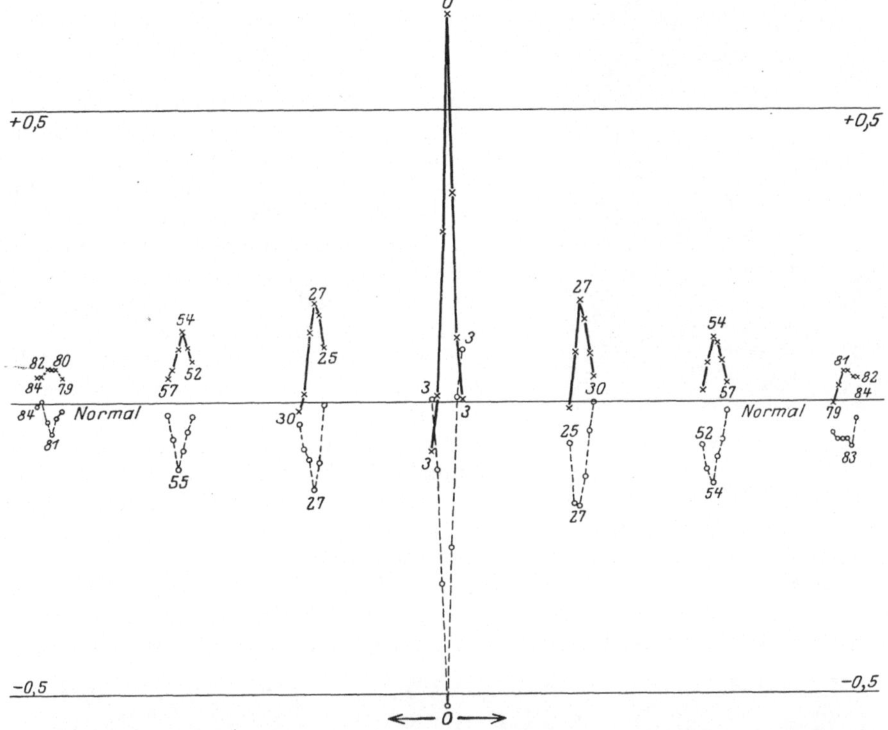

Abb. 24. Wiederholung magnetisch ruhiger und gestörter Tage. Abszisse: Oben: Zeit in Tagen links vor, rechts nach der Störung. Unten: Zeit in Tagen links vor, rechts nach besonders ruhiger Zeit. Ordinate: relatives Maß der erdmagnetischen Aktivität.

das in 30 Tagen rotiert, feste Störungsherde liegen. Von diesen erfolgen Ausbrüche, bei denen die Massen, die die elektrischen Strahlen aussenden, in höhere Niveaus der Sonne gehoben werden. Dort rotieren sie mit Geschwindigkeiten, die diesen Schichten eigen sind, in 27 Tagen. In der günstigen Lage zur Erde erfolgt immer wieder eine magnetische Störung. So erklärt sich, daß große Störungen nach ganzen Vielfachen von 30 Tagen aufeinanderfolgen. Jede von ihnen aber wird nach je 27 Tagen wiederholt. Falls man diese Rotationsdauer von 30 Tagen für eine bestimmte Sonnenschicht zugrunde legt, so zeigt sich, daß ganz bestimmte Sonnenareale von Zeit zu Zeit immer wieder wirksam werden. So entspringen sämtliche großen Störungen (deren Charakterzahl über 1,8 liegt) von 1910 bis 1914 zwei benachbarten Arealen dieser 30tägigen Sonnenschicht. Diese Areale sind

[1]) AD. SCHMIDT, Met. Zt. 1920; Astr. Nachr. Bd. 214; G. ANGENHEISTER, Met. Zt. 1922, S. 19; Terr. Magn. 1922, S. 57.

der größten bisher beobachteten Störung vom 25. September 1909 und der kurz darauffolgenden Störung vom 30. September 1909 zuzuordnen.

36. Die physikalische Natur der erdmagnetischen Störungen und Polarlichter. Für die Erklärung der erdmagnetischen Störungen kommen vor allem zwei Theorien in Betracht. Beiden gemeinsam ist die Annahme, daß die Ursache der Störungen in elektrischen Strahlen besteht, die von der Sonne kommen und durch das Magnetfeld der Erde in besondere Bahnen gelenkt werden. Wo die Strahlen tief in die Atmosphäre eindringen, erzeugen sie Polarlichter. Die eine Theorie ist von BIRKELAND und STÖRMER entwickelt. Sie nimmt an, daß die magnetischen Störungen die direkte magnetische Stromwirkung dieser elektrischen Strahlen sind. Die andere Theorie, die auf A. SCHUSTER zurückgeht, schreibt der elektrischen Strahlung nur eine ionisierende Wirkung zu, eine Erhöhung der Leitfähigkeit der Atmosphäre. Die magnetischen Störungen entstehen dann durch die Induktionsströme, veranlaßt durch die Bewegung der leitenden Luft gegen das Kraftliniensystem des permanenten Feldes. Die Bewegung der Luft kann dabei durch das Eindringen der Ladung in die Atmosphäre veranlaßt sein.

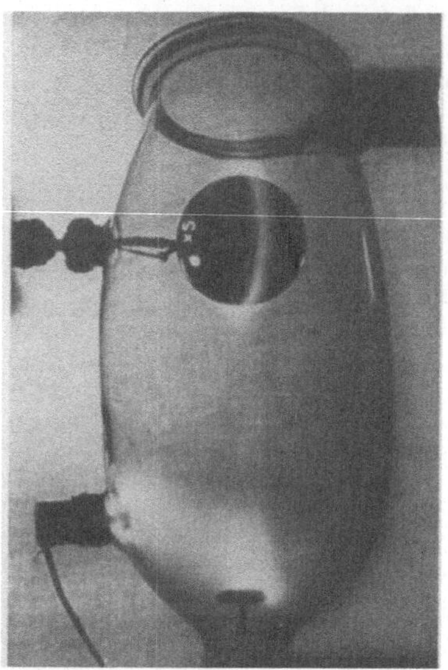

Abb. 25. Terellaversuch nach C. BIRKELAND. Ringstrom in der Äquatorebene.

BIRKELAND hat seine Theorie durch sehr anschauliche Experimente im Laboratorium zu belegen versucht. In einem 1 cbm großen bis auf 0,02 mm evakuierten Raum war eine Kugel aufgehängt, ein Modell der Erde (Terella), das durch Stromwindungen magnetisiert werden konnte. Die Kugel wurde mit einer phosphoreszierenden Substanz bestrichen und mit Kathodenstrahlen beschickt. Bei Erregung des Magnetfeldes der Kugel ordneten sich die Kathodenstrahlen in sehr charakteristischen Bahnen an. Es erschien in der magnetischen Äquator-

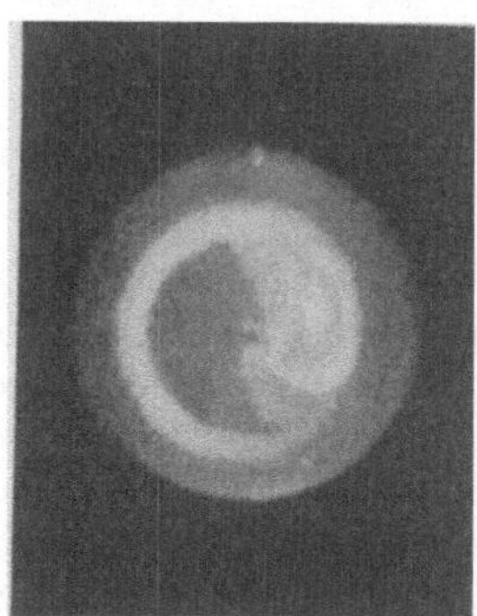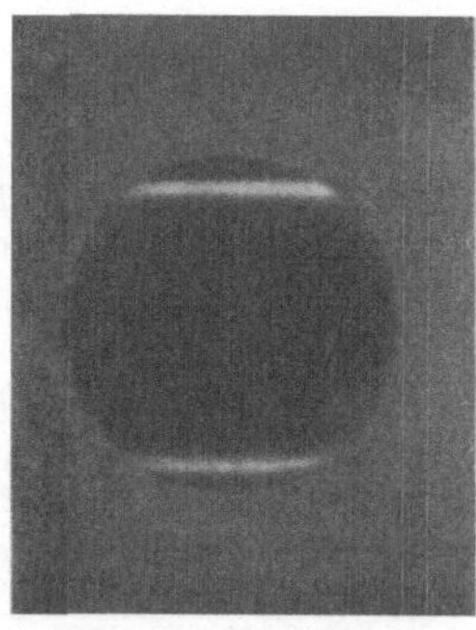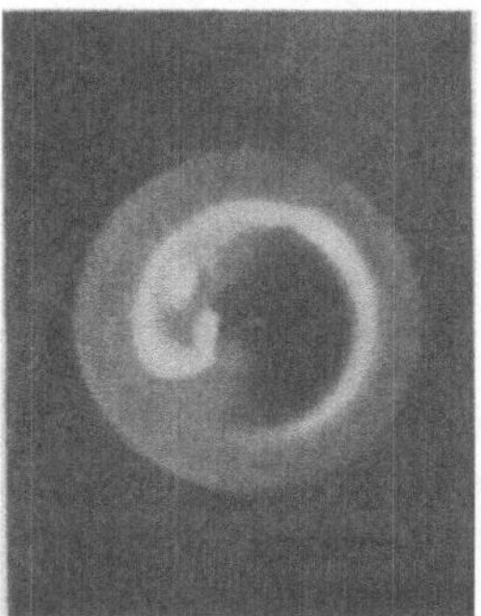

Abb. 26. Polarlichtzonen nach C. BIRKELAND.

ebene der Kugel ein leuchtender Ring, der sich bei Verstärkung der Magnetisierung erweiterte (Abb. 25). Außerdem traten in der Nähe der Pole zwei leuchtende spiralförmige Gürtel auf, die sich den Polen näherten, wenn die Magnetisierung gesteigert wurde (Abb. 26). Die Lichtintensität in diesen Gürteln war nicht gleichmäßig, sondern sie lösten sich bei zunehmender Magnetisierung in diskrete

Lichtflecken auf, die wie Polarlichter über der Erde standen (Abb. 27). In dem leuchtenden Ring in der Äquatorebene erblickte BIRKELAND die Ursache der äquatorialen, in den Spiralen und Lichtflecken die Ursache der polaren erdmagnetischen Störungen.

Gleichzeitig sollen die polaren Einströmungsgürtel den Zonen stärkster Polarlichtentfaltung entsprechen. Der Ring in der Äquatorebene liegt jedoch bei der Erde soweit außerhalb, daß eine Leuchterscheinung nicht mehr zustande kommt. Es fehlt die Atmosphäre. Das elektrische Stromsystem der äquatorialen Störung ist also ein weit entfernter Ringstrom. Das polare Stromsystem besteht aus zwei vertikalen Ästen, ab- und aufwärts, die tief in die Atmosphäre hinabführen und unten durch einen horizontalen Ast verbunden sind (Abb. 28 nach STÖRMER).

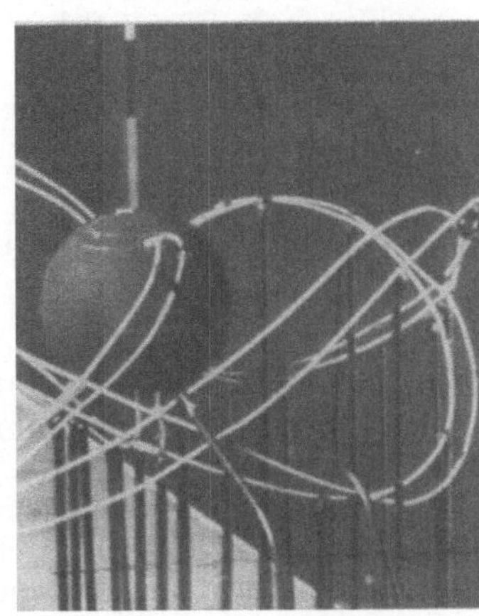

Abb. 27.   Polare Störungen nach C. BIRKELAND und C. STÖRMER.

Abb. 29 zeigt schematisch die Horizontalkomponente des polaren Störungssystems. Die ausgezogenen Linien entsprechen den magnetischen Kraftlinien, die gestrichelten den elektrischen Stromlinien. Darunter ist der Verlauf der Vertikalkomponente P gezeichnet.

Angeregt durch die Versuche von K. BIRKELAND hat C. STÖRMER[1]) die Bahnen der elektrischen Strahlen berechnet, die von der Sonne kommend ins Magnetfeld der Erde eindringen. Schon POINCARÉ hat die Bewegung einer Ladung im Magnetfeld unter-

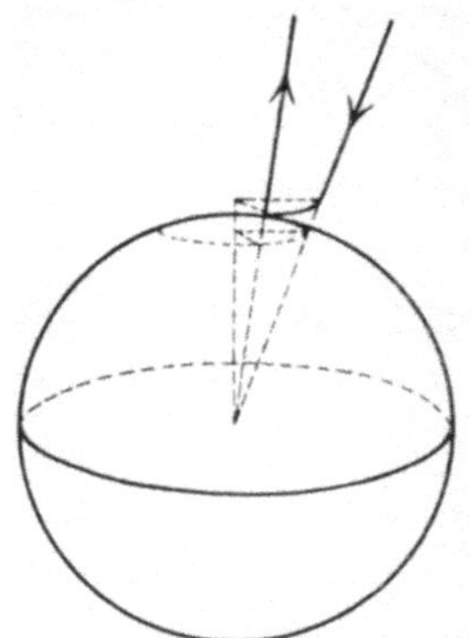

Abb. 28.   Strahlenbahn bei polaren Störungen.

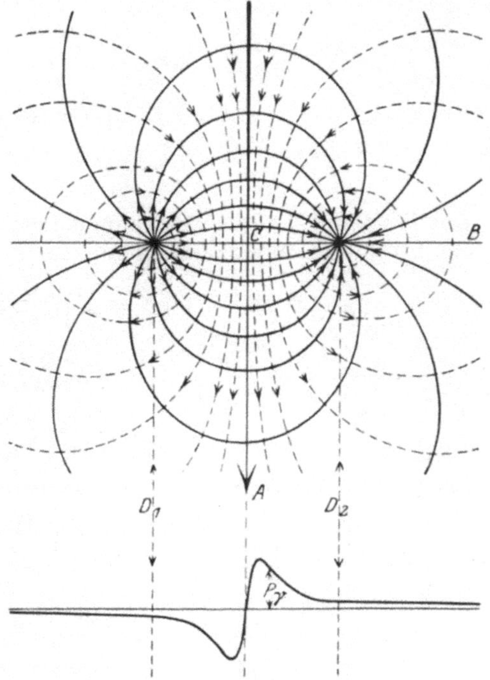

Abb. 29.   Polares Störungsfeld nach C. BIRKELAND.

---

1) C. STÖRMER, Arch. sc. phys. et nat. 1907, S. 5, 113, 221 u. 317; 1911, Aug.; 1912, Febr.

sucht. In der Nähe eines einzelnen Magnetpoles ist das Feld $\mathfrak{H} = \alpha\,\dfrac{\mathfrak{r}}{r^3}$; α ist proportional der Polstärke, $\mathfrak{r}$ der Radiusvektor r sein Betrag. Die Bewegungsgleichung lautet dann

$$\dot{\mathfrak{v}} = \frac{e}{m\,c}[\mathfrak{v}\,\mathfrak{H}] = \alpha\,\frac{e}{m\,c\,r^3}[\mathfrak{v}\,\mathfrak{r}] = \frac{k}{r^3}[\mathfrak{v}\,\mathfrak{r}];$$

daraus folgt nach vektorieller Multiplikation mit $\mathfrak{r}$, weiteren Umformungen und Integration

$$[\mathfrak{r}\,\mathfrak{v}] = k\,\frac{\mathfrak{r}}{r} - \mathfrak{R}$$

oder nach skalarer Multiplikation mit $\mathfrak{r}$:

$$\left(\mathfrak{R}\,\frac{\mathfrak{r}}{r}\right) = k\,.$$

Der unveränderliche Vektor $\mathfrak{R}$ und der Einheitsvektor $\mathfrak{r}/r$ vom Pol zur Ladung bilden einen stets konstanten Winkel. Die Bewegung erfolgt somit auf einem Kreiskegel. Bahn und Radiusvektor liegen auf demselben Kreiskegel. Die Beschleunigung steht auf beiden und daher auch auf dem Kreiskegel senkrecht. Die Bahn ist eine geodätische Linie. Die Ladung nähert sich der Spitze des Kreiskegels, biegt um und entfernt sich wieder. Aufsteigender und absteigender Ast sind dabei kongruent. Das Vorzeichen der Ladung und des Poles bestimmen den Richtungssinn der Schraubenbewegung. Die in die Atmosphäre eindringenden Ladungen können also angenähert den Kraftlinien folgen.

C. Störmer geht unter Annahme eines Elementarmagneten im Erdinnern von den Bewegungsgleichungen in rechtwinkligen Koordinaten aus.

$$\frac{d^2 x}{d s^2} = \frac{e}{m\,v}\left(\frac{dy}{ds}Z - \frac{dz}{ds}Y\right).$$

Die Kraftkomponenten folgen aus dem magnetischen Potential

$$V = \frac{M}{r^2}\cos\vartheta = \frac{M\,z}{r^3}\,;$$

$$X = \frac{\partial V}{\partial x} = -M\,\frac{3\,x\,z}{r^5} - \quad\text{usw.}$$

Die Weglänge ist die unabhängige Variable. Die physikalischen Konstanten der Strahlung und des Magnetfeldes werden in die Einheitslänge

$$C = \sqrt{\frac{M}{H\varrho}} = \sqrt{\frac{M}{v}\,\frac{e}{m}}$$

zusammengefaßt. Nach Übergang zu Zylinderkoordinaten R, φ gelingt eine erste Integration in geschlossener Form

$$R^2\frac{d\varphi}{ds} = \frac{R^2}{r^3} + 2\gamma\,,$$

worin γ eine Integrationskonstante zwischen $+\infty$ und $-\infty$. Durch Einführung von

$$Q = 1 - \left[\frac{2\gamma}{R} + \frac{R}{r^3}\right]^2$$

ergibt sich für R und Z das übersichtliche System:

$$\frac{d^2 R}{d s^2} = \frac{1}{2}\frac{\partial Q}{\partial R}\,,$$

$$\frac{d^2 z}{d s^2} = \frac{1}{2}\frac{\partial Q}{\partial z}\,,$$

$$\left(\frac{dR}{ds}\right)^2 + \left(\frac{dz}{ds}\right)^2 = Q\,.$$

Hierin erscheint Q als Kraftfunktion, die in der Rz-Ebene wirksam ist. Die Gleichungen stellen die Bewegung eines Punktes unter der Einwirkung von Q dar. Da die Integration nicht ausführbar ist, berechnet STÖRMER durch numerische und graphische Integration die Bahnformen für verschiedene Werte von γ. Zu jedem Wert von γ gehört ein Raum, in dem die zugehörigen Bahnen verlaufen. STÖRMER unterscheidet nun asymptotische Bahnen, die auf der Erde endigen — diese kommen allein für die Polarlichter in Betracht —, und ferner oszillierende Bahnen; zu ihnen gehören die im magnetischen Äquator zirkulierenden Ladungen.

Positive Werte von γ geben keine Bahnen, die auf der Erde endigen, negative Werte dagegen geben solche Bahnen. Die Abb. 30 gibt im Drahtmodell ausgeführt die wichtigsten Linien. Bestimmte Bahnen führen an die Nachtseite der Erde und enden in polnahen Zonen (Abb. 27). Am Äquator wird die Erde nicht getroffen. Der Raum $\gamma = -0,5$ begrenzt polwärts, der Raum $\gamma = -1$ äquatorwärts die Polarlichtzonen. Der äquatorwärts gelegene Grenzkreis ist gegeben durch

$$\sin\alpha = \sqrt{\frac{2\varDelta}{c}}.$$

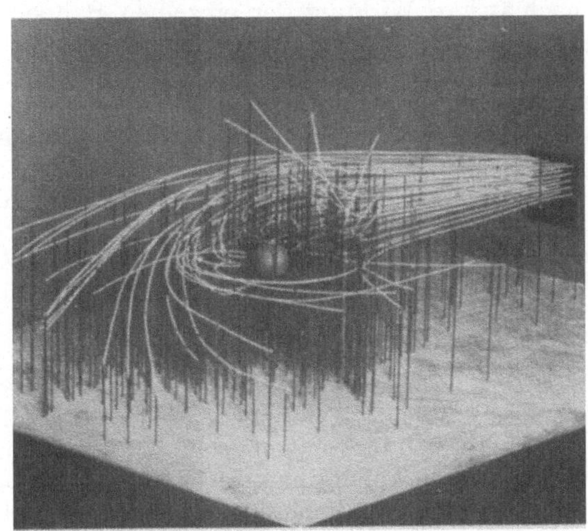

Abb. 30. Strahlenbahnen in der Nähe der Erde nach C. STÖRMER.

α ist der Winkel zwischen der magnetischen Achse der Erde und dem Radiusvektor vom Erdmittelpunkt zu einem Punkt des Grenzkreises. $\varDelta$ ist der Abstand des Erdmittelpunktes zu diesem Grenzkreis. Je nach ihrer physikalischen Natur $\frac{m}{e}\,v$ gehört zu jeder Strahlenart bei gegebenem magnetischem Moment der Erde ein bestimmter Wert von α. Die Poldistanz der Zone größter Häufigkeit der Polarlichter ist nach der Beobachtung etwa $20°$; dazu ergibt sich ein Wert $\frac{m}{e}\,v = 10^6$. Strahlen von $H\varrho = 10^6$, die hier gefordert werden, sind uns unbekannt.

Für Polarlichter, die bis in die Tropen hinabreichen ($\alpha = 50°$ und mehr), ist $H\varrho$ noch erheblich größer.

Qualitativ stimmt die Theorie STÖRMERS mit der Beobachtung und den Versuchen BIRKELANDS gut überein; die Polarlichtzonen sind schmale

$\frac{m}{e}\,v = H\varrho$		α
Kathodenstrahlen	$108-\quad\;\;540$	$2,3°-\;\;3,4°$
β-Strahlen	$1\,800-\quad 4\,500$	$4,6°-\;\;5,8°$
α-Strahlen	$291\,000-398\,000$	$16,6°-18,1°$
Polarlichtstrahlen	$1\,000\,000$	$23°$

Poldistanz (magnetische) der Polarlichtzonen für verschiedene Strahlenarten.

Gürtel, polnah gelegen. Der Äquator ist frei von eindringender Ladung, doch liegt in seiner Ebene in großem Abstand von der Erde das System oszillierender Bahnen, das mit BIRKELANDS Lichtring (Abb. 25) in der Äquatorebene und dem Stromsystem der Nachstörung identifiziert werden kann.

Quantitativ jedoch ist die Übereinstimmung unzureichend. Am ehesten würden α-Strahlen der beobachteten Poldistanz der Polarlichter genügen. Doch weisen bestimmte Beobachtungen, die Lage der Bogen im Raum und die Dimension der Strahlenform[1]) darauf hin, daß es negative Ladungen sind, die in die Atmosphäre eindringen. Diese müßten eine unwahrscheinlich hohe Geschwindigkeit, bis auf einige hundert Meter = Lichtgeschwindigkeit, besitzen, um $H\varrho = 10^6$ zu geben. Doch selbst dies angenommen, ergibt sich die neue Schwierigkeit, daß ihre Reichweite zu groß ist, um mit der beobachteten Höhe der Polarlichter vereinbar zu sein. Sie würden bis zu 40 km über dem Boden herabdringen, während die niedrigsten Polarlichter in etwa 90 km Höhe über dem Erdboden enden.

STÖRMER hat in späteren Untersuchungen gezeigt, daß die anfangs vernachlässigte Wirkung der einzelnen Bahnen aufeinander die Übereinstimmung herzustellen vermag. Die Wirkung des Äquatorringstromes auf die polnahen asymptotischen Bahnen führt diese in niedere Breiten hin. Bei passender Wahl der Stromstärke und Entfernung des Ringstromes ergeben jetzt auch Kathodenstrahlen für α-Werte, die der Poldistanz der Polarlichter entsprechen. Die magnetische Wirkung des Ringstromes, auf der Erde gemessen, wird dann von der Größenordnung des Nachstörungsfeldes. Bei der Ausbildung großer magnetischer Störungen wächst die Stromstärke des Ringstromes in der Äquatorebene an, die Polarlichter werden in niedere Breiten hinabgezogen, das Nachstörungsfeld hat eine größere Intensität. Diese beiden letzteren Erscheinungen werden nun in der Tat beobachtet, und man kann gewiß hierin eine gute Stütze der ganzen Theorien erblicken.

Indes bleiben bestimmte quantitative Bedenken bestehen, auf die A. SCHUSTER zuerst hingewiesen hat. Können die eindringenden Strahlen so dicht sein, daß ihre magnetische Wirkung die Störungen erklärt? Die Rechnung zeigt, daß die innere elektrostatische Abstoßung sie auseinandertreiben müßte. Auch ist eine experimentelle Entscheidung über diese Fragen möglich. Die eindringenden Strahlen stellen bewegte Raumladungen dar. Ihre magnetische Wirkung ist

$$\mathfrak{H} = \frac{e\,v\,\sin\varphi}{r^2},$$

ihre elektrostatische

$$\mathfrak{E} = \frac{e\,c^2\,\sin\varphi}{r^2} = \mathfrak{H}\,\frac{c^2}{v}.$$

Für $v = c$ als unterer Grenzwert ergibt sich, daß ein Störungsfeld $\mathfrak{H} = 1000\,\gamma$, wie es tatsächlich beobachtet wird, von einem $\mathfrak{E} = 300$ Volt/m am Boden begleitet sein muß, daß durch die elektrostatische Induktion im Boden noch verdoppelt werden sollte. Eingehende Untersuchungen an luftelektrischen Registrierungen in Samoa ergaben keine Andeutungen dafür, daß der Potentialgradient bei magnetischen Störungen ungewöhnliche Schwankungen zeigt. Bei den Induktionsströmen ist die Raumladung Null und ein elektrostatisches Feld kann nicht erwartet werden.

Auf Grund der SCHUSTERschen Auffassung der Induktionsströme erhebt sich wie bei den täglichen Variationen die Frage nach der Herkunft der Leitfähigkeit und der Luftbewegung. Bei den täglichen Variationen wies ihre Abhängigkeit von der Zenitdistanz der Sonne auf den Ursprung der Leitfähigkeit hin. Die bekannten Druckschwankungen und Gezeitenbewegung der Atmosphäre deuteten an, wo die Bewegungen zu suchen seien. Bei den magnetischen Störungen

---

[1]) Die Polarlichtform der Bogen wird gebildet durch die untere Begrenzung (gegen die Erde hin) eines Eindringungsraumes γ. Die Versuche von BIRKELAND zeigen, daß die schmalen Eindringungsräume der Polarlichter sich spiralförmig um den Pol winden. Die Bogen sind danach ein Teil dieser Spiralen (Abb. 26, 28). Ist die eindringende Ladung negativ, so muß auf der Nordhalbkugel der Erde das Westende des Bogens vom magnetischen Parallelkreis nach Norden abweichen. Das ist nach den Beobachtungen der Fall. Danach entstehen die Polarlichter durch negative Strahlen.

zeigen die Polarlichtverteilung über der Erde, die BIRKELANDschen Experimente und die Berechnung der Strahlenbahnen durch STÖRMER den Weg. Die bei Störungen gesteigerte Ionisation ist durch eine Strahlung veranlaßt, die auch bei der Polarlichtentwicklung wirksam ist. Wie die Ähnlichkeit der täglichen und der geographischen Verteilung beider, der Störungen und Polarlichter zeigt, kann es sich nur um eine Strahlung handeln, die bei beiden Erscheinungen in ähnlicher Weise im Erdfeld abgelenkt wird.

Nach den früheren Darlegungen entspricht das ortzeitliche, von der Breite abhängige Störungssystem weniger einem selbständigen Stromsystem, sondern nur der Verstärkung des allgemeinen Stromsystems an der Abendseite und in polnahen Zonen. Die besondere Anordnung der eindringenden Ladung im Magnetfeld der Erde veranlaßt eine besonders starke Ionisation an der Abendseite und in hohen Breiten, und dadurch eine Verstärkung des allgemeinen Stromsystems dort. Das ortzeitliche Störungssystem verlangt somit keine besondere Luftbewegung. Wir haben also nur nach der Luftbewegung zu fragen, die das allgemeine Störungssystem veranlaßt. Die geographische Verteilung der magnetischen Störungsvektoren gibt hier einen Anhalt. Das allgemeine System besteht aus einer einfachen Schwingung und aus einer plötzlichen Erniedrigung und langsamen Erholung der Intensität (Nachstörung). Die Schwingung wird man Induktionsströmen zuordnen müssen; für die Nachstörung kommt das Ringstromfeld in der Äquatorebene in Betracht.

Bei den Induktionsströmen der Schwingung bleibt eine gewisse Zweideutigkeit bestehen: die magnetischen Störungen können aufgefaßt werden als Wirkung von Induktionsströmen, die entweder entstehen durch horizontale Luftbewegung gegen die vertikale Komponente der magnetischen Kraftlinien, oder durch vertikale Bewegung gegen den horizontalen Anteil. Die Umkehr der Bewegung der magnetischen Störungsvektoren, die in mittleren und niederen Breiten nahe gleichzeitig erfolgt, weist eher auf eine vertikale, überall gleichsinnig und gleichzeitig verlaufende Bewegung (erst abwärts = Anwachsen von H, dann aufwärts = Abnahme von H). Die viel differenziertere Form der Störungssysteme in hohen Breiten verlangt dagegen eher eine horizontale, wirbelförmige und mehr lokal begrenzte Luftbewegung. Es ist zur Zeit schwierig, zwischen beiden zu entscheiden, zumal vermutlich beide gleichzeitig wirksam sind. Der Versuch, den Grund der Bewegung anzugeben, stößt gleichfalls leicht auf physikalische Bedenken. Eins ist jedoch gewiß, daß diese Bewegungen erst beim Eindringen der Ladungen entstehen und nicht etwa schon vorher bestanden. Es liegt nahe, die Abwärtsbewegung und auch die Horizontalbewegung als Druckwirkung der eindringenden Ladung anzusehen. Bei Aufwärtsbewegung kann auch eine Ausdehnung infolge elektrostatischer Aufladung und Abstoßung wirksam sein.

Schon von Beginn der Störung an ist das Nachstörungssystem wirksam, das oft erst nach Ablauf der Schwingungen und lokalen Störungen erkenntlich wird. Es bildet zusammen mit der Hauptschwingung die Ursache des allgemeinen Störungssystems. Es wird vielleicht veranlaßt durch den Ringstrom in der Äquatorebene und wäre dann als eine direkte Stromwirkung bewegter Ladungen anzusehen. Nach Untersuchungen von AD. SCHMIDT über die Nachstörungen ist dies Stromsystem dauernd vorhanden und schwankt nur in seiner Intensität während der Störungen. Die oben ausgesprochenen qualitativen Bedenken sind auch hier vorhanden, wenn auch nicht in dem Maß, wie sie gegen die lokalen Wirbel der BIRKELANDschen polaren Stürme zu erheben sind.

Die obenerwähnte Abhängigkeit des Nachstörungsfeldes von der Poldistanz, nämlich die schnellere Zunahme desselben als nach dem $\sin u$ und ferner das zeitliche Abklingen der Nachstörung nach dem Gesetz der Wiedervereinigung der Ionen deutet darauf hin, daß das Stromsystem der Nachstörung wenigstens zum Teil näher an der Erde liegen muß, als der BIRKELANDsche Ringstrom in der Äquatorebene liegen kann. Im selben Sinne deutet der zu ΔH relativ geringe Störungsbetrag ΔZ der Nachstörungen.

37. Zusammenfassung.

Faßt man den ganzen Erscheinungskomplex des in Abschnitt C behandelten äußeren Störungsfeldes kurz zusammen, so hat man ungefähr folgendes Bild:

In tieferen, festeren Sonnenschichten, die in 30 Tagen rotieren, liegen über mehrere Jahre hindurch unbewegliche Störungszentren. Von Zeit zu Zeit erfolgen Ausbrüche aus diesen Zentren. Die strahlende Substanz wird dabei in ein höheres Sonnenniveau gehoben, wo sie in 27 Tagen rotiert. Diese Vorgänge erscheinen uns als Sonnenflecken. Von ihnen geht eine Strahlung aus, die elektrische Ladungen in die Erdatmosphäre eindringen läßt, und zwar jedesmal dann, wenn der Sonnenfleck durch die Rotation der Sonne in die für seine Wirkung auf die Erde günstige Lage geführt wird, also in Zwischenräumen von 27 Tagen.

Die eindringende Strahlung ordnet sich im Magnetfeld der Erde in besondere Zonen, in zwei polnahe Gürtel und einen Ring in der Äquatorebene. Die polnahen Gürtel sind die Polarlichtzonen; in ihnen kommt die Strahlung — hier vorwiegend negative Strahlung — nahe an die Erdoberfläche heran, bis auf 90 km; und erzeugt in der dichteren Luft die Polarlichter. Der Ring in der Äquatorebene liegt sehr weit außerhalb (10^6 km). Seine magnetische Stromwirkung zieht die Bahnen der Polarlichtstrahlung in niedere Erdbreiten hinab. Auf der Erdoberfläche erzeugt er ein magnetisches Störungsfeld von sehr einfachem Bau proportional dem Sinus der Poldistanz. Dies Ringstromfeld scheint dauernd vorhanden zu sein. Bei großen Störungen wächst seine Intensität stark an und die Polarlichter reichen bis in die Tropen. In den polnahen Eindringungsräumen der elektrischen · Strahlung werden die oberen Luftschichten stark ionisiert, besonders an der Abendseite der Erde. Auch scheint durch das Eindringen der Ladungen eine Luftbewegung zu entstehen, die in Form einer Schwingung verläuft, die die ganze Erde umfaßt. Beides, die gesteigerte Ionisation und die Luftschwingung, ergeben Induktionsströme, deren Stromdichte an der Abendseite der Erde und in hohen Breiten besonders groß ist. Das permanente Magnetfeld der Erde wirkt dabei induzierend. Die magnetische Wirkung dieser Induktionsströme sind die magnetischen Störungen. Zu den primären Strömen in der Atmosphäre gesellen sich sekundäre, induzierte im Boden. In den polaren Gegenden, wo die Eindringungsräume der Strahlung stark mit der Ortszeit variieren und das induzierende Feld besonders inhomogen ist, bilden sich örtlich abgegrenzte Ionisations- und Druckschwankungszentren aus, denen lokale Wirbel — das sind die polaren Störungen — entsprechen.

Literatur.

Neuere zusammenfassende Darstellungen.

AD. SCHMIDT, Erdmagnetismus. Enzyklopädie der mathematischen Wissenschaften VI, 1, B. 10, S. 265. 1917; A. NIPPOLDT, Erdmagnetismus, Erdstrom, Polarlicht. Göschen Nr. 175. 1921; A. NIPPOLDT, Der Erdmagnetismus, in Müller-Pouillets Lehrbuch der Physik und Meteorologie. Bd. IV, S. 1295. 1914; F. AUERBACH, in Grätz, Handbuch des Magnetismus und der Elektrizität. Bd. IV, S. 1055. 1920. Literatur bis 1918.

Zeitschriften.

Terr. Magn. 1896—1926; ZS. f. Geophys. 1924—1926. Braunschweig; Meteorol. ZS. Braunschweig 1883—1926; Gerlands Beiträge zur Geophysik (15 Bände). Leipzig 1887 bis 1926; Wagners Geographisches Jahrbuch, enthält fortlaufende Berichte über erdmagnetische Arbeiten.

B. Das elektromagnetische Feld.

Kapitel 1.

Elektromagnetische Induktion.

Von

SIEGFRIED VALENTINER, Clausthal.

Mit 22 Abbildungen.

a) Grundlegende Tatsachen und allgemeine Theorie.

1. Begrenzung des Inhalts dieses Kapitels. In den wundervollen und noch heutigentags interessanten und lesenswerten „Experimentaluntersuchungen über Elektrizität" von MICHAEL FARADAY[1]) (I. und II., ferner IX. und XI. Reihe) finden wir im wesentlichen alle die Erscheinungen beschrieben, mit denen wir es in dem vorliegenden Kapitel zu tun haben. Freilich können wir, ohne minder umfassend zu sein, auf wenigen Seiten heute den Inhalt der vielen Beobachtungen FARADAYS darstellen, indem wir eine zuverlässige Theorie der beobachteten Vorgänge als Führerin besitzen. Sie erspart uns so manchen Umweg, ermöglicht es uns, so manche Bemerkung des berühmten Forschers, die ihm wichtig scheinen mußte oder konnte, zu unterdrücken. Daß trotzdem der Umfang der Darstellung der Induktionserscheinungen kein geringer ist — man wird sich dessen bewußt, wenn man in dem vorliegenden Kapitel nur einen Teil erkennt von dem, was in dieses auf verschiedene Kapitel des Handbuches verteilte Gebiet gehört —, das liegt einesteils daran, daß eben auf diese Theorie Bezug genommen werden mußte, und andernteils daran, daß selten eine Entdeckung soviel praktische Anwendung gefunden, soviel neue Erkenntnisse ausgelöst hat als gerade die der Induktionserscheinungen von FARADAY im Jahre 1831. Die MAXWELL-HERTZsche, später von LORENTZ u. a. erweiterte Theorie der Elektrizität und des Magnetismus, die die Induktionserscheinungen mit umfaßt, ist in Band XII des Handbuches ausführlich behandelt worden. Hier soll aus ihr Nutzen gezogen werden insofern, als mit ihrer Hilfe die Darstellung der Erscheinungen vereinfacht werden kann. Die vielen Gebiete der Anwendungen aber finden wir in besonderen weiteren Kapiteln besprochen, so daß wir uns hier damit begnügen müssen, auf ihre Möglichkeit hinzuweisen. So ist es die Aufgabe dieses Kapitels, nur den Zusammenhang der grundlegenden Versuche mit der Theorie und daran anschließend die Definition einiger wichtiger, in der messenden Physik und in der Technik viel gebrauchter Begriffe und Größen zu geben.

2. Grundlegende Beobachtungen. Im Jahre 1820 hatte der Kopenhagener Professor OERSTEDT die Entdeckung gemacht, daß der elektrische Strom imstande ist, eine in seiner Nähe befindliche Magnetnadel aus ihrer Ruhelage in

---

[1]) M. FARADAY, Experimental researches in electricity. London 1832 (übers. z. T. von v. OETTINGEN, Ostwalds Klassiker Nr. 81).

der Nord-Südrichtung abzulenken, und Ampère, der die ihm bekannt gewordenen Oerstedtschen Versuche wiederholte und weiterführte, erkannte bald darauf die allgemeinen Gesetze, die der Bewegung des elektrischen Stromkreises im magnetischen Feld zugrunde liegen. Diese neuen Erkenntnisse veranlaßten Faraday, [geboren 1791, zuerst Buchbinderlehrling, später Assistent Davys und seit 1827 bis zu seinem Tode (1867) „Fullerian Professor" an der Royal Institution], insbesondere auch in Verfolgung der Entdeckung des Rotationsmagnetismus von Arago (1824) nach einer Art Umkehr der Oerstedtschen Beobachtungen zu suchen, indem er intuitiv davon überzeugt war, daß, wenn ein vom elektrischen Strom durchflossener Leiter im Magnetfeld einen Antrieb zu einer Bewegung erfahre, auch durch Bewegung eines Leiters im Magnetfeld eine elektrische Strömung im Leiter entstehen müsse. Die anfängliche Erfolglosigkeit seiner Versuche hatte, von den nicht zureichenden Mitteln abgesehen, mit denen er die Versuche anstellte, ihren Grund darin, daß er zunächst nach Ablauf der Bewegung im Magnetfeld, nicht während der Bewegung eine Wirkung nachzuweisen suchte. Erst im Jahre 1831 erkannte er die langvermutete Erscheinung, die er als Induktion bezeichnete und die darin bestand, daß z. B. beim Nähern und Entfernen eines Magneten oder beim Bewegen eines geschlossenen Leiterkreises im Magnetfeld in dem Leiterkreis ein elektrischer Strom auftrat.

3. Induktion, eine Folge des Prinzips der Erhaltung der Energie. Die von Faraday gefühlsmäßig aufgestellte Forderung wird zu einer bewußt gerechtfertigten, wenn man das Prinzip der Erhaltung der Energie auf die Oerstedt-Ampèreschen Beobachtungen anzuwenden versucht, wie H. v. Helmholtz[1]) dies in seiner berühmten Abhandlung aus dem Jahre 1847 getan hat. Die Anwendung dieses Prinzips gestattet sofort, die Regeln über Richtung und Stärke der Induktionsströme anzugeben, und führt zu der Möglichkeit, das Wesentliche der Faradayschen Beobachtungen zu erkennen. Sie sei daher an die Spitze der Darstellung gestellt.

Bewegt sich ein Magnet unter dem Einfluß eines elektrischen Stromes, so muß die potentielle Energie, die er dabei gewinnt, der Energie des Stromes entstammen, wenn, was wir annehmen können und wollen, die Bewegung so stattfindet, daß andere als die elektromagnetischen Kräfte nicht wirksam werden können. Im Zeitelement dt ist die Energie des Stromes J, der infolge einer im Kreis eingeschalteten elektromotorischen Kraft E einer Batterie durch den Leiterkreis mit dem Widerstand W fließt, $J E \cdot dt$, die im Leiter erzeugte Wärmemenge $J^2 W \cdot dt$. Die Differenz der beiden Werte muß gleich sein dem Zuwachs an potentieller Energie des Magneten in bezug auf den Leiterkreis. Diese ist proportional der Stromstärke J, nämlich gleich $\dfrac{1}{c_0} J \dfrac{dP}{dt} dt$, wenn P die potentielle Energie des Magneten in bezug auf den vom Strom 1 durchflossenen Leiterkreis ist und $1/c_0$ eine von den gewählten Einheiten abhängende Konstante. Es gilt also die Gleichung

$$J \cdot E = J^2 W + \frac{1}{c_0} J \frac{dP}{dt} \tag{1}$$

oder

$$J \cdot W = E - \frac{1}{c_0} \frac{dP}{dt}. \tag{2}$$

Das letzte Glied können wir als eine elektromotorische Kraft ansehen, die durch die Bewegung entstanden und nur, solange die Bewegung anhält, vorhanden ist. Sie schwächt den Strom, der bei ruhendem Magnet sich ausbildet, wenn dP

---

[1]) H. v. Helmholtz, Ges. Werke Bd. I, S. 12 (bes. S. 61ff.).

positiv ist, und wirkt also der Zunahme der potentiellen Energie des Magneten entgegen. Sie bezeichnet man als die induzierte elektromotorische Kraft oder EMK der Induktion. Da sie offenbar ganz unabhängig ist von der gerade im Leiter fließenden Stromstärke, muß sie auch auftreten, wenn vor Beginn der Bewegung kein Strom im Leiter vorhanden war. Wir können also aus (2) folgern: Durch die Bewegung eines Magneten gegen einen Leiterkreis wird, wenn sich dadurch P ändert, im Leiter ein Strom induziert von der Stärke

$$\frac{1}{W \cdot c_0}\, \frac{d\,P}{d\,t}\,.$$

Ebenso wird auch bei festgehaltenem Magnet oder festem Magnetfeld in einem bewegten Leiterkreis ein Strom induziert, wenn durch die Bewegung eine Änderung des Potentials eintritt. Hält die Bewegung länger an als ein Zeitelement dt, nämlich die Zeit t hindurch, so entsteht der Strom

$$\int_0^t J\, dt = -\frac{1}{W \cdot c_0}\,(P_t - P_0)\,, \tag{3}$$

woraus ein mittlerer Stromwert

$$J_m = \frac{1}{t}\int_0^t J\, dt = -\frac{1}{W \cdot c_0}\,\frac{P_t - P_0}{t}$$

abgeleitet werden kann.

4. Beispiele der Größe von P. In manchen Fällen können wir für P berechenbare Ausdrücke angeben.

α) Der Magnet sei ersetzt durch eine von einem Strom J' durchflossene Spule; ein Spulenelement sei ds', die Entfernung dieses von einem Element ds des Stromkreises, in dem der Strom induziert wird, sei r. Dann ist nach den Gesetzen der Elektrodynamik das Potential der einen Spule auf die andere:

$$P = J' \iint \frac{ds'\,ds}{r}\cos(ds',\,ds) = J'\,L\,c_0\,. \tag{4}$$

Dieses „NEUMANNsche" Potential des Stromkreises mit der Stärke J' auf einen mit der Stärke 1 kann eine zeitliche Änderung dadurch erfahren, daß J' sich ändert, oder r der verschiedenen Stromkreiselemente oder die Lage derselben. Zur Bestimmung der „Stromsumme" in Gleichung (3) kommt es nur auf die Kenntnis des Anfangs- und des Endwertes von P an, die sich aus Gleichung (4) berechnen lassen. Man bezeichnet das durch c_0 dividierte Doppelintegral L in (4), das offenbar nur von der räumlichen Beschaffenheit (den geometrischen Abmessungen) der beiden Stromkreise abhängt, als den **Koeffizienten der gegenseitigen Induktion**. Aus der mathematischen Form geht unmittelbar hervor, daß der Koeffizient der gegenseitigen Induktion des einen Stromkreises auf den anderen gleich dem des anderen auf den einen ist. Allgemein gilt, wenn L_{ik} der Induktionskoeffizient des Stromkreises i in bezug auf den Stromkreis k ist,

$$L_{ik} = L_{ki}\,. \tag{5}$$

β) Von den beiden Polen des Magneten liege der eine von dem Leiterkreis, in dem ein Induktionsstrom erzeugt werden soll, weit ab, so daß wesentlich nur der eine Pol des Magneten wirksam ist. Hat er die Polstärke m, so sendet er durch den Stromkreis, der von ihm unter dem räumlichen Winkel γ gesehen wird, $m\,\gamma = n$ Kraftlinien, und der Wert des „Potentials" P ist n. Die Änderung der von dem Stromkreis umschlossenen Kraftlinienzahl ist somit maßgebend für die Stromsumme (3).

γ) Der Leiterkreis werde in einem magnetischen Felde bewegt. Die potentielle Energie des magnetischen Feldes, das der Leiterkreis umschließt, bezogen auf den Strom 1 in dem Leiterkreis [also das, was in (1) P genannt worden ist], finden wir, wenn wir bilden[1])

$$\int H_n\,\mu\,df,$$

worin H_n die in Richtung der Normalen des Flächenelementes df fallende Komponente der Feldstärke $\mathfrak{H}$ in df, μ die Permeabilität in df bedeutet, und wobei das Integral über die vom Leiterkreis umschlossene, durch ihn beliebig hindurchgelegte Fläche zu nehmen ist. Gleichung (3) lautet in dem Fall

$$\left.\begin{aligned}\int\limits_0^t J\,dt &= -\,\frac{1}{c_0 W}\int\limits_0^t \frac{d}{dt}\int H_n\,\mu\,df\\[2mm] &= -\,\frac{1}{c_0 W}\int\limits_0^t \frac{d}{dt}\int B_n\,df,\end{aligned}\right\} \tag{6}$$

worin $\mathfrak{B}$ die „magnetische Induktion" genannt wird (s. unten). Machen wir auch hier von der Kraftlinienanschauung, von der in den Kapiteln der vorhergehenden Bände die Rede ist, Gebrauch, so haben wir $B\,df_0$ aufzufassen als die Anzahl der Induktionslinien, die durch das senkrecht zu $\mathfrak{B}$ gelegene Flächenelement df_0 hindurchtreten, $B_n\,df$ als die Zahl der senkrecht durch df hindurchtretenden Induktionslinien, die numerisch gleich ist der in die Normale n von df fallenden Komponente der Induktion $\mathfrak{B}$, multipliziert mit df. Dann lesen wir aus Gleichung (6) ab: Die gesamte induzierte elektromotorische Kraft

$$W\int\limits_0^t J\,dt$$

ist gleich der Gesamtänderung der durch die Fläche f hindurchtretenden Induktionslinienzahl.

5. „Spezifische magnetische Induktion." Aus Gleichung (6) entnehmen wir, daß das Produkt der induzierten elektromotorischen Kraft und der Zeit dt von der Länge des Elementes dt unabhängig ist, wenn nur die Gesamtänderung von $\int B_n\,df$ in diesem Zeitelement denselben Wert behält. Man kann also sagen: Die Zeitsumme der induzierten elektromotorischen Kraft oder der induzierten Spannung ist unabhängig von der Zeitdauer der Änderung von $\int B_n\,df$. Können wir also diese Zeitsumme einwandfrei messen, so haben wir in dieser Messung die Möglichkeit, die Änderung von $\int B_n\,df$ in bestimmten Einheiten anzugeben. Wir nennen $B_n\,df$ die magnetische Induktion durch das Flächenelement df und $\int B_n\,df$ die magnetische Induktion durch die Fläche f, über die das Integral erstreckt wird. Zur Messung von $\int\limits_0^t J\,dt$ verwendet man das ballistische Galvanometer, ein Instrument mit einer Schwingungsdauer des schwingenden Systems, die lang ist im Vergleich zu der Dauer des Stromstoßes, der durch Induktion in

---

[1]) Wir kennzeichnen, wie üblich, die Vektoren mit deutschen Buchstaben, die Beträge in Richtung des Vektors mit lateinischen, die Komponenten der Vektoren in einer bestimmten Richtung durch den gleichen, mit einem die Richtung angebenden Index versehenen. Es ist also z. B.:

$$H_n = (\mathfrak{H}\,\mathfrak{n}),$$

$$H = |\mathfrak{H}|.$$

dem Kreis stattfindet. Bei kleinem t ist der erste Ausschlag eines solchen Galvanometers proportional der hindurchgegangenen Elektrizitätsmenge, unabhängig von der Zeit t, also proportional $\int_0^t J\,dt$. Der Proportionalitätsfaktor kann auf verschiedene Weise bestimmt werden, am einfachsten durch Benutzung eines Stromstoßes von bekannter Intensität. Wir finden somit die Änderung der Induktion z. B. in Voltsekunden und benutzen dieses Maß zur Messung der magnetischen Induktion selbst.

Als „spezifische magnetische Induktion" bezeichnet man die auf die Flächeneinheit bezogene magnetische Induktion an einer Stelle des Raumes in der zu der Flächeneinheit senkrechten Richtung. Sie wird also in Voltsekunden pro Quadratzentimeter zu messen sein und kann prinzipiell gefunden werden dadurch, daß man die Enden einer Drahtschleife, bestehend aus zwei parallelen Drähten, mit einem geeichten ballistischen Galvanometer G verbindet und an der Stelle des Raumes, an der die Induktion durch eine gegebene Fläche gemessen werden soll, zu einer

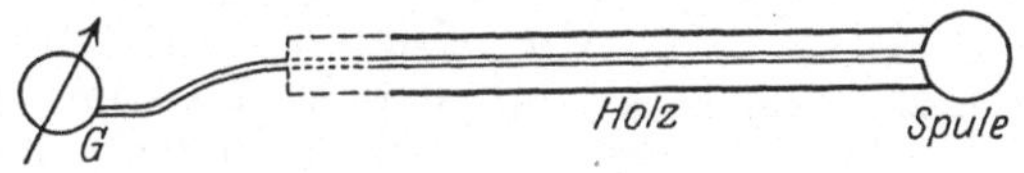

Abb. 1. Probespule.

1 cm² mehr umschließenden Schleife in der gegebenen Fläche erweitert. In der Praxis verfährt man so, daß man eine sog. Prüfspule (Abb. 1), bestehend aus einigen Drahtwindungen, die auf eine kleine Holzscheibe von etwa 1 cm² Fläche aufgewickelt sind und deren Enden zu einem ballistischen Galvanometer G geführt sind, aus der Lage, in der ihre Windungsfläche die Richtung der Induktion $\mathfrak{B}$ enthält, so weit dreht, daß die Windungsfläche mit der Fläche zusammenfällt, durch die die Induktion bestimmt werden soll. Um aus dem auf Voltsekunden reduzierten Galvanometerausschlag die spezifische magnetische Induktion zu berechnen, braucht man die Voltsekundenzahl nur noch durch die Gesamtwindungsfläche der Prüfspule, d. i. die Summe der von den einzelnen Windungen umschlossenen Flächen (s. unten) zu dividieren.

An Stelle der Bezeichnung „magnetische Induktion" durch eine Fläche verwendet man vielfach den Namen „magnetischer Kraftfluß" für die Anzahl von Induktionslinien, die durch die Fläche hindurchgehen. Insofern in Gleichung (1) und (4) nur auf die Begrenzung Bezug genommen wird, muß das Maß der Induktion unabhängig sein davon, welche Fläche wir durch die Begrenzungslinie legen. Auch aus Gleichung (6) geht dies hervor, wenn wir daran erinnern, was in Kapiteln der früheren Bände erörtert worden ist, daß $\mathfrak{B}$ selbst quellenfrei ist, sich also als Rotor eines anderen Vektors darstellen läßt, so daß wir statt des Flächenintegrals ein über die Umrandung der Fläche zu erstreckendes Integral einführen können. Eine Folge hiervon ist, daß die magnetische Induktion durch eine geschlossene Fläche Null sein muß.

Häufig wird der Kraftfluß durch eine Fläche geändert dadurch, daß die von den Leitern umschlossene Fläche infolge einer Verschiebung eines Leiterstückes gegen die übrigen vergrößert oder verkleinert wird. Man sagt dann zuweilen, daß in dem bewegten Leiterstück durch das Schneiden von Induktionslinien eine elektromotorische Kraft induziert wird, oder daß an den Enden des Leiters durch das Schneiden eine Spannungsdifferenz entsteht. Diese Ausdrucksweise ist bequem, aber in manchen Fällen irreführend, indem zur eindeutigen Festlegung der Richtung des induzierten Stromes die Lage der vom Leiter umschlossenen Fläche bekannt sein muß. In der MAXWELLschen Theorie kennt man nur geschlossene Stromkreise. Verbinden wir z. B. die Enden eines im Magnetfeld bewegten Drahtes einerseits mit einem Goldblattelektroskop, andererseits mit Erde, so haben wir uns den Draht zu einem geschlossenen Stromkreis über die Erde durch das Elektroskop ergänzt zu denken.

6. Die Richtung des Induktionsstromes. Um einen speziellen Fall zu fixieren, wollen wir annehmen, ein magnetischer Nordpol befinde sich in der Nähe eines Leiterkreises (Abb. 2). Eine Bewegung des Poles auf den Kreis zu sei verbunden mit dem Eintreten neuer Induktionslinien in den Kreis. Wäre der Kreis von einem Strom durchflossen von einer solchen Richtung, daß ein mit dem Strom schwimmender, nach der Kreismitte blickender Mensch auf den Nordpol durch den ausgestreckten rechten Arm zeigen kann, so entspräche der Bewegung des Poles auf den Kreis zu einer Abnahme an potentieller Energie des Magneten. Das folgt aus den Gesetzen der Elektrodynamik, insbesondere

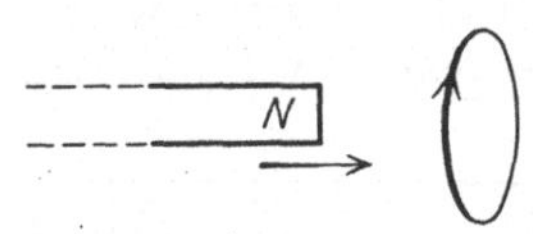

Abb. 2. Richtung des In-
duktionsstromes.

aus der Ampèreschen Schwimmerregel. Der durch diese Bewegung induzierte Strom hat nach Ziff. 3 die entgegengesetzte Richtung eines solchen Stromes. Daraus folgt unmittelbar umgekehrt: Ein Mensch, der in Richtung des induzierten Stromes im Leiter sich befindend denkt und mit dem linken Arm die positive Richtung der Induktionslinien (d. i. die Richtung vom Nordpol fort) weist, sieht die induzierenden Induktionslinien auf sich zukommen.

Folgende hiermit gleichwertige Regeln zur Bestimmung der Stromrichtung sind aufgestellt worden:

1. Der induzierte Strom zeigt eine solche Richtung, daß er die Bewegung, durch die er hervorgerufen wird, infolge der auftretenden elektromagnetischen Kräfte zwischen Strom und magnetischem Feld, zu hindern sucht. [Lenz[1]), 1834, der seinem Gesetz damals folgenden Wortlaut gab: „Wenn sich ein metallischer Leiter in der Nähe eines galvanischen Stromes oder eines Magneten bewegt, so wird in ihm ein galvanischer Strom erregt, der eine solche Richtung hat, daß er in dem ruhenden Drahte eine Bewegung hervorgebracht hätte, die der hier dem Drahte gegebenen gerade entgegengesetzt wäre, vorausgesetzt, daß der ruhende Draht nur in Richtung der Bewegung und entgegengesetzt beweglich wäre."]

2. Die nach der Richtung der Bewegung des Leiters zerlegte Wirkung des induzierenden auf den induzierten Strom ist immer negativ. [F. Neumann[2]), 1845.]

3. Verlaufen die Kraftlinien in der Richtung des ausgestreckten Zeigefingers der rechten Hand und erfolgt die Bewegung in Richtung des Daumens, so hat der Strom die vom Mittelfinger angezeigte Richtung. [J. A. Fleming[3]), 1884: „Rechte-Hand-Regel".]

Von neuem erkennt man aus diesen Regeln, daß man durch Benutzung der Induktionserscheinungen in der Lage ist, mechanische Energie vollständig in elektromagnetische Energie umzuwandeln. Je nach der Richtung der Bewegung eines Stromkreises im magnetischen Feld wird bei dieser Bewegung mechanische Energie in elektrische oder umgekehrt verwandelt; oder: je nach der Richtung des Stromes in einem im magnetischen Feld bewegten Leiterkreis wird durch den Strom mechanische Energie in elektrische oder umgekehrt verwandelt.

Endlich seien hier noch zwei von Faraday angewandte und einige andere auch jetzt noch zuweilen gebrauchte Bezeichnungen angegeben. Faraday nannte die Induktion in Leitern durch Änderung benachbarter Stromkreise

[1]) E. Lenz, Pogg. Ann. Bd. 31, S. 483. 1834; Bd. 34, S. 385, 457. 1835.
[2]) F. Neumann, Berl. Ber. 1845, S. 1.
[3]) J. A. Fleming, Electrician Bd. 14, S. 396. 1884.

oder Ströme „Voltainduktion", die durch Änderung von Magneten „Magnetinduktion". Der Name „elektrotonischer" Zustand, den Faraday anfangs für
das Verhalten im Leiter während der Volta- oder magnetelektrischen Induktion
einführte, wurde schon von ihm selbst als überflüssig erkannt und verworfen,
nachdem er zeigen konnte, daß das Verhalten sich in nichts von dem unterscheidet, das ein Leiter beim Durchgang eines elektrischen Stromes zeigt.
F. Neumann bezeichnete ferner die infolge von Induktion in der Zeit dt durch
einen Leiter fließende Elektrizitätsmenge $J\,dt$ als „Differentialstrom der Induktion" und die in der Zeit t der Gesamtbewegung hindurchfließende $\int\limits_{0}^{t} J\,dt$
als „Integralstrom der Induktion".

**7. Faradays Versuche der Induktion durch Bewegung eines Leiters im
magnetischen Feld.** Die Faradayschen Versuche stellen die Illustration des
Inhalts der Gleichungen (1) bis (3) dar. Die beiden einfachsten Versuchsanordnungen zur Demonstration der Induktion sind die folgenden: Ein Drahtbügel
oder eine Drahtschleife ist mit einem empfindlichen Strommeßinstrument G
(Nadel- oder Drehspulspiegelgalvanometer) verbunden; 1. man nähert diesem
Leiter schnell (im Vergleich zur Schwingungsdauer des Galvanometers) einen
kräftigen Magneten oder entfernt ihn von dem Leiter; oder 2. man öffnet und
schließt einen in der Nähe befindlichen kräftigen Strom; das Galvanometer zeigt
in beiden Fällen einen Stromstoß an.

Verfolgen wir hier zunächst die erste
Versuchsanordnung weiter. Ein Nachweis dafür, daß der Stromstoß, wie die
obigen Gleichungen fordern, nur so
lange dauert, als die Bewegung des
Magneten anhält, läßt sich in dieser

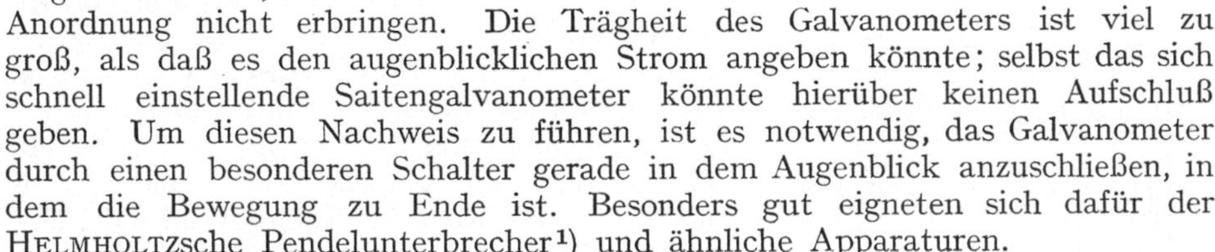

Abb. 3. Induktion bei beweglichem Strombügel.

Anordnung nicht erbringen. Die Trägheit des Galvanometers ist viel zu
groß, als daß es den augenblicklichen Strom angeben könnte; selbst das sich
schnell einstellende Saitengalvanometer könnte hierüber keinen Aufschluß
geben. Um diesen Nachweis zu führen, ist es notwendig, das Galvanometer
durch einen besonderen Schalter gerade in dem Augenblick anzuschließen, in
dem die Bewegung zu Ende ist. Besonders gut eigneten sich dafür der
Helmholtzsche Pendelunterbrecher[1]) und ähnliche Apparaturen.

Faraday benutzte in der angegebenen Versuchsanordnung an Stelle einer
einfachen Drahtschleife eine auf einen Holzzylinder aufgewickelte Drahtspirale,
deren Enden an ein Galvanometer gelegt waren. Wir wissen, daß sich die Wirkung mit der Zahl der Windungen erhöhen muß, da die „Gesamtwindungsfläche" zunimmt. (Die in der einzelnen Windung induzierten elektromotorischen
Kräfte sind sozusagen hintereinandergeschaltet.)

Die wichtigsten Abarten dieser Anordnung beruhen darauf, daß man den
permanenten Magneten durch einen Elektromagneten oder eine von Eisen freie,
vom Strom durchflossene Spule ersetzt, um die Induktion in dem mit dem Galvanometer verbundenen Leiterkreis hervorzurufen.

Eine spezielle, aber besonders zur Messung der magnetischen Induktion
geeignete Versuchsanordnung ist die, daß man den an das Galvanometer angeschlossenen Drahtbügel oder die Drahtspule beweglich macht und durch das
auszumessende Magnetfeld hindurchführt derart, daß der geschlossene Stromkreis (Drahtbügel und Galvanometer) am Ende der Bewegung einen bestimmten
Teil des Magnetfeldes mehr umfaßt als zu Anfang (Abb. 3). Man bewegt ihn
z. B. zwischen den Polen eines permanenten Hufeisenmagneten hindurch. Der

---

[1]) H. v. Helmholtz, Ges. Werke Bd. I, S. 429.

Ausschlag des Galvanometers ist ein Maß des geschnittenen magnetischen Induktionsflusses, den wir in Voltsekunden angeben können, wenn wir den Ausschlag des Galvanometers in diesen Einheiten geeicht haben. In dieser Anordnung läßt sich auch besonders deutlich der Einfluß der Permeabilität μ des Mediums auf den magnetischen Induktionsfluß zeigen. Benutzen wir als induzierenden Körper eine vom Strom J_0 durchflossene, aber eisenfreie Drahtspule, so erhalten wir beim Vorüberbewegen des Drahtbügels über die Stirnfläche der Spule einen bestimmten Galvanometerausschlag α_1; bringen wir in die Spule einen weichen Eisenkern, so ist die magnetische Induktion, auch wenn der Strom J_0 der gleiche

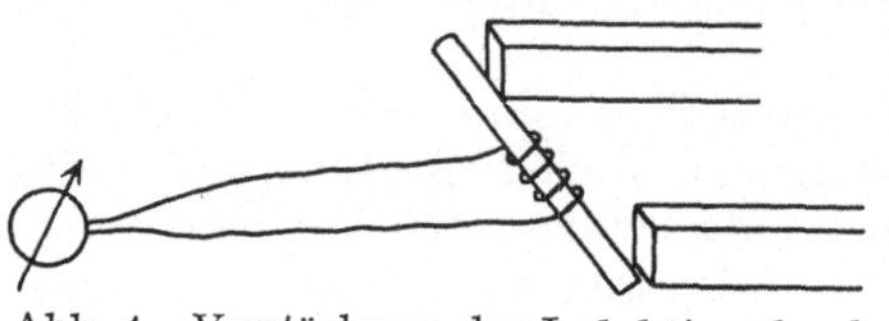

geblieben ist, viel größer, daher auch der zugehörige Galvanometerausschlag $\alpha_2 > \alpha_1$. (Näheres über den „magnetischen Kreis" s. unten.)

Abb. 4. Verstärkung der Induktion durch Eisen.

Erheblich verstärken läßt sich die Wirkung, wie ebenfalls schon FARADAY beschreibt, dadurch, daß man die an das Galvanometer angelegte Induktionsspule selbst mit einem weichen Eisenkern oder einem Bündel Eisendrähten versieht. Infolge der höheren Permeabilität des Eisens werden in die Spule mehr Induktionslinien hineingezogen, als wenn das Eisen nicht vorhanden wäre. FARADAY wickelte z. B. die ans Galvanometer angeschlossene Spule auf den Anker eines permanenten Hufeisenmagneten (Abb. 4) und konnte im Galvanometer einen sehr kräftigen Ausschlag beobachten, wenn er den Anker dem Magneten näherte oder von ihm entfernte.

8. Benutzung des Erdmagnetismus. Eine prinzipiell von den angegebenen Anordnungen nur wenig verschiedene Modifikation bedeutet die Benutzung des erdmagnetischen Feldes zur Erzeugung von Induktionsströmen. Von größter Bedeutung ist sie freilich für die erdmagnetischen Messungen selbst geworden. FARADAY nahm zum Nachweis der Induktion durch das erdmagnetische Feld ein mit Eisenkern versehenes Solenoid, das er zunächst in Richtung der Inklinationsnadel einstellte und dann um 180° drehte; das angeschlossene Galvanometer zeigte einen Ausschlag. Der die Induktion des Erdmagnetismus ausnutzende „Erdinduktor" (Abb. 5), eine auf einen Holzrahmen gewickelte Induktionsspule, deren Achse vertikal und horizontal eingestellt und durch deren Drehung um 180° die Induktion der horizontalen und der vertikalen

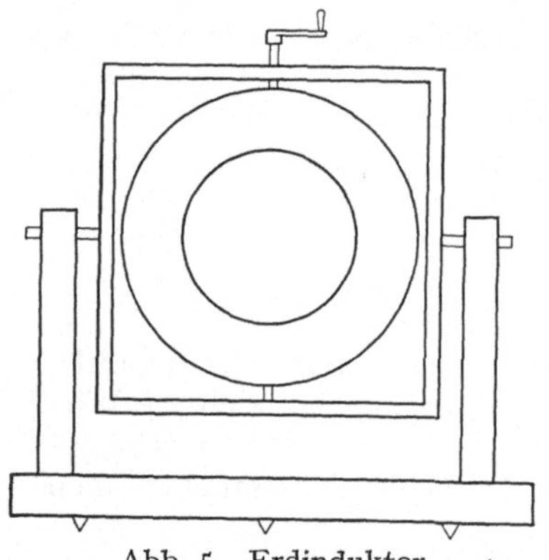

Abb. 5. Erdinduktor.

Komponente der erdmagnetischen Kraft gemessen werden kann, ist ein vielgebrauchtes Instrument geworden, teils zur Messung der Inklination, teils zur Eichung des Ausschlages eines ballistischen Galvanometers bei Stromstößen. — In einem größeren Raum von nicht zu geringer Höhe läßt sich ohne Schwierigkeit die erdmagnetische Induktion zeigen, wenn man einen von der Decke herunterhängenden Draht durch den Raum möglichst senkrecht zur Richtung der erdmagnetischen Kraft bewegt, und die Enden dieses Drahtes mit einem ballistischen Galvanometer leitend verbunden hat. FARADAY schloß die Enden eines auf ein sehr großes Rechteck gespannten Kupferdrahtes an ein Nadelgalvanometer an und konnte bei der Bewegung des Rechtecks aus der Richtung des Erdfeldes in die dazu Senkrechte einen Ausschlag beobachten.

9. Induktionsversuche beim Öffnen und Schließen eines Stromkreises in der Nähe der Induktionsspule. Außer den Versuchen der Induktion durch Nähern und Entfernen eines Magneten hat FARADAY eine große Anzahl von Versuchen angestellt und beschrieben, die die Induktion infolge des Öffnens und Schließens eines Stromkreises in der Nähe der Induktionsspule zeigen. Da das Öffnen und Schließen eines Stromkreises in der Umgebung eine Änderung des magnetischen Feldes hervorbringt, sagen die Versuche nichts Neues. Sie wurden aber von besonderer Wichtigkeit für FARADAY dadurch, daß sie die Regeln für die Richtung der induzierten Ströme finden ließen. Verlaufen die Leiterkreise einander parallel, so zeigt der in dem einen auftretende Induktionsstrom beim Einschalten eines Stromes in dem anderen eine Richtung, die der des induzierenden entgegengesetzt ist, entsprechend den oben für die Richtung von Induktionsströmen angegebenen Regeln. Beim Öffnen zeigt sich ein Induktionsstrom von einer dem induzierenden Strom gleichen Richtung.

Besonders kräftige Wirkung läßt sich auch beim Öffnen und Schließen eines Stromes im benachbarten Kreis erzielen, wenn der induzierende Strom eine Spule (nicht nur eine Windung) durchfließt, und gar wenn diese Spule einen Eisenkern enthält. FARADAY teilt solche Versuche mit, darunter den, bei dem auf einen Eisenring zwei Spulen aufgewickelt sind, von denen die eine an ein Galvanometer gelegt ist, während die andere an eine Batterie angeschlossen werden kann.

Eine überaus wichtige Anwendung dieser Anordnung ist der Funkeninduktor und der Transformator, Apparate, die im wesentlichen aus zwei auf einen Eisenkern gewickelten Spulen bestehen. Die eine der beiden Spulen, die meist weniger Windungen aus dickerem Kupferdraht enthält als die andere, die sog. primäre Spule, wird bei Inbetriebnahme des Induktors über einen WAGNERschen Hammer oder einen anderen Unterbrecher an eine kräftige Batterie oder ohne Unterbrecher an eine Wechselstromquelle gelegt. Das Öffnen und Schließen des Stromes durch den Unterbrecher oder der Wechsel der Stromrichtung bei Benutzung einer Wechselstromquelle erzeugt in der zweiten Spule, der sekundären, falls ihre Enden leitend verbunden sind, einen Induktionsstrom, falls sie offen ist, an den Enden eine Wechselspannung, die zu einem Funkenübergang führen kann, wenn die Enden sich nahe gegenüberstehen.

10. Selbstinduktion. Extraströme. Wenn in einem Leiterkreis irgendwelcher Gestalt ein elektrischer Strom entsteht, so treten durch die von ihm umschlossene Fläche Induktionslinien hindurch, die vorher nicht vorhanden waren, und rufen in dem geschlossenen Stromkreis einen Induktionsstrom hervor. Auch diesen Fall von Induktion, die Induktion eines Leiters auf sich selbst oder die Selbstinduktion beobachtete bereits FARADAY. Nach den früher angegebenen Regeln wird dieser Induktionsstrom dem ihn erzeugenden entgegengesetzt gerichtet sein. Auch beim Ausschalten eines Stromes muß eine Induktionswirkung auftreten infolge der durch das Ausschalten hervorgerufenen Änderung des magnetischen Feldes. Die Richtung dieses Stromes bzw. der an der Öffnungsstelle sich ausbildenden Spannungsdifferenz muß die des verschwindenden Stromes sein, und die Folge der Spannungsdifferenz ist unter Umständen eine lebhafte Funkenbildung an der Öffnungsstelle. Man nennt die beim Öffnen und Schließen eines Stromes im eigenen Kreis induzierten Ströme „Extraströme" und im besonderen „Öffnungs-" und „Schließungsstrom". Ebenso wie beim Öffnen und Schließen muß ein Induktionsstrom auch beim Schwächen und Verstärken eines Stromes im Leiterkreis entstehen von einer Richtung, die die Änderung des Stromes zu hemmen, zu verlangsamen sucht.

Zuerst wurden die Extraströme von Jenkin[1]) beobachtet, der heftige physiologische Wirkungen verspürte, als er die Enden der Spule eines Elektromagneten beim Öffnen des durch die Spule hindurchfließenden Stromes berührte. Faraday untersuchte diese Extraströme eingehend und fand in Übereinstimmung mit den bisherigen Resultaten seiner anderen Induktionsversuche sehr kräftige Wirkungen, wenn in der Leitung Spulen hoher Windungszahl, besonders mit Eisenkern, sich befanden. Eine der beliebtesten Methoden, die Extraströme zu zeigen, ist die folgende: Man legt einer Spule, die an eine Batterie angeschlossen werden kann, ein Galvanometer parallel (Abb. 6). Beim Einschalten erfährt

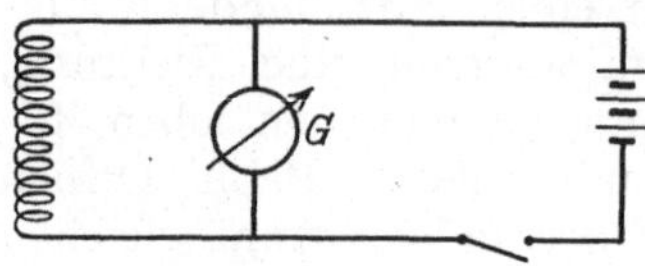

Abb. 6. Zum Nachweis der Selbstinduktion.

das Galvanometer einen Stromstoß und zeigt dadurch einen Ausschlag, welcher über den hinausgeht, der sich nach dem Einschalten bleibend einstellt. Denn beim Einschalten wird an den Enden der Spule eine dem induzierenden Strom entgegenwirkende elektromotorische Kraft erzeugt, so daß in der Spule ein Strom sich ausbildet, der kleiner ist, als nach dem Ohmschen Gesetz sich aus eingeschalteter Spannung und Ohmschem Widerstand berechnen läßt; die Spule zeigt einen größeren Widerstand als nach dem Einschalten (im stationären Zustand), so daß durch den Galvanometerzweig während des Einschaltens mehr Strom fließen muß als nach demselben. Beim Ausschalten wird durch die Selbstinduktion an den Enden der Spule eine Spannung induziert von der Richtung der Spannung des induzierenden Stromes. Sie kann sich nach Abschalten der Batterie nur durch das Galvanometer ausgleichen und ruft in ihm einen dem stationären entgegengesetzt gerichteten Ausschlag hervor. — Schließt man ein Strommeßinstrument direkt in den Stromkreis zwischen Batterie und Spule ein, so kann man die Verzögerung leicht beobachten, die infolge der Selbstinduktion der Spule die endgültige Einstellung des Galvanometers zeigt. Um den Effekt deutlich sichtbar zu machen, verwende man an Stelle einer einfachen eisenfreien Spule die eines großen Elektromagneten. Auch beim Herunterschalten des Stromes stellt sich der niedrigere endgültige Stromwert nur langsam ein.

11. Zur Demonstration der Extraströme. Weitere eindrucksvolle Versuche zur Demonstration der Extraströme sind die folgenden:

α) An eine kräftige Batterie ist ein großer Elektromagnet angeschlossen; ihm parallel liegt ein dünner Platindraht; durch Vorschaltwiderstände ist die Stromstärke so einreguliert, daß ein schwaches Glühen des Platindrahtes eintritt; bei schnellem Abschalten der Batterie versprüht der Platindraht infolge der durch die Selbstinduktion an den Enden der Elektromagnetspule auftretenden induzierten Spannung (Faraday, 1835). — β) Der aus Batterie und Elektromagnet bestehende Stromkreis ist über einen Quecksilberkontakt geschlossen, so daß der Strom durch Herausziehen eines Drahtes aus dem Quecksilber geöffnet werden kann; durch einen Umschalter kann statt des Elektromagneten ein Draht möglichst geringer Selbstinduktion (gerader Draht) von gleichem Ohmschen Widerstand eingeschaltet werden. Dann kann man leicht den Unterschied des Funkens beim Öffnen mit Elektromagnet und mit geradem Draht erkennen (d. h. beim Öffnen mit und ohne Selbstinduktion); im ersteren Fall kräftige Funkenbildung, im zweiten äußerst unscheinbare.

Eine große Zahl praktischer Anwendungen gehören mehr in das Gebiet der Elektrotechnik als in das der Physik und können daher hier übergangen werden.

---

[1]) Ch. Jenkin, On the influence by induction of an electric current on itself. 1834.

Über den genauen zeitlichen Verlauf des Stromes beim Ein- und Ausschalten, Verstärken und Schwächen desselben oder eines in der Nähe befindlichen s. Ziff. 52ff.

12. Experimentelle Prüfung der Induktionsgesetze. Bereits frühzeitig wurden die von FARADAY mitgeteilten Induktionsgesetze von anderen Forschern sorgfältig nachgeprüft und bestätigt. Es handelte sich bei diesen Untersuchungen außer um die Prüfung der Richtung des Stromes noch um den Nachweis, daß entsprechend der Gleichung (1) die Elektrizitätsmenge, die infolge der Induktion durch den Leiterkreis im ganzen hindurchfließt, proportional der Änderung der magnetischen Energie und unabhängig von der Zeit der Änderung ist, und daß sie ferner unabhängig ist von der geometrischen Gestalt der Spule, wenn die Änderung der magnetischen Energie die gleiche bleibt, ferner daß sie unabhängig ist von dem Material, aus dem die Leiter des Kreises bestehen, falls ihr Gesamtwiderstand derselbe ist. LENZ[1]) zeigte 1835 die Proportionalität der induzierten elektromotorischen Kraft mit der Windungszahl einer Spule bei der Magnetinduktion, FELICI[2]) und GAUGIN[3]) in den fünfziger Jahren das gleiche bei der Voltainduktion. Besondere Erwähnung verdienen ferner die sorgfältigen Messungen von W. WEBER[4]) 1846 und von H. v. HELMHOLTZ[5]) 1851.

13. Koeffizient der gegenseitigen Induktion und Selbstinduktionskoeffizient und ihre Einheiten. Es mögen sich zwei unveränderliche Leiterkreise im Raume in Ruhe befinden, ein primärer (Index 1), in dem eine Batterie einen konstanten Strom liefert, und ein sekundärer (Index 2), in den zum Nachweis eines Induktionsstromes ein Galvanometer eingeschaltet sein mag. Nach Gleichung (4) ist, wenn wir das durch c_0 dividierte Doppelintegral mit L_{12}, den Koeffizienten der gegenseitigen Induktion, bezeichnen:

$$\int_0^t J_2 W_2\, dt = \int_0^t E_2\, dt = -L_{12}\{(J_1)_t - (J_1)_0\}. \tag{7}$$

Als Einheit des nur von der gegenseitigen Lage und geometrischen Beschaffenheit der Kreise abhängenden Koeffizienten der gegenseitigen Induktion wird man zweckmäßig den Wert der Größe L_{12} wählen (und hat dies auch getan), der bei einer Stromänderung von 1 Ampere eine magnetische Induktion von 1 Voltsekunde erzeugt. Diese Einheit wird nach J. HENRY (1797—1878), der sich seit 1827 mit elektromagnetischen Erscheinungen erfolgreich beschäftigte und schon vor FARADAY Wirkungen beobachtet hatte, die auf der Selbstinduktion von Spulen beruhen,

1 Henry

genannt. Benutzt man zur Ableitung der Einheit des Induktionskoeffizienten an Stelle der praktischen (technischen) Strom- und Spannungseinheiten die des elektromagnetischen Maßsystems, dann finden wir zufolge der obigen Forderung, daß die Einheit des Induktionskoeffizienten bei Änderung der Stromstärke um die Einheit das Integral der linken Seite zu 1 machen soll, wegen

$$[L_{12}] = \frac{[l^{\frac{3}{2}} m^{\frac{1}{2}} t^{-1}]}{[l^{\frac{1}{2}} m^{\frac{1}{2}} t^{-1}]} = [l]$$

[1]) E. LENZ, Pogg. Ann. Bd. 34, S. 385, 457. 1835.
[2]) R. FELICI, Ann. chim. phys. (3) Bd. 34, S. 64. 1852; Bd. 39, S. 222. 1853.
[3]) J. M. GAUGIN, C. R. Bd. 39, S. 909, 1023. 1854.
[4]) W. WEBER, Elektromagnetische Maßbestimmungen, S. 269, 334. 1846.
[5]) H. v. HELMHOLTZ, Ges. Werke Bd. I, S. 429, 545.

als Einheit 1 cm, wie es sich auch unmittelbar aus der Dimension des Doppelintegrals ergibt, und es ist

$$1 \text{ Henry} = 10^9 \text{ cm}. \tag{8}$$

Statt „Henry" ist auch „Quadrant" als Bezeichnung der technischen Einheit in Gebrauch in Anbetracht dessen, daß 10^9 cm angenähert ein Viertel des Erdmeridians ist.

In analoger Weise werden wir als Koeffizienten der Selbstinduktion eines Leiterkreises definieren:

$$L = \frac{1}{c_0} \iint \frac{ds'\, ds}{r} \cos(ds',\, ds)\ ^1), \tag{9}$$

worin die Integrale über den gleichen Leiterkreis auszudehnen sind, und als Einheit wird die Größe des Integrals gelten, bei der die Änderung der Stromstärke um die Einheit die durch die Induktion entstehende „Zeitsumme der Spannung" zur Einheit macht.

14. Induktionskoeffizienten einzelner Leiterstücke. In sehr vielen Fällen läßt sich freilich nicht durch die Formel (4) oder (9) der Koeffizient der gegenseitigen oder Selbstinduktion berechnen und (nach Multiplikation mit 10^{-9}) in Henry angeben. Immer schon dann nicht, wenn Material von anderer Permeabilität als der des Vakuums oder evtl. der der Luft in der Nähe der Leiterteile sich befindet; denn dann ist das magnetische Potential eines Stromkreises auf einen Leiterkreis nicht durch die Formel (4) ausgedrückt. An der Definition der Einheit der Induktionskoeffizienten können wir aber trotzdem immer dann noch festhalten, wenn es sich bei dem induzierenden Körper (wie bei dem induzierten) um einen Stromkreis handelt. Eine Änderung der Stromintensität im induzierenden Kreis um die Einheit erzeugt in dem induzierten Leiterkreis die Einheit der magnetischen Induktion, wenn der Koeffizient der Induktion 1 ist. Oder der Koeffizient der Induktion ist das Verhältnis   · Zeitsumme der induzierten Spannung im induzierten Leiterkreis zu der Änderung der Stromstärke im induzierenden Stromkreis:

$$L_{12} = \frac{\int\limits_0^t E_2\, dt}{(J_1)_t - (J_1)_0}. \tag{10}$$

Ganz allgemein gilt auch dann

$$L_{12} = L_{21}. \tag{11}$$

Entsprechend ist

$$L_{11} = \frac{\int\limits_0^t E_1\, dt}{(J_1)_t - (J_1)_0}. \tag{12}$$

Die Integrale (4) und (9) sind auf geschlossene Leiterkreise auszudehnen, und so beziehen sich die Induktionskoeffizienten zunächst auf geschlossene Kreise. Da sie aber als Summen von Teilen betrachtet werden können, die sich auf die einzelnen Leiterstücke beziehen, spricht man auch von dem Induktionskoeffizienten eines Leiters auf einen anderen oder auf sich selbst, von den

---

^{1}) Es ist $c_0 = 1$, wenn die EMK · Zeit und die zeitliche Stromänderung, deren Quotient L ist, in dem elektromagnetischen CGS-Maß gemessen sind; $c_0 = 10^9$ cm/Henry, wenn die elektrischen Größen in technischem Maß (Volt, Ampere) angegeben werden; $c_0 = c = 3 \cdot 10^{10}$ cm/sec^1, wenn man das „gemischt elektrostatisch-elektromagnetische" Maßsystem verwendet, nämlich die EMK im elektrostatischen, die die Induktionslinienzahl ändernde Stromstärke im elektromagnetischen Maß angibt; $c_0 = c^2 = 9 \cdot 10^{20}$ cm^2/sec^2, wenn alle Größen im elektrostatischen CGS-Maß gemessen werden (s. Anm. Ziff. 16).

Induktionskoeffizienten von Spulen zueinander, und von den Selbstinduktions-koeffizienten von Spulen usw. Man kann das prinzipiell auch ohne Rücksicht darauf, ob man dieselben durch Berechnung von Ausdrücken wie (4) und (9) auswerten kann oder nicht, also auch, wenn man z. B. eine mit einem Eisen-kern versehene Spule vor sich hat. Würde es sich um die Bestimmung der Selbstinduktion dieser Spule handeln, so müßte man nur die Enden der Spule durch einen Leiter verbinden, dessen Induktion auf die Spule und dessen Selbst-induktion möglichst klein und wenigstens angenähert berechenbar ist, dann nach Gleichung (12) experimentell L_{11} des ganzen Kreises bestimmen und davon die doppelte gegenseitige Induktion des Hilfsleiters auf die Spule und die Selbst-induktion des Hilfsleiters abziehen.

Will man die gegenseitige und die Selbstinduktion der Zuleitungen herab-drücken, so wird man Hin- und Rückleitung möglichst nahe nebeneinander führen. Die gegenseitige Induktion von Spulen wird man durch geneigte Stel-lung derselben zueinander auf ein möglichst geringes Maß herunterzudrücken versuchen. Es geht aus dem Gesagten hervor, wie sorgfältig man auf die Lage und das Vorhandensein aller einzelnen Teile eines Stromkreises achten muß, wenn man die Induktion eines Kreises durch Messung der Induktion in den einzelnen Teilen bestimmen will.

15. Zur Messung von Induktionskoeffizienten. Die verschiedenen experi-mentellen Methoden der Bestimmung der gegenseitigen Induktion und der Selbstinduktion einzelner Leiter werden in Band XVI besprochen. Hier sei nur darauf hingewiesen, daß zum Vergleich veränderliche Selbstinduktionsspulen gebraucht werden, deren es verschiedene Formen gibt. In der Regel bestehen die sog. „Variometer" oder „Variatoren" aus zwei gegeneinander parallel ver-schiebbaren oder zueinander verdrehbaren Spulen (Flach- oder Zylinderspulen), deren Bewegung eine Veränderung der Selbstinduktion in weiten Grenzen mög-lich macht, z. B. zwischen $0,4 \cdot 10^6$ bis $1,20 \cdot 10^6$ cm[1]). Soll die Veränderung noch weiter möglich sein, so benutzt man Sätze von Induktionsrollen, die durch Stöpselung, den Rheostaten ähnlich, hintereinandergeschaltet werden können. Selbstinduktionsnormalen haben nach WIEN zweckmäßig die Form einer kurzen, flachen Spule mit quadratischem Wicklungsquerschnitt, die auf sehr festes Material — man verwendet meist Marmor, zuweilen, besonders für technische Bedürfnisse genügend, Serpentin, das den Nachteil[2]) einer wenn auch geringen, aber veränderlichen Permeabilität hat — gewickelt ist. Die unveränderliche Lage der Wicklungen wird durch Einbetten in Paraffin gewährleistet. Um Stromverdrängung (Haut- oder Skineffekt s. unten) bei hochfrequenten Wechsel-strömen auszuschalten, benutzt man zur Bewicklung neuerdings nicht massiven Draht[3]), sondern fein unterteilte Litze, die einen gewissen Drall zeigt, so daß die einzelnen Fasern nicht immer die gleiche Lage im Bündel haben. Bei der Herstellung der Normalrollen muß ferner sehr sorgfältig darauf geachtet werden, daß keine Isolationsfehler bestehen oder sich einstellen können.

Auch Normale der gegenseitigen Induktion sind konstruiert worden. Man hat Anordnungen der primären und sekundären Spule hier bevorzugt, die eine verhältnismäßig leichte Berechnung der Größe der Induktion gestatten, und es sind im wesentlichen drei Formen vorgeschlagen worden: 1. zwei möglichst gleiche, kurze, weite Spulen auf demselben Marmorkern; 2. eine verhältnismäßig lange einlagige Spule von kleinem Durchmesser als primäre Spule, auf deren Mitte die aus zahlreichen Windungen bestehende sekundäre Spule aufsitzt;

---

[1]) M. WIEN, Wied. Ann. Bd. 57, S. 249. 1896.
[2]) E. B. ROSA, Bull. Bur. of Stand. Bd. 1, S. 337. 1905.
[3]) F. DOLEZALEK, Ann. d. Phys. Bd. 12, S. 1142. 1903.

3. zwei einlagige, ebenfalls koaxiale und symmetrisch gelegene Spulen, deren äußere primäre die innere sekundäre an Länge und Querschnitt wesentlich übertrifft, so daß die innere innerhalb einer Kugel liegt, deren Radius dem der äußeren Spule gleich ist, und deren Mittelpunkt mit dem beider Spulen zusammenfällt. Genaue Angaben über ein neugebautes, sehr sorgfältig hergestelltes und berechnetes Normal der gegenseitigen Induktion von 0,01 Henry finden sich in einer Arbeit von Dye [1]).

Um Selbstinduktion in Widerstandsrollen zu vermeiden, werden die Drähte entweder bifilar aufgewickelt oder nach Chaperon [2]) unifilar, aber so, daß die einzelnen Lagen in entgegengesetzter Richtung vom Strom durchflossen werden.

Über Berechnung von Induktionskoeffizienten s. Ziff. 23 ff. und Band XVI.

16. Die Induktion in der Maxwell-Hertzschen Theorie. In der Maxwell-Hertzschen Theorie finden die Induktionserscheinungen im allgemeinen durch das zweite Tripel der Maxwellschen Gleichungen ihren Ausdruck. Wir schreiben es in der Form (s. Bd. XII, Kap. 1 [3])]

$$\int \mathfrak{E}\, d\mathfrak{s} = \int E_s\, ds = -\frac{1}{c}\frac{d}{dt}\int B_n\, df \tag{13}$$

oder in Differentialform

$$\operatorname{rot}\mathfrak{E} = -\frac{1}{c}\frac{d\mathfrak{B}}{dt}, \tag{14}$$

worin $\mathfrak{E}$ die an der Stelle x, y, z des Raumes vorhandene elektrische Feldstärke oder elektromotorische Kraft, $\mathfrak{B}$ die magnetische Induktion bedeutet. c ist die durch die Anwendung des elektromagnetischen Maßsystems auf der rechten Seite der Gleichung [vgl. Gleichung (6) und Anm. 1, Ziff. 14) eintretende Konstante — die Lichtgeschwindigkeit im Vakuum. Das Integral auf der linken Seite der Gleichung (13) ist auf eine geschlossene Kurve s zu erstrecken, die die Fläche umrandet, über die das Integral der rechten Seite zu nehmen ist. Dabei ist es zulässig, daß die Kurve s nicht völlig innerhalb eines Leiters verläuft, sie kann auch ganz oder teilweise durch ein Dielektrikum gelegt werden. Ferner gelten die Gleichungen für Körper, unabhängig davon, ob sie sich gegenüber einem beliebig vorgelegten Koordinatensystem in Ruhe oder in Bewegung befinden. Freilich besteht für bewegte Körper nicht mehr die für ruhende Körper geltende, einfache Beziehung zwischen der magnetischen Induktion $\mathfrak{B}$, der magnetischen Feldstärke $\mathfrak{H}$ und der Permeabilität μ des Mediums

$$\mathfrak{B} = \mu\,\mathfrak{H}, \tag{15}$$

---

[1]) D. W. Dye, Proc. Roy. Soc. London (A) Bd. 101, S. 315. 1922.

[2]) S. Chaperon, C. R. Bd. 108, S. 799. 1889.

[3]) Die Verfasser der allgemeinen Theorie der Elektrizität und des Magnetismus haben, wie sie mir freundlicherweise mitteilten, die Hauptgleichungen der Elektrodynamik in der Form benutzt, wie sie von E. Madelung in „Die mathematischen Hilfsmittel des Physikers" aufgeschrieben sind, nämlich mit Verwendung des allerdings nicht besonders zweckmäßigen „gemischt elektrostatisch-elektromagnetischen" Systems der Einheiten „ursprünglicher" Form der elektrischen und magnetischen Größen. Um mit ihren Artikeln auch formal in Übereinstimmung zu bleiben, habe ich im vorliegenden daran festgehalten. Danach ist im freien Raum die mechanische Kraft zwischen zwei magnetischen bzw. elektrischen Mengen $m\,m'$ in der Entfernung r voneinander

$$K = \frac{m\,m'}{r^2}$$

und $\mathfrak{B} = \mathfrak{H}$; $\mathfrak{B}$ ist anzugeben in „Gauß", $\mathfrak{E}$, die elektrische Feldstärke, im elektrostatischen Maß (vgl. H. A. Lorentz, Enzykl. d. math. Wiss. Bd. V, 2. Teil, S. 83. 1903).

wie HERTZ annahm, sondern eine Beziehung, in die die Geschwindigkeit des bewegten Systems eingeht. Sie zeigt in den verschiedenen Ansätzen der Erweiterung der MAXWELL-HERTZschen Theorie voneinander abweichende Form. Praktisch merkbar werden die Abweichungen allerdings nur, wenn die Geschwindigkeit $\mathfrak{v}$ gegenüber der Lichtgeschwindigkeit Werte annimmt, daß das Quadrat des Verhältnisses der Geschwindigkeiten eine Rolle spielen kann. Dürfen wir davon absehen, so können wir z. B. mit LORENTZ statt der Annahme (15) schreiben:

$$\mathfrak{B} = \mu\,\mathfrak{H}' + \frac{1}{c}\,[\mathfrak{v}\,\mathfrak{E}]\,, \tag{16}$$

worin sich der gestrichelte Buchstabe auf ein mit dem Körper bewegtes Koordinatensystem bezieht, die nicht gestrichelten auf das ruhende. (Entsprechend haben wir für den elektrischen Vektor $\mathfrak{D}$, die dielektrische Verschiebung, zu setzen statt $\mathfrak{D} = \varepsilon\,\mathfrak{E}'$:

$$\mathfrak{D} = \varepsilon\,\mathfrak{E}' - \frac{1}{c}\,[\mathfrak{v}\,\mathfrak{H}]\,, \tag{17}$$

was in Rücksicht auf die weiter unten näher zu beschreibenden Induktionsversuche von BLONDLOT und von WILSON mit Benutzung eines Dielektrikums im Leiterkreise hier mit angemerkt sei.)

Zunächst ist sofort zu sehen, daß unsere früheren Gleichungen (1) bis (6) spezielle Fälle der Gleichung (13) sind. Ist die Kurve s des Integrals der linken Seite von (13) durch einen linearen geschlossenen Leiterkreis bestimmt, so ist

$$\int \mathfrak{E}\,d\mathfrak{s} = E_s = J_s \cdot W_s$$

die in dem Leiterkreis induzierte gesamte elektromotorische Kraft, dessen Zeitsumme gleich der Änderung der magnetischen Induktion durch die Fläche f in der Zeit 0 bis t ist.

Ferner sei hier nochmals darauf hingewiesen, daß es gleichgültig ist, wie man die Fläche durch die Umrandungskurve s hindurchlegt. Da wir annehmen, daß es wahren Magnetismus nicht gibt, so ist

$$\operatorname{div}\mathfrak{B} = 0\,, \tag{18}$$

weshalb wir $\mathfrak{B}$ als den Rotor eines anderen Vektors $\mathfrak{A}$ darstellen können. Nach dem STOKESschen Satz ist aber

$$\int \operatorname{rot}\mathfrak{A} \cdot d\mathfrak{f} = \int \mathfrak{A}\,d\mathfrak{s}\,.$$

Für eine geschlossene Fläche, für die also $s = 0$ ist, verschwindet

$$\int \mathfrak{A}\,d\mathfrak{s} = \int \operatorname{rot}\mathfrak{A} \cdot d\mathfrak{f} = \int \mathfrak{B} \cdot d\mathfrak{f}\,, \tag{19}$$

und damit ist bewiesen, daß die magnetische Induktion oder der Induktionsfluß durch irgendeine Fläche, die von ein und derselben Randkurve begrenzt ist, den gleichen Wert haben muß.

17. Zerlegung der Änderung der Induktion in zwei Teile. Die Änderung der magnetischen Induktion durch die Fläche f kann (wie bereits in Ziff. 5 erwähnt) zweierlei Ursachen haben. Sie kann in der zeitlichen Änderung der Induktion $\mathfrak{B}$ selbst und in der Änderung der Umrandung der Fläche bestehen. Wir können dementsprechend in der rechten Seite von (13) schreiben:

$$\begin{aligned}
\frac{d}{dt}\int \mathfrak{B} \cdot d\mathfrak{f} &= \int\!\!\int \left\{\frac{\partial \mathfrak{B}}{\partial t} + \mathfrak{v}\operatorname{div}\mathfrak{B} + \operatorname{rot}[\mathfrak{B}\,\mathfrak{v}]\right\} d\mathfrak{f} = \int \frac{\partial \mathfrak{B}}{\partial t}\,d\mathfrak{f} + \int \operatorname{rot}[\mathfrak{B}\,\mathfrak{v}]\,d\mathfrak{f} \\
&= \int \frac{\partial \mathfrak{B}}{\partial t}\,d\mathfrak{f} + \int [\mathfrak{B}\,\mathfrak{v}]\,d\mathfrak{s}\,,
\end{aligned} \tag{20}$$

wenn $\mathfrak{v}$ die Geschwindigkeit des Leiterelementes $d\mathfrak{s}$ ist, wobei wir zunächst annehmen wollen, daß die Geschwindigkeit sich vom Element $d\mathfrak{s}$ zum Nachbarelement stetig ändert. (Das findet z. B. nicht statt bei Gleitflächen, die bei der sog. Unipolarinduktion eine Rolle spielen, die deshalb besonders betrachtet werden müssen.) Mit Rücksicht auf Gleichung (18) kann man statt des zweiten Gliedes der rechten Seite (20) auch schreiben:

$$\int \mathrm{rot}\,[\mathfrak{B}\,\mathfrak{v}] \cdot d\mathfrak{f},$$

so daß Gleichung (13) die Form annimmt:

$$\int \mathfrak{E}\,d\mathfrak{s} = -\frac{1}{c}\int \left\{\frac{\partial \mathfrak{B}}{\partial t} + \mathrm{rot}\,[\mathfrak{B},\mathfrak{v}]\right\} d\mathfrak{f}, \tag{21}$$

die in Differentialform lautet:

$$\mathrm{rot}\,\mathfrak{E} = -\frac{1}{c}\left\{\frac{\partial \mathfrak{B}}{\partial t} + \mathrm{rot}\,[\mathfrak{B},\mathfrak{v}]\right\}. \tag{22}$$

Von den beiden Gliedern der rechten Seite bezieht sich das erste auf die zeitliche Änderung der Induktion selbst. Durch geeignete Wahl des Bezugssystems kann zuweilen erreicht werden, daß dieses Glied fortfällt. Dann geht aus (22) hervor

$$\mathfrak{E} = \frac{1}{c}\,[\mathfrak{v}\,\mathfrak{B}] - \nabla \varphi, \tag{23}$$

worin φ eine zunächst willkürliche, für jedes spezielle Problem aber durch die Nebenbedingungen zu bestimmende Funktion der Koordinaten ist, die bei der Integration über eine geschlossene Kurve fortfällt.

Zur erschöpfenden Darstellung der Induktionsvorgänge im elektromagnetischen Feld reicht häufig die Behandlung des zweiten Tripels der Maxwellschen Gleichungen allein nicht aus. Speziell wenn man es mit veränderlichen Strömen zu tun hat, werden beide Tripel gleichzeitig behandelt werden müssen, will man in einem vorgegebenen Problem über die Vorgänge im elektromagnetischen Feld Aufschluß erhalten. Die Berücksichtigung des ersten Tripels wird aber dann verhältnismäßig einfach, wenn man es mit Problemen zu tun hat, in denen man von den Verschiebungsströmen absehen kann, d. h. in denen die Verschiebungsströme gegenüber den Leitungsströmen zu vernachlässigen sind. Bei veränderlichen Strömen (die doch gerade bei den Induktionserscheinungen eine Rolle spielen) treten in Wirklichkeit immer Verschiebungsströme auf, die aber außer Betracht bleiben können, wenn man es nicht mit rasch wechselnden Strömen und Feldern oder mit Strömen in „offenen" Stromkreisen zu tun hat. Wir beschränken uns im folgenden, abgesehen von den in Ziff. 37 bis 40 untersuchten Fällen, auf die Vorgänge, in denen die Verschiebungsströme unberücksichtigt bleiben können, da die Fälle, in denen das nicht möglich ist, in der Theorie der elektrischen Schwingungen und daher in einem späteren Kapitel gesondert behandelt werden. Man kann dann das magnetische Feld so berechnen, als ob die Ströme stationär wären, und aus dem so berechneten Feld die Induktionswirkungen. Man spricht in solchem Fall von der Existenz „quasistationärer Ströme" und meint damit solche veränderliche Vorgänge, deren Änderungszeit lang ist im Vergleich zu der Zeit, die elektromagnetische Störungen gebrauchen, um sich durch das betrachtete System auszubreiten.

b) Induktion in ruhenden, linearen, geschlossenen Leitern.

18. Induktionswirkungen in einem aus mehreren linearen Leiterkreisen bestehenden System. Die Induktion kann in dem Fall ruhender geschlossener Leiter nur dadurch entstehen, daß sich das magnetische Feld, in dem sich die

Leiter befinden, ändert. Und diese Änderung können wir uns hervorgebracht denken durch Änderung des das Magnetfeld erzeugenden Stromes. Die in diesem Abschnitt (b) zu behandelnden Probleme beschränken sich daher auf die Berechnung der Induktionskoeffizienten und die Frage nach etwaigen Beziehungen dieser Koeffizienten zu anderen Feldgrößen.

Für ruhende Leiter nehmen die Gleichungen (21) und (22) die Form an

$$\int \mathfrak{E}\, d\mathfrak{s} = -\frac{1}{c} \int \frac{\partial \mathfrak{B}}{\partial t}\, d\mathfrak{f} \tag{24}$$

und

$$\operatorname{rot} \mathfrak{E} = -\frac{1}{c} \frac{\partial \mathfrak{B}}{\partial t}. \tag{25}$$

Es mögen nun n getrennte **lineare** Stromkreise vorausgesetzt sein mit den Stromstärken $J_1 \ldots J_n$, den als klein angenommenen Querschnitten $q_1 \ldots q_n$ und den Richtungen $\bar{\mathfrak{s}}_1 \ldots \bar{\mathfrak{s}}_n{}^1)$ in den Leiterelementen $ds_1 \ldots ds_n$; dann gilt für die an der Stelle x, y, z des Raumes vorhandene Feldstärke $\mathfrak{H}_k$, wenn sich dort das Leiterelement ds_k des $k$ten Stromkreises befindet, nach dem ersten Tripel der MAXWELLschen Gleichungen

$$\operatorname{rot} \mathfrak{H}_k = \frac{4\pi J_k}{c\, q_k} \bar{\mathfrak{s}}_k \qquad\qquad k = 1 \ldots n \tag{26}$$

Zwischen $\mathfrak{H}_k$ und $\mathfrak{B}_k$ mag die Beziehung (15) gelten mit der von $\mathfrak{H}_k$ unabhängigen Permeabilität. Dann folgt nach Gleichung (19)

$$\operatorname{rot}\operatorname{rot} \mathfrak{A}_k = \frac{4\pi \mu J_k}{c\, q_k} \bar{\mathfrak{s}}_k$$

und mit Rücksicht darauf, daß

$$\operatorname{div} \mathfrak{A}_k = 0$$

gefordert werden kann, für den Hilfsvektor $\mathfrak{A}_k$

$$\mathfrak{A}_k = \frac{\mu J_k}{c} \int \frac{d\mathfrak{s}_k}{r}, \tag{27}$$

worin also $J_k\, d\mathfrak{s}_k$ ein Stromelement.

Der Induktionsfluß durch die Fläche $\mathfrak{f}_l$, herrührend von dem $k$ten Stromkreis, ist dann nach Gleichung (19) und (27)

$$\int \mathfrak{B}_{lk}\, d\mathfrak{f}_l = \int_l \mathfrak{A}_k\, d\mathfrak{s}_l = \frac{\mu J_k}{c} \iint \frac{d\mathfrak{s}_k\, d\mathfrak{s}_l}{r}, \tag{28}$$

worin die Integrale über den Stromkreis k und die Grenzkurve l der Fläche $\mathfrak{f}_l$ zu erstrecken sind, und r die Entfernung zweier Elemente dieser Kurven k und l bedeutet. Der gesamte Induktionsfluß durch $\mathfrak{f}_l$ wird gewonnen durch Summation der Wirkungen der einzelnen Stromkreise und somit sein

$$\int \mathfrak{B}_l\, d\mathfrak{f}_l = \sum_{k=1}^{n} \frac{\mu J_k}{c} \iint \frac{d\mathfrak{s}_k\, d\mathfrak{s}_l}{r}. \tag{29}$$

$^1)$ Überstrichene deutsche Buchstaben sind „Einheitsvektoren".

In Übereinstimmung mit der früheren Definition des Induktionskoeffizienten finden wir ihn aus Gleichung (28), wenn wir den Ausdruck bilden

$$\frac{1}{c}\frac{d}{dt}\int B_l\,df\;;$$

die in den Gliedern der Summe auftretenden Faktoren der dJ_k/dt sind die Koeffizienten der Induktion des Leiterkreises k auf den Leiterkreis l. Es ist danach

$$L_{kl}=L_{lk}=\frac{\mu}{c^2}\int\!\!\int\frac{d\mathfrak{s}_k\,d\mathfrak{s}}{r}\,. \tag{30}$$

und der Selbstinduktionskoeffizient des Stromkreises k ist

$$L_{kk}=\frac{\mu}{c^2}\int\!\!\int\frac{d\mathfrak{s}_k\,d\mathfrak{s}_k}{r}$$

worin bei der Integration jede Kombination zweimal auftritt. Gleichung (30) unterscheidet sich, abgesehen von dem Faktor c^2 bzw. c_0, von Gleichung (9) noch durch das Auftreten von μ. Gleichung (30) ist also eine Erweiterung auf den Fall, daß das Medium die Permeabilität μ besitzt. Der Faktor c^2 tritt auf, weil J_k in Gleichung (28) im elektrostatischen Maß angegeben zu denken ist und in Gleichung (13) von dem gemischt elektrostatisch-elektromagnetischen Maß Gebrauch gemacht wird.

In dem $l$ten der n geschlossenen Stromkreise wird nach dem Gesagten, insbesondere nach Gleichung (29), somit die Stromstärke J_l auftreten, für die, wenn in den Stromkreis noch die elektromotorische Kraft E'_l eingeschaltet ist, die Beziehung gilt

$$J_l W_l - E'_l = -\frac{d}{dt}\sum{}^k L_{kl}\cdot J_k. \tag{31}$$

Wir haben damit ein System von Differentialgleichungen zur Bestimmung von J_k $(k=1\ldots n)$.

19. Hautwirkung (Skineffekt). Wenn wir es nicht mit einem streng linearen Leiter zu tun haben, sondern z. B. mit einem nicht ganz dünnen Leitungsdraht, so wird der Strom ungleichmäßig über den Querschnitt verteilt sein können. Ist man nun in der Lage, wenigstens angenähert (durch näherungsweise Integration der Maxwellschen Grundgleichungen etwa, oder abschätzungsweise) die Stromverteilung über den Querschnitt anzugeben, so darf man den Gesamtstrom in nebeneinander verlaufende Stromfäden zerteilen, die für sich geschlossen und getrennt nach Gleichung (31) zu behandeln sind. Bei periodisch veränderlichen Strömen hoher Wechselzahl spielt die Ungleichmäßigkeit schon in Querschnitten geringer Dimension für manche Fragen eine Rolle. Es läßt sich zeigen, daß die Stromdichte im Innern des Drahtes verhältnismäßig klein ist und nach der Oberfläche zu wächst.

Zu dem Ansatz, dessen Diskussion auf die Erkenntnis der Ungleichmäßigkeit führt, gelangt man in folgender Weise[1]:

Die Strömung finde in einem geraden Draht von kreisrundem Querschnitt und dem Durchmesser $2R_0$ statt, und zwar im ganzen Querschnitt parallel zur Achse A des Drahtes. Dann wird i, die auf die Einheit des Querschnitts bezogene Stromstärke, von der Entfernung R des Querschnittselementes von der Drahtachse abhängen. Dem Strom i kommt nach Gleichung (26) oder ihrer Integralform

$$\int\mathfrak{H}\,d\mathfrak{s}=-\frac{4\pi}{c}\int i\,df\,,$$

___
[1] A. Sommerfeld, Wied. Ann. Bd. 67, S. 233. 1899.

das magnetische Feld $\mathfrak{H}$ zu, und es ist, wenn wir als Kurve der Umrandung der Fläche f, auf die sich die Integrale beziehen, einen zur Achse A konzentrischen Kreis mit dem Radius R wählen (Abb. 7)

$$2\pi R H = -\frac{8\pi^2}{c}\int_0^R R\,i\,dR$$

oder nach Differentiation

$$\frac{\partial}{\partial R}(RH) = -4\pi\frac{iR}{c}. \qquad (32)$$

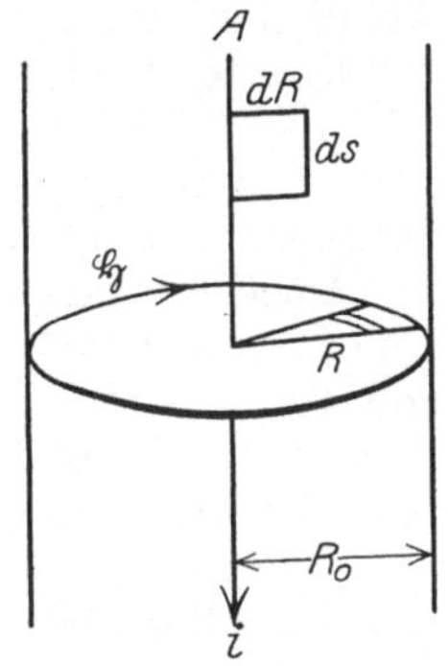

Abb. 7. Zum Skineffekt.

Hat das Material des Drahtes die Permeabilität μ, so ist die magnetische Induktion infolge der Feldstärke $\mathfrak{H}$ gleich $\mu\mathfrak{H}$ und ruft bei einer Änderung in der Umrandung eines Flächenelementes $dF = dR\,ds$ parallel zur Drahtachse eine induzierte Spannung hervor, die gegeben ist durch Gleichung (24), wenn darin $\mathfrak{B} = \mu\mathfrak{H}$ und $df = dF$ gesetzt wird und die Integrale auf das Element dF bzw. seine Umrandung bezogen werden. Nun hängt $\mathfrak{E}$ wie i nur von der Entfernung des Elementes von der Achse ab und es ist

$$\int \mathfrak{E}\,d\mathfrak{s} = \frac{\partial E}{\partial R}dR\,ds$$

$$= -\frac{\mu}{c}\int \frac{\partial\mathfrak{H}}{\partial t}\,d\mathfrak{F} = -\frac{\mu}{c}\frac{\partial H}{\partial t}\cdot dR\,ds,$$

oder

$$\frac{\partial E}{\partial R} = -\frac{\mu}{c}\frac{\partial H}{\partial t}. \qquad (33)$$

Die beiden Gleichungen (32) und (33) benutzen wir nun zur Elimination von H und erhalten eine Beziehung über die Abhängigkeit des $\mathfrak{E}$ und damit des $i = E/W$ von R, nämlich

$$\frac{4\pi\mu R}{c^2 W}\frac{\partial E}{\partial t} = \frac{\partial}{\partial R}\left(R\frac{\partial E}{\partial R}\right) \qquad (34)$$

$$= \frac{\partial E}{\partial R} + R\frac{\partial^2 E}{\partial R^2}.$$

Ist E eine rein periodische Funktion, so läßt sich diese Gleichung auflösen und man findet, daß sich die Abhängigkeit des E von der Entfernung R von der Achse durch BESSELsche Funktionen darstellen läßt. Die Diskussion des Resultates ergibt, daß die Amplitude der Strömung in der Oberfläche am größten ist und nach der Achse zu abnimmt; auch ist die Phase der Strömung von R abhängig. Das Verhältnis der Stromamplituden $a_{R_1} : a_{R_2}$ in verschiedenen Entfernungen R von der Achse hängt dabei, wie sich zeigt, wesentlich ab von dem spezifischen Widerstand W, der Permeabilität μ und der Periodenzahl (Schwingungszahl n pro Sekunde) der Größe E.

20. Experimentelles über Hautwirkung. Die Rechnung ergibt z. B.,

wenn $k = R_0 \cdot \pi\sqrt{\dfrac{\mu n}{W}}$ klein ist,

$$\frac{a_{R_0}}{a_0} = 1 + k^4;$$

wenn k große Werte annimmt (>6), findet man in einer Tiefe

$$\beta = \frac{R_0}{2k} = \frac{\sqrt{W}}{2\pi\sqrt{\mu n}},$$

die Amplitude auf $1/e$ des Wertes in der Oberfläche herabgesunken.

Wie numerische Rechnungen zeigen, wird die Ungleichmäßigkeit der Stromverteilung im Querschnitt erst bei sehr hohen Werten von n merkbar. Den Abfall der Strömungsamplitude bei Kupferdrähten mit tieferem Eindringen in den Drahtquerschnitt von der Oberfläche aus zeigt anschaulich für die Frequenzen $0,5 \cdot 10^5$, $2,5 \cdot 10^5$, $5 \cdot 10^5$ pro Sekunde die Abb. 8[1]); die Kurven gelten bis zu einem Minimalradius von ca. 3 mm, bzw. 1,6 mm, und 1,1 mm, während bei dünneren Drähten der Abfall weniger rasch eintritt.

Im Gegensatz dazu ist z. B. bei $n_1 = 50$ im Falle eines Kupferdrahtes von 1 mm Radius das Verhältnis $a_{R_0} : a_0 = 1,0000085$, im Falle eines Eisendrahtes von 1 mm Radius, $\mu = 1000$ das Verhältnis 1,18. Und bemerkenswert ergibt sich für bestleitende H_2SO_4 bei hoher Frequenz ($n = \frac{1}{2} \cdot 10^6$) und $R_0 = 10$ cm der Wert 1,13 von a_{R_0}/a_0 [2]).

Die Nachprüfung der Theorie an Drähten und Litzen mit verschiedener Querschnittsgröße und -form, die in der Hauptsache in der Widerstandsmessung von Leitungen, die von Wechselstrom durchflossen sind, besteht, hat weitgehende Bestätigung der Theorie ergeben. In Übereinstimmung damit findet man, daß der Skineffekt bei niedrigen Wechselzahlen für Drähte mit rechteckigem Querschnitt größer ist als für Drähte von rundem, und daß es bei höheren Frequenzen umgekehrt ist. Je flacher die Drähte ausgewalzt sind, um so merklicher ist der Unterschied[3]). A. Lampa[4]) hat speziell den Fall des flachgewalzten Drahtes, des Metallbandes theoretisch untersucht und zeigte zunächst, daß die Kurven

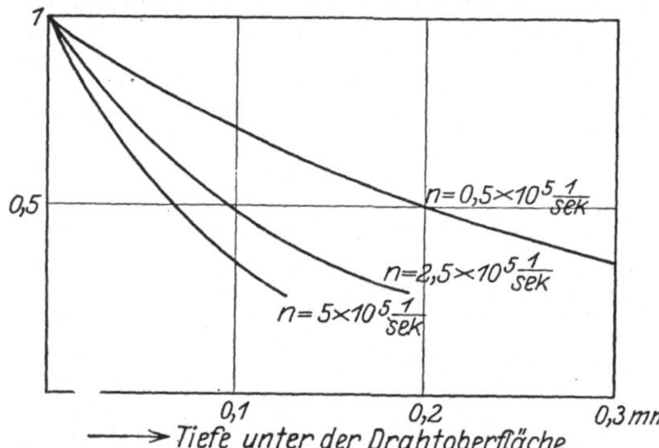

Abb. 8. Stromverteilung im Drahtquerschnitt.

gleicher Stromstärke in elliptischen Drahtquerschnitten Kreise um den Mittelpunkt sind, bzw. wenn der Radius dieser Kreise die halbe kleine Achse der Querschnittsellipse übertrifft, Kreisstücke, so daß die Stromstärke in der Drahtoberfläche variiert. Bei einem Metallband ist also die Stromdichte am Rand größer als in der Mitte und nimmt nach der Mitte zu ab in gleicher Weise, wie in einem Zylinder vom Durchmesser der Breite des Bandes. Press[5]) beschäftigte sich ebenfalls mit der Untersuchung des Skineffektes in Leitern von rechteckigem Querschnitt und findet im weiteren Verfolg experimentell, wenn auch indirekt, daß er in Spulen durch Heranbringen von Eisenstücken in die Nähe der Spulen nicht verändert wird. Weitere Einzelheiten siehe nächstes Kapitel.

21. Beziehung der magnetischen Energie zu den Induktionskoeffizienten. Im Anschluß hieran werde die magnetische Energie des Feldes durch die Induktionskoeffizienten ausgedrückt. Wir gehen von der Formel für die magnetische Energie aus, die aus Band XII bekannt ist, und nehmen an, daß zwei

---

[1]) J. Zenneck, Lehrb. d. drahtl. Tel., 2. Aufl., S. 57. 1913.
[2]) Vgl. hierzu J. Zenneck, Elektromagnetische Schwingungen und drahtlose Telegraphie. 1905; J. Zenneck, Ann. d. Phys. Bd. 11, S. 1135. 1903.
[3]) A. Kennelly, F. Laws, P. Pierce, Proc. Amer. Inst. Electr. Eng. Bd. 34, S. 1749. 1915.
[4]) A. Lampa, Wiener Ber. (IIa) Bd. 123, S. 2313. 1914.
[5]) A. Press, Phys. Rev. Bd. 8, S. 417. 1916; Bd. 15, S. 450. 1920.

Stromkreise vorhanden sind, auf die sich die Indizes 1 und 2 beziehen. Die vom Stromkreis 1 herrührende magnetische Energie T_1 ist

$$T_1 = \frac{1}{8\pi} \int \mathfrak{H}_1 \mathfrak{B}_1 \, d\tau, \tag{35}$$

wenn $d\tau$ das Volumenelement des Feldes ist, über das das Integral auszudehnen ist. Mit Rücksicht auf Gleichung (19) und die Rechnungsregel

$$\mathfrak{H} \, \mathrm{rot} \, \mathfrak{A} = \mathfrak{A} \, \mathrm{rot} \, \mathfrak{H} - \mathrm{div}[\mathfrak{H} \, \mathfrak{A}]$$

folgt

$$T_1 = \frac{1}{8\pi} \int (\mathfrak{A}_1 \, \mathrm{rot} \, \mathfrak{H}_1) \, d\tau,$$

wobei das Integral über den unendlich ausgedehnten Raum zu erstrecken ist. Statt dessen gilt auch

$$T_1 = \frac{1}{2c} \int (\mathfrak{A}_1 \, \mathfrak{i}_1) \, d\tau = \frac{i_1}{2c} q_1 \int \mathfrak{A}_1 \, d\mathfrak{s}_1,$$

wenn $i_1 q_1$ der durch den Querschnitt q_1 tretende Strom ist. Um die magnetische Energie des ersten vom Strom i_1 durchflossenen Stromkreises zu berechnen, brauchen wir demnach nur die durch den Querschnitt des Leiters hindurchtretende Stromstärke mit dem magnetischen Fluß durch die von dem Stromkreis umrandete Fläche zu multiplizieren und durch $2c$ zu dividieren.

Nehmen wir den zweiten Stromkreis hinzu, so ist die magnetische Energie, herrührend von dem magnetischen Fluß durch den zweiten Stromkreis

$$\left. \begin{aligned} T_{12} &= \frac{i_2 q_2}{2c} \int \mathfrak{A}_1 \, d\mathfrak{s}_2 \\ &= \frac{J_2 J_1 \mu}{2c^2} \int \frac{d\mathfrak{s}_1 \, d\mathfrak{s}_2}{r} = \frac{J_1 J_2}{2} L_{12}. \end{aligned} \right\} \tag{36}$$

Gleiches gilt für die magnetische Energie T_{21}, die dadurch auftritt, daß durch den ersten Stromkreis eine magnetische Induktion, vom zweiten Stromkreis herrührend, hindurchgeschickt wird. Die gesamte magnetische Energie wird danach betragen

$$\left. \begin{aligned} T &= T_1 + 2 T_{12} + T_2 \\ &= \frac{J_1^2}{2} L_{11} + J_1 J_2 L_{12} + \frac{J_2^2}{2} L_{22}. \end{aligned} \right\} \tag{37}$$

Die Beziehung $T_1 = \frac{J_1^2}{2} L_{11}$ kann geradezu zur eindeutigen Bestimmung (Definition) und unter Umständen zur Berechnung der Selbstinduktion eines Stromleiters benutzt werden und hat deshalb besondere Bedeutung.

Ganz allgemein gilt bei einer großen Zahl n von Stromkreisen, daß die magnetische Feldenergie in Summa durch die quadratische Funktion der Ströme dargestellt werden kann

$$T = \tfrac{1}{2} \sum_1^n {}_k J_k^2 L_{kk} + \sum_1^n {}_k \sum_1^n {}_l J_k J_l L_{kl}. \tag{38}$$

Die Beziehung der magnetischen Energie eines einzelnen Stromkreises zur Selbstinduktion kann noch in folgender Weise abgeleitet werden. Es sei L_{kk} die Selbstinduktion des Stromkreises; er werde vom Strom J_k durchflossen, dann muß bei Stromverstärkung die elektromotorische Kraft $-L_{kk}\dfrac{dJ_k}{dt}$ überwunden werden, wozu die Energie

$$J_k \cdot L_{kk}\frac{dJ_k}{dt}$$

notwendig ist, durch die das magnetische Feld gewissermaßen aufgerichtet wird. Im ganzen wird also zur Herstellung des dem Strom J_k selbst zukommenden magnetischen Feldes die Energie

$$\int J_k L_{kk}\frac{dJ_k}{dt} = \frac{1}{2} L_{kk} J_k^2$$

aufgebraucht worden sein; sie muß demnach die magnetische Energie des Feldes eines einzelnen Stromkreises darstellen. Befindet sich in seiner Nähe der Stromkreis J_l, so entsteht in ihm infolge der Änderung des Stromes J_k die elektromotorische Kraft $-L_{kl}\dfrac{dJ_k}{dt}$, wozu die Energie

$$J_l L_{kl}\frac{dJ_k}{dt}$$

notwendig ist. Entsprechend tritt bei Änderung des Stromes im zweiten Kreis die Energie auf

$$J_l L_{ll}\frac{dJ_l}{dt} + J_k L_{kl}\frac{dJ_l}{dt},$$

und für die Herstellung des den Strömen J_k und J_l zukommenden magnetischen Feldes wird die Energie nötig sein

$$\tfrac{1}{2} L_{kk} J_k^2 + L_{lk} J_k J_l + \tfrac{1}{2} L_{ll} J_l^2 ;$$

das ist gerade der obige Ausdruck (37) der magnetischen Energie, wie es sein muß.

22. Stromverzweigung. Entstehen die Ströme J_k und J_l in den Kreisen mit den Widerständen W_k und W_l durch Einschalten je einer, aber gleichen elektromotorischen Kraft E im gleichen Augenblick, so gilt bis zur Ausbildung der Ströme

$$\left.\begin{aligned}
E &= J_k W_k + L_{kk}\frac{dJ_k}{dt} + L_{kl}\frac{dJ_l}{dt}, \\
E &= J_l W_l + L_{lk}\frac{dJ_k}{dt} + L_{ll}\frac{dJ_l}{dt}.
\end{aligned}\right\}
\tag{39}$$

Bei sehr kleinen Widerständen W_k und W_l, großen Induktionskoeffizienten kann, solange die Stromänderungen groß sind, das erste Glied der rechten Seite der Gleichungen vernachlässigt werden; es ist dann

$$L_{kk}\frac{dJ_k}{dt} + L_{kl}\frac{dJ_l}{dt} = L_{kl}\frac{dJ_k}{dt} + L_{ll}\frac{dJ_l}{dt}$$

und nach der kurzen Zeit t, in der die Vernachlässigung erlaubt ist

$$(L_{kk} J_k + L_{kl} J_l = L_{kl} J_k + L_{ll} J_l)_t. \tag{40}$$

Das ist aber die Bedingung dafür, daß der Ausdruck (37) für einen bestimmten Wert der Summe $(J_k + J_l)_t$ ein Minimum ist. Daraus kann man ablesen, daß die Änderungen von J_k und J_l so stattfinden werden, daß in jedem Augenblick die magnetische Energie einen möglichst kleinen Wert hat. Beachtlich werden die Verhältnisse z. B. dann, wenn die beiden Kreise von ein und derselben elektromotorischen Kraft E gespeist werden, die schnell veränderlich ist, so daß $J_k W_k$ und $J_l W_l$ gegen die folgenden Glieder der Gleichungen (39) dauernd vernachlässigt werden können. Dann werden die Ströme J_k, J_l sich derart auf die beiden Leitungen verteilen, daß bei dieser Verteilung die magnetische Energie in jedem Augenblick kleiner ist als bei anderer Verteilung mit dem gleichen Wert der Summe $J_k + J_l$.

Im übrigen gelten zur Berechnung der Stromstärken in Stromverzweigungen auch bei Berücksichtigung von Induktion die beiden KIRCHHOFFschen Regeln:

1. für jeden Verzweigungspunkt $\sum J_q = 0$, wenn J_q die Stromstärke im $q$ten Zweig ist und die Summe über alle in den Punkt positiv oder negativ einlaufenden Ströme zu nehmen ist;

2. für jeden möglichen geschlossenen Leiterkreis

$$\sum^i J_p^i W_p^i = \sum^i (E_p^i) - \frac{1}{c} \frac{d}{dt} \int_p \mathfrak{B}\, df ,$$

worin die Summen über alle den geschlossenen Kreis (p) bildenden Stromstücke J_p^i mit den Widerständen W_p^i und den elektromotorischen Kräften E_p^i zu nehmen sind und sich das Integral auf den gesamten, durch den geschlossenen Leiterkreis (p) tretenden magnetischen Induktionsfluß bezieht, der gegeben ist durch den Ausdruck

$$\int_p \mathfrak{B}\, df = L_{1p} J_1 + L_{2p} J_2 + \cdots L_{np} J_p ,$$

herrührend von den n Stromkreisen mit den Stromstärken J_k infolge der durch die Induktionskoeffizienten L_{kp} bestimmten Induktion.

23. Berechnung von Induktionskoeffizienten. Es sind eine sehr große Menge von Formeln abgeleitet worden zur bequemen, mehr oder weniger angenäherten Berechnung von Koeffizienten der gegenseitigen Induktion und der Selbstinduktion von Leitern verschiedener Form, insbesondere von Spulen verschiedener Dimensionen und Wicklungsarten. Ihnen liegt natürlich die Definitionsgleichung der Koeffizienten, das Doppelintegral (30) zugrunde, und sie sind nichts anderes als zum mindesten angenäherte Auswertungen desselben für bestimmte Fälle. Sie enthalten explizite die experimentell leicht bestimmbaren Ausmaße der betreffenden Körper und finden sich zum Teil in großen Sammlungen, die vor allem von ROSA und COHEN[1]) zusammengestellt, von GROVER[2]) ergänzt worden sind. Ihre vollständige Aufzählung würde hier nicht am Platze sein, sie gehört eher in ein Handbuch der Elektrotechnik als in das vorliegende. Nur auf einige wichtige Fälle und das Prinzipielle der Rechnungsmethoden sei hier eingegangen neben einem Literaturnachweis der wichtigeren neueren dies-

---

[1]) Eine ausführliche Literaturangabe der bis 1908 erschienenen Arbeiten zur Berechnung von Induktionskoeffizienten findet sich bei P. DEBYE, Enzykl. d. math. Wiss. Bd. 5, 2. Teil, S. 462ff. — Eine Zusammenstellung von für die numerische Rechnung brauchbaren Formeln mit Beispielen und den dazu benötigten Tabellen geben E. B. ROSA u. L. COHEN, Bull. Bur. of Stand. Bd. 5, N. 1. 1908; wir finden dort Formeln für die gegenseitige Induktion von zwei koaxialen Kreisen, zwei koaxialen Spulen, von koaxialen Solenoiden, von einem Kreis und einer koaxialen einlagigen Spule, ferner die Selbstinduktionskoeffizienten eines Kreisringes mit kreisförmigem Querschnitt, einer einlagigen Spule, oder eines Solenoids, eines Kreisringes mit rechteckigem Querschnitt, eines linearen Leiters, endlich noch Formeln für den mittleren geometrischen und arithmetischen Abstand (s. Ziff. 24 u. 25).

[2]) F. W. GROVER, Bull. Bur. of Stand. Bd. 14, S. 537. 1919; die von ihm mitgeteilten Formeln beziehen sich hauptsächlich auf Induktionskoeffizienten von parallelen Kreisringen mit gemeinsamer und mit paralleler Achse, auf die Selbstinduktion eines Solenoids und einer Spule mit rechteckigem Querschnitt, und auf die gegenseitige und die Selbstinduktion geradliniger Leiter.

bezüglichen Arbeiten[1]). Auch sei verwiesen auf die Behandlung der Induktionskoeffizienten in Band XVI.

24. Der mittlere geometrische Abstand. Die Berechnung der Induktionskoeffizienten von in der Praxis vorkommenden körperlichen Leitern ist deshalb
besonders unbequem, weil für diese Fälle sogar schon die Formeln (30) nur eine
Annäherung bedeuten, indem diese unter der Annahme linearer Leiter abgeleitet wurden und in der Praxis eben der endliche Querschnitt des Leiters
eine Rolle spielen muß. Es ist leicht zu sehen, daß unter der Voraussetzung,
daß der Querschnitt des Leiters konstant und der Strom gleichmäßig über den
Querschnitt verteilt ist, Gleichung (30) mit $\mu = 1$ zu ersetzen ist durch

$$L_{kl} = L_{lk} = \frac{1}{c^2}\,\frac{1}{q_l\,q_k}\int dq_l \int dq_k \iint \frac{d\mathfrak{s}_k\,d\mathfrak{s}_l}{r}. \tag{41}$$

Mit Vorteil kann man bei der Auswertung dieser Integrale oft von dem „mittleren geometrischen Abstand" R zweier Querschnitte, den schon Maxwell[2])

---

[1]) a) Betreffend Koeffizienten der gegenseitigen Induktion (G.I.): koaxiale Kreis-
ströme: Nagaoka, Proc. Phys. Soc. Bd. 25, S. 31. 1912, mit wichtiger, bequemer Formel;
Terazawa, Tohoku Math. Journ. Bd. 10, S. 73. 1916, mit Benutzung der Methode von
Nagaoka und Ausdehnung auf G.I. zwischen Solenoid und koaxialem Kreis und G.I. zwischen
Solenoid und koaxialem Hohlzylinder; King, Phys. Rev. Bd. 18, S. 139. 1921 gibt stark
konvergierende Reihen; Mathy, Journ. de phys. et le Radium Bd. 2, S. 227. 1921. —
Nichtkoaxiale Kreisströme: Mathy, Journ. de phys. et le Radium Bd. 2, S. 355. 1921,
in einer Ebene gelegen; S. Butterworth, Phil. Mag. Bd. 31, S. 276 u. 443. 1916, in ver-
schiedenen Abständen, aber auch nahe beieinander gelegen, gut konvergierende Reihen;
Mallik, Phil. Mag. Bd. 43, S. 604. 1922. — Koaxiale Spulen: S. Butterworth, Phil.
Mag. Bd. 29, S. 578. 1915; vgl. auch die Berechnungen der Selbstinduktionskoeffizienten
von Spulen, denen meist Formeln für G.I. zugrunde liegen, z. B. Esau. — Parallele
Spulen: S. Butterworth, Phil. Mag. Bd. 31, S. 443. 1916, gegeneinander verschiebbar,
Variator; Mathy, Journ. de phys. et le Radium Bd. 3, S. 178. 1922. — Besondere Leiterformen: Esau, Ann. d. Phys. Bd. 61, S. 410. 1920, in parallelen Ebenen einander gegenüber-
liegende Rechtecke von ungleicher Größe; Esau, Jahrb. d. drahtl. Telegr. Bd. 5, S. 212.
1911; Bd. 16, S. 257. 1920; Bd. 17, S. 83. 1921; Bd. 17, S. 179. 1921; Bd. 17, S. 242. 1921
(Zylinder-, Flach-, Rahmenspulen).
  b) Betreffend Koeffizienten der Selbstinduktion (S.I.). Einlagige Spulen: Coursey,
Electrician Bd. 75, S. 841. 1915, anknüpfend an die Formel von Nagaoka, $L = \pi^2 D n^2 l k$,
worin D mittlerer Durchmesser, n Windungszahl/cm, l Spulenlänge, k ein Korrektionsfaktor,
der aus Kurventafel als Funktion von l/D zu entnehmen; S. Butterworth, Phil. Mag
Bd. 31, S. 276. 1916 u. Nature Bd. 104, S. 364. 1919, Flachspulen mit wenig verschiedenem
innerem und äußerem Radius und solche mit kleinem innerem Radius, womit alle Fälle umfaßt sind; Spielrein, Jahrb. d. drahtl. Telegr. Bd. 13, S. 490. 1918, Flachspulen endlicher
Breite; Esau, s. oben. — Mehrlagige Spulen: Bergansius, Versl. Amsterdam Bd. 19
S. 1133. 1911, Solenoide mit vielen Drahtlagen; Grover, Phys. Rev. Bd. 18, S. 136. 1921
mit Erleichterung der numerischen Rechnung durch Tabellen; Esau, Jahrb. d. drahtl
Telegr. Bd. 15, S. 2. 1920, exakte Formeln für Spulen merklicher Ganghöhe für große und
kleine Windungszahlen. — Besonders wichtige Leiterformen: Lord Rayleigh, Proc
Roy. Soc. London Bd. 86, S. 562. 1912, Bestätigung einer früheren Formel (1881) für S.I
eines dünnen Kreisringes; Terazawa, Tokyo Proc. Bd. 5, S. 84. 1909, Kreisring von kleiner
Querschnitt; Lyle, Phil. Trans. (A) Bd. 213, S. 421. 1914; Esau, Jahrb. d. drahtl. Telegr
Bd. 14, S. 271 u. 386. 1919, Spulen von rechteckigem und quadratischem Windungsquerschnitt
vgl. auch Esau, Jahrb. d. drahtl. Telegr. Bd. 16 u. 17, s. oben; Rolf, Jahrb. d. drahtl. Teleg
Bd. 19, S. 127. 1922, Vereinfachung der Formeln von Esau für S.I. von Spulen mit quadra-
tischem Windungsquerschnitt; Grover, Bull. Bur. of Stand. Bd. 18, S. 735. 1923, polygona
Spulen, die mit Kreisspulen verglichen werden.
  G. A. Campbell gibt Phys. Rev. Bd. 5, S. 452. 1915 ein graphisches Verfahren zu
Berechnung von G.I. an von Stromkreisen, die aus geraden Drähten zusammengesetzt sin
  Vgl. E. Orlich, Kapazität und Induktivität. Braunschweig. 1909.
[2]) J. C. Maxwell, Lehrb. d. Elektr. u. d. Magn., deutsch von Weinstein, Bd.
Ziff. 691 ff. 1883. Vgl. auch P. Debye, Enzykl. d. math. Wiss. Bd. 5, 2. Teil, S. 462 ff., desse
Darstellung wir folgen.

einführte, Gebrauch machen. Auf ihn kommt man durch folgende Überlegung.

$$L'_{ik} = \frac{1}{c_2} \int\int \frac{d\mathfrak{s}_k\, d\mathfrak{s}_l}{r}$$

ist der Induktionskoeffizient zweier Linien und hat, wenn diese Linien parallele Geraden sind, von der Länge l im Abstand a, den Wert

$$\begin{aligned}
L'_{kl} &= \frac{1}{c^2}\left\{ l\ln\frac{\sqrt{l^2+a^2}+l}{\sqrt{l^2+a^2}-l} - 2\sqrt{l^2+a^2} + 2a \right\} \\
&= 2\frac{1}{c^2} l\left\{ \ln\frac{2l}{a} - 1 + \frac{a}{l} - \frac{1}{4}\frac{a^2}{l^2} + \cdots \right\}
\end{aligned} \tag{42}$$

Setzen wir diesen Ausdruck in Gleichung (41) ein und brechen die Reihenentwicklung nach dem zweiten Gliede ab, so kommt

$$L_{lk} = \frac{1}{c^2}\, 2l\left\{ \ln 2l - \frac{1}{q_l q_k}\int\int \ln a\, dq_k\, dq_l - 1 \right\} \tag{43}$$

als Ausdruck des Induktionskoeffizienten zweier gerader paralleler Leiterstücke gegeneinander, allerdings mit Querschnitten und einem Abstand klein gegenüber der Länge. Das in der Formel enthaltene Doppelintegral, dividiert durch das Produkt der beiden Querschnitte, kann als Logarithmus eines mittleren Abstandes der in einer Ebene gelegenen Querschnitte aufgefaßt werden, so daß wir schreiben können

und

$$\begin{aligned}
\frac{1}{q_l q_k}\int\int \ln a\, dq_l\, dq_k &= \ln R, \\
L_{kl} &= \frac{1}{c^2}\, 2l\left\{ \ln\frac{2l}{R} - 1 \right\}.
\end{aligned} \tag{44}$$

Der Koeffizient der Induktion zweier paralleler Leiterstücke gegeneinander, die verglichen mit ihrem Querschnitt, lang sind, ist demnach gleich dem zweier paralleler Linienstücke der gleichen Länge im Abstand R. Die Bestimmung dieses mittleren Abstandes R kann danach zu einer bequemeren Auswertung der Induktionskoeffizienten überhaupt führen.

25. Induktionskoeffizienten gerader oder kreisförmig gebogener Drähte. Als mittlerer geometrischer Abstand R zweier in einer Ebene liegender, sich nicht überdeckender Kreisflächen mit dem Abstand d ihrer Mittelpunkte ergibt sich z. B. $R = d$, woraus für den Koeffizienten der gegenseitigen Induktion zweier gerader paralleler Drähte von kreisrundem Querschnitt und dem Abstand d der Achsen folgt

$$L_{lk} = \frac{1}{c^2}\, 2l\left\{ \ln\frac{2l}{d} - 1 \right\}.$$

Auch zur Berechnung der Selbstinduktion ist die Einführung von R zweckmäßig, indem auch in diesem Fall die Gleichungen (43) und (44) Gültigkeit haben und R den mittleren Abstand eines Querschnittes „von sich selbst" darstellt. Bei kreisförmigem Querschnitt vom Radius r_0 findet man unschwer

$$R = r_0\, e^{-\frac{1}{4}} = r_0 \cdot 0{,}7788,$$

so daß für den Selbstinduktionskoeffizienten eines geraden Leiters mit kreisförmigem Querschnitt folgt:

$$L_{kk} = \frac{1}{c^2}\, 2l\left\{ \ln\frac{2l}{r_0} - \frac{3}{4} \right\}.$$

Hat man es mit komplizierteren Querschnitten, nicht z. B. mit kreisförmigen zu tun, so kann man häufig R auf Grund des folgenden Satzes finden (Debye, l. c. S. 463):

„Sind R_A, R_B ... die mittleren geometrischen Abstände verschiedener Teile mit den Flächeninhalten A, B, ... einer Figur von einer anderen Figur N, so ist der mittlere geometrische Abstand R der ganzen aus A, B, ... zusammengesetzten Figur von N gegeben durch

$$(A + B + \cdots)\ln R = A \ln R_A + B \ln R_B + \cdots\text{"} - .$$

Statt der Gleichung (42), die sich für parallele gerade Linien ergab, gilt als Induktionskoeffizient für zwei koaxiale Kreislinien, wenn die Durchmesser im Vergleich zum gegenseitigen Abstand groß sind, der Ausdruck

$$L'_{kl} = \frac{1}{c^2}\left[A\,4\pi\ln\frac{8A}{\xi}\left\{1 + \frac{x}{2A} + \frac{x^2 + 3y^2}{16A^2} - \frac{x^3 + 3xy^2}{32A^3} + \cdots\right\}\right.$$
$$\left. - \left\{2 + \frac{x}{2A} - \frac{3x^2 - y^2}{16A^2} + \frac{x^3 - 6xy^2}{48A^3} + \cdots\right\}\right], \qquad (45)$$

worin A der Radius des einen, $A + x$ der des zweiten Kreises, y der Abstand der Kreisebenen und $\xi = \sqrt{x^2 + y^2}$ der kürzeste Abstand der Kreislinien ist[1]. Für benachbarte Kreisstrombahnen gilt danach in erster Annäherung (Querschnitte klein im Vergleich zu A)

$$L_{kl} = \frac{1}{c^2}\,4\pi A\left\{\ln\frac{8A}{R} - 2\right\},$$

wenn R den mittleren geometrischen Abstand der einander nächsten Querschnitte darstellt.

Ist der Querschnitt der Kreisbahnen derselbe (Kreis vom Radius a) und ist der kürzeste Abstand der Drahtachsen $\xi = d$, so ist

$$L_{kl} = \frac{1}{c^2}\,4\pi A\left\{\ln\frac{8A}{d} - 2\right\},$$

der Koeffizient der gegenseitigen Induktion. Für den Selbstinduktionskoeffizient eines Kreisringes vom Radius A mit kreisförmigem Querschnitt vom Radius a erhält man

$$L_{kk} = \frac{1}{c^2}\,4\pi A\left\{\ln\frac{8A}{a} - \frac{7}{4}\right\}.$$

Berücksichtigt man bei der Berechnung mehr Glieder der rechten Seite der Gleichung (45), so nimmt der letzte Ausdruck den Wert an [M. Wien[2]]

$$L_{kk} = \frac{1}{c^2}\,4\pi A\left\{\ln\frac{8A}{a}\left[1 + 0{,}11\left(\frac{a}{A}\right)^2\right] - \frac{7}{4} - 0{,}0095\left(\frac{a}{A}\right)^2\right\}.$$

---

[1] Bereits Maxwell hat L'_{kl} in aller Strenge berechnet und gefunden

$$L'_{kl} = \frac{4\pi}{c^2}\sqrt{A(A + x)}\left\{\left(\frac{2}{k} - k\right)F(k) - \frac{2}{k}E(k)\right\},$$

wenn

$$k = \frac{2\sqrt{A(A + x)}}{\sqrt{(2A + x)^2 + y^2}}$$

und F und E die vollständigen elliptischen Integrale erster und zweiter Gattung für den Modul k sind. Zur bequemeren Auswertung hat Maxwell Tabellen berechnet. (J. C. Maxwell, Lehrb. d. Elektr. u. d. Magn. Bd. II, § 696.)

[2] M. Wien, Wied. Ann. Bd. 53, S. 934. 1894.

Endlich sei hier noch die ebenfalls von M. Wien angegebene Formel für den Selbstinduktionskoeffizienten eines Drahtrechteckes mit den Seiten s_1 und s_2 mitgeteilt. Man erhält sie, wenn man den Koeffizienten der gegenseitigen Induktion zweier linienhafter Rechtecke berechnet, von denen das äußere die Seiten s_1 und s_2 hat, während die Seiten des inneren von denen des äußeren um den mittleren geometrischen Abstand R des Drahtquerschnittes „von sich selbst" verschoben sind. Diesen findet man dadurch, daß man den magnetischen Fluß durch die Rechteckfläche von jeder der vier Seiten einzeln bestimmt und die vier Teile zusammen addiert. Das Ergebnis ist

$$L_{kk} = \frac{4}{c^2}\left\{ s_1 \ln \frac{2\,s_1\,s_2}{R\left(\sqrt{s_1^2 + s_2^2} + s_1\right)} + s_2 \ln \frac{2\,s_1\,s_2}{R\left(\sqrt{s_1^2 + s_2^2} + s_2\right)} + 2\sqrt{s_1^2 + s_2^2} - 2s_1 - 2s_2 \right\}. \quad (46)$$

Besitzen die Drähte, wie z. B. Eisendrähte, nicht die Permeabilität des umgebenden Mediums, so treten in die Formeln die verschiedenen μ-Werte ein. Auch derartige Fälle hat Maxwell bereits behandelt. In seinem Lehrbuch der Elektrizität und des Magnetismus findet man ein überaus reiches Material, das sich auf die Berechnung von Induktionskoeffizienten bezieht. Die Selbstinduktion eines Drahtes der Permeabilität μ, der Länge l und vom kreisförmigen Querschnitt mit dem Radius a ist[1])

$$L = 2c\left(\ln \frac{2c}{a} + \frac{\mu}{4} - 1\right).$$

26. Induktionskoeffizient von Spulen. Das wichtige Problem der Berechnung der Selbstinduktion und gegenseitigen Induktion von Spulen wird in der Regel so in Angriff genommen, daß man die Spule sich zerlegt denkt in eine Zahl getrennter Windungen und die Selbst- und gegenseitigen Induktionen der einzelnen Windungen berechnet und summiert. Meist ist daher die Rechnung sehr umständlich.

Im Falle einer unendlich langen Spule mit dem Radius A und n_1 Windungen pro Längeneinheit geht man freilich am besten von dem Wert der magnetischen Energie aus und findet die einfache, leicht ableitbare Formel für den Selbstinduktionskoeffizienten der Längeneinheit der Spule

$$L_{kk} = \frac{4\pi^2}{c^2} A^2 n_1^2.$$

Der Fall der kurzen weiten, einlagigen Spule mit n-Windungen wird dagegen zweckmäßig mit Hilfe der angedeuteten Zerlegung erledigt. In erster Näherung findet man

$$L_{kk} = \frac{4\pi}{c^2} A\left\{ n(n-1)\left(\ln \frac{8A}{d} - 2\right) + n\left(\ln \frac{8A}{a} - \frac{7}{4}\right) - C\right\},$$

wenn

$$C = 2\ln\{1!\,2!\,3!\ldots(n-1)!\},$$

ferner A der mittlere Radius der Spule, a der Drahtradius und d der Abstand zweier Mittelpunkte benachbarter Drahtquerschnitte ist.

Der Fall der kurzen, weiten, mehrlagigen Spule ist von Maxwell in der Weise behandelt worden, daß er die Windungen ersetzt dachte durch einen massiven Ring vom Querschnitt des Gesamtquerschnitts der Windungen in einer Meridianebene und dann an das Resultat eine Korrektion dafür anbrachte, daß er bei dieser Betrachtungsweise die Drähte von rechteckigem statt von kreisförmigem Querschnitt annahm und die Isoliermasse um die Drähte nicht

---

[1]) Lord Rayleigh, Phil. Mag. Bd. 21, S. 381. 1886; K. Waitz, Winkelmanns Handb. d. Phys. Bd. V, 2. Teil, S. 596. 1908.

berücksichtigte. Später hat Stefan, ähnlich vorgehend, für die Selbstinduktion einer solchen Spule eine andere Formel abgeleitet, die für den quadratischen Wicklungsquerschnitt die einfache Form annimmt

$$L_{kk} = \frac{4\pi}{c^2} A\, n^2 \left\{ \ln \frac{8}{\sqrt{2}} \frac{A}{b} - 0,84834 + \frac{1}{24} \frac{b^2}{A^2} \left(\ln \frac{8}{\sqrt{2}} \frac{A}{b} + 1,2242 \right) \right\}$$

$$+ \frac{4\pi}{c^2} A\, n \left(\ln \frac{d}{a} + 0,15494 \right)\ {}^1),$$

wenn wieder A den mittleren Spulenradius, b eine Seite des Wicklungsquerschnittes und n die Windungszahl, a den Drahtquerschnittsradius und d die Entfernung der Mittelpunkte zweier benachbarter Drahtquerschnitte bedeutet.

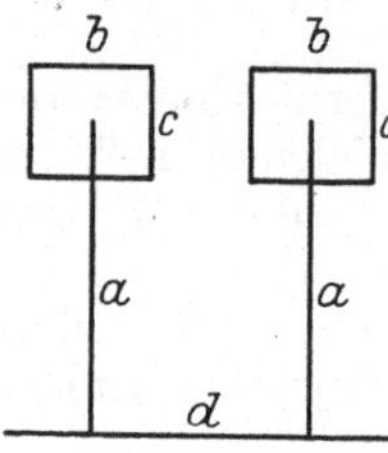

Abb. 9. Zur Berechnung des Induktionskoeffizienten zweier Ringspulen.

Wie kompliziert und umständlich die Berechnung der Koeffizienten im allgemeinen selbst bei scheinbar einfachen Gebilden wird, mag man aus den hierunter noch angegebenen Koeffizienten gegenseitiger Induktion in zwei praktisch wichtigen Fällen entnehmen.

α) Koeffizient der gegenseitigen Induktion zweier gleicher, kurzer, weiter Ringspulen [Stefan[2]), Rosa[3])]. Der mittlere Radius der Spulen sei a, der Abstand der mittleren Ebenen d (klein gegen a), der Querschnitt $b \cdot c$, die Windungszahl n (Abb. 9).

$$L_{12} = \frac{4\pi a}{c^2} \left\{ \ln \frac{8a}{d} \left[1 + \frac{3}{16} \left(\frac{d}{a} \right)^2 + \cdots \right] - 2 + \frac{1}{16} \left(\frac{d}{a} \right)^2 + \cdots \right\} + \Delta L_{12},$$

wenn das Korrektionsglied

$$\Delta L_{12} = 4\pi n^2 a \left\{ \frac{3b^2 + c^2}{96 a^2} \ln \frac{8a}{d} - \frac{11 b^2 - 3 c^2}{192 a^2} + \frac{b^2 - c^2}{12 d^2} + \frac{2 b^4 + 2 c^4 - 5 b^2 c^2}{120 d^4} \right.$$

$$+ \frac{6 b^4 + 6 c^4 + 5 b^2 c^2}{5760 a^2 d^2} + \frac{3 b^6 - 3 c^6 + 14 b^2 c^4 - 14 b^4 c^2}{504 d^6} + \frac{7 c^2 d^2}{1024 a^4} \left(\ln \frac{8a}{d} - \frac{163}{84} \right)$$

$$\left. - \frac{15 b^2 d^2}{1024 a^4} \left(\ln \frac{8a}{d} - \frac{97}{60} \right) \right\}.$$

Wie aus Gleichung (45) leicht zu entnehmen ist, hat $L_{12} - \Delta L_{12}$ die Bedeutung des Koeffizienten der gegenseitigen Induktion zweier koaxialer Kreise vom Radius a in der Entfernung d der Kreisebenen.

β) Koeffizient der gegenseitigen Induktion zweier gleichlanger koaxial ineinander liegender (also verschieden weiter) enger Spulen [Rosa und Cohen[4])]. Die Länge der Spulen sei l, die Durchmesser $2 a_1$ und $2 a_2$ $(a_1 < a_2)$, die Windungszahlen n_1 und n_2.

$$L_{12} = \frac{4}{c} \pi^2 a_1^2 n_1 n_2 (l - 2 a_2 \delta),$$

wenn

$$\delta = \frac{l - r - a_2}{2 a_2} - \frac{a_1^2}{16 a_2^2} \left(1 - \frac{a_2^3}{r^3} \right) - \frac{a_1^4}{64 a_2^4} \left(\frac{1}{2} + 2 \frac{a_2^5}{r^5} - \frac{5}{2} \frac{a_2^7}{r^7} \right)$$

$$- \frac{35 a_1^6}{2048 a_2^6} \left(\frac{1}{7} - \frac{8}{7} \frac{a_2^7}{r^7} + \frac{4 a_2^9}{r^9} - \frac{3 a_2^{11}}{r^{11}} \right)$$

mit $r = \sqrt{l^2 + a_2^2}$.

[1]) Über die Konstante 0,15494 vgl. E. B. Rosa, Bull. Bur. of Stand. Bd. 3, S. 1. 1907.
[2]) J. Stefan, Wied. Ann. Bd. 22, S. 115. 1884.
[3]) E. B. Rosa, Bull. Bur. of Stand. Bd. 2, S. 331 (spez. S. 348). 1907.
[4]) E. B. Rosa u. L. Cohen, Bull. Bur. of Stand. Bd. 3, S. 305. 1907.

Zum Schluß sei nochmals darauf hingewiesen, daß allen diesen Formeln die Annahme zugrunde liegt, daß der Strom den Querschnitt des stromführenden Drahtes gleichmäßig erfüllt, daß man es also nicht z. B. mit Wechselstrom hoher Frequenz zu tun hat.

c) Induktion in bewegten, linearen, geschlossenen Leitern.

27. Induktion bei der Bewegung fester Leiterkreise im Magnetfeld. Die Behandlung dieser Fälle ist, wenn das Magnetfeld bekannt ist, in der Regel sehr einfach, da es meist keine Schwierigkeit macht, anzugeben, wie sich der Fluß durch die Fläche des Leiterkreises, die sog. Windungsfläche, während der Bewegung geändert hat. Nach Gleichung (6), auf die auch Gleichung (13) bzw. (21) hinauskommt, wenn wir über die Zeit der Änderung von $\mathfrak{B}$ noch integrieren, kann man den Integralstrom berechnen, indem man die Differenz der Induktionsflüsse durch den Leiterkreis zu Anfang und zu Ende der Zeit bildet. Einige wichtige Beispiele seien im folgenden behandelt.

28. Der Magnetinduktor. Annäherung eines Magneten an eine stromlose Spule. Einem Kupferdrahtkreisring vom Radius R nähere sich in der Achse ein Magnetstab mit der Polstärke m und dem magnetischen Moment $M = m \cdot l$, wenn l die Entfernung der Pole ist. Die Entfernung des einen Pols von der Ringebene sei z, die des anderen $z + l$ (Abb. 10). Dann treten durch den Ring, wenn wir annehmen, daß vom Pol $4\pi m$ Induktionslinien, nach allen Richtungen gleichmäßig verteilt, ausgehen, von diesem Pol

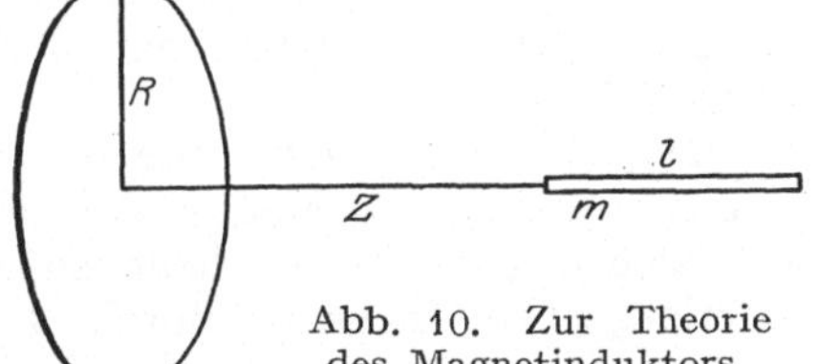

$$\int \mathfrak{B}_1 \, d\mathfrak{f} = 2\pi m \left(1 - \frac{z}{\sqrt{R^2 + z^2}} \right)$$

Induktionslinien hindurch; von dem anderen also

$$\int \mathfrak{B}_2 \, d\mathfrak{f} = - 2\pi m \left(1 - \frac{z + l}{\sqrt{R^2 + (z + l)^2}} \right).$$

Abb. 10. Zur Theorie des Magnetinduktors.

Wird der Magnet in der Richtung der Achse von großer Entfernung ($z = \infty$) bis zu der Entfernung $z = a$ herangeführt, so ist die Änderung des magnetischen Flusses in der Zeit t und damit der Integralstrom, multipliziert mit dem Widerstand W des Ringes, gegeben durch

$$W \int_0^t J \, dt = \frac{2\pi m}{c_0} \left\{ \frac{l + a}{\sqrt{R^2 + (l + a)^2}} - \frac{a}{\sqrt{R^2 + (a^2)}} \right\}$$

und für $z = -l/2$, d. h. bei Annäherung des Magneten bis zu der Stellung, in der die Magnetmitte in der Ringebene liegt

$$W \int_0^t J \, dt = \frac{1}{c_0} \frac{2\pi m l}{\sqrt{R^2 + \dfrac{l^2}{4}}} .$$

Benutzt man an Stelle eines Ringes eine Spule mit n-Windungen und von einer Länge l_1, dann beträgt die Änderung des magnetischen Flusses, wie sich leicht zeigen läßt, für den Fall, daß die Mitte des Magneten mit der der Spule zusammenfällt

$$W \int_0^t J \, dt = \frac{1}{c_0} \frac{4\pi m n}{l_1} \left\{ \sqrt{R^2 + \left(\frac{l + l_1}{2} \right)^2} - \sqrt{R^2 + \left(\frac{l - l_1}{2} \right)^2} \right\} .$$

Ist die Spule lang gegen den Durchmesser ($2\,R$) und ist auch $l_1 - l$ groß gegen R, so nähert sich der Ausdruck einer sehr einfachen Form und wird z. B. für $l_1 \gg l$ (d. h. bei Verwendung einer langen, engen Spule und eines kurzen Magneten)

$$\frac{1}{c}\,\frac{4\pi\,m\,n\,l}{l_1} = \frac{1}{c}\,4\pi\,M\,n_1,$$

wenn n_1 die Windungszahl pro cm bedeutet. Eine solche Spule kann also zur Bestimmung des magnetischen Momentes eines Magnetstabes dienen. Sie erfordert nur die Messung des Integralstromes, der entsteht, wenn man den Magneten aus großer Entfernung in die Mitte der Spule bewegt oder umgekehrt, und des Widerstandes. Der Strom muß mit einem ballistischen Galvanometer, das mittels des Stromstoßes durch einen bekannten Magneten geeicht werden kann, gemessen werden.

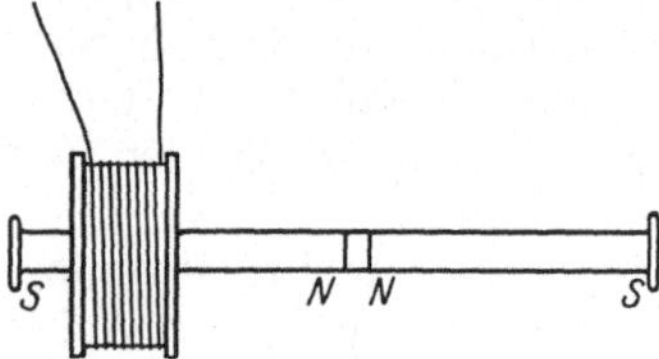

Abb. 11. Doppelmagnetinduktor.

Eine Anordnung, bestehend aus langer, dünner Spule, in die auf einem Schlitten ein Magnetstab aus größerer Entfernung eingeschoben und zur Eichung von Galvanometern benutzt werden kann, ist unter dem Namen „Magnetinduktor" bekannt.

Handelt es sich darum, konstante Stromstöße zu erzeugen, so benutzt man statt dieses Apparates auch den auf dem gleichen Prinzip beruhenden, aber bequemeren „Doppelmagnetinduktor", einer Spule, in der zwei mit gleichnamigen Polen aneinandergesetzte Magnete hin und her geschoben werden können bis zu Stellungen, die durch Anschläge fixiert sind (Abb. 11).

29. Drehung einer Spule im Magnetfeld. Erdinduktor. Ist eine Spule so in einem homogenen Magnetfeld aufgestellt, daß ihre Windungsebene senkrecht zur Richtung des Feldes liegt, so wird bei Drehung der Spule um eine in der Windungsebene liegende, durch die Mitte der Spule verlaufende Achse um 90°, also bei einer Drehung, die die Windungsebene in eine dem Feld parallele Richtung bringt, der magnetische Fluß durch die Spule auf Null abnehmen. Er läßt sich also durch den Induktionsstromstoß messen. Dreht man in der gleichen Richtung weiter, so tritt der magnetische Fluß durch die Fläche der Spule von ihrer anderen Seite wieder ein, so daß ein gleicher Induktionswert entsteht. Eine Drehung um 180° wird also den unter Umständen besser meßbaren, doppelten Induktionsstoß hervorbringen.

Diese Methode der Messung des magnetischen Flusses an einer Stelle des Raumes wird verwendet zur Bestimmung der „Intensität" des erdmagnetischen Feldes" oder ihrer Änderungen und hauptsächlich zur Bestimmung des Verhältnisses der Vertikal- zur Horizontalkomponente des Erdfeldes. Der dazu von W. Weber konstruierte und noch heute zu manchen Zwecken (z. B. zur Herstellung bekannter, konstanter Stromstöße, zur Eichung eines ballistischen Galvanometers usw.) verwendete Apparat ist der „Erdinduktor". Er ist im wesentlichen eine Spule von vielen Windungen, rund 20 cm Durchmesser auf Holzrahmen, die bequem genau horizontal und genau vertikal justiert und in diesen Lagen um genau 180° gedreht werden kann. Das Verhältnis der Stromstöße in den beiden Lagen zueinander ist das Verhältnis der vertikalen und horizontalen Komponente der erdmagnetischen Kraft, also gleich der Tangente des Inklinationswinkels (vgl. Abb. 5, Ziff. 8).

Sowohl der Erdinduktor, wie der in Ziff. 28 beschriebene Magnetinduktor kann dazu verwendet werden, den Widerstand der Spule zu bestimmen. Diese Methode hat als absolute Widerstandsmessung, absolute „Ohmbestimmung" eine große Bedeutung erlangt (näheres s. Band XVI). Man muß zu dem Zweck nur die Galvanometerkonstante des benutzten ballistischen Galvanometers getrennt bestimmen können.

30. Bestimmung eines Magnetfeldes durch eine Induktionsspule. „Windungsfläche". Die magnetische Feldstärke an irgendeiner Stelle des Raumes läßt sich, auch wenn sie in engem Raum veränderlich ist, mit Hilfe einer kleinen Kreisspule, die an ein geeichtes ballistisches Galvanometer angeschlossen ist, messen durch den Induktionsstoß, den man beobachtet, wenn man die Spule von der zu untersuchenden Stelle schnell zu einer Stelle bekannter Feldstärke bewegt. Ist der Durchmesser der Spule $2R$ so klein (etwa 1 cm und weniger), daß man das Feld in der Spule als homogen ansehen kann, so erhält man die Felddifferenz $(B_2 - B_1)$ der Anfangs- und Endlage der Spule auf Grund der Gleichung (6) durch

$$W \int_0^t J\, dt = \frac{n}{c_0} (B_2 - B_1)\, f_m ,$$

worin n die Anzahl der Windungen der Spule und f_m das Mittel der Flächen der verschiedenen Windungen ist.

Man bezeichnet das Produkt $n \cdot f_m$ oder die Summe der von allen Windungen umschlossenen Flächen als „Windungsfläche" einer Spule, deren genaue Bestimmung wegen der Verwendung der Spulen bei Induktionsmessungen eine große Rolle spielt. Neben anderen Methoden ist empfehlenswert die empirische Bestimmung der Windungsfläche durch Messung des Induktionsstromes in einem bekannten Magnetfeld.

31. Bewegung einzelner Teile des Kreises im Magnetfeld. Gleitstellen. Wenn ein einzelnes Stück eines Leiterkreises sich gegen die übrigen Teile verschiebt, wenn man z. B. einen Bügel AB, der auf zwei festen Leitungen schleifen kann, in der Pfeilrichtung (Abb. 12) sich bewegen läßt, so ändert sich die Geschwindigkeit an der Stelle A und B von einem Leiterelement ds_1 zu dem nächsten ds_2 unstetig und es ist die Frage, was an dieser Stelle aus dem $\int \mathrm{rot}\,[\mathfrak{B}\mathfrak{v}]\,d\mathfrak{f} = \int [\mathfrak{B}\mathfrak{v}]\,d\mathfrak{s}$ wird. Indem hier aber die Richtung des Leiterelementes und der Bewegung zusammenfallen,

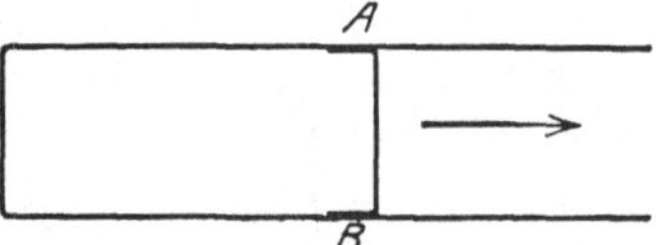

Abb. 12. Gleitstellen im Leiterkreis.

ist der Betrag der Elemente $[\mathfrak{B}\mathfrak{v}]\,d\mathfrak{s}$ längs dieser Gleitstellen Null und man darf diese Unstetigkeitsstellen in diesem besonderen Fall unberücksichtigt lassen.

Wie in dem Falle eines festen Leiters stößt daher auch bei der Bewegung einzelner Leiterteile mit Gleitstellen der charakterisierten Art meist die Rechnung nicht auf besondere Schwierigkeiten. Man wird solche Stellen zum Unterschied zu den eigentlichen Gleitstellen, bei denen materielle Änderungen der Stromleitung eintreten, wie sogleich näher gezeigt wird, Dehnungsstellen des Stromkreises nennen können. Die Strombahn wird an irgendeiner Stelle gewissermaßen eine Dehnung erfahren, so daß die Fläche, durch die magnetische Induktionslinien hindurchtreten, am Ende der Bewegung größer ist als am Anfang.

Bei den Apparaten der sog. „Unipolarinduktion" ist der Vorgang insofern ein anderer, als immer neue materielle Leiterstücke die leitende Verbindung der übrigen Teile herstellen und im Vorbeigleiten dieser Stücke an den in Ruhe oder in anderer Bewegung befindlichen Resten eine Unstetigkeit der Geschwindigkeit zweier aufeinanderfolgender Leiterelemente auftritt.

32. Unipolarinduktion. Der Grundtypus aller Experimente, die man als Unipolarinduktionsversuche bezeichnet, ist der folgende. Ein Stabmagnet ist um seine Achse drehbar aufgestellt und wird in Rotation versetzt (Abb. 13). In der Mitte des Mantels sitzt eine Schleiffeder auf, die durch einen Kupferdraht mit einer Zuleitung zur Achse des Magneten verbunden ist. In dem auf diese Weise durch den Magneten geschlossenen Leiterkreise wird bei Rotation des Magneten ein Strom erzeugt, der sich leicht in einem in den Draht eingeschalteten Galvanometer nachweisen läßt. Auch diese Beobachtung wurde zuerst von FARADAY beschrieben und von ihm auf Grund seiner Vorstellungen über die Induktion in Leitern, die relativ zu einem magnetischen Feld bewegt werden, erklärt. Infolge der Rotation des Magneten um die Achse treten nach FARADAYS Anschauung in die durch Magnet und Kupferdraht geschlossene Fläche immer neue magnetische Induktionslinien ein, die den Leiter schneiden und dadurch zu einem Induktionsstrom Veranlassung geben. Da nur der eine

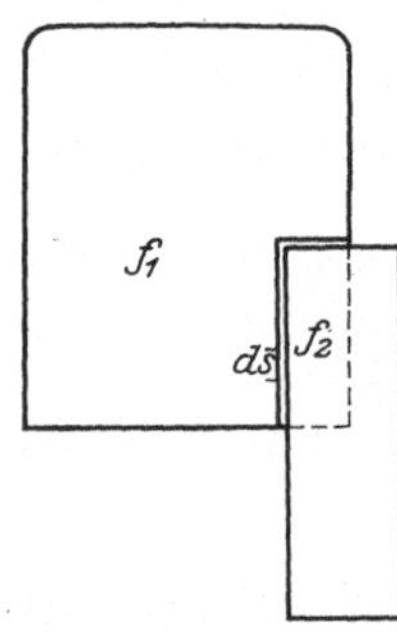

Abb. 13. Zur Unipolarinduktion.

Pol bei dieser Betrachtungsweise berücksichtigt werden brauchte — den anderen konnte man sich beliebig weit entfernt denken, ohne daß die Erklärung des Versuchs irgendeine Änderung erfahren dürfte — nannte man den Vorgang Unipolarinduktion. (Auch die Umkehrung dieses Induktionsversuches wurde in verschiedenen Variationen gezeigt: der drehbar aufgestellte Magnet gerät in Rotation, wenn in dem Kupferbügel ein galvanisches Element eingeschaltet wird, wobei die Rotation in der Richtung stattfindet, daß sie von sich aus einen Strom von entgegengesetzter Richtung als der von der Batterie herrührende zu erzeugen bestrebt ist.)

Die Erklärung dieses Experimentes war bis in den Anfang dieses Jahrhunderts hinein der Gegenstand lebhafter Diskussion. Der tiefere Grund dieses Streites war das Bemühen, dem einen oder anderen elektrischen Elementargesetz, der einen oder anderen Anschauung über den Zusammenhang zwischen Magnetismus und Elektrizität Geltung zu verschaffen. Als äußerer Angriffspunkt diente der unglückliche Umstand, daß je nach Zugrundelegung einer bestimmten Theorie ein bestimmtes Stromstück, ein bestimmter Pol sich als allein oder besonders wirksam ansehen ließ. Gegenseitig warf man sich fehlerhafte Vernachlässigung dieses oder jenes Stromteiles vor, wobei man sich in der Tat zuweilen auf Fehler aufmerksam machen konnte, es aber häufig nur nicht verstand, sich in die Anschauung des Gegners hineinzudenken. Mehr und mehr spitzte sich die Frage zu zu dem Problem: Bewegen sich die von einem Magneten ausgehenden Induktionslinien mit dem rotierenden Magneten, oder bewegen sie sich nicht mit, ein Problem, das nur infolge der sehr realistischen Auffassung der Induktionslinien entstehen konnte. Diejenigen, die an dem Mitbewegen der Induktionslinien festhalten wollten, erklärten die Induktion in dem oben beschriebenen Versuch mit dem Schneiden des Kupferbügels durch die Induktionslinien, die Gegner mit dem Schneiden der Magnetoberfläche zwischen den beiden Ableitungen. Heute weiß man, daß eine Entscheidung darüber, welchem der Elementargesetze der Vorzug zu geben sei, nicht getroffen werden kann, da sie nur durch Vorgänge in geschlossenen Stromkreisen geprüft werden können und, auf geschlossene Stromkreise angewandt, zu gleichen Resultaten führen.

33. Behandlung der Unipolarinduktion in der MAXWELLschen Theorie. Nach der MAXWELLschen Theorie muß man sich von den Vorgängen, die als unipolare Induktion bezeichnet werden, im besonderen von dem oben geschilderten Versuch, in folgender Weise Rechenschaft geben[1]).

Die vom Kupferbügel und der Verbindungslinie auf der Magnetoberfläche umschlossene Fläche ändert bei Drehung des Magneten nicht seine Größe oder die Lage zum magnetischen Feld (vorausgesetzt, daß der Magnet nach allen Richtungen gleich beschaffen ist). Bei der Drehung des Magneten sollte daher ein Induktionsstrom überhaupt nicht bemerkbar werden. Wir berücksichtigen bei dieser Betrachtungsweise aber nicht, daß infolge der Drehung der Magnetoberfläche an ihr eine durch den Luftraum vom Leitungsdraht bis zur Oberfläche des Magneten gespannte und unveränderliche Fläche vorbeigleitet. An einer dadurch entstehenden Gleitfläche, begrenzt durch Wegelemente längs des Mantels und durch unmittelbar benachbarte, dazu parallele Wegelemente im Luftraum und zwei unendlich kleine Verbindungsstücke, treten im magnetischen Feld Flächenwirbel der elektrischen Feldstärke auf, die nicht übersehen werden dürfen. In einem beliebig kurzen Zeitelement dt bewegt sich das zur Zeit $t = 0$ in der Gleitlinie liegende Element ds infolge der Geschwindigkeit des Magneten um das Stück $\mathfrak{v} \cdot dt$ senkrecht zu $d\mathfrak{s}$ und hat in der Zeit dt das Flächenstück $[\mathfrak{v}\, d\mathfrak{s}]\, dt$ überstrichen. Durch dieses Flächenstück tritt der Kraftfluß

$$[\mathfrak{B}\, \mathfrak{v}]\, d\mathfrak{s} \cdot dt$$

und erzeugt nach der zweiten MAXWELLschen Gleichung die induzierte elektrische Kraft $dt \int \mathfrak{E}\, d\mathfrak{s}$, wobei das Integral längs der Umrandung des kleinen Flächenstückes zu nehmen ist. Es ist also nach der zweiten MAXWELLschen Gleichung

$$\int \mathfrak{E}\, d\mathfrak{s} = \frac{1}{c}\, [\mathfrak{B}\, \mathfrak{v}]\, d\mathfrak{s} = (\mathfrak{E}_1 - \mathfrak{E}_2)\, d\mathfrak{s}, \tag{47}$$

wenn $\mathfrak{E}_1$ und $\mathfrak{E}_2$ die Werte der elektrischen Feldstärke längs der beiden langen Seiten $d\mathfrak{s}$ des Flächenstückes sind. $(\mathfrak{E}_1 - \mathfrak{E}_2)\, d\mathfrak{s}$ ist nach Gleichung (47) von der Größenordnung des $d\mathfrak{s}$ unendlich klein, $\mathfrak{E}_1 - \mathfrak{E}_2$ also endlich. An einer Gleitfläche tritt somit ein Flächenwirbel auf, der proportional der Geschwindigkeit der einen Fläche gegen die andere ist und proportonal dem magnetischen Fluß senkrecht zur Gleitfläche.

Der Vorgang ist also im ganzen offenbar der: Die Gesamtfläche, die von Stromleitern umgrenzt ist, durch die ein magnetischer Fluß hindurchtreten kann, zerfällt in drei Teile. Der eine Teil f_1 liegt vollständig im Luftraum (wir können uns, da die MAXWELLsche Theorie nur geschlossene Ströme kennt, den Kupferbügel durch den Luftraum längs der Magnetoberfläche geschlossen denken); der zweite Teil f_2 liegt vollständig im Magneten; beide sind an Größe unveränderlich und vermögen, da die magnetische Induktion überdies eine in ihre Ebene fallende Richtung hat, zu einer elektromagnetischen Induktion keine Veranlassung zu geben. Der dritte Teil ist die Gleitfläche, die die Verbindung der beiden Flächen f_1 und f_2 bei der Bewegung der einen dauernd aufrechterhält und die infolge der endlichen Größe $[\mathfrak{B}\, \mathfrak{v}]$ — worin $\mathfrak{v}$ die Geschwindigkeit des in der Begrenzungslinie von f_2 liegenden Elementes $d\mathfrak{s}$ gegen das in der Begrenzung von f_1 benachbarte Element ist — einer induzierten elektromotorischen Kraft die Entstehung gibt. Bei dieser Art von Gleitung können wir also das Entstehen einer Fläche (durch Bewegung des $d\mathfrak{s}$ senkrecht zu sich selbst) als den Zuwachs an Fläche betrachten.

---

[1]) A. SZARVASSI, Ann. d. Phys. Bd. 23, S. 73. 1907. — M. ABRAHAM, Theorie der Elektrizität, 6. Aufl. Bd. I, S. 371. 1921.

Damit ist Klarheit geschaffen auch für den Fall, daß bei dem Vorbeigleiten einer leitenden Fläche an zwei festen Zuleitungen ohne Änderung der von den Leitern eingeschlossenen Fläche einige Leiterelemente durch andere ersetzt werden.

34. Berechnung des typischen Falles. In dem oben mitgeteilten typischen Beispiel der Unipolarinduktion finden wir danach die induzierte elektromotorische Kraft leicht folgendermaßen. Da zu den Flächenwirbeln die Elemente $d\mathfrak{s}$ nur durch ihre zur Bewegung $\mathfrak{v}$ senkrechten Komponente etwas beitragen, so brauchen wir von der Verbindungslinie der Ansatzstellen des Kupferbügels auch nur die Komponente, die parallel der Magnetdrehachse und die, die radial senkrecht zur Drehachse verläuft, berücksichtigen. Im übrigen ist es gleichgültig, wie wir die Verbindungslinie durch den Magneten oder an der Oberfläche legen. Sie mag z. B. längs der Schnittlinie einer durch die Drehachse des Magneten gelegten Ebene und der Oberfläche verlaufen. Die Winkelgeschwindigkeit des Magneten sei u, dann ist die Geschwindigkeit des Elementes $d\mathfrak{s}$ im Abstand r von der Drehachse

$$\mathfrak{v} = [\mathfrak{u} \cdot \mathfrak{r}] = \overline{\mathfrak{v}} \cdot u\,r \quad \text{und}$$

$$\int \mathfrak{E}\,d\mathfrak{s} = \frac{u}{c} \int r\,[\mathfrak{B} \cdot \overline{\mathfrak{v}}]\,d\mathfrak{s}. \quad (48)$$

Das gleiche Resultat erhalten wir bei jeder andersgelegten Verbindungslinie. Da es ferner ganz gleichgültig sein muß, ob der Magnet sich dreht und der Drahtbügel ruht, oder umgekehrt, so muß man auch im letzteren Fall also mit ganz anderer Gleitfläche auf den Wert (48) kommen. Das ist in der Tat der Fall.

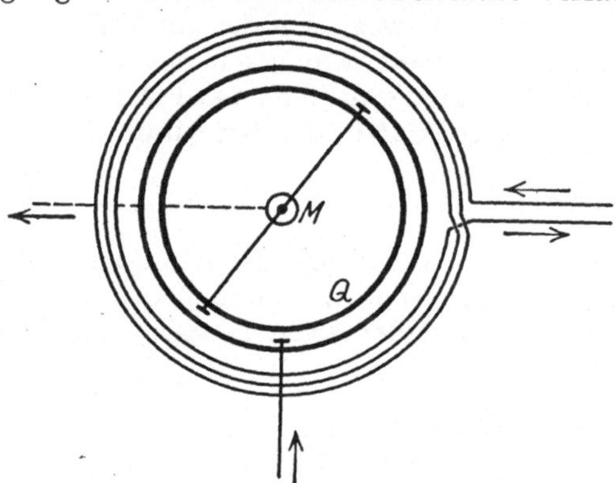

Abb. 14. Ampères Rotationsapparat.

Als Gleitfläche kann dann gelten das Gleiten des Bügels durch die Luft. Die gleiche Winkelgeschwindigkeit vorausgesetzt, wird durch die gesamte Gleitfläche in der Zeit dt längs des Bügels genau derselbe Induktionsfluß hindurchtreten, der durch die Gleitfläche längs der Verbindungslinie auf der Oberfläche des Magneten hindurchtritt.

Über den Sitz der induzierten elektromotorischen Kraft können wir bei der Unbestimmtheit der Lage der Gleitflächen offenbar nichts aussagen. Wohl aber kann man bei Kenntnis der Widerstände im Magnet und im verbindenden Draht die Verteilung der sich ausbildenden elektromotorischen Kraft berechnen[1]: „Die induzierte Integralkraft verteilt sich auf Magnet und Drahtschlinge im Verhältnis ihrer Widerstände.“[2]

35. Der Ampèresche Rotationsapparat. Eine große Zahl von Apparaten und Versuchen sind angegeben worden, die unipolare Induktion (bzw. die Umkehrung davon: die elektromagnetische Rotation) zu demonstrieren. Hier sei auf den von Ampère konstruierten aufmerksam gemacht, mit dem er die Rotation eines Bügels im Magnetfeld zeigte. Ein zweimal rechtwinklig gebogener Draht ruht mit einer in der Mitte bei M angebrachten Spitze leicht drehbar auf einem Metallstab (Abb. 14). Die Enden des Bügels tauchen in eine kreis-

---

[1] Vgl. z. B. M. Abraham, Theorie der Elektrizität, 6. Aufl. Bd. I, S. 375. 1921.

[2] Das Resultat irgendeines Induktionsversuches kann man nach Erledigung der prinzipiellen Frage natürlich nun mit Hilfe jeder der beiden Kraftlinienanschauungen meist leicht vorhersagen; inmerhin ist es wichtig, die Bedeutung der Gleitstellen hervorzuheben.

runde Quecksilberrinne Q. Konzentrisch zu der Rinne sind einige stromdurchflossene Windungen gelegt, die ein magnetisches Feld hervorrufen. Läßt man
einen zweiten elektrischen Strom in die Quecksilberrinne eintreten, und führt
ihn, nachdem er den Drahtbügel und den Metallstab durchflossen hat, von
diesem ab, so wird der Bügel infolge des Magnetfeldes in Rotation versetzt.
Und umgekehrt wird durch Rotation des Bügels in ihnen bei leitender Verbindung der Rinne mit dem Metallstab ein Induktionsstrom erzeugt. Die Gleit-
fläche, in der $\int [\mathfrak{B}\, \mathfrak{v}]\, d\mathfrak{s}$ auftritt, ist in diesem Fall von dem beweglichen Bügel
überstrichen. $\mathfrak{v}$ ist, wenn mit $\mathfrak{u}$ die Winkelgeschwindigkeit des Bügels bezeichnet
wird, gleich $[\mathfrak{s} \cdot \mathfrak{u}]$ und die in der Zeiteinheit induzierte elektromotorische Kraft

$$E = \mathfrak{u} \int_0^l \mathfrak{B}\,(\mathfrak{s}\, d\mathfrak{s}) = \frac{\mathfrak{u}\, \mathfrak{B}}{2}\, l^2 ,$$

wenn l die Länge des Bügels ist.

36. Neuere Untersuchungen über Unipolarinduktion. In eingehenden
Untersuchungen von OLSHAUSEN[1]) und von VALENTINER[2]) über die Deutung
der Unipolarinduktionsversuche wurde dargetan, daß bei konsequenter Benutzung irgendeines der bekannten elektrodynamischen Elementargesetze, oder
der MAXWELL-HERTZschen Theorie oder einer der Kraftlinienanschauungen das
theoretische Resultat stets mit dem experimentellen in Einklang steht. Trotzdem sind auch noch später Arbeiten erschienen, in denen die Verfasser die Deu-
tungsmöglichkeit durch die eine oder andere Theorie in Zweifel zogen. Man
verfolgte insbesondere den Fall des offenen Leiterkreises, der z. B. schon vorliegt, wenn man in dem in Ziff. 32 besprochenen Versuch die Magnetachse mit
Erde, die Indifferenzzone mit einem Elektrometer verbindet. Etwas weniger durch-
sichtig ist die folgende Anordnung: In einem homogenen magnetischen Feld
wird ein Zylinderkondensator um die Zylinderachse in Rotation versetzt, wobei
Feldrichtung und Achse zusammenfallen; entsteht auf den Belegungen eine
Spannungsdifferenz, wenn dieselben durch einen Drahtbügel kurzgeschlossen
sind? An diese Frage schlossen sich die weiteren an: Welchen Einfluß hat das
Dielektrikum des Kondensators, welchen Einfluß die Bewegung desselben?
Was die letzte Frage anbetrifft, so sollte sie völlig abgetrennt werden von den
anderen Problemen, da ihre Beantwortung bei großen Geschwindigkeiten des
Dielektrikums von der Entscheidung für die eine oder andere Art der Erweite-
rung der MAXWELLschen Theorie auf bewegte Medien abhängt (s. unten). Bei
kleinen Geschwindigkeiten kann man von einem Einfluß derselben auf das
Resultat völlig absehen. Ohne zu einer anderen Beurteilung des Induktions-
problems Veranlassung geben zu können, haben in der Richtung in späterer
Zeit besonders eingehend gearbeitet BARNETT[3]), KENNARD[4]), FEHRLE[5]), PEGRAM[6]),
SWANN[7]), zum Teil freilich, ohne sich von irrigen Schlüssen frei zu halten.

---

[1]) G. R. OLSHAUSEN, Ann. d. Phys. Bd. 6, S. 681. 1901.

[2]) S. VALENTINER, Elektromagnetische Rotation und unipolare Induktion. 1904 (daselbst
ausführliche Literaturangaben).

[3]) S. J. BARNETT, Phys. ZS. Bd. 13, S. 803. 1912; Bd. 14, S. 251. 1913; Ann. d. Phys.
Bd. 45, S. 1253. 1914; Phys. Rev. Bd. 12, S. 95. 1918; Bd. 19, S. 280. 1922; Bd. 20, S. 114.
1922.

[4]) E. H. KENNARD, Phil. Mag. Bd. 23, S. 937. 1912; Phys. ZS. Bd. 13, S. 1155. 1912;
Bd. 14, S. 251. 1913; Phys. Rev. Bd. 7, S. 399. 1916.

[5]) K. FEHRLE, Ann. d. Phys. Bd. 42, S. 1109. 1913.

[6]) G. B. PEGRAM, Phys. Rev. Bd. 10, S. 591. 1917.

[7]) W. F. G. SWANN, Phys. Rev. Bd. 14, S. 537. 1919; Bd. 15, S. 187, 227 u. 365. 1920;
Bd. 17, S. 242 u. 423. 1921.

Zum Teil wird von ihnen die Frage der Möglichkeit der Entscheidung zwischen der Theorie von HERTZ und von LORENTZ durch den Einfluß der Bewegung des Dielektrikums, aber nicht entscheidend, mitbehandelt[1]).

d) Induktion bei Bewegung von Nichtleitern im Kreis.

37. Induktion im offenen Kreis. Da in der Theorie von MAXWELL, HERTZ und ihren Nachfolgern die offenen Leiterkreise als durch das Dielektrikum geschlossen behandelt werden, so gelten die beiden Tripel der MAXWELL-HERTZschen Gleichungen auch für Kreise, die Leiter und Nichtleiter enthalten. Bei Änderungen des elektromagnetischen Feldes treten aber im Dielektrikum Verschiebungsstrom, Konvektionsstrom und Röntgenstrom auf, die in den Rechnungen berücksichtigt werden müssen. Die Induktionserscheinungen, die in „offenen" Kreisen auftreten, haben insofern eine besondere Wichtigkeit erlangt, als sie mit zur Entscheidung über die Weiterführung der MAXWELL-HERTZschen Theorie von LORENTZ u. a. herangezogen werden können. Es handelt sich letzten Endes darum, festzustellen, welche Beziehung bei bewegten Körpern zwischen den Vektoren $\mathfrak{D}$ (dielektrische Verschiebung) und $\mathfrak{E}$ (elektrische Feldstärke) bzw. zwischen $\mathfrak{B}$ (magnetische Induktion) und $\mathfrak{H}$ (magnetische Feldstärke) bestehen. Zwei auf Induktionswirkung in bewegtem Dielektrikum beruhende Versuchsanordnungen zur Entscheidung wenigstens zwischen der HERTZschen Annahme über diese Beziehungen und der Annahme der späteren Forscher liegen vor, die von BLONDLOT und die von WILSON[2]). Auf sie sei im folgenden näher eingegangen.

38. Versuche von BLONDLOT[3]). BLONDLOT ließ zwischen zwei Metallplatten, die im Abstand l parallel einander gegenüberstanden und über ein Galvanometer miteinander leitend verbunden waren (Abb. 15), einen Luftstrom mit großer Geschwindigkeit (bis zu 140 m/sec) hindurchströmen. Senkrecht zu dem Luftstrom und parallel zu der Plattenebene verliefen die Induktionslinien eines starken Magnetfeldes. Ein an Stelle des Luftstroms durch das Magnetfeld geführter, die Platten verbindender Leiter hätte einen kräftigen Induktionsstrom hervorgerufen. Die Induktionsgleichung ergibt

$$ -\int \mathfrak{E}\, d\mathfrak{s} = \frac{1}{c}\frac{d}{dt}\int \mathfrak{B}\, d\mathfrak{f} = \frac{1}{c}\frac{d}{dt}\int \mathfrak{H}\, d\mathfrak{f} = \frac{l}{c}\,(\mathfrak{H}\, \mathfrak{v}), $$

da μ in diesem Falle gleich 1 gesetzt werden kann. Im stationären Zustand wird ein elektrischer Strom nicht fließen. Es bildet sich nur auf den Platten eine Ladung aus, entsprechend der Spannungsdifferenz $\int \mathfrak{E}\, d\mathfrak{s}$. Die elektrische Kraft zwischen den Platten ist demnach $1/c\,(\mathfrak{H}\, \mathfrak{v})$ und die dielektrische Verschiebung, wenn die einfache Beziehung von HERTZ für bewegte Körper ($\mathfrak{D} = \varepsilon \mathfrak{E}$) gilt $\varepsilon/c\,(\mathfrak{H}\, \mathfrak{v})$, woraus als Flächendichte der Ladung folgt

$$ \pm\frac{1}{4\pi}\frac{\varepsilon}{c}\,(\mathfrak{H}\, \mathfrak{v}). $$

Abb. 15. Zum Versuch von BLONDLOT.

Diese Ladung mußte im Augenblick des Beginns der Strömung durch das Galvanometer im Schließungsdraht der beiden Platten fließen, also einen Strom hervorrufen, der, wie BLONDLOT berechnete, bei der Empfindlichkeit seines

[1]) Vgl. auch A. BLONDEL, C. R. Bd. 159, S. 674. 1914.
[2]) Über andere Versuche zur Entscheidung der Frage s. Bd. XII.
[3]) R. BLONDLOT, C. R. Bd. 133, S. 778. 1901; Journ. de phys. Bd. 1, S. 8. 1902.

Galvanometers, der von ihm benutzten Feldstärke $\mathfrak{H}$ und der gewählten Geschwindigkeit der Beobachtung nicht entgehen konnte. Der Strom blieb indessen aus, so daß man schließen mußte, daß die Annahme von HERTZ falsch sei. Berechnet man das Resultat mit der Annahme von LORENTZ (Elektronentheorie)

$$\mathfrak{D} = \varepsilon\,\mathfrak{E}' - \frac{1}{c}\,[\mathfrak{v}\,\mathfrak{H}]\,,$$

so erhält man statt der obigen Flächendichte

$$\pm\frac{\varepsilon-1}{c\cdot4\pi}\,(\mathfrak{H}\,\mathfrak{v})\,.$$

Der daraus bei Beginn der Bewegung resultierende Strom war viel zu klein, als daß er von BLONDLOT hätte bemerkt werden können.

39. Versuche von WILSON [1]**).** Auch die Versuche von WILSON ergaben ein Resultat, das gegen die Annahme von HERTZ sprach und für die von LORENTZ oder einem der anderen späteren Forscher (die sich von der LORENTZschen so wenig unterscheiden, daß nur in Versuchen mit äußerst großen Geschwindigkeiten der bewegten Körper verschiedene Resultate auftreten). WILSON ließ einen Ebonithohlzylinder mit dem inneren Radius a, dem äußeren b in einem Magnetfeld in Richtung seiner Achse um diese rotieren; das Magnetfeld wurde hervorgerufen durch eine Spule, in der sich der Zylinder befand. Innen und außen war der Zylinder mit Metall belegt und die innere Belegung war mit Erde und dem einen Paar eines Quadrantelektrometers, die äußere mit dem anderen Paar verbunden. Dem Unipolarinduktionsversuch entsprechend würden wir, wenn der Ebonitzylinder durch einen Metallzylinder ersetzt würde, eine Induktionswirkung, eine Spannungsdifferenz im Elektrometer nachweisen können (genügend empfindliche Instrumente vorausgesetzt). Bei Bewegung des Dielektrikums ergibt die Theorie von HERTZ für bewegte Körper folgendes: Die dielektrische Verschiebung $\mathfrak{D}$ ist $= \varepsilon\,\mathfrak{E}'$, wenn $\mathfrak{E}'$ die Feldstärke im bewegten Dielektrikum bedeutet. Die Induktionsgleichung lautet, wenn, wie im vorliegenden Fall, die magnetische Induktion zeitlich unveränderlich ist (vgl. Gleichung 22)

$$\mathrm{rot}\left(\mathfrak{E}' - \frac{1}{c}\,[\mathfrak{v}\,\mathfrak{B}]\right) = 0$$

oder

$$\mathfrak{E}' + \nabla\varphi = \frac{1}{c}\,[\mathfrak{v}\,\mathfrak{B}]\,,$$

worin φ eine durch die Nebenbedingungen bestimmbare Ortsfunktion von der Bedeutung eines Potentials ist. Dieser Ausdruck, in $\mathfrak{D}$ eingesetzt, führt mit Rücksicht auf $\mathfrak{B} = \mu\,\mathfrak{H}$ und $\mu = 1$ im vorliegenden Fall zu

$$\mathfrak{D} = -\varepsilon\,\nabla\varphi + \frac{\varepsilon}{c}\,[\mathfrak{v}\,\mathfrak{H}]\,.$$

Die Verschiebung im Innern des Ebonitzylinders in Richtung des Radius r ist danach (Komponente in der Richtung r)

$$\mathfrak{D}_r = -\varepsilon\,\frac{\partial\varphi}{\partial r} \pm \frac{\varepsilon}{c}\,u\,r\,|\mathfrak{H}|\,,$$

wenn $u\,r = v$ und u die Winkelgeschwindigkeit des Zylinders bedeutet. Bei der Höhe h des Zylinders und der Ladung e seiner inneren Belegung ist

$$\mathfrak{D}_r = \frac{2e}{h\,r}\,.$$

Dies in den obigen Ausdruck eingesetzt, gibt durch Integration

$$e\,\frac{2}{h\,\varepsilon}\,\lg\left(\frac{b}{a}\right) = \varphi_1 - \varphi_2 \pm \frac{u}{2c}\,|\mathfrak{H}|\,(a^2 - b^2)\,.$$

---

[1]) H. A. WILSON, Phil. Trans. (A) Bd. 204, S. 121. 1905.

Der Faktor von e ist die Kapazität K des Ebonitzylinders. $\varphi_1 - \varphi_2$ ist die im Quadrantelektrometer zu messende Potentialdifferenz zwischen den beiden Belegungen, die außerdem mit e und der Kapazität K' des ganzen, am Elektrometer liegenden Systems in der Beziehung stehen muß

$$e = K' (\varphi_2 - \varphi_1) ,$$

woraus e gefunden und in die vorige Gleichung eingesetzt werden kann. So ist es also möglich, den Rest, nämlich $\pm \dfrac{u}{2c} | \mathfrak{H} | (a^2 - b^2)$ zu berechnen und mit dem Wert, der aus den experimentell bestimmten Daten u, $\mathfrak{H}$, a, b gefunden wird, zu vergleichen.

Die Versuche ergaben nun im Gegensatz dazu einen kleineren Wert als $\dfrac{u}{2c} | \mathfrak{H} | (a^2 - b^2)$, nämlich in Übereinstimmung mit der Theorie von Lorentz

$$\left(1 - \frac{1}{\varepsilon} \right) \frac{u}{2c} | \mathfrak{H} | (a^2 - b^2) ,$$

ein Ausdruck, auf den man kommt, wenn man, wie Lorentz es tat,

$$\mathfrak{D} = \varepsilon \, \mathfrak{E}' - \frac{1}{c} [\mathfrak{v} \, \mathfrak{H}]$$

setzt.

Wilson hat diese Versuche noch weiter ausgedehnt, indem er die Richtigkeit des Lorentzschen Ansatzes auch für magnetische Isolatoren zu prüfen versuchte. Er[1]) bettete kleine Stahlkugeln in Siegellack oder Paraffin und stellte daraus einen Hohlzylinder her, den er statt des Ebonitzylinders benutzte. Auch in diesen Versuchen ergab sich Übereinstimmung mit der Lorentzschen Theorie.

40. Neuere Versuche. L. Slepian[2]) hat die Versuche von Blondlot und von Wilson mit den gleichen Resultaten wiederholt. Seine Anordnung des Blondlotschen Versuches unterschied sich nicht wesentlich von der Blondlots.

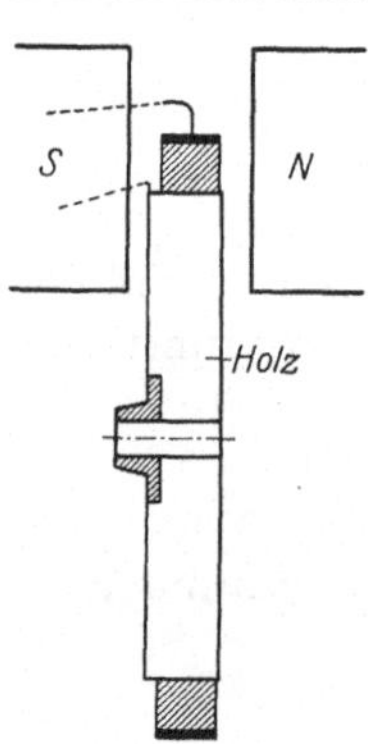
Abb. 16. Zum Versuch von Slepian.

Auch er benutzte Luftstromgeschwindigkeiten von 140 m/sec und ein Feld von 6000 Gauß. Der nach der Hertzschen Theorie zu erwartende Ausschlag seines Elektrometers betrug 27 mm, wovon er mit Sicherheit aber noch nicht den 10. Teil feststellen konnte. Die Wiederholung der Wilsonschen Versuche geschah in etwas anderer Form; er benutzte das Feld eines starken Elektromagneten, zwischen dessen Polen ein Ring aus dielektrischem Material hindurchgedreht wurde. Der Ring saß (Abb. 16) auf einer nichtleitenden Scheibe, die um eine zu den Induktionslinien parallele Achse sich in Rotation befand. Zwischen Ring und Scheibe lag ein Metallband, das mit Erde verbunden wurde, und um den Ring herum ein zweites Metallband, das durch Bürstenableitung mit dem Elektrometer in leitender Verbindung stand. Die bei den Versuchen erhaltenen Ausschläge bestätigten durchaus die Theorie von Lorentz.

Eine weitere Sicherung dieses Resultates gaben ihm endlich noch einige Variationen der Anordnung, derart, daß er nach der Theorie von Hertz keinen, nach der Theorie von Lorentz einen Ausschlag erhalten mußte, der bei der Empfindlichkeit seiner Apparatur genügend groß war. Als dielektrisches Material verwendete er bei den Versuchen Ebonit, Paraffin und Schwefel.

[1]) M. u. H. A. Wilson, Proc. Roy. Soc. Bd. 89 (A), S. 99. 1913.
[2]) L. Slepian, Ann. d. Phys. Bd. 45, S. 861. 1914.

e) Induktion in körperlichen Leitern.

41. Vorbemerkungen. Von praktischer Wichtigkeit und daher theoretisch mehrfach, besonders in speziellen Fällen, untersucht ist die Induktion in ruhenden Körpern durch Wechselstrom. DEBYE (l. c.) hat in seinem Aufsatz ,,Stationäre und quasistationäre Felder", in dem er an einigen Beispielen die Art und Möglichkeit der mathematischen Behandlung dieser Probleme zeigt, die wichtigste Literatur der theoretisch behandelten Fälle (bis 1909) angegeben. Als besonders beachtenswert nennen wir hier zunächst von den dort aufgeführten Arbeiten die von OBERBECK, OBERBECK und BERGMANN, LAMB, v. IGNATOWSKI, WIEN, LOHR, GROVER [über die sog., zuerst von HUGHES[1]) angegebene ,,Induktionswage" (s. unten)], und eine Arbeit von CORBINO[2]) (über die Induktion in einer Kugel im Drehfeld). Nicht wesentlich verschieden in mathematischer Beziehung von den eben genannten Problemen sind die Untersuchungen der Induktion in rotierenden Körpern oder bewegten Scheiben durch ein magnetisches Feld, oder der Induktion in ruhenden Körpern durch schwingende Magnetnadeln[3]).

Rein experimentell direkt den Verlauf von Induktionsströmen z. B. an der Oberfläche eines rotierenden Rotationskörpers zu bestimmen, macht Schwierigkeiten, nachdem bereits JOCHMANN[4]) gezeigt hat, daß die Stromlinien nicht auf den Linien gleichen Potentials [den ,,isoelektrischen" Linien, die MATTEUCCI[5]) durch aufgesetzte, mit einem Galvanometer verbundene Schleifkontakte festlegte] senkrecht stehen. Man ist also bei der Behandlung auf die Rechnung und die Theorie angewiesen, deren Richtigkeit indirekt durch Vergleich von Folgerungen aus ihr mit der Erfahrung geprüft werden muß.

Ganz besondere Bedeutung erlangte auf diesem Gebiet die umfangreiche (theoretische) Arbeit von H. HERTZ ,,Über die Induktion in rotierenden Kugeln" (Dissert. Berlin 1880). HERTZ[6]) löste in dieser Untersuchung das Problem für den Fall, daß der betrachtete Körper eine um ihren Durchmesser rotierende Kugel oder Hohlkugel sei[7]). Die induzierenden Magnete konnte er dabei im äußeren, oder auch bei Hohlkugeln im inneren Raum befindlich annehmen. Weiter hat er dabei den Fall behandelt, daß die Masse der Kugel magnetische Polarität anzunehmen vermag. Er konnte hier zunächst u. a. ableiten, daß die Strömungen, die in einer rotierenden Hohlkugel durch ruhende Magnete induziert werden, immer in konzentrischen Kugelschalen erfolgen. Die Wirkung der Selbstinduktion dieser Strömungen besteht darin, daß eine Verdrehung der Stromlinien im Sinne der Rotation auftritt um einen Winkel, der für verschiedene Schichten verschieden ist. Ferner wird die Intensität beeinflußt. In einer magnetischen Kugel ist ferner die Form der Strömung die gleiche wie in einer unmagnetischen gleichen Widerstandes, wenn diese letztere um einen bestimmten Betrag schneller rotiert; als Ganzes betrachtet sind freilich die Strömungen in den beiden Fällen um einen verschiedenen Winkel verdreht und von verschiedener Intensität. Eine Reihe von Zeichnungen veranschaulicht die Resultate. Unter anderen Spezialfällen behandelt HERTZ auch die Hem-

---

[1]) D. E. HUGHES, Phil. Mag. (5) Bd. 8, S. 50. 1879.

[2]) O. M. CORBINO, Phys. ZS. Bd. 6, S. 227. 1905.

[3]) E. RIECKE, Abh. d. Ges. d. Wiss. Göttingen Bd. 21, S. 224 1876; F. HIMSTEDT, Dissert. Göttingen 1875 (Dämpfende Wirkung einer leitenden Kugel auf schwingende Magnete).

[4]) E. JOCHMANN, Pogg. Ann. Bd. 122, S. 214. 1864.

[5]) C. MATTEUCCI, Ann. chim. phys. Bd. 49, S. 129. 1857.

[6]) H. HERTZ, Ges. Werke Bd. I, S. 37. 1895.

[7]) R. GANS, ZS. f. Math. u. Phys. Bd. 48, S. 1. 1902 gibt eine Erweiterng, indem er die Betrachtung auf rotierende Ellipsoide ausdehnt, freilich unter Vernachlässigung der Rückwirkung.

mung einer rotierenden Kugel im magnetischen Feld und zeigt, daß in Übereinstimmung mit den Beobachtungen von Matteucci[1]) Kugeln verschiedener Radien und Hohlkugeln aus gleichem Material mit gleicher Schnelligkeit zur Ruhe gebracht werden. Wie allerdings Gans (l. c.) zeigte, ist dies nur zutreffend, wenn man die elektromagnetische Energie gegen die kinematische vernachlässigen darf, was durchaus nicht immer möglich ist. Unter dieser Einschränkung gilt der von Hertz nachgewiesene Satz auch für Zylinder.

Wichtig für die Technik ist ferner die Behandlung der Wirbelstrombremsen durch R. Rüdenberg[2]), der insofern über Hertz hinausgegangen ist, als er bei seiner Untersuchung auch berücksichtigte, daß, wie es im allgemeinen in den praktisch wichtigen Beispielen der Fall ist, um die Kugeln oder Scheiben nicht ein Material mit homogener Permeabilität (z. B. Luft) sich befindet, sondern Magnetpole, die die Selbstinduktion der Wirbelströme völlig verändern.

Endlich sei von früheren Untersuchungen noch die Arbeit von Bryan[3]) über die Induktion in ebenen zylindrischen und sphärischen Flächen genannt.

42. Allgemeinere Behandlung. In letzter Zeit sind von Abraham[4]) und von Gans[5]) wichtige theoretische Arbeiten über diesen Gegenstand erschienen. Letzterer behandelt von neuem die Induktion in rotierenden Kugeln, die sich in einem Magnetfeld befinden. Seine strengeren Ableitungen gelten auch für so große Geschwindigkeiten, daß die Wirkung des von den Wirbelströmen herrührenden Magnetfeldes nicht mehr vernachlässigt werden kann. Nur darf im Außenraum kein Eisen sich befindet, durch das der normale Kraftlinienverlauf deformiert wird. Für die Stromlinien findet er Kreise, deren Ebenen parallel der Rotationsachse liegen und in einem von der Drehgeschwindigkeit abhängenden Winkel zu der Feldrichtung stehen. Bei kleinen Geschwindigkeiten ist er Null, bei großen 45°.

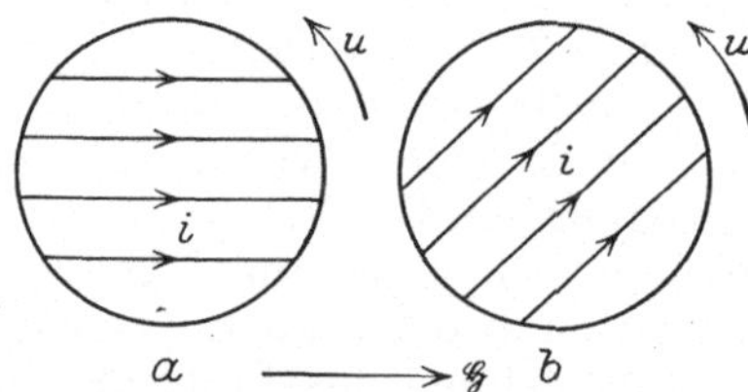

Abb. 17. Zur Induktion in rotierenden Kugeln bei kleinen (a) und großen (b) Geschwindigkeiten.

Die der Arbeit von Gans entnommenen Bilder (Abb. 17) stellen die Kugeln von oben gesehen in einem horizontalen Magnetfeld $\mathfrak{H}$ für kleine bzw. große Drehgeschwindigkeiten u dar und zeigen durch die Pfeile die Stromrichtung in der oberen Kugelhälfte. Von besonderer Bedeutung für die Praxis (Wirbelstrombremsen) ist sein Nachweis, daß das Bremsmoment, das für kleine Geschwindigkeiten proportional der Winkelgeschwindigkeit, für sehr große aber umgekehrt proportional der Wurzel aus der Winkelgeschwindigkeit ist, für eine bestimmte Geschwindigkeit ein Maximum besitzt. Wächst also die Geschwindigkeit über diese „kritische" hinaus, die übrigens unabhängig von der Feldstärke ist, so nimmt das Wirbelstrombremsmoment ab und die Geschwindigkeit nimmt um so mehr zu. — Abraham will im besonderen, durch die „Erdtelegraphie" (vgl. Band XVII) angeregt, die Stromverteilung auffinden, die ein durch zwei Elektroden in die Erde geschickter hochfrequenter Wechselstrom in einer dünnen, durchfeuchteten Schicht der Erdoberfläche bewirkt, und behandelt dabei mit das Problem der in einer leitenden Platte durch einen benachbarten Wechselstrom induzierten Strömung.

[1]) C. Matteucci, Ann. chim. phys. Bd. 39, S. 135. 1853.
[2]) R. Rüdenberg, Energie der Wirbelströme. Samml. Elektrot. Vortr. Nr. 10. Stuttgart 1906.
[3]) G. H. Bryan, Phil. Mag. Bd. 38, S. 198. 1894; und Bd. 45, S. 381. 1898.
[4]) M. Abraham, ZS. f. angew. Math. u. Phys. Bd. 2, S. 109. 1922.
[5]) R. Gans, Arch. f. Elektrot. Bd. 9, S. 413. 1921.

Noch weit komplizierter ist die Behandlung des Verlaufs der Induktionsströme in ferromagnetischen Materialien, die sich in einem Wechselfeld befinden. Den Fall der magnetisierbaren Kugel hat allerdings bereits HERTZ (l. c.) erledigt. Über die Induktion in einem Bündel von Eisenblechen sind Untersuchungen von DEBYE[1]) und von KÜHNS[2]) entstanden. DEFRETIN[3]) hat 1917 gezeigt, daß in einem weicheisernen Vollring in einer Ringspule, die von Wechselstrom durchflossen ist, eine Induktion auftritt, deren Wert bei großen Frequenzen umgekehrt proportional der Quadratwurzel der Frequenz zunimmt. Durch die Hysteresis tritt eine Phasenverschiebung der mittleren Induktion gegen die an der Oberfläche ein. Für die Technik ist es natürlich von sehr großer Bedeutung, über die Verluste an Energie infolge des Auftretens von Induktionsströmen in den Eisenteilen der elektrodynamischen Maschinen orientiert zu sein. Daher sind in elektrotechnischen Laboratorien und in der Technik viele wertvolle experimentelle Untersuchungen in dieser Richtung angestellt worden, auf die wir indessen hier nicht einzugehen haben, da sie für die Erkenntnis der Induktionserscheinungen selbst nichts wesentliches beigetragen haben. Es sei indessen darauf hingewiesen, daß für solche experimentelle Forschung viel Anregung aus dem Buch von RÜDENBERG[4]) entnommen werden kann. (Vgl. unten die Besprechung der Induktionsströme im Eisenkern eines Induktors.)

43. Dämpfung. ARAGOsche Scheibe. Die Wirkung der Induktion in körperlichen Leitern wurde zuerst von ARAGO[5]) (1824) beobachtet, der indessen die Erscheinung nicht erklären konnte. Er fand: eine Magnetnadel, die an einem Kokonfaden leicht drehbar über einer Kupferkreisscheibe aufgehängt war, so daß der Mittelpunkt der Nadel über dem Mittelpunkt der Scheibe sich befand, wurde beim Drehen der Kupferscheibe um eine vertikale, durch die Mitte gehende Achse aus ihrer Ruhelage abgelenkt und bei größerer Tourenzahl mit in Rotation versetzt. (Um Luftreibung auszuschließen, war zwischen Magnetnadel und Kupferscheibe eine Glasplatte eingeschoben.) Auch umgekehrt konnte eine um die vertikale Achse drehbare Scheibe durch Drehung eines darüber befindlichen Magneten mitgenommen werden [BABBAGE und HERSCHEL[6]) 1825]. ARAGO bezeichnete diese Erscheinung als „Rotationsmagnetismus", indem er glaubte, eine besondere Art von Magnetismus gefunden zu haben. Bereits in seinen ersten Arbeiten über Induktion wies FARADAY darauf hin, daß die Erscheinung eine Induktionswirkung sein müsse. Jedes Magnetende (Pol) induziert in der darunterliegenden leitenden Fläche bei der Bewegung elektrische Ströme, die die relative Bewegung zwischen Magnet und Platte zu hindern suchen, die relative Geschwindigkeit also verkleinern. Die induzierten Ströme bezeichnet man häufig als „Wirbelströme" oder „Foucaultströme"[7]) (1855).

Entsprechend wird eine über einer Kupferplatte schwingende Magnetnadel infolge der Induktionsströme bald zur Ruhe kommen müssen. Man spricht in dem Fall von einer elektromagnetischen Dämpfung, die in vielen elektrischen Meßinstrumenten angewendet wird. Die „Wirbelstrombremse" ist eine wichtige

---

[1]) P. DEBYE, ZS. f. Math. u. Phys. Bd. 54, S. 418. 1906.

[2]) A. KÜHNS, Elektrot. ZS. Bd. 27, S. 901. 1906. — Weiteres über Wirbelstromverluste im Eisen s. das folgende und die früheren Kapitel ds. Bandes.

[3]) A. DEFRETIN, C. R. Bd. 158, S. 1885. 1917.

[4]) RÜDENBERG, l. c.

[5]) F. ARAGO, Ann. chim. phys. Bd. 27, S. 363. 1824.

[6]) C. BABBAGE u. J. HERSCHEL, Phil. Trans. 1825, S. 467.

[7]) L. FOUCAULT, C. R. Bd. 41, S. 450. 1855. Die Bezeichnung „Foucaultströme" ist wenig berechtigt, da FOUCAULT nicht der war, der diese Ströme entdeckte; er wies zwar die Wärmewirkung nach, deren richtige Erklärung indes von J. C. POGGENDORFF gegeben wurde (POGGENDORFF Ann. Bd. 96, S. 624. 1855).

technische Anwendung davon[1]). Empfindliche Spiegelgalvanometer werden häufig nach dem Vorgang von Gauss mit Kupferhülsen versehen, die das schwingende Spulen- oder Magnetsystem umgeben. Auch ohne eine solche Hülse tritt bei den Galvanometern eine elektromagnetische Dämpfung ein, und zwar bei Nadelgalvanometern eine Dämpfung der Nadel durch die Spule, bei Drehspulinstrumenten eine Dämpfung der Spule im starken Magnetfeld (vgl. Band XVI). Es läßt sich leicht zeigen, daß die sog. Dämpfungskonstante p, das ist der Faktor, mit dem die jeweilige Winkelgeschwindigkeit u das der Bewegung widerstehende Drehmoment gibt, dem Quadrat des magnetischen Moments M der Nadel, bzw. der Stärke H des starken Magnetfeldes proportional ist. Es ist nämlich $p = \gamma^2/W$, wenn W den Widerstand der geschlossenen Galvanometerleitung bedeutet und γ die „dynamische Galvanometerkonstante", d. i. das vom Strom 1 bewirkte Drehmoment, das bei Nadelgalvanometern dem magnetischen Moment M der Nadel, bei Spulengalvanometern der Feldstärke des Magneten proportional ist. (Vgl. Kohlrausch, Lehrb. d. prakt. Physik Nr. 108.) (Zwischen p, dem logarithmischen Dekrement Λ, der Schwingungsdauer bei Dämpfung T und dem Trägheitsmoment K des schwingenden Systems gilt die Beziehung: $2\,K\Lambda = T \cdot p$.)

44. Widerstandsbestimmung durch Dämpfung. Man erkennt, wie die Dämpfungskonstante bzw. das logarithmische Dekrement von dem Widerstand der Leitung abhängt. Bei sehr hohem Widerstand ist die Dämpfung gering, und es gilt, wenn Λ_0, Λ_1, Λ_2, Λ die logarithmischen Dekremente der Galvanometersystemschwingung sind, falls das Galvanometer kurz oder über die Widerstände W_1, W_2 geschlossen oder offen ist,

$$W_1 : W_2 = \frac{\Lambda_0 - \Lambda_1}{\Lambda_0 - \Lambda_2} : \frac{\Lambda - \Lambda_1}{\Lambda - \Lambda_2}.$$

Man kann diese Beziehung benutzen, um aus Dämpfungsmessungen Widerstände zu bestimmen. Durch eine bestimmte Größe eines der Galvanometerspule parallel geschalteten Widerstandes kann man eine aperiodische elektromagnetische Dämpfung erreichen.

Im Anschluß daran mag auf die Arbeiten von Himstedt[2]), von Weber[3]) und von Warburg[4]) hingewiesen sein, die aus Dämpfungsmessungen auf die Größe des elektrischen Widerstandes der im Magnetfeld schwingenden Körper bzw. eines Körpers, über dem eine Magnetnadel schwingt, schlossen. Himstedt untersuchte den Widerstand einer Kupferkugel mit dieser Methode, Weber Kupfer-Zinklegierungen und Zinnamalgame. Warburg[4]) zeigte, daß bei magnetischen Substanzen neben der eigentlichen hier behandelten Induktion für die Dämpfung die magnetischen Eigenschaften von großer Bedeutung sind, im besonderen die Hysteresis.

45. Das Waltenhofensche Pendel. Ein eindrucksvolles, auf dem „Rotationsmagnetismus" beruhendes Experiment ist die Dämpfung einer zwischen den Polen eines kräftigen Hufeisenelektromagneten hindurchschwingenden Kupferplatte. Foucault hat einen ähnlichen Versuch bereits 1855 beschrieben und dabei die Wirbelströme und die durch sie entstehende Wärme nachgewiesen. v. Waltenhofen[5]) gibt ihn in der folgenden Form an: Eine Kupferscheibe ist an einem Gestell aufgehängt, so daß sie in der Scheibenebene hin und her pendeln

---

[1]) Vgl. R. Rüdenberg, Sammlung Elektrot. Vorträge X. 1906.
[2]) F. Himstedt, Wied. Ann. Bd. 11, S. 812. 1880.
[3]) R. H. Weber, Wied. Ann. Bd. 68, S. 705. 1899.
[4]) E. Warburg, Wied. Ann. Bd. 13, S. 159. 1881.
[5]) A. v. Waltenhofen, Wied. Ann. Bd. 19, S. 928. 1883.

kann. In der „Ruhelage" befindet sie sich zwischen den Polen eines starken Elektromagneten. Läßt man die Scheibe aus großer Amplitude herabschwingen, so daß sie durch die Ruhelage mit großer Geschwindigkeit hindurchschwingen würde, wenn kein magnetisches Feld vorhanden wäre, so wird sie in der „Ruhelage" momentan zur Ruhe kommen, wenn das Feld erregt wird.

Von ARAGO selbst sind u. a. noch die folgenden, einem größeren Kreis von Zuhörern leicht demonstrierbaren Versuche beschrieben, die freilich nichts wesentlich Neues bieten. 1. Ein Magnet hängt an einem Arm eines Wagebalkens austariert; von einer darunter befindlichen rotierenden Kupferscheibe wird er abgestoßen. 2. Eine Magnetnadel sei um eine horizontale Achse drehbar so aufgehängt, daß die eine Spitze nahe dem Mittelpunkt einer um diesen in ihrer horizontalen Lage drehbaren Scheibe und die Drehachse der Nadel senkrecht zu dem darunterliegenden Radius der Scheibe sich befindet; hängt die Nadel bei ruhender Scheibe bei geeigneter Beschwerung annähernd vertikal, so wird die Spitze beim Drehen der Scheibe nach dem Mittelpunkt hingezogen; befindet sich die Spitze in der Nähe des Randes, so hat eine Anziehung nach dem Rande hin statt.

Als äußerst wichtige Anwendung dieses Mitnehmens von Scheiben durch ein bewegliches Magnetfeld ist hier die Konstruktion der Asynchronmotoren zu nennen, die auf die Entdeckung des Drehfeldes durch FERRARIS[1]) unter der Ausnutzung der Induktion in körperlichen Leitern zurückgeht.

46. Die Induktionswage. Dieses von HUGHES (s. oben) angegebene Instrument soll zur Widerstandsbestimmung von Leitern dienen und ist im wesentlichen auf der Überlegung aufgebaut, daß in der zu untersuchenden Metallmasse durch eine ihr nahe gebrachte, von Wechselstrom (oder veränderlichem Gleichstrom) durchflossene Drahtspule Induktionsströme erzeugt werden, die ihrerseits in einer zweiten Spule wiederum Induktionsströme hervorrufen; diese müssen gemessen und aus ihrer Stärke kann auf den Widerstand der Metallmasse geschlossen werden. Zu absoluter Widerstandsbestimmung muß man freilich genau über das in der Metallmasse entstehende Stromsystem orientiert sein, und das ist schon bei einfachen Körperformen, wie wir wissen, keine leicht zu erfüllende Forderung. LODGE[2]) gab eine erste angenäherte Theorie des Instruments, indem er an Stelle des Stromsystems in einem körperlichen Leiter einen einzelnen Kreisstrom setzte. OBERBECK und BERGMANN[3]) haben der Induktionswage eine von der HUGHESschen etwas abweichende Form gegeben in der Hoffnung, sie zu einem brauchbaren Apparat für Widerstandsmessungen zu machen. Zwei hintereinandergeschaltete, von Wechselstrom durchflossene Spulen, die räumlich so gestellt sind, daß sie sich nicht gegenseitig beeinflussen, wirken induzierend auf je eine Spule, die der induzierenden Spule koaxial nahe gegenüberliegt. Die beiden induzierten Spulen sind ebenfalls hintereinandergeschaltet und mit einem Elektrodynamometer verbunden. Bei geeigneter Entfernung der induzierten von den induzierenden Spulen wird das Elektrodynamometer keinen Strom anzeigen. Ein solcher tritt auf, wenn zwischen das eine Paar eine leitende Platte gestellt wird und kann dadurch wieder auf Null gebracht werden, daß auch zwischen das andere Paar eine oder mehrere dünne Stanniolplatten eingeführt werden. Mit Hilfe einer empirischen Eichung gelingt es, aus der Zahl der Platten den Widerstand der in das erste Paar eingeschobenen zu bestimmen. OBERBECK[4]) behandelte im Anschluß an einige Messungen, die er mit BERG-

---

[1]) G. FERRARIS, Acc. d. Scienze di Torino Bd. 23, S. 360. 1888.
[2]) O. LODGE, Phil. Mag. Bd. 9, S. 123. 1880.
[3]) A. OBERBECK u. J. BERGMANN, Wied. Ann. Bd. 31, S. 792. 1887.
[4]) A. OBERBECK, Wied. Ann. Bd. 31, S. 812. 1887.

MANN an dem Instrument ausgeführt hatte, die Theorie des Apparates für den Fall, daß in den „Differentialinduktor", so wurde das System der zwei Paare von Induktionsspulen auch genannt, eine in sich geschlossene Drahtrolle oder kreisförmige Platten oder Kugeln eingeführt wurden.

47. Neuere Arbeiten zur Induktionswage. Später hat WIEN[1]) eine neue Form angegeben, da auch die von OBERBECK und BERGMANN benutzte nur sehr beschränkte Anwendungsfähigkeit besaß, indem sie brauchbare Resultate nur bei Verwendung sehr dünner Platten lieferte. Er schaltet die induzierenden Spulen in die Zweige einer WHEATSTONEschen Brückenanordnung, läßt das zu untersuchende Metallstück durch Annäherung an die eine Spule auf diese wirken und kompensiert die Wirkung durch Annäherung einer dritten geschlossenen bekannten Spule an die zweite induzierende. Er zeigt, daß bei einfachen Formen des herangebrachten Metallkörpers (Kugel oder runde Scheibe) das Leitvermögen mit dieser Anordnung absolut errechnet werden kann. Die Methode hat gewisse Vorzüge vor anderen Methoden der Widerstandsmessung, und WIEN selbst nennt als solche: 1. man ist unabhängig von Kontaktfehlern und thermischen Einflüssen; 2. man mißt die Leitfähigkeit des Metalls in der beliebigen Form, in der es vorliegt, ohne zu einer Strukturänderung durch Drahtziehen gezwungen zu sein. Aber es hat den Nachteil der Schwierigkeit ihrer strengen theoretischen Behandlung. So wird sie vermutlich auch in Zukunft höchstens in ganz besonderen Fällen Anwendung finden. LOHR[2]) hat sie bei der Bestimmung der Leitfähigkeit von Natrium und des Temperaturkoeffizienten benutzt.

Eine Anwendung der Induktionswage, die darin besteht, verborgene Eisenteile oder andere Metallstücke in Körpern zu lokalisieren (in der militärischen Chirurgie z. B.) beschreibt LIPPMANN[3]).

Sehr eingehend wurde die Theorie der Induktionswage von GROVER[4]) in einer Arbeit behandelt, in der er die Wirbelströme in einem Blech und in zylindrischen Stäben in wechselstromdurchflossener Spule verfolgt. Er fragt nach der Widerstandserhöhung und Selbstinduktionsverminderung der den untersuchten Körper umgebenden Spule in ihrer Abhängigkeit von den Dimensionen des Körpers; und das ist ja gerade das Problem, das bei den Leitfähigkeitsberechnungen solcher Körper aus den Beobachtungen an der Induktionswage auftritt. DEBYE bringt ferner (l. c.) in sehr eleganter und knapper Form die Darstellung und Lösung des Problems bei einem zylindrischen Kern und teilt Gleichungen für die Kreisströme im Kern mit, in denen auch der „Skin"effekt zum Ausdruck kommt. Es ergibt sich daraus, wie die Rückwirkung der Wirbelströme im Kern eine Verkleinerung des ursprünglichen Magnetfeldes im Innern der Spule und damit des Selbstinduktionskoeffizienten der Spule selbst verursacht, und wie diese Rückwirkung Schlüsse auf die Größe des Widerstandes des eingeführten Materials zu ziehen gestatten.

48. Erwärmung eines Leiters durch Induktion. Aus der Kenntnis des elektrischen Feldes im Innern von körperlichen Leitern, in denen sich infolge von Bewegung im Magnetfeld oder infolge eines veränderlichen Magnetfeldes induzierte Ströme ausbilden, läßt sich auf Grund der Beziehung

$$Q = \sigma \int \mathfrak{E}^2 \, d\tau, \tag{49}$$

die in dem Körper in der Zeiteinheit erzeugte Wärmemenge berechnen, die als „Wirbelstromverlust" eine große Bedeutung hat (σ Leitvermögen). In einigen

---

[1]) M. WIEN, Wied. Ann. Bd. 49, S. 306. 1893.
[2]) E. LOHR, Wiener Ber. (IIa) Bd. 113, S. 911. 1904.
[3]) G. LIPPMANN, C. R. Bd. 159, S. 627. 1914.
[4]) F. W. GROVER, Dissert. München 1909.

der früher angegebenen Arbeiten ist der Wert dieser Größe für verschiedene spezielle Fälle berechnet [1]). GANS gibt für die JOULEsche Wärme, die in der Zeiteinheit in einer Kugel vom Radius R, der Permeabilität μ, dem spezifischen Leitvermögen σ und mit einer Winkelgeschwindigkeit u durch ein magnetisches Feld H (senkrecht zur Rotationsachse gerichtet) erzeugt wird (vorausgesetzt, daß man es nicht mit einem ferromagnetischen Material mit Hysteresisverlusten zu tun hat) an [2])

$$Q = \frac{2\pi}{15} \mu^2 \frac{\sigma}{c^2} H^2 R^5 u^2 . \tag{50}$$

In einer neueren Arbeit [3]) zeigt GANS, daß bei sehr großen Drehgeschwindigkeiten die JOULEsche Wärme merklich proportional der Quadratwurzel aus der Geschwindigkeit wird. Ist der Körper ein verlängertes Rotationsellipsoid, dessen Meridianellipse die Exzentrizität e und die große Achse $A_0 = e\,a_0$ hat, so nimmt Q den Wert an

$$Q = \frac{2\pi}{15} \frac{\mu^2 \sigma}{c^2} H^2 A_0^5 u^2 \frac{\left(a_0 - \dfrac{1}{a_0}\right)^2}{a_0^2 - \dfrac{1}{2}} . \tag{51}$$

DEBYE behandelt den Fall, daß sich im Wechselstromfeld Stäbe von rechteckigem Querschnitt befinden, und gibt den Wechselstromverlust in allgemeiner Formel dafür an. Näherungsweise ergibt sich für drei spezielle Fälle folgendes:

α) Querschnittsabmessungen des Stabes (Dicke $2\,\delta$ und Breite $2\,\beta$) oder Wechselstromfrequenz (Schwingungszahl n) klein; dann ist die in der Längeneinheit in der Sekunde erzeugte Wärmemenge

$$Q_1 = \frac{512}{\pi^6} \frac{\mu^2 \sigma}{c^2} H^2 n^2 \delta^2 \beta^2 \left\{ A_1(\alpha) - \left(\frac{4}{\pi^2} \frac{\mu \sigma n}{c^2} \delta \beta\right)^2 A_2(\alpha) + \cdots \right\}, \tag{52}$$

mit $\alpha = \delta/\beta$ und den Funktionen $A_1, A_2 \ldots$ von α, die bei $\alpha = 1$ ein Maximum haben, aber mit wachsendem Index abnehmen und so klein sind, daß kaum mehr als zwei Glieder mitgenommen werden müssen [$A_1(\alpha = 1)$ annähernd 0,5; $A_2(\alpha = 1)$ annähernd 0,1; und für $\alpha = 0$ verschwinden diese Funktionen].

β) Querschnittsabmessungen oder Schwingungszahl groß:

$$Q_1 = H^2 \sqrt{\frac{2\mu n}{\dfrac{\sigma}{c^2}}} (\beta + \delta) , \tag{53}$$

also proportional dem Umfang, entsprechend dem Umstand, daß bei sehr großen Schwingungszahlen der Strom auf eine dünne Schicht an der Oberfläche beschränkt ist (Skineffekt).

γ) Ausartung des Stabes in ein Blech (δ klein, β verhältnismäßig groß, einige cm), Fall der Praxis, wenn n ungefähr $2\pi \cdot 50$, also die in der Praxis übliche Schwingungszahl ist. Ist die Permeabilität der Bleche von der Größenordnung 500, so kommt mit Annäherung

$$Q_1 = \frac{2}{3} \frac{\mu^2 \sigma}{c^2} H^2 n^2 \delta^3 \beta \left\{ \left(1 - 0{,}630 \frac{\delta}{\beta}\right) - \left(\frac{4}{\pi} \frac{\mu \sigma n}{c^2} \delta^2\right)^2 \left(0{,}985 - 1{,}178 \frac{\delta}{\beta}\right) + \cdots \right\} . \tag{54}$$

---

[1]) Vgl. z. B. H. HERTZ, Fußnote 6, S. 359; R. GANS, ZS. f. Math. u. Phys. Bd. 48, S. 1. 1902; P. DEBYE, ebenda Bd. 54, S. 418. 1906.

[2]) σ, das Leitvermögen, „elektrostatisch", H, die Feldstärke, „magnetisch" gemessen, entsprechend den Gleichungen (13) in Ziff. 16.

[3]) R. GANS, Arch. f. Elektrot. Bd. 9, S. 413. 1921.

In der Elektrotechnik verwendet man zur Berechnung dieser Verluste meist die Formel

$$q = \frac{Q_1}{4\,\delta\,\beta} = \text{const}\, B^2\, \delta^2 , \tag{55}$$

worin q die auf die Volumeneinheit bezogene, in der Sekunde erzeugte Wärme ist, eine Formel, die mit der darüberstehenden in erster Annäherung übereinstimmt.

49. Folgerungen. Induktionsöfen. Aus Gleichung (52) ersieht man, daß in erster Annäherung die in einem Eisenstab von rechteckigem Querschnitt (bei runden Querschnitten ist es nicht anders) pro 1 cm³ erzeugte Wärme dem Querschnitt proportional ist. Will man die dadurch bedingten Verluste in Körpern, die sich in einem elektromagnetischen Wechselfeld befinden, also möglichst vermeiden, so wird man dicke zusammenhängende Metallmassen aus der Nähe von Wechselstromspulen entfernen. Bei dem Funkeninduktor, bei dem zur Erhöhung der magnetischen Induktion die Spulen mit Eisenkernen versehen werden, sind diese Verluste unvermeidlich, aber natürlich um so geringer, je kleiner der Querschnitt des Kernes ist; es gibt daher ein gewisses Optimum des Querschnittes. Eine Unterteilung bringt, wie die Formeln zeigen, in bezug auf die Wärmeverluste bei geringer Wechselzahl keinen Vorteil. Trotzdem trifft man diese Anordnung, weil, wie sich zeigen läßt, der magnetische Fluß bei hohen Wechselzahlen geradeso wie der elektrische Strom nur nahe der Oberfläche des Leiters fließen kann (Skineffekt) und daher in einem dicken Leiter einen höheren Widerstand findet als in einer großen Zahl dünner Drähte von im ganzen gleichem Querschnitt (s. unten).

Experimentell ist natürlich die in den körperlichen Leitern durch Induktion hervorgerufene Wärme vielfach gemessen, daraus sind die Verluste berechnet worden und ihre Abhängigkeit von Form und Dimension bestimmt. Bei ferromagnetischen Leitern, bei denen Hysteresis auftritt, ist ein Teil der gemessenen Wärme auf Hysteresisverluste zu rechnen. Die Teile, die von der Hysteresis und von der Induktion herrühren, sind dadurch experimentell grundsätzlich nicht allzuschwer voneinander zu trennen, daß der Hysteresisverlust proportional der Frequenz, der Verlust infolge der Induktion proportional dem Quadrat der Frequenz zunimmt. Man muß also nur die Messungen bei verschiedenen Frequenzen ausführen.

Praktische Verwendung hat die Erwärmung durch Induktionsströme in den sog. Induktionsschmelzöfen gefunden, die in Eisen- und Metallhütten eingeführt sind. Das Metall, das geschmolzen werden soll, z. B. Eisen, befindet sich in einer ringförmigen Röhre, in ihr einen Ring bildend, der nun von einigen sehr dicken Windungen (für etwa 100 Amp.) umwickelt ist, die von Wechselstrom durchflossen werden. Soddy[1]) hat auch im Laboratorium diese Art der elektrischen Heizung verwandt, um Calcium im Vakuum zu schmelzen; das Metall war ringförmig in ein Glasgefäß gebracht und wurde mit Hilfe von Induktion durch Wechselstrom, der durch eine geeignet angebrachte Spule floß, geschmolzen.

f) Magnetischer Strom.

50. Ohmsches Gesetz des Magnetismus. Mehr und mehr wird in neuester Zeit von der Anschauung des magnetischen Kreises als Analogon zu dem elektrischen Kreis Gebrauch gemacht und die Zweckmäßigkeit dieser Anschauung erkannt. Es lassen sich in der Tat infolge der formalen Übereinstimmung der

---

[1]) F. Soddy, Proc. Roy. Soc. London (A) Bd. 78, S. 429. 1906; Chem. News Bd. 95, S. 13, 25, 42, 51. 1907. Vgl. auch G. Ribaud, Journ. de phys. et le Radium (6) Bd. 4, S. 214, 1923, der die Theorie eines Induktionsofens mit Benutzung hoher Frequenz behandelt.

Grundgleichungen die für elektrische Ströme erkannten Gesetzmäßigkeiten unmittelbar auf die „magnetischen Ströme" übertragen, und es handelt sich nur darum, die Resultate in die frühere Sprache zu übersetzen. So entspricht einer induzierten elektromotorischen Kraft eine induzierte magnetomotorische Kraft, einem elektrischen Skineffekt ein magnetischer.

Eine geschlossene Ringspule von kleinem Windungsquerschnitt sei von dem Strom J durchflossen und enthalte n Windungen bei einer Länge l der Mittellinie der Spule. Im Innern ist dann bei gleichmäßiger Wicklung die Feldstärke $H_0 = \dfrac{J \cdot n}{l}$ vorhanden, die zweckmäßiger in diesem Fall in Amperewindungszahl/cm angegeben wird als in Gauß, wobei

$$1 \text{ Amp. Wind/cm} = \frac{4\pi}{10} \text{ Gauß.} \tag{55}$$

Infolge der Feldstärke $\mathfrak{H}_0$ herrscht im Innern der Spule ein magnetischer Strom oder Kraftfluß $\mathfrak{B}$, zu messen in Voltsekunden, der den ganzen Querschnitt ausfüllt (im allgemeinen nicht gleichmäßig). Zwischen $\mathfrak{H}_0$ und $\mathfrak{B}$ besteht, wenn wir ein Längenelement der Mittellinie mit ds, ein Querschnittselement mit dq, den spezifischen magnetischen Fluß (die spezifische magnetische Induktion) mit $\mathfrak{B}_0$ bezeichnen, und M die Permeabilität des Eisens ist, die Beziehung

$$\int_l \mathfrak{H}_0 \, d\mathfrak{s} = R \int \mathfrak{B}_0 \, dq , \tag{56}$$

oder im einfachsten Fall, dem der Konstanz von $\mathfrak{H}_0$ und $\mathfrak{B}_0$,

$$\mathfrak{H} = \mathfrak{H}_0 \, l = \mathfrak{B}_0 \, q \, R = \mathfrak{B} R . \tag{57}$$

Nun gilt aber ferner die Beziehung $\mathfrak{H}_0 M = \mathfrak{B}_0$[1]). Also folgt

$$M = \frac{l}{q \cdot R} \quad \text{oder} \quad R = \frac{l}{q \cdot M} . \tag{58}$$

Gleichung (57) bezeichnet man häufig als das „OHMsche Gesetz" des Magnetismus und stellt $\int \mathfrak{H}_0 \, ds$ bzw. $\int \mathfrak{B}_0 \, dq$ und R in Parallele zu dem Linienintegral der elektrischen Kraft, dem elektrischen Strom durch den Querschnitt q und dem elektrischen Widerstand.

51. Induzierte magnetische Feldstärke. Es liege nun eine zweite, in sich geschlossene Spule um die erste herum, und durch die erste fließe ein Wechselstrom; dann wird in der zweiten der Strom J_2 induziert

$$J_2 W_2 = -L_{12} \frac{dB}{dt} , \tag{59}$$

und der Fluß $\mathfrak{B}$ zur Zeit t ist gegeben durch

$$\frac{l}{q \cdot M} B = H_1 + H_2 = J_1 n_1 + J_2 n_2 ,$$

indem H_1 und H_2 die durch die Ströme J_1 und J_2 hervorgebrachten Feldstärken sind. Statt dessen können wir wegen (59) schreiben

$$R B = H_1 - \Lambda \frac{dB}{dt} \tag{60}$$

mit

$$\Lambda = \frac{n_2}{W_2} \cdot L_{12} .$$

Wegen der Analogie mit

$$W J = E - L \frac{dJ}{dt}$$

spricht man hier von dem Ausdruck $\Lambda \dfrac{dB}{dt}$ als von einer induzierten magnetomotorischen Kraft (einer induzierten magnetischen Feldstärke). Wie nun

---

[1]) M unterscheidet sich von μ um einen von den gewählten Einheiten, in denen $\mathfrak{B}$ und $\mathfrak{H}$ gemessen werden, abhängenden Proportionalitätsfaktor.

durch die Selbstinduktion im elektrischen von Wechselstrom durchflossenen Kreis der Widerstand des Kreises scheinbar wächst, so auch im magnetischen Kreis durch eine „magnetische Selbstinduktion". Eine solche tritt offenbar auf, wenn ein Leiter in der Nähe des magnetischen Stromes (Flusses) sich befindet, in dem infolge des magnetischen Wechselflusses elektrische Ströme induziert werden. Es wird also auch z. B. der magnetische Fluß einen scheinbar größeren Widerstand finden, wenn ein körperlicher Leiter herangebracht ist, als vorher, und eine Kupferplatte, zwischen die Windungen der ersten Spule gesteckt, den Magnetfluß stark schwächen und unter Umständen abbiegen. Dafür tritt in der Kupferplatte Energie in Form von Wärme auf, die dem elektromagnetischen Feld entzogen wird.

In gleicher Weise kann man von dem elektrischen Skineffekt auf einen magnetischen schließen, der auch leicht nachweisbar ist und von ZENNECK in analoger Weise aus den MAXWELLschen Gleichungen abgeleitet wurde, wie es vor ihm COHN für den elektrischen Effekt getan hat.

g) Zeitlicher Verlauf von Induktionsströmen.

52. Zeitlicher Verlauf bei einem Stromkreis. Die Selbstinduktion eines Leiterkreises und die gegenseitige Induktion mehrerer Kreise führen, wie wir sahen, bei Stromänderungen zur Entstehung einer von der Stromänderung abhängigen elektromotorischen Kraft, die die Stromänderung zu verzögern sucht. Es ist nun zu untersuchen, wie diese Stromänderung beschaffen ist, wie der augenblickliche Stromwert von der Zeit abhängen wird.

Wir fragen zunächst nach dem zeitlichen Verlauf in einem einzelnen Stromkreis mit der Selbstinduktion L, dem Widerstand W, der elektromotorischen Kraft E, die als eine Funktion der Zeit t gegeben sein mag.

Könnte man von der Selbstinduktion des Kreises vollständig absehen, so wäre in jedem Augenblick die Stromstärke J zufolge dem OHMschen Gesetze:

$$J = \frac{E(t)}{W} \tag{61}$$

eine bekannte Funktion der Zeit. Infolge der Selbstinduktion gilt für die Stromstärke in jedem Augenblick die Beziehung:

$$E(t) - L\frac{dJ}{dt} = JW, \tag{62}$$

aus der bei bekannter Abhängigkeit der elektromotorischen Kraft von der Zeit und gegebenen Anfangsbedingungen der Stromwert zu jedem Zeitpunkt berechnet werden kann. In dem einfachen Fall, daß E eine Sinusfunktion der Zeit, also z. B.

$$E = c_1 \sin(n t) \tag{63}$$

ist, nimmt (62) die leicht auflösbare Form an:

$$J W = c_1 \sin(n t) - L\frac{dJ}{dt}$$

mit der Lösung:

$$J = c_0 \cdot e^{-\frac{W}{L}t} + \frac{c_1(W \sin n t - n L \cos n t)}{\sqrt{W^2 + n^2 L^2}}, \tag{64}$$

worin die Konstante c_0 sich aus der Anfangsbedingung bestimmen läßt, im übrigen aber das erste Glied der rechten Seite mit wachsender Zeit in jedem Fall kleiner und kleiner wird. Das zweite Glied können wir in der Form einer einfachen Sinusfunktion schreiben und erhalten damit:

$$J = c_2 \sin(n\,t - \varphi)\,, \tag{65}$$

worin

$$c_2 = \frac{c_1}{\sqrt{W^2 + n^2 L^2}} \qquad \text{und} \qquad \operatorname{tg}\varphi = \frac{n\,L}{W}\,. \tag{66}$$

Der Vergleich der Gleichungen (63) und (65) zeigt, daß die Stromstärke sich mit der gleichen Periode, die durch die Größe n bestimmt wird, ändert, wie die elektromotorische Kraft, daß aber zwischen ihren Schwingungen eine Phasendifferenz besteht, die durch den Phasenwinkel φ gegeben ist. Im nächsten Kapitel werden die Eigenschaften des durch das zweite Glied der Gleichung (64) gegebenen Wechselstromes, den wir infolge der von der Zeit abhängenden elektromotorischen Kraft und der Selbstinduktion hier erhalten haben, näher erörtert. Hier haben wir uns deshalb mit diesem Glied nicht zu befassen, und es seien nur im Anschluß an die Gleichungen (65) und (66) die Bezeichnungen angegeben, die gewisse in der Praxis der Wechselströme häufig auftretende Größen erhalten haben.

53. Induktiver Widerstand. Als effektive Stromstärke bezeichnet man die Quadratwurzel des mittleren Quadrats der Stromstärke, das sich leicht in unserm einfachen Fall zu $c_2^2/2$ ergibt, und schreibt

$$J_{\text{eff}} = \frac{c_2}{\sqrt{2}}\,.$$

Entsprechend nennt man effektive Spannung:

$$E_{\text{eff}} = \sqrt{(E^2)_m} = \frac{c_1}{\sqrt{2}}\,.$$

Somit ist

$$E_{\text{eff}} = J_{\text{eff}} \cdot \sqrt{W^2 + n^2 L^2}\,.$$

Die hier bzw. im Nenner von (65) auftretende Wurzel $\sqrt{W^2 + n^2 L^2}$, die die Rolle des Widerstandes spielt, wenn man an das OHMsche Gesetz denkt, bezeichnet man als „Impedanz". Infolge der vorhandenen Selbstinduktion hat eine scheinbare Widerstandsvermehrung stattgefunden, die um so größer ist je größer die Selbstinduktion und je größer n, die Periode ist. Das zu W hinzutretende Glied von der Art eines Widerstandes nL nennt man „induktiven Widerstand" oder „Induktanz" (auch „Reaktanz") im Gegensatz zu W, dem „OHMschen Widerstand". Mit wachsendem nL wächst auch der Phasenwinkel φ, der besonders dann, wenn der Stromkreis eine Spule mit Eisenkern enthält einen großen Wert annehmen wird, d. h. einen Wert, der $\pi/2$ nahekommt. Von diesem Winkel hängt ihrerseits die elektrische Leistung A des in dem Kreis fließenden Wechselstromes ab, die sich berechnen läßt, indem man über das Produkt der Stromstärke und Spannung von Anfang bis Ende der Dauer einer Periode integriert, und durch die Dauer der Periode dividiert. Die Dauer einer Periode ist

$$\tau = \frac{2\pi}{n}\,,$$

n ist die Anzahl der Schwingungen in 2π sec; $n/2\pi = n_1$, die Schwingungszahl pro Sekunde, wird häufig „Frequenz", n/π die „Wechselzahl" genannt. Es ist also

$$A = \frac{1}{\tau} \int_0^\tau E \cdot J \cdot dt = \frac{c_1 c_2}{2} \cos\varphi = E_{\text{eff}} \cdot J_{\text{eff}} \cdot \cos\varphi\,.$$

Für $\varphi = \pi/2$ würde $A = 0$ werden, Energieabgabe vermieden. Man bezeichnet Spulen, die eine große Selbstinduktion haben, einen großen induktiven Widerstand darstellen, als Drosselspulen. $\cos\varphi$ ist der sog. „Leistungsfaktor".

54. Relaxationszeit. Eingehender haben wir uns hier nur mit dem ersten Glied der rechten Seite von Gleichung (64) zu beschäftigen. Das zweite fällt von vornherein fort, wenn wir es mit einer konstanten Spannung zu tun haben. Schließen wir an die Pole eines galvanischen Elementes von der konstanten Spannung E z. B. eine Spule mit der Selbstinduktion L an und ist der Gesamtwiderstand des Leiterkreises W, so gilt wieder Gleichung (64), vorausgesetzt, daß L von der Zeit unabhängig ist, also z. B. die Spule kein Eisen enthält, das wegen der von der Feldstärke abhängenden Permeabilität eine Abhängigkeit des L von der Stromstärke bewirkt. Als allgemeine Lösung von (62) ergibt sich

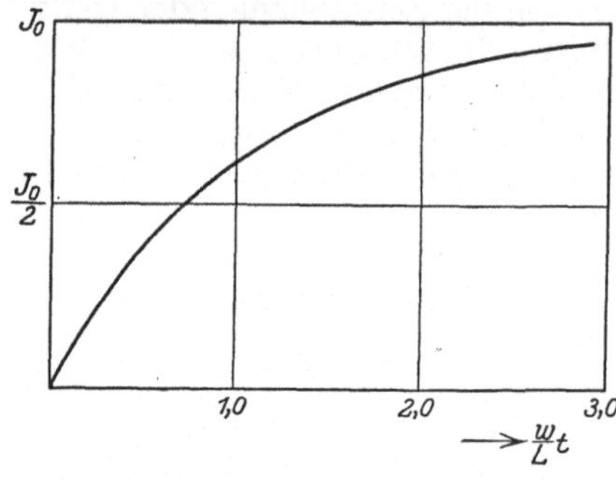

Abb. 18. Stromverlauf beim Schließen.

$$WJ = -c\,e^{-\frac{W}{L}t} + E.$$

Die Konstante c bestimmen wir, indem wir fordern: es sei zur Zeit $t = 0$, die Stromstärke $J = 0$. Das trifft zu, wenn $c = E$ ist, und somit

$$J = \frac{E}{W}\left(1 - e^{-\frac{W}{L}t}\right). \qquad (67)$$

Aus Abb. 18, in der als Abszisse $\frac{W}{L}t$ in $\frac{\text{Ohm}}{\text{Henry}} \cdot$sec, als Ordinate die Stromstärke aufgetragen ist, ist der Verlauf von J zu entnehmen. Erstens sieht man, daß der Strom mit der Zeit allmählich ansteigt bis zu dem durch das Ohmsche Gesetz gegebenen Wert E/W, den er streng genommen erst zur Zeit $t = \infty$ annehmen kann, praktisch aber bereits nach sehr kurzer Zeit angenommen hat, wenn L/W klein ist, also die Selbstinduktion klein gegen den Ohmschen Widerstand. Zweitens erkennt man, daß der Strom um so schneller ansteigt, je kleiner L/W ist. In dem gezeichneten Fall hat der Strom bis auf ca. $1^0/_{00}$ seinen Wert angenommen in 0,7 bzw. 7, 70 usw. Sekunden, wenn $\frac{W}{L} = 10$, bzw. 1, 0,1 usw. $\frac{\text{Ohm}}{\text{Henry}}$ ist. Man nennt L/W, eine Größe von der Dimension einer Zeit die Zeitkonstante, oder auch die Relaxationszeit τ_0. Sie gibt die Zeit an, in der seit Stromschluß der Strom von Null auf einen Wert gestiegen ist, der sich von dem endgültigen nur noch um $1/e$ unterscheidet.

Um einen Begriff von der in praktischen Fällen vorkommenden Größe der Relaxationszeit zu geben, wollen wir hier zwei Beispiele behandeln.

α) Die Spule des Duboisschen großen Halbringelektromagneten mit Eisenkern repräsentiert eine Selbstinduktion von ca. 100 Henry und hat rund 4 Ohm Widerstand, so daß $W/L = 0,04$ ist. Damit ergibt sich

$$\tau_0 = 25 \text{ sec}$$

als Relaxationszeit; und in 175 sec hat der Strom einen von dem endgültigen Wert um $1\%_0$ abweichenden Wert erreicht.

β) Ein einfacher Kreis vom Radius 50 cm eines Kupferdrahtes, von 0,05 cm Radius besitzt eine Selbstinduktion von 4550 cm $= 4,55 \cdot 10^{-6}$ Henry und hat einen Widerstand von rund 0,068 Ohm. Damit erhalten wir für die Relaxationszeit

$$\tau_0 = 67 \cdot 10^{-6} \text{ sec}$$

und für die Zeit, in der der Strom auf $J_0\,(1-0,001)$ gestiegen ist, rund $460 \cdot 10^{-6}$ sec.

55. Verlauf des Schließungsstroms. Infolge der Selbstinduktion tritt die der konstanten elektromotorischen Kraft E entgegenwirkende Kraft $E \cdot e^{-\frac{W}{L}t}$ auf, außer dem durch das OHMsche Gesetz berechenbaren Strom $J = E/W$ der „Schließungsextrastrom" $\frac{E}{W} e^{-\frac{W}{L}t}$. Die gesamte Elektrizitätsmenge, die seit dem Schließen des Stromkreises durch den Leiter hindurchgeflossen ist bis zu dem Zeitpunkt t, erhalten wir aus:

$$\int_0^t J\, dt = \frac{E}{W}\left(t - \frac{L}{W}\left[1 - e^{-\frac{W}{L}t}\right]\right). \tag{68}$$

und die dem Schließungsstrom allein entsprechende Elektrizitätsmenge ist:

$$\left[\int_0^t i\, dt - \frac{E}{W}t\right]_{t=\infty} = -\frac{EL}{W^2}. \tag{69}$$

HELMHOLTZ[1]) prüfte die Richtigkeit der Beziehungen, indem er eine Reihe zusammengehöriger Werte der Intensität des Stromes zur Zeit t und ihres Integrals nach der Zeit bis zur Zeit t bestimmte und aus den Beobachtungen berechnete, welche Funktion der Zeit die Intensität sei. Die Eindeutigkeit der aus den Beobachtungen folgenden Funktion konnte er mathematisch nachweisen. Bei dieser Untersuchung benutzte er eine Doppelunterbrecherwippe besonderer Konstruktion, seinen berühmten, in späteren Jahren zur Messung kurzer Zeitintervalle häufig angewandten Pendelunterbrecher. Seine Beobachtungen ergaben eine volle Bestätigung der obigen Formeln.

56. Verlauf des Öffnungsstromes. Die Behandlung des Öffnungsstromes ist insofern mit einer gewissen Schwierigkeit verbunden, als man eine bestimmte Annahme über die Art des Öffnens, über die Änderung des Widerstandes im Kreise während des Öffnens von seinem ursprünglichen Wert W auf den Wert ∞ machen muß. ARONS[2]) untersucht den Verlauf des Extrastromes beim Unterbrechen eines elektrischen Stromkreises unter der Annahme, daß zur Zeit $t = 0$, der Widerstand $W = W_0$ ist, zur Zeit $t = \tau$ dagegen ∞ und in der Zwischenzeit durch

$$W = W_0 \frac{\tau}{\tau - t}$$

gegeben ist. Dann lautet Gleichung (62)

$$E - L\frac{dJ}{dt} = W_0 \frac{\tau}{\tau - t} \cdot J$$

mit der vollständigen Lösung

$$J = \frac{E}{L - W_0\tau}\left\{\frac{L}{W_0}\left(\frac{\tau - t}{\tau}\right)^{\frac{W_0\tau}{L}} - (\tau - t)\right\},$$

oder mit $L/W_0 = \vartheta$

$$J = \frac{E}{W_0}\frac{\vartheta}{\vartheta - \tau}\left\{\left(\frac{\tau - t}{\tau}\right)^{\frac{\tau}{\vartheta}} - \frac{\tau - t}{\vartheta}\right\}. \tag{70}$$

Für die elektromotorische Kraft der Selbstinduktion erhält man daraus:

$$-L\frac{dJ}{dt} = E\frac{\vartheta}{\vartheta - \tau}\left\{\left(\frac{\tau - t}{\tau}\right)^{\frac{\tau - \vartheta}{\vartheta}} - 1\right\}.$$

---

[1]) H. v. HELMHOLTZ, Ges. Abh. Bd. I, S. 429; Pogg. Ann. Bd. 83, S. 505. 1851.
[2]) L. ARONS, Ann. d. Phys. u. Chem. Bd. 63, S. 177. 1897.

Ist $\tau > \vartheta$, so nimmt J stetig von E/W_0 bis 0 ab; die Spannung $-L\dfrac{dJ}{dt}$ wächst von 0 bis $E\dfrac{\vartheta}{\tau-\vartheta}$. Ist aber $\tau < \vartheta$, so nimmt zwar J auch stetig bis 0 ab; die Spannung wächst aber bis ∞. In der Praxis wird natürlich vorher ein Durchschlagen der Isolation oder Funkenbildung eintreten.

ARONS berechnet beispielsweise das Anwachsen der Spannung der Selbstinduktion für den Fall, daß der auszuschaltende Strom durch die Wicklung eines Eisenringes hindurchgeht. Sein mittlerer Umfang betrage 100 cm, sein Querschnitt 20 cm², die Zahl der Windungen sei 2500; dann ist für $\mu = 300$ die Selbstinduktion 4,8 Henry. Der Widerstand der Leitung sei 80 Ohm. Dann ist $\vartheta = 0{,}06$ sec. E sei 100 Volt, $\tau = 0{,}003$ sec. Die Rechnung ergibt zur Zeit t die in der Tabelle eingetragenen Werte von W, J und $-L\dfrac{dJ}{dt}$:

$t \cdot 10^4$ sec	W Ohm	J Ampère	$-L\dfrac{dJ}{dt}$ Volt
0	80	1,25	0
20	240	1,22	194
29	2400	1,11	2 560
29,9	24 000	0,99	23 600
29,99	240 000	0,88	212 000
30	∞	0	∞

Eine Anwendung dieses starken Anwachsens der Öffnungsspannung beschreiben ELSTER und GEITEL[1]), die den von MAC FARLAN MOORE[2]) angegebenen „Vakuumvibrator", einen im Vakuum schwingenden WAGNERschen Hammer, mit einer geeigneten Drahtspule als kleines, wirksames Induktorium benutzen; „bei genügender Luftleere verläuft selbst bei Benutzung hochgespannter Ströme die Stromunterbrechung in diesem Apparate so rasch und erfolgt so vollkommen, daß die Selbstinduktion in einer kurzen vorgeschalteten Drahtspirale bis zum Funkenübergang gesteigert werden kann", schreiben diese Forscher.

57. Verlauf bei zwei Stromkreisen. Zeitlicher Verlauf von Strömen in zwei sich gegenseitig induzierenden Stromkreisen. Es sei zunächst angenommen, daß die beiden Stromkreise Schließungskreise konstanter elektromotorischer Kräfte E_1, E_2 (galvanischer Elemente) seien. L_1, L_2 seien die Selbstinduktionskoeffizienten der beiden Kreise, L_{12} der Koeffizient der gegenseitigen Induktion, W_1, W_2 seien die Widerstände, J_1, J_2 die Stromstärken. Dann gilt:

$$\left.\begin{aligned} E_1 - \frac{d}{dt}\{L_1 J_1 + L_{12} J_2\} &= J_1 W_1 \\ E_2 - \frac{d}{dt}\{L_{12} J_1 + L_2 J_2\} &= J_2 W_2 \end{aligned}\right\} \tag{71}$$

oder wenn wir annehmen, daß L_1, L_{12}, L_2 konstant sind:

$$\left.\begin{aligned} E_1 - L_1\frac{dJ_1}{dt} - L_{12}\frac{dJ_2}{dt} &= J_1 W_1\,, \\ E_2 - L_{12}\frac{dJ_1}{dt} - L_2\frac{dJ_2}{dt} &= J_2 W_2\,. \end{aligned}\right\} \tag{72}$$

Zunächst läßt sich leicht erkennen, daß das Sicheinstellen des Stromes J_1 bzw. J_2 beim Einschalten der Elemente eine gewisse Zeit erfordert und nicht momentan eintreten kann. Denn nehmen wir an, die Zeit bis zur Einstellung sei τ und sei

---

[1]) J. ELSTER u. H. GEITEL, Ann. d. Phys. u. Chem. Bd. 68, S. 483. 1899.
[2]) MAC FARLAN MOORE, Elektrot. ZS. Bd. 17, S. 637. 1896.

außerordentlich kurz. In dieser Zeit nehmen die Ströme von Null zu den Werten ΔJ_1 und ΔJ_2 zu. Da die Beträge

$$\frac{d}{dt}\{L_1 J_1 + L_{12} J_2\} \quad\text{und}\quad \frac{d}{dt}\{L_{12} J_1 + L_2 J_2\} \tag{73}$$

nach der Bedeutung der Gleichung (71) nicht unendlich groß sein können, so müssen für die kleinen Änderungen der Zeit die Änderung der Klammerausdrücke ebenfalls sehr klein sein, woraus folgt, daß wenn nicht $L_1 L_2 - L_{12}^2 = 0$ ist, die Beträge ΔJ_1 und ΔJ_2 Null sind.

Die Gleichungen (72) lassen sich ganz allgemein integrieren und die Lösung lautet:

$$\left.\begin{aligned} J_1 &= \frac{E_1}{W_1} + a_1 e^{-\alpha t} + b_1 e^{-\beta t}, \\ J_2 &= \frac{E_2}{W_2} + a_2 e^{-\alpha t} + b_2 e^{-\beta t}, \end{aligned}\right\} \tag{74}$$

wenn α und β die beiden positiven Wurzeln der Gleichung sind:

$$(L_1 L_2 - L_{12}^2)\, x^2 - (L_1 W_2 + L_2 W_1)\, x + W_1 W_2 = 0,$$

und a_1, a_2, b_1, b_2 Konstante, die sich aus den Anfangs- oder Endbedingungen der Aufgabe bestimmen lassen.

58. Schließungsstrom bei zwei Kreisen. Als Beispiel behandeln wir hier wieder den Fall des Schließungsstromes, der im gewöhnlichen Funkeninduktor ohne Eisenkern angenähert realisiert wird. Die eine, die primäre Spule werde zur Zeit $t = 0$ an eine Batterie E_1 angelegt, die andere, die sekundäre Spule ist ohne elektromotorische Kraft zu einem Stromkreis geschlossen. Dann ist

$$E_2 = 0$$

und zur Zeit

$$t = 0: \quad J_1 = 0,\ J_2 = 0,$$
$$t = \infty: \quad J_1 = \frac{E_1}{W_1},\ J_2 = 0,$$

und:

$$\left.\begin{aligned} J_1 &= \frac{E_1}{W_1}\left\{1 - \frac{\alpha(W - \beta L_1) e^{-\alpha t} - \beta(W_1 - \alpha L_1) e^{-\beta t}}{W_1(\alpha - \beta)}\right\}, \\ J_2 &= -\frac{L_{12} E_1 (e^{-\alpha t} - e^{-\beta t})}{\sqrt{(W_1 L_2 - W_2 L_1)^2 + 4 W_1 W_2 L_{12}^2}}. \end{aligned}\right\} \tag{75}$$

In Abb. 19 ist eine graphische Darstellung des zeitlichen Verlaufs der beiden Ströme gegeben, wobei die folgenden Werte der Rechnung zugrunde gelegt wurden.

$$L_1 = 10^{-4}\ \text{Henry},$$
$$L_2 = 10^{-2},$$
$$L_{12} = 10^{-4},$$
$$W_1 = 10\ \text{Ohm},$$
$$W_2 = 100\ \text{Ohm},$$
$$E_1 = 10\ \text{Volt},$$

daher

$$\alpha = 0{,}9 \cdot 10^5,$$
$$\beta = 0{,}1 \cdot 10^5.$$

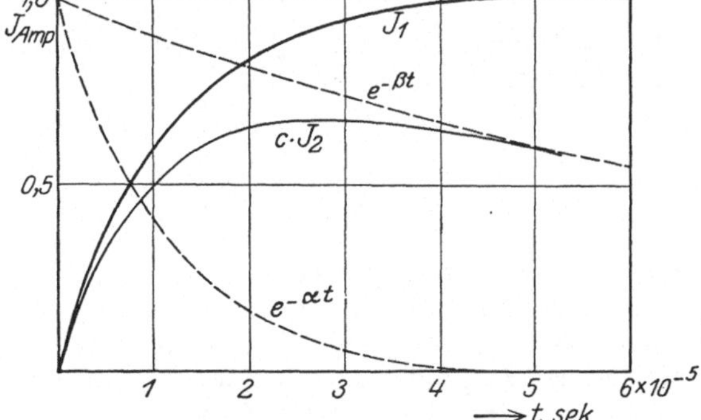

Abb. 19. Stromverlauf in primärer und sekundärer Spule bei Stromschluß in der primären.

Wir sehen aus der Darstellung das allmähliche Ansteigen von J_1 bis zu dem entgültigen Wert E_1/W_1, sowie das Ansteigen von J_2 bis zu dem maximalen Wert 0,0074 Amp. und das nachfolgende Wiederabnehmen zum Wert Null. (In der Abb. 19 wurde cJ_2 statt J_2 aufgezeichnet, wo

$$c = \sqrt{(W_1 L_2 - W_2 L_1)^2 + 4 W_1 W_2 L_{12}^2} : L_{12} E_1 = 90,2$$

ist.)

Als gesamte Elektrizitätsmenge, die in dem Schließungsinduktionsstrom durch den zweiten Kreis geflossen ist, findet man

$$\int_0^\infty J_2\, dt = \frac{L_{12} E_1}{W_1 W_2}, \tag{76}$$

ein Ausdruck, der in unserem Beispiel den Wert 10^{-6} Coul. annimmt.

59. Öffnungsstrom bei zwei Stromkreisen. Die Behandlung des Öffnungsstromes, der in der primären und sekundären Spule beim Ausschalten des primären Stromes entsteht, ist wiederum nicht allgemein möglich, weil sein Verlauf von der Art des Öffnens abhängig ist. Bei der Behandlung des Schließungsstroms konnten wir annehmen, daß der Widerstand der Leitung von der Zeit $t = 0$ an konstant W ist. Beim Öffnen wächst der Widerstand im primären Stromkreis von W_1 bis ∞ an in einer meist nicht bekannten Weise. Immerhin kann man sich ein ungefähres Bild machen von dem zeitlichen Verlauf der Ströme, das den Unterschied des Schließungs- und Öffnungsstromes deutlich erkennen läßt.

Zur Zeit $t = 0$ wird die elektromotorische Kraft E_1 abgeschaltet, indem der Widerstand W in der Zeit von $t = 0$ bis $t = \tau$ vom Wert W_1 bis ∞ wächst. E_2 ist von vornherein Null. Da

$$\frac{d}{dt}\{L_{12} J_1 + L_2 J_2\}$$

in Gleichung (71) nicht unendlich sein kann, sondern eine endliche Größe sein muß, so kann der Betrag in der Klammer in dem Zeitintervall τ nur verschwindend klein sein, d. h. es muß wiederum

$$L_{12} \Delta J_1 + L_2 \Delta J_2 = 0,$$

wenn ΔJ_1 und ΔJ_2 die Stromänderungen in dem kleinen Zeitintervall sind. Die Änderung ΔJ_1 ist aber bekannt und $= -E_1/W_1$, so daß als gesamte Stromänderung im zweiten Stromkreis während des Ausschaltens folgt:

$$\Delta J_2 = (J_2)_{\max} = \frac{L_{12}}{L_2} \frac{E_1}{W_1}. \tag{77}$$

Von dem Moment an ist nun $J_1 = 0$, so daß für die Folgezeit die Gleichung (71) sich reduziert auf

$$\frac{dJ_2}{dt} = -\frac{W_2}{L_2} J_2,$$

woraus folgt:

$$J_2 = \frac{L_{12}}{L_2} \frac{E_1}{W_1} e^{-\frac{W_2}{L_2} t}, \tag{78}$$

wenn man den Anfangswert (77) berücksichtigt, und die Zeit $t = 0$ von diesem Anfangswert an rechnet. J_2 nimmt somit beim Ausschalten von J_1 einen maximalen Wert an, von dem J_2 schneller oder weniger schnell bis Null absinkt, je nachdem W_2/L_2 größer oder kleiner ist, eine Größe, die nur durch die Beschaffenheit der zweiten Spule (bzw. Kreises) bestimmt wird, während der maximale Wert selbst auch von der gegenseitigen Induktion der beiden Kreise und Widerstand und Spannung des ersten Kreises abhängt.

Der Vergleich von Gleichung (78) mit Gleichung (76) ergibt übrigens leicht, daß die gesamte Elektrizitätsmenge, die im Öffnungsinduktionsstrom durch den zweiten Kreis fließt, gleich ist der, die im Schließungsstrom auftritt.

Wie steht es nun mit dem zeitlichen Verlauf des Stromes im ersten Kreis. Beim Abschalten von E_1 wächst $W(t)$ bis unendlich und wir können in erster Annäherung E_1 als klein ansehen im Vergleich zu den in Gleichung (71) vorkommenden Gliedern und haben:

$$\left. \begin{array}{l} L_1 \dfrac{dJ_1}{dt} + L_{12} \dfrac{dJ_2}{dt} = -J_1 W_1 , \\[2mm] L_{12} \dfrac{dJ_1}{dt} + L_2 \dfrac{dJ_2}{dt} = 0 . \end{array} \right\} \tag{79}$$

und

Daraus folgt durch Elimination von dJ_2/dt

$$\left(L_1 - \frac{L_{12}^2}{L_2} \right) \frac{dJ_1}{dt} = -J_1 W_1 ,$$

und solange $L_1 L_2 \neq L_{12}^2$:

$$J_1 = J_0\, e^{- \frac{L_2}{L_1 L_2 - L_{12}^2} \int\limits_0^t W\, dt} , \tag{80}$$

worin

$$J_0 = \frac{E_1}{W_1} .$$

Hieraus folgt, daß der primäre Strom dann besonders schnell abfällt, wenn $L_1 L_2 - L_{12}^2$ sehr klein ist. Dann ist auch die Funkenbildung gering. Durch eine Reihe von Demonstrationsversuchen läßt sich diese Abhängigkeit leicht einem größeren Zuhörerkreis demonstrieren, wenn man z. B. in dem sekundären Kreis ohne Änderung von L_{12} und von Größen, die den ersten Kreis betreffen, L_2 verändern kann, z. B. durch Einschalten einer variablen Selbstinduktionsspule, die so gestellt ist, daß sie die gegenseitige Induktion nicht ändert.

60. Wechselstrom im primären Kreise. Haben wir es mit einer veränderlichen elektromotorischen Kraft zu tun, die sich im primären Stromkreis befindet, so wird der Vorgang in den beiden Kreisen durch das System von Gleichungen (72) beschrieben, in denen E_1 eine Funktion von t und $E_2 = 0$ ist. Ist $E_1 = c_1 \sin(nt)$, so lassen sich die Gleichungen leicht auflösen und wir erhalten

$$\left. \begin{array}{l} J_1 = a_1 \sin(n t - \varphi_1) , \\[1mm] J_2 = a_2 \sin(n t - \varphi_2) , \end{array} \right\} \tag{81}$$

wenn:

$$a_1 = \frac{c_1}{\sqrt{W_1'^2 + n^2 L_1^2}} ,$$

$$a_2 = \frac{-c_1\, n\, L_{12}}{\sqrt{(W_1'^2 + n^2 L_1^2)(W_2^2 + n^2 L_2^2)}} ,$$

$$\operatorname{tg}\varphi_1 = \frac{n L_1'}{W_1'} ; \qquad \operatorname{tg}\varphi_2 = -\frac{W_1' W_2 - n^2 L_1 L_2}{n(L_2 W_1' + L_1' W_2)} ,$$

$$\operatorname{tg}(\varphi_1 - \varphi_2) = \frac{W_2}{n L_2}$$

und

$$W_1' = W_1 + \frac{n^2 L_{12}^2 W_2}{W_2^2 + n^2 L_2^2} ,$$

$$L_1' = L_1 - \frac{n^2 L_{12}^2 L_2}{W_2^2 + n^2 L_2^2} .$$

Sowohl der primäre als der sekundäre Strom ist ein sinusförmiger Wechselstrom, der gegen die Phase der Spannung verschoben ist. Die Formeln lassen sich vereinfachen, wenn die Wechselzahl sehr hoch ist, n groß. Dann folgt wenigstens angenähert:

$$L_1' = L_1 - \frac{L_{12}^2}{L_2},$$

$$W_1' = W_1 + \frac{L_{12}^2}{L_2^2} . W_2,$$

$$a_2 = - \frac{L_{12} \cdot a_1}{L_2} ; \qquad a_1 = \frac{c_1}{L_1},$$

$$\varphi_1 - \varphi_2 = \pi.$$

Das Verhältnis der Amplituden der beiden Ströme berechnet sich zu:

$$\frac{J_{2\max}}{J_{1\max}} = \frac{L_{12}\,n}{\sqrt{W_2^2 + L_2^2\,n^2}}. \tag{82}$$

61. Transformator. (Vgl. Band XVII.) Ein wichtiges Beispiel der besprochenen Abhängigkeit $E_1(t)$ bietet der Transformator, dessen Primärspule an eine Wechselstrommaschine angeschlossen ist. Er dient dazu, niedrige Wechselspannungen in hohe umzuwandeln oder umgekehrt, und besteht im wesentlichen aus einer primären und einer sekundären Spule, die auf ein und denselben Eisenkern gewickelt sind. Bei sehr hoher Wechselzahl, großem Wert von n, haben wir angenähert:

$$\frac{J_{2\max}}{J_{1\max}} = \frac{L_{12}}{L_2}, \tag{83}$$

und als Phasendifferenz der beiden Ströme den Wert π. Umfassen die beiden Wicklungen des Transformators eine gleiche Länge des Eisenkerns, so verhalten sich die Induktionen L_{12} und L_2 wie die Windungszahlen Z_1 und Z_2 der beiden Spulen. Gibt ein Transformator keine Energie nach außen ab, was nur dann der Fall wäre, wenn keine magnetische Streuung stattfände und alle magnetischen Induktionslinien beide Wicklungen völlig umschlössen, dann müßte die ganze Energie des primären Kreises im sekundären Kreise aufgezehrt werden und es müßte sein

$$J_{1\,\mathrm{eff}} \cdot E_{1\,\mathrm{eff}} = J_{2\,\mathrm{eff}} \cdot E_{2\,\mathrm{eff}}$$

und daher auch

$$J_{1\,\max} \cdot E_{1\,\max} = J_{2\,\max} \cdot E_{2\,\max},$$

oder

$$E_{1\,\max} : E_{2\,\max} = Z_1 : Z_2;$$

man nennt dieses Verhältnis das Transformations- oder Übersetzungsverhältnis des Transformators.

Ein Vergleich der ersten Gleichung (81) mit Gleichung (65) und (66) zeigt ferner, wie der Primärstrom durch die Anwesenheit eines sekundären Stromes beeinflußt wird. Es scheint der Widerstand zugenommen, die Selbstinduktion abgenommen zu haben. Der scheinbaren Vermehrung des Widerstandes entspricht ein Mehrverbrauch an Energie, der durch die äußere veränderliche Spannung $E_1(t)$ aufgebracht werden muß. Wäre der zweite Stromkreis nicht vorhanden, aber der Widerstand des ersten Stromkreises

$$W_1' = W_1 + \frac{W_2\,L_{12}^2\,n^2}{W_2^2 + L_2^2\,n^2}, \tag{84}$$

so wäre die im ersten Stromkreis während einer Schwingung aufgenommene Energie $\frac{1}{2} W_1' J_{1\max}^2$; bei Anwesenheit des zweiten Stromkreises und einem Widerstand W_1 im ersten Stromkreis muß also der Betrag

$$\frac{1}{2} (W_1' - W_1) J_{1\max}^2 \,,$$

von dem zweiten Stromkreis aufgenommen werden, d. h. nach Gleichung (84)

$$\frac{1}{2} \frac{W_2 L_{12}^2 n^2}{W_2^2 + L_2^2 n^2} J_{1\max}^2 \,,$$

was nach Gleichung (82) in der Tat nichts anderes ist als $\frac{1}{2} W_2 J_{2\max}^2$.

62. Die Beziehung $L_1 L_2 = L_{12}^2$. Wir müssen nun noch den Fall erörtern, den wir bei Diskussion der Gleichung (72) ausschlossen, nämlich den, daß $L_1 L_2 = L_{12}^2$ ist. Ist das der Fall, dann folgt aus (72) unmittelbar

$$L_{12} E_1 - L_1 E_2 = W_1 L_{12} J_1 - W_2 L_1 J_2 \,. \tag{85}$$

Durch Multiplikation der beiden Gleichungen (72) mit L_1/W_1 bzw. L_{12}/W_2 und Addition finden wir ferner mit Berücksichtigung von $L_1 L_2 = L_{12}^2$

$$\frac{L_1 E_1}{W_1} + \frac{L_{12} E_2}{W_2} - \left(\frac{L_1}{W_1} + \frac{L_2}{W_2}\right) \frac{d}{dt} (L_1 J_1 + L_{12} J_2) = L_1 J_1 + L_{12} J_2 \,.$$

Hieraus ergibt sich

$$L_1 J_1 + L_{12} J_2 = \left(\frac{L_1 E_1}{W_1} + \frac{L_{12} E_2}{W_2}\right) \left(1 - c\, e^{-\frac{W_1 W_2}{W_1 L_2 + W_2 L_1} t}\right), \tag{86}$$

wenn c eine durch die Nebenbedingungen zu bestimmende Konstante ist. Von Wichtigkeit ist wieder die Kenntnis des Stromverlaufs, wenn in den ersten Stromkreis eine elektromotorische Kraft eingeschaltet wird und der zweite Stromkreis keine enthält. Dann wird wieder (s. Ziff. 57), wenn die Gesamtänderungen beim Einschalten $\varDelta J_1$ und $\varDelta J_2$ sind,

$$L_1 \varDelta J_1 + L_{12} \varDelta J_2 = 0 \,,$$
$$L_{12} \varDelta J_1 + L_2 \varDelta J_2 = 0$$

sein müssen und für den Anfangswert von $L_1 J_1 + L_{12} J_2$ der Wert Null anzunehmen sein. Unter diesen Voraussetzungen gilt $c = 1$, und wir haben zur Bestimmung des Stromverlaufs in diesem Fall die beiden Gleichungen

$$\left.\begin{aligned} W_1 L_{12} J_1 - W_2 L_1 J_2 &= L_{12} E_1 \,, \\ L_1 J_1 + L_{12} J_2 &= \frac{L_1 E_1}{W_1} \left\{1 - e^{-\frac{W_1 W_2}{W_1 L_2 + W_2 L_1} t}\right\} . \end{aligned}\right\} \tag{87}$$

63. Induktion in einem Leiter vom Widerstand Null. Aus der Gleichung (62) folgt in dem Fall, daß der Widerstand des Leiters Null ist:

$$E = L \frac{dJ}{dt} \,,$$

wenn die elektromotorische Kraft E eingeschaltet wird. Dieser Fall hat ein praktisches Interesse durch die Entdeckung der „Supraleitfähigkeit" (vgl. Band XIII) einiger Metalle bei der Temperatur des flüssigen Heliums von KAMERLINGH ONNES, und ist von LIPPMANN[1]) diskutiert worden. Man erkennt, daß, wenn eine konstante elektromotorische Kraft sich nicht im Stromkreis befindet ($E = 0$), und einmal z. B. durch Induktion von außen her in der Leitung ein Strom J hervorgebracht

---

[1]) G. LIPPMANN, Ann. de phys. Bd. 11, S. 245. 1919.

worden ist, dieser konstant bestehen bleiben muß, bis irgendwelche andere Einwirkungen von außen eintreten. Das hat Onnes z. B. dadurch erreicht, daß er einen Bleiring im Magnetfeld auf die Temperatur des flüssigen Heliums abkühlte und dann das Feld auf Null abnehmen ließ. Beim Austreten der magnetischen Induktionslinien dn im Zeitelement dt infolge des allmählich verschwindenden Feldes entsteht eine Stromzunahme, die gerade so viel magnetischen Kraftlinien Entstehung gibt, als austreten, so daß der magnetische Fluß durch die Fläche des Ringes unverändert bleibt und wir in dem Bleiring — der auch durch einen massiven Bleizylinder ersetzt werden kann — einen permanenten Magneten vor uns haben.

h) Anhang.

64. Modelle für die Induktionsvorgänge. Um von den Induktionsvorgängen eine bequeme mechanische Vorstellung zu erhalten, haben verschiedene Forscher versucht, mechanische Apparate zu bauen, in denen die Vorgänge in gewissem Sinne analog verlaufen wie die elektrischen. Es wird dabei in der Hauptsache immer nur von der Trägheit von Massen Gebrauch gemacht, der die Selbstinduktion (und auch die gegenseitige Induktion) in vieler Weise entspricht. Sie haben gegenwärtig wohl kaum mehr als historisches Interesse, entbehren aber nicht ganz eines gewissen Wertes, da sie die schnell verlaufenden elektrischen Vorgänge durch ihren verhältnismäßig langsamen Ablauf qualitativ bequem übersehen lassen. Es sei hier nur der beiden von Rayleigh und von Boltzmann gedacht, die jedenfalls mechanisch lehrreich sind.

α) Modell von Rayleigh[1]). Auf eine Achse, aber unabhängig voneinander beweglich, sind die Rollen A und B aufgesteckt. Über sie läuft eine Schnur ohne Ende, die ihrerseits die beiden mit den Gewichten E und F belasteten Rollen C und D trägt. Es ist leicht, an Hand der Abb. 20 zu erkennen, daß infolge der Trägheit der Gewichte E und F bei Beginn der Drehung der Rolle A die Rolle B aus der Ruhe durch die Schnur in eine Drehbewegung versetzt wird, die der von A entgegengesetzt ist, und bei Verlangsamung der Drehung von A die vorher mit gleicher Geschwindigkeit sich drehende Rolle B in größere Rotationsgeschwindigkeit gebracht wird. Dadurch soll die Induktion im sekundären Stromkreis bei Zunahme oder Abnahme des primären Stromes demonstriert werden.

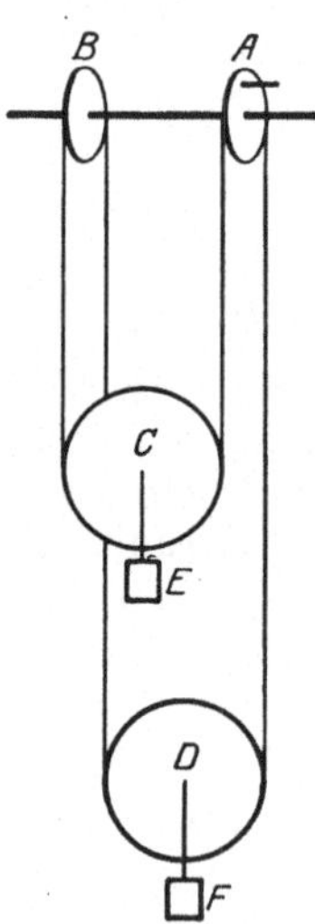

Abb. 20. Modell von Rayleigh.

β) Modell von Boltzmann[2]). Bei diesem Modell entsprechen die Gleichungen für die in bestimmter Weise voneinander abhängigen Bewegungen der Massen m_1, m_2, m_3 um die Drehachse A in den Entfernungen r_1, r_2, r_3, die durch ein masseloses Gestänge eingestellt werden können, formal völlig den Gleichungen für die Vorgänge in zwei. mit Selbstinduktion

$$L_{11} = m_1 r_1^2 + \frac{m_2 r_2^2}{4},$$

$$L_{22} = m_3 r_3^2 + \frac{m_2 r_2^2}{4}$$

und gegenseitiger Induktion

$$L_{12} = \frac{m_2 r_2^2}{4}$$

[1]) Lord Rayleigh, Phil. Mag. Bd. 30, S. 30. 1890.
[2]) L. Boltzmann, Vorlesungen über Maxwells Theorie Bd. I, S. 24ff., insbes. S. 42ff. u. Tafel 2. 1891.

versehenen Stromkreisen. Es hat durch die Möglichkeit weitgehender Analogie besonderes Interesse. Die beiden in der Abb. 21 sichtbaren horizontalliegenden Zahnräder können mit einem Trieb einzeln oder gemeinsam in Bewegung gesetzt werden und sind durch das Paar vertikalstehender Zahnräder „gekoppelt", die auf eine horizontale, um die vertikale Führung drehbare Achse aufgesetzt sind. Wird das obere Zahnrad gedreht, so wird durch die Trägheit der mittleren eine Bewegung auf das untere in entgegengesetzter Richtung übertragen, sobald die Geschwindigkeit des oberen wächst; das untere bleibt in Ruhe, solange die Geschwindigkeit des oberen konstant ist. Durch Veränderung der einem Zentrifugalregulator ähnlichen Gestänge kann man die Entfernungen r_1, r_2, r_3 der Massen m_1, m_2, m_3 von der Achse ändern, wodurch die Übertragung der Bewegungen beeinflußt wird genau in dem Sinne, wie die Induktion durch Änderung der Selbstinduktion und der gegenseitigen Induktion der Kreise beeinflußt wird. Nähere Einzelheiten mögen im Original eingesehen werden.

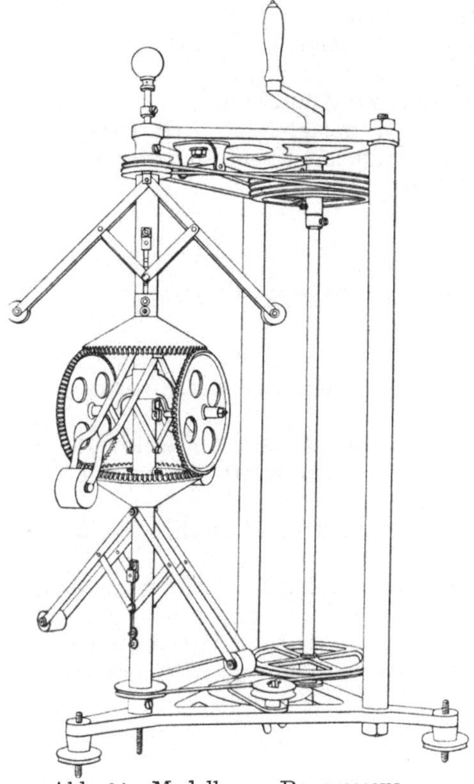

Abb. 21. Modell von Boltzmann.

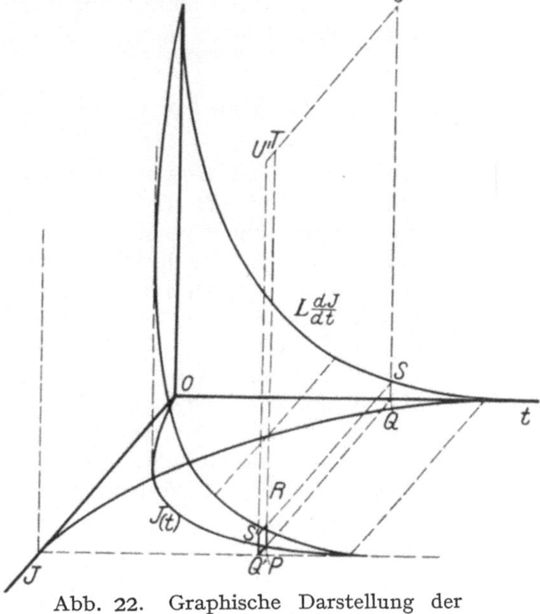

Abb. 22. Graphische Darstellung der Energieverhältnisse.

65. Graphische Darstellung der Energieverhältnisse. Endlich sei hier auf eine graphische Darstellung der Energieverhältnisse in einem Stromkreise mit Selbstinduktion von Terpstra[1]) hingewiesen. Aus Gleichung (62) folgt die nun ohne nähere Definition der Buchstaben unmittelbar verständliche Energiegleichung

$$E J\, dt = J^2 W\, dt + J L \frac{dJ}{dt}\, dt.$$

In der Ebene $J\,O\,t$ des rechtwinkligen Koordinatensystems der Abb. 22 sei die Stromkurve

$$J = J_0\left(1 - e^{-\frac{W}{L}t}\right)$$

---

[1]) P. Terpstra, Phys. ZS. Bd. 21, S. 467. 1920.

eingetragen und auf ihr senkrecht zur Ebene ein Zylindermantel aufgestellt. In der Ebene EOt sei die Spannungskurve der gegenelektromotorischen Kraft $L\dfrac{dJ}{dt}$

$$E_1 = L\frac{dJ}{dt} = J_0 W e^{-\frac{W}{L}t}$$

gezeichnet und diese Linie ebenfalls als Grundlinie eines zu der Ebene EOt senkrechten Zylindermantels benutzt. Durch die beiden Zylinder und die Koordinatenebenen und die zu EOt im Abstand J_0 gezeichnete Ebene lassen sich drei Volumenstücke abmessen, die einander gleich sind und gleich der im Feld durch das Entstehen des Stromes aufgespeicherten magnetischen Energie $\frac{1}{2}LJ_0^2$. Die Volumina sind die folgenden:

1. Innerhalb der beiden auf den Ebenen JOt und EOt aufgesetzten Zylindern und begrenzt durch diese Ebenen (mit dem Element $PQSR\cdot dt$).

2. Zwischen Ebene JOt, Ebene JOE, der durch $J = J_0$ gelegten zu EOt parallelen Ebene und den beiden Zylindermänteln (mit dem Element $PQ'S'R\,dt$).

3. Zwischen Ebene JOE, der durch $J = J_0$ gelegten zu EOt parallelen Ebene, der durch $E = J_0 W$ gelegten zu JOt parallelen Ebene und den beiden Zylindermänteln (mit dem Element $RTU'S'\,dt$).

Zum Beispiel ist

$$\int_0^\infty PQSR\,dt = \int_0^\infty J_0^2 W\left(e^{-\frac{W}{L}t} - e^{-\frac{2W}{L}t}\right)dt = \frac{1}{2}LJ_0^2.$$

Weiter ist:

Fläche $PQSR\cdot dt$: die in den Raum durch Anwachsen des Stromes eintretende magnetische Energie.

Fläche $RTUS\cdot dt$: die infolge der Differenz der konstanten elektromotorischen Kraft E und der induzierten elektromotorischen Kraft und infolge des augenblicklichen Stromes auftretende Stromwärme.

Fläche $PTUQ\cdot dt$: die von der konstanten elektromotorischen Kraft im Element dt zur Zeit t geleistete Arbeit.

Man kann, wie Terpstra ausführt, aus diesem Diagramm unter anderem anschaulich erkennen, wie nach dem Schließen des Stromes die Arbeit, die von E geleistet wird, allmählich zunimmt und wie der Bruchteil, der davon im Feld aufgespeichert wird, allmählich abnimmt, bis alle Stromenergie in Wärme umgewandelt wird.

Kapitel 2.

Wechselströme.

Von

R**UDOLF** S**CHMIDT**, Berlin.

Mit 68 Abbildungen.

1. Vorbemerkung. Die graphischen und analytischen Methoden für die Behandlung von Wechselstromproblemen sind aus ihren Anfängen heraus an Hand von Aufgaben entwickelt worden, die vornehmlich auf dem Gebiet der Elektrotechnik liegen. Daher war, wollte man den Umfang des vorliegenden Abschnittes nicht weit über das Interessengebiet des Physikers hinaus ausdehnen, bei der Verarbeitung des in der Literatur vorliegenden Materials eine Beschränkung auf das Grundlegende nötig. Nur in einzelnen Gebieten, die allgemeineres Interesse auch mit Bezug auf andere Gebiete der Physik beanspruchen dürfen, wie z. B. die harmonische Analyse von Schwingungen, wurde eine größere Vollständigkeit angestrebt. Im ganzen ist jedoch der Stoff eingehender behandelt worden, als es sonst in physikalischen Handbüchern üblich ist; das wird mit Rücksicht auf den Band „Elektrotechnik" dieses Handbuches nicht unerwünscht sein.

Die grundlegenden Werke der allgemeinen theoretischen Elektrotechnik, auf die vielfach Bezug genommen wurde, sind unten[1]) angeführt.

a) Einwellige Wechselströme.

2. Definition des Wechselstroms. Als Wechselströme bezeichnet man Ströme, deren Stärke und Richtung sich periodisch mit der Zeit ändern; die Zeit T, nach deren Ablauf die Stärke des Stromes den gleichen Wert, seine Richtung den gleichen Sinn wieder annimmt, heißt die Periode oder die Periodendauer. Die Funktion $f(t)$, die den periodischen Strom i darstellt, hat also die Bedingung zu erfüllen:

$$i = f(t) = f(t \pm T) = f(t \pm 2\,T) = \cdots \quad (1)$$

Trägt man die Zeiten als Abszissen, die Augenblickswerte des Stromes als Ordinaten auf (Abb. 1), so ist die

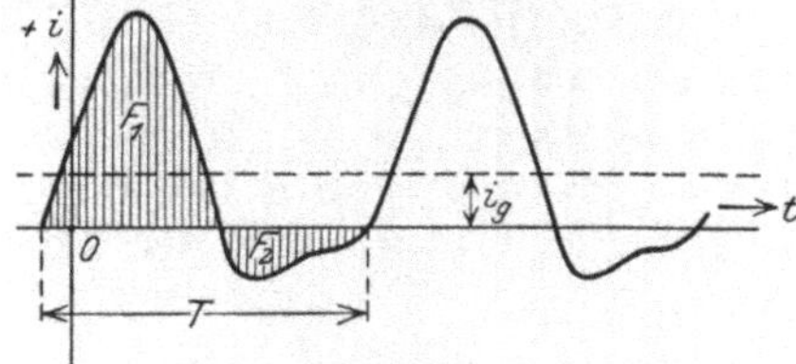

Abb. 1. Zeitdiagramm des Wechselstromes.

---

[1]) F. B**EDELL** u. A. C. C**REHORE**, Theorie der Wechselströme, deutsch von A. H. B**U**C**HERER**. Berlin-München 1895; O. H**EAVISIDE**, Electromagnetic Theory, 3 Bde. London 1899; A. R**USSEL**, The Theory of Alternating Currents, 2 Bde. Cambridge 1904; E. K**ITTLER** u. W. P**ETERSEN**, Allgemeine Elektrotechnik Bd. II. Stuttgart 1909; J. L. L**A** C**OUR** u. O. S. B**RAGSTAD**, Theorie der Wechselströme (Bd. I von E. A**RNOLD**, Die Wechselstromtechnik). Berlin 1910; E. O**RLICH**, Die Theorie der Wechselströme. Leipzig-Berlin 1912; A. F**RAENCKEL**, Theorie der Wechselströme 2. Aufl. Berlin 1921.

gesamte, während einer Periodendauer in einer Richtung fließende Elektrizitätsmenge

$$Q = \int\limits^{T} i\,dt = F_1 - F_2,\qquad(2)$$

wenn F_1 und F_2 die Inhalte der von der Stromkurve begrenzten, oberhalb und unterhalb der Abszissenachse liegenden Flächen sind. Durch eine Parallelverschiebung der Abszissenachse um den Betrag i_g kann man es offenbar erreichen, daß die beiden Flächen inhaltsgleich werden. Die Momentanwerte i des Stromes setzen sich dann zusammen aus dem konstanten Betrag i_g und dem variablen Werte i_w:

$$i = i_g + i_w \qquad \text{oder} \qquad i_w = i - i_g.\qquad(3)$$

$$i_g T = F_1 - F_2 = Q\qquad(4)$$

stellt die gesamte, innerhalb einer Periode in einer Richtung fließende Elektrizitätsmenge dar. Man kann daher i_g als denjenigen Gleichstrom auffassen, der den gleichen Elektrizitätstransport innerhalb der Periode T besorgt, wie der Wechselstrom i[1]). Aus (2), (3) und (4) folgt

$$\int\limits^{T} i_w\,dt = Q - i_g T = 0.$$

Der periodische Strom i_w, bei dem die gesamte in einer Richtung mitgeführte Elektrizitätsmenge innerhalb einer Periode Null ist, wird als reiner Wechselstrom bezeichnet.

Jede beliebige periodische Funktion, wie sie etwa in Abb. 1 dargestellt ist, läßt sich nach Fourier auffassen als die Summe einer endlichen oder unendlichen Zahl von Sinusfunktionen. Wir betrachten daher zunächst den reinen Wechselstrom, der durch eine einfache Sinusfunktion dargestellt wird, den einwelligen Strom. Natürlich gelten die Betrachtungen, soweit sie die mathematische Darstellung betreffen, in gleicher Weise für Wechselspannungen.

3. Der analytische Ausdruck für einwellige Spannungen und Ströme. In einem homogenen Magnetfelde von der Intensität $\mathfrak{H}$ (Abb. 2) wird eine ebene Drahtwindung von der Fläche F um eine auf der Richtung der Kraftlinien senkrechte Achse mit gleichförmiger Winkelgeschwindigkeit gedreht. In der Lage $O\,O_1$ ($\alpha = 0$) der Drahtwindung ist der gesamte die Windung durchsetzende Kraftfluß $\Phi_m = F \cdot \mathfrak{H}$; nach einer Drehung des Kreises um den Winkel α ist $\Phi = F \cdot \mathfrak{H} \cos\alpha$. Die Winkelgeschwindigkeit der Drehung sei $d\alpha/dt = \omega$; dann ist $\alpha = \omega t + \varphi$, wenn φ der Winkel ist, den die Normale auf der Windungsebene zur Zeit $t = 0$ mit der Richtung der magnetischen Kraftlinien bildet. Wir erhalten

$$\Phi = \Phi_m \cos(\omega t + \varphi).$$

Nun ist nach Faraday-Maxwell die induzierte elektromotorische Kraft[2])

$$e = -\frac{d\Phi}{dt} = \omega\,\Phi_m \sin(\omega t + \varphi) = E_m \sin(\omega t + \varphi).\qquad(1)$$

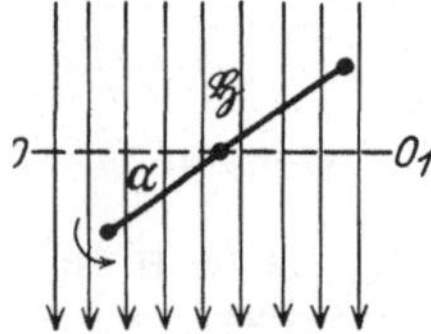

Abb. 2. Erzeugung einer einwelligen Wechselspannung.

Sie entspricht einer Sinusfunktion; ihr Maximum E_m ist gleich $\omega\,\Phi_m$.

---

[1]) E. Orlich, Die Theorie der Wechselströme. S. 25.

[2]) Im Sinne der Maxwellschen Theorie ist die Größe $-d\Phi/dt$ als Umlaufsspannung zu bezeichnen. Die gebräuchlichere Bezeichnung induzierte EMK, die die (formale) Analogie mit den eingeprägten EMK$_e$ zum Ausdruck bringt, ist unbedenklich, solange sie auf Vorgänge in linearen Leitern beschränkt bleibt. (Vgl. K. W. Wagner, Elektrotechn. Z. S. Bd. 41, S. 641. 1920).

Aus Gleichung (1) folgt

$$\int_0^T e\,dt = \Phi_{(T)} - \Phi_{(0)} = 0 \,.$$

e ist also eine reine Wechselspannung.

4. Bedeutung der Konstanten ω und φ. Der analytische Ausdruck für einen einwelligen Wechselstrom ist analog Ziff. 3, Gleichung (1):

$$i = I_m \sin(\omega t + \varphi) \,. \tag{1}$$

i heißt der Augenblickswert, I_m der Höchstwert, Scheitelwert oder die Amplitude des Stromes. Die Bedeutung von ω und φ ergibt sich aus folgender Betrachtung: Nach Ablauf der Periodendauer T muß i wieder gleiche Größe und Richtung wie am Anfang haben. Nach Gleichung (1) ist das der Fall, wenn

$$\omega T = 2\pi \qquad \text{oder} \qquad \omega = \frac{2\pi}{T} \tag{2}$$

ist. $1/T$, d. h. die Zahl der Perioden in der Sekunde, heißt die Frequenz[1]); sie wird nach einem Vorschlage des Ausschusses für Einheiten und Formelgrößen mit f (im Gegensatz zu der früher üblichen Bezeichnungsweise ν oder n) bezeichnet:

$$\frac{1}{T} = f; \qquad \omega = 2\pi f \,. \tag{3}$$

Die Konstante ω wird die Kreisfrequenz genannt; sie ist die Zahl der Perioden in 2π Sekunden.

Der konstante Winkel φ hängt von der Wahl des Anfangspunktes der Zeit ab. Zur Zeit

$$t = -\frac{\varphi}{\omega} = -\frac{\varphi}{2\pi}\,T$$

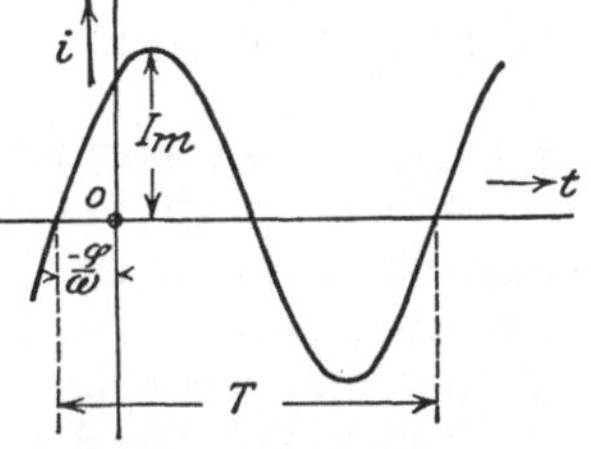

Abb. 3. Zeitkurve des einwelligen Wechselstromes.

ist nach Gleichung (1) $i = 0$; i geht dabei von negativen Werten zu positiven über (s. Abb. 3). φ heißt der Phasenwinkel. Für die Betrachtung des zeitlichen Verlaufs von nur einem Strom kann man offenbar den Anfangspunkt der Zeit beliebig wählen; dagegen wird die Lage mehrerer Ströme zueinander durch ihre Phasenwinkel bestimmt. Folgt z. B. ein zweiter Strom der Gleichung

$$i' = I'_m \sin \omega t \,,$$

so erreicht der Strom nach Gleichung (1) den Wert $i = 0$ um φ/ω Sekunden früher, als der zweite Strom. Dieser eilt dem ersten um den Winkel φ nach; φ gibt also die Phasenverschiebung zwischen beiden Strömen an. Eine positive Phasenverschiebung bedeutet Voreilung, eine negative Nacheilung.

5. Die Summe von einwelligen Strömen. Die Summe der beiden Sinusfunktionen

$$\sin(\omega t + \varphi_1)$$

und

$$\sin(\omega t + \varphi_2)$$

ergibt eine neue Sinusfunktion

$$2\sin\left(\omega t + \frac{\varphi_1 + \varphi_2}{2}\right)\cos\frac{\varphi_1 - \varphi_2}{2} \,.$$

---

[1]) Für die Bezeichnung der Einheit der Frequenz ist „1 Hertz" vorgeschlagen worden; allgemeine Anwendung hat diese Bezeichnung bisher nur in der Hochfrequenztechnik gefunden.

Hieraus folgt ohne weiteres, daß die Summe zweier einwelliger Ströme gleicher Frequenz ω

$$i_1 = I_{1m} \sin(\omega t + \varphi_1) ,$$
$$i_2 = I_{2m} \sin(\omega t + \varphi_2)$$

einen sinusförmigen Strom derselben Frequenz ω von der Form liefern muß

$$i = i_1 + i_2 = I_m \sin(\omega t + \varphi) .$$

Zur Bestimmung von I_m und φ setzt man nacheinander $\omega t = 0$ und $\omega t = \pi/2$:

$$I_m \sin \varphi = I_{1m} \sin \varphi_1 + I_{2m} \sin \varphi_2 ,$$
$$I_m \cos \varphi = I_{1m} \cos \varphi_1 + I_{2m} \cos \varphi_2 .$$

Hieraus folgt

$$I_m^2 = I_{1m}^2 + I_{2m}^2 + I_{1m} I_{2m} \cos(\varphi_1 - \varphi_2)$$

und

$$\operatorname{tg} \varphi = \frac{I_{1m} \sin \varphi_1 + I_{2m} \sin \varphi_2}{I_{1m} \cos \varphi_1 + I_{2m} \cos \varphi_2} .$$

Der Quadrant, in dem φ liegt, ist durch die Vorzeichen von φ_1 und φ_2 folgendermaßen bestimmt: Werden Zähler und Nenner positiv, so liegt φ zwischen 0 und $\pi/2$, werden beide negativ, so liegt φ zwischen π und $3\pi/2$. Wird der Zähler positiv, der Nenner negativ, so ist φ zwischen $\pi/2$ und π, wird der Zähler negativ und der Nenner positiv, so ist φ zwischen $3\pi/2$ und 2π zu wählen.

Allgemein gilt daher: Sind die Teilspannungen eines Wechselstromkreises einwellig, so ist es auch die Gesamtspannung; ebenso ist der Gesamtstrom, der sich aus mehreren, in parallelen Leitern fließenden einwelligen Teilströmen zusammensetzt, einwellig.

Für technische Anwendungen ist von besonderer Wichtigkeit die Addition von n einwelligen Strömen (oder Spannungen) von gleicher Amplitude I_m, von denen jeder Strom gegen den vorhergehenden die gleiche Phasenverschiebung $2\pi/n \cdot k$ hat (k = ganze Zahl). Die Summierung ergibt

$$s = F(\omega t) = I_m \left\{ \sin \omega t + \sin\left(\omega t + \frac{2\pi}{n} k\right) + \sin\left(\omega t + 2\frac{2\pi}{n} k\right) + \cdots \right.$$
$$\left. + \sin\left(\omega t + (n-1)\frac{2\pi}{n} k\right)\right\}$$
$$= I_m \sum_{\lambda=0}^{n-1} \sin\left(\omega t + \lambda \frac{2\pi}{n} k\right) .$$

Man bilde eine zweite Summe s' aus n Wellen gleicher Amplitude I_m, jedoch für $F(\omega t + \frac{2\pi}{n} k)$:

$$s' = F\left(\omega t + \frac{2\pi}{n} k\right) = I_m \left\{ \sin\left(\omega t + \frac{2\pi}{n} k\right) + \sin\left(\omega t + 2\frac{2\pi}{n} k\right) + \cdots \right.$$
$$\left. + \sin\left(\omega t + (n-1)\frac{2\pi}{n} k\right) + \sin(\omega t + 2\pi k)\right\} .$$

Berücksichtigt man die Beziehung

$$\sin(\omega t + 2\pi k) = \sin \omega t ,$$

so folgt

$$s' = F\left(\omega t = \frac{2\pi}{n} k\right) = I_m \sum_{\lambda=0} \sin\left(\omega t + \lambda \frac{2\pi}{n} k\right)$$

und
$$F(\omega t) = F\left(\omega t + \frac{k}{n}\, 2\pi\right).$$

Diese Gleichung kann nur bestehen, wenn k/n eine ganze Zahl ist. Ist das der Fall, so besteht die Summe $s = s'$ aus n Gliedern von der gleichen Größe $I_m \sin \omega t$, so daß
$$s = s' = n\, I_m \sin \omega t$$
ist.

Ist dagegen $k/n < 1$ oder $k/n > 1$, aber keine ganze Zahl, so kann die Gleichung $s = s'$ nur bestehen, wenn
$$s = s' = 0$$
ist.

Ströme, die in ihren Phasen um je $\dfrac{2\pi}{n}\, k$ $(k \lessgtr n,\ 2n \ldots)$ gegeneinander verschoben sind, finden bei den Mehrphasensystemen (s. Ziff. 35 ff.) technische Anwendung. Leiter, die von solchen Strömen durchflossen sind, können daher in einen Knotenpunkt zusammengeführt werden, wenn die Amplituden der Ströme gleich sind: ihre Summe ist Null.

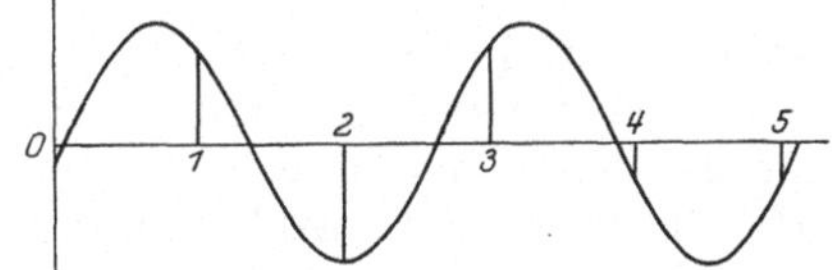

Abb. 4. Addition äquidistanter Ordinaten: $k = 2$; $n = 5$.

Für die einzelne Sinuswelle ergibt sich die Folgerung: Teilt man die Länge von k ganzen Wellen (s. Abb. 4) in n gleiche Teile, so ist die Summe der Ordinaten in den Teilpunkten gleich Null, wenn $k/n < 1$ oder $k/n > 1$, aber keine ganze Zahl ist. Wird dagegen $k = n$, $2n \ldots$, so haben die Ordinaten in den Teilpunkten stets dieselbe Größe und Richtung, ihre Summe ist n mal so groß, wie die einzelne Ordinate.

6. Mittelwert der Stromstärke und der Spannung. Der analytische Ausdruck für den einwelligen Strom gibt die Augenblickswerte des Stromes zu jeder Zeit t an; bei der Kürze der Periodendauer ist es nicht möglich, diese Augenblickswerte mit einfachen experimentellen Mitteln zu messen; auch bieten sie nur für wenige Probleme ein besonderes Interesse. Es ist daher nötig, einen Ausdruck für ihren Mittelwert zu gewinnen.

Aus der Definition des reinen Wechselstroms (s. Ziff. 2) folgt, daß der Mittelwert aller Augenblickswerte, über eine Periode gebildet, gleich Null ist (elektrolytischer Mittelwert). Aus diesem Grunde vermag der Wechselstrom die Spule oder die Nadel eines Galvanometers nicht abzulenken, wenn deren Eigenschwingungsdauer groß ist gegen die des Wechselstroms.

Beschränkt man die Mittelwertsbildung auf eine nur positive oder nur negative Halbperiode, so erhält man den als Mittelwert schlechthin bezeichneten Ausdruck
$$M(i) = \frac{2}{T} \int\limits_{0}^{T/2} i\, dt. \tag{1}$$

Auch diesem Werte kommt nur eine geringe Bedeutung zu. Die Wirkungen, die der Strom ausübt und die für seinen Nachweis oder für die Messung seiner Stärke Anwendung finden, sind dem Quadrate des Stromes in jedem Augenblicke proportional, z. B. die mechanischen Kräfte in dem magnetischen Felde eines Stromes, seine Wärmewirkungen usw. Es ist daher von größter Wichtigkeit, einen Mittelwert für die Quadrate der Momentanwerte abzuleiten.

In einem Leiter vom Widerstande R wird während der Zeit dt die Wärmemenge $R i^2 dt$ gebildet. Die während einer Periode freiwerdende Wärmemenge ist dann $R \int_0^T i^2 dt$, und die Wärmemenge in der Zeiteinheit

$$Q = \frac{R}{T} \int_0^T i^2 dt.$$

Die gleiche Wärmemenge wird in der Zeiteinheit durch einen Strom konstanter Stärke I erzeugt, der sich aus der Beziehung

$$Q = R I^2$$

ergibt.

Hieraus folgt: Dem Wechselstrome i ist in seiner Wirkung ein mittlerer Strom I gleichwertig; zwischen beiden besteht die Beziehung

$$I = \sqrt{\frac{1}{T} \int_0^T i^2 dt} = \sqrt{M(i^2)}. \tag{2}$$

Den durch diesen Ausdruck definierten Mittelwert des Wechselstroms nennt man den **wirksamen** Mittelwert oder kurz den **Effektivwert**. Dieser Wert ist es, der von den gebräuchlichen Meßinstrumenten für Wechselstrom, den Hitzdraht- und elektrodynamischen Strom- und Spannungsmessern sowie auch vom Elektrometer in idiostatischer Schaltung angezeigt wird.

Für den **einwelligen** Strom $i = I_m \sin \omega t$ ergeben sich nun zwischen den Mittelwerten und dem Scheitelwerte die folgenden einfachen Beziehungen.

Der **Mittelwert** $M(i)$ ist

$$M(i) = \frac{2}{T} \int_0^{T/2} I_m \sin \omega t \, dt = - \frac{2}{\omega T} I_m \left[\cos \omega t\right]_0^{T/2} = \frac{2}{\pi} I_m = 0{,}637\, I_m. \tag{3}$$

Der **Effektivwert** $\sqrt{M(i^2)}$ ergibt sich aus

$$M(i^2) = \frac{1}{T} \int_0^T I_m^2 \sin^2 \omega t \, dt = \frac{I_m^2}{2T} \int_0^T (1 - \cos 2 \omega t)\, dt = \frac{I_m^2}{2T} \left[t - \frac{\sin 2 \omega t}{2 \omega}\right]_0^T = \frac{I_m^2}{2}, \tag{4}$$

$$\sqrt{M(i^2)} = I = \frac{1}{\sqrt{2}} I_m = 0{,}707\, I_m. \tag{5}$$

Das Verhältnis vom Scheitelwert zum Effektivwert I_m/I bezeichnet man als **Scheitelfaktor**; er ist für den einwelligen Strom $\sqrt{2}$.

Das Verhältnis des Effektivwerts zum Mittelwert $\dfrac{\sqrt{M(i^2)}}{M(i)}$ nennt man den **Formfaktor**; er hat für den einwelligen Strom den Wert $\dfrac{\pi}{2\sqrt{2}} = 1{,}11$.

Diese beiden Faktoren, die natürlich für nicht einwellige Ströme andere Werte haben, geben ein Maß für die **Stumpfheit** oder **Spitzheit** der Welle. In der Regel bedient man sich für die Charakterisierung der Wellenform des Formfaktors; er nähert sich um so mehr dem Werte 1, je stumpfer die Kurvenform ist und umgekehrt (s. Weiteres unter „Mehrwellige Ströme", Ziff. 32).

Die vorstehend gegebenen Definitionen der Mittelwerte usw. gelten sinngemäß auch für die Wechselspannungen. In dem elektrischen Felde einer wechselnden Ladung sind z. B. die mechanischen Kräfte in jedem Augenblick dem Quadrate der Ladung und daher auch dem Quadrate der Spannung proportional. Neben dem Effektivwert der Spannung spielt ihr Scheitelwert bei vielen Problemen (z. B. dem der Durchschlagsspannung) eine wichtige Rolle.

7. Die Leistung des einwelligen Wechselstroms. Es gilt ganz allgemein das Gesetz von JOULE: Bewegt sich eine Elektrizitätsmenge q unter der Einwirkung einer EMK e, so wird die Arbeit $A = e \cdot q$ geleistet; also ist die Leistung

$$n = \frac{e\,q}{t}\,.$$

Nun ist $q/t = i$ die Elektrizitätsmenge, die in der Zeiteinheit durch den Querschnitt des Leiters bewegt wird, also die Stromstärke; daher ist

$$n = e\,i\,.$$

Diese Beziehung besteht sowohl für Gleichstrom als auch für Wechselstrom, wenn man im letzteren Falle die Augenblickswerte von Strom und Spannung einsetzt. Der Mittelwert, über eine Periode gemessen, ist dann

$$N = M(n) = \frac{1}{T}\int_0^T e\,i\,dt\,.$$

Für

$$e = E_m \sin(\omega t + \varphi_1)\,,$$
$$i = I_m \sin(\omega t + \varphi_2)$$

ist

$$n = E_m I_m \sin(\omega t + \varphi_1)\sin(\omega t + \varphi_2),$$

$$n = \frac{E_m I_m}{2}\cos(\varphi_1 - \varphi_2) - \frac{E_m I_m}{2}\cos(2\omega t + \varphi_1 + \varphi_2)\,. \tag{1}$$

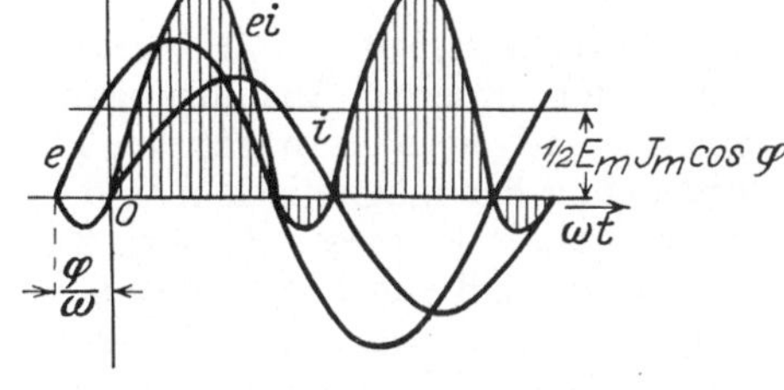

Abb. 5. Zeitkurve der Leistung.

Diese, die Augenblickswerte der Leistung darstellende Gleichung, enthält ein konstantes Glied und eine Sinusfunktion, deren Frequenz gleich der doppelten Frequenz der Strom- und Spannungskurven ist. Bei der Integration zur Mittelwertsbildung wird das zweite Glied Null, und wir erhalten als Ausdruck der Leistung

$$N = M(n) = \frac{E_m I_m}{2}\cos(\varphi_1 - \varphi_2) = E\,I\cos\varphi\,. \tag{2}$$

Der Mittelwert der Leistung läßt sich in einfacher Weise durch die Effektivwerte des Stromes und der Spannung, I und E, sowie die Phasenverschiebung zwischen dem Strome und der Spannung ausdrücken.

Der Augenblickswert der Leistung schwingt, wie in Abb. 5 dargestellt ist, mit der doppelten Frequenz 2ω um den Mittelwert $\frac{I_m E_m}{2}\cos\varphi$. Nur wenn $\varphi = 0$ ist, sind die Augenblickswerte der Leistung dauernd positiv, ihr Mittelwert ist $E_m I_m/2$, gleich der Amplitude der ei-Kurve. Ist φ größer als Null, aber kleiner als $\pm\pi/2$, so sind die Leistungswerte während eines Teils der Periode negativ, d. h. von dem Energie aufnehmenden Teil des Stromkreises wird Arbeit an die Stromquelle zurückgeliefert. Hierbei handelt es sich um die elektrische und magnetische Feldenergie derjenigen Leitergebilde, die die Phasenverschiebung zwischen Strom und Spannung verursachen, nämlich der Induktivitäten und Kapazitäten; die Feldenergie wird abwechselnd in dem einen Halbteil der Periode aufgespeichert, in dem nächsten zurückgeliefert.

8. Blindleistung, Wirkleistung, Scheinleistung. In dem Stromkreise, in dem unter der Einwirkung der EMK $e = E_m \sin(\omega t + \varphi_1)$ der Strom $i = I_m \sin(\omega t + \varphi_2)$ fließt, sei der gesamte wirksame Widerstand R. Dann kann die Leistung n durch $i^2 R$ ausgedrückt werden:

$$n = R\,I_m^2 \sin^2(\omega t + \varphi_2) \tag{1}$$

oder

$$n = \frac{R\,I_m^2}{2} - \frac{R\,I_m^2}{2} \cos 2(\omega t + \varphi_2). \tag{2}$$

Bei der Mittelwertsbildung bleibt nur das konstante Glied $R\,I_m^2/2$ bestehen; es muß daher identisch sein mit dem ersten Gliede der Gleichung (1) in Ziff. 7. Ersetzt man in Gleichung (2) $R\,I_m^2/2$ durch $\frac{E_m I_m}{2} \cos(\varphi_1 - \varphi_2)$ und subtrahiert diese Gleichung von der Gleichung (1) in Ziff. 7, so erhält man offenbar einen Ausdruck für die schwingende Energie der elektrischen und magnetischen Felder:

$$w = -\frac{E_m I_m}{2}\left[\cos(2\omega t + \varphi_1 + \varphi_2) - \cos(\varphi_1 - \varphi_2)\cos 2(\omega t + \varphi_2)\right]$$

oder

$$w = -\frac{E_m I_m}{2} \sin(\varphi_1 - \varphi_2)\sin 2(\omega t + \varphi_2). \tag{3}$$

Der Mittelwert, über $n/2$ Perioden (n = ganze Zahl) gebildet, ist Null, entsprechend unseren Ausführungen in Ziff. 7. Integriert man dagegen über einen positiven oder negativen Halbteil der w-Kurve, so erhält man die zur Erzeugung der magnetischen und elektrischen Felder aufgewendete Arbeit, den Energieinhalt W dieser Felder. Zu diesem Zwecke legt man den Koordinatenanfang so, daß für $t = 0$ $w = 0$ wird, d. h. man setzt $\varphi_2 = 0$ und integriert von 0 bis $T/4$; wird die Phasenverschiebung zwischen Strom und Spannung wie in Ziff. 7 mit φ bezeichnet, so ist

$$W = -\frac{1}{\omega}\frac{E_m I_m}{2}\sin\varphi = -\frac{1}{\omega} E I \sin\varphi. \tag{4}$$

$E I \sin\varphi$, eine der Feldenergie proportionale Größe, heißt die **Blindleistung**; sie ist numerisch gleich der Amplitude der schwingenden Energie. Im Gegensatz zur Blindleistung wird $E I \cos\varphi$ als **Wirkleistung** bezeichnet, während $E I$ die **Scheinleistung** heißt.

9. Die Wechselstromgrößen. Die Beziehung zwischen der Spannung e und dem Strome i in einem Stromkreise vom Widerstande R, der Induktivität L und der Kapazität C wird durch die Gleichung dargestellt:

$$e = R\,i + L\frac{di}{dt} + \frac{1}{C}\int i\,dt. \tag{1}$$

Für den einwelligen Strom $i = I_m \sin\omega t$ erhält man daraus

$$e = I_m R \sin\omega t + I_m\left[\omega L - \frac{1}{\omega C}\right]\sin\left(\omega t + \frac{\pi}{2}\right), \tag{2}$$

$$e = E_m \sin(\omega t + \varphi).$$

Die einwellige Spannung e setzt sich aus zwei Schwingungen zusammen. Die erste mit der Amplitude $I_m R$ ist in Phase mit dem Strome i, sie ist dem OHMschen Spannungsabfall entgegengesetzt gleich. Die zweite Schwingung hat die Amplitude $I_m[\omega L - 1/\omega C]$, sie eilt dem Strome um 90° vor. Ihre physikalische Bedeutung zeigt sich klarer, wenn wir dem zweiten Gliede der Spannungsgleichung (2) die Form geben:

$$I_m \omega L \sin\left(\omega t + \frac{\pi}{2}\right) + I_m \frac{1}{\omega C}\sin\left(\omega t - \frac{\pi}{2}\right).$$

$I_m \omega L$ ist entgegengesetzt gleich der EMK der Selbstinduktion und eilt dem Strome um 90° vor. $I_m \frac{1}{\omega C} \sin\left(\omega t - \frac{\pi}{2}\right)$ ist die für die Ladung der Kapazität C erforderliche Spannung; sie eilt dem Strome um 90° nach.

Die Amplitude E_m der resultierenden Spannung e ergibt sich zu

$$E_m = I_m \sqrt{R^2 + \left[\omega L - \frac{1}{\omega C}\right]^2},$$

ihr Effektivwert ist

$$E = I \sqrt{R^2 + \left[\omega L - \frac{1}{\omega C}\right]^2}. \tag{3}$$

Die Phasenverschiebung φ zwischen Strom und Spannung ist gegeben durch

$$\operatorname{tg} \varphi = \frac{\omega L - \dfrac{1}{\omega C}}{R}. \tag{4}$$

Der Effektivwert E der Spannung setzt sich aus zwei zueinander senkrechten Komponenten IR und $I\left[\omega L - \frac{1}{\omega C}\right]$ zusammen; sie bilden mit dem Effektivwerte E ein rechtwinkliges Dreieck. Der Winkel zwischen E und IR ist φ.

$$IR = E \cos\varphi$$

heißt die Wirkspannung,

$$I\left[\omega L - \frac{1}{\omega C}\right] = E \sin\varphi$$

die Blindspannung.

$$Z = \sqrt{R^2 + \left[\omega L - \frac{1}{\omega C}\right]^2}$$

wird als Scheinwiderstand [Impedanz[1]] bezeichnet.

R ist der wirksame Widerstand oder Wirkwiderstand; er ist wegen der Stromverdrängung keinesfalls stets dem OHMschen Widerstande gleichzusetzen.

$$X = \left[\omega L - \frac{1}{\omega C}\right]$$

heißt Blindwiderstand (Reaktanz).

Sind Spannung E und Scheinwiderstand Z gegeben, so ist der Strom

$$I = \frac{E}{Z}.$$

$1/Z$ bezeichnet man als Scheinleitwert (Admittanz).

In gleicher Weise wie die Spannung kann auch der Strom als aus zwei Komponenten zusammengesetzt gedacht werden, nämlich

aus dem Wirkstrom[2] $\qquad I \cos\varphi = \dfrac{E \cos\varphi}{Z}$

und dem Blindstrom $\qquad I \sin\varphi = \dfrac{E \sin\varphi}{Z}.$

$1/Z \cdot \cos\varphi$ bezeichnet man als Wirkleitwert (Konduktanz),

$1/Z \cdot \sin\varphi$ als Blindleitwert (Susceptanz).

---

[1] Die Bezeichnungen Impedanz, Reaktanz usw. stammen von HEAVISIDE.
[2] M. v. DOLIVO-DOBROWOLSKY, Elektrot. ZS. Bd. 13, S. 222. 1892.

Bildet man aus den Augenblickswerten von e und i durch Multiplikation von Gleichung (2) mit $i = I_m \sin \omega t$ den Augenblickswert ei der Leistung, so erhält man:

$$ei = I_m^2 R \sin^2 \omega t + I_m^2 \omega L \sin \omega t \cos \omega t - I_m^2 \frac{1}{\omega C} \sin \omega t \cos \omega t$$

$$= I_m^2 R \sin^2 \omega t + \omega \left[\frac{I_m^2}{2} L - \frac{I_m^2}{2 \omega^2 C} \right] \sin 2 \omega t$$

$$= I_m^2 R \sin^2 \omega t + \omega \left[W_m - W_e \right] \sin 2 \omega t. \tag{5}$$

Hier tritt in dem zweiten Gliede als Schwingungsamplitude die Differenz der Energie der magnetischen und elektrischen Felder, $[W_m - W_e]$[1] multipliziert mit der Kreisfrequenz ω, auf, eine Größe, die entsprechend unseren Ausführungen in Ziff. 8 gleich der **Blindleistung** ist. Bei der Mittelwertsbildung $1/T \int\limits_0^T ei\,dt$ wird dieses Glied Null, und wir erhalten die **Wirkleistung**

$$N = \frac{R\, I_m^2}{2} = I^2 R. \tag{6}$$

In den vorstehenden Definitionen der Wechselstromgrößen sind sowohl die Konstanten des Stromkreises wie auch die Phasenverschiebung enthalten. Man kann, wie es der Ausschuß für Einheiten und Formelgrößen[2] vorschlägt, die Definitionen lediglich auf die der Messung unmittelbar zugänglichen Größen, die effektive Spannung, den effektiven Strom und die effektive Leistung beziehen. Dann ist z. B. der Scheinwiderstand dem Verhältnis E/I, der Wirkwiderstand dem Verhältnis N/I^2 und der Blindwiderstand dem Ausdruck $\sqrt{(E/I^2) - N/I^2)^2}$ gleichzusetzen. Diese Definitionen sind für einwellige Ströme mit den oben gegebenen natürlich vollkommen identisch; über ihre Anwendung bei mehrwelligen Strömen s. Ziff. 31.

10. Geometrische Darstellung einwelliger Ströme. Die Strecke OP stelle in Abb. 6 ihrer Länge nach den Scheitelwert I_m eines Wechselstroms i_1 dar; läßt man OP mit der Winkelgeschwindigkeit ω, die gleich der Kreisfrequenz ist, in positiver, also der Drehung des Uhrzeigers entgegengesetzter Richtung rotieren, so hat OP nach der Zeit t die Lage OP_1 erreicht und dabei den Winkel ωt durchlaufen. Die Projektion von OP_1 auf OY ist dann

$$OB = I_m \sin \omega t.$$

---

[1] Nach Maxwell ist der Energieinhalt des magnetischen Feldes $W_m = \dfrac{i}{2} \int \mathfrak{B}\,df$ $= \dfrac{i}{2}\, \Psi = \dfrac{1}{2} L\, i^2$; einer Änderung von i um di entspricht eine Änderung von W_m um $dW_m = iL\,di$. Für $i = I_m \sin \omega t$ folgt demnach

$$\frac{dW_m}{dt} = iL\,\frac{di}{dt} = \frac{1}{2}\,\omega L\, I_m^2 \sin 2 \omega t,$$

und für die gesamte, während $T/4$ aufgespeicherte magnetische Energie

$$\int\limits_0^{T/4} dW = \frac{1}{2} L\, I_m^2.$$

In ähnlicher Weise ergibt sich die Energie der elektrischen Felder zu $\dfrac{1}{2}\, E_m^2\, C = \dfrac{1}{2}\,\dfrac{I_m^2}{\omega^2 C}$.

[2] Elektrot. ZS. Bd. 41, S. 660. 1920.

Mit anderen Worten: Die Projektion der bewegten Strecke OP von der Länge I_m auf die Vertikale ist in jedem Augenblick numerisch gleich der Stärke eines Wechselstroms

$$i_1 = I_m \sin \omega t.$$

Eine zweite Strecke OP', deren Länge der Amplitude I'_m eines zweiten Wechselstroms i_2 entsprechen möge, und die gegen die Anfangslage OX um den Winkel φ verschoben ist, hat in der gleichen Zeit die Lage OP_2 erreicht. Ihre Projektionen stellen daher zu jeder Zeit t die Augenblickswerte des Stromes

$$i_2 = I'_m \sin(\omega t + \varphi)$$

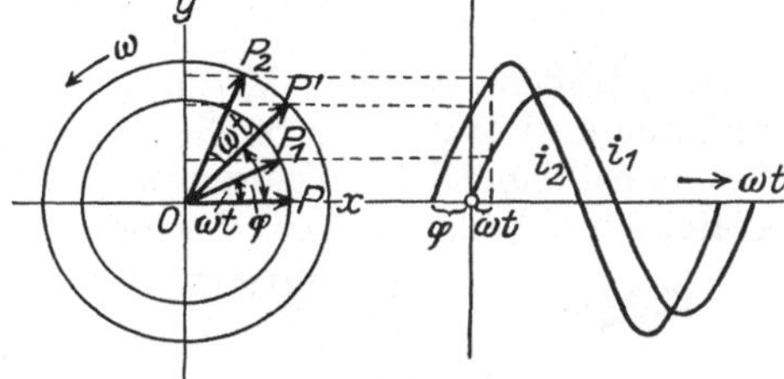

Abb. 6. Entstehung des Vektordiagramms.

dar. Hieraus folgt: Der zeitliche Verlauf einwelliger Wechselstromgrößen kann durch Vektoren, d. h. nach Länge und Richtung definierte Strecken, vollständig und eindeutig bestimmt werden, wenn ihre Anfangslage durch Angabe der Amplitude und des Phasenwinkels festgelegt ist. Man erhält den Verlauf in Kurvenform, indem man die Zeit t bzw. den ihr proportionalen Winkel ωt als Abszisse, die Projektionen auf die Y-Achse als Ordinaten aufträgt (Abb. 6). Selbstverständlich ist die Voraussetzung, daß die Wechselstromgrößen, deren Vektoren in einem Diagramm zueinander in Beziehung gesetzt werden, die gleiche Frequenz haben.

Die Vektoren eines Diagramms sind rotierend zu denken; der Richtungssinn der Rotation muß, etwa durch einen Pfeil, bezeichnet sein, damit die Phasenverschiebungen eindeutig, nach Voreilung oder Nacheilung, bestimmt sind. Vielfach findet auch eine andere Darstellung Anwendung: an Stelle der Vektoren läßt man die Gerade, auf die sie projiziert werden — in unserem Falle die Y-Achse —, in umgekehrtem Sinne rotieren; man bezeichnet die Gerade dann als Zeitlinie (vgl. Abb. 8).

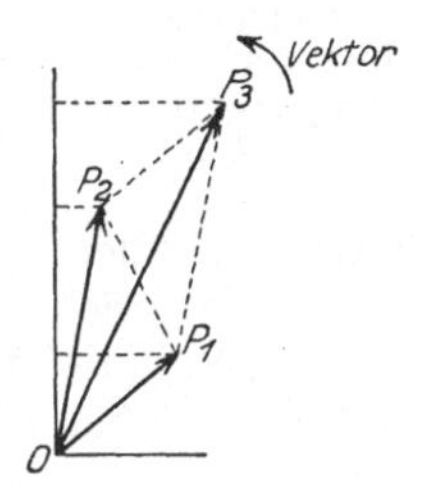

Abb. 7. Zusammensetzung zweier Vektoren.

Die Summe zweier einwelliger Ströme i_1 und i_2 ergibt eine neue Sinuslinie (s. Ziff. 5); ihr Vektor ist die Resultierende OP_3 der beiden Vektoren OP_1 und OP_2, die nach den Regeln der Zusammensetzung mechanischer Kräfte zu bilden ist (Abb. 7). Aus Abb. 7 ist ohne weiteres zu ersehen: die Summe der Projektionen von OP_1 und OP_2 ist in jedem Augenblick gleich der Projektion der Diagonalen OP_3. Die Differenz $i_1 - i_2$ wird dagegen durch den Vektor $P_2 P_1$ dargestellt.

In der praktischen Anwendung des Vektordiagramms wird in der Regel die Länge des Vektors nicht der Amplitude der betreffenden Wechselstromgröße, sondern ihrem Effektivwerte[1]) gleichgemacht; die Augenblickswerte ergeben sich dann gemäß Ziff. 6, Gleichung (5), durch Multiplikation mit $\sqrt{2}$.

11. Differentialquotient und Zeitintegral eines Vektors. Ortsdiagramme. Ist

$$i = I_m \sin \omega t,$$

so ist

$$\frac{di}{dt} = \omega I_m \sin\left(\omega t + \frac{\pi}{2}\right)$$

und

$$\int i\, dt = \int I_m \sin \omega t\, dt = \frac{I_m}{\omega} \sin\left(\omega t - \frac{\pi}{2}\right).$$

---

[1]) G. Rössler, Elektrot. ZS. Bd. 16, S. 681. 1895.

Hieraus folgt die Regel: Der Vektor des Differentialquotienten einer einwelligen Wechselstromgröße eilt dem Vektor dieser Größe um 90° voraus und ist im Verhältnis $\omega : 1$ größer.

Der Vektor des Zeitintegrals einer einwelligen Wechselstromgröße eilt dem Vektor dieser Größe um 90° nach und ist im Verhältnis $1 : \omega$ kleiner.

Als Beispiel ist in Abb. 8 das Diagramm der Beziehung

$$e = iR + L\,\frac{di}{dt}$$

wiedergegeben, die das Verhalten einer Spule vom Widerstande R und der Selbstinduktivität L darstellt. Der Vektor I entspricht dem Strome i; der Vektor ωI dem Differentialquotienten di/dt, der dem Strome um 90° voreilt. Die graphische Addition der Vektoren RI und $L\omega I$ liefert den Vektor E der Spannung e. Die Größe von E ergibt sich aus

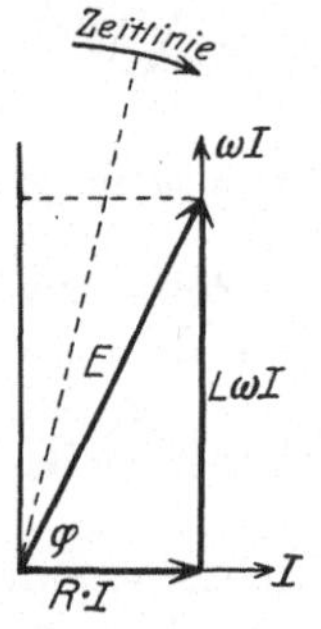

$$E = I\sqrt{R^2 + \omega^2 L^2}\,,$$

die Phasenverschiebung φ zwischen Strom und Spannung aus

$$\operatorname{tg}\varphi = \frac{R}{\omega L}\,;$$

die Spannung eilt dem Strome um den Winkel φ voraus.

Dieses einfache Beispiel zeigt klar die Anschaulichkeit und den Nutzen der geometrischen Darstellungsweise.

In einem Diagramm, das den Zusammenhang mehrerer Größen darstellt, hat die Änderung eines Vektors der Größe oder Richtung nach die Änderung sämtlicher mit ihm zusammenhängender Vektoren zur Folge. Die gesetzmäßigen Beziehungen zwischen den Vektoren ermöglichen es in vielen Fällen, einen geometrischen Ort anzugeben, der diese Änderungen kennzeichnet. So entstehen die sogenannten Ortsdiagramme, aus denen ohne weiteres die Größe und Richtung aller zusammenhängenden Vektoren abgelesen werden kann, wenn einer oder mehrere von ihnen Größe oder Richtung ändern. Wird in dem in Abb. 8 dargestellten Beispiel die Spannung E konstant gehalten, so ist der Halbkreis über E der geometrische Ort, der die gegenseitige Lage der beiden Spannungskomponenten RI und $L\omega I$ bestimmt.

Die Ortsdiagramme sind für die Lösung von Aufgaben der Wechselstromtechnik ein unentbehrliches Hilfsmittel, das im Laufe der Jahre immer mehr verfeinert worden ist. An dieser Stelle kann nicht näher darauf eingegangen werden; eine systematische Darstellung ist von Bloch[1]) gegeben, die Anwendung auf technische Probleme zusammenfassend von Waltz[2]) behandelt worden. (Vgl. auch ds. Handb. Bd. 17.)

12. Die symbolische Darstellung von Wechselstromgrößen durch komplexe Zahlen. Der Anschaulichkeit der geometrischen Darstellung durch Vektoren steht als Nachteil gegenüber, daß die Durchführung von Rechnungen an Hand der Vektordiagramme unter Umständen kompliziert und unübersichtlich wird. Eine sehr durchsichtige Rechenmethode ist nun in der Verwendung komplexer Zahlengebilde als Repräsentanten der Vektoren gegeben. Diese Rechenmethode ist zuerst von Helmholtz in seiner Abhandlung über „Telephon und Klangfarbe"[3]) für die Behandlung von Wechselstromproblemen benutzt,

Abb. 8. Vektorielle Zusammensetzung der Spannung E aus ihren Komponenten RI und $L\omega I$.

[1]) O. Bloch, Die Ortskurven der graphischen Wechselstromtechnik. Zürich 1917.
[2]) E. Waltz, Wechselstrom-Arbeitsdiagramme. Berlin 1912.
[3]) H. v. Helmholtz, Berl. Ber. 1878, S. 488.

von RAYLEIGH[1]) auf die Darstellung akustischer Vorgänge angewendet und insbesondere von STEINMETZ[2]) in systematischer Weise auf das Gebiet der Elektrotechnik übertragen worden. Hier findet diese elegante Methode heute in umfangreicher Weise Anwendung, trotz des Widerstandes, dem sie noch hier und dort begegnet. Man hat ihr zum Vorwurf gemacht, daß sie der physikalischen Anschauung entbehre. Das ist nur scheinbar so; vergißt man nicht die geometrische Bedeutung der komplexen Symbole, so lassen sich auch mit jeder Stufe der Rechnung bestimmte physikalische Vorstellungen verknüpfen.

Die Methode gründet sich auf folgende Überlegungen:

1. Von GAUSS[3]) ist (1831) gezeigt worden, daß einer komplexen Zahl $a + jb$ $\left(j \text{ imaginäre Einheit} = \sqrt{-1}\right)$ eine geometrische Deutung zukommt. Eine geradlinige, vom Koordinatenanfang O (Abb. 9) auf der Abszissenachse abgeschnittene Strecke vom absoluten Betrage r wird mit $r \cdot (+1)$ oder $r \cdot (-1)$ bezeichnet, je nachdem sie auf der positiven oder negativen Seite der Abszissenachse liegt. Die Lage $-r$ kann man sich durch Drehung der Geraden $+r$ um den Winkel 180° aus der Anfangslage $+r$ entstanden denken. Allgemein wird daher die Lage r_φ einer Geraden, die den Winkel φ mit der Abszissenachse einschließt, durch die Gleichung bestimmt sein

$$r_\varphi = r \cdot f(\varphi),$$

worin $f(\varphi)$ eine Funktion des Winkels φ ist. Die Theorie der komplexen Zahlen lehrt[4]), daß diese Funktion

$$f(\varphi) = \cos\varphi + j\sin\varphi$$

ist, so daß

$$r_\varphi = r(\cos\varphi + j\sin\varphi) = r\,\varepsilon^{j\varphi}$$

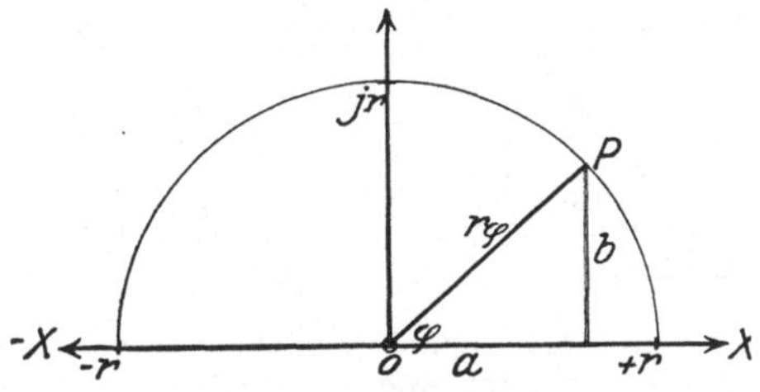

Abb. 9. Geometrische Darstellung der komplexen Zahl $a + jb$.

ist. Hierin ist $\varepsilon = 2{,}71828$ die Basis der natürlichen Logarithmen.

Im speziellen Falle $\varphi = \pi/2$ ergibt sich

$$r_{(\pi/2)} = jr.$$

Die Multiplikation mit $+j$ bedeutet demnach eine Drehung von r um 90° in positiver Richtung (Linksdrehung), die Multiplikation mit $\varepsilon^{j\varphi}$ eine Drehung um den Winkel φ in positiver Richtung.

Bei Drehung in negativer Richtung tritt $-j$ an Stelle von $+j$.

Setzt man

$$a = r\cos\varphi,$$
$$b = r\sin\varphi,$$

so ist

$$r_\varphi = a + jb.$$

Die komplexe Zahl $a + jb$ wird also geometrisch durch den Komplex der rechtwinklig zueinander liegenden Strecken a und b dargestellt; a und b sind die rechtwinkligen Koordinaten des Punktes P. Man kann daher auch den Punkt P als den Repräsentanten der komplexen Zahl $a + jb$ auffassen.

---

[1]) Lord RAYLEIGH, Theory of Sound. London 1877.

[2]) A. E. KENNELLY u. C. P. STEINMETZ, Trans. Amer. Electr. Eng. Bd. 10, S. 175. 1893; Elektrot. ZS. Bd. 14, S. 597. 1893; vgl. R. RÜDENBERG, Elektrot. ZS. Bd. 45, S. 509. 1924.

[3]) C. F. GAUSS, Göttinger Nachr. 1831, S. 64.

[4]) Vgl. z. B. O. SCHLÖMILCH, Vorlesungen über höhere Analysis Bd. II, S. 35. Braunschweig 1895.

2. In der Abb. 10 stelle entsprechend unseren Ausführungen im vorigen Kapitel der Vektor $OP_1 = \mathfrak{J}$ den durch die Sinusfunktion $I_m \sin(\omega t + \varphi)$ gegebenen Wechselstrom dar. Die Lage des Punktes P_1 bestimmt eindeutig den Vektor $\mathfrak{J}$; andererseits ist P_1 der Repräsentant einer komplexen Zahl $a + jb$. Aus der Identität beider Darstellungen folgt, daß wir den Vektor $\mathfrak{J}$ symbolisch durch die komplexe Zahl $a + jb$ beschreiben können:

$$\mathfrak{J} = a + jb = I_m(\cos\varphi + j\sin\varphi) = I_m\,\varepsilon^{j\varphi}.$$

Allgemein bedeutet daher $\mathfrak{J}\varepsilon^{j\psi}$ einen Vektor, der durch Linksdrehung um den Winkel ψ aus dem Vektor $\mathfrak{J}$ hervorgegangen ist, wie in Abb. 10 der Vektor OP_0.

Die Winkelgeschwindigkeit ω tritt in der vorstehenden Darstellungsform nicht in Erscheinung. Das ist kein Mangel, solange man nicht — wie es bei den meisten Problemen die Regel ist — die zeitlichen Änderungen der Größen in Betracht ziehen will. Ist dies erforderlich, so läßt sich die Winkelgeschwindigkeit ω ohne weiteres durch Hinzufügen des Faktors $\varepsilon^{j\omega t}$ zum Ausdruck bringen, so daß der Vektor die Form $\mathfrak{J}\varepsilon^{j(\psi + \omega t)}$ annehmen würde.

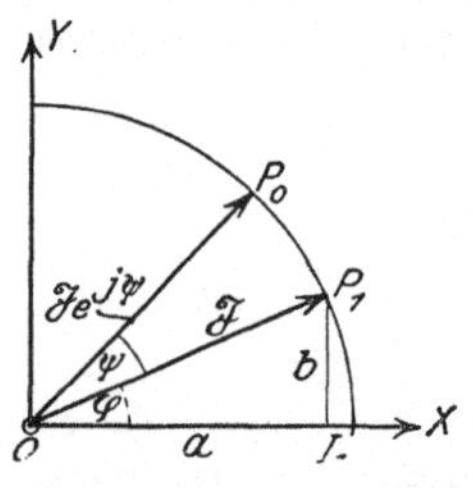

Abb. 10. Darstellung des Vektors durch eine komplexe Zahl.

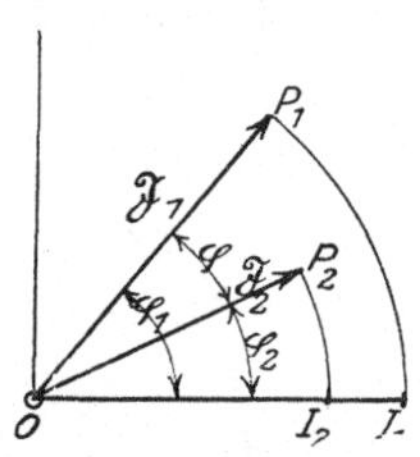

Abb. 11. Beziehung zwischen zwei Vektoren $\mathfrak{J}_1$ und $\mathfrak{J}_2$.

3. Es seien zwei nach der Sinusfunktion veränderliche Größen durch die Vektoren OP_1 und OP_2 (Abb. 11) dargestellt; ihr symbolischer Ausdruck lautet:

$$\mathfrak{J}_1 = I_1\,\varepsilon^{j\varphi_1},$$
$$\mathfrak{J}_2 = I_2\,\varepsilon^{j\varphi_2}.$$

Hieraus

$$\mathfrak{J}_1 = \mathfrak{J}_2\,r\,\varepsilon^{j(\varphi_1 - \varphi_2)} = \mathfrak{J}_2\,r\,\varepsilon^{j\varphi},$$

wenn r das Verhältnis von I_1 und I_2 ist. Diese Gleichung sagt geometrisch gedeutet aus: Man erhält den Vektor $\mathfrak{J}_1$ aus $\mathfrak{J}_2$, indem man $\mathfrak{J}_2$ mit der Verhältniszahl r multipliziert und um den Winkel φ vorwärtsdreht. $r\varepsilon^{j\varphi}$ selbst stellt eine komplexe Zahl

$$\mathfrak{r} = a + jb = r(\cos\varphi + j\sin\varphi)$$

dar. Daher ist

$$\mathfrak{J}_1 = \mathfrak{r} \cdot \mathfrak{J}_2.$$

Diese einfache lineare Beziehung kann stets zwischen zwei Vektoren aufgestellt werden; die symbolische Darstellung durch komplexe Zahlen liefert also ein Mittel, Wechselstromprobleme in ähnlich einfacher Weise wie Gleichstromprobleme zu behandeln[1]).

13. Durchführung von Rechnungen mit der symbolischen Methode. Für die praktische Durchführung von Rechnungen ist zu beachten:

1. Für den einwelligen Strom besteht zwischen dem Maximalwert I_m und dem Effektivwert I die einfache Beziehung $I_m = I\sqrt{2}$. Ersetzt man in der Gleichung

$$\mathfrak{J} = I_m(\cos\varphi + j\sin\varphi) = I_m\,\varepsilon^{j\varphi}$$

I_m durch I, so ist $\mathfrak{J}$ das Symbol des Effektivwerts; auf diesen kommt es in der Regel an.

2. Projiziert man in Abb. 12 den Vektor $\mathfrak{J}_1$ auf den Vektor $\mathfrak{J}_2$ und den zu diesem senkrechten $j\mathfrak{J}_2$, und sind die Projektionen a- bzw. b-mal so lang wie der absolute Betrag von $\mathfrak{J}_2$, so ist

$$\mathfrak{J}_1 = \mathfrak{J}_2(a + jb).$$

---

[1]) K. W. Wagner, Wechselströme. In Handwörterb. d. Naturwiss., Bd. X. Jena 1914.

Die Phasenverschiebung φ zwischen $\mathfrak{J}_1$ und $\mathfrak{J}_2$ ergibt sich dann aus

$$\operatorname{tg}\varphi = \frac{b}{a};$$

φ ist der Winkel, um den die durch den Vektor $\mathfrak{J}_1$ dargestellte periodische Größe der durch $\mathfrak{J}_2$ dargestellten voreilt. Den absoluten Betrag des Vektors $\mathfrak{J}_1$ erhält man aus

$$I_1 = I_2 \sqrt{a^2 + b^2}\,.$$

(Vgl. Ziff. 14 Multiplikation von Vektoren.)

Allgemein: Liefert die Rechnung die Beziehung zwischen zwei Vektoren in der Form

$$\mathfrak{J}_1 = \mathfrak{J}_2\,\frac{a+jb}{c+jd}\,,$$

so gilt für die Effektivwerte

$$I_1 = I_2 \sqrt{\frac{a^2+b^2}{c^2+d^2}}\,,$$

und für die Phasenverschiebung

$$\operatorname{tg}\varphi = \frac{bc-ad}{ac+bd}\,.$$

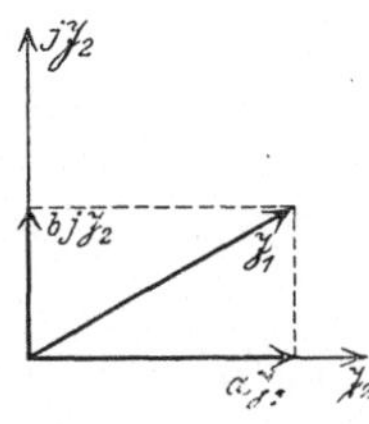

Abb. 12. Phasenverschiebung zwischen zwei Vektoren.

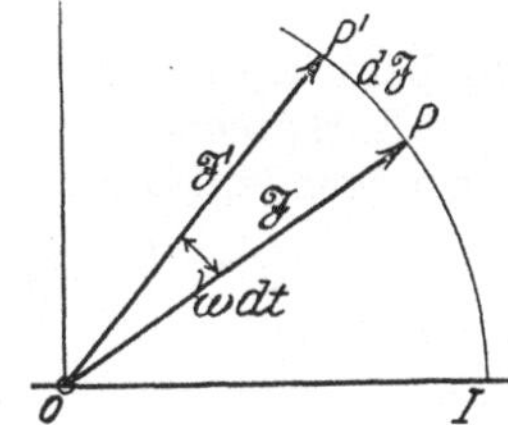

Abb. 13. Der Differentialquotient nach der Zeit.

3. **Differentiation und Integration.** Der mit der Winkelgeschwindigkeit ω rotierende Vektor $\mathfrak{J}$ (Abb. 13) hat sich in der Zeit dt um den Winkel $\omega\,dt$ gedreht und ist in die Lage $\mathfrak{J}'$ gelangt. Die Strecke PP' hat die Länge $I\omega\,dt$ oder in symbolischer Schreibweise — PP' steht auf $\mathfrak{J}$ senkrecht — $j\mathfrak{J}\,\omega\,dt$. Daher ist $d\mathfrak{J} = j\mathfrak{J}\,\omega\,dt$, und der Differentialquotient nach der Zeit

$$\frac{d\mathfrak{J}}{dt} = j\,\omega\,\mathfrak{J};$$

durch Umkehrung folgt

$$\int \mathfrak{J}\,dt = \frac{\mathfrak{J}}{j\,\omega}\,.$$

4. **Widerstandsoperatoren.** Die Spannung an einer Spule vom Widerstande R und der Selbstinduktivität L ist gegeben durch

$$e = Ri + L\frac{di}{dt}\,,$$

d. i. in komplexer Schreibweise

$$\mathfrak{E} = (R + j\,\omega L)\,\mathfrak{J}\,.$$

Die Spannung an einem Kondensator von der Kapazität C ist

$$e = \frac{1}{C}\int i\,dt$$

oder symbolisch

$$\mathfrak{E} = \frac{1}{j\,\omega\,C}\,\mathfrak{J}\,.$$

Sind Widerstand R, Induktivität L und Kapazität C in Serie geschaltet, so ist

$$\mathfrak{E} = \mathfrak{J}\left[R + j\left(\omega L - \frac{1}{\omega C}\right)\right]\,.$$

In allen Fällen hat die Beziehung zwischen Spannung und Strom die Form des OHMschen Gesetzes; an Stelle des Widerstandes im OHMschen Gesetz treten die Größen R, $j\,\omega L$, $1/(j\,\omega C)$ oder Verbindungen von ihnen. Man nennt diese Größen daher **Widerstandsoperatoren.**

Das Verhältnis von Spannung und Strom, der Scheinwiderstand, ist in der symbolischen Darstellung eine komplexe Zahl, deren reeller Teil den Wirkwiderstand, deren imaginärer Teil den Blindwiderstand darstellt. Der allgemeine Ausdruck für den Widerstandsoperator ist demnach

$$\mathfrak{Z} = (R' + jX).$$

Mit den Operatoren rechnet man wie mit Widerständen. Bei Reihenschaltung der Teile eines Stromkreises ist der Operator $\mathfrak{Z} = \sum \mathfrak{Z}_n$, wenn $\mathfrak{Z}_1, \mathfrak{Z}_2 \ldots \mathfrak{Z}_n$ die Operatoren der einzelnen Teile sind. Bei Parallelschaltung ist der resultierende Operator aus

$$\frac{1}{\mathfrak{Z}} = \sum \frac{1}{\mathfrak{Z}_n}$$

zu berechnen.

Entsprechend unseren früheren Ausführungen bestehen für den Operator $\mathfrak{Z}$ die folgenden Beziehungen

$$\mathfrak{Z} = R' + jX = R'(1 + j\,\mathrm{tg}\,\varphi) = Z(\cos\varphi + j\sin\varphi) = Z\varepsilon^{j\varphi}.$$

Hierin ist

$$Z = \sqrt{(R')^2 + X^2} = R'\sqrt{1 + \mathrm{tg}^2\,\varphi}$$

der Scheinwiderstand;

$$\mathrm{tg}\,\varphi = \frac{X}{R'}$$

die Tangente der Phasenverschiebung zwischen Strom und Spannung;

$$R' = Z\cos\varphi$$

der Wirkwiderstand;

$$X = Z\sin\varphi$$

der Blindwiderstand.

Für die Darstellungsform $\mathfrak{Z} = R'(1 + j\,\mathrm{tg}\,\varphi)$ geben wir nachstehend eine Zusammenstellung der Werte von R' und $\mathrm{tg}\,\varphi$ für einige wichtige Kombinationen; wir entnehmen sie einer von W. Jaeger[1]) gegebenen Übersicht. Es bedeutet

$$\delta = 1 - \omega^2 LC; \qquad \zeta = 1 - 1/(\omega^2 LC); \qquad L' = L\zeta; \qquad C' = C/\delta.$$

Kombination	R'	$\mathrm{tg}\,\varphi$
 R in Reihe mit L	R	$\omega L/R$
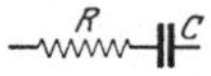 R in Reihe mit C	R	$-1/(\omega R C)$
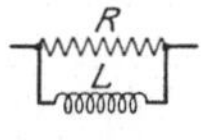 R parallel L	$R/(1 + \mathrm{tg}^2\,\varphi)$	$R/(\omega L)$
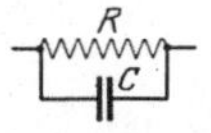 R parallel C	$R/(1 + \mathrm{tg}^2\,\varphi)$	$-\omega R C$
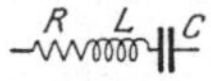 R, L in Reihe mit C	R	$\omega L'/R$
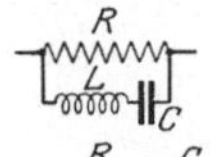 R parallel L in Reihe mit C	$R/(1 + \zeta^2\,\mathrm{tg}^2\,\varphi)$	$R/(\omega L'\zeta)$
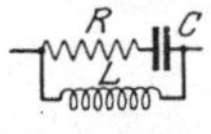 R parallel C, L	$R/[\zeta^2 + R^2/(\omega L)^2]$	$R\,\omega/L - \zeta/(\omega R C)$
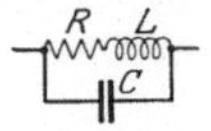 R, L parallel C	$R/[\delta^2 + (\omega R C)^2]$	$\omega L\,\delta/R - \omega R C$
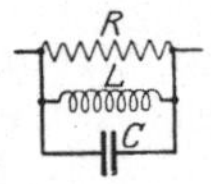 R parallel L, C	$R/(1 + \mathrm{tg}^2\,\varphi)$	$R\,\delta/(\omega L)$

---

[1]) W. Jaeger, Elektrische Meßtechnik, 2. Aufl., S. 499. Leipzig 1922.

14. Die Leistung in symbolischer Darstellung. Multiplikation von Vektoren. Die Beziehungen zwischen den Spannungen und Strömen im Wechselstromkreise werden durch lineare Differentialgleichungen wiedergegeben. In symbolischer Schreibweise enthalten diese Gleichungen daher die Vektoren des Stromes und der Spannung nur in der ersten Potenz, auch Produkte mehrerer Vektoren kommen nicht vor. Natürlich treten Produkte der Widerstandsoperatoren $\mathfrak{Z}$ auf. Die Operatoren sind aber keine Vektoren, sondern komplexe Zahlen, deren Multiplikation nach den bekannten Regeln für komplexe Zahlen erfolgt.

Wirkliche Produkte von Vektoren erhält man bei der Berechnung von Leistungen und Effektivwerten, d. h. bei der Bildung von Mittelwerten (vgl. Ziff. 6 u. 7). Leistungen und Effektivwerte sind skalare Größen. Es leuchtet ein, daß ihre Herleitung aus den Vektorgrößen nur unter Beachtung bestimmter Regeln gestattet ist.

Die Vektorrechnung unterscheidet bei der Multiplikation zweier Vektoren zwei verschiedene Produkte, das skalare oder innere Produkt und das Vektorprodukt oder äußere Produkt. Das skalare Produkt wird erhalten, indem die Beträge der Vektoren mit dem Kosinus des von ihnen eingeschlossenen Winkels multipliziert werden. Ist z. B. $\mathfrak{K}$ der Vektor einer Kraft, die einen materiellen Punkt mit der durch den Vektor $\mathfrak{g}$ dargestellten Geschwindigkeit fortbewegt, so ist die Arbeit, die die Kraft $\mathfrak{K}$ in der Zeiteinheit leistet, eine skalare Größe und ihr Wert

$$(\mathfrak{K} \cdot \mathfrak{g}) = |\mathfrak{K}| \cdot |\mathfrak{g}| \cdot \cos(\mathfrak{K}\,\mathfrak{g}).$$

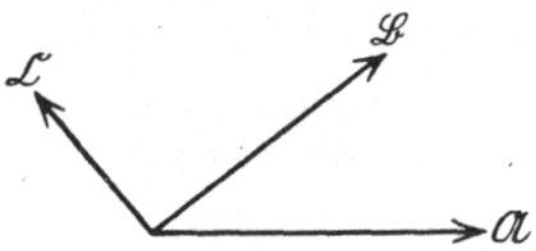

Unter dem Vektorprodukt zweier Vektoren $\mathfrak{A}$ und $\mathfrak{B}$ wird ein neuer Vektor $\mathfrak{C}$ verstanden. Seine Größe ist gleich dem Flächeninhalt des Parallelogramms aus beiden Vektoren, seine Richtung senkrecht zur Ebene des Parallelogramms, und zwar so, daß eine Drehung von $\mathfrak{A}$ nach $\mathfrak{B}$ auf dem kürzesten Wege und eine Vorwärtsbewegung in Richtung von $\mathfrak{C}$ eine Rechtsschraubung ergibt (Abb. 14). Kennzeichnen wir, wie üblich, das Vektorprodukt durch eine eckige Klammer, so ist

$$|\mathfrak{C}| = |[\mathfrak{A} \cdot \mathfrak{B}]| = |\mathfrak{A}| \cdot |\mathfrak{B}| \sin(\mathfrak{A}\,\mathfrak{B}).$$

Abb. 14. $\mathfrak{C}$ das Vektorprodukt von $\mathfrak{A}$ und $\mathfrak{B}$.

Das skalare Produkt hat die Form der von uns als Wirkleistung bezeichneten Größe, der Betrag des Vektorprodukts die Form der als Blindleistung bezeichneten Größe. Sind $\mathfrak{E}$ und $\mathfrak{J}$ die Vektoren des Stromes und der Spannung, und ist φ der Winkel der Phasenverschiebung zwischen beiden, so ist offenbar die Wirkleistung

$$N = |\mathfrak{E}| \cdot |\mathfrak{J}| \cos\varphi = E\,I \cos\varphi \tag{1}$$

und die Blindleistung

$$N_b = |\mathfrak{E}| \cdot |\mathfrak{J}| \sin\varphi = E\,I \sin\varphi, \tag{2}$$

und es ist nun zu untersuchen, wie diese Ausdrücke erhalten werden, wenn Spannungs- und Stromvektor in komplexer Schreibweise

$$\mathfrak{E} = E\,\varepsilon^{j\,\varphi_1}, \qquad \mathfrak{J} = I\,\varepsilon^{j\,\varphi_2}$$

gegeben sind.

Die Multiplikation dieser Ausdrücke ergibt

$$\mathfrak{E} \cdot \mathfrak{J} = E \cdot I\,\varepsilon^{j(\varphi_1 + \varphi_2)} = E \cdot I\,[\cos(\varphi_1 + \varphi_2) + j\sin(\varphi_1 + \varphi_2)],$$

d. h. eine Größe, die zu dem Mittelwert der Leistung und zu der Blindleistung keine Beziehung hat. Wir erkennen ihren physikalischen Sinn, wenn wir sie mit der in Ziff. 7 abgeleiteten Gleichung (1) der Leistung vergleichen; hier tritt der Winkel $(\varphi_1 + \varphi_2)$ in dem zweiten Gliede auf, das den nach einer Sinuskurve mit der doppelten Frequenz schwingenden Teil der Momentanleistung kennzeichnet; und das oben erhaltene Produkt ist der komplexe Ausdruck dafür. Man sieht nun ohne weiteres, daß zur Bildung der Leistung es nötig ist, bei der Multiplikation einen der beiden Vektoren der Spannung und des Stromes durch seinen konjugiert komplexen Vektor zu ersetzen:

$$[\mathfrak{E} \cdot \overline{\mathfrak{J}}] = E \cdot I\, \varepsilon^{j(\varphi_1 - \varphi_2)} = EI\,[\cos(\varphi_1 - \varphi_2) + j\sin(\varphi_1 - \varphi_2)], \qquad (3)$$

$$[\overline{\mathfrak{E}} \cdot \mathfrak{J}] = E \cdot I\, \varepsilon^{-j(\varphi_1 - \varphi_2)} = EI\,[\cos(\varphi_1 - \varphi_2) - j\sin(\varphi_1 - \varphi_2)]. \qquad (4)$$

Der reelle Teil entspricht dem skalaren Produkt der Vektorrechnung und stellt die Wirkleistung dar, der imaginäre Teil entspricht dem Vektorprodukt und stellt die Blindleistung dar:

$$N = [\mathfrak{E} \cdot \overline{\mathfrak{J}}]_{\text{reell}}, \qquad (5)$$

$$N_b = [\mathfrak{E} \cdot \overline{\mathfrak{J}}]_{\text{imag}}. \qquad (6)$$

Die Einführung des konjugiert komplexen Vektors zur Bildung der Leistungsgrößen ist physikalisch nicht zu begründen; ihre Notwendigkeit ergibt sich aus der Besonderheit der Darstellung der Strom- und Spannungsgrößen durch komplexe Ausdrücke.

Im Gegensatz zur skalaren Wirkleistung ist die Blindleistung eine vektorielle Größe, die analog dem Vektorprodukte senkrecht zur Ebene der Vektoren, in diesem Falle $\mathfrak{E}$ und $\mathfrak{J}$, gerichtet ist. Man lasse sich nicht durch die Bezeichnung „Leistung" täuschen, sondern erinnere sich, daß die Blindleistung eine mit dem Faktor $2\pi f$ dem Energieinhalt der elektrischen und magnetischen Felder proportionale Größe ist (Ziff. 8). Die Energie dieser Felder schwingt mit der doppelten Frequenz des Wechselstroms um den Wert 0. Ein „Mittelwert" kommt der Blindleistung nicht zu; daher ist ihr Vorzeichen unbestimmt, es ist in den Ausdrücken für die Leistung einmal positiv, einmal negativ, je nachdem der Strom- oder Spannungsvektor durch den konjugiert komplexen Vektor ersetzt wird.

Sind die Vektoren $\mathfrak{E}$ und $\mathfrak{J}$ in der Form gegeben

$$\mathfrak{E} = E\,\varepsilon^{j\varphi_1} = a + j\,b,$$
$$\mathfrak{J} = I\,\varepsilon^{j\varphi_2} = c + j\,d,$$

so ist die Wirkleistung

$$N = ac + bd, \qquad (7)$$

die Blindleistung

$$N_b = |ad - bc|. \qquad (8)$$

Für die Bildung der Effektivwerte aus den Vektorgrößen läßt sich aus den vorstehenden Betrachtungen eine einfache Regel ableiten. Multipliziert man

$$\mathfrak{E} = E\,\varepsilon^{j\varphi_1} = a + j\,b$$

mit dem konjugiert komplexen Vektor $\overline{\mathfrak{E}}$, so erhält man

$$[\mathfrak{E} \cdot \overline{\mathfrak{E}}] = E^2\,\varepsilon^0 = E^2 = a^2 + b^2$$

und hieraus

$$E = \sqrt{a^2 + b^2}.$$

Führt also die Rechnung auf das Ergebnis

$$\mathfrak{E} = \frac{\alpha + j\beta}{\gamma + j\delta} ,$$

so wird der Effektivwert E gewonnen durch Multiplikation mit $\overline{\mathfrak{E}}$:

$$[\mathfrak{E} \cdot \overline{\mathfrak{E}}] = E^2 = \frac{\alpha^2 + \beta^2}{\gamma^2 + \delta^2} ; \tag{9}$$

ferner ist

$$\operatorname{tg}\varphi = \frac{\beta\gamma - \alpha\delta}{\alpha\gamma + \beta\delta} .$$

Multiplikation zweier einander gleicher Vektoren. Nach Gleichung (1) ist der Mittelwert der Leistung das skalare Produkt der Vektoren $\mathfrak{E}$ und $\mathfrak{J}$:

$$(\mathfrak{E} \cdot \mathfrak{J}) = E \cdot I \cos\varphi = M(e\,i) , \tag{10}$$

wenn φ der Winkel zwischen $\mathfrak{E}$ und $\mathfrak{J}$ ist. Ersetzt man in (1) $\mathfrak{E}$ durch $\mathfrak{J}$ bzw. $\mathfrak{J}$ durch $\mathfrak{E}$, so ergeben sich die Rechenregeln:

$$(\mathfrak{J} \cdot \mathfrak{J}) = I^2 , \qquad (\mathfrak{E} \cdot \mathfrak{E}) = E^2 , \tag{11}$$

$$(\mathfrak{J} \cdot j\mathfrak{J}) = 0 , \qquad (\mathfrak{E} \cdot j\mathfrak{E}) = 0 , \tag{12}$$

$$(j\mathfrak{J} \cdot j\mathfrak{J}) = I^2 , \qquad (j\mathfrak{E} \cdot j\mathfrak{E}) = E^2 . \tag{13}$$

Eilt der Vektor $\mathfrak{E}$ dem Vektor $\mathfrak{J}$ um den Winkel φ voraus, so bilden die Vektoren $\mathfrak{E}$ und $j\mathfrak{J}$ den Winkel $(90° - \varphi)$, die Vektoren $j\mathfrak{E}$ und $\mathfrak{J}$ den Winkel $(90° + \varphi)$. Dann ist

$$(\mathfrak{E} \cdot j\mathfrak{J}) = - \mathfrak{J}(j\mathfrak{E}) = E \cdot I \sin\varphi . \tag{14}$$

Zur Berechnung der Blindleistung aus $\mathfrak{J}$ und $\mathfrak{E}$ kann also auch so verfahren werden, daß man den Vektor $\mathfrak{J}$ mit dem Vektor $j\mathfrak{E}$, d. h. mit dem um 90° nach vorwärts gedrehten Vektor $\mathfrak{E}$, oder daß man $\mathfrak{E}$ mit $j\mathfrak{J}$ multipliziert.

Aus (10) und (14) folgt

$$(\mathfrak{J} \cdot \mathfrak{E})^2 + (j\mathfrak{J} \cdot \mathfrak{E})^2 = (\mathfrak{J} \cdot \mathfrak{E})^2 + (\mathfrak{J} \cdot j\mathfrak{E})^2 = I^2 E^2 .$$

15. Beispiele: **Drei-Voltmeter- und Drei-Amperemeter-Methode zur Messung von Leistungen.** Ein einfaches Beispiel für die Anwendung der Multiplikationsregeln ist die Ableitung von Ausdrücken für die Leistung, in denen neben einem OHMschen Widerstande lediglich drei Spannungen oder drei Ströme vorkommen. Schaltet man dem Leitungsteil von beliebigem Scheinwiderstande Z (Abb. 15), dessen Leistungsaufnahme zu bestimmen ist, einen induktions- und kapazitätsfreien Widerstand vom Betrage R_1 vor, so setzt sich die Spannung $\mathfrak{E}$ vektoriell aus den Spannungen $\mathfrak{E}_1$ und $\mathfrak{E}_2$ zusammen:

$$\mathfrak{E} = \mathfrak{E}_1 + \mathfrak{E}_2 .$$

Quadriert man unter Beachtung der Multiplikationsregeln in Ziff. 14, Gleichung (10ff.), so erhält man

$$E^2 = E_1^2 + E_2^2 + 2E_1 E_2 \cos(E_1, E_2) .$$

E_1 ist in gleicher Phase mit dem Strome I und gleich $R_1 I$. Daher wird

$$E^2 = E_1^2 + E_2^2 + 2R_1 E_2 I \cos(E_2, I) .$$

Hieraus ergibt sich die Leistung N_2 in Z:

$$E_2 I \cos(E_2, I) = N_2 = \frac{1}{2R_1}(E^2 - E_1^2 - E_2^2) .$$

Die Phasenverschiebung φ_2 in Z ist durch

$$\cos\varphi_2 = \cos(E_2, I) = \frac{1}{2E_1 E_2}(E^2 - E_1^2 - E_2^2)$$

gegeben.

Die Gesamtleistung N ist

$$N = \frac{1}{2R_1}(E^2 + E_1^2 - E_2^2),$$

die Phasenverschiebung φ zwischen E und I ist gegeben durch

$$\cos\varphi = \frac{1}{2E E_1}(E^2 + E_1^2 - E_2^2).$$

Die Messung der Leistung ist auf die Messung dreier Spannungen zurückgeführt. Große Meßgenauigkeit wird man von dieser Methode wegen der Differenzbildung nicht erwarten dürfen; zweckmäßig wird R_1 so gewählt, daß $R_1 I = E_2$ wird.

In ähnlicher Weise ergibt sich bei Parallelschaltung eines Widerstandes R_1 (Abb. 16) zu dem Leitungsteil, dessen Leistungsaufnahme bestimmt werden soll, aus $\mathfrak{J} = \mathfrak{J}_1 + \mathfrak{J}_2$:

$$I^2 = I_1^2 + I_2^2 + 2I_1 I_2 \cos\varphi_2,$$

und unter Berücksichtigung von $I_1 = E/R_1$:

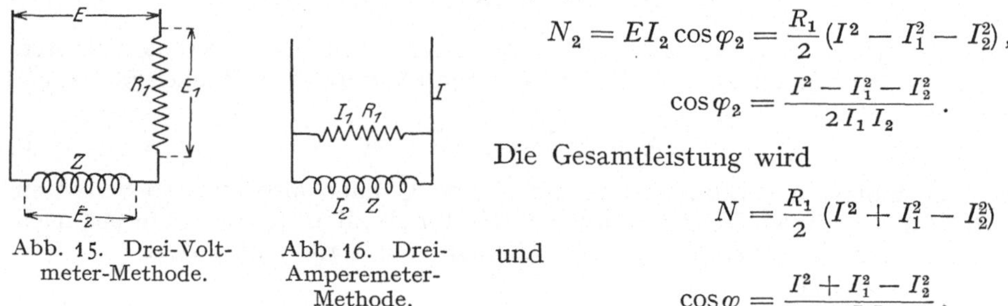

$$N_2 = EI_2\cos\varphi_2 = \frac{R_1}{2}(I^2 - I_1^2 - I_2^2),$$

$$\cos\varphi_2 = \frac{I^2 - I_1^2 - I_2^2}{2I_1 I_2}.$$

Die Gesamtleistung wird

$$N = \frac{R_1}{2}(I^2 + I_1^2 - I_2^2)$$

und

$$\cos\varphi = \frac{I^2 + I_1^2 - I_2^2}{2I I_1}.$$

Abb. 15. Drei-Volt-meter-Methode.　　　　Abb. 16. Drei-Amperemeter-Methode.

Hier ist die Leistungsmessung auf die Messung dreier Ströme zurückgeführt; sie ist mit den gleichen Mängeln behaftet wie die Drei-Voltmeter-Methode. In beiden Fällen ist nötigenfalls der Eigenverbrauch der zur Messung der Spannungen oder Ströme benutzten Instrumente zu berücksichtigen.

Die Drei-Voltmeter-Methode ist gleichzeitig von Swinburne[1]) und von Ayrton und Sympner[2]), die Drei-Amperemeter-Methode von Fleming[3]) angegeben.

16. Die analytisch-geometrische Behandlung von Wechselstromkreisen. Die symbolische Rechenmethode mit komplexen Größen, die, besonders von Steinmetz propagiert, in Amerika und England frühzeitig Eingang gefunden hat, hat sich trotz ihrer Eleganz in Deutschland nur schwer Geltung verschaffen können. Man hat ihr den Vorwurf gemacht, daß sie der Anschaulichkeit entbehre und keine Vorstellung der physikalischen Vorgänge vermittle. Mit Unrecht. Wer sich der Bedeutung der Symbole bewußt bleibt, wird gerade in der einfachen und übersichtlichen Gestalt, die die Gleichungen annehmen, eine Erleichterung für die Übertragung der mathematischen Form in das physikalische Bild sehen. Heute ist die symbolische Methode auch bei uns für die

[1]) J. Swinburne, Industries Bd. 10, S. 306. 1891.
[2]) W. Ayrton u. W. E. Sympner, Electrician Bd. 26, S. 736. 1891.
[3]) J. A. Fleming, Electrician Bd. 27, S. 9. 1891.

theoretische Behandlung von Wechselstromproblemen unentbehrlich geworden. Der Praktiker steht ihr allerdings nach wie vor ablehnend gegenüber. Seiner auf das Konkrete gerichteten Denkweise liegt die konstruktive Lösung der Aufgaben durch das Diagramm näher. Zwischen beiden Methoden vermittelt ein von NATALIS[1]) neuerdings entwickeltes Rechenverfahren. NATALIS benutzt zwar Vektoren zur Darstellung der Wechselstromgrößen, vermeidet aber die Anwendung komplexer Größen. Das Vektorverhältnis, in der symbolischen Darstellung eine komplexe Zahl, und seine Multiplikation mit einem Vektor wird durch eine geometrische Konstruktion gewonnen; das Vektorprodukt wird als Parallelogramm dargestellt.

Auf eine ausführliche Beschreibung des Verfahrens von NATALIS muß hier verzichtet werden. Es mögen nur kurz die Gedankengänge für die Grundlagen wiedergegeben werden, wobei wir zum Teil einer Darstellung von NATALIS[2]) selbst folgen.

Jede Vektorgleichung, z. B. $\mathfrak{E}_1 = \mathfrak{E}_2$, enthält zwei Aussagen und läßt sich daher in zwei Gleichungen zerlegen. Die erste besagt, daß die Effektivwerte E_1 und E_2 gleich sind, und die zweite, daß die Vektoren in ihrer Richtung und Phase übereinstimmen. Das Verhältnis zweier Vektoren $\mathfrak{E}$ und $\mathfrak{J}$ ist durch einen Scheinwiderstand $\mathfrak{Z}$ gegeben. Wird $\mathfrak{Z}$ nacheinander an die Spannungen $\mathfrak{E}$ und $\mathfrak{e}$ gelegt und entstehen dabei die Ströme $\mathfrak{J}$ und $\mathfrak{i}$, so muß

$$\frac{\mathfrak{E}}{\mathfrak{J}} = \frac{\mathfrak{e}}{\mathfrak{i}} \qquad (1)$$

sein, d. h. die beiden Dreiecke AOB und aOb in Abb. 17 sind ähnlich. Das Vektorverhältnis

$$\mathfrak{Z} = \frac{\mathfrak{E}}{\mathfrak{J}} = \frac{\mathfrak{e}}{\mathfrak{i}} \qquad (2)$$

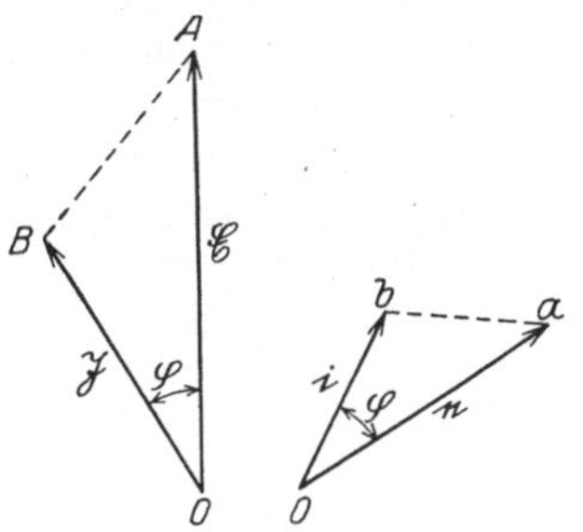

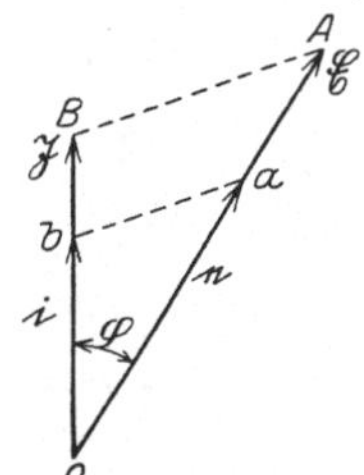

Abb. 17. Darstellung des Vektorverhältnisses.

Abb. 18. Multiplikation eines Vektors mit einem Vektorverhältnis.

enthält zwei Werte, nämlich das Verhältnis der Effektivwerte E/I und den Winkel φ der Phasenverschiebung zwischen $\mathfrak{E}$ und $\mathfrak{J}$. Es ist zu beachten, daß $\mathfrak{Z}$ unabhängig vom Koordinatensystem, also eine Invariante ist.

Ist der Scheinwiderstand durch das Vektorverhältnis $\mathfrak{E}/\mathfrak{J}$ gegeben und wird derselbe Widerstand an eine Spannung $\mathfrak{e}$ gelegt, so ist der dabei entstehende Strom

$$\mathfrak{i} = \mathfrak{J}\,\frac{\mathfrak{e}}{\mathfrak{E}} \qquad (3)$$

nach Größe und Richtung zu ermitteln, indem man das Dreieck AOB der Abb. 17 so verschiebt und verdreht, daß die Richtung OA mit Oa zusammenfällt. Zieht man dann $ab \parallel AB$ (Abb. 18), so ist der Strom $\mathfrak{i}$ nach Größe und Richtung durch die Strecke Ob gegeben. Diese Konstruktion ist die allgemeine Lösung der Aufgabe der Multiplikation eines Vektors $\mathfrak{J}$ mit einem Vektorverhältnis $(\mathfrak{e}/\mathfrak{E})$. Sie bildet die Grundlage für die Auswertung der im übrigen nach den Regeln der

[1]) FR. NATALIS, Die Berechnung von Gleich- und Wechselstromsystemen. Berlin: Julius Springer 1924; FR. NATALIS u. H. BEHREND, Wiss. Veröffentl. a. d. Siemens-Konz. Bd. 1, H. 2, S. 65. 1921.; FR. NATALIS, Elektrot. ZS. Bd. 40, S. 645. 1919; Bd. 41, S. 505. 1920; Elektrot. u. Maschinenb. Bd. 39, S. 510. 1921; Wiss. Veröffentl. a. d. Siemens-Konz. Bd. 2, S. 275. 1922; Bd. 3, H. 1, S. 1. 1923; Bd. 4, H. 1, S. 189. 1925.
[2]) FR. NATALIS, Elektrot. u. Maschinenb. Bd. 39, S. 510. 1921.

Vektoranalysis zu entwickelnden Vektorgleichungen. Sind mehrere Widerstände $\mathfrak{C}_1/\mathfrak{J}_1$, $\mathfrak{C}_2/\mathfrak{J}_2$, ... zu berücksichtigen, so ist es vorteilhaft, nach Abb. 19 für alle entweder die gleiche Bezugsspannung $\mathfrak{C}_0$ oder den gleichen Bezugsstrom $\mathfrak{J}_0$ zugrunde zu legen und zu schreiben

$$\begin{aligned}\mathfrak{Z}_1 &= \frac{\mathfrak{C}_0}{\mathfrak{j}_1}\,, \\[2mm] \mathfrak{Z}_2 &= \frac{\mathfrak{C}_0}{\mathfrak{j}_2}\,, \\ &\cdots\cdots \end{aligned} \qquad (4)$$

oder

$$\begin{aligned}\mathfrak{Z}_1 &= \frac{\mathfrak{f}_1}{\mathfrak{J}_0}\,, \\[2mm] \mathfrak{Z}_2 &= \frac{\mathfrak{f}_2}{\mathfrak{J}_0}\,, \\ &\cdots\cdots \end{aligned} \qquad (4a)$$

Da $\mathfrak{C}_0/\mathfrak{j} = \mathfrak{f}/\mathfrak{J}_0$ ist, so sind die beiden Dreiecke AOB und COD ähnlich. Die Gleichungen (4) werden vorzugsweise benutzt werden, wenn es sich um Parallelschaltung von Widerständen, die Gleichungen (4a), wenn es sich um Reihenschaltung von Widerständen handelt. Diese beiden gleichwertigen Ausdrucksweisen für die Widerstände entsprechen den auch sonst üblichen Bezeichnungen der Leitfähigkeit und des Widerstandes; denn es ist

$$\frac{1}{\mathfrak{Z}_1} + \frac{1}{\mathfrak{Z}_2} + \cdots = \frac{\mathfrak{j}_1 + \mathfrak{j}_2 + \cdots}{\mathfrak{C}_0}\,,$$

$$\mathfrak{Z}_1 + \mathfrak{Z}_2 + \cdots = \frac{\mathfrak{f}_1 + \mathfrak{f}_2 + \cdots}{\mathfrak{J}_0}\,,$$

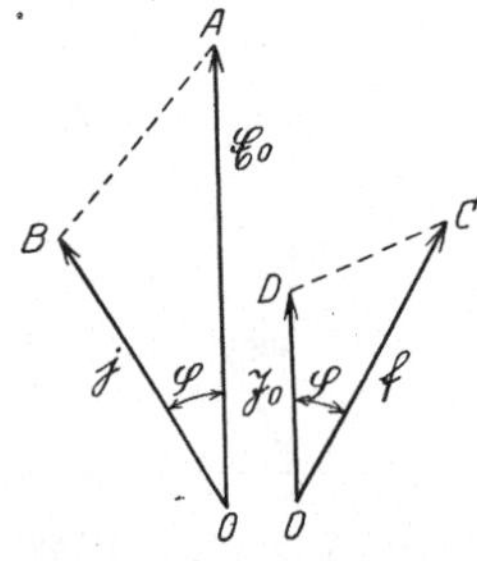

Abb. 19. Vektorverhältnisse für die gleiche Bezugsspannung $\mathfrak{C}_0$ bzw. den gleichen Bezugsstrom $\mathfrak{J}_0$.

wobei die vektorielle Addition von $\mathfrak{j}_1$, $\mathfrak{j}_2$, ... bzw. $\mathfrak{f}_1$, $\mathfrak{f}_2$, ... in bekannter Weise auszuführen ist.

Beispiel: Die Anwendung des Verfahrens von Natalis möge an einem einfachen Beispiele erläutert werden. Zwei Scheinwiderstände $\mathfrak{Z}_1$ und $\mathfrak{Z}_2$ seien durch ihre Wirkkomponenten r_1, r_2 und ihre Blindkomponenten x_1, x_2 gegeben. Es sind die Spannungen $\mathfrak{e}_1$ und $\mathfrak{e}_2$ an den Widerständen zu berechnen, wenn beide Widerstände hintereinandergeschaltet an eine Spannung $\mathfrak{C}$ gelegt werden; außerdem ist der Strom $\mathfrak{J}$, von dem sie durchflossen werden, zu bestimmen.

Da es sich um Reihenschaltung handelt, führt man einen beliebigen Bezugsstrom $\mathfrak{J}_0$ ein. $\mathfrak{J}_0$ erzeugt an den Widerständen die Spannungen

$$\begin{aligned}\mathfrak{f}_1 &= \mathfrak{Z}_1\mathfrak{J}_0\,, \\ \mathfrak{f}_2 &= \mathfrak{Z}_2\mathfrak{J}_0\,. \end{aligned}$$

Die Scheinwiderstände $\mathfrak{Z}_1$ und $\mathfrak{Z}_2$ sind also definiert durch die Vektorverhältnisse

$$\begin{aligned}\mathfrak{Z}_1 &= \frac{\mathfrak{f}_1}{\mathfrak{J}_0}\,, \\[2mm] \mathfrak{Z}_2 &= \frac{\mathfrak{f}_2}{\mathfrak{J}_0}\,. \end{aligned}$$

Zur Konstruktion dieser Vektorverhältnisse trägt man an den Bezugsstrom $\mathfrak{J}_0 = OD$ (Abb. 20), der nach dem für die Zeichnung festgelegten Strommaßstabe in beliebiger Richtung gezeichnet ist, die Winkel φ_1 und φ_2 an; ihre Größe ist aus

$$\operatorname{tg}\varphi_1 = \frac{x_2}{r_1},$$

$$\operatorname{tg}\varphi_2 = \frac{x_2}{r_2}$$

zu berechnen. Auf ihren freien Schenkeln werden die Strecken $OA = \mathfrak{f}_1$ und $OB = \mathfrak{f}_2$ in dem festgelegten Spannungsmaßstabe abgetragen. Die Strecken OA, OB und OD bestimmen dann durch ihre Größe und Richtung die Vektorverhältnisse $\mathfrak{f}_1/\mathfrak{J}_0$ und $\mathfrak{f}_2/\mathfrak{J}_0$. Für den Drehsinn, in welchem die Winkel φ_1, φ_2 anzutragen sind, ist die Art der Blindkomponenten der Widerstände maßgebend; überwiegt die Induktivität, so muß der Spannungsvektor dem Stromvektor voreilend, überwiegt die Kapazität, so muß der Spannungsvektor nacheilend gezeichnet werden. Für die Berechnung der Spannungen $\mathfrak{e}_1$ und $\mathfrak{e}_2$ dienen die Beziehungen

$$\mathfrak{e}_1 + \mathfrak{e}_2 = \mathfrak{E},$$

$$\frac{\mathfrak{e}_1}{\mathfrak{e}_2} = \frac{\mathfrak{f}_1}{\mathfrak{f}_2}.$$

Hieraus folgt

$$\mathfrak{e}_1 = \mathfrak{E}\,\frac{\mathfrak{f}_1}{\mathfrak{f}_1 + \mathfrak{f}_2}; \qquad \mathfrak{e}_2 = \mathfrak{E}\,\frac{\mathfrak{f}_2}{\mathfrak{f}_1 + \mathfrak{f}_2}.$$

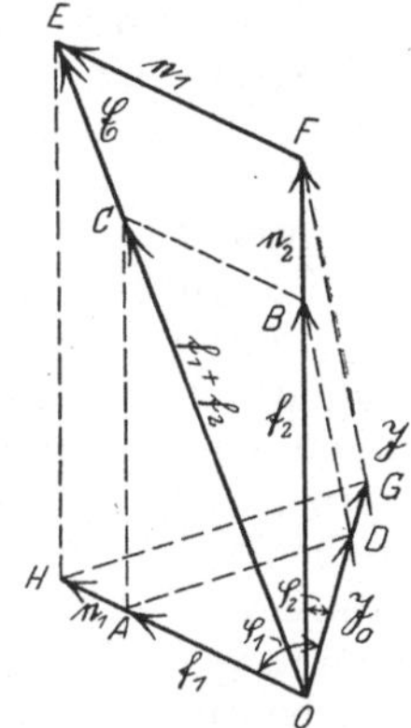

Abb. 20. Konstruktion der Spannungen $\mathfrak{e}_1$ und $\mathfrak{e}_2$.

$\mathfrak{f}_1 + \mathfrak{f}_2$, die Diagonale OC des aus $\mathfrak{f}_1$ und $\mathfrak{f}_2$ gebildeten Parallelogramms ist in gleicher Phase mit $\mathfrak{E}$. Trägt man auf der Verlängerung von OC die Strecke $OE = \mathfrak{E}$ ab und zieht EF parallel zu CB, so ist $\mathfrak{e}_1$ der Größe und Richtung nach durch FE, $\mathfrak{e}_2$ durch OF gegeben.

Der Strom $\mathfrak{J}$ ergibt sich aus der Beziehung

$$\mathfrak{J} = \mathfrak{e}_1\,\frac{\mathfrak{J}_0}{\mathfrak{f}_1} = \mathfrak{e}_2\,\frac{\mathfrak{J}_0}{\mathfrak{f}_2}.$$

Man verlängert OD über D hinaus und zieht FG parallel BD oder HG parallel AD, dann ist OG der Größe und Richtung nach gleich $\mathfrak{J}$.

Das Beispiel zeigt, daß das Verfahren von NATALIS nichts grundsätzlich Neues enthält. Die Rechnung wird, wie bei der symbolischen Methode, in vektorieller Form durchgeführt. Das Rechenergebnis wird dagegen mit Hilfe einer geometrischen Konstruktion ausgewertet, während die symbolische Methode sich hierzu der komplexen Operatoren bedient. Im vorliegenden Beispiel wäre zu setzen

$$\mathfrak{Z}_1 = r_1 + j x_1,$$

$$\mathfrak{Z}_2 = r_2 + j x_2,$$

und man erhielte

$$\mathfrak{e}_1 = \mathfrak{E}\,\frac{r_1 + j x_1}{r_1 + r_2 + j(x_1 + x_2)}, \qquad \mathfrak{e}_2 = \mathfrak{E}\,\frac{r_2 + j x_2}{r_1 + r_2 + j(x_1 + x_2)}$$

und hieraus analog Ziff. 14, Gleichung (9)

$$e_1 = E\sqrt{\frac{r_1^2 + x_1^2}{(r_1 + r_2)^2 + (x_1 + x_2)^2}}, \qquad e_2 = E\sqrt{\frac{r_2^2 + x_2^2}{(r_1 + r_2)^2 + (x_1 + x_2)^2}}.$$

Die Auswertung ist bei der einfachen Form der Lösung nach beiden Methoden naturgemäß einfach. Ist das Ergebnis dagegen von komplizierterer Form, so ist der zeichnerische Aufwand bei der Methode von Natalis ganz erheblich. Daher wird sich der Physiker ihrer in der Regel nur dann bedienen, wenn es sich darum handelt, Lösungen in allgemeinster Form graphisch darzustellen, um die Erkenntnis der physikalischen Beziehungen unter den einzelnen Größen sowie das Auffinden von Gesetzmäßigkeiten zu erleichtern. Besondere Vorteile bietet das Verfahren von Natalis für die Konstruktion von Ortsdiagrammen; bezüglich dieser muß jedoch auf das Buch von Natalis[1]) verwiesen werden.

b) Mehrwellige Ströme.

17. Der analytische Ausdruck für den mehrwelligen Strom. Theorem von Fourier. Die Anordnung nach Abb. 2 (Ziff. 3) liefert eine einwellige Umlaufsspannung nur unter der Voraussetzung, daß die Zahl der Kraftlinien, die von einer um ihre Achse sich drehenden Drahtschleife oder Spule umschlossen werden, sich wie eine Sinusfunktion ändere. Diese Voraussetzung kann aber in der Praxis nur näherungsweise erfüllt werden, weil die Erzeugung völlig homogener Magnetfelder unmöglich ist. Die Anwesenheit von Eisen in den Wechselfeldern bringt weitere Komplikationen. Die Kurven, die den Verlauf der EMK von Wechselstromgeneratoren kennzeichnen, weichen daher mehr oder weniger von der Sinusform ab.

Zu einem analytischen Ausdruck für derartige Kurven, deren Verlauf demnach durch eine beliebige, einfach periodische Funktion gegeben ist, gelangt man durch das Theorem von Fourier[2]), nach dem jede beliebige Funktion durch eine endliche oder unendliche Reihe von Sinusfunktionen dargestellt werden kann, deren Periodenzahlen sich wie ganze Zahlen verhalten. Diese Reihenentwicklung ist für so zahlreiche Gebiete der Naturwissenschaften bedeutsam geworden, daß sie als bekannt vorausgesetzt und auf eine eingehende Begründung an dieser Stelle verzichtet werden kann. Eine umfassende historische Bearbeitung des gesamten Problems ist von Burkhardt[3]) gegeben worden; eine kurze Übersicht findet man in Winkelmanns Handbuch der Physik, Bd. II[4]).

Wendet man die Fouriersche Reihenentwicklung auf die Stromkurve $i = f(\omega t)$ an, so erhält man als analytischen Ausdruck für diese Funktion

$$i = f(\omega t) = \sum_{k=0}^{k=\infty} I_{mk} \sin(k \omega t + \psi_k). \tag{1}$$

Hierin ist k eine beliebige ganze Zahl, I_{mk} die Amplitude der einzelnen Schwingung, ψ_k ihr Phasenwinkel, $k\omega$ ihre Kreisfrequenz. Abgesehen von einer Gleichstromkomponente ($k = 0$) erscheint der Strom i von der Frequenz ω als die Summe einer einwelligen Grundschwingung von gleicher Kreisfrequenz ω und einer endlichen oder unendlichen Zahl darübergelagerter einwelliger Oberschwingungen, deren Kreisfrequenzen das 2-, 3-, ...-fache derjenigen der Grundschwingung sind. Aus dieser physikalischen Vorstellung heraus hat man für Wechselstrom beliebiger Kurvenform den Ausdruck **mehrwelliger Strom** geprägt.

Entwickelt man in Gleichung (1)

$$I_{mk} \sin(k \omega t + \psi_k) = I_{mk} \sin k \omega t \cos \psi_k + I_{mk} \cos k \omega t \sin \psi_k$$

und setzt

$$\left. \begin{aligned} I_{mk} \cos \psi_k &= a_k, \\ I_{mk} \sin \psi_k &= b_k, \end{aligned} \right\} \tag{2}$$

[1]) Fr. Natalis, Die Berechnung von Gleich-Wechselstromsystemen. Berlin 1924.
[2]) J. J. Fourier, Théorie anal. de la chaleur. Deutsch von B. Weinstein. Berlin 1884.
[3]) H. Burkhardt, Jahresber. d. D. Math.-Ver. Bd. 10, S. 1901 ff.
[4]) F. Auerbach, Akustik. Leipzig 1909.

so kann i in der Form geschrieben werden

$$i = f(\omega t) = b_0 + \sum_{k=1}^{k=\infty} a_k \sin k\,\omega\,t + \sum_{k=1}^{k=\infty} b_k \cos k\,\omega\,t. \tag{3}$$

Für die Umrechnung der ersten Form in die zweite gelten dabei die Beziehungen

$$\text{oder} \qquad \left.\begin{aligned} I_{mk} &= \sqrt{a_k^2 + b_k^2}, & \operatorname{tg}\psi_k &= \frac{b_k}{a_k} \\[2mm] \sin\psi_k &= \frac{b_k}{I_{mk}}, & \cos\psi_k &= \frac{a_k}{I_{mk}}. \end{aligned}\right\} \tag{4}$$

Für die zweite Form ist bemerkenswert, daß alle Glieder der Sinusreihe und alle Glieder der Kosinusreihe für sich die gleiche Phase oder bei verschiedenen Vorzeichen die entgegengesetzte Phase, also eine Phasenverschiebung von π haben, wenn die Periode gleich 2π gesetzt wird. Dabei haben die Glieder der Kosinusreihe gegenüber denen der Sinusreihe eine Phasendifferenz von $\pi/2$. In der ersten Darstellungsform dagegen haben alle Glieder im allgemeinen verschiedene Phasen, die durch die Beziehung

$$\operatorname{tg}\psi = \frac{b_k}{a_k}$$

bestimmt sind, worin b_k/a_k das Verhältnis der Amplituden des Kosinusgliedes und des mit ihm zusammengefaßten Sinusgliedes gleicher Frequenz ist. Das Verhältnis beider Amplituden bestimmt demnach die Phase.

Macht die Funktion $i = f(\omega t)$ für $t = t'$ einen endlichen Sprung, so liefert die FOURIERsche Reihe das arithmetische Mittel aus beiden Werten der Unstetigkeitsstelle. Gelten also für $t = t'$ die beiden Werte $f_1(\omega t)$ und $f_2(\omega t)$, so ist

$$f(\omega t') = \tfrac{1}{2}\left[f_1(\omega t) + f_2(\omega t)\right].$$

18. Die Bestimmung der Koeffizienten der FOURIERschen Reihe. Die Koeffizienten a_k und b_k, die Amplituden der Einzelschwingungen, und b_0, die Größe der Gleichstromkomponente, lassen sich als bestimmte Integrale in folgender Weise darstellen, wenn die Funktion $i = f(\omega t)$ gegeben ist. Zur Abkürzung setzen wir in den folgenden Entwicklungen $\omega t = x$.

Man multipliziert die Reihe

$$i = f(x) = b_0 + \sum_{k=1}^{k=\infty} a_k \sin k x + \sum_{k=1}^{k=\infty} b_k \cos k x$$

einmal mit $\sin l x$, das andere Mal mit $\cos l x$, wo l eine beliebige positive ganze Zahl ist, und integriert über eine Periode, d. h. zwischen den Grenzen 0 und 2π. Nun gelten die Beziehungen:

$$\int_0^{2\pi} \sin k x \sin l x\, dx = 0 \quad \text{für} \quad k \gtrless l, \tag{1}$$
$$\phantom{\int_0^{2\pi} \sin k x \sin l x\, dx} = \pi \quad \text{für} \quad k = l > 0,$$

$$\int_0^{2\pi} \cos k x \cos l x\, dx = 0 \quad \text{für} \quad k \gtrless l, \tag{2}$$
$$\phantom{\int_0^{2\pi} \cos k x \cos l x\, dx} = \pi \quad \text{für} \quad k = l > 0,$$

$$\int_0^{2\pi} \cos k x \sin l x\, dx = 0 \quad \text{für beliebige } k \text{ und } l, \tag{3}$$

$$\int_0^{2\pi} \sin l x\, dx = 0. \tag{4}$$

Daher fallen jedesmal alle Glieder der Reihe bis auf eins fort, für das $k = l$ ist, und man erhält

$$a_k = \frac{1}{\pi} \int_0^{2\pi} f(x) \sin kx \, dx, \tag{5}$$

$$b_k = \frac{1}{\pi} \int_0^{2\pi} f(x) \cos kx \, dx. \tag{6}$$

b_0, die Gleichstromkomponente, wird gefunden, indem man den Mittelwert aller i während einer Periode bildet (vgl. Ziff. 2):

$$b_0 = \frac{1}{2\pi} \int_0^{2\pi} f(x) \, dx. \tag{7}$$

Für einen reinen Wechselstrom wird $b_0 = 0$.

Durch die bestimmten Integrale sind die Werte der Amplituden vollständig und eindeutig bestimmt. Die Ausführung der Integration wird allerdings nur in besonderen, einfachen Fällen möglich sein, da für die in der Praxis vorkommenden Kurvenformen in der Regel ein analytischer Ausdruck nicht abgeleitet werden kann.

Die Integrationsgrenzen können beliebig anders gewählt werden, wenn sie nur eine ganze Periode umfassen.

19. Besondere Fälle von Fourier-Reihen. In der besonderen Anwendung der Fourierschen Reihe auf Wechselstromkurven ergeben sich dadurch wesentliche Vereinfachungen, daß den beiden Halbteilen der Kurven eine gewisse Symmetrie zukommt. Von den nachstehend behandelten Fällen kommen für kommutierten Wechselstrom vorwiegend der dritte, für Wechselstromkurven der vierte bis sechste in Betracht.

1. Die Halbwellen sind in bezug auf die Ordinatenachse spiegelbildlich gleich (Abb. 21). Dann gilt die Bedingung

$$f(x) = f(-x).$$

Sie wird nur durch die Kosinusglieder der Reihe erfüllt:

$$i = f(x) = b_0 + \sum_{k=1}^{k=\infty} b_k \cos kx.$$

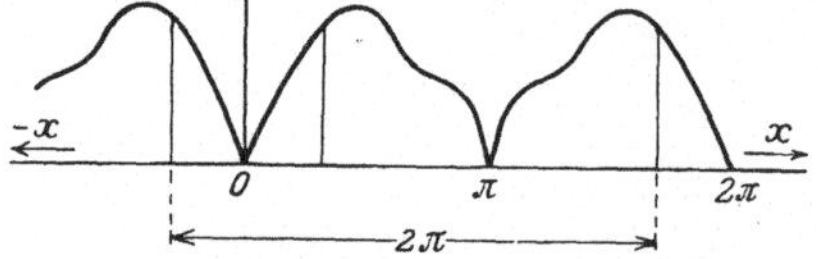

Abb. 21. Kurve, deren Halbwellen in bezug auf die Ordinatenachse spiegelbildlich gleich sind.

Die Integration für die Bestimmung von b_k braucht nur über die Halbperiode erstreckt zu werden, da

$$f(x) \cos k(2\pi - x) = f(x) \cos kx$$

ist, die Integrale über beide Halbperioden daher denselben Wert haben. Man erhält

$$b_k = \frac{2}{\pi} \int_0^{\pi} f(x) \cos kx \, dx,$$

und analog

$$b_0 = \frac{1}{\pi} \int_0^{\pi} f(x) \, dx.$$

2. Die Halbwelle erfährt mit der Spiegelung an der Ordinatenachse zugleich eine Spiegelung an der Abszissenachse; die Kurve ist in bezug auf den Ursprung symmetrisch (Abb. 22). Es gilt die Bedingung

$$f(x) = -f(-x).$$

Sie wird offenbar nur von den Sinusgliedern der Reihe erfüllt:

$$i = f(x) = \sum_{k=1}^{k=\infty} a_k \sin kx,$$

worin

$$a_k = \frac{2}{\pi} \int_0^\pi f(x) \sin kx\, dx$$

ist. Dagegen ist

$$b_0 = 0.$$

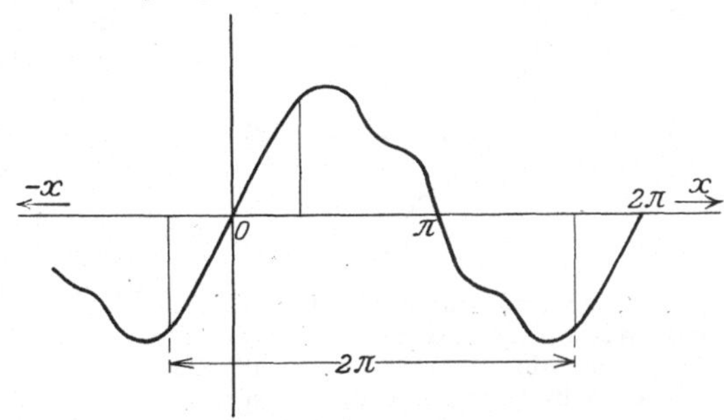

Abb. 22. Kurve, derén Halbwellen bei gleichzeitiger Spiegelung an Ordinaten- und Abszissenachse gleich sind.

Beide Halbteile sind flächengleich, aber von entgegengesetztem Vorzeichen.

3. Die beiden Halbwellen verlaufen vollkommen gleichartig (Abb. 23); die Kurve ist typisch für kommutierten Wechselstrom. Sie erfüllt die Bedingung

$$f(x) = f(x + \pi).$$

Bildet man die Reihe $f(x + \pi)$, so erhält man Glieder $\sin k(x + \pi)$ und $\cos k(x + \pi)$. Wegen der Beziehungen

$$\sin k(x + \pi) = \sin(kx + \pi k) = (-1)^k \sin kx,$$
$$\cos k(x + \pi) = \cos(kx + \pi k) = (-1)^k \cos kx$$

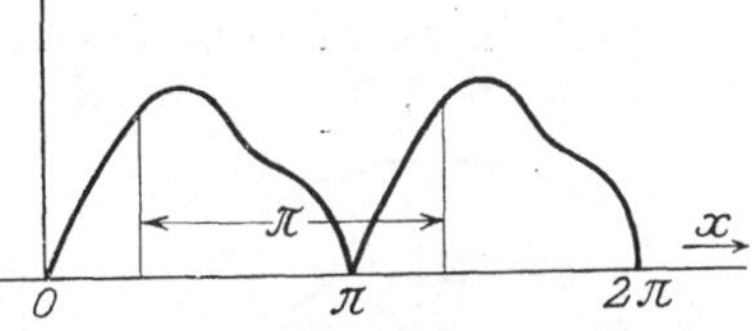

Abb. 23. Kurve mit gleichen Halbwellen.

wird die Bedingung $f(x) = f(x + \pi)$ nur erfüllt, wenn k eine gerade Zahl ist. Die Reihe enthält neben b_0 nur diejenigen Sinus- und Kosinusglieder, deren Koeffizienten k gerade Zahlen sind.

4. Die negative Halbwelle ist das Spiegelbild der positiven in bezug auf die Abszissenachse (Abb. 24). Dieser Bedingung entsprechen die Kurven des durch Maschinen erzeugten Wechselstroms. Die Bedingungsgleichung lautet

$$f(x) = -f(x + \pi).$$

Sie wird, wiederum mit Rücksicht auf die Beziehungen

$$\sin k(x + \pi) = (-1)^k \sin k\pi$$

und

$$\cos k(x + \pi) = (-1)^k \cos k\pi$$

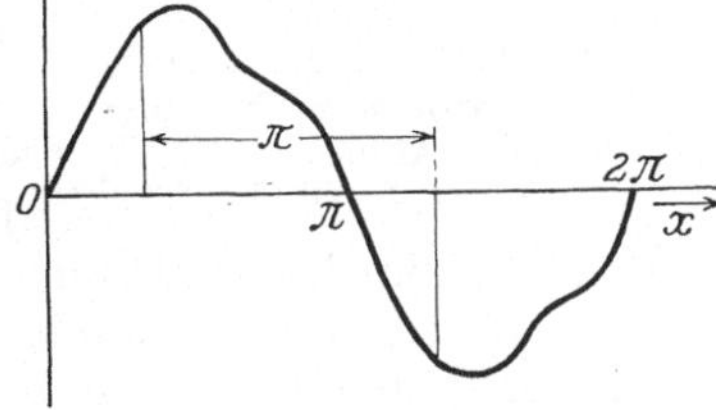

Abb. 24. Kurve, deren negative Halbwelle das Spiegelbild der positiven in bezug auf die X-Achse ist.

nur durch diejenigen Sinus- und Kosinusglieder der Reihe erfüllt, deren Koeffizienten ungerade Zahlen sind. Die Integration zur Berechnung der Koeffizienten braucht wegen der Flächengleichheit der beiden Halbwellen nur über die halbe Periode erstreckt zu werden:

$$a_k = \frac{2}{\pi} \int_0^\pi f(x) \sin kx\, dx, \qquad b_k = \frac{2}{\pi} \int_0^\pi f(x) \cos kx\, dx, \qquad b_0 = 0.$$

5. Als Sonderfall von 2. und 4. erhält man die ebenfalls für Wechselströme wichtige Kurve nach Abb. 25, bei der die negative Halbwelle das Spiegelbild der positiven in bezug auf die Abszissenachse ist, und die außerdem in bezug auf den Ursprung symmetrisch ist. Nach den Ausführungen unter 2. und 4. wird eine solche Kurve durch eine Fouriersche Reihe dargestellt, die nur ungerade Sinusglieder enthält. Zur Berechnung der Koeffizienten a_k integriert man über die Viertelperiode

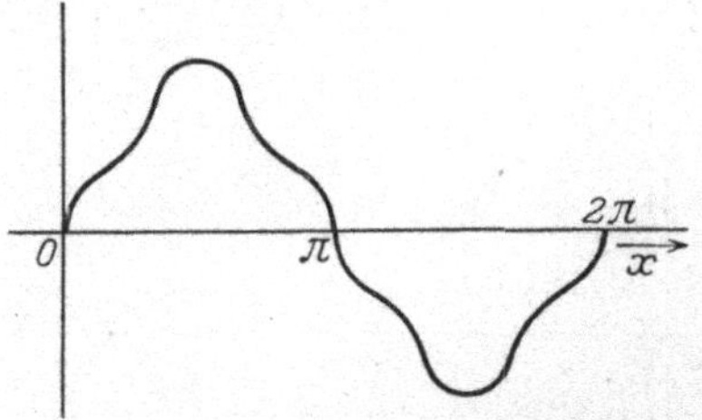
Abb. 25. Kurve, deren negative Halbwelle das Spiegelbild der positiven in bezug auf die X-Achse ist, und die außerdem in bezug auf den Ursprung symmetrisch verläuft.

$$a_k = \frac{4}{\pi} \int\limits_0^{\pi/2} f(x) \sin kx \, dx.$$

20. Die Trapezkurve als Wechselstromkurve. Die Reihenentwicklung nach den in Ziff. 19 gegebenen Anweisungen beschränkt sich naturgemäß auf einzelne idealisierte Kurvenformen, für die sich ein analytischer Ausdruck gewinnen läßt. In den nachfolgend behandelten Beispielen derartiger Kurvenbilder ist die trapezförmige Kurve als die wichtigste an die Spitze gestellt; es mag daher kurz ihre Bedeutung begründet werden.

In Abb. 2 (Ziff. 3) ist eine Anordnung zur Erzeugung sinusförmigen Wechselstroms skizziert, bei der eine Drahtspule in einem homogenen Magnetfelde rotiert. Die praktische Ausführung einer Wechselstrommaschine nach dieser Anordnung verbietet sich aus wirtschaftlichen Gründen. Die Erzeugung genügend starker Magnetfelder ist nur unter Verwendung von Eisen in den Feldspulen und im Anker möglich; auf die Homogenität des Feldes muß man verzichten. In Abb. 26 ist nach Fraenkel[1]) das Schema eines zweipoligen Wechselstromgenerators mit Trommelwicklung wiedergegeben. Feldspulen und Ankerwicklung sind in Eisen eingebettet. Die Magnetpole umschließen den Anker ringförmig. Im Gegensatz zu der Anordnung nach Abb. 2, bei der die Kraftlinien von Pol zu Pol einander parallel verlaufen, durchsetzen hier die Kraftlinien den Luftspalt senkrecht zu der Oberfläche des Anker- und Feldeisens. Eine einfache Überlegung lehrt, daß bei

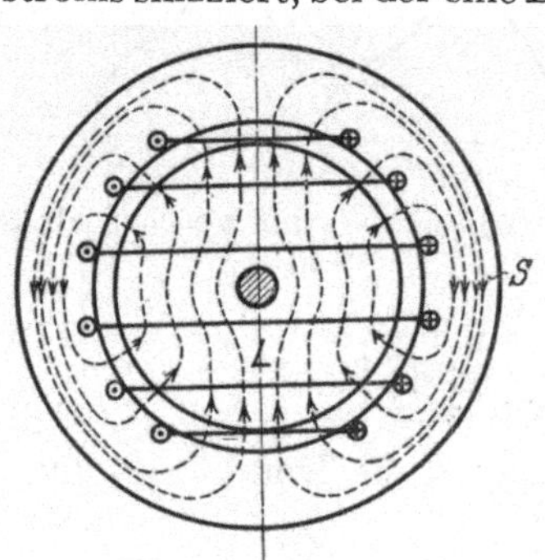
Abb. 26. Zweipoliger Wechselstromgenerator mit Trommelwicklung.
L = Läufer; S = Ständer.

diesem Verlauf der Kraftlinien die räumliche Verteilung des Feldes um die Pole sinusförmig sein müßte, damit eine sinusförmige EMK bei gleichförmiger Rotation der Ankerspule induziert würde. Oder umgekehrt: Die induzierte EMK verläuft nach der gleichen Kurve, die die räumliche Verteilung des Feldes um die Pole angibt. Wie sieht nun die Feldverteilung bei unserer Maschine aus? In Abb. 27 ist der Umfang des Stators der Maschine abgewickelt. Die Strecken τ entsprechen je dem halben Umfange; τ wird als Polteilung bezeichnet, d. i. derjenige Teil des Umfanges, der einen Pol umfaßt. Die Strecken S sind gleich der Länge der beiden Bogen, die die Feldwicklungen tragen. Die Drähte der Wicklungen liegen symmetrisch zur neutralen Zone des Feldes. Der Verlauf der Feldstärke bei dieser Anordnung ist im unteren Teil der Abbildung gezeichnet. Zu beiden

---

¹) A. Fraenkel, Theorie der Wechselströme, S. 168. Berlin 1921.

Seiten der neutralen Zone ist die Feldstärke gleich groß, aber entgegengesetzt gerichtet. Zwischen den beiden bewickelten Polbogen kann das Feld als homogen betrachtet werden. Es resultiert daher eine Feldverteilung, die durch eine trapezförmige Kurve gekennzeichnet ist; und dieser Kurve entspricht auch der Verlauf der induzierten EMK, vorausgesetzt, daß die Ankerwicklung in einer Nut des Ankereisens konzentriert ist. Verteilt man die Wicklungen auf mehrere Nuten, die um einen bestimmten Winkel gegeneinander versetzt sind, und schaltet man die Wicklungen hintereinander, so wird durch Überlagerung einer Reihe phasenverschobener trapezförmiger Kurven eine Annäherung an die Sinusform erzielt, wie man sich durch Konstruktion leicht überzeugen kann. Neben der trapezförmigen Kurve als Grundform sind als Extreme die Rechtecks- und die Dreiecksform von Wichtigkeit, die sich bei der Reihenentwicklung als Sonderfälle der Trapezform ergeben.

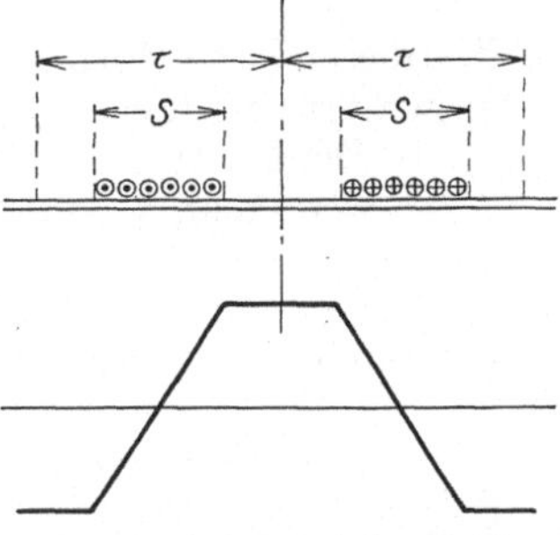

Abb. 27. Verlauf der Feldstärke in bezug auf die Feldwicklung.

21. Beispiele von Reihenentwicklungen. a) Die Trapezkurve. Sie entspricht den Bedingungen des in Ziff. 19 unter 5. behandelten Falles; sie enthält nur die Sinusglieder der Reihe mit ungeraden Koeffizienten a_k. In Abb. 28 ist als Abzisse $x(=\omega t)$, als Ordinate die induzierte EMK e aufgetragen. Ist deren Amplitude $A = E_m$, so ist

$$e = f(x) = E_m \frac{x}{a} \quad \text{für} \quad x = 0 \quad \text{bis} \quad x = \alpha,$$

$$e = f(x) = E_m \quad \text{für} \quad x = \alpha \quad \text{bis} \quad x = \frac{\pi}{2}.$$

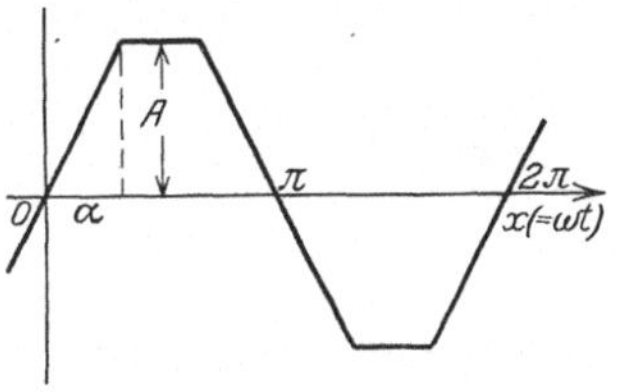

Abb. 28. Trapezkurve.

Die Amplitude a_k der Sinusschwingungen ist demnach:

$$a_k = \frac{4}{\pi} \int_0^{\pi/2} f(x)\sin k x\, dx = \frac{4}{\pi} E_m \left[\frac{1}{\alpha} \int_0^{\alpha} x \sin k x\, dx + \int_\alpha^{\pi/2} \sin k x\, dx \right]$$

$$= \frac{4}{\pi} E_m \left[\left(\frac{\sin k \alpha}{\alpha k^2} - \frac{\cos k \alpha}{k} \right) + \frac{\cos k \alpha}{k} \right],$$

$$\alpha_k = \frac{4 E_m}{\pi \alpha k^2} \sin k \alpha.$$

Die Reihenentwicklung mit den ungeraden Sinusgliedern ergibt den Ausdruck:

$$e = f(x) = \frac{4 E_m}{\pi \alpha} \left(\sin \alpha \sin x + \frac{1}{9} \sin 3\alpha \sin 3 x + \frac{1}{25} \sin 5 \alpha \sin 5 x + \cdots \right).$$

Das Bestreben, den Wechselstrommaschinen eine möglichst einwellige Kurve der Spannung zu geben, führt zu der Frage, welche besondere Trapezform sich der Sinusform am meisten nähere. Das ist zweifellos diejenige Form, bei der die dritte Oberwelle fortfällt; sie hat bei weitem die größte Amplitude und es ist durch geeignete Wahl von α offenbar möglich, sie zum Verschwinden zu bringen. Wählt man $\alpha = \pi/3$, so ist $\sin 3\alpha = \sin \pi = 0$. Es verschwindet aber nicht nur die dritte Welle, sondern alle Oberwellen vor der Ordnung $3n$, wenn n eine ganze Zahl ist, so daß nur die Oberwellen von der Ordnungszahl $(6n \pm 1)$ übrigbleiben. Da

$$\sin (6n \pm 1)\frac{\pi}{3} = \pm \frac{1}{2}\sqrt{3}$$

ist, so läßt sich die Trapezkurve, bei der $\alpha = \pi/3$ ist, in die Reihe entwickeln:

$$e = f(x) = \frac{6\sqrt{3}}{\pi^2} E_m \left(\sin x - \frac{1}{25} \sin 5\,x + \frac{1}{49} \sin 7\,x - \frac{1}{121} \sin 11\,x + \cdots \right).$$

Eine dieser Trapezform nahekommende Feldverteilung bei Wechselstromgeneratoren wird dadurch erreicht, daß man nur $^2/_3$ der Polbogen bewickelt (vgl. Ziff. 20).

     b) Die Rechteckskurve (Abb. 29) wird als Sonderfall der Trapezkurve erhalten, wenn man $\alpha = 0$ setzt. $\sin\alpha/\alpha$ nähert sich für $\alpha = 0$ dem Grenzwert 1, so daß

$$a_k = \frac{4 E_m}{\pi k}$$

ist. Die Reihenentwicklung ergibt

$$e = f(x) = \frac{4 E_m}{\pi} \left(\sin x + \frac{1}{3} \sin 3\,x + \frac{1}{5} \sin 5\,x + \cdots \right).$$

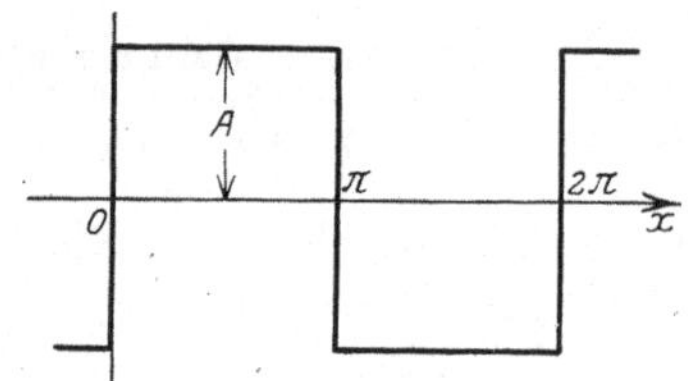

Abb. 29. Rechteckskurve.

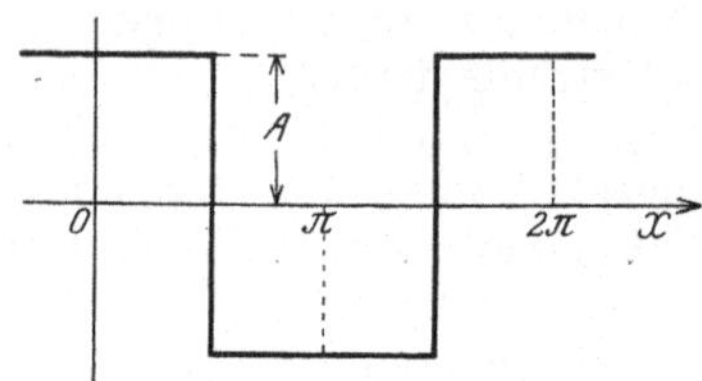

Abb. 30. Rechteckskurve, um $\pi/2$ gegen den Nullpunkt verschoben.

Für die nach Abb. 30 um $90°$ verschobene Kurve ist

$$f_1(x) = f\left(x + \frac{\pi}{2} \right).$$

Unter Berücksichtigung der Beziehung $\sin\left[(4n \pm 1)\dfrac{\pi}{2} + x \right] = \pm \cos x$ erhält man

$$e = f_1(x) = \frac{4 E_m}{\pi} \left(\cos x - \frac{1}{3} \cos 3\,x + \frac{1}{5} \cos 5\,x + \cdots \right).$$

Die Rechteckskurve ist die Kurve des kommutierten Gleichstroms.

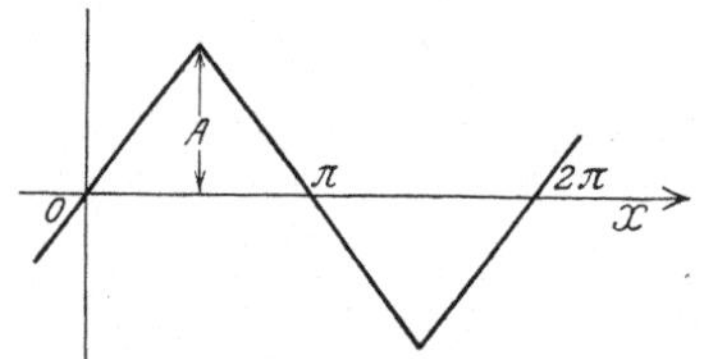

Abb. 31. Dreieckskurve.

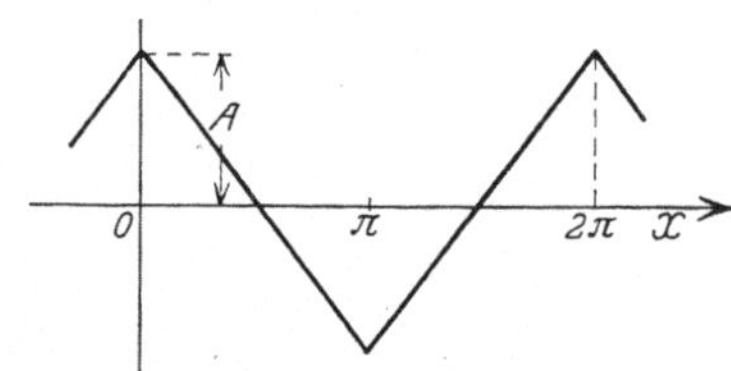

Abb. 32. Dreieckskurve, um $\pi/2$ gegen den Nullpunkt verschoben.

     c) Für die Dreieckskurve, bei der die beiden Periodenhälften durch gleichseitige Dreiecke dargestellt werden (Abb. 31), ist $\alpha = \pi/2$. Dann ist $\sin k\alpha = \pm 1$, wo k eine ungerade Zahl $(4n \pm 1)$ ist. Wir erhalten

$$e = f(x) = \frac{8 E_m}{\pi^2} \left(\sin x - \frac{1}{9} \sin 3\,x + \frac{1}{25} \sin 5\,x - \cdots \right)$$

und für die um $90°$ verschobene Kurve nach Abb. 32:

$$e = f_1(x) = f\left(x + \frac{\pi}{2} \right) = \frac{8 E_m}{\pi^2} \left(\cos x + \frac{1}{9} \cos 3\,x + \frac{1}{25} \cos 5\,x + \cdots \right).$$

Wir geben nachstehend noch die Reihenentwicklungen einiger wichtiger Kurvenformen an, ohne auf die im übrigen einfache Ableitung näher einzugehen.

d) **Sägeförmige Kurve** (Abb. 33)

$$e = \frac{2E_m}{\pi}\left(\sin x + \frac{1}{2}\sin 2x + \frac{1}{3}\sin 3x + \cdots\right)$$

und nach Abb. 34

$$e = \frac{2E_m}{\pi}\left(\sin x - \frac{1}{2}\sin 2x + \frac{1}{3}\sin 3x - \cdots\right).$$

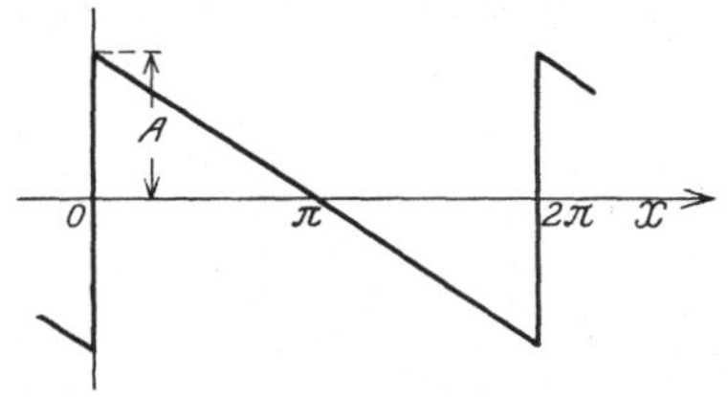

Abb. 33. Sägeförmige Kurve.

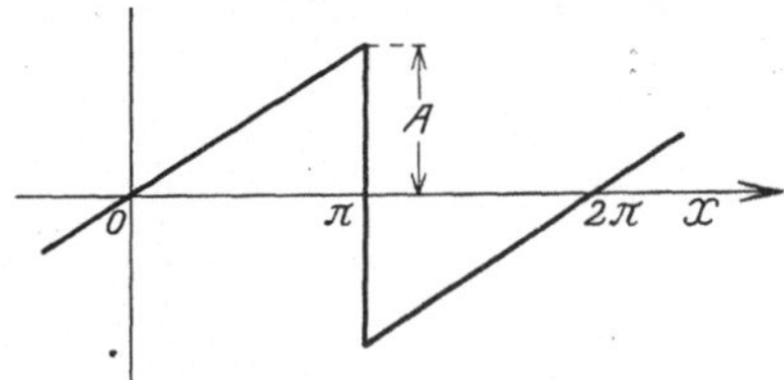

Abb. 34. Sägeförmige Kurve.

e) **Kommutierte Sinuslinie** (Abb. 35):

$$e = \frac{2E_m}{\pi}\left(1 - \frac{2\cos 2x}{1\cdot 3} - \frac{2\cos 4x}{3\cdot 5} - \frac{2\cos 6x}{5\cdot 7} - \cdots\right).$$

f) **Kommutierte Kosinuslinie** (Abb. 36):

$$e = \frac{8E_m}{\pi}\left(\frac{1\sin 2x}{1\cdot 3} + \frac{2\sin 4x}{3\cdot 5} + \frac{3\sin 6x}{5\cdot 7} + \cdots\right).$$

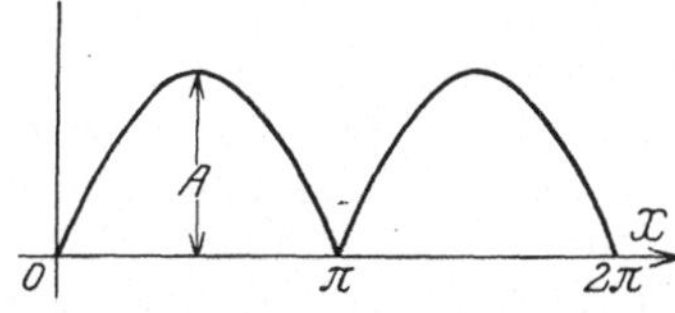

Abb. 35. Kommutierte Sinuslinie.

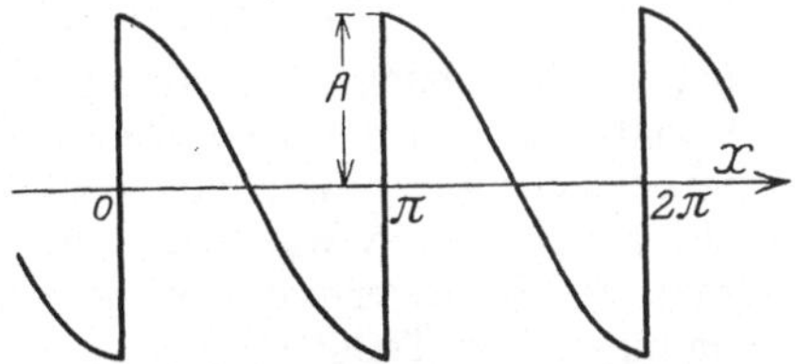

Abb. 36. Kommutierte Kosinuslinie.

Reihenentwicklungen von Kurven, die sich aus Bogen von Hyperbelfunktionen zusammensetzen, sind von Orlich[1]) und Dreyfus[2]) behandelt worden.

22. Formel von Krigar-Menzel. Für die Reihenentwicklung einer periodischen Kurve, die über die Länge einer Periode aus μ unter beliebigen Winkeln aneinandergesetzten geradlinigen Stücken besteht, hat Krigar-Menzel[3]) eine allgemein anwendbare Formel aufgestellt. Sie kann, auf Wechselstromkurven angewendet, dadurch von Nutzen sein, daß sie gestattet, die Amplituden der Teilschwingungen in erster Annäherung zu berechnen, wenn man die Kurve durch einen sich ihrem Verlauf möglichst anschmiegenden gebrochenen Linienzug ersetzt.

Die Koordinaten der Eckpunkte (s. Abb. 37) seien

$$x_0, x_1, \ldots x_r \ldots x_\mu,$$

$$y_0, y_1, \ldots y_r \ldots y_\mu,$$

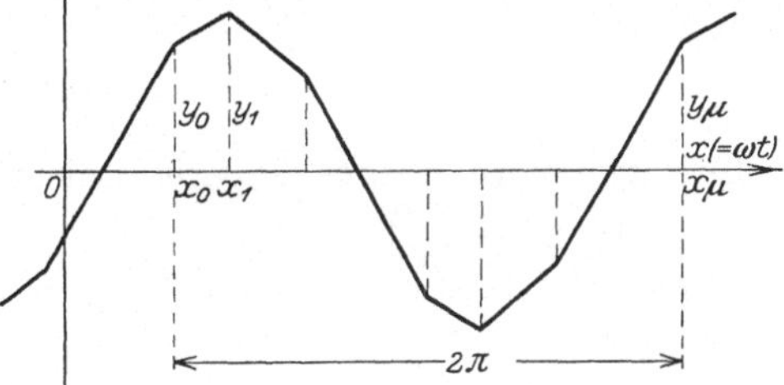

Abb. 37. Kurve, die durch einen gebrochenen Linienzug ersetzt ist.

[1]) E. Orlich, Theorie der Wechselströme, S. 37. 1912.
[2]) L. Dreyfus, Arch. f. Elektrot. Bd. 7, S. 388. 1919.
[3]) O. Krigar-Menzel, Wied. Ann. Bd. 49, S. 545. 1893.

die ganze Periode sei $2\pi = x_\mu - x_0$. Der Linienzug in dem Intervall zwischen x_r und x_{r+1} wird durch die folgende analytische Funktion dargestellt:

$$y = \frac{y_r x_{r+1} - y_{r+1} x_r}{x_{r+1} - x_r} + \frac{y_{r+1} - y_r}{x_{r+1} - x_r} x$$

$$(r = 1, 2, 3 \ldots \mu - 1).$$

Die Koeffizienten a_k und b_k der Fourierschen Reihe sind durch die Integrale bestimmt:

$$a_k = \frac{1}{\pi} \int_{x_0}^{x_\mu} y \sin k x \, d x,$$

$$b_k = \frac{1}{\pi} \int_{x_0}^{x_\mu} y \cos k x \, d x.$$

Bildet man den Anteil der Integrale, der von $x = x_r$ bis $x = x_{r+1}$ reicht, so erhält man

$$\left.\begin{matrix} a_{k(r)} \\ b_{k(r)} \end{matrix}\right\} = \frac{1}{\pi} \frac{y_r x_{r+1} - y_{r+1} x_r}{x_{r+1} - x_r} \int_{x_r}^{x_{r+1}} \left\{\begin{matrix} \sin k x \\ \cos k x \end{matrix}\right\} d x + \frac{1}{\pi} \frac{y_{r+1} - y_r}{x_{r+1} - x_r} \int_{x_r}^{x_{r+1}} x \left\{\begin{matrix} \sin k x \\ \cos k x \end{matrix}\right\} d x.$$

Bei der Integration treten Glieder mit dem Faktor $1/k$ auf. Nun müssen nach einem Satz von Stokes die Koeffizienten bei der Entwicklung einer Funktion, die selbst keine Sprünge hat, deren Differentialquotienten aber unstetig sind, proportional $1/k^2$ fortschreiten. Daher brauchen die Glieder mit dem Faktor $1/k$ nicht berücksichtigt zu werden, sie fallen bei der Summierung über alle Teilintervalle fort, ähnlich wie bei dem in Ziff. 21 unter a angeführten Beispiel. Führt man die Summierung aus, und setzt die in der Entwicklung vorkommenden Neigungen der Teilstrecken

$$\frac{y_{r+1} - y_r}{x_{r+1} - x_r} = \operatorname{tg} \vartheta_r^{r+1},$$

so erhält man die Formeln:

$$\left.\begin{matrix} a_k \\ b_k \end{matrix}\right\} = \frac{1}{k^2 \pi} \left[\left(\operatorname{tg} \vartheta_{\mu-1}^\mu - \operatorname{tg} \vartheta_0^1\right) \left\{\begin{matrix} \sin \\ \cos \end{matrix}\right\} x_0 \right.$$

$$+ \left(\operatorname{tg} \vartheta_0^1 - \operatorname{tg} \vartheta_1^2\right) \left\{\begin{matrix} \sin \\ \cos \end{matrix}\right\} x_1$$

$$+ \ldots \ldots \ldots \ldots$$

$$\left. + \left(\operatorname{tg} \vartheta_{\mu-2}^{\mu-1} - \operatorname{tg} \vartheta_{\mu-1}^\mu\right) \left\{\begin{matrix} \sin \\ \cos \end{matrix}\right\} x_{\mu-1} \right].$$

Ein etwa vorhandenes unperiodisches (Gleichstrom-)Glied ist gegeben durch

$$a_0 = \frac{1}{2\pi} \int_{x_0}^{x_\mu} y \, d x.$$

23. Die Summe mehrwelliger Ströme. Die Betrachtungen dieses Abschnitts sind für die Entwicklungen der folgenden von Bedeutung. Nach Ziff. 5 ist die Summe mehrerer einwelliger Ströme von beliebiger Phase wieder ein einwelliger Strom; die Summe mehrerer einwelliger Ströme gleicher Amplitude, deren Phasen jedesmal um den gleichen Winkel fortschreiten, ist gleich Null. Diese einfachen Beziehungen gelten für mehrwellige Kurvenformen nicht. Es leuchtet ohne weiteres ein, daß als Summe zweier mehrwelliger Ströme gleicher Kurvenform nicht ein Strom derselben Form resultieren kann, weil die Oberschwingungen verschiedener Ordnungszahlen sich unter stets verschiedenen Phasenwinkeln zusammensetzen. Eine allgemeine Begründung ist von ORLICH[1]) gegeben, der auch die Sonderfälle, die Ausnahmen von der Regel bilden, behandelt. Hier beschränken wir unsere Betrachtungen auf die Zusammensetzung von n mehrwelligen Schwingungen, deren jede um den gleichen Phasenwinkel gegen die vorhergehende verschoben ist. Die allgemeine Form des mehrwelligen Stromes, als Fourier-Reihe dargestellt, ist, wenn wieder $\omega t = x$ gesetzt wird,

$$i = f(x) = \sum f_k(x), \tag{1}$$

worin

$$f_k(x) = a_k \sin k x + b_k \cos k x \tag{2}$$

ist. Wir bilden die Summe von n Schwingungen, deren jede die allgemeine Form $f_k(x)$ hat; die Phase jeder der 1 bis n Schwingungen soll jedoch um $2\pi/n$ gegen die vorhergehende Schwingung verschoben sein:

$$s = \sum_{\lambda=0}^{n-1} a_k \sin\left(k x + \lambda \frac{k}{n} 2\pi\right) + \sum_{\lambda=0}^{n-1} b_k \cos\left(k x + \lambda \frac{k}{n} 2\pi\right) = s_k' + s_k''.$$

In diesem Ausdrucke sind alle Summen s_k' und s_k'' gleich Null, bei denen k/n keine ganze Zahl ist. Die Summe aller übrigen ist (vgl. Ziff. 5)

$$s = n(a_k \sin k x + b_k \cos k x). \tag{3}$$

Es verschwinden also bei der Summierung von n mehrwelligen Wechselströmen gleicher Kurvenform, die gegeneinander eine Phasenverschiebung von je $2\pi/n$ haben, alle Einzelwellen der Fourier-Reihe bis auf diejenigen, deren Ordnungszahl $k = n, 2n, 3n \ldots$ ist. Werden z. B. die in n parallelen Leitern fließenden Ströme, deren Phasenwinkel der vorausgesetzten Bedingung entsprechen, in einem einzigen Leiter vereint, so enthält der resultierende Strom nur die n-te, $2n$-te, $3n$-te ... Oberschwingung der Teilströme.

24. Arithmetische Analyse mehrwelliger Kurven. Die Berechnung der Koeffizienten der Fourierreihe als bestimmte Integrale nach Ziff. 19 und 21 ist nur in wenigen einfachen oder idealisierten Fällen möglich. Bei der Untersuchung von Wechselstromproblemen ist das Bild der Spannungs- oder Stromkurven meist durch ein Oszillogramm gegeben und nicht durch einen analytischen Ausdruck darstellbar. Hier muß ein Näherungsverfahren Platz greifen, das dadurch gekennzeichnet ist, daß an die Stelle der Integration die Summierung einer endlichen Zahl von Ordinaten tritt, wobei die Genauigkeit des Ergebnisses durch die gewählte Zahl der Ordinaten bedingt ist.

Teilt man die Länge einer Periode 2π in $2n$ gleiche Teile, so ist der Abstand der Teilpunkte π/n. Die Ordinaten in den Teilpunkten seien $y_1, y_2, y_3 \ldots y_{2n}$; zu der Ordinate y_r gehört dann die Abszisse $x_r = r \dfrac{\pi}{n}$. Die unendliche Reihe nach Ziff. 17, Gleichung (3), die eine beliebige periodische Funktion darstellt, geht über in eine Summe von $2n$ Gliedern:

$$y = f(x) = b_0 + \sum_{k=1}^{n-1} a_k \sin k x + \sum_{k=1}^{n} b_k \cos k x. \tag{1}$$

----

[1]) E. ORLICH, Theorie der Wechselströme, S. 37.

Jede Abszisse x_r und die ihr entsprechende Ordinate y_r muß dieser Gleichung genügen. Es lassen sich also $2n$ lineare Gleichungen von der Form

$$y_r = b_0 + \sum_{k=1}^{n-1} a_k \sin k\,x_r + \sum_{k=1}^{n} b_k \cos k\,x_r$$

aufstellen, aus denen die $2n$ Koeffizienten a_k, b_k und b_0 berechnet werden können. Das Ergebnis ist

$$\left.\begin{aligned} a_k &= \frac{1}{n} \sum_{r=1}^{2n} y_r \sin k\,x_r \\ b_k &= \frac{1}{n} \sum_{r=1}^{2n} y_r \cos k\,x_r \end{aligned}\right\} \quad \begin{aligned} &\text{für} \quad k = 1,\, 2 \cdots (2n-1) \\ &\left(x_r = r\,\frac{\pi}{n}\right). \end{aligned} \tag{2}$$

Für $k = 0$ und $k = 2n$ erhält man aus der zweiten Summe $2nb_0$ und $2nb_n$.

Schleiermacher[1]) hat untersucht, welche Genauigkeit den aus $2n$ Gliedern der Reihe berechneten Koeffizienten zukommt. Bezeichnen wir diese mit $a_k^{(2n)}$ und $b_k^{(2n)}$ im Gegensatz zu den „wirklichen" Koeffizienten a_k und b_k, so läßt sich auf Grund der in Ziff. 23 entwickelten Gedankengänge leicht die Beziehung ableiten:

$$a_k^{(2n)} = a_k - a_{2n-k} + a_{2n+k} - a_{4n-k} + a_{4n+k} - \cdots$$

$$b_k^{(2n)} = b_k + b_{2n-k} + b_{2n+k} + b_{4n-k} + b_{4n+k} + \cdots$$

Die Amplituden $a_k^{(2n)}$ und $b_k^{(2n)}$ enthalten also die Amplituden von Oberschwingungen höherer Ordnung als k; ist z. B. die d r i t t e Oberwelle aus $2n = 12$ Ordinaten berechnet, so ist in dem Ergebnis die 9. und 15., die 21. und 27. Oberwelle usw. enthalten.

25. Vereinfachte Berechnung der Koeffizienten. Die Berechnung der Koeffizienten aus einer größeren Zahl von Ordinaten erfordert eine erhebliche Rechenarbeit; sie zu vereinfachen haben sich viele Autoren bemüht. Im einzelnen kann auf die Arbeiten hier nicht eingegangen werden, sondern es muß auf die mathematische Literatur verwiesen werden.

Für reinen Wechselstrom ist $b_0 = 0$. Beide Kurvenhälften sind in bezug auf die Abszissenachse spiegelbildlich gleich; es treten nur die Oberschwingungen ungerader Ordnung auf und es genügt, bei der Summenbildung die Halbperiode zu berücksichtigen. Ist n die Zahl der Teilpunkte der Halbwelle, so ist

$$a_k = \frac{2}{n} \sum_{r=1}^{n} y_r \sin k\,x_r ,$$

$$b_k = \frac{2}{n} \sum_{r=1}^{n} y_r \cos k\,x_r .$$

Ist n eine gerade Zahl, so lassen sich nach Runge[2]) jeweils zwei Glieder zusammenfassen, die in gleichem Abstande von der Mitte der Halbwelle ($x = \pi/2$) liegen

---

[1]) A. Schleiermacher, Elektrot. ZS. Bd. 31, S. 1246. 1910.
[2]) C. Runge, Elektrot. ZS. Bd. 26, S. 247. 1905.

und denen die Abszissen $x_r = r\dfrac{\pi}{n}$ und $x_{n-r} = (n-r)\dfrac{\pi}{n}$ zukommen. Berücksichtigt man, daß

$$\sin k(n-r)\frac{\pi}{n} = \sin k r \frac{\pi}{n},$$

$$\cos k(n-r)\frac{\pi}{n} = -\cos k r \frac{\pi}{n}$$

ist, so kann man die Koeffizienten a_k und b_k als die folgenden Summen darstellen:

$$a_k = \frac{1}{n}\left[2y_{n/2}\sin\frac{k\pi}{2} + 2\sum_{r=1}^{n/2-1}(y_r + y_{n-r})\sin\frac{k r \pi}{n}\right],$$

$$b_k = \frac{1}{n}\left[-2y_n + 2\sum_{r=1}^{n/2-1}(y_r - y_{n-r})\cos\frac{k r \pi}{n}\right].$$

In der gleichen Arbeit hat RUNGE ein Rechenschema für 12 und 24 Ordinaten gegeben. Über eine weitere Modifikation des Verfahrens berichtet SCHLEIERMACHER[1]).

Ein sehr elegantes Verfahren ist von FISCHER-HINNEN[2]) angegeben. Es beruht auf dem in Ziff. 23 abgeleiteten Satze, daß die Summe von n mehrwelligen Schwingungen vollkommen gleicher Kurvenform, deren jede eine Phasenverschiebung von $2\pi/n$ gegen die vorhergehende hat, nur noch die n-te, $2n$-te ... Oberschwingung enthält. Unter Voraussetzung r e i n e n Wechselstroms, bei dem nur Oberschwingungen ungerader Ordnung vorkommen, wird in Gleichung (2) Ziff. 23 für

$$x = 0: \qquad f_{(k)}(0) = b_k,$$

für

$$x = \pi/2: \quad f_{(k)}(\pi/2) = \pm a_k.$$

Diesen Werten entsprechend werden aus Gleichung (3) Ziff. 23 die Summen gewonnen:

$$s = n(b_n + b_{3n} + b_{5n} + \cdots),$$

$$s' = n(a_n - a_{3n} + a_{5n} - \cdots).$$

Teilt man die Länge einer Periode von $x = 0$ bis $x = 2\pi$ der Reihe nach in 3, 5, 7 ... Teile, und bildet die Summen s_3, s_5, s_7 ... der Ordinaten, so gelten für die Berechnung der Koeffizienten b_k die Gleichungen:

$$s_3 = 3(b_3 + b_9 + b_{15} + \cdots),$$

$$s_5 = 5(b_5 + b_{15} + \cdots),$$

$$s_7 = 7(b_7 + b_{21} + \cdots),$$

$$s_9 = 9(b_9 + \cdots).$$

Eine entsprechende Teilung der Periode von $x = \pi/2$ bis $x = 5\pi/2$ liefert die Gleichungen für die Berechnung der Koeffizienten a_k:

$$s_3' = 3(-a_3 + a_9 - a_{15} + a_{21} - \cdots),$$

$$s_5' = 5(a_5 - a_{15} + \cdots),$$

$$s_7' = 7(-a_7 + a_{21} - \cdots),$$

$$s_9' = 9(a_9 - \cdots).$$

---

[1]) A. SCHLEIERMACHER, Elektrot. ZS. Bd. 31, S. 1246. 1910.
[2]) J. FISCHER-HINNEN, Elektrot. ZS. Bd. 22, S. 396. 1901.

Dem Verfahren von Fischer-Hinnen ähnlich ist das von Houston und Kennelly[1]).

26. Zeichnerische Verfahren zur Koeffizientenbestimmung. Die bestimmten Integrale nach Gleichung (5), (6), Ziff. 18, durch welche die Amplituden a_k und b_k gegeben sind, sind Flächenintegrale; sie lassen sich auswerten, indem man zunächst die Werte $y \sin kx$ und $y \cos kx$ konstruiert. Zu diesem Zwecke trägt man die Längen einer genügenden, in gleichen Zwischenräumen $2\pi/n$ errichteten Zahl von Ordinaten der Kurve auf die Strahlen einer Windrose mit den Winkeln $2\pi/n$ ab (Abb. 38). Die auf die Ordinatenachse gefällten Lote ergeben die Werte $y \sin x$, die Abschnitte auf der Abszissenachse die Werte $y \cos x$. Mit Hilfe dieser Werte und der zugehörigen Abszissenwerte $2\pi/n$, $2 \cdot 2\pi/n \ldots 2\pi$ werden die Integralkurven für a_1 und b_1 gezeichnet und ausplanimetriert. Für die Bestimmung der k-ten Oberwelle ist zu beachten, daß um den Winkel $k\dfrac{2\pi}{n}$ fortzuschreiten ist.

Die Konstruktion der Integralkurven und ihre Planimetrierung vermeidet v. Sanden[2]), indem er die Summenformeln nach Ziff. 25 zugrunde legt; die einzelnen Werte $y_n \sin 2\pi/n$ werden mit Hilfe eines Richtungslineals konstruiert und graphisch addiert.

R. Rothe[3]) zeigt, wie die Amplituden

$$I_{mk} = \sqrt{a_k^2 + b_k^2}$$

unmittelbar durch Konstruktion gewonnen werden können. Die durch eine endliche Reihe von $2n$-Gliedern dargestellten Koeffizienten

$$a_k = \frac{1}{n}\left(y_1 \sin k\,\frac{\pi}{n} + y_2 \sin k\,2\frac{\pi}{n} + \cdots + y_{2n} \sin k\,2\pi\right),$$

$$b_k = \frac{1}{n}\left(y_1 \cos k\,\frac{\pi}{n} + y_2 \cos k\,2\frac{\pi}{n} + \cdots + y_{2n} \cos k\,2\pi\right)$$

ergeben, vektoriell addiert, die Amplitude I_{mk}. In symbolischer Schreibweise ist also

$$I_{mk} = a_k + j\,b_k = \frac{1}{n}\left(y_1 \varepsilon^{jk\frac{\pi}{n}} + y_2 \varepsilon^{jk2\frac{\pi}{n}} + \cdots + y_{2n}\,\varepsilon^{jk2\pi}\right).$$

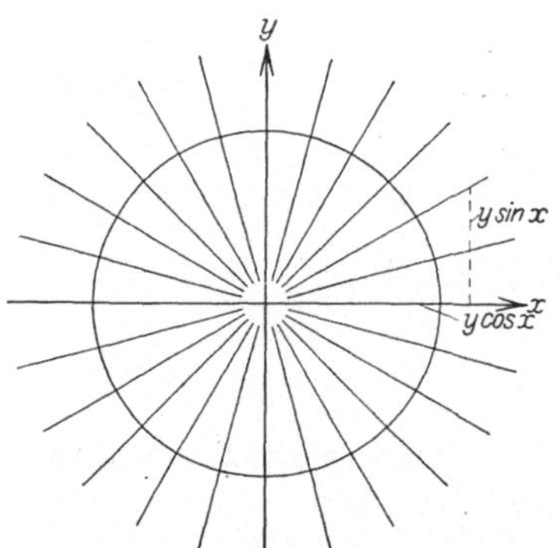

Abb. 38. Zeichnerische Bestimmung der Koeffizienten der Fourierreihe.

Nach Ziff. 12 ist $y\varepsilon^{j\varphi}$ der Vektor von der Länge $|y|$ und der Richtung φ, oder bei negativem y von der entgegengesetzten Richtung. Um I_{mk} zu finden, braucht man nur die $2n$-Vektoren geometrisch zu addieren. Man zeichnet hierzu eine Windrose nach Abb. 38 mit den Vielfachen von π/n auf Pauspapier, was für $n = 8$ oder $n = 12$ für viele Zwecke ausreichend ist. Mit Hilfe der Windrose fügt man die Vektoren $y\varepsilon^{jk\frac{\pi}{n}}$ geometrisch aneinander. Ihre Summe ergibt in der komplexen Ebene den Vektor $n\,I_{mk}$, dessen n-ter Teil, von 0 aus gerechnet, den Punkt mit den Koordinaten a_k, b_k liefert.

---

[1]) E. J. Houston u. A. F. Kennelly, Electrical World Bd. 31, S. 580. 1896; Elektrot. ZS. Bd. 19, S. 717. 1898; s. auch E. Orlich, Aufnahme und Analyse von Wechselstromkurven, S. 85. Braunschweig 1906.
[2]) H. v. Sanden, Arch. f. Elektrot. Bd. 1, S. 42. 1913.
[3]) R. Rothe, Elektrot. ZS. Bd. 41, S. 1000. 1920.

PICHELMAYER und SCHRUTKA[1]) führen die harmonische Analyse periodischer Kurven auf die Analyse von Trapezkurven zurück; sie ersetzen die Kurve durch einen sich möglichst eng anschmiegenden, gebrochenen Linienzug, der durch Parallele zur X-Achse in trapezförmige Streifen zerlegt wird. Für die Analyse dieser Streifen ergeben sich einfache Formeln; die Summierung der Wellen gleicher Ordnungszahl liefert die einzelnen Harmonischen der ganzen Kurve. In ähnlicher Weise verfährt MEURER[2]) unter Benutzung rechteckiger Streifen, die er graphisch oder analytisch auflöst.

Eine grundsätzlich strenge Lösung gibt das Verfahren von SLABY[3]). Ist das geometrische Bild der zu analysierenden Kurve $f(x)$ gegeben, so kann man leicht durch Konstruktion eine neue Kurve finden, die der Gleichung

$$y = f(x - h\cos x)$$

genügt, wobei $h = \pi/n$ ist (s. Abb. 39). Praktisch kommt dies auf eine Verschiebung jedes Punktes der ursprünglichen Kurve parallel zur X-Achse heraus, wobei jedoch die Größe der Verschiebung eines jeden Punktes entsprechend der Kosinusfunktion eine andere ist. Die Planimetrierung des zwischen den beiden Kurven liegenden Flächenstreifens liefert unmittelbar die Amplitude a_1 der ersten Harmonischen; ein entsprechendes Verfahren liefert b_1 bei Verschiebung um $h\sin x$. Es gilt die Regel: Verschiebt man die zu analysierende Kurve um $h\cos k x$ bzw. $h\sin k x$, so berechnen sich die Koeffizienten a_k und b_k aus dem Inhalt J_k und J'_k der entstehenden Flächenstreifen nach den Formeln

$$a_k = \frac{J_k}{k\,\pi\,h}\,,$$

$$b_k = \frac{J'_k}{k\,\pi h}\,.$$

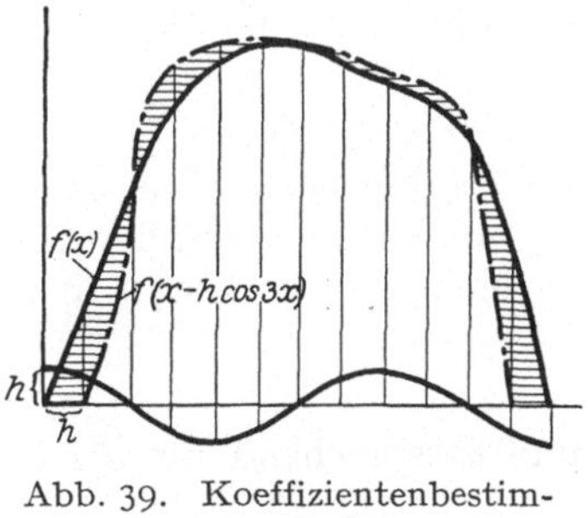

Abb. 39 gibt eine Anschauung von dem Verfahren für die Bestimmung der dritten Oberwelle: h ist gleich $\pi/12$ angenommen. Ist J der durch Planimetrieren gefundene Inhalt der schraffierten Fläche, so ist

Abb. 39. Koeffizientenbestimmung nach SLABY.

$$a_3 = \frac{2}{3\,\pi h}\,J\,.$$

Eine Übersicht und Beschreibung der **harmonischen Analysatoren**, Apparate, die die Bestimmung der Koeffizienten der Fourierreihe auf rein mechanischem Wege gestatten, gibt ORLICH[4]). Von neueren Konstruktionen seien erwähnt die von MADER[5]) und CHUBB und HARTENHEIM[6]).

27. Effektivwert, Leistung mehrwelliger Ströme. In dem Produkte zweier mehrwelliger Ströme

$$i = \sum(a_k \sin k\,\omega\,t + b_k \cos k\,\omega\,t) = \sum I_{mk} \sin(k\,\omega\,t + \psi_k),$$

$$i' = \sum(a'_k \sin k\,\omega\,t + b'_k \cos k\,\omega\,t) = \sum I'_{mk} \sin(k\,\omega\,t + \psi'_k)$$

---

[1]) K. PICHELMAYER u. L. v. SCHRUTKA, Elektrot. ZS. Bd. 33, S. 129. 1912.
[2]) F. MEURER, Elektrot.ZS. Bd. 34, S. 121. 1913.
[3]) R. SLABY, Arch. f. Elektrot. Bd. 2, S. 19. 1914; Elektrot. ZS. Bd. 40, S. 535, 551. 1919.
[4]) E. ORLICH, Aufnahme und Analyse von Wechselstromkurven. Braunschweig 1906.
[5]) Vgl. A. SCHREIBER, Phys. ZS. Bd. 11, S. 354. 1910.
[6]) M. HARTENHEIM, Elektrot. ZS. Bd. 38, S. 49, 1917.

treten Produkte von drei verschiedenen Formen auf, die durch die Faktoren $\sin r\omega t \cdot \sin q\omega t$, $\cos r\omega t \cdot \cos q\omega t$ und $\sin r\omega t \cdot \cos q\omega t$ gekennzeichnet sind, wenn r und q zwei beliebige Werte von k sind. Bildet man nun den Mittelwert

$$M(i\,i') = \frac{1}{T}\int_0^T i\,i'\,dt,$$

so werden gemäß Gleichung (3), Ziff. 18, sämtliche Produkte der dritten Art Null; das gleiche gilt entsprechend den Gleichungen (1) und (2), Ziff. 18 für die Produkte der ersten und zweiten Art, mit Ausnahme derjenigen, bei denen $r = q$ ist, die also sin- oder cos-Glieder gleicher Frequenz enthalten. Unter Berücksichtigung der Gleichung (4) in Ziff. 6 und der Umrechnungsformeln (4) in Ziff. 17 findet man

$$M(i\,i') = \frac{1}{T}\int_0^T i\,i'\,dt = \sum \frac{1}{2}\,(a_k a'_k + b_k b'_k) = \sum \frac{1}{2}\,I_{mk} I'_{mk} \cos(\psi_k - \psi'_k) \qquad (1)$$

Für $i = i'$ ist

$$M(i^2) = I^2 = \sum \tfrac{1}{2}(a_k^2 + b_k^2) = \sum \tfrac{1}{2} I_{mk}^2 . \qquad (2)$$

I_{mk} ist die Amplitude der Oberwelle von der Kreisfrequenz $k\,\omega$. Führt man statt ihrer durch die Gleichung $\tfrac{1}{2} I_{mk}^2 = I_k^2$ den Effektivwert I_k der Oberwelle ein, so ergibt sich die Beziehung

$$I = M(i^2) = \sqrt{\sum I_k^2} . \qquad (3)$$

Für technischen Wechselstrom ist die eine Kurvenhälfte das Spiegelbild der anderen in bezug auf die Abszissenachse: er enthält nur Schwingungen ungerader Ordnung. Daher kann man schreiben

$$I = \sqrt{I_1^2 + I_3^2 + I_5^2 + \cdots} \qquad (4)$$

und entsprechend für die Spannung

$$E = \sqrt{E_1^2 + E_3^2 + E_5^2 + \cdots} . \qquad (5)$$

Ersetzt man in Gleichung (1) den Augenblickswert des Stromes i' durch den Augenblickswert der Spannung e, so erhält man den Mittelwert der Leistung

$$N = M(e\,i) = \frac{1}{T}\int_0^T e\,i\,dt = \sum \frac{1}{2} E_{mk} I_{mk} \cos(\psi_k - \psi'_k) . \qquad (6)$$

Führt man wieder statt der Maximalwerte E_{mk}, I_{mk} die Effektivwerte ein, so nimmt die Gleichung die Form an:

$$N = \sum E_k I_k \cos\varphi_k , \qquad (7)$$

wenn $\psi_k - \psi'_k = \varphi_k$ gesetzt wird, oder

$$N = E_1 I_1 \cos\varphi_1 + E_3 I_3 \cos\varphi_3 + E_5 I_5 \cos\varphi_5 + \cdots \qquad (8)$$

Hiermit ergibt sich die Gesamtleistung als die Summe der Einzelleistungen der einzelnen Harmonischen. Oberschwingungen, die nicht sowohl in der Spannungskurve als auch in der Stromkurve enthalten sind, haben keinen Anteil an der Leistung.

Die Gleichungen (4), (5), (8) weisen die Möglichkeit einer strengen Behandlung mehrwelliger Schwingungen; hierbei ist jedoch in jedem Fall die Zerlegung der Schwingungen in ihre einzelnen harmonischen Komponenten Notwendigkeit.

28. Phasenverschiebung und Leistungsfaktor bei mehrwelligem Strom. Für einwelligen Strom besteht zwischen der Phasenverschiebung φ, der Leistung N und den Effektivwerten E und I die einfache Beziehung $\cos\varphi = N/EI$. Eine ähnliche einfache Beziehung läßt sich für mehrwelligen Strom nicht ableiten; die durch die Gleichungen (4) und (5) in Ziff. 27 definierten Effektivwerte des Stromes und der Spannung kommen in dem Ausdruck für die Leistung nicht vor. Es fragt sich, ob überhaupt eine allgemein gültige Definition für die Phasenverschiebung mehrwelliger Ströme gegeben werden kann.

ORLICH[1]) weist auf die theoretische Möglichkeit einer solchen Definition hin. Er setzt für einen bestimmten Zeitpunkt t_0 die einzelnen Harmonischen eines Stromes als Vektoren geometrisch aneinander. Der Winkel zwischen dem resultierenden Vektor und der Abszissenachse kennzeichnet dann die Phase des Stromes. Die Vektoren des Systems rotieren mit verschiedenen Winkelgeschwindigkeiten entsprechend den Frequenzen, die den Oberschwingungen eigentümlich sind. Infolgedessen variiert auch die Rotationsgeschwindigkeit des resultierenden Vektors mit der Zeit, ebenso wie sich auch seine Länge mit der Zeit ändert. Die praktische Anwendung eines solchen Systems begegnet erheblichen Schwierigkeiten und die Lösung bietet daher, wie der Verfasser selbst betont, nur theoretisches Interesse.

Eine andere Möglichkeit für die Definition der Phasenverschiebung ergibt sich daraus, daß man derjenigen gegenseitigen Lage einer e- und i-Kurve, bei der $N = M(e \cdot i) = 0$ ist, die Phasenverschiebung $\pi/2$ zuschreibt; daß eine solche Lage stets angebbar ist, zeigt ORLICH[2]). Eine Verschiebung der einen Kurve um eine halbe Periode aus ihrer Lage würde dann der Phasenverschiebung Null entsprechen. Aber auch diese Definition versagt, sobald man die Verschiebung dreier Kurven angeben will. Der Grund hierfür läßt sich, wie ORLICH im einzelnen nachweist, folgendermaßen formulieren: Sind $a\,b\,c$ drei Stromkurven, so mögen a und b durch Verschieben auf der Abszissenachse in eine solche Lage zu c gebracht werden, daß (ac) und (bc) nach der obigen Definition die wirkliche Phasenverschiebung Null besitzen. Dann entspricht diese gegenseitige Lage von a und b im allgemeinen nicht der nach der gleichen Definition gegebenen Phasenverschiebung Null von a und b.

Die Praxis hat einen radikalen Weg eingeschlagen. Die Zerlegung von Schwingungen in ihre harmonischen Komponenten, die für eine strenge Behandlung nötig ist, bedeutet im allgemeinen ein zu umständliches Verfahren. Die Praxis geht daher von den auch bei mehrwelligen Strömen ohne Schwierigkeit meßbaren Größen, der Leistung N und den Effektivwerten E und I des Stromes und der Spannung aus und setzt in Analogie mit der Beziehung $EI\cos\varphi$, die für einwelligen Strom Gültigkeit hat, den Faktor k, der das Verhältnis von N zu EI kennzeichnet, gleich dem Kosinus eines Winkels Φ:

$$\frac{N}{EI} = k = \cos\Phi. \tag{1}$$

---

1) E. ORLICH, Elektrot. ZS. Bd. 24, S. 60. 1903.
2) E. ORLICH, Theorie der Wechselströme, S. 57.

k bzw. $\cos\Phi$ werden als **Leistungsfaktor** bezeichnet, Φ wird die **effektive Phasenverschiebung** genannt. Führt man an Stelle der Mittelwerte N, E und I die Augenblickswerte ein, so ist k durch die Beziehung bestimmt:

$$k = \cos\Phi = \frac{M(e\,i)}{\sqrt{M(e^2)\,M(i^2)}} = \frac{\dfrac{1}{T}\int_0^T e\,i\,dt}{\dfrac{1}{T}\sqrt{\int_0^T e^2\,dt\int_0^T i^2\,dt}}. \tag{2}$$

29. Beziehung zwischen wirklicher und effektiver Phasenverschiebung.

Die Betrachtungen des vorigen Abschnittes lehrten, daß bei Strömen mehrwelliger Kurvenform im allgemeinen von einer wirklichen Phasenverschiebung nicht gesprochen werden kann. Nun gibt es zwei Sonderfälle, die eine Ausnahme bilden; sie betreffen Ströme, die entweder ähnliche oder symmetrische Kurvenform besitzen. In diesen beiden Fällen ist die wirkliche Phasenverschiebung φ durch den Betrag τ bestimmt, um den die eine Kurve parallel zur Abszissenachse verschoben werden muß, damit die Schnittpunkte der Kurven mit den Abszissenachsen zusammenfallen und alle Maxima und Minima dieselbe Abszisse haben. φ ist also durch die Gleichung definiert:

$$\frac{\varphi}{2\pi} = \frac{\tau}{T}.$$

Es fragt sich, welche Beziehung in diesen Fällen zwischen der wirklichen Phasenverschiebung φ und der effektiven Phasenverschiebung Φ besteht.

Man bezeichnet zwei Kurven als **ähnlich**, wenn die Ordinaten der einen Kurve das gleiche Vielfache der Ordinaten der anderen sind: Ist die Gleichung der einen Kurve

$$i = \sum I_{mk}\sin(k\,\omega\,t + \psi_k),$$

so ist die Gleichung einer ähnlichen Kurve

$$i' = \lambda\sum I_{mk}\sin(k\,\omega\,t + \psi_k + k\varphi).$$

Für diesen Fall läßt sich für die effektive Phasenverschiebung Φ und die wirkliche Phasenverschiebung φ folgende Beziehung ableiten[1]):

$$\cos\Phi = \frac{\sum I_{mk}^2\cos k\,\varphi}{\sum I_{mk}^2} \tag{1}$$

Für $\varphi = 0$ ist $\Phi = 0$; für $\varphi = \pi/2$ ist $\Phi = \pi/2$, da nur ungerade Werte von k in Frage kommen. Für alle Werte zwischen $\varphi = 0$ und $\varphi = \pi/2$ ist dagegen $\Phi > \varphi$.

Bei **symmetrischen** Kurven laufen beide Kurvenhälften symmetrisch zu der mittleren Ordinate; sie enthalten gemäß Ziff. 19 nur Sinusglieder. Ist die Gleichung der einen Kurve

$$i = \sum I_{mk}\sin k\,\omega\,t$$

und die Gleichung einer um φ verschobenen zweiten Kurve

$$i' = \sum I'_{mk}\sin(k\,\omega\,t + k\varphi),$$

---

[1]) E. Orlich, Theorie der Wechselströme S. 53 ff.

so ist die Beziehung zwischen der effektiven Phasenverschiebung Φ und der wirklichen Verschiebung φ durch den Ausdruck gegeben[1]):

$$\cos \Phi = \frac{\frac{1}{2}\sum I_{mk} I'_{mk} \cos k\varphi}{I \cdot I'}.\tag{2}$$

Für $\varphi = \pi/2$ ist $\Phi = \pi/2$ (k ungerade), für $\varphi = 0$ ist dagegen $\Phi \neq 1$.

In Abb. 40 sind nach RUSSEL[2]) eine Reihe symmetrischer Kurven gezeichnet, die sämtlich den gleichen Effektivwert E haben. Die ersten Halbteile der Kurven sind durch die Gleichungen gegeben:

Kurve a: Rechteckskurve $\qquad\qquad\qquad\qquad e = E$,

$\quad$„$\quad$ b: parabolische Kurve $\qquad\qquad\qquad e = \dfrac{4\sqrt{30}}{T^2} E\left(\dfrac{T}{2} t - t^2\right)$

$\quad$„$\quad$ c: Sinuskurve $\qquad\qquad\qquad\qquad e = \sqrt{2}\,E \sin \dfrac{2\pi}{T} t$,

$\quad$„$\quad$ d: Dreieckskurve $\qquad\qquad\qquad\quad e = 4\sqrt{3}\,E\,\dfrac{t}{T}$,

$\quad$„$\quad$ e: umgekehrte parabolische Kurve $\quad e = 16\sqrt{5}\,E\left(\dfrac{t}{T}\right)^2$,

$\quad$„$\quad$ f: umgekehrte Kurve dritter Ordnung $e = 64\sqrt{7}\,E\left(\dfrac{t}{T}\right)^3$.

In der nachstehenden Tabelle sind die nach Gleichung (2) in Ziff. 28 berechneten Werte der effektiven Phasenverschiebung zwischen den einzelnen Kurven und der Sinuskurve c angegeben, die einer wirklichen Verschiebung $\varphi = 0$ entsprechen:

Kurve	$\cos\Phi$	Φ in Winkelgraden
a	0,9003	25,8
b	0,9995	2,2
c	1,0000	0
d	0,9928	6,75
e	0,9322	21,2
f	0,8628	30,4

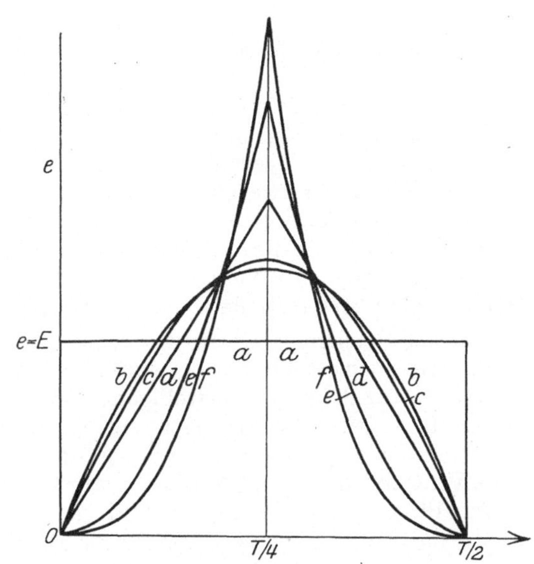

Abb. 40. Kurven von gleichem Effektivwert E.

Die wirkliche Verschiebung $\varphi = 0$ ist, wie ein Blick auf die Abbildung zeigt, bei symmetrischer Kurvenform eindeutig bestimmt. Die Zahlen der Tabelle lehren eindringlich, daß wirkliche und effektive Verschiebung streng zu unterscheiden sind; eine physikalische Bedeutung kommt der letzteren nicht zu.

---

[1]) E. ORLICH, Theorie der Wechselströme, S. 53 ff.
[2]) A. RUSSEL, The theory of alternating currents, S. 152.

30. Die Grenzwerte des Leistungsfaktors. Nach der allgemeinen Definition (Ziff. 28, Gleichung 2) ist

$$k = \cos \Phi = \frac{\int\limits_0^T e\,i\,dt}{\sqrt{\int\limits_0^T e^2\,dt \int\limits_0^T i^2\,dt}}.$$

Russel[1]) hat die Grenzwerte von k berechnet, indem er zunächt die obige Gleichung als eine endliche Summe von n-Gliedern darstellt:

$$k = \lim \frac{e_1 i_1 + e_2 i_2 + \cdots + e_n i_n}{\sqrt{(e_1^2 + e_2^2 + \cdots + e_n^2)\,(i_1^2 + i_2^2 + \cdots + i_n^2)}},$$

worin $e_1 \ldots e_n$, $i_1 \ldots i_n$ die Ordinaten sind, die den n-Teilpunkten einer Periodenlänge zugeordnet sind. Durch eine einfache Transformation erhält man nach Orlich[2])

$$1 - k^2 = \lim \frac{(e_1 i_2 - e_2 i_1)^2 + (e_1 i_3 - e_3 i_1)^2 + \cdots}{\sqrt{(e_1^2 + e_2^2 + \cdots + e_n^2) \cdot (i_1^2 + i_2^2 + \cdots + i_n^2)}}.$$

Auf der rechten Seite dieser Gleichung stehen nur positive Größen, daher ist $k \leqq 1$[3]). Der Grenzwert 1 kann nur erreicht werden, wenn

$$\frac{e_1}{i_1} = \frac{e_2}{i_2} = \cdots = \frac{e_n}{i_n}$$

ist, d. h. wenn $e = \mathrm{const} \cdot i$ ist, wenn also beide Kurven einander ähnlich sind. In allen anderen Fällen bleibt $k < 1$ und die effektive Phasenverschiebung $\Phi > 0$.

In ähnlicher Weise läßt sich zeigen, daß negative Werte des Leistungsfaktors k, die < -1 sind, nicht auftreten können; auch dieser Grenzwert wird nur bei ähnlichen Kurven erreicht.

31. Geometrische Darstellung mehrwelliger Ströme. Nach Ziff. 10 ist die Voraussetzung für die Darstellung einer Wechselstromgröße durch einen rotierenden Vektor der sinusförmige Verlauf der Größe mit der Zeit. Nur in diesem Falle sind die Projektionen des Vektors auf die Ordinatenachse den Augenblickswerten der darzustellenden Größe gleich oder, wenn die Länge des Vektors den Effektivwerten der Größe gleichgemacht ist, den Augenblickswerten mit dem Faktor $\sqrt{2}$ proportional. Von einer Beziehung des Vektors zu den Augenblickswerten in diesem Sinne kann natürlich bei mehrwelligem Verlauf der Spannungs- oder Stromkurve keine Rede sein; es fragt sich nur, ob die Anwendung von Vektoren zur Darstellung der gegenseitigen Lage der Größen und die Zusammensetzung der Vektoren nach dem Parallelogramm unter Benutzung des Winkels der effektiven Phasenverschiebung statthaft ist.

Sind drei Ströme i_1, i_2, i_3 durch die Beziehung

$$i_3 = i_1 + i_2$$

miteinander verbunden, so ist

$$i_3^2 = i_1^2 + i_2^2 + 2\,i_1 \cdot i_2.$$

---

[1]) A. Russel, The theory of alternating currents. S. 146.
[2]) E. Orlich, Theorie der Wechselströme, S. 57.
[3]) Vgl. auch G. Rössler, Elektrot. ZS. Bd. 19, S. 598. 1898.

Durch Mittelwertbildung erhält man die Gleichung der Effektivwerte

$$I_3^2 = I_1^2 + I_2^2 + 2\,I_1\,I_2 \cos\varPhi\,,$$

da in Analogie mit Gleichung (1), Ziff. 28

$$M\,(i_1\,i_2) = I_1\,I_2 \cos\varPhi$$

zu setzen ist.

Es folgt: I_3 kann als Diagonale eines Parallelogramms mit den Seiten I_1 und I_2 und dem Winkel $\varPhi$ zwischen I_1 und I_2 konstruiert werden. Damit ist aber auch die geometrische Darstellungsmöglichkeit erschöpft. Wenn auch die Länge des Vektors I_3 seinem Effektivwert entspricht, der Winkel zwischen I_3 und I_1 bzw. I_3 und I_2 ist keineswegs allgemein gleich den effektiven Phasenverschiebungen zwischen diesen Strömen. Werden die Winkel zwischen i_1, i_2, i_3 mit $\varPhi_{12}$, $\varPhi_{23}$ und $\varPhi_{13}$ bezeichnet, so ist, wie RUSSEL[1]) gezeigt hat, die Gleichung

$$\varPhi_{12} + \varPhi_{23} = \varPhi_{13}$$

im allgemeinen nicht erfüllt. Hieraus folgt, daß es nicht ohne weiteres möglich ist, drei Ströme durch drei Vektoren in einer Ebene darzustellen, indem man die Vektoren mit den Winkeln der Phasenverschiebungen aneinanderreiht. Die Bedingung, unter der diese Darstellung erlaubt ist, läßt sich leicht finden, wenn man nach ORLICH[2]) berücksichtigt, daß die effektive Phasenverschiebung zwischen zwei Strömen nur dann gleich Null werden kann, wenn die Ströme ähnliche Kurvenformen besitzen (vgl. Ziff. 29). Daher können zwei Ströme von verschiedener Kurvenform nie durch zwei in dieselbe Richtung fallende Vektoren dargestellt werden, gleichgültig, welche Verschiebung sie gegeneinander haben. Dies ist nur dann zulässig, wenn die Augenblickswerte beider in einem konstanten Verhältnis zueinander stehen, d. h. wenn beide Kurven ähnlich verlaufen. Von dieser Bedingung ausgehend läßt sich zeigen, daß drei Ströme i_1, i_2, i_3 nur dann durch drei Vektoren in einer Ebene dargestellt werden können, wenn zwischen ihren Augenblickswerten eine homogene lineare Gleichung besteht:

$$a\,i_1 + b\,i_2 + c\,i_3 = 0\,,$$

wo a, b und c Konstanten sind[3]). Ist diese Bedingung nicht erfüllt, so lassen sich die drei Vektoren nur im Raume unter ihren zugehörigen Winkeln zusammensetzen.

Die Bedingung dafür, daß vier Ströme sich im Raume aneinandersetzen lassen, ist nach RUSSEL in Analogie mit der obigen Gleichung

$$a\,i_1 + b\,i_2 + c\,i_3 + d\,i_4 = 0\,.$$

Eine allgemein gültige Darstellung mehrwelliger Ströme durch Vektoren in der Ebene oder im Raume ist also nicht möglich. Wenn trotzdem das Vektordiagramm zur Darstellung mehrwelliger Ströme unter Benutzung der Beziehung

$$\cos\varPhi = \frac{N}{E\,I}$$

vielfach angewendet wird, so kann das Verfahren nur Näherungswerte liefern. E und I werden in diesem Falle häufig als die äquivalente Sinusspannung bzw. der äquivalente Sinusstrom bezeichnet.

---

[1]) A. RUSSEL, Alternating currents. Bd. I, S. 182.
[2]) E. ORLICH, Theorie der Wechselströme, S. 64.
[3]) Vgl. auch A. RUSSEL, Alternating currents. Bd. I, S. 181.

Bei der Anwendung auf technische Probleme, z. B. bei der Einführung des Magnetisierungsstromes beim Transformatordiagramm, macht man nun nicht selten die Erfahrung, daß die graphische Darstellung Ergebnisse liefert, die überraschend gut mit den Versuchsergebnissen übereinstimmen. Dies hat die folgenden Gründe[1]). Die von modernen Generatoren gelieferte Spannung ist praktisch sinusförmig. Wenn nun auch der Magnetisierungsstrom infolge der wechselnden Permeabilität im Eisen verzerrt ist, so haben doch die höheren Harmonischen der Stromkurve an der Leistung keinen Anteil; auch machen sich die Oberwellen im Effektivwert des Stromes in der Regel wenig bemerkbar: eine Harmonische, deren Amplitude ein Zehntel der Amplitude der Grundwelle ist, vermehrt den Effektivwert nur um 0,5%. Da die Phasenverschiebung aus der gemessenen Leistung, die nur die Grundwelle berücksichtigt, berechnet wird, so ist es einleuchtend, daß die Diagramme mit den Meßergebnissen ziemlich genau übereinstimmen müssen. Ist jedoch die Voraussetzung der sinusförmigen Spannung nicht gegeben, so liefert die graphische Darstellung nur rohe Näherungswerte und sollte nur dazu dienen, die Übersicht über die Beziehungen zwischen den einzelnen Größen zu erleichtern.

Die Definitionen, die für Wechselstromgrößen unter Voraussetzung einwelliger Ströme in Ziff. 9 gegeben sind, werden in der Praxis häufig auch für mehrwellige Ströme angewendet[2]); man setzt z. B.

den Scheinwiderstand $$Z = \frac{E}{I},$$

den Wirkwiderstand $$R = \frac{N}{I^2},$$

den Blindwiderstand $$X = \sqrt{(E/I)^2 - (N/I^2)^2} = \sqrt{Z^2 - R^2}.$$

Die physikalische Bedeutung, die diese Größen bei einwelligen Strömen mit Bezug auf die Konstanten des Stromkreises haben, kommt ihnen bei verzerrter Kurvenform nicht mehr zu; so hat die Zerlegung des Scheinwiderstandes in zwei zu einander senkrechte Komponenten keinen physikalischen Sinn mehr. Daher führt das Rechnen mit diesen Größen bei mehrwelligen Strömen zu keinen genaueren Ergebnissen, es sei denn, daß bei einwelliger Spannung ein nur mäßig verzerrter Strom vorliegt. Hier können aus den gleichen Gründen, die die Anwendung der graphischen Darstellung gestatten, befriedigende Resultate erzielt werden.

Nach Gleichung (1), Ziff. 28, und Gleichung (7), Ziff. 27, ist

$$E I \cos \Phi = \sum E_k I_k \cos \varphi_k,$$

dagegen ist

$$E I \sin \Phi \neq \sum E_k I_k \sin \varphi_k\,^3).$$

Das Verhältnis

$$F = \frac{\sum E_k I_k \sin \varphi_k}{E I \sin \varphi}$$

wird als Induktionsfaktor bezeichnet. Es ist stets kleiner als 1[4]).

<hr>

[1]) H. Schering, Elektrot. ZS. Bd. 45, S. 712. 1924.
[2]) Auch der AEF bezieht in dem in Ziff. 9 angeführten Vorschlage die Definitionen allgemein auf mehrwellige Ströme Vgl. hierzu die Bemerkungen von H. Schering, Elektrot. ZS. Bd. 45, S. 712. 1924.
[3]) G. Rössler, Elektrot. ZS. Bd. 19, S. 598. 1898.
[4]) Vgl. A. Fraenkel, Theorie der Wechselströme, S. 97.

32. Formfaktor, Scheitelfaktor. Nach Ziff. 6 wird das Verhältnis des Effektivwertes zum arithmetischen Mittelwert

$$\xi = \frac{\sqrt{M(e^2)}}{M(e)}$$

als Formfaktor, das Verhältnis des Scheitelwertes zum Effektivwert

$$\sigma = \frac{E_m}{\sqrt{M(e^2)}}$$

als Scheitelfaktor bezeichnet.

Der Formfaktor hat eine gewisse Bedeutung für die Berechnung des maximalen Flusses, der Scheitelwert für die Berechnung der maximalen Spannung.

Zwischen dem Höchstwert des gesamten Induktionsflusses Ψ und dem Effektivwert der Spannung

$$\sqrt{M(e^2)} = E$$

besteht für Wechselstromkurven, deren eine Periodenhälfte das Spiegelbild der anderen in bezug auf die Abszissenachse ist, die Beziehung

$$M(e) = \frac{E}{\xi} = 4\,f\,\Psi_m,$$

wenn f die Frequenz ist[1]). Die Integrationsgrenzen für die Mittelwertsbildung $M(e)$ sind dabei so zu wählen, daß $M(e)$ ein Maximum wird. Mit Hilfe des Formfaktors ist man daher imstande, den Höchstwert des Flusses, der für die Verluste im Eisen maßgebend ist, aus dem Effektivwerte zu berechnen. Dabei ist für die Bestimmung des Formfaktors selbst die Kenntnis des arithmetischen Mittelwerts der Wechselstromgröße erforderlich. Um ihn zu ermitteln, braucht man nicht die Stromkurve etwa oszillographisch aufzunehmen, sondern kann ihn z. B. mit Hilfe von Gleichstrominstrumenten messen, indem man den Wechselstrom mit einem geeigneten Kommutator gleichrichtet.

Der Formfaktor ist nie kleiner als 1; das ist sofort einzusehen, wenn man den Effektivwert und den arithmetischen Mittelwert nach RUSSEL[2]) als Grenzwerte endlicher Summen darstellt:

$$\sqrt{M(e)^2} = \lim \left[\frac{e_1^2 + e_2^2 + \cdots e_n^2}{n}\right]^{\frac{1}{2}},$$

$$M(e) = \lim \frac{e_1 + e_2 + \cdots e_n}{n}.$$

Nach einem bekannten algebraischen Satze ist die erste dieser Summen stets größer als die zweite, es sei denn, daß alle n Größen einander gleich sind. In diesem Falle wird der Formfaktor gleich 1.

In nachstehender Tabelle sind die Form- und Scheitelfaktoren für die in Abb. 40 gezeichneten Kurven a, d, e, f angegeben. Alle diese Kurven werden für $t = 0$ bis $t = T/4$ durch die Gleichung dargestellt:

$$e = E\sqrt{2n+1}\left(\frac{4\,t}{T}\right)^n.$$

Der Effektivwert sämtlicher Kurven ist E, der Höchstwert $E\sqrt{2n+1}$.

Tabelle.

Kurve	n	ξ	σ
a	0	1	1
d	1	1,155	1,732
e	2	1,342	2,236
f	3	1,512	2,646

---

[1]) Die maximale Änderung des Flusses während $T/2$ ist $2\Psi_m$, der Mittelwert $M(e)$ der induzierten EMK daher $\dfrac{2\Psi_m}{T/2} = 4f\Psi_m$.

[2]) A. RUSSEL, Alternating currents Bd. I, S. 68.

Für die Bildung des arithmetischen Mittelwertes genügt es, die Integration von 0 bis $T/4$ zu erstrecken, da die Kurven symmetrisch zu der in $T/4$ errichteten Ordinate verlaufen.

$$M(e) = E\sqrt{2n+1} \cdot \frac{4}{T} \int_0^{T/4} \left(\frac{4t}{T}\right)^n dt = \frac{E\sqrt{2n+1}}{n+1}.$$

Demnach ist der Formfaktor

$$\xi = \frac{n+1}{\sqrt{2n+1}},$$

der Scheitelfaktor

$$\sigma = \sqrt{2n+1}.$$

Der Formfaktor der Sinuskurve ist 1,11 (Ziff. 6); der Formfaktor der Rechteckskurve ist demnach kleiner als dieser, derjenige der Dreieckskurve und der noch spitzer verlaufenden Kurven e und f dagegen größer. Der Formfaktor gibt daher einen gewissen Anhalt für die Stumpfheit oder Spitzheit der Kurve.

33. Veränderung der Kurvenform durch Kapazität und Induktivität. Wird eine mehrwellige Spannung

$$e = \sum (a_k \sin k\omega t + b_k \cos k\omega t)$$

durch eine Induktivität L geschlossen, so ist der Strom

$$i = \frac{1}{L} \int e\, dt = \frac{1}{\omega L} \sum \left(\frac{b_k}{k} \sin k\omega t - \frac{a_k}{k} \cos k\omega t\right).$$

Wird die Spannung durch einen Kondensator von der Kapazität C geschlossen, so ist der Strom

$$i = C\frac{de}{dt} = \omega C \sum (k a_k \cos k\omega t - k b_k \cos k\omega t).$$

Während der einwellige Strom keine Veränderung durch Einschalten von Induktivitäten oder Kapazitäten erfährt — Differentiation und Integration einer Sinusfunktion liefert stets wieder eine Sinusfunktion —, wird die Kurvenform mehrwelliger Ströme von Grund auf geändert. Die Amplituden der Oberschwingungen des Ladestromes eines Kondensators sind k-mal größer als die Amplituden der Oberschwingungen der Spannungskurve. Je höher daher die Ordnungszahl der Oberschwingungen ist, um so stärker prägen sich diese in der Kurve des Ladestromes aus. Dagegen bewirkt das Einschalten einer Induktivität ein Abschleifen der Oberschwingungen. Ihre Amplitude beträgt nur den k-ten Teil der Amplituden der Oberschwingungen der Spannungskurve.

34. Veränderung der Kurvenform durch ferromagnetische Körper im Wechselfeld. Magnetisierungsstrom. Verlaufen die Kraftlinien eines magnetischen Feldes ganz oder teilweise in Eisen, so sind Feldstärke und Induktion nicht mehr einander proportional, da die Permeabilität μ veränderlich ist. Bei zyklischer Magnetisierung entsprechen außerdem jedem Wert der Feldstärke $\mathfrak{H}$ wegen der Remanenz verschiedene Werte der Induktion, je nachdem bei zunehmender oder abnehmender Feldstärke gemessen wird. Der Verlauf der Induktion in Abhängigkeit von der Feldstärke ist durch den als Hystereseschleife bekannten Kurvenzug gegeben. Von vornherein läßt sich daher aussagen, daß die Kurve eines das Feld erregenden periodischen Stromes der Kurve des Flusses

$$\Phi = q \cdot \mathfrak{B}$$

nicht gleich sein kann, gleichviel ob der Fluß nach einer einwelligen oder nach einer mehrwelligen Kurvenform verläuft.

Schaltet man auf die Wicklungen eines geschlossenen Eisenringes eine Wechselspannung e, so mögen ein Strom i und je Windungseinheit ein Induktionsfluß Φ entstehen. Die drei Größen sind durch die Beziehung verknüpft

$$e = iR + w\frac{d\Phi}{dt},$$

wenn R der Wirkwiderstand der gesamten Windungen und w ihre Zahl ist. Unter der vereinfachenden Annahme, daß der Spannungsabfall iR vernachlässigbar klein gegen die gesamte Spannung ist, liefert die Integration

$$\Phi = \frac{1}{w}\int e\,dt.$$

Einer einwelligen Spannung

$$e = E_m \sin\omega t$$

entspricht demnach ein sinusförmiger Fluß

$$\Phi = -\Phi_m \sin\left(\omega t - \frac{\pi}{2}\right)$$

mit der Amplitude

$$\Phi_m = \frac{E_m}{\omega w}.$$

Der Fluß eilt der Spannung e um 90° nach.

Ist die Spannungskurve von mehrwelliger Form, so verläuft auch der Fluß nach einer mehrwelligen Kurve, jedoch sind ihre Amplituden als die einer Integralkurve gemäß Ziff. 33 verkleinert. Die dem Flusse Φ entsprechende Umlaufspannung $w\frac{d\Phi}{dt}$ muß dagegen wieder der ursprünglichen Spannungskurve genau entsprechen, ein Ergebnis, das auch aus der Gleichung

$$e = w\frac{d\Phi}{dt}$$

unmittelbar abzulesen ist. Der Maximalwert des Flusses ist bei mehrwelliger Kurvenform

$$\Phi_m = \frac{1}{w\,4f}\,M\,(e)$$

(vgl. Ziff. 32).

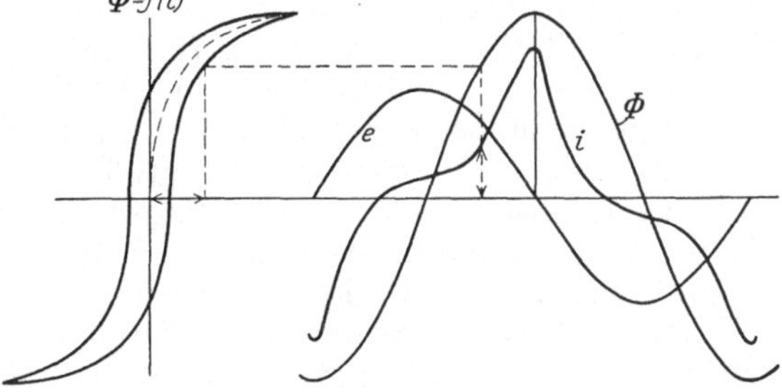

Abb. 41. Konstruktion der Stromkurve aus der Hysteresisschleife.

Während die Form des Flusses sich in einfacher Weise aus der Form der Klemmenspannung ergibt, läßt sich die Form des auftretenden Stromes i nur in komplizierter Weise aus dem Verlauf des Flusses und unter Berücksichtigung der eingangs erwähnten Beziehung zwischen Induktion und Feldstärke bzw. Amperewindungen ableiten. Da sich diese Beziehung nicht in gesetzmäßiger Form analytisch darstellen läßt, kann man auch für die Gestalt der Stromkurve keinen analytischen Ausdruck gewinnen; man ist auf eine graphische Konstruktion angewiesen. Diese ist in Abb. 41 unter Voraussetzung eines sinusförmigen Verlaufes des Flusses Φ durchgeführt. Der Magnetisierungskurve $\Phi = f(i)$ ist für jeden Wert des Flusses der zugehörige Wert des Stromes entnommen und im Zeitdiagramm aufgetragen. Die so erhaltene i-Kurve ist stark verzerrt. Ihr Maximum fällt mit dem der Φ-Kurve zusammen; jedoch ist bemerkenswert, daß die Nullwerte der i-Kurve gegenüber der

Φ-Kurve zeitlich früher liegen, eine Verschiebung, die durch die mit der zyklischen Magnetisierung auftretenden Hystereseverluste bedingt ist. Man

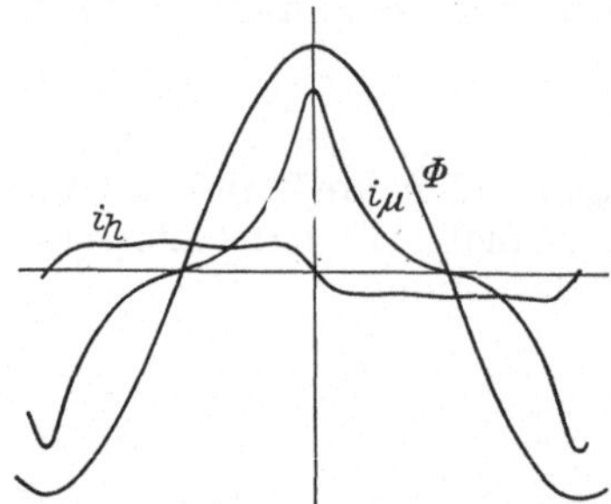

pflegt den Gesamtstrom i zu zerlegen in den eigentlichen Magnetisierungsstrom i_μ, der mit der Φ-Kurve in Phase ist, und in einen Strom i_h, der die Verluste deckt und der mit der e-Kurve in Phase ist (Abb. 42). Die i_μ-Kurve nimmt dann eine symmetrische Gestalt an, entsprechend einer Magnetisierungskurve, bei der die beiden Äste zusammenfallen und durch den Nullpunkt gehen.

Abb. 42. Die Komponenten des Stromes i: Der Magnetisierungsstrom i_μ und der Verluststrom i_h.

Werden die Kurven von e und i experimentell, etwa mit Hilfe des Oszillographen, aufgenommen, so kann die Magnetisierungskurve leicht gezeichnet werden, indem man das soeben beschriebene Verfahren (Abb. 41) umkehrt. Durch Planimetrieren der von dem Kurvenzug begrenzten Fläche erhält man die Verluste[1]), und zwar sowohl die Hystereseverluste als auch die Wirbelstromverluste.

c) Mehrphasen-Wechselstromsysteme.

35. Das Dreiphasensystem. Die Elektrotechnik ist frühzeitig dazu übergegangen, Wechselstromgeneratoren mit mehreren voneinander isolierten Wicklungen zu bauen, deren jede eine EMK liefert. Verbindet man die Generatorwicklungen in bestimmter, später zu erörternder Weise untereinander und mit energieaufnehmenden Stromkreisen, so erhält man ein Mehrphasen-Wechselstromsystem. Die rechnerische Behandlung eines solchen Systems, das lediglich die Kombination mehrerer Einphasensysteme darstellt, kann ohne Schwierigkeit auf die Behandlung des Einphasenstromkreises, deren Grundlagen in den vorhergehenden Kapiteln gegeben sind, zurückgeführt werden. Indessen bedingt die gegenseitige magnetische und elektrische Verkettung der Kreise einige Besonderheiten, die mit Rücksicht auf die große Bedeutung der Mehrphasensysteme nachstehend kurz erörtert werden mögen. Die Erörterungen sollen beschränkt bleiben auf das symmetrische verkettete Dreiphasensystem; alle anderen Systeme sind praktisch bedeutungslos geworden.

In Abb. 43 ist das Schema eines Dreiphasengenerators skizziert. Drei voneinander isolierte Wicklungen sind in gleichem Winkelabstande über dem Umfange eines Kreises angeordnet. Zwischen ihnen rotiert ein Magnet mit der Winkelgeschwindigkeit ω und induziert in jeder Wicklung eine Spannung e. Die Spannungen haben, gleiche Dimensionierung der Spulen vorausgesetzt, gleiche Größe; ebenso ist die Frequenz bei allen die gleiche. In der Phase sind die Spannungen um einen Winkel von je $2\pi/3$, der den Spulenabstand im Raume kennzeichnet, gegeneinander verschoben. Für die einzelnen Spannungen ergeben sich daher die Gleichungen:

$$e_1 = E_m \sin \omega t,$$

$$e_2 = E_m \sin\left(\omega t - \frac{2\pi}{3}\right),$$

$$e_3 = E_m \sin\left(\omega t - 2\frac{2\pi}{3}\right);$$

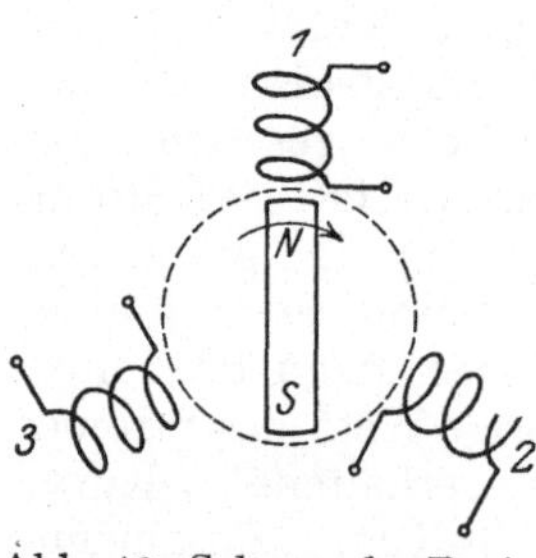

Abb. 43. Schema des Dreiphasengenerators.

e_1, e_2, e_3 nennt man die Phasenspannungen.

---

[1]) J. u. B. Hopkinson, Electrician Bd. 29, S. 510. 1892.

· **36. Schaltungen des Dreiphasensystems.** Sternschaltung: Vereinigt man drei Enden der Generatorwicklungen zu einem Knotenpunkt, dem sog. Sternpunkt, so setzen sich die drei Phasenspannungen, die bei dieser Schaltungsweise auch als Sternspannungen bezeichnet werden, zu drei neuen Spannungen, den verketteten oder Linienspannungen zusammen. Die Größe und Richtung der Phasenspannungen wird — bei Voraussetzung einwelliger Kurvenform — in dem Vektordiagramm Abb. 44 durch die Vektoren OA, OB und OC dargestellt. Die geometrische Zusammensetzung zweier Sternspannungen, unter

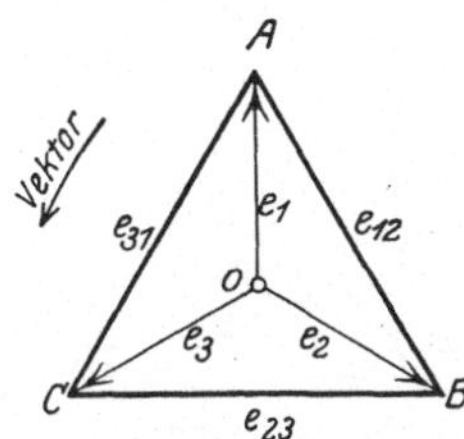

Abb. 44. Spannungsdiagramm des Dreiphasensystems.

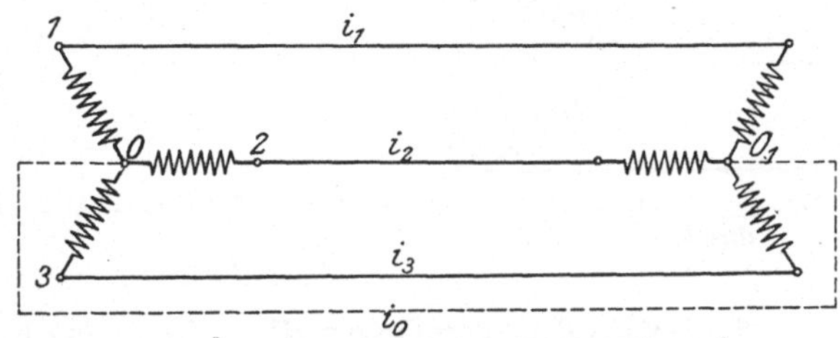

Abb. 45. Sternschaltung des Generators und der Belastung.

Berücksichtigung ihres Richtungssinnes, ergibt die verketteten Spannungen e_{12}, e_{23}, e_{31} entsprechend den Vektoren AB, BC, CA. Es gelten daher für die Momentanwerte die Gleichungen

$$e_{12} = e_1 - e_2,$$

$$e_{23} = e_2 - e_3,$$

$$e_{31} = e_3 - e_1$$

und die hieraus folgende

$$e_{12} + e_{23} + e_{31} = 0.$$

Der Effektivwert E_v der verketteten Spannung ist aus den geometrischen Beziehungen des Diagramms ohne weiteres abzulesen; er beträgt das $\sqrt{3}$ fache der Phasenspannung E.

Verbindet man die Enden der Generatorwicklungen mit einer gleichfalls in Stern geschalteten Belastung (s. Abb. 45), so sind für die Fortleitung der Ströme im allgemeinen vier Leitungen erforderlich. Die Summe der in einem Knotenpunkt zusammenfließenden Ströme i_1, i_2, i_3, i_0 muß nach dem KIRCHHOFFschen Gesetz in jedem Augenblick gleich Null sein:

$$-(i_1 + i_2 + i_3) = i_0.$$

Setzt man die Ströme im Diagramm nach Abb. 46 zusammen, so schließt der Vektor des Stromes i_0 das Stromviereck.

Sind die Ströme nach ihrer Größe und nach ihrer Phasenverschiebung gegen die zugehörigen Spannungen gleich — symmetrische Belastung —, so wird $i_0 = 0$. Die

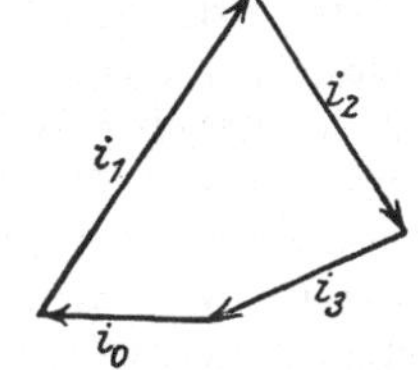

Abb. 46. Stromdiagramm des Dreiphasensystems.

Vektoren der Ströme i_1, i_2, i_3 schließen sich zu einem gleichseitigen Dreieck. Der die Sternpunkte O und O_1 verbindende Leiter, der als neutraler oder Nulleiter bezeichnet wird, kann fortfallen. Wird er bei unsymmetrischer Belastung fortgelassen, so entsprechen die Spannungen an den drei Zweigen der Belastung nicht mehr den Phasenspannungen; es tritt eine Verschiebung des Sternpunktes der Belastung ein (vgl. Ziff. 39).

Ringschaltung: Die Summe der drei Phasenspannungen ist gemäß Ziff. 35 gleich Null, wenn die Spannungen einwellig verlaufen. Diese Tatsache gibt die Möglichkeit, die Wicklungen des Generators nach Abb. 47 hintereinanderzuschalten (Ring- oder Dreiecksschaltung), ohne daß Ausgleichsströme in den Wicklungen fließen. Belastet man den in Dreieck geschalteten Generator, so ist in jedem Augenblick die Summe der in einem Knotenpunkt zusammentreffenden Ströme gleich Null. Unter Berücksichtigung der Stromrichtung erhält man daher die Beziehungen:

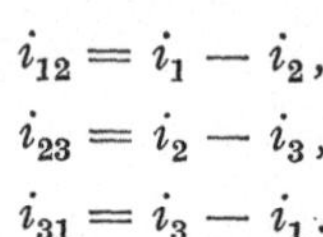

$$i_{12} = i_1 - i_2,$$
$$i_{23} = i_2 - i_3,$$
$$i_{31} = i_3 - i_1.$$

Abb. 47. Dreiecksschaltung des Generators.

Bei symmetrischer Belastung ist

$$I_1 = I_2 = I_3; \quad I_{12} = I_{23} = I_{31}; \quad I_v = \sqrt{3}\,I.$$

37. Der Einfluß von Oberwellen. Sternschaltung: Die drei Phasenspannungen eines Generators haben stets die gleiche Kurvenform. Nun hat die Beziehung zwischen den Momentanwerten der verketteten Spannungen und der Sternspannungen

$$e_{12} = e_1 - e_2; \quad e_{23} = e_2 - e_3; \quad e_{31} = e_3 - e_1$$

allgemeine Gültigkeit, unabhängig davon, ob einwellige oder mehrwellige Spannungen vorliegen. Daher besteht auch die aus diesen Gleichungen durch Addition gewonnene Gleichung

$$e_{12} + e_{23} + e_{31} = 0$$

bei jeder beliebigen Kurvenform zu Recht. Welche Folgerung ergibt sich hieraus für die Oberwellen der verketteten Spannungen? Nach Ziff. 23 gilt allgemein der Satz, daß die Summe von n mehrwelligen Schwingungen, die um den gleichen Winkel in der Phase gegeneinander verschoben sind, nicht Null ist, sondern Oberschwingungen von derjenigen Ordnungszahl k enthält, für die k/n eine ganze Zahl ist. Hieraus folgt, daß die verketteten Spannungen eines Dreiphasensystems, bei denen ja die erwähnten Voraussetzungen zutreffen, Oberschwingungen von der Ordnungszahl 3, 9, 15 ... nicht enthalten dürfen (Oberwellen gerader Ordnungszahl sind beim Wechselstrom aus anderen Gründen nicht vorhanden); andernfalls könnte ihre Summe nicht gleich Null sein. Der Grund für das Fehlen der Oberschwingungen von der Ordnungszahl 3, 9, 15 ... ist leicht einzusehen. Die drei Phasenspannungen sind um je $2\pi/3$ gegeneinander in der Phase verschoben, die Oberwellen der k-ten Ordnung um $k\,2\pi/3$. Demnach haben alle Oberwellen, bei denen $k/3$ eine ganze Zahl ist, eine Phasenverschiebung von 2π oder ein ganzes Vielfaches davon, d. h. sie haben die gleiche Phase und fallen bei der Differenzbildung

$$e_1 - e_2 = e_{12}$$

fort. Die Amplituden der übrigen Oberwellen mit der Ordnungszahl 5, 7, 11 usw. sind dagegen $\sqrt{3}$ mal so groß wie die Amplituden der entsprechenden Oberwellen in den Phasenspannungen.

Das Verhältnis des Effektivwertes E_v der verketteten Spannung zu dem Effektivwert E der Phasenspannung ist

$$\frac{E_v}{E} = \frac{\sqrt{3}\cdot\sqrt{E_1^2 + E_5^2 + E_7^2 + \cdots}}{\sqrt{E_1^2 + E_3^2 + E_5^2 + E_7^2 + \cdots}},$$

also kleiner als $\sqrt{3}$, vorausgesetzt, daß die Oberwellen der 3., 9. usw. Ordnungszahl in den Phasenspannungen auftreten.

Das Vorhandensein von Oberwellen der Ordnungszahl 3, 9, 15 ... in den Phasenspannungen, d. h. von Oberwellen, die in den verketteten Spannungen nicht auftreten können, hat zur Folge, daß auch bei vollkommen symmetrischer Belastung bei Schaltung nach Abb. 45 in dem Nulleiter Ausgleichsströme von höherer Frequenz fließen. Ist ein Nulleiter nicht vorhanden, so kann jeder der Sternpunkte erhebliche Spannung gegen Erde haben, wenn der andere geerdet ist[1]).

Ringschaltung: Die Summe der Phasenspannungen ist nicht gleich Null, wenn die Kurve der Spannungen mehrwellig ist. Gemäß Ziff. 23 resultiert daher bei der Ringschaltung der Generatorwicklungen eine Spannung von 3-, 9-, 15- ... facher Frequenz, die in den Wicklungen einen Ausgleichsstrom hervorruft. Wegen der damit verbundenen dauernden Verluste ist die Ringschaltung der Sternschaltung unterlegen.

38. Geometrische Darstellung des Dreiphasensystems. Sind die Phasenspannungen von beliebiger Kurvenform

$$e_1 = \sum E_{mk} \sin k\omega t,$$

$$e_2 = \sum E_{mk} \sin\left(k\omega t + k\frac{2\pi}{3}\right),$$

$$e_3 = \sum E_{mk} \sin\left(k\omega t + k 2\frac{2\pi}{3}\right),$$

so ist gemäß Gleichung (2) in Ziff. 28 die effektive Phasenverschiebung zwischen zwei aufeinanderfolgenden Spannungen

$$\cos\Phi = \frac{\sum E_{mk}^2 \cos k\frac{2\pi}{3}}{\sum E_{mk}^2}.$$

k, die Ordnungszahl der Oberwellen, kann im allgemeinen alle Werte der ganzen Zahlen annehmen. Schließt man diejenigen Oberwellen aus, deren Ordnungszahl durch 3 teilbar ist, so enthält die Spannung nur Oberwellen, deren Ordnungszahl von der Form

$$k = 3h \pm 1 \qquad (h = 0, 1, 2, \ldots)$$

ist. Für diese Werte von k wird

$$\cos k\frac{2\pi}{3} = \cos\left(h 2\pi \pm \frac{2\pi}{3}\right)$$

$$= \cos\frac{2\pi}{3},$$

und daher $\cos\Phi = \cos\dfrac{2\pi}{3}$.

Hieraus folgt: Die verketteten Spannungen eines Dreiphasensystems, die gemäß Ziff. 37 die 3., 6., 9., ... Oberschwingungen nicht enthalten, können stets durch ein ebenes Dreieck dargestellt werden; die Phasenspannungen nur dann, wenn sie die 3., 6., 9., ... Oberschwingungen nicht enthalten. Ist diese Bedingung nicht erfüllt, wie es die Regel ist, so lassen sich die Phasen- und Linienspannungen eines Dreiphasensystems nur im Raume durch eine dreiseitige Pyramide darstellen. Diese Darstellung ist stets möglich[2]).

---

[1]) Näheres s. z. B. A. Fraenkel, Wechselströme, S. 124.

[2]) Über den allgemeinen Beweis für ein n-Phasensystem s. E. Orlich, Theorie der Wechselströme, S. 74 ff.

39. Berechnung der Sternschaltung. Symmetrische Linienspannungen.
Die drei Phasenspannungen sind in Abb. 48 durch die Vektoren $OA = \mathfrak{E}_1$, $OB = \mathfrak{E}_2$,
$OC = \mathfrak{E}_3$ darsgetellt; hierbei ist die einwellige Kurvenform vorausgesetzt. Werden
an die Phasenspannungen gemäß Abb. 45 drei Widerstände $\mathfrak{z}_1$, $\mathfrak{z}_2$, $\mathfrak{z}_3$ beliebiger
Art in Sternschaltung angeschlossen, so fällt der Sternpunkt der Belastung
im allgemeinen nicht mit dem Sternpunkt O der Phasenspannung des Generators
zusammen. Er hat gegen diesen eine durch den Vektor OD dargestellte Spannungsdifferenz $\mathfrak{E}_0$. Die Ströme in den Widerständen und in dem Nulleiter vom Wider-
stande $\mathfrak{z}_0$ seien $\mathfrak{J}_1$, $\mathfrak{J}_2$, $\mathfrak{J}_3$, $\mathfrak{J}_0$; dann bestehen die folgenden Gleichungen:

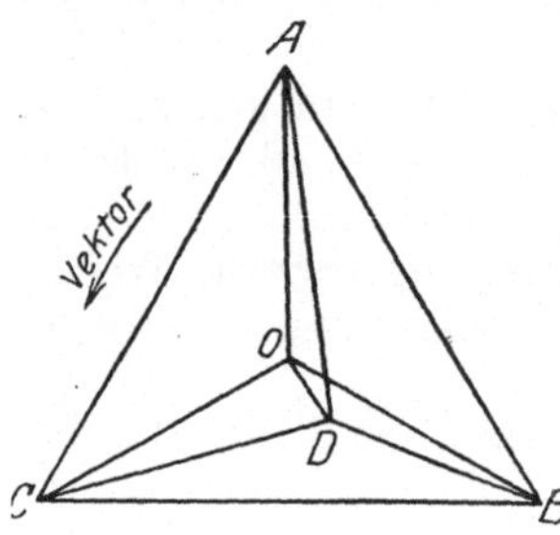

Abb. 48. Berechnung der
Sternschaltung. Symmetri-
sche Linienspannungen.

$$\left.\begin{aligned}
\mathfrak{J}_1\,\mathfrak{z}_1 &= \mathfrak{E}_1 - \mathfrak{E}_0,\\
\mathfrak{J}_2\,\mathfrak{z}_2 &= \mathfrak{E}_2 - \mathfrak{E}_0,\\
\mathfrak{J}_3\,\mathfrak{z}_3 &= \mathfrak{E}_3 - \mathfrak{E}_0,\\
\mathfrak{J}_0\,\mathfrak{z}_0 &= \quad\ -\mathfrak{E}_0.
\end{aligned}\right\} \tag{1}$$

Berücksichtigt man, daß die Summe der vier Ströme
gleich Null ist, so erhält man aus diesen Gleichungen
die folgende Beziehung für $\mathfrak{E}_0$:

$$\mathfrak{E}_0 = \frac{\dfrac{\mathfrak{E}_1}{\mathfrak{z}_1} + \dfrac{\mathfrak{E}_2}{\mathfrak{z}_2} + \dfrac{\mathfrak{E}_3}{\mathfrak{z}_3}}{\dfrac{1}{\mathfrak{z}_1} + \dfrac{1}{\mathfrak{z}_2} + \dfrac{1}{\mathfrak{z}_3}}, \tag{2}$$

und durch Einsetzen dieses Wertes in die Gleichungen (1) die Ströme in den Wider-
ständen $\mathfrak{z}_1$, $\mathfrak{z}_2$, $\mathfrak{z}_3$, $\mathfrak{z}_0$ sowie die Spannungen an ihren Enden, die durch die Vektoren DA, DB, DC und DO dargestellt sind. Fehlt der Nulleiter, so ist in allen
Gleichungen $1/\mathfrak{z}_0 = 0$ zu setzen[1]).

Unsymmetrische Linienspannungen. Bei ungleichmäßiger Belastung der
einzelnen Phasen eines Drehstromverteilungsnetzes sind die Linienspannungen
nicht mehr einander gleich. Ihre Vektoren bilden ein ungleichseitiges Dreieck.
Bezeichnen wir die noch unbekannten Sternspannungen einer in Stern geschalteten
Belastung, die aus den Widerständen $\mathfrak{z}_1$, $\mathfrak{z}_2$, $\mathfrak{z}_3$ gebildet wird, mit $\mathfrak{E}_1$, $\mathfrak{E}_2$, $\mathfrak{E}_3$, so
gelten die Beziehungen

$$\mathfrak{E}_1 - \mathfrak{E}_2 = \mathfrak{E}_{12}; \quad \mathfrak{E}_2 - \mathfrak{E}_3 = \mathfrak{E}_{23}; \quad \mathfrak{E}_3 - \mathfrak{E}_1 = \mathfrak{E}_{31}. \tag{3}$$

Wir suchen den Sternpunkt zunächst für den Fall, daß die Belastungs-
widerstände untereinander gleich sind:

$$\mathfrak{z}_1 = \mathfrak{z}_2 = \mathfrak{z}_3 = \mathfrak{z}.$$

Dann wird

$$\frac{\mathfrak{E}_1}{\mathfrak{z}} + \frac{\mathfrak{E}_2}{\mathfrak{z}} + \frac{\mathfrak{E}_3}{\mathfrak{z}} = \mathfrak{J}_1 + \mathfrak{J}_2 + \mathfrak{J}_3 = 0,$$

und unter dieser Voraussetzung folgt aus den
Gleichungen (3)

$$\mathfrak{E}_1 = \frac{1}{3}(\mathfrak{E}_{12} - \mathfrak{E}_{31}),$$

$$\mathfrak{E}_2 = \frac{1}{3}(\mathfrak{E}_{23} - \mathfrak{E}_{12}),$$

$$\mathfrak{E}_3 = \frac{1}{3}(\mathfrak{E}_{31} - \mathfrak{E}_{23}).$$

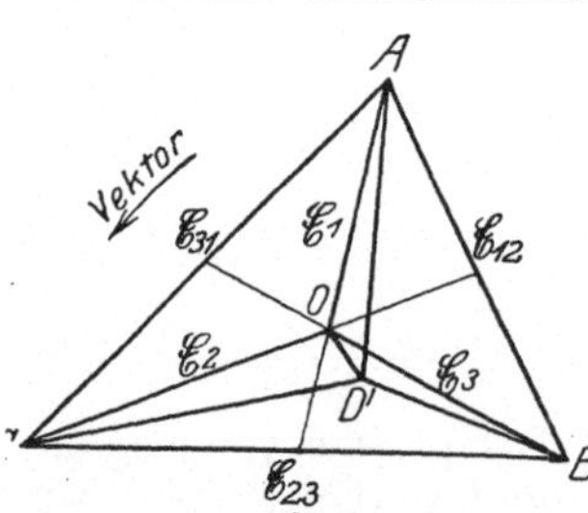

Abb. 49. Berechnung der Sternschaltung. Unsymmetrische
Linienspannungen.

Der Sternpunkt der Belastung liegt, wenn die Belastung symmetrisch ist,
im Schwerpunkt O des Dreiecks der Linienspannungen (s. Abb. 49).

---

[1]) Über eine geometrische Konstruktion des Sternpunktes der Belastung s. z. B.
A. FRAENKEL, Theorie der Wechselströme, S. 100

Hat man so den Sternpunkt der symmetrischen Belastung analytisch oder durch geometrische Konstruktion ermittelt, so läßt sich die Aufgabe, den Sternpunkt der unsymmetrischen Belastung zu bestimmen, in ganz analoger Weise durchführen, wie die eingangs dieser Ziffer behandelte Aufgabe. Man ersetzt in den Gleichungen (1) den Vektor $\mathfrak{E}_0$ durch den Vektor $\mathfrak{E}_0'$, der durch die Strecke OD' in Abb. 49 dargestellt ist. Die Bestimmungsgleichung für $\mathfrak{E}_0'$ ist dann von gleicher Form, wie Gleichung (2).

40. Beziehung zwischen Phasen- und Linienströmen. Drei Widerstände $\mathfrak{Z}_1$, $\mathfrak{Z}_2$, $\mathfrak{Z}_3$ seien nach Abb. 50 in Dreieck geschaltet. Dann bestehen zwischen den Linienströmen $\mathfrak{J}_{12}$, $\mathfrak{J}_{23}$, $\mathfrak{J}_{31}$ und den Phasenströmen $\mathfrak{J}_1$, $\mathfrak{J}_2$, $\mathfrak{J}_3$ die Gleichungen

$$\left.\begin{aligned}\mathfrak{J}_{12} &= \mathfrak{J}_1 - \mathfrak{J}_2, \\ \mathfrak{J}_{23} &= \mathfrak{J}_2 - \mathfrak{J}_3, \\ \mathfrak{J}_{31} &= \mathfrak{J}_3 - \mathfrak{J}_1. \end{aligned}\right\} \qquad (1)$$

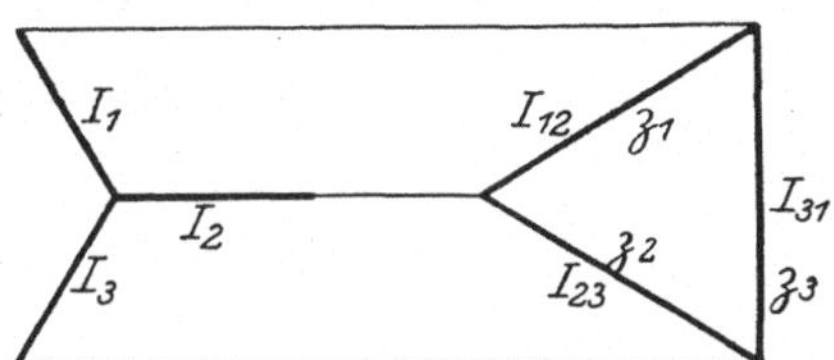

Abb. 50.   Beziehung zwischen Phasen- und Linienströmen.

Ferner ist

$$\mathfrak{J}_{12} + \mathfrak{J}_{23} + \mathfrak{J}_{31} = 0, \qquad (2)$$

$$\mathfrak{J}_1\mathfrak{Z}_1 + \mathfrak{J}_2\mathfrak{Z}_2 + \mathfrak{J}_3\mathfrak{Z}_3 = 0. \qquad (3)$$

Quadriert man Gleichung (3) und eliminiert die in beiden Gleichungen auftretenden Produkte $\mathfrak{J}_1\mathfrak{J}_2$, so erhält man zur Berechnung der Linienspannungen die Gleichung

$$I_{12}^2\mathfrak{Z}_1\mathfrak{Z}_2 = (I_1^2\mathfrak{Z}_1 + I_2^2\mathfrak{Z}_2)(\mathfrak{Z}_1 + \mathfrak{Z}_2) - I_3^2\mathfrak{Z}_3^2 \qquad (4)$$

und zwei ähnliche Gleichungen für I_{23} und I_{31}. Ebenso läßt sich zur Berechnung der Phasenströme aus den Linienströmen leicht die Gleichung ableiten[1]:

$$I_1^2(\mathfrak{Z}_1 + \mathfrak{Z}_2 + \mathfrak{Z}_3)^2 = (I_{23}^2\mathfrak{Z}_3 + I_{31}^2\mathfrak{Z}_2)(\mathfrak{Z}_2 + \mathfrak{Z}_3) - I_1^2\mathfrak{Z}_2\mathfrak{Z}_3. \qquad (5)$$

41. Satz von KENNELLY. Die Berechnung des Spannungsmittelpunktes einer in Stern geschalteten Belastung nach Ziff. 39 ist äußerst einfach; sind aber die Sternspannungen bekannt, so lassen sich die weiteren Berechnungen für jede Phase einzeln durchführen. Um sich dieses Vorteils auch bei der Dreiecksschaltung der Belastung bedienen zu können, kann man nach KENNELLY[2] die Dreiecksschaltung durch eine in bezug auf die äußeren Stromkreise äquivalente Sternschaltung ersetzen. Die Sternschaltung mit den Widerständen $\mathfrak{Z}_1$, $\mathfrak{Z}_2$, $\mathfrak{Z}_3$ ist einer gegebenen Dreiecksschaltung mit den Widerständen $\mathfrak{Z}_a$, $\mathfrak{Z}_b$, $\mathfrak{Z}_c$ offenbar äquivalent, wenn die Scheinwiderstände zwischen je zwei Klemmen bei beiden Schaltungen die gleichen sind, d. h. wenn die Beziehungen bestehen:

$$\mathfrak{Z}_1 + \mathfrak{Z}_2 = \frac{\mathfrak{Z}_c(\mathfrak{Z}_a + \mathfrak{Z}_b)}{\mathfrak{Z}_a + \mathfrak{Z}_b + \mathfrak{Z}_c}$$

und zwei ähnliche. Hieraus folgt:

$$\mathfrak{Z}_1 = \frac{\mathfrak{Z}_b\mathfrak{Z}_c}{\mathfrak{Z}_a + \mathfrak{Z}_b + \mathfrak{Z}_c}.$$

. . . .

42. Die Leistung des Dreiphasensystems. Die gesamte Leistung ist gleich der Summe der Leistungen der drei Phasen; für die Augenblickswerte besteht demnach die Gleichung

$$e\,i = e_1\,i_1 + e_2\,i_2 + e_3\,i_3, \qquad (1)$$

wenn e_1, e_2, e_3 die Sternspannungen, i_1, i_2, i_3 die Phasenströme sind (s. Abb. 45).

---

[1] Vgl. A. RUSSEL, Alternating currents. Bd. I, S. 230; E. ORLICH, Theorie der Wechselströme, S. 80.

[2] A. E. KENNELLY, Electrical World Bd. 34, S. 413. 1899.

Bei symmetrischer Bel..tung sei

$$e_1 = \sqrt{2}\,E\sin\omega t; \qquad e_2 = \sqrt{2}\,E\sin\left(\omega t - \frac{2\pi}{3}\right); \qquad e_3 = \sqrt{2}\,E\sin\left(\omega t - \frac{4\pi}{3}\right);$$

$$i_1 = \sqrt{2}\,I\sin(\omega t - \varphi); \quad i_2 = \sqrt{2}\,I\sin\left(\omega t - \frac{2\pi}{3} - \varphi\right); \quad i_3 = \sqrt{2}\,I\sin\left(\omega t - \frac{4\pi}{3} - \varphi\right).$$

Hieraus errechnen sich die Leistungen der einzelnen Phasen:

$$e_1 i_1 = E I\left[\cos\varphi - \cos(2\omega t - \varphi)\right],$$

$$e_2 i_2 = E I\left[\cos\varphi - \cos\left(2\omega t - 2\frac{2\pi}{3} - \varphi\right)\right],$$

$$e_3 i_3 = E I\left[\cos\varphi - \cos\left(2\omega t - 4\frac{2\pi}{3} - \varphi\right)\right].$$

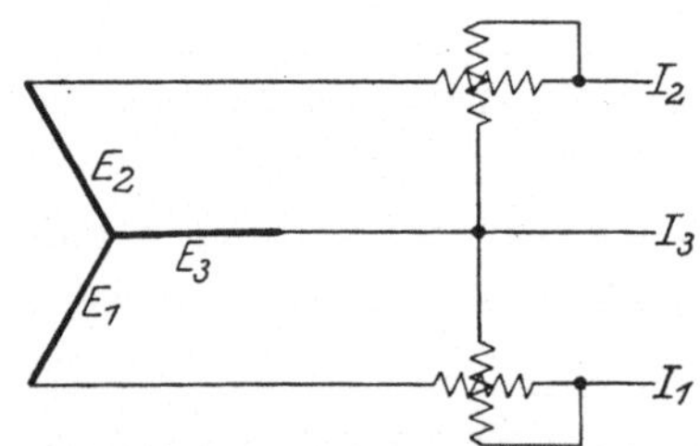

Abb. 51. Leistungsmessung nach Aron.

Bei der Summierung wird die Summe der periodischen Teile der drei Gleichungen gleich Null. Daher ist $e i = 3 E I \cos\varphi$. Es ergibt sich das bemerkenswerte Resultat, daß bei symmetrischer Belastung des Dreiphasensystems der Augenblickswert der gesamten Leistung konstant ist, während die Leistung des Einphasenwechselstroms nach Ziff. 7 periodisch um einen Mittelwert schwankt.

Führt man statt der Phasenspannung E die verkettete Spannung E_v ein, so erhält man für die Leistung den Ausdruck

$$N = \sqrt{3}\,E_v I \cos\varphi.$$

Bei Dreiphasensystemen ohne Nulleiter ist die Summe der drei Ströme i_1, i_2, i_3 stets gleich Null, unabhängig von der Kurvenform. Diese Tatsache gibt die Möglichkeit, einen der Ströme i aus der Leistungsgleichung zu eliminieren:

$$e i = (e_1 - e_3)\,i_1 + (e_2 - e_3)\,i_2 \tag{2}$$

oder

$$\left.\begin{aligned} e i &= e_{13} i_1 + e_{23} i_2, \\ &= e_{21} i_2 + e_{31} i_3, \\ &= e_{32} i_3 + e_{12} i_1. \end{aligned}\right\} \tag{3}$$

Diese für die Messung der Drehstromleistung wichtige Beziehung ist zuerst von Aron in einer Patentschrift[1] und unabhängig von ihm von Behn-Eschenburg[2] abgeleitet. Sie gibt die Drehstromleistung in Dreileitersystemen für jede beliebige Belastung und Kurvenform richtig an.

Zur Messung der Drehstromleistung genügen demnach zwei Leistungsmesser, die nach Abb. 51 geschaltet sind.

Unter Voraussetzung symmetrischer Belastung und einwelliger Kurvenform kann man aus den Angaben der beiden Leistungsmesser den Winkel der Phasen-

---

[1] H. Aron, Patentschrift vom 26. XI. 1891.
[2] Behn-Eschenburg, Elektrot. ZS. Bd. 13, S. 73. 1892.

verschiebung der Ströme gegen die Phasenspannungen berechnen. Der Leistungsmesser 1 zeigt die Leistung (s. Abb. 52)

$$N_1 = E_{13} I_1 \cos(30° - \varphi),$$

der Leistungsmesser 2 die Leistung

$$N_2 = E_{23} I_2 \cos(30° + \varphi).$$

Die Summe beider Ausdrücke ist, wenn

$$E_{13} = E_{23} = E_v$$

und

$$I_1 = I_2 = I$$

gesetzt wird,

$$N_1 + N_2 = \sqrt{3}\, E_v I \cos\varphi,$$

ihre Differenz

$$N_1 - N_2 = E_v I \sin\varphi.$$

Hieraus folgt die Beziehung

$$\operatorname{tg}\varphi = \sqrt{3}\,\frac{N_1 - N_2}{N_1 + N_2}\,{}^1).$$

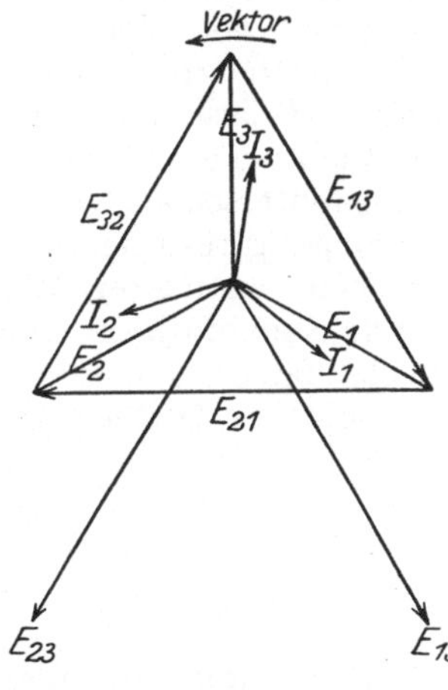

Abb. 52. Diagramm der Aron-Schaltung.

Ist der Sternpunkt des Generators und der der Belastung durch einen Nulleiter verbunden, so sind nach Gleichung (1) drei Leistungsmesser erforderlich, deren Stromspulen von den Phasenströmen I_1, I_2, I_3 durchflossen werden und deren Spannungsspulen zwischen je einen Außenleiter und den Nulleiter gelegt werden[2]).

43. Das Drehfeld. Das Prinzip der Erzeugung des elektrischen Drehfeldes ist von GALILEO FERRARIS[3]) angegeben und von N. TESLA[4]) gleichzeitig und unabhängig zur Konstruktion eines Motors mit Kurzschlußanker benutzt worden.

Es stelle B (s. Abb. 53) den Vektor eines elektromagnetischen Feldes dar, das mit der konstanten Winkelgeschwindigkeit ω in der Pfeilrichtung rotiere. Zu jedem Zeitpunkte t kann man sich dieses Feld in zwei zueinander senkrechte Komponenten B_1 und B_2 zerlegt denken, deren Momentanwerte durch die Gleichungen dargestellt werden:

$$B_1 = B \cos\omega t = B \sin(90° + \omega t),$$

$$B_2 = \qquad\quad B \sin\omega t.$$

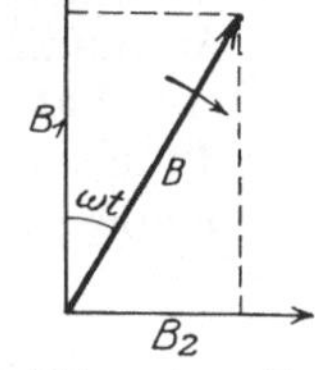

Diesen Gleichungen entsprechen zwei sinusförmige Wechselfelder von der Kreisfrequenz ω, deren maximale Amplitude gleich B ist und deren Phase um 90° gegeneinander in dem Sinne verschoben ist, daß B_1 dem Felde B_2 voraneilt. Es folgt hieraus: die Superposition von zwei räumlich und zeitlich um 90° gegeneinander verschobenen Wechselfeldern von gleicher Amplitude ergibt ein Drehfeld, dessen konstante Amplitude gleich dem Maximum der Amplitude der beiden Einzelfelder ist, und das mit konstanter Winkelgeschwindigkeit rotiert, und zwar derart,

Abb. 53. Zusammensetzung des Drehfeldes aus 2 Vektoren.

---

[1]) Über die Bedingungen, unter denen diese Beziehung auch für mehrwelligen Strom gültig ist, s. E. ORLICH, Theorie der Wechselströme, S. 87.

[2]) Über Modifikationen der Formel (1) durch Einführung der verketteten Spannungen s. E. ORLICH, Elektrot. ZS. Bd. 28, S. 71. 1907.

[3]) G. FERRARIS, Rotationi elettrodinamiche prodotte mezzo di correnti alternate. Torino 1888; Ref. Elektrot. ZS. Bd. 9, S. 568. 1888.

[4]) N. TESLA, Ref. Elektrot. ZS. Bd. 9, S. 343. 1888.

daß während einer Zeit T der Winkel $\omega T = 2\pi / T = 2\pi$, also eine Umdrehung zurückgelegt wird; die Rotation erfolgt entgegengesetzt dem Umlaufssinne der Vektoren der Einzelfelder. In physikalischer Betrachtungsweise würde man eine Schwingung, deren Amplitude und Lage durch den Vektor B dargestellt ist, als zirkular polarisierte Schwingung bezeichnen. Sind die Maximalamplituden B ihrer Komponenten nicht gleich groß, oder ist ihr Phasenunterschied von $90°$ verschieden, so würde eine elliptisch polarisierte Schwingung resultieren.

Von besonderer Wichtigkeit in der Elektrotechnik sind Drehfelder, die durch Superposition von drei um $120°$ räumlich und zeitlich verschobenen Wechselfeldern entstehen, und zu deren Erregung der Dreiphasenwechselstrom ein einfaches Mittel bietet. Die Vektoren der Einzelfelder sind gegeben durch:

$$B_1 = B \sin(\omega t + 240°),$$

$$B_2 = B \sin(\omega t + 120°),$$

$$B_3 = B \sin \omega t.$$

Diese drei Vektoren kann man zu zwei aufeinander senkrechten Komponenten derart zusammensetzen, daß man für die Komponenten die Gleichungen erhält:

$$Y = \frac{2}{3} B \sin(\omega t + 90°),$$

$$X = \frac{2}{3} B \sin \omega t.$$

Damit ist dieser Fall auf den eingangs behandelten zurückgeführt. Die Superposition von drei räumlich und zeitlich um $120°$ verschobenen Wechselfeldern ergibt ebenfalls ein mit der Winkelgeschwindigkeit ω rotierendes Drehfeld; seine konstante Amplitude beträgt jedoch das 1,5fache der Amplituden der Einzelfelder.

Über die räumliche Verteilung der Einzelfelder ist in den vorstehenden Betrachtungen keine Aussage gemacht; sind die Felder homogen, so ist auch das resultierende Drehfeld in dem betrachteten Raume homogen. In den für die Anwendung des Drehfeldes praktisch wichtigen Fällen, z. B. bei Asynchronmotoren hat man es in der Regel mit einer sinusförmigen räumlichen Verteilung der Induktion über die Polflächen zu tun (vgl. Ziff. 20). Der Augenblickswert B_x des Feldes im Abstande x von der neutralen Zone des Feldes ist gegeben durch

$$B_x = B \sin \frac{x}{\tau} \pi \sin \omega t,$$

worin τ die Polteilung, d. h. der $2p$-te Teil des Umfanges ist, wenn p die Zahl der Polpaare ist. Zwei räumlich und zeitlich um $90°$ verschobene Wechselfelder von räumlich und zeitlich sinusförmig verteilter Induktion haben also an der Stelle x die Augenblickswerte

$$B_{1x} = B \cos \frac{x}{\tau} \pi \cos \omega t,$$

$$B_{2x} = B \sin \frac{x}{\tau} \sin \omega t.$$

Die Zusammensetzung beider gibt das resultierende Feld

$$B_x = B \cos\left(\omega t - \frac{x}{\tau} \pi\right).$$

Die Gleichung stellt eine mit der Winkelgeschwindigkeit ω fortschreitende Welle, d. h. das resultierende Drehfeld dar; seine räumliche Verteilung ist ebenfalls sinusförmig.

In ähnlicher Weise ergibt die Superposition von n Wechselfeldern von gleicher Größe, die räumlich und zeitlich um $2\pi/n$ gegeneinander verschoben sind, die allgemeine Gleichung des Drehfeldes

$$B_x = \frac{n}{2} B \cos\left(\omega\,t - \frac{x}{\tau}\pi\right)^1).$$

d) Ausgleichsvorgänge in quasistationären Stromkreisen[2]).

44. Stationäre und quasistationäre Vorgänge. Die bisherigen Betrachtungen nehmen lediglich auf den stationären Zustand Bezug. Er ist in einem Wechselstromkreise dadurch gekennzeichnet, daß alle Spannungen und Ströme periodisch veränderlich sind, veränderlich mit der Periode der auf den Stromkreis wirkenden EMK. Dem stationären Zustande entspricht ein bestimmter Betrag der gesamten Energie der elektrischen und magnetischen Felder; die Verteilung der Energie ist in jedem Augenblick gegeben durch die Größe der Ströme in den Spulen und der Spannungen an den Kondensatoren. Wird der stationäre Zustand gestört, sei es, daß die wirkende EMK oder, wie bei Schaltvorgängen, die Konstanten R, L, C des Stromkreises sprunghaft geändert werden, so wird ein neuer Beharrungszustand eintreten. Dem neuen Zustand entspricht ein anderer Betrag und eine andere Verteilung der gesamten Energie. Die Energieänderung aber kann sich nicht plötzlich, sondern nur in einem stetigen Vorgange vollziehen, da eine plötzliche Energieänderung eine unendlich große Leistung erfordern würde[3]).

Der Übergang von einem Beharrungszustande in den anderen erfordert also eine gewisse Zeit. Die den Übergang vermittelnden Vorgänge klingen nach einer Exponentialfunktion aus. Das bedeutet, daß der Übergang theoretisch eine unendlich große Zeit erfordert; praktisch läuft er in den meisten Fällen in dem Bruchteil einer Sekunde ab.

Ist die Energie an bestimmten Stellen des Stromkreises konzentriert, so geht der Ausgleich der Energien, die zwei verschiedenen stationären Zuständen entsprechen, im ganzen Stromkreise gleichzeitig vor sich; man spricht in diesem Falle von quasistationären Vorgängen. Ist diese Voraussetzung nicht erfüllt, ist also Kapazität und Induktivität über den ganzen Stromkreis verteilt, so kann eine gleichzeitige Änderung des Stromes und der Spannung nicht statthaben. Die Änderungen pflanzen sich vielmehr mit Lichtgeschwindigkeit als sog. Wanderwellen von der Schalt- oder Störungsstelle aus über die Leitungen fort.

Die mit den Ausgleichsvorgängen verbundenen Erscheinungen, die lange Zeit hindurch nur theoretisches Interesse besaßen, sind für die praktische Elektrotechnik von ungeheurer Bedeutung geworden, seitdem elektrische Energiemengen von großem Betrage bei hohen Spannungen und auf weite Entfernungen übertragen werden. Ihre mathematische Behandlung umfaßt ein so umfangreiches Gebiet der theoretischen Elektrotechnik, daß an dieser Stelle nur die Grunderscheinungen in quasistationären Stromkreisen kurz behandelt werden können. Im übrigen aber muß auf die unten angegebene elektrotechnische

---

[1]) Näheres s. E. KITTLER und W. PETERSEN, Allgemeine Elektrotechnik, Bd. III; E. ARNOLD, Die Wechselstromtechnik.

[2]) Vgl. auch dieses Handbuch Bd. 17.

[3]) Vgl. K. W. WAGNER, Elektromagnetische Ausgleichsvorgänge in Freileitungen und Kabeln. Leipzig 1908.

Literatur[1]), besonders aber auf das ausgezeichnete Werk von R. Rüdenberg, und bezüglich der Vorgänge in nichtstationären Kreisen auf das Kap. Überspannungen und Überströme in Bd. 17 ds. Handb. verwiesen werden. Die folgenden Ziff. 45 bis 50 lehnen sich teilweise an die Darstellung Rüdenbergs an, wie auch ein Teil der Abbildungen seinem Werke entnommen ist.

45. Allgemeines Schaltgesetz für quasistationäre Stromkreise. Unter der Voraussetzung, daß die sog. Konstanten des Stromkreises, der Widerstand R, die Induktivität L und die Kapazität C, als wirkliche Konstanten angesehen werden können, während sie bei strenger Betrachtung mehr oder weniger von der Änderungsgeschwindigkeit der elektromagnetischen Feldgrößen abhängen, kann die Beziehung zwischen der auf den Stromkreis wirkenden Spannung e und dem Strome i stets durch eine lineare Differentialgleichung von der Form

$$\sum\left(L\frac{di}{dt} + \frac{1}{C}\int i\,dt + Ri\right) = e^{2})\tag{1}$$

dargestellt werden. Die Summe $\sum$ bedeutet dabei, daß die Summe in der Differentialgleichung nach den bekannten Kirchhoffschen Gesetzen, entsprechend der Zusammensetzung der einzelnen Glieder des Stromkreises, zu bilden ist. Nun gilt für physikalische Vorgänge, die durch lineare Differentialgleichungen beschrieben werden können, allgemein das Gesetz, daß die wirkenden Kräfte in ihrer Gesamtheit dieselben Summenwirkungen hervorbringen, wie wenn man sie nacheinander wirken lassen würde[3]). Man kann demnach den gesamten während eines Ausgleichvorganges fließenden Strom in zwei Teile zerlegen, den stationären Strom i', der sich längere Zeit nach dem Schalten unter dem Einfluß der Spannung e einstellt, und den Ausgleichsstrom i'', der den stetigen Übergang vermittelt

$$i = i' + i'';\tag{2}$$

die Differentialgleichung erhält dann die Form

$$\sum\left(L\frac{di'}{dt} + \frac{1}{C}\int i'\,dt + Ri'\right) + \sum\left(L\frac{di''}{dt} + \frac{1}{C}\int i''\,dt + Ri''\right) = e.\tag{3}$$

Der stationäre Strom i' erfüllt für sich die Bedingung

$$\sum\left(L\frac{di'}{dt} + \frac{1}{C}\int i'\,dt + Ri'\right) = e.\tag{4}$$

Die Differenzbildung liefert demnach die Differentialgleichung

$$\sum\left(L\frac{di''}{dt} + \frac{1}{C}\int i''\,dt + Ri''\right) = 0\tag{5}$$

zur Bestimmung des Ausgleichstromes i''. Dieser ist von der Art und Größe der wirkenden Spannung völlig unabhängig. Man bezeichnet ihn daher auch als freien Strom.

Im Augenblick des Schaltens, zur Zeit $t = 0$, besitzt der Gesamtstrom, da plötzliche Änderungen nicht stattfinden können, noch die gleiche Stärke $i_0 = i$,

---

[1]) J. J. Thomson, Recent Researches on electricity and magnetism. Oxford 1893; F. Bedell u. A. C. Crehore, Theorie der Wechselströme. Übersetzung von A. H. Bucherer. Berlin-München 1895; O. Heaviside, Electromagnetic theory. London 1899; K. W. Wagner, Elektromagnetische Ausgleichsvorgänge in Freileitungen und Kabeln. Leipzig 1908; Ch. P. Steinmetz, Theory and calculation of transient electric phenomena and oscillations. New York 1909; W. Petersen, Hochspannungstechnik. Stuttgart 1911; A. Fraenkel, Theorie der Wechselströme. Berlin 1922; R. Rüdenberg, Elektrische Schaltvorgänge. Berlin 1923.
[2]) R. Rüdenberg, l. c. S. 19.
[3]) Vgl. z. B. W. Deutsch, Arch. f. Elektrot. Bd. 6, S. 226. 1918.

wie unmittelbar vor dem Schalten. Der Anfangswert von i_0''' des freien Stromes ist dann nach Gleichung (2) so zu bestimmen, daß er, zu dem Anfangswert des stationären Stromes i_0' addiert, den Zustand vor dem Schalten ergibt:

$$i_0''' = i_0 - i_0'. \tag{6}$$

46. Stromkreise mit Induktivität und Widerstand. In einem Stromkreise mit Induktivität und Widerstand wird die Beziehung zwischen Spannung und Strom durch die lineare Differentialgleichung

$$e = R\,i + L\frac{di}{dt} \tag{1}$$

dargestellt.

1. **Abschalten der Spannung.** Bei einem solchen Stromkreise werde die Spannung durch Schließen des Schalters (s. Abb. 54) plötzlich abgeschaltet. Dann ist der freie Strom i'' nach Ziff. 45, Gleichung (5) bestimmt durch die Gleichung

$$0 = R\,i'' + L\frac{di''}{dt}.$$

Die Integration ergibt die bekannte HELMHOLTZsche[1]) Gleichung des freien Stromes

$$i'' = i_0'' \varepsilon^{-\frac{R}{L}t}, \tag{2}$$

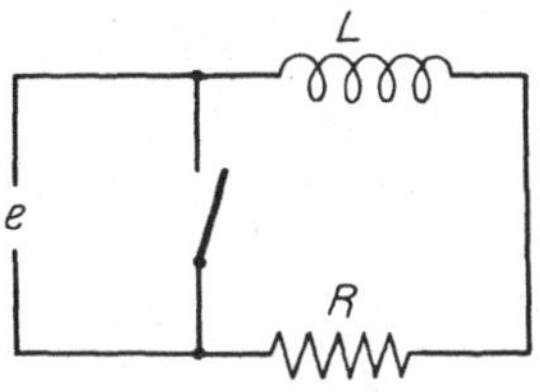

Abb. 54. Stromkreis mit Induktivität und Widerstand.

wenn i_0'' der Wert von i'' zur Zeit $t = 0$, also der Anfangswert des Ausgleichsstroms ist. i_0'' ist nach Gleichung 6 (Ziff. 45) zu bestimmen. In dieser Gleichung wird i_0', der Anfangswert des nach Ablauf des Ausgleichsvorganges sich einstellenden stationären Stromes, gleich Null. Daher ist

$$i_0'' = i_0,$$

worin i_0 der Wert des vor dem Schalten fließenden stationären Stromes i zur Zeit $t = 0$ ist. Die Stromstärke nimmt von ihrem Wert i_0, den sie im Augenblick des Schaltens besitzt, nach einem Exponentialgesetz bis auf den Wert 0 ab (s. Abb. 55). Die Geschwindigkeit des Abklingens ist bedingt durch das Verhältnis

$$\frac{L}{R} = T, \tag{3}$$

durch sie sog. Zeitkonstante.

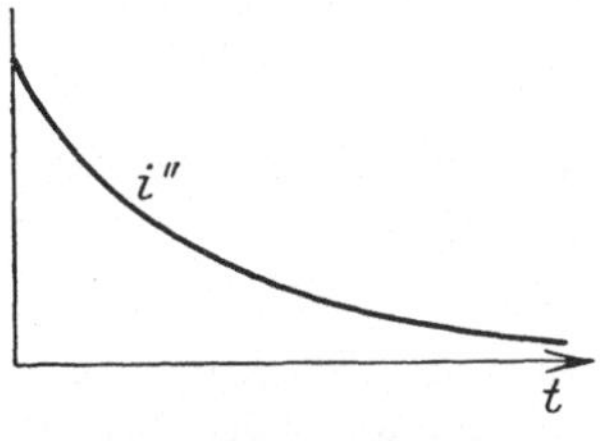

2. **Einschalten einer Gleichspannung E.** In der Differentialgleichung (1) tritt die konstante Spannung E als Störungsglied auf:

$$L\frac{di}{dt} + R\,i = E. \tag{4}$$

Abb. 55. Ausgleichsstrom in einem Stromkreise mit Induktivität und Widerstand. Abschalten der Spannung.

Die Zerlegung der Gleichung gemäß Gleichung (4) und (5) Ziff. 45 liefert den stationären Strom i' und den freien Strom i''. Für den stationären Zustand ist $di'/dt = 0$, daher

$$i' = \frac{E}{R}. \tag{5}$$

---

[1]) H. v. HELMHOLTZ, Ann. d. Phys. Bd. 83, S. 505. 1851.

Der Bestimmung des freien Stromes liegt dieselbe Gleichung zugrunde, wie im vorhergehenden Falle, so daß der Gesamtstrom nach Gleichung (2) Ziff. 45

$$i = i' + i'' = \frac{E}{R} + i_0'' \varepsilon^{-\frac{R}{L}t}$$

wird. Aus der Grenzbedingung $i_0 = 0$ für $t = 0$ folgt gemäß Gleichung (6) Ziff. 45 und unter Berücksichtigung von Gleichung (5)

$$i_0'' = -\frac{E}{R},$$

daher ist der Gesamtstrom

$$i = \frac{E}{R}\left(1 - \varepsilon^{-\frac{R}{L}t}\right). \tag{6}$$

Die Stromstärke i steigt nach einem Exponentialgesetz allmählich auf den Wert $i' = E/R$ des stationären Stroms (Abb. 56).

3. **Einschalten einer Wechselspannung** $e = E_m \sin(\omega t + \psi)$. Hier tritt in der Differentialgleichung (1) ein nach einer Sinusfunktion zeitlich veränderliches Störungsglied auf:

$$L\frac{di}{dt} + Ri = E_m \sin(\omega t + \psi). \tag{7}$$

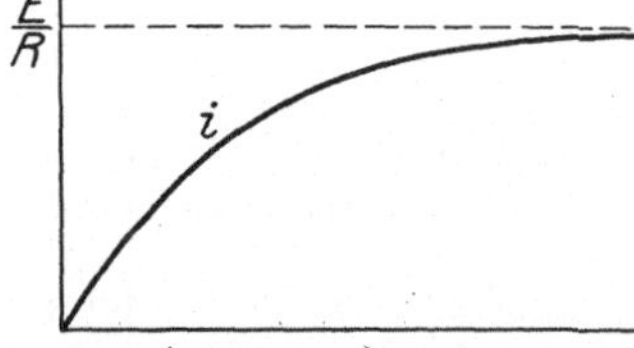

Abb. 56. Verlauf des Stromes beim Einschalten einer Gleichspannung auf einen Stromkreis mit Induktivität und Widerstand.

Die beiden voneinander unabhängigen Differentialgleichungen für den stationären Zustand und den Übergangszustand sind:

$$L\frac{di'}{dt} + Ri' = E_m \sin(\omega t + \psi), \tag{8}$$

$$L\frac{di''}{dt} + Ri'' = 0. \tag{9}$$

Die bekannte Lösung der Gleichung (8) liefert für den stationären Strom die Beziehung

$$i' = I_m \sin(\omega t + \varphi),$$

worin die Amplitude

$$I_m = \frac{E_m}{\sqrt{R^2 + \omega^2 L^2}}$$

und der Phasenwinkel

$$\operatorname{tg}(\varphi - \psi) = \frac{\omega L}{R}$$

ist. Die Gleichung für den freien Strom ist vollkommen identisch mit den entsprechenden Gleichungen unter 1. und 2. Demnach ist der Gesamtstrom während des Einschaltvorgangs

$$i = i' + i'' = I_m \sin(\omega t + \varphi) + i_0'' \varepsilon^{-\frac{R}{L}t}.$$

Aus der Grenzbedingung $i_0 = 0$ für $t = 0$ folgt aus Gleichung (6) Ziff. 45

$$i_0'' = -i_0' = -I_m \sin\varphi, \tag{10}$$

und für den Gesamtstrom während des Einschaltvorganges

$$i = I_m\left[\sin(\omega t + \varphi) - \sin\varphi \cdot \varepsilon^{-\frac{R}{L}t}\right]. \tag{11}$$

Dem stationären Strome ist ein nach einer Exponentialkurve abklingender Strom überlagert; die Größe des letzteren ist abhängig von dem Zeitpunkte des Einschaltens, also abhängig von der Größe des Phasenwinkels φ. Ist dieser gleich 0 oder 180°, geht also der stationäre Strom im Augenblick des Einschaltens durch 0, so tritt kein Ausgleichsstrom auf, der Wechselstrom schwingt sofort unbeeinflußt auf seinen normalen Wert ein. In allen anderen Fällen überlagert sich dem stationären Wechselstrome ein Ausgleichsstrom (Abb. 57), dessen Anfangswert sich nach Gleichung (10) bestimmt. Er ist entgegengesetzt gleich dem Werte des stationären Stromes, den dieser zur Zeit $t = 0$ haben würde. Er hat demnach sein Maximum, wenn der Phasenwinkel $\varphi = 90°$ ist, da in diesem Falle der Wechselstrom im Augenblick des Einschaltens seinen Maximalwert durchläuft. Die auftretenden Überströme können im ungünstigsten Falle den doppelten Wert der Amplitude des stationären Stromes

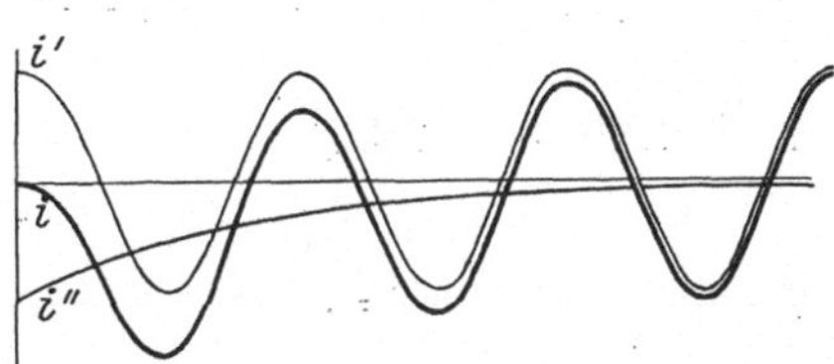

Abb. 57. Einschalten einer Wechselspannung auf einen Stromkreis mit Induktivität und Widerstand.

erreichen. Ein solcher Fall liegt vor beim Einschalten stark induktiver Stromkreise mit geringem Widerstande, bei denen also die Zeitkonstante einen großen Wert hat. Da bei ihnen die Phasenverschiebung zwischen Spannung und Strom annähernd 90° beträgt, so ist der ungünstigste Schaltmoment der Augenblick, in dem die einzuschaltende Spannung durch Null geht.

47. Stromkreise mit Kapazität und Widerstand.

1. Entladung des Kondensators. In Stromkreisen nach Abb. 58 wird die Beziehung zwischen einer auf den Stromkreis wirkenden Spannung e und dem ihr entsprechenden Strome i durch die Integralgleichung wiedergegeben:

$$R\,i + \frac{1}{C}\int i\,dt = e. \qquad (1)$$

Ersetzt man i durch $C\dfrac{de_C}{dt}$, worin e_C die Spannung am Kondensator bedeutet, so erhält man die lineare Differentialgleichung

$$RC\frac{de_C}{dt} + e_C = e. \qquad (2)$$

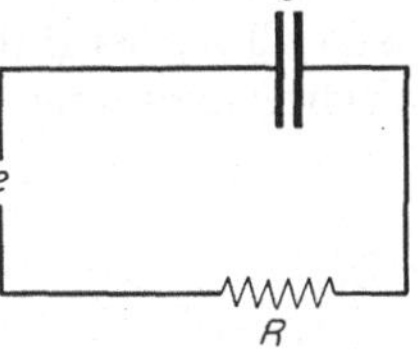

Abb. 58. Stromkreis mit Kapazität und Widerstand.

Die Spannung e werde in ähnlicher Weise, wie es Abb. 54 zeigt, durch eine Kurzschlußverbindung abgeschaltet. Dann erhält man aus Gleichung (2) die Gleichung der Ausgleichsspannung e_C'', wenn man $e = 0$ setzt. In Analogie mit Ziff. 46, Gleichung (2) ergibt sich demnach für den zeitlichen Verlauf der Kondensatorspannung bei der Entladung über einen Widerstand die Beziehung

$$e_C'' = E\,\varepsilon^{-\frac{t}{RC}}. \qquad (3)$$

Die Integrationskonstante E ist hierbei aus der Überlegung gewonnen, daß zur Zeit $t = 0$ die Spannung $e_{C(0)}''$ am Kondensator noch der ursprünglichen Ladespannung E gleich ist.

Für den Strom folgt aus dieser Gleichung durch Differentiation nach der Zeit und Multiplikation mit C

$$i'' = -\frac{E}{R}\,\varepsilon^{-\frac{t}{RC}}. \qquad (4)$$

Kondensatorspannung und Strom klingen nach demselben Exponentialgesetz ab. Die Anfangsstromstärke $(t = 0)$ ist gleich E/R.

2. **Einschalten einer Gleichspannung E.** In der Differentialgleichung für die Kondensatorspannung tritt die konstante Spannung E als Störungsglied auf

$$RC \frac{de_C}{dt} + e_C = E. \tag{5}$$

Ihre Lösung ergibt in Analogie mit Ziff. 46 für die stationäre Spannung

$$e'_C = E,$$

für die freie Spannung

$$e''_C = e''_{C(0)} \varepsilon^{-\frac{t}{RC}}.$$

Im Schaltmoment $t = 0$ ist die Gesamtspannung am Kondensator Null, daher

$$e_{C(0)} = e'_{C(0)} + e''_{C(0)} = 0$$

und

$$e''_{C(0)} = -e'_{C(0)} = -E.$$

Demnach ist die Gesamtspannung

$$e_C = E\left(1 - \varepsilon^{-\frac{t}{RC}}\right) \tag{6}$$

und der Strom

$$i = C \frac{de_C}{dt} = \frac{E}{R} \varepsilon^{-\frac{t}{RC}}. \tag{7}$$

Die Anfangsstromstärke $(t = 0)$ hängt lediglich von dem Verhältnis E/R ab. Daher kann der Ladestrom von Leitergebilden mit kleinem Widerstande, wie es Starkstromkabel sind, im Augenblick des Schaltens ganz erhebliche Werte erreichen.

Der Verlauf von Spannung und Strom ist in Abb. 59 angedeutet.

3. **Einschalten einer Wechselspannung** $e = E_m \sin(\omega t + \psi)$. Die Behandlung wird in ähnlicher Weise durchgeführt wie in Ziff. 46. Der stationären Wechselspannung e entspricht ein stationärer Strom

$$i' = I_m \sin(\omega t + \varphi).$$

Amplitude I_m und Phase φ sind bestimmt durch

$$I_m = \frac{E_m}{\sqrt{R^2 + \dfrac{1}{\omega^2 C^2}}}$$

und

$$\operatorname{tg}(\varphi - \psi) = -\frac{1}{\omega C R}.$$

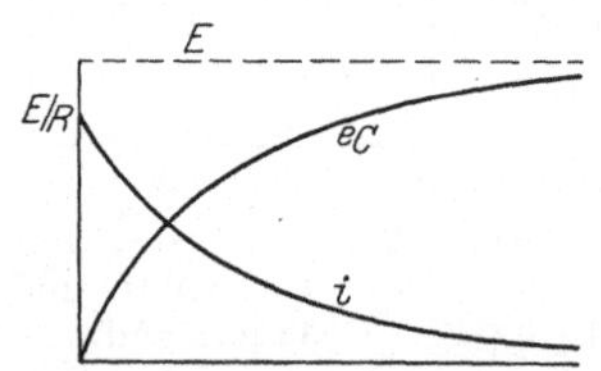

Abb. 59. Schalten einer Gleichspannung auf einen Stromkreis mit Kapazität und Widerstand.

Die stationäre Kondensatorspannung ist

$$e'_C = \frac{1}{C} \int i'\, dt = -\frac{I_m}{\omega C} \cos(\omega t + \varphi)$$

$$= -E_{m(C)} \cos(\omega t + \varphi).$$

Für die freie Kondensatorspannung gilt dieselbe Gleichung wie unter 2. Berücksichtigt man, daß für $t = 0$: $e''_{C(0)} = -e'_{C(0)} = E_{m(C)} \cos\varphi$ ist, so ergibt sich für die gesamte Kondensatorspannung

$$e_C = E_{m(C)}\left[-\cos(\omega t + \varphi) + \cos\varphi\, \varepsilon^{-\frac{RC}{t}}\right]. \tag{8}$$

Der Ausgleichsstrom ist

$$i'' = C\frac{de_c''}{dt} = -\frac{I_m}{\omega CR}\cos\varphi\,\varepsilon^{-\frac{t}{RC}},$$

und der gesamte Strom

$$i = I_m\left[\sin(\omega t + \varphi) - \frac{\cos\varphi}{\omega CR}\varepsilon^{-\frac{t}{RC}}\right].\qquad(9)$$

Den Übergang zum stationären Zustande vermitteln eine Ausgleichsspannung und ein Ausgleichsstrom, deren Anfangswerte von dem Zeitpunkte des Einschaltens

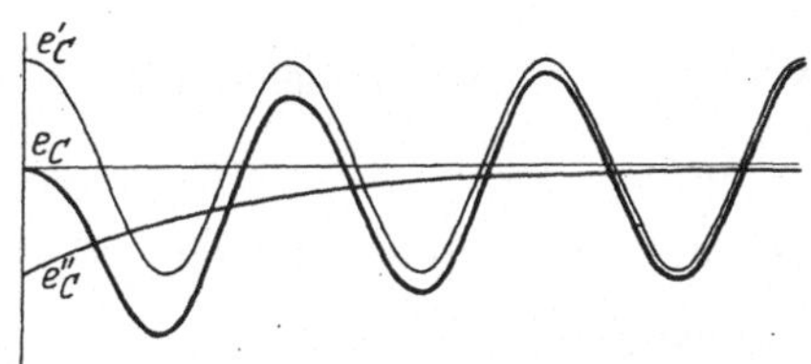

Abb. 60. Schalten einer Wechselspannung auf einen Stromkreis mit Kapazität und Widerstand. Verlauf der Spannung am Kondensator.

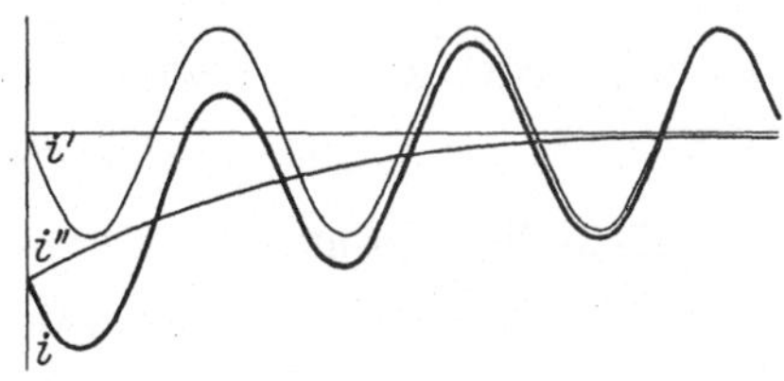

Abb. 61. Schalten einer Wechselspannung auf einen Stromkreis mit Kapazität und Widerstand. Verlauf des Stromes.

abhängen. Fällt dieser mit dem Durchgange des Stromes durch Null zusammen ($\varphi = 0$), so erreichen beide Anfangswerte ihr Maximum (Abb. 60 und 61). Der maximale Anfangswert des Ausgleichsstromes ist

$$i_m'' = \frac{I_m}{\omega CR} = \frac{1/\omega C}{R}\,I_m.$$

Er hängt von dem Verhältnis des Blindwiderstandes $1/\omega C$ zum Wirkwiderstande R ab und kann in kapazitiven Stromkreisen mit kleinem Widerstande erhebliche Werte annehmen.

Der maximale Anfangswert der Ausgleichsspannung am Kondensator, der erreicht wird, wenn im Schaltmoment der Strom durch Null geht oder — in Stromkreisen mit kleinem Widerstande — wenn die auf den Stromkreis wirkende Spannung ihren Höchstwert erreicht, ist entgegengesetzt gleich der Amplitude der stationären Kondensatorspannung.

Fällt der Schaltmoment mit der Amplitude des stationären Stromes zusammen ($\varphi = 90°$), so tritt weder ein freier Strom noch eine freie Spannung auf.

48. Stromkreise mit Induktivität, Kapazität und Widerstand (Schwingungskreise). Nach Gleichung (5) in Ziff. 45 ist die Summe der Ausgleichsspannungen gleich 0. Es besteht daher für einen Stromkreis nach Abb. 62 die Beziehung

$$R\,i'' + L\frac{di''}{dt} + \frac{1}{C}\int i''\,dt = 0.$$

Durch Differenzieren wird sie in die lineare Differentialgleichung zweiter Ordnung übergeführt:

$$\frac{d^2 i''}{dt^2} + \frac{R}{L}\frac{di''}{dt} + \frac{i''}{LC} = 0.\qquad(1)$$

Diese wird durch den Ansatz befriedigt:

$$i'' = k\,\varepsilon^{\gamma t}.\qquad(2)$$

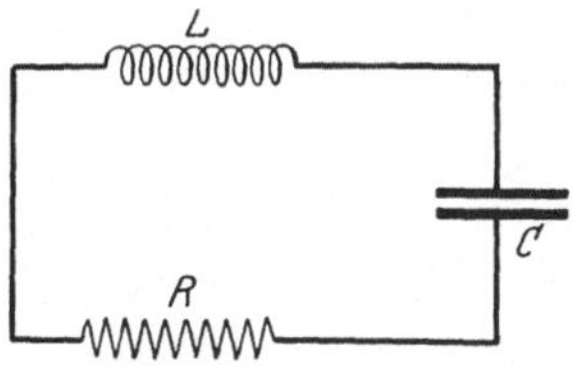

Abb. 62. Stromkreis mit Induktivität, Kapazität und Widerstand.

Setzt man diesen Wert in Gleichung (1) ein, so erhält man zur Bestimmung des Exponenten γ die Beziehung

$$\gamma^2 + \frac{R}{L}\gamma + \frac{1}{LC} = 0.$$

Ihre Auflösung ergibt

$$\gamma = -\frac{R}{L} \pm j\sqrt{\frac{1}{LC} - \left(\frac{R}{2L}\right)^2}. \tag{3}$$

Ist $R < 2\sqrt{L/C}$, so ist der Wurzelausdruck reell. Setzt man seinen Wert gleich β, und $R/2L = \alpha$, so ist

$$\gamma = -\alpha \pm j\beta.$$

γ ist doppelwertig und komplex. Die Exponentialgröße in Gleichung (2) ist daher

$$\varepsilon^{\gamma t} = \varepsilon^{-\alpha t}\varepsilon^{\pm j\beta t} = \varepsilon^{-\alpha t}(\cos\beta \pm j\sin\beta t).$$

Die vollständige Lösung der Differentialgleichung (1) lautet demnach

$$i'' = \varepsilon^{-\alpha t}(a\cos\beta t + b\sin\beta t), \tag{4}$$

wenn $a = (k_1 + k_2)$ und $b = j(k_1 - k_2)$ gesetzt wird. Zieht man die Sinus- und die Kosinusfunktion in eine Kosinusfunktion zusammen, indem man zwei neue Konstanten I'' und δ durch die Gleichungen

$$a = I''\cos\delta,$$
$$b = -I''\sin\delta$$

einführt, so geht die Gleichung (4) in die Form über:

$$i'' = I''\varepsilon^{-\alpha t}\cos(\beta t + \delta). \tag{5}$$

I'' und δ sind Integrationskonstante, die in jedem einzelnen Falle aus den Anfangsbedingungen zu bestimmen sind; I'' ist die Amplitude, δ der Phasenwinkel des Ausgleichsstromes.

Der Ausgleichsstrom führt periodische Schwingungen mit der Frequenz β aus. Sie ist gegeben durch

$$\beta = \sqrt{\frac{1}{LC} - \left(\frac{R}{2L}\right)^2}. \tag{6}$$

β entspricht der Eigenfrequenz des Schwingungskreises und hat bei kleinem Widerstande den Näherungswert

$$\beta = \sqrt{\frac{1}{LC}}. \tag{7}$$

Die Amplitude des freien Stromes klingt entsprechend der Zeitkonstante $\alpha = R/2L$ nach einem Exponentialgesetz ab. In Abb. 63 ist eine abklingende Schwingung i'' für den Fall $\delta = 0$ gezeichnet.

Mit wachsendem R wird die Eigenfrequenz des Kreises nach Gleichung (6) immer kleiner, bis sie bei $R = 2\sqrt{L/C}$ den Wert 0 erreicht. Der Ausgleichsvorgang verläuft jetzt aperiodisch. Wird $R > 2\sqrt{L/C}$, so wird der Wurzelausdruck selbst imaginär, γ daher reell. Entsprechend der Doppelwertigkeit erhält man als Lösung der Differentialgleichung (1) den Ausgleichsstrom

$$i'' = k_1\varepsilon^{\gamma_1 t} + k_2\varepsilon^{\gamma_2 t}.$$

k_1 und k_2 sind Integrationskonstante, die aus den Anfangsbedingungen zu ermitteln sind.

Dem Ausgleichsstrome i'' entspricht an der Selbstinduktion L eine Ausgleichsspannung

$$e_L'' = L\frac{di''}{dt},$$

und an dem Kondensator eine Ausgleichsspannung, die gemäß Gleichung (1) die Größe hat:

$$e_C'' = -i'' R - e_L''.$$

Differenziert man Gleichung (5) nach t, so erhält man unter Berücksichtigung von Gleichung (6)

$$e_L'' = -I''\sqrt{\frac{L}{C}}\,\varepsilon^{-\alpha t}\sin(\beta t + \delta + \zeta), \qquad (8)$$

worin ζ bestimmt ist durch

$$\operatorname{tg}\zeta = \frac{1}{\alpha\beta} = \frac{R}{2\beta L}.$$

Für die Ausgleichsspannung am Kondensator läßt sich eine ähnliche Beziehung ableiten[1]):

$$e_C'' = I''\sqrt{\frac{L}{C}}\,\varepsilon^{-\alpha t}\sin(\beta t + \delta - \zeta). \qquad (9)$$

Beide Ausgleichsspannungen sind, abgesehen von dem bei kleinem Widerstande R geringem Winkel ζ gegen den Ausgleichsstrom i'' um 90° in der Phase verschoben. Ihre Amplitude erhält man durch Multiplikation der Stromamplitude mit $\sqrt{L/C}$, eine Größe, die als **charakteristischer** Widerstand oder auch als **Schwingungswiderstand** bezeichnet wird. Die gegenseitige Phasenverschiebung der Kondensator- und Selbstinduktionsspannung beträgt 2ζ.

Der Verlauf des Ausgleichsstroms und der Ausgleichsspannung am Kondensator ist für den Fall der Entladung eines Kondensators über einen Widerstand und eine Selbstinduktion in Abb. 63 skizziert. Hierbei ist der Anfangspunkt der Zeit so gewählt, daß die Phase δ des Stromes gleich Null ist. Der höchste Spannungswert tritt auf für $\beta t = \pi/2$. Nimmt man an, daß der Widerstand des Schwingungskreises sehr klein ist, so daß ζ gegen $\pi/2$ klein ist, so berechnet sich die maximale Amplitude der Spannung aus Gleichung (9) zu

$$e_{C(m)}'' = I''\sqrt{\frac{L}{C}}\,\varepsilon^{-\frac{\pi\alpha}{2\beta}},$$

oder bei Berücksichtigung von Gleichung (7)

$$e_{C(m)}' = I''\sqrt{\frac{L}{C}}\,\varepsilon^{-\frac{\pi}{4}\cdot\frac{R}{\sqrt{L/C}}}.$$

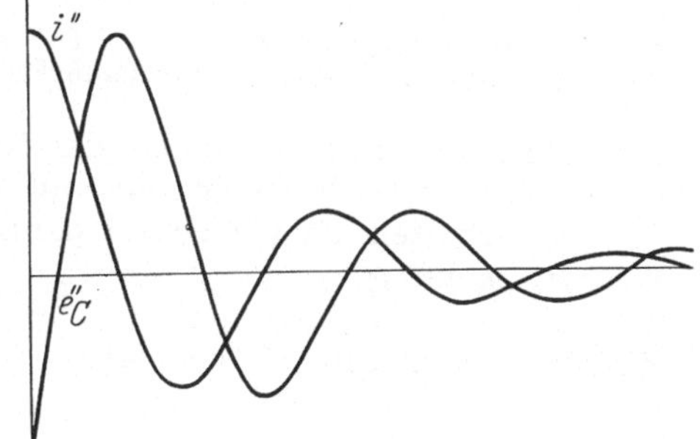

Abb. 63. Verlauf des Ausgleichsstromes i'' und der Ausgleichsspannung e_C'' am Kondensator in einem Schwingungskreis.

Der abschwächende Einfluß des exponentiellen Gliedes auf die maximale Spannungsamplitude macht sich erst bemerkbar, wenn R von derselben Größenordnung wie der Schwingungswiderstand $\sqrt{L/C}$ ist. Die auftretenden Überspannungen können daher bei kleinem Widerstande erheblich sein.

---

[1]) Vgl. R. RÜDENBERG, Elektrische Schaltvorgänge, S. 33.

49. Schalten einer Gleichspannung E auf einen Schwingungskreis. Die Konstanten I'' und δ der Gleichung (5) und (9) in Ziff. 48 ergeben sich aus den Anfangsbedingungen: für $t = 0$ ist (vgl. Ziff. 47, 2)

$$i_0'' = I'' \cos \delta = 0 ,$$

also

$$\delta = \frac{\pi}{2} ,$$

$$e_{C(0)}'' = I'' \sqrt{\frac{L}{C}} \cos \zeta = -E ,$$

also

$$I'' = -\frac{E}{\cos \zeta} \sqrt{\frac{C}{L}} .$$

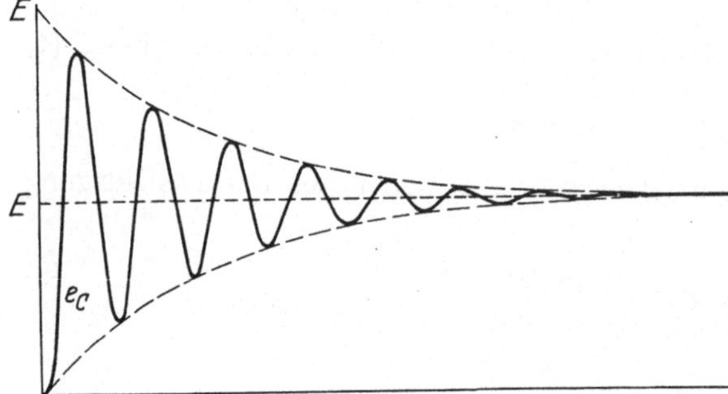

Abb. 64. Verlauf der Spannung am Kondensator beim Schalten einer Gleichspannung auf einen Schwingungskreis.

Der Ausgleichsstrom wird

$$i'' = -\frac{E}{\cos \zeta} \sqrt{\frac{C}{L}}\, \varepsilon^{-\alpha t} \sin \beta t ,$$

die gesamte Kondensatorspannung, die Summe der Ausgleichsspannung und der konstanten Spannung E wird

$$e_C = E \left[1 - \frac{\varepsilon^{-\alpha t}}{\cos \zeta} \cos (\beta t - \zeta) \right] .$$

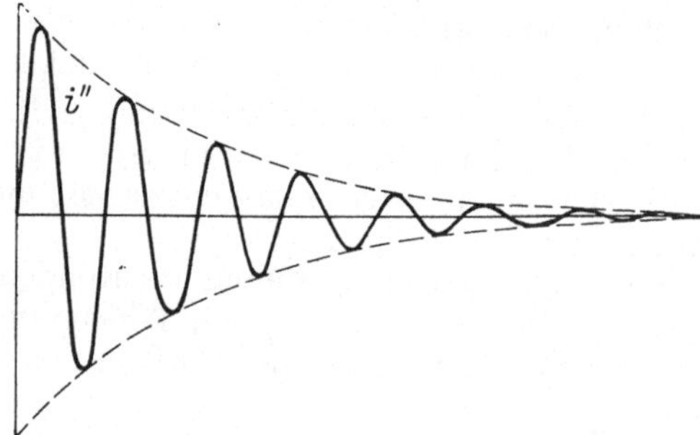

Abb. 65. Ausgleichsstrom beim Schalten einer Gleichspannung auf einen Schwingungskreis.

Das Einschalten einer Gleichspannung löst einen Schwingungsvorgang aus. Bei kleinem Widerstande ist $\cos \zeta$ angenähert gleich 1. Die Amplitude der Ausgleichsspannung erreicht zu Anfang fast den doppelten Wert der stationären Spannung. Der Ausgleichsstrom, dessen Anfangsamplitude bei kleinem ζ gleich dem Verhältnis der stationären Spannung zu dem charakteristischen Widerstande des Kreises ist, klingt nach demselben Exponentialgesetz wie die Spannung auf den Wert Null ab (Abb. 64 und 65).

50. Schalten einer Wechselspannung auf einen Schwingungskreis. Einer Wechselspannung

$$e = E_m \cos (\omega t + \psi)$$

entspricht nach Ziff. 46 der stationäre Strom

$$i' = I_m \cos (\omega t + \varphi) \tag{1}$$

und die stationäre Kondensatorspannung

$$e_C' = \frac{I_m}{\omega C} \sin (\omega t + \varphi) . \tag{2}$$

Die Amplitude I_m ist gegeben durch

$$I_m = \frac{E_m}{\sqrt{R^2 + \left(\omega L - \dfrac{1}{\omega C} \right)^2}} ,$$

die Phase durch

$$\operatorname{tg}(\varphi - \psi) = \frac{\omega L - \dfrac{1}{\omega C}}{R} .$$

Für die Bestimmung der Konstanten I'' und δ des Ausgleichsstromes liefern die Gleichungen (5) und (9) der Ziff. 48 bei Berücksichtigung der Anfangsbedingung (vgl. Ziff. 47, 3) die Beziehungen

$$i_0'' = I'' \cos\delta = - I_m \cos\varphi,\tag{3}$$

$$e_{C(0)}'' = I''\sqrt{\frac{L}{C}}\sin(\delta - \zeta) = -\frac{I_m}{\omega C}\sin\varphi.\tag{4}$$

Die weitere Rechnung vereinfacht sich wesentlich, wenn sie auf Stromkreise mit kleinem Widerstande bezogen wird. In diesem Falle kann nach Ziff. 48 ζ vernachlässigt werden. Ferner hat die Eigenfrequenz die einfache Form

$$\beta = \sqrt{\frac{1}{LC}}.$$

Aus Gleichung (4) folgt

$$I''\sin\delta = -\frac{I_m}{\omega\sqrt{LC}}\sin\varphi = -\frac{\beta}{\omega}I_m\sin\varphi,\tag{5}$$

und durch Division von Gleichung (5) und (3)

$$\operatorname{tg}\delta = \frac{\beta}{\omega}\operatorname{tg}\varphi.\tag{6}$$

Damit sind die Konstanten I'' und δ bestimmt, und wir erhalten aus Gleichung (3), die Anfangsamplitude des Ausgleichsstromes

$$I'' = -\frac{I_m\cos\varphi}{\cos\delta} = -I_m\sqrt{\cos^2\varphi + \frac{\beta^2}{\omega^2}\sin^2\varphi},\tag{7}$$

ferner nach Gleichung (8), Ziff. 48 die Anfangsamplitude der Kondensatorspannung

$$E_C'' = I''\sqrt{\frac{L}{C}} = -\frac{I_m}{\beta C}\sqrt{\cos^2\varphi + \frac{\beta^2}{\omega^2}\sin^2\varphi}.$$

$I_m/\omega C$ ist nach Gleichung (2) die Amplitude der stationären Kondensatorspannung; wir setzen sie gleich E_m':

$$E_C'' = -E_m'\sqrt{\frac{\omega^2}{\beta^2}\cos^2\varphi + \sin^2\varphi}.\tag{8}$$

Besteht zwischen der Eigenfrequenz des Kreises und der Frequenz der stationären Spannung Resonanz ($\beta = \omega$), so wird nach Gleichung (6) $\delta = \varphi$ und der Gesamtstrom i unter Berücksichtigung der Gleichung (1) und der Gleichung (5), Ziff. 48

$$i = i' + i'' = I_m(1 - \varepsilon^{-\alpha t})\cos(\omega t + \varphi),\tag{9}$$

und die Gesamtspannung am Kondensator

$$e_C = e_C' + e_C'' = E_m'(1 - \varepsilon^{-\alpha t})\sin(\omega t + \varphi).\tag{10}$$

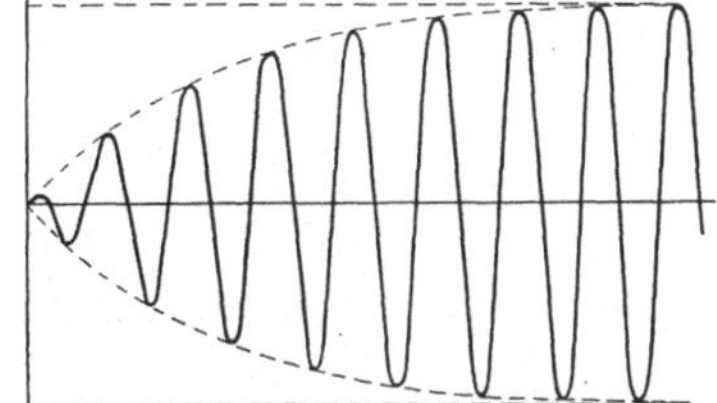

Abb. 66. Schalten einer Wechselspannung auf einen Schwingungskreis bei Resonanz.

Die Anfangsamplituden des freien Stromes und der freien Spannung am Kondensator sind entgegengesetzt gleich den stationären Werten im Schaltmoment. Vom Werte Null ausgehend wachsen Gesamtstrom und Gesamtspannung am Kondensator einer Exponentialkurve folgend allmählich auf ihre Endwerte, die allerdings im Resonanzfalle extrem groß sind (Abb. 66).

Sind Eigenfrequenz und aufgedrückte Frequenz voneinander verschieden, so müssen die Gleichungen (9) und (10) in der Form geschrieben werden:

$$i = I_m[\cos(\omega t + \varphi) - \varepsilon^{-\alpha t}\cos(\beta t + \varphi)], \tag{11}$$

$$e_C = E'_m[\sin(\omega t + \varphi) - \varepsilon^{-\alpha t}\sin(\beta t + \varphi)]. \tag{12}$$

Der Verlauf des Ausgleichsvorganges ist jetzt abhängig von dem Zeitpunkte des Schaltens. Fällt dieser mit dem Maximum des stationären Stromes zusammen ($\varphi = 0$), so ist nach Gleichung (6) $\delta = 0$, und die Amplituden des Ausgleichsstromes und der Ausgleichsspannung sind

$$\left.\begin{aligned} I'' &= -I_m, \\ E''_C &= -\frac{\omega}{\beta} E'_m. \end{aligned}\right\} \tag{13}$$

Die Gleichungen für den Gesamtstrom und die Gesamtspannung lauten demnach

$$i = I_m(\cos\omega t - \varepsilon^{-\alpha t}\cos\beta t), \tag{14}$$

$$e_C = E'_m\left(\sin\omega t - \varepsilon^{-\alpha t}\frac{\omega}{\beta}\sin\beta t\right). \tag{15}$$

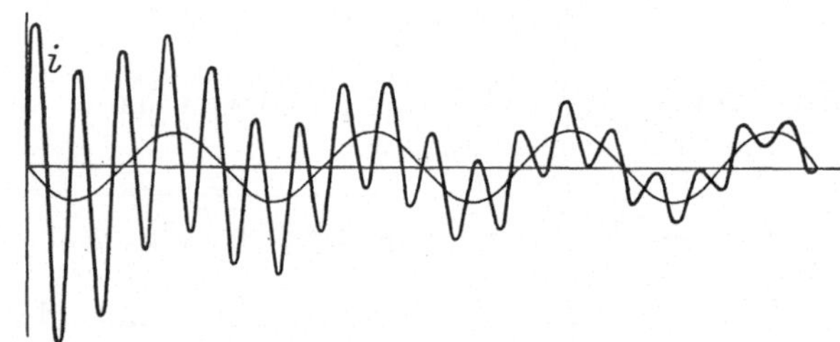

Abb. 67. Verlauf des Ausgleichsstromes beim Schalten einer Wechselspannung auf einen Schwingungskreis. Keine Resonanz.

Geht der stationäre Strom im Augenblicke des Schaltens durch Null ($\varphi = 90°$), so ist $\delta = 90°$, und die Amplituden des Ausgleichsstromes und der Ausgleichsspannung sind

$$\left.\begin{aligned} I'' &= -\frac{\beta}{\omega} I_m, \\ E''_C &= -E'_m. \end{aligned}\right\} \tag{16}$$

Gesamtstrom und Gesamtspannung am Kondensator sind durch die Gleichungen gegeben:

$$i = I_m\left(-\sin\omega t + \frac{\beta}{\omega}\varepsilon^{-\alpha t}\sin\beta t\right), \tag{17}$$

$$e_C = E'_m(\cos\omega t - \varepsilon^{-\alpha t}\cos\beta t). \tag{18}$$

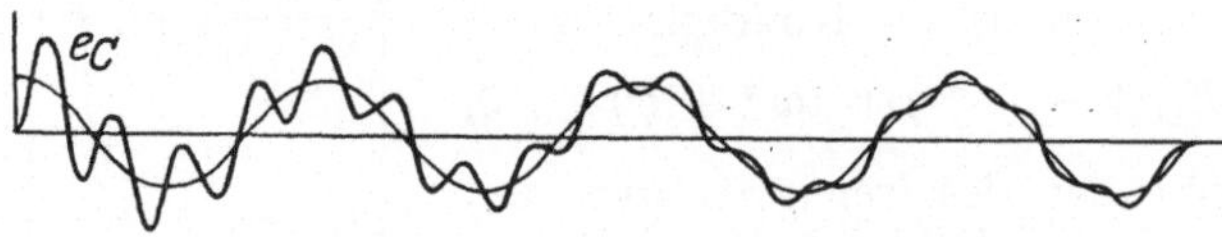

Abb. 68. Verlauf der Spannung am Kondensator beim Schalten einer Wechselspannung auf einen Schwingungskreis. Keine Resonanz.

Der Verlauf des Ausgleichsvorganges ist für diesen Fall in Abb. 67 und 68 gezeichnet. Die Amplituden des Ausgleichsstromes können kurz nach dem Einschalten ganz erhebliche Werte annehmen.

51. Die Formel von HEAVISIDE. In den in den Ziff. 46 bis 50 behandelten Beispielen ist das Zeitgesetz, das die Änderung des Stromes und der Spannung bestimmt, aus den jeweiligen für das betreffende System gültigen linearen Differentialgleichungen abgeleitet worden. Die Integrationskonstanten ergeben sich aus den Anfangsbedingungen, ihre Ermittelung ist in schwierigen Fällen zeitraubend. HEAVISIDE[1]) hat eine allgemein gültige Formel mitgeteilt, die gestattet, den zeitlichen Verlauf der veränderlichen Größen eines Systems bei plötzlichem Einwirken einer von außen eingeprägten Kraft auf einfache Weise zu berechnen, ohne auf die Integrationskonstanten eingehen zu müssen. HEAVISIDE hat die Formel ohne jeden Beweis gegeben. Diese Lücke hat WAGNER[2]) geschlossen. Er hat die Formel begründet und gleichzeitig die Grenze ihrer Gültigkeit abgesteckt. Gleichzeitig hat er ihre Anwendungsmöglichkeit durch eine große Reihe von Beispielen belegt. Später hat CASPER[3]) einen Beweis ohne Hilfsmittel der Funktionentheorie gegeben und DEUTSCH[4]) als Verallgemeinerung der HEAVISIDEschen Formel eine Superpositionsformel begründet, die auf eine große Zahl der auf totale oder partielle Differentialgleichungen führenden technischen Probleme anwendbar ist. Wir müssen uns hier darauf beschränken, kurz den Inhalt der HEAVISIDEschen Formel mitzuteilen, wobei wir der Darstellung WAGNERS folgen.

Auf ein elektromagnetisches (oder mechanisches) System mit beliebig vielen Freiheitsgraden wirke in einem bestimmten Zeitpunkt ($t = 0$) an beliebiger Stelle P die eingeprägte Kraft K, unter deren Einfluß ein neuer Gleichgewichtszustand sich einstellen wird. Es soll nun für die veränderlichen Größen S des Systems, in unserem Falle Strom und Spannung, der zeitliche Verlauf angegeben werden. Hierbei wird vorausgesetzt, daß die Systemgrößen durch lineare Gleichungen verknüpft sind, daß für sie z. B. lineare Differentialgleichungen bestehen sollen. Man denke sich nun zunächst das System in einer erzwungenen Bewegung, bei der alle Systemgrößen das Zeitgesetz const $\cdot \varepsilon^{pt}$ befolgen. Diese Bewegung soll dadurch zustande kommen, daß an der Stelle P eine eingeprägte Kraft ε^{pt} tätig ist. Unter ihrer Wirkung wird die gesuchte Systemgröße den Wert

$$S_p = \frac{\varepsilon^{pt}}{Z}$$

annehmen. Z ist eine Funktion von p, die sich dadurch ergibt, daß man in die Systemgleichungen für die einzelnen veränderlichen Größen Ausdrücke der Form const $\cdot \varepsilon^{pt}$ einführt und alle Größen bis auf die gesuchte Größe S eliminiert. Z heiße die Stammfunktion von S.

Man bestimme nunmehr die Wurzeln der Stammgleichung

$$Z = 0.$$

Sie seien mit p_1, p_2, $p_3 \ldots p_n \ldots$ bezeichnet. Dann gibt nach HEAVISIDE der Ausdruck

$$S = \frac{K}{Z(0)} + K \sum_n \frac{\varepsilon^{p_n t}}{p_n Z'(p_n)} \tag{1}$$

den zeitlichen Verlauf der Systemgröße S unter der Einwirkung einer an der Stelle P in dem Zeitpunkt $t = 0$ auftretenden, dann konstant bleibenden Kraft K

---

[1]) O. HEAVISIDE, Electromagnetic Theory Bd. 2, S. 127. London 1899.
[2]) K. W. WAGNER, Arch. f. Elektrot. Bd. 4, S. 159. 1916.
[3]) L. CASPER, Arch. f. Elektrotech. Bd. 15, S. 95. 1926.
[4]) W. DEUTSCH, Arch. f. Elektrotech. Bd. 6, S. 225. 1918.

an. $Z(0)$ ist der Wert von Z für $p = 0$, Z' der Differentialquotient von Z nach p. p_n ist im allgemeinen komplex von der Form

$$p_n = -\alpha_n \pm j\,\omega_n;$$

das Glied $\varepsilon^{p_n t}$ bedeutet dann eine gedämpfte Eigenschwingung mit dem Dämpfungsfaktor α_n und der Kreisfrequenz ω_n. Das erste Glied der Gleichung für S entspricht dem stationären Zustande, das zweite dem Ausgleichsvorgange.

Für Wechselstrom folgt die eingeprägte Kraft dem Zeitgesetz

$$K = K_0\,\varepsilon^{j\omega t}.$$

Für diesen Fall lautet die Gleichung für S:

$$S = \frac{K_0\,\varepsilon^{j\omega t}}{Z(j\omega)} + K_0 \sum_n \frac{\varepsilon^{p_n t}}{(p_n - j\omega)Z'(p_n)}\,. \tag{2}$$

Als Beispiel wählen wir den in Ziff. 46 behandelten Fall des Schaltens einer konstanten Spannung E auf einen Stromkreis mit Widerstand und Induktivität. Wir lassen nach der Anweisung von Heaviside an Stelle von E eine eingeprägte Kraft von der Größe wirken, daß alle Systemgrößen das Zeitgesetz const $\cdot\, \varepsilon^{p t}$ befolgen; wir setzen also zunächst $E = E_p\,\varepsilon^{p t}$. Dieser EMK entspricht ein Strom $I = I_p\,\varepsilon^{p t}$. Aus der Differentialgleichung (4) in Ziff. 46 erhält man dann durch Einsetzen dieser Werte die Gleichung

$$I = \frac{E_p\,\varepsilon^{p t}}{R + L p}\,.$$

Die Stammfunktion $Z = R + L p$ entspricht dem Widerstandsoperator des Kreises. Die Stammgleichung $Z = 0$ liefert die Wurzel

$$p_1 = -\frac{R}{L}\,,$$

ferner ist $Z(0) = R$ und $dZ/dp = L$. Demnach liefert die Heavisidesche Formel (1) für den Strom die aus Gleichung (6) der Ziff. 46 bekannte Beziehung

$$I = \frac{E}{R}\left(1 - \varepsilon^{-\frac{R}{L}t}\right).$$

Eine wesentliche Vereinfachung der Rechenarbeit wird besonders in komplizierteren Problemen erzielt, wofür Wagner eine Reihe von Beispielen angibt. Ebenso sind von ihm die Fälle diskutiert worden, in denen die Formel von Heaviside versagt.

Die Anwendung der Heavisideschen Rechnung auf Hochfrequenzprobleme behandelt A. Hund[1]).

---

[1]) A. Hund, Jahrb. d. drahtl. Telegr. Bd. 16, S. 431. 1920; Bd. 17, S. 40, 98. 1921.

Kapitel 3.

Elektrische Schwingungen[1].

Von

EGON ALBERTI, Berlin.

Mit 40 Abbildungen.

1. Allgemeines. Obwohl Wechselströme und elektrische Schwingungen Vorgänge gleicher Art sind, rechnet man Wechselströme im allgemeinen nicht zu den elektrischen Schwingungen, sondern betrachtet sie als die untere Grenze derselben auf der elektromagnetischen Wellenskala; die obere Grenze des Gebietes der elektrischen Schwingungen bilden die Wärmestrahlen und die Lichtstrahlen.

Durch die Untersuchungen am elektrischen Funken mit Hilfe des rotierenden Spiegels (FEDDERSEN 1859 bis 1861) wurde zum ersten Male der Nachweis erbracht, daß die schon von älteren Untersuchungen[2] her bekannte oszillatorische Entladung von Kondensatoren in Schwingungen sehr hoher Frequenz erfolgt. Gleichzeitig wurde damit zum ersten Male die theoretisch von SIR WILLIAM THOMSON abgeleitete Eigenschwingung von Kondensatorkreisen nachgewiesen. Die Methode des rotierenden Spiegels wurde seit dieser Zeit ein wichtiges Mittel zur Beobachtung und Messung von Schwingungen. Die eigentliche Entwicklung des Gebietes der elektrischen Schwingungen datiert jedoch erst seit den HERTZschen Arbeiten (1887), die den Nachweis für die Gültigkeit der MAXWELLschen Theorie erbrachten. Durch Verwendung offener Oszillatoren und Erzeugung sehr schneller elektrischer Schwingungen stellte HERTZ im Oszillator einen Schwingungszustand her, bei dem die Stromverteilung nicht mehr als quasistationär anzusehen ist. Damit wurden die Bedingungen für eine günstige Strahlung elektrischer Energie in den Raum erfüllt und die Grundlage für die Entwicklung der drahtlosen Telegraphie gegeben.

---

[1] H. HERTZ, Untersuchungen über die Ausbreitung der elektrischen Kraft. Leipzig 1892 = Ges. Werke 2; H. POINCARÉ, Les oscillations électriques. Paris 1894; J. ZENNECK, Elektromagnetische Schwingungen. Stuttgart 1905; M. ABRAHAM, Enzyklopädie der mathematischen Wissenschaften. Bd. V, 2, Artikel 18; Elektromagnetische Wellen. Leipzig 1906. M. ABRAHAM, Theorie der Elektrizität, 3. Aufl. Leipzig 1907; E. COHN, Das elektromagnetische Feld. Leipzig 1900; C. TISSOT, Les oscillations électriques. Paris 1910; J. A. FLEMING, The principles of wireless telegraphy, 2. Aufl. London 1910; P. DRUDE, Physik des Äthers, 2. Aufl. 1912; H. ROHMANN, Elektrische Schwingungen. Leipzig o. J.; J. ZENNECK u. H. RUKOP, Lehrb. d. drahtl. Telegr., Leipzig 1925; F. OLLENDORF, Die Grundlagen der Hochfrequenztechnik. Berlin 1926; F. BREISIG, Theoretische Telegraphie. 2. Aufl. Braunschweig 1924.
[2] Besonders A. v. OETTINGEN, Pogg. Ann. Bd. 115, S. 513. 1862.

29*

I. Schwingungen in geschlossenen Kreisen (Kondensatorkreisen).

Es sei für die folgenden Betrachtungen zunächst die Annahme gemacht, daß innerhalb des Wirkungsbereiches des Kreises keine magnetischen Materialien, also vor allen Dingen keine Spule mit Eisenkern vorhanden sei. Über den Einfluß von Eisen auf die Schwingungen von Kondensatorkreisen s. Ziff. 18 bis 22.

a) Eigenschwingung eines einzelnen Kreises.

2. Experimentelle Aufnahme der Schwingungskurve. Kondensator, Spule und Widerstand sind die Teile, aus denen sich ein Kondensatorkreis aufbaut. Lädt man den Kondensator auf eine Spannung V, z. B. in einer Schaltung nach

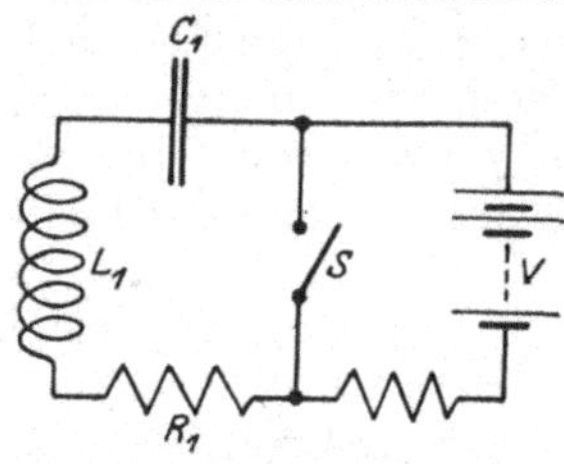

Abb. 1. Schaltung zur Ladung und Entladung eines Kondensatorkreises.

Abb. 1, und schließt dann den Schalter S, so wird sich die auf dem Kondensator C_1 aufgespeicherte Elektrizitätsmenge über den Widerstand R_1 und die Selbstinduktion L_1 entladen. Den Vorgang der Entladung kann man am einfachsten durch Aufnahme der Stromkurve mit Hilfe eines Oszillographen beobachten; hierzu sind allerdings Schleifenoszillographen nicht geeignet, sondern es sind masselose Oszillographen wie der Glimmlichtoszillograph oder die Braunsche Röhre, erforderlich. Man erhält im allgemeinen Kurven wie in Abb. 2. Die im Kondensator aufgespeicherte Energie schwingt in einem abklingenden Wellenzuge

aus; es entsteht eine Schwingung mit abnehmender Amplitude. Solche Schwingungen nennt man gedämpfte Schwingungen im Gegensatz zu ungedämpften, bei denen die Amplituden gleichbleiben. Schwingungen, die wie hier in einem sich selbst überlassenen Kondensatorkreise ohne äußere Einwirkung auftreten, nennt man die Eigenschwingungen desselben. Mit Schleifenoszillographen lassen sich diese

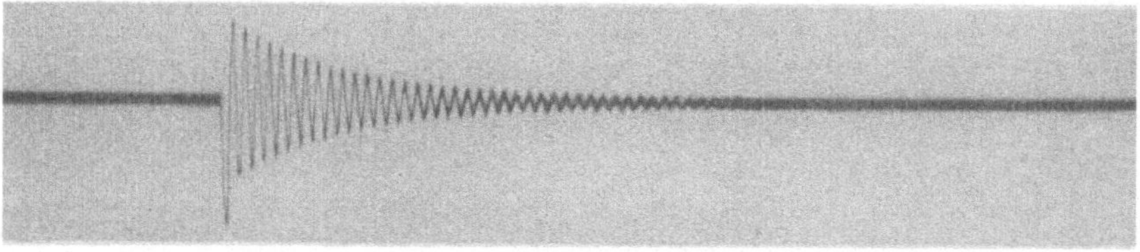

Abb. 2. Schwingungsvorgang bei Entladung eines Kondensators. (Eigenschwingung eines Kondensatorkreises.)

Erscheinungen deswegen im allgemeinen nicht verfolgen, weil die Schwingungen zu rasch verlaufen. Die Anzahl der Schwingungen pro Sekunde, die Frequenz der Schwingungen, ist zu hoch.

Der schwingungsförmige Charakter der Entladung läßt sich noch auf verschiedenen anderen Wegen nachweisen. Unterbricht man z. B. den Schwingungskreis an einer Stelle durch eine nicht zu große Unterbrechungsstelle (Funkenstrecke), so wird, wenn die Spannung am Kondensator hoch genug ist, ein Funke übergehen. Betrachtet man diesen Funken in einem rotierenden Spiegel [Feddersen[1])], so wird das Bild des Funkens in einen Streifen aufgelöst, auf dem man abwechselnd helle und dunkle Linien beobachtet. Die hellen Linien entsprechen

---

[1]) W. Feddersen, Pogg. Ann. Bd. 113, S. 437. 1861; Bd. 116, S. 132. 1862.

großer Helligkeit des Funkens, die dunklen geringer. Aus dem Wechsel der Helligkeit folgt, daß der Strom durch den Funken, d. h. der Vorgang der Entladung periodisch verläuft. PAALZOW[1]) beobachtete ebenfalls mit dem rotierenden Spiegel die Entladung des Kondensators, jedoch mit einer GEISSLERschen Röhre an Stelle der Funkenstrecke. Eine sehr genaue Aufnahme der Schwingungskurve erhält man ferner mit Hilfe eines Pendelunterbrechers nach der von HELMHOLTZ angegebenen Methode[2]). Über Aufnahmen von Kurvenformen bei zwei und mehr gekoppelten Schwingungskreisen siehe Ziff. 10, 15 und 17.

3. Theorie der Kondensatorentladung[3]). Selbstinduktion, Kapazität und Widerstand seien als konstant angenommen. Vorausgesetzt sei ferner, daß die Dimensionen der Schwingungskreise klein sind gegen die Wellenlänge, d. h. daß wir es mit quasistationären Wechselströmen zu tun haben. Der auf die Spannung V aufgeladene Kondensator von der Kapazität C enthält die elektrische Energie $U_e = \frac{1}{2} C V^2$. Beginnt der Ausgleichsstrom über die angeschlossene Selbstinduktion L zu fließen, so sinkt die Spannung am Kondensator und die elektrische Energie wandelt sich in magnetische Energie der Selbstinduktion L um. $U_m = \frac{1}{2} L I^2$. Ist kein Widerstand im Kreise, sind also keine Verluste vorhanden, so muß die Gesamtenergie konstant bleiben. Durch den Widerstand R des Kreises wird jedoch in der Zeit dt der Betrag $I^2 R \cdot dt$ in Wärme umgewandelt. Die JOULEsche Wärmeentwicklung ist gleich der Energieabnahme des Systems

$$I^2 R\,dt = -d(U_e + U_m) = -d(\tfrac{1}{2} L I^2 + \tfrac{1}{2} C V^2). \tag{1}$$

Hieraus erhält man für den Strom I die Differentialgleichung:

$$L \frac{d^2 I}{d t^2} + R \frac{d I}{d t} + \frac{I}{C} = 0. \tag{2}$$

Die Lösung dieser Gleichung lautet:

$$I = A_1 e^{-\alpha_1 t} + A_2 e^{-\alpha_2 t}, \tag{3}$$

wo

$$\alpha_1,\ \alpha_2 = \frac{R}{2L} \pm \sqrt{\frac{R^2}{4 L^2} - \frac{1}{LC}} \tag{4}$$

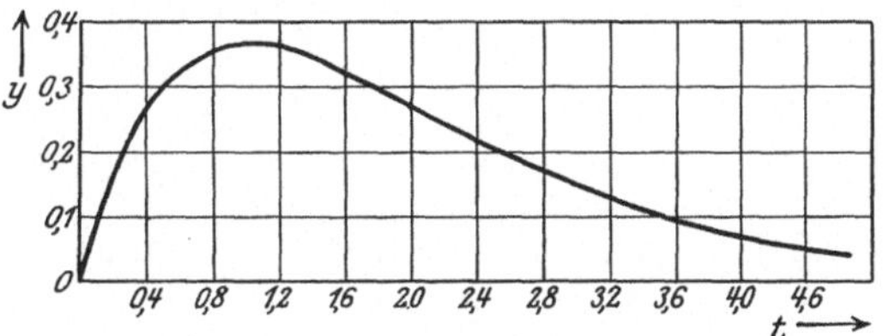

Abb. 3. Verlauf der Funktion $y = t\,e^{-t}$.

ist. Eine analoge Gleichung gilt für die Spannung V am Kondensator.

Aperiodische Entladung. Ist der Ausdruck unter der Wurzel positiv, also $R^2 > 4 L/C$, dann ist α reell und man erhält für I eine einfache Exponentialfunktion bzw. eine Summe von zweien. Es finden keine Schwingungen statt, der Kreis ist aperiodisch.

Aperiodischer Grenzfall. Ist $R^2 = 4 L/C$, so sind die beiden Wurzeln einander gleich und man erhält aus Gleichung (3) nur eine Partiallösung. Die allgemeine Lösung kann man jedoch durch einen Grenzübergang erhalten. Sie lautet, wenn $R/2L = \delta$ gesetzt wird,

$$I = A_1 e^{-\delta t} + A_2 \delta t e^{-\delta t}. \tag{5}$$

Das erste Glied der rechten Seite zeigt wieder den Verlauf der aperiodischen Entladung, während das zweite Glied zunächst einen Anstieg und dann erst einen allmählichen Abfall ergibt. Der Verlauf des zweiten Gliedes ist in Abb. 3 dargestellt.

---

[1]) A. PAALZOW, Berl. Ber. 1862, S. 152.

[2]) H. v. HELMHOLTZ, Repert. d. Phys. Bd. 5, S. 269. 1869; N. SCHILLER, Pogg. Ann. Bd. 152, S. 535. 1874; A. BATTELLI u. L. MAGRI, Phys. ZS. Bd. 3, S. 539; Bd. 4, S. 181. 1902; Phil. Mag. (6) Bd. 5, S. 1, 620. 1903.

[3]) SIR WILLIAM THOMSON, Phil. Mag. (4) Bd. 5, S. 393. 1853; Math. and Physical Papers Bd. I, S. 540; P. DRUDE, Physik des Äthers. 2. Aufl. 1912, bes. S. 447.

Gedämpfte, periodische Entladung. Ist $R^2 < 4L/C$, dann werden die beiden Werte von α komplex und die Lösung der Differentialgleichung erhält die Form:

$$I = A_1 e^{-\delta t} e^{+i\omega t} + A_2 e^{-\delta t} e^{-i\omega t}, \tag{6}$$

$$= A e^{-\delta t} \sin\left(\frac{2\pi t}{T} + \varphi\right) = A e^{-\delta t} \sin(\omega t + \varphi),$$

wo $\qquad\qquad \delta = R/2L \qquad\qquad i = \sqrt{-1} \tag{7}$

und $\qquad\qquad \omega = \sqrt{\dfrac{1}{LC} - \dfrac{R^2}{4L^2}} = \sqrt{\dfrac{1}{LC} - \delta^2}, \tag{8}$

φ ist die Phase der Schwingung. Für die Spannung V am Kondensator erhält man die analoge Gleichung

$$V = B e^{-\delta t} \sin(\omega t + \varphi'). \tag{9}$$

Nimmt man an, daß der Kreis zu Beginn ($t = 0$) stromlos und der Kondensator auf das Anfangspotential V_A geladen ist, berücksichtigt man ferner, daß Strom und Spannung durch die Beziehung:

$$I = -C\frac{dV}{dt}, \tag{10}$$

miteinander verknüpft sind, so lauten die Lösungen:

$$I = \frac{CV_A \omega}{\cos^2 \varepsilon} e^{-\delta t} \sin(\omega t), \tag{11}$$

$$V = \frac{V_A}{\cos \varepsilon} e^{-\delta t} \cos(\omega t - \varepsilon), \tag{12}$$

wo ε bestimmt ist durch die Gleichung:

$$\operatorname{tg} \varepsilon = \frac{RT}{4\pi L} = \frac{R}{\sqrt{\dfrac{4L}{C} - R^2}}. \tag{13}$$

Strom und Spannung stellen gedämpfte Schwingungen von der Periodendauer T, der Frequenz $F = 1/T$, oder der Kreisfrequenz $\omega = 2\pi/T$ dar. Ist R^2 gegen $4L/C$ zu vernachlässigen, so kann $\varepsilon = 0$ gesetzt werden und es wird:

$$I = CV_A \omega e^{-\delta t} \sin \omega t, \tag{14}$$

$$V = V_A e^{-\delta t} \cos \omega t, \tag{15}$$

$$T = 2\pi \sqrt{CL} \quad \text{oder} \quad \omega = \frac{1}{\sqrt{CL}} \qquad \text{(Thomsonsche Formel).} \tag{16}$$

Die Schwingungen sind gedämpfte Sinusschwingungen. Sie lassen sich graphisch mit Hilfe einer logarithmischen Spirale darstellen, deren Fahrstrahl mit der Winkelgeschwindigkeit ω rotiert. Die Projektion des Fahrstrahles auf eine der Koordinatenachsen gibt den Verlauf der Schwingungen wieder. Zwischen Strom und Spannung besteht eine Phasendifferenz von $\pi/2$.

Da man unter einer Wellenlänge diejenige Strecke versteht, um welche die Schwingung sich während einer Periode fortpflanzt, und da die Fortpflanzungsgeschwindigkeit von elektromagnetischen Wellen in Luft annähernd gleich der Lichtgeschwindigkeit ist, so ergibt sich die Wellenlänge der elektrischen Schwingungen zu:

$$\lambda = cT = 2\pi c \sqrt{LC}, \tag{17}$$

wo c die Lichtgeschwindigkeit ist. Die Frequenz des Kondensatorkreises ist also bestimmt durch das Produkt von Kapazität und Selbstinduktion; durch Veränderung einer der beiden Größen kann man die Frequenz beliebig einstellen.

Die THOMSONsche Formel gilt streng nur für ideale Kapazitäten und Induktivitäten, die man praktisch nur bis zu einem gewissen Grade verwirklichen kann. Jede Spule hat eine gewisse Eigenkapazität c_L, jeder Kondensator eine gewisse Selbstinduktion l_C. Unter der Voraussetzung, daß im Schwingungskreise c_L bzw. l_C zur Kondensatorkapazität C bzw. zur Selbstinduktion der Spule L, einfach additiv hinzukommt, tritt an Stelle der einfachen THOMSONschen die folgende Formel zur Berechnung von F:

$$F = \frac{1}{T} = \frac{1}{2\pi\sqrt{(L + l_c)\cdot(C + c_L)}}.\tag{18}$$

Diese Formel liefert für alle praktischen Fälle geschlossener Kondensatorkreise eine genügende Genauigkeit. Bei den Untersuchungen von GIEBE und ALBERTI[1] mit einem Schwingungskreis, dessen Kapazität und Induktivität durch vollkommene Abschirmung der Spule, der Kondensatoren und der Zuleitungen genau definiert waren, ergab sich bei Erregung des Kreises mit ungedämpften Schwingungen mit einer Wellenlänge von über 1000 m eine Übereinstimmung bis zu 0,01% zwischen gemessenen und berechneten Werten. Wenn man auch noch die bei den letzten Betrachtungen vernachlässigte Dämpfung des Kreises $\delta = \frac{R}{2L}$ berücksichtigt, so wird:

$$F = \frac{1}{T} = \frac{1}{2\pi}\sqrt{\frac{1}{(L + l_c)(C + c_L)} - \delta^2}.\tag{19}$$

Für Strom und Spannung gelten dann wieder die allgemeineren Lösungen, die Gleichung (11) und (12). Ihre Phasendifferenz ist jetzt nicht mehr zu allen Zeiten gleich $\pi/2$. Zwar treten die Maximalwerte der Spannung wieder zu denselben Zeiten auf, wenn der Strom verschwindet (O, $^1/_2 T$, T, $^3/_2 T$ usw.), aber das Maximum des Stromes tritt nicht mehr zu den Zeiten $^1/_4 T$, $^3/_4 T$, $^5/_4 T$ usw. ein, sondern um ε/ω früher und das Maximum der Spannung um ε/ω später, so daß zwischen Strommaximum und Verschwinden der Spannung eine Zeitdifferenz von $2\varepsilon/\omega$ liegt.

Nach Lösung (5) der Differentialgleichung (2) nehmen die Amplituden nach einem Exponentialgesetze ab, d. h. das Verhältnis der Amplitude A einer Periode zur nächstfolgenden gleichgerichteten Amplitude A' ist während des ganzen Ablaufes der Schwingungen konstant:

$$\frac{A}{A'} = e^{\delta\frac{2\pi}{\omega}} = e^{\delta T}.\tag{20}$$

Der natürliche Logarithmus dieses Verhältnisses

$$\vartheta = \ln\frac{A}{A'} = \delta\,\frac{2\pi}{\omega} = \delta T,\tag{21}$$

wird das logarithmische Dekrement der Schwingungen genannt und im allgemeinen als Maß der Dämpfung gewählt. Aus Gleichung (7) und (21) erhält man noch die Beziehung:

$$\vartheta = \frac{1}{2}\frac{RT}{L} = \pi R\sqrt{\frac{C}{L}}.\tag{22}$$

---

[1] E. GIEBE u. E. ALBERTI, ZS. f. techn. Phys. Bd. 6, S. 92 u. 135. 1925.

Durch Einsetzen des logarithmischen Dekrementes in Gleichung (19) erhält man noch für die Schwingungsdauer den Ausdruck

$$T = T_0 \sqrt{1 + \frac{\vartheta^2}{4\pi^2}}, \tag{23}$$

wenn mit T_0 die Schwingungsdauer bei der Dämpfung Null bezeichnet wird.

In dem Ansatz für die Differentialgleichung waren zunächst nur die JOULE-schen Verluste im Widerstande R berücksichtigt, es können jedoch noch verschiedene andere Verluste in einem Kondensatorkreis auftreten, z. B. durch Wirbelströme, durch Sprühen der Kondensatoren, Verluste in der Funkenstrecke und dielektrische Verluste. Man kann diese Verluste in erster Annäherung dadurch berücksichtigen, daß man äquivalente Widerstände einführt, z. B. einen Verlustwiderstand r_v für die dielektrischen Verluste, oder für die Funkenverluste einen Funkenwiderstand r_f. Die Größe der Ersatzwiderstände ist so zu bemessen, daß bei ungeändertem Verlauf der Stromkurve in den Widerständen dieselbe Energie während des ganzen Ablaufes der Schwingungen verbraucht würde. Die Art der Verluste ist jedoch vielfach derart, daß die Ersatzwiderstände nicht den Charakter eines rein OHMschen Widerstandes haben. Der Funkenwiderstand z. B. ist abhängig von der Stromstärke, er wird kleiner mit wachsender Stromstärke. Infolgedessen fallen die Amplituden der Schwingungskurve nicht nach einem Exponentialgesetz ab, das logarithmische Dekrement der Dämpfung ist nicht konstant, außer der Grundschwingung treten infolgedessen auch harmonische und unharmonische Oberschwingungen auf[1]). Wenn man trotzdem vielfach mit einem konstanten Dämpfungsdekrement rechnet, so geschieht es in erster Annäherung. Genau so gut, wie man für die verschiedenen Verluste Ersatzwiderstände einführt, kann man natürlich auch besondere Dekremente einführen.

Von Interesse ist noch die Frage, wie groß der Stromeffekt einer gedämpften Schwingung ist, deren Amplitudenkurve eine Exponentialkurve ist, oder, da man es im allgemeinen nicht mit einem einzigen gedämpften Kurvenzug, sondern mit einer Anzahl N gleichartiger, in gleichen Abständen aufeinanderfolgender Kurvenzüge in der Sekunde zu tun hat, wie groß der Stromeffekt dieser ist. Er ist:

$$I^2_{\text{eff}} = \frac{N I_0^2}{4\delta}, \tag{24}$$

wenn I_0 die Anfangsamplitude der Schwingungen ist. Die Messung des Stromeffektes erfolgt im allgemeinen mit Hitzdrahtinstrumenten.

b) Eigenschwingungen zweier gekoppelter Kreise[2]).

4. Allgemeines. Zwei miteinander gekoppelte Schwingungskreise können nach RAYLEIGH und M. WIEN als ein einziges System mit zwei Freiheitsgraden aufgefaßt werden. Führt man einem solchen System in irgendeiner Form eine bestimmte Energie zu und überläßt es dann sich selbst, so treten in dem System Schwingungen auf, die man als die Eigenschwingungen oder freien Schwingungen des gekoppelten Systems betrachten kann. Sind keine Verluste vorhanden, so bleiben die Schwin-

---

[1]) Vgl. F. OLLENDORFF, Die Grundlagen der Hochfrequenztechnik. Berlin 1926, insbesondere S. 194.

[2]) A. OBERBECK, Wied. Ann. Bd. 55, S. 623. 1895; M. WIEN, ebenda Bd. 61, S. 151. 1897; P. DRUDE, Ann. d. Phys. Bd. 13, S. 512. 1904; Physik des Äthers, 2. Aufl., S. 472ff. Stuttgart 1912; M. WIEN, Ann. d. Phys. Bd. 25, S. 625. 1908; F. KIEBITZ, ebenda Bd. 40, S. 138. 1913; W. ROGOWSKI, Arch. f. Elektrot. Bd. 9, S. 427. 1921; W. GRÖSSER, Dissert. Jena 1922; Arch. f. Elektrot. Bd. 10, S. 257. 1921; W. TATARINOW, Arch. f. Elektrot. Bd. 12, S. 1. 1923; F. HARMS, Jahrb. d. drahtl. Tel. Bd. 15, S. 442. 1920; H. HECHT, Elektr. Nachr. Techn. Bd. 3. S. 121. 1926.

gungen dauernd bestehen; praktisch treten natürlich stets Verluste auf, so daß die Schwingungen allmählich abklingen. Um die Schwingungen dauernd aufrechtzuerhalten, ist die Nachlieferung von Energie aus irgendeiner Energiequelle erforderlich. Damit wird der Charakter der Schwingungen jedoch abhängig von der Art der Energienachlieferung. In diesem Fall hat man es nicht mehr mit freien Schwingungen, sondern zum Teil wenigstens mit erzwungenen Schwingungen zu tun (vgl. Ziff. 12 bis 17).

Einige der im folgenden durchgeführten Aufgaben lassen eine doppelte Auffassung zu. Hat man es z. B. mit einer extrem losen Koppelung zweier Kreise zu tun, bei der der zweite Kreis keine Rückwirkung auf den ersten ausübt, so gelangt man zu derselben Lösung, ob man die Kreise als ein gekoppeltes System auffaßt, oder ob man bei der Durchrechnung der Gleichungen von der Annahme eines einzigen Kondensatorkreises ausgeht, der unter der Einwirkung einer äußeren Kraft steht. Die äußere Kraft, die im allgemeinen gar nicht an einen Schwingungskreis gebunden zu sein braucht, wäre dann in diesem speziellen Fall der im Primärkreis fließende Strom.

5. Begriff der Koppelung, Koppelungskoeffizient[1]). Zwei Kreise heißen gekoppelt, wenn Schwingungen in dem einen Kreis Schwingungen in dem anderen erregen. Es sind drei verschiedene Koppelungsarten zu unterscheiden: die galvanische, die magnetische oder induktive und die elektrische oder kapazitive Koppelung. Galvanische Koppelung ist vorhanden, wenn beide Kreise eine gemeinsame Strombahn besitzen, wenn der Spannungsabfall an einem OHMschen Widerstande in beiden Stromkreisen liegt. Diese Art der Koppelung tritt bei hochfrequenten Schwingungen stark zurück gegen die beiden anderen Koppelungsarten. Handelt es sich um eine Kombination mehrerer Koppelungsarten, so kann man die galvanische fast immer ganz vernachlässigen. Man nennt zwei Kreise magnetisch gekoppelt, wenn sie sich durch elektromagnetische Induktion gegenseitig erregen können. Eine solche Koppelung ist z. B. vorhanden, wenn beiden Kreisen eine Spule gemeinsam ist; die dabei gleichzeitig vorhandene galvanische Koppelung kann man dagegen, wie eben auseinandergesetzt, außer acht lassen. Elektrisch oder kapazitiv sind zwei Kreise gekoppelt, wenn ein elektrisches Feld zwischen Teilen des einen Kreises und solchen des anderen Kreises besteht. Dies ist immer dann vorhanden, wenn beide Kreise eine Kapazität gemeinsam haben. Je höher die Frequenz der elektrischen Schwingungen ist, desto mehr treten die elektrischen Koppelungen gegenüber den magnetischen Koppelungen hervor.

Die drei verschiedenen Arten der Koppelung sind in den Abb. 4, 5 und 6 durch die praktisch wichtigsten Fälle dargestellt, L_k und w_k sind dabei als reine Selbstinduktion und als rein OHMscher Widerstand gedacht. Abgesehen von der Kombination dieser Koppelungen gibt es besonders für die kapazitive Koppelung noch andere Schaltungen, deren Erörterung jedoch zu weit führen würde. Als Maß für die Größe der Koppelung dient der K o p p e l u n g s k o e f f i z i e n t oder K o p p e l u n g s f a k t o r[2]). Für die obigen drei Schaltungen nimmt er die

---

[1]) M. WIEN, Wied. Ann. Bd. 61, S. 151. 1897; J. ZENNECK u. H. RUKOP, Lehrb. d. drahtl. Telegr., bes. S. 95. Stuttgart 1915; H. REIN u. K. WIRTZ, Radiotelegr. Praktikum, bes. S. 141. Berlin 1922; W. GRÖSSER, Dissert. Jena 1922; Arch. f. Elektrot. Bd. 10, S. 257. 1921; N. v. KORSHENEWSKY, Jahrb. d. drahtl. Telegr. Bd. 19, S. 94. 1922; H. HECHT, Elektr. Nachr. Techn. Bd. 3, S. 121. 1926.

[2]) H. HECHT (l. c.) unterscheidet zwischen Kopplungskoeffizient und Kopplungsfaktor und bezeichnet als Kopplungskoeffizient jedes der beiden Kreise das Verhältnis der Energie im Kopplungsgliede zur Gesamtenergie des betreffenden Schwingungskreises. Das Produkt dieser beiden Kopplungskoeffizienten ist dann gleich dem Quadrat des Kopplungsfaktors

$$k^2 = k_1 k_2.$$

gleiche Form an, wenn man ihn durch die Spannungen an den Teilen der gekoppelten Kreise definiert. Er ist:

$$k = \frac{e_k}{\sqrt{e_1 e_2}}, \tag{25}$$

wo

e_k die Spannung zwischen den Punkten 2 und 3 ist,

e_1 bei induktiver Koppelung die Spannung am Kondensator C_1,
bei kapazitiver Koppelung die Spannung an der Induktivität L_1,
bei Widerstandskoppelung die Spannung an C_1 oder L_1,

e_2 bei induktiver Koppelung die Spannung am Kondensator C_2,
bei kapazitiver Koppelung die Spannung an der Induktivität L_2,
bei Widerstandskoppelung die Spannung an C_2 oder L_2.

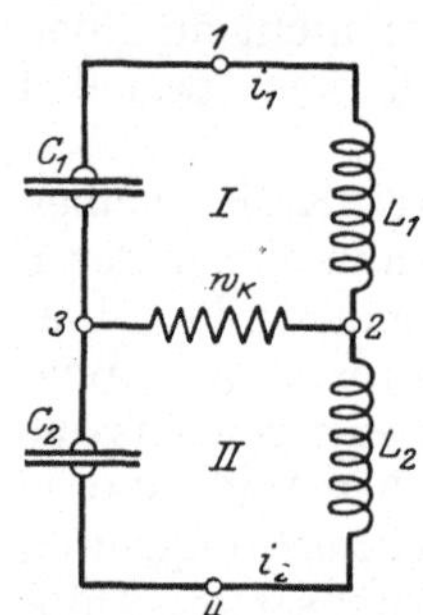

Abb. 4. Galvanische Koppelung.

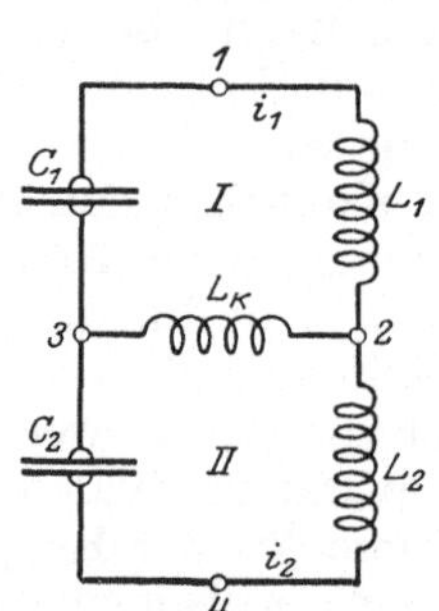

Abb. 5. Induktive Koppelung über eine gemeinsame Spule.

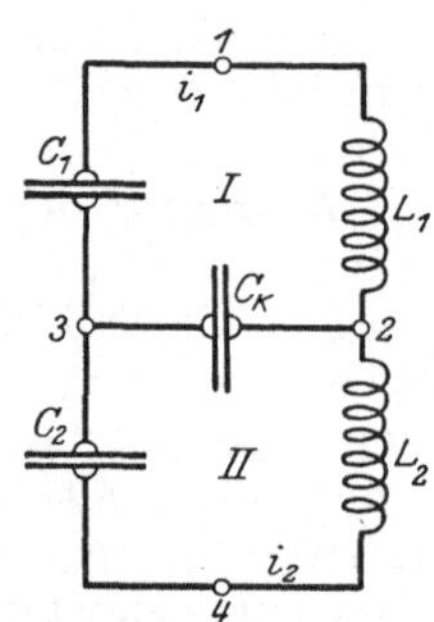

Abb. 6. Kapazitive Koppelung.

Bei induktiver Koppelung (Abb. 5) kann man auch schreiben:

$$k = \frac{L_k}{\sqrt{(L_k + L_1)(L_k + L_2)}}. \tag{26}$$

Sind die beiden Kreise nicht durch eine gemeinsame Spule L_k, sondern durch die Gegeninduktivität L_{12} der beiden Spulen L_1 und L_2 miteinander gekoppelt (s. Abb. 7), so wird:

$$k = \frac{L_{12}}{\sqrt{L_1 L_2}}. \tag{27}$$

Bei kapazitiver Koppelung der beiden Kreise nach Schaltung (Abb. 6) ist:

$$k = \sqrt{\frac{1}{\left(1 + \dfrac{C_k}{C_1}\right)\left(1 + \dfrac{C_k}{C_2}\right)}} = \sqrt{\frac{C_1 C_2}{(C_1 + C_k)(C_2 + C_k)}}. \tag{28}$$

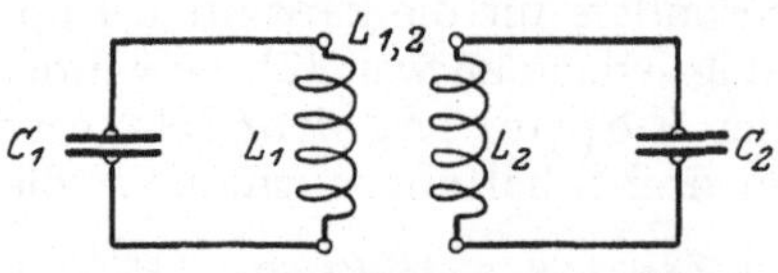

Abb. 7. Induktive Koppelung durch eine Gegeninduktivität.

Bei Widerstandskoppelung nach Abb. 4 ist:

$$k = \sqrt{\frac{w_k}{\sqrt{w_k + (\omega L_1)^2}\,\sqrt{w_k + (\omega L_2)^2}}},$$

$$= \sqrt{\frac{w_k}{\sqrt{w_k + \left(\dfrac{1}{\omega C_1}\right)^2}\,\sqrt{w_k + \left(\dfrac{1}{\omega C_2}\right)^2}}} \tag{29}$$

ist w_k klein gegen ωL und $1/\omega C$, so wird:

$$k = \sqrt{\frac{w_k}{\omega L_1 \cdot \omega L_2}} = \sqrt{\frac{w_k}{\dfrac{1}{\omega C_1} \cdot \dfrac{1}{\omega C_2}}} \tag{30}$$

$\sigma = 1 - k^2$ heißt der Streukoeffizient.

Üben die im Sekundärkreis erregten Schwingungen keine Rückwirkung auf den Primärkreis aus, dann sagt man, die Kreise sind extrem lose miteinander gekoppelt; ist eine Rückwirkung vorhanden, so spricht man von einer festen Koppelung.

Sind die OHMschen Widerstände klein gegen die induktiven, so daß sie eine gewisse von der Koppelung abhängige Größe nicht überschreiten, so spricht man von vorherrschender Koppelung, im anderen Fall, wenn die Wirkung der Dämpfung die der Koppelung überwiegt, von vorherrschender Dämpfung.

6. Keine Rückwirkung. Extrem lose Koppelung. Der Kondensatorkreis unter der Einwirkung ungedämpfter Schwingungen. Es sei zunächst die Annahme gemacht, daß im Primärkreis keine Energie verbraucht wird. Bei extrem loser Koppelung wird auch die auf den zweiten Kreis übertragene Energie in erster Annäherung zu vernachlässigen sein, so daß man die Annahme machen kann, daß im Primärkreis ungedämpfte Schwingungen bestehen, die auf den Sekundärkreis einwirken. Die Einwirkung einer äußeren Kraft auf den Kondensatorkreis, gleichgültig in welcher Weise sie erfolgt, kann man sich, wenn keine Rückwirkung vorhanden ist, stets durch eine EMK E im Kreise selbst ersetzt denken. Die in Ziff. 3 aufgestellte Differentialgleichung für den Strom I und die ganz analog aussehende Gleichung für die Spannung V bleibt also bestehen, wenn nur der EMK E durch Hinzufügen eines Gliedes Rechnung getragen wird. Nehmen wir zunächst an, daß eine sinusförmige ungedämpfte Schwingung der Frequenz ω_1 auf den Kondensatorkreis wirkt und in diesem eine sinusförmige, ungedämpfte EMK $E = E_0 \cos \omega_1 t$ erzeugt, so wird die Differentialgleichung für die Spannung:

$$L \frac{d^2 V}{dt^2} + R \frac{dV}{dt} + \frac{V}{C} = - \frac{E}{C} = - \frac{E_0}{C} \cos \omega_1 t. \tag{31}$$

Die Lösung dieser Gleichung lautet:

$$V = E_0 \frac{\omega_2^2 + \delta^2}{\sqrt{(\omega_1^2 - \omega_2^2 - \delta^2)^2 + 4 \omega_1^2 \delta^2}} \cos(\omega_1 t + \varphi_1) + A\, e^{-\delta t} \cos(\omega_2 t + \varphi_2). \tag{32}$$

Für den Strom ergibt sich analog:

$$I = \frac{E_0}{L} \frac{\omega_1}{\sqrt{(\omega_1^2 - \omega_2^2 - \delta^2)^2 + 4 \omega_1^2 \delta^2}} \sin(\omega_1 t + \varphi_1) + B\, e^{-\delta t} \sin(\omega_2 t + \varphi_2), \tag{33}$$

wo ω_2 und δ die oben definierte Eigenfrequenz und Dämpfung des Kondensatorkreises sind. Im Kondensatorkreis entstehen unter der Einwirkung der äußeren Kraft zwei Schwingungen, eine ungedämpfte Schwingung von der gleichen Frequenz wie die Erregerschwingung, eine erzwungene, wie sie im Gegensatz zur Eigenschwingung genannt wird, und eine gedämpfte Schwingung von der Eigenfrequenz des Kondensatorkreises. Betrachten wir zunächst die ungedämpfte Schwingung, welche den Dauerzustand darstellt und bald nach dem Einsetzen der Schwingungen allein vorhanden ist, so folgt, daß bei Vernachlässigung der Dämpfung die Amplitude der Schwingungen ein Maximum wird, wenn die Frequenz der Erregerschwingung gleich der Eigenfrequenz des Kondensatorkreises ist. Man sagt dann, der Kondensatorkreis ist auf die Erregerfrequenz abgestimmt, er ist in Resonanz mit ihr. Über diese Schwingung lagert sich zu Beginn eine gedämpfte Schwingung von der Eigenfrequenz des Kondensatorkreises. Die Anfangsamplitude dieser Schwingung ist genau so groß wie die Amplitude der ungedämpften Schwingungen, aber von entgegengesetztem Vorzeichen, da im Anfangszustand die Spannung des Kreises Null sein muß. Diese Vorgänge werden im Gegensatz zu dem Dauerzustand als Einschwing- oder Einschaltvorgänge bezeichnet.

Abb. 8 stellt den Verlauf der Schwingungen dar, und zwar sind die dünn ausgezogene und die gestrichelte Kurve die beiden Einzelschwingungen, aus denen sich die Gesamtschwingung (ausgezogene Kurve) zusammensetzt. Die Amplitude der letzten steigt nur allmählich an, der Anstieg erfolgt um so langsamer, je schwächer gedämpft der Kondensatorkreis ist. Die Amplitude ist bei Resonanz viel höher, als wenn der Kreis nicht abgestimmt wäre. Der Grund dafür ist der, daß im Anfangszustand die äußere Kraft dauernd Energie an den Kreis nachliefert, die nur zum Teil im Widerstand verbraucht wird, zum andern Teil zur Erhöhung der Amplitude dient, bis der Energieverbrauch im Schwingungskreis gleich der in gleicher Zeit zugeführten Energie ist.

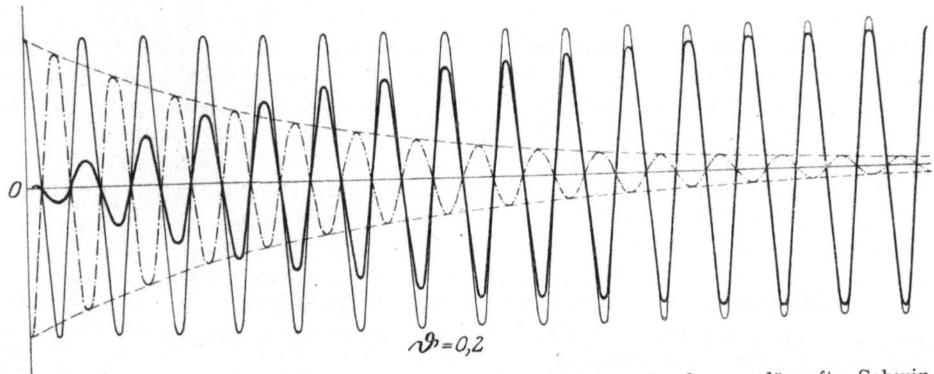

Abb. 8. Schwingungen im Kondensatorkreis bei Erregung durch ungedämpfte Schwingungen. (Einschaltvorgänge. Lose Koppelung.)

Es war vorausgesetzt, daß die Dämpfung zu vernachlässigen ist. Ist dies nicht der Fall, so ist das Maximum von Strom und Spannung der erzwungenen Schwingung nicht mehr genau dann vorhanden, wenn die Frequenz der erregenden Schwingung gleich der der freien Schwingung des Kreises ist. Die Spannung erreicht ihr Maximum vielmehr dann, wenn

$$\omega_1^2 = \omega_2^2 - \delta^2 , \tag{34}$$

der Strom dann, wenn

$$\omega_1^2 = \omega_2^2 + \delta^2 . \tag{35}$$

Im allgemeinen liegt also die Resonanz an verschiedener Stelle, je nachdem man die Spannung oder den Strom mißt, praktisch ist allerdings δ^2 gegen ω_2^2 fast immer zu vernachlässigen.

Zwischen der Erregerspannung E und der Kondensatorspannung V besteht nach Abklingen der gedämpften Schwingung gemäß Gleichung (32) eine Phasenverschiebung φ_1, die sich bestimmt aus:

$$\operatorname{tg}\varphi_1 = \frac{2\,\omega_1\,\delta}{\omega_1^2 - \omega_2^2 - \delta^2} . \tag{36}$$

Unter der Voraussetzung, daß δ sehr klein ist, wird im Falle der Resonanz $\varphi_1 = \pi/2$. Die Beobachtung der Phasenverschiebung liefert also ein Mittel zur Bestimmung der Resonanz.

Resonanzkurven[1]). Unter der Verstimmung des Kondensatorkreises gegen die Erregerfrequenz versteht man die Änderung der Eigenschwingung des Kondensatorkreises durch Änderung seiner Selbstinduktion oder Kapazität bei

---

[1]) V. BJERKNES, Wied. Ann. Bd. 44, S. 74. 1891; Bd. 55, S. 121. 1895.

Konstanthaltung der Erregerfrequenz. Umgekehrt kann man natürlich auch die Erregerfrequenz gegen die Eigenschwingung des Kondensatorkreises verstimmen. Als Verstimmungsgrad ξ sei definiert:

$$\xi = \frac{(\omega_2 - \omega_1)}{\omega_1} .\tag{37}$$

Nimmt man den Stromeffekt im Kondensatorkreise in Abhängigkeit von der Verstimmung auf und stellt diese Abhängigkeit graphisch dar, so erhält man eine Kurve, die die Resonanzkurve genannt wird. Im allgemeinen wählt man als Ordinate in dieser Darstellung jedoch nicht den Stromeffekt selber, sondern sein Verhältnis zu dem Stromeffekt bei Resonanz: $y = I_{\mathrm{eff}}/I_{r_{\mathrm{eff}}}$. Dann wird die Ordinate bei Resonanz gleich 1. Die Gleichung der Resonanzkurve lautet:

$$y = \frac{\vartheta^2}{\vartheta^2 + 4\,\pi^2\,\xi^2} .\tag{38}$$

Der Stromeffekt bei Resonanz ist:

$$I_{r_{\mathrm{eff}}} = \frac{1}{8}\,\frac{E_0^2}{L^2\,\delta^2} .\tag{39}$$

Den Verlauf zweier solcher Resonanzkurven zeigt Abb. 9, und zwar bei verschiedener Dämpfung des Kondensatorkreises. Für Kurve a ist das logarithmische Dekrement $\vartheta = 0,1$, für Kurve b $\vartheta = 0,28$. Man sieht, daß die Resonanzkurve um so schärfer ist, je kleiner die Dämpfung ist. Aus der Breite der Resonanzkurve bei einem bestimmten Stromeffekt, z. B. bei der Hälfte seines Wertes bei Resonanz, kann man ein Maß für die Größe der Dämpfung herleiten. Die Genauigkeit der Berechnung ist am größten dort, wo die Resonanzkurve unter einer Neigung von etwa 45° verläuft. Trägt man deswegen bei der graphischen Darstellung nicht y, sondern die

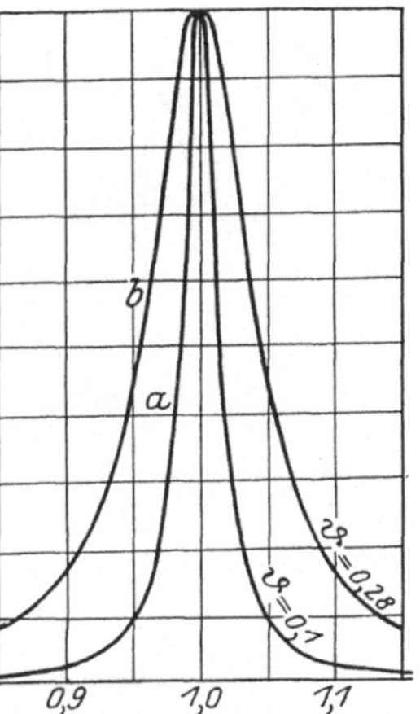

Abb. 9. Resonanzkurven.

Logarithmen von y als Ordinaten über der Verstimmung auf, dann erhält die Resonanzkurve im oberen Teil einen etwas flacheren, im unteren Teil einen etwas steileren Verlauf, so daß sich die Dämpfung für alle Teile der Kurve bis zu großen Verstimmungen gleich gut bestimmen läßt [1]. Näheres über die Messung der Dämpfung und über die Verwendung der Resonanzkurven zur Messung einer Frequenz s. Bd. XVI.

Die Resonanzkurven verlaufen praktisch nicht immer gemäß der oben angegebenen Gleichung, es kommen Abweichungen verschiedenster Art vor. Entweder die Kurven verlaufen unsymmetrisch zur Mittellinie, oder das Dämpfungsdekrement ist nicht über den ganzen Verlauf der Kurve konstant. Auch kommen bisweilen zwei oder mehrere Maxima in den Kurven vor. Die Ursache dafür ist meistens in Verlusten zu suchen, die ein von der Stromstärke abhängiges Dämpfungsdekrement ergeben, wie z. B. Sprühverluste in Kondensatoren, oder in Verlusten, die stark von der Frequenz abhängig sind, wie die Wirbelstromverluste. Ebenso erhält man eine anomale Resonanzkurve, wenn die Erregerschwingung keine reine Sinusschwingung ist. Wird bei der Aufnahme der Resonanzkurve der Stromeffekt nicht direkt im Sekundärkreise gemessen, sondern in einem mit diesem gekoppelten aperiodischen Detektorkreise, so können unsymmetrische Resonanzkurven durch eine direkte Energieübertragung vom

---

[1] O. Droysen, Jahrb. d. drahtl. Telegr. Bd. 9, S. 121. 1914.

Primärkreis auf den aperiodischen Detektorkreis entstehen. Näheres über anormale Resonanzkurven s. Literatur[1]).

Sarasin und de la Rive[2]) fanden, daß unter bestimmten Bedingungen die gemessene Wellenlänge der elektrischen Schwingungen wesentlich von den Abmessungen des Resonators abhängt und nannten diese Erscheinung „multiple Resonanz". Dieselbe tritt jedoch nur bei gedämpften Erregerschwingungen und offenen Schwingungskreisen (Hertzschen Oszillatoren) auf und erklärt sich aus der sehr starken Dämpfung der von diesen Sendern ausgestrahlten Schwingungen.

7. Der Kondensatorkreis unter der Einwirkung gedämpfter Schwingungen[3]). In dem Kapitel über die Eigenschwingungen von Kondensatorkreisen war gezeigt, daß Strom und Spannung, wenn der Kondensator einmal aufgeladen und der Kreis dann sich selbst überlassen wird, in gedämpften Sinusschwingungen abklingen. Wenn man diese Schwingung auf einen zweiten Kreis

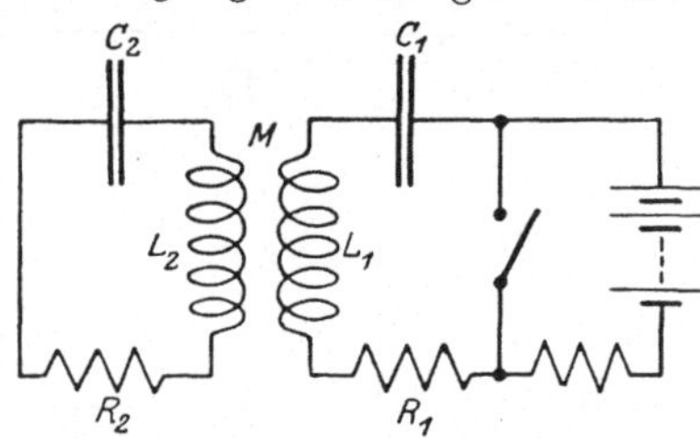

Abb. 10. Schaltung zur Erregung eines Kondensatorkreises mit gedämpften Schwingungen. M die Gegeninduktivität der beiden Schwingungskreise.

wieder bei extrem loser Koppelung, etwa nach einer Schaltung der Abb. 10 einwirken läßt, so entsteht in diesem, ähnlich wie bei der Erregung mit ungedämpften Schwingungen, eine erzwungene, diesmal gedämpfte Schwingung von der gleichen Frequenz und Dämpfung wie die erregende, und außerdem eine Eigenschwingung von der Frequenz und Dämpfung des zweiten Kreises. Beide Schwingungen setzen sich zu einer einzigen zusammen. Die Differentialgleichung dieser Schwingung ist in ähnlicher Weise aufzustellen, wie bei der Erregung mit ungedämpften Schwingungen. Ihre Lösung lautet:

$$V = V_1 e^{-\delta_1 t} \sin(\omega_1 t + \varphi_1) + V_2 e^{-\delta_2 t} \sin(\omega_2 t + \varphi_2) . \qquad (40)$$

Die Amplitude sowohl der erzwungenen als der Eigenschwingung wird ein Maximum, wenn beide die gleiche Frequenz haben, d. h. wenn beide Systeme aufeinander abgestimmt sind. Abb. 11 zeigt oben den Verlauf der Erregerschwingung, unten die Stromkurve des Kondensatorkreises für den Fall, daß die Dämpfung der beiden Systeme verschieden ist. Längs der Abszisse sind die ganzen Perioden N gezählt. Man sieht, daß die Amplitudenkurve der resultierenden Schwingung nach kurzer Zeit beinahe mit der Amplitudenkurve der schwächer gedämpften Schwingung zusammenfällt, die schwächer gedämpfte Schwingung herrscht vor. Es sind zwei Fälle von Interesse:

Entweder ist die Dämpfung des Erregerkreises geringer als die des Sekundärkreises, dann erhält man im Sekundärkreis nach kurzer Zeit praktisch dieselben schwach gedämpften Schwingungen wie im Erregerkreis.

Oder die Dämpfung des Sekundärkreises ist geringer als die des Erregerkreises, dann verlaufen die Schwingungen so, als ob nur dessen schwach gedämpfte Eigenschwingung vorhanden wäre. Das Erregersystem stößt nur das Sekundärsystem in seinen Eigenschwingungen an.

Für die Resonanzkurven erhält man eine ganz analoge Gleichung, wie im Fall der ungedämpften Schwingungen, nur tritt an Stelle der Dämpfung des Sekundärkreises die Summe der Dämpfungen der beiden Kreise. Die Kurven

---

[1]) J. Zenneck u. H. Rukop, Lehrb. d. drahtl. Telegr., bes. S. 139. Leipzig 1925; M. Wien, Ann. d. Phys. (4) Bd. 25, S. 652. 1908; S. Löwe, Jahrb. d. drahtl. Telegr. Bd. 6, S. 325. 1912; O. Droysen, ebenda Bd. 7, S. 153. 1913; E. Giebe u. E. Alberti, ebenda Bd. 16, S. 242. 1920; E. Alberti, ebenda Bd. 16, S. 252. 1920.

[2]) E. Sarasin u. L. de la Rive, Arch. de Genève 3, Bd. 23, S. 113. 1890.

[3]) V. Bjerknes, Wied. Ann. Bd. 44, S. 74. 1891; Bd. 55, S. 121. 1895; P. Drude, Ann. d. Phys. (4) Bd. 13, S. 512. 1904; P. Drude, Physik des Äthers, 2. Aufl., S. 461 ff. 1912.

verlaufen also flacher. Benutzt man wieder die Breite der Resonanzkurve zur Bestimmung der Dämpfung, so muß man jetzt, um die beiden Dämpfungen getrennt zu erhalten, noch eine weitere Messung ausführen (s. Bd. XVI.)

Die Schwingungsvorgänge in einem RUHMKORFFschen Induktionsapparat lassen sich in der gleichen Weise behandeln, wie die eben erörterten Schwingungsvorgänge, nur sind andere Anfangsbedingungen vorhanden[1]).

Bei den bisherigen Betrachtungen war vorausgesetzt, daß die in dem Kondensatorkreis erregten Schwingungen keine Rückwirkung auf die Erregerschwingungen ausüben. Nur unter dieser Voraussetzung ist es statthaft, für die im Sekundärkreis induzierte EMK eine ungedämpfte oder gedämpfte Sinusfunktion anzusetzen. Es soll jetzt der Einfluß der Rückwirkung untersucht werden.

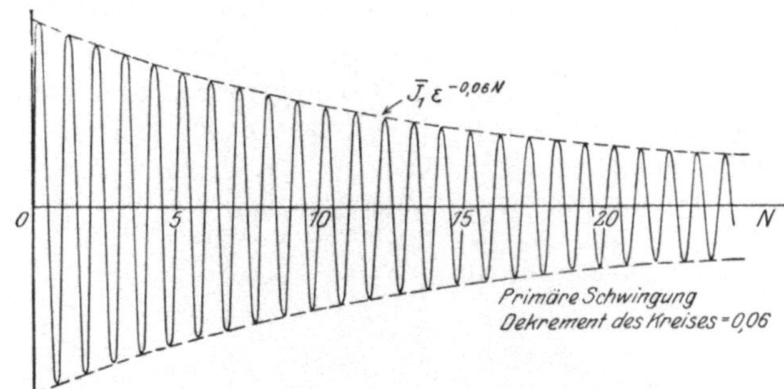

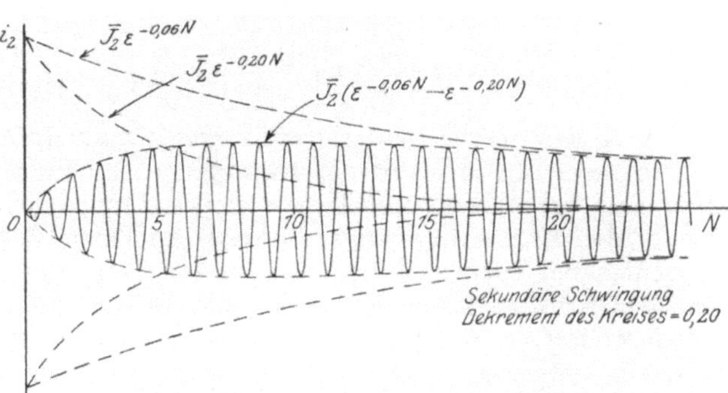

Abb. 11. Schwingungen im Kondensatorkreis bei Erregung mit gedämpften Schwingungen. (Lose Koppelung.)

8. Einfluß der Rückwirkung bei gekoppelten Kreisen[2]). Vernachlässigung der Dämpfung. Es sei zunächst vorausgesetzt, daß weder im Primärkreis noch im Sekundärkreis Energie verbraucht wird, so daß dem System keine Energie zur Aufrechterhaltung der Schwingungen aus irgendeiner Energiequelle nachgeliefert werden muß. Dagegen sei im Anfangszustand im Primärkreis magnetische oder elektrische Energie vorhanden, die beim Nichtvorhandensein des zweiten Kreises ungedämpfte Schwingungen im Primärkreis von der Frequenz seiner Eigenschwingungen ergeben würde. Bei fester Koppelung beider Kreise wird die auf den Sekundärkreis übertragene Energie so groß, daß sie auf den Primärkreis zurückwirkt. Bei induktiver Koppelung wird die durch eine gegenseitige Induktivität L_{12} im Primärkreis durch den Sekundärstrom induzierte EMK $E_1 = L_{12} \dfrac{dI_2}{dt}$. Die Differentialgleichungen der Ströme lauten für diesen Fall, wenn die Widerstände gemäß der Annahme vernachlässigbar kleiner Energieverluste gleich Null gesetzt werden:

$$L_1 \frac{dI_1}{dt} + \frac{1}{C_1} \int I_1 dt + L_{12} \frac{dI_2}{dt} = 0, \tag{41}$$

$$L_2 \frac{dI_2}{dt} + \frac{1}{C_2} \int I_2 dt + L_{12} \frac{dI_1}{dt} = 0. \tag{42}$$

---

[1]) R. COLLEY, Wied. Ann. Bd. 44, S. 109. 1891; B. WALTER, ebenda Bd. 62, S. 312. 1897; A. OBERBECK, ebenda Bd. 64, S. 203. 1898.
[2]) Siehe Fußnote 2, Ziff. 4.

Die Lösung der Gleichungen lautet:

$$I_1 = A_1 \sin(\omega_1' t + \varphi_1) + B_1 \sin(\omega_2' t + \varphi_2), \qquad (43)$$

$$I_2 = A_2 \sin(\omega_1' t + \psi_1) + B_2 \sin(\omega_2' t + \psi_2). \qquad (44)$$

Analoge Gleichungen gelten für die Spannungen. Bei kapazitiver Koppelung der beiden Kreise kommt man zu Gleichungen derselben Form, doch haben die Frequenzen andere Werte. Somit lagern sich in beiden Kreisen zwei einfache Sinusschwingungen verschiedener Frequenz (ω_1', ω_2') übereinander.

Bei induktiver Koppelung[1]) sind die Gleichungen für die Frequenzen, wenn ω_1 und ω_2 die Kreisfrequenzen jedes Einzelsystems im ungekoppelten Zustande bedeuten und

$$\frac{\omega_2}{\omega_1} = x; \qquad (45)$$

gesetzt wird:

$$\omega_1' = \omega_1 \sqrt{\frac{1+x^2}{2\sigma}\left[1 + \sqrt{1 - \frac{4\sigma x^2}{(1+x^2)^2}}\right]}, \qquad (46)$$

$$\omega_2' = \omega_1 \sqrt{\frac{1+x^2}{2\sigma}\left[1 - \sqrt{1 - \frac{4\sigma x^2}{(1+x^2)^2}}\right]}. \qquad (47)$$

Die Frequenzen weichen von den Eigenfrequenzen der ungekoppelten Kreise um so mehr ab, je fester die Koppelung ist. Im allgemeinen wird die größere Frequenz vergrößert, die kleinere verkleinert. Auch im Falle der Abstimmung der beiden Kreise aufeinander, bleiben in jedem der Kreise zwei Schwingungen verschiedener Frequenz erhalten, es ist nicht möglich, beide Kreise mit einer einzigen Schwingung gleicher Frequenz schwingen zu lassen. Für den Fall der Abstimmung $\omega_1 = \omega_2 = \omega$ werden die Frequenzen:

$$\omega_1' = \frac{\omega}{\sqrt{1-k}}, \qquad (48)$$

$$\omega_2' = \frac{\omega}{\sqrt{1+k}}. \qquad (49)$$

Die entsprechenden Gleichungen für die Wellenlängen sind:

$$\lambda_1' = \lambda\sqrt{1-k}, \qquad (50)$$

$$\lambda_2' = \lambda\sqrt{1+k}. \qquad (51)$$

Ändert man die Eigenwelle eines der beiden Kreise z. B. dadurch, daß man die Kapazität C_2 des zweiten Kreises kontinuierlich ändert, während man die Eigenwelle des Kreises I konstant hält, so ändern sich auch die beiden Koppelungsfrequenzen ω_1' und ω_2'. In Abb. 12 ist die Abhängigkeit der durch ω_1 dividierten Koppelungsfrequenzen $O_1 = \omega_1'/\omega_1$ und $O_2 = \omega_2'/\omega_1$ von x wiedergegeben. In erster Annäherung stellen sie in der Nähe der Resonanz die beiden Äste einer Hyperbel dar, deren Asymptoten die Eigenfrequenzen der beiden Kreise sind.

Bei kapazitiver Koppelung[2]) der beiden Kreise in einer Schaltung nach Abb. 6 sind die Gleichungen der beiden auf ω_1 bezogenen Koppelungsfrequenzen:

$$\frac{\omega_1'}{\omega_1} = \sqrt{\frac{1+x^2}{2}\left[1 + \sqrt{1 - \frac{4\sigma x^2}{(1+x^2)^2}}\right]}, \qquad (52)$$

$$\frac{\omega_2'}{\omega_1} = \sqrt{\frac{1+x^2}{2}\left[1 - \sqrt{1 - \frac{4\sigma x^2}{(1+x^2)^2}}\right]}. \qquad (53)$$

---

[1]) W. ROGOWSKI, Arch. f. Elektrot. Bd. 9, S. 427. 1921.
[2]) W. GRÖSSER, Dissert. Jena 1922; Arch. f. Elektrot. Bd. 10, S. 257. 1921.

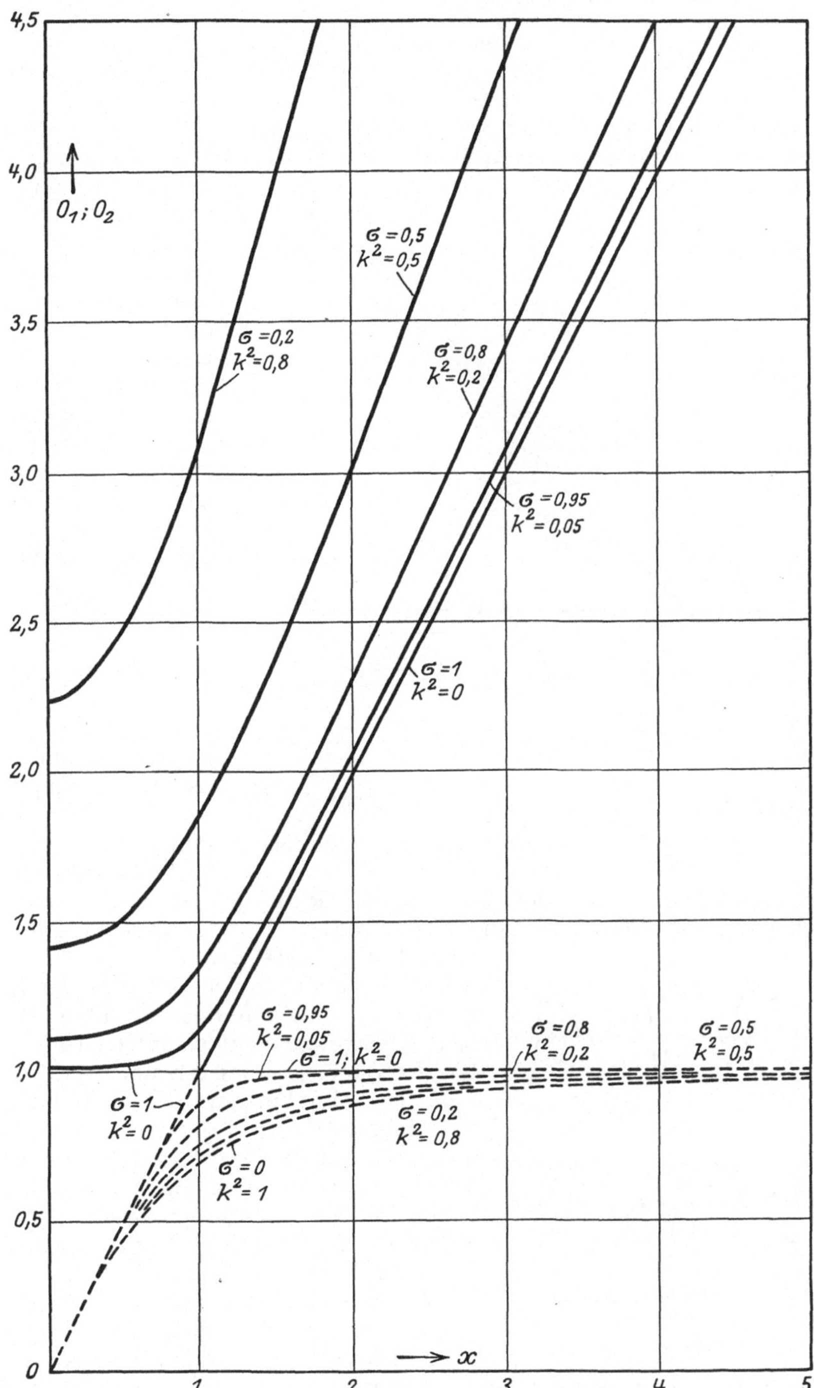

Abb. 12. Koppelungsfrequenzen bei induktiver Koppelung zweier Kreise.

Für den Fall der Abstimmung ergibt sich:

$$\omega_1' = \omega \sqrt{1 + k}, \tag{54}$$

$$\omega_2' = \omega \sqrt{1 - k}. \tag{55}$$

In Abb. 13 sind die Frequenzen wieder in Abhängigkeit von x dargestellt. Die Kurven verlaufen im allgemeinen ähnlich wie bei induktiver Koppelung. Während aber bei induktiver Koppelung die schnellere Koppelschwingung immer beträchtlich schneller als die schnellere der beiden ungekoppelten Eigenschwingungen ist, die langsame Koppelschwingung sich dagegen verhältnismäßig wenig von der langsameren der beiden ungekoppelten Eigenschwingungen unterscheidet, ist es bei kapazitiver Koppelung gerade umgekehrt.

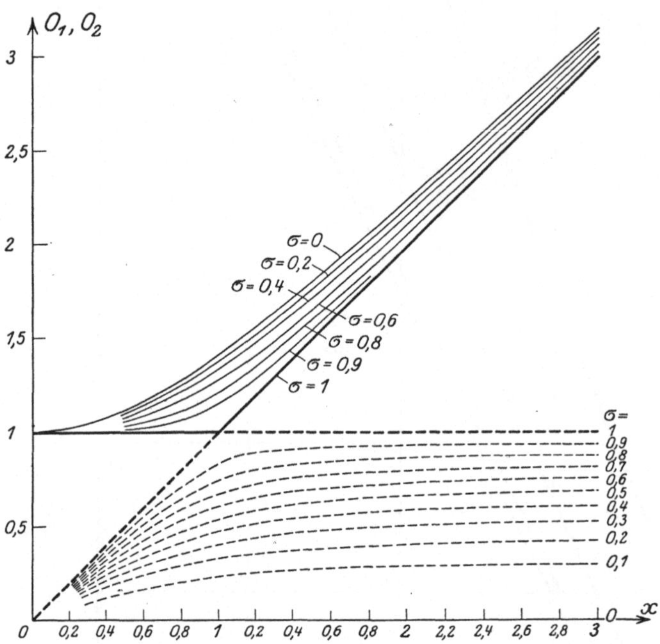

Abb. 13. Koppelungsfrequenzen bei kapazitiver Koppelung.

Den Verlauf der Schwingungen in beiden Kreisen, der für kapazitive und induktive Koppelung derselbe ist, zeigt bei Abstimmung Abb. 14. Das Wesentlichste daran ist die periodische Änderung der Amplituden, die in der Abbildung durch eine gestrichelte Linie umrandet sind. Die beiden Koppelschwingungen bilden Schwebungen. Die Zahl der Schwebungen pro Sekunde ist gleich der Differenz der Schwingungen ($\omega_1' - \omega_2'$). Je mehr die Frequenzen der beiden Schwingungen sich unterscheiden, je fester also die Koppelung ist, um so größer ist die Zahl der Schwebungen. Die Schwebungen im Sekundärsystem sind gegen die Schwebungen im Primärsystem um eine Viertelschwebung verschoben. Strom- und Spannungsamplituden haben im Sekundärsystem immer dann ihren Maximalwert, wenn sie im Primärsystem sich im Minimum befinden und umgekehrt. Die Energie, die sich zu Anfang nur im ersten Kreis befindet, wandert allmählich vollständig in den zweiten Kreis hinüber, dann wieder zurück usw.

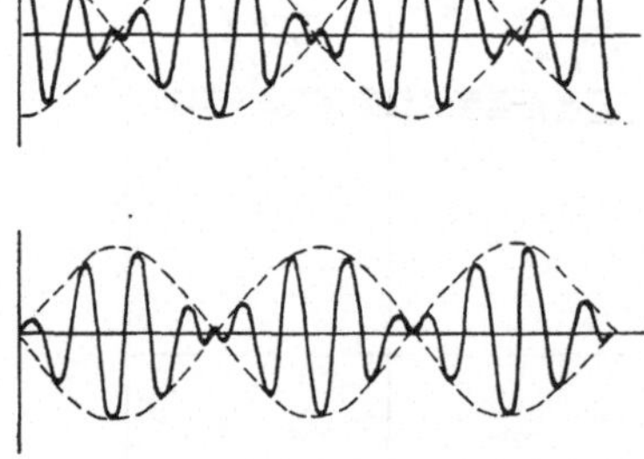

Abb. 14. Schwebungen bei fester Koppelung (ungedämpfte Schwingungen).

Die Stromamplituden der beiden Schwingungen, aus denen sich die Schwebungen im Primärsystem wie im Sekundärsystem ergeben, verhalten sich annähernd, wie ihre Frequenzen:

$$\frac{I_{10}'}{I_{10}''} = \frac{I_{20}'}{I_{20}''} = \frac{\omega_1'}{\omega_2'}. \tag{56}$$

Die Schwingung mit der kürzeren Wellenlänge hat also die größere Stromamplitude.

Bei Verstimmung der beiden Kreise gegeneinander tritt die Erscheinung der Schwebungen nur unvollkommen auf. Vor allen Dingen kommen die Schwingungen im Primärsystem nie ganz zur Ruhe, ihre Amplitude erreicht nur abwechselnd Maxima und Minima.

9. Dämpfung in beiden Schwingungskreisen. Es ist zweckmäßig, wegen der Dämpfung noch eine Unterteilung nach drei verschiedenen Koppelungsstufen zu treffen. Sie seien bezeichnet als: mittlere, kritische und feste Kopplung. Im ganzen haben wir somit vier verschiedene Koppelungsstufen.

Mittlere Koppelung. Eine Rückwirkung der beiden Kreise aufeinander sei zwar vorhanden, aber noch sehr gering. Insbesondere sei ferner die Dämpfung des einen Kreises viel kleiner als die des anderen, so daß die Dämpfungsdifferenz größer ist als der mit 2π multiplizierte Koppelungskoeffizient, der als Maß der Rückwirkung dienen kann. Es sei also:

$$(2\pi k)^2 < (\vartheta_1 - \vartheta_2)^2. \tag{57}$$

Die Schwingungsvorgänge sind bei kapazitiver und bei induktiver Koppelung der beiden Kreise die gleichen, d. h. der Charakter der Strom- und Spannungskurven ist derselbe wie bei extrem loser Koppelung (vgl. Abb. 11). Praktisch wichtig ist besonders der Fall, daß die beiden Kreise aufeinander abgestimmt sind, die Eigenfrequenzen der Kreise im ungekoppelten Zustande also einander gleich sind: $\omega_1 = \omega_2 = \omega$. Dann schwingen die beiden Kreise noch nahezu mit derselben Frequenz, nämlich ihrer Eigenfrequenz, aber die Dämpfung der Schwingungen ist bereits geändert. Waren die Dekremente der ungekoppelten Kreise ϑ_1 und ϑ_2, so sind sie jetzt:

$$\vartheta_1' = \tfrac{1}{2}(\vartheta_1 + \vartheta_2) + \tfrac{1}{2}\sqrt{(\vartheta_1 - \vartheta_2)^2 - 4\pi^2 k^2}, \tag{58}$$

$$\vartheta_2' = \tfrac{1}{2}(\vartheta_1 + \vartheta_2) - \tfrac{1}{2}\sqrt{(\vartheta_1 - \vartheta_2)^2 - 4\pi^2 k^2}. \tag{59}$$

Ist k klein gegen $\dfrac{\vartheta_1 - \vartheta_2}{2\pi}$, so wird:

$$\vartheta_1' = \vartheta_1 + \frac{\pi^2 k^2}{\vartheta_2 - \vartheta_1}, \tag{60}$$

$$\vartheta_2' = \vartheta_2 - \frac{\pi^2 k^2}{\vartheta_2 - \vartheta_1}. \tag{61}$$

Die Beziehungen gelten nur bei Primärsystemen ohne Funkenstrecke.

Feste Koppelung. Herrscht die Wirkung der Koppelung vor, so daß:

$$(2\pi k)^2 > (\vartheta_1 - \vartheta_2)^2, \tag{62}$$

so lauten die Gleichungen für den Strom im Primärkreis und im Sekundärkreis:

$$I_1 = I_1' + I_1'' = A_1 e^{-\delta_1 t} \sin(\omega_1' t + \varphi_1) + B_1 e^{-\delta_2 t} \sin(\omega_2' t - \varphi_2), \tag{63}$$

$$I_2 = I_2' + I_2'' = A_2 e^{-\delta_1 t} \sin(\omega_1' t + \psi_1) + B_2 e^{-\delta_2 t} \sin(\omega_2' t + \psi_2). \tag{64}$$

Analoge Gleichungen gelten für die Spannungen. Es lagern sich, wie bei fester Koppelung ohne Dämpfung (Ziff. 8) in beiden Kreisen zwei Schwingungen übereinander, die Schwebungen ergeben. Die Schwingungen klingen jedoch nach einem Exponentialgesetz mit der Zeit ab. Ihr Verlauf ist in Abb. 15 gegeben. Für die Frequenzen erhält man, solange man die quadratischen Glieder der Dämpfung vernachlässigen kann, dieselben Werte wie bei vollkommener Vernachlässigung der Dämpfung [Gleichung (46) bis (55)]. Die Frequenzen werden in erster Annäherung durch die Dämpfungen nicht verändert.

Die Dämpfungen ergeben sich aus den Dämpfungen der ungekoppelten Systeme δ_1 und δ_2, aus der Verstimmung [1]) $x = \omega_2/\omega_1$ und aus dem Koppelungskoeffizienten k bzw. dem Streukoeffizienten σ. Setzt man eine Reihenentwicklung an und bricht nach den Gliedern erster Ordnung ab, so erhält man für die Dämpfungen den allgemeinen Ansatz:

$$\delta_1' = \delta_1 U_1 + \delta_2 U_2, \quad (65)$$

$$\delta_2' = \delta_1 u_1 + \delta_2 u_2, \quad (66)$$

wo die Gewichte U_1, U_2, u_1 und u_2 die Abhängigkeit von der Verstimmung und dem Streukoeffizienten darstellen. Es ergibt sich wieder ein Unterschied zwischen kapazitiver und induktiver Koppelung der beiden Systeme.

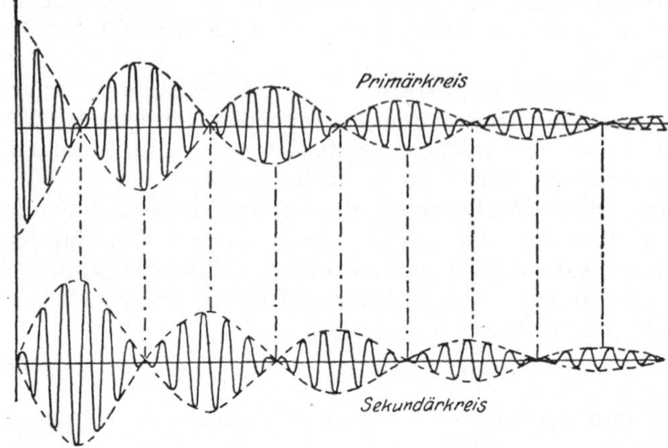

Abb. 15. Schwebungen bei fester Koppelung (gedämpfte Schwingungen).

Induktive Koppelung[2]). Die Gewichte für die Dämpfung der raschen Koppelschwingung sind:

$$U_1 = \frac{1}{2\sigma}\left[1 + \frac{1 - \dfrac{2\sigma x^2}{1 + x^2}}{\sqrt{1 - \dfrac{4\sigma x^2}{(1 + x^2)^2}}}\right], \qquad U_2 = \frac{1}{2\sigma}\left[1 + \frac{1 - \dfrac{2\sigma}{1 + x^2}}{\sqrt{1 - \dfrac{4\sigma x^2}{(1 + x^2)^2}}}\right], \qquad (67)$$

für die Dämpfung der langsamen Koppelschwingung:

$$u_1 = \frac{1}{2\sigma}\left[1 - \frac{1 - \dfrac{2\sigma x^2}{1 + x^2}}{\sqrt{1 - \dfrac{4\sigma x^2}{(1 + x^2)^2}}}\right], \qquad u_2 = \frac{1}{2\sigma}\left[1 - \frac{1 - \dfrac{2\sigma}{1 + x^2}}{\sqrt{1 - \dfrac{4\sigma x^2}{(1 + x^2)^2}}}\right]. \qquad (68)$$

Für die Summe der beiden Koppeldämpfungen ergibt sich:

$$\delta_1' + \delta_2' = \frac{1}{\sigma}(\delta_1 + \delta_2), \qquad (69)$$

sie ist also stets größer, bei festerer Koppelung sogar erheblich größer als die Summe der Dämpfungen der ungekoppelten Kreise.

Sind die Dämpfungen in ungekoppeltem Zustande δ_1 und δ_2 gleich groß, so ergibt sich für die Koppeldämpfungen der aus Abb. 16 ersichtliche Verlauf. Die Dämpfung der langsamen Koppelschwingung hat bei Resonanz ein Minimum, die Dämpfung der raschen Koppelschwingung ein schwach ausgeprägtes Maximum. Bei starker Verstimmung ist die Dämpfung der langsamen Koppelschwingung nahezu gleich der Dämpfung des einzelnen ungekoppelten Kreises, während die Dämpfung der raschen Koppelschwingung mit zunehmender Koppelung sehr viel größer wird als diese.

---

[1]) Das hier gebrauchte Maß der Verstimmung x ist zu unterscheiden von dem Gl. (37) definierten Verstimmungsgrad $\mathfrak{x} = \dfrac{(\omega_2 - \omega_1)}{\omega_1}$.

[2]) W. Rogowski, Arch. f. Elektrot. Bd. 9, S. 427. 1921.

Im Falle der Resonanz erhält man für die Dämpfungen der Koppelschwingungen:

$$\delta_1' = \frac{1}{2}(\delta_1 + \delta_2)\left(\frac{\omega_1'}{\omega}\right)^2, \tag{70}$$

$$\delta_2' = \frac{1}{2}(\delta_1 + \delta_2)\left(\frac{\omega_2'}{\omega}\right)^2 \tag{71}$$

und für die Dämpfungsdekremente:

$$\vartheta_1' = \frac{1}{2}(\vartheta_1 + \vartheta_2)\left(\frac{\omega_1'}{\omega}\right) = \frac{1}{2}(\vartheta_1 + \vartheta_2)\frac{1}{\sqrt{1-k}}, \tag{72}$$

$$\vartheta_2' = \frac{1}{2}(\vartheta_1 + \vartheta_2)\left(\frac{\omega_2'}{\omega}\right) = \frac{1}{2}(\vartheta_1 + \vartheta_2)\frac{1}{\sqrt{1+k}}. \tag{73}$$

Während bei mittlerer Koppelung (s. Ziff. 9, Absatz 2) die Dekremente annähernd gleich dem Mittelwert der Dekremente der ungekoppelten Kreise sind, wird mit festerer, induktiver Koppelung das Dekrement der Schwingungen mit der höheren Frequenz größer, das Dekrement der Schwingungen mit der niedrigeren Frequenz kleiner als jener Mittelwert.

Kapazitive Koppelung[1]). Die Gewichte für die Dämpfung der raschen Koppelschwingung sind:

$$U_1 = \frac{1}{2}\left[1 + \frac{\dfrac{1-x^2}{1+x^2}}{\sqrt{1 - \dfrac{4\sigma x^2}{(1+x^2)^2}}}\right], \qquad U_2 = \frac{1}{2}\left[1 - \frac{\dfrac{1-x^2}{1+x^2}}{\sqrt{1 - \dfrac{4\sigma x^2}{(1+x^2)^2}}}\right], \tag{74}$$

für die Dämpfung der langsamen Koppelschwingung:

$$u_1 = U_2, \quad u_2 = U_1. \tag{75}$$

Es sind also nur zwei voneinander verschiedene Gewichte vorhanden. Die Summe der beiden Koppeldämpfungen ist gleich der Summe der Dämpfungen der ungekoppelten Kreise:

$$\delta_1' + \delta_2' = \delta_1 + \delta_2. \tag{76}$$

Bei gleichen Dämpfungen der ungekoppelten Kreise ($\delta_1 = \delta_2$) sind auch die Dämpfungen der Koppelwellen einander gleich, und zwar unabhängig vom Grad der Verstimmung gleich der Dämpfung des einzelnen Kreises.

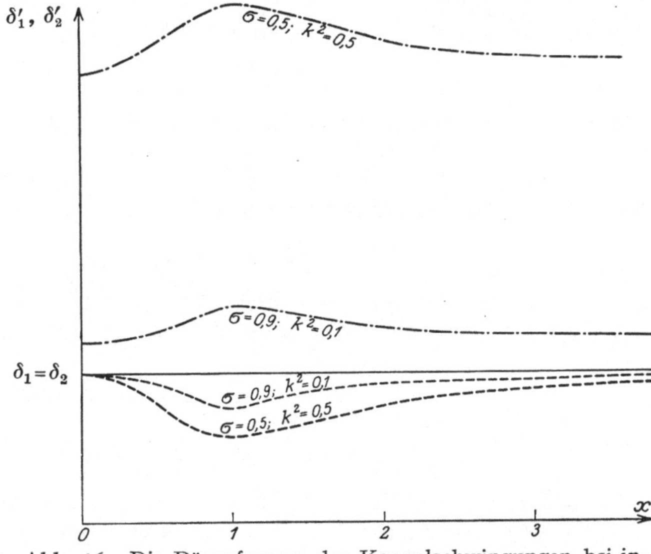

Abb. 16. Die Dämpfungen der Koppelschwingungen bei induktiver Koppelung. Dämpfungen ungekoppelt primär und sekundär einander gleich.

$$\delta_1' = \delta_2' = \delta_1 = \delta_2. \tag{77}$$

---

[1]) W. Grösser, Dissert. Jena 1922; Arch. f. Elektrot. Bd. 10, S. 257. 1921.

Auch bei Resonanz sind die Dämpfungen der Koppelwellen einander gleich, sie sind gleich dem Mittelwert der Dämpfungen der ungekoppelten Kreise

$$\delta_1' = \delta_2' = \frac{\delta_1 + \delta_2}{2}. \tag{78}$$

Für die Dämpfungsdekremente ergeben sich damit bei Resonanz die Beziehungen

$$\vartheta_1' = \frac{1}{2}(\vartheta_1 + \vartheta_2)\left(\frac{\omega}{\omega_1'}\right) = \frac{1}{2}(\vartheta_1 + \vartheta_2)\frac{1}{\sqrt{1+k}}, \tag{79}$$

$$\vartheta_2' = \frac{1}{2}(\vartheta_1 + \vartheta_2)\left(\frac{\omega}{\omega_2'}\right) = \frac{1}{2}(\vartheta_1 + \vartheta_2)\frac{1}{\sqrt{1-k}}, \tag{80}$$

d. h. das Dämpfungsdekrement der langsamen Koppelschwingung bei induktiver Koppelung ist gleich dem Dämpfungsdekrement der schnellen Koppelschwingung bei kapazitiver Koppelung und umgekehrt, wenn bei beiden Koppelungsarten der Koppelungskoeffizient den gleichen Betrag hat. Liegt im Primärsystem eine Funkenstrecke, so gelten die Ableitungen nicht mehr [Näheres s. Literatur[1])].

Es war bisher vorausgesetzt, daß die quadratischen Glieder der Dämpfung vernachlässigt werden können, trifft dies nicht mehr zu, so führt man statt des Koppelungskoeffizienten k zweckmäßig den **Koppelungsgrad**:

$$k' = \sqrt{k^2 - \left(\frac{\vartheta_1 - \vartheta_2}{2\pi}\right)^2} \tag{81}$$

ein. Er unterscheidet sich, wenn die Dämpfungen der beiden Kreise nahezu gleich sind, kaum von dem Koppelungskoeffizienten, man gibt ihn vielfach in Prozenten an. Ein Koppelungsgrad von 1% bedeutet z. B., daß $k' = 0{,}01$ ist. Die Bedingung der festen Koppelung lautet jetzt:

$$k' > 0. \tag{82}$$

Für die Frequenzen gelten nahezu dieselben Gleichungen wie bisher, nur ist k' an Stelle von k zu setzen.

Kritische Koppelung. Die Grenze zwischen der mittleren und der festen Koppelung bildet die kritische Koppelung:

$$(2\pi k)^2 = (\vartheta_1 - \vartheta_2)^2. \tag{83}$$

Es sind im allgemeinen zwei freie Schwingungen vorhanden, deren Perioden und Dämpfungen verschieden sind, nur im Falle der Resonanz ist eine Frequenz:

$$\omega_1' = \omega_2' = \omega \tag{84}$$

und eine Dämpfung vorhanden:

$$\vartheta_1' = \vartheta_2' = \tfrac{1}{2}(\vartheta_1 + \vartheta_2). \tag{85}$$

10. Experimentelle Aufnahme der Schwingungsvorgänge. Experimentell sind die Kurvenformen der Ströme in gekoppelten Kreisen mit dem Glimmlichtoszillographen von DIESSELHORST[2]) aufgenommen worden, sie haben eine glänzende Bestätigung der Theorie ergeben. Auch die Funkenaufnahmen von RAU[3])

---

[1]) C. FISCHER, Ann. d. Phys. Bd. 22, S. 265. 1907; M. WIEN, Phys. ZS. Bd. 7, S. 871. 1906; Bd. 8, S. 10. 1907; Elektrot. ZS. Bd. 27, S. 839. 1906; C. FISCHER, Phys. ZS. Bd. 11, S. 420. 1910.

[2]) H. DIESSELHORST, Verh. d. D. Phys. Ges. Bd. 5, S. 320. 1907; Bd. 6, S. 306. 1908; Elektrot. ZS. Bd. 29, S. 703. 1908.

[3]) H. RAU, Jahrb. d. drahtl. Tel. Bd. 4, S. 52. 1910.

zeigen das Pendeln der Energie zwischen beiden Kreisen bei fester Koppelung, wenn auch die Amplitudenkurve hier nicht in Erscheinung tritt.

Die beiden Schwingungen in den Kreisen können außer durch Kurvenaufnahme auch durch Frequenzmessung mit einem Wellenmesser nachgewiesen werden. Abb. 17 stellt eine aufgenommene Resonanzkurve dar. Die beiden Maxima geben die Frequenzen der beiden Schwingungen. Wenn die gegenseitige Induktion L_{12} und damit der Koppelungsfaktor k zwischen den beiden Kreisen allmählich verringert wird, nähern sich die beiden Maxima der Resonanzkurve, bis sie schließlich bei sehr loser Koppelung zusammenfallen.

11. Schwingungskurve bei Löschfunken im Primärkreis[1]). Die in Abb. 15 dargestellten Kurvenformen geben den Stromverlauf, wenn keine Funkenstrecke im Primärsystem ist. Sobald eine Funkenstrecke eingeschaltet ist, kann der Verlauf ein wesentlich anderer sein. Wird nämlich die Funkenstrecke durch besondere Mittel in der Zeit, in der der Strom im Primärsystem durch Null geht, derartig

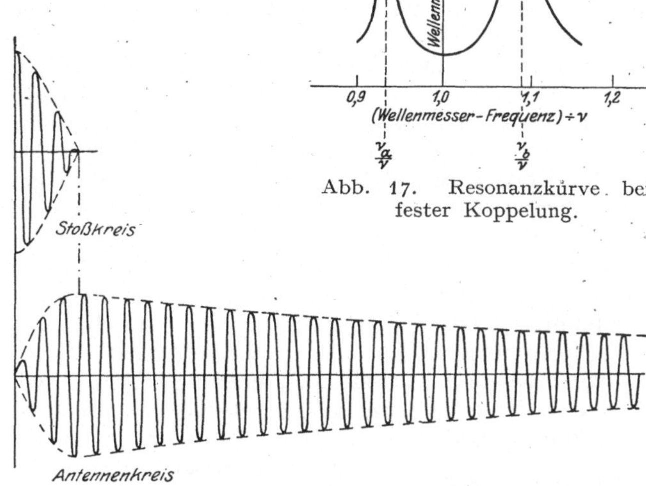

Abb. 17. Resonanzkurve bei fester Koppelung.

Abb. 18. Schwingungsvorgang bei Löschfunken im Primärkreis.

entionisiert, daß die vom Sekundärsystem induzierte EMK nicht mehr ausreicht, um die Funkenstrecke wieder zu zünden, so erhält man einen Verlauf der Schwingungen wie in Abb. 18. Sobald das Primärsystem seine Energie an das Sekundärsystem, das in Wirklichkeit häufig der Antennenkreis ist, abgegeben hat, schwingt dieses allein mit seiner Eigenfrequenz und mit der ihm eigenen Dämpfung. Man nennt eine derartige Erregung eines Schwingungskreises Stoßerregung und das Primärsystem den Stoßkreis. Nach Abklingen der Schwingungen im Sekundärsystem kann man dann durch geeignete Anordnungen von neuem eine Stoßerregung einsetzen lassen usw. Man hat es dann mit zwei unabhängigen Frequenzen zu tun: mit der Frequenz des Sekundärsystems und der sehr viel niedrigeren Frequenz der Löschfunken, die auch Wellengruppenfrequenz genannt wird. Über die von M. WIEN und E. VON LEPEL angegebenen Löschfunkenstrecken, welche die für die Stoßerregung erforderliche schnelle Entionisierung des Gases bewirken, siehe Bd. 16 u. 17.

c) Gekoppelte Systeme unter der Einwirkung von Schwingungserzeugern.

12. Allgemeines. Wird einem der beiden Schwingungskreise des gekoppelten Systems oder auch beiden durch einen Schwingungserzeuger Energie nach geliefert, so sind, wie bereits früher (Ziff. 4) ausgeführt ist, im allgemeinen keine freien

---

[1]) M. WIEN, Jahrb. d. drahtl. Telegr. Bd. 1, S. 469. 1908; Bd. 4, S. 135. 1911; Ann. d. Phys. Bd. 25, S. 625. 1908; Phys. ZS. Bd. 11, S. 76, 311. 1910.

Schwingungen mehr vorhanden. Der Schwingungsvorgang ist vielmehr abhängig von der Art der Energiezufuhr. Die Energiezufuhr kann ihrerseits wieder abhängig sein von der Größe der Rückwirkung des Sekundärkreises auf den Primärkreis, also vom Koppelungsgrad und der Dämpfung. Die allgemeine Behandlung des Problemes ist schwierig, es seien im folgenden nur einige Fälle näher erörtert.

13. Konstante Stromamplitude im Primärkreis. Werden durch die Energiezufuhr ungedämpfte Schwingungen im Primärkreis aufrechterhalten, so steht der Sekundärkreis unter der Einwirkung einer konstanten äußeren Kraft wie im Falle extrem loser Koppelung ohne Dämpfung (vgl. Ziff. 6). Der Schwingungsvorgang muß also ebenso verlaufen wie dort. Diese Art der Energiezufuhr haben wir z. B. im allgemeinen bei Röhrensendern (vgl. Bd. 17). In beiden gekoppelten Kreisen tritt im Dauerzustand eine einzige ungedämpfte Schwingung der gleichen Frequenz auf. Nur bezüglich der Wellenlänge verhält sich ein solches System nicht wie zwei Kreise extrem loser Koppelung, sondern wie zwei festgekoppelte Kreise. Es schwingt mit einer der beiden Koppelungswellen, beide sind an sich möglich, welche von beiden in Erscheinung tritt, hängt von der Art der Erregung ab (Näheres s. auch Bd. 16 u. 17).

14. Konstante EMK im Primärkreis[1]). Eine konstante EMK im Primärkreis kann man z. B. dadurch erhalten, daß man den Kreis an die Sekundärseite eines Transformators oder an einen Funkeninduktor anschließt, während die Primärseite des Transformators an einer Wechselstrommaschine liegt. Die auftretenden Schwingungen sind erzwungene. Nimmt man Resonanzkurven auf, so liegt das Maximum der Sekundärspannung nicht dort, wo die Eigenschwingungen der beiden Kreise übereinstimmen, sondern bei niedrigeren Frequenzen des Sekundärkreises.

15. Stoßweise Energienachlieferung. Der Schwingungsvorgang kann den Charakter der freien Schwingungen angenähert dadurch erhalten, daß man den gekoppelten Kreisen sehr geringe Dämpfung gibt und zu bestimmten Zeiten stoßweise immer nur so viel Energie nachliefert, als in der Zwischenzeit verbraucht ist. Es sind dazu vor allen Dingen gewisse Phasen- und Koppelungsbedingungen zu erfüllen, die von der besonderen Versuchsanordnung abhängen. K. Heegner[2]) hat ein Verfahren angegeben, in gekoppelten Kreisen durch stoßweise Energienachlieferung aus einem rückgekoppelten Röhrensender Schwebungen aufrechtzuerhalten. Er nennt dieses Verfahren „Stoßerregung über die Periode der Schwebungen". Um die beiden Frequenzen, welche die stationären Schwebungen ergeben, aufrechtzuerhalten müssen beide Koppelungswellen annähernd denselben Rückkoppelungsgrad besitzen. In Abb. 19 ist der oszillographisch aufgenommene Schwingungsverlauf für drei Fälle solcher durch Stoßerregung aufrechterhaltener Schwebungen wiedergegeben. Die oberen Kurven in den Oszillogrammen stellen den Strom im Kapazitätszweig des Primärkreises dar, die unteren Kurven die stoßweise Energienachlieferung aus dem Anodenkreis der angeschlossenen Elektronenröhre. In den drei dargestellten Fällen stehen die beiden Frequenzen in einem rationalen Ver-

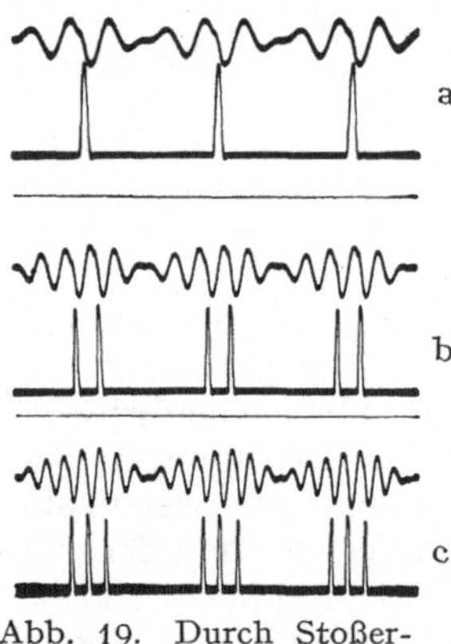

Abb. 19. Durch Stoßerregung aufrechterhaltene Schwebungen.

[1]) G. Glage, Experimentelle Untersuchungen am Resonanzinduktor. Dissert. Straßburg 1907; H. Boas, Jahrb. d. drahtl. Telegr. Bd. 3, S. 432, 607. 1910; K. Rottgardi, Phys. ZS. Bd. 12, S. 652. 1911; S. Kimura, Jahrb. d. drahtl. Telegr. Bd. 5, S. 222. 1911; Bd. 6, S. 459. 1912; G. Seibt, Elektrot. ZS. Bd. 25, S. 276. 1904.

[2]) K. Heegner, Arch. f. Elektrot. Bd. 11, S. 239. 1922; Bd. 12, S. 211. 1923; ZS. f. Phys. Bd. 13, S. 392. 1923; Jahrb. d. drahtl. Telegr. Bd. 22, S. 73. 1923.

hältnis, und zwar verhalten sich dieselben in a wie $3:4$, in b wie $5:6$, in c wie $7:8$. Die Differenz der beiden Verhältniszahlen ist jedesmal 1.

Es liegt nahe, die HEEGNERsche Methode der Erzeugung von Schwebungen mit der WIENschen Stoßerregung durch Löschfunken zu vergleichen (Ziff. 11). Der wesentlichste Unterschied besteht darin, daß die auftretenden Frequenzen bei der WIENschen Anordnung die Frequenz des Sekundärkreises und die Frequenz der Stoßerregung sind, während es bei der HEEGNERschen Anordnung die beiden Koppelungsfrequenzen und die daraus folgende Schwebungsfrequenz sind.

16. Stationäre Schwebungen bei anomaler Rückkoppelung des Schwingungserzeugers. Ein weiteres Verfahren zur Herstellung stationärer Schwebungen ist ebenfalls von HEEGNER[1]) angegeben worden, es beruht auf anomalem Verlauf der Rückkoppelung. Ausführlich kann hier nicht auf die Methode eingegangen werden, da bei der Ableitung der Schwingungsgleichungen eine sehr genaue Kenntnis der Röhrencharakteristik und der wesentlichsten Eigenschaften der Senderschaltungen als bekannt vorausgesetzt werden müßte. Es sei nur erwähnt, daß die anomale Rückkoppelung dadurch definiert ist, daß mit zunehmender Röhrensteilheit die Dämpfung der Schwingung zunimmt, während im allgemeinen das Umgekehrte stattfindet. Die von HEEGNER aufgestellte lineare Theorie für die hier zugrunde gelegte Senderschaltung liefert zwei mögliche stationäre Schwingungszustände, von denen jedoch der eine labil ist. Diese labile Schwingung kann sich aufrechterhalten, wenn sie mit einer zweiten stabilen Schwingung Schwebungen bildet. Das geschieht durch das System gekoppelter Kreise.

17. Drei gekoppelte Schwingungskreise. Der Fall dreier gekoppelter Schwingungskreise in Verbindung mit e i n e m Generator ist theoretisch und experimentell von HEEGNER[2]) behandelt. Das Hauptproblem ist die Erzeugung dreier Frequenzen und die aus den drei Frequenzen zu bildenden Schwingungsvorgänge. Im Symmetriefall haben die beiden äußeren Frequenzen die gleiche Amplitude und den gleichen Frequenzunterschied gegen die Mittelfrequenz. Für diesen Fall liefert die Zusammensetzung der beiden äußeren Frequenzen eine voll ausgebildete Schwebung, deren Grundfrequenz gleich der Mittelfrequenz ist. HEEGNER unterscheidet zwei Fälle. Im ersten Falle ist die eine Halbschwebung mit der Mittelfrequenz in Phase, während die andere entgegengesetzte Phase hat. Dieser Schwingungsvorgang wird als „Modulation" bezeichnet, sobald die maximale Schwingungsamplitude nicht größer wird als die Amplitude der Mittelfrequenz, die auch als „Trägerfrequenz" be-

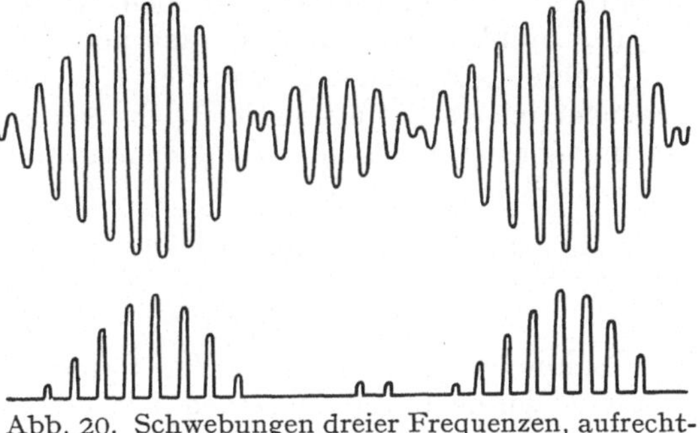

Abb. 20. Schwebungen dreier Frequenzen, aufrechterhalten durch Stoßerregung.

zeichnet wird. Im zweiten Falle hat die eine Halbschwebung den Phasenunterschied $\pi/2$ gegen die Mittelfrequenz, die andere Halbschwebung den Phasenunterschied $-\pi/2$. Der erste Fall kann durch Stoßerregung hergestellt werden, der zweite Fall durch anomale Rückkoppelung. Für die Aufnahme der Schwingungsvorgänge im ersten Fall besaßen bei den HEEGNERschen Versuchen Sekundär- und Tertiärkreis die gleichen Dämpfungen, sie waren mit dem Primärkreis elektrisch gekoppelt, jedoch nicht unter sich gekoppelt. Abb. 20 gibt den Schwingungsvor-

---

[1]) K. HEEGNER, ZS. f. Phys. Bd. 19, S. 246. 1923.
[2]) K. HEEGNER, ZS. f. Phys. Bd. 24, S. 366. 1924.

gang wieder. Die obere Kurve stellt den Primärstrom, die untere den Anodenstrom dar. Die Periode umfaßt 15,5 Schwingungen, für $5^3/_4$ Schwingungen findet eine Amplitudenumkehr statt. Die Amplitude der Mittelfrequenz verhält sich zur Amplitude der äußeren Frequenzen wie 3:4. Für den zweiten Fall, der durch anomale Rückkoppelung hergestellt ist, gibt Abb. 21 ein Beispiel für den Verlauf der Schwingungen. Die drei Frequenzen stehen im Verhältnis 9:10:11. Die obere Kurve stellt den Primärstrom dar, die zweite den Strom des höher gestimmten Kreises, die dritte den des tiefer gestimmten Kreises, die vierte Kurve zeigt den Verlauf des Anodenstromes. In dem höher gestimmten System beobachtet man die aus höherer und mittlerer Frequenz gebildete Schwebung, in dem tiefer gestimmten System die aus tieferer und mittlerer Frequenz gebildete Schwebung. Die Schwingungskreise sind im Fall der anomalen Rückkoppelung magnetisch gekoppelt, und zwar wieder der Primärkreis mit dem Sekundärkreis und dem Tertiärkreis, während diese unter sich möglichst ungekoppelt sind.

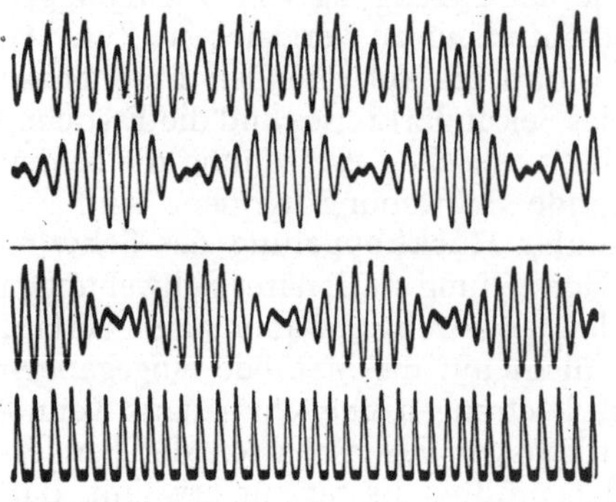

Abb. 21. Schwebungen dreier Frequenzen, aufrechterhalten durch anomale Rückkoppelung.

d) Schwingungskreise mit Eisenkernspulen.

18. Die Induktivität und der wirksame Widerstand einer Spule mit geschlossenem Eisenkern ist abhängig von der Stromamplitude, der Kurvenform des Stromes und einer evtl. vorhandenen Vormagnetisierung. Daraus ergibt sich, daß die Schwingungsvorgänge in Kreisen mit Eisenkernspulen einen wesentlich anderen Charakter haben als bei eisenfreien Spulen.

19. Induktivität und wirksamer Widerstand von Eisenkernspulen[1]). Wegen ihrer Abhängigkeit von der Kurvenform des Stromes kann man keine allgemein gültige Definition dieser Größen geben. Schunck und Zenneck führen für sinusförmigen Strom folgende Definitionen ein: Ist

$$i = I \sin \omega t$$

der Strom durch die Spule, so ist im allgemeinen Falle die Spannung e an ihr von der Form

$$e = A_1 \sin \omega t - B_1 \cos \omega t + A_2 \sin 2\omega t - B_2 \cos 2\omega t + \cdots \qquad (86)$$

Die Spannung an einer eisenfreien Spule vom Widerstande R und der Induktivität L würde unter denselben Umständen

$$= iR - L\frac{di}{dt} = RI \sin \omega t - \omega LI \cos \omega t \qquad (87)$$

sein. Für die Grundschwingung von der Amplitude I ist also

$$R_e = \frac{A_1}{I} \qquad (88)$$

als Verlustwiderstand und

$$L_e = \frac{B_1}{\omega I} \qquad (89)$$

als Induktivität der Eisenkernspule aufzufassen.

---

[1]) H. Schunck u. J. Zenneck, Jahrb. d. drahtl. Telegr. Bd. 19, S. 170. 1922; A. Feige, ENT. Bd. 2, S. 96. 1925; H. Plendl, F. Sammer u. J. Zenneck, Jahrb. d. drahtl. Telegr. Bd. 26, S. 98. 1925.

Die experimentell bestimmte Abhängigkeit der Induktivität L_e und des Verlustwiderstandes R_e von dem Effektivwert des Stromes gibt Abb. 22 wieder. Die Kurven L_{e1} bzw. R_{e1} beziehen sich auf den Fall, daß kein Gleichstrom überlagert ist:

L_{e2} bzw. R_{e2} auf die Überlagerung eines Gleichstromes von 0,1 Amp.,
L_{e3}　„　R_{e3}　„　　„　　　　„　　　　　„　　　　　　„　　　　„　0,3 Amp.,
L_{e4}　„　R_{e4}　„　　„　　　　„　　　　　„　　　　　　„　　　　„　1,0 Amp.,
L_{e5}　„　R_{e5}　„　　„　-　　„　　　　　„　　　　　　„　　　　„　2,0 Amp.

Bei reiner Wechselstrommagnetisierung steigt, wie zu erwarten, im Gebiet geringer Sättigung die Induktivität mit wachsendem Strom steil an, um dann im Gebiet stärkerer Sättigung mit zunehmendem Strom wieder abzufallen. Mit wachsender Vormagnetisierung verschiebt sich das Maximum zu Werten größerer Stromstärke. Die Kurven für den Verlustwiderstand verlaufen im großen und ganzen ähnlich wie die Kurven für die Induktivität. Sie unterscheiden sich nur dadurch, daß sie das Maximum bei etwas niedrigerer Sättigung erreichen. Das hat zur

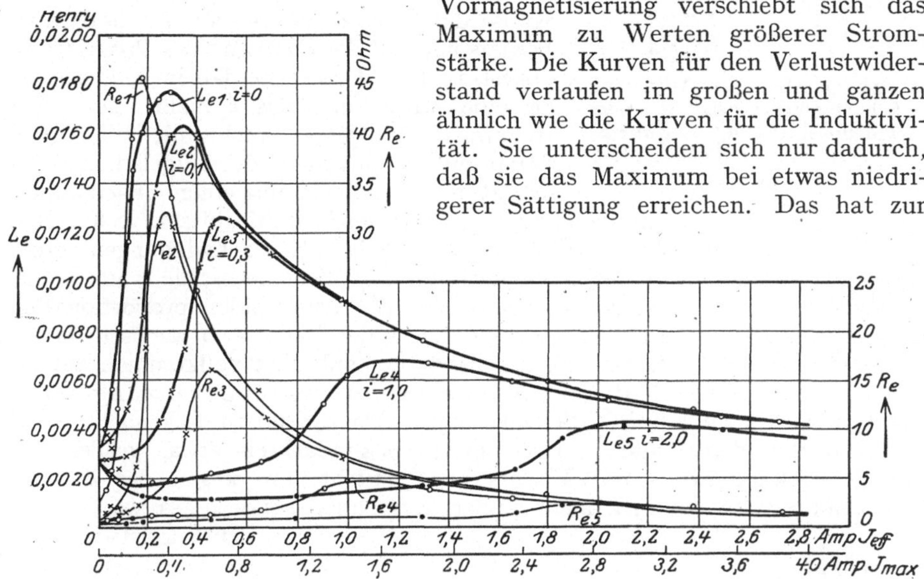

Abb. 22. Induktivität und Verlustwiderstand einer Eisenkernspule in Abhängigkeit vom Effektivwert des Stromes.

Folge, daß der Dämpfungsfaktor $R_e/2L_e$ bei wachsendem Strom zuerst zu einem Maximum ansteigt und dann ebenfalls langsam abfällt.

Die Abhängigkeit der Induktivität und des wirksamen Widerstandes der Eisenkernspulen von der Stromstärke äußert sich bei Schwingungskreisen besonders in gewissen Unstetigkeiten, die als „Kipperscheinungen" bezeichnet werden und sich in einem plötzlichen Umspringen der Stromstärke zu großen oder zu kleinen Werten kundtun. Mit der Induktivität der Eisenkernspule hängt auch die Eigenfrequenz des Schwingungskreises, in den die Spule eingeschaltet ist, von der Stromstärke ab. Das bedeutet unter anderem, daß man den Kreis auf eine fremde Schwingung nur für einen bestimmten Wert des Stromes abstimmen kann. Bei diesem wird dann der gewöhnliche Schwingungsvorgang durch einen Resonanzeffekt überlagert. Von großer Bedeutung ist es ferner, an welcher Stelle der Induktivitätskurve die Resonanz liegt, ob sie unterhalb oder oberhalb des Maximums liegt.

Von den mannigfachen im vorhergehenden beschriebenen Schwingungsvorgängen bei einem und mehreren gekoppelten Schwingungskreisen sei nur in einigen Fällen der Einfluß von Eisenkernen in den Spulen erörtert.

20. Schwingungskreis mit Eisenkernspule unter der Einwirkung gedämpfter Schwingungen[1]**.** Die von Plendl, Sammer und Zenneck benutzte Anordnung zur Aufnahme der Schwingungsvorgänge geht aus Abb. 23 hervor.

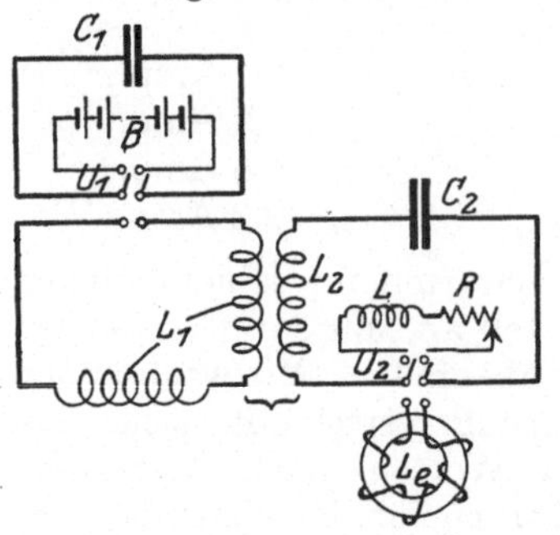

Abb. 23. Anordnung zur Aufnahme der Schwingungsvorgänge in einem Schwingungskreis mit Eisenkernspule bei Erregung mit gedämpften Schwingungen.

Im Primärkreis liegt ein Schalter U_1, durch den der Kondensator C_1 entweder mit der Batterie B auf die Spannung V aufgeladen, oder an die Spule L_1 angeschlossen werden kann. Im Sekundärkreis kann mit Hilfe des Umschalters U_2 entweder die Spule mit Eisenkern oder zum Vergleich eine eisenlose Spule L mit in Serie geschaltetem Widerstande R eingeschaltet werden. Es sei nun bei loser Koppelung der beiden Kreise der Kreis 2 mit Eisenkernspule bzw. mit Ersatzspule auf die Frequenz des Primärkreises abgestimmt, und zwar so, daß in beiden Fällen derselbe Strom in Kreis 2 fließt. Diese Einstellung erfolgt jedoch nicht mit Hilfe der gedämpften Schwingungen des aufgeladenen Kondensators C_1, sondern mit einem ungedämpften Hilfsstrom. Die Resonanzeinstellung liege auf der Induktivitätskurve unterhalb des Maximums bei kleinen Werten. Auf gedämpfte Schwingungen großer Amplitude reagiert nun der Sekundärkreis mit Eisenkernspule ganz anders als der eisenfreie. Während im eisenfreien die Amplituden proportional der Primärspannung bei Änderung der Spannung V der Batterie B wachsen, bleiben die Amplituden bei Einschaltung der Eisenkernspule fast vollkommen auf derselben Höhe. Man erhält eine Art von Amplitudenbegrenzung bei der Einwirkung von gedämpften Schwingungen. Der Grund ist folgender: Sobald die EMK und damit auch der Strom im Sekundärkreis etwas größer wird, fällt der Sekundärkreis mit Eisenkernspule nicht nur wegen der Zunahme seiner Induktivität immer mehr außer Resonanz, sondern es wächst auch der Verlustwiderstand stark. Beide Erscheinungen verhindern eine weitere Zunahme der Stromamplitude.

Ganz anders verlaufen die Schwingungen, wenn die Resonanzeinstellung oberhalb des Maximums der Induktivitätskurve liegt. Solange die Primärspannung klein ist, bewirkt der Eisenkern auch hier eine Amplitudenbegrenzung im Sekundärkreis, sobald die Primärspannung und damit die im Sekundärkreis indu-

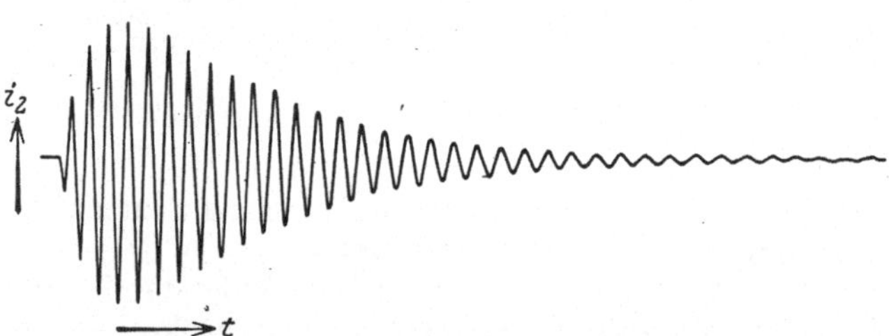

Abb. 24. Schwingungskreis ohne Eisenkernspule unter der Einwirkung gedämpfter Schwingungen.

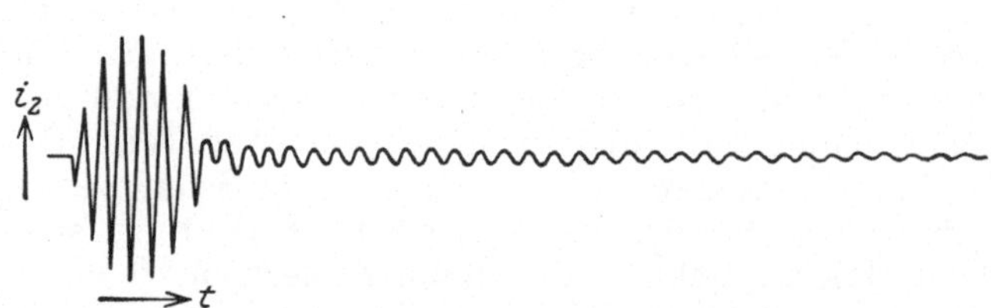

Abb. 25. Schwingungskreis mit Eisenkernspule unter der Einwirkung gedämpfter Schwingungen.

---

[1]) H. Plendl, F. Sammer u. J. Zenneck, Jahrb. d. drahtl. Telegr. Bd. 26, S. 101. 1925.

zierte EMK aber so stark wird, daß die Induktivität und der Verlustwiderstand der Eisenkernspule nach Überschreiten des Maximums wieder kleine Werte besitzen, dann wachsen die Schwingungen im Sekundärkreis intensiv an. Aus den Abb. 24 und 25 ergibt sich deutlich der Unterschied im Schwingungsvorgang für einen Kreis ohne und mit Eisen in dem eben besprochenen Fall.

21. Erzwungene Schwingungen in gekoppelten Kreisen, wenn der Sekundärkreis eine Eisenkernspule enthält. Erzwungene Schwingungen in gekoppelten Kreisen sind von PLENDL, SAMMER und ZENNECK[1]) in der durch Abb. 26 dargestellten Schaltung untersucht worden. Der Primärkreis ist auf die Maschinenfrequenz von 515 Per./sec abgestimmt. Die Stromspannungscharakteristik (Abb. 27) des Sekundärkreises wurde bei konstanter Koppelung der Kreise durch Messung

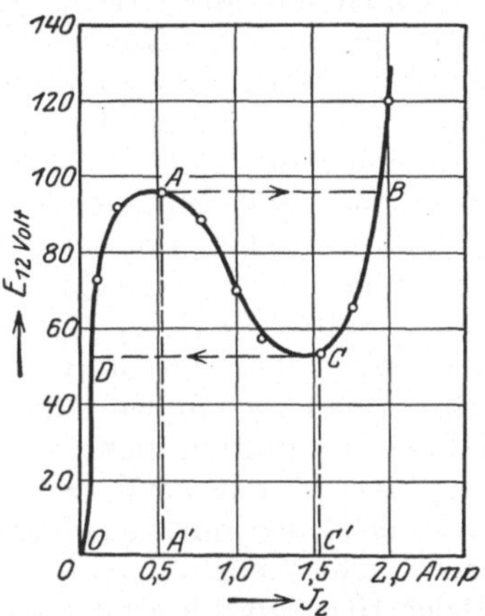

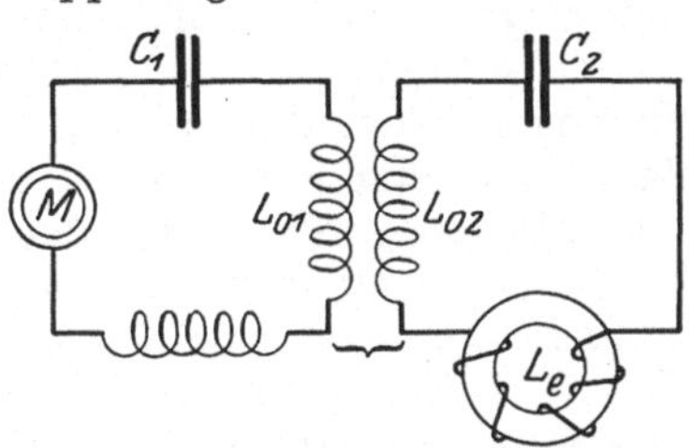

Abb. 26. Anordnung zur Aufnahme der Schwingungsvorgänge in gekoppelten Kreisen mit einer Eisenkernspule im Sekundärkreis.

Abb. 27. Stromspannungscharakteristik des eine Eisenkernspule enthaltenden Sekundärkreises.

des Sekundärstromes bei Änderung der Maschinenspannung aufgenommen, die im Sekundärkreis induzierte EMK E_{12} aus den Konstanten berechnet.

Wäre der Sekundärkreis eisenfrei, so würden in ihm ungedämpfte Schwingungen auftreten. Bei Verwendung von Eisenkernspulen zeigt im allgemeinen sowohl der Primär- als der Sekundärstrom Pendelungen wie in Abb. 28. Die Stärke der Pendelungen, d. h. das Verhältnis der maximalen zur minimalen Stromamplitude hängt unter sonst gleichen Umständen von der Klemmspannung der Maschine ab. Die Pendelungen kommen dadurch zustande, daß der Strom im Sekundärkreis auf große Werte springt, sobald die EMK

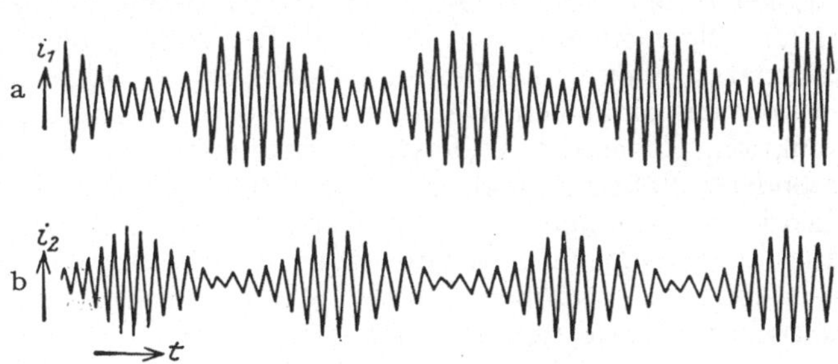

Abb. 28. Strompendelungen bei Eisenkernspulen infolge von Kipperscheinungen.

im Sekundärkreis den Kippwert AA' (Abb. 27) übersteigt. Gleichzeitig werden die Koppelungsschwingungen der beiden Kreise angestoßen und durch Rückwirkung im Primärkreis Induktivität und wirksamer Widerstand erhöht. Infolgedessen fällt der Primärkreis, der auf die Maschinenfrequenz abgestimmt war, außer Resonanz, der Strom sinkt. Ist das Absinken so stark, daß im Sekundärkreis die induzierte EMK dabei unter den Wert CC' fällt, so kippt der Sekundärstrom wieder von C auf D zurück. Bedingung für das Entstehen der Pendelungen ist

---

[1]) H. PLENDL, F. SAMMER u. J. ZENNECK, Jahrb. d. drahtl. Telegr. Bd. 26, S. 104. 1925.

also ein Kippen des Sekundärstromes zu höheren und ein Zurückkippen zu niederen Werten.

Über den Einfluß von Eisenkernspulen auf die Einschaltvoigänge bei Schwingungskreisen s. Literatur[1])

II. Schwingungen in offenen Kreisen[2]).

22. Allgemeines. Bei der Aufstellung der allgemeinen Differentialgleichung der Schwingungen eines Kondensatorkreises [Gleichung (2), Ziff. 3] war angenommen, daß man es mit einer Anordnung zu tun hat, bei der Kapazität und Selbstinduktion streng voneinander zu trennen sind. Dies ist bei einem Kondensatorkreis im allgemeinen der Fall, denn die gesamte Kapazität ist nahezu im Kondensator, die gesamte Selbstinduktion in der Spule enthalten. Die Korrekturen, die an der THOMSONschen Formel wegen der Spulenkapazität und der Selbstinduktion der Kondensatoren anzubringen sind, sind derart, daß dadurch nur die Gesamtkapazität bzw. die Gesamtselbstinduktion erhöht wird. Die Differentialgleichung selbst bleibt von der Anbringung dieser Korrekturen unbeeinflußt. Unzulänglich wird die Differentialgleichung erst dann, wenn Kapazität und Selbstinduktion nicht mehr geschlossen auftreten, sondern über den Schwingungskreis verteilt sind, wie es z. B. der Fall ist, wenn der Schwingungskreis im wesentlichen nur aus einem System paralleler Drähte besteht. Dann ist der Strom nicht mehr an allen Punkten der Bahn wie bei einem stationären Strom (Gleichstrom) gleich groß, sondern er besitzt längs der Strombahn verschiedene Phase und Amplitude. Er ist nicht mehr quasistationär. Auch bei einem geschlossenen Kondensatorkreis kann dieser Fall eintreten, nämlich dann, wenn die Wellenlänge der elektrischen Schwingungen nicht mehr groß ist gegen die Dimensionen des Schwingungskreises (die Länge der Strombahn). Praktisch spielt dieser Fall jedoch zur Zeit noch keine große Rolle, theoretisch gehört er zu den Schwingungsvorgängen in Kreisen mit verteilter Kapazität. Schwingungsfähige Gebilde, bei denen man eine verteilte Kapazität und Selbstinduktion hat, nennt man offene Oszillatoren oder offene Sender.

Im allgemeinen genügt es, für die Behandlung der Schwingungen nicht quasistationärer Kreise die Leitungsströme zu verfolgen, man kommt dann mit den aus der einfachen Wechselstromtheorie abgeleiteten Begriffen von Selbstinduktion, Kapazität, Widerstand, Spannung und Stromstärke aus. In einigen besonderen Fällen ist man jedoch genötigt, vom Standpunkt der MAXWELLschen Theorie eine strengere Durchführung der Aufgabe vorzunehmen und die Vorgänge im umgebenden Isolator mit in Rechnung zu setzen. Dementsprechend ist im folgenden zwischen einfacher Wechselstromtheorie und MAXWELL-SOMMERFELDscher Theorie unterschieden.

a) Einfache Wechselstromtheorie der Schwingungen nicht quasistationärer Kreise [KIRCHHOFF[3])].

23. Telegraphengleichung. Sind Kapazität und Selbstinduktion über das Schwingungssystem verteilt, so ist, da der Strom nicht mehr an allen Punkten der Strombahn gleich groß ist, die magnetische bzw. elektrische Energie nicht durch

---

[1]) H. PLENDL, F. SAMMER u. J. ZENNECK, Jahrb. d. drahtl. Telegr. Bd. 26, S. 103. 1925.

[2]) M. ABRAHAM, Enzyklopädie der mathematischen Wissenschaften, Bd. V, 2 Artikel 18; Elektromagnetische Wellen. Leipzig 1906; M. ABRAHAM, Theorie der Elektrizität, 3. Aufl., Bd. I. 1907; P. DRUDE, Physik des Äthers, 2. Aufl. Stuttgart 1912.

[3]) G. KIRCHHOFF, Ann. d. Phys. Bd. 100, S. 193. 1857; Bd. 102, S. 529. 1857; Berl. Ber. 1877. S. 598; O. HEAVISIDE, El. papers. Bd. 2, S. 119, 307.

ein einziges Glied $\frac{1}{2}LI^2$ bzw. $\frac{1}{2}CV^2$ darstellbar, es tritt an ihre Stelle eine Summe oder ein Integral, bei dem der Strom I eine Funktion des Ortes ist. Um eine Gleichung für die Strom- und Spannungsverteilung aufstellen zu können, muß man entweder die Verteilung von Kapazität und Selbstinduktion kennen oder, da dies nur in den seltensten Fällen möglich ist, durch vereinfachende Annahmen sich auf Lösungen erster Annäherung beschränken. Die folgenden Ableitungen gelten für alle Leitersysteme, bei denen die elektrische Ladung, welche sich zwischen zwei beliebigen Querschnitten des Systems befindet, Null ist. Das sind z. B. das Kabel und das Paralleldrahtsystem. Die beiden Leiter dieser Systeme führen an gegenüberliegenden Stellen entgegengesetzt gleiche Ladungen, die also zusammen Null ergeben. Bei beiden Systemen sind Kapazität und Selbstinduktion gleichmäßig über den Oszillator verteilt. Man kann dann von einer Kapazität und Selbstinduktion pro Längeneinheit sprechen, sie seien mit $\overline{C}$ bzw. $\overline{L}$ bezeichnet. Diese sind z. B. für ein Paralleldrahtsystem, wenn seine Länge l groß ist gegen den Abstand d und d groß gegen den Radius r der Drähte:

$$\overline{L} = 4\ln\frac{d}{r},\tag{90}$$

$$\overline{C} = \frac{1}{v^2\,4\ln\dfrac{d}{r}}\tag{91}$$

wo v^2 das Quadrat der Lichtgeschwindigkeit ist. Ferner sei der Widerstand pro Längeneinheit $\frac{1}{2}\overline{R}$. Für Systeme dieser Art erhält man als Differentialgleichung des Stromes, wenn keine äußere Kraft wirkt, die Beziehung

$$\frac{d^2 I}{dt^2} + \frac{\overline{R}}{\overline{L}}\frac{dI}{dt} - \frac{1}{\overline{L}\,\overline{C}}\frac{d^2 I}{dx^2} = 0.\tag{92}$$

Diese Gleichung wird, da sie für die Fortleitung der Stromstöße beim Telegraphieren gilt, Telegraphengleichung genannt (vgl. a. Bd. 17). Da die Vorgänge beim Telegraphieren und Telephonieren längs Leitungen jedoch an einer anderen Stelle dieses Handbuches (Bd. 18) ausführlich behandelt werden, so sollen im folgenden nur die Erscheinungen bei schnellen elektrischen Schwingungen betrachtet werden. Es sei zunächst der Widerstand $\overline{R}$ als unendlich klein gegen die anderen Größen vorausgesetzt, so daß also von einer Dämpfung abgesehen wird. Die Gleichung erhält dann die Form

$$\frac{d^2 I}{dt^2} - \frac{1}{\overline{L}\,\overline{C}}\frac{d^2 I}{dx^2} = 0.\tag{93}$$

Obwohl nach den obigen Voraussetzungen der gerade Draht nicht in den Gültigkeitsbereich der Gleichung gehört, so verlaufen doch in gewissen Fällen die Schwingungen auch am geraden Draht nahezu so, wie sich aus der Lösung der Gleichung (92) ergibt. Die Rückleitung des Stromes kann man sich etwa im Unendlichen stattfinden denken.

24. Stehende Wellen auf Drähten. Linearer Oszillator. Die einfachste Form eines Oszillators ist die eines geraden, an beiden Enden freien Drahtes. Er habe die Länge l, mit x werde die Entfernung von einem Ende bezeichnet. Führt man die Grenzbedingungen ein, daß an beiden Enden des Drahtes der Strom zu jeder Zeit Null sein muß, so erhält man als Lösung der Differentialgleichung:

$$I = A_k \sin\frac{k\pi}{l}x \cdot \sin\left[\left(\frac{k\pi v}{l}\right)t + \varphi_k\right]\tag{94}$$

und eine entsprechende Gleichung für die Spannung V:

$$V = \frac{1}{C} \cdot \frac{1}{v}\, A_k \cos\left(\frac{k\pi}{l}\right) x \cdot \cos\left(\frac{k\pi}{l}\, v\right) t, \tag{95}$$

wo k jede beliebige ganze Zahl ist und

$$v = \sqrt{\frac{\varepsilon}{L\,C}}, \tag{96}$$

die Gleichung für v ergibt sich, wenn man für irgendein System gleichmäßig verteilter Kapazität und Selbstinduktion ihre Werte pro Längeneinheit berechnet[1]. ε ist die Dielektrizitätskonstante des den Draht umgebenden Mediums. Für Luft als Dielektrikum ist $\varepsilon = 1$ und v gleich der Lichtgeschwindigkeit. Aus der Gleichung ergibt sich, daß man je nach der Wahl von k beliebig viele verschiedene Lösungen erhält, die man außerdem noch miteinander kombinieren kann. Der einfachste Fall ist der, daß k gleich 1 gesetzt wird, man erhält dann die Strom- und Spannungsverteilung für die Grundschwingung des Systems. Für andere Werte von k ergeben sich die Lösungen der entsprechenden Oberschwingungen. Strom und Spannung sind nicht nur von der Zeit, sondern auch vom Ort abhängig. Für jede einfache Schwingung hat der Strom an allen Stellen des Drahtes dieselbe Frequenz und Phase, aber seine Amplitude ändert sich längs des Drahtes. Trägt man über den einzelnen Punkten des Drahtes als Abszisse die Stromamplitude als Ordinate auf, so erhält man als Kurve der Stromverteilung Sinuskurven. Für die Grundschwingung stellt Abb. 29, für die erste, zweite und dritte Oberschwingung Abb. 30 die Stromverteilung dar. Bei der Grundschwingung ist die Stromamplitude in der Mitte am größten, an den beiden Enden Null, bei den Oberschwingungen bleibt der Strom nicht nur an

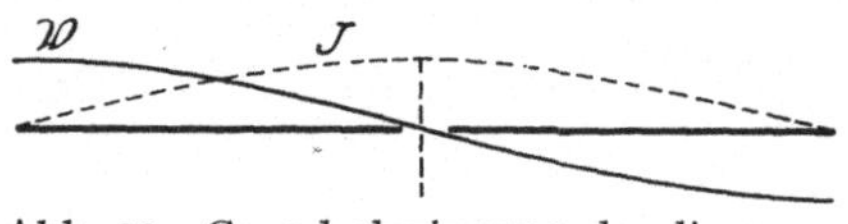

Abb. 29. Grundschwingung des linearen Oszillators.

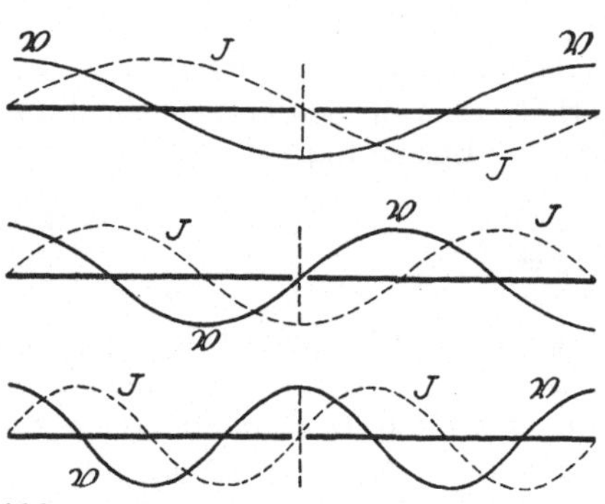

Abb. 30. Oberschwingungen des linearen Oszillators.

den Enden des Drahtes dauernd Null, sondern entsprechend der Ordnungszahl der Oberschwingung auch an ein oder mehreren dazwischenliegenden Punkten. Der Draht wird durch die Nullstellen in eine Anzahl gleicher Teile geteilt. Stellen, an welchen die Stromamplitude maximale Werte annimmt, nennt man Strombäuche, Stellen, an welchen der Strom dauernd Null ist, Stromknoten. Trägt man in derselben Weise längs des Drahtes die Spannungsamplituden auf, so erhält man die Kurven der Spannungsverteilung, wie sie in den obigen Abbildungen durch die ausgezogenen Linien dargestellt sind. Es gibt hier ebenso wie beim Strom, Bäuche und Knoten, nur liegen die Spannungsbäuche an den Stellen, wo die Stromknoten sind und umgekehrt. Strom und Spannung sind in der Phase um 90° gegeneinander verschoben.

Das Verhältnis der Stromamplitude I_0 im Strombauch zur Spannungsamplitude V_0 im Spannungsbauch ist

$$\frac{I_0}{V_0} = v\,\overline{C} = \sqrt{\frac{\overline{C}}{\overline{L}}}. \tag{97}$$

---

[1] Siehe z. B. M. Abraham, Theorie der Elektrizität, Bd. I, S. 349. 3. Aufl. 1907.

Damit ist die Abhängigkeit des Stromes und der Spannung vom Ort wiedergegeben, es besteht aber außerdem noch die Abhängigkeit von der Zeit. Für eine bestimmte Stelle x des Drahtes ergibt sich nach Gleichung (94) ein Wechselstrom von der Frequenz $\omega = \dfrac{k\,\pi\,v}{l}$. Setzen wir $\varphi_k = 0$, was man bei Betrachtung einer einfachen Schwingung tun kann, so ist zur Zeit $t = 0$ der Strom längs des ganzen Drahtes Null, nach einer Viertel Periode hat er seinen Maximalwert angenommen, nach einer halben Periode ist er wieder gleich Null usw. In derselben Darstellungsweise, wie oben, erhalten wir, wenn wir den Strom- und Spannungsverlauf von Achtel- zu Achtelperiode aufnehmen, Kurven wie in Abb. 31 und 32.

Wellen der hier geschilderten Art nennt man stehende Wellen im Gegensatz zu den fortschreitenden Wellen (Ziff. 27), bei welchen die Stromkurve in

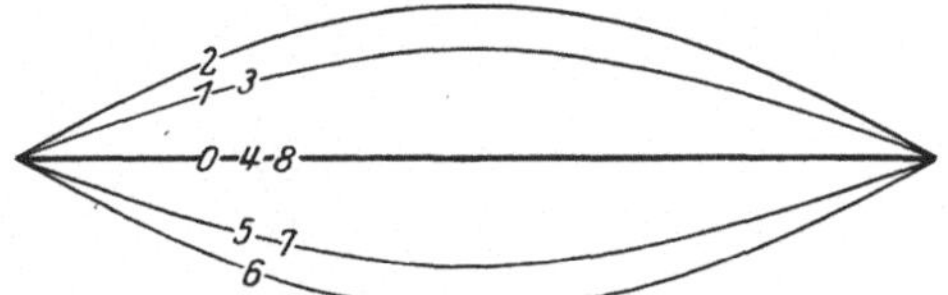

Abb. 31. Stromverteilung der Grundschwingung des linearen Oszillators von Achtel- zu Achtelperiode.

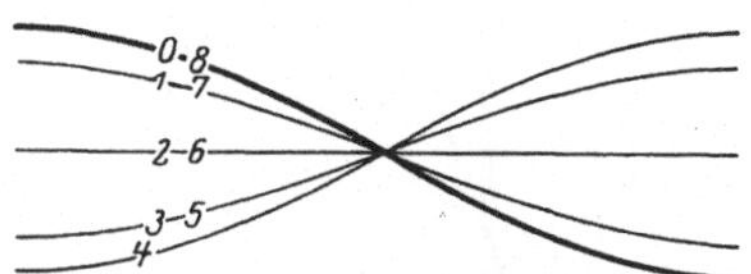

Abb. 32. Spannungsverteilung der Grundschwingung des linearen Oszillators von Achtel- zu Achtelperiode.

Richtung des Drahtes fortschreitet. Stehende Wellen kann man immer in zwei fortschreitende Wellen zerlegen, die bei gleicher Wellenlänge und Amplitude in entgegengesetzter Richtung wandern. Die Länge stehender Wellen ist gleich dem doppelten Abstand zweier benachbarter Knotenpunkte, bei der Grundschwingung also gleich der doppelten Drahtlänge

$$\lambda = 2\,l = \frac{2\,\pi\,v}{\omega}\,; \qquad F\,\lambda = v = \frac{\lambda}{T}\,. \tag{98}$$

25. Zusammengesetzte Oszillatoren. Einseitig geerdeter Draht. Die einseitige Erdung eines Drahtes ist gleichbedeutend damit, daß man eine unendlich große Kapazität an das eine Ende des Drahtes anhängt. Das Potential an dieser Stelle wird dann dauernd gleich dem Erdpotential, also gleich Null. Wir haben dort einen Spannungsknoten bzw. einen Strombauch. Der ganze Draht schwingt, wenn er in der Grundwelle erregt wird, mit einer viertel Wellenlänge, er schwingt so, wie die Hälfte des linearen an beiden Enden freien Drahtes. Der Schwingungszustand eines einseitig geerdeten (mit einer unendlichen, ebenen, leitenden Metallfläche verbundenen) Oszillators ist derselbe, als ob man sich jenseits der Erde das spiegelbildlich gleiche Schwingungssystem vorhanden denkt. Die Erde wirkt wie ein vollkommener Spiegel.

Gerader Draht mit zwei gleichen Kapazitäten an den Enden (HERTZscher Sender). Durch die an den Enden angehängten Kapazitäten wird die wirksame Kapazität des Senders vergrößert. Damit wird die Frequenz kleiner, die Wellenlänge größer als bei einem einfachen Draht derselben Länge. Die Strom- und Spannungsverteilung längs des Drahtes ist diejenige von Abb. 33, sie ist ein Teil derjenigen Sinuskurve, welche bei einem geraden linearen Oszillator derselben Frequenz (d. h. einem den Kapazitäten entsprechend verlängerten Draht) die Stromverteilung darstellen würde.

Einseitig geerdeter Draht mit zwischengeschaltetem Kondensator. Den eingeschalteten Kondensator kann man als einen mit der Kapazität des Oszillators in Serie geschalteten Kondensator auffassen. Durch die Serienschaltung wird aber die Gesamtkapazität des Schwingungssystems verkleinert, die Frequenz also vergrößert und die Wellenlänge verkürzt. Man nennt daher einen Kondensator in dieser Schaltung einen Verkürzungskondensator. Die Strom- und Spannungsverteilung ist die in Abb. 34 eingezeichnete, das Spiegelbild an der Erdoberfläche ist mitgezeichnet.

Einseitig geerdeter Draht mit eingeschalteter Spule. Durch das Einschalten einer Spule zwischen Draht und Erde wird die Selbstinduktion des Systems und gleichzeitig seine Wellenlänge vergrößert, die Frequenz verkürzt. Die Strom- und Spannungsverteilung beim schwingenden System ist in Abb. 35 dargestellt. Spulen in dieser Anordnung werden Verlängerungsspulen genannt.

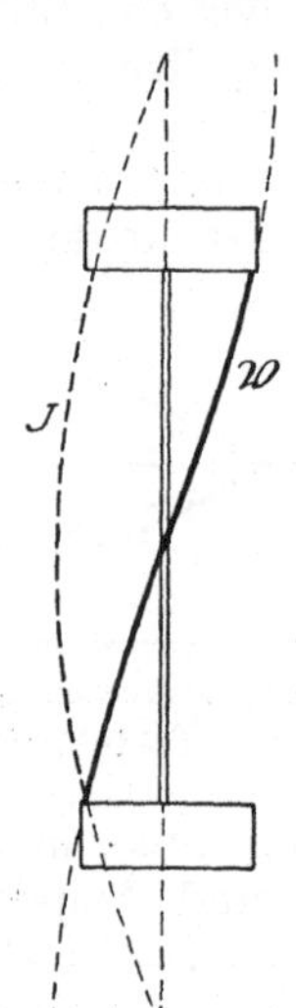

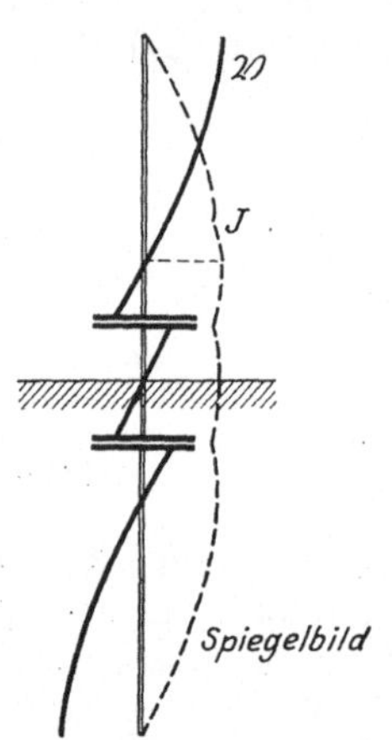

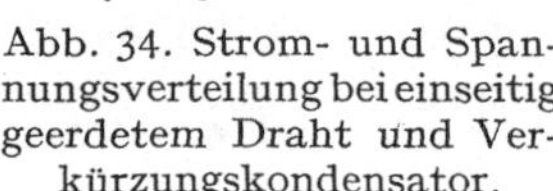

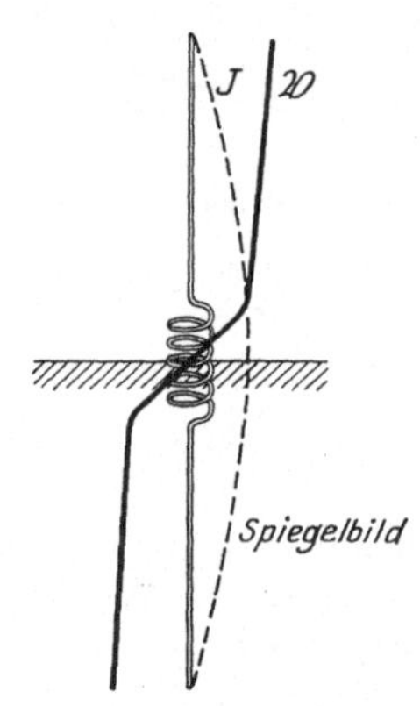

Abb. 33. Strom- und Spannungsverteilung beim linearen Oszillator mit Endkapazitäten.

Abb. 34. Strom- und Spannungsverteilung bei einseitig geerdetem Draht und Verkürzungskondensator.

Abb. 35. Strom- und Spannungsverteilung bei einseitig geerdetem Draht mit Verlängerungsspule.

26. Zwei parallele Drähte. Werden zwei parallele Drähte endlicher Länge (Lechersches Drahtsystem) in ihrer Eigenschwingung oder einer Oberschwingung derselben erregt, so treten auf ihnen ebenfalls stehende Wellen auf. Die Strom- und Spannungsverteilung längs derselben ergibt sich aus folgender Betrachtung: Verbindet man beide Drähte, deren Abstand sehr klein gegen ihre Länge sei, an irgendeiner Stelle durch eine leitende, widerstands- und selbstinduktionslose Verbindung (Brücke), so ist an dieser Stelle die Spannung zwischen beiden Leitungen Null (Spannungsknoten und Strombauch). Ist ein Ende der beiden Drähte frei, d. h. nicht durch eine Brücke miteinander verbunden, so muß an demselben der Strom dauernd Null sein (Stromknoten und Spannungsbauch). Daraus ergibt sich:

Sind beide Enden des Paralleldrahtsystems durch eine Brücke geschlossen, so ist die Wellenlänge der Grundschwingung gleich der doppelten Länge l des einzelnen Drahtes, ihre Frequenz $\omega = 2\pi v/\lambda = \pi v/l$. Die Frequenzen der Oberschwingungen sind ganze Vielfache davon.

Ist das Paralleldrahtsystem an einem Ende offen, so ist die Wellenlänge der Grundschwingung gleich der vierfachen Länge des einzelnen Drahtes. Sind Oberschwingungen vorhanden, so ist die Viertelwellenlänge derselben ein ungerades Vielfaches der Drahtlänge.

Erregt man das System paralleler Drähte mit gedämpften oder ungedämpften Schwingungen und ändert man kontinuierlich die Länge und damit die Eigenfrequenz der Drähte z. B. durch Verschieben einer Brücke (vgl. Ziff. 28) in Richtung der Drähte, während man gleichzeitig die Intensitätsverteilung aufnimmt, so erhält man eine Anzahl von Resonanzkurven, deren Maxima eine halbe Wellenlänge voneinander entfernt liegen[1]). Zeichnet man die Resonanzkurven um, indem man statt der Ordinaten ihre reziproken Werte aufträgt, so erhält man Parabeln; zeichnet man auch diese wieder um durch Einführen einer neuen Abszisse $x_1 = x^2$, so erhält man eine Anzahl parallel laufender gerader Linien.

27. Fortschreitende Wellen längs Drähten. Von der Differentialgleichung für die Schwingungen nicht quasistationärer Kreise bei Vernachlässigung der Dämpfung ist bisher nur eine Speziallösung erörtert worden. Die allgemeine Lösung lautet

$$I = f(x + vt) + \varphi(x - vt).\tag{99}$$

Eine entsprechende Gleichung gilt wieder für die Spannung, sowie für die Ladung pro Längeneinheit.

Die folgenden Betrachtungen beziehen sich streng wiederum nur auf Systeme, wie das Kabel- und das Paralleldrahtsystem, auf einen Einzeldraht höchstens in erster Annäherung. Die strenge Theorie der fortschreitenden Wellen längs eines metallischen Einzeldrahtes unter Berücksichtigung der endlichen Leitfähigkeit des Drahtes (s. Ziff. 36).

Der Lösung entsprechen zwei Spannungs- und zwei Stromwellen, die längs der Leitung in entgegengesetzten Richtungen laufen. Der gesamte Energiestrom, welcher längs der Leitung in einer Richtung fließt, ist gleich dem Produkt aus Stromstärke und Spannung. Unter Spannung ist dabei die Spannung zu verstehen, welche zwischen zwei Punkten der beiden parallelen Leiter, die in demselben Querschnitt liegen, herrscht. Solange von einer Absorption der Energie in den Leitern abgesehen wird, ändert sich die Amplitude der Wellen beim Fortschreiten nicht.

Macht man für den Anfangszustand die Annahme, es herrsche im Punkte $x = 0$ eine Spannung $V = 2A$, im übrigen sei die Spannung längs des Drahtes Null, so pflanzt sich die halbe Spannung A nach beiden Seiten längs der Drähte mit der Geschwindigkeit v fort. Wird im Punkte $x = 0$ nicht eine Spannung von dem Momentanwerte $V = 2A$, sondern eine in Abhängigkeit von der Zeit sinusförmige Spannung $V = 2A \sin(\omega t)$ angelegt, so breiten sich nach beiden Seiten Sinuswellen aus, die sich darstellen lassen in der Form

$$V = A \sin \omega\left(t - \frac{x}{v}\right).\tag{100}$$

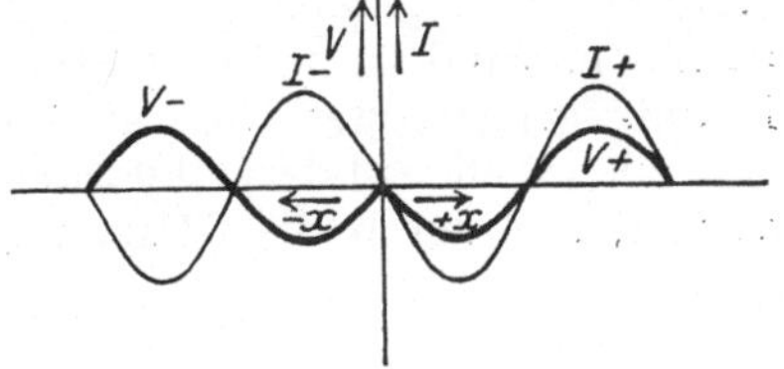

Abb. 36. Strom- und Spannungsverteilung bei fortschreitenden Wellen.

Gleichzeitig mit den Spannungswellen pflanzen sich in den Drähten zwei sinusförmige Stromwellen fort. Die in der positiven Richtung fortschreitende Stromwelle ist in Phase mit der nach derselben Richtung fortschreitenden Spannungswelle, während in negativer Richtung die beiden Wellen um $180°$ in der Phase verschoben sind. Abb. 36 zeigt den Strom- und Spannungsverlauf. Zwischen Strom- und Spannungsamplitude besteht die Beziehung

$$\frac{I_0}{V_0} = v\overline{C} = \sqrt{\frac{\overline{=}}{\overline{L}}}.\tag{101}$$

---

[1]) O. Schriever, Ann. d. Phys. Bd. 63, S. 645. 1920; A. Scheibe, Ann. d. Phys. Bd. 73. S. 54. 1923; G. Laville, C. R. Bd. 176, S. 573. 1923.

28. Reflexion an einer Brücke. Sind die beiden Drähte an irgendeiner Stelle senkrecht durch eine leitende Verbindung überbrückt, so kann an dieser Stelle keine Spannungsdifferenz auftreten. Ein einfacher Draht als Brücke gibt allerdings noch keinen vollkommenen Kurzschluß, da er für die kurzen Wellen immer noch einen merklichen Dämpfungswiderstand besitzt. Infolgedessen wird hinter der Brücke beträchtliche Energie längs der Drähte weitergeleitet. Der Brückendraht stellt dann die Koppelung zwischen den beiden Teilen des Paralleldrahtsystems vor und hinter der Brücke dar. Einen wesentlich besseren Kurzschluß erhält man, wenn man das System statt mit einem Draht mit einer Metallscheibe [Plattenbrücke[1])], deren Ebene senkrecht auf den Paralleldrähten steht, überbrückt. An der Metallscheibe werden dann auch die elektromagnetischen Wellen, welche sich in der Umgebung der Drähte fortpflanzen, reflektiert. Die Bedingung des Kurzschlusses kann man mathematisch dadurch erfüllen, daß man am Ort der Brücke eine der ankommenden Spannung V_e jederzeit entgegengesetzt gleiche Spannung V_r ansetzt. Das bedeutet, daß von der Brücke aus in entgegengesetzter Richtung eine Spannungswelle läuft, die der ankommenden gleich ist. Die Spannungswelle wird an der Brücke mit einer Phasenänderung von 180° reflektiert. Hinter der Brücke sind die Wellen abgeschirmt. Zwei Wellen gleicher Wellenlänge und Amplitude, aber von entgegengesetzter Richtung, wie sie im vorliegenden Fall entstehen, geben als resultierende Schwingung keine fortschreitende Welle mehr, sondern eine stehende Schwingung. Wie bereits in Ziff. 24 besprochen, ist die Phase überall dieselbe. Im Moment, in dem an einer beliebigen Stelle die Schwingung Null ist, ist sie es auch an allen Stellen des Drahtes. Hat die Schwingung dagegen an irgendeiner Stelle ihren Maximalwert erreicht, so hat sie zur selben Zeit längs des ganzen Drahtes ihren Maximalwert. Die Knoten der stehenden Welle liegen an solchen Stellen, an denen die beiden fortschreitenden Wellen um 180° in der Phase verschoben sind.

29. Reflexion am Drahtende. Am freien Ende eines Drahtes kann immer nur ein Stromknoten auftreten. Das freie Ende wirkt also auf eine Stromwelle wie die Brücke auf eine Spannungswelle. Die Stromwelle wird dort mit einer Phasenverschiebung von 180° reflektiert. Es treten wieder stehende Wellen auf.

30. Kondensator am Ende der Leitung. Werden die Enden der Leitung durch einen Kondensator von der Kapazität C verbunden, so wird eine die Leitung entlanglaufende Welle den Kondensator, sobald sie ihn erreicht hat, aufladen. Sind keine Energieverluste vorhanden, so bildet sich ein reflektierter, in entgegengesetzter Richtung eilender Wellenzug aus. Die Spannung der einfallenden Welle eilt derjenigen der reflektierten Welle um einen Phasenvorsprung φ voraus, der durch die Gleichung

$$\operatorname{tg}\frac{\varphi}{2} = -\frac{\omega}{v}\frac{C}{\overline{C}} \tag{102}$$

bestimmt ist. Ist die Endkapazität C gleich Null, so haben wir wieder den Fall der Reflexion an den freien Enden der Leitung, ist die Endkapazität unendlich, so haben wir den Fall der Überbrückung der beiden Leitungen durch eine metallische Verbindung.

31. Beide Enden der Leitung überbrückt. Das eine Ende der Leitung sei durch einen Kondensator, das andere Ende durch eine metallische Verbindung überbrückt. Ein derartiger Kreis ist die einfachste Form eines Kondensatorkreises, bei dem die Selbstinduktion die Gestalt eines schmalen, langen Rechtecks hat. Man erhält als Lösungen des Systems Grund- und Oberschwingungen.

---

[1]) O. SCHRIEVER, Ann. d. Phys. Bd. 63, S. 645. 1920.

Die Frequenz der Grundschwingung ist, wenn man die Kapazität der Leitung gegen die am Ende angeschlossene Kapazität vernachlässigen kann und wenn l die Länge der Leitung zwischen den beiden Enden ist,

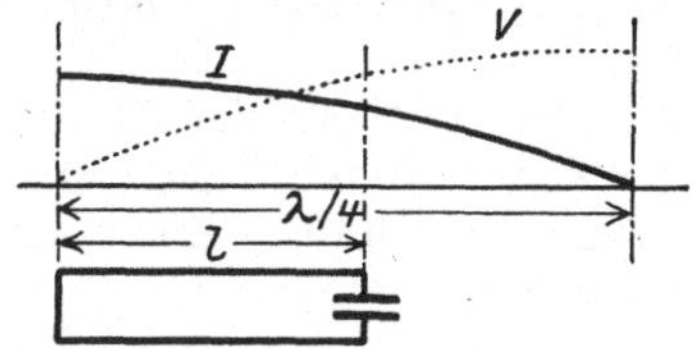

Abb. 37. Strom- und Spannungsverteilung eines Kondensatorkreises mit einfacher Stromschleife.

$$\omega = \frac{1}{\sqrt{\overline{L}\,l\,C}} = \frac{1}{\sqrt{LC}}. \qquad (103)$$

$l\,\overline{L}$ ist die gesamte Selbstinduktion des Rechtecks. Die Formel wurde zuerst von KIRCHHOFF aus der Fernwirkungstheorie abgeleitet, und zwar für beliebige Form des Schließungskreises, sie stimmt überein mit der THOMSONschen Formel [Gleichung (16)]. Der Kreis kann unter den obigen Bedingungen für die Grundfrequenz nahezu als quasistationär angesehen werden, für die Oberschwingungen ist er nicht mehr quasistationär. Die Strom- und Spannungsverteilung für die Grundschwingung zeigt Abb. 37.

32. Übergang von einem Dielektrikum in ein zweites. Das Paralleldrahtsystem verlaufe zum Teil in Luft, von einem bestimmten Querschnitt ab jedoch in einem zweiten Medium mit der Dielektrizitätskonstanten ε. Es bleiben die oben abgeleiteten Beziehungen bestehen, wenn die Kapazität $\overline{C}$ durch $\varepsilon\overline{C}$ und die Fortpflanzungsgeschwindigkeit v durch $v/\sqrt{\varepsilon}$ ersetzt wird. Aus den Grenzbedingungen an der Trennungsfläche beider Dielektrika ergibt sich eine reflektierte Welle und eine im zweiten Medium fortschreitende Welle. Die Wellenlängen der beiden Wellen verhalten sich wie die Wurzel aus der Dielektrizitätskonstanten

$$\frac{\lambda}{\lambda_\varepsilon} = \sqrt{\varepsilon}. \qquad (104)$$

Die Spannungsamplitude der reflektierten Welle zur Spannungsamplitude der einfallenden Welle ist

$$\frac{A_r}{A_e} = -\frac{\sqrt{\varepsilon}-1}{\sqrt{\varepsilon}+1}. \qquad (105)$$

Bei der Reflexion von Wellen, die aus einem Medium mit der kleineren Dielektrizitätskonstante auf die Trennungsfläche gegen ein Medium mit der größeren Dielektrizitätskonstante fallen, erleidet die Spannung wie bei der Reflexion an einer Brücke eine Phasenänderung von $180°$, die Stromwelle wird mit gleicher Phase reflektiert. Umgekehrt verhalten sich die Phasen der reflektierten Wellen, wenn die ankommende Welle sich im Medium mit der größeren Dielektrizitätskonstante befindet.

Die Spannungsamplitude der im zweiten Medium fortschreitenden Welle zur Spannungsamplitude der ankommenden Welle ist

$$\frac{A_\varepsilon}{A_e} = \frac{2}{\sqrt{\varepsilon}+1}. \qquad (106)$$

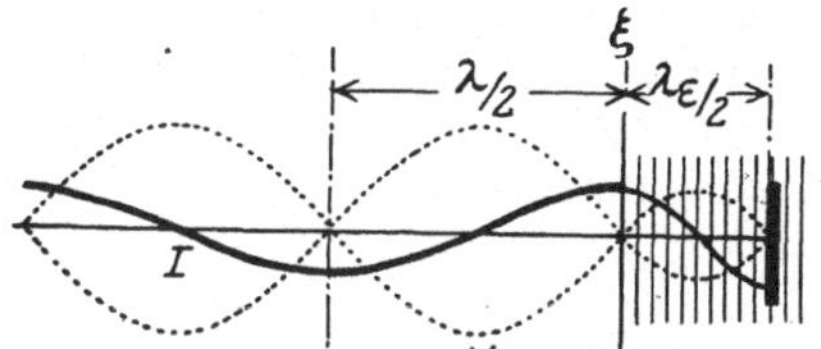

Überbrückt man die Drähte im zweiten Medium mit einer leitenden Verbindung,

Abb. 38. Strom- und Spannungsverteilung an parallelen Drähten beim Übergang in ein zweites Dielektrikum.

in der Entfernung einer halben Wellenlänge von der Trennungsfläche oder einem ganzzahligen Vielfachen davon, so entstehen in beiden Medien stehende Wellen. Den Strom- und Spannungsverlauf längs der Drähte zeigt Abb. 38. Die Bestimmung der Wellenlänge elektrischer Wellen in einem zu untersuchenden Medium im Verhältnis zur Wellenlänge in Luft durch Messen der Abstände der Spannungsknoten wird nach Drude[1]) zur Bestimmung der Dielektrizitätskonstanten benutzt.

33. Einfluß der Dämpfung. Ist die Leitfähigkeit des Drahtes nicht unendlich groß, wie bisher angenommen wurde, so gilt wieder die allgemeine Telegraphengleichung [Gleichung (92)] und ihre Lösung lautet für sinusförmige Erregung

$$I = I_0\, e^{-\beta x} \sin \omega \left(t - \frac{x}{v}\right).\tag{107}$$

Das ist eine fortschreitende Welle, deren Amplitude während des Fortschreitens abnimmt. β bezeichnet man als den Absorptionskoeffizienten.

Wendet man die Formeln auf das Paralleldrahtsystem an, so ergibt sich nach Drude, wenn r der Radius der Drähte, d ihr Abstand und c die Lichtgeschwindigkeit ist, für die Fortpflanzungsgeschwindigkeit der Drahtwellen

$$v = \frac{c\sqrt{2}}{\sqrt{1 + \sqrt{1 + \dfrac{\overline{R^2}}{(4\,\omega)^2 \left(\ln \dfrac{d}{r}\right)^2}}}}.\tag{108}$$

Für schnelle elektrische Schwingungen ist im allgemeinen $\dfrac{\overline{R}}{4 \ln \dfrac{d}{r}}$ sehr klein gegen ω, so daß die Fortpflanzungsgeschwindigkeit der Wellen gleich der Lichtgeschwindigkeit wird:

$$v = c.$$

Für den Absorptionskoeffizienten erhält man unter den gleichen Voraussetzungen

$$\beta = \frac{\overline{RC}}{2c} = \frac{\overline{R}}{8\,c^3 \ln \dfrac{d}{r}}.\tag{109}$$

Die Amplitude sinkt auf den e-ten Teil ihres Anfangswertes, wenn $\beta x = 1$ ist, d. h. nach Durchlaufen eines Weges:

$$s = \frac{8\,c^3 \ln \dfrac{d}{r}}{\overline{R}}.\tag{110}$$

Die Dämpfung der Wellen ist an Kupferdrähten außerordentlich klein und experimentell kaum feststellbar. Sie wird dagegen meßbar, wenn man sehr dünne Eisendrähte benutzt. Der Widerstand eines Eisendrahtes ist für hochfrequente Ströme nach Lord Rayleigh[2])

$$R_h = R_0\,\pi\,r \sqrt{\frac{\mu\,\sigma}{T}},\tag{111}$$

wo R_0 den Gleichstromwiderstand, σ die elektrische Leitfähigkeit, μ die magnetische Leitfähigkeit und r den Radius des Drahtes bedeutet. Daraus ergibt

---

[1]) P. Drude, Ann. d. Phys. Bd. 8, S. 336. 1902; Bd. 16, S. 116. 1905; ZS. f. phys. Chem. Bd. 40, S. 636. 1902; H. Rubens, Berl. Ber. 1915, S. 4; R. Jaeger, Ann. d. Phys. Bd. 53, S. 409. 1917; F. Holborn, ZS. f. Phys. Bd. 6, S. 328. 1921.
[2]) Lord Rayleigh, Phil. Mag. (5) Bd. 21, S. 381. 1886; P. Drude, Physik des Äthers. 2. Aufl. Stuttgart 1912, insbesondere S. 514.

sich für den Widerstand pro Längeneinheit, wenn man den Wert des Gleich-
stromwiderstandes

$$R_0 = \frac{l}{r^2 \pi \sigma} \tag{112}$$

einsetzt.

$$\overline{R} = \frac{1}{r} \sqrt{\frac{\mu}{\sigma T}} . \tag{113}$$

Dann ist $\overline{R}$ nicht mehr klein gegen

$$4\omega \ln \frac{d}{r} . \tag{114}$$

Auf diese Weise hat J. v. GEITLER [1]) den Einfluß der Dämpfung an einem System
paralleler Eisendrähte von 0,1 mm Stärke und 5 mm Abstand untersucht. Bei
$T = 6 \cdot 10^{-8}$ ergibt sich beispielsweise $s = 10$ m.

Neuerdings sind von LAVILLE [2]) mit ungedämpften Schwingungen die
Resonanzkurven an parallelen Eisendrähten aufgenommen und aus dem Verlauf
der Kurven die Absorption und die Wellenlänge berechnet worden. Er findet,
daß die aus der einfachen Wechselstromtheorie abgeleiteten Gleichungen die
Erscheinungen nicht mehr genügend genau wiedergeben. Die von MIE [3]) auf
Grund der MAXWELLschen Theorie aufgestellten Gleichungen geben unter Vernachlässigung der Glieder höherer Ordnung außer der Absorption eine merkliche
Änderung der Wellenlänge, die mit den experimentellen Befunden gut übereinstimmt (vgl. hierzu Ziff. 35). Danach gilt für die Wellenlänge λ am Leiter
die Gleichung:

$$\frac{1}{\lambda^2} = \frac{1}{\lambda_0^2} + \frac{\pi}{\beta\lambda} \tag{115}$$

wo λ_0 die für einen widerstandslosen Leiter sich aus der Theorie ergebende Wellenlänge bedeutet. Die Wellenlängen bei Eisen sind also erheblich kürzer als bei
Kupfer. Der Absorptionskoeffizient ergibt sich nach beiden Theorien nicht
sehr verschieden. Hystereseverluste scheinen keinen merkbaren Einfluß zu
haben.

34. Eigenschwingungen von Spulen [4]). Bei den Eigenschwingungen von
Spulen handelt es sich um nicht mehr quasistationäre Vorgänge, da die Wellenlänge meist in der Größenordnung der Länge des Spulendrahtes liegt. Die Spule
ist ebenso wie der gerade Draht ein System mit verteilter Kapazität und Selbstinduktion, das unter Umständen durch eine ebenfalls über die ganze Spule
verteilte Erdkapazität modifiziert ist. Es tritt neben der Grundschwingung
eine Reihe von Eigenschwingungen auf, die jedoch im allgemeinen nur angenähert harmonische Oberschwingungen der Grundschwingung sind. Nach dem
Vorgange von ROGOWSKI kann man zwei Arten von Eigenschwingungen unterscheiden. Bei Eigenschwingungen erster Art gerät die Spule in Strom-
resonanz, d. h. in der Mitte der Spule liegt ein Strombauch, an den Enden Stromknoten (Spannungsbäuche). Bei den Eigenschwingungen zweiter Art tritt
Spannungsresonanz auf. In der Spulenmitte ist ein Stromknoten, an den Enden
Spannungsknoten. Die Stromverteilung im Draht erhält man durch Aufnahme
des Magnetfeldes der Spule. Dazu führt man eine kleine Meßschleife, die mit

---

[1]) J. v. GEITLER, Wied. Ann. Bd. 49, S. 184. 1893.
[2]) G. LAVILLE, C. R. Bd. 176, S. 986. 1923.
[3]) G. MIE, Wied. Ann. Bd. 2, S. 201. 1900.
[4]) P. DRUDE, Ann. d. Phys. Bd. 9, S. 293. 1902; R. RÜDENBERG, Elektrot. u. Maschinen-
bau Bd. 32, S. 731. 1914; K. W. WAGNER, Arch. f. Elektrot. Bd. 6, S. 301. 1917; Bd. 11,
S. 238. 1922; W. ROGOWSKI, ebenda Bd. 7, S. 17 u. 240. 1918; Bd. 11, S. 267. 1922; W. LENZ,
Ann. d. Phys. Bd. 43, S. 749. 1914; A. GOTHE, Arch. f. Elektrot. Bd. 9, S. 1. 1920.

einem Thermoelement verbunden ist, parallel zur Spulenachse an den Windungen entlang und beobachtet gleichzeitig an einem mit dem Thermoelement verbundenen Galvanometer den Strom. Um den Einfluß einer großen Erdkapazität zu untersuchen, wird zweckmäßig in das Innere der Spule ein geerdeter, an einer Seite geschlitzter Metallzylinder gebracht. Sämtliche Eigenschwingungen der Spule bleiben bei Erdkapazität erhalten, nur Wellenlänge und Dämpfung der Eigenschwingungen werden größer. Bei der Grundschwingung sind die Änderungen durch die Erdkapazität sehr stark, bei höheren Oberschwingungen nehmen sie immer mehr ab. Ähnliche Wirkungen ruft Eisen in der Spule hervor.

35. Besondere Leiterformen[1]). Für einige besonders einfache Formen der Leiteroberfläche, die jedoch im wesentlichen nur ein theoretisches Interesse besitzen, sind von verschiedenen Seiten die Eigenschwingungen λ_n und die Strahlungsdekremente σ_n berechnet worden. So fand J. J. THOMSON[2]) für eine vollkommen leitende Kugel vom Radius a

$$\lambda_1 = \frac{4\pi a}{3}, \qquad \sigma_1 = \frac{2\pi}{\sqrt{3}}. \tag{115}$$

Ferner ist der Fall des Kugelkondensators, des leitenden Zylinders und der Fall der zu einem Kreisring gebogenen Röhre von rechteckigem Querschnitt behandelt. M. ABRAHAM[3]) hat die Theorie eines gestreckten, vollkommen leitenden Rotationsellipsoides entwickelt, das im Grenzfall einen stabförmigen oder nadelförmigen Leiter darstellt. In diesem Grenzfalle ist die Wellenlänge der Grundschwingung gleich der doppelten Länge des Leiters, die Oberschwingungen sind harmonisch.

b) MAXWELL-SOMMERFELDsche Theorie der Schwingungen nichtquasistationärer Kreise.

36. Metallische Drähte. Die Anwendung der MAXWELLschen Theorie auf die Schwingungen nichtquasistationärer Kreise ist zum ersten Male streng von SOMMERFELD[4]) durchgeführt worden. Er hat den Fall eines geraden, beiderseits unendlich langen metallischen Drahtes von kreisförmigem Querschnitt und endlicher Leitfähigkeit behandelt. Irgendeine Rückleitung, wie z. B. in einem Zylinder von unendlich großem Radius, wird nicht vorausgesetzt, dagegen werden zeitlich ungedämpfte Schwingungen angenommen. Die Differentialgleichungen führen auf BESSELsche Funktionen. Das Ergebnis der SOMMERFELDschen Lösung, das mit den experimentellen Tatsachen durchaus übereinstimmt, sei an zwei Grenzfällen betrachtet:

Ist das Leitungsvermögen des Drahtes groß und der Drahtradius zur Wellenlänge nicht zu klein, was für die praktischen Fälle im allgemeinen zutrifft (z. B. bei einem Kupferdraht von 4 mm Durchmesser und einer Wellenlänge von etwa 30 cm), so ist die Fortpflanzungsgeschwindigkeit der Wellen nahezu gleich der Lichtgeschwindigkeit und die örtliche Dämpfung sehr gering. Die elektrische Kraft nimmt nach dem Innern des Drahtes nach einem Exponentialgesetz außerordentlich schnell ab, und zwar um so mehr, je besser die Leitfähigkeit

---

[1]) Ausführliche Zusammenstellung und Literatur bei M. ABRAHAM, Enzyklopädie der mathematischen Wissenschaften Bd. V, 2, Artikel 18; Elektromagnetische Wellen, besonders S. 500. Leipzig 1906.
[2]) J. J. THOMSON, Lond. math. soc. Proc. Bd. 15, S. 197. 1884; Rec. res. S. 361.
[3]) M. ABRAHAM, Ann. d. Phys. Bd. 66, S. 435. 1898.
[4]) A. SOMMERFELD, Wied. Ann. Bd. 67, S. 285. 1899; ferner M. ABRAHAM, Enzyklopädie der mathematischen Wissenschaften Bd. V, 2, S. 526.

ist. Der ganze Vorgang spielt sich dann in einer sehr dünnen Oberflächen-schicht ab (Hautwirkung, Skineffekt).

Ist dagegen der Drahtradius zur Wellenlänge außerordentlich klein und das Leitungsvermögen nicht zu groß (z. B. bei einem Platindraht von 0,004 mm und einer Wellenlänge von etwa 100 cm), so weicht die Fortpflanzungsgeschwindig-keit von der Lichtgeschwindigkeit merklich ab, die örtliche Dämpfung ist stärker.

Die Maxwellschen Feldgleichungen sind ferner noch bei der Theorie des Kabels und der Paralleldrähte angewandt worden. Das Kabel, aufgefaßt als zwei konzentrische, metallische Kreiszylinder mit dazwischenliegendem Isolator, ist von J. J. Thomson[1]), zwei parallele Drähte von kreisförmigem Querschnitt von G. Mie[2]) behandelt. Morton[3]) berechnete den Fall einer beliebigen Anzahl paralleler Drähte, welche in die Ecken eines regelmäßigen Polygons eingespannt sind, Levi-Civita[4]) das Problem eines Drahtes, dem parallel ein ebener, dünner, leitender Schirm aufgestellt ist.

37. Dielektrische Drähte. Die Sommerfeldsche Lösung ist nicht die einzige Lösung des Problems. Hondros[5]) hat gezeigt, daß neben der „Hauptwelle" noch „Nebenwellen" möglich sind, daß diese aber der Hauptwelle gegenüber so stark gedämpft sind, daß bei metallischen Drähten nur die Haupt-welle in Erscheinung tritt. Nimmt man aber statt des metallischen Drahtes einen solchen aus dielektri-schem Material, so ist nach Hondros und Debye[6]) die Intensität der Nebenwellen groß, während die Hauptwelle vollkommen verschwin-det. Die am dielektrischen Draht entlanglaufenden Nebenwellen kann man im Gegensatz zu den im Vakuum vorhandenen Wellen (den Erreger-wellen) auch als „Drahtwellen" be-zeichnen. Es sind nur dann Neben-wellen möglich, wenn die Länge l der Erregerwellen einen gewissen Wert nicht überschreitet. Ist v der Brechungsexponent und r der Radius des Drahtes, so muß

$$l \leqq \frac{2\pi}{2,40}\, r \sqrt{v^2 - 1} \qquad (116)$$

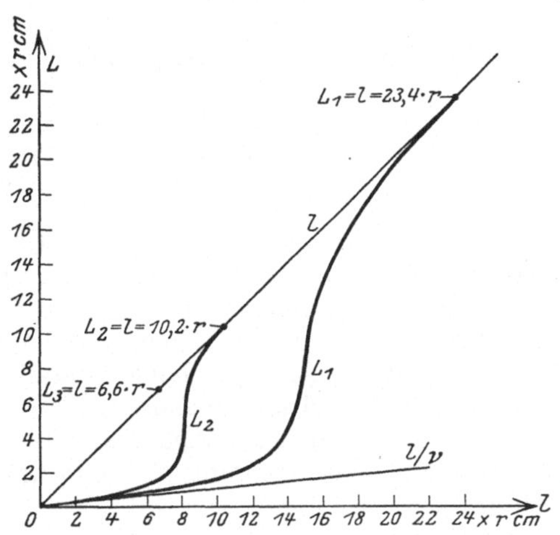

Abb. 39. Wellenlänge L der Nebenwellen dielek-trischer Drähte in Abhängigkeit von der Länge der Erregerwelle l.

sein. Die Wellenlänge L der Drahtwellen ändert sich zwischen zwei Grenz-werten, im einen Grenzfall ist L gleich l, die Fortpflanzungsgeschwindigkeit also gleich der Lichtgeschwindigkeit. Verkleinert man, von diesem Grenzwert ausgehend, die Länge der Erregerwellen, so weicht L immer mehr von l ab und nähert sich dem anderen Grenzwert l/v. In Abb. 39 ist L in Abhängigkeit von l für Wasser als Drahtmaterial aufgetragen, und zwar für die Nebenwellen erster und zweiter Ordnung (L_1 und L_2). Die beiden Grenzwerte sind durch die beiden vom Nullpunkt ausgehenden Geraden dargestellt.

[1]) J. J. Thomson, Proc. Roy. Soc. London Bd. 46, S. 1. 1889; Rec. Res. S. 262.
[2]) G. Mie, Ann. d. Phys. Bd. 2, S. 201. 1900.
[3]) W. B. Morton, Phil. Mag. (6) Bd. 1, S. 563. 1901.
[4]) T. Levi-Civita, Acc. Linc. Rend. Bd. XI[1], S. 163, 191 u. 228. 1902.
[5]) D. Hondros, Ann. d. Phys. Bd. 30, S. 905. 1909.
[6]) D. Hondros u. P. Debye, Ann. d. Phys. Bd. 32, S. 466. 1910.

Die experimentelle Untersuchung der Wellen an dielektrischen Drähten ist von Schriever[1]) mit einer Anordnung durchgeführt worden, die aus Abb. 40 hervorgeht. Die Wellen werden von dem Erreger I, einem Röhrensender in der Schaltung von Barkhausen und Kurz, erzeugt und ihre Länge l mit einem Lecherschen Drahtsystem II gemessen. Mit dem Erreger ist der dielektrische Draht III gekoppelt und auf diesem ein Indikator IV verschiebbar

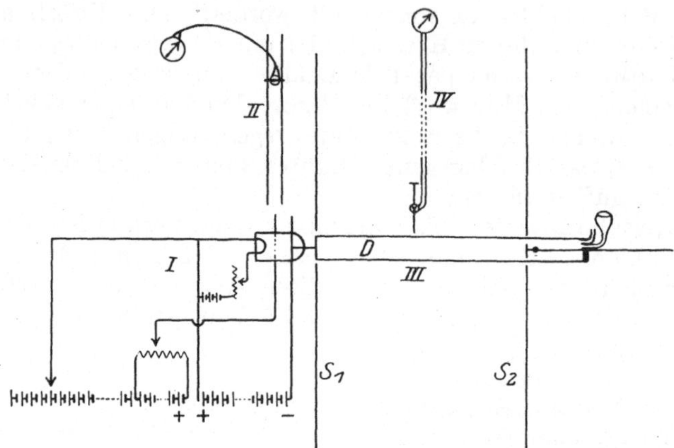

Abb. 40. Anordnung nach Schriever zur Untersuchung elektrischer Wellen an dielektrischen Drähten.

angebracht. Der dielektrische Draht D bestand aus einem mit Wasser gefüllten Glasrohr vom Radius $r = 2{,}76$ cm. Der Schirm S_1 diente zur Abschirmung des Drahtes vom Sender. Der Schirm S_2 ist erforderlich, um durch Reflexion stehende Wellen zu bekommen. Die Messung erfolgte in der Weise, daß die Stellung des Schirmes S_2 so lange verändert wurde, bis der in $^3/_4$ Abstand beider Schirme gehaltene Indikator maximalen Ausschlag gab. Dann ist die Entfernung der Schirme gleich der Länge L der dielektrischen Welle. Es wurde L in Abhängigkeit von l bestimmt und eine gute Übereinstimmung mit der Theorie gefunden.

---

[1]) O. Schriever, Ann. d. Phys. Bd. 63, S. 645. 1920.

Kapitel 4.

Die Dispersion und Absorption elektrischer Wellen.

Von

W. Romanoff, Moskau.

Mit 22 Abbildungen.

a) Theoretische Grundlagen der Dispersion im elektrischen Spektrum.

1. Einleitung. Nachdem Hertz die elektrischen Wellen entdeckt hatte, wurde bald die Untersuchung der Fortpflanzung elektrischer Wellen durch Dielektrika aufgenommen und ihre Dispersion in verschiedenen Substanzen gemessen.

Seitdem ist im Gebiet der elektrischen Dispersion und Absorption, trotz der Schwierigkeiten, mit welchen diese Untersuchungen verknüpft sind, ein umfangreiches experimentelles Material gesammelt worden. Aus den Messungen der Dielektrizitätskonstanten und Absorptionskoeffizienten in schnell wechselnden Feldern kann man ersehen, daß das Verhalten der Dielektrika manchmal den Maxwellschen Gleichungen genügt, manchmal aber starke Anomalien aufweist.

So verhalten sich z. B. viele Gase wie ideale Dielektrika, und die wässerigen Salzlösungen zeigen eine Absorption, die der Leitfähigkeit der Lösung entspricht. Hingegen weisen die meisten organischen Substanzen Anomalien auf. Diese können von zweifacher Natur sein. Die Dielektrizitätskonstante und der Brechungsexponent können von längeren Wellen zu kürzeren einen starken Abfall zeigen, welcher von großer Absorption begleitet ist. Diese Absorption kann viel größer sein als die, welche der Leitfähigkeit allein entsprechen würde. Es können aber auch Maxima und Minima des Brechungsexponenten und der Absorption auftreten, welche den bekannten Streifen der anomalen Dispersion der Optik ganz analog sind. Diese Anomalien können auch komplizierter Natur sein. In einigen Wellenbereichen kann sich das Dielektrikum normal verhalten, in anderen aber Streifen anomaler Dispersion oder einen steilen Abfall der Dielektrizitätskonstante zeigen. Unter anomalem Verhalten der Dielektrika versteht man in Analogie mit der Optik die Abnahme des Brechungsexponenten mit zunehmender Frequenz, also mit abnehmender Wellenlänge. Den umgekehrten Fall der Abnahme des Brechungsexponenten mit abnehmender Frequenz, also mit zunehmender Wellenlänge bezeichnet man als normale Dispersion, obwohl dieser Fall im elektrischen Spektrum viel seltener vorkommt als die anomale Dispersion.

Die Erforschung des Gebietes der anomalen Dispersion und Absorption im elektrischen Spektrum ist viel schwieriger als in der Optik. Im elektrischen

Spektrum gibt es keine so exakten Methoden zur Messung der Konstanten der Dielektrika, wie in der Optik. Die Dielektrizitätskonstanten und die Brechungsexponenten, welche verschiedene Forscher gemessen haben, unterschieden sich nicht selten um viele Prozente.

Weiter sind die meisten Untersuchungen auf diesem Gebiete mit gedämpften Wellen ausgeführt worden, ohne den Einfluß der zeitlichen Dämpfung zu beachten. Wie aber jetzt bekannt ist, hängen die Werte der Konstanten des Dielektrikums von der zeitlichen Dämpfung der Wellen ab.

Diese Tatsache erschwert den Vergleich der Messungen verschiedener Autoren, wenn sie mit gedämpften Wellen gearbeitet haben, da die Größe der zeitlichen Dämpfung nur sehr selten angegeben ist. Heute besteht ein großer Vorteil darin, daß es jetzt Methoden zur Herstellung kurzer ungedämpfter Wellen gibt. Messungen der Dielektrizitätskonstanten, des Brechungsexponenten und des Absorptionskoeffizienten mit ungedämpften Wellen liegen aber bis jetzt nur in sehr geringer Zahl vor.

Solche Messungen sind aber von großer Wichtigkeit, da nur mit ihrer Hilfe die Dielektrizitätskonstanten und die Brechungsexponenten richtig bestimmt werden können. In der Tat unterscheiden wir von der statischen Dielektrizitätskonstanten, welche den statischen Feldern oder sehr langen Wellen entspricht, in den Gebieten, wo die D.K. von der Frequenz abhängt, die dynamische D.K. Als dynamische D.K. wollen wir denjenigen Wert der D.K. definieren, den sie für eine bestimmte ungedämpfte, sinusförmige Welle hat. Dieser Wert hängt mit dem Brechungsexponenten n durch die bekannte Beziehung (1) zusammen.

$$\varepsilon = n^2(1 - \varkappa^2), \tag{1}$$

wo $\varkappa$ der Absorptionsindex ist und $n\varkappa$ der Absorptionskoeffizient genannt wird. Das Vorhandensein dieses Absorptionskoeffizienten kann durch verschiedene Gründe verursacht sein.

Wenn $\varkappa = 0$ ist, so liegt ein ideales oder Maxwellsches Dielektrikum vor. ε, n und $\varkappa$ beziehen sich auf die gleiche Wellenlänge λ.

Bei Vorhandensein einer Absorption im Dielektrikum kann sie erstens von der Leitfähigkeit σ des Dielektrikums herrühren. Nehmen wir an, daß im Dielektrikum eine ebene elektrische Welle X in der x-Richtung fortschreitet,

$$\left.\begin{aligned} & X = A\,e^{-2\pi\varkappa x/\lambda} \cdot e^{i2\pi(t/T - x/\lambda)}, \\[4pt] & \lambda = V \cdot T, \quad n = \frac{c}{V}, \quad \lambda' = n\lambda, \end{aligned}\right\} \tag{2}$$

wo c die Lichtgeschwindigkeit im Vakuum, V die Fortpflanzungsgeschwindigkeit der Welle in der Substanz, λ' und λ die Wellenlängen im Vakuum und in der Substanz sind.

Aus der Grundgleichung für die Stromdichte in Richtung der x-Achse

$$j_x = \frac{\varepsilon}{4\pi}\frac{\partial X}{\partial t} + \sigma X$$

in Verbindung mit (2) folgt

$$j_x = \frac{\varepsilon - i \cdot 2\sigma T}{4\pi} \cdot \frac{\partial X}{\partial t} = \frac{\varepsilon'}{4\pi} \cdot \frac{\partial X}{\partial t},$$

was für die komplexe D.K.

ergibt:

$$\varepsilon' = n^2(1 - i\varkappa)^2$$

$$n^2(1 - \varkappa^2) = \varepsilon,$$

$$n^2\varkappa = \sigma T,$$

$$\varkappa = \frac{2\sigma T/\varepsilon}{1 + \sqrt{1 + (2\sigma T/\varepsilon)^2}}.$$

Der Absorptionsindex $\varkappa$ wird also nach der MAXWELLschen Theorie nur durch die Leitfähigkeit σ der Substanz bestimmt. Diese Absorption, welche man als normale bezeichnet, ist durch zahlreiche Versuche bestätigt und für wässerige Salzlösungen auch quantitativ geprüft und im Einklange mit der Theorie gefunden worden. Wir werden nicht näher auf diese Untersuchungen eingehen und weisen auf die Literatur hin[1]).

Zweitens kann der Absorptionsindex $\varkappa$ für einige Substanzen viel größere Werte annehmen, als es der Leitfähigkeit entspricht. In diesen Fällen steht $\varkappa$ in keinem Zusammenhange mit der Leitfähigkeit und ist gewöhnlich von anomaler Dispersion begleitet. Das ist der Fall der anomalen Absorption.

Um diese Anomalien der Dielektrika aufzuklären, sind von einigen Forschern Theorien vorgeschlagen, die größtenteils ungedämpfte Wellen voraussetzen.

Aber unsere Kenntnisse auf diesem Gebiete sind durchaus noch nicht so vollständig, daß sie einen Boden für die theoretische Bearbeitung bieten könnten, wenn auch viele Hinweise auf die Natur dieser Phänomene schon vorliegen. Der Gang der Konstanten der Dielektrika mit der Wellenlänge ist nur in seltenen Fällen bekannt, und die Messungen sind nicht systematisch im ganzen Gebiete der elektrischen Wellen durchgeführt.

Wir gehen nun dazu über, die theoretischen Überlegungen, die Meßmethoden und die experimentellen Ergebnisse zu besprechen.

2. Theorien von Drude. Schon in den ersten Arbeiten über elektrische Dispersion in verschiedenen Dielektrika von THOMSON[2]), BLONDLOT[3]), GRAETZ und FOMM[4]) und DRUDE[5]) wurde eine Abnahme der D.K. mit der Abnahme der Wellenlänge festgestellt und von GRAETZ und FOMM, sowie von DRUDE als anomale Dispersion gedeutet. GRAETZ und FOMM, welche unter anderen Körpern Beryll untersucht haben, fanden für diesen einen ähnlichen Gang der Dispersion, wie er aus optischen Erscheinungen bekannt war. Sie erläutern diese Ähnlichkeit der elektrischen und optischen Dispersion, aber als Ursache der elektrischen Dispersion betrachten sie die Leitfähigkeit, die für verschiedene Wellenlängen verschieden sein kann und den Gang der D.K. bedingen muß. DRUDE, der im Jahre 1895 Äthylalkohol und Wasser untersucht hat, erwähnt die Notwendigkeit, das Vorhandensein von Eigenschwingungen des Körpers in dem untersuchten Intervalle der Wellenlängen für die Erklärung der anomalen elektrischen Dispersion anzunehmen, und stellt die Frage, ob nicht auch im Gebiete der elektrischen Wellen solche Eigenschwingungen existieren könnten.

Im Jahre 1897 publiziert DRUDE[6]) ein umfangreiches Material über D.K., aus welchem er den Schluß zieht, daß organische Flüssigkeiten sehr oft eine

[1]) J. J. THOMSON, Proc. Roy. Soc. London Bd. 45, S. 269. 1889; E. COHN, Ann. d. Phys. Bd. 38, S. 217. 1889; J. STEFAN, ebenda Bd. 41, S. 414. 1890; J. MOSER, C. R. Bd. 110, S. 397. 1890; A. EICHENWALD, Ann. d. Phys. Bd. 62, S. 571. 1897; J. A. ERSKINE, ebenda Bd. 62, S. 454. 1897; C. NORDMANN, C. R. Bd. 133, S. 339. 1901; K. WILDERMUTH, ebenda Bd. 8, S. 212. 1902; O. v. BAEYER, Ann. d. Phys. Bd. 17, S. 43. 1905; O. BERG, ebenda Bd. 15, S. 306. 1904; H. ZAHN, Verh. d. D. Phys. Ges. Bd. 5, S. 38. 1924; O. BLÜH, ZS. f. Phys. Bd. 25, S. 220. 1924; E. A. HARRINGTON, Phys. Rev. Bd. 8, S. 581. 1916; L. KOCKEL, Ann. d. Phys. Bd. 77, S. 417. 1925. Zusammenfassende Literatur über das ganze Gebiet der DK. s. ds. Handb. Bd. XII, Dielektrika von GÜNTHER-SCHULZE, Ber. v. SCHRÖDINGER, Dielektrizität in L. GRAETZ Handb. d. Elektr. u. Magn. Bd. I, S. 157 u. O. BLÜH, Phys. ZS. Bd. 27, S. 226. 1926.
[2]) J. J. THOMSON, Proc. Roy. Soc. London Bd. 46, S. 292. 1889.
[3]) R. BLONDLOT, C. R. Bd. 112, S. 1058. 1891.
[4]) L. GRAETZ u. L. FOMM, Sitzungsber. d. Bayr. Akad. Wiss. Bd. 24, S. 189. 1894; Wied. Ann. Bd. 54, S. 626. 1895.
[5]) P. DRUDE, Ann. d. Phys. Bd. 54, S. 352. 1895.
[6]) P. DRUDE, ZS. f. phys. Chem. Bd. 23, S. 267. 1897.

bedeutende anomale Dispersion aufweisen. Zur Erklärung dieser Tatsache macht Drude[1]) die Annahme, daß die sich anomal verhaltenden Körper Eigenschwingungen im elektrischen Spektrum besitzen. Hier werden zur Erklärung der anomalen elektrischen Dispersion und Absorption zum ersten Male die Eigenschwingungen des Körpers im elektrischen Spektrum herangezogen. Diese Ansicht stößt aber auf Schwierigkeiten, welche darauf beruhen, daß man Atomen und Molekülen, welche schon Eigenschwingungen im optischen Spektrum besitzen, noch weitere, viel langsamere Eigenschwingungen zuschreiben muß, was keine große Wahrscheinlichkeit hat.

Da bis dahin über ganz bestimmte Streifen der anomalen Dispersion noch nichts bekannt war, sondern fast ausschließlich ausgedehnte Gebiete der anomalen Dispersion hervortraten, in welchen die D.K. kontinuierlich von großen Werten für lange Wellen bis zu sehr kleinen Werten für optische Wellen abnahm, war es keine dringende Notwendigkeit, Eigenperioden des Körpers im elektrischen Spektrum anzunehmen.

Wenn wir von den Dispersionsstreifen, welche damals noch nicht mit Sicherheit festgestellt waren, absehen, ist das Verhalten der Dielektrika im elektrischen und im optischen Spektrum ein verschiedenes, da die anomale Dispersion sich über das ganze Gebiet der elektrischen Wellen erstreckt, aber keine Maxima und Minima, wie im optischen Spektrum, zeigte. Aus diesen Gründen versuchte Drude eine andere Theorie zu entwickeln, welche gerade die ausgedehnten Gebiete der anomalen Dispersion erklären sollte und die Annahme langsamer Eigenschwingungen zu umgehen erlaubte.

Wenn wir von den optischen Theorien der Dispersion und Absorption ausgehen, so können wir den Zusammenhang zwischen der D.K., dem Brechungsexponenten und dem Absorptionskoeffizienten in wohl bekannten Gleichungen folgendermaßen ausdrücken.

Wir bezeichnen mit m die Masse des Resonators, mit k den Koeffizienten der Dämpfung, mit e die Ladung des Resonators und nehmen an, daß jeder Resonator bei einer Verschiebung aus seiner Ruhelage in diese mit einer Kraft zurückgezogen wird, welche der kleinen Verschiebung x proportional ist (die quasielastische Kraft). Wir setzen voraus, daß es nur eine Gattung von Resonatoren gibt.

Wird der Resonator durch eine Kraft E erregt, so lautet seine Bewegungsgleichung

$$m\ddot{x} + km\dot{x} + \omega_0^2 m x = eE, \tag{3}$$

wo ω_0 die Frequenz der Eigenschwingungen des freien ungedämpften Resonators ist, welche aus der Gleichung bestimmt wird:

$$\ddot{x} + \omega_0^2 x = 0.$$

E ist in der Theorie von Drude[2]) mit der elektrischen Kraft X des äußeren elektrischen Feldes identisch, in den Theorien von Lorentz[3]) und Planck[4]) ist

$$E = X + \frac{4\pi}{3}P,$$

---

[1]) P. Drude, Wied. Ann. Bd. 58, S. 19. 1896.
[2]) P. Drude, Lehrbuch der Optik. S. 364. 1906.
[3]) H. A. Lorentz, La théorie electromagnétique de Maxwell. Leiden 1892.
[4]) M. Planck, Berl. Ber. 1902, S. 470; 1903, S. 480; 1904, S. 740; 1905, S. 382. H. A. Lorentz, The theory of Electrons. S. 138. 1909.

wo P die Polarisation oder das elektrische Moment der Volumeinheit ist:

$$P = N e x.$$

Das gibt für die Kraft

$$E = X + \frac{4\pi}{3} N e x,$$

wo N die Anzahl der Resonatoren in der Volumeneinheit ist.

Dann bekommt die Gleichung (3) die Gestalt:

$$m\ddot{x} + m k \dot{x} + \omega_0^2 m x = e\left(X + \frac{4\pi}{3} N e x\right),$$

oder

$$\ddot{x} + k \dot{x} + \left(\omega_0^2 - \frac{4\pi}{3} \frac{N e^2}{m}\right) x = \frac{e}{m} X,$$

und endlich

$$\ddot{x} + k \dot{x} + \omega_0'^2 x = \frac{e}{m} X, \tag{4}$$

$$\omega_0^2 - \omega_0'^2 = \frac{4\pi N e^2}{3 m}.$$

Suchen wir die Lösung der Gleichung (4) für den Fall einer stationären, ungedämpften elektrischen Welle von der Frequenz ω, so können wir

$$X = A_0 e^{i\omega t} \quad \text{und} \quad x = a e^{i\omega t}$$

setzen und bekommen

$$(-\omega^2 + i k \omega + \omega_0'^2) x = \frac{e}{m} X,$$

oder

$$x = \frac{e}{m} \frac{X}{\omega_0'^2 - \omega^2 + i k \omega}.$$

Da die elektrische Verschiebung

$$D = X + 4\pi P = X + 4\pi N e x$$

ist, so haben wir

$$D = X\left(1 + \frac{4\pi N e^2}{m} \cdot \frac{1}{\omega_0'^2 - \omega^2 + i k \omega}\right) = \varepsilon' X.$$

Für die D.K. bekommen wir den Ausdruck:

$$\varepsilon' = 1 + \frac{4\pi N e^2/m}{\omega_0'^2 - \omega^2 + i \omega k}.$$

Da wir setzen können $\varepsilon' = n^2(1 - i\varkappa)^2$, bekommen wir für den Brechungsexponenten n und für den Absorptionsindex $\varkappa$ folgende Ausdrücke:

$$n^2(1 - \varkappa^2) = 1 + \frac{4\pi N e^2/m(\omega_0'^2 - \omega^2)}{(\omega_0'^2 - \omega^2)^2 + \omega^2 k^2}, \tag{5}$$

$$2n^2\varkappa = \frac{4\pi k \omega N e^2/m}{(\omega_0'^2 - \omega^2)^2 + \omega^2 k^2}. \tag{6}$$

Wenn wir in diese Formeln statt der Kreisfrequenzen ω die Wellenlängen und statt $\varkappa$ den Absorptionskoeffizienten $k = n\varkappa$ einführen, so erhalten wir:

$$n^2 - k^2 = 1 + h \frac{\lambda^2 (\lambda^2 - \lambda_0'^2)}{(\lambda^2 - \lambda_0'^2)^2 + g^2 \lambda^2} \tag{7}$$

$$2nk = hg \frac{\lambda^3}{(\lambda^2 - \lambda_0'^2) + g^2 \lambda^2}, \tag{8}$$

$$h = \frac{N \lambda_0'^2 e^2}{\pi c^2 m}, \qquad g = \frac{k \lambda_0'^2}{2\pi c}.$$

Haben wir den Fall so großer Dämpfung der Molekularresonatoren, daß man das Trägheitsglied $m\ddot{x}$ in der Gleichung gegenüber dem Reibungsglied $mk\dot{x}$ vernachlässigen kann, dann erhalten wir anstatt (4) eine Gleichung von der Form

$$k\dot{x} + \vartheta x = eX,$$

welche zu folgendem Ausdruck für die D.K. führt:

$$\varepsilon' = 1 + \frac{4\pi N e^2/\vartheta}{1 + ik/\vartheta \cdot \omega} = 1 + \frac{\varepsilon_1}{1 + ia\omega},$$

$$\varepsilon_1 = 4\pi N \frac{e^2}{\vartheta}\, a = \frac{k}{\vartheta}.$$

Wenn viele Gattungen von Resonatoren vorhanden sind, so werden die Formeln viel komplizierter[1]). Wir wollen sie aber nicht wiedergeben, da diese Formeln keinen großen praktischen Wert haben.

Wir wollen nur einige Bemerkungen über den Fall eines isolierten Dispersionsstreifens hinzufügen. Wenn ein solcher Fall vorliegt, so bedeutet dies, daß der Körper außer den Resonatoren, welche diesen Dispersionsstreifen hervorrufen, keine anderen Resonatoren enthält, welche Eigenschwingungsperioden in der Nähe des Dispersionsstreifens haben. Wenn das Dispersionsgebiet zwischen den Wellenlängen λ_1 und λ_2 liegt ($\lambda_2 > \lambda_1$) und λ_0 die Eigenwellenlänge in diesem Gebiete ist, so darf der Körper, λ_0 ausgenommen, nur Eigenschwingungsperioden haben, welche viel kleiner als λ_1 und viel größer als λ_2 sind. Der Einfluß dieser Resonatoren, welche ziemlich weit von dem untersuchten Gebiete liegen, wird sich mit der Wellenlänge, falls diese in dem Intervalle zwischen λ_1 und λ_2 liegt, nicht ändern und kann als ein konstantes Glied ε_0 an Stelle der 1 in die Formeln (5) und (7) eingefügt werden. So erhalten wir folgende Formeln:

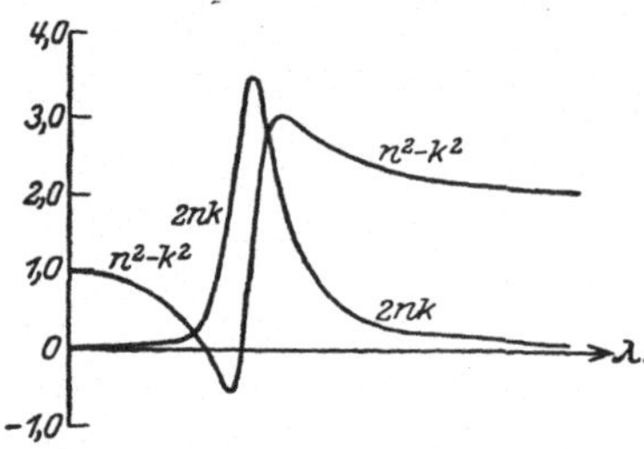

Abb. 1. Die Dispersion im optischen Spektrum.

$$n^2(1 - \varkappa^2) = \varepsilon_0 + \frac{4\pi N \dfrac{e^2}{m}\,(\omega_0'^2 - \omega^2)}{(\omega_0'^2 - \omega^2)^2 + \omega^2 k^2}, \quad (10)$$

$$n^2 - k^2 = \varepsilon_0 + h\,\frac{\lambda^2(\lambda^2 - \lambda_0'^2)}{(\lambda^2 - \lambda_0'^2)^2 + g\lambda^2}. \quad (11)$$

wo ε_0 die D.K. für sehr kurze Wellen bedeutet. Anstatt der Formel (9) erhält man

$$\varepsilon' = \varepsilon_0 + \frac{\varepsilon_1}{1 + ia\omega}. \quad (12)$$

Der Gang der Funktionen $n^2 - k^2$ und $2nk$ ist in der Abb. 1 für den Fall dargestellt, daß im Bereiche der Eigenschwingungen der Resonatoren der Absorptionskoeffizient so groß ist, daß $n^2 - k^2$ negative Werte annimmt. Dieser Fall ist in der Optik für Metalle bekannt. Die reelle D.K. $\varepsilon = n^2 - k^2$ muß in diesem Falle negativ werden. Im optischen Spektrum können wir aber die D.K. nicht messen, dieser Begriff findet daher in der Optik, insbesondere der Metalloptik, keine Anwendung. Zu der Frage, welchen Sinn negative D.K. haben können, kehren wir noch später zurück (Ziff. 23).

Mit dem Einflusse der Dämpfung der auffallenden Wellen auf die Dispersion haben sich theoretisch Andrejev[2]) und Potapenko[3]) beschäftigt.

[1]) D. Goldhammer, Dispersion und Absorption des Lichtes, S. 29—32. 1913; W. Voigt, Handbuch der Elektrizität und des Magnetismus, S. 1319. 1918.
[2]) N. Andrejev, Journ. d. Russ. Phys. Chem. Ges. (Phys. Teil) Bd. 41, S. 46. 1909.
[3]) G. Potapenko, Verh. d. Wiss. Forsch. Inst. f. Phys. u. Krist. d. Mosk. Univ. Nr. 6, S. 72. 1926.

Wenn wir die Formeln der Optik auf das Gebiet der elektrischen Wellen ausdehnen wollen, sind wir gezwungen, für die Erklärung der elektrischen Dispersion in den Molekülen elektrische Resonatoren von großer Eigenfrequenz anzunehmen. Als Vorteil dieser Theorie ist die Tatsache anzusehen, daß sie nicht nur die anomale, sondern auch die normale Dispersion zu erklären imstande ist. Wollen wir keine Eigenfrequenzen im elektrischen Spektrum annehmen, so kann man nach DRUDE zu einer Theorie dieser Erscheinungen auch ohne die Hypothese sehr langsamer Molekulareigenschwingungen gelangen.

Diese Theorie wird von DRUDE[1]) folgendermaßen begründet: ·

Nach der Theorie der optischen anomalen Dispersion sind die Absorptionsstreifen um so breiter, je größer die Dämpfung der Eigenschwingungen der Moleküle ist. Die Schmalheit der Absorptionsbanden in der Optik besagt, daß die Dämpfung der molekularen Resonatoren ziemlich klein ist. Demgegenüber haben wir im elektrischen Spektrum sehr ausgedehnte Absorptionsgebiete, und so sind wir berechtigt, im elektrischen Teile des Spektrums sehr große Dämpfungskonstanten anzunehmen. Diese Annahme führt uns zu der Folgerung, daß, selbst wenn die Periode der einfallenden Welle viel langsamer ist als die Eigenschwingungsperiode der Resonatoren, letztere einen bedeutenden Einfluß auf die Erscheinungen haben können. Man kann als extremen Fall die Schwingungsperioden der Resonatoren als verschwindend klein im Vergleich zur Periode der einfallenden Wellen annehmen. Um diese Tatsachen mathematisch zu formulieren, können wir von der Formel (11) ausgehen. Nehmen wir λ_0', welches in der DRUDEschen Dispersionstheorie identisch mit der Eigenwellenlänge λ_0 der Resonatoren ist, als verschwindend klein im Vergleich zu der einfallenden Wellenlänge λ an, d. h. setzen wir $\lambda_0' = 0$, so entsteht aus (11) und (8)

$$n^2(1 - \varkappa^2) = \varepsilon_0 + \frac{h\,\lambda^2}{g^2 + \lambda^2}, \tag{13}$$

$$2\,n^2\varkappa = \frac{h\,g\,\lambda}{g^2 + \lambda^2}. \tag{14}$$

Zu demselben Resultat kommt man auch, wenn man von der Formel (12) ausgeht, welche dem Falle sehr großer Dämpfung entspricht.

Für sehr kleine Wellenlängen nähern sich hiernach n^2 und $\varkappa$ den Grenzwerten:

$$n^2 = \varepsilon_0\,, \qquad \varkappa = 0\,, \qquad \text{für } \lambda = 0\,,$$

für sehr große Wellenlängen den Grenzwerten:

$$n^2 = \varepsilon_0 + h = \varepsilon_\infty\,, \qquad \varkappa = 0\,, \qquad \text{für } \lambda = \infty\,.$$

ε_∞ ist mit der statischen D.K. identisch.

Aus der Gleichung (13) sehen wir, daß $\varepsilon = n^2(1 - \varkappa^2)$ beständig abnimmt, wenn λ von ∞ bis 0 fällt, aus Gleichung (14), daß $n^2\varkappa$ ein flaches Maximum zeigt. Wir haben angenommen, daß im Körper nur eine Gattung von Resonatoren existiert; wären es mehrere, so hätten wir für $n^2\varkappa$ auch mehrere Maxima gefunden, aber für diesen komplizierten Fall ist die Theorie bei DRUDE nicht entwickelt. Den Gang von $n^2 - k^2$ und nk für den einfachen Fall kann man aus Abb. 1 ersehen.

Diese Theorie ist nur imstande, die anomale Absorption zu erklären, da die D.K. nach der Gleichung (13) mit wachsender Wellenlänge nicht abnehmen kann.

---

[1]) P. DRUDE, Ann. d. Phys. Bd. 64, S. 131. 1898.

Weiter hat Drude[1]) gezeigt, daß man zu denselben Formeln (13) und (14) gelangt, wenn man die Vorstellung einführt, daß in einem isolierenden Medium von der D.K. ε_1 Bestandteile von der D.K. ε_2 und der Leitfähigkeit σ ein-eingebettet sind. Dabei sollen diese Bestandteile von so kleinen Dimensionen angenommen werden, daß die Periode ihrer Eigenschwingungen gegenüber den Perioden der einfallenden Wellen zu vernachlässigen ist. Diese Vorstellung wurde zuerst in einer Arbeit von Millikan[2]) als ein Gedanke von Nernst ausgesprochen. Merczyng[3]) hat die dargelegte Theorie von Drude auf Grund des vorhandenen experimentellen Materials diskutiert. Er zeigt, daß man aus den Drudeschen Formeln (13) und (14), welche folgendermaßen geschrieben werden können:

$$n^2(1 - \varkappa^2) = \varepsilon_0 + \frac{(\varepsilon_\infty - \varepsilon_0)\,\lambda^2}{g^2 + \lambda^2} = \varepsilon_\infty - \frac{(\varepsilon_\infty - \varepsilon_0)\,g^2}{g^2 + \lambda^2} = \varepsilon_\infty - \frac{\varepsilon_\infty - \varepsilon_0}{1 + (\lambda/g)^2}\,,$$

$$2n^2\varkappa = \frac{(\varepsilon_\infty - \varepsilon_0)\,g\,\lambda}{g^2 + \lambda^2} = \frac{(\varepsilon_\infty - \varepsilon_0)\,\lambda/g}{1 + (\lambda/g)^2}\,,$$

den Absorptionsindex $\varkappa$ eliminieren kann, was zu folgender Gleichung führt:

$$n^4 - n^2\left(\varepsilon_\infty - \frac{\varDelta}{1 + \alpha^2}\right) = \frac{1}{4}\frac{\varDelta^2\,\alpha^2}{(1 + \alpha^2)^2}\,, \qquad \varDelta = \varepsilon_\infty - \varepsilon_0\,, \qquad \alpha = \frac{\lambda}{g}\,.$$

Aus dieser Gleichung kann man sehr leicht $1 + \alpha^2$ und dann die Material-konstante g bestimmen. Für diese Rechnung ist nur die Kenntnis des Brechungs-exponenten n für einige Wellenlängen nötig, um auch gleichzeitig die Frage zu beantworten, ob das Dispersionsspektrum des Körpers durch eine oder durch mehrere Absorptionsbanden bestimmt ist. Wenn g für alle Brechungsexponenten n dieselbe Größe behält, liegt eine einzige Bande vor. Die Rechnung, welche für Glyzerin, Äthylalkohol, Wasser, Essigsäure, Anilin und Amylalkohol durch-geführt ist, hat gezeigt, daß es nicht möglich ist, den Gang der Dispersion durch das Vorhandensein einer einzigen Bande zu erklären.

3. Dipoltheorie von Debye. In der optischen Dispersionstheorie nehmen wir nur Elektronen oder Ionen an, welche quasielastisch gebunden sind, durch die äußere elektrische Kraft nach entgegengesetzten Richtungen aus ihrer Ruhe-lage gezogen werden und so Dipole bilden. Man kann sich aber vorstellen, daß in den Molekülen schon fertige Dipole mit konstantem Moment existieren und daß die Wirkung der äußeren Kraft nur darin besteht, daß diese die Molekül-achsen, deren Richtungen gleichmäßig im Körper verteilt sind, in der Kraft-richtung einzustellen sucht. Solche Dipole im Molekül hat schon Reinganum[4]) im Jahre 1903 zur Erklärung der Molekularkräfte eingeführt und ihre Momente geschätzt. Um die Erscheinungen der elektrischen Dispersion zu erklären, können wir auch annehmen, daß im Innern der Isolatoren nicht allein elastisch gebundene Elektronen, sondern auch fertige Dipole mit konstantem elektrischem Moment vorhanden sind. Diesen Weg haben Schrödinger[5]) und Debye[6]) eingeschlagen und Theorien eines Dielektrikums entwickelt, welche den Temperaturgang der D.K. ergeben. Dieselbe Vorstellung über das Vorhandensein fertiger Dipole hat Debye[7]) für die Erklärung der anomalen Dispersion im elektrischen Spektrum benutzt. Es möge hier nur der Weg angedeutet und das Endresultat angegeben

---

[1]) P. Drude, Wied. Ann. Bd. 64, S. 139ff. 1898.
[2]) R. Millikan, Wied. Ann. Bd. 60, S. 376. 1897.
[3]) H. Merczyng, Ann. d. Phys. Bd. 39, S. 1059. 1912.
[4]) M. Reinganum, Ann. d. Phys. Bd. 10, S. 334. 1903.
[5]) E. Schrödinger, Wien. Ber. Bd. 21, S. 11a u. 1937. 1912.
[6]) P. Debye, Phys. ZS. Bd. 13, S. 97. 1912.
[7]) P. Debye, Ber. d. D. Phys. Ges. Bd. 15, S. 777. 1913; Handb. d. Radiol. Bd. VI, S. 643. 1925.

werden. Der Einfluß der Dipolmoleküle auf die Dispersion wird von Debye im wesentlichen auf folgende Weise gedeutet.

Wenn im Innern eines Dielektrikums plötzlich ein elektrisches Feld entsteht, werden die Moleküle nach kurzer, aber endlicher Zeit sich mit den Achsen ihrer elektrischen Momente so eingestellt haben, daß jedes Kubikzentimeter ein von Temperatur und Feldstärke abhängiges Moment angenommen hat, welches dann nachträglich nur noch kleine, durch die Molekularbewegung hervorgerufene Schwankungen zeigen wird. Dieses endgültige Moment verursacht im wesentlichen die D.K. des Körpers; zu derselben liefern auch die quasielastisch gebundenen Elektronen einen kleineren Beitrag.

Wenn wir vom statischen Felde zu elektrischen Wellen übergehen, so werden die Moleküle nicht genügend Zeit haben, um während einer Viertelschwingung der elektrischen Kraft sich so einzustellen, daß das statische Moment erreicht wird. Bei sehr schnellen Schwingungen werden sich die Dipole gar nicht mehr einstellen, und es werden nur die Elektronen allein die Dispersionserscheinungen verursachen. Es wird also die D.K. von langsamen zu schnellen Schwingungen beständig abfallen. Nach dieser Theorie kann die anomale Dispersion im elektrischen Spektrum nur in Substanzen mit Dipolmolekülen auftreten. Um die Theorie quantitativ zu fassen, müssen wir berechnen, wie die Boltzmann-Maxwellsche Verteilung der Dipolachsen sich zeitlich einstellt. Nehmen wir an, daß in einem bestimmten Augenblick t die Anzahl der Dipole eines Kubikzentimeters, deren Achsen im Raumwinkel $d\Omega$ enthalten sind, $f\,d\Omega$ ist, wo f die Verteilungsfunktion ist. Für diese Verteilungsfunktion findet Debye die Differentialgleichung:

$$\varrho\,\frac{\partial f}{\partial t} = \frac{1}{\sin\vartheta}\cdot\frac{\partial}{\partial\vartheta}\cdot\left[\sin\vartheta\left(k\,T\,\frac{\partial f}{\partial\vartheta} - M\,f\right)\right].\tag{15}$$

ϱ ist die Reibungskonstante, ϑ der Winkel zwischen der Dipolachse und einer im Raume festen Achse, $k = 1{,}372\cdot 10^{-16}$ Erggrad^{-1} die Boltzmannsche Konstante, T die absolute Temperatur und M das Drehmoment, welches die elektrische Kraft auf den Dipol ausübt. Steht nun das Medium unter der Einwirkung eines periodischen elektrischen Feldes $F = F_0 e^{i\omega t}$, so ergibt die Differentialgleichung (15) für die Funktion f den Ausdruck:

$$f = A\left(1 + \frac{1}{1 + i\,\dfrac{\varrho\,\omega}{2\,k\,T}}\cdot\frac{\mu}{k\,T}\,F_0\,e^{i\omega t}\cdot\cos\vartheta\right).\tag{16}$$

Hier ist A eine Konstante, μ das Dipolmoment, ω die Frequenz des elektrischen Feldes. Weiter können wir das beobachtbare Moment s eines Kubikzentimeters der Substanz in Richtung der elektrischen Kraft nach der Formel berechnen,

$$s = \int\limits_0^{2\pi} f\,\mu\cos\vartheta\,d\vartheta,$$

da $f\,d\vartheta$ (die Anzahl der Dipole im Winkel $d\vartheta$) nach (16) bekannt ist, und dann das mittlere beobachtbare Moment $\overline{m}$ eines Dipolmoleküls durch Division von s durch die Anzahl der Dipolmoleküle pro Kubikzentimeter bestimmen. So erhält man

$$\overline{m} = \frac{1}{1 + i\,\dfrac{\omega}{\omega_0}}\,\frac{\mu^2}{3\,k\,T}\,F_0\,e^{i\omega t}$$

mit der Abkürzung

$$\omega_0 = \frac{2\,k\,T}{\varrho}.$$

Weiter muß man die dielektrische Verschiebung

$$D = E + 4\pi P$$

ausrechnen. Die Polarisation P ist das mittlere Moment eines Kubikzentimeters gleich $N\overline{m}$, wenn N die Anzahl der Moleküle in Kubikzentimeter bedeutet. Aus der Verschiebung $D = \varepsilon' E$ erhält man die komplexe D.K. $\varepsilon' = n^2 (1 - i\varkappa)^2$.

Die Rechnung ergibt

$$n^2 (1 - i\varkappa)^2 = \frac{\dfrac{\varepsilon_\infty}{\varepsilon_\infty + 2} + i\dfrac{\omega}{\omega_0}\dfrac{\varepsilon_0}{\varepsilon_0 + 2}}{\dfrac{1}{\varepsilon_\infty + 2} + i\dfrac{\omega}{\omega_0}\dfrac{1}{\varepsilon_0 + 2}},$$

wo ε_∞ und ε_0 die D.K. für unendlich langsame und sehr schnelle Schwingungen bedeuten.

Wenn man abkürzend setzt

$$\frac{\varepsilon_\infty + 2\omega}{\varepsilon_0 + 2\omega_0} = x,$$

so bestimmen sich n^2 und $\varkappa$ zu:

$$n^2 = \frac{1}{2}\left[\sqrt{\frac{\varepsilon_\infty^2 + \varepsilon_0^2 x^2}{1 + x^2}} + \frac{\varepsilon_\infty + \varepsilon_0\, x^2}{1 + x^2}\right],$$

$$\varkappa = \frac{1}{\varepsilon_\infty - \varepsilon_0} \cdot \frac{1 + x^2}{x}\left[\sqrt{\frac{\varepsilon_\infty^2 + \varepsilon_0^2 x^2}{1 + x^2}} - \frac{\varepsilon_\infty + \varepsilon_0\, x^2}{1 + x^2}\right].$$

Der Absorptionsindex $\varkappa$ erreicht ein Maximum

$$\varkappa_{\max} = \frac{\sqrt{\varepsilon_\infty} - \sqrt{\varepsilon_0}}{\sqrt{\varepsilon_\infty} + \sqrt{\varepsilon_0}}, \tag{18}$$

wenn

$$\frac{\omega}{\omega_0} = \frac{\varepsilon_0 + 2}{\varepsilon_\infty + 2}\sqrt{\frac{\varepsilon_\infty}{\varepsilon_0}}.$$

Aus der Formel (18) ist ersichtlich, daß in dieser Theorie $\varkappa$ nicht größer als 1 sein kann.

Schrödinger[1]) hat bemerkt, daß die Theorie von Drude, welche unter der Annahme einer aperiodisch gedämpften Elektronengattung abgeleitet ist, auf dieselbe Form gebracht werden kann, wie die Theorie von Debye.

In der Tat folgt aus der Gleichung (12) für $\omega = 0$ $\varepsilon_\infty = \varepsilon_0 + \varepsilon_1$ oder $\varepsilon_1 = \varepsilon_\infty - \varepsilon_0$.

Weiter können wir für (12) auch schreiben

$$\varepsilon' = \varepsilon_0 + \frac{\varepsilon_\infty - \varepsilon_0}{1 + i a \omega} = \frac{\varepsilon_\infty + i a \omega \varepsilon_0}{1 + i a \omega},$$

was mit der Abkürzung

$$\frac{a(\varepsilon_0 + 2)}{\varepsilon_\infty + 2} = \frac{1}{\tau}$$

formal in die Debyesche Formel übergeht:

$$\varepsilon' = \frac{\dfrac{\varepsilon_\infty}{\varepsilon_\infty + 2} + i\dfrac{\omega}{\varkappa}\dfrac{\varepsilon_0}{\varepsilon_0 + 2}}{\dfrac{1}{\varepsilon_\infty + 2} + i\dfrac{\omega}{\varkappa}\dfrac{1}{\varepsilon_0 + 2}}.$$

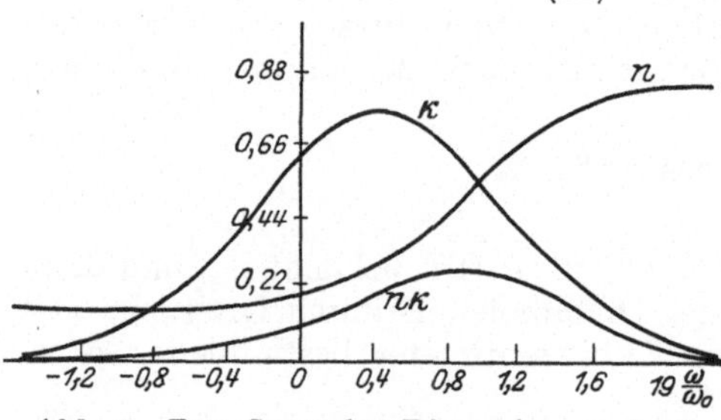

Abb. 2. Der Gang der Dispersion nach der Dipoltheorie.

In Abb. 2 ist der Gang von n, $\varkappa$ und $n\varkappa$ nach den Rechnungen von Debye dargestellt. Dieselben Kurven entsprechen auch der Drudeschen Theorie.

----

[1]) E. Schrödinger, Ber. d. D. Phys. Ges. Bd. 15, S. 1167. 1913.

b) Die experimentellen Methoden.

4. Die Lecher-Drudesche Anordnung. Die von Lecher[1]) eingeführte Methode, die elektrischen Wellen mittels eines Paralleldrahtsystems zu untersuchen, ist von vielen Forschern[2]) weiter entwickelt und zum Studium der Dispersion und Absorption im elektrischen Spektrum benutzt worden. Eine ähnliche Methode, aber mit einem anderen Erreger ist von Blondlot[3]) entwickelt worden. Besonders viel hat Drude[4]) auf diesem Gebiete gearbeitet und zwei Anordnungen für die Bestimmung von ε, n und $\varkappa$ ausgebildet. Bei der ersten Anordnung durchsetzen die Lecherschen Drähte einen Trog, wie er von Cohn[5]) angewandt war. Die Wellen erzeugte Drude mit einem Blondlotschen Erreger, mit welchem die Paralleldrähte induktiv gekoppelt waren. Auf den Drähten liegt eine Brücke fest, hinter welcher eine zweite Brücke verschoben werden kann. Zwischen den Brücken können sich intensive, stehende, elektrische Wellen ausbilden, wenn die Entfernung zwischen den Brücken ein ganzzahliges Vielfaches der halben Wellenlänge ist. Die Existenz der Wellen wird durch Aufleuchten eines Zehnderschen Vakuumrohres erkannt. Man mißt die Wellenlänge auf den Drähten einmal in Luft, wenn der Trog leer ist oder gar nicht mit den Drähten in Verbindung steht, und ein zweites Mal in der Flüssigkeit, welche man in den Trog eingießt. Der Trog wird so aufgestellt, daß die Innenfläche seiner Vorderwand genau im ersten Knoten des Wellenzuges hinter der Brücke B_1 liegt. Das Verhältnis der Wellenlänge in Luft zu der Wellenlänge in der Substanz gibt direkt den Brechungsexponenten n des Dielektrikums. Der Nachteil dieser Anordnung besteht darin, daß sie sehr große Mengen von Flüssigkeiten verlangt.

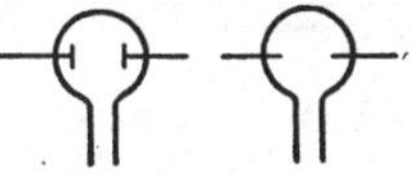

Abb. 3. Drudescher Kondensator.

Die zweite Drudesche Anordnung erlaubt die D.K. ε des Dielektrikums zu messen. An dem Ende der Drähte ist ein kleiner Kondensator (wie auf der Abb. 3) angebracht.

Die Drähte mit dem Kondensator können mittels eines posaunenartigen Auszuges verlängert oder verkürzt und so auf Resonanz mit dem Erreger gebracht werden. Mit dieser Methode können flüssige und feste Dielektrika in ganz kleinen Mengen untersucht werden. Um den Blondlotschen Vibrator intensiv zu erregen, hat Drude[6]) vorgeschlagen, diesen Vibrator mittels eines Teslatransformators zu speisen, und die konstruktiven Grundlagen des Transformators ausgearbeitet. Weiter entwickelte Schaefer[7]) die Drudesche Anordnung in konstruktiver Hinsicht. Um mit der zweiten Drudeschen Anordnung die D.K. zu messen, füllt man den Kondensator mit der zu untersuchenden Flüssigkeit. Für feste Körper kann man folgendermaßen verfahren. Man läßt den Körper in Pulverform in dem Kondensator schmelzen, und dann wieder erstarren oder man gibt nach Drude[8]) den Elektroden des Kondensators solche Gestalt, daß man den Körper

---

[1]) E. Lecher, Ann. d. Phys. Bd. 41, S. 850. 1890.

[2]) H. Rubens, Ann. d. Phys. Bd. 42, S. 153. 1891; L. Arons u. H. Rubens, ebenda Bd. 42, S. 581. 1891; Bd. 44, S. 206. 1891; Bd. 45, S. 381. 1892; E. Cohn, ebenda Bd. 45, S. 370. 1892; E. Cohn u. P. Zeemann, ebenda Bd. 57, S. 15. 1896; R. Blondlot, C. R. Bd. 119, S. 595. 1894; D. Mazzotto, Rend. Ac. Lincei (5) Bd. 4, S. 1 u. 240. 1895; Nuov. Chim. (4) Bd. 1, S. 308. 1895; Bd. 2, S. 296. 1895.

[3]) R. Blondlot, C. R. Bd. 113, S. 628. 1891.

[4]) P. Drude, Ann. d. Phys. Bd. 54, S. 352. 1895; Bd. 55, S. 633. 1895; Bd. 58, S. 1. 1896; Bd. 59, S. 17. 1896; Bd. 61, S. 466. 1897; ZS. f. phys. Chem. Bd. 23, S. 267. 1897.

[5]) E. Cohn, Ann. d. Phys. Bd. 45, S. 370. 1892.

[6]) P. Drude, Ann. d. Phys. Bd. 9, S. 293 u. 590. 1902; Bd. 13, S. 512. 1904; Bd. 16, S. 116. 1905.

[7]) Cl. Schaefer, Berl. Ber. 1906, S. 769.

[8]) P. Drude, Ann. d. Phys. Bd. 61, S. 474. 1897.

in Form einer Platte untersuchen kann. Man bestimmt dann die D.K. des Körpers durch Vergleichung mit der D.K. einer Eichflüssigkeit. Man kann diesen Vergleich nach Starke[1]) auch in einem Kondensator der Form (Abb. 3) durch Einsenkung des festen Körpers in die Eichflüssigkeit ausführen. Bei Gleichheit der D.K. wird die Kapazität des Kondensators sich nicht ändern. Wie Drude gezeigt hat und die Messungen bestätigt haben, ist auch die Form des Gefäßes des Kondensators von großer Wichtigkeit. Einwandfreie Resultate erhält man in Kölbchen, deren Glaswände überall parallel den elektrischen Kraftlinien des Kondensators verlaufen.

5. Die Anordnung von Drude-Coolidge. Coolidge[2]) hat die Eigenschwingungen des folgenden Systems (Abb. 4), welches sehr geeignet zur Dispersions- und Absorptionsmessungen ist, berechnet. Dieses System kann man durch Verschiebung der Brücke B längs der Lecher-Drähte, welche die Verlängerung des Systems ABC bilden, auf Resonanz mit dem Erreger bringen. Die Rechnung gibt folgenden Ausdruck für die Eigenwellenlänge des Systems:

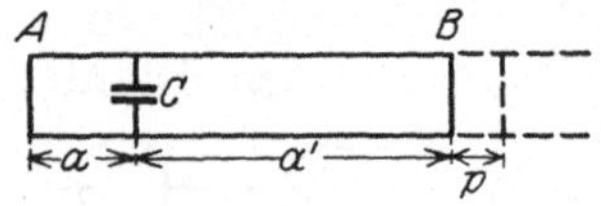

Abb. 4. Die Anordnung von Coolidge.

$$\left. \begin{aligned} \delta_0 + \varepsilon\,\delta &= \frac{\lambda}{2}\left[\operatorname{cotg}\frac{2\pi a}{\lambda} + \operatorname{cotg}\frac{2\pi a'}{\lambda}\right], \\ \delta_0 &= 4\pi k_0 \lg\frac{d}{R}, \qquad \delta = 4\pi k \lg\frac{d}{R}. \end{aligned} \right\} \tag{19}$$

Hier bezeichnet k die Arbeitskapazität des Kondensators C, k_0 die Ballastkapazität (Kapazität der Drähte im Glase und außerhalb des Kondensators), d den Abstand der Drähte voneinander und R deren Radius, a und a' die Abstände des Kondensators C von den beiden Brücken des Systems, ε die D.K.

Für den Absorptionsindex $\varkappa$ gibt die Rechnung nach Potapenko[3]):

$$\frac{\varkappa}{1-\varkappa^2} = \left(1 + \frac{k_0}{\varepsilon k}\right)\frac{d\gamma}{4\pi}\left[1 + \frac{2\pi}{\lambda}\,\frac{a\,\dfrac{\sin 2\pi a'/\lambda}{\sin 2\pi a/\lambda} + a'\,\dfrac{\sin 2\pi a/\lambda}{\sin 2\pi a'/\lambda}}{\sin\dfrac{2\pi(a+a')}{\lambda}}\right]. \tag{20}$$

Hier ist $d\gamma$ der Zuwachs des logarithmischen Dämpfungsdekrementes. Die D.K. und der Absorptionsindex werden in dieser Anordnung folgendermaßen gemessen. Man bestimmt auf den Lecherschen Drähten die Wellenlänge und die Entfernungen a und a'. Wenn man dann den Kondensator mit Eichflüssigkeiten von bekannter D.K. füllt, kann man die Kapazitäten k_0 und k berechnen. Dann gießt man die zu untersuchende Flüssigkeit in den Kondensator ein und bestimmt die Verkürzung p des Systems (Abb. 4) oder die neue Entfernung a', welche der Resonanz mit dem gefüllten Kondensator entspricht. Endlich wird der Zuwachs der Dämpfung $d\gamma$ des Systems infolge der Absorption im Kondensator aus der Verbreitung der Resonanzkurve bestimmt. Nach diesen Angaben kann man aus (19) und (20) die D.K. ε und den Absorptionsindex $\varkappa$ ermitteln.

6. Die Anordnung von Colley. Die elektrischen Wellen, welche man mit den Erregern von Lecher und Blondlot erzeugen kann, zeigen eine große Dämpfung. Wenn man den Gang der Dispersion im elektrischen Spektrum untersuchen will und die Existenz einer Eigenfrequenz der Moleküle in diesem Gebiete nicht für unmöglich hält, muß man, um Dispersionsstreifen nachweisen zu können, mit wenig gedämpften Wellen arbeiten. Diese Überlegungen

[1]) H. Starke, Berl. Ber. 1906, S. 769.
[2]) W. Coolidge, Ann. d. Phys. Bd. 69, S. 125. 1899.
[3]) G. Potapenko, ZS. f. Phys. Bd. 20, S. 21. 1923.

haben Colley[1]) dazu veranlaßt, die Lechersche Anordnung so umzugestalten, daß sie elektrische Wellen von sehr kleiner Dämpfung liefern kann. Da die große Dämpfung der Wellen in den Lecherschen Drähten, welche direkt mit dem Erreger gekoppelt sind, von dem Funken im Erreger herrührt, hat Colley die Lecherschen Drähte nicht mit dem Erreger, sondern mit einem schwachgedämpften System gekoppelt, welches er das erregende oder Primärsystem nennt, und welches er mit einem starkgedämpften Erreger koppelt. So ist die ganze Anordnung aus drei Teilen zusammengesetzt: (Abb. 5), dem Erreger, dem Primärsystem und den Lecherschen Drähten. Der Erreger besteht aus zwei Messingstäbchen A und B, welche birnenartige Ansätze m und n tragen und sich über zwei Funken in einen bügelartigen Draht entladen. Um die zwei Funken gleichzeitig überspringen zu lassen, sind die Stäbe A und B des Erregers durch einen kleinen Kondensator K miteinander gekoppelt. Wegen der Anwesenheit von zwei Funken und der starken direkten Koppelung mit dem Primärsystem ist die Dämpfung des Vibrators so groß, daß er das Primärsystem, welches aus einem geschlossenen Drahtviereck besteht,

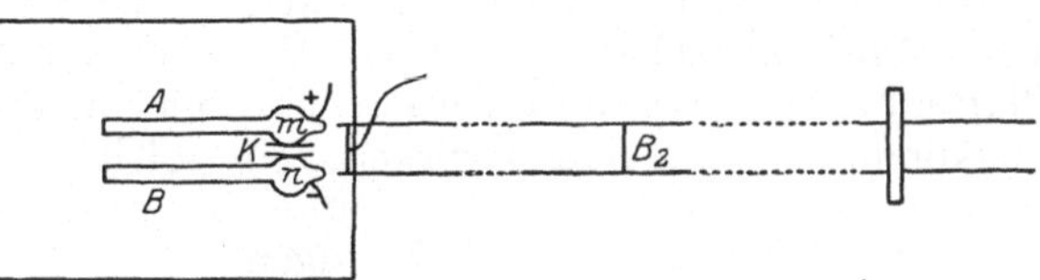

Abb. 5. Die Anordnung von Colley.

also keinen Funken enthält und darum eine sehr kleine Dämpfung besitzt, nach dem Prinzip der Stoßerregung erregen kann.

Die Lecherschen Drähte bilden die unmittelbare Fortsetzung des Primärsystems. Infolge sehr kleiner Dämpfung der Wellen, welche mit dieser Anordnung erzeugt werden, ist die Anordnung für Dispersionsuntersuchungen sehr geeignet. Der weitere Vorteil dieser Anordnung ist die Möglichkeit, durch bloße Verschiebung der Brücke B_2 die Wellenlänge kontinuierlich zu verändern, da die Wellenlänge in weiten Grenzen nur von den Dimensionen des Primärsystems abhängt, nicht aber von der Periode des Erregers. Man kann mit demselben Vibrator Primärsysteme von sehr verschiedener Länge genügend stark erregen.

Um wenig gedämpfte Wellen zu erzeugen, haben auch Mie[2]) und seine Mitarbeiter Eggers[3]), Settnick[4]) und Rukop[5]) Erreger für sehr kurze Wellen gebaut.

Die Lecherschen Drähte durchsetzen einen Trog, welchen man mit der zu untersuchenden Flüssigkeit füllt. Die Messung des Brechungsexponenten n besteht darin, daß man die Wellenlängen λ und λ' in der Luft und in der Flüssigkeit bestimmt.

Wenn man die Wellenlänge des Primärsystems ändern will, muß man die Brücke B_2 verschieben, was eine entsprechende Verschiebung des Troges mit der Flüssigkeit notwendig macht, da die Grenzfläche der letzteren sich immer im ersten Knoten der stehenden Wellen befinden muß. Um diese Verschiebung, welche sehr umständlich ist, zu vermeiden, hat Colley[6]) einen Kunstgriff vorgeschlagen, welcher alle Messungen des Brechungsexponenten in einem bestimmten Bereiche von Wellenlängen mit einem unbewegten Troge durch-

[1]) A. R. Colley, Journ. d. russ. phys. chem. Ges. (Phys. Teil) Bd. 38, S. 431. 1906; Bd. 39, S. 210. 1907; Bd. 40, S. 121, 228, 269. 1908; Phys. ZS. Bd. 10, S. 329, 471, 657. 1909; Bd. 11, S. 324. 1910.
[2]) G. Mie, Ber. d. D. Phys. Ges. Bd. 8, S. 860. 1910.
[3]) F. Eggers, Dissert. Greifswald 1907.
[4]) C. Settnick, Ann. d. Phys. Bd. 34, S. 565. 1911.
[5]) H. Rukop, Ann. d. Phys. Bd. 42, S. 489. 1913.
[6]) A. R. Colley, Ber. d. Univ. Warschau Bd. 1. 1915.

zuführen gestattet. Man kann nämlich in das Primärsystem einen Kondensator einschalten, wie das in der Anordnung von Coolidge (Abb. 4, Kond. C) geschieht. Wenn man diesen Kondensator von der Brücke B_2 bis zur Mitte des Systems verschiebt, so ändert sich die Periode des Primärsystems, und es ist jetzt möglich, die Änderung der Wellenlänge nicht nur durch die Verschiebung der Brücke B_2, sondern auch durch die Verschiebung des Kondensators C zu erzielen. Wenn man einen ähnlichen Kondensator auf der anderen Seite der Brücke B_2 auf den Lecherschen Drähten symmetrisch anbringt, und in derselben Weise wie den Kondensator C verschiebt, so wird die Lage des ersten Knotens, also auch die Lage des Troges auf den Lecherschen Drähten unverändert bleiben. Um die Dämpfung der Wellen in der Colleyschen Anordnung noch weiter zu verkleinern, hat Romanoff[1]) untersucht, wie die Dämpfung der Wellen von der Größe der Plattenbrücken, welche das Primärsystem und die Lecherschen Drähte abgrenzen, abhängt. Es hat sich herausgestellt, daß Drahtbrücken und kleine Plattenbrücken die Wellen sehr unvollkommen reflektieren und nur große Plattenbrücken, deren Dimensionen vergleichbar mit der Wellenlänge sind, eine vollkommene Reflexion bewirken. Mit solchen Brücken kann man Dekremente erzielen, welche fast nur durch die Joulesche Wärme bedingt sind und etwa 0,005 für das Primärsystem betragen.

7. Die Anordnung von Wildermuth. Die Anordnung von Wildermuth[2]) verfolgt das Ziel, die Absorptionskoeffizienten quantitativ zu messen. Zu diesem Zwecke durchsetzen die Lecherschen Drähte, welche vertikal verlaufen, einen Trog oder ein Glaszylinder mit der zu untersuchenden Flüssigkeit, deren Tiefe durch Ab- oder Zugießen der Flüssigkeit verändert werden kann.

Die Wellen gehen teilweise direkt durch die Flüssigkeit hindurch, teilweise werden sie aber mehrmals an den Grenzen der Flüssigkeit reflektiert. Durch diese Reflexionen treten Interferenzen auf, welche bewirken, daß die Intensität der durchgegangenen Wellen, die zu dem Meßinstrument gelangen, mit wachsender Schichtdicke der Flüssigkeit periodisch ab- und zunimmt. Solche Intensitätsschwankungen hat zuerst G. U. Yule[3]) beobachtet, ohne sie rechnerisch zu verfolgen. Bjerknes[4]) und Drude[5]) haben die Rechnungen in ähnlichen Fällen ausgeführt, und Berg[6]) hat für den vorliegenden Fall exakte Formeln entwickelt, welche den Verlauf der Intensitätskurve wiedergeben. Der Verlauf dieser Kurve hängt von der Wellenlänge, der zeitlichen Dämpfung und der Absorption der Schwingungen in der Flüssigkeit ab. Wenn diese Kurve gegeben ist, kann der Absorptionsindex berechnet werden.

8. Die Kraftwirkungsmethode. Die D.K. ist von Grätz und Fomm[7]) nach der Kraftwirkungsmethode gemessen. Diese Methode besteht in der Beobachtung der Drehung von dielektrischen Ellipsoiden in einem homogenen Wechselfelde. Anstatt eines Ellipsoids können auch Scheiben und Stäbchen angewendet werden. Die Drehung ist dem Quadrat der angewandten elektrischen Kraft proportional. Dadurch wird es möglich, die Messungen mit Wechselspannungen auszuführen. Grätz und Fomm führen Untersuchungen mit Schwingungen bis ca. $10^6 - 10^7$ pro Sekunde aus.

---

[1]) W. Romanoff, Journ. d. Russ. Phys. Chem. Ges. (Phys. Teil) Bd. 50, S. 57. 1918.
[2]) K. Wildermuth, Ann. d. Phys. Bd. 8, S. 212. 1902.
[3]) G. U. Yule, Ann. d. Phys. Bd. 50, S. 742. 1893.
[4]) V. Bjerknes, Ann. d. Phys. Bd. 44, S. 92, 513. 1891.
[5]) P. Drude, Ann. d. Phys. Bd. 60, S. 1. 1897.
[6]) O. Berg, Ann. d. Phys. Bd. 15, S. 307. 1904.
[7]) L. Grätz u. L. Fomm, Ann. d. Phys. Bd. 53, S. 85. 1894; Bd. 54, S. 626. 1895; Münchener Ber. Bd. 24, S. 184. 1894.

FÜRTH[1]) hat dieselbe Methode für die Bestimmung der D.K. gut leitender Substanzen weiter ausgearbeitet und die Rechnungen für den Fall ausgeführt, daß in einem flüssigen Dielektrikum von der D.K. ε_0 und von der Leitfähigkeit σ_0, welches sich zwischen zwei Platten eines Kondensators befindet, ein Rotationsellipsoid aus einer anderen Substanz von der D.K. ε und der Leitfähigkeit σ an einem dünnen Faden aufgehängt ist. Das Drehmoment, welches dem Quadrat der Feldstärke proportional ist, erreicht ein Maximum, wenn die Rotationsachse des Ellipsoids mit der Richtung der Kraftlinien einen Winkel von 45° bildet. Das Drehmoment hängt nur von der D.K. der Flüssigkeit, nicht aber von der D.K. des Ellipsoids ab, wenn die Wellenlänge der verwendeten elektrischen Schwingungen groß gegen die Abmessungen der Apparatur ist, sonst ist das Feld im Innern des Ellipsoids nicht homogen, wie es die Theorie voraussetzt. Dadurch ist eine obere Grenze für die Frequenz festgelegt.

9. Kalorimetrische Methode. HARMS[2]) hat eine Methode angegeben, um die anomale Absorption der Wellen in einem Dielektrikum kalorimetrisch zu messen.

In ein schwingendes System sind zwei gleiche Kondensatoren parallel eingeschaltet. Jeder Kondensator befindet sich in einem Glaskolben, welcher mit einer Kapillarröhre k versehen ist (Abb. 6). Der Kolben wird mit Flüssigkeit gefüllt. Dies geschieht mit Hilfe des Hahnes H, welcher gestattet, den Stand der Flüssigkeit in der Kapillarröhre zu regulieren. Wenn der Schwingungskreis erregt ist, erwärmen sich die Flüssigkeiten in beiden Kondensatoren, und man kann das Verhältnis der entwickelten Wärmemengen dem Verhältnis der Temperaturen oder dem der Steighöhen der Flüssigkeiten in den Kapillarröhren gleichsetzen. Um durch diese Methode die anomale Absorption zu messen, vergleicht man die anomal absorbierende Substanz mit einer normalen Substanz, einmal bei ganz langsamen Schwingungen, wenn die anomale Absorption fehlt, und das andere Mal bei der zu untersuchenden Schwingung. Mit dieser Methode hat HARMS Alkohole bei Wellenlängen zwischen 20 m bis etwa 5 m untersucht.

Eine andere Anordnung, die Absorptionswärme zu messen, hat ROMANOFF[3]) entwickelt. Sie erlaubt, mit einer ganz kleinen Menge der zu untersuchenden Substanz auszukommen. Ein kleines Gläschen aus Quarz wird mit einigen Tropfen des Dielektrikums gefüllt und in das elektrische Feld zwischen den LECHERschen Drähten gebracht. Die Absorptionswärme wird mit einem Thermoelement gemessen, das in das Dielektrikum eingesenkt ist und sich wegen der Absorption erwärmt. Um die Erwärmung des Thermoelementes durch die Induktionsströme, welche in dem Meßkreise Thermoelement—Galvanometer auftreten, zu kompensieren, ist ein zweites Thermoelement entgegengeschaltet, welches sich außerhalb des Dielektrikums befindet.

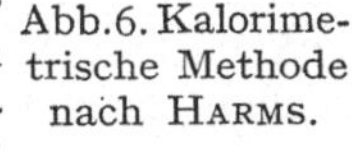

Abb. 6. Kalorimetrische Methode nach HARMS.

10. Optische Methoden. Unter den optischen Methoden verstehen wir die Nachbildung einiger optischen Versuche mit freien elektrischen Wellen. Die Brechung elektrischer Strahlen in Prismen kann zur Bestimmung des Brechungsexponenten dienen, besonders für sehr kurze Wellen. Diese Methode ist zuerst von ELLINGER[4]) angewandt worden.

---

[1]) R. FÜRTH, ZS. f. Phys. Bd. 22, S. 98. 1924.
[2]) F. HARMS, Ann. d. Phys. Bd. 5, S. 564. 1901.
[3]) W. ROMANOFF, Ann. d. Phys. Bd. 69, S. 125. 1922.
[4]) H. ELLINGER, Ann. d. Phys. Bd. 46, S. 513. 1892; Bd. 48, S. 108. 1893.

Wie aber Blair[1]) gezeigt hat, bekommt man mit dieser Methode keine einwandfreien Resultate. Der Grund liegt darin, daß ein Prisma mit einem kleinen brechenden Winkel gleichzeitig als eine keilförmige, dünne Platte wirken, also Interferenzen hervorrufen kann. Diese Methode ist nur selten angewandt worden.

Die Reflexion von elektrischen Wellen an verschiedenen Substanzen gibt auch ein Mittel, den Brechungsexponenten dieser Substanzen für sehr kurze Wellen zu bestimmen. Der Erreger wird im Brennpunkte eines Hohlspiegels angebracht und die Intensität der Strahlen gemessen, welche von dem Erreger ausgehend sich nach der Reflexion an der Oberfläche einer Substanz im Brennpunkte des sekundären Hohlspiegels wieder vereinigen. Diese Methode ist zuerst von Cole[2]) angewandt worden. Wenn die Intensität des reflektierten Strahles und der Einfallswinkel bekannt sind, kann man den Brechungsindex der Substanz nach den Fresnelschen Formeln berechnen.

Andere optische Erscheinungen, wie z. B. Interferenzen der elektrischen Strahlen, sind von Lang[3]), Kossonogow[4]) und Blair[5]) benutzt worden. Kossonogow stellte in den Gang vertikaler elektrischer Strahlen, welche von zwei Hälften eines parobolischen Spiegels ausgingen, zwei Gefäße mit derselben Flüssigkeit. In einem Gefäße wird die Höhe der Flüssigkeit geändert und der Gang der Interferenz der Strahlen, welche durch die Gefäße hindurchgehen, im Brennpunkte eines zweiten parobolischen Spiegels mit einem Kohärer untersucht. Die Versuche gestatten, die Wellenlänge in der Flüssigkeit zu bestimmen. Lang hat eine Nachbildung des akustischen Versuches von Quinke realisiert. Die Anordnung bestand aus verschiebbaren Papierröhren, deren Wände mit Stanniol überzogen waren. Ein Erreger von Righi erzeugte Wellen von 80 mm, welche durch einen Kohärer nachgewiesen wurden. Füllt man einen Teil der Röhre mit einem Dielektrikum, so kann man die hierdurch bewirkte Verschiebung der Interferenzmaxima und -minima messen. Auf diese Weise kann man den Brechungsexponenten des Dielektrikums bestimmen.

Blair[5]) hat mit einem Interferometer für elektrische Wellen nach Michelson dünne Platten aus dielektrischem Material untersucht.

Alle optischen Methoden sind wesentlich ungenauer als die Drahtwellenmethoden. Das rührt von den Diffraktionserscheinungen her, welche die Fortpflanzung elektrischer Wellen durch Prismen, Platten und Öffnungen in Schirmen immer begleiten. Die Beugung elektrischer Wellen, deren Einfluß sehr schwer zu vermeiden ist, stört die Reinheit der Messungen mit freien elektrischen Wellen. Diese Methoden sind aber im Bereiche sehr kurzer Wellen geeignet, wo die anderen Methoden versagen, oder wo deren Verwendung mit großen Schwierigkeiten verbunden ist.

11. Die Vorteile der ungedämpften Wellen. Die Elektronenröhre, welche ungedämpfte Wellen erzeugt, findet bei den neuesten Versuchen über Dispersion elektrischer Wellen ausgedehnte Verwendung. Wie schon früher erwähnt worden ist, sind die Ergebnisse, welche man mit den gedämpften Wellen erhält, schwer miteinander vergleichbar, da die D.K., der Brechungsexponent und der Absorptionsindex von der Dämpfung der Wellen abhängen, letztere aber sehr selten gemessen worden ist. Ein Vergleich der Messungen mit den Dispersionstheorien, welche für ungedämpfte Wellen entwickelt

[1]) W. R. Blair, Phys. Rev. Bd. 24, S. 531. 1907.
[2]) A. Cole, Ann. d. Phys. Bd. 57, S. 290. 1897.
[3]) V. v. Lang, Ann. d. Phys. Bd. 57, S. 430. 1896.
[4]) J. Kossonogow, Phys. ZS. Bd. 3, S. 207. 1902.
[5]) W. R. Blair, Proc. Amer. Phys. Soc. 1906.

sind, ist auch nur dann berechtigt, wenn die Messungen mit solchen ausgeführt sind. Diese Vorteile der ungedämpften Wellen, sowie die Genauigkeit, welche man mit ihnen erzielen kann, zeigen ihre Bedeutung für die Dispersionsmessungen. In erster Linie kommen die Anordnungen in Frage, welche imstande sind, kurze elektrische Wellen zu liefern. Für Wellen von der Größenordnung 1 m haben WHITE[1]), VAN DER POL[2]), GUTTON und TOUTLY[3]), SOUTHWORTH[4]), HOLBORN[5]) und andere Anordnungen angegeben. Noch kürzere Wellen bekommt man nach der Methode von BARKHAUSEN und KURZ[6]), die von SCHEIBE[7]), GILL und MORRELL[8]), GRECHOWA[9]) und anderen weiterentwickelt worden ist. Wir besprechen weiter unten die für die Dispersionsmessungen wichtigsten Anordnungen, welche besonders kurze Wellen zu liefern imstande sind.

12. Die Methode von HOLBORN. Zwei Elektronenröhren sind in eine Gegentaktanordnung geschaltet (Abb. 7a). Beide Anoden und beide Gitter sind miteinander verbunden. Der Anodenkreis und der Gitterkreis sind durch die Selbstinduktionen L_a und L_g gekoppelt. Um kurze Wellen zu erzeugen, hat HOLBORN[10]) die Spulen L_a und L_g fortgelassen (Abb. 7b), so daß die beiden Kreise nur durch die innere Röhrenkapazität gekoppelt sind. Durch Verschiebung der Brücken B_1 und B_2 können der Anoden- und der Gitterkreis in Resonanz gebracht werden. Die Gitter

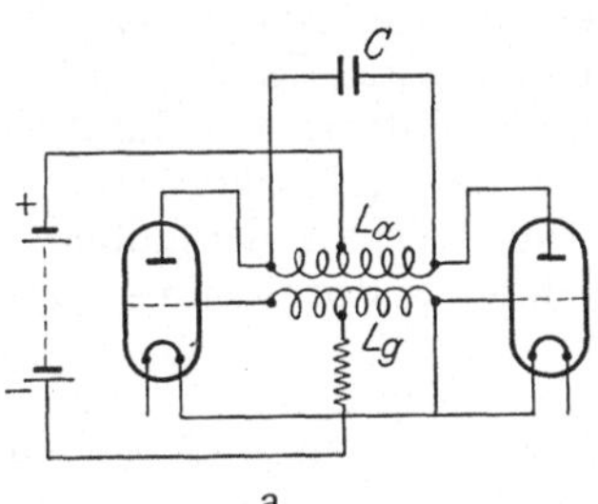

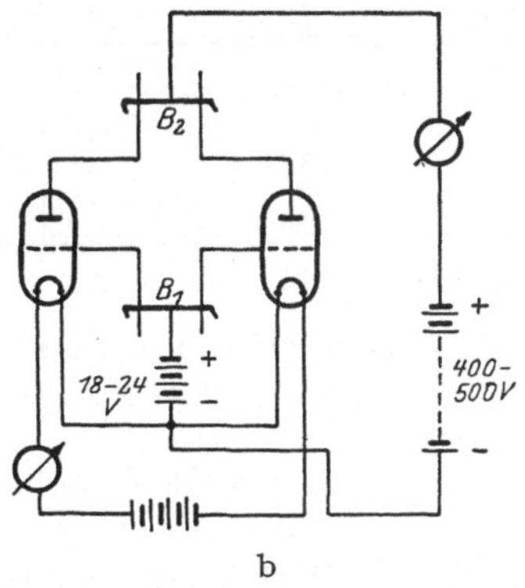

a   b

Abb. 7a u. b. Die Anordnungen von HOLBORN.

erhalten zweckmäßig eine positive Vorspannung von 10 bis 25 Volt, um das Anschwingen zu erleichtern. Die Gleichspannungen werden den Brückenmitten zugeführt, und man arbeitet mit Anodenspannungen von 200 bis 500 Volt. Die kürzeste Welle, die auf diese Weise von HOLBORN erreicht wurde, hatte eine Länge von 3,4 m. Nach Entfernung der Röhrensockel und der Anodenkappen konnte HOLBORN die Wellenlänge bis auf 2,4 m herabsetzen. Die Leistung fällt allerdings unterhalb 3,5 m rasch ab. Mit diesen Wellen hat HOLBORN den Brechungsexponenten des Wassers gemessen. Bei Verwendung von Spezialröhren mit kleiner Kapazität kann die Wellenlänge, wie es MESNY[11]) gelungen ist, bis 1,2 m verkleinert werden.

[1]) W. WHITE, Gen. Electr. Rev. 1916, S. 751.
[2]) B. VAN DER POL, Phil. Mag. Bd. 38, S. 90. 1909.
[3]) GUTTON u. TOUTLY, C. R. Bd. 168, S. 271. 1919.
[4]) G. C. SOUTWORTH, Radio Rev. Bd. 1, S. 577. 1919.
[5]) F. HOLBORN, ZS. f. Phys. Bd. 6, S. 328. 1921.
[6]) H. BARKHAUSEN u. K. KURZ, Phys. ZS. Bd. 21, S. 1. 1920.
[7]) A. SCHEIBE, Ann. d. Phys. Bd. 73, S. 54. 1925; ZS. f. Hochfrequenz Bd. 27, S. 1. 1926.
[8]) E. GILL u. I. MORRELL, Phil. Mag. Bd. 44, S. 161. 1922; Bd. 45, S. 864. 1923; Bd. 49, S. 369. 1925.
[9]) M. T. GRECHOWA, ZS. f. Phys. Bd. 35, S. 50 u. 59. 1925; Bd. 38, S. 621. 1926.
[10]) F. HOLBORN, ZS. f. Phys. Bd. 6, S. 328. 1921.
[11]) R. MESNY, L'Onde Electr. Bd. 3, Nr. 1. 1924.

13. Die Methode von Barkhausen und Kurz. Die Methode von Barkhausen und Kurz[1]) ist besonders geeignet, kurze elektrische Wellen zu erzeugen. Nach dieser Methode wird das Gitter der Kathodenröhre mit dem positiven Pol einer Batterie verbunden, deren negativer Pol an die Kathode gelegt ist. Die Anode der Elektronenröhre wird direkt mit dem Faden verbunden, oder es wird ihr ein im Verhältnis zu dem Faden kleines positives oder ein negatives Potential erteilt (einige Volt). Der Vorgang, welcher die Wellen erzeugt, kann nach Barkhausen als eine Hin-und-Herbewegung der von dem Faden emittierten Elektronen um das Gitter herum angesehen werden. Die Wellenlänge der erzeugten Schwingung ist der Quadratwurzel aus dem Gitterpotential proportional. Nach dieser Methode kann man Wellen bis 50 cm und darunter erzeugen. Eine weitere Entwicklung hat diese Methode in den Untersuchungen von Grechowa[2]) und Scheibe[3]) gefunden, welche einen Zweiröhrengenerator und einen Mehrröhrengenerator konstruiert haben. Besonders der Zweiröhrengenerator (Abb. 8), wie ihn Grechowa angibt, ist wegen seiner Symmetrie

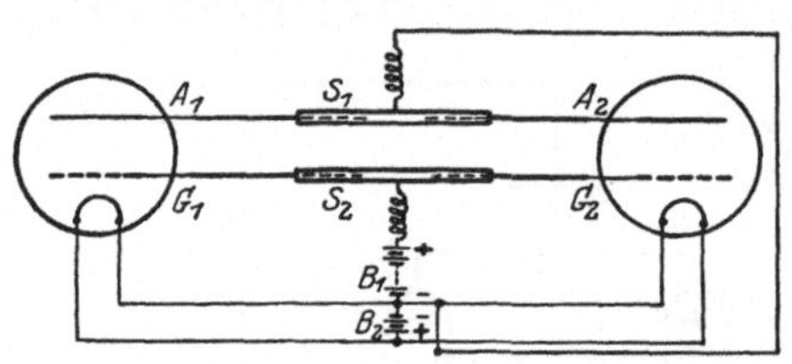

Abb. 8.   Zweiröhrengenerator.

für die Arbeit mit Lecherschen Drähten geeignet. Das Gitter und die Anode werden mit Zweiröhrengeneratorbatterien durch kleine Drosseln verbunden, welche dem schwingenden System in den Knoten der elektrischen Kraft zugeführt sind. Die Anoden beider Röhren, sowie die entsprechenden Gitter, sind durch die geradlinigen Leiter $A_1 A_2$ und $G_1 G_2$ verbunden, deren Länge man verändern kann (S_1, S_2). Dabei erhält der äußere, die zwei Röhren verbindende Schwingungskreis die einfache Form eines Lecherschen Zweidrahtsystems.

Wenn die Periode des Schließungskreises, welcher aus den zwei Röhren und den Verbindungsdrähten besteht, oder einer von seinen Obertönen mit der Periode des Elektronenprozesses in den Röhren selbst zusammenfällt, wird die Energie der Schwingungen besonders groß. In den Lecherschen Drähten oder im Sekundärkreise, welche mit dem Röhrengenerator induktiv gekoppelt sind, treten intensive Wellen auf, so daß wieder eine von den früher beschriebenen Methoden für die Dispersionsmessungen angewendet werden kann. Um die Wellenlänge kontinuierlich zu verändern, kann man das Gitterpotential und in einigen Grenzen die Länge des Schließungskreises und die Heizung der Kathode variieren. Mit dieser Anordnung können Wellen von 30 cm Länge und noch kürzere erzeugt werden.

14. Die Schwebungsmethode. Die Überlagerungsmethode, wie sie in der drahtlosen Telegraphie entwickelt worden ist, kann auch für exakte Messungen kleiner Kapazitäten oder deren Änderungen verwendet werden. Pungs und Preuner[4]) und Herweg[5]) haben Anordnungen angegeben, welche die Überlagerungsmethode zu einem feinen Mittel der Meßtechnik machen.

Wenn zwei nahe benachbarte, ungedämpfte, durch Elektronenröhren erzeugte Schwingungen hoher Frequenz überlagert werden, so entsteht (nach Gleichrichtung) eine Differenzschwebung hörbarer Frequenz, die einem Telephon zugeführt werden kann. Wenn zum Beispiel die Frequenz des Schwebungstones 1000 pro Sekunde

[1]) H. Barkhausen u. K. Kurz, Phys. ZS. Bd. 21, S. 1. 1920.
[2]) M. T. Grechowa, ZS. f. Phys. Bd. 35, S. 50, 59. 1925; Bd. 38, S. 621. 1926.
[3]) A. Scheibe, Jahrb. d. drahtl. Telegr. Bd. 27, S. 1. 1926.
[4]) L. Pungs u. G. Preuner, Phys. ZS. Bd. 20, S. 543. 1919.
[5]) J. Herweg, Ber. d. D. Phys. Ges. Bd. 21, S. 572. 1919.

ist, so muß man nach PUNGS und PREUNER den Telephonkreis mit einer dritten Elektronenröhre koppeln, welche Schwingungen gleicher oder etwas verschiedener akustischer Frequenz erzeugt. Ist die Frequenz des akustischen Generators nicht genau 1000 pro Sekunde, so hört man im Telephon Schwebungen der beiden akustischen Schwingungen, welche verschwinden, wenn die Frequenzen gleich werden.

Wird die Frequenz des akustischen Generators festgehalten, so entspricht einer Änderung der Schwebungen um eins in der Sekunde eine gleiche Änderung der Schwingungszahl des Schwingungskreises hoher Frequenz. Je höher die Schwingungszahl des hochfrequenten Kreises ist, desto empfindlicher ist also die Schwebungsmethode.

Diese Methode gibt ein sehr empfindliches Mittel, kleine Änderungen der Wellenlänge eines Hochfrequenzkreises zu beobachten, die durch entsprechende Änderungen seiner Kapazität hervorgerufen sind. In der Anordnung von HERWEG ist der Kreis von akustischer Frequenz durch eine elektrisch betriebene Stimmgabel ersetzt. HERWEG benutzte eine Frequenz von 10^6. Bei dieser Schwingungszahl rief eine Kapazitätsänderung von 10^{-6} das Auftreten von einer Schwebung in zwei Sekunden hervor, wenn vorher zwischen Telephon und Stimmgabel auf Schwebungsfreiheit eingestellt war.

Eine objektive photographische Methode, die Schwebungen zu beobachten, hat FRITTS[1]) ausgearbeitet.

Zum Nachweise der Schwebungen verwendeten JONES und TASKER[2]) die BRAUNsche Röhre, und HAMMER[3]) das Vibrationsgalvanometer. Die Schwebungsmethode wurde bis jetzt nur auf Wellen, deren Länge nicht kleiner als 50 m ist, angewandt, da es bei noch kürzeren Wellen umständlich ist, die Konstanz der Frequenz aufrechtzuerhalten. Das ist der Grund, warum diese Methode für die Dispersionsmessungen noch keine große Bedeutung gewonnen hat.

15. Andere Methoden mit ungedämpften Wellen. Es gibt noch eine Anzahl verschiedener Methoden zur Bestimmung der D.K. mit ungedämpften Wellen. Einige von diesen unterscheiden sich von den obenerwähnten, mit gedämpften Wellen durchgeführten Versuchen nur durch die Verwendung ungedämpfter Wellen.

Andere Methoden verwenden die Resonanz von Schwingungskreisen. Ihr Wesen besteht darin, daß mit dem ungedämpften Sender ein Meßkreis in Resonanz gebracht wird, dessen veränderliche Kapazität mit Flüssigkeiten bekannter D.K. geeicht wird. Dann kann dieser Meßkreis zur Bestimmung unbekannter D.K. dienen, wie es auch in der zweiten DRUDEschen Methode der Fall ist. Mit Resonanzmethoden arbeiteten WALDEN[4]), LATTEY[5]), THEODORTSCHIK[6]) und andere. HELLMANN und ZAHN[7]), welche ihre Methode für gut leitende Substanzen ausbauten, schlossen aus der Dämpfung des Resonanzkreises auf die Größe der D.K. Verschiedene andere Methoden, welche von SCHAEFER und MERZKIRCH[8]), FALKENBERG[9]), KAROLUS und Prinz REUSS[10]), CARMAN und LORANCE[11]) und

[1]) E. C. FRITTS, Phys. Rev. Bd. 21, S. 198. 1923.
[2]) L. T. JONES u. H. C. TASKER, Phys. Rev. Bd. 18, S. 330. 1921.
[3]) W. HAMMER, Ber. d. naturf. Ges. Freiberg 1920.
[4]) P. WALDEN, H. ULICH u. O. WERNER, ZS. f. phys. Chem. Bd. 115, S. 177. 1925; Bd. 116, S. 261. 1925.
[5]) R. T. LATTEY, Phil. Mag. Bd. 41, S. 829. 1921.
[6]) K. THEODORTSCHIK, Phys. ZS. Bd. 23, S. 344. 1922.
[7]) H. HELLMANN u. H. ZAHN, Phys. ZS. Bd. 26, S. 680. 1925. (Anm. d. Red. b. d. Korr.: Siehe auch Ann. d. Phys. Bd. 80, S. 191, 1926; Bd. 81, S. 711. 1926; Phys. ZS. Bd. 27, S. 636 u. 680. 1926. H. ZAHN, Ann. d. Phys. Bd. 80, S. 182, 1926.)
[8]) CL. SCHAEFER u. J. MERZKIRCH, ZS. f. Phys. Bd. 13, S. 166. 1923.
[9]) I. FALKENBERG, Ann. d. Phys. Bd. 61, S. 167. 1920.
[10]) KAROLUS u. PRINZ REUSS, Phys. ZS. Bd. 22, S. 362. 1921.
[11]) A. P. CARMAN u. G. F. LORANCE, Phys. Rev. Bd. 20, S. 715. 1922; Bd. 21, S. 197. 1923.

anderen entwickelt worden sind, haben⸢ für die Dispersionsmessungen im elektrischen Spektrum noch keine Verwendung gefunden; wir weisen darum auf die Literatur hin.

c) Die experimentellen Ergebnisse mit stark gedämpften Wellen.

16. Die Bedeutung der älteren Versuche für die Dispersionsfrage. Die Arbeiten auf dem Gebiete der Dispersion und Absorption elektrischer Wellen kann man in drei Gruppen einteilen. Die erste Gruppe umfaßt die Arbeiten, welche mit stark gedämpften Wellen ausgeführt worden sind. Zu der zweiten Gruppe gehören systematische Untersuchungen, bei denen schwach gedämpfte Wellen angewandt worden sind. Die dritte Gruppe bilden die Untersuchungen mit ungedämpften Wellen, welche erst in der neuesten Zeit ausgeführt worden sind.

In den Arbeiten der ersten Gruppe ist ein umfangreiches Material über die D.K. und den Brechungsindex zahlreicher Substanzen für verschiedene Frequenzen gesammelt worden, aus dem ganz klar die anomale Dispersion im elektrischen Spektrum hervorgeht. Hierher gehören hauptsächlich die Arbeiten, welche in der Zeit bis 1907 ausgeführt worden sind.

Leider aber liefern alle Angaben, welche von verschiedenen Forschern für verschiedene Frequenzen in dieser Zeit mitgeteilt worden sind, kein vergleichbares Material, und zwar wegen der verschiedenen Temperaturen, wegen der verschiedenen Qualität der untersuchten Substanzen, wegen der ungleichen Genauigkeit der verschiedenen Methoden und wegen der ungleichen zeitlichen Dämpfung der angewandten Wellen. Dies macht es unmöglich, die Angaben dieser Periode für das nähere Studium des Wesens der Dispersion auszunutzen.

Die ersten Arbeiten, welche den anomalen Charakter der Dispersion im elektrischen Spektrum ohne Zweifel festgestellt haben, waren die Untersuchungen von Drude, der die D.K. einer großen Menge von Substanzen bestimmt hat. Wie Drude selbst, so haben auch andere Beobachter die D.K. oder den Brechungsindex nur für einige ausgewählte Wellenlängen gemessen. Aus den Resultaten dieser Untersuchungen kann man darum ohne Zweifel nur den Schluß ziehen, daß die D.K. von langen zu kurzen Wellen hin beständig abnimmt. Für den genauen Gang der Dispersion in einzelnen Gebieten können sie nicht viel Sicheres beitragen. Wir besprechen nur kurz diejenigen Untersuchungen, welche größere Bedeutung für die Dispersionsfrage haben.

17. Die Messungen der Dispersion und Absorption für einzelne Wellenlängen. Für längere Wellen hat Nernst[1]) mit seiner Brückenmethode für die D.K. von Äther, Chloroform, Anilin, Alkohol und Wasser im Bereiche der Frequenzen von 10^4 bis 10^7 konstante Werte gefunden.

Den Brechungsexponenten des Wassers hat zuerst Cohn[2]) nach der Drahtwellenmethode gemessen und für die Wellenlänge $\lambda = 292$ cm gleich der Quadratwurzel aus der statischen D.K. gefunden.

Jule[3]) hat solche Messungen für Wasser und Alkohol nach der Drahtwelleninterferenzmethode für $\lambda = 900$ cm durchgeführt und kommt zu dem gleichen Resultat. Dasselbe bestätigt auch Ellinger[4]), welcher nach der Prismenmethode Wasser und Alkohol mit Wellen von ca. 60 cm untersucht hat.

Für verschiedene Wellenlängen, sowie für $\lambda = 75$ cm und $\lambda = 73$ cm gibt Drude[5]) ein großes Beobachtungsmaterial, aus welchem er wichtige Schlüsse

---

[1]) W. Nernst, Ann. d. Phys. Bd. 60, S. 601. 1897.
[2]) E. Cohn, Ann. d. Phys. Bd. 45, S. 370. 1892.
[3]) U. Jule, Ann. d. Phys. Bd. 50, S. 742. 1893.
[4]) H. Ellinger, Ann. d. Phys. Bd. 46, S. 513. 1892; Bd. 48, S. 108. 1893.
[5]) P. Drude, ZS. f. phys. Chem. Bd. 23, S. 267. 1897.

über die anomale Dispersion im Zusammenhange mit der chemischen Konstitution zieht. Er findet[1]), daß die elektrische Anomalie durch das Auftreten gewisser Atomgruppen im Molekül bedingt ist. Als solche Gruppen nennt er mit Sicherheit die Hydroxylgruppe OH und vielleicht auch die Amidogruppe NH_2 und die CN-Gruppe. DRUDE bemerkt, daß die elektrische Absorption auch in festen Körpern, welche die OH-Gruppe enthalten, ganz deutlich auftritt, wie seine Versuche mit Ameisensäure, Essigsäure und Phenol, welche er im starren Zustande untersuchte, gezeigt haben. Mit elektrischer Absorption und chemischer Konstitution beschäftigte sich auch KAUFFMANN[2]).

Weiter hat COLE[3]) für Wellen von ungefähr $\lambda = 600$ cm, $\lambda = 520$ cm und $\lambda = 310$ cm nach der Drahtwellenmethode für Wasser die Beziehung $n^2 = \varepsilon$ (statisch) bestätigt. Für die Welle $\lambda = 5$ cm findet COLE nach der Reflexionsmethode für Wasser wieder den Wert $n = 8,8$, welcher gleich dem Brechungsexponenten für lange Wellen ist. Für Alkohol ist der Brechungsexponent $n = 3,2$ für $\lambda = 5$ cm, anstatt $n = 5,2$ für lange Wellen; hier ist also deutlich anomale Dispersion vorhanden. Mit noch viel kürzeren Wellen hat LAMPA[4]) gearbeitet. Folgende Tabellen 1 und 2 geben eine Übersicht über die Resultate, welche er mit Wellen $\lambda = 8$ mm, $\lambda = 6$ mm und $\lambda = 4$ mm nach der Prismenmethode für den Brechungsexponenten n erhalten hat.

<table>
<tr><td colspan="4" align="center">Tabelle 1. Feste Körper.</td></tr>
<tr><td rowspan="2">Substanz</td><td colspan="3" align="center">n</td></tr>
<tr><td>$\lambda = 8$ mm</td><td>$\lambda = 6$ mm</td><td>$\lambda = 4$ mm</td></tr>
<tr><td>Paraffin . . .</td><td>1,52</td><td>1,41</td><td>1,39</td></tr>
<tr><td>Ebonit . . . .</td><td>1,74</td><td>1,72</td><td>1,56</td></tr>
<tr><td>Schwefel . . .</td><td>1,80</td><td>2,01</td><td>2,00</td></tr>
</table>

<table>
<tr><td colspan="4" align="center">Tabelle 2. Flüssigkeiten.</td></tr>
<tr><td rowspan="2">Substanz</td><td colspan="3" align="center">n</td></tr>
<tr><td>$\lambda = 8$ mm</td><td>$\lambda = 6$ mm</td><td>$\lambda = 4$ mm</td></tr>
<tr><td>Benzol . . . .</td><td>1,77</td><td>1,76</td><td>1,74</td></tr>
<tr><td>Terpentinöl . .</td><td>1,78</td><td>1,72</td><td>1,63</td></tr>
<tr><td>Glyzerin . . .</td><td>1,84</td><td>1,76</td><td>1,62</td></tr>
<tr><td>Alkohol absolut</td><td>2,57</td><td>2,29</td><td>2,24</td></tr>
<tr><td>Wasser . . . .</td><td>8,97</td><td>9,40</td><td>9,50</td></tr>
</table>

Wenn wir von der Ungenauigkeit der Prismenmethode absehen, so kann man sagen, daß es für einige Substanzen eine deutliche anomale Dispersion gibt. Wenn wir den Wert von n für Alkohol für diese kurze Wellen mit dem Wert $n = 3,2$ für $\lambda = 5$ cm und $n = 5,2$ für lange Wellen vergleichen, so zeigt sich der anomale Gang der Dispersion ganz deutlich.

Benzol, Wasser und Äthylalkohol hat auch MARX[5]) untersucht. Er verwendet Wellen von der Länge $\lambda = 3,2$ cm, $\lambda = 4$ cm, $\lambda = 36,5$ cm und $\lambda = 53$ cm, und arbeitet mit der Drahtwellenmethode. Er findet für Benzol in diesem Bereiche einen normalen Gang der Dispersion, nämlich einen Anstieg des Brechungsexponenten von $n = 1,56$ für $\lambda = 53$ cm bis $n = 1,96$ für $\lambda = 4$ cm. Für Wasser findet er folgende Resultate $n^2 = 80,6$ für $\lambda = 36$ cm und $n^2 = 85$ für $\lambda = 3,2$ cm, also auch einen normalen Gang der Dispersion. Endlich für Äthylalkohol erhält er anomale Dispersion, nämlich $n = 4,54$ für $\lambda = 53$ cm und $n = 2,97$ für $\lambda = 4$ cm.

COOLIDGE[6]) hat nach seiner Anordnung (Ziff. 5) für Wellenlängen von 1 bis 1,5 m für sehr viele Substanzen die D.K. gemessen. Er untersuchte einige verflüssigte Gase, wie Schwefeldioxyd, Ammoniak, Chlor und Kohlendioxyd,

[1]) P. DRUDE, Ann. d. Phys. Bd. 60, S. 500. 1897.
[2]) H. KAUFFMANN, ZS. f. phys. Chem. Bd. 28, S. 673. 1899.
[3]) A. COLE, Ann. d. Phys. Bd. 57, S. 290. 1896.
[4]) A. LAMPA, Ann. d. Phys. Bd. 61, S. 79. 1897; Wiener Ber. Bd. 54, S. 1179. 1895; Bd. 55, S. 1049. 1896.
[5]) E. MARX, Ann. d. Phys. Bd. 66, S. 411 u. 597. 1898.
[6]) W. D. COOLIDGE, Ann. d. Phys. Bd. 69, S. 125. 1899.

Wasser und Salzlösungen, viele Ester, Mischungen aus Alkoholen und verschiedenen organischen Flüssigkeiten. Es gelang ihm, eine schwache anomale Absorption $\varkappa = 0{,}008$ des Wassers zu konstatieren, sowie die Indizes der anomalen elektrischen Absorption von einigen Fettsäureestern und Benzolsäureestern zu bestimmen.

KOSSONOGOW[1]) hat den Gang der Dispersion in einigen Substanzen für die Wellenlängen $\lambda = 1{,}92$ cm, $\lambda = 2{,}95$ cm, $\lambda = 4{,}30$ cm, $\lambda = 6{,}43$ cm und $\lambda = 9{,}04$ cm untersucht und findet nach der. Interferenzmethode (Ziff. 10) einen schwachen normalen Gang der Dispersion für Paraffin (flüssig), Petroleum, Ol. Naphthae, Terpentin und Benzin und einen anomalen für Rizinusöl. Letzteren sucht er durch einen wahrscheinlichen Wasserzusatz zu erklären. BECKER[2]) hat den Brechungsexponent für einige Substanzen nach der Interferenzmethode von QUINCKE für $\lambda = 7{,}5$ cm gemessen. Mit den Wellenlängen $\lambda = 22{,}2$ cm und $\lambda = 63$ cm hat WILDERMUTH[3]) nach der Drahtwelleninterferenzmethode (Ziff. 4) die Absorption in Salzlösungen, Wasser und einigen Alkoholen bestimmt. Für den Absorptionskoeffizienten, bezogen auf 1 cm, nämlich für $2\pi\varkappa/\lambda$, gibt er Werte, welche in der Tabelle 3 zusammengestellt sind.

Tabelle 3. Absorptionsindex $2\pi\varkappa/\lambda$ der Alkohole nach WILDERMUTH.

	$\lambda = 63$ cm	$\lambda = 22{,}2$ cm
Methylalkohol . .	0,03	—
Äthylalkohol . .	0,10	0,42
Propylalkohol . .	0,15	0,27
Isobuthylalkohol .	0,14	0,12

Tabelle 4. Absorptionsindex $2\pi\varkappa/\lambda$ und Temperaturkoeffizient ϑ nach v. BAEYER.

$\lambda = 74$ cm	$2\pi\varkappa\lambda$	t	$2\pi\varkappa\lambda$	t	ϑ
Methylalkohol . . . . •.	0,041	9,0°	0,028	21,5°	− 0,001
Äthylalkohol, 96,1 proz..	0,083	14,4°	0,070	21,0°	− 0,002
Äthylalkohol, 99,5 proz..	0,092	13,0°	0,073	21,0°	− 0,0027
Propylalkohol	0,116	11,0°	0,102	20,0°	− 0,0016
Isobuthylalkohol, technisch . . .	0,096	14,0°	0,094	27,0°	− 0,00016
Isobuthylalkohol, rein	0,090	12,0°	0,100	24,5°	+ 0,0008
Glyzerin	0,104	12,5°	0,128	22,0°	+ 0,0025

Nach derselben Methode hat BERG[4]) die Absorptionskoeffizienten von Salzlösungen bestimmt. v. BAEYER[5]) hat für dieselbe Reihe von Alkoholen und für Glyzerin die Absorption gemessen und den Temperaturkoeffizienten der Absorption ermittelt. Seine Angaben sind in der Tabelle 4 zusammengestellt. Die Temperatur, bei welcher die Absorption gemessen worden ist, ist in der Spalte t angegeben.

Tabelle 5. Brechungsindex und Dielektrizitätskonstante für Wasser und Äthylalkohol.

	Wasser			Äthylalkohol		
λ cm	n	n^2	ε_∞	n	n^2	ε_∞
4,5	6,88	47,3	81	2,25	5,06	26
3,2	6,54	42,7	81	—	—	—

Mit sehr kurzen Wellen von 4,5 cm und 3,5 cm Länge hat MERCZYNG[6]) nach der Reflexionsmethode (Ziff. 10) die Dispersion von Wasser, Glyzerin, Anilin, einigen Alkoholen, Essigsäure und Äthylester untersucht. Seine Beobachtungen sind für

[1]) J. KOSSONOGOW, Phys. ZS. Bd. 3, S. 207. 1902.
[2]) A. BECKER, Ann. d. Phys. Bd. 8, S. 22. 1902.
[3]) K. WILDERMUTH, Ann. d. Phys. Bd. 8, S. 212. 1902.
[4]) O. BERG, Ann. d. Phys. Bd. 15, S. 307. 1904.
[5]) O. v. BAEYER, Ann. d. Phys. Bd. 17, S. 30. 1905.
[6]) H. MERCZYNG, Ann. d. Phys. Bd. 33, S. 1. 1910; Bd. 34, S. 1015. 1911.

Wasser und Äthylalkohol in der Tabelle 5, für andere Substanzen in der Tabelle 6 wiedergegeben.

Nach derselben Methode hat ECKERT[1]) eine Untersuchung über Dispersion und Absorption im Gebiet kurzer elektrischer Wellen ausgeführt. Er hat das Reflexionsvermögen und die Absorptionskoeffizienten für Wasser, Methyl-, Äthyl-, Propyl-, Isobuthylalkohol und Glyzerin mit Wellen folgender Länge

Tabelle 6. Brechungsindex und Dielektrizitätskonstante für verschiedene Substanzen.

$\lambda = 4,5$ cm	n	n^2	ε_∞
Methylalkohol	5,43	29,4	32,7
Amylalkohol .	1,82	3,31	15,7
Glyzerin . . .	4,09	16,8	56,0
Anilin	2,09	4,36	7,4
Essigsäure . .	1,87	3,50	9,7
Äthyläther . .	1,81	3,26	4,25

Tabelle 7. Wasser.

λ cm	n	$n\varkappa$	$\varkappa$
8,8	8,89	0,60	0,07
5,7	8,79	1,08	0,12
3,7	8,10	1,72	0,21
1,75	7,82	2,70	0,35

gemessen: $\lambda = 8,8$ cm, $\lambda = 5,7$ cm, $\lambda = 3,7$ cm und $\lambda = 1,75$ cm. Mit Hilfe des Reflexionsvermögens und des Absorptionskoeffizienten wurden die Brechungsexponenten berechnet. Das Resultat für Wasser ist in der Tabelle 7 dargestellt, für andere Substanzen ist der Absorptionskoeffizient $n\varkappa$ in der Tabelle 8 wiedergegeben.

Aus den Resultaten von MERCZYNG und ECKERT kann man sehen, daß alle untersuchten Substanzen eine größere oder kleinere anomale Dispersion zeigen.

Tabelle 8.
Absorptionskoeffizient $n\varkappa$ nach F. ECKERT.

Substanz	$\lambda = 1,75$ $t = 17° - 19°$	$\lambda = 3,7$ $t = 15° - 18°$	$\lambda = 5,7$ $t = 17°$
Methylalkohol . . .	0,80	1,38	1,44
Äthylalkohol . . .	0,39	0,45	0,60
Propylalkohol . . .	0,30	0,50	0,58
Isobuthylalkohol .	0,25	0,26	0,31
Glyzerin	0,27	0,26	0,23

Wenn wir die Resultate der verschiedenen Forscher vergleichen, so kann man sehen, daß sie sich manchmal um viele Prozente von einander unterscheiden. In der Tabelle 9 sind z. B. die Angaben verschiedener Autoren für den Brechungsexponenten n für kurze Wellen zusammengestellt.

Tabelle 9. Brechungsexponent des Wassers und des Äthylalkohols für kurze Wellen nach verschiedenen Beobachtungen.

	λ	5,7	5,0	4,5	3,7	3,5	3,2
Wasser	n	8,79	8,8	6,79	8,10 ECKERT	6,44 MERCZ.	9,22 MARX.
Äthylalkohol . . .	n	3,4 ECKERT	3,2 COLE	2,25 MERCZ.			

Aus dieser Tabelle ist ersichtlich, daß für Wellenlängen, welche sich nur wenig voneinander unterscheiden, beträchtliche Unterschiede im Brechungsexponenten eintreten können. Dies ist für die Wellenlängen $\lambda = 3,7$ cm, $\lambda = 3,5$ cm und $\lambda = 3,2$ cm besonders deutlich.

Aus dieser Tatsache kann man schließen, daß entweder die genannten Methoden nicht genau genug sind, oder daß im elektrischen Spektrum enge Dispersionsstreifen vorliegen. Da alle Untersuchungen, welche wir betrachtet

---

[1]) F. ECKERT, Ber. d. D. Phys. Ges. Bd. 15, S. 307. 1913.

haben, nur für einzelne ausgewählte Wellenlängen unter ganz verschiedenen Verhältnissen ausgeführt worden sind, so kann man aus ihnen über die Existenz der Dispersionsstreifen keine Schlüsse ziehen. Das wäre nur möglich, wenn der Gang der Dispersion für bestimmte Bereiche systematisch bei kontinuierlicher Veränderung der Wellenlänge untersucht wäre. Diese Aufgabe stößt aber auf große Schwierigkeiten, welche in der Unvollkommenheit der experimentellen Methoden liegen. Für ganz kurze Wellen gibt es bis jetzt noch keine bequemen Methoden, welche ein leichtes Verändern der Wellenlänge ohne Umbau der ganzen Apparatur gestatten. Eine Lösung dieser Aufgabe für längere Wellen ist zuerst für die Drahtwellenmethode von Colley vorgeschlagen (Ziff. 6) worden.

d) Die experimentellen Ergebnisse mit schwach gedämpften Wellen.

18. Die Messungen von A. Colley. In den Versuchen, welche Colley[1]) über die Dispersion elektrischer Wellen ausgeführt hat, stellte er sich die Aufgabe, den Gang der Dispersion mit der Wellenlänge systematisch zu verfolgen.

Wenn man die Existenz von Dispersionsstreifen für wahrscheinlich hält, so kann man nur dann hoffen, diese Streifen nachzuweisen, wenn man mit schwach gedämpften Wellen arbeitet. Sonst werden die Resonanzerscheinungen zwischen den molekularen Resonatoren und den einfallenden Wellen ganz verwaschen. Diese Gedanken führten Colley zum Umbau der Drudeschen Anordnung, welche nur ziemlich gedämpfte Wellen zu liefern imstande war. Mit seiner Anordnung (Ziff. 6) hat Colley das elektrische Spektrum in Wasser, Äthylalkohol, Benzol, Toluol und Azeton untersucht. Aus diesen Versuchen zog Colley[2]) sehr wichtige Schlüsse über die Methodik der Messungen von Brechungsexponenten, besonders von absorbierenden Flüssigkeiten. Wenn man nach der Drahtwellenmethode den Brechungsexponenten in einem Flüssigkeitstrog messen will, so kann man auf zwei Weisen verfahren. Man kann entweder in der Flüssigkeit den ersten und den $n$ten Knoten messen und die Wellenlänge in der Flüssigkeit aus den Lagen dieser Knoten bestimmen. Dieses Verfahren bezeichnet man als Wellenlängenmessung aus den relativen Lagen der Knoten. Man kann aber auch die Lage eines bestimmten (ersten oder zweiten) Knotens relativ zu der mit einem Knoten zusammenfallenden Flüssigkeitsgrenze ermitteln. Dieses Verfahren kann man als eine Bestimmung der absoluten Knotenlage bezeichnen. Als halbe Wellenlänge wird in diesem Falle die Entfernung des ersten Knotens von der Flüssigkeitsgrenze angenommen.

Wenn auch das erste Verfahren zuverlässige Resultate in einem dispersions- und absorptionsfreien Gebiete gibt, so ist dieses Verfahren prinzipiell unrichtig, wenn die Messungen in einem Dispersionsstreifen oder in einer stark absorbierenden Flüssigkeit durchgeführt werden. In diesem Falle ist die Resonanzlage der Brücke für jeden Knoten von der zeitlichen Dämpfung des Systems, welches zwischen der Flüssigkeitsgrenze und der Brücke liegt, abhängig. Verschiedenen Resonanzlagen der Brücke entsprechen verschiedene Dämpfungen des abgegrenzten Systems, und folglich werden sich aus verschiedenen Knotenlagen verschiedene Längen für dieselbe Welle in der Flüssigkeit ergeben.

Das führt zu der Notwendigkeit, den Brechungsexponenten für alle Wellenlängen aus ein und demselben Knoten zu ermitteln, am zweckmäßigsten aus der Lage des ersten Knotens, da in diesem Falle die zeitliche Dämpfung des ab-

---

[1]) A. R. Colley, Phys. ZS. Bd. 10, S. 471 u. 657. 1909; Bd. 11, S. 324. 1910; Journ. d. Russ. Phys. Ges. (Phys. Teil) Bd. 38, S. 431. 1906; Bd. 39, S. 210. 1907; Bd. 40, S. 121 u. 228. 1908; Ber. d. Warsch. Univ. 1915.
[2]) A. R. Colley, Phys. ZS. Bd. 10, S. 477. 1909; Ann. d. Phys. Bd. 43, S. 309. 1914.

gegrenzten Systems die kleinste ist und die Dispersion am deutlichsten hervortritt. Die Abb. 9 erläutert den Einfluß der Knotenlage auf den Brechungsindex.

Die dargestellte Kurve gibt den Gang der Dispersion in Wasser zwischen den Wellenlängen 34 cm und 27 cm, wie er sich nach den beiden Verfahren ermitteln läßt, wieder. Die Punkte × sind aus den Lagen des ersten Knotens relativ zur Flüssigkeitsgrenze, die Punkte ⊙ aus den relativen Lagen der Knoten

ermittelt worden. In dem dispersionsfreien Teil der Kurve führen beide Verfahren zu demselben Resultat. Inmitten des Dispersionsstreifens wird die aus den Wellenlängenmessungen nach den relativen Lagen der Knoten erhaltene Dispersionskurve ganz abgeplattet.

Die ersten Versuche, welche COLLEY über die Dispersion des Wassers ausgeführt hat, haben gezeigt, daß das elektrische Spektrum sehr kompliziert gebaut ist. Neben den dispersionsfreien Teilen des Spektrums treten Gebiete auf, welche aus zahlreichen Dispersionsstreifen bestehen. Weitere Untersuchungen, welche COLLEY in Äthylalkohol, Benzol, Toluol und Azeton

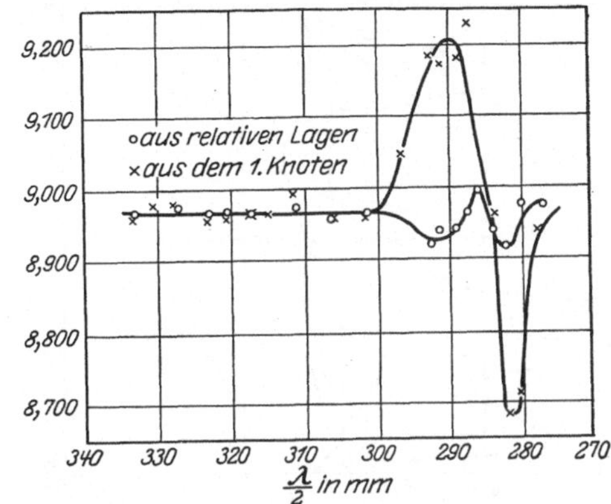

Abb. 9. Einfluß der Knotenlage, aus welcher der Brechungsexponent bestimmt ist, auf die Gestalt der Dispersionskurve.

ausführte, haben seine früheren Beobachtungen bestätigt. Aus allen seinen Untersuchungen zieht COLLEY den Schluß, daß das elektrische Spektrum seiner Natur nach identisch mit dem optischen Spektrum ist. Die Dispersionsstreifen des elektrischen Spektrums müssen den molekularen Resonatoren der Substanz zu-

geschrieben werden. Aus den zahlreichen Beobachtungen, welche COLLEY ausgeführt hat, geben wir die Dispersionsstreifen wieder[1]), welche mit größter Sorgfalt in Toluol gemessen worden sind, und welche die typische Gestalt der Dispersionsstreifen im elektrischen Spektrum darstellen (Abb. 10). Diese wichtigen Untersuchungen waren nur infolge der größten Präzision möglich, auf welche

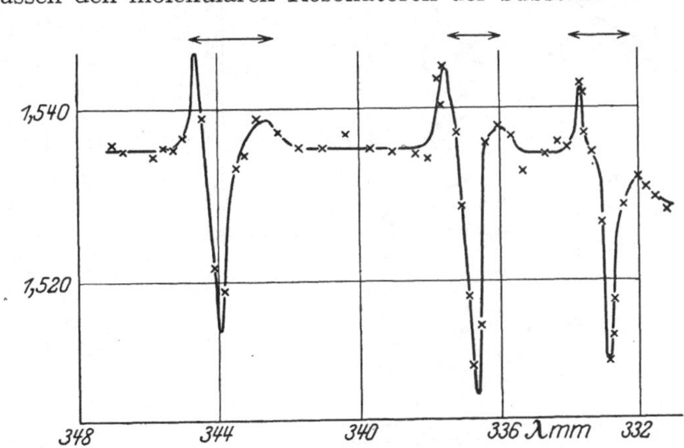

Abb. 10. Dispersionsstreifen in Toluol nach COLLEY.

COLLEY die Messungen mit seiner Anordnung gebracht hat, sowie infolge der kleinen Dämpfung, welche die Wellen in dieser Anordnung besitzen.

Weitere Versuche mit derselben Anordnung hat OBOLENSKY[2]) in Petroleum ausgeführt und auch eine komplizierte Struktur des Spektrums gefunden.

---

[1]) A. R. COLLEY, Ber. d. Warsch. Univ. 1915.
[2]) N. OBOLENSKY, Phys. ZS. Bd. 11, S. 433. 1910; Journ. d. Russ. Phys.-Chem. Ges. (Phys. Teil) Bd. 41, S. 269. 1909.

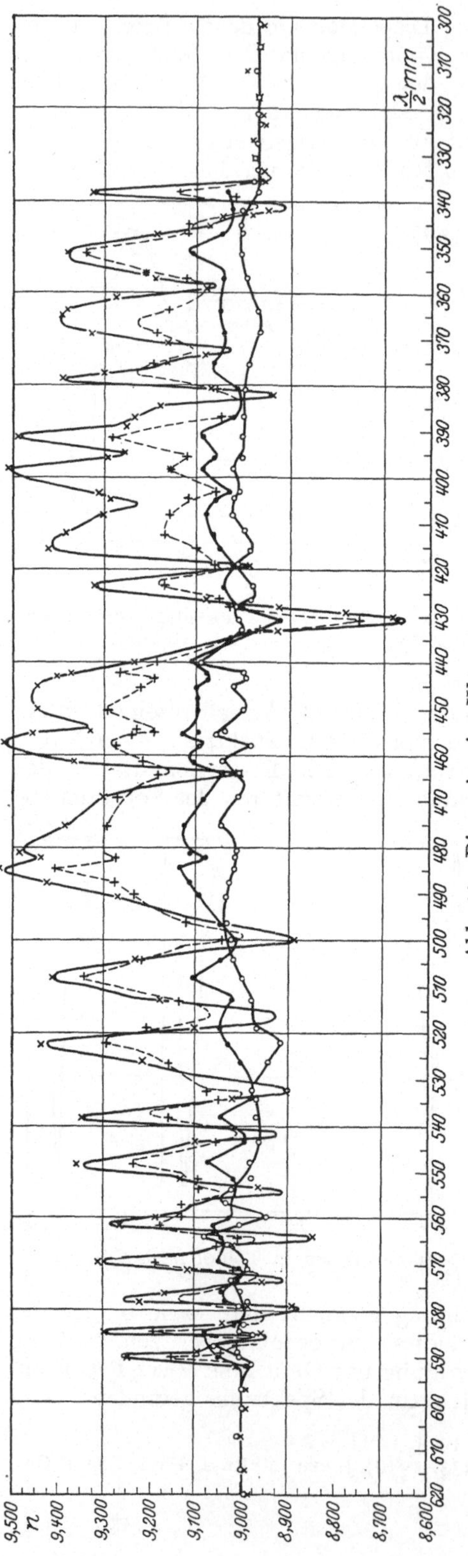

19. Das elektrische Spektrum des Wassers. Colley hat das Wasser im Bereiche der Wellenlängen von 70 bis 20 cm untersucht und einen komplizierten Bau des Spektrums festgestellt. Von den Dispersionsstreifen hat er nur einige genau verfolgt; die anderen sind von ihm nur angedeutet, da zur genauen Feststellung des ganzen Spektrums eine zu große Zahl von Beobachtungen nötig war. Aus diesen Gründen ist der Verlauf einzelner Streifen in der Colleyschen Kurve als ein vorläufiger[1]) zu betrachten. Zur genauen Ausmessung aller Streifen sind weitere Beobachtungen erforderlich.

Die Colleyschen Versuche über die Dispersion des Wassers sind von anderen Forschern fortgesetzt worden. Rukop[2]) hat nach der Drahtwellenmethode in demselben Bereiche von 70 bis 20 cm Wellenlänge die Dispersion des Wassers untersucht. Er arbeitete mit schwach gedämpften Wellen, welche durch Stoßerregung erzeugt wurden. Seine Resultate erhielt er aus der relativen Lage der Knoten (Ziff. 19). Der Verlauf der Dispersionskurve ist ziemlich abgeplattet. Doch kann man ganz deutliche Stellen anomaler Dispersion in der Kurve von Rukop erkennen. Die Kurve von Rukop ist in die Abb. 12 zusammen mit der Kurve von Weichmann eingezeichnet. Ein ebenso steiler Abfall des Brechungsexponenten im Bereiche von 30 bis 20 cm Wellenlänge, wie ihn Rukop gefunden hat (der Brechungsexponent fällt von 9,00 bis 8,80 ab), liegt auch in den Beobachtungen von Colley vor (bei Colley fällt der Brechungsexponent von 8,7 bis 8,4 ab).

---

[1]) A. R. Colley, Untersuchungen im elektrischen Spektrum von Flüssigkeiten, S. 38. 1908.
[2]) H. Rukop, Ann. d. Phys. Bd. 42, S. 485. 1913.

Die Beobachtungen im elektrischen Spektrum des Wassers sind von IwANOW[1]) ,auf den Bereich der längeren Wellen (124 bis 62 cm) ausgedehnt. Da zu dieser Zeit die Methodik der Messungen von COLLEY noch weiter verfeinert war, sind diese Messungen mit Berücksichtigung aller nötigen Vorsichtsmaßregeln ausgeführt worden und können als besonders genau bezeichnet werden. Die Resultate von IwANOW sind in der Kurve der Abb. 11 dargestellt. In der Abbildung sieht man vier Kurven, von denen die erste, die zweite und die dritte aus der absoluten Lage des ersten, zweiten und fünften Knotens ermittelt sind und die vierte aus den relativen Lagen der Knoten berechnet worden ist. Man sieht, wie die letzte Kurve im Vergleich zu den ersten abgeplattet ist. Die Dispersionsstreifen bilden ein Bandenspektrum.

Auf noch längere Wellen erstrecken sich die Beobachtungen von RÜCKERT[2]), der den Bereich zwischen $\lambda = 250$ cm und $\lambda = 57$ cm untersuchte. Er arbeitete mit schwach gedämpften Wellen, welche er nach der Anordnung von RUKOP

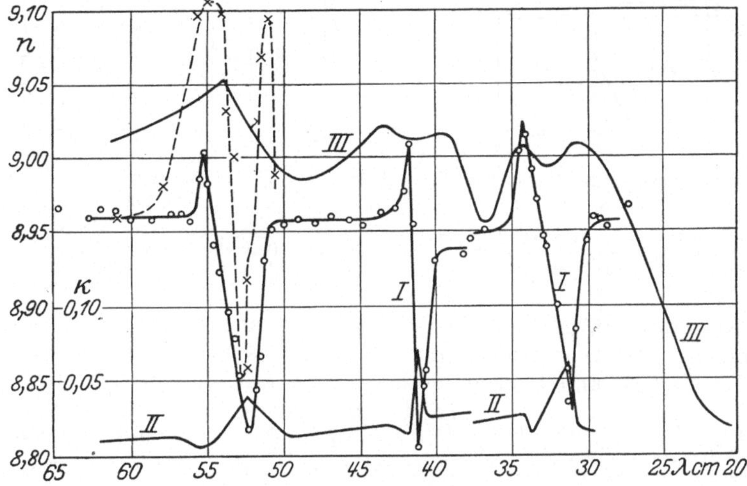

Abb. 12. Dispersionsstreifen in Wasser nach WEICHMANN.

Kurve I — Brechungsexponent n } nach WEICHMANN;
Kurve II — Absorptionskoeffizient $\varkappa$
Kurve III — Brechungsexponent n nach RUKOP;
Kurve - - × - - Dispersionsstreifen nach COLLEY.

erzeugte. Die Brechungsexponenten wurden aus der relativen Lage der Knoten berechnet. Es gelang ihm nicht, Dispersionsstreifen festzustellen, er findet aber eine deutliche anomale Absorption für Wellen von ungefähr 120 bis zu 57 cm Länge, was gerade auf das Dispersionsgebiet von IwANOW, welches zwischen 118 und 64 cm liegt, hinweist.

Eine eingehende Untersuchung der Dispersion und Absorption des Wassers im Bereiche von $\lambda = 65$ cm bis $\lambda = 27$ cm hat WEICHMANN[3]) nach der Drahtwellenmethode ausgeführt. Er arbeitete mit schwach gedämpften Wellen, wie sie von RUKOP hergestellt waren. Er hat drei enge Dispersionsstreifen gefunden, welche ein Bandenspektrum bilden. Die Dispersionsstreifen sind von entsprechenden Absorptionsmaxima begleitet. Seine Resultate sind in der Abb. 12 wiedergegeben und mit ausgezogener Linie dargestellt. Die punktierte Linie gibt

[1]) K. IwANOW, Ann. d. Phys. Bd. 65, S. 481. 1921; Warschauer Ber. 1915, Nr. 5.
[2]) E. RÜCKERT, Ann. d. Phys. Bd. 55, S. 151. 1918.
[3]) R. WEICHMANN, Phys. ZS. Bd. 22, S. 535. 1921; Ann. d. Phys. Bd. 66, S. 501. 1921.

einen Streifen von Colley, der von ihm genau verfolgt war, und die dritte Kurve die Beobachtungen von Rukop wieder.

Für ganz kurze Wellen haben Möbius[1]) und Tear[2]) das elektrische Spektrum des Wassers untersucht. Da es noch keine Anordnungen gibt, welche imstande sind, ganz kurze, schwach gedämpfte Wellen zu erzeugen, mußten diese Versuche mit stark gedämpften Wellen ausgeführt werden. Wir führen

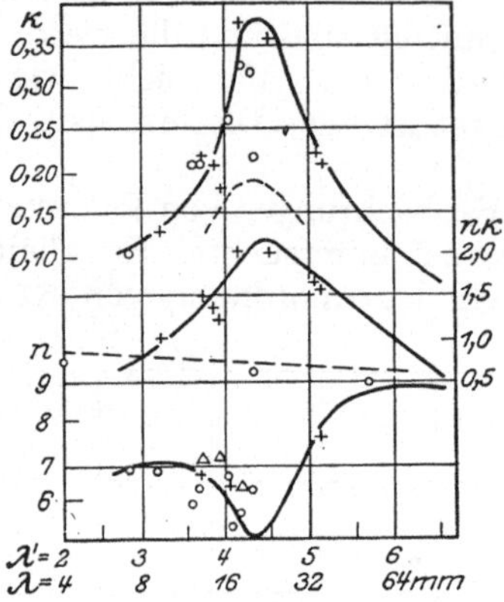

Abb. 13. Dispersion des Wassers nach Möbius.

+ Punkte, aus denen die Kurven gezeichnet wurden;
△ Prismenwerte;   o Alle übrigen Punkte.
Die gestrichelten Linien grenzen die zur darunterliegenden Kurve gehörigen Punkte ab.

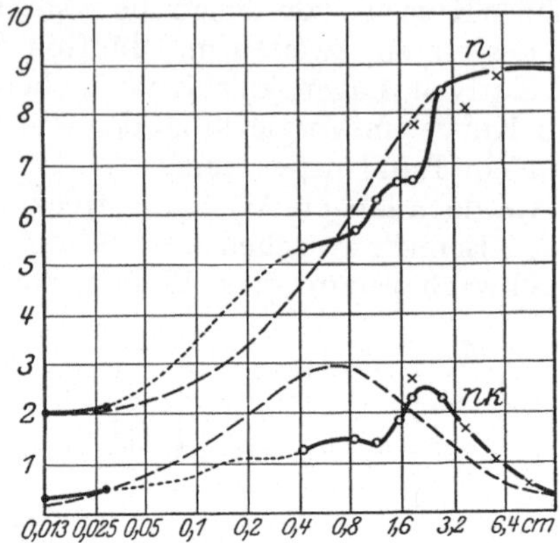

Abb. 14. Die Dispersion des Wassers nach Tear.

– – – – Theoretische Kurve nach der Dipoltheorie;
o—o—o Beobachtungen von Tear;
×—×—× Beobachtungen von Eckert;
•———• Beobachtungen von Rubens.

hier die Resultate an, um den Gang der Dispersion bis zu den kürzesten Wellen auszudehnen. Die Dispersions- und Absorptionskurve von Möbius, welcher mit der Reflexions- und Prismenmethode arbeitete, sind in Abb. 13 dargestellt.

In diesem Gebiete der Wellenlängen zwischen $\lambda = 3{,}5$ cm und $\lambda = 0{,}7$ cm ist die anomale Dispersion so stark, daß der Brechungsexponent von 9 bis 5 abfällt und dann wieder bis zu 7 steigt.

Fast denselben Bereich von $\lambda = 0{,}4$ cm bis $\lambda = 2{,}7$ cm hat Tear nach der Reflexionsmethode untersucht. Er arbeitete mit sehr reinen und verhältnismäßig schwach gedämpften Wellen, welche er mit der feinen Anordnung von Nichols und Tear[3]) erzeugte. Es gelang ihm daher, in diesem Bereiche drei Streifen anomaler Dispersion festzustellen. Seine Resultate für Wasser sind in der Abb. 14 und Tabelle 10 dargestellt[4]).

Tabelle 10.   Dispersion des Wassers nach Tear.

λ in cm	n	$n\varkappa$
0,42	5,33	1,28
0,84	5,68	1,49
1,10	6,27	1,44
1,50	6,62	1,83
1,80	6,65	2,32
2,70	8,45	2,26

20. Diskussion der Resultate. Wenn wir die verschiedenen Versuche, welche zur Erforschung des elektrischen Spektrums des Wassers mit schwach gedämpften Wellen angestellt wurden, miteinander vergleichen, so kommen wir zu dem Schluß, daß die Resultate dieser Versuche schon viel besser miteinander im Einklange stehen und die Natur des elektrischen Spektrums viel besser aufklären,

[1]) W. Möbius, Ann. d. Phys. Bd. 62, S. 293. 1920.
[2]) J. D. Tear, Phys. Rev. Bd. 21, S. 611. 1923.
[3]) E. F. Nichols u. J. D. Tear, Phys. Rev. Bd. 21, S. 587. 1923.
[4]) Anm. d. Red. b. d. Korr.: Vgl. a. G. Mie, Phys. ZS. Bd. 27, S. 792. 1926, der aus Versuchen von Frankenberger den Schluß zieht, daß die Streifen zwischen $\lambda = 52$ cm und $\lambda = 58$ cm von Verunreinigungen mit Natriumsilikaten herrühren.

als es die Versuche mit stark gedämpften Wellen konnten. Die Bestätigung der Dispersionsstreifen, welche COLLEY entdeckte, durch die Versuche von IWANOW und WEICHMANN und teilweise durch die Versuche von RUKOP und in ganz kurzen Wellen durch die Versuche von MÖBIUS spricht für die Realität dieser Streifen und die Ähnlichkeit des elektrischen und des optischen Spektrums. Eine weitere Bestätigung dieses Gedankens kann man in dem Versuch von IWANOW[1]) sehen, die regelmäßig verteilten Streifen zwischen $\lambda = 118$ cm und $\lambda = 100$ cm als ein Bandenspektrum zu deuten. In der Tabelle 11, die die Rechnungen von IWANOW wiedergibt, sind die Lagen der einzelnen Streifen nach dem Gesetze von DELANDRES $v = A + Bm^2$ berechnet und mit den beobachteten Lagen verglichen. v ist die dem Schwerpunkt des Streifens entsprechende Frequenz, A und B sind gewisse, der Serie zugehörige Konstanten und m eine ganze Zahl (0, 1, 2, 3 . . .).

Die Übereinstimmung ist befriedigend. Die Ban-

Tabelle 11. $A = 159{,}33 \cdot 10^6$, $B = 0{,}275 \cdot 10^6$.

$\lambda/2$ in mm	$v : 10^6$ beob.	$v : 10^6$ ber.	Differenz
588,0	160,28	159,33 159,60 160,43	— — —
582,5	161,80	161,80	0,00
575,0	163,91	163,73	— 0,18
566,5	166,37	166,20	— 0,17
557,5	169,05	169,23	— 0,18
545,0	172,93	142,80	— 0,13
534,5	176,33	176,93	— 0,60
519,2	181,53	181,60	— 0,07
503,5	187,19	186,83	— 0,36
489,2	—	192,60	—
473,7	—	198,93	—

denspektra im ultraroten Teil des optischen Spektrums werden von BJERRUM[2]) als Rotationsspektra gedeutet. Vielleicht kann diese Ansicht auch auf den elektrischen Teil des Spektrums übertragen werden. Es liegen aber solche Rechnungen noch nicht vor. Wenn zwischen verschiedenen Beobachtungen doch einige Unstimmigkeiten bestehen, so sind sie leicht durch die verschiedenen Methoden der Messungen (Messungen aus der relativen und den absoluten Lagen der Knoten) und durch die ungleiche Dämpfung der Wellen erklärlich.

Wenn wir die Dispersionsstreifen von COLLEY mit den Dispersionsstreifen von WEICHMANN vergleichen, so besteht der Unterschied in der Tatsache, daß bei COLLEY nicht drei, sondern mehrere Streifen in demselben Bereiche enthalten sind. Da aber einerseits diese Kurve von COLLEY nicht auf große Genauigkeit Anspruch machen kann (Ziff. 20), und andererseits von den drei Streifen WEICHMANNS der erste genau mit den Streifen von COLLEY (in die Abb. 12 eingetragen) übereinstimmt und sich am Ort des zweiten Streifens auch einige Streifen bei COLLEY finden, so kann dem Unterschied der anderen Teile des Spektrums keine große Bedeutung zugeschrieben werden.

In den kurzwelligen Teilen des Spektrums haben wir den starken Dispersionsstreifen von MÖBIUS, welcher sich über zwei Oktaven erstreckt.

Einige Beobachtungen von COLE, ECKERT, LAMPA, MARX und MERCZYNG (Ziff. 18) passen ganz gut in die Dispersionskurve von MÖBIUS, andere weichen von ihr aber ab. Wenn man die geringe Genauigkeit der optischen Methoden berücksichtigt, sind diese Abweichungen begreiflich.

Im ganzen bestätigt die Kurve von MÖBIUS die optische Natur des elektrischen Spektrums, da der Gang der Dispersion ganz ähnlich demjenigen im optischen Spektrum ausfällt.

Die Resultate von TEAR (Abb. 14) fallen in Einzelheiten nicht mit den MÖBIUSschen zusammen. TEAR findet im ganzen drei Dispersionsstreifen, von

[1]) K. IWANOW, Ann. d. Phys. Bd. 65, S. 497. 1921.
[2]) V. BJERRUM, Nernstfestschrift 1912, S. 90.

denen zwei die Stelle einnehmen, die bei MÖBIUS mit einem Streifen ausgefüllt ist. Von beiden Autoren wird aber in diesem Bereich eine starke anomale Dispersion konstatiert.

21. Die Alkohole. Die Alkohole zeichnen sich durch großes Absorptionsvermögen aus; deswegen ist die Messung ihrer Absorptionskoeffizienten von besonderem Interesse.

Die ersten systematischen Untersuchungen der Absorption wurden von ROMANOFF[1]) mit schwach gedämpften Wellen nach der Drahtwellenmethode ausgeführt. Im Bereiche der Wellenlängen von $\lambda = 50$ cm bis $\lambda = 100$ cm wurden für Methyl-, Äthyl-, Isobuthyl- und Amylalkohol die Absorptionskoeffizienten $n\varkappa$ gemessen. Die Resultate sind in gekürzter Form in der Tabelle 12 zusammengestellt.

Tabelle 12. Absorptionskoeffizienten $n\varkappa$ für Alkohole.

λ in cm	103	89	77	69	65	61	57	53	49	45
Methylalkohol . . .	—	0,32	—	0,36	0,37	0,38	0,38	0,42	0,38	—
Äthylalkohol . . .	—	0,79	—	1,00	0,99	1,01	0,99	0,95	0,88	—
Isobuthylalkohol .	1,21	1,13	1,15	1,13	1,09	1,07	1,13	1,07	0,99	0,91
Amylalkohol . . .	0,98	0,91	0,90	0,85	0,83	—	0,78	—	0,68	—

Alle Alkohole besitzen eine starke anomale Absorption, welche mit der Wellenlänge veränderlich ist. Diese Messungen stimmen ganz gut mit den Beobachtungen für einzelne Wellenlängen von DRUDE, WILDERMUTH[2]) und v. BAEYER[3]) überein. Später hat ROMANOFF[4]) diese Untersuchungen nach der Erwärmungsmethode (Ziff. 9) mit ganz schwach gedämpften Wellen, deren logarithmisches Dekrement unter 0,01 gehalten war[5]) (die Summe der Dekremente des Primär- und Sekundärsystems war ungefähr 0,015) wiederholt und das früher gefundene Resultat bestätigt.

Messungen der Dispersion und Absorption in Methyl-, Äthyl- und Propylalkohol hat in neuester Zeit POTAPENKO[6]) ausgeführt. Er arbeitete mit der Anordnung von COLLEY nach der Methode von DRUDE-COOLIDGE (Ziff. 6, 7).

Tabelle 13. Brechungsexponent, Absorptionsindex und Dielektrizitätskonstante der Alkohole.

Methylalkohol				Äthylalkohol				Propylalkohol			
λ	n	$\varkappa$	ε	λ	n	$\varkappa$	ε	λ	n	$\varkappa$	ε
33,30	6,04	0,38	31,1	29,40	2,97	0,705	4,44	29,38	1,22	2,04	$-4,70$
40,20	5,40	0,23	30,8	38,00	3,45	0,524	8,62	31,20	1,31	1,63	$-2,84$
48,88	5,74	0,12	32,5	45,00	3,74	0,347	12,30	37,16	1,64	0,839	$+0,79$
49,00	5,71	0,12	32,3	50,94	3,71	0,289	12,6	44,86	3,00	0,444	$+7,22$
55,88	5,52	0,09	30,2	57,96	4,00	0,286	14,7				
65,34	5,16	0,08	31,8	65,34	4,29	0,217	17,5				
72,00	5,69	0,07	32,2	72,00	4,47	0,226	14,0				
75,44	5,87	0,06	34,4	74,80	4,37	0,179	18,5				
79,92	5,43	0,06	29,4	79,70	4,31	0,171	18,0				
				84,70	4,44	0,161	19,2				
84,74	5,64	0,06	31,8	89,70	4,60	0,131	20,9				

[1]) W. ROMANOFF, Ann. d. Phys. Bd. 40, S. 281. 1913.
[2]) K. WILDERMUTH, Ann. d. Phys. Bd. 8, S. 212. 1902.
[3]) O. v. BAEYER, Ann. d. Phys. Bd. 17, S. 30. 1905.
[4]) W. ROMANOFF, Ann. d. Phys. Bd. 69, S. 125. 1922.
[5]) Die Beschreibung der Apparate für schwach gedämpfte Wellen s. W. ROMANOFF, Journ. d. Russ. Phys.-Chem. Ges. (Phys. Teil) Bd. 50, S. 57. 1918.
[6]) J. POTAPENKO, ZS. f. Phys. Bd. 20, S. 21. 1923; Verh. d. Wiss. Forsch.-Inst. f. Phys. u. Krist. d. Mosk. Univ. Nr. 6. 1926. (Russisch.)

In dem Bereiche von $\lambda = 30$ cm bis $\lambda = 90$ cm ist die anomale Dispersion dieser Alkohole, besonders von Äthyl- und Propylalkohol, ganz erstaunlich. Für Äthylalkohol fällt die D.K. von $\varepsilon = 20$ für die Wellenlänge $\lambda = 89{,}7$ cm bis $\varepsilon = 4{,}4$ für die Wellenlänge $\lambda = 29{,}4$ cm. Für Propylalkohol von $\varepsilon = 7{,}22$ für $\lambda = 44{,}86$ cm bis $\varepsilon = -4{,}7$ für $\lambda = 29{,}4$ cm. Die Resultate sind in der Tabelle 13 und in den Abb. 15 und 16 dargestellt. In der Abb. 15 ist noch die Absorptionskurve R von ROMANOFF, welche nach der Erwärmungsmethode gewonnen ist, eingetragen.

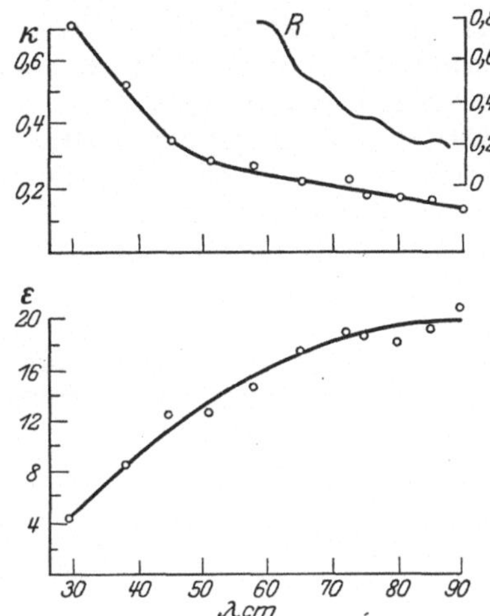

Abb. 15. Dielektrizitätskonstante und Absorptionsindex des Äthylalkohols.

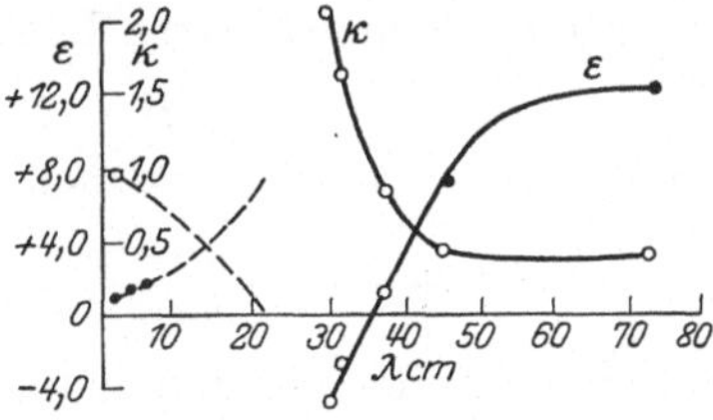

Abb. 16. Dielektrizitätskonstante und Absorptionsindex des Propylalkohols.

o— Beobachtungen von POTAPENKO; •— Andere Beobachtungen.

Wegen des Interesses, das Propylalkohol bietet, sind Messungen anderer Forscher (aus Ziff. 18) für einzelne Wellenlängen umgerechnet und in der Tabelle 14 zusammengestellt.

Tabelle 14.
Brechungsexponent und Absorptionskoeffizient des Propylalkohols.

DRUDE		WILDERMUTH		v. BAYER	ECKERT					
$\lambda = 74$ cm		$\lambda = 63$ cm	$\lambda = 22{,}2$ cm	$\lambda = 74$ cm	$\lambda = 5{,}7$ cm		$\lambda = 3{,}7$ cm		$\lambda = 1{,}75$ cm	
n	$n\varkappa$	$n\varkappa$	$n\varkappa$	$n\varkappa$	$n\varkappa$	$\varkappa$	$n\varkappa$	$\varkappa$	$n\varkappa$	$\varkappa$
3,85	1,59	1,50	0,952	1,20	0,58	0,21	0,50	0,18	0,30	0,11

Im Bereiche kürzerer Wellen untersuchten MÖBIUS[1] und TEAR[2] die Alkohole. Im Bereiche von $\lambda = 3{,}3$ cm bis $\lambda = 0{,}7$ cm hat MÖBIUS für Äthylalkohol anomale Dispersion und Absorption, aber keine Anwesenheit von Streifen gefunden. Zu demselben Resultat kommt auch TEAR, welcher neben Äthylalkohol auch Methylalkohol untersuchte. Für diesen weist er auf einen wahrscheinlichen Streifen bei $\lambda = 2$ cm hin.

22. Die negativen Dielektrizitätskonstanten. Zum ersten Male konnte POTAPENKO in Propylalkohol eine negative D.K. beobachten. Die Kapazität des Kondensators, welcher mit Propylalkohol gefüllt ist, wird für die entsprechende Frequenz auch negativ, und das schwingende System, das einen solchen Kondensator enthält, besitzt eine größere Kapazität im leeren Zustande, als wenn der Kondensator gefüllt ist. Bei den Versuchen von POTAPENKO[3] mußte man das schwingende System (Abb. 4) um $p = 0{,}5$ mm verlängern (anstatt zu ver-

---

[1] W. MÖBIUS, Ann. d. Phys. Bd. 62, S. 293. 1920.
[2] J. D. TEAR, Phys. Rev. Bd. 21, S. 611. 1923.
[3] J. POTAPENKO, Verh. d. Wiss. Forsch.-Inst. f. Phys. u. Krist. d. Mosk. Univ. Nr. 6, S. 63. (Russisch.)

kürzen, wie es gewöhnlich der Fall ist), um dieses System wieder auf Resonanz mit der entsprechenden Wellenlänge zu bringen, wenn der Kondensator C mit Propylalkohol gefüllt war.

Um sich eine Vorstellung von dem Zustand des Dielektrikums in diesem Falle zu machen, kann man folgendermaßen verfahren[1]). Nehmen wir an, daß die molekularen Resonatoren des Dielektrikums hinter der erregenden Kraft in Phase zurückbleiben können. Zwischen der elektrischen Verschiebung D, der erregenden Kraft E und der Polarisation P des Dielektrikums, welches den Raum zwischen den Platten des Kondensators ausfüllt, besteht die Relation

$$D = E + P = \varepsilon E$$

mit dem Wert für die D.K.:

$$\varepsilon = 1 + P/E.$$

Wenn die erregende Kraft $E = E_0 \cos \omega t$ mit der Frequenz ω schwingt, kann die Polarisation der molekularen Resonatoren in Phase um den Winkel φ zurückbleiben:

$$P = P_0 \cos(\omega t - \varphi).$$

In diesem Falle wird der Ausdruck für die D.K.

$$\varepsilon = 1 + \frac{P_0 \cos(\omega t - \varphi)}{E_0 \cos \omega t} = 1 + \frac{P_0}{E_0} \cos \varphi + \frac{P_0 \sin \varphi}{E_0} \cdot \mathrm{tg}\, \omega t$$

mit der Zeit veränderlich und kann während der Periode beliebige Werte annehmen.

Wir können die Annahme machen, daß für den Mittelwert der D.K., welcher sich aus den Messungen ergibt, nur der unveränderliche Teil der D.K. maßgebend ist, und der von der Zeit abhängige Teil wegen der Tangensfunktion im Mittel verschwindet. Wir erhalten dann für die D.K.

$$\varepsilon = 1 + \frac{P_0}{E_0} \cos \varphi.$$

Dieser Ausdruck kann kleiner als 1 sein, wenn $\cos \varphi$ negativ ist. Wird $P_0/E_0 \cos \varphi$ nicht nur negativ, sondern auch der absoluten Größe nach größer als 1, so erhalten wir eine negative D.K.

23. Versuche in anderen Substanzen. Systematische Untersuchungen hat COLLEY[2]) in Benzol, Toluol und Azeton durchgeführt und OBOLENSKY in Petroleum. Es sind zwei Dispersionsstreifen zwischen $\lambda = 26{,}6$ cm und $\lambda = 25{,}6$ cm für Benzol beobachtet worden, vier Streifen im Spektrum von Toluol zwischen $\lambda = 35$ cm und $\lambda = 33$ cm und zwei Streifen zwischen $\lambda = 27$ cm und $\lambda = 25$ cm. Die letzten zwei Streifen sind auch für Azeton nachgewiesen worden. Alle Streifen sehen ganz analog aus und sind für Toluol in der Abb. 10 wiedergegeben. In der neuesten Zeit wurden Benzol und Azeton für eine Reihe von Wellenlängen zwischen $\lambda = 29{,}3$ cm und $\lambda = 65{,}3$ cm von POTAPENKO[3]) untersucht, ohne den genauen Gang der Dispersion zu verfolgen, Azeton besitzt in diesem Bereiche ein geringes Absorptionsvermögen, Benzol ist für diese Wellen ganz durchlässig.

Für Glyzerin hat TEAR[4]) Messungen mit kurzen Wellen angestellt. Er findet im Bereiche von $\lambda = 2{,}7$ cm bis $\lambda = 0{,}42$ cm einen anomalen Gang der Dispersion und einen Streifen bei $\lambda = 2$ cm, welcher vielleicht durch den Zusatz von Wasser zu erklären ist[5]).

---

[1]) W. ROMANOFF, Journ. d. Russ. Phys. Chem. Ges. (Phys. Teil) Bd. 58, S. 567. 1926.
[2]) R. COLLEY, Phys. ZS. Bd. 11, S. 324. 1910.
[3]) J. POTAPENKO, Verh. d. Wiss. Forsch.-Inst. f. Phys. u. Krist. d. Mosk. Univ. Nr. 6, S. 70. 1926. (Russisch.)
[4]) J. D. TEAR, Phys. Rev. Bd. 21, S. 618 u. 192. 1923.
[5]) Anm. d. Red. b. d. Korr.: Vgl. a. DEWAR u. FLEMING, Proc. Roy. Soc. Bd. 61, S. 324. 1897 und Bd. 62, S. 257. 1898.

e) Die experimentellen Ergebnisse mit ungedämpften Wellen.

24. Mit ungedämpften Wellen hat HOLBORN[1]) die D.K. des Wassers gemessen, ohne die Dispersion zu verfolgen. Er findet für $\lambda = 268$ cm $\varepsilon = 81,5$.

SAUZIN[2]) hat die D.K. des Wassers für $\lambda = 4,4$ m und $\lambda = 2,4$ m bestimmt und SAN-ICHIRO MIZUSHIMA[3]) für die Wellen $\lambda = 6,1$ m und $\lambda = 9,5$ m Äthyläther, Azeton und Glyzerin untersucht. BLAKE und SHEARD[4]) haben für $\lambda = 2,5$ m die D.K. des Wassers und des Petroleums bestimmt und finden Werte, welche mit anderen Beobachtungen nicht übereinstimmen. SOUTHWORTH[5]) hat die Dispersion des Wassers für ungedämpfte Wellen nach der Drahtwellenmethode im Bereiche der Wellenlängen von $\lambda = 276,4$ cm bis $\lambda = 124,4$ cm untersucht und keine Dispersion gefunden.

Für sehr lange Wellen von $\lambda = 103$ m bis $\lambda = 33,2$ m hat LATTEY[6]) die Dispersion des Wassers gemessen. Für die D.K. bekommt er Werte von $77,8$ bis $82,7$.

Für eine Wellenlänge von 200 m haben POWERS und HUBBARD[7]) für die D.K. den Wert $86,2$ gefunden.

BOCK[8]) hat mit ungedämpften Wellen nach der Methode von BARKHAUSEN und KURZ Glyzerin für $\lambda = 136$ cm untersucht, und THEODORTSCHIK[9]) hat nach der Resonanzmethode für den Wellenbereich zwischen $\lambda = 182$ m und $\lambda = 26$ m die D.K. von Isobuthylalkohol und Amylalkohol gemessen. Beide Alkohole sind in diesem Bereiche frei von Dispersion.

f) Vergleich der experimentellen Ergebnisse mit den Theorien.

25. Ein Vergleich der experimentellen Resultate für die Brechungsexponenten und Absorptionskoeffizienten im Bereiche der ganz kurzen elektrischen und der längsten ultraroten Wellen (0,1 bis 0,3 mm) mit der Dipoltheorie von DEBYE (Ziff. 3) ist zuerst von RUBENS[10]) für Wasser ausgeführt worden. Damals konnte er für kurze elektrische Wellen nur zwei Angaben von ECKERT für $\lambda = 1,7$ cm und $\lambda = 8,8$ cm in Betracht ziehen. Deswegen war die Übereinstimmung eine befriedigende.

In der Abb. 14 ist derselbe Vergleich, wie ihn TEAR mit Heranziehung seiner eigenen Beobachtungen anstellt, wiedergegeben. Die gestrichelten Kurven entsprechen der Dipoltheorie. Wenn wir noch die Dispersionsstreifen von COLLEY, IWANOW, WEICHMANN und MÖBIUS heranziehen, so passen sie zusammen mit den Beobachtungen von TEAR nicht in die theoretische Kurve. Da die Theorie von DRUDE zu denselben Formeln führt, kann sie auch den Gang der Dispersion im Wasser nicht wiedergeben.

Den Vergleich der Ergebnisse für Glyzerin mit der Dipoltheorie haben GRAFFUNDER[11]) und BOCK[12]) ausgeführt. Wenn man die Zusammenstellung von

---

[1]) F. HOLBORN, ZS. f. Phys. Bd. 6, S. 328. 1921.
[2]) M. SAUZIN, C. R. Bd. 171, S. 164. 1920.
[3]) SAN-ICHIRO MIZUSHIMA, Bull. Chem. Soc. Japan Bd. 1, S. 47 u. 83. 1926.
[4]) F. BLAKE u. CH. SHEARD, Phys. Rev. Bd. 15, S. 148. 1920.
[5]) G. C. SOUTHWORTH, Phys. Rev. Bd. 23, S. 631. 1924.
[6]) R. T. LATTEY, Phil. Mag. Bd. 41, S. 829. 1921.
[7]) W. P. POWERS u. J. C. HUBBARD, Phys. Rev. Bd. 15, S. 535. 1920.
[8]) R. BOCK, ZS. f. Phys. Bd. 31, S. 534. 1925.
[9]) K. THEODORTSCHIK, Phys. ZS. Bd. 23, S. 344. 1922.
[10]) H. RUBENS, Ber. d. D. Phys. Ges. Bd. 17, S. 315. 1915.
[11]) W. GRAFFUNDER, Ann. d. Phys. Bd. 70, S. 225. 1923.
[12]) R. BOCK, ZS. f. Phys. Bd. 31, S. 534. 1925.

Bock, welche alle Beobachtungen berücksichtigt (Abb. 17), betrachtet und die Angaben von Tear einführt, so kann man keine befriedigende Übereinstimmung finden.

In Abb. 17 sind mit Kreisen die Beobachtungen bezeichnet, welche in die theoretische Kurve passen, mit Kreuzen alle anderen Beobachtungen. In der Tabelle 15 sind die Namen der Beobachter und die Angaben zusammengestellt.

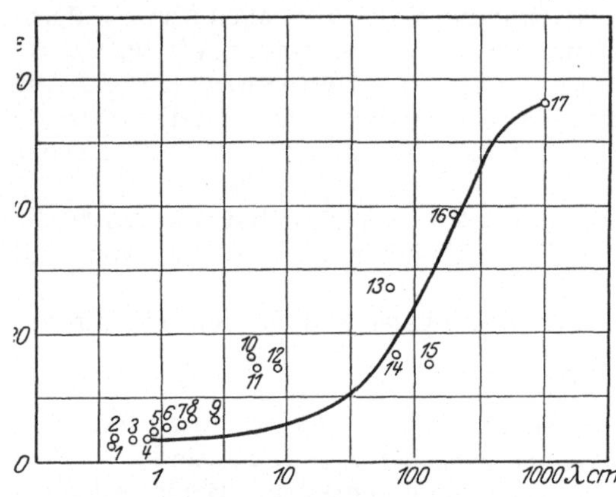

Abb. 17. Vergleich der Dispersionsmessungen für Glyzerin mit der Dipoltheorie.

Tabelle 15. Dielektrizitätskonstante des Glyzerins.

Nr.	Beobachter	λ cm	ε
1	Lampa . . .	0,40	2,62
2	Tear . . .	0,42	3,90
3	Lampa . . .	0,60	3,10
4	Lampa . . .	0,80	3,40
5	Tear . . .	0,84	4,60
6	Tear . . .	1,10	4,81
7	Tear . . .	1,50	5,21
8	Tear . . .	1,80	6,24
9	Tear . . .	2,7	6,36
10	Merczyng .	4,5	16,2
11	Eckert . .	5,7	14,4
12	v. Lang . .	8,5	14,4
13	Drude . . .	75	25,4
14	Drude . . .	75	16,5
15	Bock . . .	136	15,0
16	Drude . . .	200	39,1
17	Thwing . .	1000	56,2

Zu demselben Resultat führt auch der Vergleich der Messungen an Äthylalkohol mit den Theorien von Drude und Debye, der nach der Zusammenstellung von Potapenko[1]) in Abb. 18 wiedergegeben ist. Dabei sind die Tabellen 12 und 13 (Ziff. 22) und die Beobachtungen von Drude, Cole, Eckert, Merczyng, Möbius und Tear zugrundegelegt worden. Durch die ausgezogene und die gestrichelte Linie ist der Gang der theoretischen Kurve für zwei verschiedene Werte der Materialkonstanten ω_0 dargestellt [Gleichung (17), Ziff. 3]. Die strichpunktierte Kurve gibt die Beobachtungen für $n\varkappa$ wieder. Aus der Abbildung ist ersichtlich, daß man die theoretischen Kurven nicht an die Beobachtungen im ganzen Bereiche anpassen kann. Aus diesen drei Beispielen ist zu ersehen, daß die Dipoltheorie oder die Drudesche Theorie (Ziff. 2, 3) die Dispersion im elektrischen Spektrum nicht richtig wiedergeben, obwohl sie imstande sind, den Abfall der D.K. von längeren zu kürzeren Wellen angenähert zu beschreiben. Für andere Substanzen sind die Beobachtungen so lückenhaft, daß keine Prüfung möglich war.

Die Dispersionsstreifen, welche jetzt schon von vielen Autoren festgestellt sind, können nur durch die optische Dispersionstheorie wiedergegeben werden. Das zwingt zu der Annahme von molekularen Resonatoren von großen Eigenperioden. Das Vorhandensein solcher ist aber nicht unwahrscheinlich, da zwischen den Dimensionen der Resonatoren und deren Eigenwellenlängen kein Zusammenhang bestehen muß.

Endlich folgen die negativen D.K., welche für Propylalkohol beobachtet sind, zwanglos aus der optischen Theorie der Dispersion, wie auch die Absorptionsindizes, welche größer als eins sind. In die anderen Theorien passen diese Tatsachen nicht. Die Bandenspektra, wie sie Iwanow und Weichmann beobachtet

---

[1]) G. Potapenko, Verh. d. Wiss. Forsch.-Inst. f. Phys. u. Krist. d. Mosk. Univ. Nr. 6, S. 88. 1926. (Russisch.)

haben, weisen auch auf die grundsätzliche Ähnlichkeit des elektrischen und des optischen Spektrums hin.

Das Wasserspektrum ist aber zu kompliziert, als· daß ein Vergleich mit der Dispersionstheorie, welche nur eine Resonatorengattung berücksichtigt, möglich wäre. Eine Prüfung der optischen Dispersionstheorie ist von ROMANOFF[1]) mit vereinfachten Annahmen für Äthylalkohol in einer eben erschienenen Arbeit ausgeführt worden. Es scheint, daß das Spektrum von Äthylalkohol im Bereiche

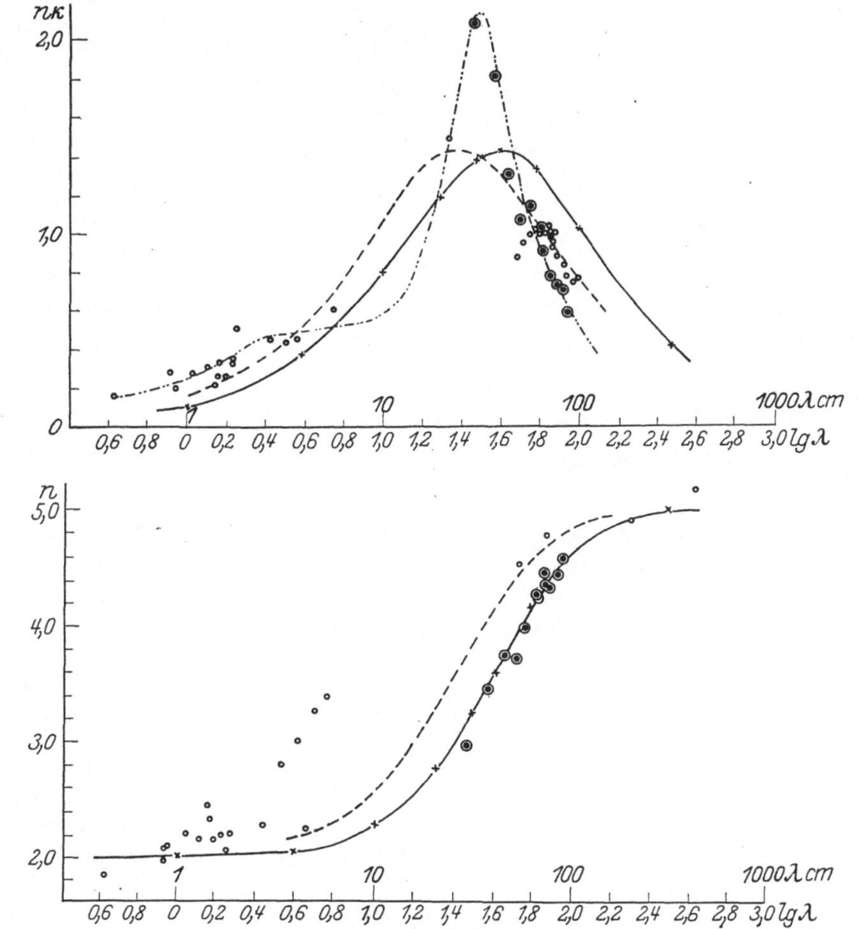

Abb. 18. Vergleich der Dispersionsmessungen für Äthylalkohol mit der Dipoltheorie.
⊚ — Beobachtungen von POTAPENKO; o — Andere Beobachtungen; ×— Theoretische Kurve.

von langen Wellen bis zu 10 cm herunter nur einen Streifen enthält, und daß man hoffen kann, die einfache Dispersionstheorie mit nur einer Gattung von Resonatoren hier erfolgreich anzuwenden. Aus der Abb. 16 geht hervor, daß zwischen $\lambda = 8$ cm und $\lambda = 4$ cm wieder ein Anstieg des Brechungsexponenten auftritt und demnach dort ein neuer Streifen, ebenso wie zwischen $\lambda = 1$ cm und $\lambda = 2$ cm, liegen kann. Die Messungen in diesem Bereich sind so lückenhaft, daß es nicht möglich ist, irgendwelche Annahmen über diesen Teil des

<hr>

[1]) W. ROMANOFF, Journ. d. Russ. Phys.-Chem. Ges. (Phys. Teil) Bd. 58, S. 573. 1926.

Spektrums zu machen. Deswegen kann die theoretische Kurve, welche nur eine Resonatorengattung berücksichtigt, den Gang der Dispersion in diesem Teile des Spektrums nicht wiedergeben. Es kommt nur auf den Gang der Dispersion in dem abfallenden Aste der Kurve an. Bei diesen Vereinfachungen wurden bei der Rechnung die Gleichungen (10) und (11) (Ziff. 2) zugrundegelegt. Die D.K. ε_0 ist gleich dem Quadrat des optischen Brechungsexponenten gesetzt worden, welcher zu 1,82 angenommen wurde. Für λ_0', welcher Wellenlänge die D.K. $\varepsilon = 1{,}82$ entspricht, gibt eine Extrapolation der experimentellen Kurve (Abb. 15), angenähert $\lambda_0' = 23{,}2$ cm. Mit diesem Werte von λ_0' kann man aus zwei Punkten der experimentellen Kurve die molekularen Konstanten g und h berechnen und dann die Kurve weiter konstruieren. Die so gewonnene Kurve ist in der Abb. 19 dargestellt.

Mit nur einer Gattung von Resonatoren und ganz angenäherter Festsetzung von λ_0' gibt die Kurve die Dispersion in dem Streifen befriedigend wieder. Um mehrere Streifen wiederzugeben, müssen mehrere Gattungen von Resonatoren herangezogen werden. Zwischen $\lambda = 15$ cm und $\lambda = 7$ cm muß Äthylalkohol eine negative D.K. haben. Dieser Bereich ist noch nicht untersucht worden.

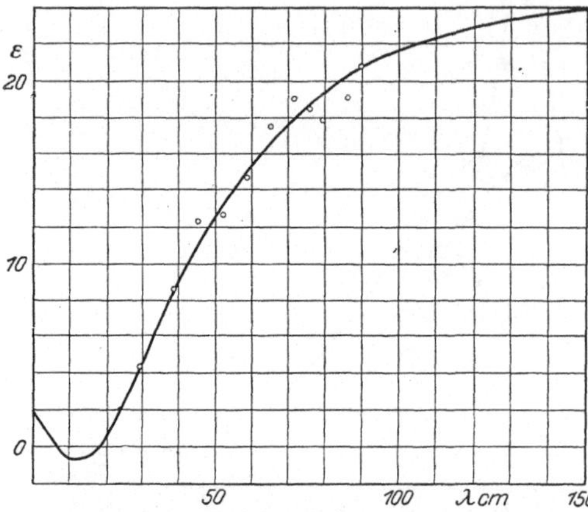

Abb. 19. Vergleich der Messungen in Äthylalkohol mit der theoretischen Dispersionskurve.

26. Die Gestalt der Dispersionsstreifen. Wie die Abb. 10 und 12 zeigen, ist die Gestalt eines Dispersionsstreifens im elektrischen Spektrum von der Gestalt eines Streifens im optischen Spektrum verschieden (Abb. 1). Der Unterschied besteht darin, daß nach Durchgang durch den Dispersionsstreifen in der Richtung von längeren Wellen zu kürzeren noch ein Buckel auftritt, welcher auf der Abb. 10 ganz deutlich nach jedem Streifen erscheint.

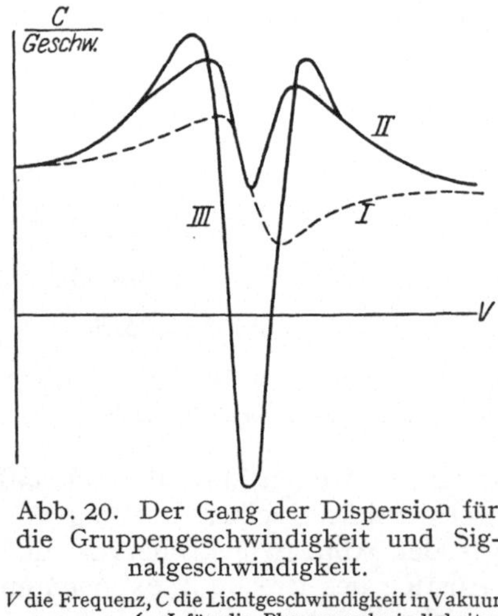

Dieser Unterschied rührt davon her, daß im ersten Falle die Gruppengeschwindigkeit, im zweiten Falle die Phasengeschwindigkeit für die Gestalt des Streifens verantwortlich ist.

Sommerfeld[1]) und Brillouin[2]) haben die Fortpflanzung des Lichtes in dispergierenden Medien berechnet. Die nebenstehende Abb. 20 zeigt den Gang des Brechungsexponenten im Falle anomaler Dispersion, wie er von Brillouin für die Gruppengeschwindigkeit (*II*) und für die Signalgeschwindigkeit (*III*) berechnet worden ist. Dabei ist auch die Kurve für die Phasengeschwindigkeit (*I*) eingezeichnet. Wenn man im elektrischen Spektrum die Dispersion mit gedämpften Wellenzügen unter-

Abb. 20. Der Gang der Dispersion für die Gruppengeschwindigkeit und Signalgeschwindigkeit.

V die Frequenz, *C* die Lichtgeschwindigkeit in Vakuum.
Die Dispersionskurven { *I* für die Phasengeschwindigkeit; *II* für die Signalgeschwindigkeit; *III* für die Gruppengeschwindigkeit.

---

[1]) A. Sommerfeld, Ann. d. Phys. Bd. 44, S. 177. 1914.
[2]) L. Brillouin, Ann. d. Phys. Bd. 44, S. 203. 1914.

sucht, so muß die Dispersionskurve von der Gruppengeschwindigkeit und inmitten des Streifens von der Signalgeschwindigkeit abhängen. Wenn man die theoretische Kurve für die Gruppengeschwindigkeit oder Signalgeschwindigkeit mit der Dispersionskurve von COLLEY (Abb. 10) vergleicht, so tritt die Ähnlichkeit in der Form dieser Kurven besonders deutlich hervor.

27. Die elektrische Dispersion und die Assoziation der Moleküle. Die Diskussion der experimentellen Ergebnisse zeigt, daß in allen Substanzen, welche verhältnismäßig genau untersucht worden sind, Streifen anomaler Absorption entdeckt worden sind. Die neuesten Untersuchungen mit schwach gedämpften Wellen haben die grundsätzliche Ähnlichkeit des elektrischen und des optischen Spektrums, welche COLLEY[1]) festgestellt hat, bestätigt. In Dipolflüssigkeiten können auch die Dipolmoleküle einen Beitrag zur D.K. geben, dieser allein reicht aber in den untersuchten Substanzen nicht aus, um die Dispersion zu erklären. Ob es Dielektrika gibt, wo die Dispersion nur vom Dipoleffekt abhängt, ist noch nicht festgestellt. In seinen Untersuchungen macht COLLEY einige Voraussetzungen über die Natur des elektrischen Spektrums. Er nimmt an, daß das elektrische Spektrum hauptsächlich von den Eigenschaften der molekularen Gruppen abhängt. Deswegen müssen die Assoziation und die Dissoziation der Moleküle, sowie andere Veränderungen jeder Art in den Molekularkomplexen besonders scharf in den elektrischen Dispersionsstreifen zu erkennen sein. ECKERT[2]) nimmt auch an, daß die elektrische Absorption von der Anwesenheit assoziierter Moleküle abhängt, und bemerkt, daß vielleicht die von DRUDE entdeckte Tatsache (Ziff. 18), daß die elektrische Dispersion und Absorption im Zusammenhange mit der chemischen Konstitution steht, so zu deuten ist, daß die Anwesenheit von gewissen chemischen Gruppen eine Neigung zur Assoziation hervorruft.

Da die Temperatur die Assoziation der Moleküle sehr stark beeinflußt, so muß die elektrische Absorption in hohem Grade von der Temperatur abhängen. Die vorstehende Tabelle 16 von ECKERT, welche den Gang der Absorption in Wasser mit der Temperatur für die Wellenlänge $\lambda = 3,7$ cm darstellt, bestätigt diese Tatsache.

Tabelle 16.
Abhängigkeit der Absorption des Wassers von der Temperatur für $\lambda = 3,7$ cm.

Temperatur	6°	14°	36°
$n\varkappa$	1,83	1,72	1,18

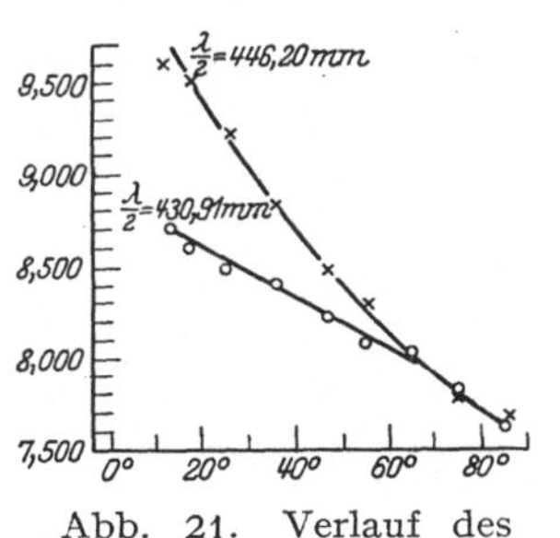

Abb. 21. Verlauf des Brechungsexponenten des Wassers mit der Temperatur.

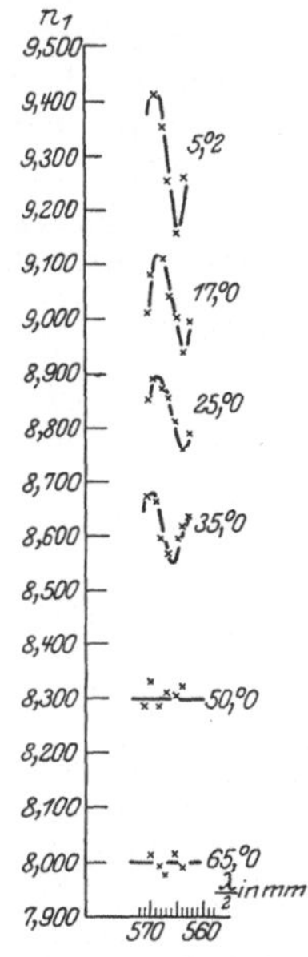

Abb. 22. Gestaltsänderung des Dispersionsstreifens mit der Temperatur.

Eine eingehende Untersuchung der Temperaturabhängigkeit des Brechungsexponenten des Wassers inmitten eines Streifens hat IWANOW[3]) ausgeführt. In Abb. 21 ist der Verlauf der Temperaturkurven des Brechungsexponenten für $\lambda = 89,24$ cm (Maximum des Brechungsindex) und für $\lambda = 86,18$ cm

[1]) A. R. COLLEY, Untersuchungen über Dispersion im elektrischen Spektrum von Flüssigkeiten, S. 38. Odessa 1908.
[2]) F. ECKERT, Ber. d. D. Phys. Ges. Bd. 15, S. 307. 1913.
[3]) K. IWANOW, Ann. d. Phys. Bd. 65, S. 502. 1921.

(Minimum des Brechungsindex in demselben Streifen Abb. 11) wiedergegeben. Der Temperaturkoeffizient α zwischen 12 bis 65° berechnet sich für $\lambda = 89{,}24$ cm zu $\alpha = 0{,}031$ und für $\lambda = 86{,}18$ cm zu $\alpha = 0{,}014$. Die Abb. 22 zeigt, wie ein anderer Streifen zwischen $\lambda = 114{,}2$ cm und $\lambda = 112{,}6$ cm sich mit der Temperatur verändert. Aus den Abbildungen geht hervor, daß bei 50 bis 60° der Streifen schon verschwunden ist. Die Ergebnisse dieser Untersuchung können so gedeutet werden, daß die Dispersionszentren sehr komplizierte Molekularkomplexe sind, die mit steigender Temperatur zerfallen. Ihre Kompliziertheit bedingt, daß sie so große Eigenperiode haben.

Diese Schlüsse, welche für Wasser als eine mögliche Erklärung angesehen werden können, bedürfen einer weiteren Prüfung für andere Substanzen. Wie schon DRUDE gefunden hat (Ziff. 18), ist die Dispersion und Absorption in hohem Maße von der chemischen Konstitution abhängig. COLLEY weist auch auf die Tatsache hin, daß die chemische Konstitution der Moleküle einen Einfluß auf die Struktur des elektrischen Spektrums haben kann. Er findet einige Dispersionsstreifen, welche sich identisch in verwandten Substanzen wiederholen. Unsere Kenntnisse über die elektrischen Spektra sind aber noch so unvollständig, daß diese Frage weiterer Untersuchung unterworfen werden muß.

Zum Schluß sei noch bemerkt, daß für die festen Körper und Dämpfe bis jetzt noch keine systematischen Untersuchungen über die Dispersion und Absorption im elektrischen Spektrum ausgeführt worden sind, und daß nur einige Angaben für einzelne Wellenlängen vorliegen[1]).

---

[1]) H. RUBENS, Berl. Ber. 1916, S. 1280; J. IVES, Phil. Mag. Bd. 25, S. 702. 1913; R. JAEGER, Ann. d. Phys. Bd. 53, S. 409. 1917; J. GRANIER, C. R. Bd. 179, S. 1913. 1924.